Die Kreiselpumpen

für Flüssigkeiten und Gase

Wasserpumpen, Ventilatoren, Turbogebläse
Turbokompressoren

Von

Carl Pfleiderer

Dr.-Ing. Dr.-Ing. E. h.
emer. Professor an der Technischen Hochschule
Braunschweig

Fünfte neubearbeitete Auflage

Mit 386 Abbildungen

Springer-Verlag

Berlin · Göttingen · Heidelberg

1961

Softcover reprint of the hardcover 5th edition 1961

ISBN-13: 978-3-642-48171-0 e-ISBN-13: 978-3-642-48170-3
DOI: 10.1007/978-3-642-48170-3

Vorwort zur fünften Auflage

Dem heute unaufhaltsam auf Spezialisierung gerichteten Zug der Zeit muß die Lehre dadurch Rechnung tragen, daß sie ein breites Fundament vermittelt. Deshalb wird in verstärktem Maße versucht, die Gleichartigkeit der Vorgänge in allen Strömungsmaschinen trotz Verschiedenheit des Fördermittels und des Erscheinungsbildes sichtbar zu machen. Dies wird möglich durch Benutzung gemeinsamer Begriffe wie Förderhöhe, Minderleistung, Saugzahl bzw. Schallziffer. Der wichtige Begriff der Minderleistung gegenüber unendlich dicht stehenden Schaufeln gestattet, die Formgebung sämtlicher Schaufelarten auf eine einheitliche Grundlage zu stellen, wobei nicht entscheidend sein kann, daß seine zahlenmäßige Bestimmung heute ebensowenig abgeschlossen ist, wie die der anderen auf spezielle Schaufelformen, insbesondere Axialschaufeln ausgerichteten Verfahren. Die Erfahrung zeigt aber, daß die Anwendung zu brauchbaren Ergebnissen führt. In der vorliegenden Auflage konnte eine neue Ableitung für die Minderleistung angegeben werden, die eine aussichtsreiche weitere Entwicklung eröffnet. Daneben wird auch die andere Behandlungsmethode der Axialschaufeln als Tragflügel weitgehend berücksichtigt und überhaupt der Axialschaufel erhöhte Beachtung geschenkt.

Im übrigen wird in allen Teilen des Buches die Darstellung der eingetretenen Entwicklung angepaßt und teilweise umgearbeitet. Der Gesamtumfang konnte trotzdem annähernd der gleiche bleiben, weil unwichtig gewordene Teile der alten Auflage ausgeschieden wurden.

Die Bezeichnungen sind die gleichen wie in der 4. Auflage geblieben, um nicht eine große Zahl der Figuren ändern zu müssen. Deshalb gilt immer noch das Fußzeichen *I* für die auf den Eintrittsstutzen der Pumpe bezüglichen Größen und das Fußzeichen *II* für die auf den Austrittsstutzen bezüglichen Größen, statt der im Buch Strömungsmaschinen verwendeten und auch anzustrebenden Zeichen *S* bzw. *D*.

In der vorliegenden Auflage wird die bisher benutzte Bezeichung Kilogramm (kg) als Einheit für Kraft und Gewicht umbenannt in Kilopond (kp), um Verwechslungen mit der gleichlautenden Einheit des physikalischen Maßsystems für die Masse zu vermeiden. Diese Änderung ist nicht ganz ohne Bedenken getroffen, erschien aber im Hinblick auf die heutige Handhabung des Unterrichts an Hochschulen im Interesse des Lernenden geboten, obwohl noch nicht feststeht, daß die Bezeichnung kp sich auch im Ausland durchsetzen und dauernde Geltung erlangen wird. Hervorzuheben ist, daß die Größe kp die gleiche Bedeutung wie das bisher benutzte Gewichtskilogramm hat und also keineswegs nur Kräfte mißt, wie es neuerdings versucht wird, sondern auch Stoffmengen (Gewichte). Die Benutzung des Masse-kg ist vermieden, weil sie dem grundsätzlich anders gearteten MKS-System angehört, so daß also das technische Maßsystem rein erhalten bleibt. Soweit in wenigen Abbildungen, deren Änderung umständlich sein würde, noch das Zeichen kg vorkommt, ist es gleichbedeutend mit dem kp.

Meinen Nachfolger im Amte, Herrn Prof. Dr. PETERMANN, danke ich für die fühlbare Unterstützung, die er mir durch seine stete Bereitwilligkeit zur Aussprache über auftauchende Probleme und so manchen guten Ratschlag erwiesen hat. Ebenso danke ich den Assistenten des Lehrstuhls für ihre Mitwirkung beim Lesen der Korrekturen. Dem Springer-Verlag erstatte ich gern den gebührenden Dank für die auch der neuen Auflage zugewendete und verständnisvolle Aufmerksamkeit.

Braunschweig, im Sommer 1960

Carl Pfleiderer

Bei dem unerwarteten plötzlichen Tod des Herrn Professor PFLEIDERER waren die Satzarbeiten an diesem Buche schon im wesentlichen durchgeführt, und Professor PFLEIDERER hat auch noch die Hälfte dieses Satzes durchsehen und korrigieren können.

Die Korrektur der zweiten Hälfte und die genaue Durchsicht aller Druckbogen und deren Druckfertigkeitserklärung hat dann auf Wunsch des Verlages Herr Professor Dr.-Ing. HARTWIG PETERMANN mit seinen Assistenten durchgeführt. Hierfür spricht der Verlag seinen besonderen Dank aus.

Im Februar 1961

Springer-Verlag

Aus dem Vorwort zur vierten Auflage

Die vorausgegangene dritte Auflage dieses Buches lag im Manuskript bereits gegen Kriegsende vor. Deshalb machte die seither eingetretene Entwicklung einige Änderungen und Ergänzungen notwendig. Dazu kommt das Vordringen bestimmter Bauformen, insbesondere der Axialmaschinen. Mehr und mehr hat sich aber auch erwiesen, daß der wachsende Stoff dem Lernenden in tragbarer Zeit und in dem nötigen Umfang nur durch Zusammenfassung der Grundlagen und vergleichende Behandlung des Stoffes nahegebracht werden kann. Dadurch sind Umstellungen einzelner Kapitel nötig geworden, die der neuen Auflage teilweise ein geändertes Gesicht geben. Auch Streichungen waren aus dem gleichen Grund nicht ganz zu vermeiden, weil jedes Zuviel an Umfang eine Zurückdrängung des Wesentlichen und damit eine Verringerung des Erfolges beim Lernenden bedeutet, dessen Zeit stets beschränkt ist.

Geblieben ist das angestrebte Ziel, dem Studierenden und dem in der verantwortlichen Praxis stehenden Ingenieur den für ein erfolgreiches Arbeiten nötigen Wissensstoff zu vermitteln und die Eigenart der einzelnen Gebiete durch vergleichende Behandlung sichtbar zu machen.

Die bisherigen Formelzeichen sind beibehalten. Sie entsprechen der heutigen Übung mit der einen Ausnahme, daß die Größen, welche sich auf die Stelle des Saugstutzens beziehen mit I (statt S) und die auf die Stelle des Druckstutzens bezüglichen Größen mit II (statt D) wie bisher gekennzeichnet blieben. Diese Beibehaltung aus der früheren Auflage war nötig, um nicht die Figuren ändern zu müssen und Fehlerquellen zu vermeiden.

Braunschweig, im Februar 1955

Carl Pfleiderer

Inhaltsverzeichnis

Einleitung

Pumpen sind Vorrichtungen zum Fördern von Flüssigkeiten und Gasen. Ihre häufige Anwendung beruht darauf, daß Flüssigkeiten sich in Rohrleitungen am wirtschaftlichsten fortbewegen lassen. In die betreffende Rohrleitung, die den Ausgangspunkt mit dem Bestimmungsort verbindet, wird die ortsfeste Pumpe eingeschaltet, damit sie auf die Flüssigkeit die zu ihrer Fortbewegung nötigen Kräfte ausübt, nämlich auf der einen Seite saugend, auf der anderen drückend wirkt. Sie verursacht dadurch eine Drucksteigerung in der Rohrleitung auf der Austrittsseite der Pumpe (Druckstutzen) und eine Drucksenkung auf der Eintrittsseite in die Pumpe (Saugstutzen). Demnach muß als *Zweck der Pumpe* im weitesten Sinn, wenn man ihre Wirkung getrennt von der Rohrleitung betrachtet, bezeichnet werden, *flüssige oder gasförmige Körper aus einem Raum mit niederer Spannung in einen Raum mit höherer Spannung zu befördern.*

Hier liegt offenbar der umgekehrte Vorgang vor wie bei den Kraftmaschinen, mit denen die Pumpen auch hinsichtlich ihres Aufbaus weitgehende Ähnlichkeit besitzen. Wie dort unterscheidet man auch hier zwei große Hauptgruppen, nämlich:

1. *Die Kolbenpumpen* als Umkehrung der (allerdings nicht mehr in Gebrauch befindlichen) Wassersäulenmaschinen bzw. der Kolbendampfmaschinen. Das Kennzeichen ist hier der im geschlossenen zylindrischen Gefäß hin und her gehende Kolben, der die Pressungsenergie des Fördermittels durch statische Kräftewirkung erzeugt.
2. *Die Kreiselpumpen* als Umkehrung der Turbinen.

Zu diesen beiden wichtigsten Ausführungsformen gesellen sich einige weitere von untergeordneter Bedeutung, bei welchen Antriebsmaschine und Pumpe gewissermaßen vereinigt sind und welche deshalb bei den Kraftmaschinen keinen entsprechenden Vertreter haben, wie Strahlpumpen, Widder, Mammutpumpen usw.

Das vorliegende Buch befaßt sich mit den *Kreiselpumpen* für Flüssigkeiten und Gase. Die Darlegungen beziehen sich im Fall der Flüssigkeitsförderung auf Wasser, im Fall der Gasförderung auf Luft als Förderflüssigkeit, wenn nichts anderes vermerkt ist.

Bei den Kreiselpumpen wird die verlangte Pressungsenergie durch *ein umlaufendes, mit Schaufeln besetztes Rad erzeugt.* Infolge der Einwirkung der Schaufeln auf das Fördermittel wird eine Steigerung sowohl des Druckes als auch der Geschwindigkeit hervorgerufen. Um auch die Geschwindigkeitszunahme für die Druckerhöhung nutzbar zu machen, wird das aus dem Laufrad austretende Fördermittel durch ruhende

Kanäle geführt, welche sich allmählich erweitern und dadurch die Geschwindigkeit in Druck umsetzen. Die Gesamtheit dieser fest mit dem Gehäuse verbundenen Leitkanäle bezeichnet man als *Leitrad*. In vielen Fällen ist nur ein einziger Leitkanal als Ringraum um das Rad angeordnet, der dann die Form eines Spiralrohres besitzen kann.

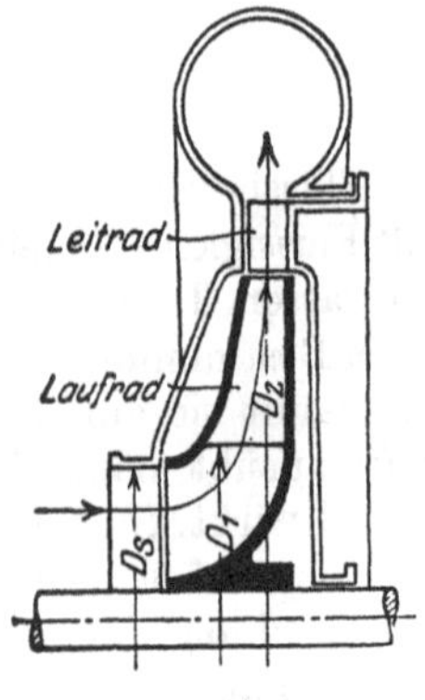

Abb. 1. Radialpumpe mit Leitrad

Eine schematische Übersicht über die wichtigsten Anordnungen geben die Abb. 1 bis 4. Das Laufrad kann radial von innen nach außen beaufschlagt sein (Abb. 1). Hier verlaufen die Stromlinien in ihrer Zirkularprojektion auf eine Axialebene (Meridianschnitt) im wesentlichen nur radial von innen nach außen. Diese Ausführungsart (die früher als Zentrifugalpumpe bezeichnet wurde) bildet die Regel, weil dann die Zentrifugalkräfte in der Durchflußrichtung, also druckerhöhend, wirken. Die umgekehrte Beaufschlagungsrichtung — radial von außen nach innen — ist zwar möglich, aber bis jetzt kaum im Gebrauch. Bei vergrößerter Schluckleistung oder Schnellläufigkeit findet man aber die axiale Eintrittsrichtung bei radial auswärts gerichtetem Austritt (Abb. 2), also die Laufradform der FRANCIS-Turbine. Bei extremer Schluckleistung oder Schnelläufigkeit in Verbindung mit geringen Förderhöhen bietet die axiale Beaufschlagung (Abb. 3) Vorteile. In neuerer Zeit wird dieser Ausführungsform erhöhte Beachtung geschenkt.

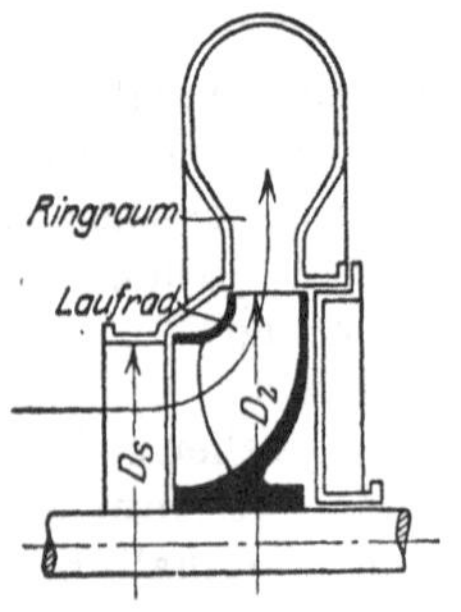

Abb. 2. Pumpe mit axialem Eintritt und radialem Austritt ohne Leitrad

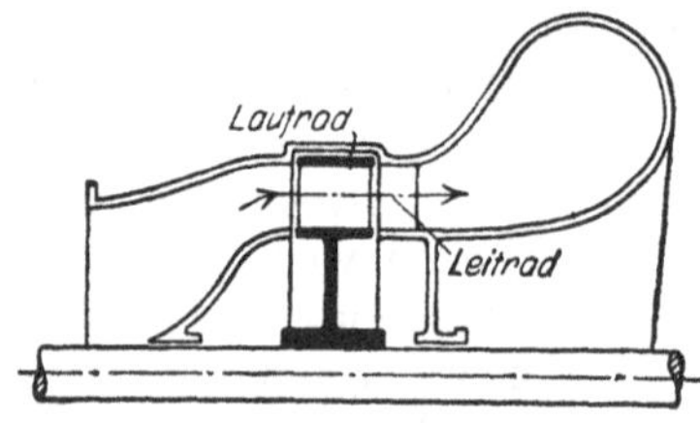

Abb. 3. Axialpumpe

Das Fördermittel strömt dem Laufrad durch das Einlaufrohr meist ohne weitere Führung zu. Nur selten werden vor dem Radeintritt ebenfalls feststehende Leitschaufeln angeordnet, die das Fördermittel dem Rad in bestimmter Weise zuführen sollen und deren Gesamtheit das *Eintrittsleitrad* bildet (Abb. 4).

Mit wachsender Förderhöhe erreicht man für einen bestimmten Förderstrom schließlich die Grenze, bei welcher es nicht mehr zweckmäßig ist, ein einziges Rad zu verwenden. Zwar läßt sich für jede noch so große Förderhöhe und jede beliebige Drehzahl ein zugehöriges Laufrad ausrechnen. Aber seine Verwendung ist nur unter Inkaufnahme schlechter Wirkungsgrade und ungünstiger Bauformen möglich. Deshalb ist es unter Umständen notwendig, eine gegebene Förderhöhe dadurch zu bewältigen, daß man mehrere Einzelräder hintereinanderschaltet, also die *mehrstufige Anordnung* verwendet, wodurch sich die

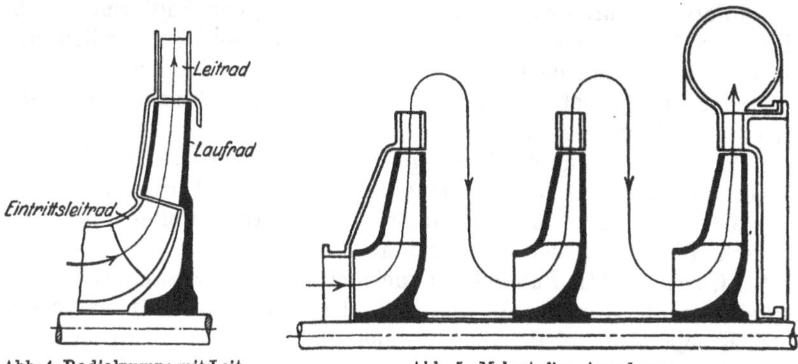

Abb. 4. Radialpumpe mit Leitrad im Ein- und Austritt

Abb. 5. Mehrstufige Anordnung

Förderhöhe des einzelnen Rades entsprechend verringert. Hierbei sitzen dann die Laufräder auf gemeinsamer Welle (Abb. 5).

Ebenso, wie bei großen Förderhöhen eine Unterteilung des Druckes notwendig ist, kann bei großen Förderströmen eine Unterteilung des Stromes des Fördermittels, also die Parallelschaltung mehrerer Räder,

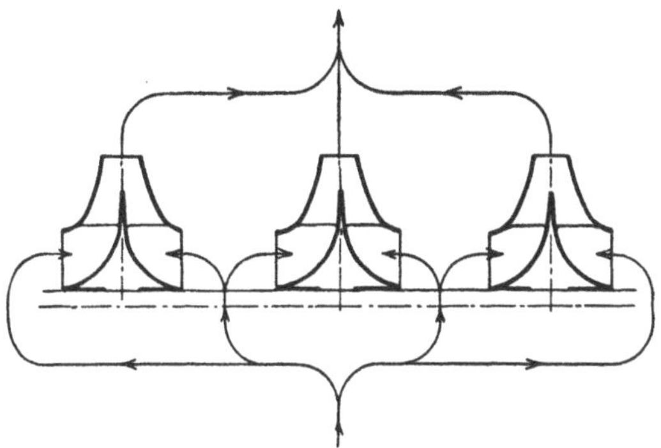

Abb. 6. Mehrflutige Anordnung

am Platze sein. Man erhält auf diese Weise die *mehrflutige Anordnung*, wobei gemäß Abb. 6 in der Regel *doppelseitig beaufschlagte Einzelräder* zur Anwendung gelangen. Diese Bauweise ist aber heute durch die schnelläufigen Radformen nach Abb. 2 und 3 weitgehend verdrängt.

Die vorstehende Übersicht gilt in gleicher Weise für Wasser- und Luftförderung. Beide Gebiete werden in diesem Buch gemeinsam behandelt, was keinerlei Schwierigkeit bietet, wenn folgende Unterschiede beachtet werden:

1. Weil Gas leichter ist als Wasser, ist die zur Erreichung einer bestimmten Drucksteigerung notwendige Geschwindigkeit viel größer

als bei Wasser, also auch die Umfangsgeschwindigkeit des Laufrades. Die entsprechend hohen Fliehkräfte des Radwerkstoffes bedingen den Verzicht der Herstellung der Laufräder durch Gießen, die bei Wasserförderung allgemein üblich ist, und verlangen die ausschließliche Verwendung von geschmiedetem oder gewalztem Material als Werkstoff des Läufers. Dadurch wird auch die Verwendung von Radformen nach Abb. 2 erschwert. Das ganze Anwendungsgebiet muß bei Verdichtern von den Radformen nach Abb. 1 und 3 bestritten werden, die somit viel tiefer in das Gebiet mittlerer Schluckfähigkeit hineingreifen, als mit gutem Wirkungsgrad vereinbar ist.

2. Wasser ist raumbeständig aber verdampfbar. In der Pumpe können sich also an Stellen kleinen Druckes, die gleichzeitig solche hoher Geschwindigkeit sind, dampferfüllte Hohlräume bilden, die sich sehr schädlich auswirken (Kavitation).

Bei Gasen muß im Fall hoher Drucksteigerung die Zusammendrückbarkeit beachtet werden. An die Stelle der Kavitation tritt ferner ein Verdichtungsstoß, sobald die Schallgeschwindigkeit an irgendeiner Stelle der sich verlangsamenden Strömung überschritten ist. Kavitation bei Wasserförderung und Schallgeschwindigkeitsnähe bei Gasförderung entsprechen sich also und setzen der Ausführung in der Regel feste Grenzen. Sie treten an den gleichen Stellen, nämlich dort auf, wo die Strömung örtlich hohe Geschwindigkeiten annimmt.

A. Allgemeines Verhalten des Fördermittels in der Pumpe

1. Die Förderhöhe H

Eine ähnliche Bedeutung wie bei Dynamomaschinen die erzeugte Klemmenspannung besitzt bei Pumpen die *Förderhöhe*. Hierunter versteht man die auf die durchgeströmte Gewichtseinheit entfallende Zunahme des nutzbaren Energieinhaltes des Fördermittels. Sie hat also die Dimension mkp/kp oder m. Wesentlich ist, daß dieser Unterschiedsbetrag nicht als Pressungsunterschied aufgefaßt, also nicht in Druckeinheiten gemessen wird. Man kann sich die Förderhöhe H als die Höhe einer Flüssigkeitssäule des Fördermittels vorstellen. Diese Auffassung gilt nicht bloß für Wasserförderung, sondern auch für Gasförderung, obwohl die Gassäule unten dichter und wärmer ist als oben (S. 11f.). Die Gassäule muß natürlich an ihrem oberen Ende den gleichen Zustand haben, den das Fördermittel am Eintritt der Pumpe besitzt. Dann genügt der Zustand am unteren Ende von selbst der Grenzbedingung am Austritt der verlustlosen Pumpe.

Bei der Bestimmung der Förderhöhe H dürfen nämlich die Verluste, welche in den an die Maschine anschließenden Rohrleitungen auftreten, nicht der Maschine zur Last gelegt werden (ebensowenig wie bei der Dynamomaschine die Verluste in den Zuführungskabeln), weil diese Leitungen mit dem Aufstellungsort wechseln und meist auch einen anderen Hersteller haben. Dagegen sind die Verluste in der Maschine in Abzug zu bringen. Da die Energiezunahme H als nutzbares Gefälle zwischen Ein- und Austritt verfügbar sein soll, so ist sie bei Gasen im Fall ungekühlter Verdichtung adiabatisch zu nehmen.

Die so aufgefaßte Förderhöhe muß sich gemäß dem Satz von Bernoulli (Abschn. 7) als die Summe der Zunahme von Druckhöhe, Geschwindigkeitshöhe und Höhenlage darstellen:

$$H = h_p + \frac{c_{II}^2 - c_I}{2g} + y\,. \tag{1}$$

Hierin bezeichnet

h_p die „*Druckhöhe*“, d. h. die verlustlose Arbeit in mkp je kp Förderflüssigkeit (oder Fördergas) zur Erhöhung des Druckes P_I an der Eintrittsöffnung auf den Druck P_{II} an der Austrittsöffnung (S. 6); ferner mit Bezug auf Abb. 7,

c_I, c_{II} die Geschwindigkeiten im Eintritts- bzw. Austrittsstutzen der Pumpe in m/s, und zwar an den gleichen Stellen, in welchen die Drücke gemessen sind,

y den Höhenunterschied zwischen diesen Meßstellen in Metern, und zwar sei y positiv, wenn die Meßstelle der Druckseite über der der Saugseite liegt,

g die Erdbeschleunigung in m/s².

Bei Gasförderung ist in Gl. (1) der Höhenunterschied y meist vernachlässigbar.

Die „Druckhöhe“ h_p ist in den beiden folgenden Abschnitten für Flüssigkeiten und Gase näher bestimmt. Ist die eintretende Volumenänderung vernachlässigbar, wie beispielsweise bei Flüssigkeiten, so gilt

$$h_p = \frac{P_{II} - P_I}{\gamma} = \frac{p_{II} - p_I}{\gamma} 10^4 .$$

(P, p = Druck in kp/m² bzw. kp/cm², $\gamma = 1/v$ = spezifisches Gewicht in kp/m³.)

Bei Gasverdichtung ohne Kühlung ist h_p — wie schon erwähnt — adiabatisch zu nehmen, weil bei der Begriffsbestimmung von H eine verlustlose Zustandsänderung zugrunde gelegt ist (S. 14). Bei Kühlung, die stets unvollkommen ist, wäre strenggenommen für h_p die im Fall der Reibungsfreiheit notwendige Verdichtungsarbeit, also etwa eine polytropische Arbeit, einzusetzen. Jedoch empfiehlt es sich meist, auf die Adiabate Bezug zu nehmen (S. 524). Nur bei Bestimmung der Wirkungsgrade wird in diesem Fall auch die Isotherme verwendet (Abschn. 5).

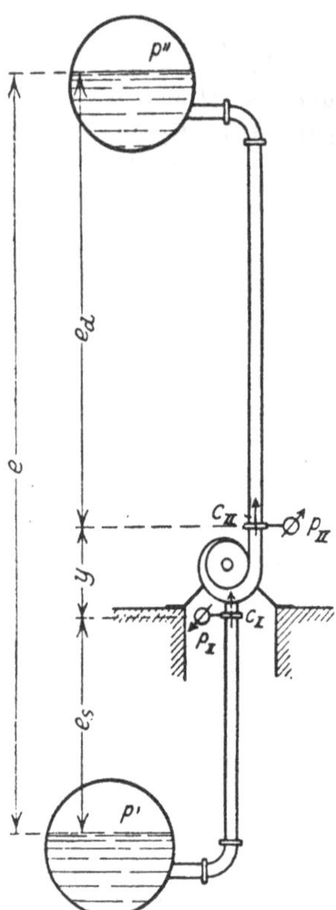

Abb. 7. Schematische Darstellung einer Pumpenanlage

Gl. (1) ist besonders geeignet für die versuchsmäßige Bestimmung der Förderhöhe H. Bisweilen ist aber nur die Lage des Saug- und Druckbehälters ebenso die verbindende Rohrleitung bekannt, so daß die Förderhöhe der einzuschaltenden Pumpe berechnet werden muß. Wir erhalten die zugehörige Berechnungsformel, wenn wir Gl. (1) auf Anfang und Ende der gesamten Rohrleitung beziehen. Da aber die Rohrleitung nicht zur Pumpe gehört, müssen wir die Widerstände der gesamten Rohrleitung hinzufügen. Dann ergibt sich

$$H = h'_p + e + \frac{c''^2 - c'^2}{2g} + Z , \qquad (2)$$

wobei bezeichnet

h'_p den Wert der oben besprochenen Druckhöhe h_p bei der Steigerung des Druckes von P' im Saugbehälter auf P'' im Druckbehälter,

$e = e_s + y + e_d$ den geodätischen Höhenunterschied zwischen den Druckmeßstellen im Saug- und Druckbehälter,

c', c'' die Geschwindigkeit an den Meßstellen im Saug- bzw. Druckbehälter,

$Z = Z_s + Z_d$ den Strömungswiderstand in Saug- und Druckleitung ausschließlich Pumpe.

Meist sind die Geschwindigkeiten c' und c'' im Saug- bzw. Druckbehälter vernachlässigbar klein, so daß

$$H = h'_p + e + Z . \qquad (3)$$

Der Rohrwiderstand Z umfaßt alle durch Wandreibung, Querschnitts- und Richtungsänderung entstehenden Verluste (Abschn. 13

und 14f). Sein für technische Gasleitungen gültiger Wert kann aus dem in Abschn. 14f in Gl. (67) angegebenen Druckabfall errechnet werden. Zu den Verlusten durch Querschnittsänderung gehören unter anderem der Einschnürungsverlust am Anfang der Rohrleitung, ebenso wie der Auslaßverlust am Ende der Rohrleitung, soweit dieser nicht durch eine stetige Erweiterung an der Einmündungsstelle in den Druckbehälter zurückgewonnen wird. Letzteres ist besonders bei kleinen Förderhöhen mit großen Förderströmen zu empfehlen (Schöpfwerkspumpen, Ventilatoren), aber in manchen Fällen, z. B. in Lüftungsanlagen, nicht üblich[1].

Der Einfluß der drei Glieder der Gl. (3) ist je nach dem Verwendungszweck ganz verschieden. Bei der Kesselspeisung oder der Versorgung eines Druckluftnetzes überwiegt das erste Glied. Stehen Saug- und Druckbehälter unter Atmosphärendruck wie bei der Wasserversorgung, so ist dieses Glied gleich dem negativen Unterschied des Luftdruckes am Anfang und Ende der Leitung, also meist vernachlässigbar, womit

$$H = e + Z. \tag{4}$$

Bei Kanalwasserpumpen ist hierin e der geodätische Höhenunterschied zwischen Rieselfeld und Sammelbehälter und deshalb meist sehr klein, so daß hier Z ausschlaggebend ist.

Bei Luftförderung unter Atmosphärendruck, z. B. beim Ventilator, wird das Glied e durch die bereits erwähnte entgegengesetzte Änderung des ersten Gliedes h'_p, weil der Barometerstand abnimmt, aufgehoben. Hier ist also $e + h'_p = 0$ und demnach

$$H = Z, \tag{4a}$$

so daß in diesem Fall der Widerstand des Luftweges einschließlich Austrittsverlust allein maßgebend ist.

Der Höhenunterschied e zwischen den saug- und druckseitigen Meßstellen ist im *Fall der Luftförderung* nur von Bedeutung, wenn er beträchtlich ist.

Bei Förderung von Druckluft (oder einer anderen Gasart) auf große Höhenunterschiede, z. B. im Gebirge oder in ein Bergwerk, empfiehlt sich die Berücksichtigung des Gliedes e in Gl. (3) (natürlich mit den entsprechenden Vorzeichen), weil hier der Unterschied der Gewichte der Luftsäulen im Rohr und der Atmosphäre beträchtlich ist. Ein Ausgleich durch den sich ändernden Barometerstand findet nur in dem bereits erwähnten Fall des Ventilators statt. Beispielsweise gibt ein Höhenunterschied von 1000 m in der Atmosphäre nur einen Druckunterschied von etwa 0,11 kp/cm², bei Druckluft von 7 atü infolge der größeren Gewichtswirkung einen solchen von etwa 0,55 kp/cm². Diese Berücksichtigung der vorhandenen Wichten ist in den abgeleiteten Gl. (2) und (3) enthalten, welche exakt richtig sind. Falls das Gas in der Rohrleitung erhitzt oder gekühlt wird, also keine adiabatische Schichtung vorliegt, darf auch e nicht mehr als Bestandteil einer

---

[1] Marcinowski, H.: Heizg. Lüftg. Haustechn. 10 (1959) Nr. 6, S. 141—148

adiabatischen Arbeit betrachtet, muß also eigentlich umgerechnet werden. Solche Abweichungen liegen praktisch stets vor. Bei isothermischer Schichtung, die in langen Gasleitungen zugrunde gelegt werden kann, wäre die der Größe e entsprechende Druckänderung aus dem Ausdruck für die isothermische Druckhöhe der Gl. (17) zu erhalten, während der durch den Rohrwiderstand Z bedingte Druckabfall aus Gl. (67) S. 91 sich ergibt.

Manometrische Förderhöhe H_{man}. Nach dem Vorstehenden wird die Förderhöhe H nicht in festen Druckeinheiten gemessen, denn der Druckwert von 1 m Flüssigkeitssäule wechselt mit der Art der Förderflüssigkeit und ist offenbar proportional zu deren spezifischem Gewicht γ. Die Förderhöhe H darf also mit dem Förderdruck, d. h. dem Druckunterschied zwischen dem oberen und unteren Ende der Flüssigkeitssäule von der Höhe H, nicht verwechselt werden.

Man verwendet bei *Wasserpumpen* als Maß für den der Förderhöhe entsprechenden Förderdruck die *manometrische Förderhöhe* H_{man}, die in festen Druckeinheiten, und zwar meist in Metern Wassersäule von 4 °C, ausgedrückt wird, so daß 1 m Wassersäule = 0,1 kp/cm² ist. Die Skala des Manometers ist dann entsprechend eingeteilt. Sie muß aber streng von der Förderhöhe H unterschieden werden. Zwischen beiden besteht die Beziehung

$$H_{\mathrm{man}} = \frac{H\gamma}{1000}. \tag{5}$$

Nur bei Förderung genügend kalten Wassers ist $H_{\mathrm{man}} = H$.

2. Die spezifische Arbeit h_p zur Drucksteigerung (Druckhöhe) bei Flüssigkeiten

Diese bildet nach Gl. (1) einen wesentlichen Bestandteil der Förderhöhe. Wasser (wie überhaupt jede Flüssigkeit) kann in den meisten Fällen als nicht zusammendrückbar betrachtet werden. Wählen wir für die Darstellung des Fördervorganges das aus der Wärmemechanik bekannte Pv-Diagramm mit dem Druck P in kp/m² als Ordinate, dem spezifischen Volumen $v = 1/\gamma$ in m³/kp (γ = Wichte oder spezifisches Gewicht in kp/m³) als Abszisse (Abb. 7a), so stellt sich unter dieser Voraussetzung die „Zustandskurve" als ein zwischen dem Anfangsdruck P_I und dem Enddruck P_{II} verlaufendes senkrechtes Geradenstück $A_I A_{II}$ dar. Die verlustfreie Förderarbeit für 1 kp ist die schraffierte Fläche $A_I A_{II} B C$ (die mit dem idealen Indikatordiagramm einer Kolbenpumpe übereinstimmt, weil die verlustlose Arbeit von der Art der Pumpe unabhängig sein muß). Die Druckhöhe beträgt also

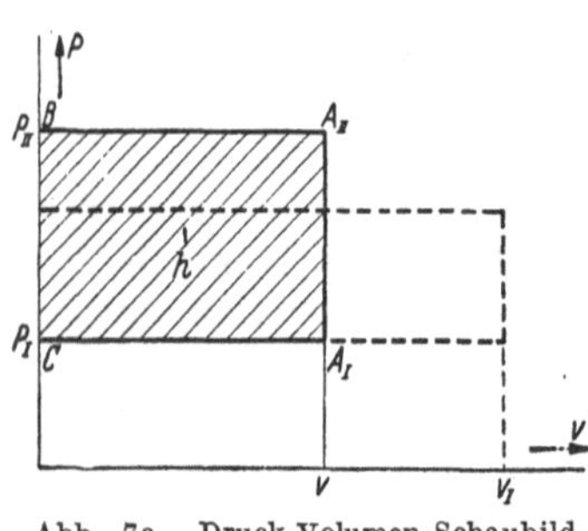

Abb. 7a. Druck-Volumen-Schaubild der tropfbaren Flüssigkeit

$$h_p = (P_{II} - P_I)\, v = \frac{P_{II} - P_I}{\gamma}. \tag{6}$$

Nimmt man als Druckeinheit das kp/cm², wobei dann für den Betrag der Drücke der kleine Buchstabe p verwendet wird, so ist, weil $1\ m^2 = 10^4\ cm^2$,

$$h_p = 10^4 \frac{p_{II} - p_I}{\gamma}, \tag{7}$$

also beispielsweise für technisch reines Wasser gewöhnlicher Temperatur, wofür $\gamma = 1000$ kp/m³ ist

$$h_p = 10(p_{II} - p_I). \tag{7a}$$

Aus Gl. (6) ersieht man, daß die spezifische Förderarbeit h_p für leichte Flüssigkeiten größer ist als für schwere. Dies veranschaulicht in Abb. 7a das gestrichelt gezeichnete inhaltsgleiche Rechteck, bei dem der erreichte Förderdruck infolge des vergrößerten spezifischen Volumens bei gleicher Förderarbeit sich verkleinert.

Im Falle der Volumenbeständigkeit ändert sich die Temperatur bei reibungsfreier Förderung nicht.

Diese Raumbeständigkeit trifft aber bei keiner Flüssigkeit genau zu. Beispielsweise gilt der Wert $\gamma = 1000$ kp/m³ nur für destilliertes Wasser von 4° C bei einem Druck von 760 mm Quecksilbersäule.

Die Änderung in Abhängigkeit des Druckes ist bei gewöhnlicher Temperatur jedoch sehr gering und beträgt für jede Atmosphäre (kp/cm²) etwa 45 Millionstel des Anfangswertes, entsprechend einem volumetrischen Elastizitätsmodul von 22200 kp/cm². Bei hohen Temperaturen ist die Zusammendrückbarkeit des Wassers ein Mehrfaches dieses Wertes, so daß sie bei Überschreitung von etwa 250° C nicht mehr vernachlässigt werden sollte[1]. Bedeutender sind aber die Änderungen des Raumeinheitsgewichtes unter dem Einfluß der Temperatur.

Da beide Abhängigkeiten bei Heißwasserpumpen, die insbesondere bei der Kesselspeisung steigende Bedeutung gewonnen haben, beachtet werden müssen, so sind die Ergebnisse einer von KEENAN[2] vorgenommenen Auswertung der Versuche in Abb. 8 graphisch so dargestellt, daß man zu jedem Druck und jeder Temperatur das Raumeinheitsgewicht γ in kp/m³ entnehmen kann.

Linie A gibt den Wert γ in Abhängigkeit von der Temperatur unter der Voraussetzung an, daß der Druck gleich dem zu der vorhandenen Temperatur gehörigen Sättigungsdruck p_s des Wasserdampfes ist. Die zugehörigen Werte (linke Skalenteilung) sind mit γ_s bezeichnet. Die gestrichelte Linie B zeigt das Raumeinheitsgewicht γ beim größten Versuchsdruck $p = 420$ at abs an. Um für Drücke außerhalb des Sättigungszustandes die Werte γ deutlich darstellen zu können, sind die Unterschiede $\Delta\gamma = \gamma - \gamma_s$ in Abhängigkeit von Druck und Temperatur für die Drücke 10, bis 420 at abs usw. im 10fachen Maßstab (rechte Skalenteilung) angegeben, wobei auch die Linie des kritischen Druckes (225,8 at) zugefügt ist.

Beispielsweise ist für 200 at, 250° C (Punkt a) der Wert γ gleich der Summe der Ordinaten der Punkte a und b, d. h. $\gamma = 16{,}7 + 798{,}5 = 815{,}2$ kp/m³. Der Zuschlag beträgt also hier 2% von γ_s.

Da die Verdichtung in der Pumpe adiabatisch erfolgt (sofern man von dem geringfügigen und durch die Abkühlung an der Gehäuseoberfläche wahrscheinlich mehr als ausgeglichenen Einfluß der Reibungswärme absieht), so sind zur rechten Skaleneinteilung auch einige aus den erwähnten Versuchen sich ergebende Adiabaten gestrichelt eingetragen (mit Intervallen von 55,5° C entsprechend je 100° Fahrenheit). Unter Berücksichtigung der geringen Kompressibilität berechnet sich dann die Druckhöhe zwischen dem Anfangszustand $p_I v_I$ und dem Endzustand $p_{II} v_{II}$, wenn man die Kompressionslinie im pv-Diagramm

[1] TRAUTZ, M., u. H. STEYER: Forsch. Ing.-Wes. 2 (1931) S. 45; ferner F. G. KEYES u. L. B. SMITH: Mech. Engng. 53 (1931) S. 132

[2] Mech. Engng. 53 (Febr. 1931) S. 127

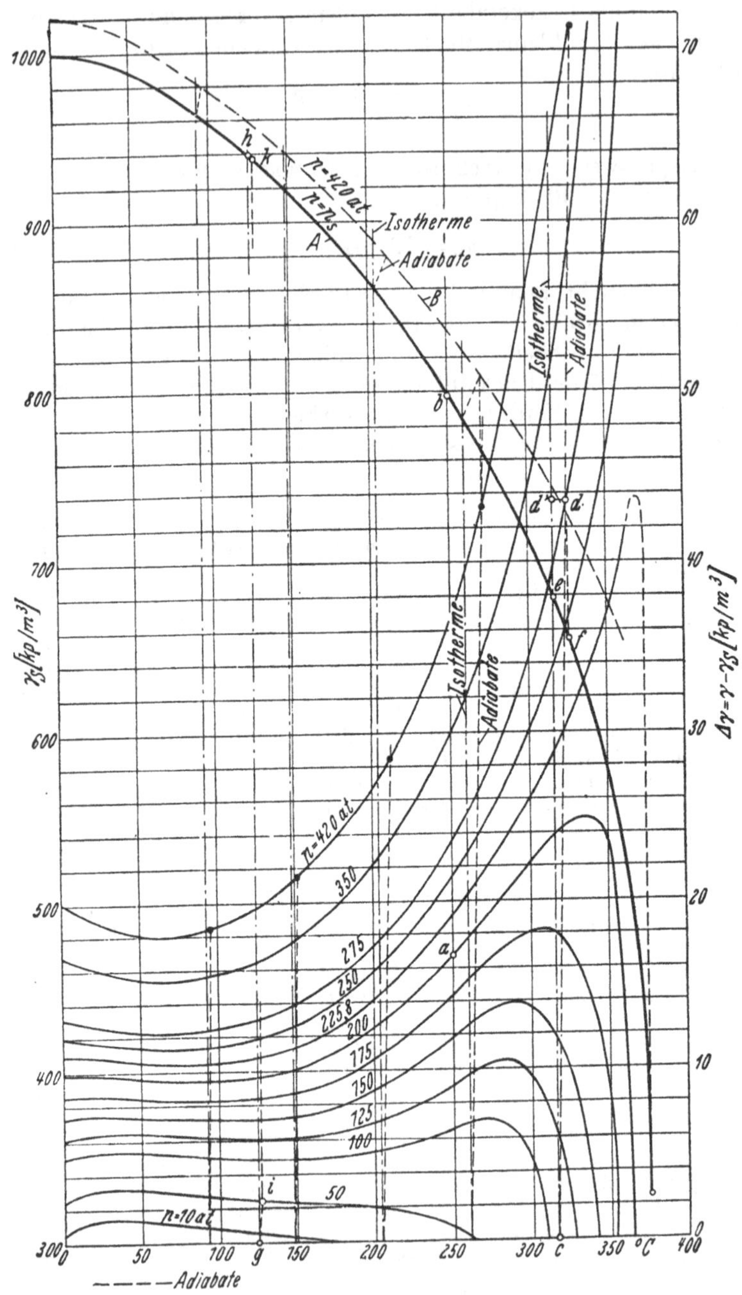

Abb. 8. Änderung des Raumeinheitsgewichtes von Wasser mit dem Druck und der Temperatur nach Versuchen von KEYES und SMITH in der Veröffentlichung von KEENAN. Linke Ordinate: A Werte von γ_s beim Sättigungsdruck. B Werte von γ beim höchsten untersuchten Druck von 420 at abs. Rechte Ordinate: Mehrbetrag $\Delta\gamma$ bei verschiedenen Drücken gegenüber γ_s beim Sättigungsdruck (10facher Maßstab). Der Wert von γ bei einem gegebenen Zustand (Druck und Temperatur) ergibt sich aus $\gamma_s + \Delta\gamma$

durch eine Gerade ersetzt und die Drücke wieder in at (= 10000 kp/m²) ausdrückt

$$h_p = 10000(p_{II} - p_I)\frac{v_I + v_{II}}{2} = 10000 \cdot \frac{1}{2}(p_{II} - p_I)\left(\frac{1}{\gamma_I} + \frac{1}{\gamma_{II}}\right)$$

$$\approx 10000\frac{p_{II} - p_I}{\gamma_m} \quad \text{in mkp/kp oder m,}$$

sofern γ_m das spezifische Gewicht im Halbierungspunkt der Adiabaten ist.

Die Zusammendrückbarkeit des Wassers bedingt eine Verringerung des Kraftbedarfes, die bei hohen Drücken merkbar ist. Beispielsweise ergibt sich bei Förderung von Wasser mit der Anfangstemperatur von 315° C und dem zugehörigen Sättigungsdruck (107,8 at) als Anfangsdruck auf 275 at für $\gamma_I = 678$ kp/m³ (entsprechend Punkt c bzw. e), $\gamma_{II} = 43{,}6 + 654 = 697{,}6$ kp/m³ (entsprechend Punkt d bzw. f), also $h_p = 10000 \cdot 0{,}5\ (275 - 107{,}8)\ (1/678 + 1/697{,}6) = 2436$ m, während bei Annahme des konstanten Wertes γ_I sich 2470 m ergeben hätten, entsprechend einem Unterschied von 1,4%. Die Temperaturzunahme infolge der Zusammendrückbarkeit beträgt $\overline{dd'} = 9°$ C.

Dadurch, daß die Adiabate sich scharf nach rechts abbiegt, wie ihr zwischen den Linien A und B in Abb. 8 eingetragener Verlauf deutlich zeigt, verringert sich die Zunahme von γ recht erheblich. Hätte man in obigem Beispiel isothermische Kompression zugrunde gelegt, die bei schlechter Gehäuseisolierung denkbar ist, so hätte sich der Unterschied gegenüber der gewöhnlichen Rechnung verdoppelt. (Die Gehäusekühlung wirkt also auch hier arbeitsparend.)

Bei mäßigen Kesseldrücken und Speisewassertemperaturen ist aber die Berücksichtigung der Zusammendrückbarkeit des Wassers nicht notwendig. Beispielsweise ergibt sich (entsprechend dem in Abschn. 50, IV berechneten Beispiel) mit der Anfangstemperatur 125,5° C, dem zugehörigen Sättigungsdruck von 2,4 at abs als Anfangsdruck und dem Enddruck 50 at (Punkte g, h bzw. i, k) bei adiabatischer Verdichtung für h_p nur ein Unterschied von 0,014%, bei isothermischer Verdichtung 0,14%. Die Unterschiede werden aber erheblich, wenn bis auf den Bereich des kritischen Druckes oder darüber gegangen wird, wie das neuerdings mehr und mehr geschieht.

Die in kaltem Wasser aufgelöste Luft ändert das Raumeinheitsgewicht nicht. Dagegen sind Salze und Säuren von beträchtlichem Einfluß. So beträgt z.B. für Seewasser bei 15° C je nach seinem Salzgehalt $\gamma = 1020 \div 1030$ kp/m³. Auch der Einfluß von Beimengungen, wie Schlamm, Sand oder ungelöster Luft, d. h. Luftblasen, bedarf gegebenenfalls der Berücksichtigung[1].

3. Die spezifische Arbeit h_p zur Drucksteigerung (Druckhöhe) bei Gasen

Im Bereich kleiner Druckänderungen können Gase nach den für Flüssigkeiten geltenden Beziehungen behandelt werden, wie auf S. 17f. näher gezeigt wird. Darüber hinaus muß die Änderung der Dichte berücksichtigt und an Stelle von Gl. (6) gesetzt werden

$$h_p = \int_{P_I}^{P_{II}} v\,dP, \tag{8}$$

wobei also das endliche Druckintervall durch das unendlich kleine dP ersetzt ist. Der Integrand $v\,dP$ stellt die Elementarfläche $abcd$ des

[1] Regeln für Leistungsversuche an Kreiselpumpen. VDI-Verlag

Pv-Schaubildes (Abb. 9) dar. Daß die Druckhöhe als Gassäule von der Höhe h_p in Metern aufgefaßt werden kann, zeigt folgende Betrachtung:

Wir geben der Gassäule den Querschnitt der Flächeneinheit, also beispielsweise 1 m², und betrachten eine unendlich kleine senkrechte Teilstrecke von der Höhe dh_p. Wenn nun am oberen Ende dieses Elementes der Druck P herrscht, so ist dieser an dessen unterem Ende größer um sein Gewicht, also um

$$dP = \gamma\, dh_p = \frac{1}{v}\, dh_p,$$

so daß $dh_p = v\, dP$. Diese Größe $v\, dP$ ist aber offenbar gleich der Elementarfläche $abcd$ in Abb. 9 oder gleich dem Integranden von Gl. (8). Demnach stellt die Höhe h_p der Gassäule den Wert der ganzen Arbeitsfläche $CA_IA'_{II}BC$ also die Verdichtungsarbeit je kp zwischen den gegebenen Druckgrenzen dar (zu der noch die beiden anderen Glieder der Gl. (1) zuzufügen sind, damit die ganze Förderhöhe H entsteht). Naturgemäß muß die Gassäule unter den gleichen Abkühlungsbedingungen stehen, die bei der Definition von H vorgeschrieben, d. h. dem Idealprozeß zugrunde gelegt sind.

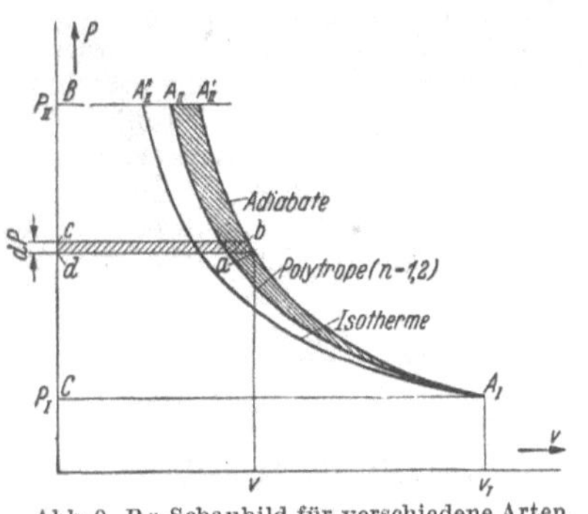

Abb. 9. Pv-Schaubild für verschiedene Arten der Verdichtung. Arbeitsersparnis $A_IA'_{II}A_{II}$ durch Kühlung

Bei fehlender Wärmezu- und -abfuhr ergibt sich die adiabatische Schichtung von selbst. Ebenso muß die Gassäule an ihrem oberen Ende den gleichen Zustand hinsichtlich Druck und Temperatur haben, den das Fördergas am Saugende der Maschine beim Idealprozeß besitzt. Dann genügt der Zustand am anderen Ende von selbst der zu stellenden Bedingung.

Man kann beanstanden, daß die Höhe der Gassäule von $\gamma = \varrho\, g$, wo ϱ die Dichte bedeutet, also von der Erdanziehung abhängig und somit in verschiedenen Schwerefeldern verschieden groß ist. Letzteres ist dadurch erklärlich, daß die Energien h_p oder H definitionsgemäß auf 1 kp (Kilopond) und nicht 1 kg Masse bezogen sind, also ebenfalls von der Erdanziehung abhängen.

a) Wärmetheoretische Grundlagen. Bei Gasen und Dämpfen ist das Volumen weitgehend von Druck und Temperatur abhängig. Für vollkommene Gase gilt die Zustandsgleichung

$$P v = \frac{P}{\gamma} = R\, T. \tag{9}$$

Hierin bedeutet R die Gaskonstante in mkp/grd kp, P den Druck in kp/m², $v = 1/\gamma$ das spezifische Volumen in m³/kp, $T = 273 + t$ die absolute Temperatur in Grad Kelvin. (Zu beachten ist, daß R hierbei auf 1 kp und nicht auf 1 kg Masse bezogen ist, weil dies im technischen Maßsystem üblich und notwendig ist.)

Zwischen R und den spezifischen Wärmen c_p und c_v bei konstantem Druck bzw. konstantem Volumen in kcal/grd kp besteht folgender Zusammenhang

$$R = \frac{1}{A}(c_p - c_v) = 427\,(c_p - c_v) \quad \text{in mkp/grd kp,}$$

weil R die bei der Erwärmung um 1 grd von 1 kp Gas unter konstantem Druck geleistete Ausdehnungsarbeit bedeutet.

Die in Tab. 1 für R angegebenen Zahlen ändern sich mit Druck und Temperatur um einige Prozente, und zwar sind die Abweichungen um so größer, je größer P ist[1]. Bei Drücken von 20 at erreichen diese bei Luft und Wasserstoff die Größenordnung von 1% und sind deshalb bei Kreiselverdichtern meist zu vernachlässigen. In der Nähe der Verflüssigung ist die Zustandsgleichung (9) nicht mehr zu verwenden, so daß man bei Dämpfen auf graphische Darstellungen in der Gestalt der Mollier-iS-Tafel angewiesen ist. Beachtlich ist die Abhängigkeit der spezifischen Wärme von der Temperatur, und zwar ist bei den in Tab. 1 angeführten Gasen c_p bei 100° C um etwa 1,5% größer als bei 0°. Für Luft ist der Mittelwert von c_p zwischen 20 und 100° C zu 0,242 anzunehmen.

Tabelle 1. *Spezifisches Gewicht und spezifische Wärmen von Gasen* bei 0° C und 760 mm QS

	Gas-konstante R	Spezifisches Gewicht γ	Spezifische Wärmen kcal/grd kp	
	mkp/grd kp	kp/m³	c_p	c_v
Luft	29,27	1,2928	0,240	0,171
Sauerstoff	26,49	1,4290	0,219	0,1568
Stickstoff	30,26	1,2505	0,2482	0,1774
Wasserstoff	420,75	0,0899	3,400	2,415

Nach dem ersten Hauptsatz der Wärmemechanik besteht für die wirkliche Verdichtung eines Gases, gleichgültig ob sie mit oder ohne Verlustarbeit erfolgt, die Beziehung:

$$h_i/427 \quad = \quad i_{II} - i_I \quad + \quad q \qquad (10)$$

Wärmewert der inneren Arbeit des Verdichters, bezogen auf 1 kp	=	Zunahme des Wärmeinhaltes (oder der Enthalpie) des Gases	+	Wärmeabgabe nach außen, das heißt an das Kühlwasser

Von Änderungen der Geschwindigkeit oder der Höhenlage ist dabei abgesehen. Unter Annahme eines Mittelwertes c_p ist

$$i_{II} - i_I = c_p\,(t_{II} - t_I)\,.$$

Hiernach äußert sich die zugeführte Verdichtungsarbeit teils in einer Temperaturzunahme $t_{II} - t_I$, teils in einer Wärmeabgabe q nach außen. Jede Verdichtung ist also mit einer Temperatursteigerung verknüpft, die aber durch entsprechende Kühlung mehr oder weniger

[1] Vgl. H. Hansen: BWK 3 (1951) Bild 1, S. 38; ferner H. Stierlin: Escher Wyss Mitt. 1941, S. 34

unterdrückt werden kann. Stellt man die Verdichtungsarbeit wie üblich im Pv-Diagramm (Abb. 9) dar, so verläuft dort die Verdichtungslinie $A_I A_{II}$ um so flacher, je stärker gekühlt wird, weil das Volumen v gemäß der Zustandsgleichung (9) bei gleichem Druck P proportional mit der absoluten Temperatur abnimmt. Gegenüber dem ungekühlten Verdichter mit der Verdichtungslinie $A_I A'_{II}$ wird also die zwischen beiden Kurven liegende schraffierte Arbeitsfläche $A_I A_{II} A'_{II}$ durch die Kühlung gespart. Diese Ersparnis ist offenbar um so größer, je höher das Verdichtungsverhältnis. Außerdem wird die Entstehung hoher Temperaturen t_{II} verhindert, die die Sicherheit des Betriebes gefährden.

b) Die wichtigsten Kreisprozesse im Verdichter ohne innere Verluste. Wir müssen den Verdichtungsvorgang bei den verschiedenen Kühlgraden in diesem Abschnitt unter der Annahme betrachten, daß Reibungs- und sonstige Verluste am strömenden Gas nicht auftreten, weil der Begriff der Druckhöhe auf den verlustlosen Fall bezogen ist.

α) Ungekühlter Verdichter. Hier verläuft bei fehlenden Verlusten die Verdichtung ohne jede innere Wärmezu- oder -abfuhr, also nach einer *Adiabate*, genauer gesagt nach einer Isentrope. Wir wollen aber im folgenden unter der Adiabate stets die Zustandsänderung ohne Wärmezu- oder -abfuhr von innen oder außen verstehen, also die Zustandsänderung konstanter Entropie, welche umkehrbar ist. Die Kompressionslinie im Pv-Diagramm hat hier die Gleichung

$$P v^{\varkappa} = P_I v_I^{\varkappa}, \tag{11}$$

wo der Exponent $\varkappa$ für den bei Kreiselverdichtern in Frage kommenden Temperaturbereich häufig als konstant betrachtet und gesetzt werden kann

für zweiatomige Gase, d. h. H_2, O_2, N_2, Luft usw. . . . $\varkappa = c_p/c_v = 1{,}4$
für überhitzten Wasserdampf . . . . $\varkappa = 1{,}3$
für nassen Wasserdampf vom spezifischen Dampfgehalt x $\varkappa = 1{,}035 + 0{,}1\,x$.

Die Verdichtungsarbeit h_{ad} je kp Gas, d.h. *die adiabatische Druckhöhe*, ist in Abb. 9 dargestellt durch die Fläche $A_I A'_{II} B C$, die sich in die oben erwähnten Elementarflächen $abcd$ vom Inhalt $v\,dP$ zerlegen läßt.

Eliminiert man in Gl. (8) v mittels Gl. (11), so ergibt die Integration zwischen Anfangsdruck P_I und Enddruck P_{II} die adiabate Druckhöhe

$$h_{\text{ad}} = \int_{P_I}^{P_{II}} v\,dP = v_1\, P_I^{1/\varkappa} \int_{P_I}^{P_{II}} \frac{dP}{P^{1/\varkappa}},$$

also nach Durchführung der Integration:

$$h_{\text{ad}} = \frac{\varkappa}{\varkappa - 1} P_I v_I \left[\left(\frac{P_{II}}{P_I}\right)^{\frac{\varkappa - 1}{\varkappa}} - 1\right] \tag{12}$$

oder mit Bezug auf Gl. (9), wenn mit dem kleinen Buchstaben p die Drücke in kp/cm² bezeichnet werden:

$$h_{\mathrm{ad}} = \frac{\varkappa}{\varkappa - 1} R T_I \left[\left(\frac{p_{II}}{p_I} \right)^{\frac{\varkappa - 1}{\varkappa}} - 1 \right] = \frac{c_p}{A} T_I \left[\left(\frac{p_{II}}{p_I} \right)^{\frac{\varkappa - 1}{\varkappa}} - 1 \right], \quad (12\mathrm{a})$$

wo $A = 1/427$ in kcal/mkp das mechanische Wärmeäquivalent bedeutet. Für Luft gewöhnlicher Temperatur ist (mit $c_p = 0{,}242$ kcal/grd kp)

$$\frac{\varkappa}{\varkappa - 1} R = \frac{c_p}{A} = 103 \frac{\mathrm{m}}{\mathrm{grd}}.$$

Das bisher verwendete Pv-Schaubild gibt Auskunft über die Arbeit. Will man auch einen Überblick über die Temperaturen sowie die umgesetzten Wärmemengen haben, so greift man zum TS-Schaubild, bei dem als Ordinate die absolute Temperatur und als Abszisse die Entropie[1] S verwendet werden und in welches nach MOLLIER die Linien gleichen Druckes p (Isobaren) eingetragen sind (Abb. 10). Hier verläuft die Adiabate als Linie gleicher Entropie parallel zur T-Achse zwischen dem durch T_I und p_I gegebenen Anfangszustand A_I und der Linie des vorgeschriebenen Enddruckes p_{II}, d. h. bis A'_{II}, womit auch die Endtemperatur $T'_{II} = 273 + t'_{II}$ erhalten wird.

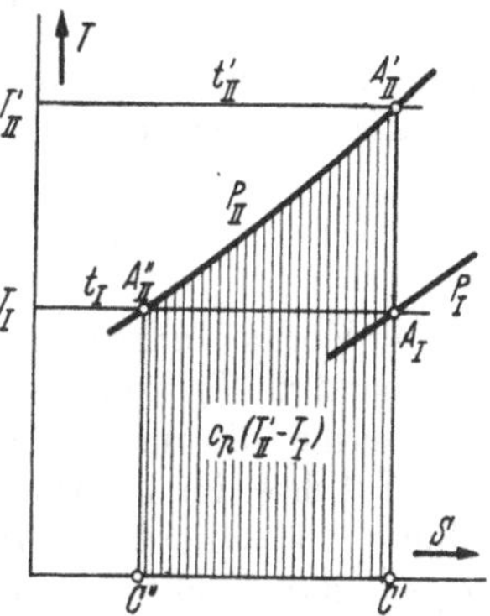

Abb. 10. Adiabatische Verdichtung im TS-Schaubild

Gl. (10) liefert, weil dort jetzt $q = 0$,

$$h_{\mathrm{ad}} = \frac{c_p}{A} (t'_{II} - t_I). \quad (13)$$

Der Ausdruck der Gl. (13) wird im TS-Diagramm dargestellt durch die schraffierte Fläche $A'_{II} A''_{II} C'' C'$. Führt man den Begriff des Wärmeinhaltes (Enthalpie) i in kcal/kp ein, so schreibt sich Gl. (13) besonders einfach

$$h_{\mathrm{ad}} = \frac{1}{A} (i'_{II} - i_I). \quad (14)$$

Diese Gleichung hat den Vorzug, daß sie auch für Dämpfe gilt.

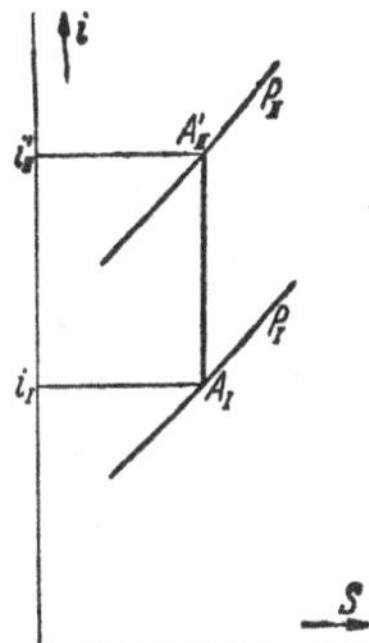

Abb. 11. Adiabate Verdichtung im iS-Schaubild

Hiernach läßt sich die adiabatische Verdichtungsarbeit allgemein aus der im Buchhandel für die verschiedensten Gase und Dämpfe käuflichen MOLLIER-iS-Tafel als senkrechte Strecke zwischen dem Anfangszustand A_I und der Isobare des Enddruckes p_{II}, und zwar in kcal/kp entnehmen (Abb. 11). Von dieser einfachen Bestimmungsweise wird man insbesondere bei

[1] Der Bedeutung der Entropie kommt man nahe, wenn man sie als „Desorganisationsgrad" deutet. Mit wachsender Entropie entwertet sich die betrachtete Wärmemenge.

Dämpfen Gebrauch machen, bei denen c_p und c_v sich verhältnismäßig stark ändern.

Die auf 1 kp Gas bezogene Arbeit h_{ad} ist in mkp/kp oder in m Gassäule auszudrücken und wird deshalb auch als Druckhöhe bezeichnet.

Die Temperaturzunahme $\Delta t_{ad} = t'_{II} - t_I$ kann man für Gase und Dämpfe aus der MOLLIER-iS-Tafel entnehmen. Für Gase benutzt man unter Annahme eines Mittelwertes c_p

$$\Delta t_{ad} = t'_{II} - t_I = \frac{1}{c_p}(i'_{II} - i_I) = \frac{A}{c_p} h_{ad}, \tag{15}$$

also für atmosphärische Luft $\Delta t_{ad} = h_{ad}/103$.

Aus der Gleichheit der Ausdrücke (12a) und (13) folgt auch

$$\Delta t_{ad} = t'_{II} - t_I = T_I\left[\left(\frac{p_{II}}{p_I}\right)^{\frac{\varkappa-1}{\varkappa}} - 1\right]. \tag{15a}$$

β) Vollkommen gekühlter Verdichter. Hier bleibt die Gastemperatur T_I konstant. Die Verdichtung verläuft also nach einer Isotherme, die im TS-Diagramm (Abb. 10) durch die Parallele $A_I A''_{II}$ zur S-Achse, im Pv-Diagramm (Abb. 9) gemäß Gl. (9) durch die Gleichung $Pv =$ konst. $= P_I v_I$, also durch eine gleichseitige Hyperbel $A_I A''_{II}$ dargestellt ist. Gl. (10) gibt

$$A\, h_i \equiv A\, h_{is} = q. \tag{16}$$

Die ganze Verdichtungsarbeit wird also hier im Kühlwasser als Wärme abgeführt. Sie ist ersichtlich im TS-Diagramm (Abb. 10) in kcal/kp in dem Rechteck $A_I A''_{II} C'' C'$, im Pv-Diagramm (Abb. 9) in mkp/kp oder m in der Fläche $A_I A''_{II} B C$, deren Inhalt für permanente Gase

$$h_{is} = P_I v_I \ln\frac{p_{II}}{p_I} = R\, T_I \ln\frac{p_{II}}{p_I}. \tag{17}$$

Dies ist die *isothermische Druckhöhe*. Die Arbeitsersparnis durch die Kühlung entspricht in beiden Diagrammen der Fläche $A_I A''_{II} A'_{II}$.

Um eine zahlenmäßige Vorstellung zu erhalten, berechnen wir für Luft, also $R = 29{,}27$ mkp/grd kp und $\varkappa = 1{,}4$, sowie für eine Anfangstemperatur $t_I = 20°$ C bei verschiedenen Druckverhältnissen p_{II}/p_I einige Werte.

Tabelle 2

p_{II}/p_I	1	1,4	2	3	4	6	8	10	25	
h_{ad}	$=0$	3050	6530	10810	14650	20150	24450	28100	45500	m
h_{ad}/h_{is}	$=1$	1,055	1,095	1,149	1,232	1,31	1,372	1,42	1,649	—
$t'_{II} - t_I$	$=0$	29,6	63,4	105	142,2	195,5	237,5	273	442	grd

Die zu überwindenden Druckhöhen $h_p = h_{ad}$ sind also beträchtlich höher als bei den Wasserpumpen. Die Werte h_{ad}/h_{is} zeigen, daß die bei vollkommener Kühlung eintretende Ersparnis schon für kleine Druckverhältnisse merkbar ist und rasch anwächst.

γ) Unvollkommen gekühlter Verdichter. Bei diesem allgemeinen Fall wollen wir die Wärmeableitung durch Kühlung längs der

Verdichtungslinie $A_I A_{II}$ stetig verteilt annehmen. Dieser Bedingung entspricht am besten das polytropische Gesetz $p\,v^n = p_I v_I^n$. Adiabate und Isotherme sind Sonderfälle dieses Gesetzes mit $n = \varkappa$ bzw. 1. Offenbar liegt infolge der Kühlung der Exponent zwischen 1 und $\varkappa$, falls nicht gleichzeitig hohe innere Verlustwärme auftritt, die aber bei der angenommenen verlustlosen Verdichtung wegfällt. Die Verdichtungslinie läuft also zwischen Adiabate und Isotherme (Abb. 9 und 12) und ist im TS-Diagramm fast geradlinig. Im TS-Diagramm läßt sich auch Gl. (10) veranschaulichen, insofern, als die Trapezfläche $A_I A_{II} C C'$ die während der Verdichtung abgeführte Wärmemenge q, die Trapezfläche $A_{II} A_{II}'' C'' C$ die Zunahme des Wärmeinhaltes und die Summe beider Flächen die gesamte Verdichterarbeit je kp darstellen. Die durch die Kühlung erzielte Arbeitsersparnis ersieht man in beiden Darstellungen aus der Fläche $A_I A_{II} A_{II}'$ und den Mehrbedarf an Verdichterarbeit gegenüber der Isotherme aus der Fläche $A_I A_{II} A_{II}''$.

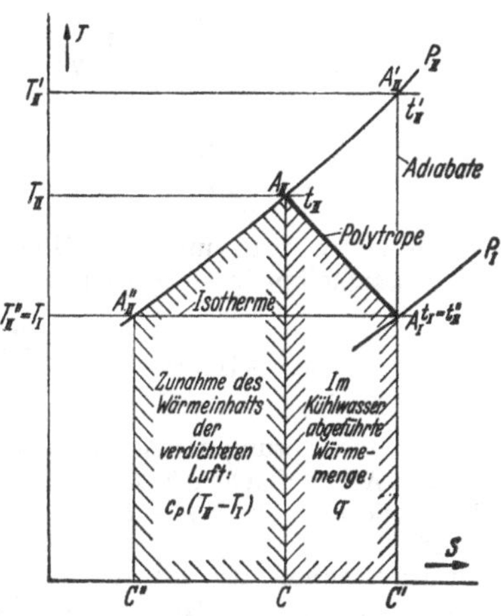

Abb. 12. Polytropische Verdichtung im TS-Schaubild

Die Arbeit in mkp/kp, d. h. die *polytropische Druckhöhe*, ebenso die Erwärmung $t_{II} - t_I = T_{II} - T_I$, erhält man aus den entsprechenden Gleichungen (12) und (15a) der Adiabate, wenn dort $\varkappa$ durch n ersetzt wird, so daß

$$h_{\text{pol}} = \frac{n}{n-1} P_I v_I \left[\left(\frac{p_{II}}{p_I} \right)^{\frac{n-1}{n}} - 1 \right] = \frac{n}{n-1} R\, T_I \left[\left(\frac{p_{II}}{p_I} \right)^{\frac{n-1}{n}} - 1 \right] \quad (18)$$

bzw.

$$t_{II} - t_I = T_I \left[\left(\frac{p_{II}}{p_I} \right)^{\frac{n-1}{n}} - 1 \right]. \quad (19)$$

Bei Benutzung der MOLLIER-iS-Tafel darf hier die im Kühlwasser abgeführte Wärme nicht vergessen werden, indem nach Gl. (10)

$$h_{\text{pol}} = \frac{1}{A} (i_{II} - i_I + q). \quad (20)$$

δ) Der Arbeitsbedarf je m³ angesaugtes Gas, d. h. h_{ad}/v_I, h_{is}/v_I, h_{pol}/v_I, ist nach Gl. (12) bzw. (17) bzw. (18) für alle 3 Verdichtungsarten unabhängig von der Art des Gases, falls $\varkappa$ bzw. n, d. h. die Atomzahl, gleich sind. 1 m³ Wasserstoff beispielsweise braucht also bei gleichem Anfangs- und Enddruck dieselbe Verdichtungsarbeit wie 1 m³ Luft.

ε) Näherungsgleichungen für kleine Druckhöhen. In den abgeleiteten Gleichungen ist die Auswertung der Potenzen von p_{II}/p_I unbequem.

Bei kleinen Förderdrücken, wie sie in Kreiselrädern häufig vorliegen (Ventilatoren, Gebläse), lassen sich die vorstehenden Gleichungen vereinfachen. Führt man statt des Druckverhältnisses p_{II}/p_I das Verhältnis des Förderdruckes $p_{II} - p_I$ zum Anfangsdruck p_I ein:

$$y = \frac{p_{II} - p_I}{p_I} = \frac{p_{II}}{p_I} - 1 \tag{21}$$

und entwickelt man die Potenz $(p_{II}/p_I)^{(\varkappa-1)/\varkappa} = (1 + y)^{(\varkappa-1)/\varkappa}$ der Gl. (12) nach dem binomischen Lehrsatz in eine unendliche Reihe, so erhält man nach Abbruch mit dem 4. Glied an Stelle von Gl. (12)

$$h_{\text{ad}} = P_I v_I y \left(1 - \frac{y}{2\varkappa} + \frac{\varkappa+1}{6\varkappa^2} y^2\right) = R T_I y \left(1 - \frac{y}{2\varkappa} + \frac{\varkappa+1}{6\varkappa^2} y^2\right), \tag{22}$$

womit auch Δt_{ad} nach Gl. (15) bekannt ist.

Die Fehler betragen mit $\varkappa = 1{,}4$ bis $p_{II}/p_I = 1{,}40$ höchstens $+\frac{1}{2}\%$, $p_{II}/p_I = 1{,}50$ höchstens $+1\%$.

Berücksichtigt man nur das 1. Glied in der Klammer, so erhält man wieder die für Flüssigkeiten in Gl. (6) abgeleitete Beziehung

$$h_{\text{ad}} = (P_{II} - P_I)\, v_I = \frac{P_{II} - P_I}{\gamma_I} = 10^4 \frac{p_{II} - p_I}{\gamma_I}. \tag{23}$$

Diese erste Annäherung genügt für *Ventilatoren*. Sie beruht darauf, daß die ursprüngliche Arbeitsfläche $abcd$ durch das Rechteck $ab'cd$ (Abb. 13) ersetzt wird. Der Fehler beträgt bei $P_{II} - P_I = 150$ kp/m² oder mm WS $+\frac{1}{2}\%$, bei 300 mm WS $+1\%$.

Bei Hinzunahme des zweiten Gliedes in der Klammer von Gl. (22) erhält man die bei einstufigen Gebläsen häufig ausreichende Genauigkeit. Diese Annäherung läuft darauf hinaus, daß die genaue Arbeitsfläche durch das Trapez $ab''cd$, wo ab'' die Adiabate in a berührt, ersetzt wird. Der Fehler beträgt bis $p_{II}/p_I = 1{,}17$ höchstens $-\frac{1}{2}\%$, bis $p_{II}/p_I = 1{,}24$ höchstens -1%.

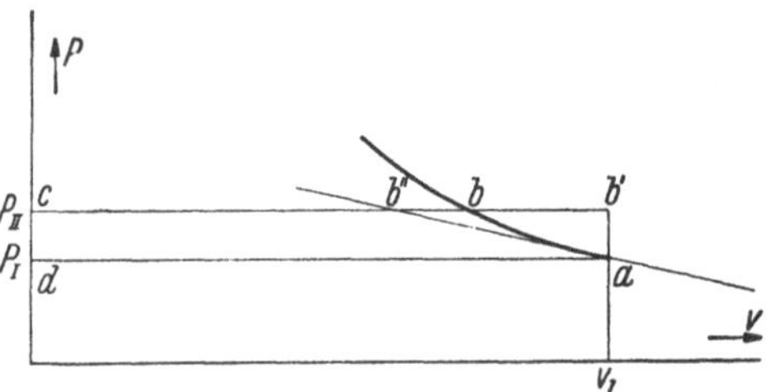

Abb. 13. Darstellung der Näherungslösungen bei kleinem Druckunterschied $P_{II} - P_I$

Diese Näherungsgleichungen gelten auch für polytropische Verdichtung, wenn $\varkappa$ durch den zu der Polytrope gehörigen Exponenten n ersetzt wird.

Bei häufigen Wiederholungen stellt man sich zweckmäßig Kurven bereit, die den Verlauf h_{ad}/T_I und $\Delta t_{\text{ad}}/T_I$ in Abhängigkeit vom Druckverhältnis p_{II}/p_I angeben. Vgl. auch die S. 501 angegebene μ-Tafel.

4. Verluste und Wirkungsgrade

Der Arbeitsbedarf der Pumpe ist um die Verluste größer als die in der „Förderhöhe" H zum Ausdruck kommende Nutzarbeit in gehobenem Wasser bzw. verdichtetem Gas. Die Nutzleistung in mkp/s ist offenbar gleich $\gamma V H$ und in PS $N_n = \frac{\gamma V H}{75}$, wenn V m³/s angesaugt und auf H Meter gefördert werden sollen.

Unter den Verlusten der Kreiselpumpen spielen die Hauptrolle die *Druckverluste*, die auf dem Weg zwischen Saug- und Druckstutzen durch Reibung, Querschnitts- und Richtungsänderung entstehen und die vielfach als „hydraulische Verluste“ bezeichnet werden. Wir fassen sie unter der Bezeichnung „*Schaufelverluste*“ zusammen, weil sie hauptsächlich in den Lauf- und Leitkanälen auftreten. Während die Druckverluste in den an die Pumpe anschließenden Rohrleitungen bereits in der Förderhöhe H mitberücksichtigt werden (S. 6), sind diese Schaufelverluste, die mit Z_h in Metern bezeichnet seien, nicht darin enthalten. Die von den Laufschaufeln übertragene Arbeit in mkp für jedes Kilopond Wasser oder Gas, d. h. die spezifische reine Schaufelarbeit in mkp/kp oder m, ist also $H_{\text{th}} = H + Z_h$. Da H_{th} gleichzeitig die Förderhöhe einer Pumpe, welche ohne Schaufelverluste arbeitet, darstellt, hat dieser Wert auch die Bedeutung einer *theoretischen Förderhöhe*.

Zu den Schaufelverlusten Z_h kommen noch die Verluste hinzu, die die Förderhöhe des Rades nicht oder erst in zweiter Linie beeinflussen. Das sind zunächst *Undichtheitsverluste*, die dadurch entstehen, daß an den Abdichtungsstellen zwischen Laufrad und Gehäuse aus betrieblichen Gründen ein kleiner Zwischenraum, *der Spalt*, vorhanden sein muß, durch den das Fördermittel in den Saugraum zurückfließt (Abb. 59, S. 91). Ferner entstehen Undichtheitsverluste durch die Stopfbüchsen[1] und bei manchen Bauarten auch durch den Achsschubausgleich (vgl. Abschn. 99 bis 103). Um diesen gesamten *Undichtheitsverlust* V_{sp} muß der Förderstrom des Laufrades größer sein als der verlangte.

Weiter sind zu berücksichtigen die Reibung an den Außenwänden des Rades, d. h. die *Radreibungsleistung* N_r, die aus Gl. (87a), Abschn. 15a in PS erhalten wird, und schließlich ein Rückströmen der Grenzschicht aus dem Austrittsleitrad in das Laufrad. Diese letztere im *Austausch* stattfindende *Bewegung* ist durch das Ansteigen des Druckes hinter dem Rad in Strömungsrichtung bedingt und deshalb bei Pumpen (weniger bei Turbinen) vorhanden (Abschn. 80b). Sie hat den gleichen Charakter wie die Radreibung und bedingt einen zusätzlichen Leistungsverlust von N_a PS, der bei Teillast von großer Bedeutung ist (S. 391). Im Bereich der normalen Last kann dieser Austatschverlust in der Regel unberücksichtigt bleiben. Rechnerisch kann er nicht erfaßt werden. (Bei Schaufelrädern mit schrägstehender Eintrittskante (Abb. 235a, S. 412) entsteht dieser Austauschstrom mindestens bei Teillast auch auf der Eintrittsseite des Rades.)

Die bisher besprochenen Verluste nennt man *innere Verluste*. Sie haben das gemeinsame Merkmal, daß sie als Wärme an das Fördermittel übergehen, was besonders bei Gasförderung eine Rolle spielt[1]. Ihre Zusammenfassung mit der Nutzleistung ergibt die *innere Leistung* in PS

$$N_i = \frac{\gamma}{75}\,(V + V_{\text{sp}})\,H_{\text{th}} + N_r + N_a\,. \tag{24}$$

Die dieser Leistung N_i entsprechende, auf 1 kp Fördermittel entfallende Arbeit H_i, die man als spezifische innere Arbeit oder *innere*

---

[1] Man kann allerdings im Zweifel sein, ob man den Stopfbüchsverlust ebenso behandeln darf wie die anderen Undichtheitsverluste, weil er sehr häufig nicht wieder dem Förderstrom zugeleitet, sondern nach außen abgeführt wird.

Förderhöhe bezeichnet, beträgt

$$H_i = \frac{75 N_i}{\gamma V} = \left(1 + \frac{V_{sp}}{V}\right) H_{th} + 75 \frac{N_r + N_a}{\gamma V} \tag{25}$$

$$= H_{th} + Z_{sp} + Z_r + Z_a, \tag{25a}$$

sofern

$$Z_{sp} \equiv \frac{V_{sp}}{V} H_{th}, \quad Z_r \equiv \frac{75 N_r}{\gamma V}, \quad Z_a \equiv \frac{75 N_a}{\gamma V} \tag{25b}$$

die auf 1 kp Förderflüssigkeit bezogenen Verlustarbeiten infolge Spaltverlust, Radreibung und Austauschverlust bedeuten.

Schließlich sind die sogenannten *äußeren Verluste* von Wichtigkeit, die im wesentlichen Gleitflächenverluste darstellen und durch Lager- und Stopfbüchsenreibung, Luftreibung an den Kupplungen usw. bedingt sind. Ihre Verlustwärme geht offenbar nicht an das Fördermittel über (wenn man davon absieht, daß ein Teil der Reibungswärme der Stopfbüchse oder des Lagers über das Gehäuse sich dem Fördermittel mitteilen kann). Ist die entsprechende Verlustleistung N_m in PS, so beträgt die gesamte an der Kupplung zuzuführende Leistung (Kupplungs- oder Wellenleistung) in PS

$$N = N_i + N_m = \frac{\gamma}{75}(V + V_{sp}) H_{th} + N_a + N_r + N_m. \tag{26}$$

Entsprechend diesen Verlusten unterscheidet man folgende Wirkungsgrade:

a) den Schaufelwirkungsgrad (oder hydraulischen Wirkungsgrad) als das Verhältnis der tatsächlich erreichten Förderhöhe H zur theoretischen Förderhöhe H_{th}

$$\eta_h = \frac{H}{H_{th}} = \frac{H}{H + Z_h}, \tag{27}$$

welcher die Druckhöhenverluste Z_h im Leit- und Laufrad und in den Verbindungskanälen zur Saug- bzw. Drucköffnung berücksichtigt.

b) den volumetrischen Wirkungsgrad als das Verhältnis des in die Druckleitung gelangten Förderstromes V zum Durchfluß $V + V_{sp}$ des Rades

$$\eta_v = \frac{V}{V + V_{sp}} = \frac{1}{1 + V_{sp}/V}, \tag{28}$$

welcher die Mengenverluste berücksichtigt;

c) den inneren Wirkungsgrad als das Verhältnis der Nutzleistung N_n zur gesamten auf die Förderflüssigkeit übertragenen inneren Leistung N_i, die in Gl. (24) angegeben ist und die sich von der Wellenleistung N nur durch das Fehlen der Gleitflächenverluste N_m unterscheidet:

$$\eta_i = \frac{N_n}{N_i} = \frac{H}{H_i}. \tag{29}$$

Dieser berücksichtigt die inneren Verluste, d.h. alle die Verluste, die sich der Förderflüssigkeit als Wärme mitteilen;

d) den mechanischen Wirkungsgrad als das Verhältnis der inneren Leistung N_i zur Kupplungsleistung N

$$\eta_m = \frac{N_i}{N} = \frac{N - N_m}{N}, \tag{30}$$

welcher die Gleitflächenverluste umfaßt;

e) den Gesamtwirkungsgrad oder Kupplungswirkungsgrad als das Verhältnis der Nutzleistung zur Wellenleistung

$$\left.\begin{aligned} \eta &= \frac{N_n}{N} = \frac{\gamma V H}{\gamma (V + V_{sp}) H_{th} + (N_r + N_a + N_m)\, 75} \\ \text{oder} \quad \eta &= \frac{1}{\left(1 + \frac{V_{sp}}{V}\right)\frac{H_{th}}{H} + \frac{N_r + N_a + N_m}{N_n}}, \end{aligned}\right\} \tag{31}$$

der gemäß Gl. (29) und (30) auch gleich $\eta_i \cdot \eta_m$ gesetzt werden kann und alle Verluste umfaßt.

Für die Berechnung von N_r und V_{sp} finden sich in Abschn. 15 und 15a die nötigen Angaben. N_m hängt stark von der Art der Maschine ab und kann bei Wellenleistungen von 10 bis 100 PS zu etwa 2%, bei größeren Maschinen weniger bis herab auf 1% geschätzt werden. N_a ist nur bei Teillast von großer Bedeutung.

Beziehung zwischen η_h und η. Da der Schaufelwirkungsgrad η_h aus dem durch den Versuch bekannten Gesamtwirkungsgrad η unter Berücksichtigung des Undichtheitsverlustes, der Rad- und Lagerreibung, zu ermitteln ist, sei eine geeignete Beziehung zwischen η und η_h abgeleitet, wobei der Austauschverlust N_a unberücksichtigt bleiben soll, da er für den Förderstrom besten Wirkungsgrades meist keine Bedeutung hat. Setzt man

$$\zeta_{sp} \equiv \frac{V_{sp}}{V} = \frac{1}{\eta_v} - 1, \quad \zeta_r \equiv \frac{N_r}{N}, \quad \zeta_m \equiv \frac{N_m}{N} = 1 - \eta_m, \tag{32}$$

so ist

$$\frac{N_r + N_m}{N_n} = \frac{N_r + N_m}{\eta N} = \frac{1}{\eta}(\zeta_r + \zeta_m).$$

Führt man diese Werte mit $N_a = 0$ in Gl. (31) ein und bestimmt $\eta_h = H/H_{\mathrm{th}}$, so ergibt sich

$$\eta_h = \frac{1 + \zeta_{sp}}{1 - (\zeta_r + \zeta_m)}\,\eta = \frac{1 + \zeta_{sp}}{\eta_m - \zeta_r}\,\eta \tag{33}$$

oder

$$\eta = \eta_h \eta_v (\eta_m - \zeta_r). \tag{33a}$$

η_h ergibt sich aus Gl. (33) kleiner, als der einfachen Addition der Verlustziffern zu η entspricht.

Zahlenangaben über Gesamtwirkungsgrade für Wasser- und Luftförderung Abschn. 30, für Luftförderung auf hohen Druck Abschn. 110. Bei Luftverdichtung in Verbindung mit großen Druckverhältnissen ist die Güte der Kühlung gemäß dem folgenden Abschnitt im Wirkungsgrad zu berücksichtigen.

5. Adiabatischer und isothermischer Wirkungsgrad des Verdichters

Die im vorausgegangenen Abschnitt abgeleiteten Wirkungsgrade η_i und η sind ohne weiteres brauchbar bei der Wasserpumpe und beim ungekühlten Verdichter. Beim gekühlten Verdichter wäre in den Ausdruck für die Förderhöhe H die verlustfreie Verdichtungsarbeit je kp einzuführen, also (falls eine Polytrope zugrunde gelegt werden kann) der Wert h_{pol} in Gl. (18) oder (20). Dann würde aber im Wirkungsgrad die Güte der Kühlung, die für die wirtschaftliche Beurteilung des Verdichters wichtig ist, nicht zum Ausdruck kommen.

Um einen einwandfreien Vergleich zwischen verschiedenen Bauarten, der die Güte der Kühlung mit einbezieht, zu ermöglichen, legt man einen feststehenden Vergleichsprozeß zugrunde und wählt dafür entweder die adiabatische oder die isothermische Verdichtung. Man hat also folgende beide Arten von Wirkungsgraden zu unterscheiden, wenn $G_s = \gamma V$ der in die Druckleitung geförderte Gewichtsstrom in kp/s ist:

a) Den *adiabatischen Kupplungswirkungsgrad*[1], welcher beim ungekühlten Verdichter benutzt wird

$$\eta_{\text{ad}-k} = \frac{G_s H}{75 N}. \tag{34}$$

Hierin ist nach Gl. (1), weil dort bei Verdichtern $y = 0$ gesetzt werden kann,

$$H = h_{\text{ad}} + \frac{c_{II}^2 - c_I^2}{2g} \tag{34a}$$

mit h_{ad} aus einer der Gl. (12) bis (14) bzw. (22).
Dieser Wirkungsgrad ist für ungekühlte Verdichter identisch mit dem in Abschn. 4 angegebenen Gesamtwirkungsgrad.

b) Den *isothermischen Kupplungswirkungsgrad*[1], welcher meist beim gekühlten Verdichter benutzt wird

$$\eta_{\text{is}-k} = \frac{G_s H_{\text{is}}}{75 N}. \tag{35}$$

Hierin ist

$$H_{\text{is}} = h_{\text{is}} + \frac{c_{II}^2 - c_I^2}{2g} \tag{35a}$$

mit h_{is} aus Gl. (17).

In Gl. (34a) und (35a) ist auch das Geschwindigkeitsglied häufig vernachlässigbar.

Die entsprechenden inneren Wirkungsgrade $\eta_{\text{ad}-i}$ und $\eta_{\text{is}-i}$ ergeben sich aus Gl. (34) oder (35), wenn dort N durch $N_i = N\eta_m$ ersetzt wird oder durch Division der Kupplungswirkungsgrade mit η_m.

Für den gleichen Verdichter ist naturgemäß stets $\eta_{\text{is}} < \eta_{\text{ad}}$. Es gibt auch einen isothermischen Wirkungsgrad der verlustlosen, adiabatischen Verdichtung, nämlich $\eta_{\text{is}} = h_{\text{is}}/h_{\text{ad}}$. Seine reziproken Werte enthält die Tab. 2, S. 16.

[1] Diese Bezeichnungen sind den VDI-Verdichterregeln DIN 1945, Berlin: VDI-Verlag, 1934 entnommen.

Auf die Güte der Kühlung hat auch die Temperatur des Kühlwassers Einfluß. Bestehen Unterschiede zwischen den Eintrittstemperaturen des Wassers und des Gases, so sind diese bei der Wahl von T_I zur Bestimmung von H_{is} in Gl. (35) zu berücksichtigen, damit der Verdichter richtig beurteilt wird.

Gl. (34) und (35) dienen auch zur Berechnung des Leistungsbedarfs N, wenn Erfahrungswerte für η (d. h. $\eta_{\text{ad}-k}$ bzw. $\eta_{\text{is}-k}$) (vgl. Abschn. 110) vorliegen.

6. Der wirkliche Verdichtungsvorgang bei fehlender Kühlung Der polytropische Wirkungsgrad

Sofern keine Wärme von außen zu- oder abgeführt wird und auch von der Abkühlung an der Gehäuseoberfläche abgesehen werden kann, ist in Gl. (10) $q = 0$, also die innere Druckhöhe bei permanenten Gasen

$$h_i = 427\, c_p (t_{II} - t_I) \tag{36}$$

oder allgemein, also auch bei Dämpfen

$$h_i = 427\, (i_{II} - i_I) \tag{36a}$$

und somit der innere Wirkungsgrad, im Fall $c_I = c_{II}$

$$\eta_i = \frac{H}{H_i} = \frac{h_{\text{ad}}}{h_i} = \frac{t'_{II} - t_I}{t_{II} - t_I} \tag{37}$$

oder nach Gl. (15a)

$$= \frac{(p_{II}/p_I)^{\frac{\varkappa-1}{\varkappa}} - 1}{T_{II}/T_I - 1} \tag{37a}$$

bzw.

$$\eta_i = \frac{i'_{II} - i_I}{i_{II} - i_I}. \tag{37b}$$

Dabei beziehen sich t_{II} oder i_{II} auf den wirklich erreichten Austrittszustand, t'_{II} oder i'_{II} auf den Austrittszustand im Fall adiabatischer (d. h. isentropischer) Verdichtung.

Bestimmung des Wirkungsgrades mit dem Thermometer. Man kann nach Gl. (37) den Wirkungsgrad des ungekühlten Verdichters einfach durch Messung des Temperaturanstieges $t_{II} - t_I$ am Austritt gegenüber dem Eintritt bestimmen. Die adiabatische Temperaturzunahme $t'_{II} - t_I$ ist dabei zu dem erzielten Druckverhältnis p_{II}/p_I aus Gl. (15a) zu erhalten, falls nicht Gl. (37a) bzw. (37b) benutzt wird. Bei Dämpfen entnimmt man die i-Werte aus einer MOLLIER-iS-Tafel, indem man mittels der gemessenen Temperaturen und Drücke Anfangs- und Enddruck in der Tafel festlegt, was allerdings nur bei überhitztem Dampfzustand praktisch durchführbar ist. Mittels dieses einfachen Verfahrens erzielt man annähernd richtige Ergebnisse, besonders wenn die Abkühlung an der Gehäuseoberfläche klein gehalten wird. Starke Unterschiede zwischen c_I und c_{II} sind naturgemäß gesondert zu berücksichtigen.

Bei *Wasserpumpen* läßt sich grundsätzlich das gleiche einfache Verfahren der Bestimmung des Wirkungsgrades mittels des Thermometers trotz der Raumbeständigkeit des Fördermittels anwenden[1]. Obwohl die Förderhöhe kleiner, die spezifische Wärme größer und deshalb der zu messende Temperaturzuwachs $t_{II} - t_I$ wesentlich kleiner ist als beim Verdichter, so gewinnt dieses Verfahren neuerdings dort erhöhte Bedeutung, wo sehr große Förderhöhen in Verbindung mit großen Leistungen zu bewältigen sind, nämlich bei *Kesselspeisepumpen*[2].

Die Aufheizung des Gases durch die Verlustwärme hat beim ungekühlten Verdichter zur Folge, daß die Verdichtung nicht nach einer Adiabate (Isentrope), sondern nach einer Zustandskurve $A_I A_{II}$ erfolgt, die im TS-Schaubild (Abb. 14) nach rechts von der Adiabate $A_I A'_{II}$ abweicht, weil die Reibungswärme AZ als Wärmezufuhr, d. h. als Fläche unter $A_I A_{II}$ erscheinen muß. Die gesamte Mehrarbeit gegenüber der adiabatischen Verdichtung ist nach Gl. (36) dargestellt durch die Fläche unter $A'_{II} A_{II}$. Sie setzt sich zusammen aus der Reibungswärme entsprechend der Fläche $A_I A_{II} C C' = AZ$ und dem Mehrbedarf AK an reiner Verdichtungsarbeit, nämlich der Fläche $A_I A'_{II} A_{II}$, die eine Folge des Aufheizens des Gases durch diese Verlustwärme ist. Diese Wärmezufuhr wirkt sich naturgemäß umgekehrt aus, wie die S. 16 besprochene Kühlung. Die wirkliche Verdichtungsarbeit ist also dargestellt durch das Trapez $A_{II} A''_{II} C'' C$, unabhängig davon, wie die Verdichtung verläuft, d. h. ob sie eine Polytrope ist, deren Exponent n dann größer als $\varkappa$ sein muß (und aus Abb. 313, S. 501, entnommen werden kann) oder eine beliebige Linie. Von den Anteilen Z und K der Mehrarbeit ist im Pv-Schaubild nur der Mehrbetrag K an reiner Verdichtungsarbeit ersichtlich (Abb. 15), der die eigentliche Ursache

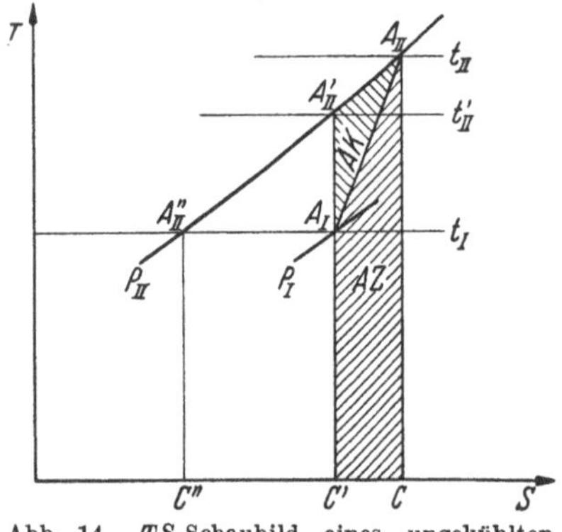

Abb. 14. TS-Schaubild eines ungekühlten aber reibungsbehafteten Verdichters

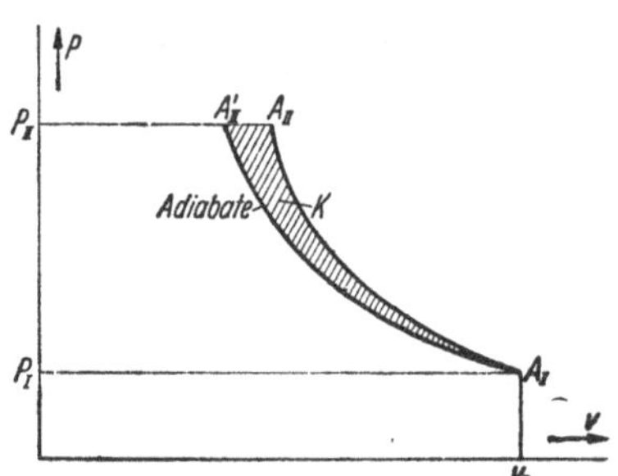

Abb. 15. Pv-Schaubild eines ungekühlten aber reibungsbehafteten Verdichters

[1] WILLMER, H.: Thermische Untersuchungen an Kreiselpumpen. Diss. Techn. Hochschule Braunschweig 1931. — K. J. UMPFENBACH: Kalorimetrisches Verfahren zur Wirkungsgradbestimmung an Wasserturbinen. Diss. Techn. Hochschule Berlin 1937. — R. VAUCHER: Escher Wyss Mitt. 32 (1959) Heft 2/3, S. 39 bis 45

[2] HOLT, I. V. H.: Measuring pump efficiencies by Thermometrie. Engineering 19. 4. 1958, S. 501. — D. N. SINGH: Thermodynamic methods etc. DSIR, M. E. R. L. Fluids Report Nr. 70. — M. SACK und andere: Thermodynamische Methoden usw. bei Kesselspeisepumpen BWK 11 (1959) Nr. 11, S. 511—516, S. 516/17, S. 518/19

bildende Reibungsanteil Z also nicht. Wesentlich ist die Erkenntnis, daß beim Verdichter der gesamte Arbeitsverlust immer größer ist als die eigentliche Reibungsarbeit, während beim umgekehrten Vorgang in der Turbine der Arbeitsverlust *infolge Rückgewinnung* eines Teiles der Reibungswärme bei der weiteren Expansion immer kleiner ist als die Reibungsarbeit. *Diese Erscheinung hat die wichtige Folge, daß der Wirkungsgrad eines Verdichters um so kleiner werden muß, je höher die Verdichtung ist.* Sie ist insbesondere beim mehrstufigen Verdichter zu beachten, wie in Abschn. 110 noch gezeigt werden wird.

Der polytropische Wirkungsgrad. Der von der Höhe der Verdichtung abhängige Mehrbedarf K an reiner Verdichtungsarbeit macht demnach den adiabatischen Wirkungsgrad ungeeignet als Vergleichszahl zur Beurteilung der Güte der Beschaufelung verschiedener Verdichter. Auch ist der Vergleich mit den bei Pumpen für raumbeständige Flüssigkeit erzielten Werten erschwert. Man kann sich aber offenbar eine solche Kennziffer verschaffen, wenn man diesen Mehrbedarf K zur Nutzarbeit hinzurechnet. Dies rechtfertigt sich aber nur zum Zwecke des Vergleiches der Güte verschiedener Beschaufelungen unabhängig von der Größe der Dichteänderung, und man erhält dann Werte, wie sie bei raumbeständiger Flüssigkeit erreichbar sein würden.

Dann ist in Gl. (34a) an Stelle von h_{ad} die polytropische Druckhöhe h_{pol} aus Gl. (18) einzusetzen. Nehmen wir wieder $c_I = c_{II}$, so wird also die polytropische Förderhöhe $H_{\mathrm{pol}} = h_{\mathrm{pol}}$

$$H_{\mathrm{pol}} = \frac{n}{n-1} R\, T_I \left[\left(\frac{p_{II}}{p_I}\right)^{\frac{n-1}{n}} - 1\right] = \frac{n}{n-1} R (T_{II} - T_I).$$

Der so definierte polytropische Wirkungsgrad beträgt also

$$(\eta_i)_{\mathrm{pol}} = \frac{H_{\mathrm{pol}}}{H_i}$$

oder weil $H_i = 427\, c_p\, (T_{II} - T_I)$, worin $427\, c_p = \frac{\varkappa}{\varkappa - 1} R$

$$(\eta_i)_{\mathrm{pol}} = \frac{n}{n-1} \frac{\varkappa - 1}{\varkappa}. \tag{38}$$

Den Exponenten n kann man aus den gemessenen Temperaturen berechnen, weil

$$\frac{T_{II}}{T_I} = \left(\frac{p_{II}}{p_I}\right)^{\frac{n-1}{n}},$$

woraus

$$\frac{n-1}{n} = \frac{\log(T_{II}/T_I)}{\log(p_{II}/p_I)}.$$

Setzt man diesen Wert in Gl. (38) ein, so wird endgültig

$$(\eta_i)_{\mathrm{pol}} = \frac{\varkappa - 1}{\varkappa} \frac{\log(p_{II}/p_I)}{\log(T_{II}/T_I)}. \tag{39}$$

Dieser für den Verdichter geltende Wert ist größer als der auf die Adiabate bezogene innere Wirkungsgrad der Gl. (37). Bei der Turbine ist der reziproke Wert von Gl. (39) zu nehmen, der dann kleiner als das zugehörige η_i ist.

Zu beachten ist ferner, daß die Form der Gl. (39) nur für permanente Gase brauchbar und für Dämpfe umzuformen ist.

Wir werden vom Begriff des polytropischen Wirkungsgrades bei der weiteren Behandlung der Verdichter und Gasturbinen keinen Gebrauch machen. Er findet aber häufig in der Literatur Erwähnung, um die Güte von ungekühlten Maschinen, welche verschiedene Druckhöhen verarbeiten, vergleichen zu können. Dieser Vergleich ist aber nur näherungsweise richtig, weil der Einfluß der Dichteänderung auf die Strömungsverluste nicht voll erfaßt wird.

Bei mehrstufigen ungekühlten Maschinen hat die zusätzliche Verdichtungsarbeit K infolge des Aufheizens des Gases durch die Reibungswärme — sowohl bei Verdichtern wie Turbinen — Einfluß auf die Verteilung der Gesamtarbeit auf die einzelnen Stufen, die wir später (s. S. 498ff.) ins Auge fassen. Die dort verwendete Zahl μ ist beim Verdichter gleich dem Verhältnis von $(\eta_i)_{\text{pol}}$ zu η_i.

B. Strömungstechnische Grundlagen

Ehe wir uns mit der Pumpe weiter befassen, wollen wir uns die wichtigsten in Frage kommenden Strömungsgesetze ins Gedächtnis zurückrufen.

Die betrachtete Strömung sei stationär, d. h. in jedem Raumpunkt bleiben Druck und Geschwindigkeit unverändert. Dann sind auch die Bahnen der einzelnen Teilchen, die *Stromlinien*, stets die gleichen und das durch einen beliebigen Querschnitt F einer Stromröhre in der Zeiteinheit strömende Volumen V ist unveränderlich, so daß $V = Fc =$ konst. Hierin ist c der Mittelwert der Geschwindigkeit über F (Kontinuitätsgleichung). Die Berandung der Strömung sei fernerhin keinerlei Beschleunigung unterworfen, also z. B. in Ruhe.

7. Bernoulli-Satz für Flüssigkeiten und Gase

In einer solchen Strömung besitzt jedes Teilchen eine bestimmte Energie, die sich, wenn wir zunächst Reibungsfreiheit annehmen, zusammensetzt aus

a) Energie der Lage. Diese rührt vom Eigengewicht des betrachteten Teilchens her und wird gemessen durch den Abstand z von einer waagerechten Bezugsebene unterhalb des Teilchens (Ortshöhe), denn die Arbeitsfähigkeit von 1 kp Flüssigkeit gegenüber dieser Ebene beträgt z mkp/kp oder m.

b) Energie des Druckes. Auch der Druck in einer Strömung befähigt zur Arbeitsleistung, wenn er als Überdruck gegen einen Bezugsdruck zum Ausdruck kommt, und zwar ist die auf 1 kp entfallende Arbeit gleich der in Abschn. 2 und 3 ermittelten verlustlosen Druckarbeit oder Druckhöhe h_p.

c) Energie der Bewegung. Vermöge seiner Geschwindigkeit c könnte das betrachtete Teilchen, wenn es senkrecht nach oben abgelenkt würde, seine Entfernung von der Bezugsebene weiter vergrößern um den Betrag $c^2/2g$, den man als Geschwindigkeitshöhe bezeichnet.

Die *gesamte Energie*, bezogen auf 1 kp Flüssigkeit oder Gas, beträgt somit

$$E = z + h_p + \frac{c^2}{2g}.$$

Da Reibung fehlen soll, behält das betrachtete Teilchen diesen Energieinhalt auf seinem ganzen Weg durch die Strömung bei. Wegen des stationären Charakters der Strömung ist dies auch bei allen anderen Teilchen der gleichen Stromlinie der Fall. Wir treffen jetzt noch die weitere Bestimmung, daß beim Eintritt in den betrachteten Kanal sämtliche Teilchen den gleichen Energieinhalt besitzen, eine Annahme, die dem wirklichen Sachverhalt weitgehend entspricht und beispielsweise für die drehungsfreie Strömung (Potentialströmung) genau zutrifft, was ohne Beweis mitgeteilt sei. Dann gilt offenbar für die ganze Strömung

$$z + h_p + \frac{c^2}{2g} = \text{konst.} \tag{1}$$

Diese Gleichung drückt den *wichtigen Satz* von BERNOULLI aus, wonach in einer stationären reibungsfreien Strömung von Flüssigkeiten oder Gasen die *Summe aus Ortshöhe, Druckhöhe und Geschwindigkeitshöhe unverändert bleibt.*

Der Wert der Konstanten bezieht sich auf eine beliebige Stelle der Strömung. Bezeichnet man die bezüglichen Werte mit dem Fußzeichen I, so schreibt sich Gl. (1)

$$z + h_p + \frac{c^2}{2g} = z_I + h_{pI} + \frac{c_I^2}{2g}. \tag{2}$$

Handelt es sich um eine Strömung parallel zu einer waagerechten Ebene, so bleibt z gleich groß und man kann Gl. (2) auch schreiben

$$h_p + \frac{c^2}{2g} = h_{pI} + \frac{c_I^2}{2g}. \tag{3}$$

Jeder Abnahme der Druckhöhe h_p steht also eine entsprechende Zunahme der Geschwindigkeitshöhe $c^2/2g$ gegenüber und umgekehrt, d. h. an Stellen kleinen Druckes muß die Geschwindigkeit größer sein als an Stellen hohen Druckes.

Bei *Flüssigkeiten* ergibt sich h_p aus Abschn. 2, Gl. (6). Wählt man den Bezugsdruck gleich Null und ist der Druck des betrachteten Teilchens gleich P in kp/m², so ist $h_p = P/\gamma$. Somit lautet hier die BERNOULLI-Gleichung im allgemeinen Fall nach Gl. (2)

$$z + \frac{P}{\gamma} + \frac{c^2}{2g} = z_I + \frac{P_I}{\gamma} + \frac{c_I^2}{2g} \tag{2a}$$

und im Fall der waagerechten Strömung nach Gl. (3)

$$\frac{P}{\gamma} + \frac{c^2}{2g} = \frac{P_I}{\gamma} + \frac{c_I^2}{2g}. \tag{3a}$$

Bei *Gasen* ist h_p die in Abschn. 3 für einige Sonderfälle bestimmte reine Druckhöhe $\int dP/\gamma = \int dPv$, also bei fehlender Kühlung gleich h_{ad} und nach einer der dortigen Gl. (12) bis (14) bzw. (22) zu ermitteln. Die Größe z kann hier in der Regel vernachlässigt werden, also lautet die BERNOULLI-Gleichung für kompressible Flüssigkeiten (sog. *kompressible Bernoulli-Gleichung*):

$$h_{\text{ad}} + \frac{c^2}{2g} = h_{\text{ad}\,I} + \frac{c_I^2}{2g}. \tag{3b}$$

Bei einer vollkommen gekühlten Strömung tritt naturgemäß h_{is} an Stelle von h_{ad}.

Da man das adiabatische Gefälle auf den Druck Null, wobei $h_{\text{ad}} = \varkappa/(\varkappa - 1) \cdot Pv = \varkappa/(\varkappa - 1) \cdot RT$, beziehen kann[1], so läßt sich bei permanenten Gasen auch schreiben

$$\frac{\varkappa}{\varkappa - 1} RT + \frac{c^2}{2g} = \frac{\varkappa}{\varkappa - 1} RT_I + \frac{c_I^2}{2g}, \tag{3c}$$

worin $\varkappa/(\varkappa - 1) \cdot R = c_p/A \approx 103$ m/grd für Luft. Gl. (3c) läßt sich auch schreiben

$$\frac{\varkappa}{\varkappa - 1} \frac{P}{\gamma} + \frac{c^2}{2g} = \frac{\varkappa}{\varkappa - 1} \frac{P_I}{\gamma} + \frac{c_I^2}{2g}. \tag{3d}$$

Der Vergleich mit Gl. (3a) zeigt den Einfluß der Kompression. Bei Heranziehung der Schallgeschwindigkeit a nach Gl. (54), S. 83, folgt auch

$$\frac{a^2}{\varkappa - 1} + \frac{c^2}{2} = \frac{a_I^2}{\varkappa - 1} + \frac{c_I^2}{2} = \frac{a_g^2}{\varkappa - 1}. \tag{4}$$

Letztere Gleichung ist besonders bei beträchtlichen Gasgeschwindigkeiten c nützlich. a_g ist darin die Schallgeschwindigkeit des auf $c = 0$ verlangsamten Gases (S. 83f.).

Berücksichtigung der Reibung bei Flüssigkeiten. Hier ist in Gl. (2a) und (3a) auf der *linken Seite* die Reibungsverlusthöhe h_r hinzuzufügen.

Die Form der BERNOULLI-Gleichung begnügt sich dann mit der Feststellung der durchschnittlichen Verhältnisse in den einzelnen Kanalquerschnitten, weil die reibungsbehaftete Strömung infolge des Geschwindigkeitsabfalls an der Wand den Charakter einer Strömung mit gleichem Energieinhalt der einzelnen Teilchen verloren hat (S. 64ff.).

Reibungsbehaftete Strömungen von Gasen ohne Kühlung behandelt man am besten in der Form, daß man an Stelle der adiabatischen Druckhöhe der Gl. (3b) den Wärmeinhalt i einführt und zu diesem Zweck das mkp/kp als Maßeinheit durch die kcal/kp ersetzt. Man kann dann die Reibungshöhe in den Wärmeinhalt hineinnehmen, weil die Reibungsarbeit sich der Strömung als Wärme mitteilt. Dann gilt für

---

[1] Für den Fall der *Expansion* vom Zustand p_I, T_I auf den Druck p_{II} ist das adiabatische Gefälle $h_{\text{ad}} = \varkappa/(\varkappa - 1) \cdot RT_I\,[1 - (p_{II}/p_I)^{(\varkappa-1)/\varkappa}]$, woraus mit $p_{II} = 0$, $T_I = T$ der obige Ausdruck folgt

ungekühlte reibungsbehaftete Strömungen, wenn z wieder vernachlässigt wird, allgemein mit $A = 1/427$

$$i + A\frac{c^2}{2g} = i_I + A\frac{c_I^2}{2g} \tag{5}$$

wo c auch wieder als Mittelwert zu nehmen ist, oder mit $2g/A = 2g \cdot 427 = 8380$,

$$\frac{c^2 - c_I^2}{8380} = i_I - i, \tag{5a}$$

in Worten: *Die Zunahme der kinetischen Energie ist gleich der Abnahme des Wärmeinhaltes, gleichgültig, ob Reibung vorhanden ist oder nicht.* Für permanente Gase benutzt man die Beziehung $i_I - i = c_p(t_I - t)$ oder $i/A = \varkappa/(\varkappa - 1) \cdot RT$, wie in Gl. (3c) bereits geschehen ist.

8. Der Impulssatz

Nach dem allgemeinen Impulssatz der Mechanik ist die zeitliche Änderung des Impulses J gleich der an der Masse angreifenden Kraft K, also

$$K = \frac{dJ}{dt},$$

wo der Impuls $J = m\,c$ das Produkt ist aus Masse m und Geschwindigkeit c. Ist m konstant, so erhält man den bekannten Satz, daß die Kraft gleich dem Produkt aus Masse und Beschleunigung ist. Hält man dagegen c fest, so ergibt sich eine Kraft nur bei einer fortlaufenden Änderung der Masse gemäß

$$K = c\frac{dm}{dt}. \tag{6}$$

Wendet man diese Gleichung auf eine Strömung an, die dann wegen der Konstanz von c *stationär* sein muß, so ist dm/dt die an den Grenzen zu- oder abströmende sekundliche Masse, also für den Bereich eines Querschnittes nach unseren bisherigen Bezeichnungen $(\gamma/g)\,V$. Man erhält z. B. die Kräftewirkung auf einen beliebigen Kanal (Abb. 16), wenn man diesen mit einer „*Kontrollfläche*" umgibt und alle aus- und eingehenden Stromfäden beobachtet. Diese Kontrollfläche durchschneide die Strömung in den Querschnitten I von der Größe F_1 und II von der Größe F_2 und laufe im übrigen an der Außenfläche des Kanals entlang. Dann verschwindet bei I in der Sekunde der Impuls

$$K_1 = \frac{\gamma}{g}\,V\,c_1 = \frac{\gamma}{g}\,F_1\,c_1^2,$$

der als Kraft im Querschnitt F_1 in Richtung der Strömung wirkt[1], da es sich um eine Abnahme von Impuls handelt. Im Querschnitt II entsteht der sekundliche Impuls

$$K_2 = \frac{\gamma}{g}\,V\,c_2 = \frac{\gamma}{g}\,F_2\,c_2^2,$$

[1] Der Vorgang wird anschaulich, wenn man sich im Querschnitt I eine Verlangsamung der Strömung bis auf Null und im Querschnitt II ihre Beschleunigung von Null bis auf die wirkliche Geschwindigkeit vorstellt

der eine im Querschnitt *II* entgegengesetzt zur Richtung der Strömung wirkende Kraft darstellt. Im übrigen Teil der Kontrollfläche entsteht oder verschwindet kein Impuls. Diese Flächen sind nur von Wichtigkeit wegen der an der Außenfläche des Kanals wirkenden Pressungen. Wir berücksichtigen diese, indem wir für die in den Querschnitten F_1 und F_2 wirkenden Flüssigkeitsdrücke P_1 und P_2 die *Überdrücke über den Umgebungsdruck* nehmen. Durch Zusammensetzung der (in Abb. 16 gestrichelt gezeichneten) Kräfte $K_1 + P_1 F_1$ und $K_2 + P_2 F_2$ ergibt sich die am betrachteten Kanal angreifende resultierende Kraft R. Will man nicht die am Kanal angreifenden Kräfte, sondern die Gegenkräfte haben, so braucht man nur die Vorzeichen sämtlicher Kräfte umzukehren, wie in Abb. 16 (durch ganze Linien) angegeben ist.

Wichtig ist, daß die Flüssigkeitsdrücke P (ebenso wie gegebenenfalls die Zähigkeitskräfte) über die ganze Kontrollfläche erfaßt werden. Durchschneidet die Kontrollfläche eine Wand, so sind die in der Schnittfläche auftretenden Spannungen zu berücksichtigen.

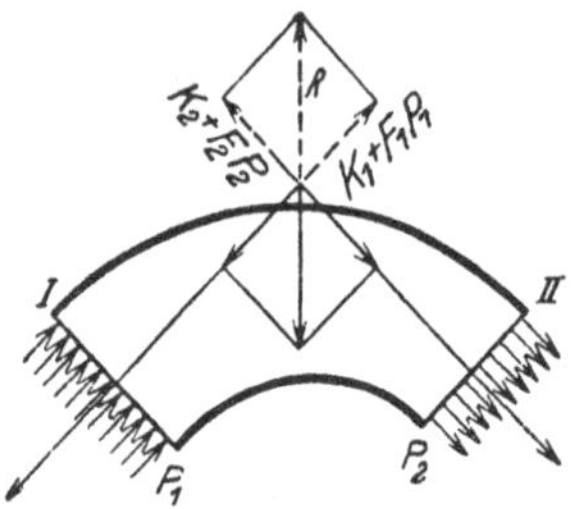

Abb. 16. Kräftewirkung auf einen Kanal bei stationärer Strömung

Da die Betrachtungen von den Vorgängen innerhalb des Kanals unabhängig sind, insbesondere alle inneren stationären Kräfte herausfallen, so ist auch die innerhalb der Kontrollfläche auftretende Reibung ohne Einfluß. *Der Impulssatz gilt also auch für zähe Flüssigkeiten ohne Einschränkung.* Naturgemäß müssen aber die in den Kontrollflächen etwa auftretenden Zähigkeitskräfte (Schubkräfte) in gleicher Weise wie die Flüssigkeitsdrücke (Normalkräfte) berücksichtigt werden. Das Eigengewicht muß gesondert in Rechnung gestellt werden. Wegen der umfassenden Bedeutung des Impulssatzes sollen einige Beispiele behandelt werden.

8a. Anwendung des Impulssatzes

a) Rakete. Legt man die Kontrollfläche um die Rakete, so ist der austretende Impuls

$$K = \frac{\gamma}{g} V w = \frac{\gamma}{g} f w^2 = 2 f q, \qquad (6\text{a})$$

wenn w die Ausflußgeschwindigkeit *relativ zur Rakete*, f der Strahlquerschnitt und $q = \gamma\, w^2/2g$ der Staudruck bei der Geschwindigkeit w.

Die treibende Kraft einer Rakete entspricht also dem doppelten Produkt aus Strahlquerschnitt und Staudruck, bei Flüssigkeiten dem doppelten Produkt aus Strahlquerschnitt und Kesseldruck.

b) Plötzliche Querschnittserweiterung (Borda-Carnotscher Verlust). Der aus dem engen Kanal austretende Strahl kann nicht sofort der Erweiterung folgen, sondern läßt ein von Wirbeln durchsetztes Totraumgebiet A gemäß Abb. 17 frei. Den dadurch bedingten Druckverlust wollen wir ermitteln.

Man kann annehmen, daß im Querschnitt I dicht hinter der Sprungstelle überall der gleiche Druck herrscht[1], der dann gleich dem Druck P_1 im Zuströmkanal sein muß. Legt man nun die Kontrollfläche wie in Abb. 17 durch strichpunktierte Linie angedeutet und bezeichnet man die auf den Zuström- bzw. Abströmkanal bezüglichen Größen mit den Fußzeichen 1 bzw. 2, so sind die Impulskräfte am Ein- bzw. Austritt $K_1 = (\gamma/g)\, V c_1$ bzw. $K_2 = (\gamma/g)\, V c_2$, wenn γ als konstant betrachtet wird. Damit lautet die Gleichgewichtsbedingung in Richtung der Rohrachse:

$$K_1 + P_1 f_2 = K_2 + P_2 f_2 .$$

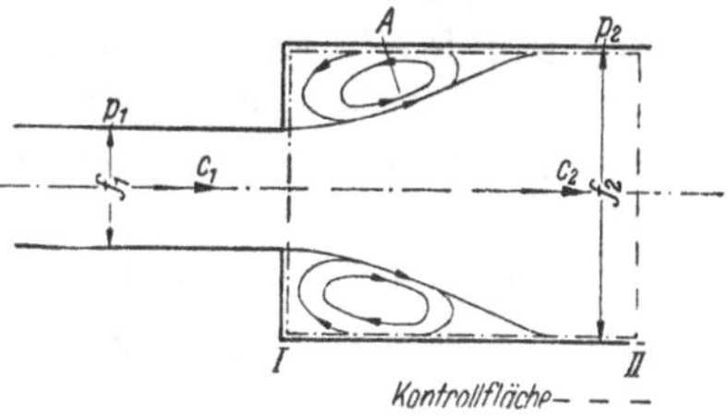

Abb. 17. Plötzliche Kanalerweiterung (CARNOTscher Verlust)

Also beträgt der Druckzuwachs zwischen den Querschnitten I und II

$$P_2 - P_1 = \frac{K_1 - K_2}{f_2} = \frac{\gamma}{g} \frac{V}{f_2} (c_1 - c_2)$$

oder, weil $V/f_2 = c_2$

$$\frac{P_2 - P_1}{\gamma} = h_2 - h_1 = \frac{c_2}{g} (c_1 - c_2) .$$

Bei verlustloser Verlangsamung wäre der Druckanstieg nach dem BERNOULLI-Satz

$$(h_2 - h_1)_{\text{th}} = \frac{c_1^2 - c_2^2}{2g} , \tag{7}$$

also ist der Verlust

$$h_v = (h_2 - h_1)_{\text{th}} - (h_2 - h_1) = \frac{c_1^2 - c_2^2 - 2c_2 c_1 + 2c_2^2}{2g}$$

oder

$$h_v = \frac{(c_1 - c_2)^2}{2g} . \tag{8}$$

Zu beachten ist, daß die Wandreibung nicht mit eingeschlossen ist, die in diesem Fall zu berücksichtigen wäre, weil sie in der Kontrollfläche auftritt. Obwohl ferner die vorausgesetzte Druckgleichheit über den ganzen Querschnitt f_2 in I nicht ganz zutrifft, wird Gl. (8) bei *Erweiterungen* durch den Versuch gut bestätigt[2]. Mit abnehmendem $c_1 - c_2$ geht h_v wegen der quadratischen Abhängigkeit sehr rasch gegen Null. Deshalb ergeben schwache Querschnittssprünge geringere Verluste als die entsprechende *stetige* Erweiterung, während starke Sprünge erheblich ungünstiger sind (S. 73).

Zur Erzielung einer ausgeglichenen Abströmung ist bei starkem Querschnittssprung eine Rohrlänge gleich dem 8fachen Durchmesser des Rohres nötig.

Bei der Strömungsumkehr, d. h. im Fall plötzlicher *Verengungen*, ist im wesentlichen nur der durch den scharfkantigen Einlauf in den

[1] NUSSELT, W.: Forsch. Ing.-Wes. 11 (1940) S. 250

[2] Vgl. SCHÜTT: Mitt. d. Hydr. Inst. Techn. Hochschule München (1926), Heft 1 oder Dissertation

engen Kanal erzeugte Einschnürungsverlust maßgebend, also der Vorgang grundsätzlich anders zu beurteilen[1].

c) Plötzliche Querschnittserweiterung und Richtungsänderung (Kniestück). Dieser Fall läßt sich in gleicher Weise behandeln wie der vorige, wenn wieder im Übergangsquerschnitt I überall ein Druck gleich dem des Zuströmkanals angenommen wird. Legt man im übrigen die Kontrollfläche entsprechend dem strichpunktierten Verlauf der Abb. 18, so wirken die Impulskräfte $K_1 = (\gamma/g)\,V c_1$ und $K_2 = (\gamma/g)\,V c_2$ unter dem Winkel δ des Kniestückes. Die Gleichgewichtsbedingung in waagerechter Richtung liefert

$$K_1 \cos\delta + P_1 f_2 = K_2 + P_2 f_2,$$

also weil wieder $V/f_2 = c_2$

$$\frac{P_2 - P_1}{\gamma} = h_2 - h_1 = \frac{c_2}{g}(c_1 \cos\delta - c_2).$$

Hieraus folgt in Verbindung mit Gl. (7) die Verlusthöhe

$$h_v = (h_2 - h_1)_{\text{th}} - (h_2 - h_1) = \frac{1}{2g}(c_1^2 + c_2^2 - 2c_1 c_2 \cos\delta).$$

Nach dem Cosinussatz stellt dieser Klammerwert das Quadrat der dritten Seite c_s in dem von den gerichteten Größen c_1 und c_2 gebildeten

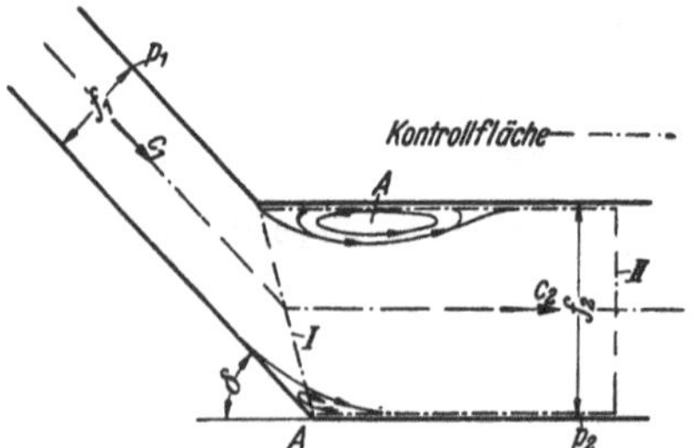

Abb. 18. Strömung im Kniestück

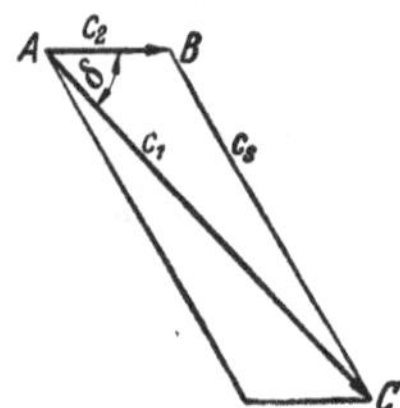

Abb. 18a. Darstellung der Stoßkomponente c_s zu Abb. 18

Dreieck ABC (Abb. 18a), d. h. der vektoriellen Differenz $\bar{c}_1 - \bar{c}_2$ dar, die man auch als Stoßkomponente betrachten kann. Also ist

$$h_v = \frac{c_s^2}{2g} = \frac{(\bar{c}_1 - \bar{c}_2)^2}{2g}. \tag{9}$$

Nach der Erfahrung ist der wirkliche Verlust etwas kleiner, weil im Übergangsquerschnitt I die Toträume A auftreten (Abb. 18) und hier eine stetige Ablenkung des Strahles herbeiführen, abgesehen davon, daß die Druckverteilung über diesen Querschnitt der Annahme nicht mehr ganz entspricht. Man führt deshalb eine Erfahrungszahl φ ein und schreibt

$$h_v = \varphi\,\frac{c_s^2}{2g} = \varphi\,\frac{(\bar{c}_1 - \bar{c}_2)^2}{2g}, \tag{9a}$$

[1] Vgl. L. Prandtl: Führer durch die Strömungslehre. Verlag Vieweg, Braunschweig, 1. u. 2. Aufl. (1942 bzw. 1944) S. 153

worin bei Erweiterungen $\varphi = 0{,}6$ bis $1{,}0$. Im Fall der Verengung ist φ niedriger.

Aus Gl. (9) folgt mit $\delta = 0$ der CARNOTsche Verlust der Gl. (8) als Sonderfall.

In Abschn. 13 werden diese Arten von Verlusten weiter behandelt.

d) Angeschnittener ebener Strahl. Beim Anschneiden eines freien Strahles durch eine Schneide (Abb. 19) (unter der wir uns eine unter Stoß angeströmte Schaufel vorstellen können) wird der nicht angeschnittene Teil durch den Ablenkungsdruck ebenfalls aus seiner Richtung um einen Winkel β herausgedrängt, der für den Fall bestimmt werden soll, daß der Strahl *eben* ist, d. h. seitlich durch zwei parallele Ebenen geführt wird.

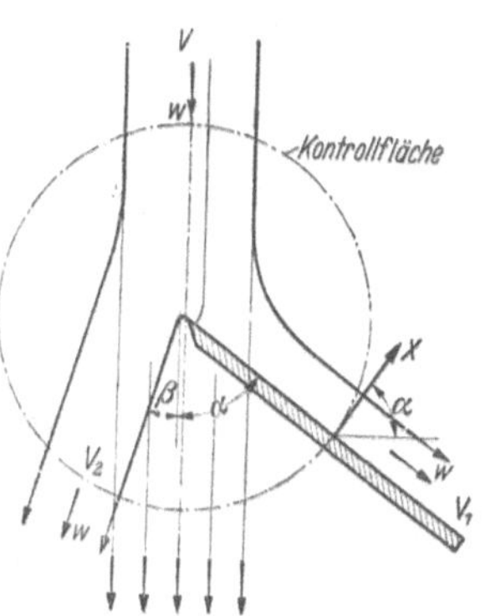

Abb. 19. Angeschnittener ebener Strahl ($V_1/V_2 = 0{,}6$, $\alpha = 55°$)

Wählt man die Kontrollfläche, wie strichpunktiert gezeichnet, so wird die Schneide durchschnitten. Deshalb sind die Ersatzkräfte für die in der Schnittfläche auftretenden Spannungen zu berücksichtigen. (Dieser Rechnungsgang soll zur Verallgemeinerung der Darstellung vorgeführt werden, obwohl das Durchschneiden, wie nachher gezeigt wird, auch zu vermeiden ist.) Wenn wir die Reibung der Strömung an der Oberfläche der Schneide vernachlässigen, so können in der Schnittfläche als resultierende Kräfte X nur solche auftreten, die senkrecht zur Oberfläche der Schneide gerichtet sind und die wir als weitere Unbekannte einführen. Sofern die Strahlen durch die Kontrollfläche in genügend großem Abstand von der Schneidenspitze durchschnitten werden, bleibt die Strahlgeschwindigkeit trotz der Richtungsänderung überall unverändert gleich w.

Wir schreiben die Gleichgewichtsbedingungen in Richtung parallel und senkrecht zur ungestörten Strahlrichtung an und erhalten, wenn V_1 der herausgeschnittene, $V_2 = V - V_1$ der restliche Flüssigkeitsstrom, α der Neigungswinkel der Schneide gegen die Strahlrichtung ist:

$$\frac{\gamma}{g} V w = \frac{\gamma}{g} V_1 w \cos\alpha + \frac{\gamma}{g} V_2 w \cos\beta + X \sin\alpha,$$

$$X \cos\alpha = \frac{\gamma}{g} V_1 w \sin\alpha - \frac{\gamma}{g} V_2 w \sin\beta.$$

Die Elimination von X liefert nach einiger Umformung

$$\cos(\alpha + \beta) = \cos\alpha - \frac{V_1}{V_2}(1 - \cos\alpha), \tag{10}$$

womit der gesuchte Winkel β bekannt ist. Diese Gleichung läßt sich auch unmittelbar angeben, wenn der Impulssatz in Plattenrichtung angeschrieben wird. In diesem Fall wird das Durchschneiden der Platte vermieden, d. h. die Kontrollfläche um die Schneidenspitze herum längs der Plattenoberfläche geführt.

Zur Veranschaulichung des Ergebnisses seien einige Sonderfälle betrachtet:

1. $\alpha = 90°$ (d. h. senkrecht angeströmte Schneide) gibt

$$\sin\beta = \frac{V_1}{V_2} = \frac{V_1}{V - V_1}. \tag{10a}$$

Ist z. B. $V_1 = V/5$, so beträgt $\sin\beta = \frac{1}{4}$ entsprechend $\beta \approx 15°$.

Ist aber $V_1 = V_2 = V/2$, so wird $\sin\beta = 1$; also $\beta = 90°$. Der Strahl verhält sich also jetzt genauso, wie wenn er durch eine ebene Platte vollständig abgefangen würde. Dieser Fall läßt sich auch bei schräger Ablenkung verfolgen, wenn gesetzt wird:

2. $\alpha + \beta = 180°$. Dann liefert Gl. (10) mit $V_2 = V - V_1$

$$\frac{V_1}{V} = \frac{1}{2}(1 + \cos\alpha). \tag{10b}$$

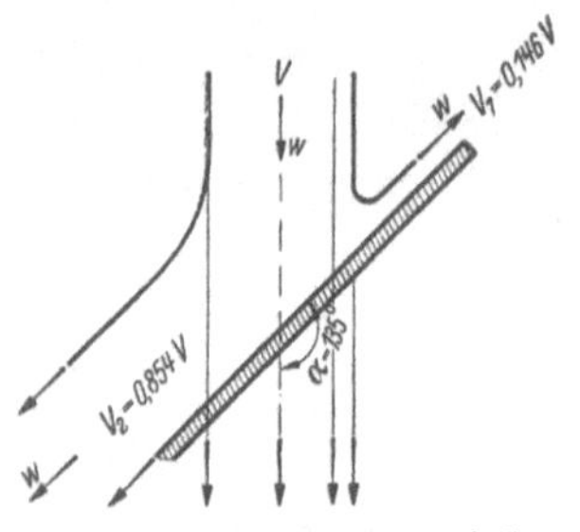

Abb. 19a. Durch eine schräge Ebene abgelenkter Strahl

Mit $\alpha = 45°$ folgt $V_1 = 0{,}854\,V$; $\alpha = 90°$ $V_1 = V/2$; $\alpha = 135°$ $V_1 = 0{,}146\,V$.

Um die Ablenkung $\alpha + \beta = 180°$, die in Abb. 19a für $\alpha = 135°$ dargestellt ist, zu erzwingen, braucht man also einen um so kleineren Teil der Strömung herauszuschneiden, je größer α gemacht wird.

Die vorstehenden Überlegungen geben keine Auskunft über die Lage der Schneidenspitze. Hierüber kann jedoch ausgesagt werden, daß der Staupunkt noch auf der Schneidenfläche und nicht an der Spitze sich befindet, damit die Schneide die Impulskräfte von V_2 aufnehmen kann. Die Schneide muß also tiefer in den Strahl eindringen, als dem herausgelenkten Strom entspricht.

Die Betrachtungen zeigen, daß eine unter „Stoß" angeströmte Schaufel, z. B. einer Kreiselpumpe, immer Ablenkungen nach entgegengesetzten Richtungen erzeugt (S. 394).

e) **Strömung hinter einem Schaufelgitter.** Ein geradliniges Schaufelgitter, das in Abb. 20 mit geraden und unter dem Winkel β_2 geneigten Schaufeln gezeichnet ist und das Austrittsende eines Gitters mit Schaufeln beliebiger Form darstellen soll, werde so durchflossen, daß kurz vor dem Austritt eine homogene Parallelströmung in den einzelnen Schaufelkanälen vorliegt. Am Schaufelende hört der Einfluß der endlichen Schaufeldicke plötzlich auf, d. h. die in Richtung des Gitters gemessene Strombreite ist für den einzelnen Kanal hinter dem Gitter gleich der vollen Schaufelteilung t, während sie im Gitter nur $t - \sigma$ (Abb. 20) beträgt. Die an den Schaufelenden sich zunächst bildenden Toträume A verschwinden hinter dem Gitter in genügendem Abstand. Es tritt also infolge des Aufhörens des Verengungseinflusses der Schaufeln eine Änderung der Geschwindigkeit von w_2 auf w_3 ein, die wir bestimmen wollen unter der Voraussetzung, daß eine ausgeglichene Abströmung (also ohne Delle im Geschwindigkeitsbild) schließlich entsteht.

Zerlegen wir beide Geschwindigkeiten w_2 und w_3 in ihre Komponenten parallel zum Gitter (w_{2u} bzw. w_{3u}) und senkrecht zum Gitter (w_{2m} und w_{3m}), so kann aus Gründen der Kontinuität eine Beziehung zwischen w_{2m} und w_{3m} sofort angegeben werden, weil der diesen Geschwindigkeiten zur Verfügung stehende Querschnitt sich im Verhältnis $t - \sigma$ zu t verändert hat, womit

$$w_{3m} = w_{2m} \frac{t - \sigma}{t}.$$

Zur Erlangung einer Beziehung zwischen w_{3u} und w_{2u} benutzen wir den Impulssatz und legen die Grenzen der Kontrollfläche einerseits an zwei um die Schaufelteilung auseinanderstehende Stromfäden ad und bc, andererseits dicht hinter das Gitter bzw. parallel dazu so weit

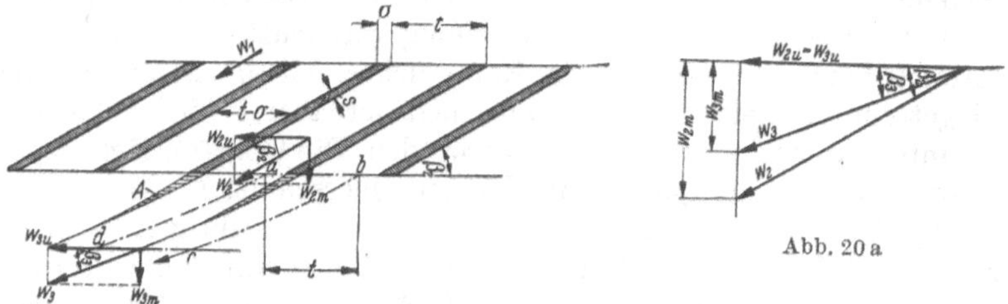

Abb. 20 u. 20a. Ablenkung der Strömung hinter einem Schaufelgitter

weg in Strömungsrichtung, daß ausgeglichene Strömung angenommen werden kann. Längs der Seitenflächen ad und bc des so umgrenzten Raumes sind die Druckkräfte gleich, aber entgegengesetzt gerichtet, so daß sie sich aufheben (abgesehen von einem Moment, das hier nicht interessiert). Längs ab und cd wirken Impulskräfte, welche betragen: Längs ab $K_2 = (\gamma/g) \Delta V w_2$[1], längs dc $K_3 = (\gamma/g) \Delta V w_3$, sofern ΔV der auf eine Schaufelteilung entfallende Förderstrom ist. w_2 und damit auch K_2 sind unter dem Schaufelwinkel β_2, w_3 und damit K_3 unter dem noch unbekannten Winkel β_3 geneigt. Die Gleichgewichtsbedingung der Kräfte parallel zum Gitter liefert, weil die Druckkräfte herausfallen

$$K_2 \cos\beta_2 = K_3 \cos\beta_3,$$

also

$$w_2 \cos\beta_2 = w_3 \cos\beta_3 \quad \text{oder} \quad w_{2u} = w_{3u}.$$

Die Umfangskomponente w_u der Strömung bleibt also erhalten, während die Komponente w_m senkrecht dazu sich nach obiger Gleichung verändert. Daraus ergibt sich der in der Abb. 20a eingetragene ein-

[1] Hier ist strenggenommen unendlich kleine Schaufelteilung t vorausgesetzt, weil sonst die Möglichkeit besteht, daß die Strömung schon vor Erreichung der Kontrollfläche ihre Richtung ändert

fache geometrische Zusammenhang zwischen w_2 und w_3 und der wichtige Satz:

Hinter einem Gitter wird durch das Aufhören des Einflusses der endlichen Schaufeldicke lediglich die Strömung im Sinne einer Verkleinerung des Winkels der Strombahnen gegen die Gitterrichtung abgelenkt, weil die Umfangskomponente unverändert bleibt.

Wird kein voller Ausgleich der Geschwindigkeit im Abstrom erreicht, ist also die Umfangskomponente w_{3u} über die Teilung ungleich, so bleibt trotzdem der gesamte Impuls der Strömung parallel zum Gitter unverändert. Ebenso tritt im Mittel auch die erwähnte Ablenkung ein.

f) Mischungsstrom. Hat eine Strömung konstanten Querschnittes am Anfang ungleiche Geschwindigkeitsverteilung, so erfolgt allmählich ein Ausgleich auf eine mittlere Geschwindigkeit $\bar{c}$. Obwohl diese Vermischung nach den Gesetzen des unelastischen Stoßes, also mit Energieverlust erfolgt, tritt hierbei eine Steigerung des statischen Druckes ein, die in vielen praktisch wichtigen Fällen, insbesondere bei der Wahl der Meßstelle für den Druck beachtet werden muß. Sie soll im folgenden bestimmt werden, wobei die Wandreibung vernachlässigt wird.

Am Anfang des betrachteten Rohrstückes soll die Strömung aus zwei getrennten Leitungen mit verschiedener aber in jeder Leitung konstanter Geschwindigkeit zugeführt werden. Die Kontrollfläche legen wir durch den Anfangsquerschnitt I, einen Querschnitt II, in welchem die ausgeglichene Geschwindigkeit $\bar{c}$ vorliegt, und im übrigen längs der dazwischenlaufenden Kanalwände. Dann ist der eintretende Impuls über ein Querschnittselement $(\gamma/g)\,df\,c^2$, also über den ganzen Querschnitt I $K_1 = (\gamma/g)\int c^2\,df$. Der austretende Impuls beträgt $K_2 = (\gamma/g)\,f\,\bar{c}^2$. Da wegen der parallelen Stromführung der Druck über den ganzen Eintrittsquerschnitt trotz der ungleichen Geschwindigkeit gleich angenommen werden kann, so verlangt das Gleichgewicht der Kräfte bei Vernachlässigung der Wandreibung

$$K_1 + P_1 f = K_2 + P_2 f,$$

also nach Einsetzen der Werte für K_1 und K_2

$$P_2 - P_1 = \frac{\gamma}{g}\left(\frac{\int c^2\,df}{f} - \bar{c}^2\right)$$

oder, wenn wir an Stelle des Geschwindigkeitsquadrates c^2 den sogenannten Staudruck $q = \gamma\, c^2/2g$ einführen,

$$P_2 - P_1 = 2\left(\frac{\int q\,df}{f} - \bar{q}\right).$$

Das erste Glied in der Klammer ist stets größer als das zweite, weil das Mittel aus einer Quadratsumme größer ist als das Quadrat des linear gemittelten Wertes. *Die Vermischung bei gleichbleibendem Querschnitt bringt also* (trotz der unvermeidlichen Energieverluste[1]) *einen Druckanstieg mit sich, der gleich dem doppelten Unterschied zwischen dem ge-*

---

[1] Vgl. A. Betz: Einführung in die Theorie der Strömungsmaschinen, S. 41ff. Karlsruhe: G. Braun 1959

mittelten Staudruck des Eintrittes und dem Staudruck der gemittelten Geschwindigkeit ist. Bei inkompressibler Flüssigkeit nimmt man statt des Staudruckes q besser die Geschwindigkeitshöhe $h = q/\gamma$ und erhält dann den Druck in Meter Flüssigkeitssäule

$$h_2 - h_1 = \frac{P_2 - P_1}{\gamma} = 2\left(\frac{\int h\,df}{f} - \bar{h}\right). \qquad (10\text{c})$$

Beispiel. In einem Rohr vereinigen sich 2 Flüssigkeitsströme von 2 bzw. 5 m/s Geschwindigkeit, welche den Rohrquerschnitt zu zwei bzw. einem Drittel beanspruchen. In diesem Fall ist in Gl. (10c)

$$\frac{\int h\,df}{f} = \frac{1}{3}\left(2\cdot\frac{2^2}{2g} + 1\cdot\frac{5^2}{2g}\right) = \frac{11}{2g}, \qquad \bar{c} = \frac{2\cdot 2 + 1\cdot 5}{3} = 3,$$

also der Druckanstieg $h_2 - h_1 = 2(11/2g - 3^2/2g) \approx 0{,}2\,m\,Fl.S.$

Weitere Anwendungsbeispiele für den Impulssatz vgl. Abschn. 10, 17 und 99.

9. Die Zirkulation

Wie entsteht die von den Schaufeln des Kreiselrades auf das Fördermittel wirkende Kraft, die ja zur Arbeitsleistung notwendig ist? Diese Frage muß auftauchen, weil nach einem Lehrsatz der Hydrodynamik eine *reibungsfreie* Flüssigkeit keinen Strömungswiderstand auf einen eingetauchten Körper ausübt, aber in der wirklichen Flüssigkeit infolge von Zähigkeitswirkungen ein solcher — wie die tägliche Erfahrung zeigt — vorhanden ist. Demnach könnte es scheinen, daß im Schaufelrad eine Schaufelkraft nur als arbeitverzehrender Widerstand, also nur unter Inkaufnahme entsprechend großer Verluste auftreten könnte. Daß dem nicht so ist, ergibt sich, wie im späteren Unterabschnitt e) gezeigt ist, wenn zu der bei obigem Lehrsatz allein in Betracht gezogenen Art der Umströmung des eingetauchten Körpers, nämlich der „*Durchflußströmung*", noch eine anders geartete Strömungsart, nämlich eine „*Zirkulationsströmung*" hinzugenommen wird, deren Kennzeichen ist, daß sie um den eingetauchten Körper kreist, also nicht dem Flüssigkeitstransport dient wie die zuerst genannte Strömungsart. Zum Studium ihrer Eigenschaften muß zunächst das Wesen eines Wirbels, ebenso eines Potentialwirbels, geklärt werden.

a) Wirbel. Ein rechteckiges Teilchen $ABCD$ (Abb. 21) der Strömung wird neben der reinen Fortbewegung sich verformen und drehen können. Die Drehbewegung ist das Merkmal des Wirbels. Sie wird durch ihre Winkelgeschwindigkeit ω gemessen und von der Verformung dadurch unterschieden, daß ω als das arithmetische Mittel der Winkelgeschwindigkeit zweier aufeinander senkrechter Seiten, z. B. AB und AD, bestimmt wird:

$$\omega_{\text{res}} = \frac{1}{2}(\omega_{AB} + \omega_{AD}). \qquad (11)$$

Sie ist also beispielsweise gleich Null, wenn das Rechteck $ABCD$ in das Parallelogramm $A'B'C'D'$ so übergeht, daß die beiden Summanden der obigen Gleichung mit entgegengesetztem Vorzeichen gleich sind (Abb. 21a) oder so in die Form $A''B''C''D''$, daß die Seiten parallel bleiben (Abb. 21). In beiden Fällen handelt es sich um reine Verformung bei Drehungsfreiheit. Umgekehrt liegt eine Drehung vor beim

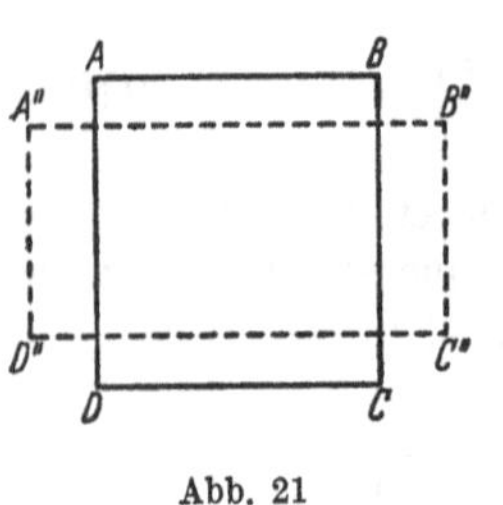

Abb. 21

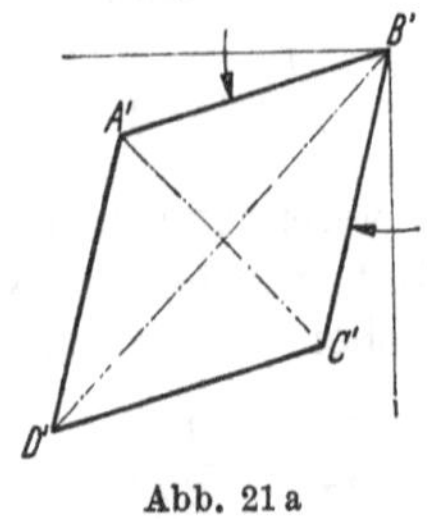

Abb. 21a

Abb. 21 u. 21a. Reine Verformung (ohne Drehung)

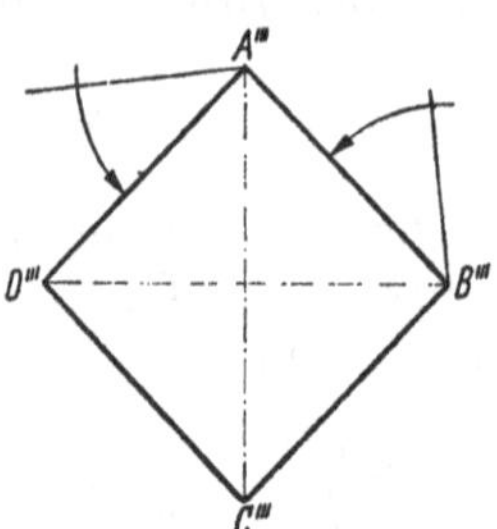

Abb. 21b. Reine Drehung (ohne Verformung)

Übergang in die Lage $A'''B'''C'''D'''$ (Abb. 21b), wobei jede Formänderung fehlen kann.

Wir untersuchen im folgenden die einfachste Form einer Zirkulationsströmung, nämlich eine in konzentrischen Kreisbahnen kreisende Strömung, die auch als Potentialwirbel bezeichnet wird, obwohl sie wirbelfrei ist.

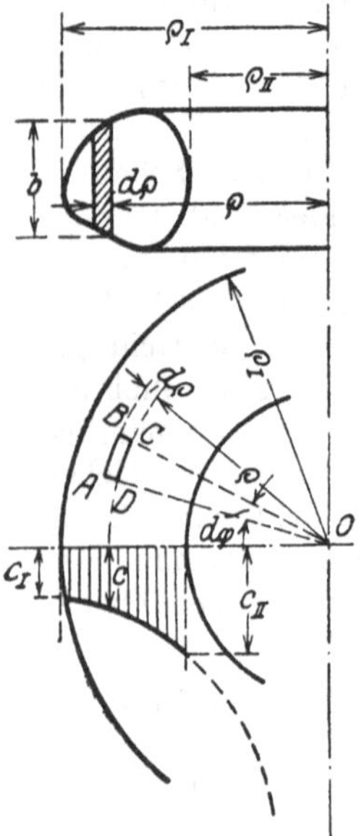

Abb. 22. Drehungsfreie kreisende Strömung

b) Potentialwirbel, Flächensatz. Reibungsfreie Flüssigkeit kreise im Rotationshohlraum (Abb. 22), wobei die Strombahnen naturgemäß Parallelkreise sind. Trotz dieser kreisenden Bewegung soll die Strömung drehungsfrei sein. In diesem Fall gilt die Bernoulli-Gleichung, die wir in der für raumbeständige Flüssigkeit gelten den Form der Gl. (3a) anwenden wollen.

Infolge der Krümmung der Strombahnen entstehen Zentrifugalkräfte der Wasserteilchen, die einen mit zunehmendem Abstand ϱ von der Krümmungsachse (Abb. 22) zunehmenden Druck hervorrufen. Der Zunahme des Druckes muß nach Gl. (3a) eine Abnahme der Geschwindigkeit entsprechen, die demnach über den Querschnitt nicht mehr gleichmäßig verteilt sein kann.

Schneiden wir aus dem Kanal durch zwei den sehr kleinen Winkel $d\varphi$ einschließende Axialebenen und zwei Zylinderflächen vom Halbmesser ϱ[1] und $\varrho + d\varrho$ das sehr kleine Element $ABCD$ (Abb. 22) mit der Höhe b heraus, so ist dessen Volumen, wenn die unendlich kleinen Größen höherer Ordnung vernachlässigt werden, $b\,\varrho\,d\varphi\,d\varrho$, also seine Masse $dm = (\gamma/g)\,b\,\varrho\,d\varphi\,d\varrho$

[1] Nicht zu verwechseln mit der Dichte ϱ

und seine Zentrifugalkraft

$$dC = dm\frac{c^2}{\varrho} = \frac{\gamma}{g}c^2 b\,d\varphi\,d\varrho.$$

Dieser entspricht die Druckzunahme auf dem Wegelement $d\varrho$

$$dP = \frac{dC}{df} = \frac{dC}{b\,\varrho\,d\varphi} = \frac{\gamma}{g}\frac{c^2}{\varrho}d\varrho. \tag{12}$$

Andererseits ergibt die Ableitung der BERNOULLI-Gleichung

$$\frac{1}{\gamma}dP + \frac{c\,dc}{g} = 0, \tag{12a}$$

so daß nach Elimination von dP

$$\frac{d\varrho}{\varrho} + \frac{dc}{c} = 0. \tag{12b}$$

Daraus folgt durch Integration, wenn zur Bestimmung der Integrationskonstanten am Außenrand, also für $\varrho = \varrho_I$, gesetzt wird $c = c_I$:

$$\ln\frac{\varrho}{\varrho_I} = \ln\frac{c_I}{c},$$

also

$$\varrho\,c = \varrho_I\,c_I = K \tag{13}$$

wo K eine Konstante.

Die Größe ϱc stellt das *Geschwindigkeitsmoment* oder den *Drall der Flüssigkeit* für die Masse Eins dar. Das Gesetz der Gl. (13) wird auch als *Flächensatz* bezeichnet, weil der Radiusvector jedes Flüssigkeitsteilchens in gleichen Zeiten gleiche Flächen bestreicht (wie bei der Planetenbewegung). Es drückt also aus, daß in einer drehungsfreien Strömung mit gemeinsamem Krümmungsmittelpunkt der Stromlinien das Geschwindigkeitsmoment oder der Drall konstant ist. (Es könnte auch unmittelbar aus den später S. 43 angegebenen Wirbelsätzen abgeleitet werden).

Die Geschwindigkeit c verteilt sich gemäß diesem Gesetz nach einer gleichseitigen Hyperbel mit der Drehachse als Asymptote (Abb. 22). Sie wächst also mit abnehmendem Radius ϱ sehr stark und würde in der Drehachse sogar unendlich groß werden.

Da γ *vor der Integration* herausgefallen ist, so kann die Dichte veränderlich sein. Deshalb *gilt diese Ableitung auch uneingeschränkt für Gase.* Unsere weiteren Betrachtungen sollen aber zunächst auf den Fall der vernachlässigbaren Dichteänderung beschränkt bleiben.

Die mit dem Anstieg der Geschwindigkeit verbundene Drucksenkung $\Delta P = P_I - P$, gerechnet vom Druck P_I am Außenrand ab, läßt sich mit Hilfe von Gl. (3a) ausrechnen, wenn dort c aus Gl. (13) eingesetzt wird. Man erhält

$$P_I - P = \Delta P = \frac{\gamma}{2g}(c^2 - c_I^2) = \gamma\frac{K^2}{2g}\left(\frac{1}{\varrho^2} - \frac{1}{\varrho_I^2}\right). \tag{14}$$

Der Druck nimmt also, wie zu erwarten, mit abnehmendem ϱ ab und würde mit $\varrho = 0$ sogar gleich $-\infty$ werden. Da der Druck aber (vgl. Abschn. 76) bei Wasserströmung nicht einmal gleich Null werden kann, sondern höchstens gleich dem Dampfdruck P_d des Wassers, so wird von einem gewissen Halbmesser $\varrho_{\min}$ ab, an dem $P = P_d$ ist, Hohlraumbildung eintreten. Der Wert von $\varrho_{\min}$ ist aus Gl. (14) zu errechnen.

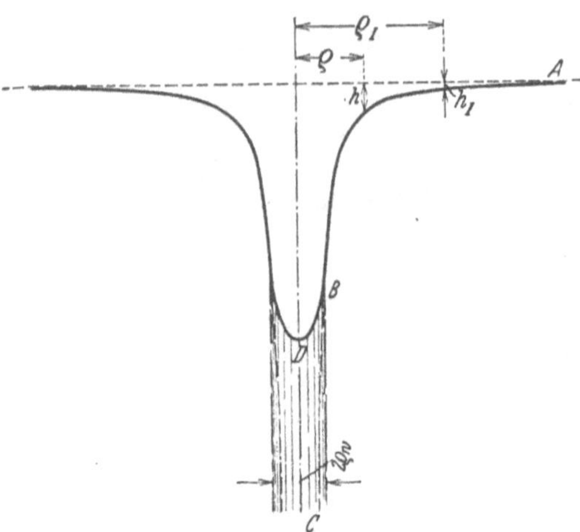

Abb. 23. Freie Oberfläche eines Potentialwirbels

Demnach beträgt die Drucksenkung gegenüber dem Unendlichen, ausgedrückt als Flüssigkeitssäule

$$\frac{P_\infty - P}{\gamma} \equiv h = \frac{1}{2g} \frac{K^2}{\varrho^2}, \tag{15}$$

welche Abhängigkeit in Abbildung 23 dargestellt ist.

Geben wir nun der betrachteten Strömung eine freie Oberfläche, so ist längs dieser der Druck P konstant. Deshalb wird sich diese Oberfläche verschieden hoch einstellen müssen, weil offenbar in der BERNOULLI-Gleichung die Höhenlage z an Stelle der P/γ tritt. Gl. (15) bleibt also bestehen, wenn unter h der Höhenunterschied gegenüber dem Unendlichen verstanden wird. Man erhält dann die in Abb. 23 dargestellte Form ABC der Oberfläche, die man an der Ablaufstelle von Wasser aus Badewannen oder Waschbecken beobachtet. In diesen Fällen bildet sich der Drall durch unsymmetrische Lage der Abflußöffnung.

Daß die betrachtete Strömung trotz der kreisenden Bewegung drehungsfrei ist, zeigt folgende Betrachtung:

Die Geschwindigkeit des Wassers an der Kante AB des Elementes (Abb. 24) ist nach Gl. (12b) kleiner um $-dc = c\,d\varrho/\varrho$ als an der inneren Kante CD. Also führen die Kanten AD und BC eine relative Drehung aus *entgegengesetzt dem Drehsinn der Strömung* mit der Winkelgeschwindigkeit $-dc/d\varrho = c/\varrho$, also gleich, aber entgegengesetzt der Winkelgeschwindigkeit der beiden anderen Kanten AB und CD, so daß das arithmetische Mittel der Winkelgeschwindigkeit zweier nicht paralleler Kanten, d. h. die Drehgeschwindigkeit des ganzen Elementes gleich Null ist. Die Krümmung der Bahnform wird also durch eine Rückwärtsdrehung ausgeglichen. Ein quadratisches Element verändert sich bei Drehung im Uhrzeigersinn wie in Abb. 24 und 21a angegeben, d. h. aus dem Quadrat wird ein Parallelogramm.

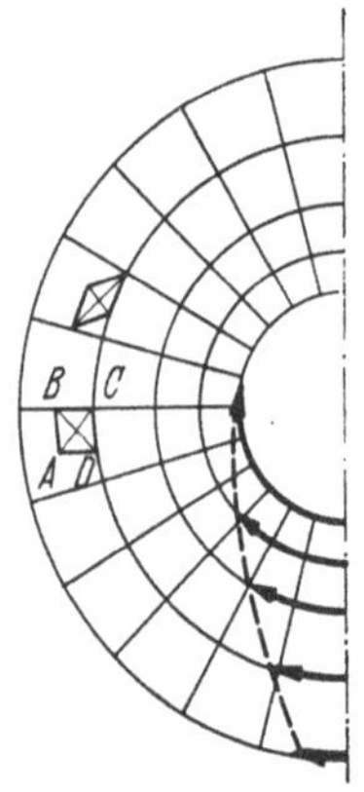

Abb. 24. Strombild eines Potentialwirbels (oder einer Quelle)

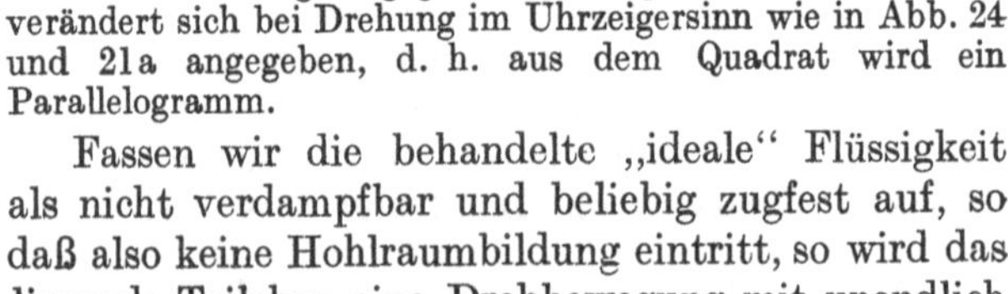

Fassen wir die behandelte „ideale“ Flüssigkeit als nicht verdampfbar und beliebig zugfest auf, so daß also keine Hohlraumbildung eintritt, so wird das in der Drehachse liegende Teilchen eine Drehbewegung mit unendlich großer Winkelgeschwindigkeit ausführen, d. h. die Achse wird eine Wirbellinie bilden. Deshalb bezeichnet man diese Strömung als *Potentialwirbel*, obwohl sie bis auf diesen singulären Punkt wirbelfrei ist. Das Strombild ist in Abb. 24 nach den später (S. 51 ff.) angegebenen Regeln gezeichnet.

c) Beispiel eines reinen Wirbels. Bringen wir ein mit Wasser gefülltes zylindrisches Gefäß in Umdrehung um seine Achse, so wird in der Nähe der Gefäßwandung die Flüssigkeit mitgenommen, und die Rotation wird sich allmählich infolge der auftretenden Schubkräfte in das Innere der Flüssigkeit fortpflanzen, so daß mit der Zeit das Wasser wie ein fester Körper mit dem Gefäß umläuft. Infolgedessen wird jedes Flüssigkeitsteilchen — neben der reinen fortschreitenden Bewegung längs der Kreisbahn — eine Drehbewegung mit der gleichen Winkelgeschwindigkeit ω wie das Gefäß (entsprechend Abb. 21b) ausführen. Die Strömung stellt einen einzigen Wirbel dar. Daß hier andere Gesetze gelten als bei dem vorher untersuchten Potentialwirbel, geht schon daraus hervor, daß dort die Geschwindigkeiten nach außen umgekehrt proportional zum Halbmesser abnehmen, während sie jetzt proportional zu diesem wachsen. Auch das BERNOULLI-Gesetz gilt bei dieser mit Drehung behafteten Strömung nicht mehr. Wir wollen zur Klarstellung dieses Unterschiedes die Druckverteilung auf Grund des gleichen Gedankenganges wie beim Potentialwirbel bestimmen. Wir schneiden aus einem Gefäß, das in Abb. 25a die Umrisse eines Schaufelrades hat, wieder ein sehr kleines Element von der Höhe b durch zwei benachbarte Zylinderflächen vom Halbmesser r und $r + dr$ und zwei den kleinen Winkel $d\varphi$ bildende Meridianebenen heraus. Es ist wieder die Druckzunahme nach außen infolge der Fliehkraft wie in Gl. (12), S. 39.

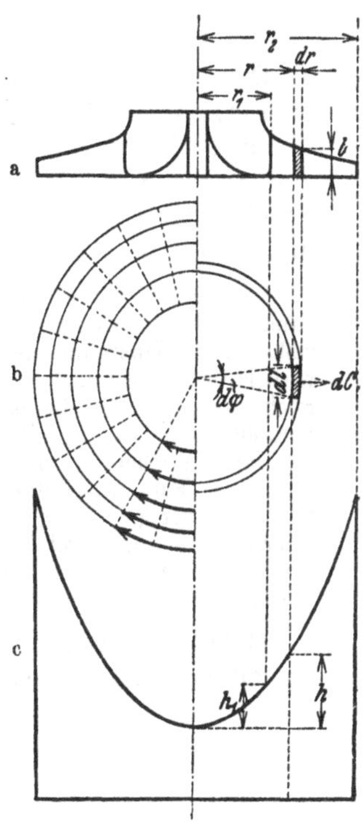

Abb. 25. Rotation eines mit Wasser gefüllten Gefäßes

$$dP = \frac{\gamma}{g} \frac{c^2}{r} dr,$$

aber weil jetzt die Geschwindigkeit c gleich der Umfangsgeschwindigkeit $u = r\,\omega$ ist, so wird

$$dP = \frac{\gamma}{g} r\,\omega^2 dr.$$

Die Integration zwischen dem inneren Halbmesser r_1 und dem beliebigen Halbmesser r liefert

$$P - P_1 = \frac{\gamma}{g} \frac{\omega^2}{2} (r^2 - r_1^2) \tag{16}$$

oder in Meter Flüssigkeitssäule

$$h - h_1 = \frac{\omega^2}{2g} (r^2 - r_1^2)$$

oder, wenn die Umfangsgeschwindigkeit $u = r\,\omega$ eingeführt wird,

$$h - h_1 = \frac{u^2 - u_1^2}{2g} \tag{17}$$

oder

$$h - \frac{u^2}{2g} = h_1 - \frac{u_1^2}{2g} = \text{konst.} \tag{17a}$$

Diese Gleichung tritt jetzt an die Stelle der BERNOULLI-Gleichung. Man erkennt, daß der Druck einer Parabel folgt, die man durch den Versuch wieder herstellt, wenn man dem Wasser eine freie Oberfläche gibt. In der Abb. 25c sind die Druckhöhen h und h_1 willkürlich auf den Scheitel der Parabel bezogen. Bei Gasen gilt Gl. (17) ebenfalls, wenn die Größen h als adiabatische Druckhöhen betrachtet werden.

Ein solcher Wirbel ist im Potentialwirbel längs der Achse gemäß S. 40 vorhanden. Gibt man ihm eine räumliche Ausdehnung mit dem Halbmesser ϱ_w, wobei an der Übergangsstelle die Umfangsgeschwindigkeit mit der des Potentialwirbels übereinstimmen muß, so ändert sich die Strömung im wirbelfreien Bereich offenbar nicht. Lediglich der Druckverlauf im Wirbelkern folgt jetzt dem parabolischen Gesetz, wie in Abb. 23 angegeben ist.

Dieser Wirbelkern endlicher Abmessung wirkt sich offenbar wie ein Fremdkörper im Feld des Potentialwirbels aus. Deshalb kann man ihn durch einen festen Körper gleicher Gestalt ersetzen, der auch in Ruhe sein kann, falls seine Oberfläche reibungsfrei ist. Dieses Bild des *erstarrten Wirbels* erweist sich als fruchtbar, weil er — im Gegensatz zum Wirbel aus Flüssigkeit — seitliche Kräfte, d. h. einen Auftrieb aufnehmen kann.

d) Potential und Zirkulation. Besitzt eine Strömung ein Geschwindigkeitspotential Φ, so ist dessen Betrag für jeden Punkt des Strömungsbildes entsprechend dieser Funktion $\Phi(x, y, z)$ im allgemeinen verschieden groß. Gemäß der in der Fußnote[1] angegebenen Begriffsbestimmung des Potentials wird der Potentialunterschied zwischen zwei Raumpunkten A und B der Strömung gemessen durch das Linienintegral der Geschwindigkeit längs einer beliebigen Verbindungslinie

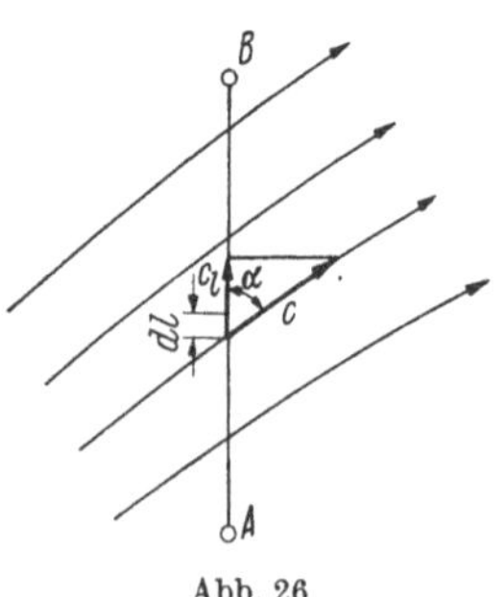

Abb. 26

$$\Delta\Phi = \int_A^B c_l\,dl, \tag{18}$$

d. h. es wird jedes Linienelement dl mit der in seine Richtung fallenden Komponente der Geschwindigkeit multipliziert und addiert (Abb. 26).

Schreibt man dieses Integral längs einer geschlossenen Linie an, so erhält man die *Zirkulation* $\Gamma = \oint c_l\,dl$. Die Zirkulation am Umfang eines Wirbelkernes vom Halbmesser r_w ist also

$$\Gamma = \omega\, r_w\, 2\pi\, r_w = 2\pi\, r_w^2\, \omega\,.$$

[1] Sind c_x, c_y und c_z die Komponenten einer Geschwindigkeit c in einem beliebigen Raumpunkt x, y, z, so gilt

$$c_x = \frac{\partial\Phi}{\partial x}, \quad c_y = \frac{\partial\Phi}{\partial y}, \quad c_z = \frac{\partial\Phi}{\partial z} \quad \text{oder} \quad c = \operatorname{grad}\Phi$$

Diese Zirkulation ist ein Maß für die *Wirbelstärke*. Die Umfangsgeschwindigkeit $r_w \omega$ des flüssigen Wirbelkernes stimmt mit der Umfangsgeschwindigkeit der benachbarten Wasserteilchen der angrenzenden Potentialströmung überein, für welche der Flächensatz gilt. Würde also in einem bestimmten Potentialwirbel r_w variieren, so wäre der Drall: $\omega\, r_w \cdot r_w = \omega\, r_w^2 =$ konst. Dieser Wert ist nach obiger Gleichung proportional zur Zirkulation oder Wirbelstärke.

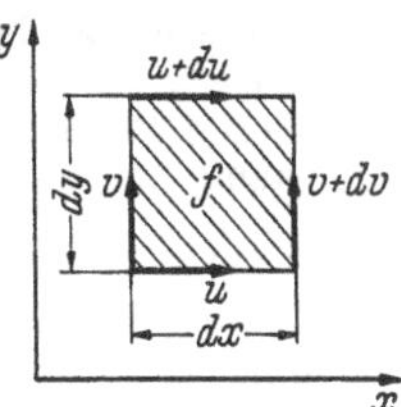

Abb. 27. Geschwindigkeiten am rechtwinkligen Flüssigkeitselement

Daraus ist ersichtlich, daß für einen bestimmten Potentialwirbel die Wirbelstärke von der Wahl des Durchmessers des Wirbelkernes unabhängig ist. Die den Wirbel umgebende wirbelfreie Strömung bedingt also eindeutig dessen Stärke.

Wir betrachten ein unendlich kleines Flüssigkeitsteilchen von rechteckigem Querschnitt f (Abb. 27), den Geschwindigkeitskomponenten u und v in der x- bzw. y-Richtung und schreiben längs seines Umfangs die Zirkulation an, so ist

$$\begin{aligned}\Gamma &= (u + du)\, dx - (v + dv)\, dy - u\, dx + v\, dy \\ &= du\, dx - dv\, dy.\end{aligned}$$

Andererseits ist die Winkelgeschwindigkeit seiner Drehung gemäß Gl. (11), wobei die Vorzeichen der beiden Bestandteile zu beachten sind,

$$\omega = \frac{1}{2}\left(\frac{du}{dy} - \frac{dv}{dx}\right) = \frac{1}{2}\,\frac{du\, dx - dv\, dy}{dx\, dy} = \frac{1}{2}\,\frac{\Gamma}{f}, \quad \text{also} \quad \Gamma = 2\,\omega\, f. \qquad (19)$$

Diese Beziehung läßt sich auch für beliebige Querschnittsformen des Elementarteilchens ableiten, so daß also der oben für kreisförmige Querschnitte abgeleitete Satz allgemein bestätigt wird. *Danach ist die Zirkulation jedenfalls gleich Null, wenn das betrachtete Element keine Drehung besitzt.*

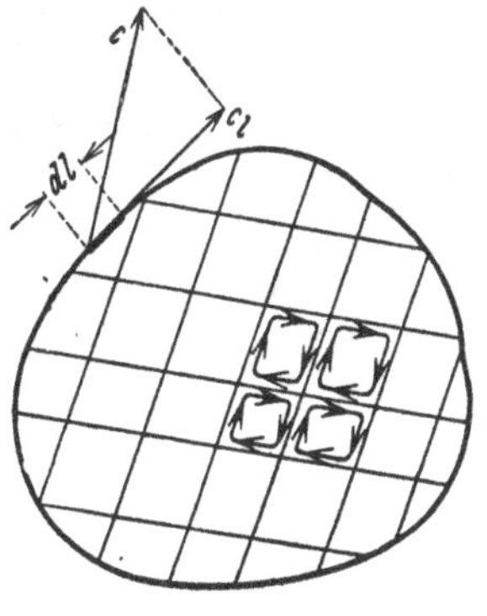

Abb. 28

Denken wir uns nun eine beliebige Strömung mit oder ohne Wirbelkerne, so erhalten wir die Zirkulation als das Linienintegral der Geschwindigkeit längs einer das betrachtete Gebiet umschließenden Linie (Abb. 28).

Verschaffen wir uns Aufschluß über die Wirbelverteilung, indem wir die eingeschlossene Fläche in unendlich viele (z. B. rechteckige) Elementarteilchen zerlegen, so ist offenbar nach dem oben Gesagten die Zirkulation um ein drehungsfreies Teilchen gleich Null und um ein mit einem Wirbel behaftetes Teilchen gleich seiner Wirbelstärke. Bildet man die Summe der Zirkulation der Elementarteilchen (die naturgemäß durchweg für den gleichen Umlaufsinn anzuschreiben sind), so erscheint darin das Linienintegral der Grenzlinien zwischen den Teilchen zweimal, aber mit entgegengesetztem Vorzeichen wegen der entgegengesetzten Integrationsrichtung, so daß nur das Linienintegral der äußeren Begrenzung übrigbleibt. Hieraus folgt:

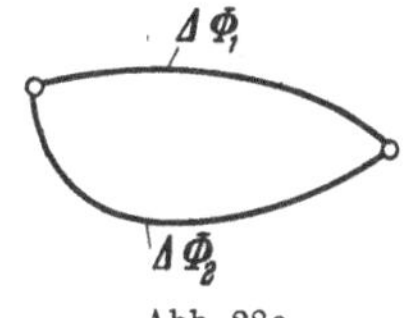

Abb. 28a

1. Die Zirkulation ist gleich der Summe der Wirbelstärken der vom Integrationsweg ganz eingeschlossenen Wirbel.
2. Sie ist also unabhängig vom Integrationsweg, solange letzterer die gleichen Wirbelkerne umschließt.
3. Für alle Linien, die keinen Wirbelkern umschließen, ist sie gleich Null.
4. Nur wirbelfreie Strömungen haben ein Potential, denn nur hier ist der Potentialunterschied zwischen zwei Raumpunkten unabhängig vom Integrationsweg, sofern zwischen den Integrationswegen keine Wirbelkerne liegen; denn

mit Bezug auf Abb. 28a ist

$$\Gamma = 0 = \Delta\Phi_1 + (-\Delta\Phi_2), \quad \text{also} \quad \Delta\Phi_1 = \Delta\Phi_2.$$

Die Zirkulation summiert also gewissermaßen die Eigenschaften des umschlossenen Gebietes. Welch große Vereinfachung durch die Einführung dieses Begriffes erzielt wird, geht daraus hervor, daß der zweite der obigen Sätze den S. 38 abgeleiteten Flächensatz als Sonderfall in sich schließt, weil die Zirkulation längs eines Parallelkreises des Potentialwirbels das 2π-fache des Dralles ist, also nur dann konstant sein kann, wenn auch der Drall konstant ist.

Die zu einem Wirbelkern gehörige drehungsfreie Strömung, d. h. sein Potentialwirbel ist die ihm zugeordnete „Zirkulationsströmung", sein „Wirbelfeld". Sind, wie vorstehend, mehrere Wirbelkerne vorhanden, so erhält man die zugehörige *Zirkulationsströmung* durch Überlagerung der einzelnen Potentialwirbel, wobei die Geschwindigkeiten geometrisch zu addieren sind. Sie ist mit Ausnahme der Wirbelkerne drehungsfrei. Ihr besonderes Kennzeichen ist neben den geschlossenen Stromlinien, daß ihre Geschwindigkeit im Unendlichen auf Null abklingt. Die Verhältnisse liegen offenbar ähnlich wie beim magnetischen Feld, das durch die Zahl und Lage der stromführenden Leiter ebenfalls gekennzeichnet ist.

Zwischen einem Wirbelfaden in einer drehungsfreien Flüssigkeit und einem stromführenden Leiter besteht überhaupt eine vollkommene Analogie. Auch für den Wirbelfaden gilt das BIOT-SAVARTsche Gesetz der Elektrodynamik. Der Stromstärke des Leiters entspricht die Wirbelstärke oder die Zirkulation, der Stärke des magnetischen Feldes die Geschwindigkeit der Strömung.

Bei der räumlichen Strömung können die Wirbelfäden beliebig gekrümmt sein. Ihre Wirbelstärke ist aber längs der ganzen Fadenlänge konstant. Sie dürfen also auch nicht in der Flüssigkeit endigen, sondern nur an deren Grenzen, bzw. sie müssen in sich zurücklaufen (Wirbelringe). Eine Verzweigung der Fäden ist naturgemäß möglich, da dadurch der Gesamtbetrag der Zirkulation nicht geändert wird.

Vereinigt man eine größere Anzahl Wirbelfäden mit verschiedener Stärke zu einem Bündel, so entstehen Kerne beliebigen Querschnittes von endlicher Ausdehnung, deren gesamte Zirkulation nach Gl. (19) beträgt

$$\Gamma = 2 \int \omega \, df. \tag{20}$$

Zirkulation = doppelter Wirbelfluß (STOKESscher Integralsatz).

Solche Wirbelkerne beliebiger Gestalt und gleichmäßig verteilter Stärke stellen beispielsweise die Schaufeln eines Kreiselrades dar oder die Tragflügel eines Flugzeuges, wobei es sich also um „erstarrte Wirbel" handelt.

e) Entstehung des Schaufeldruckes[1]. Betrachten wir eine ebene Potentialströmung um eine einzelne Schaufel im unbegrenzten Raum, so kann diese entweder eine reine Durchflußströmung (Abb. 29) oder eine reine Zirkulationsströmung (Abb. 30) oder eine Zusammensetzung beider (Abb. 31) sein. Die reine Durchflußströmung ist gekennzeichnet durch den damit verbundenen Flüssigkeitstransport bei fehlender Zirkulation, die Zirkulationsstörmung dadurch, daß sämtliche Stromlinien geschlossene Linien sind, die den betreffenden Körper umschließen, also durch das Fehlen eines Flüssigkeitstransportes und ihre im ganzen Bereich gleichbleibende Zirkulation, sofern der Integrationsweg

[1] PRANDTL, L., u. P. TIETJENS: Hydro- und Aerodynamik. 2. Bd., S. 180ff. Berlin: Springer 1931

stets den Körper umschließt. Sie klingt offenbar im Unendlichen ab. Die reine Durchflußströmung (Abb. 29) kann man sich entstanden denken, indem man die Schaufel in eine Parallelströmung der idealen Flüssigkeit eintaucht. Die reine Zirkulationsströmung (Abb. 30) würde durch die Summe Γ der Zirkulationen der in der Schaufel oder deren Rand zu denkenden Wirbelkerne bedingt sein, und im Unendlichen ruhen. Keine dieser beiden reibungsfreien Teilströmungen kann eine Kraftwirkung auf die Schaufel ausüben. Werden sie aber (durch vektorielle Addition der Geschwindigkeit jedes Punktes) zusammengesetzt, so findet man, daß auf der Seite (Oberseite), wo die Zirkulationsströmung im Sinne der Durchflußströmung verläuft, große Geschwindigkeiten entstehen, während auf der anderen Schaufelseite (Unterseite) beide Teilströme dann entgegengesetzt gerichtet sind, und somit die Addition kleine resultierende Geschwindigkeiten liefert. Da die Strömung drehungsfrei ist und demnach das BERNOULLI-Gesetz gilt, so sind umgekehrt auf der Unterseite hohe, aber auf der Oberseite kleine Drücke vorhanden, so daß eine Schaufelkraft (Auftrieb) entstehen muß.

Abb. 29. Durchflußströmung ohne Zirkulation — Abb. 30 Zirkulationsströmung — Abb. 31 Resultierende Strömung

Abb. 29 bis 31. Strömungen um einen Tragflügel

Es entsteht nun die Frage, wie die Zirkulation und damit der Auftrieb zustande kommt, wenn ein Flügel in eine Durchflußströmung einer wirklichen Flüssigkeit eingetaucht wird. Würde man das Strombild der von einem Flügel verdrängten Parallelströmung — etwa nach den später im Abschnitt 11 angegebenen Verfahren — ermitteln, so würde sich die reine Durchflußströmung gemäß Abb. 29 ergeben. Diese ist gekennzeichnet durch den Staupunkt A auf der Zuströmseite und — im Fall des zur Anströmrichtung unsymmetrischen Körpers — insbesondere durch den Staupunkt B auf der Abströmseite, wobei also eine Stromlinie senkrecht auf dem Flügelprofil aufläuft, sich beiderseits der Flügelkontur verzweigt und senkrecht wieder abläuft. Das Wesentliche ist, daß infolge der Unsymmetrie des Profils gegenüber der Strömung der Ansatzpunkt B nicht an der Flügelspitze, sondern *davor* gelegen ist. Eine solche Strömung ist bei einer wirklichen Flüssigkeit, die mit einer endlichen, aber so kleinen Zähigkeit behaftet ist, daß sie sich im wesentlichen nur durch das Haften an der Wand bemerkbar macht, nicht denkbar. Die spitze Hinterkante müßte mit einer unendlich großen Geschwindigkeit, also negativem Druck, von unten nach dem Punkt B hin umströmt werden, was in Wirklichkeit die an der Wand haftende *Grenzschicht* zur Drehung zwingt und die Ablösung des in

Abb. 32 angedeuteten Wirbels (Anfahrwirbels) zur Folge hat. Da am Anfang die Zirkulation für ein genügend großes Gebiet, das den Flügel einschließlich des Anfahrwirbels umschließt, Null gewesen ist, so muß sie nach wie vor Null bleiben, was nur möglich ist, wenn um den Flügel allein, d.h. unter Ausschluß des Anfahrwirbels, eine Zirkulation von der gleichen Stärke des Anfahrwirbels, aber mit entgegengesetztem Vorzeichen entstanden ist. Diese Zirkulationsströmung (Abb. 30) bedingt offenbar eine Verschiebung des Ansatzpunktes B nach dem Flügelende hin. Sie wird sich durch fortlaufende Ablösung weiterer Wirbel so lange verstärken, bis der Punkt B ungefähr nach der Spitze hin gewandert ist, also bis tangentiales Abströmen erfolgt, worauf dann die Ursache der einseitigen Wirbelablösung verschwindet. *Hiernach ist festzustellen, daß nur das Vorhandensein der Zähigkeit die Entstehung eines Schaufeldruckes ermöglicht, und daß die Flüssigkeit bestrebt ist, tangential abzuströmen.*

Abb. 32. Entstehung der Zirkulation durch Anfahrwirbel

Besitzt der Flügel kein spitzes Ende, so werden die Wirbelablösungen sowohl auf der Ober- wie auch auf der Unterseite erfolgen, aber infolge der Unsymmetrie wird eine der beiden Wirbelreihen überwiegen, d. h. von der einen Seite mehr Zirkulation in die Flüssigkeit hineinwandern als von der anderen Seite, so daß trotzdem eine resultierende Zirkulation entsteht, die gleich dem negativen Betrag der algebraischen Summe der Stärken der abgelösten Wirbel ist. Die fortdauernde Wirbelablösung hinter dem stumpfen Ende bedingt aber eine Vergrößerung des Widerstandes gegenüber dem Fall der scharfen Hinterkante.

Eine gewisse Wirbelablösung wird nach Erreichung des Beharrungszustandes auch beim spitzen Ende bestehenbleiben, denn das Strömungsbild mit tangentialem Abströmen Abb. 31 zeigt gerade auf der Oberseite des Flügels eine starke Erweiterung der Stromröhren, während sie auf der Unterseite sich gegen das Flügelende hin verengen. Das hat zur Folge, daß mehr „Totwasser" von der Oberseite als von der Unterseite herkommt und also auch das tangentiale Abströmen nicht ganz erreicht wird, sondern sich schließlich eine Strömung nach Abb. 32a mit einer Staupunktsstromlinie durch die Mitte des Totwassers vor dem Flügelende entsprechend einer kleineren Zirkulation ergibt. Der Auftrieb ist also stets kleiner als der dem tangentialen Abströmen entsprechende. Diese fortlaufende Ablösung von Wirbeln bedingt auch die Entstehung eines gewissen Formwiderstandes (vgl. S. 81) neben der reinen Oberflächenreibung, der offenbar im Zusammenhang mit der eingetretenen Auftriebsverminderung steht und zu dessen Überwindung eine der Energie der abgelösten Wirbel entsprechende Arbeit nötig ist.

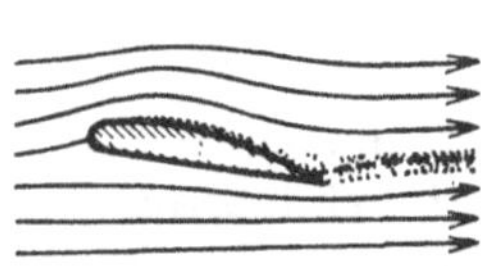

Abb. 32a. Abströmung mit saugseitigem Totwasser vermindert die Zirkulation

Vergrößert man die Neigung des Flügels gegenüber der Anströmrichtung, also den Anstellwinkel, so wird schließlich die Strömung oberhalb des Flügels schon in der Nähe des Flügelanfangs abreißen und damit der Auftrieb nur noch wenig zunehmen oder sogar wieder auf einen ganz niederen Wert abnehmen. Diese Erscheinung hat mit dem sog. Eintrittsstoß von Kreiselrädern viel gemeinsam.

10. Der Satz von Kutta-Joukowsky

Die Ableitung der Größe der Schaufelkraft (Auftrieb) einer angeströmten Schaufel erfolgt am bequemsten, indem zunächst der allgemeinere Fall, nämlich ein geradliniges Schaufelgitter, betrachtet wird (Abb. 33), das als Abwicklung eines durch ein Axialrad geführten koaxialen Zylinderschnittes in die Ebene entstanden zu denken ist.

Die Strömung durch dieses Gitter soll eben, d. h. durch Ebenen parallel zur Abwicklungsebene begrenzt und also ihre Breite b senkrecht zur Abwicklungsebene konstant sein. Das Gitter kann in Ruhe oder in gleichförmiger Parallelbewegung in seiner Längsrichtung (Umfangsrichtung des Axialrades) sein, da wir die Strömung stets relativ zum Gitter, d. h. so wie sie sich einem auf dem Gitter befindlichen Beobachter darbietet, behandeln. Dadurch wird die erwähnte Eigenbewegung des Gitters gleichgültig. Diese Relativgeschwindigkeiten seien mit w bezeichnet und Punkte weit vor bzw. hinter dem Gitter durch die Fußzeichen 0 und 3, ferner Komponenten der Kräfte oder Geschwindigkeiten in Richtung parallel und senkrecht zur Längsrichtung, wie S. 35, durch die Fußzeichen u und m hervorgehoben. Die Förderflüssigkeit habe annähernd gleichbleibende Dichte.

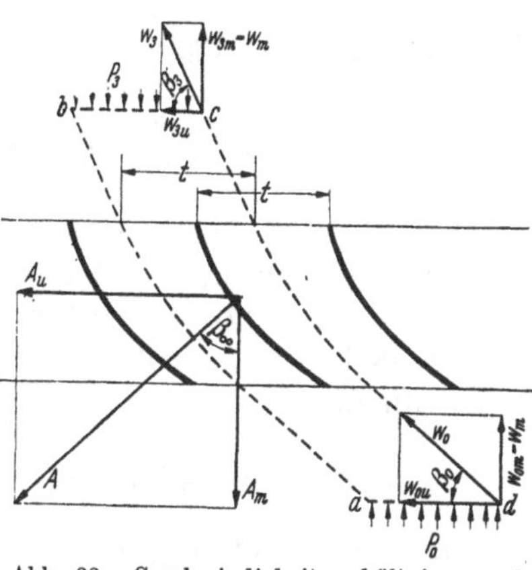
Abb. 33. Geschwindigkeitsverhältnisse und Kräftewirkung an einem geraden Schaufelgitter

Wir wollen zunächst die Zirkulation um eine einzelne Schaufel des geradlinigen Gitters bestimmen, weil sie nachher gebraucht wird. Den Integrationsweg wählen wir weit vor und hinter dem Gitter in Umfangsrichtung und im übrigen längs zweier Stromlinien ab und cd (in Abb. 33 gestrichelt eingetragen), die um die Schaufelteilung t auseinanderliegen, also kongruent sind. Dann heben sich die Linienintegrale längs dieser beiden Stromlinien weg, da sie gleich sind, aber entgegengesetztes Vorzeichen haben, so daß die Zirkulation um eine Schaufel beträgt:

$$\Gamma_s = (w_{0u} - w_{3u})\, t .$$

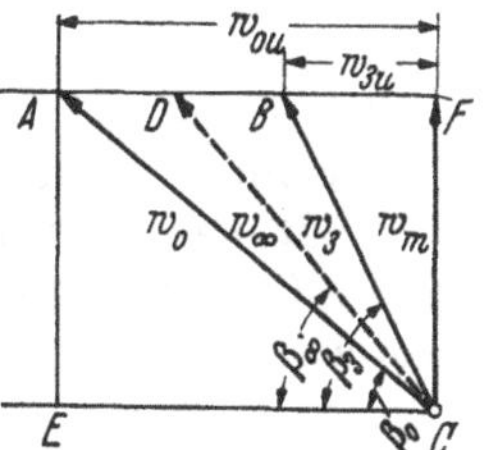

Abb. 34. Nebenfigur zu Abb. 33

Wir bestimmen die *Schaufelkraft* A nach Größe und Richtung mittels des Impulssatzes, wobei die Kontrollfläche der obige Integrationsweg sei. Bei der Gleichgewichtsbedingung der Kräfte an dieser Kontrollfläche fallen dann wieder die längs der Stromflächen wirkenden Druckkräfte weg, da sie gleich groß und dem Vorzeichen nach verschieden sind. Beachtet man, daß der einzelne Kanal durch den Förderstrom $\Delta V = b\, t\, w_{0m} = b\, t\, w_{3m}$ beaufschlagt wird und deshalb auch $w_{0m} = w_{3m} = w_m$ ist (Abb. 34), so ergibt die Gleichgewichtsbedingung der Kräfte folgende Komponente der Schaufelkraft A *in der Umfangsrichtung des Gitters*

$$A_u = \frac{\gamma}{g} \Delta V (w_{0u} - w_{3u}) = \frac{\gamma}{g} b\, t\, w_m (w_{0u} - w_{3u}) = \frac{\gamma}{g} b\, w_m \Gamma_s , \quad (21)$$

ferner in *Richtung senkrecht zum Gitter*

$$A_m = \frac{\gamma}{g} \Delta V (w_{3m} - w_{0m}) + b\,t(P_3 - P_0).$$

In letzterer Gleichung ist das 1. Glied nach dem Gesagten gleich Null. Ferner ist darin nach BERNOULLI

$$P_3 - P_0 = \frac{\gamma}{2g}(w_0^2 - w_3^2) = \frac{\gamma}{2g}(w_{0u}^2 - w_{3u}^2) = \frac{\gamma}{2g}(w_{0u} - w_{3u})(w_{0u} + w_{3u}),$$

somit

$$A_m = \frac{\gamma}{2g} b\,t(w_{0u} - w_{3u})(w_{0u} + w_{3u}).$$

Wird gemäß Abb. 34 das vektorielle Mittel $\overline{CD} = w_\infty$ aus den beiden Geschwindigkeiten $w_0 = \overline{CA}$ und $w_3 = \overline{CB}$ gebildet, wobei der Endpunkt D des Vektors w_∞ die Strecke AB halbiert, und wird der Steigungswinkel von w_∞ gegen die Umfangsrichtung mit β_∞ bezeichnet, so ist offenbar $w_{0u} + w_{3u} = 2\overline{FD} = 2 w_m \operatorname{ctg}\beta_\infty$, also

$$A_m = \frac{\gamma}{g} b\,t\,w_m (w_{0u} - w_{3u}) \operatorname{ctg}\beta_\infty = \frac{\gamma}{g} b\,w_m \Gamma_s \operatorname{ctg}\beta_\infty$$

oder mit Bezug auf Gl. (21)

$$A_m = A_u \operatorname{ctg}\beta_\infty.$$

Daraus folgt, daß β_∞ auch der Winkel zwischen A und A_m ist; also steht die *Schaufelkraft A senkrecht auf der mittleren Durchströmrichtung w_∞*. Andererseits ist jetzt

$$A = \frac{A_u}{\sin\beta_\infty}$$

oder mit Bezug auf Gl. (21), weil $w_m/\sin\beta_\infty = w_\infty$

$$A = \frac{\gamma}{g} b\,w_\infty \Gamma_s. \tag{22}$$

Hierin ist, wie erwähnt, w_∞ das Mittel von w_0 und w_3, d. h. die Hälfte ihrer Vektorsumme.

Läßt man die Schaufelteilung t unbegrenzt wachsen, so ändert sich an Gl. (22) nichts. Die Zirkulation Γ_s bleibt dabei endlich, während der Durchstrom mit der Schaufelteilung unendlich groß wird. Deshalb wird der einzelne Tragflügel in der unbegrenzten Parallelströmung keine Gesamtablenkung hervorbringen können und also die Geschwindigkeit weit hinter der Schaufel wieder mit der aus dem Unendlichen kommenden Zuströmgeschwindigkeit w_0 übereinstimmen oder $w_0 = w_3 = w_\infty$ sein. Für diesen Sonderfall ist Gl. (22) auch zuerst auf anderem Wege abgeleitet und als Satz von KUTTA-JOUKOWSKY bekannt geworden.

Man kann sich diese Gleichung dadurch veranschaulichen, daß man w_∞ als Kenngröße für die Durchflußströmung, Γ_s als Kenngröße für die Zirkulationsströmung auffaßt. Der Satz von KUTTA-JOUKOWSKY besagt also, daß der entstehende Auftrieb für die spezifische Masse $\gamma/g = 1$ und die Strombreite $b = 1$ bei Reibungslosigkeit gleich dem Produkt ihrer beiden Kenngrößen ist und senkrecht zur Durchströmrichtung wirkt. Unbekannt bleibt aber die Lage des Auftriebes A zum Flügel.

Diese kann nur durch näheres Eingehen auf die Druckverteilung oder den Versuch ermittelt werden.

Das abgeleitete Gesetz bleibt gültig, wenn w_m nicht konstant ist, setzt aber konstante Dichte voraus[1].

11. Das Strombild der reibungsfreien (idealen) Flüssigkeit

Wir haben verschiedentlich von Strombildern gesprochen und wollen jetzt sehen, wie man diese entwirft.

Wir beschränken uns wieder auf den Fall vernachlässigbarer Dichteänderung des Strömungsmittels und voller Reibungsfreiheit. Da demnach Schubkräfte innerhalb der Strömung fehlen, so sei diese auch drehungs-, d. h. wirbelfrei. Ferner wirken als Gegenkräfte zu den Druckkräften nur Massenkräfte.

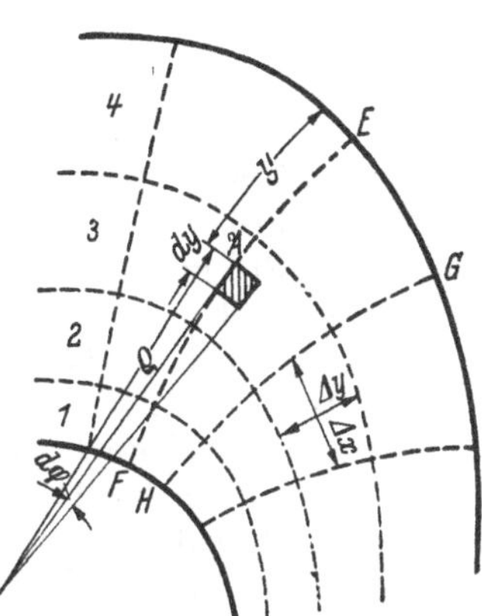

Abb. 35. Beliebige ebene Strömung (d. h. mit Querschnitts- und Richtungsänderung)

Die betrachteten Strömungen sollen ferner stationär sein, damit das Strombild unverändert bleibt. Wir stellen dieses dar, indem wir die ganze Strömung in Teilströme (Stromröhren) *1*, *2*, *3* usw. (Abb. 35) derart zerlegen, daß jeder Teilstrom die gleiche Ergiebigkeit ΔV besitzt. Die Stromlinien, welche diese Teilströme begrenzen, werden wir also ermitteln. Je größer ihre Breite Δy, um so kleiner ist die Geschwindigkeit c nach der Kontinuitätsgleichung $\Delta V = c\,\Delta y\, b$, um so größer ist nach der BERNOULLI-Gleichung der Druck.

Neben diesen Stromlinien sind von Bedeutung die *Normallinien*, welche die Stromlinien überall senkrecht schneiden. Längs einer Normallinie besteht also keine Geschwindigkeitskomponente, also nach S. 43 auch kein Potentialunterschied. Die Normallinien sind also Linien gleichen Potentials, aber nicht etwa gleichen Druckes oder gleicher Geschwindigkeit. Sie werden deshalb auch *Äquipotentiallinien* genannt. Daß zwischen zwei Normallinien überall der gleiche Potentialunterschied $\Delta\Phi$ vorhanden ist, folgt aus dem S. 43) bewiesenen Satz, wonach in drehungsfreien Strömungen das Linienintegral der Geschwindigkeit, welches ja den Potentialunterschied mißt, unabhängig vom Integrationsweg ist.

Die Anschaulichkeit des Bildes werden wir dadurch erhöhen, daß wir den Potentialunterschied zwischen allen benachbarten Normallinien gleich groß machen.

Die Geschwindigkeit und also auch die Strombilder sind aus Kontinuitätsgründen unabhängig davon, wie der betrachtete Kanal zur waagerechten Ebene orientiert ist. Das Strombild ändert sich also nicht, wenn der Kanal aus einer etwa waagerechten in eine beliebige andere

[1] POLLMANN, E.: Konstruktion 2 (1950) Heft 12, S. 373

Lage gebracht wird, solange keine freie Oberfläche vorhanden ist, weil in der BERNOULLI-Gleichung für jeden Raumpunkt $z + P/\gamma =$ konst. Nur die Drücke ändern sich entsprechend der Änderung von z. Um die Drücke jederzeit angeben zu können, wollen wir der Einfachheit halber annehmen, daß die Änderung der Höhenlage z der einzelnen Wasserteilchen auf ihrem Weg durch den Kanal gegenüber den Druckänderungen vernachlässigt werden kann. Diese Voraussetzung ist jedenfalls bei Strömungen innerhalb der Lauf- und Leitkanäle einer Strömungsmaschine, z. B. Kreiselpumpe, fast stets mit genügender Genauigkeit erfüllt, obwohl sie streng nur für die waagerechten Kanäle zutrifft. Es gilt also wieder Gl. (3a)

$$\frac{P}{\gamma} + \frac{c^2}{2g} = \frac{P_I}{\gamma} + \frac{c_I^2}{2g}. \tag{3a}$$

Darin beziehe sich das Fußzeichen I auf den Kanalrand.

a) Ebene Strömung. Hier liegen die Stromlinien in parallelen Ebenen; ferner ist der Strömungszustand längs jeder Normalen zu diesen Ebenen überall der gleiche.

Wir betrachten die Kanalform nach Abb. 35, bei welcher sowohl Querschnitts- wie Richtungsänderung auftritt.

α) Die Ähnlichkeit des Strombildes ebener Strömungen in den kleinsten Teilen. Die Kanalbreite senkrecht zur Zeichenebene sei b. Da jede Stromröhre den gleichen Durchfluß $\varDelta V$ führt, so muß ihre Weite $\varDelta y$ der Kontinuitätsgleichung genügen. Also ist

$$\varDelta y\, c = \frac{\varDelta V}{b}. \tag{I}$$

Dabei soll $\varDelta y$ die *mittlere* Weite eines Kurvenviereckes sein.

Infolge der Gleichheit des Potentialunterschiedes $\varDelta\Phi$ zwischen den Normallinien gilt ferner für die mittlere Weite $\varDelta x$ der Normallinien

$$\varDelta x\, c = \varDelta\Phi, \tag{II}$$

also nach Gl. (I) und (II)

$$\frac{\varDelta x}{\varDelta y} = \frac{\varDelta\Phi}{\varDelta V}\, b. \tag{23}$$

Der auf der rechten Seite stehende Ausdruck ist aber für alle Kurvenvierecke gleich. *Im Strombild einer ebenen Strömung einer raumbeständigen Flüssigkeit bilden somit die unmittelbar benachbarten Stromlinien und Normallinien Rechtecke mit konstantem Seitenverhältnis*[1]. c ist ein Mittelwert, also müssen diese Rechtecke genügend klein sein. Ist eines dieser Vierecke ein Quadrat, so sind sämtliche Kurvenvierecke Quadrate.

Dieser Satz zeigt auch, daß die Strömung in gekrümmten Kanälen der Strömung in geradlinigen Kanälen in den kleinsten Teilen ähnlich

---

[1] Bei Gasen mit starker Druckänderung wäre offenbar

$$\frac{\varDelta x}{\varDelta y} = \frac{\text{konst.}}{v} = \text{konst.}\,\gamma.$$

ist; sie ist also das konforme Abbild der geradlinigen Strömung. *Jede ebene Strömung kann somit unter Benutzung der für die konforme Abbildung gültigen mathematischen Verfahren* aus einer anderen bekannten ebenen Strömung abgeleitet werden.

Wir benutzen das Ähnlichkeitsgesetz, um das Strombild durch Probieren zu bestimmen. Man zeichnet sich das Netz zunächst ziemlich weitmaschig und gewinnt eine feinere Einteilung durch Eintragen von Diagonalkurven. Besonders bequem ist es, für die Kurvenvierecke die quadratische Form zu wählen, weil dann deren einbeschriebene Kreise zu Hilfe genommen werden können (vgl. Abb. 35a) und die Diagonalen aufeinander senkrecht stehen.

Der Entwurf wird erleichtert, wenn noch der Geschwindigkeitsverlauf längs der Normallinien auf Grund des nachstehenden Verfahrens bestimmt wird.

β) Ermittlung des Geschwindigkeitsverlaufes längs einer Normallinie. Der Flächensatz $\varrho c = K$ gilt nach S. 38 nur, wenn alle Strombahnen einen gemeinsamen Krümmungsmittelpunkt haben, also konzentrische Kreise sind. Dies ist in verhältnismäßig wenigen Ausnahmen und nicht einmal in einem Rohrkrümmer der Fall (Abb. 38). Wie unrichtig die allgemeine Anwendung des Flächensatzes sein würde, zeigt die Strömung in einem sich verengenden Kanal nach Abb. 37, in dem offenbar die Bahnen im allgemeinen gekrümmt sind bis auf den mittleren Faden, für den $\varrho = \infty$, also nach obiger Gleichung die Geschwindigkeit gleich Null sein müßte.

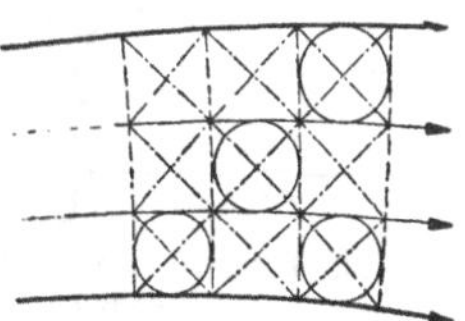

Abb. 35a. Quadratische Kurvenvierecke ermöglichen einbeschriebene Kreise und senkrechte Diagonalen

Schreibt man für das in Abb. 35 schraffiert gezeichnete Element, das durch zwei benachbarte Normallinien und zwei benachbarte, um dy auseinanderliegende Stromlinien begrenzt ist, die Gleichgewichtsbedingung in gleicher Weise an, wie S. 39 geschehen ist, so kommt man wieder zu der dortigen Gl. (12b), nur daß dy an Stelle von $d\varrho$ getreten ist. Die Größe y stellt hierbei die in die Gerade abgewickelte Länge EA der Normallinie vom äußeren Rand bis zu dem betrachteten Punkt A dar, so daß also dy positiv ist, wenn nach dem Krümmungsmittelpunkt hin fortgeschritten wird. Dann ist offenbar $d\varrho = -dy$ zu setzen, so daß obige Differentialgleichung jetzt lautet:

$$-\frac{dy}{\varrho} + \frac{dc}{c} = 0. \tag{24}$$

Es liegen also drei Veränderliche, nämlich c, y und ϱ vor, wobei aber ϱ nur von y abhängig ist. Wird die Integration längs der betrachteten Normallinie von E bis A ausgeführt, und bezeichnet c_I die Geschwindigkeit am Außenrand bei E, also für $y = 0$, so ergibt sich

$$\ln\frac{c}{c_I} = \int_0^y \frac{dy}{\varrho}. \tag{25}$$

Diese Gleichung tritt also bei der allgemeinen Strömungsform an Stelle des Flächensatzes. Sie ist aber zur Bestimmung des Strombildes wenig geeignet[1], weil das Integral unbequem und ϱ nicht genau bekannt ist.

Man begnügt sich deshalb mit der Verwendung einer *angenähert* richtigen c-Linie (Abb. 36). Diese erhält man schon unter ausschließlicher Benutzung des Subtangentensatzes, wonach in jedem Punkt der c-Kurve die Subtangente gleich dem zugehörigen Krümmungshalbmesser ϱ ist. Der Beweis dieses Satzes ergibt sich daraus, daß in dem Ausdruck für die Subtangente: $c/(dc/dy)$ nach Gl. (24) $dc/dy = c/\varrho$ ist. Die c-Linie wird dann nach Schätzung und im beliebigen Maßstab so gezeichnet (Abb. 36), daß die Krümmungshalbmesser der beiderseitigen Kanalwände in den Punkten E und F (Abb. 35), d. h. ϱ_I und ϱ_{II} als Subtangenten des Anfangspunktes A bzw. Endpunktes B der c-Kurve erscheinen, wie in Abb. 36 ersichtlich ist. Da nun der längs einer abgewickelten Länge y hindurchtretende Förderstrom V_y

$$V_y = \int_0^y b\,dy\,c = b\int_0^y c\,dy, \tag{25a}$$

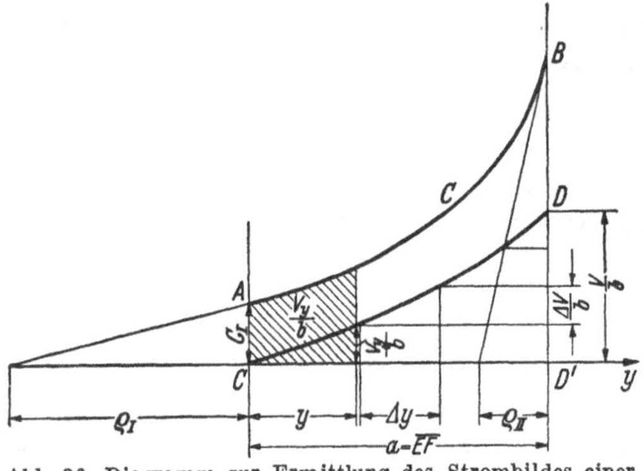

Abb. 36. Diagramm zur Ermittlung des Strombildes einer ebenen Potentialströmung

so stellt die Integrallinie der c-Kurve die Linie der V_y/b-Werte dar. Daraus erhält man die Breiten Δy der Stromröhren längs der betrachteten Normallinie, wenn man die Endordinate DD', die den gesamten Förderstrom V/b darstellt, in ebenso viele gleiche Teile teilt, als Stromröhren vorgesehen sind. Überträgt man dann die Teilpunkte auf die V_y/b-Linie, so entnimmt man die Werte Δy als Abschnitte auf der y-Achse (Abb. 36). Das gleiche Verfahren wird für mehrere Normallinien durchgeführt und so lange unter Abänderung der c-Kurve wiederholt, bis die Kurvenvierecke das Ähnlichkeitsgesetz erfüllen.

Bei dieser ausschließlichen Benutzung des Subtangentengesetzes liegt offenbar die c-Kurve nicht eindeutig fest, weil die Krümmungshalbmesser der mittleren Stromlinien nicht berücksichtigt sind. Man kann sich die Arbeit wesentlich erleichtern, wenn man von einem häufig vorkommenden ϱ-Verlauf über die Normallinie ausgeht. Nimmt man dafür eine Hyperbel, welche die Grenzwerte ϱ_I und ϱ_{II} einhält und die Achse als Asymptote hat, so lautet die Gleichung dieser Hyperbel

$$\varrho\left[1 + \frac{y}{a}\left(\frac{\varrho_I}{\varrho_{II}} - 1\right)\right] = \varrho_I \tag{25b}$$

[1] Vgl. auch Flügel: Ein neues Verfahren der graphischen Integration, angewandt auf Strömungen usf., Diss. Oldenbourg 1914 oder Z. ges. Turbinenw. 12 (1915) S. 73; ferner A. Closterhalfen: Z. angew. Math. Mech. 6 (1926) S. 62

und die Durchführung der Integration von Gl. (25) gibt:

$$\ln \frac{c}{c_I} = \frac{y}{\varrho_I}\left[\frac{y}{2a}\left(\frac{\varrho_I}{\varrho_{II}} - 1\right) + 1\right] \tag{26}$$

(a = abgewickelte Länge der ganzen Normallinie EF).

Die c-Kurve kann mittels dieser Gleichung leicht gezeichnet werden. Sie gibt die wirklichen Verhältnisse um so genauer wieder, je stetiger die Krümmung der Kanalränder ist. Sie erfüllt naturgemäß auch das Subtangentengesetz an den Grenzen. Ist $\varrho_I = \infty$, d. h., ist ein Kanalrand geradlinig, was häufig vorkommt, so wird

$$\ln \frac{c}{c_I} = \frac{y^2}{2a\,\varrho_{II}}. \tag{26a}$$

Dort, wo starke oder gar sprungweise Änderungen des Krümmungshalbmessers der Wand auftreten, ist es zweckmäßig, ausschließlich die Ähnlichkeit der Kurvenvierecke zu benutzen[1].

Den Maßstab der c- und V_y-Linie, der aber beim Entwurf des Strombildes nicht gebraucht wird, kann man aus der Bedingung ermitteln, daß die Endordinate DD' gleich dem vorgeschriebenen Durchfluß V/b sein muß.

γ) Experimentelle Verfahren: Neben den beschriebenen graphischen Verfahren ist auch der Weg des Versuches zur Bestimmung des Strombildes der idealen Flüssigkeit möglich. Zwar liefert die Strömung der wirklichen Flüssigkeit infolge der im späteren Abschn. 12 behandelten Zähigkeitswirkungen ein abweichendes Bild. Aber in der *Anfahrperiode* oder — was das gleiche ist — im schwingenden Zustand stellt sich das gewünschte Strombild ein. Man kann ferner das exakte Bild der Potentialströmung verwirklichen durch Benutzung der Analogie zwischen der Potentialströmung und einer Strömung mit sehr großer Zähigkeit nach Hele-Shaw[2], indem man die Strömung in sehr dünner Schicht zwischen zwei Glasplatten sichtbar macht. Eine weitere Möglichkeit bietet das von Prandtl und Kucharski vorgeschlagene Membrangleichnis, wobei über beide genau waagerecht gelegte, aber in senkrechter Richtung verschobene Kanalränder eine dünne Gummihaut gespannt wird und die Stromlinien als die Schichtlinien der sich einstellenden Fläche erhalten werden[3]. Auch die Heranziehung einer Elektrizitätsströmung in dünner Platte nach D. Thoma[4] ist versucht worden und wird heute mit Erfolg weiterbenützt[5]. Dieses Verfahren

[1] Beachtlich sind auch die Verfahren von W. Albring, Maschinenbautechnik 5 (1956) S. 207—219 und Abhandlungen der dtsch. Akad. d. Wissensch. Berlin, Klasse für Math. usw. 1956, Nr. 3

[2] Vgl. Hele-Shaw: Trans. Instn. naval Archit. 2 (1898) S. 1387. Begründung der Analogie Fußnote 1, S. 80

[3] Vgl. auch C. B. Biezeno u. R. Grammel: Technische Dynamik. Berlin: Springer 1939, S. 192; ferner insbesondere W. Pascher: Maschinenbautechnik 5 (1956) Heft 12, S. 662—667. — W. Albring: Berlin: Akademie-Verlag 1951. — W. Karas: Ing.-Arch. 25 (1957) S. 359—380

[4] Z. VDI 1911, S. 2007

[5] Hohenemser, H.: Forsch. Ing.-Wes. 2 (1931) Heft 10, S. 370. — W. Albring: Periodica polytechnica 3 (1959) Nr. 2. — M. Hackeschmidt: Maschinenbautechnik 8 (1959) Nr. 7

benutzt die Möglichkeit der Vertauschung der Strom- und Normallinien. *Das erhaltene Liniennetz bleibt nämlich bei ebenen Strömungen wegen des Ähnlichkeitsgesetzes unverändert, wenn Strom- und Normallinien ihre Rolle vertauschen.* Luftströmungen können durch *Interferenzverfahren* sichtbar gemacht werden[1].

Diese experimentellen Verfahren sind teilweise für Demonstrationszwecke geeignet.

Wichtig ist noch die Feststellung, daß man beliebige Strömungen durch *Überlagern* vereinigen und daraus neue Strömungsformen entwickeln kann. Hierbei sind die Geschwindigkeiten wie Kräfte geometrisch (vektoriell) zu addieren. Dieses Verfahren gilt allgemein und ist auch auf nichtebene Potentialströmungen anwendbar[2]. Legt man die Stromlinienbilder zweier ebener Strömungen übereinander, so erhält man die resultierende Strömung durch Ziehen der Diagonalen der von den Stromröhren gleicher Ergiebigkeit gebildeten Kurvenvierecke.

b) Einige bemerkenswerte Strombilder ebener Strömung. Abb. 37 zeigt das Strömungsbild für einen *geraden Kanal mit veränderlicher*

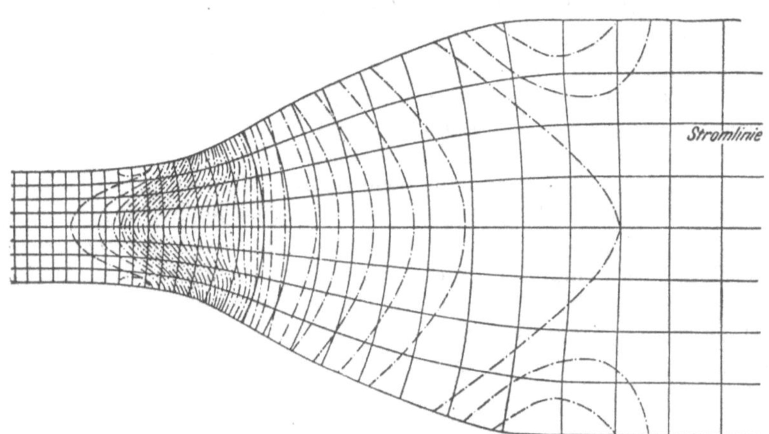

Abb. 37. Potentialströmung im sich verengenden oder erweiternden Kanal mit gerader Achse

Breite[3]. Die strichpunktierten Linien sind Linien gleicher Geschwindigkeit, also auch solche gleichen Druckes. Das Bild zeigt deutlich, daß die weitverbreitete Anschauung, Druck und Geschwindigkeit seien über den Kanalquerschnitt gleichmäßig verteilt, selbst dann un-

[1] Deussing, Erica: MAN-Forschungsheft Nr. 8 (1958) S. 63—80

[2] Dies folgt aus der linearen Form der in der mathematischen Hydrodynamik verwendeten Kontinuitätsgleichung

$$\frac{\partial u}{\partial x} + \frac{\partial v}{\partial y} + \frac{\partial w}{\partial z} = 0,$$

wo u, v, w die Komponenten der Geschwindigkeit eines Punktes in der x- bzw. y- bzw. z-Richtung bedeuten

[3] Entnommen aus Hochschild: Versuche über die Strömungsvorgänge in erweiterten und verengten Kanälen. Forsch.-Arb. Ing.-Wes. Heft 114, S. 35

richtig ist, wenn die Kanalachse geradlinig ist. Die Abweichungen sind am größten an den Stellen mit starker Wandkrümmung. Würde der Kanal eine scharfe *vorspringende* Kante besitzen, so müßten dort die Stromlinien sich zusammendrängen, also unendlich große Geschwindigkeiten entstehen, während in einer *zurückspringenden* scharfen Kante die Geschwindigkeit auf Null herabsinkt, also ein Staupunkt entsteht. Vorspringende Ecken führen demnach zur Ablösung der Strömung und müssen vermieden werden.

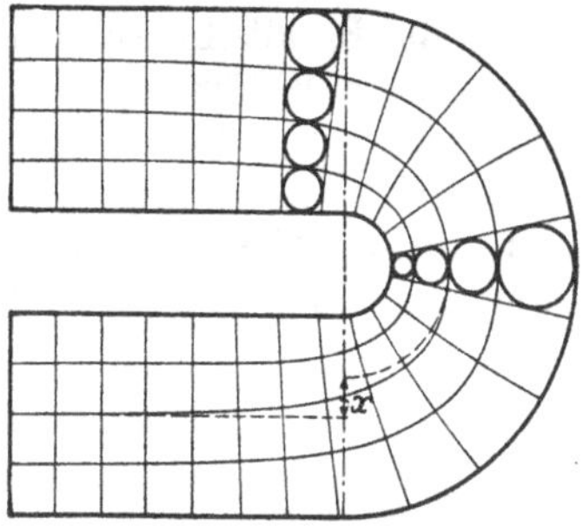

Abb. 38. Potentialströmung im Krümmer mit rechteckigem Querschnitt

Ein *Krümmer* mit rechteckigem Querschnitt, der bei einer Richtungsänderung um 180° an *beiden Enden in geradlinige Kanäle einmündet,* ist in Abb. 38 dargestellt. Würden die geraden und gekrümmten Kanalteile je für sich betrachtet, so müßten die geraden Kanalstrecken Stromlinien mit gleichmäßigem Abstand, der gekrümmte Kanal — wegen der ungleichen Geschwindigkeitsverteilung — Stromlinien mit ungleichem Abstand haben. Dann würde aber an den Übergangsstellen eine Unstetigkeit x im Verlaufe der Stromlinien eintreten. Da dies unmöglich ist, so müssen schon im geraden Kanal vor und nach dem Krümmer die Stromlinien in die gekrümmte Form übergehen. *Die Strömung in einem gekrümmten Kanal wirkt also auf die Strömung in den anschließenden geraden Strecken ein.* Man ersieht daraus, daß bei Richtungsänderungen das Strömungsbild stark durch die Anschlußkanäle beeinflußt wird. Das Bild macht ferner verständlich, warum im Schaufelkanal (für den das Strömungsbild in Abb. 71, Abschn. 19, nach den gleichen Regeln gezeichnet ist), die Strömung im Mittel nicht ganz die Richtungsänderung mitmacht, die der Schaufelverlauf vorschreibt.

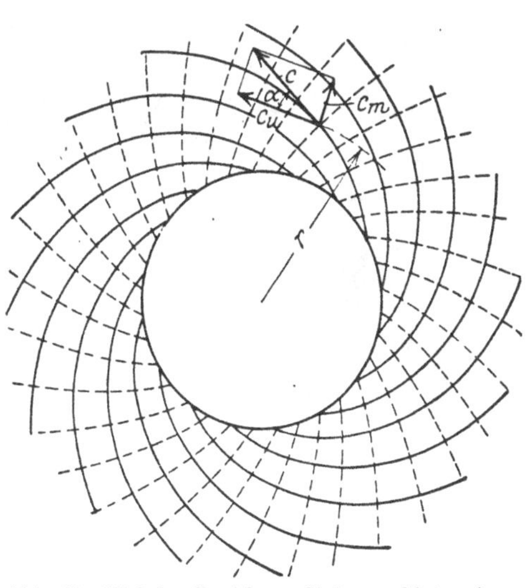

Abb. 39. Wirbelquelle (ebene Strömung hinter einem radialen Kreiselrad)

Einen weiteren wichtigen Sonderfall der ebenen Strömung stellt die *Wirbelquelle*, Abb. 39, dar, die durch Vereinigung des in Abschn. 9b behandelten Potentialwirbels mit einer Radialströmung, d. h. einer von der Achse ausgehenden Quelle, entsteht. Sie liegt beispielsweise am Umfang eines radialen Schaufelrades vor, da dort die Strömung mit einer bestimmten radialen und tangentialen Geschwindigkeitskomponente austritt und zwischen parallelen Wänden weiterströmt.

Bei dieser Strömung sind die Neigungswinkel α der Stromlinien gegen die Parallelkreise konstant, was dann auch für die Normallinien zutreffen muß. Beide Kurvenscharen sind also logarithmische Spiralen. Der Beweis ergibt sich aus folgender einfachen Betrachtung.

Bezeichnet man mit c_m und c_u die radiale und tangentiale Komponente der Geschwindigkeit im Radius r (Meridian- und Umfangskomponente), mit b die Kanalbreite, so gilt für den Förderstrom V

$$V = 2\pi r b c_m,$$

also

$$c_m = \frac{V}{2\pi r b}.$$

Die Umfangskomponenten folgen dem Flächensatz Gl. (13), so daß

$$c_u = \frac{K}{r}.$$

Somit fällt bei Bildung von $\operatorname{tg}\alpha = c_m/c_u$ die Veränderliche r heraus. Die Gleichheit aller Neigungswinkel α folgt auch unmittelbar aus der Überlagerung der Quelle und des Potentialwirbels gemäß S. 55.

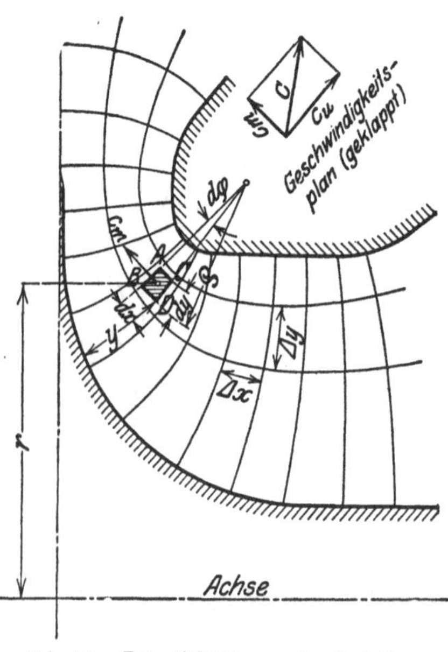

Abb. 40a. Potentialströmung im Rotationshohlraum

c) Doppelt gekrümmte achsensymmetrische Strömung (Rotationshohlraum). Der Strömungszustand ist hier längs eines Parallelkreises derselbe. Die Strombahnen sind räumlich gekrümmt und liegen auf Rotationsflächen (Flußflächen). Es ist üblich, diese Strömung zeichnerisch darzustellen durch die Schnittlinien dieser Rotationsflächen mit einer durch die Drehachse gelegten Ebene, die Flußlinien im *Meridianschnitt* (Abb. 40a), wobei die *Zirkularprojektion* der wirklichen Stromlinien entsteht. Es tritt dann offenbar nur die Geschwindigkeitskomponente in dieser Meridianebene, die „*Meridiankomponente*" c_m, in Erscheinung (welche allein den Flüssigkeitstransport besorgt), während die senkrecht dazu gerichtete Umfangskomponente c_u (also die Zirkulationsströmung) verschwindet.

α) Strömung ohne Umfangskomponente c_u (Durchflußströmung). Die Vierecke, welche Stromlinien und Normallinien in dem betrachteten Meridianschnitt bilden, folgen nicht mehr dem für ebene Strömungen abgeleiteten Ähnlichkeitsgesetz der Gl. (23), weil der kreisringförmige Querschnitt der einzelnen Stromröhre $2\pi r \Delta y$ vom zugehörigen Radius r abhängig ist und somit die Kontinuitätsbedingung lautet:

$$r \Delta y\, c_m = \frac{\Delta V}{2\pi}.$$

Weil andererseits wieder eine Potentialströmung vorliegt und die Normallinien gleichen Potentialunterschied $\Delta\Phi$ haben sollen, so gilt auch hier

$$\Delta x\, c_m = \Delta\Phi.$$

Damit ergibt sich für die Kurvenvierecke des Strombildes das Gesetz

$$\frac{\Delta x}{\Delta y} = r \,\text{konst.}, \tag{27}$$

wobei Δx und Δy die mittleren Längen der Seiten der Kurvenvierecke sind (im Gegensatz zur Eintragung in Abb. 40a).

Im Meridianschnitt bilden also die benachbarten Strom- und Normallinien Rechtecke, deren Seitenverhältnis ihrer Entfernung von der Drehachse proportional ist. Die Kurvenvierecke verzerren sich also in dem Sinn, daß sich mit wachsendem Radius r Δy gegenüber Δx verkürzt. Trotzdem leistet auch dieses Gesetz beim ersten Entwurf des Strombildes ähnlich gute Dienste wie das Ähnlichkeitsgesetz der ebenen Strömung, kann aber wieder ergänzt werden durch die folgende

Ermittlung des Geschwindigkeitsverlaufes längs einer Normallinie. Wir betrachten im Meridianschnitt den unendlich kleinen Ausschnitt $ABDC$ (Abb. 40a), dem ein Wasserring vom gleichen Querschnitt entspricht. Infolge der Krümmung der Bahn entstehen Zentrifugalkräfte, die eine Druckabnahme in Richtung der Krümmungsmittelpunkte bewirken. Mit den Beziehungen der Figur ist der Querschnitt des Ringes

$$df = dx\, dy = \varrho\, d\varphi\, dy$$

und damit die auf die Längeneinheit des Parallelkreises entfallende Zentrifugalkraft, wenn die Geschwindigkeit an der betrachteten Stelle gleich c_m ist,

$$dC = \frac{\gamma}{g}\, df \frac{c_m^2}{\varrho} = \frac{\gamma}{g}\, d\varphi\, dy\, c_m^2,$$

also die Druckzunahme auf die Länge dy der Normallinie

$$dP = \frac{dC}{dx \cdot 1} = \frac{dC}{\varrho\, d\varphi} = \frac{\gamma}{g} \frac{c_m^2}{\varrho}\, dy,$$

die aber negativ zu setzen ist, falls die positiven y-Werte nach dem Krümmungsmittelpunkt hin, also entgegengesetzt zu dC gerichtet sind, was im Einklang mit den früheren Betrachtungen angenommen werden soll.

Wird diese Gleichung wieder mit der Ableitung der BERNOULLI-Gleichung, d. h. entsprechend Gl. (12a), S. 39, vereinigt mit

$$\frac{1}{\gamma} dP + \frac{c_m\, d c_m}{g} = 0,$$

so erhält man die Differentialgleichung

$$-\frac{d y}{\varrho} + \frac{d c_m}{c_m} = 0, \tag{27a}$$

die vollkommen mit der für ebene Strömungen erhaltenen Gl. (24) übereinstimmt. Demnach gilt auch für die Bestimmung der Geschwindigkeit die der früheren Gl. (25) entsprechende Form

$$\ln \frac{c_m}{c_{m\,I}} = \int_0^y \frac{d y}{\varrho}. \tag{28}$$

Das Fußzeichen I bezieht sich wieder auf den Kanalrand, von dem aus y gemessen wird, also auf die nicht auf der Seite des Krümmungsmittelpunktes liegende Begrenzung.

Die Nachprüfung des Strombildes mittels dieser Gleichung geschieht sinngemäß in gleicher Weise, wie S. 52 für die ebene Strömung angegeben ist. Es ändert sich nur die Kontinuitätsbedingung, weil der

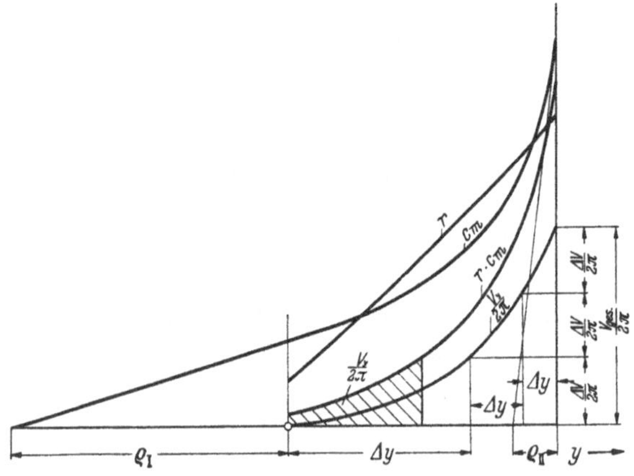

Abb. 40b. Diagramm zur Ermittlung des Strombildes einer Potentialströmung im Rotationshohlraum

durch eine beliebige abgewickelte Länge y der Normallinie, d. h. die entsprechende Ringfläche hindurchtretende Förderstrom V_y beträgt

$$V_y = \int_0^y 2\pi\, r\, c_m\, d y = 2\pi \int_0^y r\, c_m\, d y, \tag{29}$$

wobei r von y abhängig ist. Weil Gl. (27a) mit Gl. (24) identisch ist (wenn c_m an Stelle von c tritt), so gilt hier auch das Gesetz, wonach die Subtangenten der c_m, y-Kurven gleich dem Krümmungshalbmesser ϱ der Stromlinien sind (Abb. 40b). Insbesondere gilt auch Gl. (26), so daß der Verlauf dieser Kurven in den meisten Fällen ohne Gebrauch der

Gl. (28) genügend genau angegeben werden kann, da ja die Krümmungshalbmesser der beiderseitigen Kanalränder bekannt sind (Abb. 40b). Der Faktor 2π der Gl. (29) wird — wie früher b — in den an sich gleichgültigen Maßstab der V_y-Linie hineingenommen.

Experimentelle Verfahren sind hier ebenfalls möglich. Sie benutzen einen keilförmigen elektrischen Trog[1]. Diese Verfahren leiden darunter, daß nicht die Stromlinien, sondern die Normallinien erhalten werden, die bei diesen räumlichen Strömungen mit den Stromlinien nicht mehr vertauschbar sind.

β) Strömung mit Umfangskomponente c_u. Liegt neben der bisher betrachteten Meridianströmung auch ein Kreisen um die Achse vor, so kann man beide Strömungen so vereinigen, daß man die Geschwindigkeiten geometrisch und die Drücke zahlenmäßig addiert. An den Meridiangeschwindigkeiten c_m der resultierenden Geschwindigkeit c ändert sich dann nichts, folglich auch nichts an den vorstehend abgeleiteten Ergebnissen.

Offenbar kann die resultierende Strömung nur dann drehungsfrei sein, wenn die zu der Meridianströmung hinzukommende kreisende Strömung ebenfalls drehungsfrei ist; daraus folgt, daß für die kreisende Strömung der Flächensatz gelten muß. Wenn c_u die Umfangskomponente im Halbmesser r bedeutet, so muß demnach sein:

$$c_u r = K.$$

Diese Strömungsart ist bereits in Abschn. 9b als Potentialwirbel ausgiebig behandelt. Auch hier können mit abnehmendem r die Geschwindigkeiten c_u unbegrenzt anwachsen und damit der Druck bis zur Hohlraumbildung sinken. Dieser Hohlraum wird bei Strömungen im Kreisrohr (z. B. Saugrohr) irgendwo auf eine Wand oder auf ruhende Flüssigkeit stoßen. Das an dieser Grenzstelle befindliche Totwasser wird dann in den Totraum hineingesaugt und bildet dort einen rotierenden Wasserkern, ähnlich wie bei Abb. 23 besprochen wurde. Dieser Wirbelkern ist für die anschließende Pumpe nachteilig. Deshalb wird häufig bei Strömungen in Saugrohren entweder das Kreisen des Wassers verhindert oder ein fester Kern in der Achse angeordnet[2] (Abb. 298, S. 488).

Trägheitsablösung[3]. Nach neueren Feststellungen von STRSCHELETZKY bildet sich Kerntotwasser in jeder drallbehafteten Rohrströmung unabhängig von der Druckverteilung, also ohne Mitwirkung dampferfüllter Hohlräume oder der Reibung nur durch *Trägheitsablösung*. Diese ist dadurch bedingt, daß jede Strömung bestrebt ist, sich nach dem *Gesetz der kleinsten Wirkung* einzustellen. Unter „Wirkung" versteht man das

[1] Vgl. H. ROUSE u. M. M. HASSAN: Kavitationsfreie Ein- und Auslaßdüsen. Mech. Engng. 71 (1949) S. 213—216. — E. ECKERT, H. HAHNEMANN u. L. EHRET: Z. VDI 85 (1941) S. 927/28 — Forsch. Ing.-Wes. 20 (1954) S. 141, 171. — H. GERBER: Experimentelle Methoden zur Ermittlung von Strömungsbildern. Escher Wyss Mitt. 1928, Nr. 6, S. 171ff. mit Anhang von ACKERET. — W. GEISSLER: Maschinenbautechnik 3 (1954) S. 423

[2] Vgl. W. SCHIEBELER: Luftströmungen mit Drall im Kreisrohr usw. Mitt. Max Planck-Inst. f. Strömungsforschung, Nr. 12, Göttingen 1955

[3] VOITH: Forschung und Konstruktion (Oktober 1959) H. 5

Produkt aus kinetischer Energie mal Zeit oder was dasselbe ist: Masse mal Geschwindigkeit mal Weg. STRSCHELETZKY[1] weist theoretisch und an Hand von Versuchen nach, daß die Ausdehnung des Kerntotraums, also auch das Verhältnis der Halbmesser r_k und r_a von Wasserkern und Rohr in einer Strömung konstanten Dralls K nur abhängt von dem Parameter V/Kr_a. Das Verhältnis r_k/r_a ist um so größer, je größer Kr_a gegenüber dem Durchfluß V. Beachtlich ist, daß dieser Kernhalbmesser r_k viel größer ist als beim oben betrachteten dampferfüllten Hohlraum und deshalb bei axialen Strömungsmaschinen wohl zu beachten ist, wie S. 289 näher gezeigt wird.

12. Verhalten wirklicher Flüssigkeiten

Die Bewegung eines Flüssigkeitsteilchens steht unter dem Einfluß von Druckkräften, denen Massenkräfte und Zähigkeitskräfte entgegenwirken. Letztere haben wir bisher vernachlässigt. Wir wollen sie in diesem Abschnitt besonders ins Auge fassen.

a) Zähigkeit der Flüssigkeiten und Gase. Jede Flüssigkeit besitzt eine gewisse, wenn auch häufig sehr kleine Zähigkeit. Die Zähigkeit ist daran erkenntlich, daß Schubkräfte entstehen, wenn ein Flüssigkeitsteilchen $ABCD$ mit endlicher Geschwindigkeit zur Änderung seiner Form gezwungen wird. Dies ist z. B. der Fall, wenn zwei benachbarte ebene und parallele Wände *1* und *2*, zwischen denen sich die betrachtete Flüssigkeit befindet (Abb. 41), mit dem Geschwindigkeitsunterschied Δc parallel zueinander bewegt werden. Der zu überwindende Widerstand ist hier erfahrungsgemäß proportional dem Geschwindigkeitsunterschied Δc der Flächen AB und CD und umgekehrt proportional dem Abstand Δy dieser Flächen. Also wirken in den Querschnitten AB und CD die Schubspannungen

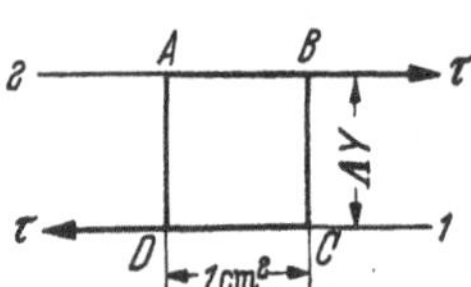

Abb. 41. Wirkung der Zähigkeitskräfte

$$\tau = \mu \frac{\Delta c}{\Delta y}. \tag{30}$$

Der Beiwert μ stellt offenbar diejenige Schubspannung dar, die bei einem Geschwindigkeitsunterschied $\Delta c = 1$ cm/s im Abstand $\Delta y = 1$ cm vorhanden ist. Man bezeichnet ihn als „Zähigkeit" der Flüssigkeit. Er besitzt die Dimension Kraft × Zeit/Länge², also mit m, s, kp als Einheiten kp s/m². Wesentlich ist die Erkenntnis, daß die Spannungen nicht wie bei den festen Körpern den Formänderungen, sondern den Formänderungsgeschwindigkeiten proportional sind. Gl. (30) nennt man das *Newtonsche Reibungsgesetz.*

Für praktische Zwecke bequemer ist die sog. „kinematische Zähigkeit", nämlich Zähigkeit μ durch Dichte $\varrho = \gamma/g$, weil die von den Schubspannungen erzeugten Geschwindigkeitsunterschiede um so kleiner sind, je größer die Dichte ist. Also

$$\nu = \frac{\mu}{\varrho} = \frac{\mu g}{\gamma},$$

[1] Siehe Fußnote 3, S. 59

Tabelle[1]. *Werte von $10^6 \nu$* (m²/s) *in Abhängigkeit von der Temperatur*

Temperatur °C	0°	10°	20°	30°	40°	50°	60°	80°	100°
Reines Wasser	1,79	1,31	1,01	0,805	0,658	0,556	0,478	0,366	0,295
Meerwasser mit Salzgehalt 2%	1,815	1,334	1,032	0,827					
Meerwasser mit Salzgehalt 4%	1,834	1,360	1,058	0,840					
Petroleum*		2,89	2,32	1,88	1,60				
Maschinenöle* ...		180 bis 730	130 bis 500	50 bis 170	30 bis 105				
Zylinderöl*					1000		180	70	40
Rohes Erdöl je nach Herkunft		13 bis 10000	9 bis 3000	7 bis 1000	5 bis 500				
Atm. Luft** bei 760 mm QS .	13,36	14,27	15,17	16,08	16,99	17,93	18,9	20,9	23,1
Wasserstoff** bei 760 mm QS .	94,27	100,4	106,6	112,7	118,8				
Kohlensäure** bei 760 mm QS .	7,16	7,70	8,25	8,79	9,34				

* Mittelwerte. — ** Bei anderen Drücken ergibt sich ν aus den Tafelwerten umgekehrt proportional zum Druck. Die Werte für atmosphärische Luft sind bis 700° C proportional zu $T^{1,7}$. Für Wasserdampf finden sich Angaben in Abb. 42.

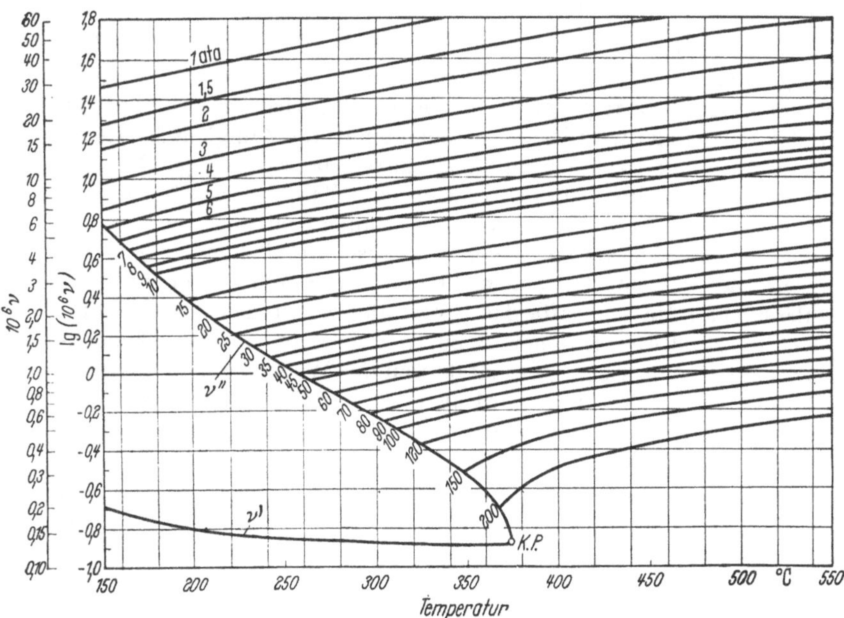

Abb. 42. Kinematische Zähigkeit von siedendem Wasser (ν'), von trockengesättigtem Wasserdampf (ν'') und von überhitztem Wasserdampf (ν) bei verschiedenen Drücken in Abhängigkeit von der Temperatur (ν-Werte in logarithmischer Auftragung)

[1] Aus Hütte, des Ingenieurs Taschenbuch, 28. Aufl., Bd. 1, S. 765 und M. Hansen: Die Viskosität von Gasen und Wasserdampf. BWK 8 (1956) S. 214/15. Weitere Angaben finden sich im VDI-Wärmeatlas 1953

deren Dimension offenbar m^2/s ist[1]. Zum Unterschied von ν soll das vorher abgeleitete μ von jetzt ab als „dynamische Zähigkeit“ bezeichnet werden.

Sowohl die dynamische Zähigkeit μ als auch die kinematische Zähigkeit ν sind von der Temperatur und dem Druck abhängig. Der Einfluß des Druckes ist aber bei tropfbaren Flüssigkeiten verschwindend, so daß hier nur die Temperatur beachtet zu werden braucht. Bei Gasen und überhitztem Wasserdampf ist zwar μ vom Druck ebenfalls wenig abhängig (und nimmt lediglich bei sehr kleinen Drücken, wo die freie Weglänge der Moleküle merkbar ist, etwas ab). Deshalb ändert sich aber ν umgekehrt proportional zum Druck, sofern die Temperatur gleichbleibt, weil bei *gleicher Temperatur die Dichte proportional zum Druck ist.*

Wichtig ist die Feststellung, daß der Temperatureinfluß bei Flüssigkeiten und Gasen entgegengesetzt ist, da sowohl μ und ν mit wachsender Temperatur bei Flüssigkeiten abnehmen, bei Gasen aber ansteigen. Ferner ist ν bei Gasen auffallend hoch, jedenfalls größer als bei Wasser, und zwar um so höher, je kleiner deren Wichte. *Deshalb erreicht der ν-Wert von Luft bei hohem Vakuum oder in großen Höhen oder bei hohen Temperaturen den von Zylinderöl.* Man sieht also, daß die geringe Dichte der Gase die Auswirkung ihrer Zähigkeit außerordentlich steigert[2]. Rauchgase haben erhöhte Viskosität[3].

b) Reynoldssches Ähnlichkeitsgesetz. Bei reibungsfreien (idealen) Flüssigkeiten, die es aber in Wirklichkeit nicht gibt, sind nur Massenkräfte als Gegenkräfte gegen Druckänderungen wirksam (Abschn. 11). Bei Strömungen der wirklichen Flüssigkeiten treten Zähigkeitskräfte als weitere innere Kräfte hinzu und beeinflussen das Strömungsbild mehr oder weniger gleichberechtigt. Je mehr die Zähigkeitskräfte hervortreten, um so mehr müßte also die Strömung von der einer idealen Flüssigkeit, die im vorausgegangenen Abschnitt behandelt ist, abweichen und umgekehrt (wenn nicht nach S. 53 und 80 im Fall vernachlässigbarer Massenkräfte das Strombild wieder das der reibungsfreien Flüssigkeit wäre (Fußnote S. 80) und nicht im Fall verschwindender Zähigkeit nach wie vor das Haften an der Wand bestünde). Kennzeichnend für die Strömung wird also das Verhältnis der Massen- zu den Zähigkeitskräften sein. Betrachtet man nun eine bestimmte Strömungsart, beispielsweise um einen Zylinder vom Durchmesser d, so werden verschiedene Werte von d *ähnliche Strömungsbilder* ergeben, wenn dieses Verhältnis der Massen- zu den Zähigkeitskräften bestehenbleibt. Ist nun c die Geschwindigkeit an einer bestimmten, aber beliebig

---

[1] Bei den Physikern wird das Zeichen η mit der Dimension im CGS-System $= g\,s/cm^2$ statt μ in $kp\,s/m^2$ verwendet. Die Einheit der Zähigkeit heißt hier Poise (zu Ehren von POISEUILLE), die der kinematischen Zähigkeit in cm^2/s Stok (zu Ehren von STOKES). Es ist $\eta = 98{,}1\,\mu$, ferner $\nu_{techn} = 10^{-4}\,\nu_{phys}$. Ein anderes Maß für kinematische Zähigkeit ist der Englergrad E, wobei $10^6\,\nu = E \cdot 7{,}6^{(1-1/E^3)}$

[2] Vgl. ferner I. BÖHM: Schweiz. Bauztg. 70 (1952) S. 364 — BWK 4 (1952) S. 282

[3] Z. der Techn. Hochschule Dresden 5 (1955/56) S. 861—964

wählbaren Stelle, so wachsen im Fall der Ähnlichkeit die Massenkräfte nach dem Impulssatz proportional mit $\gamma c^2/g$, die Zähigkeitskräfte nach Gl. (30) proportional mit $\mu \Delta c/\Delta y$, also auch proportional mit $\mu c/d$, denn bei ähnlich bleibender Strömung ist das Gefälle $\Delta c/\Delta y$ der Geschwindigkeit c direkt und der Größenabmessung d umgekehrt proportional. Das Verhältnis beider Kräfte ist also

$$Re = \frac{\gamma c^2/g}{\mu c/d} = \frac{c\,d}{\mu g/\gamma} = \frac{c\,d}{\nu}. \tag{31}$$

Man nennt diese Kennzahl die *Reynoldssche Zahl*, weil ihre Bedeutung zuerst von Osborne Reynolds[1] erkannt wurde. *Sie ist dimensionslos.* Bei Strömungen in beliebigen Kanälen oder um beliebige Körper stellt d in Gl. (31) *irgendeine am Kanal bzw. Körper passend ausgewählte Länge dar.*

Für genau geometrisch ähnliche Körper (bei denen also auch die etwaigen Oberflächenrauhigkeiten geometrisch ähnlich sind) und für gleiche Reynoldssche Zahlen ist das Strömungsbild in allen Teilen ähnlich. Hierbei ist wichtig, daß die Art der Flüssigkeit keine Rolle spielt. Je größer Re, um so mehr treten die Zähigkeitskräfte gegen die Massenkräfte zurück. Ein vollständiges Ausschalten der Zähigkeitskräfte wird aber auch bei größter Re-Zahl wegen des Haftens der Flüssigkeit an der Wand nicht erreicht, was sich besonders bei der verlangsamten Strömung auswirkt (S. 71f.).

Dieses Ähnlichkeitsgesetz gestattet auch, *für den Strömungswiderstand* wichtige Regeln abzuleiten. Während bei der idealen Flüssigkeit keine noch so ungünstige Körperform einen Energieverlust verursachen kann, entstehen mit dem Auftreten der Zähigkeit unbedingt Widerstände (einmal durch das eben erwähnte Haften der Flüssigkeit an der Wand, also die Wandreibung, sodann durch Druckkräfte, weil der Wiederanstieg des Druckes hinter dem Körper behindert wird).

Für Strömungen, die in allen Teilen ähnlich sind, also auch für gleiche Re-Zahlen, muß der auf 1 kp der Flüssigkeit bezogene Energieverlust in mkp/kp, d. h. die Widerstandshöhe h_w (ausgedrückt in m Flüssigkeitssäule), ein Vielfaches der Geschwindigkeitshöhe $c^2/2g$ sein, weil die Massenkräfte dazu proportional sind und das Verhältnis der Massen- und Zähigkeitskräfte gleichbleibt, solange Re gleich ist. Also

$$h_w = \zeta \frac{c^2}{2g}. \tag{32}$$

Hierin ist dann aber offenbar der Beiwert ζ eine Funktion der Re-Zahl, da mit Änderung von Re das Verhältnis zwischen Zähigkeits- und Massenkräften wechselt.

Die Gültigkeit des Ähnlichkeitsgesetzes ist durch eine große Zahl von Versuchen erhärtet. Ihm unterliegt jeder Fließvorgang, sofern nicht die Schwerkraft eine erhebliche Rolle spielt (also freie Oberflächen sich bilden) und keine Änderung des Aggregatzustandes, insbesondere Hohl-

[1] Reynolds, O.: Sci. Pap. Bur. Stand 2, S. 5 — Phil. Trans. Roy. Soc. (Lond.) 174 (1883) S. 935; 186 (1895) S. 123

raumbildung durch Verdampfen (Kavitation) bzw. bei Gasen Annäherung an die Schallgeschwindigkeit eintritt. Mit seiner Hilfe ist es beispielsweise auch möglich, Versuchsergebnisse an Modellen, z. B. Kreiselrädern, auf große Ausführungen zu übertragen, gleichgültig, ob die Versuche mit Luft oder Wasser angestellt sind. Es ist also dazu geeignet, Erfahrungsmaterial richtig zu ordnen und die Versuchsdurchführung zu erleichtern.

Es gibt allerdings auch sogenannte *Nicht-Newtonsche Flüssigkeiten*, die dem Reibungsgesetz der Gl. (30) nicht folgen und für die also auch das REYNOLDS-Gesetz keine Geltung hat[1]). Es sind dies flüssige Lösungen von hohem Molekulargewicht (nicht Gase), auch manche Schmiermittel, die aber für Kreiselpumpen so geringe Bedeutung haben, daß wir auf ihre weitere Behandlung verzichten können.

13. Beispiele wirklicher Strömungen

Die meisten in Betracht kommenden Flüssigkeiten (Wasser, Luft, Dampf) haben verschwindende Zähigkeit. Trotzdem entstehen starke Abweichungen von der Idealströmung infolge des Haftens an derWand.

a) Strömungen in geraden Rohren. Der wichtigste Fall ist die Strömung in Rohrleitungen. In einem zylindrischen Rohr vom Durchmesser d wird, falls der Strömungszustand zeitlich und über die ganze Länge l konstant ist, auch der Druckverlust infolge der Reibung überall gleich groß sein. Dann ist der Beiwert ζ in Gl. (32) proportional der Länge und umgekehrt proportional dem Durchmesser d, also der Reibungswiderstand

$$Z_r = \lambda \frac{l}{d} \frac{\bar{c}^2}{2g}, \tag{33}$$

wobei λ eine Funktion der *Re*-Zahl und $\bar{c}$ die mittlere Geschwindigkeit, d. h. der Quotient aus Förderstrom und Querschnitt bedeuten. — Wir können ferner den Druck über einen Rohrquerschnitt als konstant betrachten, da die Stromlinien im Mittel parallel zur Achse verlaufen, also seitliche Massenkräfte fehlen.

α) Sehr kleine *Re*-Zahlen $Re = c\,d/\nu < 1$, laminare Strömung. Diese *schleichende* Strömung ist dadurch gekennzeichnet, daß die Zähigkeitskräfte überwiegen, so daß die Massenkräfte vernachlässigbar sind. Sie hat im Rohr wenig Bedeutung, ist aber beispielsweise vertreten durch die S. 53 besprochene Strömung in dünner Schicht zwischen zwei Platten von HELE SHAW (vgl. auch Fußnote S. 80) sowie bei der Schmiermittelreibung in Lagern[2] (wobei der Querschnitt der Strömung aber veränderlich ist).

β) Kleine *Re*-Zahl, $1 < Re < 2800$. Bei dieser noch immer laminaren Strömung (Schichtenströmung, auch HAGEN-POISEUILLEsche Strömung genannt) machen sich zwar im Fall von Querschnitts- oder

---

[1] Z. VDI 99 (1957) S. 1452; ferner A. B. METZNER: Non-Newtonian Technology, Advances in Chemical Engineering 1 (1956) S. 78—150. — R. N. WELTMANN: Industrial and Engineering Chemistry 48 (1956) Nr. 3 S. 386f

Richtungsänderungen bereits die Trägheitskräfte bemerkbar, weil sie von etwa gleicher Größenordnung sind wie die Zähigkeitskräfte. Im Rohr bewegen sich aber alle Teilchen in parallelen Strombahnen, die sich also nicht vermischen.

Ermittelt man unter Zugrundelegung von Gl. (30) und unter Beachtung des Haftens der Flüssigkeit an der Wand die Geschwindigkeitsverteilung über einen Rohrquerschnitt, so ergibt sich[1], daß diese nach einer Parabel mit der Rohrachse als Hauptachse verläuft (Abb. 42a). *Der Gefällsverlust ist hier der ersten Potenz der Geschwindigkeit proportional.* Wird er mit Gl. (33) in Beziehung gesetzt, so ist darin beim Kreisrohr

$$\lambda = \frac{64}{Re} \tag{34}$$

zu setzen mit $Re = \bar{c}\, d/\nu$, so daß λ umgekehrt proportional zur Geschwindigkeit ist. Bei nicht kreisförmigen Rohrquerschnitten treten an Stelle der Zahl 64 dieser Gleichung andere Werte. In dem sehr wichtigen Fall der Laminarströmung, nämlich der *ebenen Strömung zwischen parallelen Wänden kleinen Abstandes b* (Spalten), ist $\lambda = 96/Re$, wenn im Ausdruck für Re $d = 2b$ gesetzt wird (S. 92f.).

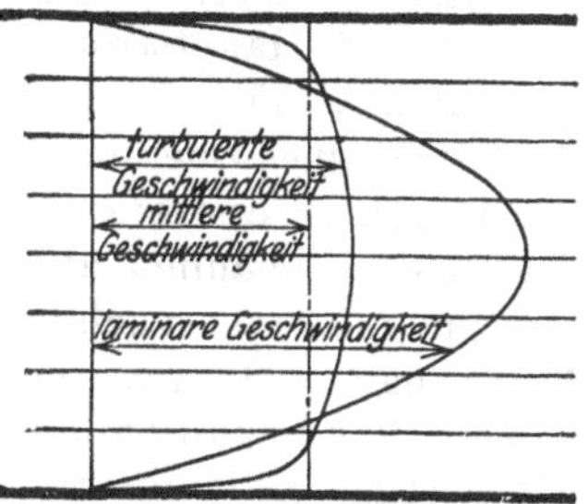

Abb. 42a. Geschwindigkeitsverteilung im Kreisrohr bei laminarer und turbulenter Strömung, bezogen auf gleiche mittlere Geschwindigkeit

Die Eigenart der Laminarströmung bedingt es, daß sie durch die Wandrauhigkeit nicht beeinflußt wird. Die für λ *angegebenen Werte gelten also sowohl für glatte wie rauhe Wände.* Laminarströmung darf aber gemäß der Voraussetzung nur für kleine Re-Zahlen, deren Höchstwert die *kritische Re-Zahl genannt wird,* erwartet werden. Ist im Rohr mit Kreisquerschnitt

$$Re \leqq 2320, \tag{35}$$

so ist die Strömung stets laminar, und zwar auch bei sehr unregelmäßigem Einlauf. Ein Rohr, das mit scharfer Kante an ein Gefäß mit ebener Wand anschließt, hat aber schon die *höhere kritische Re-Zahl* 2800[2]. Ist dagegen der Einlauf in das Rohr gut abgerundet, kommt man bis $Re = 40000$ und höher[2].

Für Wasser von 20° C ($\nu = 10^{-6}$ m²/s) ist bei Zugrundelegung der kritischen Re-Zahl 2800 die kritische Geschwindigkeit

$$c_{\text{krit}} = \frac{2800 \cdot 10^{-6}}{d} = \frac{0{,}0028}{d} \text{ in m/s,} \tag{36}$$

falls d in Metern eingesetzt wird. Beispielsweise ergibt sich für $d = 20$ mm $= 0{,}02$ m $c_{\text{krit}} = 0{,}14$ m/s. Man erkennt, daß in Kreiselpumpen bei

[1] Die Ableitung kann in irgendeinem Handbuch über Mechanik nachgelesen werden

[2] SCHILLER, L.: Forsch.-Arb. Ing.-Wes. Heft 248 (1922)

Wasserförderung die Geschwindigkeiten weit oberhalb der kritischen liegen. Das gleiche wird man von der Luftförderung sagen dürfen, wenigstens soweit es sich nicht um kleine Drücke (weil dann ν groß ist) oder hohe Temperaturen handelt. Dagegen wird die Bewegung von Öl meist in das laminare Gebiet fallen.

γ) Große Re-Zahl ($Re > 2800$), turbulente Strömung (Flechtströmung). Schon OSBORNE REYNOLDS hat an Versuchen mit Glasröhren durch Einführen von Farbstoff in die Achse nachgewiesen, daß der Farbstoff bei kleinen Geschwindigkeiten geradlinig blieb, während er sich bei größeren in Wellenform auflöste und über die ganze strömende Menge verteilte, die Strömung also turbulent wurde. Der Übergang von der laminaren zur turbulenten Strömung setzt ein, sobald die an der Wand haftenden Teilchen sich aufrollen, und vollzieht sich zwischen zwei Re-Zahlen[1]. Bei der ausgebildeten Turbulenz lösen sich fortlaufend Flüssigkeitsteile mit Drehbewegung ab, die von der Hauptströmung wieder beschleunigt werden, während gleichzeitig andere Teilchen von der Grenzschicht zwischen Grenzschicht und Hauptströmung erfaßt und abgebremst werden. Dieser fortlaufende Flüssigkeitsaustausch bildet dann die eigentliche Ursache des Strömungswiderstandes (Scheinreibung durch turbulente Vermischung). Er erstreckt sich über die ganze Strömung (und klingt in der Achse allmählich ab), so daß sich über die geordnete Parallelbewegung eine unregelmäßig wirbelnde Nebenbewegung lagert. Die Loslösung des Hauptstromes von der Grenzschicht bewirkt einerseits, daß die Wandschubspannung sich vergrößert, also auch der Widerstand höher ist als bei laminarer Strömung. Sie hat aber auch zur Folge, daß die Geschwindigkeit (d. h. der an einer bestimmten Stelle vorhandene zeitliche Mittelwert) sich viel gleichmäßiger über den Querschnitt verteilt als bei laminarer Bewegung. Abb. 42a zeigt die Geschwindigkeitsverhältnisse für laminare und turbulente Strömung bei gleicher mittlerer Geschwindigkeit $\bar{c}$. Bemerkenswert ist die verhältnismäßig hohe Geschwindigkeit der turbulenten Strömung nahe der Wand. In der dünnen *Grenzschicht* fällt sie auf Null ab. Es ist also mit hinreichender Annäherung zulässig, die turbulente Strömung in größerem Abstand von einer Wand nach den Gesetzen der Potentialströmung zu verfolgen. Je höher die Re-Zahl, um so ausgeglichener ist die Strömung. Während im laminaren Bereich beim kreisrunden Rohr $c_{\max}/\bar{c} = 2$, ergibt sich dieser Wert im turbulenten Bereich bei

$$Re = 13 \cdot 10^3 \text{ zu } 1{,}23\,, \qquad Re = 16 \cdot 10^6 \text{ zu } 1{,}17\,. \tag{37}$$

Die *Widerstandszahlen* können hier nur durch den Versuch ermittelt werden. Bei *glatten Rohren* folgen ihre Werte bis $Re = 3 \cdot 10^5$ dem *Blasiusschen Gesetz*[2]

$$\lambda_{\text{glatt}} = 0{,}3164\, Re^{-0{,}25}\,, \tag{38}$$

[1] SCHLICHTING, H.: Grenzschicht-Theorie, 3. Aufl., Karlsruhe: G. Braun 1958

[2] Forsch.-Arb. Ing.-Wes. Heft 131 (1913)

wo $Re = \bar{c}\, d/\nu$. Für Wasser von 20° C mit $\nu = 10^{-6}$ m²/s ergibt sich beispielsweise

$$\lambda_{\text{glatt}} = 0{,}010\,(\bar{c}\, d)^{-0{,}25}.$$

Wichtig ist die Feststellung, daß hiernach der Reibungswiderstand Z_r gemäß Gl. (33) nicht mit dem Quadrat, sondern der 1,75ten Potenz der Geschwindigkeit wächst. Tatsächlich nimmt der Absolutwert des Exponenten der Gl. (38) mit wachsendem Re ab und beträgt bei $Re = 10^8$ nur noch $-0{,}126$, also die Hälfte[1].

Als „glatt" soll eine Wand dann angesehen werden, wenn die Rauhigkeitserhebungen aus der laminaren Unterschicht der Grenz-

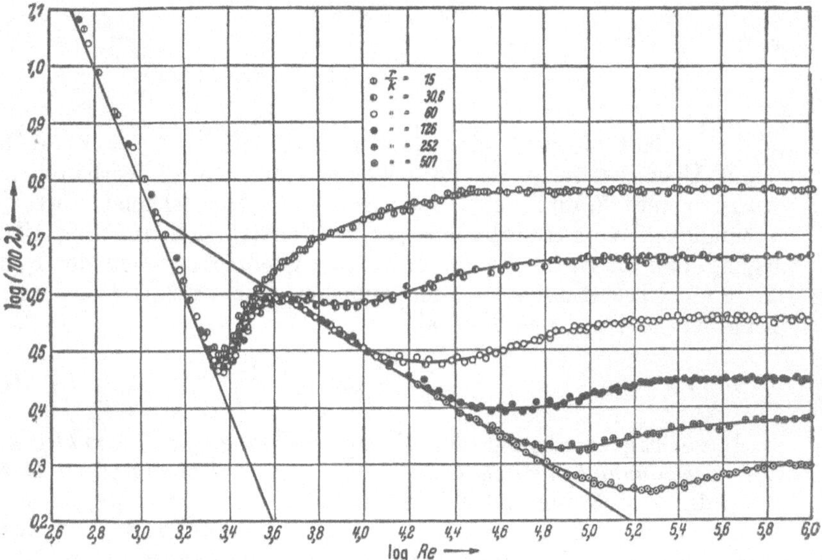

Abb. 43. Das Widerstandsgesetz sandrauher Rohre in Abhängigkeit von der REYNOLDSschen Zahl Re und der relativen Rauhigkeit k/r (nach NIKURADSE)

schicht nicht herausragen, die auch bei turbulenter Grenzschicht in unmittelbarer Wandnähe vorhanden ist und deren Dicke nur ein sehr geringer Bruchteil der Dicke der turbulenten Grenzschicht ist.

Einfluß der Rauhigkeit. Bei *rauhen Rohren* vergrößert sich die Widerstandsziffer λ der turbulenten Strömung um so mehr, je größer die mittleren Rauhigkeitserhebungen k gegenüber dem Rohrhalbmesser r sind. Für eine mittels Sand hergestellte Rauhigkeit, die also gleichmäßig über die Rohrwand verteilt ist, ermittelte NIKURADSE[2] die in Abb. 43 in logarithmischem Maßstab dargestellten Werte. Im Bereich großer Re ist hierbei λ offenbar unabhängig von Re (ausgebildete Rauhigkeitsströmung), so daß also Z_r sich quadratisch mit $\bar{c}$ ändert.

[1] HAHNEMANN, H. W.: Forsch. Ing.-Wes. 16 (1949/50) S. 113—119. — H. SCHLICHTING: Fußnote 1, S. 66

[2] Forsch.-Arb. Ing.-Wes. Heft 361 (1933)

Bei kleinen Re fallen die λ-Werte der nicht besonders rauhen Rohre aber auch im turbulenten Bereich mit denen des glatten Rohres zusammen. Hier verhalten sich also rauhe Flächen wie glatte, weil die *Rauhigkeiten noch innerhalb der laminaren Unterschicht der Grenzschicht liegen.* Erst bei Überschreitung eines bestimmten Grenzwertes Re_{gr}, in dem die Kurve von der Geraden des glatten Rohres abzweigt, macht sich die Rauhigkeit bemerkbar. Diese Werte Re_{gr} der Abzweigpunkte sind für die Praxis besonders wichtig, weil es erst bei ihrer Überschreitung Zweck hat, eine rauhe Fläche zu glätten. Offenbar ist Re_{gr} eine Funktion der Rauhigkeit, und zwar läßt sich schreiben[1]

$$Re_{gr} \frac{k}{r} = \text{konst.}$$

oder

$$\frac{\bar{c}\, 2r}{\nu} \cdot \frac{k}{r} = 2 \frac{k \bar{c}}{\nu} \equiv 2\, Re_k = \text{konst.}$$

Es besteht hiernach eine bestimmte Kennzahl $Re_k = k\,\bar{c}/\nu$, bei deren Überschreitung die Rauhigkeitserhebungen k überhaupt erst wirksam werden, und die man als *Kornkennzahl* bezeichnet. Ihre Unabhängigkeit vom Rohrhalbmesser rechtfertigt sich aus der Überlegung, daß die Strömung in der dünnen Grenzschicht von der Rohrweite nicht beeinflußt wird. Die Rauhigkeit macht sich erst bemerkbar bei Überschreitung des Wertes[1]

$$\frac{k \bar{c}}{\nu} \approx 100. \tag{39}$$

Dieses Ergebnis besagt, *daß die Herbeiführung einer um so kleineren Oberflächenrauhigkeit k sich lohnt, je größer die Geschwindigkeit ist.* Dabei spielt der Ausführungsmaßstab keine Rolle. Dies ist offenbar praktisch von großer Bedeutung, weil man dadurch veranlaßt wird, *überflüssige Verfeinerung bei der Bearbeitung von Wandflächen zu vermeiden.*

Das Gesetz der Gl. (39) kann auch auf andere Strömungen, beispielsweise auf die in den Schaufelkanälen von Turbinen und Pumpen übertragen werden, wenn für $\bar{c}$ die jeweilige Anströmgeschwindigkeit genommen wird[1]. Dabei ergeben sich für die zulässigen Rauhigkeiten von Gebläseschaufeln Werte von etwa 0,01 mm. Für Schaufeln von Dampfturbinen erhält man viel kleinere Werte von etwa $\frac{1}{5000}$ mm, welche auch an fabrikneuen Schaufeln kaum erreichbar sind. Diese Feststellung bleibt gültig, auch wenn berücksichtigt wird, daß technische Rauhigkeiten nicht so dicht stehen, wie die hier zugrunde gelegte Sandrauhigkeit und deshalb die zulässigen Rauhigkeiten etwas größer sein dürften.

Die von NIKURADSE für die Sandrauhigkeit in Abb. 43 angegebenen λ-Kurven gelten für Rauhigkeiten in technischen Rohren ebenfalls nicht. Vielmehr fällt hier λ stetig mit wachsendem Re bis zu einem

---

[1] SCHLICHTING, H.: Grenzschicht-Theorie. 3. Aufl., S. 520ff. u. 490. Karlsruhe: G. Braun 1958. — Vgl. auch A. D. JOUNG: J. Roy. aeronaut. Soc. (1950) S. 534—540; Auszug in Z. VDI (1951) S. 454/55. — L. SPEIDEL: Forsch. Ing.-Wes. 20 (1954) S. 129—140

konstanten Wert ab, wie in Abb. 43a mit d/k als Parameter gezeigt ist[1]. Der Bereich der konstanten λ-Werte, für den nach Gl. (33) das quadratische Widerstandsgesetz gilt, ist durch die dünn eingetragene Grenzkurve von dem Bereich der abfallenden λ-Werte, für den die

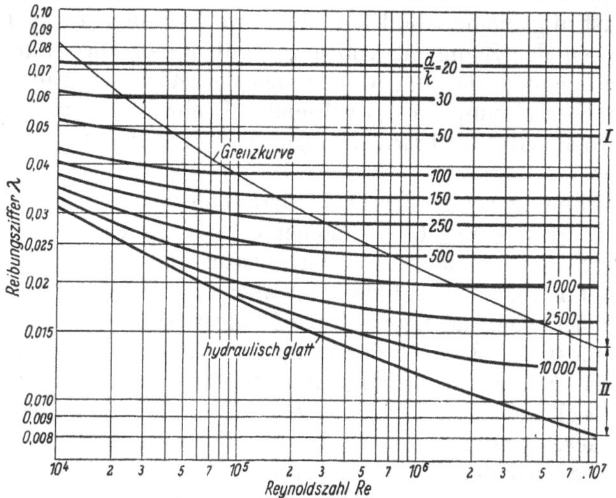

Abb. 43a. Verlauf der Rohrreibungszahl für technisch rauhe Rohre, Rauhigkeitswerte k nach Zahlentafel. Die dünne Kurve gibt die Grenze der voll ausgebildeten Rauhigkeitsströmung mit konstantem λ, also quadratischem Widerstandsgesetz an

Anhaltszahlen über das Rauhigkeitsmaß k

Rohrwerkstoff	Wandbeschaffenheit	Rauhigkeitsmaß k mm
Stahlrohr gezogen ...	neu	0,03
Stahlrohr geschweißt	neu, bituminiert	0,05
	gebraucht, Bitumen z. T. gelöst, Roststellen	0,1
	gebraucht, gleichmäßige Rostnarben	0,15
	nach mehrjährigem Betrieb (Mittelwert für Ferngasleitungen)	0,5
	leichte Verkrustung	1,5
	starke Verkrustung	2 bis 4
Stahlrohr genietet ...	verschieden	1 bis 10
Gußrohr	neu bituminiert	0,1 bis 0,15
	neu, ohne Bitumen	0,25 bis 0,5
	gebraucht, Roststellen	1 bis 1,5
	starke Verkrustung	2 bis 4
Holzrohr	verschieden	0,2 bis 1
Betonrohr	Glattstrich	0,3 bis 0,8
Betonrohr	roh	1 bis 3
Asbest-Zementrohr ...		0,1

Rauhigkeitsströmung noch nicht voll ausgebildet ist, abgegrenzt. Die λ-Werte erhält man bequem aus Abb. 43a, wobei die in der Tabelle angegebenen Rauhigkeitswerte zu benutzen sind.

[1] Herning, F.: BWK 4 (1952) S. 411/12 — Z. VDI 84 (1940) S. 760 — Arch. Wärmew. 23 (1942) S. 75

Es fallen auch hier die λ-Kurven bei kleinem Re mit denen des glatten Rohres zusammen, so daß also die zu Gl. (39) gehörigen Betrachtungen ihre Gültigkeit behalten. Es gibt nach SCHLICHTING[1] auch wellenförmige Ablagerungen, die einen besonders hohen Widerstand verursachen können[2].

Der fast allgemeine Abfall von λ mit wachsendem Re ist durch das Zurücktreten der Zähigkeitskräfte gegenüber den Massenkräften bedingt. Er macht erklärlich, warum sich der Wirkungsgrad einer und derselben Kreiselpumpe mit wachsender Drehzahl bis zu der Grenze bessert, wo Kavitation bzw. Schallgeschwindigkeitsnähe sich bemerkbar macht.

Rohrströmung bei großer Dichteänderung vgl. Abschn. 14e und f.

δ) Anlaufstrecke: Die vorstehenden Gleichungen für die Widerstandsziffer λ gelten für den Beharrungszustand der Strömung. Zur vollen Ausbildung der Turbulenz ist aber eine gewisse Anlaufstrecke nötig, die bei scharfkantigem Einlauf länger ist als bei gut abgerundetem Mundstück. Eine vorher ruhende Flüssigkeit wird bei gut abgerundetem Einlauf am Anfang des Rohres über den ganzen Querschnitt mit gleicher Geschwindigkeit strömen, und erst allmählich wird sich der Geschwindigkeitsabfall an der Wand in der bisher beschriebenen Weise ausbilden. Infolge des raschen Abfalls der Geschwindigkeit an der Wand und des sich einstellenden Anwachsens der Geschwindigkeit in der Achse über den Mittelwert wird in der Anlaufstrecke der Widerstand vergrößert, und zwar ist für λ ein um etwa 14% höherer Wert einzusetzen als für die ausgebildete Strömung.

Wenn auch die Länge der Anlaufstrecke mehr als den 100fachen Rohrdurchmesser betragen kann, so ist doch praktisch nach 30 bis 40d kein Unterschied mehr festzustellen und schon nach 10d weitgehende Übereinstimmung mit der ausgebildeten Turbulenz vorhanden.

ε) Kanäle beliebigen Querschnittes. Diese können nach den für Kreisrohre abgeleiteten Gleichungen behandelt werden, wenn für d der Ausdruck

$$d = \frac{4F}{U} = \frac{4\,\text{mal Fläche des Querschnittes}}{\text{benetzter Umfang}} \tag{40}$$

gesetzt wird, und zwar zeigen Beobachtungen[3] eine ausreichende Übereinstimmung, selbst dann, wenn nicht der ganze Umfang des Querschnittes benetzte Wandlänge ist, wie z. B. beim offenen Flußlauf.

Der Übergang vom Kreis auf ein Rechteck ist verlustreicher als in umgekehrter Richtung[4].

b) Verengte und erweiterte Kanäle. In Abb. 44 ist die Geschwindigkeitsverteilung über die halbe Breite des rechteckigen Austrittsquerschnittes eines verengten und erweiterten Kanals der ebenen turbulen-

---

[1] Siehe Fußnote 1, S. 97

[2] Weitere Angaben über den Strömungswiderstand in Rohrleitungen finden sich in Z. VDI 92 (1950) S. 237ff.

[3] SCHILLER, L.: Z. VDI 64 (1923) S. 623. — NIKURADSE: Forsch.-Arb. Ing.-Wes. Heft 281. — E. R. G. ECKERT u. T. F. IRVINE: Trans. of the ASME, Journal of Heat Transfer May 1960, S. 125—138.

[4] MEYER, E.: VDI-Forsch.-Heft 389 (1938).

ten Strömung nach Versuchen von NIKURADSE[3] zusammengestellt. Die an den Kurven angeschriebenen Winkel sind die *halben* Öffnungswinkel (also $\varepsilon/2$ in Abb. 45), wobei die negativen Zahlen sich auf verengte Kanäle beziehen. Als Abszisse ist das Verhältnis des Abstandes y von der Kanalmitte zur halben Breite b des betrachteten Kanalquerschnittes und als Ordinate das Verhältnis der jeweiligen Geschwindigkeit v zur Geschwindigkeit $v_{\max}$ in der Mitte aufgetragen. *Man erkennt, daß das Geschwindigkeitsprofil des parallelwandigen Kanals steiler verläuft als die der verengten Kanäle, aber flacher als die der erweiterten Kanäle.*

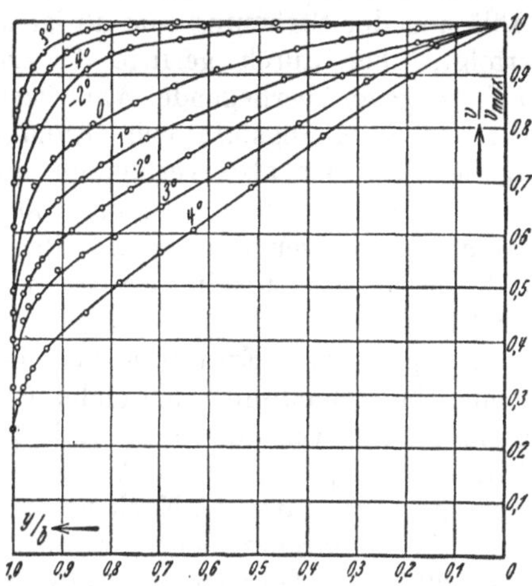

Abb. 44. Geschwindigkeitsverteilung über die halbe Breite des rechteckigen Querschnittes im verengten und erweiterten Kanal

Verengter Kanal (Umsetzung von Druck in Geschwindigkeit). Abb. 44 zeigt, daß hier die Strömung fast so günstig verläuft wie bei einer reibungsfreien Flüssigkeit. Dieser Fall der Strömung liegt in den Kanälen der Turbinen vor. Man muß ihn aber auch an der Kreiselpumpe dort zu verwirklichen suchen, wo die Verzögerung der Strömung nicht unbedingt nötig ist. Die günstige Beurteilung des verengten Kanals ist allerdings an die Bedingung geknüpft, daß seine Berandung gegen den Austritt hin nicht stark gekrümmt ist, weil sonst Übergeschwindigkeiten mit anschließenden örtlichen Verzögerungen auftreten (Abb. 37 und 71).

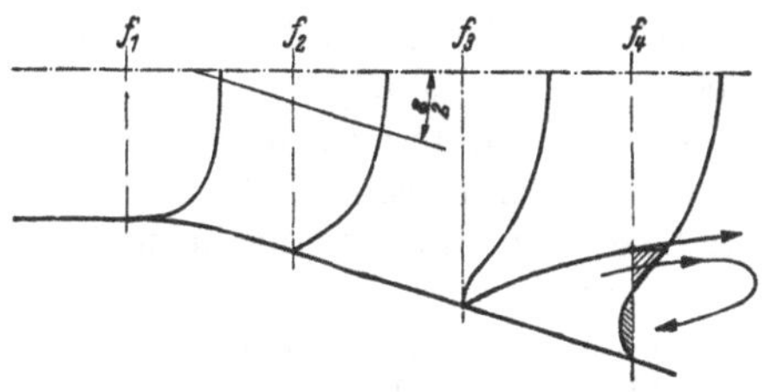

Abb. 45. Geschwindigkeitsprofile im erweiterten Kanal

Erweiterter Kanal oder Diffusor (Umsetzung von Geschwindigkeit in Druck). Hier zeigt die Abb. 44 eine starke Ungleichheit der Geschwindigkeit, die sich daraus erklärt, daß die langsam strömenden, wandnahen Teilchen nach dem BERNOULLI-Satz ebensoviel an Geschwindigkeitshöhe verlieren wie die rasch strömenden Teilchen in der Mitte, da in jedem Querschnitt etwa gleicher Druck angenommen werden kann. Ausgehend von dem Geschwindigkeitsprofil der Zuströmung entsteht unter Mitwirkung der Wandreibung und Schleppwirkung infolge des turbulenten Flüssigkeitsaustausches die in Abb. 45 angegebene allmähliche Veränderung der Profile.

[3] Forsch.-Arb. Ing.-Wes. Heft 289, S. 19

Man sieht, daß in dem Querschnitt, bei welchem das Geschwindigkeitsprofil an der Wand mit einer senkrechten Tangente beginnt, Rückströmen einsetzt, so daß ein Totraum abgegrenzt werden kann, in dem ebensoviel Flüssigkeit nach vorwärts wie rückwärts fließt. Diese Ablösung der Strömung (die übrigens in Wirklichkeit immer einseitig erfolgt, aber durch geringe Änderungen der Zuströmbedingungen auf die gegenüberliegende Wandfläche überspringt) verändert offenbar das Strömungsbild von Grund aus. Sie verhindert den Druckanstieg und ist also verbunden mit erheblichen Energieverlusten. Man kann die Totraumbildung nur verhindern, wenn die Verlangsamung so vorgenommen wird, daß der turbulente Impulsaustausch mit der Kanalmitte eine Geschwindigkeitsabnahme bis auf Null verhindert.

Der günstigste Erweiterungswinkel ε wird mit 5 bis 10° angenommen[1], abnehmend mit wachsender *Re*-Zahl. Dieser Wert ist aber häufig größer, und zwar um so mehr, je kürzer die Anlaufstrecke vor dem Diffusor und je kleiner das Verhältnis F_2/F_1 des Endquerschnittes zum Anfangsquerschnitt ist[2]. Nach neueren Untersuchungen ist eine turbulente Anfangsgrenzschicht vorteilhaft[3]. Bei $F_2/F_1 = 4$ werden schon nach 20% der Diffusorlänge 50% des theoretisch möglichen Druckanstiegs erreicht. Daraus folgt, daß *Kurzdiffusoren* Vorteile bieten. Daß man am Anfang und Ende des Diffusors beim Übergang auf den prismatischen Teil des Kanals scharfe Ecken vermeidet, ist selbstverständlich (S. 54). Bei gleichem Querschnittsverhältnis, bezogen auf die Länge, sind Kegeldüsen am besten. Bei diesen erweist sich die Überlagerung einer Rotation über die Durchflußbewegung als vorteilhaft, sofern die nach der Achse hin eintretende Drucksenkung keine Hohlraum- oder Wirbelkernbildung zur Folge hat (Abb. 23). Bei Beachtung dieser Umstände wird eine erhebliche Vergrößerung des größtzulässigen ε-Wertes erreicht. Rauhigkeit verschlechtert die Ergebnisse um so mehr, je größer F_2/F_1.

Die Wandreibung bedingt, daß sehr kleine Erweiterungswinkel unvorteilhaft sind, weil der Kanal sich verlängert[4]. Der beste Wirkungsgrad der Druckumsetzung liegt deshalb dann vor, wenn die dauernde Ablösung gerade einsetzt. Dabei ist zu berücksichtigen, daß die Druckumsetzung am Diffusorende noch nicht beendet sein kann wegen der aus Abb. 45 ersichtlichen ungleichen Geschwindigkeitsverteilung im Kanal, sondern eine längere Ausgleichsstrecke von mindestens $4d$ hinter dem Diffusor nötig ist[5] (Abschn. 8, f).

---

[1] Betz, A.: Einführung in die Theorie der Strömungsmaschinen S. 39. Karlsruhe: G. Braun 1959; ferner Vorträge auf der Strömungstagung der Anstalt für Strömungsmaschinen G.m.b.H. Graz-Andritz: Maschinenbau u. Wärmewirtsch., Wien 12 (1957) Heft 7/8, insbes. S. 200, 219—224

[2] Polzin, J.: Ing.-Arch. 11 (1940) S. 361

[3] Sprenger, H.: Experimentelle Untersuchungen an geraden und gekrümmten Diffusoren. Mitt. Inst. Aerodynamik, ETH Zürich, Nr. 27. Verlag Leemann 1959

[4] Andres: Forsch.-Arb. Ing.-Wes. Heft 76 (1909)

[5] Aircraft Engng. 10, Nr. 115, S. 267—273 (IX 38)

Diffusoren mit kleiner Erweiterung wird man besser durch eine plötzliche Erweiterung[1] nach Abb. 17 ersetzen, also den BORDA-CARNOTschen Verlust nach S. 30 in Kauf nehmen, weil dieser bei kleiner Querschnittszunahme verschwindet. Nimmt man die Verlustziffer ζ bei plötzlicher Erweiterung [vgl. Gl. (8), S. 31]

$$\zeta \equiv h_v \frac{2g}{c_1^2} = \left(1 - \frac{F_1}{F_2}\right)^2 \tag{41}$$

und beim Diffusor[2]

$$\zeta = 0{,}2\left[1 - \left(\frac{F_1}{F_2}\right)^2\right],$$

so ergibt sich Gleichheit der Verluste, wenn

$$\left(1 - \frac{F_1}{F_2}\right)^2 = 0{,}2\left[1 - \left(\frac{F_1}{F_2}\right)^2\right],$$

woraus nach Division mit $1 - F_1/F_2$ folgt

$$\frac{F_1}{F_2} = \frac{2}{3}. \tag{42}$$

Bei Unterschreitung dieses Wertes ist hiernach die plötzliche Erweiterung der stetigen meist vorzuziehen.

Ebenso schneidet man bei starker Erweiterung dort, wo die Ablösung einsetzt, zweckmäßig den Diffusor ab und geht sprungweise auf den Endquerschnitt über, wie dies beispielsweise beim Venturi-Kurzrohr[3] geschieht. Versuche[4] zeigen, daß bei diesen abgeschnittenen Diffusoren der günstigste Erweiterungswinkel um so größer ist, je kürzer der Diffusor gemacht wird und mit Winkeln $\varepsilon \approx 15$ bis $20°$ in Verbindung mit einem Querschnittsverhältnis $F_2/F_1 \approx 4$ noch Verlustziffern $\zeta \approx 0{,}15$ bis $0{,}18$ erzielt werden.

Beim rechteckigen Kanal großer Abmessung (z. B. Feuerzügen in Dampfkesseln) können gestaffelte Leitschaufeln, die dann kurz und schwach gewölbt sein müssen, eine Besserung bringen, weil sie die Grenzschicht beleben. Besonders wirksam wäre die Absaugung der Grenzschicht, für deren Verwirklichung aber in Diffusoren von Kreiselpumpen noch keine wirtschaftliche Lösung gefunden ist. Weitere Möglichkeiten der Verbesserung besonders für gekrümmte Diffusoren sind im Anfang der Arbeit von H. SPRENGER (Fußnote 3, S. 72) zusammengestellt.

Die Diffusorströmung im Falle merkbarer Dichteänderung ist S. 85f. behandelt. Der zulässige Erweiterungswinkel ist hier kleiner und nach den dortigen Angaben umzurechnen.

Über die Wirkung des Rotationshohlraumes als Diffusor vgl. unter d) und Abschn. 75.

---

[1] HEINRICH, G.: Über das Auftreten von Sprungstellen bei Flüssigkeitsströmungen in Rohren. Aus den Sitzungsberichten der Akademie der Wissenschaften, Wien 1938

[2] Vgl. Hütte Bd. 1, 28. Aufl., S. 787

[3] Prüfen und Messen, Vorträge auf der vom VDI am 1. und 2. Dezember 1936 veranstalteten Tagung in Berlin. VDI-Verlag 1937, Bericht von G. RUPPEL: S. 19

[4] VDI-Durchfluß-Meßregeln DIN 1952, Ausgabe 1948

Umlaufende Diffusoren, wie sie die Laufkanäle von Kreiselpumpen darstellen, verhalten sich günstiger, als vorstehend für ruhende Kanäle dargelegt ist, weil hier die Grenzschicht durch die Fliehkräfte meist in Strömungsrichtung (bei Axialpumpen senkrecht dazu) abgesaugt wird (S. 143f.).

Abb. 46

Beachtlich sind auch die Fortschritte, die bei der Ausbildung von Venturimetern geringsten Druckverlustes gemacht worden sind[1].

c) Gekrümmte Kanäle. Auch hier wird dort Ablösung eintreten, wo die Grenzschicht gegen Druckanstieg zu strömen hat. Diese Stellen sind daran zu erkennen, daß die an der Wand liegenden Stromröhren der Potentialströmung sich erweitern, was nach Abb. 38 am Eintritt des Krümmers außen und am Austritt innen der Fall ist. Außerdem entsteht eine Sekundärbewegung (Abb. 46), die sich der Durchflußströmung überlagert[2]. Da nämlich die Fliehkräfte der Grenzschichten an der seitlichen Wand nicht ausreichen, um den Fliehkräften der in der Mitte strömenden ungehemmten Teilchen das Gleichgewicht zu halten, so werden letztere sich nach außen drängen und die mit geringer Geschwindigkeit strömenden Teilchen nach der Krümmungsachse hin schieben. Abb. 47 zeigt die Stromlinien für die parallel zur Krümmungsebene gelegte Mittelebene eines Krümmers mit rechteckigem Querschnitt nach den Versuchen von Cordier[3]. Man erkennt deutlich die Ablösung innen, gerade dort, wo gemäß Abb. 38 eine Erweiterung der Stromröhren einsetzen sollte. Diese Ablösung tritt infolge des kleinen Krümmungshalbmessers verstärkt in Erscheinung. Daß die andere Erweiterungsstelle, die nach Abb. 38 außen am Eintritt liegt, nicht immer durch eine Ablösung in Erscheinung tritt, ist der schwächeren Krümmung, der anschließenden Beschleunigung sowie der ab-

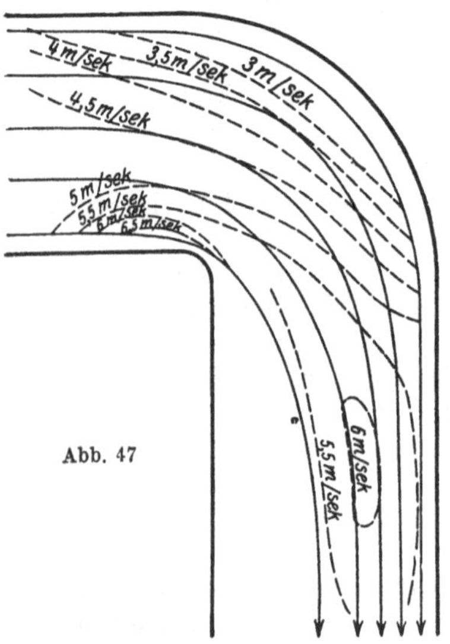

Abb. 46 u. 47. Wirkliche Strömungen in einem Krümmer (mittlere Geschwindigkeit gleich 4,18 m). Abb. 46 ist der Scheitelschnitt von Abb. 47

[1] The Dall Flow Tube, Trans. Amer. Soc. mech. Engrs. 78 (1956) S. 475—480 und das Doppeldüsenrohr Z. VDI 96 (1954) S. 347/48

[2] Vgl. Isaachsen: Ziviling. (1896) S. 353 und Z. VDI 53 (1911) S. 215

[3] Cordier: Strömungsuntersuchungen an einem Rohrkrümmer. Diss. München 1910 oder Z. ges. Turbinenw. 11 (1914) S. 129. — I. A. Leys: Iron and Steel 22 (1949) S. 39—43. — H. Ito: Rep. Inst. High Speed Mech. Tohoku Univ. 11 (1959—1960) S. 1—22

saugenden Wirkung der in Abb. 46 dargestellten Umlaufbewegung zu verdanken.

In Abb. 47 ist die starke Geschwindigkeitssteigerung hinter dem Krümmer infolge der Ablösung bemerkenswert. Diese Übergeschwindigkeit wird naturgemäß erhebliche Verluste von ähnlichem Charakter wie die Ablösung in erweiterten Kanälen mit sich bringen.

Werden mehrere 90°-Krümmer unmittelbar hintereinander in ebener oder räumlicher Krümmung geschaltet, so verkleinert sich der Widerstand des Einzelkrümmers[1]. Zwei unmittelbar aufeinanderfolgende 90°-Krümmer, die in zwei zueinander senkrechten Ebenen liegen, erzeugen jedoch einen Potentialwirbel, dessen Umlaufsinn mit dem ersten Krümmer übereinstimmt[2].

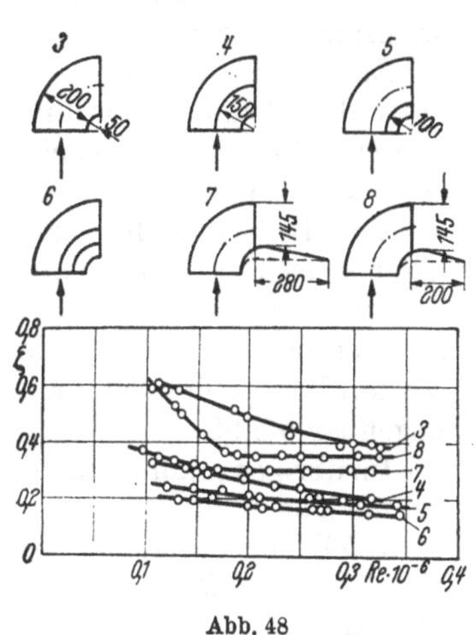

Abb. 48

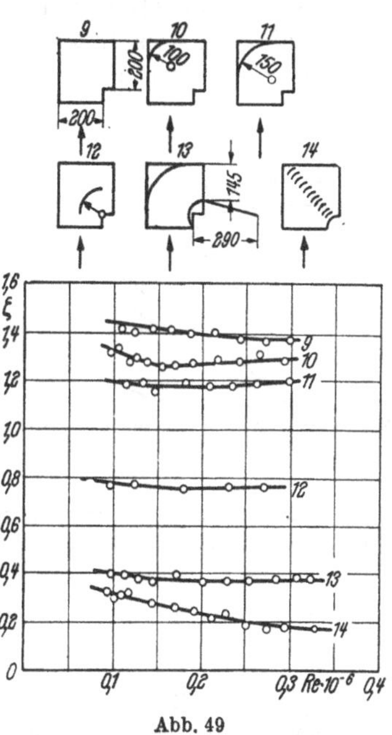

Abb. 49

Abb. 48 u. 49. Einfluß von Krümmerform, Einbauten und REYNOLDSscher Zahl [$Re = 4F/U \cdot \bar{c}/\nu$, vgl. S. 65 und Gl. (40), S. 70] auf die Verlustzahl von Krümmern und Kniestücken

Bei Krümmern und Kniestücken mit rechteckigem Querschnitt erweist sich der Einbau von glatten Leitflächen als sehr vorteilhaft. Abb. 48 und 49 geben einen Überblick über die Wirksamkeit dieser Einbauten in Krümmer mit quadratischem Querschnitt (von 200 mm Seitenlänge) nach Versuchen, die von der Abteilung Maschinenbau der Technischen Hochschule Zürich durchgeführt worden sind[3]. Abb. 48 gilt für Krümmer mit kleinerem Krümmungshalbmesser, und Abb. 49 für Kniestücke. Die dort aufgetragenen Ziffern ζ geben den Widerstand als Vielfaches der Geschwindigkeitshöhe an. Als Abszisse ist die

[1] LEYS, I. A.: Iron and Steel 22 (1949) S. 85—89. — E. ZIMMERMANN: Arch. Wärmew. 19 (1938) S. 265

[2] Z. VDI 84 (1940) S. 330

[3] Arch. Wärmew. Bd. 22 (1941) S. 239. — Neuere Versuche vgl. H. ITO, Rep. Nr. 54 Inst. High Sp. Mech. 6 (1956) S. 55—102, ebenso Rep. 68 7 (1956) S. 173

Re-Zahl verwendet. Die Darstellungen zeigen die verschiedenen Möglichkeiten der Verringerung des Druckverlustes. Im einzelnen wirkt sich günstig aus:

1. Große Zahl der Leitflächen (Bauart 6 und 14), wobei eine ziemlich starke Abnahme von ζ mit wachsender *Re*-Zahl stattfindet[1].
2. Einzelne Leitbleche, wenn sie in der Nähe der inneren Wandung angebracht sind (Bauart 5 und 4).
3. Ein großer Innenhalbmesser des Krümmers, während Ausrundungen der äußeren Ecken des Kniestückes nur eine geringe Verbesserung bringen (Bauart 13 und 11).
4. Ausfüllung des inneren Totraumes, wenn sie einen genügend schlanken Diffusor hinter dem Krümmer bildet (Bauart 7 und 13).
5. Bei Kniestücken erweist sich die Diagonalanordnung eines Umlenkgitters besonders wirksam (Bauart 14).

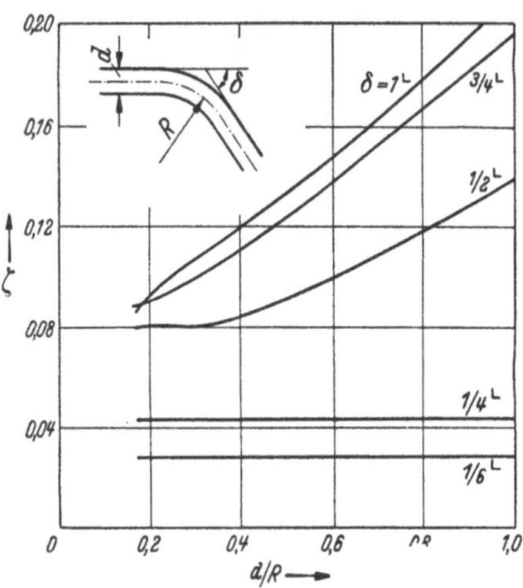

Abb. 50. Widerstandszahl α von Rohrkrümmern in Abhängigkeit vom Verhältnis d/R mit dem Krümmerwinkel δ als Parameter ζ, ausgedrückt als Vielfaches des rechten Winkels

Zu erwähnen ist, daß statt der Diagonalanordnung (Bauart 14) eine vorsegelartige Anordnung dünner und kurzer Leitschaufeln[2] nach FÖTTINGER-FREY bei Großausführungen sich als wirksam erwiesen hat und den Vorteil besitzt, daß der Kanal begehbar bleibt.

Im übrigen nimmt ζ mit abnehmendem Krümmerwinkel δ (Abb. 50)[3] und abnehmendem Verhältnis d/R stark ab. Deshalb ist bei Krümmern mit elliptischem Querschnitt die lange Achse der Ellipse senkrecht zur Krümmungsebene zu legen[4].

Bei Krümmern mit Erweiterung erweist sich die getrennte Vornahme der Verzögerung und der Umlenkung, also nacheinander, als günstig[4].

d) Rotationshohlraum. Änderung des Flächensatzes durch die Reibung. In Kreiselpumpen ist der Rotationshohlraum, der sich an den Laufradaustritt anschließt, meist mit Leitschaufeln besetzt, welche die Verlangsamung besorgen (Abschn. 71). Eine in sehr vielen Fällen aus-

[1] Vgl. auch G. KRÖGER: Schaufelgitter zur Umlenkung usw. Diss. Techn. Hochschule Hannover 1932

[2] FREY: Forsch. Ing.-Wes. 5 (1934) S. 105; ferner R. WILLE u. D. HAASE: Allg. Wärmetechnik 4 (1953) Heft 1

[3] Entnommen aus A. BETZ: Einführung in die Theorie der Strömungsmaschinen, Karlsruhe 1959, S. 53

[4] SPRENGER, H.: VDI-Berichte 3 (1955) S. 109/10 oder Fußnote 3, S. 72

reichende Verminderung der Geschwindigkeit kann man aber auch bei Verzicht auf Leitschaufeln, also im „glatten Leitring“ erzielen (Abschn. 75). Es soll nun hier untersucht werden, wie sich bei dieser freien Strömung im Rotationshohlraum, welche neben den Meridiankomponenten c_m auch Umfangskomponenten c_u aufweist, die Reibung auswirkt. Für die ideale Flüssigkeit ist diese Strömung als Wirbelquelle im Anschluß an Abb. 39 behandelt. In Abschn. 9b und 9d konnte insbesondere das Gesetz von der Unveränderlichkeit des Dralles (Flächensatz) abgeleitet werden

$$r\,c_u = r_2 c_{3u} = \text{konst.}, \tag{43}$$

wenn c_{3u} die Umfangskomponente an einem festen Halbmesser r_2, beispielsweise am Laufradumfang, bedeutet.

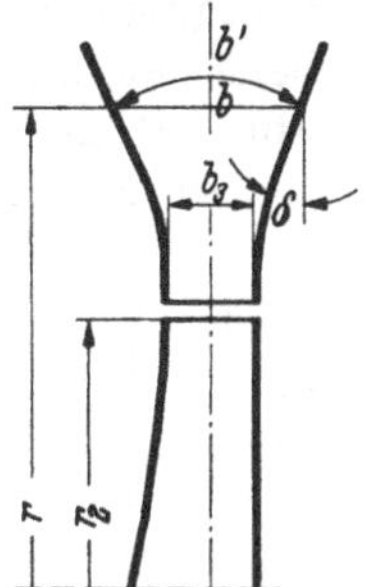

Abb. 51. Radialer Rotationshohlraum hinter einem Kreiselrad

In der reibungsbehafteten Strömung sind offenbar ähnliche Erscheinungen, wie sie unter b) beim erweiterten Kanal behandelt sind, zu erwarten. Der reinen Quellströmung entspricht ein Erweiterungswinkel $\varepsilon = 360°$. Da aber radiale Führungswände fehlen, so kommt diese große Erweiterung für Ablösungserscheinungen nicht zur Wirkung. Rückströmen kann sich nur an den seitlichen Führungswänden ausbilden (Abb. 52). Dieses wird verstärkt, falls die Drucksteigerung nach außen durch die darübergelagerte kreisende Bewegung, also die Verlangsamung von c_u, gesteigert wird, weil die Schleppwirkung der meist kleinen c_m-Werte gering ist. Dieser Fall liegt bei kleiner Neigung α der Strombahnen vor, wie das in der Pumpe in der Regel zutrifft[1]. Zwar erfahren die Toträume durch die Austauschbewegung mit dem Rad wieder eine Belebung, andererseits aber wird dieser Vorgang dadurch unterstützt, daß schon am Radaustritt, also am Kanaleintritt, die Geschwindigkeit meist nicht so gleichmäßig über die Kanalbreite b_3 verteilt ist, wie das etwa der voll ausgebildeten Turbulenz im Rohr entspricht.

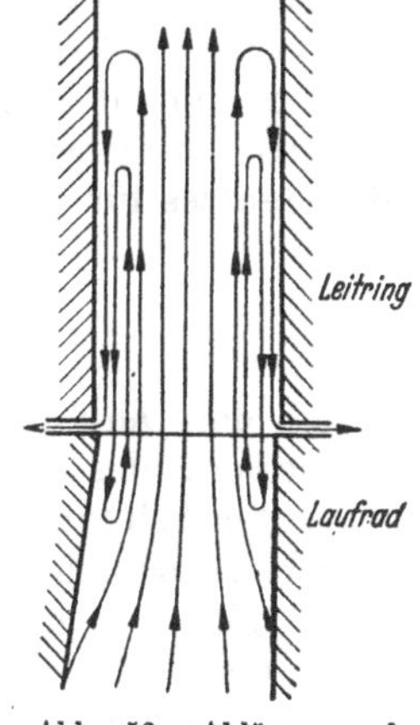

Abb. 52. Ablösen und Rückströmen hinter dem Laufradaustritt infolge starker Verlangsamung

Wenn sonach mit einer Verschiedenheit der Strömung in Kanalmitte und an den Wänden, häufig sogar mit Totraumbildung, zu rechnen ist, so ist doch die Kenntnis der Verhältnisse, die sich unter der Annahme gleichen Strömungszustandes über die Kanalbreite b ergeben,

[1] Vgl. insbesondere H. SCHRADER: Messungen an Leitschaufeln von Kreiselpumpen. Diss. Techn. Hochschule Braunschweig 1939, Abb. 66 bis 71; ferner R. HEIM: Mitt. Hydr. Inst. Techn. Hochschule München Heft 3 (1929). Einen anschaulichen Vergleichsvorgang bildet das Teetassenexperiment, weil beim Umrühren die Sinkkörper sich in der Mitte des Tassengrundes ansammeln.

von Wert, weil dadurch eine rechnerische Behandlung, für welche ei großes Bedürfnis besteht, überhaupt erst möglich wird und die Recheı ergebnisse gut mit der Erfahrung in Einklang zu bringen sind.

Betrachten wir zunächst die Strömung *im radial sich entwickelnde Hohlraum* der Abb. 51, der also eine zur Achse senkrechte Symmetri ebene hat, und greifen wir eine Stromröhre von der Weite dy herau (Abb. 53), die sich aber jeweils über die ganze Kanalbreite b erstrecke soll, so ist deren Querschnitt $F = b\,dy$ und der von einer Wan begrenzte Teil ihres Umfanges $U = 2dy$, als deren hydraulischer Durchmesser nach Gl. (4]

$$d = \frac{4F}{U} = \frac{4b\,dy}{2dy} = 2b \qquad (44$$

und somit die Reibungsarbeit in mkp/kp au der Weglänge dx nach Gl. (33)

$$dZ_r = \lambda \frac{dx}{2b} \frac{c^2}{2g}. \qquad (45$$

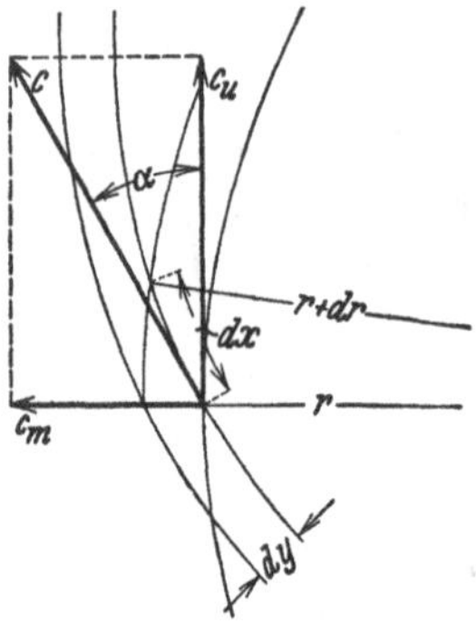

Abb. 53. Strömung im Rotationshohlraum

Diese Verlustarbeit verursacht eine Druck abnahme nur in radialer Richtung. In de Umfangsrichtung kann sie sich wegen de Achsensymmetrie nur in einer Geschwindig keitseinbuße äußern, so daß also die Umfangs komponente c_u sich nach außen stärker verkleinert als dem Geset des konstanten Dralles entspricht, während c_m nicht beeinflußt wird weil hier nur der Mengenstrom maßgebend ist. Diese Überlegun führt, wie an anderer Stelle[1] gezeigt ist, zu folgender Abwandlung de Flächensatzes für die reibungsbehaftete Strömung

$$\frac{1}{r\,c_u} - \frac{1}{r_2\,c_{3u}} = \frac{\pm \lambda \pi}{2V}(r - r_2), \qquad (46$$

wenn V der Durchfluß in m^3/s und c_{3u} die Umfangskomponente an Halbmesser r_2 des Laufradumfanges bedeuten. Das positive Vorzeicheı der rechten Seite dieser Gleichung gilt für die sich von der Achse ent fernende Strömung, d. h. den Fall der Kreiselpumpe, das negativ Zeichen für die sich der Achse nähernde Strömung, also die Turbine

Man ersieht aus Gl. (46), daß sich jetzt das Geschwindigkeitsmomen $r\,c_u$ mit zunehmendem Reibungsweg $(r - r_2)$ verkleinert. Mit $\lambda =$ (geht Gl. (46) in Gl. (43) über wie verlangt werden muß. Auffallend ist daß b nicht mehr erscheint. Doch ist dies leicht damit zu erklären, da eine Vergrößerung von b einerseits den hydraulischem Durchmesseı [Gl. (44)], andererseits aber auch den Reibungsweg im selben Verhältni vergrößert, weil sich der Neigungswinkel α der spiraligen Strombahneı verkleinert.

[1] Pfleiderer, C.: Untersuchungen auf dem Gebiete der Kreiselradmaschinen Mitt. Forschungsarb. VDI Heft 295 (1927) S. 84ff. oder 2. Aufl. der „Kreisel pumpen", S. 42ff.

Wird Gl. (46) mit V durchmultipliziert und gesetzt

$$V = 2\pi r b c_m \quad \text{bzw.} \quad = 2\pi r_2 b_3 c_{3m}, \tag{47}$$

so kann auch geschrieben werden

$$\frac{c_m}{c_u} b - \frac{c_{3m}}{c_{3u}} b_3 = \pm \frac{\lambda}{4} (r - r_2), \tag{48}$$

oder wenn der Neigungswinkel α der Stromlinien wieder eingeführt wird und α_3 der Wert von α am Halbmesser r_2 ist, wobei $\operatorname{tg}\alpha = c_m/c_u$, $\operatorname{tg}\alpha_3 = c_{3m}/c_{3u}$,

$$b \operatorname{tg}\alpha - b_3 \operatorname{tg}\alpha_3 = \pm \frac{\lambda}{4} (r - r_2), \tag{49}$$

woraus für den Kanal konstanter Breite $b = b_3$

$$\operatorname{tg}\alpha - \operatorname{tg}\alpha_3 = \pm \frac{\lambda}{4b} (r - r_2). \tag{50}$$

Diese Gleichung tritt an die Stelle derjenigen der logarithmischen Spirale der reibungslosen Strömung, also $\alpha = \alpha_3$. Die Stromlinien sind also Spiralen mit in Strömungsrichtung zunehmender Steigung[1].

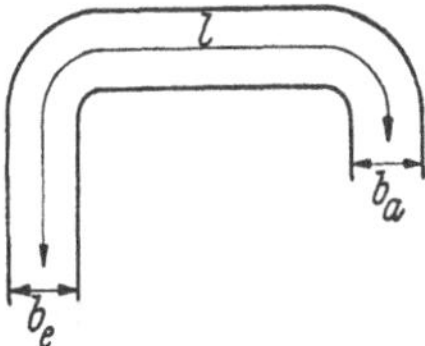

Abb. 54. Rotationshohlraum mit beliebigem Querschnittsverlauf

In den vorstehenden Gleichungen ist die Widerstandsziffer λ bei der Strömung nach außen (d. h. mit zunehmendem r) größer zu nehmen als bei der Strömung nach innen, weil im ersten Fall die Verhältnisse des erweiterten Kanals, im letzteren die des verengten Kanals vorliegen (vgl. Abschn. 13b). Ferner wird sich λ infolge der *fehlenden Anlaufstrecke* (S. 70) weiter vergrößern, so daß bei der verlangsamten Strömung im Normalfall ein Mehrfaches des S. 67 für λ abgeleiteten Wertes in Frage kommt. Schließt sich diese Strömung jedoch an ein Laufrad an, so wird die in Abb. 52 veranschaulichte Wiederbelebung der Grenzschicht durch das Rad eine Verkleinerung von λ zulassen. Versuchsergebnisse an solchen Diffusoren werden in Abschn. 75 mitgeteilt.

Man kann Gl. (49) und (50) auf den *beliebigen achsensymmetrischen Kanal* anwenden, wenn man $r - r_2$ gleich der im Meridianschnitt erscheinenden Bahnlänge l setzt (Abb. 54). Der Vorzeichenwechsel auf der rechten Seite fällt in diesem Fall weg, wenn l stets positiv eingesetzt wird. Man erhält dann die Gleichungen

$$b_a \operatorname{tg}\alpha_a - b_e \operatorname{tg}\alpha_e = \frac{\lambda}{4} l \tag{51}$$

bzw. für den Kanal konstanter Breite

$$\operatorname{tg}\alpha_a - \operatorname{tg}\alpha_e = \frac{\lambda}{4} \frac{l}{b}. \tag{51a}$$

Die Fußzeichen a und e beziehen sich auf den Kanalaustritt bzw. Kanaleintritt.

[1] Gl. (50) wird bestätigt durch Versuche von E. BROECKER in VDI-Berichte 3 (1955) S. 110

Kanäle nach Art der Abb. 54 sind bei mehrstufigen Pumpen mit schaufellosem Ringraum zwischen Leit- und Umführungsschaufeln vorhanden (Abb. 198 bis 200).

e) Umströmung von Körpern. In der reibungslosen Flüssigkeit kann ein umströmter Körper irgendwelcher Form keinen Widerstand ausüben, weil Tangentialkräfte fehlen und die Normalkräfte der Vorder- und Rückseite sich gegenseitig aufheben.

In der wirklichen Flüssigkeit haben wir zunächst immer die tangential zur Wand wirkenden Reibungskräfte, deren Summe den *Reibungswiderstand* liefert. In diesem Fall können die Stromfäden mit denen der Potentialströmung merkwürdigerweise nur bei sehr kleinen *Re*, also bei der ausgesprochen laminaren Strömung nach Fall a, α S. 64 genau übereinstimmen, obwohl hier wegen des Zurücktretens der Massenkräfte nennenswerte Druckunterschiede senkrecht zu den Stromfäden nicht möglich sind[1]. Der Verlauf des Widerstandes in Abhängigkeit von *Re* ist in Abb. 55 am Beispiel eines umströmten, sehr langen Zylinders veranschaulicht. Aufgetragen ist dort die Ziffer ζ_w des Widerstandes W in

$$W = \zeta_w q F \tag{52}$$

mit

$$q = \gamma \frac{c^2}{2g} = \text{Staudruck}. \tag{52a}$$

$F = b\,d =$ Umrißfläche des angeströmten Körpers senkrecht zur Anströmrichtung.

Wie man sieht, haben wir bei kleinen *Re* wieder den geradlinigen Abfall wie beim Rohr (logarithmische Auftragung vorausgesetzt) (Abb. 43). Mit wachsendem *Re* zeigen sich aber die früher behandelten Ablösungen an den Stellen der Rückseite der Körperoberfläche, wo die Stromröhren der Potentialströmung in Verbindung mit einer Wand sich erweitern, also die Grenzschicht gegen steigenden Druck strömen sollte. Aus den gleichen Gründen wie beim Diffusor und beim Krümmer löst sich die Strömung in Wirbelform ab, sobald der „Erweiterungswinkel" zu groß ist. Dies ist offenbar auf der Rückseite des Zylinders der Fall. In dem Wirbelgebiet bleibt der Druckanstieg aus, so daß ein *Druckwiderstand* gleich der Summe der Normalkräfte zurückbleibt, der auch *Formwiderstand* genannt wird. Dieser überragt bei dicken Körpern, die außerdem in der Stromrichtung kurz sind (senkrecht angeströmte Platte, Zylinder, Kugel usw.), die Oberflächenreibung um ein mehrfaches. Er bewirkt die aus Abb. 55 ersichtliche Verlangsamung des Abfalles der ζ_w-Linie. Die zu seiner Überwindung geleistete Arbeit findet

---

[1] Dies kann man sich so erklären: Beim Verschwinden der Massenkräfte gegenüber den Zähigkeitskräften ist nach S. 65 die Geschwindigkeit in 1. Potenz proportional dem Druckabfall: $c = k\,dp/ds$. Der Druck folgt also jetzt dem gleichen Gesetz wie früher das Potential Φ in $c = d\Phi/ds$. Wir haben also im Bereich kleiner *Re* wieder eine Potentialströmung, in der aber die Normallinien Linien gleichen Druckes sind. Hierauf beruht das S. 53 besprochene Verfahren der Erzeugung einer Potentialströmung nach HELE-SHAW.

ihren Gegenwert im Energieinhalt der abgehenden Wirbel. *Er ist um so größer, je früher der Ablösepunkt A liegt.*

Bei Körpern mit scharfer Kante in der Nähe der Ablösestelle (z. B. senkrecht angeblasenen ebenen Kreisscheiben) liegt der Ablösepunkt immer an dieser Kante, also eindeutig in weiten Grenzen unabhängig von Re fest, so daß sich auch ζ_w nur wenig verändert. Bei der Kreisscheibe ist z. B. $\zeta_w = 1{,}10$ bis $1{,}12$ für $Re = c\,d/\nu >$ rd. 4000.

Bei Körpern mit runden Formen dagegen kommt von vornherein keine bestimmte Stelle der Oberfläche für die Ablösung fest in Betracht

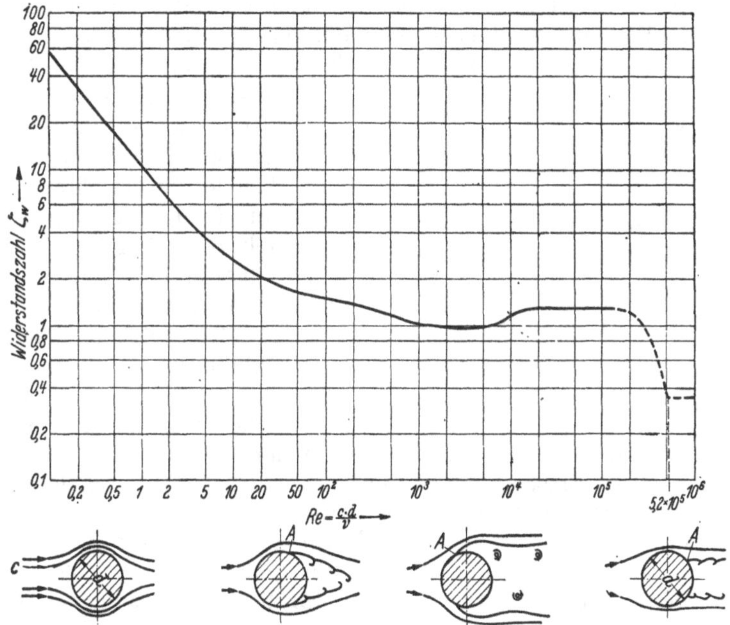

Abb. 55. Einfluß der Lage des Ablösepunktes A auf den Widerstand eines Kreiszylinders. *Kritische* REYNOLDSsche Zahl $Re = 5{,}2\cdot10^5$

(Zylinder, Kugel, dicker Tragflügel usw.), so daß oft Nebenumstände, wie z. B. eine leichte Rauhigkeit der Oberfläche, recht erheblichen Einfluß auf die Ablösestelle und damit auf den Widerstand haben. Die Grenzschicht ist vom Staupunkt aus zunächst immer laminar. Nach einer gewissen Weglänge, die sich mit steigendem Re verkürzt, kann sie aber turbulent werden. Die Hinausschiebung der Ablösestelle wird insbesondere gefördert, wenn die Grenzschicht vor Eintreten der Ablösung turbulent wird, was bei Überschreitung einer bestimmten Re, die wieder als „*kritische*“ Re-Zahl bezeichnet wird, eintritt; z. B. gemäß Abb. 55 beim unendlich langen Zylinder mit $Re = 5{,}2\cdot10^5$. Es äußert sich dann durch die turbulente Nebenbewegung eine verstärkte Schleppwirkung, wodurch der Ablösepunkt hinausgerückt wird und der Widerstand, wie ersichtlich, plötzlich abfällt. Der Ablösungspunkt der Strömung liegt im Fall des Zylinders unterkritisch bei 70° und überkritisch bei 110°, gemessen vom vorderen Staupunkt aus[1].

Man kann diese kritische Geschwindigkeit herabdrücken, wenn man die Entstehung der Turbulenz in der Grenzschicht erleichtert durch eine Unstetigkeit in der Oberfläche, z. B. Stolperdraht um eine Kugel (nach PRANDTL) oder Erhöhung der Oberflächenrauhigkeit.

Vermeidung der Ablösung. Die Ablösung am Zylinder erklärt sich aus den hohen Unterdrücken am höchsten und tiefsten Punkt, die in der idealen Flüssigkeit den 3fachen Staudruck und bei Wasser oder Luft im überkritischen Bereich etwa den 2,5fachen Staudruck ausmachen. Sie wird aber offenbar verhindert, wenn der Körper eine schlanke Fortsetzung, die etwa den anderenfalls entstehenden Totraum ausfüllt, erhält (Abb. 56). Es verteilt sich dann offenbar der Druckanstieg auf eine längere Strecke (entsprechend einem kleineren Erweiterungswinkel der Stromröhren). Daraus folgt, daß man Schaufeln oder Tragflügel auf der Abströmseite schlank auslaufen lassen muß.

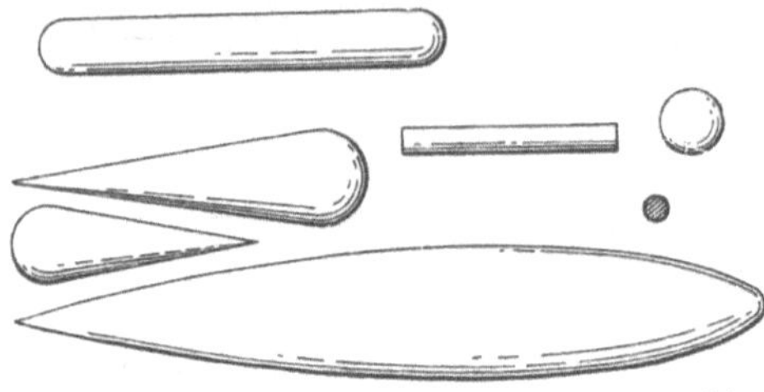

Abb. 56. Körper gleichen Widerstandes (von rechts nach links angeströmt). Die schraffierte kreisförmige Platte ist senkrecht zur Stromrichtung zu denken

Beim dicken Tragflügel bringt eine Überschreitung des kritischen *Re* auch eine erhebliche Steigerung des Höchstauftriebes bei verkleinertem Widerstand.

Die gleiche Erscheinung ist auch im Austritts-Schrägabschnitt von Schaufelgittern beobachtet worden[2].

Bei Luftströmung ist als weitere Einflußgröße die MACH-Zahl (S. 83f.) zu beachten[3]. Abb. 55 gilt hier nur für sehr kleine MACH-Zahl.

Schlanke Profile. Wenn es hiernach für die Herabsetzung des Druckwiderstandes günstig ist, die Grenzschicht an der *Ablösestelle* turbulent zu machen, so ist doch zu bedenken, daß der *reine Reibungswiderstand* durch den Übergang der Grenzschicht auf die Turbulenz *stark* erhöht, zum Teil mehr als verdoppelt wird (Abb. 43). Deshalb wird angestrebt, bei den *schlanken* und *schwach belasteten Profilen*, bei denen praktisch nur der Reibungswiderstand auftritt, die Umschlagstelle laminar-turbulent möglichst weit hinauszurücken, zudem die laminare Reibungsschicht auch eine größere Rauhigkeit verträgt als die turbulente (S. 67/68). Solche Profile nennt man Laminarprofile.

Man kann den Umschlagpunkt beim Laminarprofil hinausrücken durch schlanke Ausbildung der vorderen Profilhälfte, möglichst geringe Dicke, ferner insbesondere, indem man die Stelle der größten Profil-

---

[1] WIEN-HARMS: Handbuch der Experimentalphysik Bd. IV, 2. Teil, S. 316

[2] KELLER, C.: Modellversuche an Dampfturbinen-Elementen. Escher Wyss Mitt. 10 (1937) S. 3—9

[3] NAUMANN, A.: VDI-Berichte 3 (1955) S. 59—61

dicke, d. h. das Geschwindigkeitsmaximum weit nach hinten, und zwar etwa nach der Profilmitte, verlegt (vgl. auch S. 295).

Aber letztere Maßnahme rechtfertigt sich — wie erwähnt — nur bei den dünnen Profilen, bei denen auch der Zuschärfungswinkel am Profilschwanz noch eine Vergrößerung verträgt, ohne daß Ablösung eintritt, also Druckwiderstand dazukommt. Ferner zeigt die Erfahrung die günstige Wirkung nur bei ganz reiner Oberfläche und genauer Verwirklichung der geometrischen Profilform. Kleine Narben können schon den Umschlag in die Turbulenz herbeiführen[1].

Auch die früher erwähnten Mittel, insbesondere Absaugen und Wegblasen der Grenzschicht, bringen Erfolg. Das Wegblasen der Grenzschicht wird nicht bloß durch Fremdflüssigkeit bewirkt, sondern auch durch die Strömung selbst, indem diese durch Leitschaufeln (Vorsegel), ähnlich wie beim Krümmer in Abb. 48, geführt wird. Beispiele hierfür sind die geschlitzten Tragflügel. Auch bei Kreiselpumpen, insbesondere solchen mit axialer Beaufschlagung, ist von der Anwendung des geschlitzten Flügels in den Fällen Gebrauch gemacht worden, wo es sich um Schallgeschwindigkeitsnähe oder hohe Flächenbelastungen handelt, um dadurch der Gefahr des Abreißens der Strömung zu begegnen (Abb. 169b).

Turbulenzgrad. Neben der *Re*-Zahl und der Körperform ist für den Widerstand noch maßgebend der Zustand der Strömung selbst, die turbulenzfrei (laminar) oder mit verschiedener Stärke turbulent sein kann. Ein Maß für die Turbulenz ist der Turbulenzgrad[1]. Die kritische *Re*-Zahl eines umströmten Körpers wächst, wenn der Turbulenzgrad der Strömung weniger wird. Dieser Turbulenzgrad ist offenbar auch von Bedeutung für die Übertragbarkeit der Messungen am Modell auf die Großausführung.

14. Gasströmung mit erheblicher Dichteänderung

a) Ähnlichkeitsbedingungen, Machsche Zahl. Die in den vorausgegangenen Abschnitten betrachteten Gesetzmäßigkeiten über Strömungen gelten ohne Ausnahme auch für Gase. Die Zusammendrückbarkeit bringt erst merkbare Änderungen, wenn die Geschwindigkeit ihrer Größenordnung nach der Schallgeschwindigkeit nahekommt.

Die Fortpflanzungsgeschwindigkeit a des Schalles beträgt allgemein

$$a = \sqrt{\frac{dP}{d\varrho}}\,, \tag{53}$$

wo $\varrho = \gamma/g = 1/v\,g$ die Dichte und P den Druck bezeichnet. Der Differentialquotient ist längs der Adiabate zu nehmen, deren Gleichung nach S. 14 lautet

$$\frac{P}{P_I} = \left(\frac{v_I}{v}\right)^{\varkappa} = \left(\frac{\varrho}{\varrho_I}\right)^{\varkappa}. \tag{53a}$$

Daraus leiten sich nach kurzer Umformung folgende Formeln ab:

$$a = \sqrt{\varkappa\frac{P}{\varrho}} = \sqrt{g\,\varkappa\,P\,v} = \sqrt{g\,\varkappa\,R\,T} = \sqrt{2g\,R\,T_g\frac{\varkappa}{\varkappa+1}}\,. \tag{54}$$

[1] Schlichting, H.: Grenzschicht-Theorie 3. Aufl., Karlsruhe: G. Braun 1958

Im letzteren Ausdruck bezieht sich das Fußzeichen g auf den Gesamtdruck, der erhalten wird, wenn das sich mit Schallgeschwindigkeit bewegende Gas verlustlos auf die Geschwindigkeit Null verzögert wird. Für *trockene Luft* ist mit $R = 29{,}27$, $\varkappa = 1{,}4$

$$a = 20{,}02\sqrt{T} = 18{,}3\sqrt{T_g} \tag{55}$$

für mittelfeuchte Luft etwa

$$a = 20{,}2\sqrt{T}. \tag{56}$$

Wichtig ist die Feststellung, daß die Schallgeschwindigkeit für eine und dieselbe Gasart proportional zu $\sqrt{T}$, also unabhängig vom Druck ist.

Wir wollen nun untersuchen, wie sich in einer Gasströmung die Dichte ϱ in Abhängigkeit der Geschwindigkeit verändert. Zu diesem Zweck müssen wir auf die BERNOULLI-Gleichung Bezug nehmen und deshalb zunächst die Druckhöhe in Abhängigkeit der Dichte ausdrücken. Die adiabatische Druckhöhe ist nach Gl. (12), Abschn. 3

$$h_{\text{ad}} = \frac{\varkappa}{\varkappa - 1} R T_I \left[\left(\frac{p_{II}}{p_I}\right)^{\frac{\varkappa - 1}{\varkappa}} - 1\right] \tag{57}$$

oder, weil nach obiger Gl. (54)

$$g\varkappa R T_I = a_I^2,$$

(wobei also a_I die zum Anfangszustand I gehörige Schallgeschwindigkeit bedeutet) und wenn gleichzeitig die Adiabatengleichung Gl. (53a) benutzt wird

$$h_{\text{ad}} = \frac{a_I^2}{g(\varkappa - 1)}\left[\left(\frac{\varrho_{II}}{\varrho_I}\right)^{\varkappa - 1} - 1\right].$$

In der betrachteten Strömung, die sich verlangsamt (da $\varrho_{II} > \varrho_I$), sei nun beim Zustand II die Geschwindigkeit $c_{II} = 0$, damit die Dichteänderung möglichst groß ist. Dann ist nach BERNOULLI die Geschwindigkeitshöhe beim Zustand I gleich dem obigen Wert h_{ad}, also

$$\frac{c_I^2}{2g} = h_{\text{ad}} = \frac{a_I^2}{g(\varkappa - 1)}\left[\left(\frac{\varrho_{II}}{\varrho_I}\right)^{\varkappa - 1} - 1\right],$$

woraus

$$\frac{\varrho_{II}}{\varrho_I} = \left[1 + \frac{\varkappa - 1}{2}\left(\frac{c_I}{a_I}\right)^2\right]^{\frac{1}{\varkappa - 1}}. \tag{58}$$

Diese Gleichung zeigt, daß die Volumen- und Dichteänderung lediglich vom Verhältnis c/a der wirklichen Geschwindigkeit zur Schallgeschwindigkeit abhängt. Man nennt dieses Verhältnis die *Machsche Zahl* und bezeichnet diese mit Ma.

Da wir vorläufig unsere Betrachtungen auf Werte c_I beschränken wollen, die wesentlich kleiner als die Schallgeschwindigkeit sind, so können wir Gl. (58) vereinfachen, indem wir bei Entwicklung in eine unendliche Reihe nach dem zweiten Glied abbrechen. Dann ergibt sich

$$\frac{\varrho_{II}}{\varrho_I} = 1 + \frac{1}{2}\left(\frac{c_I}{a_I}\right)^2$$

oder

$$\frac{\varrho_{II} - \varrho_I}{\varrho_I} = \frac{\Delta\varrho}{\varrho_I} = \frac{1}{2}\left(\frac{c_I}{a_I}\right)^2 = \frac{1}{2} Ma_I^2. \tag{59}$$

Hierin ist a_I die Schallgeschwindigkeit bei der Geschwindigkeit c_I. Die relative Dichteänderung $\Delta\varrho/\varrho_I$ kann hier wegen der Kleinheit des Wertes gleich der relativen Volumenänderung $\Delta V/V_I$ gesetzt werden.

Nach Gl. (59) ist beispielsweise mit $c_I = 100$ m/s, $a_I = 330$ m/s die relative Volumenänderung $\Delta V/V_I = \frac{1}{2}/3{,}3^2 = 0{,}046$ entsprechend 4,6%, also noch sehr klein. Gl. (59) ist bis nahe an die Schallgeschwindigkeit brauchbar. Bei $c_I/a_I = 1$ beträgt der Fehler erst -5% (Abb. 115, S. 208).

Die vorstehende Betrachtung zeigt, daß wir Strömungen von Gasen wie solche von Flüssigkeiten behandeln können, solange $Ma <$ etwa 0,3 ist. Dies gilt nicht bloß für das Aussehen des Strombildes, sondern auch für Kraftwirkungen. Es ist deshalb möglich, Modellversuche an Kreiselpumpen für Wasser mittels Luft durchzuführen. Fallen aber Dichteänderungen ins Gewicht, dann tritt die Ma-Zahl als gleich wichtig neben die Re-Zahl. In diesem Fall sind auch Anfangstemperatur und Gasart, d. h. T_I, $\varkappa$ und R nicht gleichgültig, weil sie die Schallgeschwindigkeit beeinflussen. Der Betrag des Druckes ist dagegen ohne Bedeutung.

Wird das strömende Gas gekühlt oder erhitzt, so verlangt die volle Ähnlichkeit noch die Gleichheit der PRANDTLschen Kenngröße $Pr = \nu/a$, wo $a = \lambda/\gamma\, c_p$ die Temperaturleitzahl (λ = Wärmeleitzahl). Diese Bedingung ist aber bei gleicher Atomzahl stets genau genug[1] erfüllt, so daß sie außer Betracht bleiben kann.

b) Der zulässige Erweiterungswinkel bei Gasströmungen hoher Geschwindigkeit. In einem bestimmten erweiterten Kanal wird die Gasströmung bei genügend hoher Ma-Zahl infolge der Volumenänderung größere Geschwindigkeitsabnahmen erfahren als die raumbeständige Flüssigkeit, d. h. es wird die Wirkung vergrößert, so daß die größtzulässige Querschnittszunahme bzw. der größtzulässige Erweiterungswinkel ε (Abbildung 57) kleiner zu nehmen ist. In welchem Maße dies zu geschehen hat, zeigt die nachstehende Überlegung:

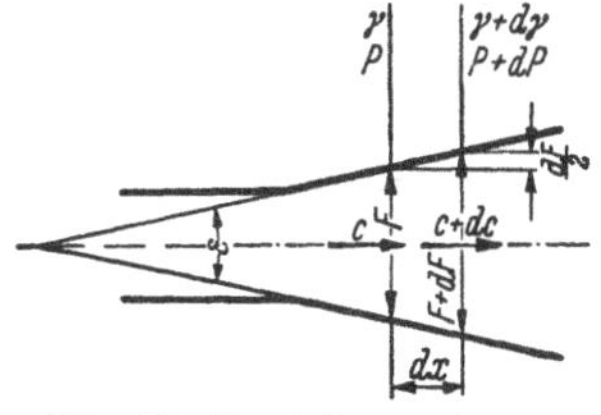

Abb. 57. Gasströmung im erweiterten Kanal

Wir betrachten ein kurzes Kanalstück von der Länge dx (Abb. 57), in dem die sehr kleine Geschwindigkeitsänderung von c auf $c + dc$ sich vollzieht. Darin ist dc negativ zu denken. Entsprechend verändere

[1] GEIGER-SCHEEL: Handbuch der Physik. Bd. VII, S. 295. Berlin: Springer 1927

sich der Querschnitt von F auf $F + dF$, der Druck von P auf $P + dP$ und die Wichte von γ auf $\gamma + d\gamma$.

Dann folgt aus der Kontinuitätsgleichung $F\,c\,\gamma =$ Durchsatz in kp/s = konst.

$$d(F\,c\,\gamma) = F\,c\,\gamma\left[\frac{dc}{c} + \frac{dF}{F} + \frac{d\gamma}{\gamma}\right] = 0,$$

also

$$dF = -F\left(\frac{dc}{c} + \frac{d\gamma}{\gamma}\right).$$

Bei der raumbeständigen Flüssigkeit (Wasser) ist hierin $d\gamma = 0$ zu setzen. Somit ist das Verhältnis der notwendigen Querschnittszunahme bei Wasser und bei Gas, d.h. dF_w und dF_g, wenn in beiden Fällen die gleiche Geschwindigkeitsänderung dc, d. h. der gleiche Energieumsatz erzielt werden soll

$$\varphi = \frac{dF_w}{dF_g} = \frac{-F\dfrac{dc}{c}}{-F\left(\dfrac{dc}{c} + \dfrac{d\gamma}{\gamma}\right)} = \frac{\dfrac{dc}{c}}{\dfrac{dc}{c} + \dfrac{d\gamma}{\gamma}} = \frac{1}{1 + \dfrac{c\,d\gamma}{\gamma\,dc}}.$$

Da nun nach Bernoulli

$$d\,h_{\text{ad}} + d\left(\frac{c^2}{2g}\right) = 0$$

oder

$$v\,dP = -\frac{c}{g}\,dc,$$

$$dP = -\frac{1}{vg}\,c\,dc = -\frac{\gamma}{g}\,c\,dc$$

und andererseits nach Gl. (53)

$$dP = a^2\,d\varrho = \frac{a^2}{g}\,d\gamma,$$

so ergibt die Gleichsetzung der beiden Ausdrücke für dP

$$\gamma\,dc = \frac{-a^2}{c}\,d\gamma.$$

Setzt man diesen Wert in die Gleichung für φ ein, so folgt

$$\varphi = \frac{1}{1 - \left(\dfrac{c}{a}\right)^2} = \frac{1}{1 - Ma^2}. \tag{60}$$

Dieses Verhältnis der Querschnittszunahmen ist bei der ebenen Strömung gleichzeitig ein Maß für das Verhältnis der Erweiterungswinkel ε_w und ε_g gleicher Verlangsamung, also gleicher Ablösungsgefahr für Wasser und Gas, so daß man schreiben kann

$$\varepsilon_g = \varepsilon_w\left(1 - \frac{c^2}{a^2}\right) = \varepsilon_w\,(1 - Ma^2). \tag{61}$$

(Bei kreisförmigem Kanalquerschnitt und überhaupt beim Rotationshohlraum ist hierin offenbar $\sqrt{1 - Ma^2}$ an die Stelle von $1 - Ma^2$ zu setzen. Das gleiche trifft bei anderen Querschnittsformen zu, wenn diese ähnlich bleiben.)

Gl. (61) liefert z. B. wenn $a = 330$ m/s für

c in m/s . .	100	150	200	250	300	330
$1 - c^2/a^2$ . .	0,908	0,794	0,632	0,428	0,175	0

Man erkennt, daß Verlangsamungen in Verbindung mit nennenswerten Machschen Zahlen wesentliche Verkleinerungen der zulässigen Winkel fordern und daß hier bereits Geschwindigkeiten in der Größenordnung von 150 m/s wohl beachtlich sind (vgl. auch Abb. 284, S. 480).

Mit der nachher betrachteten PRANDTLschen Regel steht Gl. (61) im Einklang, wenn berücksichtigt wird, daß die PRANDTLsche Regel nicht die Gleichheit der Geschwindigkeiten, sondern der Kräfte voraussetzt, und die Kräfte proportional dem Quadrat der Geschwindigkeit sind. Zum Unterschied von dieser Regel gilt die abgeleitete Gleichung auch für $c = a$. In diesem Fall ist $\varepsilon_g = 0$, also ein erweiterter Kanal nicht mehr möglich in Übereinstimmung mit den Vorgängen bei der Lavaldüse, wo im engsten Querschnitt $c = a$ und $df = 0$ ist.

Für $c > a$, also im Überschallgebiet (für welches nach dem folgenden Abschn. d bei Verlangsamung ein Verdichtungsstoß zu erwarten ist, und das man deshalb bei Kreiselverdichtern vermeidet), wäre offenbar ε_g negativ zu nehmen, d. h. der Kanal müßte sich verengen (entsprechend dem Erweiterungsteil einer Lavaldüse).

c) Der Schaufeldruck (Auftrieb) in Gasströmungen hoher Geschwindigkeit (Prandtlsche Regel)[1]. Verfolgt man die Strömung um den einzelnen Tragflügel einmal mit raumbeständiger, dann mit zusammendrückbarer Flüssigkeit, so werden die an der Saugseite laufenden engen Stromröhren, die unter Drucksenkung stehen, sich unter dem Einfluß der Volumenausdehnung erweitern und umgekehrt, die unter Überdruck stehenden weiten Stromröhren verengen. Wie die Betrachtung des Strombildes der Abb. 31 zeigt, ergibt sich daraus eine durchgängige Verstärkung der Krümmung der Stromfäden nach oben und damit eine entsprechende Vergrößerung des Schaufeldruckes, da dieser nur durch Massenkräfte bedingt ist.

Nach der PRANDTLschen Regel[2] beträgt der Schaufeldruck bzw. Auftrieb das $1/\sqrt{1 - Ma^2}$-fache gegenüber der raumbeständigen Flüssigkeit, wobei Ma das Verhältnis der Anströmgeschwindigkeit w_∞ zur Schallgeschwindigkeit in der ungestörten Strömung ist. Dabei ist aber vorausgesetzt, daß die in der Strömung auftretenden Geschwindigkeiten nur wenig voneinander abweichen, d. h. der Anstellwinkel klein und der angeströmte Körper flach ist und an keiner Stelle Schallgeschwindigkeit erreicht wird.

[1] Heute meist PRANDTL-GLAUERTsche Regel genannt

[2] PRANDTL, L.: Führer durch die Strömungslehre, S. 264. Braunschweig: Vieweg u. Sohn 1944. — A. BETZ: Einführung in die Theorie der Strömungsmaschinen, S. 103

Wird also ein flacher Körper von einem Gas angeströmt, so sind die auf diesen wirkenden Drücke die gleichen wie bei $Ma = 0$ bzw. wie bei unelastischer Flüssigkeit, wenn die Ordinaten des Körpers senkrecht zur Zuströmgeschwindigkeit einschließlich des Anströmwinkels mit $1/\sqrt{1 - Ma^2}$ multipliziert wurden.

Der durch die PRANDTLsche Regel ausgedrückte günstige Einfluß der Kompressibilität ist nur bis etwa $Ma = 0{,}8$ vorhanden, weil in Schallgeschwindigkeitsnähe die Verluste erheblich wachsen.

Auch in den Schaufelkanälen der Kreiselverdichter stellt sich eine Mehrleistung, d. h. Erhöhung der Druckziffer (S. 148) bei hohen *Ma*-Zahlen ein, wie S. 224 gezeigt wird.

d) Überschallgeschwindigkeit. Bei den verlangsamten Strömungen in Kreiselverdichtern muß man auf die Anwendung von Überschallgeschwindigkeit im allgemeinen verzichten, weil beim Übergang von Überschall- auf Unterschallgeschwindigkeit ein Verdichtungsstoß entsteht. Die Verlangsamung einer Geschwindigkeit $c_1 > a$ auf $c_2 < a$ geschieht nämlich mit hoher Wahrscheinlichkeit durch Stoß gemäß der Beziehung $c_1 c_2 = a^2$. Dabei ist a die sog. Lavalgeschwindigkeit, welche im engsten Querschnitt einer Lavaldüse herrscht und demgemäß aus dem letzten Ausdruck von Gl. (54) oder (55) zu ermitteln. Dieser Vorgang ist naturgemäß mit starken Verlusten verbunden[1]. Es ist nicht einmal zweckmäßig, in die Nähe der Schallgeschwindigkeit zu gehen, weil beim Umströmen der Schaufelanfänge Übergeschwindigkeiten nicht zu vermeiden sind (Abb. 104a). Der Verdichtungsstoß bedingt, daß Überschallströmungen mit Verlangsamung auch bei Reibungslosigkeit Arbeit verzehren, und es ist eigenartig, daß bei Stromlinienkörpern die zugehörigen Widerstandszahlen gerade im Bereich der Schallgeschwindigkeit ihren Größtwert haben und von dort nach beiden Seiten abfallen[2].

Wird ein Körper, der eine gut abgerundete Profilnase besitzt, mit Überschall angeströmt, so entsteht wegen der unvermeidlichen, mit dem Staupunkt zusammenhängenden Verlangsamung der sogenannte *abgelöste Verdichtungsstoß*[3], der sehr verlustreich ist. Im Falle, daß Werte $Ma \geqq 1$ nicht zu vermeiden sind, ist es also zweckmäßig, den angeströmten Körper *vorn* zuzuschärfen, weil dann kein Staupunkt vorhanden und der noch verbleibende Verdichtungsstoß um so geringer ist, je kleiner der Stoßwinkel. Ein hinteres stumpfes Ende schadet weit weniger.

Die Gefahr des Verdichtungsstoßes ist besonders bei strömenden Gemischen von Wasser und Luft zu beachten, weil hier die Schallgeschwindigkeit wesentlich tiefer liegt als die der einzelnen Medien[4].

e) Reibungsbehaftete Strömung eines Gases zwischen wärmedichten Wänden. Fannolinie. Wir wollen uns eine Strömung großer Reibung

---

[1] SAUER, R.: Einführung in die theoretische Gasdynamik, Berlin/Göttingen/Heidelberg: Springer 1951

[2] ZOBEL, TH.: Z. Luftwiss. 11 (1944) S. 64—69, insbes. Abb. 10

[3] MELKUS, H.: Über den abgelösten Verdichtungsstoß. Diss. Braunschweig 1949. — Vgl. ferner A. W. MOTLEY: Aircraft Engng. 21 (1949) Nr. 248, S. 320

[4] PFLEIDERER, C.: Z. VDI 99 (1957) Nr. 30, S. 1535/36

vorstellen, wie sie beispielsweise in Dichtungsspalten auftritt (S. 95). Infolge des Druckabfalles durch Reibung und die Aufheizung durch Reibungswärme dehnt sich das Gas aus, wird also beschleunigt, so daß die Voraussetzungen des Abschn. 13a nicht mehr zutreffen. Der Zunahme der Geschwindigkeitsenergie von einem Ausgangspunkt an steht nach S. 29 die Abnahme des Wärmeinhaltes

$$i_0 - i = A \frac{c^2 - c_0^2}{2g} \tag{61a}$$

gegenüber. Verbinden wir damit die Stetigkeitsbedingung

$$G v = f c,$$

wobei der Querschnitt f als konstant und bekannt zu betrachten ist, so können wir c ausscheiden und erhalten, wenn wir $i_0 + A\,c_0^2/2g$ zu i_a zusammenfassen (also uns auf den Zustand in dem Kessel beziehen, aus dem das Gas austritt), folgenden Ausdruck für das verbrauchte Wärmegefälle

$$\Delta i = i_a - i = \frac{A}{2g}\left(\frac{G}{f}\right)^2 v^2 = \text{konst.}\, v^2, \tag{62}$$

d. h., das Gefälle ist proportional zum Quadrat des spezifischen Volumens. Man kann jetzt zu jedem v das zugehörige Gefälle ausrechnen und damit die Zustandskurve, die *Fannolinie*, in das i-s- oder TS-Schaubild eintragen (Abb. 58). Zu jedem Durchsatzgewicht G einer Leitung gehört eine solche Linie. (Bei idealen Gasen sind diese Fannolinien kongruent und ebenso wie die p- und v-Linien nur waagerecht gegeneinander verschoben.)

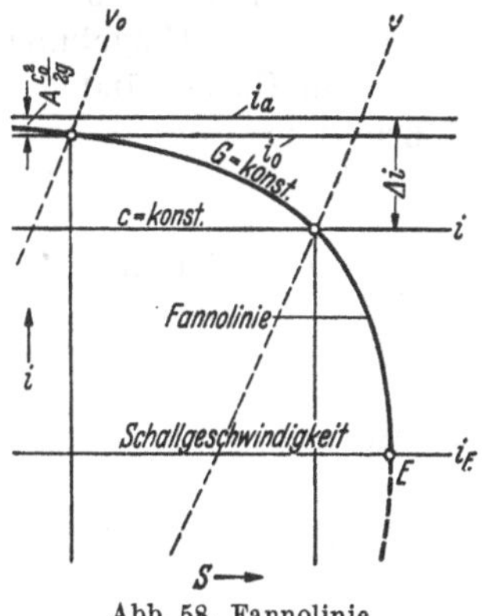

Abb. 58. Fannolinie

Die Linien i = konst. sind nach Gl. (61a) auch solche gleicher Geschwindigkeit c. Dort, wo die Fannolinie eine senkrechte Tangente hat, liegt (wie ohne Beweis mitgeteilt werden soll) Schallgeschwindigkeit vor. Dies ist zugleich der Endpunkt E der Fannolinie, weil wegen des Reibungsvorganges die Zustandsänderung mit zunehmender Entropie verlaufen muß[1]. Schallgeschwindigkeit kann demnach im prismatischen Kanal nicht überschritten werden und nur im Endquerschnitt auftreten (ebenso wie in einer nicht erweiterten Düse). Hierdurch ist der maximale Durchfluß bestimmt.

Die Fannolinie sagt offenbar über den zurückgelegten Weg nichts aus, *sondern gibt lediglich die Zustände an, welche im Rohr möglich sind.* Will man eine örtliche Zuordnung der einzelnen Zustandspunkte haben, so muß man auf die für das betreffende Rohr geltende Widerstandszahl λ zurückgreifen. Die Verbindung dieser Zahl mit der Fannolinie ist dadurch hergestellt, daß im TS-Schaubild die unter der Fannolinie

[1] Dabei ist $i_a/i_E = T_a/T_E = 2/(\varkappa + 1)$

liegende Fläche den Wärmewert A_r der bis zu der betreffenden Stelle geleisteten Reibungsarbeit darstellt.

f) Näherungsweise Berechnung des Druckabfalles in technischen Gasleitungen. Ist die Gasgeschwindigkeit gering, wie dies bei Gasfernleitungen üblich und notwendig ist, so kann — im Gegensatz zu den vorigen Ableitungen und trotz wachsender Geschwindigkeit — der Massenwiderstand gegenüber der Rohrreibung vernachlässigt werden (Fehler bei $c = 25$ m/s etwa -1%, bei 80 m/s -10% des Reibungswiderstandes). Dann beträgt der Druckabfall auf die Länge dl nach Gl. (33)

$$dP = -\gamma \lambda \frac{dl}{d} \frac{c^2}{2g}. \tag{63}$$

Das negative Zeichen ist hierin nötig, weil P mit wachsendem Weg l sinkt. Nimmt man im Hinblick auf den hier vorliegenden Wärmeaustausch mit der Umgebung isothermische Ausdehnung an, so gilt zwischen den Gaszuständen am Anfang und einem beliebigen Punkt der Rohrleitung

$$P v = P_1 v_1,$$

und aus Gründen der Kontinuität

$$G = f \frac{c}{v} = f c \frac{P}{P_1 v_1} = \text{konst.}$$

womit

$$P c = \text{konst.} = P_1 c_1. \tag{64}$$

Setzt man in Gl. (63)

$$c = \frac{P_1 c_1}{P} \tag{64a}$$

und

$$\gamma = \frac{1}{v} = \frac{P}{P_1 v_1} = \gamma_1 \frac{P}{P_1}, \tag{64b}$$

so erhält man nach kurzer Umformung

$$P\,dP = -\gamma_1 \frac{\lambda}{2g} \frac{1}{d} P_1 c_1^2 \,dl,$$

also nach Durchführung der Integration zwischen $l = 0$ (Fußzeichen 1) und $l = l$ (Fußzeichen 2)

$$P_1^2 - P_2^2 = \gamma_1 \frac{\lambda}{g} \frac{l}{d} P_1 c_1^2. \tag{65}$$

Bezieht man, wie üblich, das Gas auf den Normalzustand (Fußzeichen n) bei $t_n = 15^\circ$ C und 760 mm Hg ($P_n = 10332$ kp/m²), für Luft $\gamma_n = 1{,}226$ kp/m³, so kann man die Größen γ_1 und c_1 in γ_n und c_n überführen, indem für $T_1 = T_n$ ist $\gamma_1 = \gamma_n \frac{P_1}{P_n}$, $c_1 = \frac{V_1}{\pi d^2/4} = V_n \frac{P_n}{P_1 \pi d^2/4}$. Man erhält dann

$$P_1^2 - P_2^2 = \frac{16}{\pi^2} \frac{\lambda}{g} \frac{l}{d^5} \gamma_n P_n V_n^2. \tag{66}$$

Führt man noch ein $P_n = 10332\,\text{kp/m}^2$, $\gamma_n = 1{,}226\,s$, wobei s das Verhältnis der Wichten von Gas und Luft ist, und geht man auf die Druckeinheit at von kp/m² über, was wieder durch das Zeichen p kenntlich gemacht ist, so erhält man nach Zusammenziehung der Zahlenwerte

$$p_1^2 - p_2^2 = 2{,}09\,\lambda \frac{l}{(10d)^5}\, s\, V_n^2. \tag{67}$$

Will man V_n für gegebene p_1, p_2 und die gegebene Rohrleitung ausrechnen, so wird

$$V_n = \frac{(10d)^2}{1{,}45} \sqrt{(10d)\,\frac{p_1^2 - p_2^2}{\lambda\, s\, l}}, \tag{67a}$$

(V_n in m³/s, d und l in m).

15. Der Spaltverlust

Das Vorhandensein eines Überdruckes am Laufradaustritt einer Kreiselpumpe bedingt infolge der Notwendigkeit eines Spaltes einen Verluststrom, den sogenannten Spaltverlust. Die Abdichtung geschieht beim Radialrad vorwiegend am inneren Spalt von der Weite b_i (Abb. 59). In Abb. 60a bis 60c sind einige der bei Wasserförderung gebräuchlichen Ausführungsformen der Abdichtung des inneren Spaltes des Radialrades dargestellt. Bei Gasförderung sind Labyrinthspalte nach Art der Abb. 61a geeigneter, weil im Falle des Anschleifens des Rades an der Gegenfläche eine unzulässige Wärmeentwicklung verhindert werden kann. Bei fehlender Seitenwand entsteht ein Verlustvorgang anderer Art, der unter c besprochen wird.

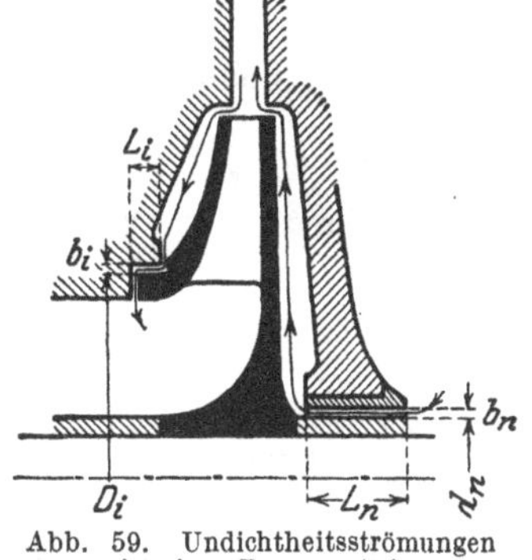

Abb. 59. Undichtheitsströmungen in einer Pumpenstufe

a) Volumenänderung vernachlässigbar. Wird der Undichtheitsquerschnitt am äußeren und inneren Umfang des Rades der Abb. 59 mit F_a, bzw. F_i bezeichnet und wird zunächst der Spaltüberdruck gleich H_p, der Druck im Raum zwischen den beiden Spalten überall gleich H_x gesetzt, so besteht wegen der Gleichheit des durch beide Spalte tretenden Stromes die Beziehung

$$V_{sp} = \mu_i F_i \sqrt{2g H_x} = \mu_a F_a \sqrt{2g(H_p - H_x)}, \tag{68}$$

woraus

$$H_x = \frac{H_p}{1 + \left(\frac{\mu_i F_i}{\mu_a F_a}\right)^2}. \tag{69}$$

Hierin bedeuten μ_i, μ_a die Durchflußziffern, die die Verluste im Spalt berücksichtigen sollen. Man kann diese Zahl μ berechnen. Wird zunächst ein glatter Spalt nach Abb. 60d angenommen, so wird das ganze beiderseits des Spaltes vorhandene Gefälle Δh verbraucht:

1. Zur Erzeugung der Geschwindigkeitshöhe $c^2/2g$, zuzüglich eines Zuschlages von $0{,}5\, c^2/2g$, der die Einschnürung infolge des scharf-

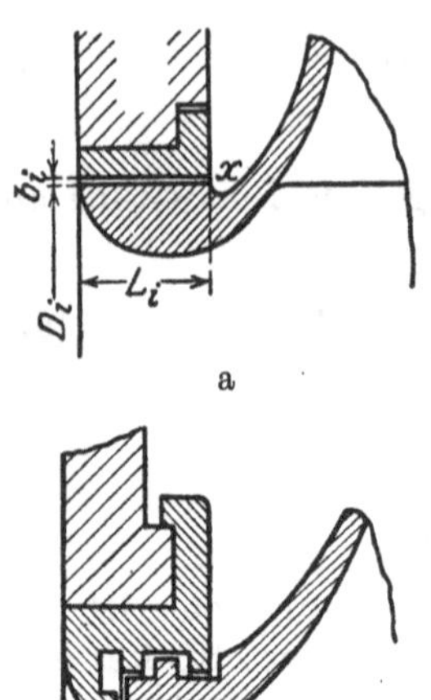

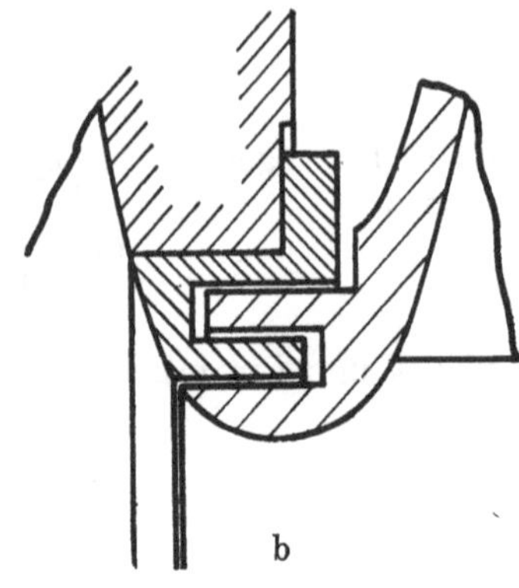

Abb. 60 a—c. Ausführungsformen der Andichtung am inneren Spalt. (Abb. 60c ist nur bei Teilung des Gehäuses in einer waagerechten Mittelebene anwendbar)

kantigen Spalteintrittes bei x (Abb. 60a), also insbesondere die doppelte Geschwindigkeitsumsetzung überschläglich berücksichtigen soll.

2. Zur Überwindung der Reibungswiderstände auf der Spaltlänge L (Abb. 60d), die nach Gl. (33) und (41), Abschn. 13, errechnet werden sollen. Daher ist

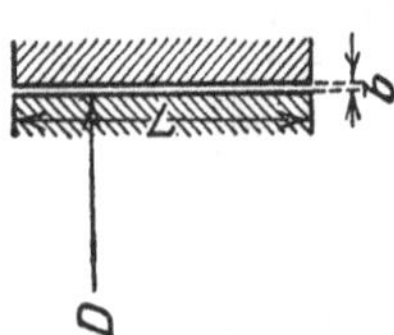

Abb. 60d. Spalt mit zylindrischen Flächen

$$\Delta h = 1{,}5 \frac{c^2}{2g} + \lambda \frac{L}{d} \frac{c^2}{2g} = \left(\lambda \frac{L}{d} + 1{,}5\right) \frac{c^2}{2g}, \tag{69a}$$

worin der hydraulische Durchmesser [Gl. (40), S. 70]

$$d = \frac{4F}{U} = \frac{4D\pi b}{2D\pi} = 2b, \tag{69b}$$

also

$$c = \mu \sqrt{2g\,\Delta h} = \frac{1}{\sqrt{\frac{\lambda L}{2b} + 1{,}5}} \sqrt{2g\,\Delta h},$$

woraus die Durchflußziffer

$$\mu = \frac{1}{\sqrt{\frac{\lambda L}{2b} + 1{,}5}}. \tag{70}$$

Hierin ist λ von der Re-Zahl, also $Re = dc/\nu = 2b\,c/\nu$, ferner davon abhängig, ob eine Exzentrizität e zwischen äußerer und innerer Spaltwand besteht. EGLI fand durch Versuche mit Luft und Dampf am ruhenden Spalt im *laminaren Gebiet*, das aber bei Kreiselpumpen nur selten in Frage kommt,

$$\text{bei } e = 0,\ \lambda = 30/Re,\quad \text{gültig bis } Re_{\text{krit}} = 2000,$$

$$\text{bei } e = b,\ \lambda = 19{,}2/Re,\ \text{gültig bis } Re_{\text{krit}} = 1476.$$

(Der theoretische Wert beträgt $\lambda = 96/Re$.)

In dem für die Praxis wesentlich wichtigeren *turbulenten Gebiet*, d.h. für $Re > Re_{\text{krit}}$ erhielt EGLI[1] die in Abb. 60e für $e = 0$ und $e = b$ an-

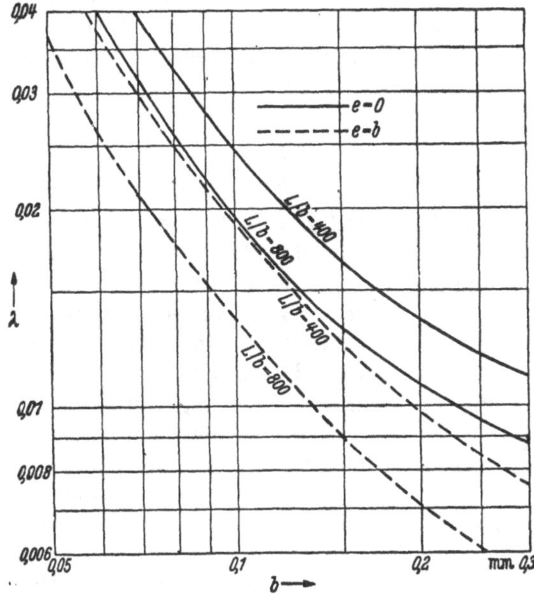

Abb. 60e. Einfluß der Spaltweite und der Exzentrizität bei zylindrischen Spaltflächen

gegebenen Werte, wobei also bemerkenswert ist, daß λ (infolge der eingeschlossenen Anlaufstrecke) mit abnehmender Spaltlänge wächst und (infolge der ausgebildeten Rauhigkeitsströmung, s. S. 67) zwar unabhängig ist von Re, aber stark abhängig von der Spaltweite.

Bei Spalten der vorliegenden Art läuft meist die eine Wand um, während die andere feststeht. Nach BECKER und BODART[2] ist hier λ ebenso groß, wie wenn beide in relativer Ruhe sind. Dagegen wird Re_{krit} vergrößert oder verkleinert, je nachdem diese Rotation durch die äußere oder die innere Wand erfolgt[3]. Bemerkenswert ist, daß die

---

[1] EGLI, A.: J. Appl. Mech. 4 A (Juni 1937) S. 63—67

[2] BECKER, E.: Z. VDI 61 (1907) S. 1133 — Forsch.-Arb. Ing.-Wes. Heft 48 (1907). — BODART: Congres intern. de Mec. gen. Liége 3 (1930) S. 42ff. Paris: Dunod 1931. — K. TRUTNOWSKY: Berührungsfreie Dichtungen. Berlin: VDI-Verlag 1943, dort umfangreiches Schrifttumsverzeichnis

[3] PRANDTL, L.: Strömungslehre, Braunschweig: Verlag Vieweg u. Sohn 1944, S. 118, 1949 S. 124

exzentrische Lage, die ja infolge der Wellenbiegung bei umlaufenden Spaltwänden stets vorliegt, ein kleineres λ, also einen größeren Durchfluß ergibt als die konzentrische[1].

Wird eine der beiden Spaltflächen gemäß Abb. 60f durch Nuten unterbrochen, die dann eine Breite von nicht mehr als der 10- bis 16fachen Spaltweite b und eine reichliche Tiefe erhalten sollen, so kann in jeder Nute überschläglich eine volle Abdrosselung der Geschwindigkeitshöhe $c^2/2g$ angenommen werden. Dabei bleibt die jeweilige Eintrittskontraktion unberücksichtigt, weil andererseits die verbleibende Austrittsgeschwindigkeit des vorigen Spaltes nicht berücksichtigt werden soll. Bei z Nuten tritt deshalb in Gl. (69a) noch das Glied $z\,c^2/2g$, hinzu und man erhält

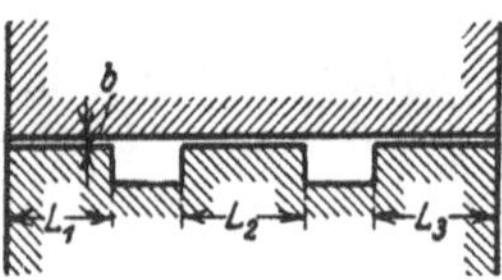

Abb. 60f. Spalt mit Nuten

$$\mu = \frac{1}{\sqrt{\frac{\lambda L}{2b} + 1{,}5 + z}}, \tag{71}$$

worin mit Bezug auf Abb. 60f $L = L_1 + L_2 + L_3$. Die Wirkung solcher Nuten wird erhöht, wenn sie schraubenartig so angeordnet sind, daß bei der Umdrehung eine Pumpwirkung entgegen der Durchflußrichtung des Spaltstromes eintritt. Die Zahl der Schraubengänge darf aber nicht zu gering sein. Deshalb braucht diese Anordnung in axialer Richtung viel Platz[2].

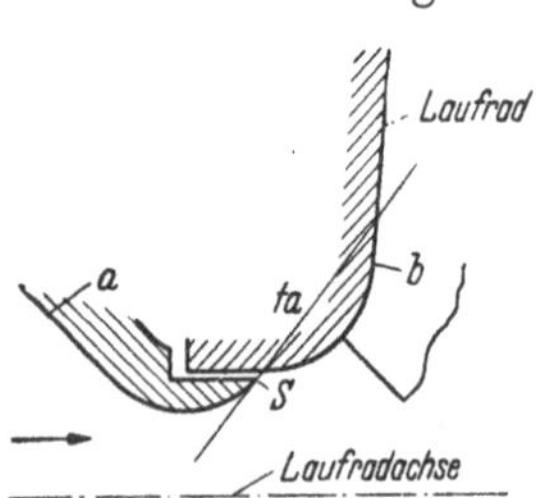

Abb. 60g. Düsenförmige Ausbildung a des Radeinlaufs, damit der Spaltstrom die Richtung des Hauptstromes erhält. ta Tangente am Düsenende bei S

Der aus dem inneren Spalt von Radialpumpen austretende Spaltstrom ist in Abb. 59, 60a bis c quer zur Hauptströmung gerichtet und verursacht dadurch häufig eine Grenzschichtablösung in der den Laufschaufeln zustrebenden Strömung. Diese kann zur Totraumbildung führen (weil sie bei radialer Beaufschlagung durch die anschließende Wandkrümmung gefördert wird) und dadurch zu erheblichen Verlusten Anlaß geben. Diese Schädigung der Strömung kann man durch eine Lenkung des Spaltstromes in die Richtung der Hauptströmung beseitigen und dadurch erheblichen Nutzen an Wirkungsgrad und Förderhöhe erzielen[3]. Abb. 60g zeigt in schematischen Strichen, wie dies durch Vorschaltung einer gut abgerundeten Düse a vor das Laufrad b geschehen kann. Der Spalt s ist bei Wasserpumpen nach Abb. 60d, bei Luftförderung als Spitze an der Stelle s auszuführen. In Abb. 61 ist diese Einlaufdüse als sogenannter *Umlenk-*

[1] Die Exzentrizität führt nach G. Hutarew [Arch. Wärmew. u. Dampfkesselwesen 23 (1942) S. 157] jedoch zu einer starken Verdrängungswirkung, ähnlich wie im geschmierten Traglager und in Verbindung damit zu einer ungleichmäßigen Druckverteilung über den Umfang, die bei Wasser auch Hohlraumbildung erzeugen kann

[2] Frössel, W.: Konstruktion 12 (1960) Nr. 5, S. 195—203

[3] Koepsel, H.: Heizg.-Lüftg.-Haustechn. 10 (1959) Nr. 6, S. 177/78

kragen ausgebildet mit einer Spaltweite $b = 1$ bis 3 mm gegenüber dem Rad. Dieser bewirkt eine erhebliche Besserung gegenüber der Verwendung einer gewöhnlichen Spitzendichtung[1].

Bei *Verdichtern,* wo eine Schmierwirkung des Fördermittels fehlt, ist die Abdichtung an Spitzen gebräuchlich, wie Abb. 61a für *Labyrinthspalte* zeigt. Die Dichtwirkung ist hier am wirksamsten und auch im Hinblick auf das Heißlaufen am geeignetsten, wenn die Spitzen scharf ausgebildet sind. Sie ergeben bei richtiger Ausbildung nach SCHNECKENBERG und TRUTNOWSKY oberhalb eines gewissen „Grenzdurchflußstromes" auch eine stärkere Abdrosselung als glatte Spalte für die gleiche Spaltlänge, weil dann die Wirbelbildung die Wandreibung der glatten Spalte überwiegt. Da in obiger Gl. (71) $L = 0$ zu setzen ist und Übergeschwindigkeiten im eingeschnürten Strahl nicht mehr auftreten, so tritt die Zahl 1 an Stelle von 1,5 und es wird $\mu = 1/\sqrt{1+z}$. Darin stellt z die Anzahl der Labyrinthe dar, wozu $z + 1 = z'$ Spitzenringe nötig sind. Man schreibt deshalb

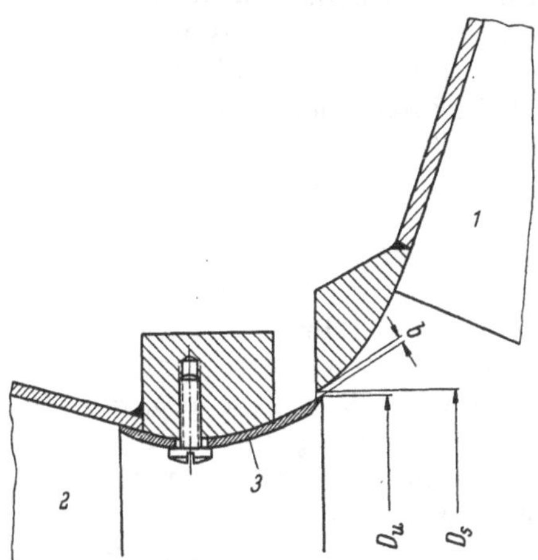

Abb. 61. Spaltdichtung eines radialen Gebläselaufrades *1* mit zugeschärftem und ausbaubarem Umlenkkragen *3*

$$\mu = \frac{\alpha}{\sqrt{z'}} \qquad (72)$$

und berücksichtigt durch den Faktor α die Einschnürung des Strahles hinter jedem Spalt, weil jetzt der wirksame Strahlquerschnitt von $F = \pi D b$ auf αF herabgesetzt wird (Angaben über α s. unten).

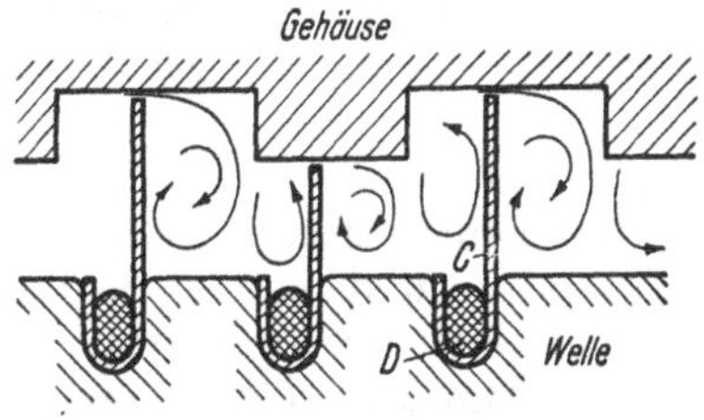

Abb, 61a. Labyrinthdichtung für Gase und Dämpfe (*BBC*), *D* Stemmdraht

Die *Kontraktionsziffer* α ist also in hohem Maße von der Ausbildung der Dichtungsspitzen abhängig. Bei scharfen Spitzen mit ebener Ringfläche ergibt die theoretische Rechnung im Fall einer unbegrenzten Kammer nach KIRCHHOFF[2] $\alpha = \pi/(\pi + 2) = 0{,}612$. Nach WEISBACH kann bei der Kammertiefe T in Wirklichkeit $\alpha = 0{,}63 + 0{,}37\, b/T$ angenommen werden.

Ist der Dichtungsring nicht spitz, so vergrößert sich α. Schon eine ganz schwache Kantenbrechung ergibt[3] ein Anwachsen auf $\alpha = 0{,}7$

[1] PETERMANN, H.: Z. VDI 101 (1959) S. 430—432
[2] KELLER, C.: Escher Wyss Mitt. 7 (1934) S. 11
[3] Hütte, 27. Aufl., Bd. I, S. 480; 28. Aufl., Bd. I, S. 786

bis 0,8, und eine düsenförmige Ausrundung gibt $\alpha \approx 1$. Hat die Ringspitze zwar scharfe Ecken, aber eine endliche Dicke s in Strömungsrichtung, so ist mit einem teilweisen Wiederumsetzen von Geschwindigkeit in Druck innerhalb des Spaltes zu rechnen, deren Ausmaß mit abnehmender Spaltweite b wächst, so daß α bis 0,95 zunehmen kann. Diese Unsicherheit wird noch dadurch gesteigert, daß das geringste Anschleifen des Ringes an der Gegenfläche diese Breite s der Dichtfläche erheblich beeinflußt[1] und daß eine Zuströmgeschwindigkeit zum Spalt, infolge unvollkommener Vernichtung der Vorgeschwindigkeit, ebenfalls vergrößernd auf α einwirkt. Es empfiehlt sich demnach, α nicht zu knapp einzusetzen.

Hinsichtlich der Wahl der Kammerbreite B und der Kammertiefe T ist zu sagen, daß letztere, sofern sie einen Mindestwert von etwa $0{,}8\,B$ besitzt, geringen Einfluß hat. Wichtig ist aber die Kammerbreite B, deren günstigster Wert nach TRUTNOWSKY und HARTMANN bei dünnen Spitzen 2 bis 6 b beträgt, also kleiner ist, als der üblichen Ausführung entspricht. *Man sieht also, daß die Anwendung vieler sehr schmaler Kammern günstiger ist als die weniger breiter Kammern.*

Besonders wichtig ist natürlich die Kleinhaltung der Spaltweite b. Kleinstwerte sind

$$b = 0{,}6\,\frac{D}{1000} + 0{,}1 \text{ bis } 0{,}2\,\text{mm}, \tag{73}$$

gleichgültig, ob Luft- oder Wasserförderung, glatte Spalte oder Labyrinthspalte mit Spitzendichtung vorliegen, *sofern die glatten Spalte auf tropfbare Förderflüssigkeiten beschränkt bleiben.* Liegt die Betriebsdrehzahl über der kritischen (d. h. der Eigenschwingungszahl der Biegeschwingungen der Welle), so empfiehlt sich eine Verdopplung. Eine Verkleinerung der Spaltweite b verkleinert den Spaltverlust weit mehr als eine Verlängerung des Spaltes, weil nicht bloß μ, sondern auch der Undichtheitsquerschnitt herabgesetzt wird.

Wir kehren nun zu dem S. 90 begonnenen Vergleich der Wirkung des äußeren und inneren Spaltes am radialen Kreiselrad zurück und nehmen glatte Spalte an, wie sie für Wasserförderung bevorzugt werden.

Bezeichnet man die Abmessungen des inneren Spaltes mit dem Fußzeichen i (Abb. 60a), die des äußeren Spaltes mit dem Fußzeichen a, so ist gemäß Gl. (70)

$$\frac{\mu_i^2}{\mu_a^2} = \frac{\dfrac{\lambda L_a}{2 b_a} + 1{,}5}{\dfrac{\lambda L_i}{2 b_i} + 1{,}5}. \tag{74}$$

Da man wegen der Radreibung außen keine langen Spalte vorsehen kann, so entsprechen den wirklichen Verhältnissen die Werte $L_a/b_a \approx 15$, $L_i/b_i \approx 200$. Mit $\lambda = 0{,}03$ ergibt sich $\mu_i^2/\mu_a^2 = 0{,}383$. Da $F_a/F_i = 4$

[1] In dieser Hinsicht verdient die Ausführung von Escher Wyss Beachtung, wobei die Dichtungsspitzen nicht an Metall, sondern an Kohle laufen, also wenig abgenützt werden. Escher Wyss Mitt. 8 (1935) S. 160

genommen werden dürfte, so ist nach Gl. (69)

$$H_x = \frac{H_p}{1 + 0{,}383/16} = 0{,}976\,H_p. \tag{75}$$

Da also H_x nahezu gleich H_p ist, *so ist der äußere Spalt fast wirkungslos*. Deshalb erscheint es bei Radialrädern zulässig, hinter dem äußeren Spalt den vollen Spaltdruck als vorhanden anzunehmen.

Der Druck H_x ist nun in Wirklichkeit am inneren und äußeren Umfang verschieden, weil die Förderflüssigkeit rotiert. Dürfte man von der Reibung an den Rad- und Gehäusewänden absehen, so müßte die Strömung im Seitenraum nach dem Flächensatz, also mit gleichbleibendem Drall erfolgen. Das Vorhandensein der Reibung ändert den Vorgang in dem (auch S. 103f. besprochenen) Sinne, daß nämlich das zwischen Rad und Gehäuse vorhandene Fördermittel als eine rotierende Scheibe aufgefaßt werden kann[1], die mit einer Winkelgeschwindigkeit gleich der Hälfte der Winkelgeschwindigkeit ω des Rades umläuft (also gewissermaßen einen Wirbel mit der Drehung $\omega/2$ darstellt). Es liegt dann der in Abschn. 9c behandelte Fall der Druckverteilung über die Radwand nach einem Rotationsparaboloid (vgl. Abb. 25) vor. Die Randbedingung ist dadurch gegeben, daß am äußeren Radumfang der Druck gleich dem Spaltdruck ist. Infolgedessen ist nach Gl. (17), Abschn. 9c, der Druck am inneren Spalt, da dort die Umfangsgeschwindigkeit $u_i = \pi D_i n/60$

$$H_{pi} = H_p - \frac{\left(\frac{u_2}{2}\right)^2 - \left(\frac{u_i}{2}\right)^2}{2g} = H_p - \frac{1}{4}\,\frac{u_2^2 - u_i^2}{2g}. \tag{76}$$

[Der Spaltdruck H_p berechnet sich nach Gl. (30) und (30a) Abschn. 20c.] Der Verluststrom durch den betrachteten Spalt beträgt also

$$V_{sp} = \mu_i F_i \sqrt{2g\,H_{pi}}, \tag{77}$$

wo $F_i = \pi D_i b_i$.

Bei mehrstufigen Pumpen tritt auf der dem Einlauf entgegengesetzten Radseite ein in umgekehrter Richtung fließender Undichtheitsstrom infolge des Spaltes an der Durchgangsstelle der Welle zur nächsten Stufe hinzu (Abb. 59), der in entsprechender Weise zu berechnen, aber bei guter Ausführung der Pumpe sehr klein ist.

Zum Spaltverlust ist der Verluststrom in der Stopfbüchsendichtung und der wesensgleiche Verbrauch für den Ausgleich des Achsschubes (S. 459ff.), falls eine besondere Vorrichtung hierfür vorhanden ist, zuzuschlagen.

b) Berücksichtigung der Volumenausdehnung im Dichtungsspalt bei Gasen. Bei hohem Dichtungsdruck, also bei Labyrinthen für Ausgleichskolben von Verdichtern zur Aufnahme des Achsschubes (Abb. 322) oder für Wellenstopfbüchsen (Abb. 314) darf die Volumenausdehnung nicht unbeachtet bleiben. Es liegt hier offenbar eine Reibungsstrecke der im Abschn. 14e behandelten Art vor, die mittels der Fannolinie im

[1] Vgl. H. Schlichting: Grenzschicht-Theorie, 3. Aufl., Karlsruhe: G. Braun 1958

iS-Schaubild verfolgt werden kann. Als Rohrquerschnitt gilt dann beim Labyrinthspalt grundsätzlich der Spaltquerschnitt F bzw. bei zugeschärften Dichtungsringen der Querschnitt $f = \alpha F$, wobei $\alpha = f/F$ die oben angegebene Einschnürungszahl ist.

Sind die Labyrinthspalte vollkommen ausgebildet, also so, daß die Geschwindigkeit in jeder Labyrinthkammer voll vernichtet wird, so kann mittels der Fannolinie sofort die Zahl der nötigen Dichtungsringe angegeben werden, wenn für den zugelassenen Verluststrom G in kp/s nach Annahme von $f = \alpha F$ zu der i_1-Linie des Anfangszustandes die Fannolinie durch Errechnung der Wärmegefälle

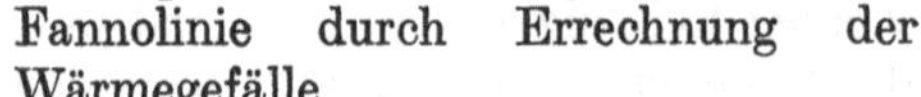

$$i_1 - i = \Delta i = \frac{1}{2 \cdot 427 g} \left(\frac{G}{f}\right)^2 v^2 \tag{78}$$

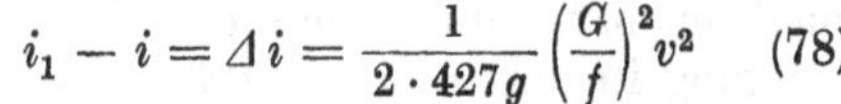

gezeichnet und vom Anfangszustand A aus die in Abb. 62 ersichtliche Zickzacklinie zwischen der i_1-Linie und der Fannolinie bis zur Erreichung des Austrittsdruckes p_2 eingetragen wird, denn die Expansion im Spalt erfolgt mit Annäherung adiabatisch, und die erzeugte Geschwindigkeit wird beim jeweiligen Kammerdruck vernichtet, wobei das Gas wieder auf seinen anfänglichen Wärmeinhalt i_1 (also auf seine anfängliche Temperatur) zurückgeführt wird. Die Zahl der erhaltenen Adiabaten gibt die notwendige Ringzahl an. Im Falle, daß der (durch eine senkrechte Tangente gekennzeichnete) Endpunkt E der Fannolinie vor dem Enddruck überschritten und deshalb kein weiterer Schnittpunkt mit der Fannolinie erzielt wird, ist das Labyrinth für den angenommenen Undichtheitsstrom G zu lang, d. h. seine Beibehaltung würde eine Abnahme der Lässigkeit G bedingen und damit den Voraussetzungen nicht entsprechen.

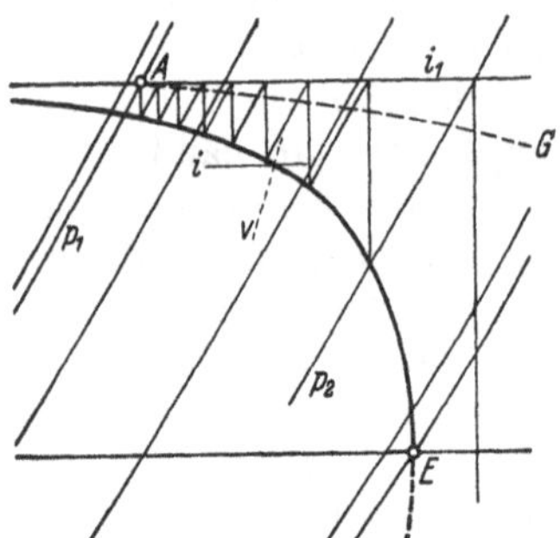

Abb. 62. Ermittlung der Zahl der Labyrinthe

Die Expansion im Spalt wird in Wirklichkeit nicht genau adiabatisch (isentropisch), sondern infolge der Reibung an der Gegenwand des Spaltes mit einer unbekannten Entropiezunahme erfolgen. Ferner wird die jeweilige Geschwindigkeit nicht voll vernichtet werden. Den letzteren Einfluß kann man in dem beschriebenen Verfahren aber berücksichtigen, wenn man die Linie i_1 = konst. nach Schätzung durch eine leicht geneigte Linie AG ersetzt. Beide Einflüsse sind stark von der Konstruktion abhängig. Sie haben aber entgegengesetzte Wirkung, heben sich also teilweise auf.

Für Labyrinthe mit sehr vielen Dichtungsringen hat Stodola[1] unter vereinfachenden Annahmen die Gleichungen entwickelt:

a) Für das unterkritische Gebiet, d. h. für $P_2 > 0{,}85 P_1/\sqrt{z + 1{,}5}$

$$G = f \sqrt{\frac{g P_1}{z v_1} \left(1 - \left(\frac{P_2}{P_1}\right)^2\right)}, \tag{79}$$

[1] Stodola, A.: Dampf- und Gasturbinen, 5. u. 6. Aufl., S. 155. Berlin: Springer 1922

b) für das überkritische Gebiet, d. h. für $P_2 < 0{,}85 P_1/\sqrt{z+1{,}5}$

$$G = f\sqrt{\frac{g P_1}{(z+1{,}5)\,v_1}}. \tag{79a}$$

Darin ist wieder $f = \alpha F$ und für permanente Gase $P_1 v_1 = R T_1$. Mit diesen Gleichungen[1] ist eine einfache Berechnungsmöglichkeit bei allerdings etwas verminderter Genauigkeit geschaffen.

Das beschriebene Verfahren ist neuerdings verfeinert[2] und für radiale Labyrinthe weiterentwickelt worden[3].

Im Hinblick darauf, daß die Spalte möglichst eng gewählt werden müssen, ist bereits nach den ersten Betriebsstunden mit Spalterweiterungen unbekannten Ausmaßes infolge Anstreifens zu rechnen. Aus diesem Grunde braucht der praktische Ingenieur keine allzu hohe Genauigkeit der Berechnungsverfahren zu verlangen.

c) **Räder ohne Seitenwand.** Fehlt dem Schaufelrad eine Deckwand, wie das nicht nur bei Radialrädern (Abb. 63a, 284) neuerdings recht häufig ist, sondern insbesondere bei Axialrädern (Abb. 175) sogar die Regel bildet, so bewirkt der Überdruck der Druckseite der Schaufel gegenüber der Saugseite die in Abb. 63b angedeutete Verlustströmung um die offene Schaufel durch den Spalt x. Dieser Vorgang läßt im Gegensatz zu dem bisher behandelten einen Druckhöhenverlust erwarten, weil der Schaufeldruck nach dem Spalt zu abfällt. Das offene Rad braucht aber nicht schlechter zu sein als das geschlossene Rad, sofern der Spalt x die kleinstmögliche, aber für einen sicheren Betrieb noch durchaus zulässige Weite erhält. Verschiedentlich haben sich sogar Besserungen des Wirkungsgrades von zwei und mehr Prozent ergeben, die darin ihre Ursache haben, daß einmal die Radreibung an der offenen Außenfläche fehlt, die bei dem geschlossenen Rad stark ins Gewicht fällt und sodann die Reibung des Förderstroms an der festen Gehäusewand kleiner sein kann als die im anderen Fall wirkende Kanalreibung an der Außenwand des Laufkanals. Letzteres ist dann der Fall, wenn die Absolutgeschwindigkeiten im Schaufelkanal kleiner sind als die Relativgeschwindigkeiten, was für den Mittelwert der Geschwindigkeit im Laufkanal *bei genügend hohem Reaktionsgrad* des Rades (S. 141) zutrifft. Dieser hohe Reaktionsgrad liegt in der Pumpe in der Regel vor und ist besonders häufig beim Axialrad, wo infolgedessen die offene Bauweise fast ausschließlich gebräuchlich ist. Ist der Spalt x jedoch größer als unbedingt nötig, so wird das offene Rad schlechter als das

---

[1] Nach Gl. (79) und (79a) gilt für die Strömung im gleichen Labyrinth das von STODOLA (a. a. O. S. 262) für die Dampfturbine gefundene Gesetz des Dampfkegels, d. h. die gegenseitige Abhängigkeit zwischen G, P_1 und P_2 läßt sich (bei konstantem T_1) durch einen Kreiskegel darstellen

[2] Z. VDI 1959, Nr. 18, S. 752—755. Dort sind 2 Forschungsarbeiten von K. H. GRODDECK und H. WINKLER beschrieben (Gleichungen im sog. Verersystem)

[3] KEARTON, W. I.: Proceedings (A) Inst. Mech. Eng. 169 (1955) Nr. 30, S. 539—552; Auszug Konstruktion 8 (1956) S. 390/91

geschlossene. Eine genaue Berechnung dieses Verlustes ist bis heute noch nicht gelungen[1].

Näherungsweise kommt man zum Ziel, wenn man das Verhältnis F/A, d.h. der Spaltfläche F zur Durchgangsfläche A des Förderstromes als maßgebend ansieht. Dieses beträgt

bei Radialrädern (Abb. 63a, 284) $F/A = 2x/(b_1 + b_2)$,

bei Axialrädern (Abb. 175, 186) $F/A = \frac{2\pi r_a x}{\pi(r_a^2 - r_i^2)} = \frac{2x/r_a}{1-(r_i/r_a)^2}$,

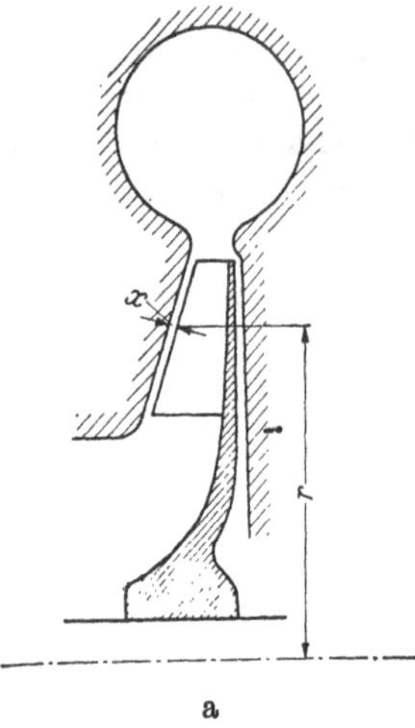

a

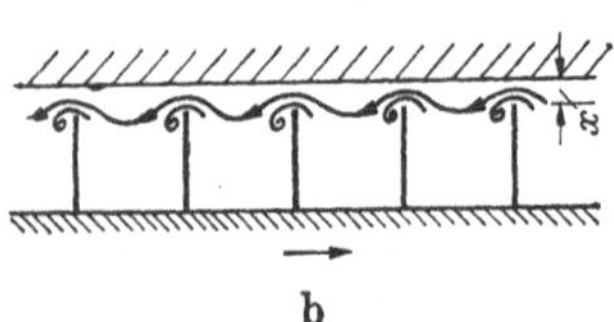

b

Abb. 63 a u. b. Spaltverluststrom am offenen Radialrad um die freien Schaufelkanten

sofern x die Spaltweite, b_1, b_2 die Eintritts- bzw. Austrittsbreite der Radialschaufeln, r_a, r_i den Außen- bzw. Nabenhalbmesser des Axialrades bedeuten.

Setzt man nun die verhältnismäßigen Verluste des Förderstromes $V_{sp}/V = \alpha F/A$, der Förderhöhe $\Delta H/H = \beta F/A$, des Wirkungsgrades $\Delta\eta/\eta = \gamma F/A$, so kann im Bereich der üblichen kleinen Spalte nach vorliegenden Versuchen geschätzt werden:

bei Radialpumpen[2] $\alpha = 0{,}5$,

$\beta = 0{,}9$, $\gamma = 0{,}9$,

bei Axialpumpen[3] $\alpha = 0{,}6$ bis 1,

$\beta = 2{,}5$ bis 3, $\gamma = 2{,}15$ bis 3.

Der S. 93 bis 96 besprochene Einfluß der Spaltform muß beachtet werden. Abgerundete oder gepfeilte Endformen der Schaufel sind ungünstig. Im Fall der Spitzendichtung legt man die scharfe Kante des sich verengenden Spaltes am besten an die Saugseite der Schaufel. Die Zahlen α, β und γ können nur als rohe Näherungswerte betrachtet werden. *Sie gelten jedenfalls nur für Spaltweiten x, die größer sind als der oben erwähnte Optimalspalt.*

Ferner ist α bei dicken Schaufeln größer als bei dünnen.

Für das Schaufelspiel x kann der gleiche Betrag, der für die Spaltweite in Gl. (73) angegeben ist, genommen werden.

---

[1] Ansätze finden sich von A. Betz in Geiger-Scheel; Handbuch der Physik, Bd. VII, S. 273—276 und v. F. Weinig im Jb. dtsch. Luftf.-Forschg. Bd. II (1940) S. 281

[2] Stepanoff, A. J: Radial- und Axialpumpen, Berlin/Göttingen/Heidelberg: Springer 1959; vgl. auch Fr. Gräger: Jahrbuch 1953, Abhlg. Braunschw. Wiss. Ges.

[3] Cordes, G.: Berechnung von Axiallüftern für Flugzeugtriebwerke, Jb. dtsch. Luftf.-Forschg. — K. Saalfeld: KSB-Bericht Nr. 6/7 (1957)

Eigene und fremde[1] Versuche lassen, wie schon erwähnt, darauf schließen, daß beim geschlossenen Axialrad (d. h. mit $x = 0$) H und η wieder kleiner sind als beim offenen Kanal mit kleinen Spaltweiten. Die Ursache liegt neben den oben erwähnten Gesichtspunkten vielleicht auch darin, daß sich hier der Spaltstrom als Grenzschichtabsaugung auswirkt. Demnach gibt es einen optimalen Spaltwert F/A bzw. eine optimale Spaltweite x. Letztere scheint bei Axialverdichtern der Größenordnung $x/(r_a - r_i) \approx 0{,}01$ bis $0{,}02$ zu entsprechen.

Bei Radialpumpen ist die Vergrößerung des Achsschubes durch Weglassung einer Seitenwand zu beachten. Bei Wasserförderung entsteht allgemein die Gefahr der *Spaltkavitation*, welche recht unangenehme Anfressungen der Gehäusewand zur Folge hat (Abschn. 36e) und die Verwendbarkeit des offenen Rades einschränkt.

15a. Reibungsarbeit umlaufender Scheiben

Die Außenflächen der Laufräder von Strömungsmaschinen sind Reibungskräften an der umgebenden Flüssigkeit ausgesetzt. Die entsprechende Reibungsarbeit soll unter Zugrundelegung einer kreisförmigen, ebenen Scheibe zwischen parallelen Gehäusewänden berechnet werden (Abb. 64).

An einem herausgeschnittenen schmalen Ring vom Halbmesser x und der Breite dx kann der Reibungswiderstand für $1\,\text{m}^2$ gesetzt werden

$$\gamma h_v = \gamma \zeta \frac{(x\omega)^2}{2g}.$$

Der Schleppwiderstand dieses Ringes, dessen beiderseitige Oberfläche $dO = 2 \times \times 2x\pi\,dx$ beträgt, ist also

$$dW = \gamma h_v dO = \gamma \zeta \frac{(x\omega)^2}{2g} 4x\pi\,dx,$$

also sein Moment

$$dM = dW\,x = \frac{2\gamma}{g} \pi \zeta \omega^2 x^4\,dx. \qquad (81)$$

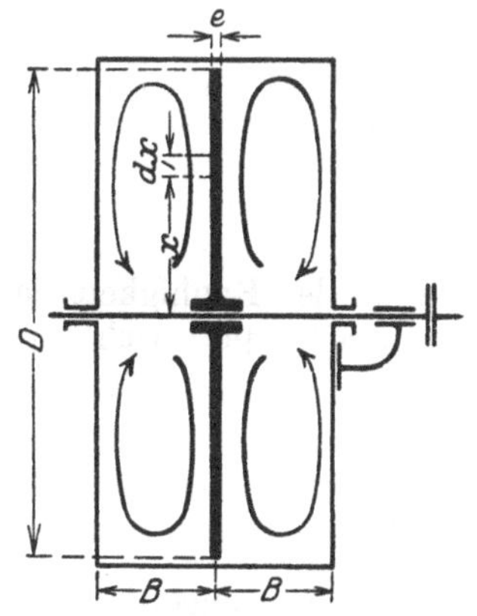

Abb. 64. Reibungsvorgang an einer umlaufenden Scheibe

Darin muß ζ eine Funktion der *Re*-Zahl des Ringes sein. Es ist aber zweckmäßig und für das Endergebnis ungefähr gleichwertig, ζ zunächst als konstant zu betrachten und die Abhängigkeit von der *Re*-Zahl am Schluß für die ganze Scheibe in passender Weise zu berücksichtigen[2]. Dann ergibt die Integration von Gl. (81), wenn γ konstant ist, also

[1] Meldahl: Über die Endverluste der Turbinenschaufeln, Brown Boveri Mitt. 28 (1941) S. 356; vgl. ferner A. R. Howell: Proc. Instn. mech. Engrs., Lond. 153 (1945) S. 451. — W. Scheer: Abhdlg. Braunschw. Wiss. Ges. 8 (1956) S. 151—167. — S. P. Hutton u. E. A. Spencer: Proc. Instn. mech. Engrs., Lond. 170 (1956) Nr. 25, S. 868 u. 880

[2] Über die genaue Ableitung findet sich Näheres in H. Schlichting: Grenzschicht-Theorie, 3. Aufl., S. 509ff. Karlsruhe: G. Braun 1958

inkompressible Flüssigkeit angenommen wird,

$$M = \int_{x=0}^{x=D/2} dM = 2\frac{\gamma}{g}\pi\zeta\omega^2\frac{(D/2)^5}{5}.$$

Besitzt die Scheibe die Dicke e, so tritt an der äußeren Stirnfläche $\pi D e$ der Reibungswiderstand auf

$$W' = \gamma h_v \pi D e = \gamma\zeta\frac{(D/2\cdot\omega)^2}{2g}\pi D e = \frac{\gamma}{g}\zeta\pi\omega^2\left(\frac{D}{2}\right)^3 e.$$

Dieser ergibt das zusätzliche Moment

$$M' = W'\frac{D}{2} = \frac{\gamma}{g}\zeta\pi\omega^2\left(\frac{D}{2}\right)^4 e.$$

Das gesamte an der Scheibe wirkende Reibungsmoment beträgt also (sofern die beiden ζ-Werte als gleich betrachtet werden)

$$M_{\text{ges}} = M + M' = \frac{\gamma}{g}\zeta\pi\omega^2\left(\frac{D}{2}\right)^4\left(\frac{D}{5} + e\right)$$

und damit die Reibungsleistung in PS, wenn man die Konstanten zusammenfaßt

$$N_r = \frac{M_{\text{ges}}\,\omega}{75} = K\gamma\,\omega^3 D^4(D + 5e). \tag{82}$$

Hierin ist K eine Funktion der Re-Zahl der ganzen Scheibe $Re_s = uD/2\nu$, wo $u = \omega D/2$ die Umfangsgeschwindigkeit der Scheibe ist, also von

$$Re_s = \frac{\omega(D/2)^2}{\nu}, \tag{83}$$

ferner der Rauhigkeit der Oberfläche.

Andere praktisch brauchbare Schreibweisen von Gl. (82) ergeben sich mit $\omega = \pi n/30$ oder $\omega = 2u/D$, nämlich

$$N_r = K'\gamma\left(\frac{n}{1000}\right)^3 D^4(D + 5e) \tag{84}$$

bzw.

$$N_r = k\gamma\,u^3 D(D + 5e), \tag{85}$$

wobei die Konstanten in der Beziehung stehen

$$k = 7{,}0\cdot 10^{-6}K' = 8K. \tag{86}$$

Eingehende Messungen von ZUMBUSCH[1] ergaben die in Abb. 64a (durch die stetig von links nach rechts fallenden Kurven) angegebene Abhängigkeit der Zahl k von Re_s, die in Übereinstimmung mit Messungen und Rechnungen von SCHULTZ-GRUNOW[2] steht. Die Linie krümmt sich stetig aus dem laminaren in den turbulenten Bereich, weil die Übergangszone am Rad mit wachsendem Re vom Umfang nach der Achse hin wandert.

Bisher wurde bei Kreiselpumpen für Wasser und Luft in Gl. (85) der feste Wert $k = 1{,}1\cdot 10^{-6}$ verwendet. Diese Zahl würde nach Abb. 64a

---

[1] Vgl. H. FÖTTINGER: Z. angew. Math. Mech. 17 (1937) S. 357 oder Jb. schiffbautechn. Ges. 39 (1938) S. 240

[2] Z. angew. Math. Mech. 15 (1935) S. 191

für rauhe Scheiben etwa $Re_s = 7{,}0 \cdot 10^5$ ergeben, was für mittlere Verhältnisse etwas zu niedrig ist und deshalb etwas zu hohe Rechnungswerte ergibt. Da die Reibungsfläche der Pumpenräder aber größer ist als die der ebenen Scheibe und die Zahl sich bewährt hat, soll sie für

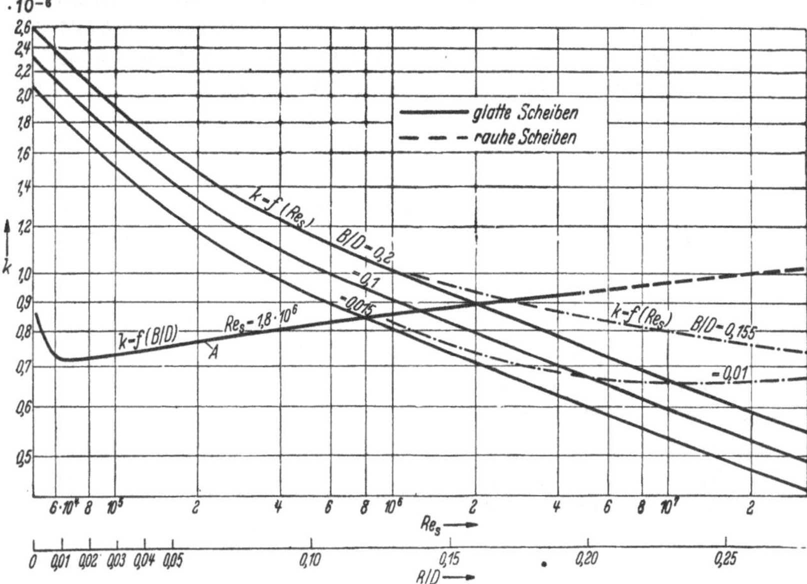

Abb. 64a. Abhängigkeit der Reibungszahl $k = \frac{N_{r\,PS}}{D^2 \gamma u^3}$ der Gl. (85) bei $e = 0$ von $Re_s = \frac{\omega (D/2)^2}{\nu}$ und vom seitlichen Abstandsverhältnis B/D für glatte und rauhe Scheiben

überschlägliche Rechnungen weiterbenützt und also geschrieben werden:

$$N_r = 1{,}1 \cdot 10^{-6} \gamma\, u^3 D (D + 5e)\,. \tag{87}$$

Hierin ist mit Bezug auf Abb. 64b zu setzen

$$e = e_1 + e_2 + e_3 + e_4\,.$$

Naturgemäß wird der Konstrukteur bestrebt sein, e möglichst klein zu machen. Im Mittel kann man annehmen $(D + 5e)/D = 1{,}1$. Damit schreibt sich Gl. (87):

$$N_r = 1{,}2 \cdot 10^{-6} \gamma\, u^3 D^2 \text{ in } |\text{PS}| \tag{87a}$$

Die entsprechende Form von Gl. (82) und (84) würde sein in (PS):

$$N_r = 0{,}15 \cdot 10^{-6} \gamma\, \omega^3 D^5\,, \tag{88}$$

$$N_r = 0{,}17 \cdot \gamma \left(\frac{n}{1000}\right)^3 D^5\,. \tag{89}$$

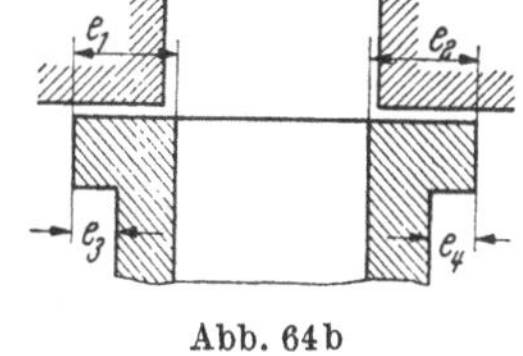

Abb. 64b

In wichtigen Fällen ist aber die in Abb. 64a dargestellte Abhängigkeit der Radreibung von der Re-Zahl und der Rauhigkeit zu beachten. Dann muß auch der Einfluß des seitlichen Abstandes B der Scheibe von der Gehäusewand berücksichtigt werden. Im Zwischenraum zwischen Rad und Gehäuse rotiert nämlich die Förderflüssigkeit mit einer Winkelgeschwindigkeit, die in den Grenzschichten am Rad gleich ω und an der Gehäusewand gleich Null ist. Wie schon S. 97 dargelegt wurde, kann die mittlere Geschwindigkeit bei genügend engem Zwischenraum und nicht allzu hoher *Re*-Zahl etwa gleich $\omega/2$ angenommen werden, was durch die oben angeführten Messungen von SCHULTZ-GRUNOW annähernd bestätigt wird. Nur in einer Grenzschicht (wie bei der Rohrströmung S. 64ff.) geht die Geschwindigkeit an die des Rades bzw. auf die ruhende Gehäusewand über, so daß die zwischen Rad und Gehäuse befindliche Flüssigkeit wie ein kompakter Körper etwa mit der Winkelgeschwindigkeit $\omega/2$ umläuft.

Die Breite B hat nun auf die Reibungsarbeit insofern Einfluß, als bei sehr kleinen Breitenverhältnissen B/D die großen Reibungsziffern enger Spalte wirksam sind (Abb. 43 und 60e). Da andererseits bei großen Abständen B sich an der in Abb. 64 eingetragenen Sekundärbewegung vermehrte Flüssigkeitsmassen beteiligen und demgemäß von der Scheibe immer wieder beschleunigt werden, so wird mit wachsendem B/D die Radreibung nach Überschreiten eines Minimums wieder etwas ansteigen (Abb. 64a, Kurve A).

Die Wandrauhigkeit steigert den Widerstand ähnlich wie beim Rohr (Abb. 43) wie die strichpunktierten Linien der Abb. 64a für abgedrehte aber nicht geglättete Räder in Abhängigkeit von Re_s zeigen. Da der Raddurchmesser in der Gleichung für N_r mit der 5. Potenz auftritt, so genügt es, die Räder von außen nur bis zu einem Durchmesser $0{,}7D$ zu glätten, um 85% des überhaupt möglichen Gewinnes zu erreichen. In Übereinstimmung mit den Darlegungen S. 66f. ist bei kleinem Re_s eine Glättung zwecklos.

Für die genauere Berücksichtigung aller erwähnter Einflüsse hat K. PANTELL Unterlagen[1] bekanntgegeben, welche eine Übersicht über das Ergebnis der gesamten, von FÖTTINGER veranlaßten Versuche darstellen. Die Anwendung ist dort durch Zahlenbeispiele erläutert.

Diese Arbeiten sind von H. E. DICKMANN zu einem Arbeitsblatt[2] verarbeitet.

Bei Verdichtern mit großer Stufenförderhöhe wirkt die Zunahme von γ nach dem Radaustritt hin vergrößernd auf N_r. Es empfiehlt sich, hier für $\gamma = 1/v$ den Wert des Radaustritts zu nehmen.

C. Der Strömungsmechanismus im Laufrad und die Schaufelarbeit

16. Absolute und relative Bewegung, stoßfreier Eintritt

Wir wollen die Strömung durch ein radial von innen nach außen beaufschlagtes Rad (Abb. 65) mit den Schaufeln AB betrachten. Diese Strömung wird von einem Beobachter, der die Bewegung des Rades

[1] PANTELL, K.: Versuche über Scheibenreibung. Forsch. Ing.-Wes. 16 (1949/50) S. 97—108. Amerikanische Forschungen vgl. BWK 2 (1950) S. 24

[2] BWK 3 (1953), dort beigefügtes Arbeitsblatt 40 ist zu beziehen vom Deutschen Ingenieur-Verlag Düsseldorf

mitmacht, anders wahrgenommen als von einem in der ruhenden Umgebung befindlichen Beobachter. Man nennt die Geschwindigkeit, die ein strömendes Teilchen gegenüber dem in der ruhenden Umgebung befindlichen Beobachter hat, die *absolute*, und die Geschwindigkeit, die der sich mit dem Rade bewegende Beobachter in seiner unmittelbaren Nähe wahrnimmt, die *relative*. Bezeichnet[1] für irgendeine Stelle des Laufrades

u die Umfangsgeschwindigkeit (Führungsgeschwindigkeit), d. h. die Geschwindigkeit, mit der sich ein Punkt des Laufrades bewegt,
c die absolute Geschwindigkeit der Strömung, d. h. die Geschwindigkeit gegenüber der ruhenden Umgebung,
w die relative Geschwindigkeit der Strömung, d. h. die Geschwindigkeit gegenüber dem betrachteten Schaufelpunkt,
α den Winkel zwischen u und c,
β den Winkel zwischen w und der negativen u-Richtung,

und unterscheidet man durch das Fußzeichen

0 eine Stelle im ungestörten Zustrom kurz vor dem Eintritt in die Laufkanäle,
1 eine Stelle kurz hinter dem Eintritt in die Laufkanäle,
2 eine Stelle kurz vor dem Austritt aus den Laufkanälen,
3 eine Stelle im ungestörten Abstrom kurz hinter dem Austritt aus den Laufkanälen,

so entsteht die absolute Geschwindigkeit c durch vektorielle Addition von w und u, d.h. w und u bilden nach Größe und Richtung ein Parallelogramm, welches in Abb. 65 für den Schaufelpunkt x gezeichnet ist. Seine Diagonale stellt die absolute Geschwindigkeit c dar und seine Seiten bilden die relative Geschwindigkeit w und die Führungsgeschwindigkeit u nach Größe und Richtung. Dadurch sind die 3 Geschwindigkeiten auch die Seiten eines Dreiecks. Für den Eintritt und Austritt sind die Geschwindigkeitspläne in Abb. 65 ebenfalls eingetragen.

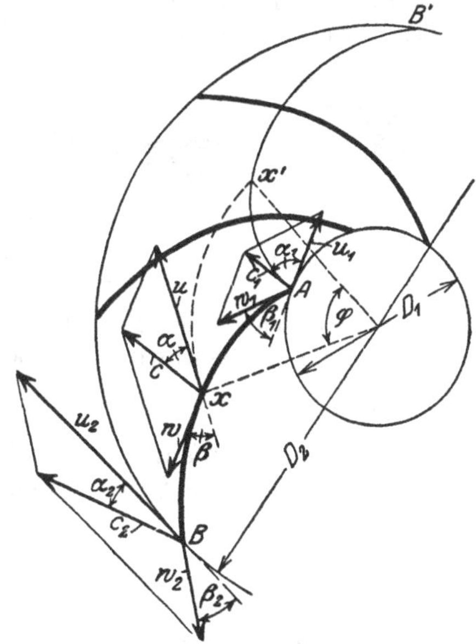

Abb. 65. Darstellung der Geschwindigkeiten im Laufkanal

Wir wollen zunächst voraussetzen, daß die Relativströmung ebenso verläuft, wie wenn unendlich viele, sehr dünne Schaufeln vorhanden wären. In diesem Fall können wir die Stromfäden als kongruent und die Strömung als eindimensional betrachten. Der Weg des Wassers relativ zum Rad hat dann die Form der Laufschaufel AB. Der Schaufelanfang liegt also bei stoßfreiem Eintritt in

[1] Gemäß DIN 1331

der Richtung der Relativgeschwindigkeit w_1 unter dem Winkel β_1 zum Umfang, ebenso das Schaufelende in der Richtung von w_2 unter dem Winkel β_2 zum Umfang. Da *zur Vermeidung von Verlusten gefordert werden muß, daß der Eintritt ohne Stoß erfolgt, muß also die Zusammensetzung der absoluten Eintrittsgeschwindigkeit c_1 mit der Umfangsgeschwindigkeit u_1 eine Richtung der relativen Eintrittsgeschwindigkeit w_1 gleich der Richtung des ersten Schaufelelementes ergeben,* was allerdings nur für unendliche Schaufelzahl genau zutrifft und nur für einen bestimmten Förderstrom, den man als den normalen bezeichnet, möglich ist.

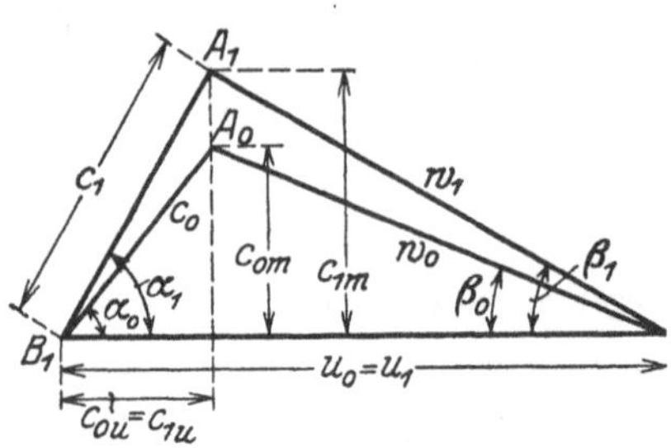

Abb. 66. Geschwindigkeitsplan für den Laufkanaleintritt

Der Weg, den ein Flüssigkeitsteilchen für den in der ruhenden Umgebung befindlichen Beobachter beschreibt, d. h. sein absoluter Weg AB' beginnt am Eintritt mit der Richtung der absoluten Geschwindigkeit c_1 unter dem Winkel α_1 und endet am Austritt mit der Richtung der absoluten Geschwindigkeit c_2 unter dem Winkel α_2. Wenn also das Wasserteilchen am Punkt x des Rades angelangt ist, hat es in der ruhenden Umgebung den Punkt x' erreicht. Dabei ist xx' die Bahn des festen Radpunktes x in der Zeit t, die das Element braucht, um von A nach x zu gelangen, so daß also der Zentriwinkel φ des Bogens xx' bei konstanter Winkelgeschwindigkeit ω gleich $\omega\, t$ ist.

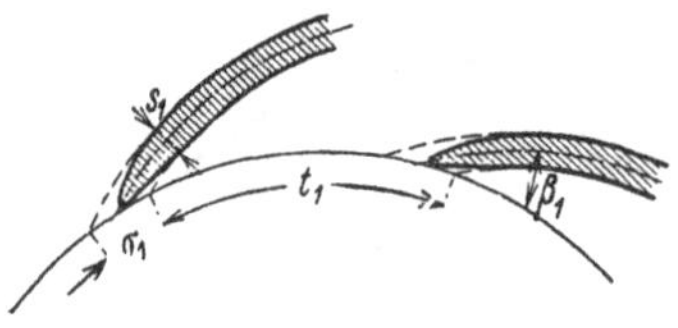

Abb. 66 a. Anfang der Laufschaufel

Die Strömung besitzt unmittelbar *vor* den Laufschaufeln die Geschwindigkeit c_0, die wegen der Verengung durch die endliche Dicke der Schaufel nicht mit der kurz hinter dem Eintritt gemessenen Geschwindigkeit c_1 übereinstimmt. Aus Gründen der Kontinuität müssen die Geschwindigkeitskomponenten

$$c_{0m} = c_0 \sin\alpha_0 = w_0 \sin\beta_0 \quad \text{und} \quad c_{1m} = c_1 \sin\alpha_1 = w_1 \sin\beta_1,$$

die senkrecht zum Umfang gerichtet sind (Abb. 66), also in die Meridianebene fallen (wie schon S. 34f. gezeigt wurde), der Gleichung genügen

$$c_{1m} = c_{0m} \frac{t_1}{t_1 - \sigma_1}, \tag{1}$$

worin t_1 die Länge des Bogens des Eintrittskreises zwischen zwei aufeinanderfolgenden Schaufelspitzen, d. h. die Schaufelteilung am Eintritt, und σ_1 die in Richtung des Umfangs dieses Parallelkreises gemessene Schaufelstärke bedeuten (Abb. 66a). Ist z die Schaufelzahl des Laufrades und D_1 der Durchmesser des Eintrittskreises, so errechnet sich t_1 aus

$$t_1 = \frac{\pi D_1}{z}. \tag{2}$$

Ebenso besteht zwischen der senkrecht zur Schaufelfläche gemessenen Schaufelstärke s_1 und σ_1 die Beziehung

$$\sigma_1 = \frac{s_1}{\sin\beta_1}. \tag{3}$$

Die beiden Geschwindigkeiten c_1 und c_0 werden beide auf den Eintritt, also auf den gleichen Parallelkreis, bezogen. Um den Übergang ohne Ablösung zu ermöglichen, ist es zweckmäßig, die Schaufel am Eintritt zu verjüngen und mit einer kleinen Abrundung beginnen zu lassen (Abb. 66a). Eine scharfe Zuspitzung bringt zwar nach den an Tragflügeln gemachten Erfahrungen nur eine unmerkliche Verschlechterung des Wirkungsgrades mit sich. Aber sie ist empfindlicher gegen geringe Abweichungen der relativen Eintrittsgeschwindigkeit von der Schaufelrichtung und weniger widerstandsfähig gegen Abnutzung.

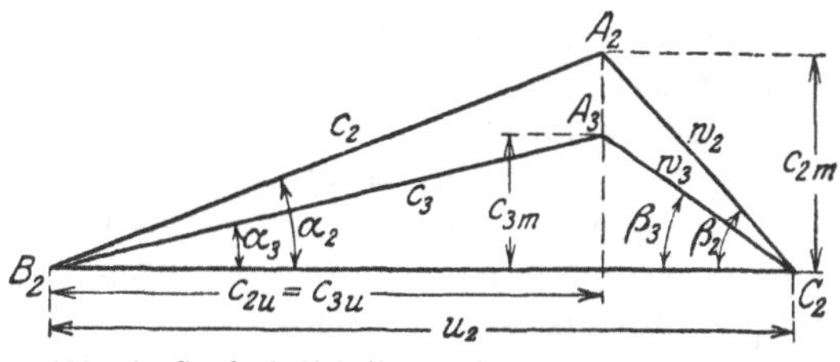

Abb. 67. Geschwindigkeitsplan für den Laufradaustritt

In Abb. 66 ist das Geschwindigkeitsdiagramm unter Beachtung der aus dem Impulssatz S. 34 (Unterabschn. e) abgeleiteten Tatsache gezeichnet, daß die Strömung beim freien Eintritt in die Verengung die Umfangskomponente $c_{0u} = c_{1u}$ beibehält.

Am Austritt verursacht die endliche Schaufeldicke umgekehrt eine Verlangsamung der Meridiankomponente auf

$$c_{2m} = w_2 \sin\beta_2 = c_2 \sin\alpha_2$$
$$c_{3m} = w_3 \sin\beta_3 = c_3 \sin\alpha_3$$

(Abb. 67), so daß

$$c_{3m} = c_{2m} \frac{t_2 - \sigma_2}{t_2}, \tag{4}$$

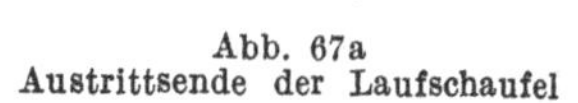
Abb. 67a Austrittsende der Laufschaufel

wobei angenommen ist, daß die Schaufelenden den in Abb. 67a gestrichelt eingetragenen Verlauf besitzen. Da bei geringen Geschwindigkeitsverzögerungen nach den früheren Darlegungen eine plötzliche Querschnittsänderung unter Umständen dem allmählichen Übergang gleichwertig ist, so ist diese vereinfachte Schaufelherstellung häufig ebenso günstig wie ein schlanker, spitzer Auslauf, der den ganz gezeichneten Linien der Abb. 67a entspricht. Der Zuschärfungswinkel δ_2 darf im letzteren Fall nicht kleiner genommen werden als die Rücksicht auf Abnutzung gestattet. Als Austrittsrichtung wird die der Winkelhalbierenden des Zuschärfungswinkels genommen (obwohl der Einfluß der Schaufelsaugseite zu überwiegen scheint). Man ist also in der Lage, diese Austrittsrichtung durch die Art der Zuschärfung nachträglich innerhalb gewisser Grenzen zu beeinflussen.

Hinter dem Laufkanal bleibt nach dem S. 35f. geführten Beweis ebenfalls die Umfangskomponente unverändert. Also ist $w_2 \cos\beta_2 = w_3 \cos\beta_3$ und somit auch $c_{2u} = c_{3u}$. Damit geht das Austrittsdreieck $A_2B_2C_2$ (Abb. 67) über in $A_3B_2C_2$, woraus zu ersehen ist, daß sowohl die absolute als auch die relative Geschwindigkeit ihre Richtung ändern.

17. Das Moment der Schaufelkräfte und ihre auf 1 kp bezogene Arbeit H_{th}

Wenn man sich die Aufgabe stellt, die S. 5 definierte Förderhöhe H aus den Geschwindigkeiten am Ein- und Austritt des Rades auszurechnen, so ist die Lösung nur auf dem Weg über die von den Schaufeln übertragene und auf 1 kp bezogene Arbeit, d.h. die theoretische Förderhöhe H_{th} möglich, die bereits im Abschn. 4 betrachtet wurde. Aus dieser errechnet sich dann H nach Annahme des Schaufelwirkungsgrades η_h mittels der Gleichung

$$H = \eta_h H_{th}. \tag{5}$$

a) Allgemeine, auch für endliche Schaufelzahl gültige Ableitung mittels des Impulssatzes. Wir legen die Kontrollfläche im Sinne des

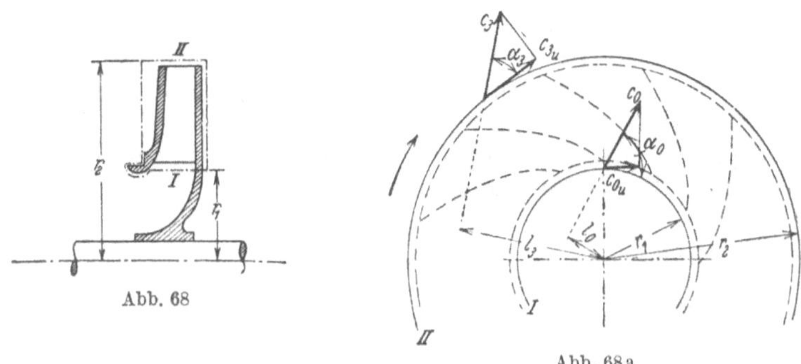

Abb. 68 Abb. 68a

Abschn. 8 als Rotationsfläche längs des Ein- und Austritts der Schaufelkanäle, d. h. vor die Eintrittskante und hinter die Austrittskante der Schaufeln. In Abb. 68 sind dies die beiden Zylinderflächen I und II. Die verbindende Fläche sei die Außenfläche des Rades, so daß also der Kreiszylinder I die Radwand durchschneidet, was aber nichts schadet, weil in der Schnittfläche das gesuchte Drehmoment wirksam ist. Von den in den zylindrischen Kontrollflächen wirkenden Kräften erzeugen die Normalkräfte, d.h. die Flüssigkeitsdrücke, kein drehendes Moment und bleiben also unberücksichtigt. Ein solches wird vielmehr hervorgerufen vom Impuls der durch die Kontrollflächen tretenden Flüssigkeit und durch Zähigkeitswirkungen, also Tangentialkräfte.

Bezeichnet mit Bezug auf Abb. 68a

c_0, c_3 die mittlere Geschwindigkeit der Strömung beim Durchtritt durch die Kontrollfläche am Ein- bzw. Austritt,

α_0, α_3 die Winkel dieser Geschwindigkeiten mit der Umfangsrichtung,
r_1, r_2 die Halbmesser der beiden Kontrollzylinderflächen,
G den Förderstrom (Gewichtsstrom) in kp/s,

so wirken, ganz gleichgültig, wie die Strömung im Innern des Rades vor sich geht, folgende Kräfte:

in der Zylinderfläche I der sekundliche Impuls $G/g \cdot c_0$, dessen Reaktionskraft *entgegengesetzt zu* c_0 gerichtet ist und welcher den Hebelarm $l_0 = r_1 \cos\alpha_0$, also das Moment besitzt,

$$M_0 = -\frac{G}{g} c_0 l_0 = -\frac{G}{g} c_0 r_1 \cos\alpha_0,$$

in der Kontrollfläche II der sekundliche Impuls $G/g \cdot c_3$, dessen Reaktionskraft in Richtung von c_3, also mit dem Hebelarm $l_3 = r_2 \cos\alpha_3$ und dem Moment wirkt

$$M_3 = \frac{G}{g} c_3 l_3 = \frac{G}{g} c_3 r_2 \cos\alpha_3.$$

Über die gesamte Kontrollfläche wirken die Tangentialkräfte, die in den Zylinderflächen I und II durch die dort herrschende turbulente Austauschbewegung zwischen Kanal und Außenraum bedingt sind. Diese äußert sich wie eine Schubkraft und ruft ein Moment M_τ hervor. An den Seitenflächen wirkt die Radreibung, die bereits im Abschn. 15a behandelt ist und deshalb ausgeschieden werden soll, so daß an Stelle des in der Schnittfläche durch die Radwand wirkenden gesamten von der Welle übertragenen Momentes nur noch das von den Schaufeln übertragene Moment übrigbleibt, welches beträgt

$$M = M_3 + M_0 + M_\tau$$

oder

$$M = \frac{G}{g}(r_2 c_3 \cos\alpha_3 - r_1 c_0 \cos\alpha_0) + M_\tau. \tag{6}$$

Da $c_3 \cos\alpha_3 = c_{3u}$, und $c_0 \cos\alpha_0 = c_{0u}$ die Umfangskomponenten der Austritts- und Eintrittsgeschwindigkeit sind, so kann Gl. (6) auch geschrieben werden

$$M = \frac{G}{g}(r_2 c_{3u} - r_1 c_{0u}) + M_\tau. \tag{7}$$

Die Klammer stellt die Zunahme des Dralles für die Masse Eins dar.

Das durch Zähigkeitseinflüsse bedingte Glied M_τ hat die gleiche Wirkung wie die Radreibung und soll deshalb wie diese ausgeschieden werden. *Dann kann man auch schreiben*

$$M = \frac{G}{g} \Delta(r c_u) \tag{7a}$$

mit

$$\Delta(r c_u) = r_2 c_{3u} - r_1 c_{0u}.$$

Also ist das von den Schaufeln übertragene Drehmoment gleich der Zunahme des Dralles der sekundlichen Durchflußmenge.

Aus Gl. (7) ergibt sich ferner für die freie Strömung, d. h. mit $M = 0$, $M_\tau = 0$, der Satz von der Unveränderlichkeit des Dralles, denn es wird $r_2 c_{3u} - r_1 c_{0u} = 0$.

Die auf 1 kp entfallende Schaufelarbeit H_{th} ergibt sich aus den folgenden beiden Ausdrücken für die sekundliche Schaufelarbeit, sofern ω die Winkelgeschwindigkeit des Rades

$$M\,\omega = G\,H_{th}$$

zu

$$H_{th} = \frac{M\,\omega}{G}$$

oder gemäß Gl. (7)

$$H_{th} = \frac{\omega}{g}(r_2\,c_{3u} - r_1\,c_{0u}). \tag{8}$$

Diese Gleichung wird als *Hauptgleichung* bezeichnet. *Sie gilt sowohl für Flüssigkeiten* als auch für *Gase, da das Volumen an keiner Stelle der Ableitung erscheint.* Auch die Radform ist gleichgültig. Führt man die Umfangsgeschwindigkeit des Rades am Halbmesser r_2 bzw. r_1 ein mit $u_2 = r_2\,\omega$ und $u_1 = r_1\,\omega$, so erhält man

$$H_{th} = \frac{1}{g}(u_2\,c_{3u} - u_1\,c_{0u}). \tag{9}$$

Berücksichtigt man die Auseinanderstellung der Laufschaufeln, so ist die Absolutströmung *dicht* vor und hinter dem Schaufelkranz nicht mehr stationär (vgl. Abschn. 19 und 20). Trotzdem ist die vorstehende Anwendung des Impulssatzes zulässig, wenn die Geschwindigkeiten c_{0u} und c_{3u} Mittelwerte sind.

Heranziehung der Zirkulation. Man kann auch — ähnlich wie S. 47 für das Axialrad bereits geschehen — den Begriff der Zirkulation benutzen, da Schaufeldrücke nur durch das Zusammenwirken einer Durchfluß- und einer Zirkulationsströmung entstehen. Diese ist stets in der Absolutströmung zu ermitteln und läßt sich sowohl unter Einschluß wie unter Ausschluß der Schaufeln, welche mit Wirbeln belegt zu denken sind, anschreiben (Abb. 69). Erstere bezeichnet man als äußere Zirkulation Γ_a, letztere als innere Zirkulation Γ_i. Bestimmen wir diese beiden Größen längs der Kreise vom Halbmesser r_2 bzw. r_1, so ist

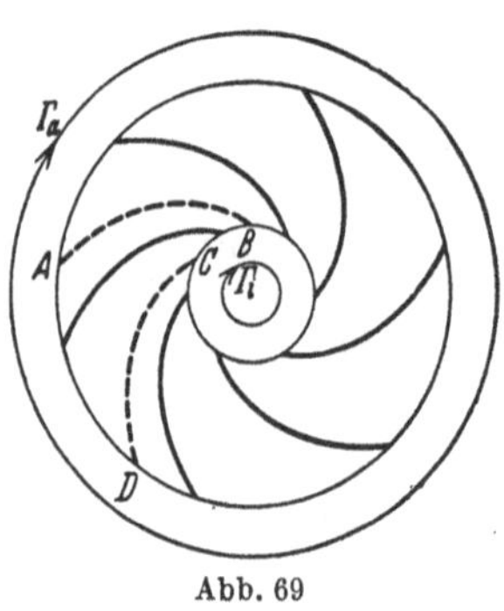

Abb. 69

$$\Gamma_a = c_{3u}\cdot 2r_2\pi = 2\pi(r_2\,c_{3u});$$

$$\Gamma_i = c_{0u}\cdot 2r_1\pi = 2\pi(r_1\,c_{0u})$$

oder

$$r_2\,c_{3u} = \frac{\Gamma_a}{2\pi}; \quad r_1\,c_{0u} = \frac{\Gamma_i}{2\pi}.$$

Damit läßt sich Gl. (7) bei Vernachlässigung des Zähigkeitsgliedes M_τ schreiben

$$M = \frac{G}{2\pi g}(\Gamma_a - \Gamma_i), \tag{10}$$

was eine Verallgemeinerung des Satzes von KUTTA-JOUKOWSKY [Gl. (22), S. 48] bedeutet. Ferner wird aus Gl. (8)

$$H_{th} = \frac{\omega}{2\pi g}(\Gamma_a - \Gamma_i). \tag{11}$$

Das Vorhandensein der inneren Zirkulation Γ_i setzt eine Wirbelquelle (Abb. 39) als Zuströmung voraus. Da die äußere und innere Zirkulation verschieden sind, so müssen nach S. 44 zwischen den beiden Gebieten Wirbelkerne liegen, die weitere Zirkulation aufweisen und die nur durch die Schaufeln dargestellt sein können, da die (absolute) Strömung reibungs-, also wirbelfrei sein soll.

Nach den Darlegungen S. 44 ist die Zirkulation gleich der Summe der Zirkulationen längs der vom Integrationsweg ganz eingeschlossenen Wirbel. Bezeichnen wir die Zirkulation der einzelnen Schaufel, die aus einem Momentbild der Absolutströmung zu ermitteln ist, mit Γ_s, so besteht bei z Schaufeln die Beziehung

$$\Gamma_a = \Gamma_i + z\Gamma_s, \tag{12}$$

was auch unmittelbar abgeleitet werden kann, wenn man in Abb. 69 den Integrationsweg $ABCDA$ für die Schaufelzirkulation so wählt, daß die Linien AB und CD durch Drehung um die Schaufelteilung zur Deckung gebracht werden, weil dann die Linienintegrale längs dieser Linien gleich und nur dem Vorzeichen nach verschieden sind, also wegfallen.

Da demnach $\Gamma_a - \Gamma_i = z\,\Gamma_s$, so gibt Gl. (11)

$$H_{th} = \frac{\omega}{2\pi g} z\Gamma_s. \tag{13}$$

Die Zirkulation Γ_s um die einzelne Schaufel entsteht beim Ingangsetzen des Rades in der S. 45 beschriebenen Weise.

In Gl. (11) bis (13) ist $\omega/2\pi$ die sekundliche Drehzahl des Rades.

Diese auf der Heranziehung der Zirkulation beruhenden Gleichungen werden im Pumpen- und Verdichterbau nur wenig verwendet, weil Gl. (9) gleichwertig und anschaulicher ist. Es kommt hinzu, daß man in der Regel gezwungen ist, von der Vorstellung unendlich dicht stehender Schaufeln auszugehen.

b) Spezielle Ableitung für unendliche Schaufelzahl auf Grund der Zerlegung der Strömung. Diese für schaufelkongruente Strömung durchgeführte Ableitung wird angegeben, weil dabei gleichzeitig der Anschluß an die eindimensionale Stromfadentheorie wiederhergestellt wird. Von dieser Theorie, also der Annahme schaufelkongruenter Strömung, die unendlich viele und unendlich dünne Schaufeln voraussetzt, muß nämlich bei der späteren Schaufelberechnung in der Regel Gebrauch gemacht werden, weil nur dann, wie wir später (Abschn. 19 und 20) sehen werden, die relativen Ein- und Austrittsgeschwindigkeiten in Richtung des ersten und letzten Schaufelelementes liegen.

Da die aus dieser Annahme der unendlichen Schaufelzahl abgeleitete spezifische Schaufelarbeit von dem wirklichen Wert H_{th} abweicht, werde sie mit $H_{th\infty}$ bezeichnet. Wir bestimmen sie als Energiezunahme je kp Förderflüssigkeit im Rad zuzüglich der Druckhöhenverluste Z_u in den Laufschaufeln. Die nutzbare Energiezunahme kann nur bestehen einerseits in einer Druckzunahme $H_{p\infty}$, dem Spaltüberdruck, andererseits einer Zunahme der Geschwindigkeitshöhe, entsprechend der Änderung der absoluten Geschwindigkeit c_0 vor den Laufschaufeln auf die Geschwindigkeit c_2 am Laufradaustritt, also ist

$$H_{th\infty} = H_{p\infty} + \frac{c_2^2 - c_0^2}{2g} + Z_u. \tag{14}$$

Um $H_{p\infty}$ zu bestimmen, zerlegen wir die Strömung im Laufkanal in ihre beiden Teilströmungen. Die eine ist die Strömung im umlaufenden Rad bei fehlendem Durchfluß und die andere die Durchflußströmung im ruhenden Rad. Bei endlicher Schaufelzahl entsteht erstere durch die reine Verdrängungswirkung der Schaufeln bei fehlendem Durchfluß (wie bei einer Platte, die im ruhenden Wasser in gerader

Richtung, aber nicht tangential zu ihrer Fläche bewegt wird, nur daß hier die Drehung hinzukommt). Beide Teilströmungen sind naturgemäß mit der zugehörigen Zirkulationsströmung versehen, die durch das tangentiale Abströmen wie beim Tragflügel (S. 45) induziert wird. Bei der Vereinigung beider Teilströme addieren sich die Drücke zahlenmäßig.

Infolge der vorausgesetzten unendlichen Schaufelzahl wird die erst erwähnte Verdrängungsströmung zu der S. 42 betrachteten Strömung des mit dem Laufrad in relativer Ruhe kreisenden Wassers[1], die zwischen Ein- und Austritt des Laufrades nach Gl. (17), S. 42, eine Druckzunahme $(u_2^2 - u_1^2)/2g$ hervorruft, während die Durchflußströmung infolge der Verlangsamung von w_0 auf w_2 die Druckhöhe um $(w_0^2 - w_2^2)/2g$ vergrößert. Wird noch die durch Reibung, Querschnitts- und Richtungsänderung bedingte Verlusthöhe Z_u berücksichtigt, so ergibt sich als gesamter Druckzuwachs

$$H_{p\infty} = \frac{u_2^2 - u_1^2 + w_0^2 - w_2^2}{2g} - Z_u. \tag{15}$$

Die Schaufelarbeit je kp ist also nach Gl. (14)

$$H_{\mathrm{th}\infty} = \frac{u_2^2 - u_1^2 + w_0^2 - w_2^2 + c_2^2 - c_0^2}{2g}. \tag{16}$$

Bemerkenswert ist, daß die Verlusthöhe Z_u hierauf ganz einflußlos ist und nur die tatsächlich auftretenden Geschwindigkeiten maßgebend sind.

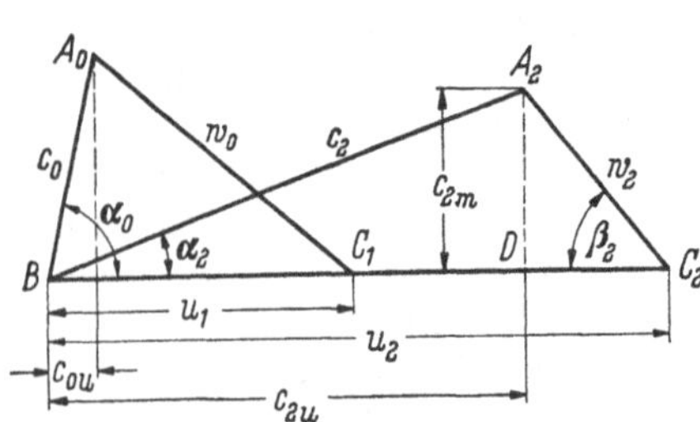

Abb. 70. Geschwindigkeitsdreiecke des Ein- und Austrittes

In den Geschwindigkeitsdreiecken A_0BC_1 und A_2BC_2 (Abb. 70) ist nun nach dem Kosinussatz

$$w_0^2 = u_1^2 + c_0^2 - 2u_1 c_0 \cos\alpha_0,$$

$$w_2^2 = u_2^2 + c_2^2 - 2u_2 c_2 \cos\alpha_2.$$

Damit wird Gl. (16)

$$H_{\mathrm{th}\infty} = \frac{1}{g}(u_2 c_2 \cos\alpha_2 - u_1 c_0 \cos\alpha_0) \tag{17}$$

oder, weil $c_2 \cos\alpha_2$ und $c_0 \cos\alpha_0$ die Umfangskomponenten c_{2u} bzw. c_{0u} am Aus- und Eintritt darstellen,

$$H_{\mathrm{th}\infty} = \frac{1}{g}(u_2 c_{2u} - u_1 c_{0u}) = \frac{\omega}{g}(r_2 c_{2u} - r_1 c_{0u}) \tag{18}$$

mit $\omega = \pi n/30$. Gl. (18) stimmt mit Gl. (8) und (9), S. 110, überein, wenn berücksichtigt wird, daß dort endliche Schaufelzahl angenommen ist. Deshalb ist das Fußzeichen 3 an Stelle des Fußzeichens 2 verwendet, denn nur bei unendlicher Schaufelzahl stimmen c_{2u} und c_{3u} überein (Abschn. 19).

[1] Nur daß hier nach S. 119f. die Absolutströmung bei Reibungsfreiheit wirbelfrei ist, was aber im vorliegenden Fall belanglos ist

Offenbar läßt sich die hier angewandte Betrachtung auch auf endlich weite Laufkanäle anwenden, wenn sie zunächst nur auf einzelne Stromfäden bezogen wird. Gl. (8) und (18) bilden die Grundlage für die Berechnung der Strömungsmaschinen.

In den für die theoretische Förderhöhe entwickelten Ausdrücken kommt das spezifische Gewicht der Flüssigkeit nicht vor. Daraus folgt, daß die Förderhöhe einer Pumpe, *ausgedrückt in Meter Flüssigkeitssäule* von der Art der Flüssigkeit unabhängig, beispielsweise für Wasser, Öl und Luft, die gleiche ist[1]. Ebenso wird auch das sekundliche Fördervolumen unabhängig von der Art der Flüssigkeit sein. Dagegen ist die Nutzleistung in PS $N_n = \gamma V H/75$ und also auch die Wellenleistung dem spezifischen Gewicht proportional.

Wesentlich ist noch die Feststellung, daß Zähigkeitswirkungen innerhalb der Kontrollfläche die Gültigkeit des Impulssatzes nicht beeinträchtigen. Demnach gilt die Hauptgleichung unabhängig davon, ob beim Durchfluß durch das Rad Druckverluste durch Reibung, Stoß, Querschnittsänderung und Richtungsänderung entstehen. Naturgemäß ändert sich dadurch der Schaufelwirkungsgrad, also H, aber nicht H_{th}, sofern die wirklichen Geschwindigkeiten in die Gleichungen eingesetzt werden.

c) Pumpe ohne Eintrittsleitrad. Strömt die Flüssigkeit ohne besondere Führungsschaufeln dem Rade zu, so kann in der Regel $\alpha_0 = 90°$ gesetzt werden (Abb. 70a). Da

$$w_0^2 = c_0^2 + u_1^2, \qquad (19)$$

so lautet jetzt Gl. (15)

$$H_{p\infty} = \frac{u_2^2 - w_2^2 + c_0^2}{2g} - Z_u, \qquad (20)$$

ebenso Gl. (17) und (18), da $\cos\alpha_0 = 0$, $c_{0u} = 0$

$$H_{th\infty} = \frac{u_2}{g} c_2 \cos\alpha_2 = \frac{u_2}{g} c_{2u}. \qquad (21)$$

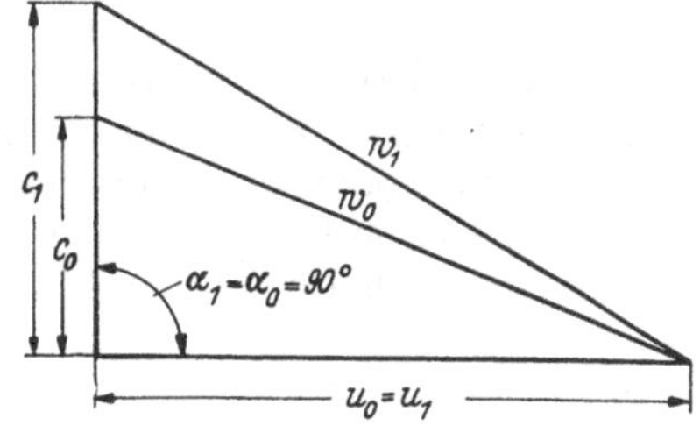

Abb. 70 a. Eintrittsdreiecke bei senkrechtem Eintritt

Für die wirkliche Schaufelarbeit bei endlicher Schaufelzahl gilt entsprechend Gl. (9)

$$H_{th} = \frac{u_2}{g} c_3 \cos\alpha_3 = \frac{u_2}{g} c_{3u}, \qquad (22)$$

wobei aber nach Abschn. 19 c_{3u} von dem c_{2u} verschieden ist, das sich bei unendlicher Schaufelzahl ergibt.

Da das Fehlen des Eintrittsleitrades die Regel bildet, stellen diese Gleichungen die gebräuchlichste Form der Hauptgleichung bei Kreiselpumpen dar.

[1] Für die Verluste und somit auch für die wirkliche Förderhöhe trifft dies genau nur zu, wenn die *Re*-Zahl, also beim gleichen Kanal der Quotient aus Geschwindigkeit und kinematischer Zähigkeit die gleiche ist (vgl. Abschn. 12b u. 32). Dies ist besonders bei Flüssigkeiten von verhältnismäßig großer Zähigkeit, z. B. Öl, zu beachten

Von manchen Konstrukteuren wird zur Erhöhung der Sicherheit der Rechnung ein Winkel α_0 von nur etwa 85° angenommen, weil dann Gl. (18) eine verringerte Schaufelarbeit liefert. Über die Berechtigung dieser Maßnahme ist folgendes zu sagen: Als Eintrittszustand ist bei der Berechnung der Förderhöhe nach Gl. (18) maßgebend der Strömungszustand vor irgendwelcher Beeinflussung durch das Rad. Deshalb ist in dieser Gleichung beispielsweise abzugsfähig der Drall, der durch eine *Eintrittsleitvorrichtung* hervorgerufen ist. Einer solchen ist gleichwertig eine Aufeinanderfolge von nicht in der gleichen Ebene liegenden Krümmungen der Saugleitung (S. 75). Das Kennzeichnende für die Abzugsfähigkeit ist, daß der erzeugte Drall aus dem Energieinhalt der Flüssigkeit bestritten wird, also sich in einer Drucksenkung äußert. Nicht abzugsfähig ist also der Eintrittsdrall, der durch die Reibung an umlaufenden Wänden entsteht, da er eine Energiezufuhr durch das Rad bedeutet. Dieses Kreisen der Strömung ist nicht mit einer Drucksenkung nach Bernoulli, sondern umgekehrt mit einer Druckerhöhung verbunden. Zwar verringert sich die von den Schaufeln zu übertragende Arbeit, aber nur um den gleichen Betrag, der vorher durch Reibung zugeführt wurde, weil bei Anwendung des Impulssatzes Verlustvorgänge innerhalb der Kontrollfläche keinen Einfluß auf das Ergebnis haben und diese Fläche nach Belieben so gelegt werden kann, daß sie alle Stellen, an denen sich die Reibungsübertragung abspielt, mit einschließt. Auch bei der Ableitung der Hauptgleichung nach Abschn. 17b ist dies daran ersichtlich, daß die Verlusthöhe Z_u des Rades im Endergebnis nicht mehr erscheint.

Der Anfangswinkel β_1 der Schaufel müßte in allen Fällen zur Vermeidung eines (allerdings verschwindenden) Eintrittsstoßes um einen kleinen Betrag geändert werden, wenn nicht die ebenfalls unberücksichtigt bleibende (in Abschn. 19a, 20a behandelte) Eintrittsablenkung sich entgegengesetzt auswirken und der in der Rechnung eingeführte Förderstrom üblicherweise um einen Zuschlag größer genommen würde, der nicht bloß den Spaltverlust und die Kontraktion am Schaufeleintritt, sondern auch die Vorrotation mit einschließt. Deshalb wird beim Fehlen einer Eintrittsleitvorrichtung im folgenden stets senkrechter Eintritt angenommen.

Verwendet man ein Eintrittsleitrad (trotz der dadurch bedingten Drucksenkung vor dem Laufrad, beispielsweise um eine Gleichrichtung der Strömung, also Ausschaltung von Grenzschicht-Anhäufungen zu erzielen), so kann man benützen, daß der beste Wirkungsgrad bei einem etwas unter 90° liegenden Winkel α_0 erreicht wird.

18. Mangelnde Übereinstimmung der eindimensionalen Stromfadentheorie mit der Wirklichkeit

Ebenso wie bei der Turbine ist man auch bei der Pumpe heute noch mit wenigen Ausnahmen darauf angewiesen, die Berechnung in Anlehnung an die schaufelkongruente Strömung, also die Annahme unendlicher Schaufelzahl, durchzuführen, weil es andere, für den Ingenieur brauchbare Verfahren gleicher Zuverlässigkeit noch nicht gibt. Während man aber bei der Turbine die Ergebnisse häufig ohne wesentliche Korrektur benutzen kann, ist dies bei der Pumpe in keinem Fall zulässig.

Die Wirkungsgrade η ausgeführter Pumpen mittlerer Größe liegen zwischen 65 und 85%. Die Schaufelwirkungsgrade η_h werden infolge des Ausscheidens des Spaltverlustes, der Radreibung und Lagerreibung um etwa 7 bis 15% größer, d. h. zu 72 bis 90%, im Mittel also zu 80% zu erwarten sein[1]. Rechnet man aber bei Versuchen $H_{\mathrm{th}\infty}$ unter Benutzung der Gl. (21) aus und bestimmt $H/H_{\mathrm{th}\infty}$, so findet man erheblich kleinere Werte, die etwa zwischen 50 und 70% liegen. Man würde also, wollte man die nach dem Gesamtwirkungsgrad η möglichen Werte von η_h benutzen, einen viel zu kleinen Wert für $H_{\mathrm{th}\infty}$ bekommen und mit der danach gebauten Pumpe die verlangte Förderhöhe nicht erreichen. Hieraus folgt, daß $H_{\mathrm{th}\infty}$ nicht mit der tatsächlichen spezifischen Schaufelarbeit H_{th} übereinstimmt, sondern größer ist. Der Unterschied kann nur daher rühren, daß infolge der endlichen Schaufelzahl die Relativströmung nicht die ganze, durch die Schaufelwinkel vorgeschriebene Richtungsänderung mitmacht. Bei der Turbine liegt grundsätzlich der gleiche Vorgang vor. Er wirkt sich dort aber weit weniger oder gar nicht aus (vgl. S. 127).

Man hat bei der Pumpe schon den Einfluß der endlichen Kanalweite dadurch berücksichtigt, daß man unter Beibehaltung der Rechenverfahren der eindimensionalen Stromfadentheorie entweder den in die Rechnung eingeführten Wert für η_h kleiner annahm, als der Wirklichkeit entspricht, oder indem man für den Austrittsdurchmesser den Durchmesser des durch die Schwerpunkte[2] S_2 (Abb. 120, S. 226) der Austrittsquerschnitte DE (oder der Dreiecke EDG)[3] gehenden Parallelkreise setzte. Offenbar wird dieser Durchmesser um so kleiner, je geringer die Schaufelzahl ist, so daß auch der aus der Hauptgleichung errechnete Wert für $H_{\mathrm{th}\infty}$ sich verringert. Dieses Verfahren leitete sich aus der auch S. 228 besprochenen älteren Anschauung ab, daß die Einwirkung der Schaufel im letzten Kanalquerschnitt DE aufhöre. Es versagt, sobald die Schaufel von der stark rückwärts gekrümmten Form abweicht. Der Winkel $\beta_2 = 90°$ würde entgegen der Erfahrung die Minderleistung Null liefern. Ebenso würde bei kleinen Radienverhältnissen r_2/r_1, also kurzen aber zahlreichen Schaufeln, die Minderleistung fast verschwinden, während sie tatsächlich infolge der Kürze der Schaufeln recht erheblich ist. Das Verfahren ist ferner nicht mehr anwendbar bei doppelt gekrümmten Schaufeln und verliert ganz seinen Sinn bei Axialschaufeln, ebenso wie es auf feste Leitschaufeln nicht übertragbar ist.

---

[1] Man darf aber die prozentualen Anteile des Spaltverlustes, der Rad- und Lagerreibung nicht einfach zum Gesamtwirkungsgrad zuschlagen, um η_h zu erhalten, sondern der Zusammenhang ist durch Gl. (33), Abschn. 4, gegeben

[2] Vgl. das in Fußnote 1, S. 226 erwähnte Buch von Neumann

[3] Vgl. Eck-Kearton: Turbogebläse und Turbokompressoren, S. 76. Berlin: Springer 1929

Schließlich ist zu berücksichtigen, daß nicht bloß der Austrittsverlauf der Schaufel, sondern der Verlauf auf ihrer ganzen Länge Einfluß nimmt.

Wir werden versuchen, zu brauchbaren Berechnungsverfahren, die auch hinsichtlich Einfachheit nicht hinter den älteren zurückstehen, zu gelangen, indem wir die Strömungsvorgänge im Kreiselrad mit *endlicher* Schaufelzahl noch näher ins Auge fassen.

19. Einfluß der endlichen Zahl der Laufschaufeln

a) Beispiel des geradlinigen Schaufelgitters. Zur Gewinnung eines grundsätzlichen Einblickes betrachten wir wieder wie S. 47 zunächst die axiale Beschauflung, die wir durch einen gleichachsigen Kreiszylinder schneiden und dadurch in die Ebene als endloses geradliniges Schaufelgitter abwickeln können. Die Drehbewegung im Rad äußert sich dann in einer geradlinigen Bewegung in Gitterrichtung. Dieses Gitter stellen wir uns durch parallele Ebenen (entsprechend zwei benachbarten kreiszylindrischen Schnitten) begrenzt vor und betrachten das Strombild der Relativströmung für den Fall des stoßfreien

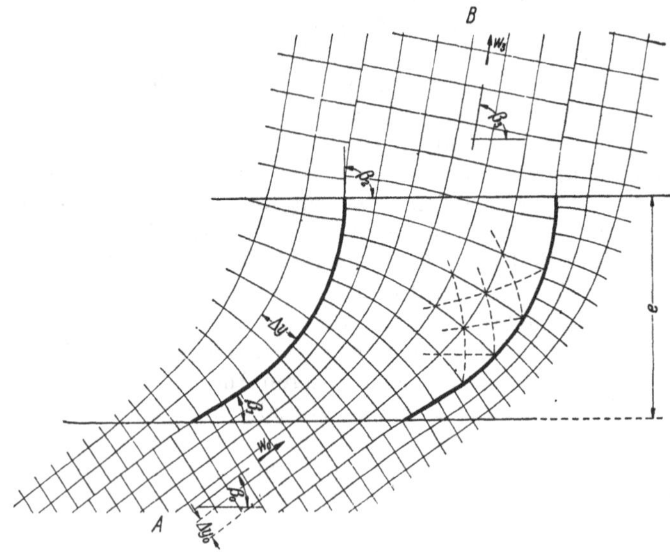

Abb. 71. Strombild des axialen Schaufelkanals. Beachte $\beta_0 > \beta_1$, $\beta_2 > \beta_3$

Eintritts. Dieses wird identisch sein mit dem Bild der stoßfreien Strömung gegen die ruhenden Schaufeln, d. h. des axialen Leitrades, weil beim Axialrad die Drehbewegung ja nur eine Parallelverschiebung des ganzen Strombildes, also keinerlei Verzerrung bedeutet. Wir können also den Entwurf nach den S. 50f. für die ebene Potentialströmung abgeleiteten Regeln durchführen, wie das in Abb. 71 geschehen ist. Dabei müssen wir beachten, daß die Schaufelbegrenzungen Stromlinien sind und in genügender Entfernung vor und hinter dem Gitter die ungestörte Parallelströmung mit den Geschwindigkeiten w_0 und w_3 vorliegt. Die Richtung letzterer müssen wir für ein gegebenes Gitter aus der Bedingung des stoßfreien Eintritts und tangentialen Abströmens ermitteln, was bedeutet, daß dicht vor und hinter der Schaufel beiderseits der die Schaufel bestreichenden Stromlinie gleicher Druck und gleiche Geschwindigkeit herrschen muß, d. h. daß beiderseits dieser Grenzstromlinien die Kurvenvierecke nur im Bereich der Schaufel verschieden sein dürfen. Diese Bedingung läßt sich nur bei *einer* bestimmten Zu- und Abströmrichtung, die nicht mit der Endtangente an der Schaufel übereinstimmt, erfüllen, was mehrmaliges Probieren verlangt[1]. An dem fertigen Strombild machen wir folgende Beobachtungen:

1. Die Stromlinien sind nicht schaufelkongruent. Vielmehr verbreitern sich die Stromröhren auf der Vorderseite der Schaufel und verengen sich auf der Rückseite, so daß also die Geschwindigkeiten im Kanal auf der Vorderseite zunächst ab-, auf der Rückseite zunehmen und an der Vorderseite (Druckseite) ein Überdruck, auf der Rückseite (Saugseite) ein Unterdruck herrscht (Abb. 71 a). Der Druckunterschied bedingt die Schaufelkraft, also die Schaufelarbeit. Das tangentiale Zu- und Abströmen hat zur Folge, daß der Druckunterschied auf beiden Schaufelseiten nach den Schaufelspitzen hin verschwindet, also, wie oben schon erwähnt wurde, dort die Stromröhren beiderseits gleich breit sind.

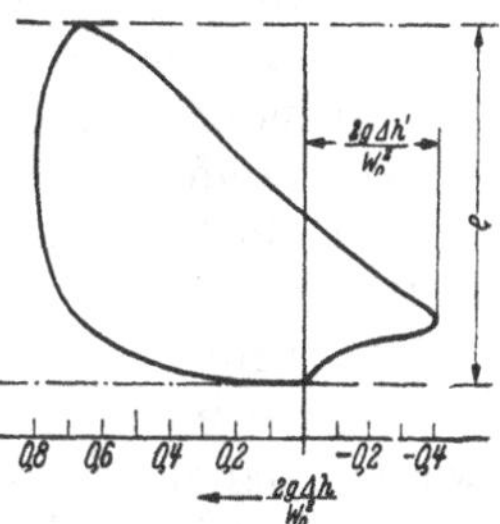

Abb. 71 a. Verlauf des auf den Staudruck am Eintritt bezogenen Druckes Δh längs der Axialschaufel der Abb. 71, wobei $2g\Delta h/w_0^2 = 1 - (w/w_0)^2 = 1 - (\Delta y_0/\Delta y)^2$, aufgetragen über der axialen Erstreckung e

2. Diejenigen Stromlinien, welche mit der Schaufelkontur zusammenlaufen, werden kurz vor und hinter dem Kanal nach der Schaufelrückseite abgebogen, offenbar infolge der saugenden Wirkung des dort vorhandenen Unterdruckes und der abdrängenden Wirkung des auf der Vorderseite herrschenden Staues. Die Folge ist eine Ablenkung der Stromfäden um die Winkel $\beta_0 - \beta_1$ am Eintritt, $\beta_2 - \beta_3$ am Austritt. Am Eintritt ist also der Schaufelwinkel verkleinert und am Austritt vergrößert. Beide Winkeländerungen laufen darauf hinaus, daß die vom Gitter der Strömung aufgezwungene Richtungsänderung $\beta_3 - \beta_0$ kleiner ist als die Änderung der Schaufelwinkel. Man sieht dies deutlich am mittleren Faden $A\,B$, der mit einer kleineren Richtungsänderung durch das Schaufelgitter hindurchkommt, als der Schaufelkrümmung entspricht.

Die Endlichkeit der Schaufelzahl hat also die bemerkenswerte Folge, daß die Schaufelwinkel am Ein- und Austritt im Sinne einer Vergrößerung

---

[1] Die Normallinien (Äquipotentiallinien) verschieben sich längs der mit der Schaufel zusammenlaufenden Stromlinie um ebensoviel Kurvenvierecke, als dem Betrag der Zirkulation entspricht. Diese kann also unmittelbar aus dem Strombild entnommen werden

der ablenkenden Wirkung, also im Sinne einer Leistungssteigerung gegenüber den unendlich dicht stehenden Schaufeln übertrieben werden müssen.

Wird diese Winkelübertreibung nicht verwirklicht, so äußert sich die Endlichkeit der Schaufelzahl in einer Minderleistung gegenüber der Rechnung nach der eindimensionalen Stromfadentheorie.

Diese Ergebnisse sind aus der Betrachtung der reibungsfreien Strömung gewonnen. Sie bleiben aber qualitativ auch bei Berücksichtigung der Zähigkeit bestehen, wenn sich auch der zahlenmäßige Unterschied sehr stark ändert, wie später (Abschn. 20b) gezeigt werden wird.

Sie gelten in gleicher Weise für das Radialrad. Hier kommen aber noch weitere Erscheinungen hinzu, auf die wir im folgenden näher eingehen müssen.

b) Energiegleichung für die Relativströmung. Wegen der Drehbewegung der Relativströmung im Radialrad sind die Voraussetzungen für die Gültigkeit der Bernoulli-Gleichung nicht mehr erfüllt. Deshalb muß zunächst der geltende Zusammenhang zwischen Druck und Geschwindigkeit geklärt werden.

Wir greifen zu diesem Zweck zurück auf Gl. (15) des Abschn. 17b für den Spaltdruck. Die zugehörige Ableitung gilt auch im Laufkanal endlicher Breite für den Druckverlauf *längs eines und desselben Stromfadens*, wenn der Halbmesser r_2 variiert, also an Stelle von u_2, c_2, w_2 die Geschwindigkeiten u, c, w am beliebigen Halbmesser r eingesetzt werden. Ist in Meter Wassersäule h der dort herrschende Druck und h_0 der Druck am Kanaleintritt, so ist bei Vernachlässigung der Reibung, d. h. mit $Z_u = 0$

$$h - h_0 = \frac{u^2 - u_1^2 + w_0^2 - w^2}{2g}$$

oder

$$h + \frac{w^2 - u^2}{2g} = h_0 + \frac{w_0^2 - u_1^2}{2g} = \text{konst.} \tag{23}$$

Berücksichtigt man, daß im endlich weiten Laufkanal die einzelnen Stromfäden eine verschiedene Form besitzen, also auch w und h an verschiedenen Punkten eines Parallelkreises verschieden sind, so gilt diese Gleichung zunächst nur für einen und denselben Stromfaden. Da aber die Werte h_0, u_1, w_0 bei achsensymmetrischer Zuströmung in genügendem Abstand von den Schaufelspitzen für alle Fäden gleich sind, also auch der Wert konst. gleich ist, so muß Gl. (23) für die ganze Relativströmung zutreffen.

Diese Gleichung stellt die *Energiegleichung für die Relativströmung* dar. Sie tritt in rotierenden Kanälen an die Stelle der Gleichung von Bernoulli. Der Unterschied liegt in dem Glied $-u^2/2g$. Hieraus folgt auch, daß die aus der Gleichung von Bernoulli abgeleiteten Verfahren zur Ermittlung der Strombilder für rotierende Kanäle mit radialer Komponente nicht mehr anwendbar sind. Für einen und denselben Parallelkreis, also $u =$ konst., nimmt Gl. (23) aber offenbar wieder die Form der Bernoulli-Gleichung an. Das gleiche gilt für Axialräder, bei denen $u_1 = u_2 = u$ und demnach die ganze Relativströmung im

Schnitt nach einem Kreiszylinder, wie im vorigen Abschnitt bereits festgestellt wurde, dem Bernoulli-Gesetz folgt.

c) Druck- und Geschwindigkeitsverteilung im Laufkanal einer Radialpumpe. Schon am Beispiel des Axialrades war zu sehen, daß der Druck auf der Vorderseite der Schaufel größer ist als auf der Rückseite. Aus der im vorigen Unterabschnitt b) abgeleiteten Energiegleichung für die Relativströmung der reibungsfreien Flüssigkeit folgt nun, daß bei konstantem u die Geschwindigkeit w zunehmen muß, wenn der Druck h abnimmt. Die Relativgeschwindigkeit muß sich also längs eines Parallelkreises, etwa wie in Abb. 73 angegeben, verteilen.

Der Unterschied gegenüber dem Axialrad besteht aber darin, daß der Druck- oder Geschwindigkeitsunterschied der beiden Schaufelseiten

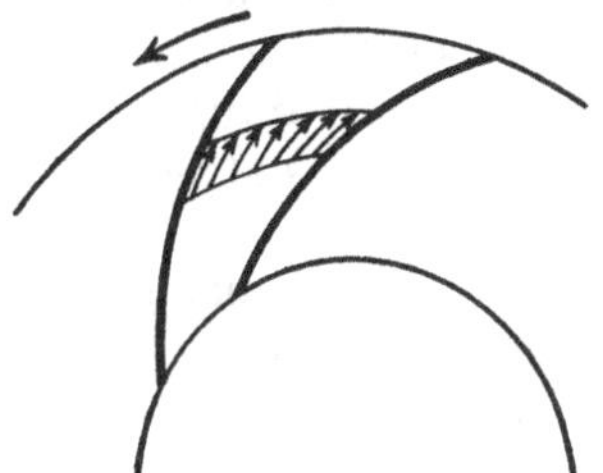

Abb. 72. Geschwindigkeitsverteilung nach der eindimensionalen Stromfadentheorie

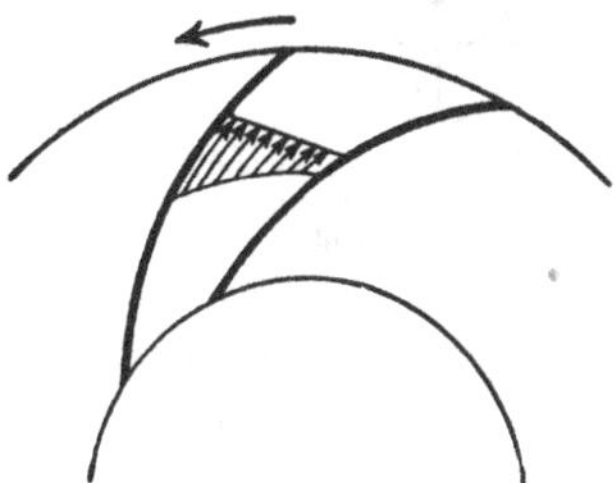

Abb. 73. Wirkliche Verteilung der Geschwindigkeit für die ideale Flüssigkeit

nicht mehr allein auf die Wirkung einer Durchflußströmung, sondern vorwiegend auf den Einfluß der Drehbewegung (d. h. von Corioliskräften) zurückzuführen ist.

Diese zusätzliche Kräftewirkung hat auch eine zusätzliche Zirkulation zur Voraussetzung, die auf folgende Weise entsteht. Über die früher allein berücksichtigte „Durchflußströmung" lagert sich eine Strömung, die erzeugt wird, wenn das Rad ohne Durchfluß, also ohne Flüssigkeitstransport, umläuft. Dann werden die einzelnen Schaufeln umströmt (wie bei der nicht tangential geschleppten Platte), wobei sie eine reine Verdrängungswirkung[1] auf die umgebende Flüssigkeit ausüben. Diese „*Verdrängungsströmung*" hat auch eine entsprechende Zirkulation zur Herbeiführung des tangentialen Abströmens nötig, die im Zusammenwirken mit dem Durchfluß die zusätzliche Schaufelkraft erzeugt.

Diese Wirkung der Raddrehung können wir uns aber anschaulicher[2] durch folgende Betrachtung klarmachen:

Die reibungsfrei gedachte Strömung tritt in das Rad ohne Wirbel

---

[1] Vgl. Spannhake: Z. angew. Math. Mech. 5 (1925) S. 481 — Mitt. Hydr. Inst. Techn. Hochschule Karlsruhe 1 (1930) S. 10ff. — Z. angew. Math. Mech. 9 (1929) S. 466

[2] Vgl. Kucharski: Strömungen einer reibungsfreien Flüssigkeit, München und Berlin 1918; oder Strömungen im rotierenden Kanal. Z. ges. Turbinenwes. 1917, S. 201

ein, d. h. die Flüssigkeitsteilchen führen keine Drehbewegung aus (selbst wenn sie in gekrümmten Bahnen fortschreiten). Beim Eintritt in die Laufkanäle wird zwar das Wasser in der Umfangsrichtung beschleunigt, aber da es infolge der fehlenden Reibung keine Schubkräfte aufzunehmen vermag, so kann es in seiner *Absolut*bewegung auch keine Drehung annehmen[1]. Aber gerade deshalb wird es in seiner *Relativ*bewegung, also in bezug auf das sich drehende Rad, eine Drehbewegung besitzen. Die Verhältnisse mögen an Hand der Abb. 74[2] näher veranschaulicht werden. Ein Schwimmkörper AB in dem als Kugel gezeichneten Wasserteilchen wird in einer drehungsfreien Strömung dauernd seine absolute Richtung beibehalten, aber gegenüber dem zugehörigen Parallelkreis eine relative Drehbewegung, entgegengesetzt zur Drehrichtung des Rades ausführen. Ist er in der Stellung *I* radial gerichtet, so steht er in der Stellung *II* tangential, in *III* wieder radial, aber zur Drehrichtung um 180° gedreht und in *IV* wieder tangential usw.

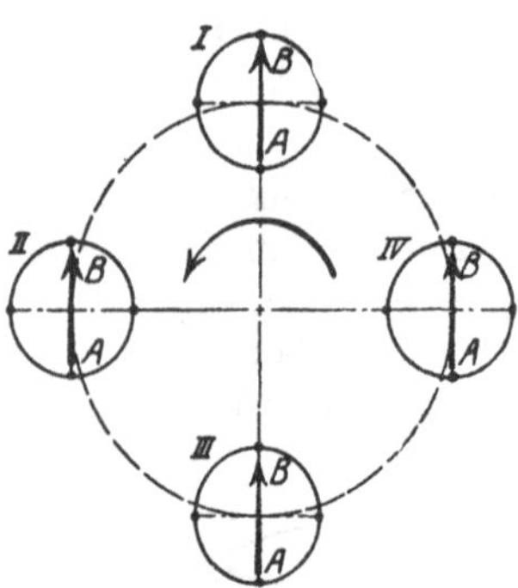

Abb. 74. Relative Drehbewegung im Laufkanal, entgegengesetzt zur Raddrehung

Denkt man sich nun den Schaufelkanal beiderseits abgeschlossen, so wird das reibungslose Wasser relativ zum Rad eine kreisende Be-

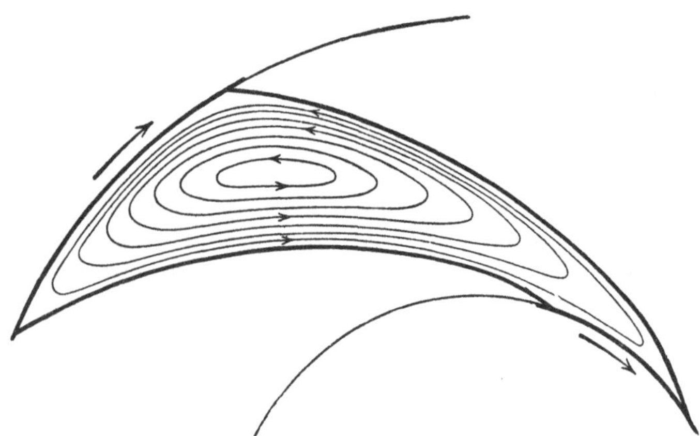

Abb. 75. Relativströmung im allseitig geschlossenen Laufkanal (Kanalwirbel)

wegung um einen in Ruhe befindlichen Kern ausführen, wie in Abb. 75 durch die eingezeichneten Stromlinien veranschaulicht ist. Damit ist der „*relative Kanalwirbel*" sichtbar gemacht. Jedes Teilchen muß eine

---

[1] Die Absolutströmung im Laufrad bleibt also eine Potentialströmung trotz der stattfindenden Energieaufnahme

[2] Vgl. Brown Boveri Mitt. April 1919 bis Juni 1920

relative Drehbewegung mit der negativen Winkelgeschwindigkeit ω ausführen.

In dem an den Enden offenen Kanal verändert dieser relative Kanalwirbel insofern sein Aussehen, als die Kreise am äußeren und inneren Radumfang nicht mehr Stromlinien sind. Es entsteht dann die bereits erwähnte *Verdrängungsströmung* (einschließlich der zugehörigen Zirkulationsströmung). Die für die vorliegende Betrachtung wesentlichen Merkmale bleiben aber bestehen. Ist Durchfluß vorhanden, so erhält man die resultierende Strömung, wenn man für jeden Punkt die Geschwindigkeiten der Teilströmungen vektoriell addiert. Die über die relative Wirbelströmung gesetzte Durchflußströmung verläuft nach den für ruhende Kanäle gültigen Gesetzen[1], ist also drehungsfrei. Somit wird die resultierende Strömung ebenfalls die Drehung $-\omega$ besitzen[2].

Die Durchflußströmung wird zwar im allgemeinen keine gleichen Geschwindigkeiten längs eines Parallelkreises haben können; diese werden aber durchgängig nach außen gerichtet sein. Dagegen ist die relative Wirbelströmung an der Vorderseite der Schaufel nach innen und deshalb entgegengesetzt zur Durchflußströmung gerichtet. Dort entstehen also kleine resultierende Geschwindigkeiten, während auf der Rückseite der Schaufel beide Geschwindigkeiten sich dem absoluten Wert nach addieren. Es ergibt sich bei dieser Betrachtung also wieder die aus der Energiegleichung abgeleitete Geschwindigkeitsverteilung der Abb. 73. Infolge der Vergrößerung des Geschwindigkeitsunterschiedes erhöht der relative Kanalwirbel auch den Druckunterschied auf beiden Seiten der Schaufel[3]. Außer dem Kanalwirbel erzeugt auch die Durchflußströmung Geschwindigkeitsunterschiede durch Richtungs- und Querschnittsänderungen[4], wie dies bei der Axialpumpe ausschließlich der Fall ist.

Abb. 76 gibt das Strombild der sich einstellenden resultierenden Relativströmung. Am Austritt werden sich die Geschwindigkeitsunterschiede allmählich ausgleichen, und wie beim Axialrad wird in einiger Entfernung vom Rad eine vollkommen gleichmäßige Strömung vorhanden sein.

Bei kleinem Förderstrom wird die Zusammensetzung der Durchflußströmung mit der Wirbelströmung an der Vorderseite der Schaufel negative Geschwindigkeit, also Rückströmen ergeben.

Das Strombild der reibungsfreien Relativströmung im Radialrad kann nach den S. 49ff. angegebenen Regeln, wie erwähnt, nicht ge-

---

[1] Sie muß ebenfalls mit der für tangentiales Abströmen nötigen Zirkulation versehen sein, so daß die nach Gl. (13), Abschn. 17a, notwendige Schaufelzirkulation Γ_s teils durch die Verdrängungs-, teils durch die Durchflußströmung bedingt ist

[2] Handelt es sich um ein Rad mit einer mittleren Neigung δ der Seitenwände im Meridianschnitt gegen die Drehachse, so beträgt die Drehung, wie in der 1. Auflage dieses Buches, Abschn. 34, gezeigt ist, $-\omega \sin\delta$

[3] Entsprechend dem Zirkulationsanteil der Verdrängungsströmung

[4] Entsprechend dem Zirkulationsanteil der Durchflußströmung

zeichnet werden, weil diese Strömung nicht drehungsfrei ist. Da dieses aber beim Schaufelentwurf nicht gebraucht wird, so werde — im Gegen-

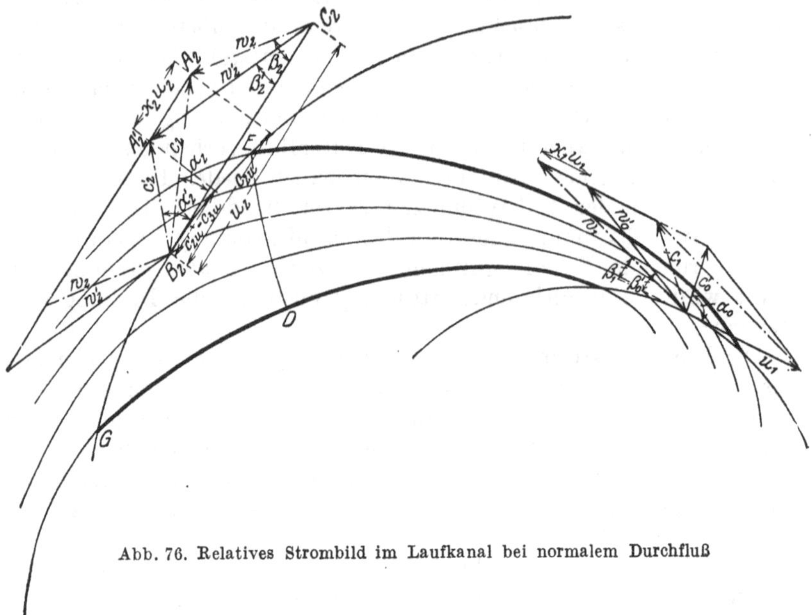

Abb. 76. Relatives Strombild im Laufkanal bei normalem Durchfluß

satz zu den beiden ersten Auflagen dieses Buches — nicht weiter darauf eingegangen, zudem seine Bestimmung sehr zeitraubend ist.

20. Vereinfachte Erklärung der Leistungsabnahme mit abnehmender Schaufelzahl

a) Reibungsfreiheit. Die Ursache der Minderleistung ist einzig und allein der Schaufeldruck, wie schon das Beispiel des Axialrades, Abb. 71, zeigte. Den dort erhaltenen Einblick ergänzt folgende überschlägliche Betrachtung am Radialrad (Abb. 77). Längs einer Normallinie DE, die vom Schaufelendpunkt E aus durch den betrachteten Laufkanal gezogen wird, ist die Geschwindigkeit bei D kleiner als bei E, weil zur Ermöglichung der Arbeitsübertragung auf der Schaufel bei D noch ein Überdruck lastet, der bei E verschwunden ist[1]. Da der Punkt E schon unter dem Spaltdruck steht, wird die zugehörige Geschwindigkeit w_{II2} (Abb. 77) nach der Energiegleichung für die Relativströmung sich nicht stark von der nach dem Ausgleich vorhandenen Geschwindigkeit w_2' unterscheiden können, während die Geschwindigkeit w_{I2} im Punkt D kleiner ist und deshalb, wie auch aus dem Verlauf der benachbarten Stromröhre der Abb. 76 sich ergibt, nach dem Austritt hin

[1] Daß auf der Druckseite des Laufkanals ein Gebiet vorhanden ist, in welchem der Druck größer ist als hinter dem Laufrad, wird durch einen Blick auf Abb. 71a bestätigt; vgl. auch die Messungen von W. von der Nüll in seiner Dissertation „Untersuchungen am umlaufenden Kreiselpumpenrade". Techn. Hochschule Braunschweig 1935, Abb. 20

zunehmen muß. Innerhalb des „Schrägabschnittes" EDG findet also kurz vor dem Austritt eine Zunahme der Geschwindigkeit statt. Da die Kanalbreite sich in der Nähe des Austritts wenig ändert, wird der Mittelwert der längs der Linie DE vorhandenen Geschwindigkeiten annähernd mit der Austrittsgeschwindigkeit w_2 der unendlichen Schaufelzahl übereinstimmen müssen, so daß diese wesentlich kleiner ist als die am Umfang sich ergebende Ausgleichsgeschwindigkeit $w_2' \approx w_{II2}$. Aus der Bedingung $w_2 < w_2'$ folgt die Notwendigkeit der Ablenkung nach rückwärts; denn da der Förderstrom und demnach auch die vermittelte Meridiankomponente c_{2m} gleichbleibt, muß sein

$$w_2' \sin \beta_2' = w_2 \sin \beta_2 = c_{2m},$$

und somit $\beta_2' < \beta_2$. Dabei ist aber im Auge zu behalten, daß die Umlenkung sich auf eine gewisse Wegstrecke verteilt.

In Abb. 76 sind die Geschwindigkeitspläne eingezeichnet. $A_2B_2C_2$ ist das Geschwindigkeitsdreieck, das bei unendlicher Schaufelzahl zutreffen würde und der früher in Abschn. 16 und 17b vertretenen Anschauung entspricht. Die Relativgeschwindigkeit w_2 ist demnach unter dem Winkel β_2 der Schaufel gerichtet. Der tatsächlich am Austritt herrschende Strömungszustand entspricht, nachdem sich die Geschwindigkeiten ausgeglichen haben, dem Geschwindigkeitsdreieck $A_2'B_2C_2$ mit der Relativgeschwindigkeit w_2'. Die Absolutgeschwindigkeit $c_2' = \overline{B_2A_2'}$ besitzt hierin eine Umfangskomponente c_{2u}', die um $\varkappa_2 u_2 = \overline{A_2'A_2}$ kleiner als c_{2u} ist, so daß auch die übertragene Arbeit, da in Gl. (18) c_{2u}' an Stelle von c_{2u} tritt, um einen entsprechenden Betrag sich verringert hat. Die Punkte A_2 und A_2' liegen auf einer Parallelen zu u_2, weil, wie erwähnt, der Förderstrom gleich sein soll und damit die Meridiankomponente c_{2m} der ausgeglichenen Strömung dieselbe ist.

Beim Radialrad macht auch der Kanalwirbel die Ablenkung anschaulich [obwohl zu beachten ist, daß er nicht die einzige Ursache bildet (S. 121)]. Wie aus Abb. 75 ersichtlich ist, ist die Geschwindigkeit der relativen Wirbelströmung am äußeren Umfang entgegengesetzt zur Umfangsgeschwindigkeit des Rades gerichtet[1]. Die reine Durchflußströmung wird also dort entgegengesetzt zur Drehrichtung abgelenkt und demnach die Umfangskomponente c_{2u} der absoluten Austrittsgeschwindigkeit verringert.

Wird die endliche Schaufelstärke am Austritt nicht berücksichtigt, so kann in dem Dreieck $A_2'B_2C_2$ (Abb. 76) das Fußzeichen 2 mit Strich durch das Fußzeichen 3, beispielsweise c_2' durch c_3, ersetzt werden. Andernfalls ist aus dem Dreieck $A_2'B_2C_2$ das Dreieck $A_3B_2C_2$ in der S. 107 im Anschluß an Abb. 67 besprochenen Weise abzuleiten. In allen Fällen ist aber $c_{2u}' = c_{3u}$.

[1] Diese Erklärung der Austrittsablenkung berücksichtigt den Teil des Schaufeldruckes bzw. der Zirkulation, der durch die Verdrängungsströmung (Fliehkräfte) bedingt ist, und nicht auch den mit der Durchflußströmung verbundenen Anteil (vgl. Fußnote 4, S. 121). Sie ist deshalb auch nicht auf axiale Kreiselräder anwendbar

Auch am Eintritt ist eine Ablenkung vorhanden, was schon daraus sich ergibt, daß das Strombild im Fall der Umkehrung aller Geschwindigkeiten sich nicht ändert und dann eine Austrittsablenkung vorhanden sein muß, die jetzt die Eintrittsablenkung darstellt. Man kann sich dies auch in Anlehnung an die oben angestellte Betrachtung folgendermaßen klarmachen. Der Schaufeldruck am Einlauf ist — ähnlich wie bei Tragflügeln (Abb. 182a) — wesentlich durch Unterdruck auf der Schaufelrückseite bedingt (Abb. 71a und 103). Im Punkt A (Abb. 77) ist somit der Druck größer, also die Relativgeschwindigkeit w_{I1} kleiner als in einem gegenüberliegenden Punkt C. Im „Schrägabschnitt" ABC findet also ebenfalls eine Beschleunigung des Wassers statt, d. h. *das Wasser tritt in den Schaufelkanal ein wie in einen Raum geringeren Druckes.* Nun stimmt aber der Druck bei A ungefähr mit dem Eintrittsdruck überein, also kann w_{I1} nur wenig verschieden sein von der Relativgeschwindigkeit w_0' der herankommenden Strömung[1]. Andererseits muß die mittlere Geschwindigkeit längs der Linie AC mit der Relativgeschwindigkeit w_1 annähernd übereinstimmen, die bei gleich verteilter, unter dem Schaufelwinkel β_1 gerichteter Strömung vorhanden sein müßte, denn auch am Eintritt ändert sich die Kanalweite meist nur sehr wenig (S. 225f.). Also ist $w_0' < w_1$, und weil $w_0' \sin\beta_0' = w_0 \sin\beta_1 = c_{1m}$ sein muß, so ist der Schaufelwinkel β_1 kleiner als der Winkel β_0', unter dem die Relativgeschwindigkeit des herankommenden, nicht abgelenkten Wassers gerichtet ist. Stoßfreiheit liegt also — in der reibungslosen Strömung — im Gegensatz zu den Darlegungen des Abschn. 16 vor, wenn der Schaufelwinkel kleiner ist als der relative Zuströmwinkel (Abb. 80).

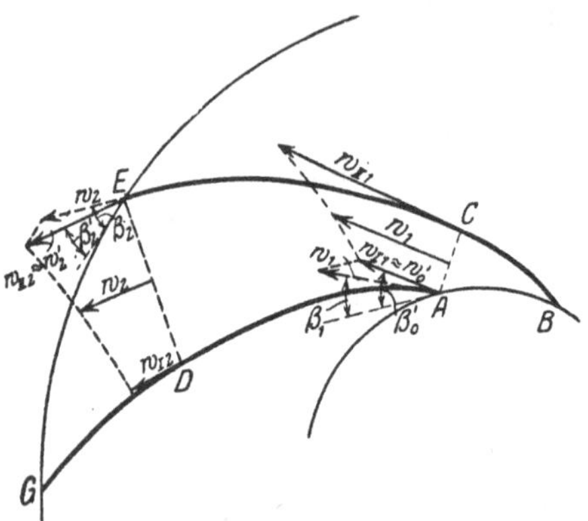

Abb. 77. Vereinfachte Darstellung des Ablenkungsmechanismus am Ein- und Austritt des Laufkanals

Die Berechnung der Eintrittsablenkung hat nur Bedeutung für die Vermeidung des Eintrittsstoßes. Auf die Radarbeit hat sie im übrigen keinen Einfluß, wie auch die Form der schon im Abschn. 17a abgeleiteten Hauptgleichung erkennen läßt. Beachtlich aber ist, daß der Schaufelwinkel β_1 am Eintritt um $\beta_0' - \beta_1$ kleiner wird als der aus der Annahme unendlich vieler Schaufeln berechnete Winkel, ebenso wie am Austritt der tatsächliche Schaufelwinkel β_2 um $\beta_2 - \beta_3$ größer sein muß als der mittleren Richtung der Relativströmung des austretenden Wassers entspricht. *Da die Winkeländerung am Eintritt eine Abnahme, am Austritt eine Zunahme der Umfangskomponenten der Ge-*

[1] w_0' ist zahlenmäßig gleich der Geschwindigkeit w_1 des Abschn. 16, weil dort unendliche Schaufelzahl angenommen war, und unterscheidet sich von w_0 nur durch die Berücksichtigung der endlichen Schaufeldicke gemäß Abb. 66 oder 70a

schwindigkeit bedingt, so kann man mit Bezug auf die Hauptgleichung zusammenfassend sagen, daß auch bei der Radialschaufel eine Übertreibung der Schaufelwinkel am Ein- und Austritt im Sinne einer Leistungsvergrößerung notwendig ist.

Die Eintrittsablenkung braucht wegen der anschließend besprochenen Zähigkeitswirkungen nicht berücksichtigt zu werden. Es ist im Gegenteil erfahrungsgemäß eher die entgegengesetzte Maßnahme, nämlich eine Vergrößerung von β_1 über β_0 hinaus zu empfehlen.

b) Einfluß der Reibung. Die Eintrittsablenkung wirkt sich in einer Verkleinerung des notwendigen Anfangsquerschnittes des Schaufelkanals aus. Der wirksame Eintrittsquerschnitt wird aber bereits durch die Eintrittskontraktion herabgesetzt. Eine dritte Einflußgröße bildet der durch die Wandreibung vor den Schaufeln hervorgerufene Eintrittsdrall, der eine Vergrößerung des Eintrittsquerschnittes verlangt, also in gleichem Sinne wirkt wie die Eintrittskontraktion. Weil die beiden letztgenannten Beträge zuverlässig ebensowenig vorausberechnet werden können wie die Eintrittsablenkung, so ist es üblich, alle drei Einflüsse unberücksichtigt zu lassen in der Annahme, daß sie sich gegenseitig aufheben. Die Erfahrung zeigt, daß bei dieser Annahme der Eintrittsquerschnitt eher zu klein als zu groß erhalten wird (Abb. 230).

Bei den Axialrädern, ebenso den Übergangsformen, gibt es jedoch Fälle, wo die Eintrittsablenkung nicht übersehen werden darf.

Innerhalb des Kanals bewirken die Vorgänge in der Grenzschicht eine durchgreifende Veränderung, so daß das im vorigen Abschnitt abgeleitete Strombild durch Messungen nicht nachzuweisen ist[1]. Beispielsweise zeigt sich bei Teillast das Rückströmen (S. 121) nicht auf der Vorder-, sondern auf der Rückseite der Schaufel. Dies hängt damit zusammen, daß an der Saugseite des Laufkanalaustrittes die Strömung sich stark verzögern muß, um den durch den Schaufeldruck bedingten Unterdruck wieder auszugleichen. Die sich verlangsamende Grenzschicht wird deshalb die gleichen Ablösungen bewirken, wie sie beim ruhenden, erweiterten Kanal (Abschn. 13b) besprochen wurden. Zwar liegt im radialen und axialen Laufkanal der günstige Umstand vor, daß die Grenzschicht durch Fliehkräfte gewissermaßen abgesaugt wird (S. 74 und 143f.), aber andererseits bewirkt der Schaufeldruck (Abb. 73) zusammen mit der Eintrittskontraktion eine Verstärkung der notwendigen Verzögerung an der Schaufelrückseite, wo infolgedessen auch bei stoßfreiem Eintritt stets Grenzschichtanhäufungen vorhanden sind, die sich nach dem Austritt hin verstärken und häufig zu Ablösungen führen[2]. Bei Teillast verstärkt der Eintrittsstoß diese Erscheinung;

---

[1] Vgl. OERTLI: Diss. E. T. H. Zürich 1923. — A. STODOLA: Dampf- und Gasturbinen, Nachtrag zur 5. Aufl. oder 6. Aufl. S. 23, Berlin. 1923. — FISCHER: Mitt. Hydr. Inst., Techn. Hochschule München 4 (1931). — GRÜNAGEL: VDI-Forsch.-Heft 405 (1940) und Dtsch. Wasserkraft 8 (1937) S. 149. — W. STIESS: Mitt. Inst. f. Strömungsmasch., Techn. Hochschule Karlsruhe 3 (1933)

[2] JUNGCLAUS, G.: Grenzschichtuntersuchungen in rotierenden Kanälen usw. Mitt. Max Planck-Inst. für Strömungsforschung Nr. 11, Göttingen 1955. — E. DOBNER: Diss. T. H. Darmstadt 1959, Auszug Z. VDI 102 (1960) Nr. 14, S. 582

bei Überlast wird die Strömung durch den Eintrittsstoß so stark gegen die Saugseite gedrückt, daß sie dort liegenbleibt und der Totraum sich an der Schaufeldruckseite bildet.

Man erkennt, daß die Strömung in keiner Weise das Bild liefert, welches wir für die ideale Flüssigkeit abgeleitet haben, sondern sogar gegenteilige Merkmale auftreten[1].

Eine wichtige Auswirkung der Totraumbildung auf der Rückseite der Schaufel bildet eine Steigerung der Minderleistung. Dies zeigt die folgende Näherungsbetrachtung an der Axialschaufel (Abb. 78).

Der Totraum x des Pumpenkanals P engt die Austrittsströmung in gleicher Weise ein wie eine Verdickung der Schaufel, vergrößert also die relative Austrittsgeschwindigkeit w_2 um $a\,b$ und damit die relative Umfangskomponente $w_{2u} = w_2 \cos\beta_2$, die nach S. 35 bei unendlicher Schaufelzahl gleich der Umfangskomponente w_{3u} hinter dem Rad ist. Weil nun die Meridiankomponente c_{3m} hinter dem Kanal unverändert bleibt, indem der Förderstrom gleichbleibt, so tritt hinter dem Kanal eine entsprechende starke Verkleinerung des Abströmwinkels um $\Delta\beta$ ein. Die Verringerung der erzwungenen Richtungsänderung um $\Delta\beta$ bedeutet hier offenbar eine negative Übertreibung der Schaufelwinkel.

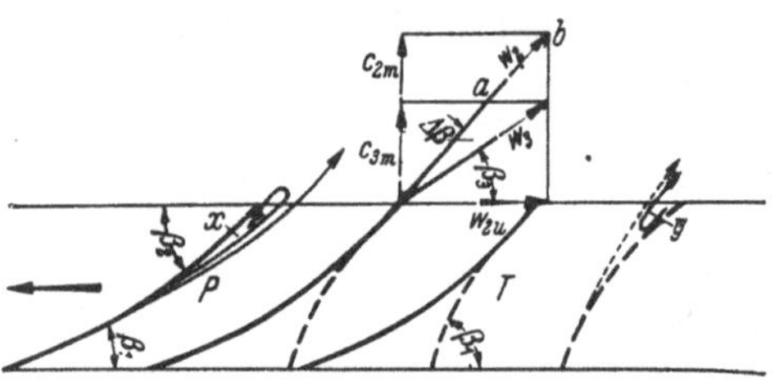

Abb. 78. Die durch die Schaufel herbeigeführte Richtungsänderung der Strömung wird im Pumpenkanal P durch Totraum x verkleinert, im Turbinenkanal T (gestrichelt) durch Totraum y vergrößert

Von grundsätzlicher Bedeutung ist aber die Feststellung, daß diese Wirkung des saugseitigen Totraumes am Schaufelende (zusammen mit der endlichen Dicke der Schaufel) nur in der verzögerten Strömung, also bei der Pumpe, vorliegt. Im Falle der beschleunigten Strömung, also im Turbinenkanal, der in Abb. 78 durch Strichelung unter Beibehaltung von β_2 dargestellt ist, bildet sich ebenfalls als Folge der vorausgegangenen Übergeschwindigkeiten der Totraum y, ebenso wie er gemäß Abb. 48 hinter einem Krümmer sich bildet. Da die Schaufel aber entgegengesetzt gekrümmt ist, so bedeutet die durch den Totraum y zusammen mit der Dicke des Schaufelendes bewirkte Verkleinerung des wirksamen Austrittswinkels auf β_3 hier aber eine Vergrößerung der beabsichtigten Richtungsänderung und damit eine Vergrößerung des Schaufeldruckes. Man sieht deutlich, daß im Fall der verzögerten Strömung die Austrittsverengung die Ablenkungswirkung der Schaufel verkleinert, im Fall der beschleunigten Strömung aber vergrößert.

[1] Die schon S. 83 erwähnte Anwendung von Schlitzen in der Schaufel, die einen Treibstrahl von der Druck- zur Saugseite zwecks Wegblasens der Grenzschicht führen sollen (Spaltflügel), hat sich bei Radialschaufeln als unnütz und schädlich erwiesen. Vgl. E. M. GAUGER: Theoretische und praktische Untersuchung der KÁRMÁNschen Schlitzschaufelkreiselräder, Diss. Breslau 1934; ferner NUMACHI: Forsch. Ing.-Wes. 13 (1942) S. 218

Es ist also die Tatsache zu verzeichnen, daß die rückseitige Totraumbildung am Schaufelaustritt ebenso wie die endliche Dicke des Schaufelendes in der beschleunigten Gitterströmung (Turbine) wie eine Übertreibung der Schaufelwinkel wirkt, während sie in der verzögerten Gitterströmung (Pumpe) die wirksame Winkeländerung verkleinert. Bei Turbinen hebt sie als verkappte Winkelübertreibung die Minderleistung der Potentialströmung bei genügend eng gestellten Schaufeln (mit geradlinigem Auslauf) auf[1], während bei den Pumpen die Minderleistung verstärkt in Erscheinung tritt. *Dadurch wird die Tatsache verständlich, warum der Turbinenbau die Folgen der endlichen Schaufelzahl von jeher nicht oder nur ausnahmsweise zu beachten brauchte, während der Pumpenbau sie von Anfang an berücksichtigen mußte, wenn er keine Fehlkonstruktionen liefern wollte.* Die gleichartige Wirkung wie der Totraum und die Schaufeldicke am Austrittsende hat die Profildicke in Schaufelmitte[2], die bei profilierten Axialschaufeln besonders zu beachten ist und dort nach den Angaben S. 327 rechnerisch berücksichtigt werden kann.

Der beschriebene und in Abb. 78 veranschaulichte Strömungsmechanismus geht stillschweigend von der Vorstellung unendlich dicht stehender Schaufeln aus, insofern, als die Geschwindigkeit w_2 beim Verlassen des Schaufelkanals tangential zur Schaufel angenommen ist. Infolge dieser Einschränkung kommt nicht der ganze Einfluß des Totraumes zum Ausdruck. Dies zeigt sich beispielsweise darin, daß im Fall $\beta_2 = 90°$ die bisherige Darstellung keinen Beitrag des Totraumes zur Minderleistung liefert und im Fall $\beta_2 < 90°$ sogar eine Mehrleistung sich ergibt, während tatsächlich bei diesen Winkeln (die allerdings nur beim Pumpenrad und nicht beim Turbinenrad als Austrittswinkel denkbar sind) die Minderleistung immer noch etwas größer beobachtet wird, als durch den Mechanismus der reibungsfreien Strömung bedingt wäre. Hier ist als weiterer Einfluß zu berücksichtigen, daß der Totraum die Strömung schon innerhalb des Kanals in dem Sinne beeinflußt, daß die Richtungsänderung verkleinert wird, also der Abströmwinkel stets — und zwar auch im Fall $\beta_2 > 90°$ — kleiner ist als der Schaufelwinkel β_2. Neben die durch Abb. 78 veranschaulichte Ablenkungswirkung des Totraumes tritt also eine weitere, deren Einfluß mit dem Ablenkungswinkel der Schaufel wächst und somit um so größer ist, je größer β_2. Sie stellt bei Winkeln $\beta_2 \approx 90°$ den einzigen Beitrag des Totraumes zur Minderleistung dar, der sich dann zu der unter a) behandelten Leistungsabnahme addiert.

Die Zähigkeit bewirkt ferner, daß zur Normalkraft in jedem Flächenelement der Laufschaufel eine Reibungskraft als Tangentialkraft hinzukommt, die nicht nur Verlustarbeit, sondern bei der Pumpe auch einen kleinen Beitrag zur Schaufelarbeit leistet, wie nachher gezeigt wird. Schließlich tritt am Radumfang eine Austauschbewegung mit dem Spaltraum ein. Von dieser äußert sich ebenfalls ein kleiner Teil als Nutzarbeit (S. 373).

Bei der Beurteilung der eben zuerst erwähnten Tangentialkräfte, die längs der Schaufeloberfläche wirken und deren Gesamtheit eine Widerstandskraft W entgegen der (mittleren) Strömungsrichtung hervorruft, darf nicht übersehen werden, daß sie die besprochene Beeinflussung der Nutzleistung durch die Toträume wieder teilweise rückgängig machen. Die von der Schaufel ausgeübte Umfangskraft U, welche der Schaufelarbeit H_{th} proportional ist, setzt sich

---

[1] Z. VDI 85 (1941) S. 547 links. — Vgl. ferner KORBACHER: Strömungs- und Druckverhältnisse hinter einem Turbinenleitrad mit geraden und verwundenen Schaufeln, Forschungsbericht Nr. 1816 der dtsch. Luftf.-Forschg. — ECKERT u. KORBACHER: Ausmessung der Strömung in einer einstufigen Druckluft-Modellturbine, Forschungsbericht Nr. 2155 ebenda

[2] RUDEN, P.: Untersuchungen über einstufige Axialgebläse, Luftf.-Forschg. 14 (1937) S. 325 und 458. — N. SCHOLZ: VDI-Forsch.-Heft 442

nämlich aus den Komponenten A_u und W_u des von den Strömungskräften hervorgerufenen Auftriebes A bzw. des erwähnten Widerstandes W wie folgt zusammen (Abb. 78a).

$$U = A_u \pm W_u .$$

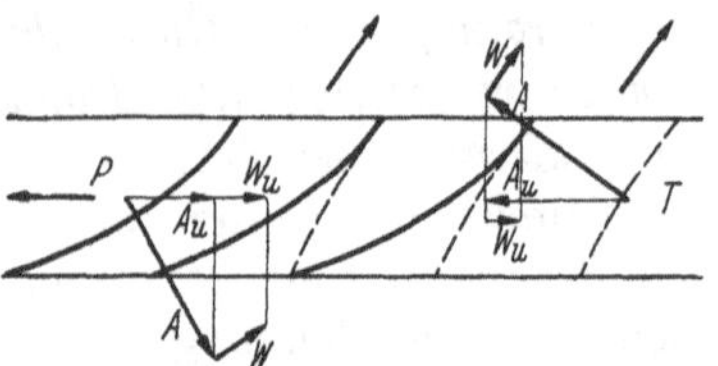

Abb. 78a. Beitrag W_u des Schaufelwiderstandes zur Umfangskraft A_u: bei Pumpen (P) positiv, bei Turbinen (T) negativ

Bei der Pumpe (positives Vorzeichen) wird also diese, die nutzbare Dralländerung $\Delta (r\, c_u)$ gemäß Gl. (7a), S. 109, bedingende Kraft U durch den Widerstand W vergrößert, bei der Turbine (negatives Vorzeichen) verkleinert. Dieser Reibungseinfluß wird dort, wo infolge sorgfältiger Profilierung der Schaufeln Toträume vermieden werden, dazu führen, daß die Winkelübertreibung (gegenüber dem Fall der idealen Flüssigkeit) bei der Pumpe verkleinert und bei der Turbine vergrößert werden muß. Diese Notwendigkeit einer starken Übertreibung der Turbinenschaufel ist insbesondere bei den schnellaufenden Axialrädern mit gut ausgebildeten Schaufeln trotz der Beschleunigung der Strömung gegeben.

20a. Zusammenstellung der Bezeichnungen und einiger Gleichungen.

Obwohl die Relativbahnen der einzelnen Stromfäden im gleichen Laufkanal durchaus verschieden verlaufen, so ist doch ihre Energieaufnahme bei Reibungsfreiheit die gleiche, weil die Absolutströmung der idealen Flüssigkeit drehungsfrei bleibt, also die Zirkulation um die einzelne Schaufel unabhängig vom Integrationsweg ist (S. 43). Erklärlich ist das dadurch, daß die Einwirkung der Schaufeln am Austrittsumfang

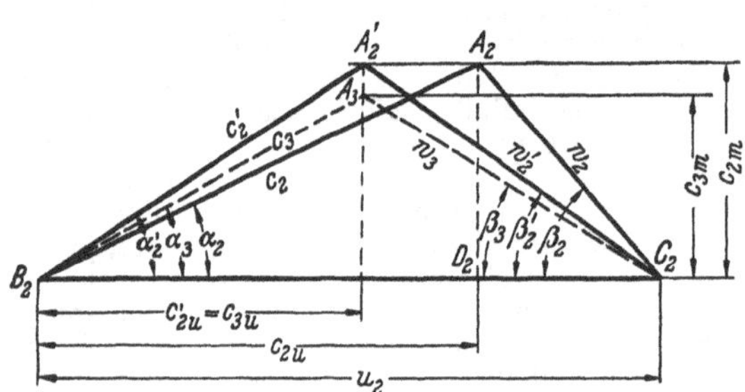

Abb. 79. Geschwindigkeitsplan für die Druckkante der Laufschaufel bei Berücksichtigung der Endlichkeit der Schaufelzahl und Schaufeldicke

des Schaufelkranzes, wo noch starke Unterschiede der Bahnen bestehen, nicht aufhört, ebenso wie sie auch nicht erst beim Erreichen des Eintrittsumfangs beginnt (Abb. 71). Die Einwirkung der Laufschaufeln erstreckt sich um so weiter über den Laufkanal hinaus, je weiter die Laufschaufeln auseinandergestellt sind. Praktisch kann der Ausgleich der Strömung in geringer Entfernung als beendet angesehen werden.

Das Austrittsdiagramm erhält jetzt die in Abb. 79 dargestellte Form (vgl. auch Abb. 76), wobei $A_2 B_2 C_2$ das Geschwindigkeitsdreieck der eindimensionalen Theorie und $A_2' B_2 C_2$ das der wirklichen, ausgeglichenen Strömung hinter dem Rad bedeutet. Die Punkte A_2 und A_2' liegen auf einer Parallelen zu u_2, weil der Förderstrom und somit auch die Meridiankomponente c_{2m} die gleiche bleiben. Die Minderleistung ist bedingt durch die Abnahme der Umfangskomponente

$$\overline{A_2 A_2'} = c_{2u} - c_{2u}' = c_{2u} - c_{3u}. \tag{24}$$

Die wirkliche ausgeglichene Austrittsströmung entspricht also einem gedachten Rad mit unendlich vielen Schaufeln, aber dem verkleinerten Austrittswinkel β_2', so daß eine Winkelübertreibung am Austritt um $\delta_2 = \beta_2 - \beta_2'$ vorliegt. Für die spätere Berechnung des Leitrades ist die Feststellung wichtig, daß der Winkel der absoluten Austrittsgeschwindigkeit sich von α_2 auf α_2' vergrößert.

Auch am Eintritt tritt eine Änderung der Umfangskomponente um einen Betrag $\varkappa_1 u_1$ ein, die aber nur insofern von Bedeutung ist, als dadurch der Winkel des stoßfreien Eintrittes verändert wird. Der zugehörige Geschwindigkeitsplan ist in Abb. 80 für $\alpha_0 = 90°$, also $c_{0u} = 0$ angegeben, worin $A_0' B_1 C_1$ die Verhältnisse ohne Berücksichtigung der Ablenkung, $A_1 B_1 C_1$ mit Berücksichtigung der Ablenkung wiedergibt. Der Übertreibungswinkel ist hier $\delta_1 = \beta_0' - \beta_1$.

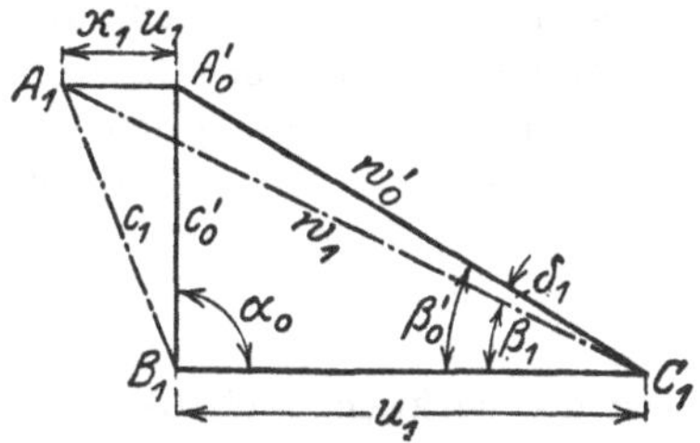

Abb. 80. Geschwindigkeitsplan für den Laufradeintritt bei Berücksichtigung der Ablenkung

Zusammenfassend kann gesagt werden, daß die Geschwindigkeitsdreiecke $A_2' B_2 C_2$ und $A_0' B_1 C_1$ maßgebend sind für die Leistung und die Winkel der Leitschaufeln, die Dreiecke $A_2 B_2 C_2$ und $A_1 B_1 C_1$ für die Winkel der Laufschaufeln. *Die Eintrittsablenkung bleibt bei Radialrädern unberücksichtigt* (vgl. S. 125). Bei endlicher Dicke der Schaufeln gelten die Gl. (1) und (4), Abschn. 16 (vgl. Abb. 67 und 66).

Um die Bezeichnungen klar auseinanderhalten zu können, seien sie im folgenden zusammengestellt, da die im Abschn. 16 für schaufelkongruente Strömung gemachten Angaben offenbar nicht mehr ausreichen.

Es bezieht sich:

das Fußzeichen 0 auf den unbeeinflußten Strömungszustand vor dem Radeintritt (Dreieck $A_0 B_1 C_1$, Abb. 66);

das Fußzeichen 0 mit Strich (beispielsweise c_0') auf eine Strömung an dem durch die Schaufelstärke verengten Radeintritt, aber ohne Annahme einer Ablenkung (Dreieck $A_0' B_1 C_1$), also $c_0' = c_0\, t_1/(t_1 - \sigma_1)$ (Verhältnisse wie bei unendlicher Schaufelzahl, nur daß dort hierfür das Fußzeichen 1 verwendet werden konnte);

das Fußzeichen 1 auf eine Strömung an dem durch die Schaufelstärke verengten Radeintritt mit einer *gleichmäßigen* Ablenkung sämtlicher Stromfäden, so daß die Relativbahnen unter dem bei stoßfreiem Eintritt sich ergebenden Schaufelwinkel β_1 gerichtet sind (Dreieck $A_1 B_1 C_1$ in Abb. 80);

das Fußzeichen 2 auf eine Strömung an dem durch die Schaufelstärke verengten Radaustritt, wobei die Relativbahnen gleichmäßig unter dem Schaufelwinkel β_2 gegen den Umfang geneigt sind (Dreieck $A_2 B_2 C_2$ in Abb. 79, Verhältnisse wie bei unendlicher Schaufelzahl);

das Fußzeichen 2 mit Strich (beispielsweise c_2') auf eine Strömung an dem durch die Schaufelstärke verengten Radaustritt unter Berücksichtigung der durch das Aufhören des Schaufeldruckes hervorgerufenen Ablenkung und unter der Annahme, daß die Strömungsunterschiede schon am Radumfang ausgeglichen seien (Dreieck $A_2'B_2C_2$ in Abb. 79);

das Fußzeichen 3 auf den gleichen Strömungszustand wie vorher, aber unter Berücksichtigung der durch das Aufhören der Schaufelverengung eintretenden Verlangsamung. Das zugehörige Geschwindigkeitsdreieck $A_3B_2C_2$ ergibt sich aus $A_2'B_2C_2$ in der gleichen Weise wie in Abb. 67, S. 107, das Dreieck $A_3B_2C_2$ aus $A_2B_2C_2$, so daß $c_{3u} = c_{2u}'$.

Bei unendlicher Schaufelzahl beträgt die Schaufelarbeit nach Gl. (18), Abschn. 17b

$$H_{\text{th}\infty} = \frac{1}{g}(u_2 c_{2u} - u_1 c_{0u}), \tag{25}$$

während für endliche Schaufelzahl Gl. (9), Abschn. 17a, gilt:

$$H_{\text{th}} = \frac{1}{g}(u_2 c_{2u}' - u_1 c_{0u}) = \frac{1}{g}(u_2 c_{3u} - u_1 c_{0u}). \tag{26}$$

Dabei ist $c_{2u}' = c_{3u}$ die Umfangskomponente der absoluten Austrittsströmung, die man erhält, wenn man die in einiger Entfernung vom Rad vorhandene ausgeglichene Strömung als stationäre Strömung bis zum Radumfang rückwärts verlängert.

Bei senkrechter Zuströmung zum Rad, also mit $c_{0u} = 0$, ergibt sich

$$H_{\text{th}\infty} = \frac{u_2}{g} c_{2u} \tag{25a}$$

und die wirkliche Schaufelarbeit

$$H_{\text{th}} = \frac{u_2}{g} c_{2u}' = \frac{u_2}{g} c_{3u}. \tag{26a}$$

Im Ausdruck für den Spaltdruck Gl. (15), S. 112, tritt jetzt w_2' oder w_3 an Stelle von w_2, je nachdem der Spaltdruck vor oder hinter dem Schaufelende gemessen wird. Der Spaltüberdruck vor dem Schaufelende ist also

$$H_p = \frac{u_2^2 - u_1^2 + w_0^2 - w_2'^2}{2g} - Z_u \tag{27}$$

und für $\alpha_0 = 90°$, wo $w_0^2 - u_1^2 = c_0^2$

$$H_p = \frac{u_2^2 - w_2'^2 + c_0^2}{2g} - Z_u. \tag{28}$$

Den Laufschaufelverlust Z_u (der naturgemäß von der Lage des Meßpunktes abhängt) berücksichtigt man in diesen beiden Gleichungen angenähert, wenn man das 1. Glied mit η_h multipliziert und dafür $Z_u = 0$ setzt.

Für den häufigen Fall, daß $c_0 \approx c_{2m}$, also nach Abb. 79 $w_2'^2 - c_0^2 = (u_2 - c_{3u})^2$, kann dann geschrieben werden:

$$H_p = \eta_h \frac{u_2^2 - (u_2 - c_{3u})^2}{2g} = \eta_h \frac{c_{3u}}{g}\left(u_2 - \frac{c_{3u}}{2}\right) \tag{29}$$

oder weil nach Gl. (26a) $c_{3u} = g H_{\text{th}}/u_2$,

$$H_p = \eta_h H_{\text{th}}\left(1 - \frac{c_{3u}}{2u_2}\right) = \eta_h H_{\text{th}}\left(1 - \frac{g H_{\text{th}}}{2u_2^2}\right), \tag{30}$$

$$= H\left(1 - \frac{c_{3u}}{2u_2}\right) = H\left(1 - \frac{g H_{\text{th}}}{2u_2^2}\right). \tag{30a}$$

21. Näherungsformel zur Bestimmung der Minderleistung der Pumpe infolge endlicher Schaufelzahl

Die mathematische Hydrodynamik ermöglicht es auf Grund der Annahme der Reibungslosigkeit, die Strömung in Schaufelgittern zu verfolgen. Das dabei verwendete Hilfsmittel ist teils die *konforme Abbildung*[1], teils die *Singularitätenmethode*. In letzterem Fall wird die Schaufel durch eine Wirbelschicht ersetzt und auch die Profilform durch eine passende Verteilung von Quellen und Senken berücksichtigt[2]. Weitgehend entwickelt sind diese Verfahren bei Axialschaufeln[3], während die Radialschaufeln wegen der in der Relativströmung des radialen Laufrades auftretenden Drehung bisher nur wenig zugänglich gemacht werden konnten. Bei der Axialschaufel ist es neuerdings H. Schlichting[4] sogar gelungen, die wirklichen Strömungsvorgänge durch die Heranziehung der *Grenzschichttheorie* zu erfassen. Diese Verfahren dürften in denjenigen Fällen, wo man den erheblichen Zeitaufwand in Kauf nehmen kann, von großem Nutzen sein, weil die Einsicht in die Zusammenhänge gebessert und der Aufwand für Versuche erheblich verkürzt werden könnte. Die Behandlung dieser Rechenweise ist im Rahmen dieses Buches nicht möglich. Außerdem ist es — schon im Hinblick auf das Fehlen eines Verfahrens bei Radial- und Halbaxialschaufeln — notwendig, dem Ingenieur eine einfachere Berechnungsart an die Hand zu geben. Diese soll im folgenden entwickelt werden, wobei keine Ansprüche auf Exaktheit erhoben, aber die wesentlichen Einflüsse überschlägig erfaßt und die getroffenen Vereinfachungen durch Anlehnung an die Erfahrung berücksichtigt werden. Auch der auf andere Weise nicht faßbare Einfluß von vor- oder nachgeschalteten Leitvorrichtungen kann so Berücksichtigung finden.

Die Ursache der Minderleistung bildet der Druckunterschied zwischen Vorder- und Rückseite der Schaufel. Von diesem Grundsatz ausgehend ist bereits in den früheren Auflagen dieses Buches eine für praktische Rechnungen geeignete Formel abgeleitet worden. Der folgende Gedankengang führt auf kürzerem Wege zum Ziel und ist dabei übersichtlicher.

Die Arbeitsverminderung durch die Austrittsablenkung drücken wir als Vielfaches der Schaufelarbeit H_{th} aus, indem wir setzen

$$H_{\text{th}\,\infty} - H_{\text{th}} = p H_{\text{th}}. \tag{31}$$

[1] Busemann: Z. angew. Math. Mech. 8 (1928) Nr. 5, S. 372/84 (auf logarithmisch-spiralige Schaufeln beschränkt). — A. Betz: Einführung in die Theorie der Strömungsmaschinen. Karlsruhe: G. Braun 1959. — W. H. Isay: Ing. Arch. 22 (1954) Nr. 3, S. 203/10 und Z. angew. Math. Mech. 38 (1958) Nr. 5/6, S. 209/20

[2] Schlichting, H., N. Scholz u. L. Speidel: VDI-Forsch.-Heft 442, 447, 464

[3] Weinig, F.: Die Strömung um die Schaufeln von Turbomaschinen. Leipzig: Joh. Ambr. Barth 1935

[4] Schlichting, H.: Anwendung der Grenzschichttheorie auf Strömungsprobleme der Turbomaschinen. Siemens-Zeitschrift 33 (1959) Heft 7, S. 429—438. Dort weitere Literatur

Vom Einfluß der *Re*-Zahl wollen wir absehen und die Strömung als inkompressibel behandeln. Dann muß der „Minderleistungsfaktor" p, den wir jetzt zu bestimmen haben, eine Funktion der Abmessungen des Schaufelkanals und der Größe des sogenannten Füllungsgrades (d. h. des Verhältnisses des vorhandenen Durchflusses zum Durchfluß des stoßfreien Eintrittes) sein. Wir wollen die Vorgänge bei beliebigem Durchfluß erst später behandeln (Abschn. 80) und beschränken uns deshalb im folgenden auf den Zustand des stoßfreien Eintrittes, d. h. den der Berechnung zugrunde gelegten Durchfluß. Der Schaufelkanal ist für einen gegebenen Radumriß festgelegt durch die Form der Schaufel und ihre Zahl z. Daraus resultiert ein bestimmter und jeweils verschiedener Verlauf des Schaufeldruckes über die Länge der Schaufel. Um einen Überblick über die Zusammenhänge zu erhalten, nehmen wir für den Schaufeldruck vorläufig einen Mittelwert an, der längs der Schaufel konstant sein soll und den wir definieren als die je Längeneinheit notwendige Schaufelbelastung, die die vorgeschriebene Leistung erbringt. Dieser beträgt, wenn Δh der Unterschied der Flüssigkeitspressung auf Vorder- und Rückseite am gleichen Halbmesser r (in m Flüssigkeitssäule) ist

$$K = \gamma \Delta h\, b = \gamma \Delta h_1 b_1 = \gamma \Delta h_2 b_2 .$$

Durch diese Definition von K werden wir offenbar vom Verlauf der Breite b unabhängig[1]. Ferner kann die Schaufel räumlich gekrümmt

[1] Die folgende überschlägliche Betrachtung an sehr dünnen und dichtstehenden Radialschaufeln soll zeigen, daß die Annahme $K = \gamma\, \Delta h \cdot b =$ konst. mit der Wirklichkeit besser zu vereinbaren ist als die andere naheliegende Annahme $\Delta h =$ konst. Es ist nach Gl. (7a), S. 109, das Schaufelmoment längs der sehr kleinen radialen Erstreckung dr

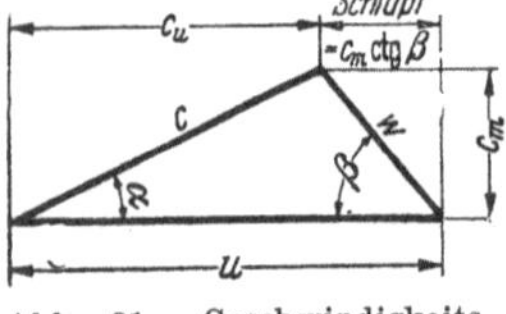

Abb. 81. Geschwindigkeitsdreieck am beliebigen Schaufelpunkt

$$dM = K r\, dr = \frac{\gamma}{g} V d(r c_u),$$

worin nach Abb. 81

$$c_u = u - c_m \operatorname{ctg}\beta = r\omega - \frac{V}{2\pi r b} \operatorname{ctg}\beta,$$

also die auf die Längeneinheit entfallende Schaufelkraft

$$K = \frac{\gamma}{g} V \frac{d(r c_u)}{r\, dr} = \frac{\gamma}{g} V \frac{d\left(r^2 \omega - \frac{V}{2\pi} \frac{\operatorname{ctg}\beta}{b}\right)}{r\, dr}$$

oder

$$K = \frac{\gamma}{g} V \left[2\omega - \frac{V}{2\pi r} \frac{d \frac{\operatorname{ctg}\beta}{b}}{dr} \right], \tag{I}$$

In dieser Gleichung ändert sich bei gleichbleibendem V mit b nur das zweite Glied, dessen Einfluß gegenüber dem ersten Glied bei den üblichen Ausführungsformen stark zurücktritt. Im Grenzfall $\beta = 90° =$ konst. (geradlinige, in der Meridianebene liegende Schaufel) ist dieses zweite Glied Null und deshalb K

sein (Abb. 82). Längs der im Meridianschnitt gemessenen Flußlinie AB der Schaufel (Abb. 82) wird auf dem unendlich kurzen Wegelement dx das Moment $K\,dx\,r$ übertragen und somit auf ihrer ganzen Länge das Moment $K\int_{r_1}^{r_2} dx\,r$. Das in diesem Ausdruck auftretende Integral ist offenbar nichts anderes als das statische Moment S der ganzen mittleren Flußlinie AB

$$S = \int_{r_1}^{r_2} r\,dx. \tag{32}$$

Von den z Schaufeln des Rades wird also das Moment übertragen:

$$M = z\,K\,S = z\,\gamma\,\Delta h_2\,b_2\,S. \tag{33}$$

Dieses Moment ist andererseits aus der vorgeschriebenen Radleistung $G H_{\text{th}} = \gamma\,V H_{\text{th}}$ bestimmbar, die gleich $M\omega$ ist. Wird dabei gesetzt $V = 2\pi\,r_2\,b_2\,c_{2m}$, wobei also die Querschnittsverengung durch die endliche Schaufeldicke vernachlässigt ist, oder, was dasselbe ist, c_{2m} auf die Strömung dicht hinter dem Rad bezogen wird, so folgt

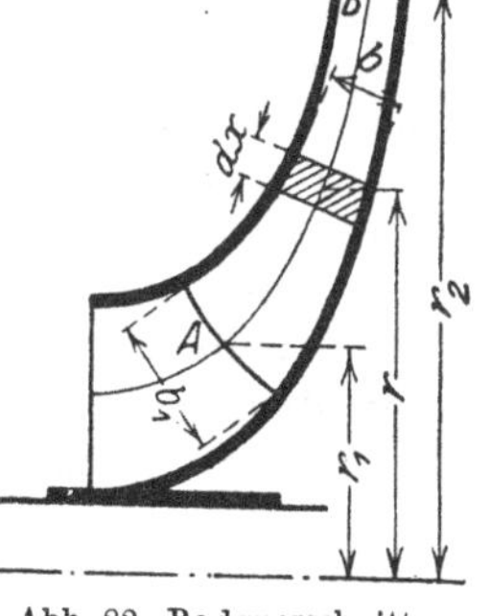

Abb. 82. Radquerschnitt

$$M = \frac{\gamma\,V\,H_{\text{th}}}{\omega} = 2\pi\gamma\,r_2^2\,b_2\,\frac{c_{2m}}{u_2}\,H_{\text{th}}. \tag{34}$$

Durch Gleichsetzung der Ausdrücke (33) und (34) erhält man für den Schaufeldruck am Radaustritt

$$\Delta h_2 = 2\pi\,\frac{c_{2m}}{u_2}\,\frac{r_2^2}{z\,S}\,H_{\text{th}}. \tag{35}$$

In gleicher Weise könnte offenbar der Schaufeldruck an jedem anderen Halbmesser bestimmt werden. Wir haben den Halbmesser r_2 gewählt, weil wir die Austrittsablenkung bestimmen wollen.

Wir machen nun die naheliegende Annahme, daß bei nicht abgelöster Strömung, also im Bereich des sogenannten stoßfreien Eintrittes, der Schaufeldruck Δh_2 proportional zur spezifischen Minder-

---

unabhängig vom Breitenverlauf konstant. Das gleiche ist der Fall, wenn sowohl β wie b unveränderlich sind (logarithmisch-spiralige Schaufel zwischen parallelen Wänden). Auch hier ist also K unabhängig von der vorhandenen Schaufelbreite b. Wie aus Gl. (I) weiter ersichtlich ist, kann dieses zweite Glied auch konstant sein, wenn mit wachsendem Radius β zu- und b abnimmt, wie das der üblichen Form entspricht.

Jedenfalls zeigt diese Betrachtung, daß die die Untersuchung stark vereinfachende Annahme eines konstanten K-Wertes mit der Wirklichkeit weitgehend im Einklang steht.

Würde die Bedingung $\Delta h = K/\gamma\,b =$ konst. in Gl. (I) eingeführt, so würde sich zeigen, daß β mit nach außen abnehmendem b stark abnehmen müßte, weil die Radbreite b auf der rechten Seite dieser Gleichung nur im Nenner vorkommt. Es würden also ungünstige Schaufelformen entstehen, welche praktisch nicht zu verwirklichen sind

arbeit $p\,H_{\text{th}}$ sei, die ja ebenfalls als Druckhöhe aufgefaßt werden kann. In den Proportionalitätsfaktor, den wir mit ψ' bezeichnen und der offenbar nur auf dem Wege des Versuches bestimmt werden kann, nehmen wir den Zahlenwert 2π und den Wert c_{2m}/u_2 (dessen Bedeutung wir aber im folgenden Abschnitt nachprüfen), hinein, dann ist:

$$p\,H_{\text{th}} = \psi' \frac{r_2^2}{z\,S} H_{\text{th}}$$

und also

$$p = \psi' \frac{r_2^2}{z\,S}, \tag{36}$$

Gl. (31) kann also auch geschrieben werden

$$H_{\text{th}\,\infty} = H_{\text{th}}\left(1 + \psi' \frac{r_2^2}{z\,S}\right). \tag{37}$$

Im Auge zu behalten ist, daß die bei der Ableitung angenommene Proportionalität zwischen Schaufelbelastung und Minderleistung nur gelten kann bei stetigem Verlauf des Schaufeldruckes längs der Schaufel, also jedenfalls ohne Vorzeichenwechsel. Diese Voraussetzung ist nur im Bereich des stoßfreien Eintrittes erfüllt.

Gl. (37) stimmt mit der in den früheren Auflagen dieses Buches auf anderem Weg erhaltenen überein. Sie ist auf Schaufelräder jeder Form anwendbar und gilt auch für nicht senkrechte Zuströmung zum Rad. Unbeschadet des Näherungscharakters unserer Ableitung kann offenbar folgende Schlußfolgerung gezogen werden:

Der zu H_{th} zu machende Zuschlag, der nötig ist, um die Berechnung des Laufrades nach der eindimensionalen Theorie durchführen zu können, ist umgekehrt proportional der Schaufelzahl z und dem Quotienten S/r_2^2, wobei S das statische Moment des Wasserfadens AB in bezug auf die Achse bedeutet. Schaufeln, welche in Richtung der Stromfäden des Meridianschnittes (Flußlinien) kurz sind, haben also eine größere Minderleistung als lange Schaufeln, da S/r_2^2 klein ist. Gl. (36) und (37) werden verständlich, wenn man beachtet, daß der Schaufeldruck um so kleiner wird, je größer die tragende Schaufellänge, also die Schaufelzahl z und das statische Moment S, sind und daß ferner die Schaufeln um so enger stehen, die Führung des Wassers also um so besser ist, je kleiner der Halbmesser r_2 des Rades gegenüber S/r_2, d. h. der tragenden Schaufellänge ist.

21a. Die Bedeutung des Faktors c_{2m}/u_2 in Gl. (35)

Es ist reizvoll zu untersuchen, ob die Beibehaltung des Faktors c_{2m}/u_2 im Ausdruck für ψ' gemäß Gl. (35) nicht doch Vorteile bringen würde. Dieser Faktor, welcher die auf den Austritt bezogene Durchflußzahl darstellt, läßt sich in einfacher Weise mit festen Schaufelabmessungen in Beziehung bringen. c_{2m} ist angenähert gleich c_{0m}, und zwar sind bei vielen Strömungsmaschinen beide Werte gleich. Nur die Radialschaufel der Kreiselpumpe macht insofern eine Ausnahme, als c_{2m} meist etwas kleiner als c_{0m} ist. Setzt man $c_{2m} = \lambda\, c_{0m}$ und berücksichtigt, daß c_{0m}/u_1 die Lieferzahl φ, nach S. 157, darstellt, so läßt sich schreiben

$$\frac{c_{2m}}{u_2} = \frac{\lambda\, c_{0m}}{u_1}\,\frac{u_1}{u_2} = \lambda\,\varphi\,\frac{r_1}{r_2}.$$

Nimmt man nur den Zahlenwert 2π der Gl. (35) in eine neue Berichtigungsziffer τ, die auch wieder die getroffenen Vereinfachungen berücksichtigen und die Anpassung an die Erfahrung ermöglichen soll, so besteht folgende Beziehung zu der oben eingeführten Erfahrungszahl ψ'

$$\psi' = \tau\,\lambda\,\varphi\,\frac{r_1}{r_2}. \tag{37a}$$

Weil nun nach Abschn. 29 für φ ganz bestimmte optimale Erfahrungswerte bestehen, die allerdings bei Luftförderung etwa doppelt so groß sind wie bei Wasserförderung, so lassen sich in der Annahme, daß die Berichtigungsziffer τ bei allen Bauarten von Kreiselpumpen ungefähr den gleichen Wert hat, folgende Schlußfolgerungen aus Gl. (37a) ziehen:

1. Die für stoßfreien Eintritt geltende Zahl ψ' ist bei Kreiselpumpen für Wasserförderung, wo φ klein ist, niedriger als bei solchen für Luftförderung, wo φ etwa den doppelten Wert hat.

2. ψ' ist proportional zu r_1/r_2, also bei gewöhnlichen Radialpumpen, wo $r_1/r_2 \approx \frac{1}{2}$ halb so groß wie bei Axialpumpen, wo $r_1 = r_2$ ist. Diese Folgerung wird noch dadurch gestützt, daß bei Radialpumpen der Faktor λ meist nicht größer ist als 0,9, bei parallelwandigen Radialpumpen sogar noch erheblich unter diesem Wert liegt, während bei Axialpumpen λ stets den Wert 1 hat.

Obwohl diesen Folgerungen keine zwingende Beweiskraft zuerkannt werden kann, so ist es doch auffallend, daß ein wesentlicher Teil davon mit der Erfahrung voll übereinstimmt. Tatsächlich ist nämlich die Zahl ψ' bei Axialpumpen etwa doppelt so groß wie bei Radialpumpen. Ob die Durchflußziffer φ die große Bedeutung hat, die in der Schlußfolgerung 1. zum Ausdruck kommt, wäre noch näher zu prüfen. Es leuchtet aber ein, daß mit wachsendem φ auch die Schaufelbelastung wächst, also auch ψ' zunehmen muß.

Die Vergrößerung der Ablenkung beim Übergang von der radialen zur axialen Beaufschlagung wird andererseits aus der Überlegung verständlich, daß das Anwachsen von $r_1/r_2 = u_1/u_2$ ein entsprechendes Anwachsen der relativen Zuströmgeschwindigkeit und damit — bei gleichgebliebenem φ also gleichgebliebenem Schaufelwinkel β_0 — eine Vermehrung des Durchflusses und damit des Schaufeldruckes eintritt. Die Schaufelbelastung erreicht bei den Axialschaufeln also leicht die obere zulässige Grenze, was bekanntermaßen dazu zwingt, jeweils nachzuprüfen, ob die verlangte örtliche Auftriebsziffer (S. 290) nicht zu hoch ist.

Die Benutzung der Gl. (37a) für die Berechnung von ψ' verspricht demnach eine Verbesserung unserer Einsicht in den Ablenkungsmechanismus, sofern die bei der Ableitung der Gl. (35) gemachte Voraussetzung zutrifft, wonach die Arbeitsverminderung pH_{th} infolge der Endlichkeit der Schaufelzahl (Minderleistung) im Punkt stoßfreien Eintrittes proportional zum Schaufeldruck Δh_2 bei ähnlichem Verlauf des Schaufeldruckes längs der Schaufel ist. Dann kann die Erfahrungszahl τ nur noch von diesem Verlauf des Schaufeldruckes abhängen. Da wir die Gültigkeit unserer Ableitung auf stoßfreien Eintritt beschränken, wo der Schaufeldruck über die ganze Länge der Schaufel positiv ist, so wird eine gewisse Ähnlichkeit des Schaufeldruckverlaufes immer vorliegen. Zudem zeigt die Erfahrung, daß bei allen Schaufelarten der Schaufeldruck nach dem Austritt hin *allmählich* auf Null herabsinkt, beispielsweise bei Axialschaufeln gemäß Abb. 71a, S. 117, Abb. 182a, S. 338, oder bei Radialschaufeln gemäß Abb. 103, S. 184. Somit ist trotz der Verschiedenheit der Schaufelformen nicht zu erwarten, daß die Zahl τ sehr starke Schwankungen aufweisen wird. Weil sie den Faktor 2π der Gl. (35) einschließt, ist ihr Wert größer als Eins. Vorläufige Rechnungen zeigen, daß Werte τ zwischen 3,5 und 5 zu erwarten sind. Die Größe dieser Schwankung hängt auch von der Verschiedenheit der auf das Laufrad folgenden Leitvorrichtung ab, d. h. von ihrer Rückwirkung auf das Laufrad (Interferenz), die bei der Ableitung ebenfalls nicht berücksichtigt werden konnte. Es ist nicht ausgeschlossen, daß der Schaufelwinkel β_2, der bei der jetzigen Rechnungsweise eine Rolle spielt, durch die in Gl. (37) vorhandenen Parameter λ und φ weitgehend berücksichtigt ist, weil ja mit wachsendem φ, d. h. wachsendem β_1 auch ein wachsendes β_2 zur Erzielung einer günstigen Schaufelform verbunden ist.

Solange aber die zur Klärung dieser Zusammenhänge notwendige, erneute Durcharbeitung der Versuche noch nicht erfolgt ist, wollen wir bei der bisherigen Berechnungsart von ψ' verbleiben.

22. Größe der Erfahrungszahl ψ' in Gl. (37); Durchführung der Rechnung

Der Minderleistungsbeiwert ψ' hat folgende Abweichungen der Wirklichkeit von dem bei Ableitung der Gl. (37) gemachten Annahmen zu berücksichtigen:

1. Der Schaufeldruck längs der Schaufel ist nicht konstant, sondern hat im mittleren Teil der Schaufel einen Größtwert und fällt beiderseits nach den Schaufelenden zu ab, um an diesen Enden den Wert Null zu erreichen (Abb. 71a, S. 117). Letzteres ist dadurch bedingt, daß tangentiales Abströmen und — bei Normallast — stoßfreier Eintritt vorhanden ist. Dieser Druckverlauf, der für die Größe ψ' offenbar maßgebend ist, hängt von der Gestalt der Schaufel, d. h. dem Verlauf ihrer Mittellinie (Skelettlinie) und der Verteilung der Wandstärken ab. Um zuverlässige Werte für ψ' angeben zu können, soll diese Zahl nur den Verlauf der Skelettlinie (*Krümmungseinfluß*) berücksichtigen und also die Verteilung der Wandstärken (*Dickeneinfluß*) gesondert erfaßt werden, weil diese Verteilung von Fall zu Fall verschieden ist. Soweit es sich

hierbei um die Dicke am Austrittsende der Schaufel handelt, läßt sich ihr Einfluß auf den notwendigen Austrittswinkel β_2 nach den Angaben S. 107 bei allen Schaufelarten leicht erfassen. Bei spitz auslaufenden, also profilierten Schaufeln darf aber die Dicke in Schaufelmitte ebenfalls nicht unberücksichtigt bleiben, was heute nur bei Axialschaufeln rechnerisch möglich ist (S. 315).

2. Ferner erweist sich die Art der Austrittsleitvorrichtung als wichtig, weil diese auf die Strömung im Laufrad zurückwirkt. Dies gilt insbesondere für Radialräder, wo ein starker Impulsaustausch zwischen Rad und Austrittsraum wirksam ist. Die kleinsten ψ'-Werte liefern beschaufelte Leiträder. Unbeschaufelte Leitvorrichtungen wie das Spiralgehäuse (Abschn. 76) oder gar der glatte Leitring (Abschn. 75) verlangen erfahrungsgemäß vergrößerte ψ'-Werte. Bei Axialrädern ist die Rückwirkung des Austrittsleitrades auf die Laufradströmung viel geringer, weil offenbar der Impulsaustausch zwischen Lauf- und Leitrad sehr schwach ist. Deshalb hat hier auch der Abstand der Leitvorrichtung vom Laufrad nicht die große Bedeutung wie beim Radialrad. Dies gilt zumindest für den Bereich des stoßfreien Eintrittes auf den wir uns hier aber sowieso beschränken.

Im Hinblick auf das seit dem Erscheinen der letzten Auflage herausgekommene umfangreiche Versuchsmaterial[1] müssen die bisher gebräuchlichen Formeln für ψ' einer Überprüfung unterzogen werden. Da aber die im vorausgegangenen Abschnitt durchgeführten Überlegungen noch weitere Bearbeitung erfordern, so werden wir bis auf weiteres den Schaufelwinkel β_2 als maßgebliche Einflußgröße beibehalten. In den letzten Auflagen dieses Buches wurde eine Formel von der Form verwendet:

$$\psi' = a(1 + \sin\beta_2),$$

wobei die Zahl a je nach den vorliegenden Verhältnissen verschieden zu wählen war. Diese Beziehung ergab für die bei Wasserförderung üblichen kleinen Winkel β_2 eine gute Übereinstimmung mit der Wirklichkeit. Bei den größeren Winkeln β_2, wie sie für Luftförderung nötig sind, erweisen sich jedoch die erhaltenen ψ'-Werte bereits als zu knapp. Bei Winkeln im Bereich von 90°, wie sie heute ebenfalls vorkommen, sind sie nach den Arbeiten Nr. 4 bis 11 der Fußnote zu klein. Besonders deutlich erwies sich dieses Anwachsen von ψ' beim Überschreiten des Winkels $\beta_2 = 90°$, und zwar bei Radialpumpen nach den Arbeiten Nr. 4 (Gräger) und Nr. 10 (Schramek), bei Axialpumpen

[1] An der Techn. Hochschule Braunschweig entstanden folgende Dissertationen: W. Schulz, VDI-Forsch.-Heft 307 (1928). — F. Schröder (1933). — O. Hansen (1936). — F. Gräger (1943) (Auszug in Abhdlg. Braunschw. Wiss. Ges. 5, 1953). — R. Kretschmer (1950) (Auszug in Abhdlg. Braunschw. Wiss. Ges. 5, 1953). — W. Thuss (1946). — K. Saalfeld (1954). — K. Holzenberger (1957) (Auszug in Konstruktion 1957, S. 212—215). Dazu gehören auch: die nicht veröffentlichte, an der Techn. Hochschule Braunschweig entstandene Arbeit von E. Pollmann (1951); ferner die Dissertationen: W. Schramek, Techn. Hochschule Wien (1954) (zugehörige Versuche sind in Braunschweig durchgeführt) — H. P. Lewinsky-Kesslitz, Techn. Hochschule Graz (1959)

nach der Arbeit Nr. 8 (Holzenberger). Hiernach ist die Berücksichtigung des Einflusses von β_2 durch den $\sin\beta_2$ der obigen Formel nicht ausreichend. Die neuen Erfahrungen zeigen, daß eine lineare Abhängigkeit zwischen ψ' und β_2 der Wirklichkeit besser angepaßt werden kann. Diese Gerade läßt sich nun mit den Versuchswerten so in Einklang bringen, daß die ψ'-Werte für kleine Winkel β_2 nämlich bis 40° mit den Rechnungswerten der bisherigen Formeln praktisch übereinstimmen, was wünschenswert ist, weil diese Formeln in den genannten Bereich befriedigt haben. Nach diesem Gesichtspunkt sind die im nachstehenden angegebenen neuen Formeln zusammengestellt, die wir für Radial- und Axialschaufeln getrennt angeben.

1. Radialschaufel. Hier erweisen sich die Näherungsgleichungen besonders brauchbar, gleichgültig, ob einfache oder doppelte Schaufelkrümmung vorliegt. Wir müssen aber auf die Art der verwendeten Leitvorrichtung Rücksicht nehmen und können setzen:

Bei Verwendung eines beschaufelten Leitrades

$$\psi' = 0{,}6\left(1 + \frac{\beta_2^0}{60}\right), \tag{38}$$

wobei also β_2 in grd einzusetzen ist.

Bei Verwendung eines Spiralgehäuses als einziger Leitvorrichtung

$$\psi' = (0{,}65 \text{ bis } 0{,}85)\left(1 + \frac{\beta_2^0}{60}\right). \tag{39}$$

Bei Verwendung des glatten Leitringes als einziger Leitvorrichtung

$$\psi' = (0{,}85 \text{ bis } 1{,}0)\left(1 + \frac{\beta_2^0}{60}\right). \tag{40}$$

In letzterer Gleichung sind die angegebenen Zahlenwerte um so kleiner zu nehmen, je kleiner der Winkel β_2, also je größer der absolute Austrittswinkel α_3 ist. Bei radialen *Turbokompressoren* wird das beschaufelte Leitrad häufig in einem gewissen Abstand vom Radumfang angeordnet. Hier dürfte Gl. (39) am Platze sein.

Die angegebenen Formeln gelten für Schaufeln gleicher Dicke, wie sie ja bei radialer Beaufschlagung fast allgemein üblich sind. Sollte sich jedoch die Schaufel von den Enden nach der Mitte zu verdicken, so ist zu berücksichtigen, daß sie sich dadurch etwas verkürzt und deshalb die ψ'-Werte etwas zu erhöhen sind.

Die angegebenen ψ'-Werte gelten ferner für normale Schaufelzahl (S. 159). Bei Abweichung hiervon ist die Beobachtung zu berücksichtigen, daß die Minderleistung unter dem Einfluß der Wandreibung sich weniger stark als proportional zu $1/z$ ändert, also ψ' sich mit abnehmender Schaufelzahl verkleinert und mit zunehmender Schaufelzahl vergrößert.

Bei der *einfach gekrümmten Radialschaufel* (Abb. 119) ist das in Gl. (36) oder (37) erscheinende statische Moment offenbar

$$S = \int_{r_1}^{r_2} r\,dr = \frac{1}{2}(r_2^2 - r_1^2), \tag{41}$$

so daß

$$p = 2\frac{\psi'}{z}\frac{1}{1-(r_1/r_2)^2}. \tag{42}$$

Mit dem vielfach üblichen Wert $r_2 = 2r_1$ wird also

$$p = \frac{8}{3}\frac{\psi'}{z}. \tag{43}$$

Bei langen Radialschaufeln mit $r_1/r_2 < \frac{1}{2}$ ergibt die Verlängerung der Schaufel nach innen auf kleineren Radius r_1 als $r_2/2$ erfahrungsgemäß keine weitere Verkleinerung der Minderleistung, so daß dann Gl. (43) beizubehalten ist.

Extrem kurze Radialschaufeln, die bei Ventilatoren vorkommen und in ihrer Profilform den Axialschaufeln ähneln, ergeben nach Nr. 4 und 5 der Fußnote erhöhte Minderleistung. Die Ursache dürfte die gleiche sein wie sie bei den Axialschaufeln S. 135 beschrieben ist, nämlich die starke Belastung der Schaufel, die mit der hohen Relativgeschwindigkeit verbunden ist. Man berücksichtigt sie in Anlehnung an Gl. (37a) überschläglich, indem man den Wert der Gl. (38) bzw. (39) noch mit dem Faktor (1,6 bis 2,0) r_1/r_2 vervielfacht. Diese Korrektur gilt aber nur für Schaufeln, die in radialer Richtung sehr kurz und deshalb vorwärts gekrümmt sind.

Für die (im Hauptabschnitt G näher behandelte) *doppelt gekrümmte Schaufel* gelten die gleichen ψ'-Werte wie für die normale Radialschaufel. Hier bestimmt man die Größe $S = \int_{r_1}^{r_2} r\,dx$ durch Abtragen von kleinen Strecken Δx ($= 5$ oder 10 mm) auf dem betrachteten Faden des Meridianschnittes (Flußlinie). Es genügt, diese Bestimmung von ψ' nur am mittleren Faden vorzunehmen. Es ist dann

$$S = \Delta x \sum_{r_1}^{r_2} r, \tag{44}$$

also gleich dem Produkt von Δx und der Summe der Schwerpunktshalbmesser der aufgetragenen Strecken Δx.

Für den Fall der Verwendung von Zwischenschaufeln (Abb. 138) setzt man den Wert zS der Gl. (36) oder (37)

$$zS = z_1 S_1 + z_2 S_2, \tag{45}$$

wobei das Fußzeichen 1 sich auf die ganzen, das Fußzeichen 2 sich auf die verkürzten Schaufeln bezieht.

2. Axialschaufel. Hier liegt ein besonders umfangreiches Versuchsmaterial vor. Zum Unterschied von der Radialschaufel besteht eine hohe Abhängigkeit von der Form der Skelettlinie. Dafür ist der Einfluß der Leitvorrichtung weit weniger ausgeprägt (wahrscheinlich weil der Impulsaustausch am Radaustritt fehlt). Der Abstand zwischen Lauf- und Leitrad kann also bei der Wahl von ψ' außer Betracht bleiben.

Wie schon S. 135 gezeigt und auch durch die Erfahrung nachgewiesen ist, verlangt die Axialschaufel vergrößerte ψ'-Werte.

Für die *nach einem einfachen Kreisbogen* gekrümmte Schaufel, die am häufigsten verwendet wird, ist für ψ' etwa der doppelte Wert der Gl. (38) angebracht, nämlich

$$\psi' = (1{,}0 \text{ bis } 1{,}2)\left(1 + \frac{\beta_2^0}{60}\right).^1 \tag{46}$$

Weicht die Skelettlinie von einem Kreisbogen in dem Sinne ab, daß ihr Krümmungshalbmesser nach dem Austritt hin sich vergrößert, also der Verlauf flacher wird, so verkleinert sich ψ' um so mehr, je ausgesprochener die Verflachung ist. Dieser Fall liegt beispielsweise vor, wenn statt des Kreisbogens eine Parabel mit dem Scheitel *vor* dem Eintritt verwendet wird. Im gleichen Sinne erweist es sich als besonders wirksam, der Kreisbogenschaufel am Austritt eine geradlinige Verlängerung zuzufügen. Im Hinblick auf Saugfähigkeit und Wirkungsgrad dürften aber Schaufeln mit dem umgekehrten Verlauf der Krümmung vorzuziehen sein, d. h. mit abnehmenden Krümmungshalbmesser in Flußrichtung, damit der Eintritt entlastet wird. Die dann sich ergebende Vergrößerung der Minderleistung kann in Kauf genommen werden, weil diese keinen Energieverlust darstellt.

Bei der Wahl des jeweiligen Wertes von ψ' mag als Faustregel für parabelförmige Skelettlinien gelten, daß der ψ'-Wert der Gl. (46) mit dem Faktor

$$\sigma = \frac{1}{2}\,\frac{1}{1 - x_f/L} \tag{47}$$

zu multiplizieren ist, wo x_f/L gemäß Abb. 179a, S. 330, die Wölbungsrücklage bedeutet.

Bei der Axialschaufel ist $r_2 = r_1 = r$, also $S = r\,e$, wenn e (Abb. 174a, S. 314) die axiale Länge der Schaufel bezeichnet. Somit wird

$$p = \frac{\psi'}{z}\,\frac{r}{e}, \tag{47a}$$

also

$$H_{\text{th}\infty} = H_{\text{th}}\left(1 + \frac{\psi'}{z}\,\frac{r}{e}\right). \tag{47b}$$

Darin kann $r/z = t/2\pi$ gesetzt werden, weil $2 r \pi = z\,t$ ist.

Bei der Berechnung der Schaufel, die im allgemeinen verwunden ist, wobei sich meist auch die Länge e mit r ändert, behält man für sämtliche Zylinderschnitte den gleichen Wert ψ' bei und bestimmt diesen für das mittlere Profil, also für den Halbmesser $r = r_m = \frac{1}{2}(r_i + r_a)$. Die angegebene Berechnung setzt voraus, daß die Schaufelbelastung nicht zu groß ist. Deshalb muß nachgeprüft werden, ob die zugemutete Ablenkung nicht zu groß oder der zulässige Auftriebsbeiwert ζ_a nicht überschritten ist (S. 290).

Bei Axialschaufeln zeigt sich nach HOLZENBERGER noch ein Einfluß der Nähe der äußeren Wand und der Nabenoberfläche, indem ψ'

---

[1] Als brauchbar für Axialpumpen wird auch die auf S. 314 beschriebene sogenannte Constants-Regel bezeichnet. — Vgl. J. HORLOCK: Axial flow compressors London 1958

von Schaufelmitte nach beiden Seiten ansteigt und im Grenzschichtbereich wieder stark abfällt. Bei Schaufeln, welche in radialer Richtung kurz sind, wie es in den letzten Stufen von Axialverdichtern der Fall ist, stoßen offenbar beide Grenzbereiche in Schaufelmitte zusammen, so daß hier mit den größeren ψ'-Werten der Gl. (46) zu rechnen ist.

Der Einfluß der *Re*-Zahl bei Axialschaufeln ergibt oberhalb $Re = \frac{L\,c_m}{\nu} = 0{,}4 \cdot 10^5$ ein kaum merkliches, also vernachlässigbares Anwachsen von ψ'. Unterhalb dieser Grenze wächst dagegen ψ' stark.

Bei *profilierten Axialschaufeln* ist der *Dickeneinfluß* nach S. 315 zu berücksichtigen, der eine zusätzliche Übertreibung verlangt.

Bei Axialrädern weiter Schaufelteilung (Propeller) kann oberhalb $t/L = 1{,}5$ die Berechnung in Anlehnung an die bei Flugzeugtragflügeln übliche Behandlung erfolgen (Abschn. 67).

Schlußbemerkung: Zu beachten bleibt, daß das angegebene Verfahren den Verlauf der Schaufeln auf ihrer ganzen Länge überschlägig vermittelt. Deshalb ist nur durch Anlehnung an die Erfahrung die vollkommene Übereinstimmung mit der Wirklichkeit zu erhalten. *Dem angegebenen Verfahren kommt zugute, daß Abweichungen des geschätzten Wertes ψ' vom wahren Wert sich auf das Endergebnis in stark vermindertem Maße auswirken, weil nur das kleine additive zweite Glied p in der Klammer von Gl. (37) beeinflußt wird.* Deshalb ist auch der verhältnismäßig hohe für ψ' in einzelnen Fällen angegebene Schwankungsbereich zulässig. Bei ersten Entwurfsrechnungen empfiehlt es sich, die obere Grenze zu bevorzugen, vor allem dann, wenn zu dem vorgeschriebenen Durchfluß V keine Zuschläge gemacht werden.

Das für die umlaufende Schaufel im vorstehenden angegebene Verfahren der Berechnung der Minderleistung läßt sich naturgemäß auch auf die ruhende Schaufel ausdehnen, wie in Abschn. 72 bei Behandlung der Leitschaufeln näher gezeigt wird.

Die Austrittswinkel. Zwischen den Winkeln α_2 und α_2' der absoluten Austrittsgeschwindigkeit für unendliche bzw. endliche Schaufelzahl besteht nach Abb. 79 die Beziehung

$$\operatorname{tg}\alpha_2' = \frac{c_{2u}}{c_{3u}} \operatorname{tg}\alpha_2. \tag{48}$$

Daraus ergibt sich für den Fall senkrechten Radeintrittes, also $c_{0u} = 0$, wo

$$\frac{c_{2u}}{c_{3u}} = 1 + p. \tag{49}$$

$$\operatorname{tg}\alpha_2' = (1 + p)\operatorname{tg}\alpha_2. \tag{49a}$$

Der Ablenkungswinkel der austretenden Absolutströmung beträgt $\alpha_2' - \alpha_2$.

23. Überdruck- und Gleichdruckwirkung

Man kann die Kreiselpumpen (wie die Turbinen) in zwei große Hauptgruppen einteilen. Hat der Spaltüberdruck H_p in Gl. (27) einen positiven Wert, d. h. ist der Druck an der Austrittsseite des Laufrades höher als an der Eintrittsseite, so spricht man von Pumpen mit *Überdruck- oder Reaktionswirkung*. Hier stellt die Druckenergie am Laufradaustritt einen wesentlichen Bestandteil der zugeführten Energie dar. Die Drucksteigerung in dem darauffolgenden Leitrad und damit auch die Geschwindigkeit c_3 am Laufradaustritt können also entsprechend kleiner sein.

Ist dagegen $H_p = 0$, also der Spaltdruck gleich dem Druck am Radeintritt, so liegt *Gleichdruck- oder Aktionswirkung* vor. Hierbei ist die ganze Radarbeit in der Geschwindigkeit c_3 enthalten und demnach eine erhebliche Geschwindigkeitsverlangsamung im Leitrad notwendig. Da diese nach Abschn. 13b mit größeren Verlusten verknüpft ist als im umlaufenden erweiterten Kanal, so werden Gleichdruckpumpen trotz des Wegfalles des Spaltverlustes unter sonst gleichen Verhältnissen einen schlechteren Wirkungsgrad aufweisen als Überdruckpumpen. Sie sind offenbar nur dort am Platze, wo besonders günstig wirkende Leitvorrichtungen angeordnet werden können (SCHICHT-Gebläse Abb. 302a) oder wo die Gleichdruckwirkung notwendig ist wie bei partiell beaufschlagten Rädern, die aber bei Pumpen selten vorkommen. Im letzteren Fall würde ein Überdruck wegen der Verbindung zwischen Spalt- und Eintrittsraum durch die nicht beaufschlagten Kanäle nur unvollkommen aufrechterhalten werden können.

Im allgemeinen arbeiten also Kreiselpumpen stets mit Überdruckwirkung. Da für senkrechten Radeintritt

$$u_2 = \frac{g H_{\text{th}}}{c_3 \cos \alpha_3} = \frac{g H / \eta_h}{c_3 \cos \alpha_3}, \tag{50}$$

und c_3 infolge des Spaltdruckes klein ist, so ist ihre Umfangsgeschwindigkeit verhältnismäßig groß. Überdruckpumpen brauchen also eine größere Drehzahl bzw. einen größeren Raddurchmesser als Gleichdruckpumpen. Dies wird durch die Überlegungen des nächsten Abschnittes weiter erläutert. Man bezeichnet das Verhältnis

$$\mathfrak{r} = \frac{\text{Differenzdruck am Laufrad } \gamma\, H_p}{\text{Gesamtdruck } \gamma\, H} = \frac{\text{Spaltdruckhöhe } H_p}{\text{Förderhöhe } H} \tag{51}$$

als Reaktionsgrad. Dieser ist bei den nur selten vorkommenden Gleichdruckpumpen gleich Null und im Normalfall zwischen Null und Eins. Der andere Grenzfall $\mathfrak{r} = 1$ ist, wie wir später sehen werden, angenähert bei der Propellerpumpe mit wenig Flügeln verwirklicht. (Hat diese Pumpe ein Eintrittsleitrad für Gegendrall [S. 283f.], so ist $\mathfrak{r}$ sogar größer als Eins.) Je höher der Reaktionsgrad bei senkrechtem Radeintritt, um so größer ist nach dem oben Gesagten die Schnelläufigkeit.

H_p ist aus Gl. (27), S. 130, zu errechnen. Sofern $c_0 \approx c_{2m}$ kann für den Fall $\alpha_0 = 90°$ Gl. (30a) benutzt werden, womit

$$\mathfrak{r} = \frac{H_p}{H} = 1 - \frac{c_{3u}}{2 u_2} = 1 - \frac{g H_{\text{th}}}{2 u_2^2}. \tag{52}$$

Setzt man hierin $c_{3u} = c_{2u}/(1 + p) = (u_2 - c_{2m} \operatorname{ctg} \beta_2)/(1 + p)$, so folgt

$$\mathfrak{r} = 1 - \frac{1}{2(1 + p)} \left(1 - \frac{c_{2m}}{u_2} \operatorname{ctg} \beta_2\right). \tag{53}$$

Hiernach wird der Reaktionsgrad und damit auch die Schnelläufigkeit im angenommenen Regelfall ($c_0 \approx c_{2m}$) in gleicher Weise gesteigert durch ein großes Geschwindigkeitsverhältnis c_{2m}/u_2 wie durch einen kleinen Winkel β_2 (Abb. 90).

Für Axialschaufeln ergeben sich nach S. 283ff. besonders einfache Gesetzmäßigkeiten.

24. Wahl des Schaufelwinkels β_2 am Austritt

Der Schaufelwinkel β_1 am Eintritt ist durch die Bedingung des stoßfreien Eintrittes festgelegt. Der Winkel β_2 und eine weitere Größe können aber gewählt werden, weil zur Bestimmung des Austrittsdreieckes drei Größen nötig sind und bis jetzt nur eine Bedingung durch die Hauptgleichung ausgedrückt ist.

Es entsteht nun die Frage: Soll β_2 kleiner, gleich oder größer als 90° gewählt werden? Die diesen drei Möglichkeiten entsprechenden Schau-

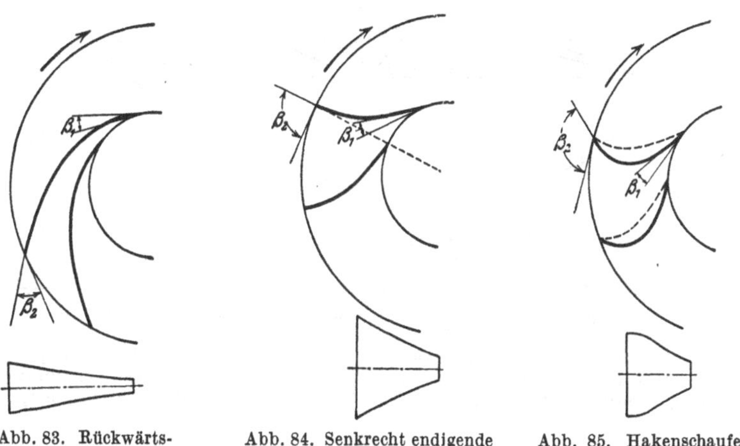

Abb. 83. Rückwärtsgekrümmte Schaufel $\beta_2 < 90°$.

Abb. 84. Senkrecht endigende Schaufel $\beta_2 = 90°$

Abb. 85. Hakenschaufel $\beta_2 > 90°$

felformen sind für radiale Beaufschlagung, die wir zunächst verfolgen wollen, in Abb. 83 bis 85 gezeichnet. Der Eintrittswinkel β_1 ist in allen drei Fällen gleich groß angenommen. Wie man erkennt, ist die Schaufel mit $\beta_2 < 90°$ rückwärts gekrümmt, mit $\beta_2 = 90°$ und $\beta_2 > 90°$ nach vorwärts gekrümmt. Der Schaufelkanal ist offenbar sehr verschieden und entspricht der unter das zugehörige Schaufelbild gezeichneten Form des Kanals mit gerader Mittellinie. Bei Abb. 83 ist der Laufkanal länger und weniger stark erweitert als bei Abb. 84 und 85, und es entsteht — im Hinblick auf das S. 71 Besprochene — die Frage, ob die Strömung der in Abb. 84 und 85 vorliegenden starken Erweiterung überhaupt wird folgen können und nicht Ablösungserscheinungen selbst dann eintreten, wenn senkrecht zur Zeichenebene der Kanal sich verjüngt. Zwar hat im umlaufenden Kanal die Grenzschicht die volle Winkelgeschwindigkeit des Rades, unterliegt also größeren Fliehkräften als die gesunde Strömung, die nur die Umfangskomponente c_u, also gegenüber dem Rade den Schlupf $u - c_u$ (Abb. 81) aufweist. Es ist deshalb anzunehmen, daß die Grenzschicht trotz steigenden Druckes im Sinne der Strömung abfließt. Aber es ist zu beachten, daß der

Schlupf, welcher diese gleichrichtende Wirkung bedingt, um so kleiner ist, je größer β, also je steiler die Schaufel zum Umfang verläuft. Die Erfahrung zeigt auch, daß starke Kanalerweiterungen hier nachteilig sind. Zwar kann man, wie in Abb. 85 durch Strichelung angedeutet, die Verhältnisse durch Anwendung veränderlicher Wandstärke bessern, aber der Kanal ist zu kurz und seine Krümmung zu stark. Die Kanalformen der Abb. 84 und 85 sind wohl für den umgekehrten Strömungsvorgang, also die Turbine, geeignet, weil dort starke Verengungen sogar eine Verbesserung bedeuten und kurze Kanäle die

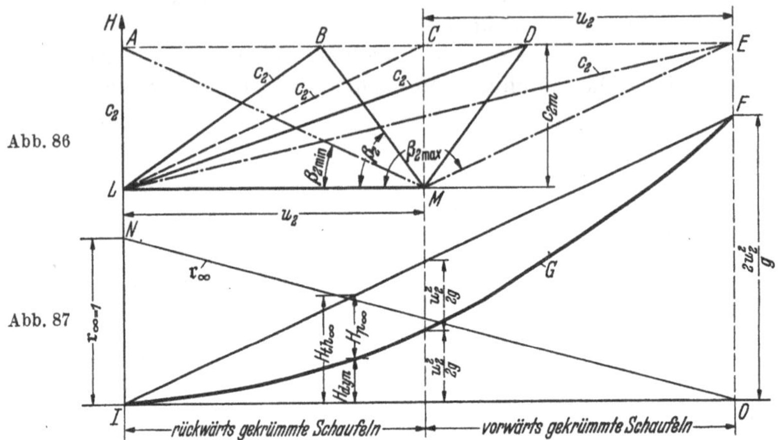

Abb. 86 u. 87. Zusammenhang zwischen Schaufelarbeit $H_{th\infty}$ und Winkel β_2
Abb. 86. Geschwindigkeitsdreiecke bei verschiedenen Winkeln β_2. Abb. 87. Reaktionsgrad r_∞, Spaltdruckhöhe $H_{p\infty}$ und Schaufelarbeit $H_{th\infty}$ in Abhängigkeit von c_{2u}

Reibung verringern. In der Pumpe dürfte aber die zurückgebogene Schaufel der Abb. 83 höhere Wirkungsgrade ergeben als die beiden anderen Schaufelformen.

Der Winkel β_2 hat aber auch einen weitgehenden Einfluß auf die Förderhöhe. In Abb. 86 sind die Geschwindigkeitsdreiecke für den Austritt bei fünf verschiedenen Winkeln β_2 entsprechend den fünf Punkten A, B, C, D, E, wobei $\overline{AC} = \overline{CE}$, aufgezeichnet. Die Umfangsgeschwindigkeit $\overline{LM} = u_2$ ist in allen fünf Fällen die gleiche, ebenso die Geschwindigkeitskomponente senkrecht zum Radumfang (d. h. die in die Meridianebene fallende Komponente) $c_{2m} = c_2 \sin\alpha_2$, so daß sowohl Radumriß wie Förderstrom gleich sind. Unter Annahme senkrechten Eintrittes in das Rad ist nach Gl. (25a) die theoretische Förderhöhe $H_{th\infty}$ proportional der Umfangskomponente $c_{2u} = c_2 \cos\alpha_2$, d. h. der Reihe nach den Strecken Null, $\overline{AB}$, $\overline{AC}$, $\overline{AD}$ und $\overline{AE}$. Im ersten Fall mit $\sphericalangle\, \beta_2 = \sphericalangle\, AML$ würde also (bei unendlicher Schaufelzahl) überhaupt keine Energie auf das Wasser übertragen. Dieser Winkel stellt somit den Kleinstwert für β_2 dar, der aber nicht erreicht werden darf. Bei Unterschreitung dieses Wertes wird $H_{th\infty}$ negativ, d. h. das Laufrad arbeitet als eine radial nach auswärts beaufschlagte *Turbine.*

Mit zunehmendem Winkel β_2 nimmt $H_{\mathrm{th}\infty}$ zu. *Vorwärts gekrümmte Schaufeln geben also unter sonst gleichen Verhältnissen eine größere theoretische Förderhöhe als rückwärts gekrümmte Schaufeln*, oder anders ausgedrückt: *sie ermöglichen bei gegebener Drehzahl eine erhebliche Verkleinerung des Raddurchmessers und damit eine starke Verbilligung der Pumpe.* Dies kann man sich daraus erklären, daß die der Strömung aufgezwungene Richtungsänderung und damit der Schaufeldruck größer sind. Aber aus Abb. 86 ist gleichzeitig zu ersehen, daß auch die absolute Austrittsgeschwindigkeit c_2 zunimmt, also ein steigender Anteil von $H_{\mathrm{th}\infty}$ durch Geschwindigkeitshöhe dargestellt ist und demnach die Reaktionswirkung abnimmt. *Je größer β_2 wird, um so mehr nähert sich die Pumpe der Gleichdruckpumpe und hat auch die im vorausgegangenen Abschnitt besprochenen Nachteile, die mit der Notwendigkeit der Umsetzung großer Geschwindigkeiten in Druck verknüpft sind.*

Ist die Meridiangeschwindigkeit am Ein- und Austritt aus dem Rad gleich, also $c_{2m} = c_0$, so beträgt der in Form von Geschwindigkeitsenergie am Radaustritt vorhandene Anteil der Radarbeit bei unendlicher Schaufelzahl

$$H_{\mathrm{dyn}} = \frac{c_2^2 - c_0^2}{2g} = \frac{c_2^2 - c_{2m}^2}{2g} = \frac{c_{2u}^2}{2g}. \tag{54}$$

Da auch $H_{\mathrm{th}\infty}$ bei konstantem u_2 nur von c_{2u} abhängt, so können die Größe H_{dyn} und der bei Reibungsfreiheit[1] in Form von Druckenergie zugeführte Anteil $H_{p\infty} = H_{\mathrm{th}\infty} - H_{\mathrm{dyn}}$ in Abhängigkeit von c_{2u} dargestellt werden. Dies ist in Abb. 87 in der Weise geschehen, daß zunächst der Verlauf von $H_{\mathrm{th}\infty}$, der nach Gl. (25a) eine Gerade JF ist, und dann der Verlauf von H_{dyn} nach Gl. (54) als Parabel JGF eingetragen sind. Es ist dann der Unterschied beider Ordinaten $H_{\mathrm{th}\infty} - H_{\mathrm{dyn}} = H_{p\infty}$. Diese Darstellung ist so mit dem darübergezeichneten Geschwindigkeitsplan vereinigt, daß die Abszissen zu den Punkten A bis E sich durch einfaches Fällen der Lote auf die c_{2u}-Achse ergeben. Man erkennt deutlich die Zunahme von $H_{\mathrm{th}\infty}$ und H_{dyn} mit wachsendem β_2, also mit wachsender Vorwärtskrümmung, und den verhältnismäßig großen Druckanteil $H_{p\infty}$ bei Rückwärtskrümmung.

Der Reaktionsgrad für unendliche Schaufelzahl $\mathfrak{r}_\infty = H_{p\infty}/H_{\mathrm{th}\infty} = (1 - H_{\mathrm{dyn}})/H_{\mathrm{th}\infty}$ beträgt nach Gl. (52) oder (54)

$$\mathfrak{r}_\infty = 1 - \frac{1}{2}\frac{c_{2u}}{u_2}. \tag{55}$$

Er verläuft nach der Geraden ON.

Für die durch die drei Punkte A, C und E des Geschwindigkeitsplanes dargestellten besonderen Fälle ergibt sich $\mathfrak{r}_\infty$ offenbar gleich 1 bzw. $\frac{1}{2}$ bzw. 0. Im Punkt E mit dem sehr stumpfen Winkel β_2 liegt also unter den gemachten Annahmen *Gleichdruckwirkung* vor, während mit $\beta_2 = 90°$ der Spaltdruck $H_{p\infty}$ gleich $\frac{1}{2}H_{\mathrm{th}\infty}$, also $\mathfrak{r}_\infty = \frac{1}{2}$ ist.

Für endliche Schaufelzahlen gilt Gl. (53), aus welcher sinngemäß das gleiche abzulesen ist.

[1] Wobei also in Gl. (20), S. 113, $Z_u = 0$ gesetzt ist.

Zusammenfassend kann gesagt werden, daß rückwärts gekrümmte Schaufeln zwar für gleiche Förderhöhe eine größere Umfangsgeschwindigkeit, also bei gleicher Drehzahl auch ein größeres Rad und größeres Gehäuse fordern als vorwärts gekrümmte Schaufeln. Sie arbeiten aber mit etwas besserem Schaufelwirkungsgrad η_h infolge der günstigeren Form des Laufkanals und insbesondere der geringeren Umsetzung von

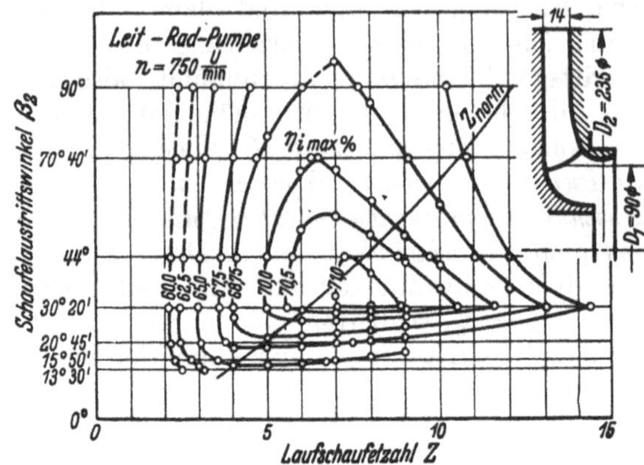

Abb. 88. Abhängigkeit des besten inneren Wirkungsgrades von Laufschaufelzahl z und Schaufelaustrittswinkel β_2 bei einer kleinen Wasserpumpe (nach O. HANSEN)

Geschwindigkeit in Druck im Leitrad. Die durch die größere Umfangsgeschwindigkeit bedingte Zunahme der Radreibung Gl. (87a, Abschnitt 15a) und der durch das Wachsen des Spaltdruckes bedingte größere Spaltverlust vermögen diesen Vorteil im allgemeinen nicht aufzuheben. (Zudem noch die in Abschn. 92 behandelte höhere Stabilität der Förderung eine wesentliche Rolle spielt.) Beide Verluste, von denen besonders die Radreibung ins Gewicht fällt, bewirken aber, daß der Gesamtwirkungsgrad seinen Bestwert bei einem bestimmten Winkel β_2 erreicht, der um so größer ist, je kleiner b_2/D_2, d.h. je schmaler das Rad ist. Abb. 88 gibt einen Überblick über Versuchsergebnisse[1] an einem Rad für Wasserförderung mit $b_2/D_2 = 0{,}06$ und verschiedenen Schaufeln mit Winkeln β_2 zwischen 13°30′ und 90° in Verbindung mit gleichbleibendem $\beta_1 \approx 20°$. Dort liegt das Optimum des Wirkungsgrades bei $\beta_2 \approx 30°$, also wohl etwas zu hoch.

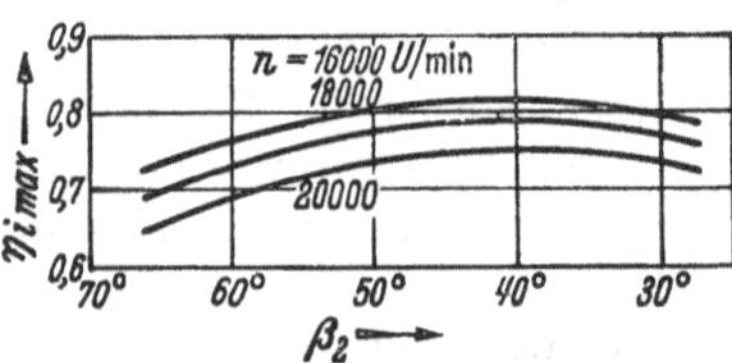

Abb. 88a. Abhängigkeit des besten inneren Wirkungsgrades vom Schaufelaustrittswinkel β_2 bei einem rasch laufenden Gebläse ohne Austrittsleitschaufeln mit Spiralgehäuse (nach F. KLUGE)

Bei Kreiselpumpen für *Flüssigkeiten* findet man nur rückwärts gekrümmte Schaufeln. Übliche Werte sind hier $\beta_2 = 17$ bis 40°, selten jedoch mehr als 30°. Als guter Mittelwert gilt in USA[2] 22,5°. Bei

[1] Diss. O. HANSEN, dortige Abb. 34, S. 35

[2] STEPANOFF, A. I.: Radial- und Axialpumpen. Berlin/Göttingen/Heidelberg: Springer 1959, S. 61

Luftförderung auf mittleren und hohen Druck (wobei heute fast nur Räder mit ausgesprochen radialer Erstreckung und einem Radienverhältnis $r_2/r_1 > 2$ verwendet werden) ist die mäßig rückwärts gekrümmte Schaufel mit $\beta_2 = 40$ bis $60°$ im Gebrauch. In Abb. 88a sind Versuche an einem Gebläserad wiedergegeben[1], die den Bestwert bei $\beta_2 = 42°$ liefern, weil b_2/D_2 nur etwa halb so groß war wie bei Wasserpumpen und der Eintrittswinkel β_1 — wie bei Luftförderung nach S. 211 üblich — fast doppelt so groß war. Im ganzen ist aber bei Luftförderung die Tendenz unverkennbar, möglichst große Winkel β_2 zu verwenden, um dadurch an Gewicht zu sparen und hohe Drehzahlbereiche zu vermeiden. Dies zeigt sich besonders deutlich bei den Ventilatoren, wo sogar die Hakenschaufel mit $\beta_2 > 90°$ recht häufig ist. Die Verschlechterung des Wirkungsgrades spielt hier eine untergeordnete Rolle (und die veränderte Form der Kennlinien wirkt sich nicht aus, weil nur Widerstandshöhe zu überwinden ist [S. 425]).

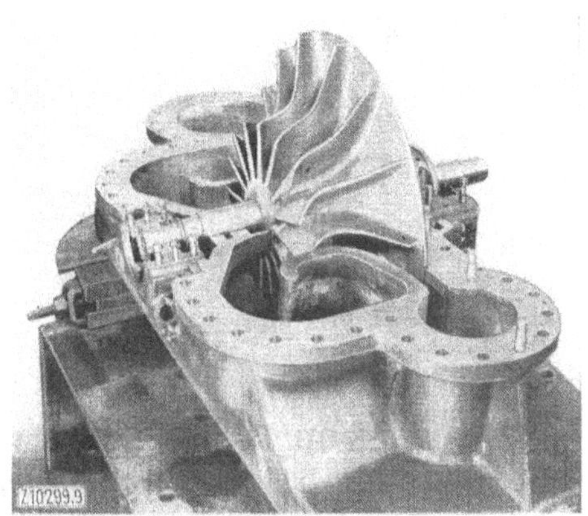

Abb. 88b. Gebläse mit abgenommenem Oberteil und offenem Laufrad, das aus einem Stück gepreßt ist und dessen Radialschaufeln im Auslauf in Axialebenen liegen (Demag)

Bei Aufladegebläsen wird seit dem ersten Weltkrieg eine Sonderform der Radialschaufel verwendet, die in einer Axialebene liegt, also einen Winkel $\beta_2 = 90°$ aufweist und im axialen Radeinlauf auf stoßfreien Eintritt abgebogen ist (Abb. 88b). Dieses einseitig offene und deshalb geschmiedete oder gepreßte Schaufelrad wird heute mit sehr gutem Erfolg auch für ortsfeste Verdichter, z. B. bei Gasturbinen oder als erste Stufe mehrstufiger Verdichter, verwendet, weil es größere Förderhöhen als das herkömmliche Rad liefert.[2]

Bei Axialschaufeln und Radialschaufeln mit kurzer radialer Erstreckung (Abb. 127) ist man überhaupt auf Vorwärtskrümmung angewiesen, weil die Schaufel sonst keine Wirkung hat. Werden die bisher gemachten Voraussetzungen ($c_0 = c_{2m}$ und senkrechter Radeintritt) beibehalten und die endliche Schaufeldicke vernachlässigt, so berechnet sich der Austrittswinkel der wirkungsfreien Schaufel, also das kleinstzulässige β_2 nach Abb. 86

$$\operatorname{tg}\beta_{2\,\min} = \frac{c_{2m}}{u_2} = \frac{c_1}{u_2} = \frac{u_1 \operatorname{tg}\beta_1}{u_2} = \frac{r_1}{r_2} \operatorname{tg}\beta_1 . \tag{56}$$

Man erkennt, daß β_2 gegenüber β_1 um so kleiner sein kann, je kleiner r_1/r_2, also je größer die radiale Erstreckung der Schaufel. Die rückwärts gekrümmte Schaufel, d. h. die gegen die Drehrichtung konvexe Krümmung, ist also nur möglich

[1] Kluge, F.: Forsch. Ing.-Wes. 11 (1940) S. 228—237, Abb. 12

[2] Pfau, H.: Z. VDI 101 (1959) Nr. 13, S. 521—526 — BBC-Mitt. 41 (1959) Nr. 3/4, S. 110. — H. Hasselgruber: Konstruktion 10 (1958) Heft 1, S. 22—32

beim Radialrad mit genügender radialer Erstreckung. Beim Axialrad mit $r_1 = r_2$ ist $\beta_{2\,\min} = \beta_1$, also die wirkungsfreie Schaufel geradlinig. Deshalb muß die arbeitende Schaufel hier stets im Sinne der Drehrichtung, d. h. nach vorwärts gekrümmt sein. Das gleiche gilt für das Radialrad mit kurzen Schaufeln oder r_1/r_2 fast Eins, die bei Ventilatoren vorkommen. Beim gewöhnlichen Radialrad erhält die gerade Schaufel AB (Abb. 89) einen Austrittswinkel $\beta_2^{\times}$, der gemäß folgender Gleichung von β_1 abhängig ist

$$\cos\beta_2^{\times} = \frac{r_1}{r_2}\cos\beta_1, \tag{57}$$

wie die Anwendung des Sinussatzes auf das Dreieck OAB ergibt. Diese geraden Schaufeln waren lange Zeit bei Turbokompressoren aus Herstellungsgründen sehr beliebt und haben dort heute noch Bedeutung. Man sieht, daß β_2 gleichlaufend mit β_1 wachsen muß; wenn eine bestimmte Schaufelform, z. B. mäßige Rückwärtskrümmung, verlangt wird.

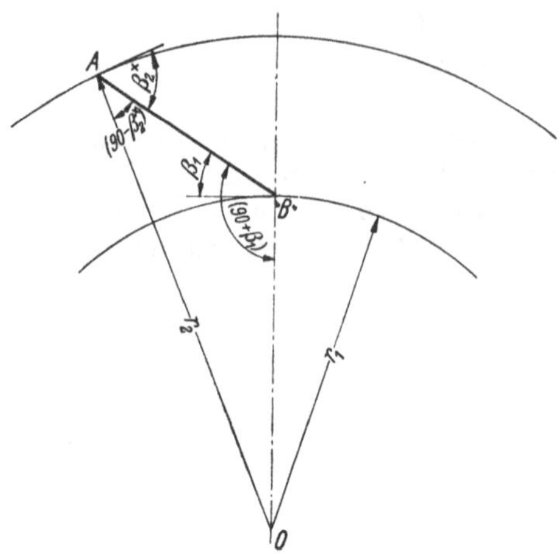

Abb. 89. Geradlinige Schaufel

D. Die Kenngrößen der verschiedenen Radformen und ihre Anwendung

25. Die Druckziffer ψ, Überschlagsformel für die Förderhöhe

In vielen Fällen ist es notwendig, rasch zu übersehen, welche Umfangsgeschwindigkeit u_2 oder Raddurchmesser D_2 zur Bewältigung einer vorgeschriebenen Förderhöhe nötig sind. Hier hat sich die Einführung der Druckziffer $\psi = 2gH/u_2^2$ bewährt, so daß

$$H = \psi\frac{u_2^2}{2g}. \tag{1}$$

Diese Formel[1] läßt sich unmittelbar aus der Hauptgleichung ableiten, wenn alle Geschwindigkeiten sich proportional ändern, also die Schaufelung ähnlich bleibt und η_h gleichgehalten wird. Die Druckziffer ψ bedeutet eine dimensionslose Darstellung der Förderhöhe (vgl. S. 442). Setzt man $u_2 = \pi D_2 n/60$ und faßt man die Zahlenwerte in der Konstanten k zusammen, so wird auch

$$H = k\,n^2 D_2^2. \tag{2}$$

In Gl. (1) und (2) sind ψ und k gemäß dem vorausgegangenen Abschnitt von β_2 ebenso auch von c_{2m}/u_2 abhängig. Näheres ergibt

[1] Offenbar ist ψ nichts anderes als eine andere Ausdrucksform für die im Turbinenbau übliche „Laufzahl“ $u/\sqrt{2gH}$, weil diese nach Gl. (1), wenn $u = u_2$, gleich ist $\sqrt{1/\psi}$.

folgende Betrachtung unter Beibehaltung von $\alpha_0 = 90°$. Mit

$$g H_{\mathrm{th}} = u_2 c_{3u} \quad \text{bzw.} \quad = g \frac{H}{\eta_h} = \frac{g}{\eta_h} \psi \frac{u_2^2}{2g}$$

wird

$$\psi = 2\eta_h \frac{c_{3u}}{u_2} = \frac{2\eta_h}{1+p}\left(1 - \frac{c_{2m}}{u_2} \operatorname{ctg} \beta_2\right). \tag{3}$$

Entgegengesetzt zu ψ ändert sich der Reaktionsgrad $\mathfrak{r}$, und zwar ist unter Bezugnahme auf den zweiten Ausdruck in Gl. (52), S. 142

$$\psi = 4\eta_h(1 - \mathfrak{r}). \tag{4}$$

Um ψ in den beim Entwurf zu benutzenden Werten auszudrücken, schreiben wir $c_{2m}/u_2 = c_{2m}/c_0 \cdot c_0/u_2$ oder mit $c_0 = \varepsilon \sqrt{2gH}$ (wobei ε

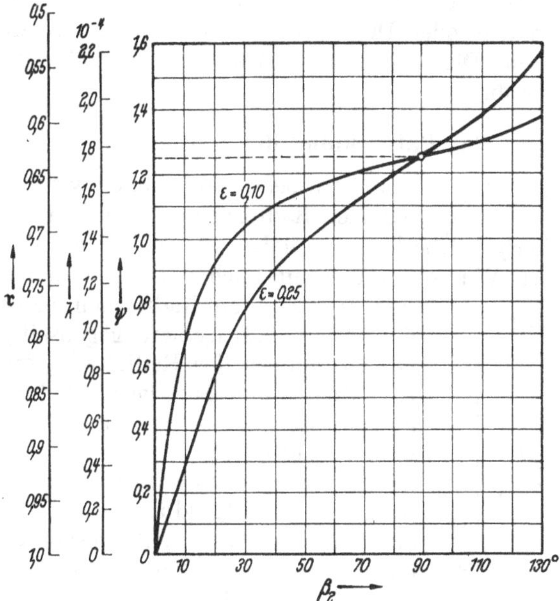

Abb. 90. Reaktionsgrad $\mathfrak{r}$, Druckziffer ψ und Konstante k der Gl. (2) für 2 Grenzwerte der Einlaufziffer $\varepsilon = c_0/\sqrt{2gH}$ in Abhängigkeit von β_2. Obere Kurve bevorzugt bei Wasserförderung, untere Kurve bei Luftförderung

die Einlaufziffer S. 160) und unter Bezugnahme auf Gl. (1)

$$\frac{c_{2m}}{u_2} = \frac{c_{2m}}{c_0} \frac{\varepsilon\sqrt{2gH}}{\sqrt{2gH}/\sqrt{\psi}} = \frac{c_{2m}}{c_0} \varepsilon \sqrt{\psi}.$$

Führt man diesen Wert in Gl. (3) ein, so erhält man eine in $\sqrt{\psi}$ quadratische Gleichung, aus der nach einfacher Rechnung folgt

$$\sqrt{\psi} = \sqrt{A^2 + 2\frac{\eta_h}{1+p}} - A$$

mit
$$A \equiv \varepsilon \frac{\eta_h}{1+p} \left(\frac{c_{2m}}{c_0}\right) \operatorname{ctg} \beta_2 .$$

Abb. 90 gibt ein Bild über die Abhängigkeit der Werte ψ, k und $\mathfrak{r}$ von β_2 mit dem Parameter $\varepsilon = c_0/\sqrt{2gH}$. Dabei ist $c_{2m}/c_0 = 1$, $\eta_h = 0{,}85$, $p = 0{,}36$ gesetzt. Für die später behandelten schnelläufigen Radformen, ebenso die Radialschaufeln mit kleiner radialer Erstreckung (Abschn. 49) ist p größer und demgemäß ψ und k kleiner. Das gleiche gilt für Pumpen ohne Austrittsleitschaufeln. Die möglichen ψ-Werte liegen zwischen den beiden gezeichneten Linien, und zwar für gewöhnliche Radialschaufeln (Langsamläufer) bei *Wasserförderung* nahe bei der oberen, bei *Gasförderung* nahe bei der unteren Linie, obwohl zu bedenken ist, daß im letzteren Fall die Schaufelzahl größer, als bei Wasserförderung üblich ist, genommen wird, weshalb die Minderleistungsziffer p sich verkleinert.

Zu beachten ist, daß η_h und deshalb auch ψ mit wachsender *Re*-Zahl (also wachsender Drehzahl oder wachsendem Ausführungsmaßstab) wachsen. Die angegebenen Zahlen können als Mittelwerte betrachtet werden.

26. Entwicklung der Radformen

Ehe wir weitere Kennziffern behandeln, wollen wir uns einen Überblick über die zu erwartenden Radformen verschaffen.

Die bisherigen Überlegungen haben wir am Beispiel des Radialrades durchgeführt. Wir wollen uns nun auch mit den anderen bereits S. 2 und 3 erwähnten Radformen beschäftigen und ihre Anwendungsgebiete gegenseitig abgrenzen. Die Grundform des Radialrades ersieht man in Abb. 91 aus den ganz gezeichneten Linien. Aus ihnen lassen sich die anderen Radformen auf Grund folgender Überlegung ableiten. Dabei wollen wir von dem großen Einfluß des Schaufelwinkels β_2 auf Raddurchmesser oder Drehzahl, den wir im Abschn. 24 feststellten, absehen, indem wir seinen Wert konstant halten. Auch der Schaufelwinkel β_1 am Eintritt soll unverändert bleiben.

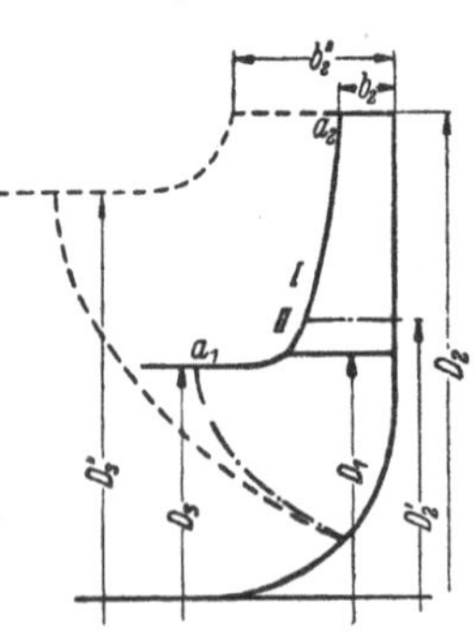

Abb. 91. Zusammenhang zwischen den Radformen

Dann sind die Geschwindigkeitsdreiecke ähnlich. Also sind nach der Hauptgleichung alle Geschwindigkeiten, also auch u_2 oder nD_2 proportional zu $\sqrt{H}$, während der saugseitige Durchmesser D_s und die Austrittsbreite b_2 von dem verlangten Mengenstrom V gemäß der Kontinuitätsbedingung in der Weise abhängen, daß die Durchflußquerschnitte proportional mit V/c, also proportional mit $V/\sqrt{H}$ wachsen.

Wir wollen zunächst von einem bestimmten Betriebsfall, also von festen Werten für V und H ausgehen und nur die Drehzahl n sich ändern lassen. Dann bleiben die Geschwindigkeiten, insbesondere die Geschwindigkeit c_s im Saugmund vom Durchmesser D_s, ferner c_{2m}, gleich, so daß alle Querschnitte, insbesondere der Einlauf gleich bleiben.

Weil auch nD_2 bleibt, also D_2 umgekehrt proportional zu n ist, so werden wir die bisher betrachtete radiale Radform, bei welcher D_2/D_s groß, und zwar gleich 2 bis 3 ist, also den größtmöglichen Wert hat, mit der kleinstmöglichen Drehzahl erhalten. Sie ist also die langsamläufigste Bauart, die wir kennen. Wir wollen von dieser Form I, die in Abb. 91 in ganzen Linien gezeichnet ist, ausgehen. Dabei soll die seitliche Radbegrenzung für ein konstantes c_m, also für $Db =$ konst. gezeichnet sein. Lassen wir nun die Drehzahl wachsen, so wandert die Austrittskante nach innen beispielsweise bis zu dem verkleinerten Durchmesser D_2' in Abb. 91. Würde man nun die Eintrittskante festhalten, so würde offenbar die Schaufel nur zwischen den Durchmessern D_1 und D_2' sich erstrecken, also die später (Abschn. 49) als nachteilig erkannte Form entstehen. Damit die tragende Länge der Schaufel im Vergleich zu ihrer Breite nicht zu kurz wird, muß also die Eintrittskante nach innen rücken und dabei offenbar mehr und mehr in den axialen Einlauf übertreten, wobei sich die Schaufelfläche doppelt krümmt. Das Rad wird dann die strichpunktiert gezeichnete Form II annehmen, die wir als *mittelläufig* bezeichnen können. Wächst die Drehzahl weiter, so kann sich die Austrittskante offenbar nur dadurch der Achse weiter nähern, daß sie sich schräg stellt. Es entsteht also Form III (Abb. 92), der *Schnelläufer*, wobei infolge der Schrägstellung nur der Mittelwert des Austrittsdurchmessers kleiner wird. Bei weiterschreitender Schrägstellung der Austrittskante erhält man als Extremform IV das in Abb. 92a gezeigte Axialrad bzw. den Propeller, bei welchem die Austrittskante nahezu radial steht.

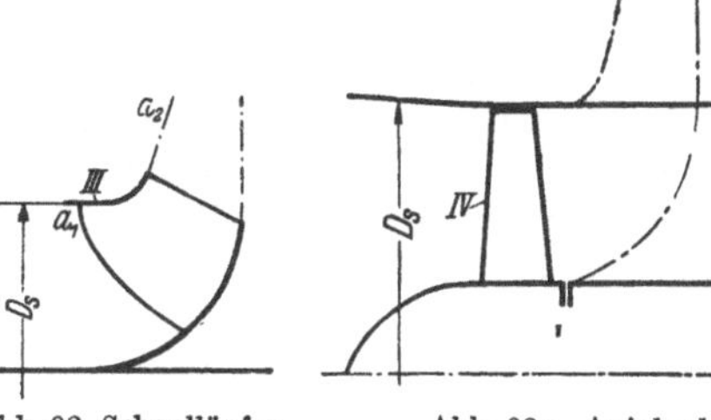

Abb. 92. Schnelläufer Abb. 92a. Axialrad

Die angegebenen vier Radformen hätten wir auch entwickeln können, wenn wir die Drehzahl n und die Förderhöhe H festgehalten und nur den Förderstrom V allmählich vergrößert hätten. Nur wäre dann der Außendurchmesser D_2 unverändert geblieben. Dafür hätten D_s und b_2 mit V wachsen müssen. In Abb. 91 ist auf diese Weise der gestrichelt gezeichnete Umriß eines Mittelläufers mit der vergrößerten Austrittsbreite b_2'' entstanden, welcher der vorher entwickelten Form II mit dem Durchmesser D_2' in allen Teilen ähnlich ist.

Hätten wir schließlich n und V gleich gelassen, so wären, ausgehend von der Form I, bei abnehmendem H wieder Räder mit den vorhin entwickelten mittel- und schnelläufigen Formen entstanden, weil einerseits c_s und c_{2m} (die ja proportional zu $\sqrt{H}$ sein müssen) kleiner würden, also der linke Radumriß sich im Sinne einer Verbreiterung verschieben müßte. Andererseits würde u_2 und damit auch D_2 kleiner werden.

10a*

Die Eigenschaften der vier entwickelten Radformen lassen sich also folgendermaßen kennzeichnen:

Radform I (Radialrad)	kleine Drehzahl oder kleine Schluckfähigkeit oder große Förderhöhe,
Radform II (FRANCIS-Rad)	mittlere Drehzahl oder mittlere Schluckfähigkeit oder mittlere Förderhöhe,
Radform III (Schraubenrad)	große Drehzahl oder große Schluckfähigkeit oder kleine Förderhöhe,
Radform IV (Axialrad oder Propeller)	größte Drehzahl oder größte Schluckfähigkeit oder kleinste Förderhöhe.

Die Förderhöhe läßt sich über die durch die Radform I gegebene Grenze hinaus vergrößern, wenn man mehrere Räder hintereinander schaltet, also zur Mehrstufenanordnung übergeht (S. 3), für welche diese Form I vorwiegend in Frage kommt.

Umgekehrt kann man die Schluckfähigkeit über die Grenze des Rades IV hinaus treiben, wenn man mehrere Räder parallel schaltet. Da die Radform IV (wegen Kavitation bzw. Überschall) nur für kleine Förderhöhen sich eignet und radiales Abströmen erwünscht ist, sind hier vorwiegend die Radformen I bis III in Gebrauch.

Bei Gasen werden die Radformen II und III wenig verwendet, weil sie die Herstellung aus gewalztem oder geschmiedetem Werkstoff verteuern (S. 4). Dort, wo sie am Platze wären, also in erster Linie beim Ventilator, werden zur Kleinhaltung der Kosten bis heute entweder die später Abschn. 49 besprochenen minderwertigen Bauformen benutzt oder der Propeller herangezogen, dem dann in gleicher Weise Zwang angetan werden muß wie vorher dem Radialrad. Durch Anwendung der Mehrstromanordnung im ersten Fall, der Mehrstufenanordnung im zweiten Fall läßt sich naturgemäß ebenfalls das fehlende Gebiet überbrücken.

27. Spezifische Drehzahl

Angesichts der Verschiedenheit der im vorausgegangenen Abschnitt entwickelten Radformen ergibt sich das Bedürfnis nach einer einfachen Kennzeichnung. Man findet eine solche, wenn man von der zuerst verfolgten Verschiedenheit der Drehzahl bei festen Werten V und H, die dann also zu normen sind, ausgeht und kommt zum Begriff „Spezifische Drehzahl". Hierunter verstehen wir die *Drehzahl einer der ausgeführten Pumpe in allen Teilen geometrisch ähnlichen Pumpe, die so bemessen ist, daß sie bei der Förderhöhe von* 1 m *den Förderstrom von* 1 m³/s *liefert.* Diese Kennzahl leiten wir auf Grund folgender Überlegung ab.

Lassen wir zunächst die Pumpe unverändert und gehen unter Beibehaltung des gleichen Stoßzustandes, also z.B. der Stoßfreiheit, wobei die Geschwindigkeitsdreiecke ähnlich bleiben, auf die Förderhöhe $H_1 = 1$ m über, so erhalten wir, wenn wir gleichbleibenden Schaufelwirkungsgrad η_h voraussetzen, folgende neuen Betriebsgrößen

$$n_1 = n \frac{\sqrt{H_1}}{\sqrt{H}} = \frac{n}{\sqrt{H}} = \text{relative Drehzahl,} \tag{5}$$

$$V_1 = V \frac{\sqrt{H_1}}{\sqrt{H}} = \frac{V}{\sqrt{H}} = \text{relativer Förderstrom,} \tag{5a}$$

und weil die Nutzleistung N_n proportional zum Produkt aus Förderhöhe und Förderstrom ist,

$$N_{n1} = N_n \frac{H_1\sqrt{H_1}}{H\sqrt{H}} = \frac{N_n}{H\sqrt{H}} = \text{relative Nutzleistung.} \tag{5b}$$

Wenn wir nun von dem relativen Förderstrom V_1 auf 1 m³/s kommen wollen, obwohl wir die Förderhöhe $H_1 = 1$ m, also auch die Geschwindigkeitspläne beibehalten müssen, so ist dies nur möglich, wenn das Laufrad seinen Ausführungsmaßstab verändert. Der Förderstrom ist dann wegen der Gleichheit der Geschwindigkeiten proportional zum Querschnitt, d. h. dem Quadrat der Längen, also z. B. des Durchmessers. Die Drehzahl ändert sich aber umgekehrt proportional zum Durchmesser, damit die Umfangsgeschwindigkeit gleichbleibt. Die neuen Größen, deren Fußzeichen q sein soll, erfüllen also die Gleichungen:

$$V_1 : 1 = D^2 : D_q^2 = n_q^2 : n_1^2, \tag{6}$$

also

$$n_q = n_1 \sqrt{V_1} = \frac{n}{\sqrt{H}} \sqrt{\frac{V}{\sqrt{H}}}$$

oder

$$n_q = n \frac{\sqrt{V}}{H^{3/4}}. \tag{7}$$

Bisher wurde in Deutschland (im Gegensatz zu England[1] und USA) die spezifische Drehzahl statt auf 1 m³/s meist auf 1 PS Nutzleistung in Verbindung mit 1 m Förderhöhe bezogen (vgl. die 1. und 2. Auflage dieses Buches). Für diesen Fall ergibt die gleiche Ableitung, wobei lediglich in Gl. (6) N_{n1} an Stelle von V_1 und an Stelle von n_q die Kenngröße n_s zu setzen ist

$$n_s = \frac{n\sqrt{N_n}}{H^{5/4}} \tag{8}$$

oder mit

$$N_n = \frac{\gamma V H}{75}$$

$$n_s = \sqrt{\frac{\gamma}{75}}\, n \frac{\sqrt{V}}{H^{3/4}} = \sqrt{\frac{\gamma}{75}}\, n_q. \tag{9}$$

[1] In Großbritannien wird auf 1 Gallone (= 4,546 lit) je Minute und auf 1 Fuß, (= 0,3048 m) Bezug genommen, so daß $n_{q\,\text{engl}} = 47{,}13\, n_q = 13{,}0\, n_s$. In USA hat die Gallone einen anderen Wert (3,785 lit), so daß $n_{q\,\text{USA}} = 51{,}64\, n_q$. Wird auf Kubikfuß statt Gallone bezogen, so ist $n_{q\,\text{engl}} = 2{,}437\, n_q$.

Diese bisher in Deutschland bei Kreiselpumpen für Flüssigkeiten (ähnlich wie bei Wasserturbinen) benutzte Kennzahl ist demnach das $\sqrt{\gamma/75}$fache der zuerst abgeleiteten, also z. B. für Wasser mit $\gamma = 1000$ kg/m³ das 3,65fache von n_q. Sie hat den Nachteil, daß das spezifische Gewicht erscheint und die Kennziffer sich mit der Art der Förderflüssigkeit ändert, also z. B. für Wasser- und Gasförderung ganz verschieden ist. Man kann sich zwar helfen, indem man eine bestimmte Bezugsflüssigkeit, z. B. Wasser, vorschreibt. Diese einseitige Bindung wird aber beim Übergang von Wasser auf Luft oder Dampf erfahrungsgemäß nicht eingehalten, abgesehen davon, daß der Faktor 3,65 unbequem ist.

Wir werden im Rahmen dieses Buches vorwiegend die für alle Förderflüssigkeiten wie für Gase gleich geeignete Kennzahl n_q nach Gl. (7) benutzen, brauchen uns aber nur zu merken, daß man daraus die bisher bei Wasser als Energieträger benutzte Zahl n_s durch Multiplikation mit 3,65 erhält[1].

Die spezifische Drehzahl ist gemäß der Ableitung unabhängig vom Ausführungsmaßstab der zugehörigen Radform oder den gerade verwendeten Werten von n oder V oder H, weil die Reduktion auf $H = 1$ m und $V = 1$ m³/s stets das gleiche Rad liefert. In Übereinstimmung mit den Betrachtungen des vorigen Abschnittes ersieht man, daß die Kennzahlen mit wachsendem n oder V zunehmen, während sie mit wachsendem H abnehmen. Sie kennzeichnen gleichzeitig die *Schnelläufigkeit*, *Schluckfähigkeit* und den *Kehrwert der Druckfähigkeit* und könnten deshalb nicht bloß als *spezifische Drehzahl*, sondern ebenso als *spezifische Schluckfähigkeit* oder als *reziproke Druckfähigkeit* bezeichnet werden.

Für die S. 152 entwickelten Radformen ergeben sich folgende Kennzahlbereiche:

Radform I (Radialrad) Langsamläufer $n_q = 11$ bis 38
($n_s = 40$ bis 140),
Radform II (FRANCIS-Rad) Mittelläufer $n_q = 38$ bis 82
($n_s = 140$ bis 300),
Radform III (Schraubenrad) Schnelläufer $n_q = 82$ bis 164
($n_s = 300$ bis 600),
Radform IV (Axialrad u. Propeller) Schnellstläufer $n_q = 100$ bis 500
($n_s = 365$ bis 1800).

Man kann eine bestimmte Radform bzw. die zugehörige Kennzahl für alle denkbaren Betriebsverhältnisse, d. h. jedes Wertepaar von V und H, anwenden, wenn man sich mit der dann sich ergebenden Dreh-

[1] Wollte man eine Kennzahl haben, welche die Radform unabhängig davon kennzeichnet, ob sie für eine Pumpe oder Turbine benutzt wird, so müßte man offenbar auf $H_{th} = 1$ m statt $H = 1$ m reduzieren. Es wäre dann in Gl. (2) H durch $H_{th} = H/\eta_h$ (bei Turbinen durch $H\,\eta_h$, sofern dort die Fallhöhe durch H bezeichnet wird) zu ersetzen. Dabei wäre zu berücksichtigen, daß die Minderleistung durch die Auseinanderstellung der Schaufeln, d. h. die Zahl ψ' in Gl. (37), S. 134, stark verändert wird.

zahl abfindet. Da aber die Drehzahl sich mit Rücksicht auf den Antrieb in engen Grenzen zu bewegen hat und ferner auch allzu große Ausführungen oder allzu enge Kanäle sich von selbst verbieten, so ist tatsächlich bestimmten Wertepaaren von V und H auch ein bestimmter Bereich der spezifischen Drehzahl zugeordnet. Dabei ist zu berücksichtigen, daß Kavitation bzw. Schallgeschwindigkeit die Bewegungsfreiheit noch weiter einschränken.

Die Schnelläufigkeit der Kreiselpumpe ist fortwährend gesteigert worden, weil immer größer werdende Förderströme in einer Maschine bewältigt werden.

Die spezifische Drehzahl gilt grundsätzlich für das einzelne Rad. Bezieht man sie auf eine Pumpe mit mehreren Rädern, so wird sie gemäß Gl. (7) durch Hintereinanderschaltung von i Rädern auf das $1/i^{3/4}$-fache verkleinert und durch Parallelschaltung von j Rädern auf das $\sqrt{j}$-fache vergrößert, wobei die Vergleichspumpe stets nur ein Rad hat. Der Rückschluß auf die Radform geht dadurch verloren. Deshalb ist diese Erweiterung, strenggenommen, unzulässig.

Bei Gasförderung werden, wie S. 152 bereits erläutert, die Formen II und III selten verwendet und damit die Gebiete der Bauarten I und IV entsprechend weiter ausgedehnt, wodurch Zwangsformen mit weniger günstigen Eigenschaften entstehen, falls man nicht zu weitgehender Parallel- bzw. Hintereinanderschaltung der Räder schreitet.

a) Einfluß von β_2, $\varepsilon = c_{0m}/\sqrt{2gH}$, c_{2m}/c_{0m} und der Schaufelzahl. Den eindeutigen Zusammenhang zwischen Radform und spezifischer Drehzahl haben wir bisher dadurch erzielt, daß wir bei allen Radformen β_2, ε, den c_m-Verlauf, ebenso die Schaufelzahl z unverändert gelassen haben. Man wird jedoch ihren teilweise starken Einfluß auf die Radform dazu benutzen, den Bereich der praktisch ausführbaren spezifischen Drehzahlen zu erweitern und gibt deshalb zweckmäßig dem Langsamläufer ein größeres β_2 als dem Schnelläufer und das kleinste β_2 der Propellerpumpe, sofern nicht die Rücksicht auf den Wirkungsgrad oder die Gewinnung bestimmter Kennlinien (S. 436) von dieser Regel abzuweichen nötigt (z. B. Kesselspeisepumpen). Aus dem gleichen Grunde muß man den Wert ε mit der spezifischen Drehzahl stetig wachsen lassen (wie in Abschn. 29 näher gezeigt wird), weil der Schaufelwinkel β_1 am äußeren Faden nur in engem Bereich geändert werden kann. Für c_{2m}/c_{0m} gilt dies mit der Einschränkung, daß man hier aus konstruktiven Gründen viel weniger Bewegungsfreiheit besitzt und beim Propeller auf den Wert Eins angewiesen ist.

Für die Einlaufziffer ε und die Schaufelzahl z werden in den Abschnitten 28 und 29 Zusammenhänge mit der Radform abgeleitet. Hinsichtlich des Winkels β_2 sind bei Flüssigkeiten und Gasen die Bedingungen verschieden, wie bereits S. 152 gezeigt wurde.

Zu beachten ist, daß auch die Veränderlichkeit des Schaufelwirkungsgrades η_h mit dem Ausführungsmaßstab (S. 170) die Eindeutigkeit der Abhängigkeit der Radform von n_q oder n_s beeinträchtigt ebenso die weiterhin vorhandene Veränderlichkeit des Wellendurchmessers, der beim gleichen Rad um so kleiner sein kann, je niederer die verwendete Drehzahl ist.

Auch mittels der Druckziffer ψ zusammen mit der Lieferziffer φ (S. 157) läßt sich die spezifische Drehzahl n_q ausdrücken, wenn man noch die Nabenverengung $k = 1 - (d_n/D_s)^2$ einführt (d_n = Durchmesser der Nabe). Weil nämlich beim Rad mit in den Einlauf vorgezogener Eintrittskante

$$V = c_{0m} k D_s^2 \frac{\pi}{4} = \frac{c_{0m}}{u_{1a}} \left(\frac{D_s}{2}\right)^3 \frac{\pi^2 n}{30} k = \varphi \left(\frac{D_s}{2}\right)^3 \frac{\pi^2 n}{30} k,$$

so ergibt sich mit Gl. (1) und Gl. (13), S. 157

$$n_q = \frac{30}{\sqrt{\pi}} (2g)^{3/4} \left(\frac{D_s}{D_2}\right)^{3/2} \sqrt{k}\, \frac{\sqrt{\varphi}}{\psi^{3/4}} = 157{,}8 \left(\frac{D_s}{D_2}\right)^{3/2} \sqrt{k}\, \frac{\sqrt{\varphi}}{\psi^{3/4}}. \tag{10}$$

Für Axialmaschinen (Abb. 92a) ist hierin offenbar

$$D_2 = D_s = 2r_a \quad \text{und mit} \quad d_n = 2r_i \quad \text{wird} \quad k = 1 - \left(\frac{r_i}{r_a}\right)^2.$$

b) Dimensionsloser Ausdruck für die spezifische Drehzahl. Der in Gl. (7) oder (9) dargestellte Ausdruck für die spezifische Drehzahl hat den Nachteil, daß er nicht dimensionsfrei ist. Es ergeben sich deshalb für Länder mit verschiedenen Maßsystemen verschiedene Werte für n_q oder n_s (Fußnote 1, S. 153), was für den Außenhandel unbequem ist. Man erhält aber sofort eine dimensionslose Form, wenn man schreibt

$$n_q' = n \frac{\sqrt{V}}{(gH)^{3/4}}, \tag{11}$$

wobei dann strenggenommen die Drehzahl sich auf die Sekunde beziehen und selbstverständlich das Volumen in der dritten Potenz der Längeneinheit ausgedrückt werden muß. Die Hereinnahme der Erdbeschleunigung g ist nötig, weil die Flüssigkeitssäule H auf das Schwerefeld der Erde bezogen ist und also nur dort den verlangten Pressungsunterschied an ihrem unteren und oberen Ende aufweist. Die Größe gH gibt offenbar im Schwerefeld 1 den gleichen Förderdruck an wie die Höhe H im Schwerefeld der Erde. Sie kann auch als die auf die Masseneinheit (statt der Gewichtseinheit) bezogene Nutzarbeit betrachtet werden. Unter n_q' versteht man also die Drehzahl einer der ausgeführten in allen Teilen ähnlichen Pumpe, die bei der Förderhöhe 1 im Schwerefeld 1 den sekundlichen Förderstrom 1 liefert. Die allgemeine Verwendung dieser dimensionslosen Kennziffer ist anzustreben.

Im metrischen System ist in Gl. (5) $g = 9{,}81\ \text{m/s}^2$ und damit, wenn die Bezugnahme auf die Minute beibehalten wird

$$n_q' = 0{,}182 n \frac{\sqrt{V}}{H^{3/4}} = 0{,}182 n_q, \tag{11a}$$

Eine andere für die Schnelläufigkeit bisweilen verwendete Kennziffer[1] lautet

$$\sigma = \frac{2\sqrt{\pi}}{60} n \frac{\sqrt{V}}{(2gH)^{3/4}}, \tag{12}$$

[1] KELLER, C.: Axialgebläse vom Standpunkt der Tragflügeltheorie. Zürich 1934

die offenbar das $2^{1/4}\frac{\sqrt{\pi}}{60} = \frac{1}{28{,}53}$-fache von n_q' und das $\frac{1}{28{,}53\,g^{3/4}}$ $= \frac{1}{157{,}8}$-fache von n_q ist, so daß also allgemein

$$\sigma = \left(\frac{D_s}{D_2}\right)^{3/2} \sqrt{k}\,\frac{\varphi^{1/2}}{\psi^{3/4}} \tag{12a}$$

und beim Axialrad

$$\sigma = \sqrt{1 - \left(\frac{r_i}{r_a}\right)^2}\,\frac{\varphi^{1/2}}{\psi^{3/4}}. \tag{12b}$$

28. Weitere Kenngrößen

Neben den bereits behandelten Kenngrößen: Reaktionsgrad $\mathfrak{r}$ (Abschn. 23), Druckziffer ψ (Abschn. 25) und spezifische Drehzahl (Abschn. 27) sind noch folgende Kennzahlen im Gebrauch, die ebenfalls dazu dienen, die Eigenschaften geometrisch ähnlicher Maschinen unabhängig von ihrem jeweiligen Ausführungsmaßstab auszudrücken. Wir definieren diese Größen — in Abweichung von anderen Vorschlägen[1] — so, daß sich eine bestimmte Vorstellung damit verbinden läßt, weil der Ingenieur bei seiner Arbeit die Anschaulichkeit braucht. Solche weiteren Kenngrößen sind:

1. Für den Durchfluß V die *Lieferzahl* φ (neuerdings auch Volumzahl genannt):

$$\varphi = \frac{c_{0m}}{u_{1a}} = \frac{V}{F_0 u_{1a}}. \tag{13}$$

Dabei ist $c_{0m} = c_0 \sin\alpha_0 = V/F_0$ die Meridiankomponente der Einlaufgeschwindigkeit (Abb. 66) und $u_{1a} = \pi D_{1a} n/60$ die Umfangsgeschwindigkeit am größten Einlaufdurchmesser D_{1a} der Schaufel, der meist mit dem Durchmesser D_s des Einlaufes übereinstimmt, $F_0 = \pi/4 \cdot (D_s^2 - d_n^2)$ (wo d_n der Durchmesser der Radnabe) der Durchflußquerschnitt vor dem Radeinlauf. Nur bei einfach gekrümmten Schaufeln ist D_{1a} von D_s verschieden.

Zu beachten ist, daß hierbei die Geschwindigkeiten auf die Saugkante und nicht auf die Druckkante bezogen sind. Dies ist notwendig, weil der Durchfluß V, welcher durch die Lieferzahl gekennzeichnet werden soll, in erster Linie durch die Bedingung des stoßfreien Eintrittes, d. h. die Abmessungen des Einlaufes des Rades bestimmt ist. Bei dem praktisch wichtigsten Fall des senkrechten Eintrittes wird dadurch $\varphi = \mathrm{tg}\beta_{0a}$, wo β_{0a} den relativen Zuströmwinkel des äußersten Fadens bedeutet. Man verbindet also mit der Größe φ gleichzeitig einen bestimmten Zuströmwinkel, was aus dem Grund wichtig ist, weil *für diesen Zuströmwinkel bestimmte Optimalwerte bestehen*, die anzustreben sind (Abschn. 29).

Für viele Zwecke ist noch die Kenntnis der *Einlaufziffer*

$$\varepsilon = \frac{c_{0m}}{\sqrt{2gH}} \tag{13a}$$

[1] BWK 12 (1960) Nr. 3, S. 102/5

wichtig, auf die wir in Abschn. 29 näher eingehen werden. Sie stellt offenbar die Beziehung der Einlaufgeschwindigkeit zur Förderhöhe H her. Mit den oben genannten Größen φ und ψ steht ε in der Beziehung

$$\varepsilon = \frac{\varphi}{\psi^{1/2}} \frac{D_s}{D_2} \tag{13b}$$

die Zahl ε^2 wird im Ventilatorenbau auch *Drosselzahl* genannt.

2. Für die *Leistung* N verwendet man die *Leistungsziffer*

$$\nu = \frac{N}{\gamma/2g \cdot F_0 u_{1a}^3}, \tag{14}$$

wo N in mkp/s ausgedrückt ist. Stellt N die Nutzleistung $N = \gamma V H$ dar, so ist offenbar

$$\nu = \varphi \psi \left(\frac{D_2}{D_s}\right)^2. \tag{15}$$

3. Der *spezifische Raddurchmesser* δ. Auch der äußere Raddurchmesser D_2 läßt sich dimensionslos ausdrücken, indem man ihn ins Verhältnis setzt zu dem Durchmesser d einer vom Volumenstrom V durchströmten, unter dem Druckgefälle H stehenden Düse[1]. Man bezeichnet das so entstehende Verhältnis $\delta = D/d$ als *spezifischen Durchmesser* und erhält dafür den Wert

$$\delta = \frac{\sqrt{\pi}}{2} \left(\frac{2gH}{V^2}\right)^{1/4} D_2 \tag{16}$$

oder bei Benutzung der oben angegebenen Werte φ und ψ

$$\delta = \left(\frac{D_2}{D_s}\right)^{3/2} \frac{1}{\sqrt{k}} \frac{\psi^{1/4}}{\varphi^{1/2}} \tag{17}$$

oder mit Bezug auf Gl. (10), S. 156

$$\delta = \frac{157{,}8}{\psi^{1/2} n_q}. \tag{17a}$$

Dieser spezifische Durchmesser wächst also mit abnehmender spezifischer Drehzahl wie zu erwarten.

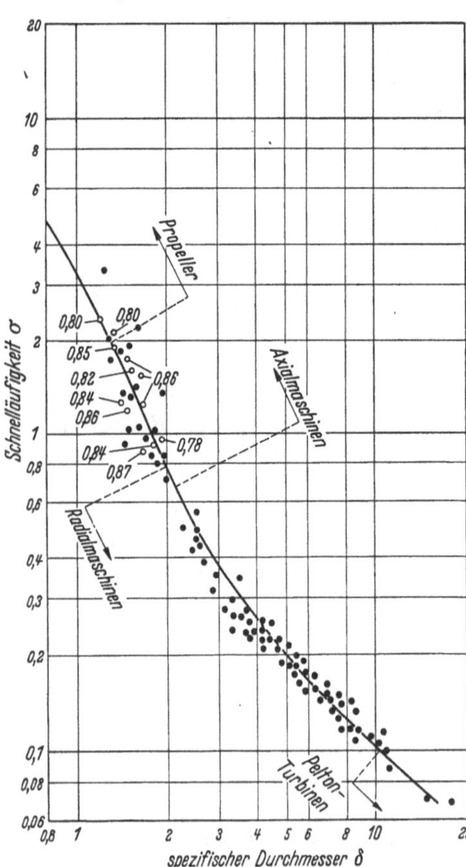

Abb. 93. Spezifischer Raddurchmesser für optimale Strömungsmaschinen (CORDIER-Kurve in Abhängigkeit von $\sigma = n_q/157{,}8$). (Eingetragene Zahlen sind Wirkungsgrade von Axialmaschinen)

[1] CORDIER, O.: BWK 5 (1953) S. 337—340; Vgl. auch E. BROEKER: Heizg.-Lüftg.-Haustechn. 10 (1959) Nr. 6, S. 155—161

Er wird neuerdings bisweilen zur Ordnung der Radformen benutzt. Ist sein Wert, der sich mittels Gl. (16) oder (17) ergibt — etwa in Abhängigkeit von n_q —, bekannt, so gestattet Gl. (16) eine bequeme Übersicht über die zu verwendenden Raddurchmesser, wenn V und H vorgeschrieben sind.

Abb. 93 gibt ein solches Bild[1], wie es nach dem Vorschlag von Cordier ermittelt worden ist (Cordier-Kurve), wieder. Dabei ist der spezifische Raddurchmesser δ als Abszisse und die Schnelläufigkeit σ nach Gl. (12), S. 156, als Ordinate aufgetragen, wobei zu beachten ist, daß $n_q = 157{,}8\,\sigma$. Turbinen sind ebenfalls mitberücksichtigt.

Die praktische Verwendbarkeit dieser Kurve scheint auf Teilgebieten, z. B. den Ventilatoren[2], vorzuliegen. Im übrigen bedarf sie aber noch der Bewährung, weil einerseits die Einbaubedingungen des Rades (Art der Leitvorrichtung oder gar ihr Fehlen) nicht berücksichtigt sind und andererseits keine Gesetzmäßigkeit bekannt ist, die die eindeutige gegenseitige Zuordnung von δ und n_q bedingt. Gl. (17a) enthält ja neben n_q noch die Druckzahl ψ, die bei gleichem n_q sehr starken Änderungen unterworfen ist. Bemerkenswert ist, daß $\delta\sigma = 1/\sqrt{\psi} = u_2/\sqrt{2gH}$, also gleich der sogenannten *Laufzahl* ist, die im Turbinenbau viel verwendet wird (vgl. Fußnote S. 148). Ferner steht δ mit der *Einlaufziffer* ε in der einfachen Beziehung

$$\delta = \frac{1}{\sqrt{\varepsilon k}}\,\frac{D_2}{D_s}. \tag{17b}$$

28a. Die Schaufelzahl z

Auch die Schaufelzahl kann man als Kenngröße ansprechen, weil ihre Wahl die Eigenschaften der Pumpe weitgehend beeinflußt. Zwar bringt eine geringe Schaufelzahl auch eine kleine Reibungsfläche mit sich, vereinfacht die Herstellung, und das stabile Verhalten der Pumpe wird gebessert (Abschn. 92). Aber es verschlechtert sich die Führung der Strömung. Die rechnerische Festlegung der günstigsten Schaufelzahl aus diesen Bedingungen heraus ist nicht möglich. Dementsprechend gibt es auch keine allgemein anerkannte Regel für die Bestimmung der Schaufelzahl.

Bei *radialen* Schaufelrädern nimmt man häufig die Summe der Schaufellängen $L = e/\sin\beta_m$ dem Umfang des mittleren Schaufelkreises vom Halbmesser r_m (Abb. 94) proportional und erhält dann die Beziehung

$$z = 2k\,\frac{r_m}{e}\,\sin\beta_m. \tag{18}$$

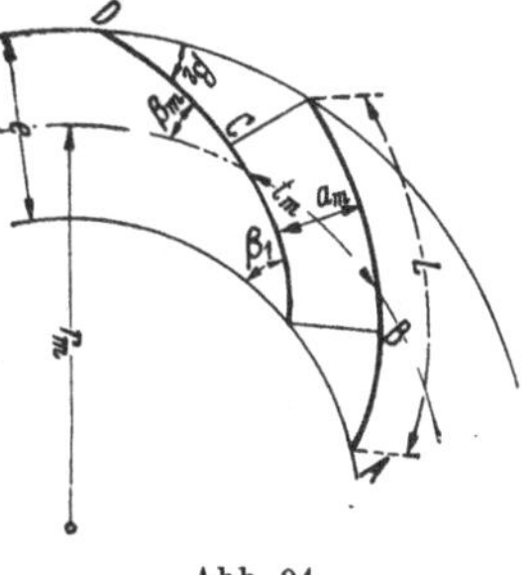

Abb. 94

Für eine *doppelt gekrümmte Schaufel* bedeutet in Gl. (18) mit Bezug auf Abb. 94a

e bzw. r_m die abgewickelte Länge bzw. den Halbmesser des Schwerpunktes der mittleren Flußlinie AB,

[1] Entnommen aus Bühning, P. G.: VDI-Forsch.-Heft 468

[2] Eck, B.: Konstruktion 12 (1960) Nr. 6, S. 252ff.

β_m den mittleren Schaufelwinkel der zugehörigen Stromlinie, also angenähert $(\beta_1 + \beta_2)/2$.

Die Zahl k ist ein aus bewährten Ausführungen zu entnehmender Erfahrungswert. Sie ist um so kleiner, je größer die Schaufeldicke s_1 am Eintritt im Vergleich zu e ist, weil die Schaufelverengung am Eintritt nicht zu groß sein soll. Bei *gegossenen* Rädern kann sie gleich 6,5 genommen werden, so daß

$$z = 13 \frac{r_m}{e} \sin \frac{\beta_1 + \beta_2}{2}. \tag{19}$$

Für Radialpumpen mit einfach gekrümmter Schaufel ist $r_m = \frac{1}{2}(r_1 + r_2)$, $e = r_2 - r_1$, also

$$z = 6{,}5 \frac{r_2 + r_1}{r_2 - r_1} \sin \frac{\beta_2 + \beta_1}{2} = 6{,}5 \frac{D_2 + D_1}{D_2 - D_1} \sin \frac{\beta_2 + \beta_1}{2}. \tag{20}$$

Bei *Luftverdichtern der radialen Bauart,* wo man dünne Blechschaufeln verwendet und genötigt ist, die Druckziffer mit allen Mitteln zu steigern, findet man auch wesentlich höhere Schaufelzahlen, entsprechend $k = 6{,}5$ bis 11.

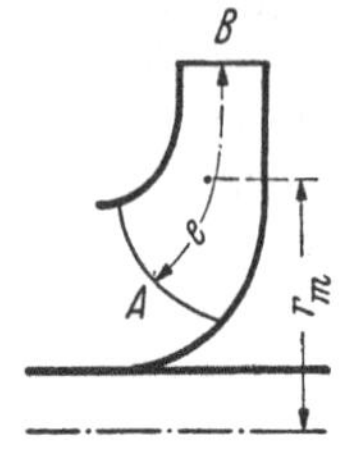

Abb. 94 a. Doppelt gekrümmte Schaufel

Auch andere Faustregeln sind im Gebrauch. LEWINSKY-KESSLITZ empfiehlt für gegossene Räder die Formel

$$z = 17 \sin\beta_2 \sqrt{\frac{D_s}{D_2}}, \tag{21}$$

wobei sich etwas kleinere Werte ergeben als nach Gl. (20).

Ist die Rücksicht auf Vermeidung einer großen Eintrittsverengung nicht zu vereinbaren mit einer ausreichenden Führung, was insbesondere bei kleinen β_1 in Verbindung mit steilen Winkeln β_2, also stark erweiterten Kanälen eintreten kann, so sind Zwischenschaufeln, die sich nur auf das Austrittsende einer normalen Schaufel erstrecken, am Platz (Abb. 138).

Gl. (18) bis (20) sind auch für Leitschaufeln brauchbar.

Bei *Axialschaufeln* wird bisweilen von einem bestimmten Verhältnis zwischen Schaufellänge L und mittlerer Kanalweite $a_m \approx t \sin \frac{\beta_1 + \beta_2}{2}$ ausgegangen. Man erhält dann mit $L = e / \sin \frac{\beta_1 + \beta_2}{2}$.

$$z = 2\pi C \frac{r}{e} \sin^2 \frac{\beta_1 + \beta_2}{2}. \tag{22}$$

Wählt man hierin $C = 2{,}5$, so findet man

$$\frac{t}{L} = \frac{2r\pi}{zL} = \frac{1}{2{,}5 \sin \frac{\beta_1 + \beta_2}{2}}, \tag{22a}$$

welchen Wert man etwa als *untere Grenze* betrachten muß.

Bei den Axialschaufeln großer Schnelläufigkeit, also den Propellern (Abschnitt 67), ist die Schaufel als Tragflügel zu berechnen. Dabei ergeben sich zwangsläufig größere Schaufelabstände.

29. Die Einlaufziffer $\varepsilon = c_{0m}/\sqrt{2gH}$

Zunächst soll gezeigt werden, daß durch Wahl eines bestimmten Wertes ε auch der relative Zulaufwinkel und damit der Schaufelwinkel β_1 festgelegt sind.

Wir betrachten die Verhältnisse im Punkt a_1 der äußeren Flußlinie $a_1 a_2$ (Abb. 92), nehmen also an, daß die Schaufelkante in den axialen Einlauf vorgezogen sei, wie das bei hochwertigen Ausführungen meist geschieht. Dabei wollen wir den allgemeinen Fall zugrunde legen, wo c_0 nicht in einer Meridianebene liegt und also der Geschwindigkeitsplan der Abb. 66 gilt mit $u_1 = u_{1a} = \pi D_s n/60$. Dann ist im Saugmund ein Drall und damit im Punkte a_1 eine Umfangskomponente c_{0u} vorhanden, wie dies bei Verdichtern, insbesondere Axialverdichtern (S. 284) häufig vorkommt. Diese Umfangskomponente kennzeichnen wir durch die *relative Drallziffer*

$$\delta_r = 1 - \frac{c_{0u}}{u_{1a}}, \tag{23}$$

die im Regelfall der Drallfreiheit offenbar gleich Eins ist. Dann ist die Einlaufziffer ε definiert durch

$$\varepsilon = \frac{c_{0m}}{\sqrt{2gH}}. \tag{24}$$

Der Durchmesser D_s des Saugmundes ist mit dem Förderstrom V verbunden durch die Bedingung der Kontinuität. Nehmen wir den Einlaufquerschnitt gleich $k\pi D_s^2/4$, wobei k den Verengungseinfluß der Nabe berücksichtigt und beträgt (wenn d_n der Nabendurchmesser ist)

$$k = 1 - \frac{d_n^2}{D_s^2}. \tag{25}$$

Dann ist

$$V = k\frac{\pi D_s^2}{4} c_{0m},$$

wo

$$c_{0m} = (u_{1a} - c_{0u}) \operatorname{tg}\beta_{0a} = \delta_r u_{1a} \operatorname{tg}\beta_{0a} = \delta_r \frac{\pi D_s n}{60} \operatorname{tg}\beta_{0a}. \tag{25a}$$

Damit wird

$$V = \frac{k\,\delta_r \pi^2}{240} D_s^3 n \operatorname{tg}\beta_{0a}, \tag{26}$$

woraus

$$D_s = \sqrt[3]{\frac{240\,V}{\pi^2 k\,\delta_r n \operatorname{tg}\beta_{0a}}}. \tag{27}$$

Gl. (27) schreibt man für den praktischen Gebrauch besser in der Form:

$$\frac{D_s}{2} = r_s = \sqrt[3]{\frac{V}{\pi k\,\delta_r \omega \operatorname{tg}\beta_{0a}}}. \tag{27a}$$

Weil nun mit Bezug auf Gl. (25a)

$$\varepsilon = \frac{c_{0m}}{\sqrt{2gH}} = \frac{\delta_r \pi D_s n}{60\sqrt{2gH}} \operatorname{tg}\beta_{0a},$$

so ergibt sich nach Einführung des Wertes von D_s aus Gl. (27) und kurzer Umformung

$$\varepsilon = \frac{\pi}{60\sqrt{2g}}\,\delta_r \operatorname{tg}\beta_{0a} \sqrt[3]{\frac{240}{\pi^2 k\,\delta_r \operatorname{tg}\beta_{0a}}\,\frac{n^2 V}{H^{3/2}}}.$$

Darin ist $\frac{n^2 V}{H^{3/2}} = n_q^2$. Faßt man die Zahlenwerte mit $g = 9{,}81\ \text{m/s}^2$ zusammen, so ergibt sich

$$\varepsilon = 0{,}0341 \left(\frac{\delta_r n_q}{\sqrt{k}} \operatorname{tg} \beta_{0a} \right)^{2/3}. \tag{28}$$

Dies ist der allgemeine Ausdruck für die Einlaufziffer[1]. Wie erwähnt, ist bei Drallfreiheit $\delta_r = 1$.

Man erkennt, daß durch Annahme von ε auch über den Schaufeleintrittswinkel β_{0a} verfügt ist. Ferner ist ersichtlich, daß ε mit wachsender Schnelläufigkeit zunehmen muß, wenn für β_{0a} bestimmte Werte gefordert werden. Letzteres ist stets (wie in Abschn. 37 und 43 gezeigt wird) ohne Rücksicht auf die Größe von δ_r, d. h. auch bei Vorhandensein eines Eintrittsdralles der Fall.

Man müßte also eigentlich diesen Winkel β_{0a} bei der Radberechnung vorschreiben und D_s aus Gl. (27) errechnen, was ebenso anschaulich wäre wie die Annahme der Einlaufziffer ε und den Vorzug hätte, daß der gewünschte Winkel β_{0a}, der unabhängig von der Radform ist und auf dessen Einhaltung es ankommt, in der Rechnung erscheint.

Für den Anfänger ist es aber naheliegend, von der absoluten Eintrittsgeschwindigkeit c_0 bzw. c_{0m}, d. h. von ε auszugehen. Wir wollen diese ε-Werte näher festlegen.

Die optimale Größe des Winkels β_{0a} kann bei Wasserförderung durch die Rücksicht auf Kavitation (größtmögliche Saughöhe), bei Luftförderung durch die Rücksicht auf Überschall (*Ma*-Zahl) bedingt sein. In Abschn. 37 wird gezeigt werden, daß die optimale Saugfähigkeit etwa bei einem Winkel $\beta_{0a} = 18°$ vorliegt. Die Rücksicht auf Überschall bedingt nach Abschn. 43 Werte von $\beta_{0a} = 32$ bis $35°$, die also etwa doppelt so groß sind. Sowohl bei Wasser- wie Luftförderung kommt noch die Rücksicht auf Kleinhaltung der Reibungsverluste hinzu, die ähnlich große Zulaufwinkel fordert wie die Überschallgrenze, so daß man also bei Luftförderung nicht im Zweifel darüber sein kann, daß die großen Winkel β_{0a} am Platz sind, zudem dadurch gemäß Gl. (27) die Radabmessungen verkleinert werden. (Bei Axialmaschinen ist aber die Notwendigkeit der Rückgewinnung der mit den großen ε-Werten verbundenen Abströmgeschwindigkeiten zu beachten.)

Bei Wasserförderung dürfte meist die Rücksicht auf die Saugfähigkeit überwiegen, so daß dort die kleinen β_{0a} die Regel bilden. Doch sind auch hier die Vorteile der großen Zulaufwinkel hinsichtlich Wirkungsgrad und Radabmessungen in den Fällen zu beachten, wo Kavitation keine Rolle spielt (z. B. in den oberen Stufen mehrstufiger Pumpen).

Es muß besonders darauf hingewiesen werden, daß die zu treffende Festlegung nur den Winkel β_0 der relativen Zuströmgeschwindigkeit und nicht den Schaufelwinkel β_1 betrifft. Letzterer muß meist größer

---

[1] Vgl. auch I. Ausländer: Konstruktion 10 (1958) Heft 10, S. 407—410, insbesondere Gl. (11) u. (12) und Bild 3

als β_0 sein, weil der Einfluß der Eintrittskontraktion und der Schaufeldicke den der Eintrittsablenkung (S. 125) überwiegt.

Nimmt man die Grenzwerte von β_{0a} sehr weit zu $\beta_{0a} = 14$ bis $36°$, so wird nach Gl. (28)

$$\varepsilon = (1{,}35 \text{ bis } 2{,}80)\, 10^{-2} \left(\frac{\delta_r n_q}{\sqrt{k}}\right)^{2/3}. \tag{29}$$

Im allgemeinen empfiehlt es sich bei praktischen Rechnungen, die vorstehende Gleichung oder Gl. (28) zu benutzen. Dies ist insbesondere bei Axialrädern notwendig, weil dort sowohl die Nabenverengung k als auch die relative Drallziffer δ_r in weiten Grenzen schwanken.

Bei Radialrädern ist meist $\delta_r = 1$; ferner kann hier k im Mittel gleich 0,8 gesetzt werden. Mit diesen beiden Werten ergibt Gl. (29)

$$\varepsilon = (1{,}48 \text{ bis } 3{,}05)\, 10^{-2} n_q^{2/3} \tag{30}$$

oder in anderer Schreibweise

$$= 0{,}32 \text{ bis } 0{,}65 \left(\frac{n_q}{100}\right)^{2/3}. \tag{30a}$$

Die bisher abgeleiteten Beziehungen gelten für alle Räder mit in den Einlauf vorgezogener Saugkante, deren äußerer Punkt a_1 ungefähr im zylindrischen Teil des Saugmundes liegt. Bei Radialrädern trifft dies aber nur für spezifische Drehzahlen über $n_q \approx 45$ ($n_s = 164$) unbedingt zu. Unterhalb dieser Grenze wird die Schaufelkante häufig nach außen, also hinter die Krümmung verschoben, damit die einfach gekrümmte Schaufel möglich wird. Infolge der damit verbundenen Vergrößerung von D_1 verkleinert sich β_0. Man müßte also den Exponenten der Gl. (30) gegenüber dem obigen Wert $\frac{2}{3}$ gleichlaufend mit n_q um so mehr verkleinern, je mehr die Schaufelkante sich der achsparallelen Lage nähert. Es ist weitgehend üblich, für das ganze Gebiet der Langsamläufer zu wählen.

$$\varepsilon = 0{,}1 \text{ bis } 0{,}3. \tag{31}$$

In den Gln. (29) bis (31) gelten nach dem früher Gesagten die unteren Zahlenbeiwerte für Wasserförderung, die oberen für Luftförderung.

Mit Gl. (30) erhält man für die Einlaufgeschwindigkeit $c_{0m} = \alpha\sqrt{2g}\,(n^2 V)^{1/3}$, worin α der in dieser Gleichung erwähnte Zahlenbeiwert ist. Dieser Ausdruck zeigt, daß c_{0m} nicht unmittelbar von H abhängt, wie ja auch bei der Art der Ableitung des Wertes ε nicht anders zu erwarten ist. Trotzdem ist die Einführung der Einlaufziffer ε gerechtfertigt, weil dadurch die Verbindung mit der spezifischen Drehzahl hergestellt wird und bei gleicher Radform c_{0m} auch tatsächlich proportional zu $\sqrt{H}$ wächst.

30. Wirkungsgrad und Schnelläufigkeit
Grenzen der Anwendbarkeit der Kreiselpumpe

Die Betrachtung der im Abschn. 26 abgeleiteten Radformen zeigt, daß eine Zunahme der Schnelläufigkeit eine Verkleinerung des Raddurchmessers, also auch der Reibungsfläche inner- und außerhalb des Rades zur Folge hat. Die Geschwindigkeit in den Laufkanälen bleibt im Mittel etwa gleich. Es ist also zu erwarten, daß die Schaufelverluste mit wachsender Schnelläufigkeit abnehmen. Für Radreibung und Spaltverlust gilt, wie folgende Überlegung zeigt, das gleiche.

Der Ausdruck für die Radreibung in PS nach Gl. (87a), S. 103

$$N_r = \text{konst.}\, u_2^3 D_2^2 \gamma$$

läßt sich durch Heranziehung der Druckziffer ψ, also mittels der Gleichung

$$u_2 = \sqrt{\frac{2gH}{\psi}},$$

wo ψ für gleiche Austrittsverhältnisse, d. h. gleiche β_2 und c_{2m}/u_2 sowie gleiche Leitvorrichtung als konstant angesehen werden kann, schreiben in der Form

$$N_r = k_1 H^{3/2} D_2^2 \gamma, \tag{31a}$$

wenn $k_1 \equiv \text{konst.}\,(2g/\psi)^{3/2}$.

Demnach wächst die Radreibung für eine gegebene Förderhöhe H proportional zum Quadrat des Raddurchmessers oder zur Größe der Radfläche. Man muß also bestrebt sein, den Raddurchmesser möglichst klein, d. h. die Drehzahl möglichst hoch zu halten. Schnelläufige Räder haben demnach eine kleinere Radreibung als langsamläufige.

Beim Spaltverlust ist die Sachlage ähnlich. Man kann jedenfalls feststellen, daß auch die Spaltverlustleistung mit wachsendem n_q sich im Verhältnis zur Nutzleistung verkleinert, weil der Spaltquerschnitt sich, wenn auch nur wenig, verkleinert. Diese Verkleinerung rührt daher, daß die Eintrittsgeschwindigkeit c_s um so größer genommen wird, je höher n_q, wie Gl. (30) für ε beweist.

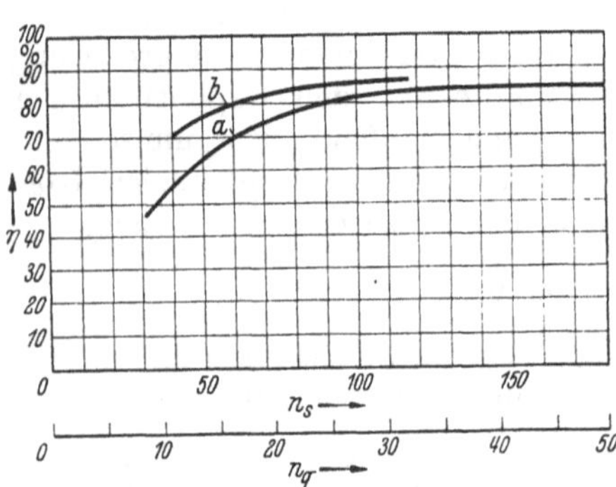

Abb. 95. Anwachsen des Wirkungsgrades mit der Schnelläufigkeit nach F. KRISAM (KSB)

Kurve *a*: Pumpen ohne Austrittsleitrad mit Spiralgehäuse Kurve *b*: Pumpen mit Austrittsleitrad und Spiralgehäuse

Hiernach ist zu erwarten, daß der Wirkungsgrad der Pumpe sich mit wachsendem n_q verbessert. Dies wird durch die Erfahrung voll bestätigt. Abb. 95 gibt die mit serienmäßig hergestellten, einstufigen Pumpen für kleine und mittlere Leistungen erreichten Wirkungsgrade[1] an, wobei zu beachten ist, daß für das gleiche n_q der Wirkungsgrad noch von der *Re*-Zahl (d. h. Pumpengröße und Drehzahl), ferner von der Güte der Konstruktion (Wahl von β_2, einfache oder doppelte Schaufelkrümmung, Art der Leitvorrichtung) und schließlich von der Güte der Ausführung (Glättung der Wände, Ausführung der Spalte) abhängt (Abschn. 32).

---

[1] KRISAM, F.: Z. VDI 94 (1952) Nr. 11/12; vgl. auch K. RÜTSCHI: Schweiz. Bauztg. 209 (1937) S. 63

Man kann hiernach eine untere Grenze der spezifischen Drehzahl angeben, bei deren Unterschreitung der Wirkungsgrad der Kreiselpumpe wirtschaftlich nicht mehr tragbar ist. Hierbei entstehen sehr schmale Räder. Wird diese Grenze zu $n_q = 10$ ($n_s = 36{,}5$) genommen, so folgt als Bedingung für die Anwendbarkeit der Kreiselpumpe

$$\frac{n\sqrt{V}}{H^{3/4}} \geqq 10 \tag{32}$$

oder

$$V \geqq 100\frac{H^{3/2}}{n^2} \tag{32a}$$

oder

$$H \leqq 0{,}0464\, n^{4/3}\, V^{2/3}. \tag{33}$$

In Verbindung mit einer vorgeschriebenen Drehzahl (die dann möglichst groß sein muß) sind demnach kleine Förderströme oder große Förderhöhen für die Kreiselpumpe nicht geeignet. Besonders ungünstig liegen naturgemäß die Verhältnisse, wenn diese beiden Bedingungen zusammentreffen, also kleine Förderströme auf große Höhen zu fördern sind. Setzen wir in die obigen Gleichungen die größtmögliche Drehzahl des Drehstrommotors bei 50 Hz, also $n = 3000$/min, so erhalten wir folgende Grenzwerte

$$V_{\min} = 11{,}1 \cdot 10^{-6} H^{3/2} \tag{34}$$

$$H_{\max} = 0{,}2 \cdot 10^4\, V^{2/3}, \tag{35}$$

also z. B. aus Gl. (34) für $H = 30$ m, $V_{\min} = 1{,}82 \cdot 10^{-3}$ m^3/s $= 1{,}82$ l/s oder aus Gl. (35) für $V = 1$ l/s $= 0{,}001$ m^3/s, $H_{\max} = 20$ m.

Bei *Luftförderung* ist zwar die Einlaufzahl ε größer als bei Wasserförderung. Dieser Einfluß wird aber ausgeglichen durch das ebenfalls vergrößerte β_2, so daß die oben angegebene Grenze mindestens bestehenbleiben muß. Bei radial beaufschlagten Turbokompressoren, welche in der 1. Stufe etwa eine Förderhöhe von 3000 m haben sollten (damit die Stufenzahl nicht zu groß wird), erhält man gemäß Gl. (32a) als kleinstzulässigen Ansaugestrom

$$V_{\min} = 16{,}5 \cdot 10^6/n^2, \tag{36}$$

z. B. für $n = 3000$ U/min, $V_{\min} = 1{,}83$ m^3/s $= 6600$ m^3/h.

Zu beachten ist, daß man bei großen Leistungen die untere Grenze für den Wirkungsgrad und also auch für die Schnelläufigkeit höher einsetzen wird.

Ist der verlangte Förderstrom kleiner bzw. die gewünschte Förderhöhe größer als bei vorgeschriebener Drehzahl sich mit einem annehmbaren n_q, also einem annehmbaren Wirkungsgrad, vereinbaren läßt, so ist die mehrstufige Ausführung am Platz, deren Räder bei gleicher Drehzahl (S. 154) eine höhere Schnelläufigkeit, also auch einen besseren Wirkungsgrad besitzen als die einstufige Maschine gleicher Leistung und Drehzahl. Je kleiner V ist, um so kleiner ist aber bei vorgeschriebener

Drehzahl nach Gl. (33) die größtzulässige Stufenförderhöhe, um so höher wird also die Stufenzahl sein. Bei Unterschreitung eines gewissen Förderstromes ist also in Verbindung mit vorgeschriebenen Drehzahlen selbst die Mehrstufenanordnung nicht mehr in der Lage, Abhilfe zu schaffen. In diesem Fall muß die Strömungsmaschine der Kolbenmaschine das Feld räumen, wenn man nicht zu den im Anhang dieses Buches unter B 1. und 2. behandelten Sonderbauarten greifen will.

Der günstige Einfluß der *hohen* Schnelläufigkeit auf den Wirkungsgrad wird dadurch wieder teilweise aufgehoben, daß hier bei Teillast der Wirkungsgrad rasch absinkt (wegen des hohen Eintrittsstoßes und weil Sekundärströmungen sich bilden, S. 410). Ebenso darf die verschlechterte Saugfähigkeit bei Wasserförderung (S. 194) bzw. größere Schallgeschwindigkeitsnähe bei Luftförderung nicht unbeachtet bleiben.

31. Beurteilung der Mehrstufen- und Mehrstromanordnung

Im Vorstehenden ist gezeigt, daß der Übergang zur mehrstufigen Ausführung nötig ist, wenn die einstufige Pumpe gleicher Drehzahl in den stark abfallenden Bereich der (η, n_q)-Kurve der Abb. 95 kommt, weil bei gleicher Drehzahl die Schnelläufigkeit des Einzelrades der Pumpe mit i Stufen sich auf das $i^{3/4}$-fache erhöht. Es entsteht nun die Frage, ob dieser Vorzug der Mehrstufenausführung aufrechterhalten werden kann, wenn bei der Wahl der Drehzahl volle Bewegungsfreiheit nach oben oder unten besteht, so daß sie in beiden Fällen ihren bestmöglichen Wert erhält. Diese Voraussetzung ist zwar selten ganz erfüllt, soll aber jetzt zur Vervollständigung des Bildes gemacht werden. Ferner soll vom Einfluß der Dichteänderung des Fördermittels abgesehen werden.

Wenn wir zunächst gleiche Raddurchmesser der ein- und mehrstufigen Ausführung annehmen, so werden Spaltverlust und Radreibung folgendermaßen beeinflußt:

Durch die Verteilung der Förderhöhe auf i Stufen wird auch das Spaltgefälle des Einzelrades auf den i-ten Teil, also der Spaltverlust auf den $\sqrt{i}$-ten Teil zurückgeführt, falls der Undichtheitsquerschnitt der gleiche bleibt (weil nicht die Summe der Verlustströme der einzelnen Stufen dem Förderstrom gegenübergestellt werden muß, sondern der Verluststrom einer Stufe). Tatsächlich kommt aber der Verluststrom durch den Achsschubausgleich hinzu, so daß dieser Vorteil ziemlich aufgehoben wird.

Für die Radreibung der i Räder der mehrstufigen Pumpe ergibt sich, wenn die Fußzeichen I und i sich auf die ein- bzw. i-stufige Pumpe beziehen, nach Gl. (31a)

$$N_{ri} = i\, k_1 \left(\frac{H}{i}\right)^{3/2} D_2^2\, \gamma = \frac{k_1}{\sqrt{i}}\, H^{3/2} D_2^2\, \gamma = \frac{N_{rI}}{\sqrt{i}}, \tag{37}$$

so daß die Radreibung trotz der vergrößerten Radzahl auf den $\sqrt{i}$-ten Teil herabsinkt.

Die Annahme gleichen Raddurchmessers D_2 der ein- und mehrstufigen Pumpe bei gleichem V ist aber nicht gerechtfertigt. Vielmehr ist D_2 bei der mehrstufigen Pumpe wider Erwarten größer als bei der einstufigen, sofern D_2/D_s gleichbleibt, weil die verkleinerte Stufenförderhöhe auch kleinere Geschwindigkeiten und damit größere Querschnitte bedingt.

Wir wollen der Einfachheit halber diesen Umstand berücksichtigen, indem wir geometrisch ähnliche Radform, also die gleiche spezifische Drehzahl n_q für die ein- und mehrstufige Ausführung vorschreiben. Das ist nach Gl. (7) nur möglich, wenn die Drehzahl der einstufigen Pumpe auf das $i^{3/4}$-fache der mehrstufigen erhöht wird und ihre Radabmessungen [wie man am einfachsten aus Gl. (45), S. 175, sieht] auf den $i^{1/4}$-ten Teil verkleinert werden. Dadurch verschlechtern sich die Verhältnisse der mehrstufigen gegenüber der einstufigen Pumpe. Infolge der geometrischen Ähnlichkeit sind alle inneren Verluste je Stufe, also Radreibung, Spaltverlust, Schaufelverlust, wobei nur der Auslaßverlust ausgenommen ist, dem REYNOLDSschen Gesetz unterworfen, wonach auf 1 kp/s Förderstrom ein Energieverlust je Rad von $h_v = k\,u^2/2g$ entfällt. Dabei ist k eine mit wachsender Re-Zahl abnehmende Konstante und u irgendeine kennzeichnende Geschwindigkeit, z. B. die Umfangsgeschwindigkeit. Weil nun $u_I^2 = i\,u_i^2$, ferner der Gesamtverlust der i-Räder

$$h_{v\,i} = i\,k_i \frac{u_i^2}{2g} = k_i \frac{u_I^2}{2g}, \tag{38}$$

so verhalten sich die erwähnten Verluste einfach wie k_I zu k_i. k_I ist aber kleiner als k_i, weil die Re-Zahl des Rades der einstufigen Pumpe trotz des kleineren Durchmessers höher ist als die der mehrstufigen Pumpe, und zwar ist

$$\frac{Re_I}{Re_i} = \frac{u_I D_I}{u_i D_i} = \frac{\sqrt{i}\,u_i D_i/i^{1/4}}{u_i D_i} = i^{1/4}. \tag{38a}$$

Ferner kommen bei der mehrstufigen Pumpe noch die Übergangsverluste von Stufe zu Stufe hinzu, die bei Radialrädern erheblich ins Gewicht fallen.

Wird also der Auslaßverlust vernachlässigt, so kann das Ergebnis dahin zusammengefaßt werden, daß bei bestmöglicher Wahl der Drehzahl und bei vernachlässigbarer Dichteänderung des Fördermittels der Wirkungsgrad der mehrstufigen Pumpe schlechter ist als der der einstufigen Pumpe.

Dabei haben wir volle geometrische Ähnlichkeit, also beim kleinen Rad der einstufigen Maschine eine kleinere Oberflächenrauhigkeit und kleinere Spalte vorausgesetzt, was sich nicht immer mit den Herstellungsverfahren vereinbaren läßt.

Die bisher vorgenommene Vernachlässigung des Auslaßverlustes ist ferner nur in seltenen Fällen zulässig. Berücksichtigt man, daß die Auslaßenergie bei Mehrstufigkeit nur den i-ten Teil gegenüber der Einstufigkeit ausmacht, so ändern sich die Verhältnisse grundlegend in all den Fällen, in denen ihr Rückgewinn wichtig, aber unvollkommen ist. Bei der Pumpe oder dem Verdichter arbeitet der nachgeschaltete Diffusor mit Verlusten. Dieser Einfluß ist bei der axialen Bauart so erheblich, daß der Wirkungsgrad mit der Stufenzahl im allgemeinen wächst. Bei der radialen Bauart (Abb. 142) sind aber die Übergangsverluste zwischen den Stufen beträchtlich und deshalb die Entscheidung fraglich. Man sieht, daß der Ausbildung eines guten Enddiffusors nicht nur beim Saugrohr der FRANCIS- oder KAPLAN-Turbine, sondern auch bei den mehrstufigen Strömungsmaschinen unter Umständen entscheidende Bedeutung zukommt und die Diffusorverluste zur Verwendung mäßiger Durchflußziffern ε oder φ (S. 157) zwingen können.

Man ist zur Anwendung der Mehrstufigkeit gezwungen, wenn die Drehzahl fest vorgeschrieben und klein ist (weil dann die dadurch bedingte Schnelläufigkeit zu klein ist) oder die zulässige Saughöhe bzw. die Schallgrenze überschritten ist. Bei Verdichtern hohen Druckes würde die einstufige Ausführung meist zu hohe Drehzahlen fordern und tief in das Überschallgebiet mit seinen erhöhten Verlusten hineinführen. Dabei spielt auch die etwaige Rücksicht auf Unterbringung eines Wärmeaustauschers (Kühlfläche beim Verdichter) eine Rolle.

Allgemein ist zu beachten, daß der Wirkungsgrad der einzelnen Stufe nach Abschn. 30 um so besser ist, je größer die spezifische Drehzahl des Einzelrades ist. Es empfiehlt sich also, jede Stufe mit möglichst hoher Schluckfähigkeit, also möglichst hohem Verhältnis b/D auszubilden. Dabei setzt aber die Rücksicht auf die Stufenzahl eine Grenze.

Mehrstromanordnung ist unter der gemachten Voraussetzung der Ähnlichkeit der Beschaufelung hinsichtlich des Wirkungsgrades stets ungünstiger als die einflutige Ausführung, weil die *Re*-Zahl herabgesetzt wird. Sind aber nur langsamläufige Radformen bei vorgeschriebener Drehzahl am Platze (Speicherpumpen, Hochofengebläse), so muß zur Unterteilung der sehr großen Förderströme gegriffen werden, wobei außerdem die Unterteilung der Förderhöhe zwecks Herabsetzung der Kavitationsgefahr oder der Umfangsgeschwindigkeit nötig sein kann (Abb. 280 und 281).

32. Modellgesetze. Umrechnungsformeln

Bei Neukonstruktionen großer Leistung werden zur Verringerung des Wagnisses Versuchsmodelle kleinen Maßstabes aber genau geometrisch ähnlicher Ausführung, also auch gleicher spezifischer Drehzahl, ausprobiert, wobei es dann nötig ist, die am Modell gewonnenen Erkenntnisse sicher auf die Großausführung zu übertragen. Außerdem besteht ganz allgemein das Bedürfnis, die mit einer Maschine gemachten Erfahrungen auf eine größere oder kleinere Ausführung oder andere Förderflüssigkeiten zu übertragen.

Neben voller geometrischer Ähnlichkeit (die sich auch auf die Oberflächenrauhigkeit und die Spaltweiten, was besonders schwierig zu verwirklichen ist, zu erstrecken hat) sind zur Herbeiführung voller

Ähnlichkeit der Strömung, also voller Übereinstimmung der Verlustziffern, folgende Bedingungen zu erfüllen:

Gleichheit der *Re*-Zahl $Re = c\,d/\nu$. Hinzu kommt

bei *Wasserförderung* Gleichheit der Kavitationsnähe (Abschn. 37),

bei *Gasverdichtung* (ohne Kühlung) Gleichheit der *Ma*-Zahl (oder der im Abschn. 43 erläuterten Schallziffer S) und des Adiabatenexponenten $\varkappa = c_p/c_v$ (Näheres vgl. Abschn. 43 und 117).

Die Gleichheit der Kavitationsnähe ist aber nur an der Grenze der zulässigen Saughöhe wichtig. Bei Gasförderung muß die Gleichheit der *Ma*-Zahl nur bei großen Gasgeschwindigkeiten, d. h. über 100 m/s, beachtet werden. Ebenso ist die Gleichheit von $\varkappa$ nur zusammen mit der *Ma*-Zahl von Bedeutung. Die Gleichheit von $\varkappa$ ist bei Gasen gleicher Atomzahl von vornherein erfüllt. In vielen Fällen genügt es also, die *Re*-Zahl gleichzuhalten. Bei Beachtung aller erwähnten Gesichtspunkte werden dann nicht bloß die Wirkungsgrade übereinstimmen, sondern auch irgendwelche Eigentümlichkeiten im Verhalten bei Teil- oder Überlast die gleichen sein.

Bei der Bildung der *Re*-Zahl $c\,d/\nu$ nimmt man zweckmäßig für d den Raddurchmesser D_2, den wir im folgenden der Kürze halber mit D bezeichnen, für c wegen der notwendigen Ähnlichkeit der Geschwindigkeitspläne die Umfangsgeschwindigkeit u_2, so daß für Re die Ausdrücke $u_2 D/\nu$ oder $n D^2/\nu$ oder wegen Gl. (1), Abschn. 25 $\sqrt{H}D/\nu$ benutzt werden können. Hierbei ist es für die praktische Benutzung unwesentlich, daß die letzteren beiden Ausdrücke nicht dimensionsfrei sind. Auch $Re = V/D\nu$ ist zulässig, weil $V \sim cD^2$ ist. Diese Form für Re hat den Vorzug, daß sie mit der Radform wechselt, nämlich proportional zu n_q^2 ist, wenn die anderen *Re*-Zahlen gleichbleiben. Dies kommt zum Ausdruck, wenn man verschiedene Modelle, also Maschinen mit verschiedenem n_q in den Bereich der Betrachtung zieht, was zur Gewinnung allgemeiner Zusammenhänge nötig sein kann und wobei also geometrische Ähnlichkeit nicht mehr vorliegt. Dabei ist nach einem Vorschlag von Rütschi zu empfehlen[1] für D den Durchmesser D_s des Saugmundes zu nehmen, weil er die Weite der Kanäle kennzeichnet. Dann bekommt man als weitere Form der *Re*-Zahl

$$Re_s = \frac{V}{D_s\,\nu}, \tag{38b}$$

oder sinngemäß auch die gleichwertige Form

$$Re_{D_s} = \frac{c_0\,D_s}{\nu}, \tag{38c}$$

die sich von der erstgenannten nur durch einen Zahlenfaktor unterscheidet, da $c_0 \sim V/D_s^2$ ist.

Die Gleichheit einer dieser Kennzahlen Re bei Hauptausführung und Modell würde aber offenbar zu sehr hohen, praktisch unausführ-

[1] Rütschi, K.: Schweiz. Bauztg. 73 (1955) S. 721—724. — Von A. I. Stepanoff: Proc. Instn. Mech. Engrs. Lond. 73 (1951) Nr 5, S. 508 wird in diesem Fall für D der Wert $\sqrt{(D_2^2 + D_s^2)/2}$ vorgeschlagen

baren Drehzahlen des kleinen Modells zwingen, falls die kinematische Zähigkeit, also auch die Förderflüssigkeit, unverändert bliebe. Man kann sich nun bei Wasserströmung helfen, wenn man die Temperatur des Wassers erhöht, das dann natürlich im Kreislauf zu verwenden ist. Einen weiteren wirksamen Ausweg bildet die Verwendung einer anderen Flüssigkeit mit kleinerem ν. Gebräuchlich[1] ist sogar der Übergang auf eine Flüssigkeit anderen Aggregatzustandes, z.B. von Wasser auf Luft, die bei atm. Druck nach S. 61 zwar ein wesentlich höheres ν hat als Wasser, aber dieses bei Steigerung des Druckes umgekehrt proportional zum Druck verkleinert. Naturgemäß darf man bei diesem Übergang nicht in Bereiche von nennenswerten *Ma*-Zahlen kommen. Diese Gefahr liegt aber kaum vor, weil die bei tropfbaren Flüssigkeiten üblichen Geschwindigkeiten vergleichsweise klein sind. Beispielsweise bedingen 500 m Förderhöhe bei Luft nur ein Druckverhältnis von 1,06 und ein Volumenverhältnis von 1 : 1,044.

Diese Anpassungsmöglichkeit wird auch bei Gasströmung ausgenutzt, indem man am Modell das Gas mit sehr stark erhöhtem Druck umlaufen läßt, so daß n in $Re = nD^2/\nu$ einen erträglichen Wert annimmt. Hier ist aber hinderlich, daß der Leistungsbedarf proportional zur Dichte des Gases wächst.

a) Umrechnung der Wirkungsgrade. Häufig wird es aber nicht möglich sein, die Gleichheit von Re zu verwirklichen, ganz abgesehen davon, daß geometrisch ähnliche Oberflächenrauhigkeit nicht zu erreichen ist. Es besteht also das Bedürfnis nach einer Umrechnungsformel für den Wirkungsgrad[2].

Ein allgemein zutreffender Zusammenhang ist nicht ableitbar. Wir schätzen die Verhältnisse ab, indem wir die Verlustziffer $1 - \eta_i$ in Anlehnung an das Blasiussche Gesetz proportional zu $Re^{-\alpha}$ setzen. Dann ist

$$\frac{1-\eta_i}{1-\eta_{iv}} = \left(\frac{Re_v}{Re}\right)^\alpha, \tag{39}$$

wobei das Fußzeichen v sich auf die Vergleichsausführung bezieht. Der Exponent α wurde durch Versuche an ein und derselben Pumpe mit verschiedener Drehzahl, wobei also die Änderung der relativen Rauhigkeit ausgeschaltet war, nach Abb. 96 stark veränderlich gefunden[3]. Bisher wurde als roher Mittelwert $\alpha = 0{,}1$ verwendet. Daß α erheblich kleiner als der beim Blasiusschen Gesetz der Gl. (37), Abschn. 13a verwendete Exponent 0,25 ist, läßt sich daraus erklären, daß in der Pumpe der Formwiderstand (S. 80) ebenso wichtig ist wie der Reibungswiderstand und für den letzteren nicht die glatte, sondern die mehr

[1] Escher Wyss Mitt. 14 (1941) S. 116. — Keller: Schweiz. Bauztg. 110 (1937) S. 203; ferner insbesondere Maschinenbau u. Wärmewirtsch. 12 (1957) S. 188—200

[2] Vgl. auch F. Staufer: Z. VDI 69 (1925) S. 417

[3] Rotzoll, R.: Diss. Braunschweig 1958. Auszug in Konstruktion 10 (1958) Heft 4, S. 121—130

oder weniger rauhe Wand in Frage kommt[1]. In beiden Fällen ist der Exponent nahe an Null. Da es sich nicht um Sandrauhigkeit, sondern um technische Rauhigkeit (Abb. 43a) handelt, darf der Exponent aber nicht gleich Null gesetzt werden. Er nimmt nach Abb. 96 (wo nur die Kurve α_b für unsere Zwecke wichtig ist) mit wachsendem $Re_u = u_2 D_2/\nu$ stark ab[2] und erreicht bei $Re_u > 2 \cdot 10^6$ einen sehr

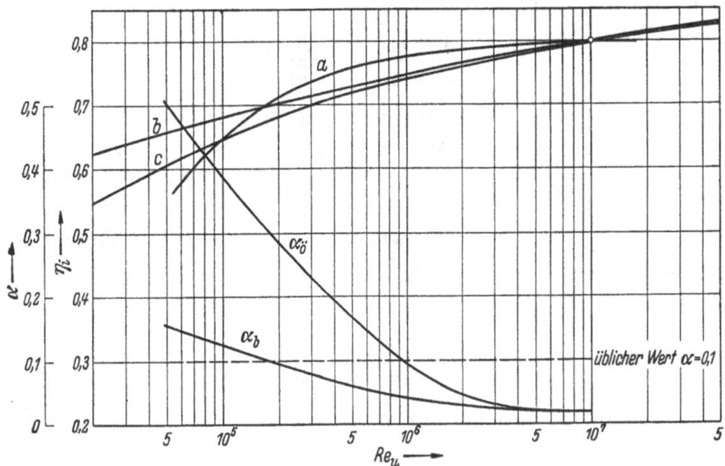

Abb. 96. Wirkungsgrad η und Exponent α nach Versuchen von ROTZOLL an der gleichen Pumpe. α_b auf $Re_u = u_2 D_2/\nu = 10^7$ als Anfangszustand bezogen; $\alpha_ö$ örtlicher Wert von α; a gemessenes $\eta_{i\max}$; b $\eta_{i\max}$ gerechnet nach Gl. (39) mit $\alpha = 0{,}1$; c $\eta_{i\max}$ gerechnet nach Gl. (39a)

kleinen Wert, so daß also bei hohen *Re*-Zahlen der Einfluß von *Re* auf den Wirkungsgrad verschwindet.

Die in Gl. (39) vorausgesetzte geometrische Ähnlichkeit kann aber hinsichtlich der Oberflächenrauhigkeit und der Spalte nicht verwirk-

---

[1] Eine andere von ACKERET stammende Beziehung [vgl. A. MÜHLEMANN: Schweiz. Bauztg. 66 (1948) S. 331]

$$\frac{1-\eta_i}{1-\eta_{iv}} = \frac{1}{2} + \frac{1}{2}\left(\frac{Re_v}{Re}\right)^{0,2} \tag{39a}$$

soll im 1. Glied den Formwiderstand und im 2. Glied die Wandreibung berücksichtigen. Es läßt sich aber mathematisch leicht zeigen, daß dieser Ausdruck praktisch die gleichen Ergebnisse liefert wie die reine Exponentialform der Gl. (39) mit $\alpha = 0{,}1$. Man kann sogar die allgemeinere Form $y = a + b\,(Re_v/Re)^x$, wobei also die beiden Verlustwerte im Verhältnis a zu b aufgeteilt sind, ersetzen durch $y = (Re_v/Re)^{xb}$, weil $a + b = 1$ sein muß und x sehr klein ist. Die Gleichwertigkeit beider Ausdrücke sieht man sofort, wenn man die Potenzen in eine unendliche Reihe nach x bzw. $x\,b$ entwickelt und mit dem 2. Glied abbricht. Der Fehler ist dabei nie größer als $[\ln(Re_v/Re)]^2[(b-b^2)/2]\,x^2$, sofern $Re_v/Re < 1$. Der Exponent α in Gl. (39) ändert sich also linear mit dem Verhältnis des Reibungs- zum Formwiderstand, und es besteht demnach kein Grund, auf die additive Gleichungsform (39a) überzugehen, zudem sie im Gebrauch weniger bequem ist.

[2] Dies wird von O. H. DORER: Amer. Soc. mech. Engrs. 68 (1946) Nr. 8 durch die dortige Figur 21, S. 844, bestätigt. Vgl. ferner Trans. Amer. Soc. mech. Engrs. 73 (1951) Nr. 5, S. 499—509 und BWK 3 (1951) S. 57

licht werden. Dieser Umstand spielt besonders bei Maschinen kleiner Leistung eine Rolle, wo enge Kanäle, die gegossen werden, verwendet werden müssen. Wir berücksichtigen ihn, indem wir den am Modell erhaltenen Wirkungsgrad η_{iv} zunächst auf die relative Rauhigkeit der Hauptausführung umrechnen, ehe wir ihn in obige Gl. (39) einsetzen. Dies geschieht, indem wir $\varphi' \eta_{iv}$ statt η_{iv} nehmen, wobei der Faktor φ' offenbar nur eine Funktion des Ausführungsmaßstabes, also von D bzw. D_v und nicht etwa der Re-Zahl sein kann.

Dann ist

$$\frac{1-\eta_i}{1-\varphi' \eta_{iv}} = \left(\frac{Re_v}{Re}\right)^\alpha. \tag{40}$$

Die Funktion φ' läßt sich ebenfalls durch den Versuch bestimmen, indem geometrisch ähnliche Maschinen verschiedener Größe mit gleicher Re-Zahl, also mit gleicher Arbeitsflüssigkeit und gleichem nD^2, untersucht werden. Diese Versuche liegen zum Teil vor. Beispielsweise hat K. Rütschi Spiralgehäusepumpen bei gleichem nD mit Wasser untersucht, wobei also $Re_v/Re = D_v/D$. Mit den dort erhaltenen Umrechnungsziffern φ ergibt Gl. (40)

$$\frac{1-\varphi \eta_{iv}}{1-\varphi' \eta_{iv}} = \left(\frac{D_v}{D}\right)^\alpha.$$

Setzt man den so bestimmten Wert $1-\varphi'\eta_{iv} = (1-\varphi\,\eta_{iv})\,(D/D_v)^\alpha$ in Gl. (40) ein, so findet sich

$$\frac{1-\eta_i}{(1-\varphi\,\eta_{iv})\left(\dfrac{D}{D_v}\right)^\alpha} = \left(\frac{Re_v}{Re}\right)^\alpha. \tag{41}$$

Dabei hat Rütschi nun die wichtige weitere Feststellung gemacht, daß sich die für φ erhaltene Gesetzmäßigkeit auch für Räder mit abweichender geometrischer Form, also verschiedener spezifischer Drehzahl, übertragen läßt, wenn nicht der Außendurchmesser D_2, sondern der Durchmesser des Saugmundes des Rades D_s (Abb. 91) als kennzeichnende Länge des Rades genommen wird. Rütschi begründet diese Feststellung damit, daß die Größe der Querschnitte der Schaufelkanäle nicht durch den Außendurchmesser, sondern den Durchmesser des Saugmundes gekennzeichnet werde, was einleuchtet. Seine Versuchsergebnisse lassen sich folgendem Gesetz für die Werte φ der Gl. (41) unterordnen

$$\varphi = \frac{1-2{,}21/D_s^{3/2}}{1-2{,}21/D_{sv}^{3/2}}, \tag{41a}$$

wobei D_s der Durchmesser des Saugmundes in cm. Es empfiehlt sich naturgemäß, auch in $Re = nD^2/\nu$ für D diesen Wert D_s zu nehmen. Mit $Re = nD^2/\nu$ schreibt sich Gl. (41)

$$\frac{1-\eta_i}{1-\varphi\,\eta_{iv}} = \left(\frac{D}{D_v}\right)^\alpha \left(\frac{n_v\,\nu\,D_v^2}{n\,\nu_v\,D^2}\right)^\alpha \tag{42}$$

oder

$$\eta_i = 1-(1-\varphi\,\eta_{iv})\left(\frac{n_v\,D_v\,\nu}{n\,D\,\nu_v}\right)^\alpha, \tag{43}$$

womit $\eta_i = \eta/\eta_m$ im Einzelfall bestimmt werden kann. Für α soll in diesen Gleichungen mangels weiterer Unterlagen ein Schätzungswert aus der α_b-Kurve der Abb. 96 genommen werden. Die Ableitungen können für einstufige Pumpen verwendet werden. Bei Mehrstufigkeit scheint die wirkliche Aufwertung größer zu sein[1].

Diese Beziehungen können auch für die Umrechnung des Schaufelwirkungsgrades η_h benutzt werden. Sie sind auch verwendbar, wenn eine und dieselbe Maschine mit einem anderen Fördermittel geprüft werden soll, z. B. Heißwasserpumpen mit Wasser gewöhnlicher Temperatur oder Flugzeuglader mit Luft am Boden (genauere Umrechnungsregeln hierfür im Abschn. 117). Selbst die Veränderungen im Wir-

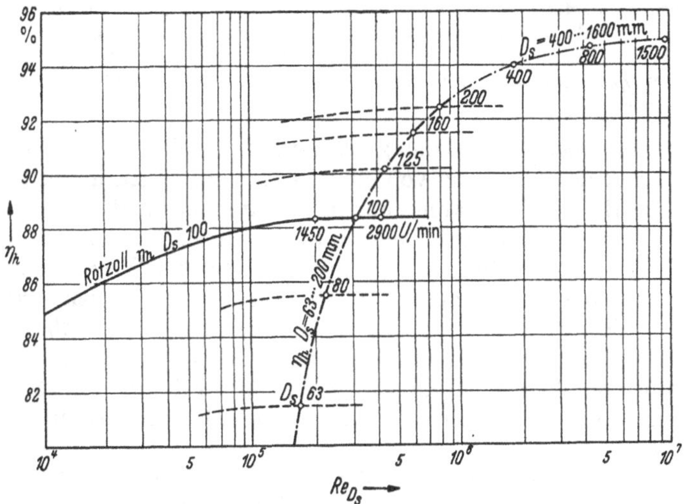

Abb. 97. Aufwertung des Wirkungsgrades η_h nach Rütschi bei Bezugnahme auf $Re_{D_s} = c_0 D_s/\nu$. Maschinengröße gekennzeichnet durch D_s

kungsgrad, die nur beim Übergang von einer Drehzahl zur anderen, also bei der gleichen Maschine und dem gleichen Fördermittel, eintreten, können verfolgt werden. In diesem Fall ist $\nu/\nu_v = 1$.

Die durch Gl. (43) dargestellte Umrechnung des Wirkungsgrades hat Rütschi durch folgendes Verfahren anschaulich gemacht, wobei er einige zulässige Vereinfachungen vornahm[2]. Er unterscheidet zwei verschiedene Aufwertungskurven, die in Abb. 97 angegeben sind. Die eine, strichpunktierte Kurve grenzt den Bereich so hoher *Re*-Zahlen ab, daß (gemäß Abb. 96) der Exponent α verschwindend klein ist und deshalb sich der Wirkungsgrad bei einer und derselben Pumpe sich mit weiter wachsendem *Re* praktisch nicht mehr ändert, also die Linie der Wirkungsgrade genügend genau in einer achsparallelen Geraden fortgesetzt werden kann. Die in Abb. 97 (unter Zugrundelegung von η_h statt η_i) gezeichnete Linie hat Rütschi aus der Erfahrung durch Heranziehung eigener und fremder Versuche an Pumpen und Wasserturbinen verschiedener Konstruktion ermittelt, so daß sie möglicherweise allgemeine Gültigkeit für hydraulische Strömungs-

[1] Krisam, R.: Z. VDI 95 (1953) Nr. 11/12

[2] Rütschi, K.: Schweiz. Bauztg. 76 (1958) Heft 41

maschinen hat. Sie ist mit der obigen Gl. (41 a) in Einklang und dient wie diese nur zur Berücksichtigung des Größeneinflusses der Pumpe, wobei die jeweilige Größe durch die (in Abb. 97 eingetragenen) D_s-Werte gekennzeichnet wird. — Die zweite, in Abb. 97 in ganzen Linie gezeichnete Kurve ist die von ROTZOLL für eine und dieselbe Pumpe ermittelte η-Linie, deren Verlauf in Abb. 96 dargestellt ist und die auch nach Gl. (39) errechnet werden kann, wenn dort für den Exponenten α die Werte der α_b-Kurve von Abb. 96 eingesetzt werden. Sie soll ausschließlich den Einfluß der *Re*-Zahl berücksichtigen. In gleicher Weise können zu den anderen D_s-Werten die für sie gültigen Linien eingetragen werden, wie die gestrichelten Linien andeuten. Liegen diese vor, so kann damit das ganze Aufwertungsproblem durch Benutzung einer einfachen Kurventafel als gelöst betrachtet werden, zudem es sich zeigte, daß die betrachteten Maschinen von der Modellähnlichkeit weitgehend abweichen können, wenn D_s als Bezugslänge gewählt, also *Re* nach Gl. (38c) ermittelt wird, wie das auch in Abb. 97 geschehen ist. Bei dieser Wahl der *Re*-Zahl ist naturgemäß zu beachten, daß die Zahlenwerte um mindestens eine Zehnerpotenz kleiner sind als bei der in Abb. 96 verwendeten *Re*-Zahl $u_2\,D_2/\nu$. Die Benutzung des Verfahrens wird dadurch aber in keiner Weise beeinträchtigt. Naturgemäß wird man dann im allgemeinen η_i und nicht η_h benutzen (deren gegenseitige Abhängigkeit nach Abschn. 4 zu behandeln ist).

Die angegebene Umrechnung des Wirkungsgrades enthält noch den Mangel, daß der Übergang von einem unter- zu einem überkritischen Gebiet (z. B. vom laminaren zum turbulenten Zustand oder das Umschlagen der Grenzschicht nach S. 81) nicht berücksichtigt werden kann. Wegen der Möglichkeit des Auftretens solcher Wechsel des Strömungszustandes ist es angebracht, die abgeleiteten Gleichungen nur in engen Bereichen von Re_v/Re, etwa zwischen $\frac{1}{20}$ und 20 zu verwenden. Größere Schwankungsbereiche, wie sie beispielsweise beim Übergang von Wasser auf Öl vorliegen, sind nach Abschn. 93 zu behandeln. Dabei ist auch die Abnahme des Durchflusses zu berücksichtigen.

Der Einfluß der Maschinengröße ist in Gl. (41) nur für den Bereich der Spiralgehäusepumpen erfaßt. Bei Turbokompressoren erweist er sich wesentlich größer.

Es muß weiter im Auge behalten werden, daß in den oben erwähnten Bereichen bei Wasserpumpen der Kavitationszustand, d. h. die Saugzahl S (Abschn. 37) und bei Gaspumpen die *Ma*-Zahl (zusammen mit der Anfangstemperatur) von Bedeutung sein können (Abschn. 43).

Abschließend soll noch darauf hingewiesen werden, daß in der radialen Strömungsmaschine zwei verschiedene Strömungszustände nebeneinander bestehen, nämlich einerseits die mit dem relativen Kanalwirbel behaftete Strömung im Laufkanal und andererseits die drehungsfreie Strömung in den ruhenden Kanälen. In beiden wirkt sich die Zähigkeit ganz verschieden auf die Reibungsvorgänge aus (Vgl. Arbeit von DOBNER, Fußnote 2, S. 125). Deshalb dürfte vielleicht die Einführung eines weiteren Parameters (neben *Re*-Zahl und Maschinengröße), der die Drehbewegung des Rades kennzeichnet, den Einblick in die Zusammenhänge erleichtern.

b) Umrechnung von *H*, *N*, *V*. Diese ist ebenfalls nur innerhalb der obenerwähnten Grenzen zuverlässig möglich. Sie ergibt sich aus folgender Überlegung: Sieht man von der Änderung des Wirkungsgrades nach Gl. (43) ab, so ist für ähnliche Geschwindigkeitspläne die Förderhöhe proportional zum Quadrat der Umfangsgeschwindigkeit, somit auch des Produktes nD. Sie beträgt also:

$$H = H_v \left(\frac{n}{n_v}\right)^2 \left(\frac{D}{D_v}\right)^2. \tag{44}$$

Der Förderstrom ist gleich dem Produkt aus Querschnitt und Geschwindigkeit, wächst also proportional zu $D^2 \cdot nD = nD^3$, so daß

$$V = V_v \frac{n}{n_v} \left(\frac{D}{D_v}\right)^3. \tag{44a}$$

Bei gleichbleibender Drehzahl wächst nach Gl. (44) und (44a) die Förderhöhe mit dem Quadrat und der Förderstrom mit der dritten Potenz des Durchmessers.

Die Nutzleistung N_n ist dem Produkt aus V und H proportional; also ist nach den beiden vorstehenden Gleichungen

$$N_n = N_{nv} \left(\frac{n}{n_v}\right)^3 \left(\frac{D}{D_v}\right)^5. \tag{44b}$$

Hier kann die Nutzleistung durch die Wellenleistung $N = N_n/\eta$ ersetzt werden, wenn außerdem die Änderung von η beachtet wird[1].

Umgekehrt lassen sich die Größe der Hauptausführung und die erforderliche Drehzahl berechnen, wenn V und H vorgeschrieben sind. Aus Gl. (44) und (44a) folgt, wenn zunächst n/n_v, dann D/D_v eliminiert werden, das lineare Vergrößerungsverhältnis

$$\lambda = \frac{D}{D_v} = \sqrt{\frac{V}{V_v}} \left(\frac{H_v}{H}\right)^{1/4} \tag{45}$$

und die Drehzahl

$$n = n_v \sqrt{\frac{V_v}{V}} \left(\frac{H}{H_v}\right)^{3/4} \tag{46}$$

oder, unter Benutzung der Gl. (45),

$$n = \frac{n_v}{\lambda} \sqrt{\frac{H}{H_v}}. \tag{46a}$$

Gl. (46) könnte offenbar auch unmittelbar aus der Gleichheit der spezifischen Drehzahl n_q, d. h. Gl. (7) abgeleitet werden.

Gl. (45) zeigt wieder, daß theoretisch eine bestimmte Type sich für jeden Wert von V oder H verwenden läßt, weil stets ein Wert von λ erhalten wird.

c) Ähnlichkeit der Beanspruchung auf Festigkeit. Die geometrische Ähnlichkeit zweier Pumpen hat Übereinstimmung der Beanspruchung durch *Überdruck* zur Folge, falls der Förderdruck, d.h. das Produkt nD, übereinstimmt und die geometrische Ähnlichkeit sich auch auf die Wandstärken erstreckt. Bei abweichendem Förderdruck wächst die Beanspruchung mit dem Druck proportional unabhängig vom Aus-

---

[1] Gl. (44) bis (44b) sind entbehrlich, wenn die Kenngrößen φ, ψ, Leistungsziffer ν (Abschn.28) verwendet oder die beim Wasserturbinenbau gebräuchlichen „*Einheitswerte*“, d. h. die auf $H = 1$ m und $D = 1$ m bezogenen Werte der Drehzahl, des Förderstromes und der Leistung benutzt werden.

führungsmaßstab, der also durch die Festigkeit des Gehäuses nicht begrenzt wird[1].

Die Beanspruchung durch *Eigengewicht* dagegen wächst proportional mit dem Vergrößerungsverhältnis λ oder mit D; die Formänderung durch Eigengewicht wächst proportional zu D^2, so daß aus diesem Grund unter Umständen die geometrische Ähnlichkeit nicht verwirklicht werden kann. Bei geometrischer Ähnlichkeit ändert sich die kritische Drehzahl der Welle (Abschn. 121) umgekehrt proportional zu λ oder D.

Die Ähnlichkeit der Beanspruchung durch Fliehkräfte ist in Abschnitt 119ff. behandelt.

33. Anpassung der Radleistung

Hat ein Rad die verlangte Leistung nicht erbracht, so wird man zunächst ohne Neuanfertigung eine Anpassung versuchen. Die praktisch möglichen Änderungen am ausgeführten Radialrad sind:

Abdrehen der äußeren Schaufelenden im Fall zu großer Förderhöhe. Dabei sind die Seitenwände des Rades ebenfalls zu entfernen[2], sofern es sich um Spiralgehäusepumpen handelt, weil der Wegfall der entsprechenden Reibungsfläche hier schwerer wiegt als die Verschlechterung der Führung der Strömung. Bei Leitradpumpen hat sich die Beibehaltung der Radwand aber in den Fällen als zweckmäßig erwiesen, wo stabile Drosselkurven (S. 436) verlangt werden, weil die Förderhöhe bei geschlossenem Schieber sich vergrößert. Auch können hier durch den Wegfall der Seitenwände erhöhte Übergangsverluste entstehen, besonders dann, wenn freie Zwischenräume nicht bloß zwischen Laufrad und Gehäuse, sondern auch zwischen Leitrad und Gehäuse vorliegen. Bei der Bestimmung des Wertes ΔD des Zurückdrehens ist zu beachten, daß die Förderhöhe (bei sonst gleichbleibenden Verhältnissen, also etwa gleichbleibenden Winkeln β und Austrittsquerschnitten) etwas stärker als mit dem Quadrat des Durchmessers abnimmt, weil die Minderleistung infolge der Abnahme der tragenden Schaufellänge wächst. Außerdem verkleinert sich der Förderstrom besten Wirkungsgrades, weil die absolute Austrittsgeschwindigkeit aus dem Laufrad sich verringert, also die Aufnahmefähigkeit der gleichgebliebenen Leitvorrichtung abgenommen hat. Es kann angenommen werden, daß V etwa proportional mit D_2 zurückgeht. Führt man einen rechnungsmäßigen neuen Durchmesser D_2' ein, der mit dem neu angestrebten Wert H' in der Beziehung steht

$$\left(\frac{D_2}{D_2'}\right)^2 = \frac{H}{H'},$$

so läßt sich nach Rütschi[2] das günstige Abdrehmaß ΔD errechnen mittels einer Erfahrungszahl k gemäß

$$\Delta D = k\,(D_2 - D_2'), \tag{47}$$

[1] Vgl. J. J. Holba: Spannungsprobleme beim Entwurf von Zentrifugalpumpen. Maschinenbau u. Wärmewirtsch. 3 (1948) S. 35—40

[2] Rütschi, K.: Schweiz. Arch. 17 (1951) H. 2, S. 37

wobei k mit wachsender spezifischer Drehzahl im allgemeinen etwas abnimmt und sich bei Spiralgehäusepumpen innerhalb des in Abb. 98 angegebenen Linienzuges bewegt, sofern man das Optimum hinsichtlich des Wirkungsgrades bei Normallast anstrebt. Üblicher Mittelwert ist

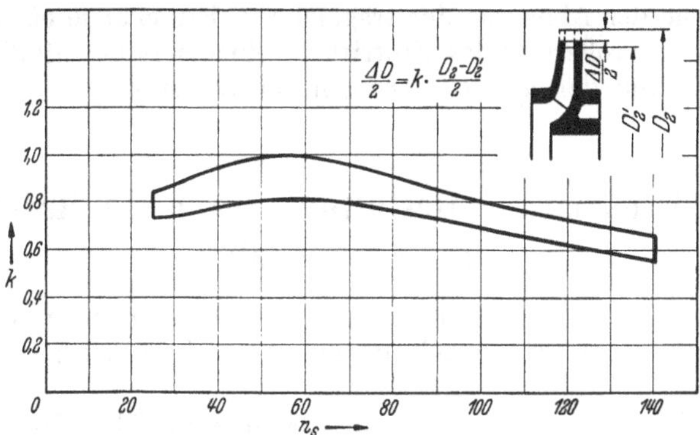

Abb. 98. Erfahrungszahl k der Gl. (47) für das Zurückdrehen der Laufräder in Abhängigkeit von n_s ($= 3{,}65\, n_q$) (nach RÜTSCHI)

$k = 0{,}75$. Bei Halbaxialpumpen mit schräger Austrittskante der Laufschaufel nimmt das Abdrehmaß längs der Kante mit wachsendem Durchmesser nicht zu, sondern ab.

Der Wirkungsgrad verändert sich beim Abdrehen je nach Radform verschieden und nimmt beim Langsamläufer gemäß Abb. 98a anfänglich sogar zu, während er bei erhöhter Schnelläufigkeit von Anfang an sich verkleinert. Diese Veränderung hängt naturgemäß stark davon ab, ob vor dem Abdrehen Laufrad und Leitvorrichtung richtig aufeinander abgestimmt waren[1].

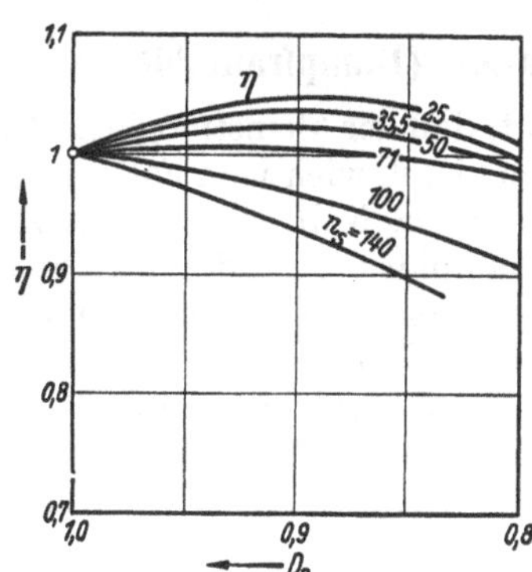

Abb. 98a. Optimaler Wirkungsgrad beim Zurückdrehen des Laufrades mit $n_s = 3{,}65\, n_q$ als Parameter (nach RÜTSCHI). Ausgangswerte von D_2 und η gleich Eins gesetzt

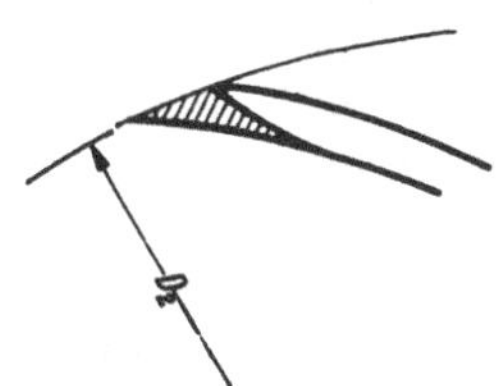

Abb. 99. Zuschärfung auf der Schaufelrückseite vergrößert die Förderhöhe

Eine *Vergrößerung der Förderhöhe* im Bereich des normalen Förderstromes erzielt man durch Abänderung der Austrittsenden im

[1] Weitere Angaben s. H. SCHÜFFLER: Maschinenbautechnik 5 (1956) Heft 2, S. 79—85

Sinne einer Vergrößerung des wirksamen Austrittswinkels[1] gemäß Abb. 99.

Abdrehen der Eintrittsenden der Laufschaufel. Die hierbei erwartete Vergrößerung des Förderstromes tritt nicht oder nur in geringem Maße ein, weil die Leitvorrichtung unverändert bleibt und die Förderhöhe infolge der Abnahme der tragenden Schaufellänge etwas kleiner wird. Die Vergrößerung des Eintrittsdurchmessers beeinflußt eben in erster Linie nur den an sich geringen Eintrittsstoß.

E. Grenzen der Gestaltung durch Kavitation und Überschall

In den folgenden Abschnitten sollen einige besondere physikalische Eigenschaften der Flüssigkeiten und Gase berücksichtigt werden, nämlich

1. daß Wasser verdampfen kann, also dampferfüllte Hohlräume in der Strömung entstehen können (Abschn. 34 bis 41) (Kavitation),
2. daß Gasströmungen bei Überschreitung der Schallgeschwindigkeit das schon S. 88 gekennzeichnete Verhalten zeigen, und insbesondere Verlangsamungen von Über- auf Unterschallgeschwindigkeit meist einen verlustbringenden Verdichtungsstoß zur Folge haben (Abschn. 43),
3. daß Wasser mit steigendem Druck Gase absorbieren kann, die bei fallendem Druck wieder ausgeschieden werden (Abschn. 42).

34. Allgemeines über Kavitation (Dampfraumbildung)

Die Verdampfungsfähigkeit bedingt, daß der kleinstmögliche Druck in einer Flüssigkeit (wenn man von dem hier unwichtigen Fall der Siedeverzögerung[2] absieht) nicht etwa der Druck Null, sondern der zu der Flüssigkeitstemperatur gehörige Sattdampfdruck ist, den man aus den Dampftafeln entnehmen kann. Jeder Versuch einer weiteren Drucksenkung wird mit Verdampfung, also Bildung dampferfüllter Hohlräume, Kavitation genannt, beantwortet. Die gefährdeten Stellen sind dann diejenigen kleinsten Druckes und diese sind nach Bernoulli solche großer Geschwindigkeit. Bei der Kreiselpumpe liegen sie, wie schon in Abschn. 20 gezeigt wurde, in den Laufkanälen.

Die Folgen der Hohlraumbildung sind:

a) Verkleinerung des Durchflusses infolge der Einschnürung des Durchflußquerschnittes durch die Hohlräume.

b) Zusammenstürzen des Hohlraumes bei Drucksteigerung stromabwärts, weil zur Kondensation verschwindend kleine Wärmemengen

---

[1] Power, March 1935, S. 139

[2] Weil die Dampfbildung von dem Vorhandensein von Kernen abhängt, können im kernarmen Wasser sogar erhebliche Zugspannungen entstehen; vgl. R. Dziallas, Voith: Forschung und Konstruktion Heft 2 (1957) S. 3,1 bis 3,8; ferner R. T. Knapp: Trans. Amer. Soc. mech. Engrs. 80 (1958) Nr. 6, S. 1315 bis 1324. In erhöhtem Maße gilt dies für flüssige Metalle.

abzuführen sind. Dadurch bilden sich störende Geräusche bis zu den stärksten Schlägen. Infolge des unelastischen Zusammenpralles mit der Wand wird aber insbesondere der Werkstoff angegriffen. Es entstehen durch diese rein mechanische Schlagwirkung unter Umständen in wenigen Stunden die typischen Anfressungen (Abb. 101). Haben sich einmal mikroskopisch kleine Vertiefungen gemäß Abb. 100 gebildet, so steigt dort die Wirkung. Die Entstehung der Anfressungen hat man sich also so vorzustellen, daß das auf die Wand treffende Wasser zunächst an Stellen verminderter Widerstandsfähigkeit des Materials, die durch die Herstellung oder durch Einlagerungen (z. B. Graphit) gegeben sein können, mikroskopisch feine Vertiefungen schafft, an denen sich die Wirkung sofort verstärkt[1]. Hierdurch kann die löcherige Struktur der Anfressungen erklärt werden (Abb. 101 und 101a[2]). Ferner wird der beobachtete große Einfluß der Oberflächenbeschaffenheit, also die Güte der Bearbeitung verständlich. Wichtig ist noch die Feststellung, daß die Anfressungen nicht am Ort der Ablösung der Strömung auf-

Abb. 100. Gesteigerte Auftreffgeschwindigkeit des Wassers in Kerben

Abb. 101. Durch Kavitation ausgenagte Oberfläche von Gußeisen

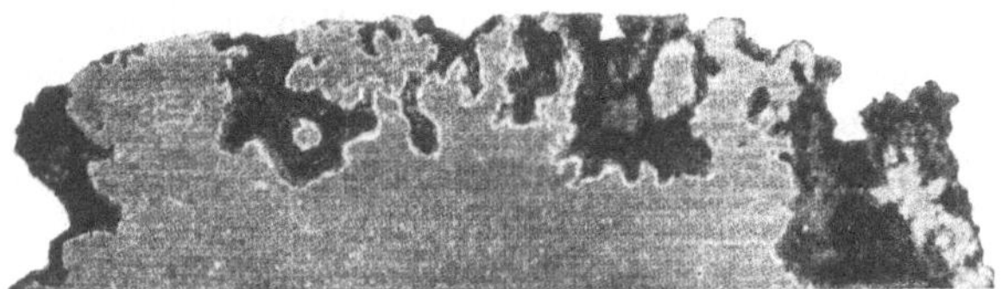

Abb. 101a. Schnitt des Gußstückes Abb. 101

treten, d. h. nicht an der Stelle des kleinsten Druckes, sondern weiter stromabwärts am Ort des Zusammenpralles mit der Wand, gewissermaßen im Schlagschatten der Ablösungsstelle. NUMACHI stellt Ultraschallwellen höchster Frequenz im Kavitationsbereich fest[3], die möglicherweise die starke Materialzerstörung verständlich machen.

[1] Vgl. THOMA: Die Kavitation bei Wasserturbinen. Hydraulische Probleme. VDI-Verlag; ferner R. T. KNAPP: Cavitation mechanics usw. Proc. Instn. mech. Engrs. Lond. (A) 166 (1952) S. 150—163

[2] Entnommen aus Escher Wyss Mitt. 1930, S. 33

[3] NUMACHI, F.: Rep. Inst. High Speed Mech. Tohoku Univ. Japan 8 (1957) S. 149; 11 (1959—1960) S. 103—127

c) Die Verkleinerung des Durchflusses und die unvollständige Wiederumsetzung der Übergeschwindigkeit in Druck bedingen ein kräftiges Absinken des Wirkungsgrades und der Nutzleistung. Aus dieser Erscheinung werden wir S. 406 erklären können, warum mit zunehmender Drehzahl der Wirkungsgrad nur bis zu einer gewissen Grenze steigt, um dann wieder abzunehmen (Muschelschaubild).

Die Übergeschwindigkeiten, welche bei Flüssigkeitsförderung die Erscheinung der Kavitation hervorrufen, können bei Gasförderung Ursache der Erreichung der Schallgeschwindigkeit sein, wodurch der Wirkungsgrad etwa in gleicher Weise verschlechtert wird wie bei Kavitation. Die durch Kavitation gefährdeten Stellen sind also im Falle der Gasförderung bei hohen Geschwindigkeiten benachteiligt durch die Möglichkeit der Schallgeschwindigkeitsnähe (Abschn. 43).

Auswahl des Werkstoffes. Es ist zwar richtiger, die Kavitation zu vermeiden, als die Zerstörungen durch Wahl eines geeigneten Materials zu bekämpfen. Aber manche Anlagen müssen von vornherein für die Grenze der Kavitation ausgebildet werden, weil möglichst hohe Drehzahl oder große Saughöhe (bzw. bei Heißwasserpumpen kleine Zulaufhöhe) im Interesse der Vereinfachung und Verbilligung angestrebt werden müssen. Bei solchen Neuausführungen liegt naturgemäß das Eintreten der Kavitation im Bereich der Möglichkeit und deshalb ist die Anwendung eines gegen Korrosion besonders widerstandsfähigen Materials angezeigt. Von diesem muß eine hohe Dauerfestigkeit und große Dehnung in Verbindung mit einer guten Widerstandsfähigkeit gegen chemische Einwirkungen und gute Polierbarkeit verlangt werden. Ganz ungeeignet sind also spröde Stoffe wie Glas, Bakelit oder Gußeisen, insbesondere Grauguß, während Gußeisen mit perlitischem Gefüge widerstandsfähiger ist. Sehr geeignet ist schon feinlamellarer perlitischer Stahl. Noch besser ist Chromstahlguß, Cr-Mn-Stahl[1] oder nichtrostender Stahl. Zähe Bronzen, wie sie bei Schiffspropellern üblich sind, scheinen bei Kreiselradmaschinen nicht in gleicher Weise zu befriedigen.

Auch die Verwendung korrosionsbeständiger Überzüge, z. B. aus Cr-Ni-Stahlblech, und insbesondere das Aufschweißen korrosionsfesten Materials[2], das aber sorgfältig geschehen muß, hat Erfolg gebracht. Ganz ungeeignet sind Überzüge aus Gummi. Ferner ist in diesem Zusammenhang wieder auf den großen Einfluß der Oberflächenbeschaffenheit hinzuweisen. Rauhigkeiten, auch in Form von Bearbeitungsriefen, sind zu entfernen.

35. Die größte zulässige Saughöhe

Die Frage nach der Vermeidung der Kavitation in einer Pumpe fällt zusammen mit der Frage nach der größten zulässigen Saughöhe.

Unter der Saughöhe einer Pumpe versteht man den am Saugstutzen gemessenen Unterdruck in m Flüssigkeitssäule gegenüber dem Druck

---

[1] Weitere Angaben vgl. M. v. SCHWARZ: Z. Metallkde. 33 (1941). — M. VATER: Korrosion u. Metallsch. 20 (1944) H. 6, S. 171. — E. BRANDENBERGER u. P. DE HALLER: Schweiz. Arch. 10 (1944) S. 331

[2] Engineering 1932, S. 366ff. Schweiz. Bauztg. 72 (1954) S. 389

auf den Saugwasserspiegel (der meistens der Atmosphärendruck ist). Sie beträgt also (Abb. 102)

$$H_s = e_s + Z_s + \frac{c_I^2}{2g}. \tag{1}$$

Dabei bezeichnet nach den VDI-Leistungsregeln (Fußnote S. 11) in m

e_s den senkrechten Abstand der Drehachse vom Saugwasserspiegel bei waagerechter Pumpwelle. Bei Pumpen mit stehender Welle tritt an die Stelle des Wellenmittels der höchste Punkt der Schaufelsaugkante,

Z_s die Widerstandshöhe in der Saugleitung, ferner

c_I die Geschwindigkeit am Saugstutzen der Pumpe in m/s.

Wir müssen bei dieser Betrachtung bedenken, daß der kleinste Druck des Einlaufbereiches am höchst gelegenen Punkt, also bei waagerechter Pumpwelle bei B zu suchen ist und nicht am Saugstutzen (Abb. 102). Der Höhenunterschied $e_s' - e_s = D_1/2$ ist bei großen und kleinen Ausführungen verschieden, muß also ausgeschaltet werden. Wir helfen uns, indem wir den Druckmesser auf die Höhenlage des Ortes der Kavitation, also etwa des Punktes B heben und durch ein wassergefülltes Meßrohr mit dem alten Anschlußpunkt verbinden. Der dann abgelesene Unterdruck soll als *„gesamte Saughöhe"* bezeichnet werden. Er steht mit der genormten Saughöhe in der Beziehung

$$H_s' = H_s + \frac{D_1}{2} = e_s' + Z_s + \frac{c_I^2}{2g}. \tag{2}$$

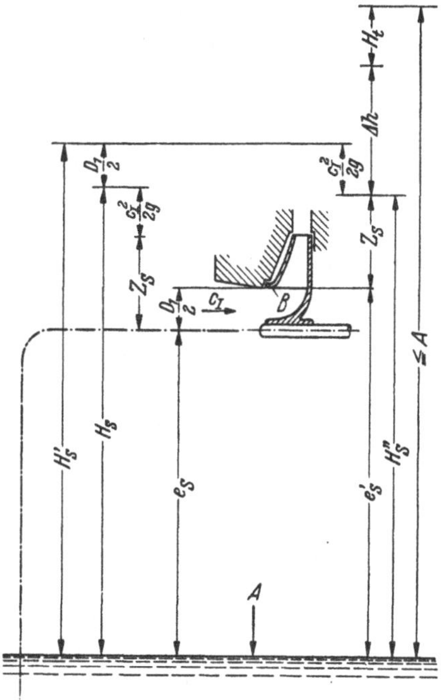

Abb. 102. Aufteilung des Druckes A am Saugwasserspiegel auf die einzelnen Saugwiderstände an der Kavitationsgrenze in m WS H_t = Siededruck bei der Temperatur der Förderflüssigkeit; Δh = Haltedruck nach Gl. (5); $e_s' = e_s + D_1/2$ = geodätische Saughöhe; H_s = Saughöhe nach Leistungsnormen; H_s' = gesamte Saughöhe nach Gl. (3); H_s'' = ideelle Saughöhe nach Gl. (4)

Es bezeichne in m Flüssigkeitssäule der Förderflüssigkeit:

$H_t = p_t/\gamma \cdot 10000$ die zu der Flüssigkeitstemperatur gehörige Dampfspannung, wobei p_t in kp/cm², γ als Wichte der Flüssigkeit in kp/m³ aus den Dampftafeln zu entnehmen sind,

A den Druck auf den Saug-Wasserspiegel, der bei offenem Saugbehälter offenbar gleich dem Druck der äußeren Atmosphäre ist,

e_s' den senkrechten Abstand des Punktes B vom Wasserspiegel im Saugbehälter.

Der Druck im Punkt B ist offenbar

$$H_B = A - H_s'.$$

Würde dort der kleinste Druck der Strömung herrschen, also als Grenzwert $H_B = H_t$ sein, so würde die größte Saughöhe betragen $A - H_t$. Berechnet man hiernach die Saughöhe für die gewöhnlichen Verhältnisse, so erhält man für H_s' Werte, die über 9 m, also weit über den in Wirklichkeit beobachteten Beträgen liegen.

Es muß also innerhalb der Laufkanäle Stellen geben, in denen der Druck kleiner ist als im Punkt B. Dies ist schon S. 124 bei der Behandlung der Endlichkeit der Schaufelzahl festgestellt worden. Diese zusätzliche Drucksenkung wollen wir zwischen der Meßstelle am Saugstutzen, d. h. dem Anschlußpunkt der Saugleitung an die Pumpe (bezogen auf die Höhenlage des Ortes der Kavitation) einerseits und der Stelle beginnender Dampfbildung innerhalb des Laufkanals andererseits nehmen. Dabei erweist es sich — im Gegensatz zu älteren Auffassungen — als zweckmäßig, für den Druck am Saugstutzen den Gesamtdruck zu nehmen, also statischen Druck + Staudruck $\gamma c_I^2/2g$, denn beide Anteile tragen zur Ermöglichung des Eintrittes des Wassers in die Schaufelkanäle bei. Den Betrag der so entstehenden und offenbar meßbaren Druckdifferenz (in die auch die Widerstandshöhe zwischen beiden Stellen einbezogen ist) nennen wir *Haltedruck* und bezeichnen die entsprechende Flüssigkeitssäule mit Δh.[1] Am Saugstutzen steht dann der statische Druckhöhenüberschuß

$$\Delta h_{\text{stat}} = \Delta h - c_I^2/2g$$

über dem kleinsten Druck im Laufkanal zur Verfügung, der bei beginnender Kavitation offenbar der Verdampfungsdruck H_t ist. Man erhält damit folgenden größtmöglichen Wert der gesamten Saughöhe

$$(H_s')_{\max} = A - H_t - \Delta h + \frac{c_I^2}{2g}. \tag{3}$$

Durch das letzte Glied $c_I^2/2g$ dieser Gleichung [oder von Gl. (2)] kommt zum Ausdruck, daß $(H_s')_{\max}$ um so größer, also der Druck am Saugstutzen der Pumpe um so kleiner wird, je größer die Geschwindigkeit c_I im Saugstutzen ist. Man könnte hiernach die Saughöhe der Pumpe weitgehend durch die Wahl der Geschwindigkeit c_I an der Meßstelle beeinflussen. Hierin zeigt sich, daß die gesamte Saughöhe $(H_s')_{\max}$ kein eindeutiges Kriterium zur Beurteilung der Saugfähigkeit darstellt, weil wir nur die Güte der eigentlichen Pumpe, nämlich des Laufrades einschließlich der Form der Wasserführung zwischen Meßstelle und Laufrad beurteilen wollen, unabhängig davon, an welchem Querschnitt wir den Saugdruck messen. Man kommt über diese Schwierigkeit am besten hinweg, wenn man die Saugfähigkeit unabhängig von dem jeweils gewählten c_I definiert. Wir tun dies im Einklang mit der Definition von Δh, indem wir den Gesamtdruck an der Meßstelle als maßgebend betrachten, also den gemessenen Unterdruck um $c_I^2/2g$

[1] Die so definierte Haltedruckhöhe Δh, die also den Mehrbetrag des Gesamtdruckes am Saugstutzen über den kleinsten statischen Druck im Laufkanal darstellt, nennt man im englischen Sprachgebiet *NPSH* (*net positiv suction head*), weil sie nach der späteren Gl. (28a), S. 195, die mindestens nötige Zulaufhöhe bei Kesselspeisepumpen darstellt. Wir behalten die Bezeichnung „*Haltedruck*“ bei

verringern. Wir führen also eine *ideelle Saughöhe*

$$H_s'' = H_s' - \frac{c_I^2}{2g} \tag{3a}$$

ein. Diese kann auch unmittelbar gemessen werden, indem man das Meßrohr des Manometers so in den Saugstutzen einführt, daß der Staudruck der Strömung $\gamma c_I^2/2g$ mit gemessen wird. Wir benutzen also den Gesamtdruck am Saugstutzen und nicht den dortigen statischen Druck, der ja bei derselben Pumpe je nach dem gewählten Durchmesser des Saugstutzens wechseln kann. Andererseits müssen wir den Saugdruck auf den Eingang der Pumpe beziehen, damit die Widerstände im Einlauf mitberücksichtigt werden, welche bei zweistufigen oder mehrstufigen Pumpen recht beträchtlich sein können. Es ergibt sich also die größtmögliche *ideelle Saughöhe*

$$(H_s'')_{\max} = (H_s')_{\max} - \frac{c_I^2}{2g} = (e_s')_{\max} + Z_s = A - H_t - \Delta h. \tag{4}$$

Die genormte auf das Wellenmittel bezogene maximale Saughöhe erhält man dann nach Gl. (1) aus:

$$(H_s)_{\max} = (H_s'')_{\max} - \frac{D_1}{2} + \frac{c_I^2}{2g}. \tag{4a}$$

Demnach ist H_s in der Regel und H_s' immer größer als die ideelle Saughöhe H_s''.[1] Den Haltedruck Δh bestimmen wir gemäß Gl. (4) aus

$$\Delta h = A - H_t - (H_s'')_{\max}. \tag{5}$$

Unmittelbare Beobachtungen der Strömung zeigen, daß die Kavitation schon früher einsetzt, ehe sie den Wirkungsgrad oder den Durchfluß beeinträchtigt. Es wird sogar bisweilen festgestellt, daß kurz vor dem Abfall der Wirkungsgrad oder die Förderhöhe oder der Förderstrom noch einmal ansteigen[2]. Diese Verkleinerung der Strömungswiderstände bei beginnender Kavitation dürfte daher rühren, daß mit Beginn der Ablösung von der Wand sich zunächst eine Verkleinerung der Wandreibung einstellt, ohne daß die Einschnürung des Querschnittes sich bemerkbar macht.

Bei Pumpen mit starken Schwankungen des Förderstromes (z. B. für Kesselspeisung) empfiehlt es sich, für den dadurch bedingten zusätzlichen Massenwiderstand auf der rechten Seite von Gl. (4) noch ein negatives Glied h_k hinzuzufügen, das proportional zu $c'L'$ ist (c' = Geschwindigkeit in der Saugleitung, L' = Länge der Saugleitung).

36. Die verschiedenen Ursachen für die Drucksenkung am Radeintritt, d. h. die Entstehung des Haltedruckes Δh

Die Größe der erreichbaren Saughöhe ist in erster Linie vom Betrag des notwendigen Haltedruckes Δh abhängig, der so klein wie möglich

[1] Die ideelle Saughöhe H_s'' enthält den *Gesamt*druck; die gesamte Saughöhe H_s' nur den *statischen* Druck. Daß letztere trotzdem größer ist als H_s'' erklärt sich daraus, daß wir unter der Saughöhe einen Unterdruck verstehen

[2] Walchner, O.: (Fußnote 1, S. 201); ferner K. Rütschi: Schweiz. Bauztg. 78 (1960) Nr. 12, S. 199—203, dortiges Bild 5

zu halten ist. Deshalb wollen wir im folgenden die verschiedenen Ursachen für seine Entstehung ins Auge fassen, wobei wir uns zunächst auf den Zustand des stoßfreien Eintrittes beschränken.

Die Ursachen der statischen Drucksenkung Δh_{stat} können sein:

a) **Der Schaufeldruck,** d. h. der Pressungsunterschied zwischen Vorder- und Rückseite der Schaufel. Bei der sehr dünnen und stoßfrei angeströmten Schaufel ist dies die wesentliche Ursache der Drucksenkung.

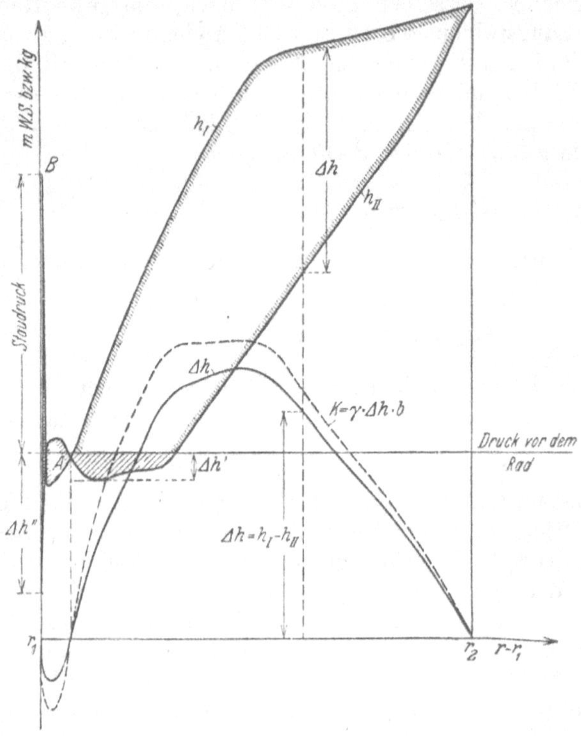

Abb. 103. Verlauf der Schaufeldrücke im Radialrad: h_I Druck auf Vorderseite, h_{II} Druck auf Rückseite der Schaufeln, Δh (nicht Haltedruck, sondern) Schaufeldruck wie in Abb. 71a

Bereits im Abschn. 20 ist gezeigt worden, daß der Schaufeldruck mit einer Drucksenkung verknüpft ist, die für das Axialrad in Abb. 71a veranschaulicht und im gleichen Abschnitt bereits zur Erklärung der Eintrittsablenkung herangezogen wurde. Bei radialer Beaufschlagung wird diese Druckabnahme zwar durch die Fliehkräfte rasch verkleinert, so daß sie in kurzer Entfernung vom Einlauf wieder verschwindet (Abb. 103)[1], also unter Umständen nur schwach ausgeprägt ist[2]. In

[1] Entnommen aus E. Hagmayer: Diss. Techn. Hochschule Braunschweig 1932; vgl. ferner S. Uchimaru, J. Fakulty: Engng. Tokio imp. Univ., XVI, Nr. 6 (Sept. 1925) und M. Yendo in: Reports Yokohama Technol. College Juni 1930, Nr. 1 und insbesondere F. Numachi gemäß Fußnote 3 S. 179

[2] Nüll, W. von der: S. 24, Fußnote 1, S. 122

allen Fällen tritt aber das Wasser in den Kanal wie in einen Raum geringen Druckes ein, wodurch verständlich wird, warum die Pumpe überhaupt saugt.

Die rechnerische Bestimmung dieses Anteiles $\Delta h'$ der Drucksenkung ist für die ideale Flüssigkeit zwar möglich, aber wegen der Vernachlässigung der Zähigkeit bei Radialschaufeln nicht zuverlässig und für die Praxis zu zeitraubend. Nur bei Tragflügelprofilen, also Axialpumpen, ist gemäß S. 339 die rechnerische Behandlung aussichtsreich.

b) Die endliche Dicke des Schaufelanfangs. Durch die endliche Dicke des Schaufelanfangs wird die Strömung zu Richtungsänderungen gezwungen, die am Staupunkt B (Abb. 104) eine Drucksteigerung, kurz dahinter aber eine entsprechende Drucksenkung erzwingen, weil die abgedrängten Strombahnen gewissermaßen wieder an die Schaufel herangesaugt werden müssen. Der Unterdruck beginnt kurz hinter dem Staupunkt und ist im Punkt A am größten.

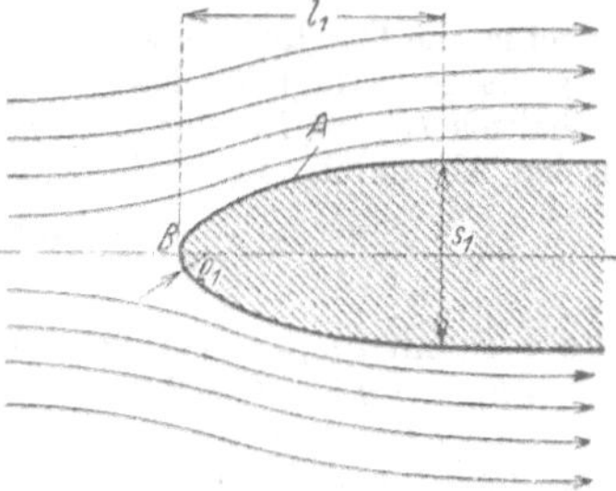

Abb. 104. Umströmung der Schaufelspitze. A Stelle größter Drucksenkung. B Staupunkt. l_1 Schaufellänge bis zum Erreichen der vollen Schaufeldicke s_1

Diese Drucksenkung hat offenbar mit der unter a) besprochenen, vom Schaufeldruck verursachten nichts zu tun; sie ist ebenso bei der wirkungsfreien wie belasteten Schaufel vertreten und nur für die unendlich dünne und stoßfrei angeströmte Schaufel (Abb. 71) gleich Null.

In Abb. 104a ist die Schaufel schräg gelegt, um daran den Verlauf des Druckes in der üblichen Darstellung, d. h. in Abhängigkeit der

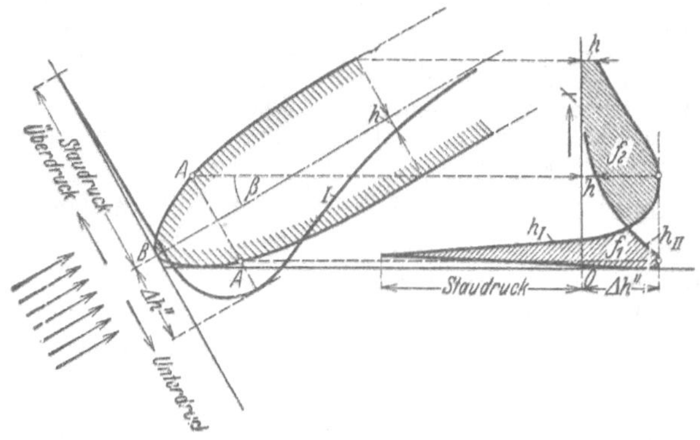

Abb. 104a. Druckverlauf über eine stoßfrei angeströmte Schaufel eines geraden Gitters mit sehr weiter Schaufelteilung

meridionalen Erstreckung x gemäß dem rechten Schaubild, zu zeigen. Wie man sieht, unterschneiden sich hier die Drucklinien in gleicher Weise, wie dies auch in Abb. 103 zu sehen ist. Die in Abb. 104a auftretenden positiven und negativen Druckflächen f_1 und f_2 heben sich gegenseitig auf. Der symmetrisch angeströmte Schaufelanfang ist also im ganzen wirkungsfrei, aber nicht in seinen Teilen.

Der Druckverlauf infolge der Umströmung ist nach verschiedenen Verfahren[1] unter Annahme einer einzelnen Schaufel in der unbegrenzten, ebenen und reibungsfreien Parallelströmung berechnet worden. Wie zu erwarten ist, ergibt sich hierbei der Unterdruck um so größer, je kleiner die für den Übergang auf die volle Schaufeldicke s_1 in Anspruch genommene Schaufellänge l_1, d. h. das Verhältnis l_1/s_1 (Abb. 104). Überträgt man diese für die ideale Flüssigkeit gewonnenen Ergebnisse auf das hier vorliegende radiale oder axiale Schaufelgitter und schreibt die Drucksenkung in der Form

$$\Delta h'' = \lambda'' \frac{w_0^2}{2g}, \tag{5a}$$

wobei w_0 die Geschwindigkeit der ungestörten Relativströmung vor der Schaufel darstellt, so beträgt für das in Abb. 104 gezeichnete Profil mit dem Abrundungsverhältnis $l_1/s_1 = 1{,}8$ der Zahlenwert $\lambda'' = 0{,}38$ oder allgemein bei halbelliptischer Abrundung nach WEINIG

$$\lambda'' = 0{,}373 \frac{s_1}{l_1}\left(2 + 0{,}373 \frac{s_1}{l_1}\right), \tag{6}$$

also z. B. mit $l_1/s_1 = 4{,}85$ $\lambda'' = 0{,}205$, jedoch bei halbkreisförmiger Abrundung, wobei $l_1/s_1 = 0{,}5$, $\lambda'' = 2{,}05$.

Die scharfe Kante gibt bei gleichen l_1/s_1 etwas kleinere Unterdrücke als die Halbellipse, z. B. für $l_1/s_1 = 4{,}85$ und den Zuschärfungswinkel 45° $\lambda'' = 0{,}12$.

Wenn sonach in der idealen Flüssigkeit der Unterdruck je nach der Kopfform außerordentlich verschieden ist, so bestehen in der wirklichen Flüssigkeit diese Unterschiede in weit geringerem Maße. Versuche von E. WOLFF[2] ergeben für alle Abrundungen nahezu den gleichen Unterdruck an der Vorderkante, weil die theoretische Unterdruckspitze durch Wirbelablösungen unterdrückt wird. Beispielsweise lieferten halbkreis- und ellipsenförmige Abrundung den gleichen Unterdruck, so daß — bei Schaufeln gleicher Dicke also insbesondere bei Radialschaufeln — die großen, oben angegebenen Unterschiede in Wirklichkeit wohl nicht vorhanden sind. Dies ist für die Praxis wichtig, weil in radialen Kreiselrädern eine genaue Kontrolle der Anfangsabrundung nicht durchführbar ist und andererseits bei großen Zuströmgeschwindigkeiten w_0 immer noch mit bedeutenden Drucksenkungen zu rechnen ist. Mit $\lambda'' = 0{,}25$ ergibt sich beispielsweise für $w_0 = 20$ m/s, also $w_0^2/2g \approx 20$ m die Drucksenkung $\Delta h'' = 5$ m. Daß ein Unterdruck $\Delta h''$ auch bei Radialrädern auftritt und den Wert $\Delta h'$ überwiegen kann, zeigt ein Blick auf die Versuchskurve Abb. 103.

Erfolgt die Anströmung nicht stoßfrei, so vergrößert sich der Unterdruck einseitig, wie S. 200 besprochen.

c) Krümmung der Seitenwände vor dem Schaufeleintritt. Im Fall des Radialrades ist die Strömung kurz vor den Schaufeln von der axialen in die radiale Richtung umzulenken (Abb. 119, S. 218). Dadurch entsteht eine Drucksenkung nach der gekrümmten Wand (also nach A') hin, deren rechnerische Ermittlung den Entwurf des Strombildes nach Abschn. 11 voraussetzt.

d) Widerstände. Querschnittsverengungen durch besonders große Schaufelzahlen oder Schaufeldicken vergrößern den Druckabfall ebenso

---

[1] WEINIG, F.: Z. angew. Math. mech. 13 (1933) S. 224, daselbst weitere Literaturangabe. — H. PÖTTER: Über den Einfluß der Ausbildung des Kopfes von Schaufelprofilen usw. Diss., Aachen 1927. — F. NUMACHI usw.: Rep. Inst. High Speed Mech. Tohoku Univ. Japan 11 (1959—1960) S. 55—88

[2] Ing.-Arch. 4 (1933) S. 521—544

wie *Eintrittskontraktion* und *Reibungswiderstände*. Zur Kleinhaltung der Reibung sind glatte Wände und hydraulisch günstige Querschnitte des Laufkanals, also günstige Winkel β (S. 143), notwendig. Ferner müssen spitze Winkel zwischen Laufschaufel und Seitenwand vermieden werden (S. 263). Größere Unebenheiten am Laufradeintritt von der Größe einer Warze, z. B. infolge nicht sorgfältig geputzter Gußhaut, können vorzeitig Kavitation auslösen.

e) **Spaltkavitation.** Bei Laufrädern ohne äußere Seitenwand, wie sie bei Schnelläufern (Abb. 152) und insbesondere bei Axialpumpen häufig sind, entstehen im Spalt zwischen Laufrad und Gehäusewand infolge des Druckunterschiedes und begünstigt durch die scharfen Kanten Übergeschwindigkeiten und Wirbelablösungen analog den Wirbeln an den Flügelenden der Flugzeuge. Bei genügend großem Unterdruck auf der Rückseite der Schaufel, d. h. großer Saughöhe, wird der im Innern der Wirbel herrschende weitere Druckabfall zur Dampfbildung führen, die sich dann in starken Anfressungen des Gehäuses oder der Schaufel äußert. Abhilfe geschieht durch Aufsetzen von Blechstreifen im gefährdeten Bereich des saugseitigen Schaufelrandes[1].

37. Saugzahl S (Kavitationsempfindlichkeit σ) und der günstigste relative Zuströmwinkel β_{0a}

Die folgenden Untersuchungen sollen nicht bloß die rechnerische Verfolgung des Kavitationseintrittes ermöglichen, sondern auch optimale Verhältnisse ausfindig machen. Dabei wird sich zeigen, daß der Wahl des Strömungswinkels β_{0a} am äußersten Punkt a_1 der Saugkante der Schaufel besondere Bedeutung zukommt.

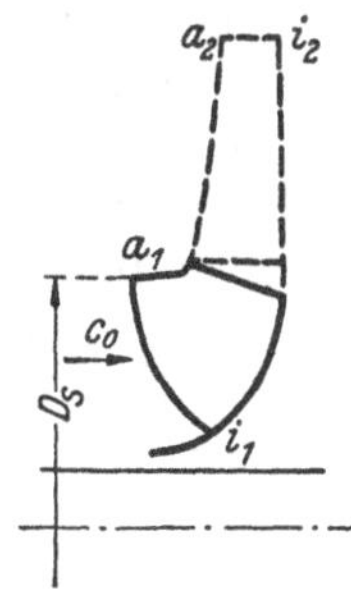

Abb. 105. Radialrad mit vorgezogener Saugkante

Die Größe der erreichbaren Saughöhe ist in erster Linie vom Betrag des Haltedruckes abhängig, der so klein wie möglich zu halten ist. Um ihn zu bestimmen, legen wir unserer Betrachtung die Radform nach Abb. 105 zugrunde, bei welcher die Saugkante in den axialen Saugmund vorgezogen ist, und aus der wir S. 151 den Propeller als Sonderform abgeleitet haben. (Dieses Vorziehen der Saugkante in den axialen Bereich ist nämlich nicht nur bei schnelläufigen Radformen, sondern auch beim Langsamläufer in Gebrauch, wenn hohe Anforderungen an Wirkungsgrad, Saugfähigkeit und Stabilität gestellt werden.) Dann ist zu vermuten, daß die durch den äußeren Punkt a_1 dieser Kante gehende Stromlinie am meisten gefährdet ist. Dies ergibt sich, wenn man sich vergegenwärtigt, daß die gesamte Haltedruckhöhe Δh sich wie folgt zusammensetzt:

$$\Delta h = \lambda_1 \frac{w_0^2}{2g} + \lambda_2 \frac{c_0^2}{2g}. \tag{7}$$

Darin sind w_0 bzw. c_0 die relative bzw. absolute Geschwindigkeit der Strömung, gemessen im Saugmund vor der Saugkante der Laufschaufel. λ_1 und λ_2 sind Erfahrungszahlen, die so bestimmt werden müssen, daß

---

[1] Mueller, H.: Z. VDI 79 (1935) Nr. 39

das erste Glied der rechten Seite die Drucksenkung infolge der im Laufkanal auftretenden Übergeschwindigkeit über die Geschwindigkeit w_0 (S. 124 und 186), das zweite Glied die zusätzliche Druckabnahme infolge Erzeugung von c_0 und infolge Reibung im Einlauf darstellt.

Der Betrag von λ_1 und λ_2 ist gemäß den im vorigen Abschnitt gegebenen Erläuterungen von der Formgebung und von der Reibung abhängig, also großen Schwankungen ausgesetzt und insbesondere für Pumpen und Turbinen verschieden. Der Wert der nachstehenden Untersuchung ist aber von den gewählten Werten von λ_1 und λ_2 unabhängig. Es soll $\lambda_1 = 0{,}3$, $\lambda_2 = 1{,}2$ angenommen werden, welche Werte für marktgängige Pumpen im *Mittel* zutreffen, wie Versuche an Schaufeln der verschiedensten Form ergeben, *wenn man sich auf den Zustand des stoßfreien Eintrittes beschränkt.* Abweichungen vom stoßfreien Eintritt vergrößern die Ziffer λ_1 (S. 187). Die Art der Zuschärfung des Schaufelanfangs hat bei radialen Schaufelgittern infolge von Zähigkeitswirkungen nach S. 186 nicht den großen Einfluß, der auf Grund von Rechnungen in der idealen Flüssigkeit zu erwarten wäre. Dagegen bedingen Wandkrümmung, Rauhigkeit, Schaufeldicke und Schaufelteilung große Schwankungen, die rechnerisch nicht zu erfassen sind. Sie haben aber ein Anwachsen von λ_1 nach der Nabe hin zur Folge, so daß tatsächlich der Ort des größten Unterdruckes nicht unbedingt an der äußeren Flußlinie $a_1 a_2$ zu liegen braucht.

Den Einfluß des Ausführungsmaßstabes werden wir überschläglich S. 196 berücksichtigen. Die Kleinheit von λ_1 wird daraus verständlich, daß den Ingenieur nur der Zustand interessiert, bei dem bereits ein meßbarer Abfall an Wirkungsgrad und Leistung eingetreten ist, also die Hohlraumbildung bereits eine gewisse Ausdehnung erreicht hat. Die Ziffer λ_2 muß etwas größer als Eins genommen werden, weil die Reibung einbezogen ist und weil nach Bernoulli die ganze Geschwindigkeitshöhe für eine Druckänderung maßgebend ist. *Damit wird* — in Einklang mit S. 182 — *der Haltedruck als Unterdruck am Ort der Kavitation gegenüber einem (gleich hohen) Punkt des Ansaugbereiches genommen, in dem die Geschwindigkeit c_I auf Null verlangsamt ist.*

Es liegt auf der Hand, daß im äußersten Punkt a_1 der Saugkante w_0 am größten ist (sofern kein der Drehrichtung des Rades entgegengesetzter Drall der Strömung vorliegt), während c_0 längs der Saugkante sich meist nicht oder nur wenig ändert. Weil also die Umgebung dieses Punktes a_1 vorwiegend interessiert, so gelten unsere Betrachtungen gleichzeitig für das Axialrad, wobei der Durchmesser D_s im Saugmund gleich dem Außendurchmesser des Rades ist (Abb. 92a). Die am Punkt a_1 auftretenden Größen erhalten wieder wie S. 157 das Fußzeichen a.

Wir benutzen als unabhängige Veränderliche den relativen Zuströmwinkel β_{0a} im Punkt a_1, also den Winkel zwischen w_0 und $u_{1a} = \pi D_s n/60$, weil nach dessen Annahme der ganze Radeinlauf und somit auch Δh festliegt. Für diesen Winkel, also auch für den Durchmesser D_s des Saugmundes gibt es einen Optimalwert, wie folgende Überlegung zeigt. Nehmen wir den Fall $\alpha_0 = 90°$ zunächst an, so können wir in Gl. (7) w_0^2 durch $u_{1a}^2 + c_0^2$ ersetzen. Dann wird mit aus dem Unendlichen heraus abnehmendem D_s der Wert u_{1a} von ∞ aus unbegrenzt abnehmen, während c_0 unbegrenzt wächst und mit $D_s = 0$ unendlich wird. Zwischen beiden Grenzwerten muß offenbar ein Kleinstwert von Δh liegen.

Der Durchmesser D_s ist aber eindeutig mit dem Winkel β_{0a} gekoppelt, indem nach Gl. (27), S. 161

$$D_s = \sqrt[3]{\frac{240\,V}{\pi^2\,k\,\delta_r\,n\,\mathrm{tg}\,\beta_{0a}}}, \tag{8}$$

worin k die Nabenverengung berücksichtigt, gemäß

$$k = 1 - \frac{d_n^2}{D_s^2} \tag{9}$$

und

$$\delta_r = 1 - \frac{c_{0u}}{u_{1a}} = \frac{w_{0u}}{u_{1a}} \tag{10}$$

die relative Drallziffer bedeutet. Gl. (8) bezieht sich also auf den allgemeinen Fall, daß ein Drall im Saugmund vorliegt. Dann ist nach Abb. 66

$$w_0 = \frac{u_{1a} - c_{0u}}{\cos\beta_{0a}} = u_{1a}\frac{\delta_r}{\cos\beta_{0a}}, \tag{11}$$

$$\begin{aligned} c_0^2 &= c_{0m}^2 + c_{0u}^2 = (u_{1a} - c_{0u})^2\,\mathrm{tg}^2\beta_{0a} + (1-\delta_r)^2 u_{1a}^2 \\ &= u_{1a}^2[\delta_r^2\,\mathrm{tg}^2\beta_{0a} + (1-\delta_r)^2]. \end{aligned} \tag{12}$$

In Gl. (11) und (12) ist $u_{1a} = (\pi D_s n)/60$ mit D_s aus Gl. (8) zu setzen. Führt man die so erhaltenen Werte von w_0 und c_0^2 in Gl. (7) ein, so erhält man nach kurzer Umformung

$$\begin{aligned} 2g\,\Delta h = \left(\frac{\pi}{30^2}\,\frac{n^2 V}{k}\right)^{2/3} \Bigg[& \lambda_1 \left(\frac{\delta_r^2}{\cos^2\beta_{0a}\sin\beta_{0a}}\right)^{2/3} \\ & + \lambda_2 \frac{(\delta_r\,\mathrm{tg}\,\beta_{0a})^2 + (1-\delta_r)^2}{(\delta_r\,\mathrm{tg}\,\beta_{0a})^{2/3}} \Bigg] \end{aligned} \tag{13}$$

oder in anderer Schreibweise

$$2g\,\Delta h = \left(\frac{\pi}{30^2}\,\frac{n^2 V}{k}\right)^{2/3} \frac{\delta_r^2\,\dfrac{\lambda_1 + \lambda_2}{\cos^2\beta_{0a}} + \lambda_2(1-\delta_r)}{(\delta_r\,\mathrm{tg}\,\beta_{0a})^{2/3}}. \tag{13a}$$

Sind n, V, k und δ_r gegeben, so ist also Δh tatsächlich nur von β_{0a} abhängig, wenn λ_1 und λ_2 als Festwerte angesehen werden.

α) **Drallfreiheit im Saugraum,** d. h. $\alpha_0 = 90°$. In diesem für die Praxis wichtigsten Fall ist nach Gl. (10) $\delta_r = 1$, und es folgt aus Gl. (13) oder (13a)

$$2g\,\Delta h = \left(\frac{\pi}{30^2}\,\frac{n^2 V}{k}\right)^{2/3} \left[\frac{\lambda_1}{(\cos^2\beta_{0a}\sin\beta_{0a})^{2/3}} + \lambda_2\,\mathrm{tg}^{4/3}\beta_{0a}\right]. \tag{14}$$

Die Nullsetzung des Differentialquotienten des Ausdruckes in der eckigen Klammer führt zu folgendem Optimalwert des Winkels β_{0a}

$$\operatorname{tg}(\beta_{0a})_{\mathrm{opt}} = \sqrt{\frac{1}{2}\,\frac{\lambda_1}{\lambda_1+\lambda_2}}\,. \tag{15}$$

Diese Zahl stellt gleichzeitig die günstigste Lieferziffer $\varphi = c_0/u_{1a}$ dar.

Aus Gl. (14) folgt

$$\frac{n^2 V}{k\,\Delta h^{3/2}} = \frac{30^2}{\pi}\left[\frac{2g}{\dfrac{\lambda_1}{(\cos^2\beta_{0a}\sin\beta_{0a})^{2/3}} + \lambda_2\operatorname{tg}^{4/3}\beta_{0a}}\right]^{3/2}. \tag{16}$$

Die rechte Seite dieser Gleichung ist also nur von β_{0a} und den Beiwerten λ_1 und λ_2 abhängig. Sie ist ein Festwert, wenn diese Größen beibehalten werden. (Sie wäre dimensionslos, wenn g von rechts auf die linke Seite genommen würde, wobei $g\Delta h$ an Stelle von Δh tritt, also diese Wassersäule nicht auf die Schwerebeschleunigung g der Erde, sondern die Schwerebeschleunigung 1 bezogen wäre, wie das auch bei der spezifischen Drehzahl S. 156 gefunden wurde.) Um große Zahlen zu vermeiden, setzen wir auf die linke Seite der Gl. (16) $n/100$ statt n und nennen diese Ziffer

$$\left(\frac{n}{100}\right)^2 \frac{V}{k\,\Delta h^{3/2}} \equiv S \tag{17}$$

die *Saugzahl*[1], die konstant ist, falls β_{0a} und die λ-Werte als gleichbleibend betrachtet werden. Unter dieser Voraussetzung stellt die Unveränderlichkeit von S das *allgemeine Ähnlichkeitsgesetz für Kavitation dar*, weil es von der Radform, also der spezifischen Drehzahl nicht abhängt. Der Verlauf von S ist in Abb. 106 für $\lambda_1 = 0{,}3$, $\lambda_2 = 1{,}2$, $g = 9{,}81\ \mathrm{m/s^2}$ in Abhängigkeit von β_{0a} dargestellt. Ihr beim Optimalwinkel $(\beta_{0a})_{\mathrm{opt}}$ vorhandener Wert ist nach Gl. (15) und (16)

$$S_{\mathrm{opt}} = \frac{0{,}96}{\lambda_1\sqrt{\lambda_1+\lambda_2}}\,. \tag{18}$$

Mit den angegebenen λ-Werten ergibt sich für den Zuströmwinkel β_{0a} aus Gl. (15) der Optimalwert

$$\operatorname{tg}(\beta_{0a})_{\mathrm{opt}} = 0{,}316\,, \qquad (\beta_{0a})_{\mathrm{opt}} = 17^\circ\,32'\,,$$

so daß also kleine Zuströmwinkel durch die Rücksicht auf Kavitation bedingt sind, welche Feststellung wir beim Entwurf der Schaufel beachten müssen. Diese Kleinheit gilt aber nur für die Zuströmung. (Den Schaufelwinkel β_{1a} macht man meist größer als den aus der Stoßfreiheit sich ergebenden Wert.)

Der Bestwert der Saugzahl errechnet sich nach Gl. (18) zu

$$S_{\mathrm{opt}} \equiv \left(\frac{n}{100}\right)^2 \frac{V}{k\,\Delta h^{3/2}} = 2{,}61\,.$$

---

[1] Im englischen Sprachgebiet nennt man die Größe $n\sqrt{V}/\Delta h^{3/4} = \sqrt{Sk}\cdot 10$ die „suction specific speed", weil ihr Aufbau dem der spezifischen Drehzahl entspricht. Vgl. Z. VDI 90 (1948) S. 324

Da die Saugzahl S sich nur ändert, sofern die λ-Werte oder der Winkel β_{0a} sich ändern, so ist ihr aus Gl. (17), also mit bekannten Werten von n, V und Δh berechneter Wert gleichzeitig *eine Güteziffer zur Beurteilung des Erfolges der in der Hand des Herstellers liegenden Maßnahmen, unabhängig von der Radform. Sie wird also tatsächlich in weiten Grenzen schwanken*, und zwar in dem Grade, wie die Maßnahmen des Konstrukteurs (insbesondere hinsichtlich der Form und Zahl der Schaufeln) und die Sorgfalt der Werkstattausführung schwanken. Sie ist aber grundsätzlich unabhängig von der Radform und gilt in gleicher Weise für Axial- oder Radialräder, Schnell- oder Langsamläufer, vorausgesetzt, daß der Betriebspunkt besten Wirkungsgrades und nicht Teil- oder Überlast vorliegt.

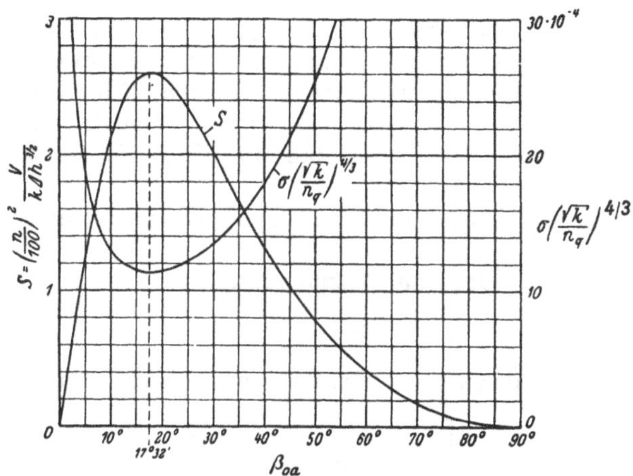

Abb. 106. Saugzahl S und Kavitationsempfindlichkeit σ (für $\lambda_1 = 0{,}30$ und $\lambda_2 = 1{,}20$) in Abhängigkeit vom Zuströmwinkel β_{0a}. σ ist aufgetragen in der Form $\sigma\left(\sqrt{k/n_q}\right)^{4/3}$, wo $k = 1 - (d_n/D_s)^2$

Da die λ-Werte Reibungseinflüsse mit berücksichtigen, wird die Saugziffer S neben β_{0a} und der Ausführungsgüte auch von der Richtung der Strömung, d.h. davon abhängig sein, ob das Rad als Pumpe oder Turbine arbeitet. Ebenso ist die Re-Zahl, also auch der Ausführungsmaßstab wichtig (S. 64 und 196).

Zu einer bestimmten Saugziffer S gehört nach (17) der Haltedruck

$$\Delta h = \left[\left(\frac{n}{100}\right)^2 \frac{V}{k\,S}\right]^{2/3}. \tag{18}$$

Wichtig ist die Feststellung, daß die Förderhöhe H nicht in den Gleichungen erscheint. Dies ist verständlich, weil lediglich die saugseitigen Abmessungen des Rades eine Rolle spielen. Der Verlauf und die Profilierung der Schaufel haben nur Einfluß auf die Zahl λ_1 und damit (ebenso wie β_{0a}) auf die Saugzahl S, die ja die Aufgabe hat, eine Kennziffer für die Beurteilung der Maßnahmen des Herstellers zu bilden. Daß die Förderhöhe keinen Einfluß auf S hat, wird durch den Versuch bestätigt.

Wegen der Ähnlichkeit des Ausdruckes von S nach (Gl. (17) mit der spezifischen Drehzahl n_q nach Gl. (7), S. 153, indem $n_q^2 = n^2 V/H^{3/2}$, ist es naheliegend, beide in Beziehung zu bringen, indem $n^2 V$ in Gl. (17) durch $n_q^2 H^{3/2}$ ersetzt wird, wodurch

$$S = \frac{1}{k}\left(\frac{n_q}{100}\right)^2 \left(\frac{H}{\Delta h}\right)^{3/2}. \tag{19}$$

Die hier vorkommende Größe $\Delta h/H$ stellt den von D. Thoma eingeführten Kavitationsbeiwert σ dar. Sie steht zu S in der Beziehung

$$\sigma = \left(\frac{n_q}{100}\right)^{4/3} \frac{1}{(k\,S)^{2/3}} \tag{19a}$$

und ändert sich demnach mit der Radform proportional zu $n_q^{4/3}$. σ ist offenbar nur bei unverändertem n_q konstant, also nicht so allgemein verwendbar wie die Saugzahl, ist aber bisher in der Literatur ausschließlich als Kennziffer verwendet worden. Wir bezeichnen sie als *Kavitationsempfindlichkeit.* Ihr Verlauf ist ebenfalls aus Abb. 106 ersichtlich. Aus Gl. (19a) folgt, daß die *Kavitationsgefahr mit der Schnelläufigkeit wächst.*

Aus den angegebenen Gründen benutzen wir im folgenden nur die Saugzahl S.

β) **Strömung mit Drall im Saugmund,** also

$$\alpha_{0a} \neq 90^\circ, \qquad \delta_r \gtrless 1.$$

Gl. (13) gibt jetzt in gleicher Weise wie unter α die Saugzahl

$$S \equiv \left(\frac{n}{100}\right)^2 \frac{V}{k\,\Delta h^{3/2}} = \frac{0{,}09}{\pi}\left[\frac{2g}{\lambda_1\left(\frac{\delta_r^2}{\cos^2\beta_{0a}\sin\beta_{0a}}\right)^{2/3} + \lambda_2\frac{(\delta_r \operatorname{tg}\beta_{0a})^2 + (1-\delta_r)^2}{(\delta_r \operatorname{tg}\beta_{0a})^{2/3}}}\right]^{3/2}. \tag{20}$$

Daraus kann man die *Kavitationsempfindlichkeit* σ wieder mittels Gl. (19a) errechnen.

Das Optimum von β_{0a} erhält man durch Nullsetzen der Ableitung des Wertes in der eckigen Klammer, wobei δ_r als fest gegeben zu betrachten ist, zu

$$\operatorname{tg}(\beta_{0a})_{\text{opt}} = \underset{(-)}{+}\sqrt{\frac{1}{2}\,\frac{\lambda_1 + \lambda_2\left(\frac{1}{\delta_r} - 1\right)^2}{\lambda_1 + \lambda_2}}. \tag{21}$$

Ein Eintrittsdrall, d. h. $\delta_r \neq 1$, verlangt also eine Vergrößerung des Winkels β_{0a} an der Saugkante, gleichgültig, ob der Drall gleich oder gegensinnig zu der Radumdrehung gerichtet ist (Abb. 107). Besonders auffällig ist, daß diese Vergrößerung auch bei Gegendrall ($\delta_r > 1$) notwendig ist, also eine starke Zunahme der Meridiankomponente c_{0m} und damit eine Abnahme von D_s eintritt, was wiederum mit Gl. (8) im Einklang steht.

Führt man diesen Optimalwert von β_{0a} in Gl. (20) ein, so ergibt sich als bestmögliche Saugzahl bei beliebigem Drallwert δ_r im Punkt a_1

der Saugkante nach Umformung mit $g = 9{,}81\ \mathrm{m/s^2}$

$$S_{\mathrm{opt}} \equiv \frac{\left(\frac{n}{100}\right)^2 V}{k\,\Delta h^{3/2}} = \frac{0{,}96}{\sqrt{\lambda_1+\lambda_2}\,[\lambda_1\delta_r^2+\lambda_2(1-\delta_r)^2]}. \tag{22}$$

Diese optimale Saugzahl ändert sich also mit dem Drallwert δ_r sehr stark, wie auch aus der für $\lambda_1 = 0{,}3$, $\lambda_2 = 1{,}2$ gezeichneten Abb. 107 zu ersehen ist. Ihr Größtwert ist nicht bei senkrechtem Eintritt vorhanden, sondern bei einem Gleichdrall, der sich durch Nullsetzen der Ableitung des Wertes in der eckigen Klammer obiger Gleichung ergibt, zu

$$(\delta_r)_{\mathrm{opt}} = \frac{\lambda_2}{\lambda_1+\lambda_2}. \tag{23}$$

Die Saugzahl steigt hierbei nach Gl. (22) auf

$$(S_{\mathrm{opt}})_{\max} = 0{,}96\,\frac{\sqrt{\lambda_1+\lambda_2}}{\lambda_1\lambda_2}, \tag{24}$$

welcher Wert gemäß der gezeichneten Kurve um 24% besser ist als bei Drallfreiheit.

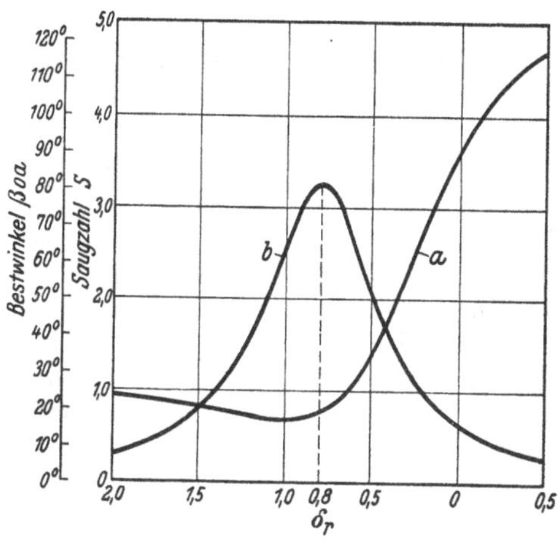

Abb. 107. Einfluß eines Vordralles gekennzeichnet durch $\delta_r = 1 - c_{0u}/u_{1a}$ auf die optimalen Kenngrößen der Kavitationsgrenze. Linie a: Bestwinkel $(\beta_{0a})_{\mathrm{opt}}$ im Punkt a_1 (Abb. 105). Linie b: Saugzahl S_{opt}

Die Saugfähigkeit bei normalem Durchfluß kann also durch Verwendung eines mäßigen Gleichdralles merkbar verbessert werden. Wird jedoch dieser Gleichdrall durch ein (mit verringerter Drehzahl laufendes) Schaufelrad erzeugt, so kann er auch gesteigert werden. Zu beachten ist, daß die Drallziffer δ_r in Abhängigkeit des Radius r (wegen des konstanten Dralles) sich ändert und der hier verwendete Wert nur für Punkt a_1 der Saugkante (Durchmesser D_s) gilt.

γ) **Optimalwerte für kleinste Schaufelverluste.** Die abgeleiteten Gleichungen kann man auch dazu benutzen, um den Radeinlauf für kleinstes w_0, also *kleinste Schaufelreibung bzw. kleinste Ma-Zahl* zu finden. Man braucht dann in Gl. (15) oder (21) nur $\lambda_2 = 0$ zu setzen und erhält $(\beta_{0a})_{\mathrm{opt}}$-Werte, die etwa doppelt so groß sind wie die für kleinste Kavitationsgefährdung abgeleiteten. *Dies muß vom Konstrukteur in all den Fällen wohl beachtet werden, wo Kavitation nicht in Frage kommt.* Vgl. auf S. 162ff.

38. Berechnung der größtzulässigen Saughöhe

Die größtzulässige ideelle Saughöhe beträgt nach Gl. (4)

$$(H_s'')_{\max} = A - H_t - \Delta h \tag{25}$$

oder der Haltedruck

$$\Delta h = A - H_t - (H_s'')_{\max}. \tag{25a}$$

Die Kavitationsempfindlichkeit σ können wir für Pumpen also schreiben

$$\sigma = \frac{A - H_t - (H_s'')_{\max}}{H}. \tag{26}$$

Bei mehrstufigen Pumpen ist in letztere Gleichung für H naturgemäß nur die Förderhöhe der 1. Stufe einzusetzen. Bei Wasser mit hohem Gasgehalt, insbesondere solchem aggressiven Charakters empfiehlt es sich, H_t etwas größer als im Anschluß an Gl. (2), S. 181, angegeben ist, zu nehmen.

a) Radeintritt ohne Drall, also $\alpha_0 = 90°$. Den Haltedruck Δh bestimmen wir beim Entwurf der Pumpe am bequemsten auf dem Weg über die Saugzahl S der Gl. (17). Dieser Wert ist aus Versuchen zu ermitteln. Unter Annahme bestimmter Zahlen λ_1 und λ_2 ist S für senkrechten Eintritt durch Gl. (16) gegeben. Seinen Verlauf in Abhängigkeit von β_{0a} zeigt Abb. 106. Dabei ist $\lambda_1 = 0{,}3$, $\lambda_2 = 1{,}2$ gesetzt, weil diese Werte mit der Erfahrung an marktgängigen Pumpen *im Mittel* in Einklang zu bringen sind, gleichgültig, ob radiale oder axiale Beaufschlagung vorliegt. S. 190 ist für S der Optimalwert 2,61 mit den angegebenen λ-Werten errechnet und dabei bemerkt, daß er entsprechend der verschiedenen Sorgfalt des Herstellers *in weiten Grenzen* schwanken kann. Diese Schwankungen werden verstärkt durch die Schwierigkeit der versuchsweisen Bestimmung des Eintrittes der Kavitation und die starke Abhängigkeit vom Füllungsgrad, d. h. dem Stoßzustand (S. 200ff.). Dazu kommt noch der S. 196 behandelte Einfluß der Maschinengröße. Da die Saugzahl eine Kennziffer für die in der Hand des Herstellers liegenden Maßnahmen sein soll, muß auch der abgeleitete und aus Abb. 106 ersichtliche starke Einfluß der Größe von β_{0a} einbezogen bleiben. Für Pumpen des freien Marktes, bei denen in der Regel kein besonderer Wert auf große Saugfähigkeit gelegt wird, ist erhöhte Vorsicht geboten. Dies gilt insbesondere für Pumpen mit doppelseitigem Einlauf oder großen mehrstufigen Pumpen, bei denen starke Richtungsänderungen der Strömung zwischen Saugstutzen und Rad oft nicht zu vermeiden sind (Abb. 289ff., Abb. 276ff.). Hier können im Mittel folgende Saugzahlen angenommen werden, wobei auch berücksichtigt ist, daß die Werte bei Abweichung vom stoßfreien Eintritt stark abfallen (S. 202):

1. Das Radialrad mit in den Saugmund vorgezogener, also doppelt gekrümmter Laufschaufel wie in Abb. 105 schneidet am besten ab mit $S \approx 3$.

2. Der Propeller erreicht etwa 2,4.

3. Die gleiche Zahl gilt für Radialräder mit einfach gekrümmter Schaufel und achsparalleler Saugkante. Werden diese einfach gekrümmten Schaufeln nach der Nabe hin verlängert, indem sie schräg abgeschnitten werden (Abschn. 48), so tritt eine Besserung ein.

Es muß aber im Auge behalten werden, daß bei Aufwendung größter Sorgfalt seitens des Herstellers die S-Werte auf das Doppelte oder sogar Vielfache der angegebenen Zahlen steigen können[1]. Aus S erhält man jeweils

$$\Delta h = \left[\left(\frac{n}{100}\right)^2 \frac{V}{k S}\right]^{2/3} \tag{27}$$

und damit gemäß Gl. (25) die ideelle Saughöhe

$$(H_s'')_{\max} = A - H_t - \left[\left(\frac{n}{100}\right)^2 \frac{V}{k S}\right]^{2/3}, \tag{28}$$

die um $c_I^2/2g$ kleiner ist als die gesamte Saughöhe $(H_s')_{\max}$.

Beispiel. Für eine Pumpe, welche 100 l/s = 0,1 m³/s bei $n \approx 1450$ U/min fördert und bei welcher $d_n/D_s = 0{,}5$, also k nach Gl. (9) gleich 0,75 sei, ist die bei mittlerer Ausführungsgüte zu erwartende größtmögliche Saughöhe zu berechnen.

Mit der Saugzahl $S = 2{,}4$ liefert Gl. (27)

$$\Delta h = \left(14{,}5^2 \frac{0{,}1}{0{,}75 \cdot 2{,}4}\right)^{2/3} = 5{,}15\,\mathrm{m}.$$

α) Fördert die Pumpe *kaltes Wasser*, so ist in Gl. (28) $H_t \approx 0{,}2$. Legt man den am Aufstellungsort zu erwartenden kleinsten Barometerstand mit $A = 9{,}5$ m zugrunde, so ergibt sich also eine ideelle Saughöhe von $9{,}5 - 0{,}2 - 5{,}15 = 4{,}15$ m. Die auf das waagerechte Wellenmittel bezogene genormte Saughöhe ist dann nach Gl. (4a) um $\frac{c_I^2}{2g} - \frac{D_1}{2}$ größer.

Der Einfluß der Wassertemperatur auf die Saughöhe ist aus Abb. 108 ersichtlich.

β) Fördert die Pumpe *heißes Wasser* für die Kesselspeisung von über 100° C, oder handelt es sich um Absaugung des Kondensates aus dem Vakuum des Kondensators einer Dampfturbine, so ist der auf dem Saugwasserspiegel lastende Druck A praktisch gleich dem Dampfdruck H_t, also $A - H_t = 0$, womit[2] nach Gl. (28)

$$(H_s'')_{\max} = -\Delta h = -5{,}15\,\mathrm{m}. \tag{28a}$$

Die größtmögliche Saughöhe geht in letzterem Fall also über in eine mindestens nötige *Zulaufhöhe*, deren ideeller Wert gleich dem Haltedruck Δh ist. Der Druck im höchsten Punkt des Pumpeneinlaufes muß also um diesen Betrag, vermindert um $c_I^2/2g$, größer sein als der Druck im Dampfraum des Sammelbehälters, ausgedrückt in m Flüssigkeitssäule des heißen Wassers. Im Wellenmittel kommt dann der Betrag $D_1/2$ hinzu.

Kondensatpumpen laufen meist unter Kavitation, weil ihre Zulaufhöhe sich entsprechend dem Zufluß V durch den Kavitationsvorgang einregelt[3].

---

[1] Rütschi, K.: Schweiz. Bauztg. 78 (1960) Nr. 12, S. 199—203, wo in den dortigen Bild 7 Saugzahlen S von mehr als 20 mit einer neuen Radform nachgewiesen werden. Vgl. ferner F. Krisam Z. VDI 95 (1953) Nr. 11/12

[2] Neuere Untersuchungen über Heißwasserpumpen bringt R. Pennington: Proc. (B) B 1, Nr. 4 (1952) S. 129—156

[3] Hutarew, G.: Arch. Wärmew. 24 (1943) S. 123

b) Radeintritt mit Drall. Zwar ist der senkrechte Eintritt bei Pumpen fast ausschließlich üblich, aber daß ein mäßiges Kreisen des eintretenden Wassers im Sinne der Raddrehung Vorteile bietet, ist schon S. 193 gesagt worden. Abb. 107 gibt eine Übersicht über den Verlauf der Bestwerte von β_{0a} nach Gl. (21) in Linie a, und von S nach Gl. (22) in Linie b.

Die beste Saugfähigkeit wird nach Gl. (23), (21), (22), sofern die gleichen λ-Werte wie bisher verwendet werden, erreicht

beim relativen Drallwert $(\delta_r)_{\text{opt}} = 0{,}8$,

beim Zuströmwinkel $(\beta_{0a})_{\text{opt}} = 19^\circ\, 27'$,

wobei

die (rechnerische) Saugzahl $(S_{\text{opt}})_{\max} = 3{,}26$.

Die Saugzahl S steigt also gegenüber senkrechtem Eintritt von 2,61 auf 3,26, also um 24%. *Durch Vorschalten eines entsprechenden Eintritts-Leitgitters* (dessen Reibungswiderstand natürlich klein zu halten ist) *wird demnach unter Umständen Kavitation vermieden oder beseitigt.* Dies ist um so wichtiger, als auch der Wirkungsgrad durch Zulassung eines geringen Gleichdralles verbessert wird und das dann nötige Eintrittsleitrad gleichzeitig als Gleichrichter wirkt, also Unregelmäßigkeiten der Zuströmung beseitigt.

Bei weiterem Anwachsen des Gleichdralles oder bei Gegendrall fällt die Kurve b rasch ab und nähert sich asymptotisch der δ_r-Achse. Gegendrall verringert also unter allen Umständen die Saughöhe, wie nicht anders zu erwarten ist. Bekanntlich wird hierbei auch der Wirkungsgrad verschlechtert.

Wird der Gleichdrall durch ein vorgeschaltetes Laufrad erzeugt (das dann aber mit verringerter Drehzahl laufen sollte und eigentlich als Vorschaltpumpe anzusprechen ist), so gilt die angegebene Beschränkung nicht, weil keine Drucksenkung mit der Entstehung des Dralles verbunden ist. Nur ist dann der Strömung an der Nabe Beachtung zu schenken.

39. Der Einfluß der *Re*-Zahl, insbesondere der Maschinengröße auf die Kavitationsgrenze

Bei unseren bisherigen Betrachtungen haben wir den Reibungseinfluß als konstant betrachtet, d. h. die Verschiedenheit der *Re*-Zahl, der relativen Rauhigkeit, die insbesondere (wie S. 170) beim Übergang von einer kleineren zu einer größeren Ausführung des Modells unvermeidbar sind, vernachlässigt. Fassen wir zunächst die Größe der Kavitationsempfindlichkeit $\sigma = \Delta h/H$ ins Auge, die nach S. 192 proportional zu $n_q^{4/3}$ ist, also bei Gleichheit der Radform konstant sein sollte, so kann man der Reibung Rechnung tragen, indem man einerseits an Stelle von H die Schaufelarbeit H_{th} setzt und andererseits berücksichtigt, daß die Reibung am Radeinlauf, d. h. zwischen den Punkten, an denen der Druckunterschied Δh herrscht, den für Geschwindigkeitsänderungen verfügbaren Teil Δh verkleinert. Man erhält dann die Vergleichszahl

$$\sigma_1 = \frac{\Delta h(1-\zeta)}{H_{th}} = \frac{\Delta h}{H}\eta_h(1-\zeta) = \sigma\eta_h(1-\zeta).$$

Der Wert $1-\zeta$ dürfte die Größenordnung von η_h haben. Faßt man $\eta_h(1-\zeta)$ zu η_h^γ zusammen, so wird

$$\sigma = \frac{\Delta h}{H} = \frac{\sigma_1}{\eta_h^\gamma}, \tag{29}$$

wobei der Exponent γ zwischen Eins und Zwei liegen und der Zahl Zwei nahekommen dürfte.

Die Zahl σ_1 ist nur abhängig von der Radform. Nimmt man n_q als eindeutige Kennziffer hierfür, was nur beschränkt zutrifft, so ist σ_1 also wie σ proportional zu $n_q^{4/3}$ aber unabhängig vom Ausführungsmaßstab oder Drehzahl oder Art der Flüssigkeit, zudem der Einlaufwinkel β_0 nur zwischen engen Grenzen schwanken soll (S. 162). Nehmen wir den Exponenten γ überschlägig zu Zwei an[1], so muß $\sigma\,\eta_h^2/n_q^{4/3}$ als konstant betrachtet werden. Bei gleicher Radform, d. h. gleichem n_q ist also σ um so größer, je kleiner η_h ist. *Große Pumpen saugen also besser als kleine.*

Überträgt man diese Betrachtung auf die Saugzahl S (wobei die Schaufelverluste außer Betracht bleiben können, weil S von n_q unabhängig ist), so ergibt sich, daß S etwa proportional mit $\eta_h^{3/2}$ sich ändern müßte.

Hiermit hat also die Maschinengröße einen recht starken Einfluß auf S und damit auf Δh, also die zulässige Saughöhe. Die in der Praxis beobachteten Schwankungen von S dürften hierin aber nur zum Teil ihre Erklärung finden. (Beachtlich ist ferner, daß bei der Turbine der Reibungseinfluß entgegengesetzt ist, also die Exponenten ihr Vorzeichen wechseln und kleine Turbinen größere Saughöhe zulassen als große Turbinen.)

40. Maßnahmen zur Erzielung großer geodätischer Saughöhen

Aus Gl. (4) erhält man folgenden Ausdruck für die größte geodätische Saughöhe

$$(e_s')_{\max} = A - H_t - Z_s - \Delta h. \tag{30}$$

Danach kann die Saugfähigkeit einer gegebenen Pumpe durch folgende Maßnahmen gesteigert werden.

a) Maßnahmen außerhalb der Pumpe. α) Aufstellung an einem tiefgelegenen Ort, weil dort der Atmosphärendruck A hoch ist.

---

[1] Von H. H. ANDERSON: Proc. Instn. mech. Engrs. Lond. 157 (1947) S. 87, Auszug Z. VDI 90 (1948) S. 324 sind in Bild 1 Versuchswerte wiedergegeben, die auf einen wesentlich höheren Exponenten γ als Zwei schließen lassen, was nicht recht glaubhaft ist.

Dieser schwankt zeitlich um $\pm 5\%$ der folgenden mittleren Werte:

Höhe h über dem Meer	0	500	1000	2000 m
Atmosphärendruck A	10,3	9,7	9,2	8,1 m Wassersäule

oder allgemein $A = (1 - 2{,}4 \cdot 10^{-5} h)^5 A_0$, wenn A_0 der Wert von A am Meeresspiegel[1]. Für die Berechnung maßgebend ist der um 5% verminderte Wert. Bei anderen Förderflüssigkeiten ist A umgekehrt proportional dem spezifischen Gewicht umzurechnen.

β) Verwendung möglichst kalten Wassers, weil gemäß der Dampftafel der Wert H_t klein wird. Um ein Bild über den Einfluß der Wassertemperatur zu erhalten, ist in Abb. 108 der Verlauf der gesamten Saughöhe H_s' für ein gewöhnliches Radialrad unter der Annahme aufgetragen, daß bei kaltem Wasser $H_s' = 6{,}5$ m erreicht werden. Bei 89° C wäre hiernach am Saugstutzen ein Unterdruck gegenüber dem Druck über dem Saugwasserspiegel nicht mehr möglich.

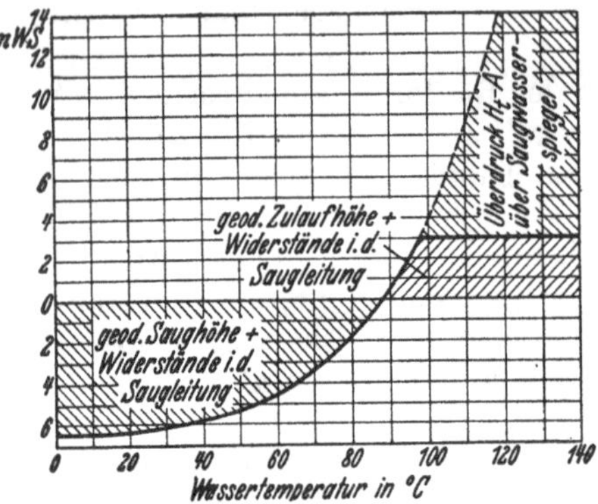

Abb. 108. Höchstzulässige Saughöhe H_s in Abhängigkeit der Wassertemperatur für eine marktgängige Pumpe

γ) Geringhaltung der Strömungswiderstände Z_s und Dichtheit der Saugleitung, also große lichte Weite, möglichst geringe Länge, Vermeidung scharfer Krümmungen, die vor allem nicht in verschiedenen Ebenen liegen sollen. Für die Bemessung wird eine Wassergeschwindigkeit von 1 bis 2 m/s zugrunde gelegt, so daß der Querschnitt der Saugleitung sich beim Übergang auf den Saugstutzen der Pumpe verengt. Weniger als 0,8 m/s zu nehmen, ist wegen der Gefahr des Ausscheidens von Luft und des Rostens (auch bei Druckleitungen) unzweckmäßig. Eine kurze senkrecht hochsteigende Leitung ist am vorteilhaftesten. Ist eine solche infolge der örtlichen Verhältnisse ausgeschlossen, so ist die Saugleitung gegen die Pumpe ansteigend, mit mindestens 2 cm auf 1 m Länge, zu verlegen, damit sich keine Luftsäcke bilden können, die den Querschnitt verengen und zum Abschnappen der Pumpe führen können. Ist es nicht zu vermeiden, daß die Saugleitung über einen hochgelegenen Punkt geführt wird, so ist an der höchsten Stelle eine Entlüftungseinrichtung (beispielsweise eine Strahlluftpumpe) anzuschließen. Waagerecht liegende, sich verengende konische Übergangsrohre (Abb. 109) sind stets so auszuführen, daß die oberste Linie dieser Rohre waagerecht liegt. Um das Eindringen von Luft infolge von Undichtheiten zu verhindern, soll die Saugleitung vor dem Anschluß an die Pumpe durch Wasserdruck auf ihr Dichthalten geprüft werden. Wird sie in den Boden verlegt, so sind keine Flanschen, sondern Muffenverbindungen anzuwenden.

[1] Z. VDI 86 (1942) S. 555

Durch wiederholte Krümmungen der Saugleitung in verschiedenen Ebenen entsteht ein Eintrittsdrall, wodurch in der Achse sich Hohlräume bilden, welche in das Rad hineingezogen werden können. Bei großen lichten Weiten der Saugleitung (Schöpfwerkspumpen) kann sich dieses Kreisen auch im geraden Saugrohr bilden, wenn die Zuströmung *unsymmetrisch zur Saugrohrmündung* erfolgt (S. 486). Daraus ergibt sich, daß man bei Pumpen großer Leistung den Saugeinlauf besonders sorgfältig ausbilden und jeden Anlaß zur Bildung einer noch so kleinen Zirkulation in der Eintrittsströmung vermeiden muß[1].

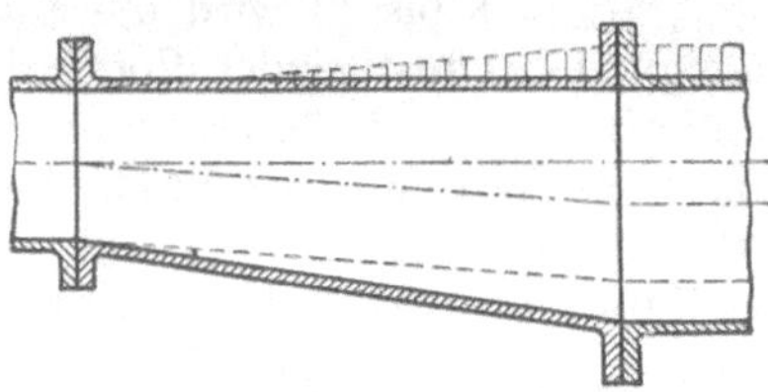

Abb. 109. Vermeidung von Luftsäcken in der Saugleitung

δ) Vorschalten einer Zubringerpumpe, die möglichst tief angeordnet wird und mit *kleiner Drehzahl* arbeitet[2]. Gleiche Drehzahl eines Vorschaltrades unmittelbar vor dem Pumpenrad dürfte nur durch die damit erzwungene Gleichrichterwirkung Vorteil bringen und sich mehr im Wirkungsgrad als in der zulässigen Saughöhe auswirken[3]. Eine besonders bei kleinen Anlagen häufig angewandte Ausführungsart stellt die *Tiefsaugevorrichtung* dar[2], die in Form einer vom Druckwasser der Hauptpumpe betriebenen Strahlpumpe am Fuß der Saugleitung angebracht wird (Abb. 110).

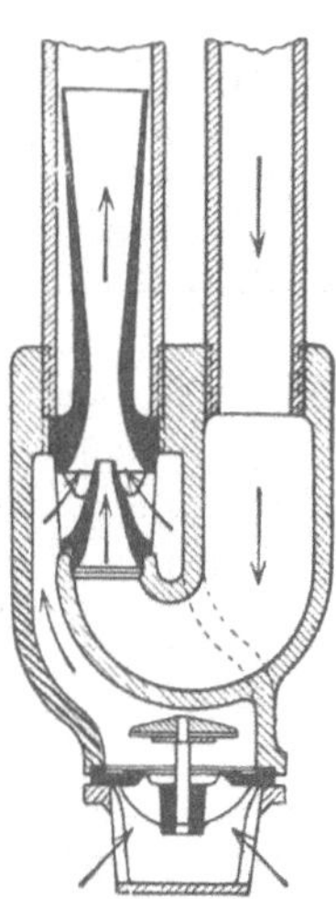

Abb. 110. Tiefsaugevorrichtung mit Fußventil (Ernst Vogel, Stockerau bei Wien)

b) Maßnahmen an der Pumpe selbst. Diese erstreben die Kleinhaltung des Haltedruckes Δh und brauchen bei mehrstufigen Pumpen nur in der ersten Stufe angewandt zu werden.

α) Möglichst kleine spezifische Drehzahl und Verwendung des für Vermeidung der Kavitation günstigsten relativen Einlaufwinkels β_{0a}. Hierzu gehört auch die Unterteilung des Förderstromes bei gleichbleibender Drehzahl. Die Unterteilung der Förderhöhe ist nur von Einfluß, wenn gleichzeitig die Drehzahl herabgesetzt wird.

β) Große tragende Schaufelfläche durch Vorziehen der Eintrittskante in den Einlauf auch beim

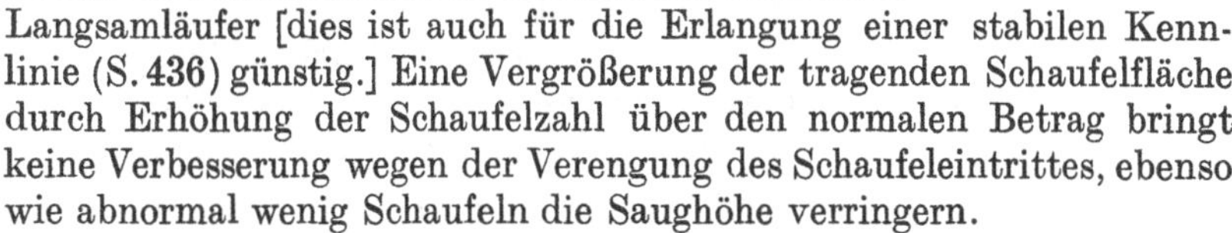

Langsamläufer [dies ist auch für die Erlangung einer stabilen Kennlinie (S. 436) günstig.] Eine Vergrößerung der tragenden Schaufelfläche durch Erhöhung der Schaufelzahl über den normalen Betrag bringt keine Verbesserung wegen der Verengung des Schaufeleintrittes, ebenso wie abnormal wenig Schaufeln die Saughöhe verringern.

γ) Vermeidung starker Richtungsänderungen im Gehäuseeinlauf und im Saugmund des Rades.

[1] Vgl. C. Meiners: Der Maschinenmarkt 1959, S. 11—17
[2] Vgl. J. W. McConaghy: Trans. Amer. Soc. mech. Engrs. 74 (1952) S. 87
[3] Vgl. B. Eck: Ventilatoren, 3. Aufl., S. 107

δ) Glatte Wände mit rechten Eckenwinkeln der Querschnitte am Eintritt des Laufkanals.

ε) Durch Verwendung eines Eintrittsleitrades mit geringem Gleichdrall ($c_{0u}/u_{1a} \approx \frac{1}{5}$ bis $\frac{1}{8}$) wird die Saugfähigkeit verbessert. Ein die Saugfähigkeit begünstigender Vordrall kann auch durch Reibung an der Einlaufwand des Rades erzeugt werden, wenn dort in genügendem Abstand vom Schaufelkranz durch Einkerbungen oder Stifte Tangentialkräfte erzeugt werden.

Die Zuführung von Luft in die Saugleitung[1] oder auch unmittelbar an die Stellen der Hohlraumbildung hat sich als günstig erwiesen.

41. Kavitation bei nicht stoßfreiem Eintritt

Bisher haben wir den Kavitationsvorgang nur für den Bereich der Normallast, also des stoßfreien Eintrittes, betrachtet. Es ist aber beachtlich, daß die Kavitationsgefahr wächst, wenn auf Teil- oder Überlast übergegangen wird.

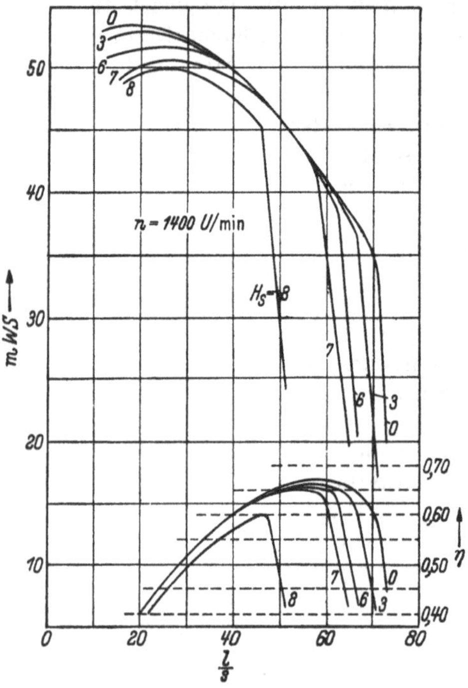

Abb. 111. Einfluß der Saughöhe auf die Form der Drosselkurve

Bei Stoßfreiheit liegt der Staupunkt der Strömung an der Schaufelspitze. Nach den Überlegungen in Abschn. 19 ist hier die Stelle kleinsten Druckes auf der Saugseite der Schaufel etwa in Höhe des Einlaufquerschnittes zu suchen (Abb. 71, 71a und 77). Wächst der Anströmwinkel β_0, wird also der Durchfluß größer als normal, so rückt der Staupunkt, der die Stelle erhöhten Druckes darstellt, nach der Saugseite der Schaufel hin, und zwar um so weiter von der Schaufelspitze weg in Stromrichtung, je mehr der Anströmwinkel β_0 sich über den des stoßfreien Eintrittes vergrößert. Die Stelle kleinsten Druckes wandert dann offenbar nach der Druckseite (Vorderseite) der Schaufel, wobei die Stromlinie des Staupunktes die Schaufelspitze umströmt (Abb. 19). Der Betrag der Drucksenkung wird bei diesem Strömungszustand schon durch das Anwachsen der mittleren Durchflußgeschwindigkeit vermehrt, so daß bei *starker Überlast stets Kavitation zu erwarten ist.*

[1] Z. VDI (1938) S. 398. — O. Miyagi: Technol. Rep. Tōhoku Univ., 9, Nr. 2 (1930) S. 290

Sinkt andererseits der Durchfluß und damit der Anströmwinkel unter den des stoßfreien Eintrittes, so rückt der Staupunkt nach der Druckseite der Schaufel[1] (Abb. 219). Die Stelle kleinsten Druckes bleibt also auf der Saugseite, rückt aber näher an die Schaufelspitze heran, wodurch sich der Unterdruck Δh vergrößern würde, wenn nicht andererseits mit dem Durchfluß die Geschwindigkeitshöhe abnehmen würde. Bei doppeltgekrümmten Schaufeln wird Teillast-Kavitation auch aus dem Grund weniger häufig beobachtet, weil im äußeren Teil des Eintrittes der in Abb. 235a dargestellte Totraum B entsteht und also das gefährdete Gebiet ausgeschaltet wird.

Die in Abb. 111 für verschiedene Saughöhen gezeigten Kennlinien[2] einer Radialpumpe bestätigen diese Überlegungen. Wie ersichtlich, ist der Abfall besonders stark bei Überlast. Aber auch im Gebiet kleiner Förderströme zeigt sich ein Absinken der Drosselkurven, während die Wirkungsgradkurven hier nur geringe Veränderungen aufweisen.

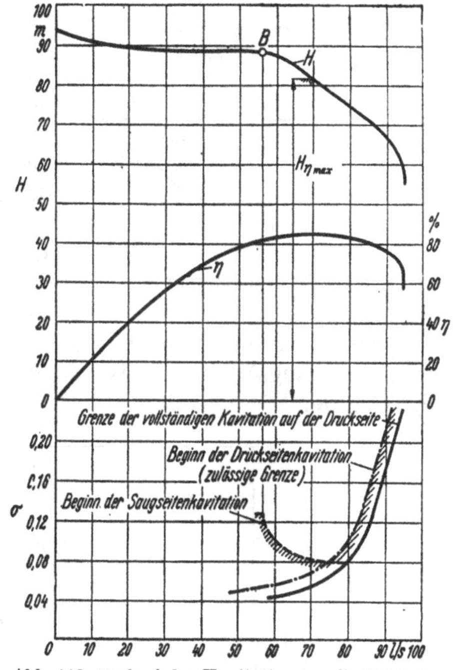

Abb. 112. Verlauf der Kavitationsempfindlichkeit σ in Abhängigkeit des Durchflusses für eine Radialpumpe mit den darüber angegebenen Kennlinien bei 2970 U/min (nach R. DZIALLAS)

Ermittelt man für jeden Punkt der (in Abschn. 80 bis 84 erläuterten) Drosselkurve die Kavitationsempfindlichkeit σ durch den Versuch, so hat σ seinen Kleinstwert etwas über dem normalen Durchfluß und steigt im übrigen mit wachsendem Förderstrom stark an. Mittels des Stroboskops ist es möglich, den Kavitationsvorgang unmittelbar zu beobachten und dadurch genaueren Aufschluß zu erhalten. Dabei stellt man auch die oben erwähnte Saugseitenkavitation bei Teillast fest, die auf andere Weise schwerer zu erkennen ist, weil sie sich in einem Abfall von Förderstrom oder Wirkungsgrad nur schwach oder gar nicht äußert. R. DZIALLAS[3] erhielt auf diese Weise für eine Pumpe mit den in Abb. 112 angegebenen Leistungsverhältnissen den darunter ersichtlichen σ-Verlauf an der Kavitationsgrenze, wobei die Druck- und Saugseitenkavitation

---

[1] Vgl. auch O. WALCHNER: Profilmessungen bei Kavitation, Hydraulische Probleme des Schiffsantriebs, herausgeg. v. d. Gesellschaft der Freunde und Förderer der Hamburger Schiffbau-Vers.-Anst. Hamburg 1932

[2] Aus der Dissertation W. VON DER NÜLL, vgl. Fußnote S. 119

[3] DZIALLAS, R.: Z. VDI 89 (1945) S. 44

besonders gekennzeichnet sind. Die für Druckseitenkavitation ermittelte ganz gezeichnete Linie gibt den Eintritt der voll ausgebildeten Druckseitenkavitation an. Für ihren Beginn dürfte die strichpunktierte Linie maßgebend sein. Kavitationsfrei ist also nur das Gebiet zwischen den anschraffierten Linien. Wird der Durchfluß kleiner als im Punkt B der Drosselkurve, so ist bei der vorliegenden Pumpe im Laufrad keine Kavitation mehr zu beobachten, weil am Laufradeintritt eine Rotationsbewegung des Wassers entsteht, welche die absolute Eintrittsgeschwindigkeit vergrößert. [Diese Rotation wird durch das S. 412 besprochene Rückströmen des Wassers aus dem Laufrad (Abb. 235a), also durch die schräge Lage der Eintrittskante hervorgerufen.] Bei diesen kleinen Belastungsgraden liegt aber Kavitation am Leitradeintritt, und zwar auf der Saugseite der Leitschaufeln, trotz des hohen Spaltdruckes im Bereich der Möglichkeit.

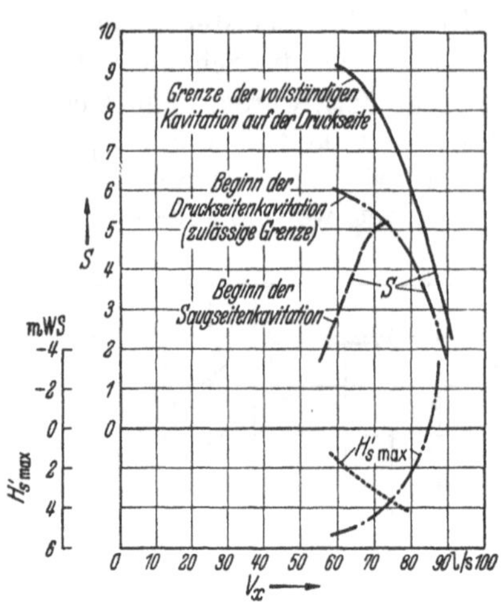

Abb. 113. Verlauf der Saugzahlen zu Abb. 112

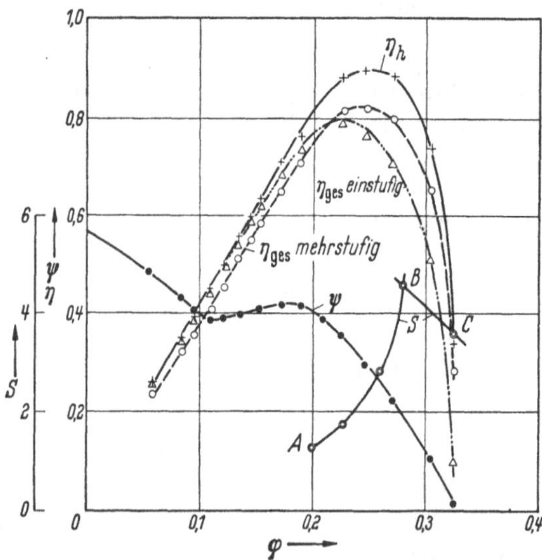

Abb. 113a. Kennlinien einer Axialpumpe mit Angabe des Verlaufes der Saugzahl S bei Teil- und Überlast

Bestimmt man mittels Gl. (19a) aus den σ-Werten (unter Annahme $k = 0{,}75$) die Saugzahlen, so erhält man den in Abb. 113 angegebenen Verlauf mit dem Bestwert $S = 5{,}2$ bei geringer Überlast.

Man sieht, daß vom Bestwert aus die Saugzahlen nach beiden Seiten abfallen. Wie sich dies auf das Verhalten der Saughöhe auswirkt, zeigt der darunter eingetragene Verlauf von $(H'_s)_{\max}$. Hiernach saugt die Pumpe bei geringer Überschreitung der Normallast am besten.

Diese Abnahme der Saugfähigkeit bei Teillast kann vermieden werden durch Verwendung eines *Vordrallreglers* nach Abschn. 96, weil dann der Eintrittsstoß vermindert wird. Die hierbei mit der Erzeugung des Eintrittsdralles verbundene zusätzliche Drucksenkung wird durch die Abnahme der Relativgeschwindigkeit w_0 und der Widerstände in der Saugleitung ausgeglichen.

Dieser charakteristische S-Verlauf gilt auch für Axialpumpen[1] mit der Maßgabe, daß hier die günstigste Saugzahl um so mehr nach Überlast wandert, je flacher die Profile der Laufschaufel sind. Abb. 113a zeigt Ergebnisse, die an einer Axialpumpe mit den aus den Kennlinien ersichtlichen Leistungsdaten erzielt worden sind.

Bemerkenswert ist dabei, daß die ermittelten Saugzahlen der Radial- und Axialpumpen trotz Verschiedenheit der spezifischen Drehzahl und Verschiedenheit der Meßmethoden wenig voneinander abweichen.

42. Hohlraumbildung durch Gasausscheidung

Bei Drucksenkung scheidet sich Luft aus dem Wasser aus, die ebenfalls zur Bildung von Hohlräumen führt. Nach dem HENRY-DALTONschen Gesetz ist das in einer Flüssigkeit auflösbare Luftvolumen bei jedem Druck gleich groß und nur abhängig von der Temperatur, mit deren Zunahme das gelöste Volumen sich verkleinert. Beispielsweise löst Wasser bei 20 °C 0,02 Raumteile, bei 100 °C 0,015 Raumteile Luft. Infolgedessen wird beim Hochsteigen des Wassers in der Saugleitung, wobei der Druck vom Atmosphärendruck A auf h_1 abnehmen soll, die gelöste Luft ihr Volumen auf das A/h_1-fache vergrößern und der Betrag von 0,02 $(A/h_1 - 1)$ Raumteilen in Form von feinen Luftblasen ausscheiden, sofern die dazu benötigte Zeit vorhanden ist.

Luftraumbildung ist weit weniger unangenehm als Dampfraumbildung. Es fehlt insbesondere das starke Geräusch und die Zerstörung des Werkstoffes, sofern keine chemischen Einwirkungen damit verbunden sind. Auch die Wirkungsgradeinbuße ist erst bei starker Luftanreicherung festzustellen. Man pflegt sogar Dampfraumbildung dadurch ungefährlich zu machen, daß man am Ort ihrer Entstehung Luft zusetzt, weil der Luftgehalt auf den Zusammenbruch der Dampfblasen dämpfend wirkt.

Bei Wasser mit hoher Luftsättigung $\alpha = a/a_s$ (wo a der vorhandene und a_s der Luftgehalt des gesättigten Wassers, d. h. der bei der vorhandenen Temperatur größtmögliche Luftgehalt ist) tritt mit sinkendem Druck zuerst Luftraum- und dann erst Dampfraumbildung ein. Bei dieser Luftraumbildung muß aber das Ähnlichkeitsgesetz grund-

---

[1] Vgl. auch Y. SHIMOYAMA: Experiments on rows usw.; Mem. Fac. Engng. Kyushu Imp. Univ. Bd. XIII (1938) Nr. 4, insbes. S. 319—332; ferner KL. SAALFELD: Diss. Techn. Hochschule Braunschweig 1954

sätzlich bestehenbleiben[1], wenn man im Ausdruck für den Haltedruck Δh nach Gl. (5) oder (25a) den Siededruck H_t durch den Sättigungsdruck der Luft, d. h. den Druck, bei welchem mit der gelösten Luftmenge $\alpha = a/a_s = 1$ ist, ersetzt.

Für die Praxis ist aber diese beginnende Luftraumbildung wenig wichtig, weil, wie erwähnt, in der Pumpe nur geringe nachteilige Folgen sich zeigen, wenn nicht außergewöhnliche Übersättigungen oder chemisch aggressive Gase statt Luft vorliegen. Wesentlich ist, daß die Wasserdampfbildung, d. h. die echte Kavitation vom Luftgehalt nur wenig beeinflußt wird, also die kritische Zahl $S_{\max}$ bzw. $\sigma_{\min}$, die für den Abfall des Wirkungsgrades und den Beginn der Anfressungen maßgebend ist, ziemlich unabhängig vom Luftgehalt bestehenbleibt. Nur bei kleinen Drücken scheint ein merkbarer Einfluß vorzuliegen[2].

43. Überschallgrenze bei Verdichtern[3]

Schon in Abschn. 14, S. 83, und Abschn. 34, S. 178, ist ausgesprochen, daß bei der verzögerten Gasströmung die Überschallgeschwindigkeit zum Verdichtungsstoß und deshalb zum gleichen Wirkungsabfall führt wie die Kavitation in der Wasserströmung. Also müssen die Gasgeschwindigkeiten im Verdichter möglichst unter der Schallgeschwindigkeit bleiben[4].

Während bei Kavitation der vorhandene Druck mit dem Dampfdruck verglichen werden mußte, ist jetzt nach S. 88 das Verhältnis der Geschwindigkeit zur Schallgeschwindigkeit, die *Ma*-Zahl, wichtig. Die Fortpflanzungsgeschwindigkeit des Schalles ist S. 83 in Gl. (53) bis (56) angegeben.

Bei der Verdichtung von Gasen durch Verlangsamung treten neben dem Verdichtungsstoß noch weitere Verluste auf, die teils durch die Aufheizung infolge der Reibungswärme (S. 24), teils durch die vergrößerte Empfindlichkeit gegen starke Erweiterungen (S. 85) bedingt sind. Aus diesen Gründen liegt der Bestwert des Wirkungsgrades stets mehr oder weniger weit unter der Überschallgrenze.

Dieses vorzeitige Absinken des Wirkungsgrades ist unvermeidlich. Es zeigt, daß es richtig sein kann, bei der Auslegung des Verdichters genügend weit von der Überschallgrenze wegzubleiben.

Es gibt aber Fälle, in denen man sich mit der zusätzlichen Abnahme des Wirkungsgrades, welche durch die verstärkte Verlangsamung bedingt ist, abfinden und bis an die Überschallgrenze gehen muß. Mit der Bestimmung dieser Grenze wollen wir uns hier befassen. Dabei wollen wir im Auge behalten, daß nach S. 73 ein schwacher Verdichtungsstoß keine größeren Verluste verursacht als die stetige Verlangsamung. Von dieser Feststellung muß aber mit Vorsicht Gebrauch gemacht werden, weil die Erfahrung zeigt, daß Tragflügel eines Flugzeuges beim Durchgang durch die Schallgeschwindigkeit die größten Widerstände erfahren (Schallmauer, vgl. Abb. 182c S. 340).

---

[1] Escher Wyss Mitt. 1940, S. 83—90; vgl. ferner F. Gutsche: Auszug Z. VDI 83 (1939) S. 1149; Trans. Amer. Soc. mech. Engrs. 78 (1956) S. 1695—1706

[2] Z. VDI 86 (1942) S. 412

[3] Pfleiderer, C.: Z. VDI 92 (1950) S. 129—133

[4] Alle bisherigen Versuche der Entwicklung von Überschall-Axialverdichtern sind gescheitert; vgl. Fußnote 2, S. 341

Die Stelle größter Geschwindigkeit im Verdichter ist meist die gleiche, die im Fall der Wasserströmung durch Kavitation gefährdet ist (S. 180). Die Analogie mit den Kavitationserscheinungen gilt im weiten Bereich. Wenn man bedenkt, daß die Schallgeschwindigkeit a proportional zur Wurzel aus der absoluten Temperatur ist und dort, wo der Druck gestiegen ist, auch die Temperatur angewachsen ist, so erkennt man, daß im Bereiche gesteigerter Drücke örtliche Geschwindigkeits-Steigerungen fast ebenso selten zur Schallgeschwindigkeitsnähe führen wie im Fall der Wasserförderung zur Kavitation. Dabei muß allerdings beachtet bleiben, daß die Temperatur nicht so rasch steigt wie der Druck und deshalb in den oberen Druckzonen kaum Kavitation, aber doch *Ma*-Zahlen größer als Eins auftreten können. Überschall ist also zuerst in der Strömung des Laufradeintrittes, also kurz hinter der Saugkante $a_1\, i_1$ zu erwarten, und zwar ist der äußerste Punkt a_1 dieser Kante am meisten gefährdet (Abb. 105).

Zur Berechnung der Größtgeschwindigkeit $w_{\max}$ hinter dem Einlauf des Schaufelkanals kann man die Beziehung benutzen

$$(w_{\max})^2 = (1 + \lambda)\, w_{0a}^2, \tag{30}$$

worin das Fußzeichen Null sich auf eine Stelle kurz vor den Schaufeln bezieht. w_{0a} ist also wieder die relative Zuströmgeschwindigkeit im Punkt a_1. Die Zahl λ ist ebenso zu beurteilen wie λ_1 in Gl. (7), die im Mittel gleich 0,3 genommen wurde. Wir können sie hier etwas kleiner, nämlich zwischen 0,2 und 0,3 wählen. Versuche[1] zeigen, daß diese Werte in vielen Fällen zulässig sind, weil sie sich nur auf den Fall beziehen sollen, daß eine merkbare Verschlechterung des Wirkungsgrades durch Verdichtungsstoß eingetreten ist. Die theoretischen Werte von λ sind also nicht wesentlich größer, was aber im Rahmen der vorliegenden Untersuchung unwichtig ist.

Die Verwendung eines etwas kleineren Wertes λ wie bei Wasserförderung rechtfertigt sich durch das Fehlen von Materialzerstörungen, obwohl die am Ort der Übergeschwindigkeit eintretende Volumenausdehnung den Geschwindigkeitsanstieg vergrößert. Letzterer Einfluß ist aber beim Anströmen von Schaufeln oder Tragflügeln gering und kann deshalb vernachlässigt werden[2]. Beim *Axialrad*, das gegen Überschall (ebenso wie gegen Kavitation) besonders empfindlich ist und für das die folgenden Rechnungen erhöhte Wichtigkeit besitzen, haben das Teilungsverhältnis t/L (S. 333ff.) und die Profilform einen großen Einfluß auf den zulässigen Wert λ, wie das ja auch bei Kavitation festgestellt wurde (S. 185). Mit enger werdender Schaufelstellung wächst die Empfindlichkeit. Versuche am Einzelprofil ergaben große Schwankungen des *kritischen* Wertes von w_{0a}/a (bei dessen Überschreitung der Profilwiderstand stark ansteigt), je nach Lage und Größe der größten Dicke und der Form der Wölbung (S. 294ff.). Der Konstrukteur

[1] PFLEIDERER, C.: Z. VDI 92 (1950) S. 406/07. Bei NACA-Untersuchungen an Zentrifugalverdichtern [Trans. Amer. Soc. mech. Engrs. 75 (1953) S. 808] sind *Ma*-Zahlen $w_{0a}/a = 1{,}03$ ohne ernste Einbuße an Wirkungsgrad erreicht worden

[2] LAMLA, E.: Jb. dtsch. Luftfahrtforsch. I (1939) S. 165; I (1940) S. 26

muß also die Verhältnisse sorgfältig nach den angeführten Gesichtspunkten auswählen, wenn die angegebenen λ-Werte nicht überschritten werden sollen.

Beim *Radialverdichter* ist die Abhängigkeit vom Profil weniger ausgeprägt und — wegen des verkleinerten w_{0a} — überhaupt die Gefahr der Überschreitung der Überschallgrenze viel geringer. Die Geschwindigkeit w_{0a} wird hier häufig übertroffen durch die absolute Austrittsgeschwindigkeit aus dem Laufrad. Diese ist aber begünstigt nicht nur durch die oben erwähnte Temperaturerhöhung, sondern häufig auch dadurch, daß das Leitrad durch den Leitring (s. S. 371ff.) ersetzt ist oder Leitschaufeln erst in so großem radialen Abstand vom Laufradaustritt folgen, daß Schallgeschwindigkeit bei ihrer Erreichung unterschritten ist. Außerdem verursacht ein Verdichtungsstoß hinter dem Laufrad nicht unbedingt größere Verluste als die stetige Verlangsamung im Kanal. *Beim schaufellosen Leitring fehlt er überhaupt,* wie an Hand des Impulssatzes leicht zu beweisen ist.

Bei Axialverdichtern sind Leitschaufeln in der Regel allerdings nicht zu entbehren. Sie sind hier aber unbedenklich, sofern der Reaktionsgrad $\mathfrak{r} > \frac{1}{2}$, weil dann nach Abb. 165, S. 284, die absolute Austrittsgeschwindigkeit c_3 aus dem Laufrad kleiner als die relative Eintrittsgeschwindigkeit w_0 ist. Im Fall $\mathfrak{r} < \frac{1}{2}$, der aber bei Verdichtern selten vorkommt (nur beim SCHICHT-Gebläse, S. 489, das aber stets unter der Überschallgrenze arbeitet), ist $c_3 > w_0$ und deshalb der Eintritt ins Leitrad maßgebend, sofern keine nennenswerte Temperaturzunahme eingetreten ist. Der Fall $\mathfrak{r} = \frac{1}{2}$ stellt ein Optimum dar, weil hier $w_0 = c_3$ den bei gegebenem $\Delta c_u = c_{3u} - c_{0u}$ kleinstmöglichen Wert hat und also auch die Überschallgefahr am kleinsten ist (Abb. 165).

Wir legen im folgenden stets den weitaus häufigsten Fall zugrunde, daß Überschall zuerst an der Saugkante des Laufrades eintritt.

Unsere Betrachtung wird sich also wie bei Kavitation auf den äußersten Punkt a_1 der Saugkante $a_1\,i_1$ beziehen (Abb. 105), weil dort nach dem Gesagten in der Relativströmung zuerst Überschall zu erwarten ist. Weil nur der Punkt a_1 interessiert, so gelten unsere Untersuchungen — wie bei Kavitation — gleichzeitig für das Axialrad, wobei $D_s = D_2 = 2r_a$ ist.

An der Überschallgrenze ist $w_{\max}$ gleich der Schallgeschwindigkeit a, so daß Gl. (30) lautet

$$a^2 = (1+\lambda)\,(w_{0a})^2_{\text{krit}}. \qquad (31)$$

$(w_{0a})_{\text{krit}}$ ist die sich dann einstellende „kritische“ Zulaufgeschwindigkeit.

Die Kenntnis dieses Grenzwertes von w_{0a} gemäß Gl. (31) gibt die Möglichkeit, unmittelbar die dazugehörige Umfangsgeschwindigkeit u_{1a} des Punktes a_1 und die Meridiangeschwindigkeit c_{0m} anzugeben, weil nach Abb. 114

$$u_{1a} = \frac{w_{0a}\cos\beta_{0a}}{\delta_r}, \qquad (31\text{a})$$

$$c_{0m} = w_{0a}\sin\beta_{0a}. \qquad (31\text{b})$$

Dabei sind also nur der relative Zuströmwinkel β_{0a} und die Drallziffer $\delta_r \equiv w_{0u}/u_{1a}$ als bekannt vorausgesetzt.

Trotz dieser einfachen Zusammenhänge lohnt sich doch die gleiche analytische Behandlung wie bei Kavitation, zudem die Ergebnisse von dort unmittelbar übernommen werden können.

Der Vergleich zwischen Gl. (7) und (31) zeigt, daß wir die Ableitungen aus Gl. (7), also alle Gleichungen des Abschn. 37 auch für die Bestimmung der Überschallgrenze benutzen können, wenn wir setzen

$$a^2 \text{ statt } 2g\,\Delta h,$$

$$(1+\lambda) \text{ statt } \lambda_1, \quad 0 \text{ statt } \lambda_2, \tag{32}$$

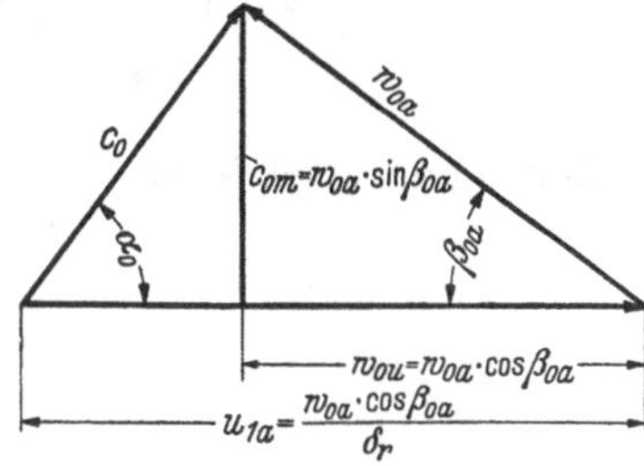

Abb. 114. Geschwindigkeitsplan für den Laufradeintritt im Punkte a_1 (Abb. 105)

Zunächst müssen wir aber berücksichtigen, daß der Volumenstrom V sich bei Gasströmung im Ansaugbereich gegenüber dem Ruhezustand ändert, weil der Druck nach BERNOULLI sich verkleinert.

Dichteänderung im Radeinlauf. Die absolute Geschwindigkeit der Zuströmung zum Rad steigt vom Ruhezustand aus auf den Betrag c_0. Diesem Anstieg entspricht nach BERNOULLI eine Drucksenkung und damit eine Erhöhung des Volumenstromes V, gemessen in m³/s. Wir gehen vom Volumen des Ruhezustandes aus, das wir durch das Fußzeichen g kennzeichnen. Dann ist der Volumenstrom an der Saugkante nach Gl. (59), S. 85,

$$V_0 = V_g\left[1+\frac{1}{2}\left(\frac{c_0}{a}\right)^2\right]. \tag{33}$$

In dieser Beziehung wollen wir für a verschiedene Werte nehmen aus folgenden Gründen. Gl. (33) ist S. 82 als Näherung abgeleitet. In Abb. 115 ist der jeweilige Bereich der Übereinstimmung mit der genauen Linie x ersichtlich, wenn für a gewählt wird

1. die Schallgeschwindigkeit a_g im Ruhezustand V_g, aus Linie I. Dabei ist

$$a_g = \sqrt{g\,\varkappa\,R\,T_g}, \qquad \text{also für Luft} = 20{,}02\sqrt{T_g}. \tag{34}$$

2. die kritische Geschwindigkeit c_{krit}, aus Linie II. Dabei ist c_{krit} die Lavalgeschwindigkeit, d. h. die bei der verlustlosen Bewegung aus dem Zustand V_g heraus (z. B. im engsten Querschnitt einer Lavaldüse) beim sogenannten kritischen Druckverhältnis erreichte Geschwindigkeit

$$c_{\text{krit}} = \sqrt{2g\frac{\varkappa}{\varkappa+1}RT_g}, \qquad \text{also für Luft} = 18{,}3\sqrt{T_g}. \tag{34a}$$

Die Gleichung der Linie x folgt aus

$$h_{\mathrm{ad}} = \frac{c_0^2}{2g} = \frac{\varkappa}{\varkappa - 1} R T_g \left[1 - \left(\frac{V_g}{V_0}\right)^{\varkappa - 1}\right]$$

zu

$$\frac{V_0}{V_g} = \left[1 - \frac{\varkappa - 1}{2} \frac{c_0^2}{a_g^2}\right]^{-\frac{1}{\varkappa - 1}} = \left[1 - \frac{\varkappa - 1}{\varkappa + 1} \frac{c_0^2}{c_{\mathrm{krit}}^2}\right]^{-\frac{1}{\varkappa - 1}}. \tag{35}$$

Die Auftragung erfolgte für alle Linien in Abhängigkeit von c_0/c_{krit}.

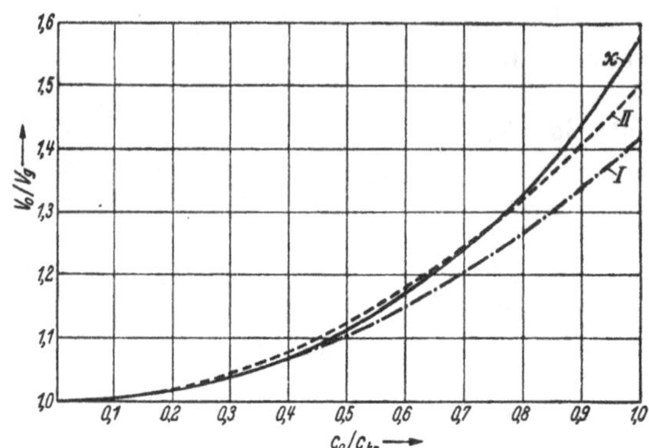

Abb. 115. Volumenverhältnis V_0/V_g in Abhängigkeit von c_0/c_{kr}. Linie x nach genauer Gl. (35). Linie I und II nach Gl. (33) wenn dort für a die Schallgeschwindigkeit a_g bzw. die kritische Geschwindigkeit c_{kr} gesetzt wird

Der Verlauf der Linien zeigt, daß die durch Gl. (33) ausgedrückte Näherung in dem in Frage kommenden Bereich, d. h. $c_0/c_{\mathrm{krit}} < 0{,}8$ voll ausreicht, wenn für a in Gl. (33) gesetzt wird:

im Bereich mäßiger *Ma*-Zahlen nämlich, etwa $c_0/c_{\mathrm{krit}} \leqq \frac{1}{2}$ der Wert a_g aus Gl. (34),

im Bereich großer *Ma*-Zahlen nämlich $c_0/c_{\mathrm{krit}} = \frac{1}{2}$ bis 0,9 der Wert c_{krit} aus Gl. (34a)

Gl. (33) ist nicht ohne weiteres auswertbar, weil c_0 aus Kontinuitätsgründen wieder von V_0 abhängt.

a) Senkrechter Radeintritt, $\alpha_0 = 90°$ also $\delta_r = 1$. Hier ist $c_0 = V_0/(k\,\pi\,D_s^2/4)$, wo k die Nabenverengung gemäß Gl. (9) berücksichtigt. Setzt man in diesen Ausdruck den Wert von D_s aus Gl. (8), die wir jetzt schreiben

$$D_s = \sqrt[3]{\frac{240 V_0}{\pi^2 k\, n \operatorname{tg} \beta_{0a}}} \tag{36}$$

ein und geht damit in Gl. (33) über, so erhält man folgende Beziehung zwischen V_0 und V_g

$$\frac{V_g}{a^2}\left(\frac{n \operatorname{tg} \beta_{0a}}{30\sqrt{k/\pi}}\right)^{4/3} V_0^{2/3} - 2V_0 + 2V_g = 0. \tag{37}$$

Die Auflösung dieser Gleichung[1] liefert folgenden Wert für die verhältnismäßige Volumenzunahme:

$$\frac{V_0 - V_g}{V_0} \equiv \frac{3}{2} B^{1/3} \left[\left(\sqrt{1+B} + 1 \right)^{1/3} - \left(\sqrt{1+B} - 1 \right)^{1/3} \right], \qquad (38)$$

wenn zur Abkürzung gesetzt wird

$$B \equiv \frac{1}{54} \left(\frac{\pi n^2 V_g}{30^2 k a^3} \right)^2 \operatorname{tg}^4 \beta_{0a}. \qquad (38a)$$

Da praktisch nur Winkel $\beta_{0a} < 45°$ in Frage kommen, ist B so klein, daß es gegenüber Eins vernachlässigt werden kann. Dann schreibt sich Gl. (38)

$$\frac{V_g}{V_0} = 1 - 3 \left(\frac{B}{4} \right)^{1/3}. \qquad (39)$$

Die Anwendung dieses Ergebnisses setzt voraus, daß Winkel β_{0a} und Drehzahl n bekannt sind. Beide Werte müssen aber mit Rücksicht auf möglichste Vermeidung der Überschallgeschwindigkeit gewählt werden.

Diese Umrechnung von V_g auf V_0 oder umgekehrt ist wichtig, weil c_0/a bis auf 0,6 ansteigen kann, wobei nach Gl. (33) $V_0 = 1{,}18 V_g$. Dieser Zuschlag von 18% ist beachtlich. [Bei dem unter b) behandelten Eintritt mit Drall kann c_0/a erheblich über 0,6 ansteigen.]

Wir übernehmen nun weiter die in Abschn. 37 abgeleiteten Beziehungen mit den in Gl. (32) angegebenen Substitutionen und erhalten nach Gl (16), S. 190

$$\frac{n^2 V_0}{k a^3} = \frac{30^2}{\pi (1+\lambda)^{3/2}} \sin \beta_{0a} \cos^2 \beta_{0a}. \qquad (40)$$

Die linke Seite dieser Gleichung ist dimensionslos. Sie soll mit S_0 bezeichnet werden und kann als ein Maß für die Steigerungsfähigkeit der Drehzahl bei gegebenem Volumenstrom im Unterschallgebiet betrachtet werden. Bei gegebener Bauart, also bestimmter spezifischer Drehzahl $n_q = n \sqrt{V_0}/H^{3/4}$ ist

$$S_0 = \frac{n^2 V_0}{k a^3} = \frac{n_q^2 H^{3/2}}{k a^3},$$

kennzeichnet also auch die erreichbare Förderhöhe. Wir nennen diesen Wert die „*Schallziffer*“, deren Aufbau und Bedeutung offenbar der

[1] Man substituiert $V_0^{1/3} = 1/x$ und erhält aus Gl. (37) mit der Einführung von B aus Gl. (38a)

$$2 V_g x^3 + 3 (2 B V_g)^{1/3} x - 2 = 0.$$

Die reelle Wurzel dieser Gleichung lautet

$$x = \frac{1}{(2 V_g)^{1/3}} \left[\left(\sqrt{1+B} + 1 \right)^{1/3} - \left(\sqrt{1+B} - 1 \right)^{1/3} \right].$$

Wird dieser Wert in den Ausdruck $V_g/V_0 = V_g x^3$ eingesetzt und das so entstehende kubische Binom aufgelöst, so erhält man Gl. (38).

Saugzahl S (s. S. 187ff.) entspricht. Ihr Verlauf ist in Abb. 116 in Abhängigkeit von β_{0a} für $\lambda = 0{,}25$ dargestellt. Das Maximum liegt — wie sich ohne weiteres durch Nullsetzung des Differentialquotienten der rechten Seite von Gl. (40) oder aus Gl. (18) in Verbindung mit Gl. (32) ergibt — bei der Zuströmungsrichtung

$$\operatorname{tg}\beta_{0a} = \sqrt{\frac{1}{2}} = 0{,}708 \quad \text{entspr.} \quad (\beta_{0a})_{\text{opt}} = 35°\,20', \tag{41}$$

welcher Wert also von λ unabhängig und deshalb — bei Vernachlässigung der Kompressibilität — allgemein gültig ist. Dies erklärt sich leicht daraus, daß das Verfahren mit der Bestimmung desjenigen Zuströmwinkels β_{0a} identisch ist, welcher das kleinste w_{0a}, also die kleinste Zuström-*Ma*-Zahl w_{0a}/a liefert. (Vgl. Abschn. 37, α.) *Es gibt also auch einen günstigsten Einlaufdurchmesser D_s, der für vorgeschriebene Werte von V_g und n das kleinstmögliche w_{0a}/a liefert und aus Gl.* (8) *oder* (36) *zu bestimmen ist.* $\operatorname{tg}\beta_{0a}$ stellt hier gleichzeitig die Durchflußziffer $\varphi = c_0/u_{1a}$ dar.

Der mit Gl. (41) erhaltene Winkel β_{0a} bedarf aber infolge der Kompressibilität noch einer Korrektur. Wir müssen nämlich bedenken, daß nicht V_0, sondern V_g fest vorgeschrieben ist und V_0 sich in Abhängigkeit von β_{0a} gemäß Gl. (38) oder (39) ändert, so daß sich auch

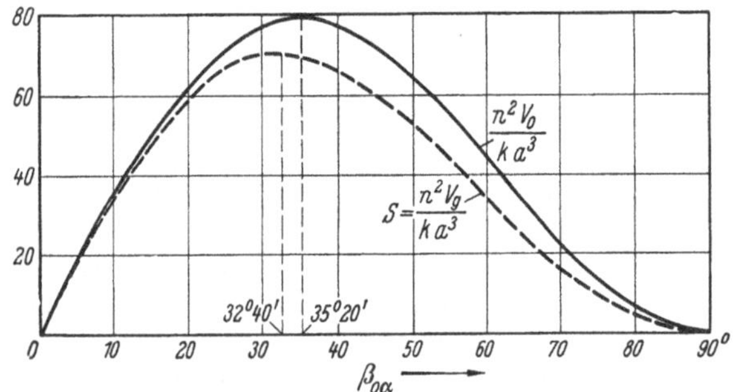

Abb. 116. Schallziffer in Abhängigkeit des Zuströmwinkels β_{0a}. Ganze Linien ohne, gestrichelte Linie mit Berücksichtigung der Dichteänderung

das Optimum verschiebt. Wir verfolgen diesen Einfluß, indem wir in die sich aus Gl. (37) ergebende Beziehung zwischen V_g und V_0

$$V_g = \frac{V_0}{1 + \frac{1}{2}\left(\frac{n^2 V_0}{k a^3}\right)^{2/3}\left(\frac{\pi}{30^2}\operatorname{tg}^2\beta_{0a}\right)^{2/3}} \tag{42}$$

den Wert von V_0 aus Gl. (40) einsetzen und erhalten

$$\frac{n^2 V_g}{k a^3} = \frac{30^2}{\pi(1+\lambda)^{3/2}} \, \frac{\sin\beta_{0a}\cos^2\beta_{0a}}{1 + \frac{1}{2(1+\lambda)}\sin^2\beta_{0a}}. \tag{43}$$

Der Verlauf dieser auf den Gesamtdruck bezogenen „*Schallziffer*" $S_g = (n^2 V_g)/(k a^3)$ ist mit $\lambda = 0{,}25$ ebenfalls in Abb. 116 (gestrichelte

Linie) eingetragen. Die gegenseitige Lage der beiden Kurven gibt ein Bild vom Einfluß der Dichteabnahme am Einlauf. Die Höchstwerte betragen für $\lambda = 0,25$

$$\frac{n^2 V_g}{k\,a^3} = 70,3; \qquad \frac{n^2 V_0}{k\,a^3} = 79,3. \tag{44}$$

Der Optimalwert hat sich offenbar nach links verschoben und liegt — wie sich durch Nullsetzen der Ableitung der rechten Seite von Gl. (43) nach β_{0a} ergibt — bei

$$\operatorname{tg}(\beta_{0a})_{\text{opt}} = \frac{1}{2}\left[\left(1 + 16\frac{1+\lambda}{3+2\lambda}\right)^{1/2} - 1\right]^{1/2}. \tag{45}$$

Daraus errechnet sich im Bereich zwischen $\lambda = 0,2$ und $0,4$

$$(\beta_{0a})_{\text{opt}} = 32^\circ\,10' \text{ bis } 32^\circ\,30',$$

so daß dieser Optimalwert praktisch ebenfalls von λ unabhängig ist. Erst mit $\lambda = \infty$ erhält man wieder den für raumbeständige Flüssigkeit geltenden Winkel der Gl. (41). Zu beachten ist, daß dieser Winkel nur am äußeren Umfang des Einlaufes vorhanden ist und sich nach innen größere Werte ergeben.

Hiernach ist festzustellen, daß die Rücksicht auf Schallgeschwindigkeitsnähe etwa den doppelten Anfangswinkel der Schaufel fordert als die Rücksicht auf Kavitation bei Wasserförderung.

Die Form der Schallziffer $S_g = (n^2 V_g)/(k\,a^3)$, die sich aus Gl. (43) ergibt oder aus der gestrichelten Kurve von Abb. 116 ohne weiteres ablesen läßt, kennzeichnet unmittelbar die Verwendbarkeit des Verdichters im Unterschallbereich. Dabei beachten wir, daß niedrige k-Werte, also nach Gl. (9) große Nabendurchmesser diesen Bereich herabsetzen.

Die Stufenförderhöhe ΔH spielt (ebenso wie bei Kavitation) keine Rolle, weil sie keinen Einfluß auf $w_{\max}$ und damit auf die Schallgeschwindigkeitsnähe hat. Man könnte, ähnlich wie S. 194, eine „Überschallempfindlichkeit" $\sigma = a^2/(2g\,\Delta H)$ bilden, die aber keine Vorteile bietet. Jedoch bedingt ΔH die Radform und die Umfangsgeschwindigkeit u_2, also den Wirkungsgrad und die Beanspruchung durch Fliehkräfte.

Bei Radialrädern dürfte meist nicht die Rücksicht auf Überschall, sondern auf Festigkeit die obere Grenze der Umfangsgeschwindigkeit u_2, also auch der Förderhöhe, bedingen. Hier ist ferner zu beachten, daß alle vorstehenden Ableitungen unter der Annahme gemacht worden sind, daß die Eintrittskante an der Außenwand des axialen Saugmundes beginnt, d. h. $D_{1a} = D_s$ ist. Im Fall, daß einfach gekrümmte und eingenietete Schaufeln verwendet sind, wird häufig D_{1a} etwas größer als D_s sein. Dann muß für die Schallziffer ein entsprechend kleinerer Wert eingesetzt werden.

Beim Axialverdichter ist offenbar $D_s = D_{1a} = D_a = 2r_a$.

Zahlenbeispiel 1. Ein mehrstufiger Axialverdichter einer Gasturbine ist für $V_g = 36000$ m³/h $= 10$ m³/s zu berechnen. Nimmt man den

Optimalwinkel $\beta_{0a} = 32°10'$, so wird nach Abb. 116 oder Gl. (44) mit $\lambda = 0{,}25$ der kritische Wert $S_g = (n^2 V_g)/(k\,a^3) = 70{,}3$. Dieser Betrag setzt sorgfältige Profilierung der Schaufel (S. 205) voraus. Bei durchschnittlicher Güte der Ausführung empfiehlt es sich gemäß S. 216, mit der zugelassenen Schallziffer etwa auf die Hälfte des Optimalwertes zu gehen. Im vorliegenden Fall sollen günstige Profilformen angenommen und $S_g = 68$ gewählt werden. Die erste Stufe habe ein Schaufelverhältnis $b/r_a = \frac{1}{3}$, so daß $k = 1 - (\frac{2}{3})^2 = 0{,}556$. Ist ferner $a = 330$ m/s, so wird

$$n = \sqrt{\frac{68 \cdot 0{,}556 \cdot 330^3}{10}} = 11650 \text{ U/min}$$

oder

$$\omega = \frac{\pi n}{30} = 1220/\text{s}.$$

Aus Gl. (38a) folgt $B = 1{,}67 \cdot 10^{-4}$ und damit aus Gl. (39) $V_g/V_0 = 0{,}896$, also $V_0 = 11{,}2$ m³/s. Nunmehr ergibt sich aus Gl. (36) $D_s = 2r_a = 0{,}404$ m, also die Schaufellänge zu $r_a - r_i = r_a/3 = 67{,}3$ mm. Daraus folgt die Spitzengeschwindigkeit der Schaufeln mit $u_{1a} = u_a = r_a\,\omega = 246$ m/s und die Absolutgeschwindigkeit am Radeintritt $c_0 = u_{1a} \operatorname{tg}\beta_{0a} = 155$ m/s.

b) Radeintritt mit Drall. ($\delta_r \neq 1$). Entscheidet man sich für die Verwendung eines (positiven oder negativen) Eintrittsdralles $K_0 = r\,c_{0u}$ (Abb. 117), so kann eine Nachprüfung in folgender Weise geschehen.

V_0 vergrößert sich infolge des Hinzukommens der Umfangskomponente c_{0u} zu dem bisher betrachteten c_0, das jetzt gleich c_{0m} ist, also infolge eines zusätzlichen Druckabfalles in dem dann erforderlichen Eintrittsleitrad.

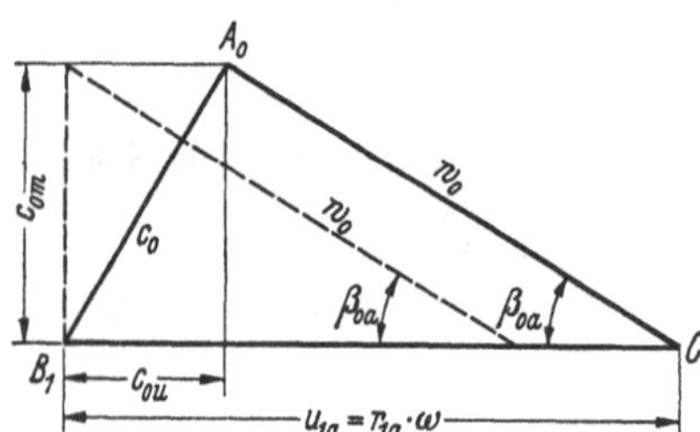

Abb. 117. Zwei Eintrittsdreiecke gleicher Schallgeschwindigkeitsnähe

Da c_{0u} sich mit r ändert, betrachten wir die Zunahme des Volumenstromes für ein Radienelement dr:

$$dV_{0K} = dV_0 \left[1 + \frac{1}{2}\left(\frac{c_{0u}}{a}\right)^2\right]$$
$$= 2r\pi\,dr\,c_{0m}\left[1 + \frac{1}{2}\left(\frac{K_0}{a\,r}\right)^2\right].$$

Nehmen wir c_{0m} als unabhängig von r an, so ist eine drehungsfreie Strömung nur im Gleichgewicht, wenn auch K_0 konstant ist (s. S. 298). Die Durchführung der Integration zwischen den Grenzen d_n und D_s ergibt also

$$V_{0K} = V_0 + \pi\,c_{0m}\left(\frac{K_0}{a}\right)^2 \ln\frac{D_s}{d_n}\,. \qquad (46)$$

Der Einfluß des Druckabfalles durch die Reibung in den Eintrittsleitschaufeln ist in diesem Ausdruck nicht enthalten.

Die Schallgeschwindigkeitsnähe verändert sich zwar stark, aber das Verfahren bleibt bestehen, wie folgende Betrachtung zeigt:

Führt man die Bestimmung des Optimalwinkels β_{0a} jetzt unter der Annahme durch, daß an der Schaufelkante im Punkte a_1 eine Umfangskomponente c_{0u} vorhanden ist und diese durch die schon in Abschn. 29 und 37 eingeführte relative Drallziffer

$$\delta_r = 1 - \frac{c_{0u}}{u_{1a}} = \frac{w_{0u}}{u_{1a}} \tag{46a}$$

gekennzeichnet wird, so kommt man wieder zu Gl. (8), die wir jetzt schreiben

$$D_s = \sqrt[3]{\frac{240 V_{0K}}{\pi^2 k\, n\, \delta_r \operatorname{tg}\beta_{0a}}} \tag{47}$$

und[1] im Einklang mit Gl. (13) und (32) zu

$$\frac{\delta_r^2 n^2 V_{0K}}{k\, a^3} = \frac{30^2}{\pi(1+\lambda)^{2/3}} \cos^2\beta_{0a} \sin\beta_{0a}. \tag{48}$$

Der Ausdruck auf der rechten Seite dieser Gleichung ist derselbe wie in Gl. (40), nur auf der linken Seite ist $\delta_r n$ an die Stelle von n getreten, so daß also einfach die Drehzahl proportional zu $1/\delta_r$ zu ändern ist.

Demnach führt die weitere Untersuchung zum gleichen Optimalwinkel $\beta_{0a} = 35°20'$, falls die Volumenänderung vernachlässigt wird, und deshalb auch annähernd zum gleichen Optimalwinkel, wenn man die Volumenänderung berücksichtigt, nämlich $32°10'$. Letzterer dürfte sich nur unwesentlich dadurch verkleinern, daß sich die Volumenzunahme um den oben in Gl. (46) angegebenen Betrag verstärkt. Wenn β_{0a} beibehalten wird, bleibt auch c_{0m} bestehen. Der allgemeine Ausdruck für die auf den Laufradeintritt bezogene Schallziffer lautet nach Gl. (48)

$$S_0 \equiv \frac{\delta_r^2 n^2 V_{0K}}{k\, a^3}. \tag{49}$$

Für diese *erweiterte Schallziffer* gilt der in Abb. 116 angegebene Verlauf von $(n^2 V_0)/(k\, a^3)$ unverändert.

Da $\delta_r \lessgtr 1$, je nachdem $K_0 = \frac{\text{positiv}}{\text{negativ}}$, d. h. je nachdem $\frac{\text{Gleichdrall}}{\text{Gegendrall}}$ vorliegt, so nimmt also an der Überschallgrenze die Drehzahl entsprechend zu oder ab. Dies ist ohne weiteres verständlich, wenn man bedenkt, daß w_{0a} unverändert bleiben muß. Das Geschwindigkeitsdreieck des Eintrittes $A_0 B_1 C_1$, Abb. 117, liegt also gegenüber dem (gestrichelt gezeichneten) Dreieck des senkrechten Eintrittes so, daß w_{0a}, ferner die Meridiankomponente c_{0m} bestehen bleiben. Dann ändern sich die Raddurchmesser nur infolge der Zunahme von V_0. Im übrigen

---

[1] Gl. (47) läßt sich nach Gl. (27a), S. 161, mit $n = 30\,\omega/\pi$ auch schreiben

$$\frac{D_s}{2} = r_s = \sqrt[3]{\frac{V_{0k}}{\pi\, k\, \omega\, \delta_r \operatorname{tg}\beta_{0a}}}. \tag{47a}$$

ist der Rechnungsgang sinngemäß der gleiche wie bei Eintritt ohne Drall.

Zahlenbeispiel 2. Der oben für senkrechten Eintritt ausgelegte Axialverdichter soll eine Zuströmung mit einem Gleichdrall K_0 erhalten, der im äußersten Punkt a_1 der Eintrittskante ein Verhältnis $c_{0u}/u = 0{,}2$, also $\delta_r = 0{,}8$ bringt.

Die damalige Drehzahl von 11650 U/min kann bei gleicher Schallgeschwindigkeitsnähe erhöht werden auf 11650/0,8 = 14560 U/min; ($\omega = 1522$). Wird diese Drehzahl und ebenso der Optimalwinkel $\beta_{0a} = 32°10'$ verwendet, so bleiben (wenn zunächst die zu erwartende kleine Vergrößerung von V_0 außer acht gelassen wird) die Raddurchmesser bestehen, also $D_s = D_a = 404$ mm, so daß $u_{1a} = 0{,}202\omega = 308$ m/s, $c_{0u} = 0{,}2 u_{1a} = 61{,}6$ m/s, womit $K_0 = r_a c_{0u} = 0{,}202 \cdot 61{,}6 = 12{,}43$ m²/s. Nach Gl. (46) vergrößert sich der Volumenstrom infolge des vergrößerten Druckabfalles in erster Annäherung auf

$$V_{0K} = 11{,}2 + \pi\, 155 \left(\frac{12{,}43}{330}\right)^2 \ln 1{,}5 = 11{,}2 + 0{,}282 = 11{,}48\ \mathrm{m^3/s}.$$

Der erhaltene geringe Zuschlag von 2,5%, der allerdings durch die Reibung in den Eintritts-Leitkanälen noch etwas erhöht wird, macht eine Wiederholung der Rechnung überflüssig. Immerhin hat dieser Zuschlag zur Folge, daß die Durchmesser entsprechend vergrößert werden müssen.

In Anbetracht der Kleinheit dieser Änderung kann das Schaufelprofil im äußeren Zylinderschnitt praktisch gleich demjenigen genommen werden, das für senkrechten Eintritt vorgesehen war (während sich in den anderen Zylinderschnitten die Profile ändern). Aus der Hauptgleichung folgt, daß dann trotz des Gleichdralles die Stufenförderhöhe proportional zu n sich vergrößert, weil die Umlenkwirkung des Profils, also $w_{0u} - w_{3u} = c_{3u} - c_{0u}$, unverändert bleibt.

Ergänzende Bemerkungen. Die vorstehenden Betrachtungen zeigen, daß beim Verdichter hohen Förderdruckes der Radeintritt mit einem der Raddrehung gleichsinnigen Drall (Gleichdrall) wesentlich vorteilhafter ist als der senkrechte Eintritt. Nach späteren Überlegungen (S. 305ff.) ist beim *Axialverdichter* dieser Gleichdrall am günstigsten in Verbindung mit einem Reaktionsgrad von 50%, der somit stark bevorzugt wird.

Beim *Radialverdichter* sind jedoch nur mäßige Abweichungen vom senkrechten Eintritt am Platz, wenn man vermeiden will, daß der Ort des Überschalles an den Leitradeintritt wandert. Dieser Gesichtspunkt ist allerdings nur im Fall der Anordnung des Nachleitrades dicht am Laufradumfang wichtig.

Bei langen Axialschaufeln kann man nach S. 297ff. einen großen Eintrittsdrall längs der Eintrittskante häufig nicht konstant (also die Strömung nicht drehungsfrei) halten, damit die Schaufel nicht zu stark verwunden wird. Die Benutzung von Gl. (46) ist dann trotzdem möglich, wenn für K_0 ein Mittelwert eingesetzt wird.

Die wichtigsten Ergebnisse dieses Abschnittes sind:

1. Daß auch die Rücksicht auf den Verdichtungsstoß die Anwendung bestimmter Winkel β_{0a} an der Saugkante des Rades fordert, die fast doppelt so groß sind wie bei Kavitation;

2. daß der an der Grenze des Überschalles gültige Wert S nach Gl. (49) eine Kennziffer zur Beurteilung der in der Hand des Herstellers liegenden Maßnahmen zur Vermeidung schädlicher Folgen des Überschalles ist (ebenso wie die Saugzahl S hinsichtlich Kavitation). In ihrer Größe kommt der jeweils erzielte λ-Wert gemäß Abb. 118 zum Ausdruck, falls der Optimalwinkel β_{0a} ungefähr eingehalten wird.

44. Beziehung zwischen Schallziffer S_0 und Mach-Zahl w_{0a}/a

Die Schallziffer S_0 steht offenbar in enger Beziehung zu der *Ma*-Zahl w_{0a}/a, wobei ferner der Winkel β_{0a} Einfluß nimmt. Die Heranziehung der Schallziffer bietet den großen Vorteil, daß im Einzelfall die zu wählende Drehzahl ohne weiteres ersichtlich ist. Der Konstrukteur möchte aber auch die der gewählten Schallziffer entsprechende *Ma*-Zahl kennen, weil Versuche an Schaufelgittern vielfach die *Ma*-Zahl als Kennziffer benutzen. Deshalb soll im folgenden die unmittelbare Beziehung zwischen Schallziffer und *Ma*-Zahl abgeleitet werden, wobei wir aber die auf den Einlauf bezogene Form $S_0 = (\delta_r^2 n^2 V_{0K})/(k\, a^3)$ benutzen müssen.

Es ist

$$\frac{w_{0a}}{a} = \frac{w_{0a}}{u_{1a}}\,\frac{u_{1a}}{a} = \frac{\delta_r}{\cos\beta_{0a}}\,\frac{u_{1a}}{a}. \tag{50}$$

Da nun $u_{1a} = (\pi D_s n)/60$ oder nach Einführung des Wertes von D_s aus Gl. (47)

$$u_{1a} = \frac{1}{60}\sqrt[3]{\frac{240\pi}{\operatorname{tg}\beta_{0a}}\,\frac{n^2 V_{0K}}{\delta_r k}} = \frac{a}{60\,\delta_r}\sqrt[3]{\frac{240\pi}{\operatorname{tg}\beta_{0a}}\,\frac{\delta_r^2 n^2 V_{0K}}{k\,a^3}},$$

so wird

$$\frac{u_{1a}}{a} = \frac{1}{60\,\delta_r}\sqrt[3]{\frac{240\pi}{\operatorname{tg}\beta_{0a}}\,S_0} \tag{51}$$

und somit nach Gl. (50), wenn die Zahlenwerte zusammengezogen werden

$$\frac{w_{0a}}{a} = \frac{0{,}152}{\cos\beta_{0a}}\sqrt[3]{\frac{S_0}{\operatorname{tg}\beta_{0a}}}. \tag{52}$$

Bemerkenswert ist, daß hierin die Drallziffer δ_r nicht mehr erscheint.

Umgekehrt folgt hieraus die Schallziffer in Abhängigkeit der *Ma*-Zahl

$$S_0 = \operatorname{tg}\beta_{0a}\left(\frac{\cos\beta_{0a}}{0{,}152}\,\frac{w_{0a}}{a}\right)^3,$$

so daß also die Schallziffer proportional zur 3. Potenz der *Ma*-Zahl ist.

Nimmt man an, daß die zugrunde gelegte Schallziffer S_0 jeweils gerade *den Zustand an der Überschallgrenze* kennzeichnet, so erhält man aus Gl. (31) folgende einfache Beziehung zwischen Ma-Zahl und Ziffer λ

$$\left(\frac{w_{0a}}{a}\right)_{\text{krit}} = \frac{1}{\sqrt{1+\lambda}} \tag{53}$$

oder

$$\lambda = \frac{1}{(w_{0a}/a)^2} - 1. \tag{54}$$

Mittels Gl. (52) kann zu jeder Schallziffer S_0 in Verbindung mit dem vorliegenden Winkel β_{0a} die Ma-Zahl errechnet und aus Gl. (54) der zugehörige, für den Fall der Überschallgrenze gültige λ-Wert bestimmt werden. In Abb. 118 ist dieser Zusammenhang übersichtlich dargestellt.

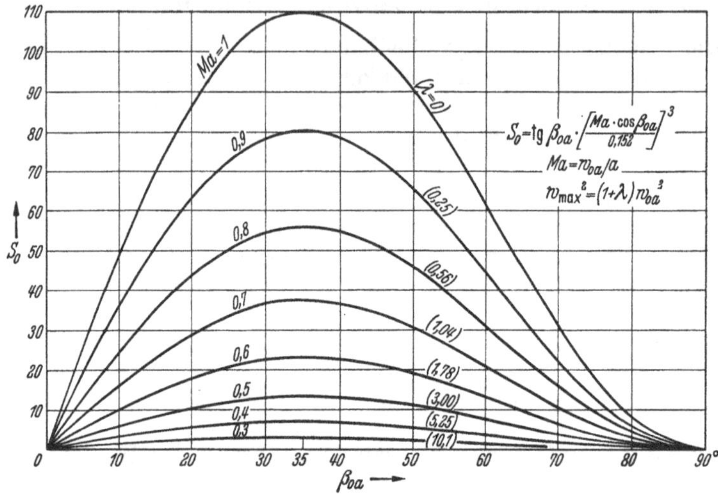

Abb. 118. Zusammenhang zwischen Schallziffer S_0, Ma-Zahl w_{0a}/a und λ in Abhängigkeit des Zuströmwinkels β_{0a}

Daraus kann auch zu jeder Ma-Zahl zusammen mit dem Winkel β_{0a} die zugehörige Schallziffer S_0 abgelesen werden.

45. Gegenüberstellung der Kenngrößen bei Kavitation und Überschall

Die Ähnlichkeit der Behandlung von Kavitation und Überschall soll durch folgende Gegenüberstellung der Kenngrößen noch einmal veranschaulicht werden.

Kavitation	*Überschall*
Haltedruck $\Delta h = A - H_t - (H_s'')_{max}$	Zulässiger Bereich der Geschwindigkeitshöhe $\Delta h = \frac{a^2}{2g}$
Saugzahl $S = \left(\frac{n}{100}\right)^2 \frac{V}{k\,\Delta h^{3/2}}$,	Schallziffer $S = (\delta_r\, n)^2 \frac{V_v}{k\, a^3}$.

Beide Werte S sind nur abhängig von der Sorgfalt des Herstellers.

Kavitationsempfindlichkeit	Überschallempfindlichkeit
$\sigma = \frac{\Delta h}{H} = \frac{A - H_t - (H_s'')_{max}}{H}$	$\sigma = \frac{\Delta h}{H} = \frac{a^2}{2g H_{stufe}}$.

Beide Werte σ ändern sich mit der Radform proportional zu $n_q^{4/3}$ und mit der Sorgfalt des Herstellers.

Optimaler Zuströmwinkel	
$(\beta_{0a})_{opt} = 17° 32'$	$(\beta_{0a})_{opt} = 35° 20'$ bis $32° 20'$.

Wenn nicht auf Kavitation oder Überschall, sondern nur auf Kleinhaltung der Kanalreibung zu achten ist, gilt allgemein $(\beta_{0a})_{opt} = 35° 20'$.

F. Die einfach gekrümmte Radialschaufel

Diese einfachste Schaufelform, die wir S. 151 als langsamläufig erkannt haben, ergibt einen Radquerschnitt nach Abb. 119. Sie wird aus dem Grunde vorweg behandelt, weil daran der Rechnungsgang am besten erläutert werden kann.

46. Der allgemeine Gang der Berechnung des Pumpenrades, erläutert am Langsamläufer

Welle. Die angenäherte Festlegung der Bohrung für die Welle geht — mindestens beim Radialrad — der Schaufelberechnung voraus. Bei dieser vorläufigen Bestimmung begnügt man sich mit der Zugrundelegung einer Drehungsbeanspruchung τ_{zul}, die dann entsprechend niedrig zu wählen ist. Auf Grund des Drehmomentes M_d bzw. der Wellenleistung N in PS

$$N = \frac{M_d \omega}{75} = \frac{GH}{75\eta},$$

worin $G = \gamma V$ der Gewichtsstrom in kp/s, ergibt sich der Wellendurchmesser

$$d = \sqrt[3]{\frac{16}{\pi} \frac{M_d}{\tau_{zul}}} = 71 \sqrt[3]{\frac{N}{n\,\tau_{zul}}} \quad [\text{cm}]. \tag{1}$$

Dort, wo die Rücksicht auf Formänderung der Welle, insbesondere die kritische Drehzahl wichtig ist, muß ihre Bestimmung nachgeholt (Abschn. 121) und τ_{zul} besonders vorsichtig bemessen werden. Bei Pumpen nimmt man sinngemäß für N den bei der vorliegenden Drehzahl auftretenden Größtwert, der aber nicht beim größten Förderstrom zu liegen braucht (s. S. 415).

Im Mittel kann gewählt werden:

Bei *einstufigen* Maschinen $\tau_{zul} = 210$ kp/cm² entsprechend

$$d = 12 \sqrt[3]{\frac{N}{n}} \quad [\text{cm}]. \tag{2}$$

Bei *mehrstufigen* Maschinen, deren Lagerabstand größer ist, und bei denen deshalb die Gefahr unzulässiger Nachgiebigkeit der Welle besteht, nimmt man τ_{zul} kleiner bis herab zu 120 kp/cm², so daß also d sich zwischen

$$d = 12 \text{ bis } 14{,}4 \sqrt[3]{\frac{N}{n}} \quad [\text{cm}] \tag{3}$$

bewegt, wachsend mit der Zahl der Stufen.

Zu beachten ist, daß *beim gleichen Rad* N mit n^3 wächst, also der Wellendurchmesser d mit $n^{2/3}$ oder $H^{1/3}$ ansteigt. Auf die vorläufige Rechnung muß nach vollendetem Entwurf des Läufers die Bestimmung der resultierenden Beanspruchung sowie der Formänderung (Verdrehung oder Durchbiegung) und insbesondere *der kritischen Drehzahl* folgen (Abschn. 121).

Lange Wellen, die bei vielen Stufen (z. B. Kesselspeisung, Drucklufterzeugung) nötig sind, kommen bei dieser Rechnung unter Umständen auf so tiefliegende kritische Drehzahlen 1. Ordnung, daß sie überkritisch laufen müssen.

Die Festigkeit des Rades wird erst nach vollendeter Schaufelberechnung gemäß den Angaben in Abschn. 119 geprüft.

Laufschaufel. Vorgeschrieben seien Durchfluß V in m³/s, Förderhöhe H in m und Drehzahl n je min. Man bestimmt zunächst die spezifische Drehzahl $n_q = n\sqrt{V}/H^{3/4}$ und erhält damit nach Abschn. 27 Aufschluß über die zu erwartende Radform. Liegt diese unter der untersten Grenze, so ist H zu unterteilen, also zur Mehrstufigkeit überzugehen. Außerdem kann man (nach Schätzung der Nabenverengung k) im Fall der Wasserströmung sofort mittels der Saugzahl S die größtmögliche Saughöhe nach Abschn. 38 ausrechnen und mit der verlangten vergleichen. Im Fall der Luftförderung kann man mittels der Schallziffer S nach Abschn. 43 und 44 die Schallgeschwindigkeitsnähe prüfen, wenn sie von Wichtigkeit ist, was aber in der Regel nur beim Axialverdichter der Fall ist. Diese einleitenden Feststellungen sind nötig, um rechtzeitig die Drehzahl anpassen zu können. Dabei ist daran zu erinnern, daß man hinsichtlich der Saugzahl die Grenzwerte anwenden kann, aber hinsichtlich der Schallziffer (Ma-Zahl) den Abstand vom äußerst zulässigen Wert so groß wie möglich macht.

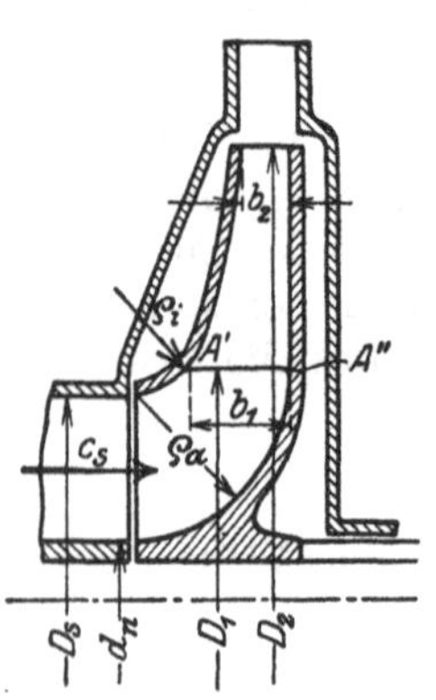

Abb. 119. Radialrad (Langsamläufer)

Im vorliegenden Fall liege ein Langsamläufer nach Abb. 119 vor ($n_q = 11$ bis 38), dessen innere Schaufelkante wir, wie es häufig geschieht, achsparallel anordnen. Da auch die äußere Schaufelkante parallel zur Achse ist, so liegt eine einfach gekrümmte Radialschaufel vor, deren Anfangs- und Endverlauf wir zu bestimmen haben.

Den in die Rechnung eingeführten Durchfluß V' macht man häufig um 3 bis 10% größer als den verlangten, um die Ungenauigkeiten des

Rechnungsverfahrens und den Spaltverlust zu berücksichtigen. Erfahrungsgemäß gelten die kleinen Zuschläge für große D_2/D_1, leitradlose Pumpen und geringe Saugzahlen, die größeren Zuschläge für kleine D_2/D_1 und solche Saugzahlen bzw. Schallziffern, die an der oberen Grenze liegen. Sind große Winkel β_2, nämlich $\beta_2 > 50°$ beabsichtigt (Luftförderung), so kann jeder Zuschlag wegfallen. (Dort, wo schwache Teillasten zu Unstabilitäten [S. 425] führen, wie insbesondere beim Verdichter, ist der Zuschlag stets knapp zu bemessen.)

Wir berechnen zunächst das Schaufelende am Radeintritt und anschließend das Schaufelende am Radaustritt.

a) Das Schaufelende am Eintritt. Wir legen zunächst den Nabendurchmesser d_n gemäß dem vorher bestimmten Wellendurchmesser d fest. Dann erhalten wir den Durchmesser D_s des Saugmundes aus der Kontinuitätsgleichung

$$V' = \frac{\pi}{4}\,(D_s^2 - d_n^2)\,c_s \tag{4}$$

mit $c_s = c_{0m} = \varepsilon C$, wo $C = \sqrt{2gH}$ und ε nach Abschn. 29 zu wählen ist, also bei der vorliegenden Schaufelform mit

$$\varepsilon = 0{,}1 \text{ bis } 0{,}3,$$

wobei die unteren Werte für Wasser, die oberen für Luftförderung gelten, so daß bei Wasserförderung (entsprechend $H = 10$ bis 100 m) $c_s = 1{,}5$ bis 5,0 m/s und bei Luftförderung (entsprechend $H = 100$ bis 6000 m, d. h. mit $\gamma = 1{,}2$ kp/m³, $p_{II} - p_I \approx 120$ mm WS bis etwa 1,9 kp/cm² abs.) meist $c_s = 10$ bis über 100 m/s.

Je größer ε gewählt wird, um so kleiner werden die Abmessungen des Rades. Die oben angegebenen großen ε-Werte der Verdichter stehen im Einklang mit den dort üblichen größeren Austrittswinkeln β_2 der Schaufel, weil dadurch die Kanalerweiterung mäßig bleibt. Überhaupt kann man sich als Regel merken, daß ε um so kleiner zu wählen ist, je kleiner der Austrittswinkel β_2 sein soll[1].

Aus D_s ergibt sich der Eintrittsdurchmesser D_1, auf dem die Schaufelspitzen liegen, auf Grund der Überlegung, daß kleine Durchmesser D_1 zwar eine geringe relative Eintrittsgeschwindigkeit ergeben, andererseits aber in die Zone der gekrümmten Flußlinien des Meridianschnittes hineinführen. Die Krümmungen der Flußlinien erzeugen die S. 40 besprochenen Geschwindigkeitsänderungen, so daß die einfach gekrümmte Schaufel längs einer zur Achse parallelen Eintrittskante Stoßfreiheit nur an einem Punkt der Kante erreichen kann. Trotzdem kann die Eintrittskante der einfach gekrümmten Schaufel auch in die Zone der Bahnkrümmungen gelegt werden, wenn die in Abschn. 48 angegebenen Gesichtspunkte beachtet werden. Die folgenden Darlegungen beziehen sich zunächst nur auf die zur Achse parallele Eintrittskante mit radialer Zuströmung im Meridianschnitt.

---

[1] Die angegebene Berechnung von D_s wird man bei Schaufeln, die in den axialen Saugmund vorgezogen, *also doppelt gekrümmt sind*, abkürzen, indem unmittelbar β_{0a} statt ε vorgeschrieben und auf Gl. (27) oder (27a), S. 161, Bezug genommen wird.

Um die Eintrittsbreite b_1 errechnen zu können, ist noch die Eintrittsgeschwindigkeit c_0 oder, bei nicht senkrechter Zuströmung mit Eintrittsleitrad, $c_{0m} = c_0 \sin\alpha_0$ zu wählen. Meist wird c_{0m} gleich c_s genommen. Nach Annahme von c_{0m} errechnet sich

$$b_1 = \frac{V'}{D_1 \pi c_{0m}}, \tag{5}$$

wobei $c_{0m} = c_0$ zu setzen ist, falls $\alpha_0 = 90°$.

Zur Berücksichtigung der Schaufelstärke ist c_{1m} nach Gl. (1), S. 106, zu ermitteln

$$c_{1m} = c_{0m} \frac{t_1}{t_1 - \sigma_1}. \tag{6}$$

Der Verengungsfaktor $t_1/(t_1 - \sigma_1)$ ist vorbehaltlich späterer Berichtigung bei Wasserpumpen mit 1,10 bis 1,25 — bei Luftpumpen weniger — anzunehmen.

Weil nun

$$u_1 = \frac{\pi D_1 n}{60}$$

und die Eintrittsablenkung nach S. 125 nicht berücksichtigt wird, so ist das Geschwindigkeitsdreieck (Abb. 66) bestimmt und damit der Schaufelwinkel β_1 gegeben durch

$$\operatorname{tg}\beta_1 = \frac{c_1 \sin\alpha_1}{u_1 - c_1 \cos\alpha_1} = \frac{c_{1m}}{u_1 - c_0 \cos\alpha_0}$$

oder bei $\alpha_1 = \alpha_0 = 90°$ (Abb. 70a)

$$\operatorname{tg}\beta_1 = \frac{c_1}{u_1}. \tag{7}$$

Es kann nun der angenommene Faktor $t_1/(t_1 - \sigma_1)$ nachgeprüft und berichtigt werden, wenn die Schaufelstärke s_1 und Schaufelzahl z gewählt werden; denn es ist

$$\sigma_1 = \frac{s_1}{\sin\beta_1}, \qquad t_1 = \frac{\pi D_1}{z}. \tag{8}$$

Erforderlichenfalls ist die Rechnung zu wiederholen[1]. Der so errechnete

[1] Die Wiederholung ist im Falle $\alpha_0 = 90°$ bei Benutzung folgender Umformung zu vermeiden. In die Gl. (7) wird eingeführt:

$$c_1 = c_0 \frac{t_1}{t_1 - \sigma_1} = c_0 \frac{t_1}{t_1 - \dfrac{s_1}{\sin\beta_1}}.$$

Ersetzt man nun den sin durch die tg, so erhält man eine in $\operatorname{tg}\beta_1$ quadratische Gleichung, woraus sich unmittelbar ergibt:

$$\operatorname{tg}\beta_1 = \frac{\dfrac{c_0}{u_1} + \dfrac{s_1}{t_1}\sqrt{1 - \left(\dfrac{s_1}{t_1}\right)^2 + \left(\dfrac{c_0}{u_1}\right)^2}}{1 - \left(\dfrac{s_1}{t_1}\right)^2}. \tag{9a}$$

Darin ist $(s_1/t_1)^2$ gegen Eins zu vernachlässigen, so daß die endgültige Formel lautet:

$$\operatorname{tg}\beta_1 = \frac{c_0}{u_1} + \frac{s_1}{t_1}\sqrt{1 + \left(\frac{c_0}{u_1}\right)^2} \tag{9b}$$

welche an Stelle von Gl. (6) und (7) tritt

Winkel β_1 ist für die Ausführung als Kleinstwert zu betrachten, weil die Erfahrung zeigt, daß bei der vorliegenden Radform der Eintrittsstoß kaum eine Rolle spielt, vielmehr Wirkungsgrad und Saugfähigkeit durch Vergrößerung der Eintrittsweite verbessert werden[1].

Die *Schaufelzahl* z ergibt sich nach Abschn. 28a aus

$$z = k\frac{r_2 + r_1}{r_2 - r_1}\sin\frac{\beta_2 + \beta_1}{2} = k\frac{D_2 + D_1}{D_2 - D_1}\sin\frac{\beta_2 + \beta_1}{2}. \tag{9}$$

Darin ist r_2 bzw. D_2 vorläufig zu schätzen. k ist um so kleiner, je größer die Wandstärke der Schaufel im Vergleich zum Raddurchmesser und kann gewählt werden:

bei gegossenen Rädern, welche eine relativ große Wandstärke haben, zu $k = 6{,}5$ und weniger,

bei Rädern mit dünnen Blechschaufeln zu $k = 8$ und mehr,

bei Turbokompressoren, wo man genötigt ist, die Stufenförderhöhe möglichst hoch zu treiben, findet man Werte k bis 11.

Die Wandstärke s_1 der Schaufel ist so klein wie die Herstellung gestattet, zu wählen, um die Querschnittsverengung am Eintritt zu beschränken.

b) Das Schaufelende am Austritt. Für die Schaufelbemessung am Austritt ist zunächst die Hauptgleichung in der Form der Gl. (25), S. 130, maßgebend. Der Winkel β_2 kann entsprechend den Ergebnissen des Abschn. 24 angenommen werden. Damit das Geschwindigkeitsdreieck (Abb. 67) bestimmbar ist, muß noch eine weitere Größe gewählt werden. Da die Radbreite b nach außen abnehmen soll[2], wird der Konstrukteur die Annahme so treffen, daß sich die Radform voraussehen läßt. Man wird dann beispielsweise von der Meridiangeschwindigkeit $c_{2m} = c_2 \sin\alpha_2$ ausgehen. Große Austrittsbreiten haben den Nachteil, daß die Kanalquerschnitte sich nach außen stark vergrößern. Ferner wird die Meridiangeschwindigkeit c_{2m} klein, wodurch sich auch der Winkel α_2' verkleinert, also die Leitkanäle verengen. Besonders bei Pumpen ohne Austrittsleitschaufeln ist dieser geringe Winkel α_2' nicht vorteilhaft, weil der Reibungsweg des Wassers im Ringraum sich verlängert. Da demnach der Winkel α_2' sich nur innerhalb bestimmter Grenzen, die allerdings bei den verschiedenen Bauarten verschieden sind, bewegen darf, so gibt es auch Fälle, wo es zweckmäßig ist, von der Annahme dieses Wertes auszugehen. Im Falle der Verwendung eines Spiralgehäuses als einziger Leitvorrichtung ist ein besonderer Rechnungsgang zu wählen (Abschn. 50, III).

Im folgenden sollen die zur Berechnung nötigen Gleichungen für die Fälle der Annahme von c_{2m} oder α_2' entwickelt werden, wobei raumbeständige Flüssigkeit zugrunde gelegt wird. Letzteres ist auch bei Verdichtern bis zu einer Stufenförderhöhe von 2500 m entsprechend

---

[1] Krisam, F.: Z. VDI 94 (1952) Nr. 11/12

[2] Diese Abnahme von b mit wachsendem r bringt allerdings nur bei genügend breiten Rädern, d. h. großem $b_1/(r_2 - r_1)$ Vorteile, vgl. Brown Boveri Mitt. 1952 Nr. 5/6, S. 165

einer *Ma*-Zahl $u_2/a \approx 0{,}6$ (a = Schallgeschwindigkeit) zulässig (vgl. diesen Abschnitt unter c, β).

α) Annahme einer bestimmten Meridiangeschwindigkeit $c_{2m} = c_2 \sin\alpha_2$. Bei der Annahme von c_{2m} muß beachtet werden, daß die erreichbare Förderhöhe sich mit wachsendem c_{2m} verringert, wie die folgenden Gl. (12) oder (13) zeigen. Vielfach nimmt man $c_{2m} = c_{0m}$. Bei der Radform nach Abb. 119 ist ein häufiger Wert $c_{2m} = 0{,}8$ bis $0{,}9\,c_{0m}$, sofern Wasserförderung vorliegt. Bei Luftförderung ist $c_{2m} \approx c_0$ gebräuchlich.

Zunächst bestimmt man u_2. Es ist (Abb. 70)

$$c_2 \cos\alpha_2 = \overline{BC_2} - \overline{DC_2} = \overline{BC_2} - \frac{\overline{A_2D}}{\operatorname{tg}\beta_2} = u_2 - \frac{c_{2m}}{\operatorname{tg}\beta_2}, \tag{10}$$

also gemäß der Hauptgleichung

$$g H_{\mathrm{th}\infty} = u_2 \left(u_2 - \frac{c_{2m}}{\operatorname{tg}\beta_2}\right) - u_1 c_0 \cos\alpha_0 \tag{10a}$$

oder

$$u_2^2 - u_2 \frac{c_{2m}}{\operatorname{tg}\beta_2} = g H_{\mathrm{th}\infty} + u_1 c_0 \cos\alpha_0, \tag{11}$$

woraus

$$u_2 = \frac{c_{2m}}{2\operatorname{tg}\beta_2} \overset{+}{(-)} \sqrt{\left(\frac{c_{2m}}{2\operatorname{tg}\beta_2}\right)^2 + g H_{\mathrm{th}\infty} + u_1 c_0 \cos\alpha_0}\,. \tag{12}$$

Das negative Zeichen vor der Wurzel kann wegfallen, weil u_2 negativ würde. Für senkrechten Eintritt wird $\cos\alpha_0 = 0$ also

$$u_2 = \frac{c_{2m}}{2\operatorname{tg}\beta_2} + \sqrt{\left(\frac{c_{2m}}{2\operatorname{tg}\beta_2}\right)^2 + g H_{\mathrm{th}\infty}}, \tag{13}$$

womit D_2 und b_2 gegeben sind durch

$$D_2 = \frac{60 u_2}{\pi n}, \tag{14}$$

$$b_2 = \frac{V' \dfrac{t_2}{t_2 - \sigma_2}}{\pi D_2 c_{2m}}. \tag{15}$$

β) Annahme eines bestimmten Winkels α_2' bzw. α_3 der absoluten Austrittsgeschwindigkeit. Der hier angegebene Rechnungsgang bleibt auf den Fall $\alpha_0 = 90°$ beschränkt. Nach Abb. 70 ist

$$u_2 = \overline{BD} + \overline{DC_2} = c_{2m} \operatorname{ctg}\alpha_2 + c_{2m} \operatorname{ctg}\beta_2.$$

Weil nun nach Gl. (49a), S. 141, $\operatorname{ctg}\alpha_2 = (1 + p) \operatorname{ctg}\alpha_2'$, so wird

$$c_{2m} = \frac{u_2}{(1 + p) \operatorname{ctg}\alpha_2' + \operatorname{ctg}\beta_2}. \tag{16}$$

Ferner ist

$$c_{2u}' = c_{3u} = c_{2m} \operatorname{ctg}\alpha_2'$$

oder nach Einführung des Wertes von c_{2m} aus Gl. (16)

$$c_{3u} = \frac{u_2}{1 + p + \operatorname{tg}\alpha_2' \operatorname{ctg}\beta_2}. \tag{17}$$

Setzt man diesen Wert in Gl. (26a), S. 130, ein und bestimmt u_2, so folgt

$$u_2 = \sqrt{g H_{\text{th}} (1 + p + \operatorname{tg} \alpha_2' \operatorname{ctg} \beta_2)}. \tag{18}$$

Damit ist D_2 und nach Gl. (16) c_{2m}, nach Gl. (15) b_2 bekannt.

Im Fall eines Austrittsleitrades wählt man bei Wasserpumpen $\alpha_2' = 6 \div 13°$, bei Luftpumpen, d. h. bei Turbokompressoren, bis um die Hälfte mehr. Bei Pumpen mit glattem Leitring sind größere Werte am Platz. Bei Spiralgehäusen schwankt α_2' bzw. α_3 in weiten Grenzen nach oben und unten, weil dort $\operatorname{tg}\alpha_3 (b_2/r_2)$ maßgebend ist (S. 384). Zwischen α_2' und α_3 besteht die Beziehung $\operatorname{tg}\alpha_3 = \operatorname{tg}\alpha_2' (t_2 - \sigma_2)/t_2$.

Der Verlauf der Radbegrenzung zwischen b_1 und b_2 wird häufig so bestimmt, daß die Meridiangeschwindigkeit $c_m = c \sin\alpha$ stetig, d. h. ohne Maximum oder Minimum von c_{1m} auf c_{2m} übergeht. Es genügt aber auch, wenn die Verbindung nach Schätzung unter Vermeidung scharfer Krümmungen eingetragen wird. Bei Rädern von Verdichtern bevorzugt man mit Rücksicht auf die Herstellung die geradlinige, d. h. kegelige Begrenzung.

Zusätzliche Bemerkungen: Zahlenbeispiele für die vorstehend behandelten Rechenverfahren finden sich in Abschn. 50. Bei Wahl der Radform nach Abb. 119 ist anzustreben, daß D_2 gleich oder wenig größer als 2 bis $3 D_1$ wird, weil dann einerseits für die Unterbringung der Schaufeln genügend radialer Spielraum vorhanden ist, andererseits [mit Rücksicht auf die Radreibung nach Gl. (88), Abschn. 15a] kleine Durchmesser erwünscht sind. Ergibt sich D_2 zu groß, so ist der Übergang zur Mehrstufigkeit (Abb. 5) ins Auge zu fassen; ist D_2 zu klein, so kann die Mehrstromanordnung (Abb. 6) am Platze sein.

Bei *mehrstufigen Flüssigkeitspumpen* ist in den vorstehenden Gleichungen für H der auf *eine* Stufe entfallende Anteil, also bei i Stufen

$$\Delta H = \frac{H}{i}$$

zu setzen, weil die Beschaufelung der Stufen durchweg kongruent gemacht wird. Bei *mehrstufigen Verdichtern* gilt diese einfache Beziehung selbst dann nicht genau, wenn die Durchmesser und Winkel der Schaufeln in allen Stufen gleichgemacht und die Breiten proportional zur Dichte verändert werden. Näheres hierüber vgl. Abschn. 110.

c) Berücksichtigung der Kompressibilität der Gase. Diese äußert sich am Radeintritt in Form einer Ausdehnung und im Rad in Form einer Verdichtung.

α) Im Radeinlauf tritt infolge der Zunahme der Geschwindigkeit auf c_1 (abgesehen von der Wandreibung, die gesondert zu berücksichtigen ist) nach Bernoulli eine Drucksenkung und damit eine *Volumenzunahme* ΔV auf, die bereits S. 207f. betrachtet ist und beträgt

$$V_1 = V_I \left[1 + \frac{1}{2}\left(\frac{c_1}{a_1}\right)^2\right], \tag{18a}$$

wo a_1 aus Gl. (55) oder (56), S. 84, mit $T = T_I$ sich ergibt. Die Zunahme ist also meist sehr klein, muß aber *bei hohen Einlaufgeschwindig-*

keiten berücksichtigt werden. In Gl. (18a) bezieht sich das Fußzeichen I streng genommen auf den Zustand mit der Geschwindigkeit Null, kann aber zur Erhöhung der Sicherheit auf die Meßstelle im Saugstutzen angewandt werden, wobei $V_I = V'$.

β) In den Laufkanälen ist eine Volumenabnahme vorhanden, die eine Verkleinerung von c_{2m}, also nach Gl. (10a) eine Vergrößerung von H_{th} zur Folge hat (Abschn. 14c). Man kann diese Zunahme der Schaufelarbeit als zusätzliche Sicherheit der Rechnung betrachten und unberücksichtigt lassen, zudem bei hoher Verdichtung die Schallgeschwindigkeitsnähe wachsende Schaufelverluste verursacht. Deshalb empfiehlt sich ihre Berücksichtigung in Radialrädern erst bei Druckverhältnissen über $p_{II}/p_I = 1{,}3$ bei Förderhöhen über 2500 m oder *Ma*-Zahlen $u_2/a > 0{,}6$ (vgl. das Zahlenbeispiel S. 246). Der Volumenstrom am Radaustritt beträgt nach der Zustandsgleichung für Gase

$$V_3 = V_I \frac{T_3}{T_I} \frac{p_I}{p_3} = V_I \frac{T_I + \Delta t_3}{T_I} \frac{p_I}{p_3}, \tag{19}$$

wo $V_I = V'$ und das Fußzeichen 3 den Zustand im Spalt hinter dem Laufrad kennzeichnet. Dabei ist die wirkliche Temperaturzunahme Δt_3 im Rad nach Gl. (10), S. 13, durch die innere Arbeit $H_i = H/\eta_i$ abzüglich der Zunahme an kinetischer Energie verursacht, so daß

$$427\, c_p \Delta t_3 = \frac{H}{\eta_i} - \frac{c_3^2 - c_I^2}{2g},$$

woraus

$$\Delta t_3 = \frac{H/\eta_i - (c_3^2 - c_I^2)/2g}{427\, c_p} \tag{20}$$

mit $427\, c_p = 103$ für Luft. Im Falle $\alpha_0 = 90°$ ist

$$c_3^2 = c_{3u}^2 + c_{3m}^2 = \left(\frac{g H_{th}}{u_2}\right)^2 + c_{3m}^2. \tag{21}$$

Das Druckverhältnis p_3/p_I bis zum Spalt steht gemäß Gl. (15a), S. 16, zu der adiabatischen Temperaturzunahme im Rad $(\Delta t_{ad})_3$ in der Beziehung

$$\left(\frac{p_3}{p_I}\right)^{\frac{\varkappa-1}{\varkappa}} = \frac{T_I + (\Delta t_{ad})_3}{T_I}.$$

Setzt man hierin $(\Delta t_{ad})_3 = \eta_i \Delta t_3$ so folgt

$$\frac{p_3}{p_I} = \left(1 + \eta_i \frac{\Delta t_3}{T_I}\right)^{\frac{\varkappa}{\varkappa-1}}$$

und damit der Volumenstrom im Spalt nach Gl. (19)

$$V_3 = V_I \frac{1 + \Delta t_3/T_I}{(1 + \eta_i \Delta t_3/T_I)^{\frac{\varkappa}{\varkappa-1}}}. \tag{22}$$

Bei kleinen Werten $\Delta t_3/T_I$ läßt sich nach Entwicklung der Potenz im Nenner in eine unendliche Reihe und Abbruch nach dem zweiten Glied schreiben

$$V_3 = V_I \frac{1 + \Delta t_3/T_I}{1 + \frac{\varkappa}{\varkappa - 1} \eta_i \, \Delta t_3/T_I} . \tag{22a}$$

Diese vereinfachte Gleichung gibt bis $\Delta t_3/T_I = \begin{cases} 0{,}05 \\ 0{,}1 \end{cases}$ entsprechend $p_{II}/p_I \approx \begin{cases} 1{,}2 \\ 1{,}4 \end{cases}$ einen Fehler von $+\begin{cases} 0{,}7\% \\ 2{,}7\% \end{cases}$.

In Gl. (20), (22) und (22a) ist η_i der innere adiabatische Wirkungsgrad der reinen Verdichtung bis zum Spalt (also ohne Beachtung der noch vorhandenen Geschwindigkeit). Er kann gleich dem inneren adiabatischen Wirkungsgrad der ganzen Stufe, wobei $\eta < \eta_i < \eta_h$, genommen werden.

Gl. (22) läßt sich auch zur Bestimmung des Volumenstromes an einer beliebigen Stelle des Verdichtungsweges eines mehrstufigen Verdichters benutzen, wenn für η_i der durchschnittliche Wirkungsgrad der vorausgegangenen Verdichtung und [bei der Bestimmung von Δt_3 aus Gl. (20)] für $H = \sum \Delta H$ die Summe der Förderhöhen der vorher durchströmten Räder, für c_3 die an der betrachteten Stelle herrschende Geschwindigkeit gesetzt wird. Das errechnete V_3 tritt an die Stelle von V' bei der Querschnittsberechnung.

Zahlenbeispiel S. 246.

47. Entwurf der einfach gekrümmten Radialschaufel

Aus der Berechnung der Radabmessungen in Abschn. 46 sind nur die Anfangs- und Endwinkel β_1 und β_2 der Schaufel bekannt. Würde die eindimensionale Stromfadentheorie beibehalten, so wäre es ziemlich gleichgültig, wie die Verbindung der dadurch vorgegebenen Schaufelenden erfolgt. In Wirklichkeit hat man aber auf Kleinhaltung der Verluste und ein günstiges Verhalten gegen Kavitation bzw. Überschall zu achten, und hier hat man als wichtige Bedingung erkannt, daß der Krümmungshalbmesser sich nicht sprungweise ändern sollte, weil eine solche Unstetigkeit sich auf die Druckverteilung in der ganzen Strömung überträgt und zusätzliche Verluste verursacht, die offenbar von der Grenzschicht an der Sprungstelle ausgehen. Aus diesen Gründen ist die früher beliebte Zusammensetzung des Verlaufes aus mehreren Kreisbögen grundsätzlich zu verwerfen. In der Regel wird der Laufkanal sich erweitern, so daß die in Abschn. 13b angegebenen Regeln wichtig sind.

Bei den vorliegenden Radialschaufeln wird meist eine gleichbleibend dünne Wandstärke verwendet.

Früher wurde der Verlauf zwischen den gegebenen Winkeln am Ein- und Austritt zunächst nach Schätzung eingezeichnet und der erhaltene Kanal nachgeprüft, indem man in Abweichung von der Wirklichkeit annahm, daß die Geschwindigkeit sich über jeden Kanalquerschnitt $x\,y$ (Abb. 120) gleichmäßig verteilt. Der Entwurf des Kanals, der vom Eintrittsquerschnitt AC bis zum Austrittsquerschnitt DE verlaufend gedacht war, erfolgte also nach den für ruhende Kanäle gültigen Gesetzen. Die Schaufelenden CH und DG wurden somit eigentlich als wirkungslos angesehen und bisweilen als Kreisevolventen[1] oder als archimedische Spiralen ausgebildet, die sehr wenig voneinander abweichen, von denen aber nur die archimedische Spirale in der Radialströmung mit c_m = konst. tatsächlich wirkungsfrei ist[2]. Diese wurden durch Kreisbögen ersetzt und überhaupt die ganze Schaufel aus Kreisbögen zusammengesetzt.

Dieses alte Verfahren ergab also die „*Kreisbogenschaufel*", die wir nur zur Darstellung des geschichtlichen Werdeganges und weil sie immer noch anzutreffen ist, behandeln. Sie mißachtet offenbar einerseits die eingangs erwähnte Bedingung der Stetigkeit des Verlaufes der Krümmungshalbmesser, sofern nicht ein einziger Kreisbogen verwendet wird. Andererseits ist der Verlauf bis zu einem gewissen Grade willkürlich. Auch läßt sich wegen der endlichen Schaufelzahl die vorausgesetzte Wirkungsfreiheit der Schaufelenden tatsächlich nicht erreichen. Diesen Nachteilen hilft das zweite neuere Verfahren ab, das sich auch insofern den Voraussetzungen der eindimensionalen Stromfadentheorie besser anpaßt, als es Gleichheit des Strömungszustandes über einen Parallelkreis, also unendliche Schaufelzahl, annimmt. Hierbei wird die Schaufel längs ihrer ganzen Länge festgelegt, indem der Verlauf irgendeiner Größe, z. B. des Winkels oder der Geschwindigkeit vom Eintritt bis zum Austritt, vorgeschrieben wird. Diese Schaufel, bei der offenbar keine Kreisbögen entstehen, wollen wir als „punktweise errechnete Schaufel" bezeichnen.

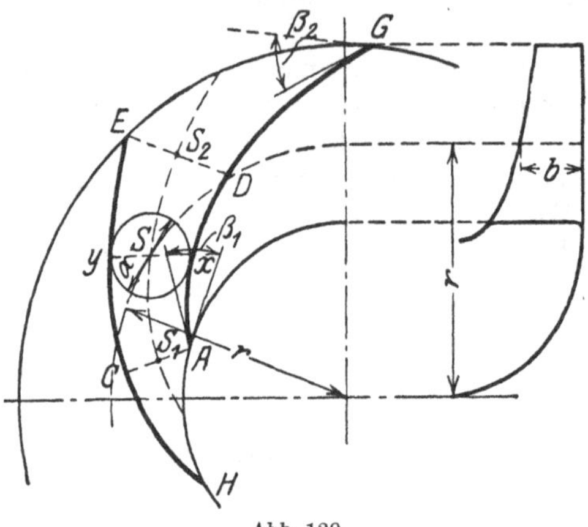

Abb. 120

a) Kreisbogenschaufel. Wird der Einlauf A_1C_2 (Abb. 121) als archimedische Spirale gezeichnet, so liegt der Mittelpunkt ihres Ersatzkreisbogens im Schnittpunkt E der auf den Anfängen zweier aufeinanderfolgender Schaufeln errichteten Normalen. Diese bilden mit dem Radius den Winkel $EA_2O = \beta_1$, so daß sie am besten als Tangenten an den „Erzeugungskreis" vom Durchmesser $d_1 = D_1 \sin\beta_1$ ge-

[1] Vgl. NEUMANN: Die Zentrifugalpumpen. Berlin 1912. Die Einführung der Evolventen ist auf ZEUNER (Vorlesungen über Theorie der Turbinen. Leipzig 1899) zurückzuführen

[2] In der 2. Auflage dieses Buches, Abschn. 34, sind die möglichen Formen der wirkungsfreien Schaufelenden behandelt

zeichnet werden. Daraus ergibt sich folgende einfache Konstruktion des Schaufeleinlaufes:

Teilung des Eintrittskreises vom Durchmesser D_1 in ebenso viele gleiche Teile, als Schaufeln verwendet werden. Ziehen der Tangenten von den Teilpunkten A_1, A_2, A_3 an den Kreis vom Durchmesser $d_1 = D_1 \sin\beta_1$, Schlagen von Kreisen durch A_1, A_2 usw. aus den Schnittpunkten E der aufeinanderfolgenden Tangenten. Damit ist der innere Verlauf der Schaufelanfänge gezeichnet. Soll die Schaufel überall gleich stark sein, so ist der äußere Verlauf der konzentrische Kreisbogen B_1F_2, B_2F_3 ... im Abstand der Schaufeldicke[1].

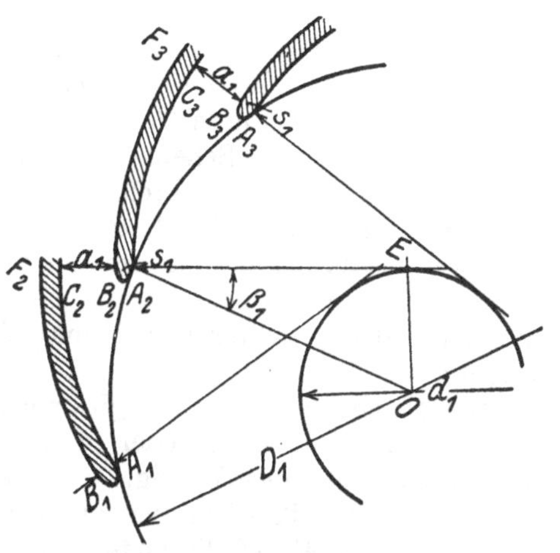

Abb. 121. Eintrittsverlauf nach einer archimedischen Spirale

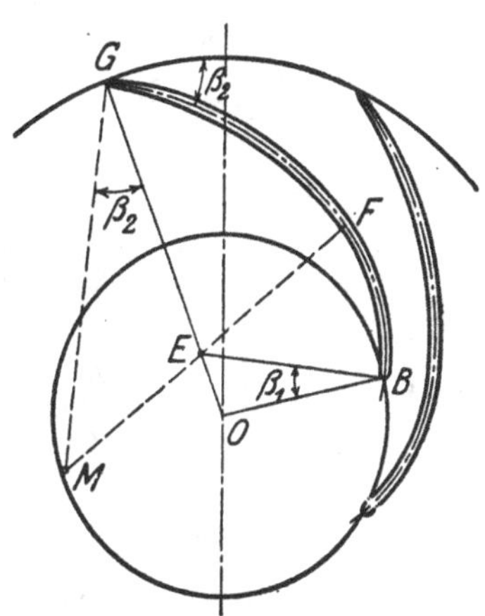

Abb. 122. Kreisbogenschaufel aus 2 Kreisbögen

Untersuchungen an Schaufelgittern lassen es wahrscheinlich erscheinen, daß der wirkungsfreie Schaufelanfang ungünstig ist, ebenso wie er im Turbinenkanal längst als ungünstig erkannt ist. Deshalb sollte der Halbmesser des Einlaufbogens niemals kleiner, sondern eher größer als EA_1 (Abb. 121) gemacht werden. In letzterem Fall verkürzt sich die Schaufel, wenn beachtet wird, daß der Einlaufbogen BF (Abb. 122) sich höchstens bis zum Beginn des anschließenden Kanals erstrecken soll.

Die Fortsetzung der Schaufel von dem in dieser Weise gezeichneten Eintrittsverlauf aus kann durch eine beliebige stetige Linie oder einen zweiten Kreisbogen erreicht werden. In beiden Fällen muß darauf geachtet werden, daß der äußere Kreis unter dem vorgeschriebenen Winkel β_2 geschnitten[2] wird. Der Mittelpunkt M des Kreisbogens liegt auf der Verlängerung von FE (Abb. 122) und hat den Radius

$$\varrho = \overline{MG} \equiv \overline{MF} = \frac{1}{2} \frac{r_2^2 - r_f^2}{r_2 \cos\beta_2 - r_f \cos\beta_f}. \tag{23}$$

[1] Hierbei wird der Winkel β_1 an der Schaufelrückseite verwirklicht. Soll er sich, wie es strenggenommen richtig ist, auf die Mittellinie zwischen Vorder- und Rückseite beziehen, so ist von den Teilpunkten A_1, A_2, A_3 nach beiden Seiten $s_1/2$ abzutragen

[2] OG geht in Abb. 122 rein zufällig durch E

Darin bedeuten r_f und β_f Radius und Schaufelwinkel im Übergangspunkt F, also $r_f = \overline{FO}$, $\beta_f = \sphericalangle EFO$. ($FO$ ist in Abb. 122 nicht gezeichnet).

Bei großen β_2 erhält die Schaufel hinter dem Einlaufbogen entgegengesetzte Krümmung. In diesen Fällen ist es zweifelhaft, ob das Vorschalten des wirkungsfreien Einlaufes beizubehalten und nicht eine durchgängige Vorwärtskrümmung vorzuziehen ist.

Es ist auch möglich, mit einem einzigen Kreisbogen für die ganze Schaufel auszukommen. Den zugehörigen Radius ϱ kann man aus Gl. (23) errechnen, wenn $r_f = r_1$ und $\beta_f = \beta_1$ eingesetzt wird, oder graphisch in folgender Weise bestimmen (Abb. 123)[1].

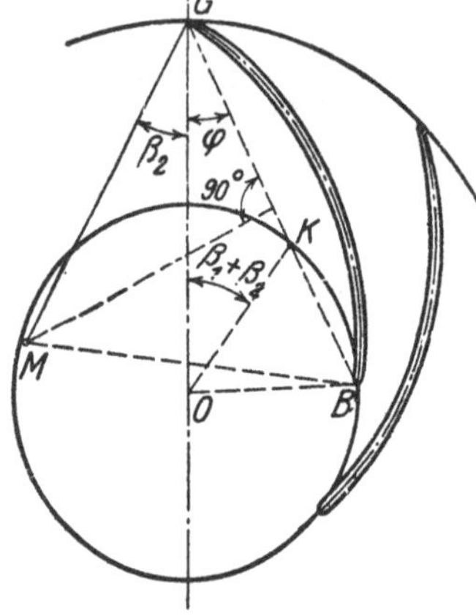

Abb. 123. Kreisbogenschaufel aus 1 Kreisbogen

Antragen des Winkels $\beta_1 + \beta_2$ in O an den beliebigen Radius OG. Ziehen einer Geraden GK durch den Schnittpunkt K des freien Schenkels dieses Winkels mit dem Eintrittskreis bis zum zweiten Schnittpunkt B. Mittellot auf GB, welches im Schnitt mit dem freien Schenkel des an GO in G angetragenen Winkels β_2 den gesuchten Mittelpunkt M ergibt[2].

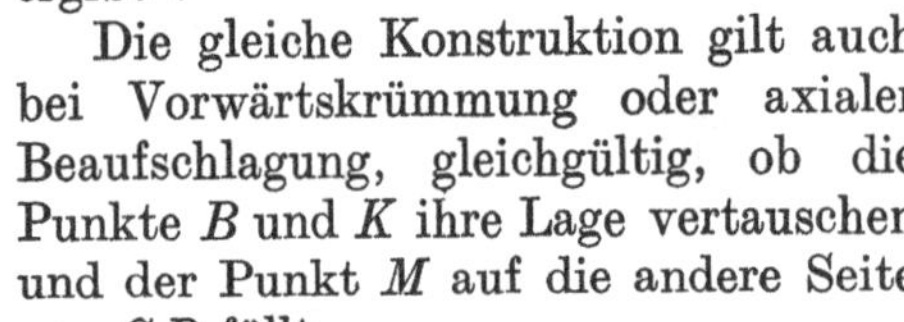

Die gleiche Konstruktion gilt auch bei Vorwärtskrümmung oder axialer Beaufschlagung, gleichgültig, ob die Punkte B und K ihre Lage vertauschen und der Punkt M auf die andere Seite von GB fällt.

Die Verwendung eines einzigen Kreisbogens befreit die Kreisbogenschaufel von jeder Unstetigkeit der Krümmung. Auch die Erfahrung scheint für letztere Anordnung günstige Wirkungsgrade zu ergeben.

b) Punktweise errechnete Schaufel. Schreibt man den Verlauf des Schaufelwinkels β in Abhängigkeit von r zwischen den beiden gegebenen Grenzwerten β_1 und β_2 (vgl. Abb. 133a) vor, so kann die Schaufel durch schrittweises Weitergehen um kleine Teilbeträge Δr und jedesmaliges Antragen des zugehörigen Winkels β erhalten werden. Doch ist dieses Verfahren, welches nichts anderes als eine Integration darstellt, mühsam und ungenau. Besser ist es, diese Integration rechnerisch durchzuführen, indem man zu den einzelnen Radien r den zugehörigen Polwinkel $POA = \varphi$ (Abb. 124) ermittelt und an OA anträgt. Die sehr einfache Bestimmung von φ ergibt sich aus folgender Überlegung.

---

[1] Aus QUANTZ: Kreiselpumpen, Berlin: Julius Springer

[2] Die Richtigkeit dieser Konstruktion folgt daraus, daß

$$\beta_1 + \beta_2 + \varphi = \sphericalangle OKB = \sphericalangle OBK, \quad \beta_2 + \varphi = \sphericalangle MGB = \sphericalangle MBG,$$

also durch Subtraktion

$$\beta_1 = \sphericalangle OBK - \sphericalangle MBG = \sphericalangle OBM$$

Es ist in dem (schwarz angelegten) Dreieck $PP'T$, dessen Seite PT den Bogen im unendlich kleinen Zentriwinkel $d\varphi$ darstellt und das bei T rechtwinklig ist,

$$\overline{PT} = r\,d\varphi$$

und andererseits

$$\overline{PT} = \frac{\overline{P'T}}{\operatorname{tg}\beta}.$$

Da nun $\overline{P'T}$ den unendlich kleinen Zuwachs dr des Radius r bedeutet, so kann nach Gleichsetzen dieser beiden Ausdrücke geschrieben werden

$$r\,d\varphi = \frac{dr}{\operatorname{tg}\beta},$$

woraus

$$d\varphi = \frac{dr}{r\operatorname{tg}\beta},$$

also durch Integration zwischen r_1 und r, wenn gleichzeitig mit $180/\pi$ multipliziert wird, damit sich φ in Graden ergibt

$$\varphi^\circ = \frac{180}{\pi}\int_{r_1}^{r}\frac{dr}{r\operatorname{tg}\beta}. \tag{24}$$

Die Integration wird am besten tabellarisch durchgeführt, indem endliche Intervalle von r gewählt werden (Abb. 133a und 143 oder Zahlentafeln S. 240 und 243). Ist auf diese Weise auch der Verlauf von φ in Abhängigkeit von r bekannt, so ist die Schaufel durch ihre Polarkoordinaten gegeben.

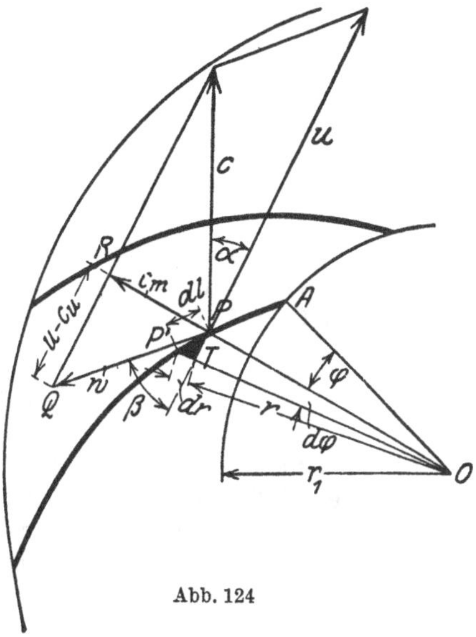

Abb. 124

Die bisher vorausgesetzte Annahme des β-Verlaufes ist hauptsächlich bei Luftförderung am Platz. In vielen Fällen, insbesondere bei Wasserförderung, hat sich die Annahme des w-Verlaufes in Abhängigkeit von r (wieder zwischen den vorgeschriebenen Grenzwerten w_1 und w_2) als zweckmäßig erwiesen. In diesem Fall sind auch die Winkel β bekannt, weil in dem Dreieck PQR der Abb. 124

$$\sin\beta = \frac{c_m}{w}. \tag{25}$$

Man sieht, daß jetzt auch der c_m-Verlauf gebraucht wird, der aus dem Querschnitt des Rades zu der jeweiligen Breite b errechnet werden kann, da

$$c_m (= c\sin\alpha) = \frac{V'}{2r\pi b}\,\frac{t}{t-\sigma}. \tag{26}$$

Die Linie der Verengungsziffer $t/(t-\sigma)$ wird dabei als Verbindungslinie der aus der Radberechnung bekannten Anfangs- und Endwerte (beispielsweise als Gerade) eingetragen. Der Einfluß der Zuschärfung am Austrittsende kann dann dadurch zum Ausdruck kommen, daß diese Linie bei $r = r_1$ allmählich auf den Wert Eins absinkt.

Diese Abschätzung des Verengungseinflusses kann man umgehen, wenn man benützt, daß

$$V' = 2 r \pi b\, c_m \frac{t-\sigma}{t} = b\, \frac{2 r \pi}{t} \left(t - \frac{s}{\sin\beta}\right) w \sin\beta$$

oder, weil $2 r \pi / t = z$

$$V' = b\, z \left(t - \frac{s}{\sin\beta}\right) w \sin\beta = (t \sin\beta - s)\, z\, b\, w .$$

Daraus folgt

$$\sin\beta = \frac{s}{t} + \frac{V'}{z\, t\, b\, w} \tag{27}$$

oder, weil der Ausdruck

$$\frac{V'}{z\, t\, b} = \frac{V'}{2 r \pi b} \equiv (c_m)_{\text{netto}}, \tag{28}$$

die für die Wandstärke Null sich ergebende Meridiangeschwindigkeit bedeutet, die also unabhängig von der Wandstärke s ist, so kann an Stelle von Gl. (25) die folgende Gleichung benützt werden:

$$\sin\beta = \frac{s}{t} + \frac{(c_m)_{\text{netto}}}{w}. \tag{29}$$

Diese Gleichung macht die Bestimmung der Winkel β von der Annahme des Verlaufes des Verengungsfaktors unabhängig. Sie ist besonders wertvoll, wenn es sich um Schaufeln mit *veränderlicher Wandstärke* handelt und dürfte auch bei Schaufeln mit konstanter Dicke ebensogut zu verwenden sein wie Gl. (25).

Über den günstigsten Verlauf der anzunehmenden Linien kann folgendes gesagt werden. Bewährt hat sich bei starker Rückwärtskrümmung die gerade w-Linie, bei schwacher Rückwärtskrümmung und bei Vorwärtskrümmung die gerade β-Linie. Die Schaufel verlängert bzw. verkürzt sich, wenn die w-Linie nach oben bzw. nach unten gekrümmt wird, während die β-Linie sich umgekehrt verhält. Die gerade β-Linie entspricht der nach unten aufgebogenen w-Linie, gibt also eine kürzere Schaufel als die gerade w-Linie[1]. Bei Verdichtern ist meist die Verwendung der β-Linie am Platz, einerseits wegen der steileren Schaufelform, andererseits weil die Volumenänderung dann auf das Verfahren keinen Einfluß hat.

48. Einfach gekrümmte Radialschaufel mit Eintrittskante in der Krümmungszone

Im Abschn. 46 ist bereits bemerkt, daß die zur Achse parallele Eintrittskante der Schaufel, wie sie bei der einfach gekrümmten Schau-

[1] PANTELL, K.: Konstruktion 1 (1949) Heft 3, S. 79, führt die Berechnung so durch, daß dw/dt konstant ist

fel häufig angewendet wird, nur dann stoßfreien Eintritt über ihre ganze Länge ermöglicht, wenn die Eintrittskante weit genug aus der Krümmungszone der Seitenwände herausgelegt wird. Meist ist es aber nicht möglich oder zweckmäßig, die Eintrittskante so weit von der Krümmungszone wegzulegen, daß der Einfluß der Krümmung ausgeschaltet ist.

Wir wollen nun zunächst untersuchen, ob sich nicht eine Kantenform in der Krümmungszone findet, welche Stoßfreiheit trotz der Bahnkrümmung und Beibehaltung der einfach gekrümmten Schaufel aufweist. Dabei wollen wir uns auf den Fall $\alpha_0 = 90°$ beschränken. Das Strombild im Meridianschnitt sei nach einem der im Abschn. 11c für Potentialströmungen beschriebenen Verfahren ermittelt, liege also fertig vor, so daß in jedem Punkte auch die Geschwindigkeiten bekannt sind (Abb. 125).

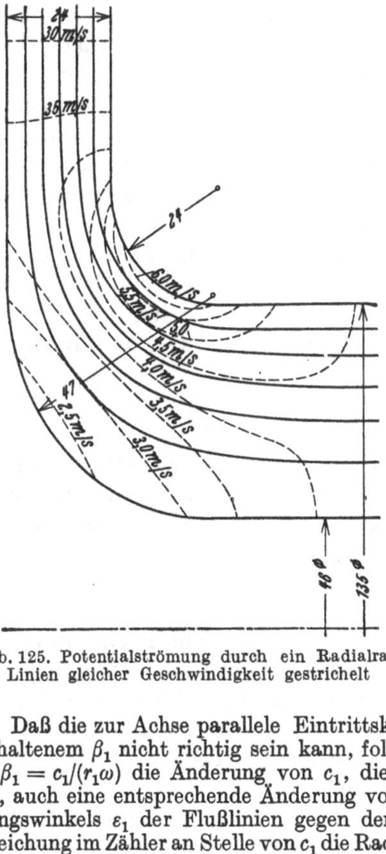

Abb. 125. Potentialströmung durch ein Radialrad. Linien gleicher Geschwindigkeit gestrichelt

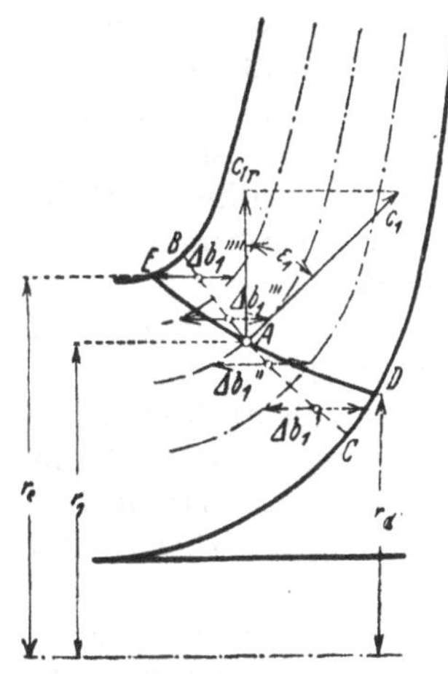

Abb. 126. Eintrittskante in die Krümmungszone vorgezogen

Daß die zur Achse parallele Eintrittskante in der Krümmungszone bei gleich gehaltenem β_1 nicht richtig sein kann, folgt schon daraus, daß in der Gleichung $\operatorname{tg}\beta_1 = c_1/(r_1\omega)$ die Änderung von c_1, die bei Bahnkrümmungen unvermeidlich ist, auch eine entsprechende Änderung von r_1 verlangen würde. Infolge des Neigungswinkels ε_1 der Flußlinien gegen den Radius (Abb. 126) muß aber in dieser Gleichung im Zähler an Stelle von c_1 die Radialkomponente $c_{1r} = c_0 \cos\varepsilon_1 \cdot t_1/(t_1 - \sigma_1)$ erscheinen, da ja der Schaufelwinkel β_1 in Ebenen senkrecht zur Achse gemessen wird. Die Axialkomponente c_{1a} gelangt dann stoßfrei in die Schaufel, weil die Erzeugende der einfach gekrümmten Schaufelfläche parallel zur Drehachse bleibt. Für jeden Punkt A der Eintrittskante muß also die Gleichung erfüllt sein

$$\operatorname{tg}\beta_1 = \frac{c_{1r}}{u_1} = \frac{c_0}{u_1}\cos\varepsilon_1 \frac{t_1}{t_1 - \sigma_1}, \tag{30}$$

wo c_0 und ε_1 aus dem Strombild zu entnehmen sind.

Der Konstrukteur könnte so vorgehen, daß er die Eintrittskante im Meridianschnitt (d. h. also ihre Zirkularprojektion) passend annimmt und mittels Gl. (30) den β_1-Verlauf längs dieser Eintrittskante errechnet. Die Fortsetzung der β-Linie nach außen kann man vorschreiben unter Beachtung des gegebenen Endwertes β_2, womit der Schaufelverlauf gemäß Gl. (24) punktweise festgelegt werden kann. Je nach Lage der Eintrittskante wird sich der errechnete Verlauf von β_1 ändern.

Man erkennt also, daß es bei Benutzung des beschriebenen Verfahrens grundsätzlich möglich ist, die einfach gekrümmte Schaufel im halbaxialen Teil des Einlaufs stoßfrei zu entwickeln.

Es zeigt sich jedoch, daß bei diesem Verfahren die Schaufelwinkel β_1 längs der Eintrittskante meist in dem Sinne sich ändern, daß der Drall $r\,c_u$ längs der einzelnen Stromfäden anfangs abnimmt, also negativ wird, so daß der Schaufelanfang Turbinenwirkung besitzt, also nicht günstig ist.

Das bei diesem Verfahren verwendete Strombild der freien Meridianströmung verlangt ferner für seine Bestimmung verhältnismäßig viel Arbeit. Deshalb wird man bei praktischen Rechnungen den Winkel β_1 nur für einen mittleren Faden bestimmen und den Verlauf dieses Fadens anschließend in der üblichen Weise punktweise berechnen (vgl. das Beispiel IV, Abschn. 50). Längs der schräggelegten Eintrittskante wird dann für die anderen Fäden ein Eintrittsstoß in Kauf zu nehmen sein, der sich als gering erweist. Bei der punktweisen Berechnung ist für alle vorkommenden Geschwindigkeiten die in die Ebene senkrecht zur Achse fallende Komponente zu nehmen.

Die Einführung der radialen Komponente c_{1r} an Stelle von c_1 läuft darauf hinaus, als wirksame Radbreite im Punkt A statt der abgewickelten Normallinie BC die Summe der axialen Breiten zwischen benachbarten Stromlinien längs dieser Normallinie, d. h. mit Bezug auf Abb. 126

$$b_1 = \Delta b_1' + \Delta b_1'' + \Delta b_1''' + \cdots \tag{30b}$$

zu nehmen.

Das zuletzt besprochene Verfahren bietet insbesondere auch die Möglichkeit, solche Radformen zu verwenden, bei denen die volle Radwand nicht streng radial gelegt, sondern im Sinne einer stetigen Verteilung der Richtungsänderung gekrümmt ist.

Versuche von W. Krumnow[1] an der besprochenen Schaufelart brachten folgendes Ergebnis:

Eine Wirkungsgradvergrößerung läßt sich nicht nachweisen. Die Saugfähigkeit verbessert sich aber meßbar, ebenso die Stabilität der Drosselkurven (S. 436f.). Wird die Schaufelzahl so klein gemacht, daß mit Sicherheit stabiles Verhalten erzielt wird, so gibt die vorgezogene Eintrittskante mit zylindrischen Schaufeln auch bessere Wirkungsgrade als die achsparallele Eintrittskante.

Ihr Hauptnachteil liegt in der starken Schaufelverengung in Nabennähe. Deshalb erreicht sie die Wirkungsgrade der doppelten Schaufelkrümmung (Abschn. 52) nicht ganz.

49. Radialschaufeln mit kleiner radialer Erstreckung

a) Beaufschlagung radial auswärts. Bei der Radberechnung (Abschnitt 46) kann es vorkommen, daß sich ein wesentlich kleineres Radienverhältnis r_2/r_1 als beim üblichen Radialrad (S. 218) ergibt (Abb. 127) und es ist zu prüfen, ob solche Radformen, die bei Venti-

[1] Diss. Techn. Hochschule Braunschweig 1934

latoren viel gebräuchlich sind, für die Ausführung empfohlen werden können.

Bei der Berechnung des Radumrisses wird die achsparallele Eintrittskante dicht hinter die Umlenkungszone gelegt. Dies ist hier notwendig, um die radiale Erstreckung $\Delta r = r_2 - r_1$ so groß wie möglich zu erhalten. Ergibt sich nun das Radienverhältnis $r_2/r_1 \lesseqgtr 1{,}1$, so liegen die Verhältnisse ähnlich wie bei der Axialschaufel (S. 281ff.). Insbesondere muß die Schaufel Vorwärtskrümmung erhalten, wenn sie im Berechnungspunkt nicht fast wirkungsfrei sein soll. Ist nun gleichzeitig das Breitenverhältnis $b_2/\Delta r$ groß, und zwar $> 1{,}1$, so sind erfahrungsgemäß[1] nur sehr geringe Wirkungsgrade von etwa 40 bis 60% zu erwarten, weil die Pumpe schon bei Normallast im (S. **433**f. beschriebenen) Abreißgebiet arbeitet, indem Rückströmen aus dem

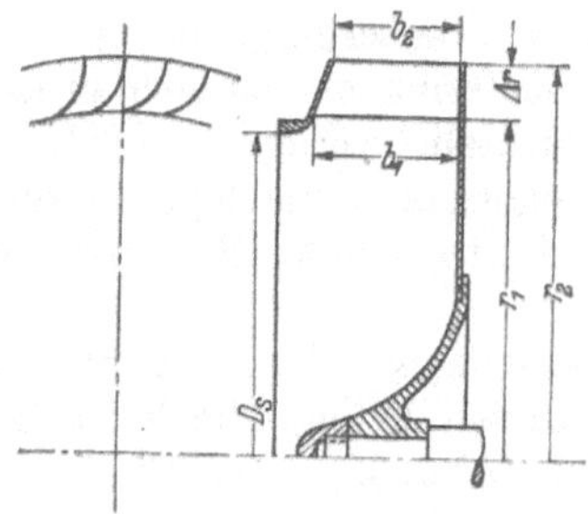

Abb. 127. Kurze Radialschaufel

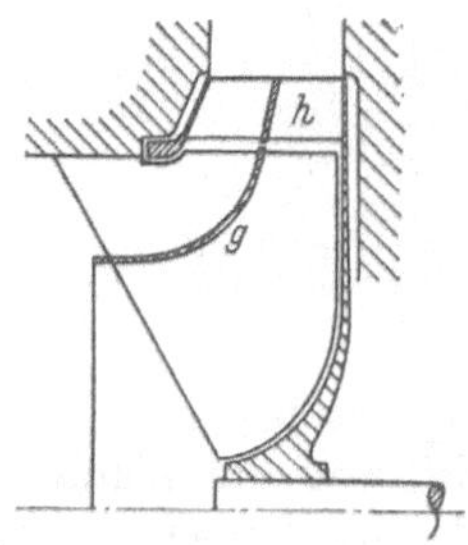

Abb. 128. Leitflächen g, h vor dem Rad und im Rad

Laufrad stattfindet. Der Umschlag der gesunden in die verlustreiche Abreißströmung erfolgt also bei diesen sogenannten Trommelläufern schon bei Überlast und bleibt über das ganze Leistungsgebiet bestehen. Er tritt infolge der scharfen Umlenkung der Strömung vor dem Schaufelkranz sogar früher ein als bei den Axialrädern (S. 419), obwohl dort die Schaufel doppelt gekrümmt sein muß, während es sich hier um zylindrische Schaufeln handelt. Der Wirkungsgrad wird nicht immer günstiger, wenn die Eintrittskante aus der Krümmungszone heraus und auf einen größeren Durchmesser gelegt wird. Sogar der Einbau von Gleichrichtern vor dem Laufkranz in Gestalt von Eintrittsleitschaufeln mit Gleich- oder Gegendrall oder von Leitflächen g, welche entsprechend den Flußlinien der geordneten Strömung gekrümmt sind (Abb. 128), ändern an diesem ungünstigen Ergebnis nur wenig. Dagegen erweist sich eine Vergrößerung des Krümmungshalbmessers ϱ_i bei A' (Abb. 119) als vorteilhaft. Ferner bringt eine starke Verkleinerung der Radbreite nach außen entsprechend $c_{2m} \lesseqgtr c_0$ Besserung. Beispiels-

---

[1] Vgl. FR. GRÄGER: Radial auswärts beaufschlagte Pumpenschaufeln kleiner radialer Erstreckung. Jahrbuch 1953 der Braunschw. wissensch. Gesellschaft, S. 69—84; ferner R. KRETSCHMER: Breitenverhältnis und Querschnittsform von radial beaufschlagten Schaufelrädern usw., ebenda S. 85—102. — W. THUSS: Diss. Techn. Hochschule Braunschweig 1946

weise verändert bei $\Delta r/r_1 = 20/160$ eine Abnahme der Radbreite am Austritt von $b_2 = b_1 = 1{,}4\,\Delta r$ auf $b_2 = 1{,}1\,\Delta r$ unter Belassung von b_1 den Wirkungsgrad von 59 auf 68,5%.

Neue Beobachtungen lassen es wahrscheinlich erscheinen, daß das ungünstige Verhalten dieser Radform auf die Störungen des Radeintrittes durch den Spaltverluststrom zurückzuführen sind, die schon S. 95 besprochen worden sind und die sich aus dem Grunde so stark auswirken, weil sie in den kurzen Laufschaufeln nicht abklingen können. Es ist deshalb anzunehmen, daß die in Abb. 60g und 61 angegebene Umlenkung des Spaltstromes zur Belebung der Grenzschicht Besserung bringt. Im gleichen Sinne erweist sich wirksam eine zusätzliche Energiezufuhr durch Verlängern der einfach gekrümmten Schaufel in radialer Richtung nach innen.

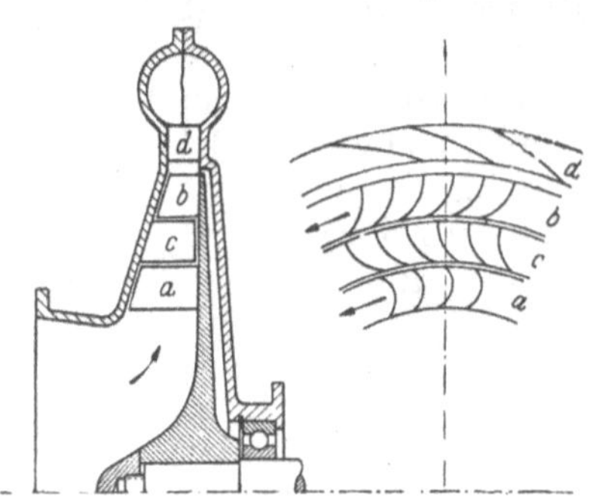

Abb. 129. Mehrstufige Einradpumpe, *a* und *b* Lauf-, *c* und *d* Leitkränze

Ebenso bringt die Fortführung der Leitfläche *g* in die Laufkanäle hinein, also die Wand *h* (Abb. 128), gewissen Erfolg. Die beste Hilfe stellt die doppelt gekrümmte Schaufel (Abb. 92) dar. Ein gegenläufiger Eintrittsdrall, also $\alpha_0 > 90°$, verschlechtert das Verhalten, während mäßige Gleichläufigkeit Besserung bringt.

Man ersieht aber, daß die im Ventilatorenbau sehr häufig anzutreffende Schaufelform nach Art der Abb. 127 (Trommelläufer) als Fehlkonstruktion bezeichnet werden muß.

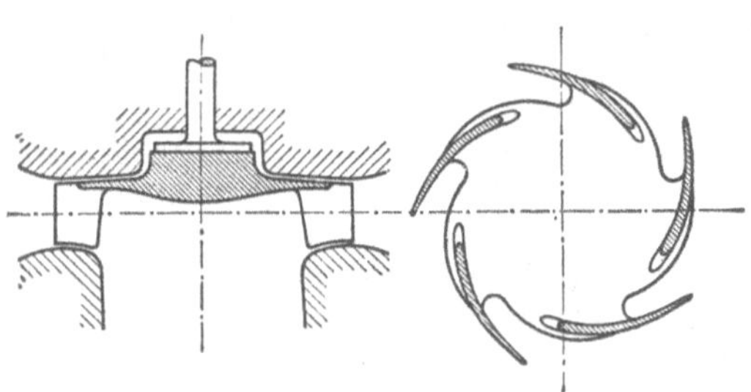
Abb. 130 Radialrad für eine Schöpfwerkspumpe

Dies gilt auch für den mehrstufigen Einradverdichter (Abb. 129), welcher verschiedentlich versucht wurde und an den starken Spaltverlusten scheiterte.

Die besprochene Schaufelform ist ferner für Wasserförderung nicht geeignet wegen ihrer großen relativen Eintrittsgeschwindigkeit, die eine Verringerung der größtmöglichen Saughöhe zur Folge hat und weil die große Zahl der Schaufeln geringer Wandstärke durch die Herstellung in Guß nicht verwirklicht werden können.

Bei diesen Schaufelformen ist der Beiwert ψ' im Ausdruck für die Minderleistung durch endliche Schaufelzahl nach S. 138 doppelt so hoch als bei der gewöhnlichen Radialschaufel und etwa ebenso groß wie bei der Axialschaufel.

Abb. 130 gibt ein Rad für Wasserförderung wieder, das auf Grund umfangreicher Versuche[1] entwickelt und insofern bemerkenswert ist, als trotz der kleinen radialen Erstreckung die Schaufeln nach rückwärts gekrümmt, profiliert und wenig zahlreich sind. Abb. 130a zeigt, daß dieser Konstruktionsgedanke neuerdings[2] auch für Luftförderung Verwendung findet, wobei sich die besten bei Ventilatoren überhaupt erreichten Wirkungsgrade ergeben haben. Die Erklärung der günstigen Wirkung dieser Anordnung liegt darin, daß durch kleine Druckziffer von etwa 0,6, also kleines β_2 einerseits, die Rückwärtskrümmung, also die geringe Schaufelbelastung, und andererseits die weitgehende Verkleinerung der Schaufelzahl ohne zusätzliche Totraumbildung ermöglicht wird. Der in Kauf zu nehmende Eintrittsstoß wird durch die Profilierung weitgehend unwirksam gemacht.

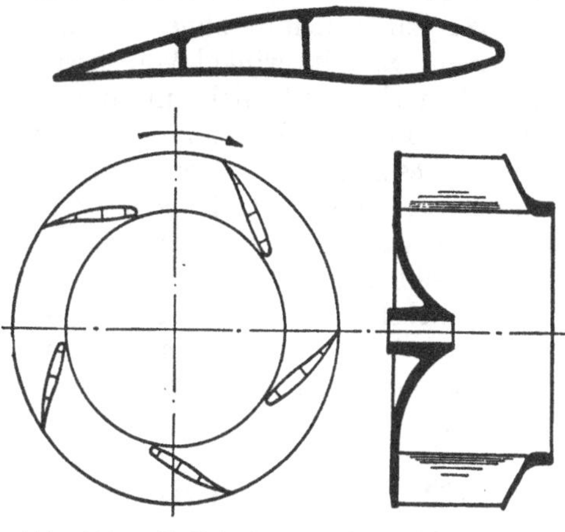

Abb. 130a. Radialrad zum Gebläse der Bauart Babcock-Stork

b) Beaufschlagung radial einwärts. (Zentripetalpumpe.) Das entgegen der Fliehkraftwirkung fördernde Rad mit $r_2/r_1 < 1$ (Abb. 131) ist in der Praxis, soweit bekannt, noch nicht in Anwendung. Seine Eigenschaften sind nicht so ungünstig, wie man von vornherein annehmen sollte[3]. Es kommt ihm zugute, daß beim parallelwandigen Rad die Meridiankomponente nach dem Austritt hin wächst. Ebenso divergieren die Laufkanäle nicht so stark wie beim Zentrifugalrad. Aus diesem Grund sind die Abreißerscheinungen weniger ausgeprägt, obwohl die Grenzschichten durch die Fliehkraft nach außen, also entgegengesetzt zum Hauptstrom, abgedrängt werden. Dieser Umstand äußert sich in einer

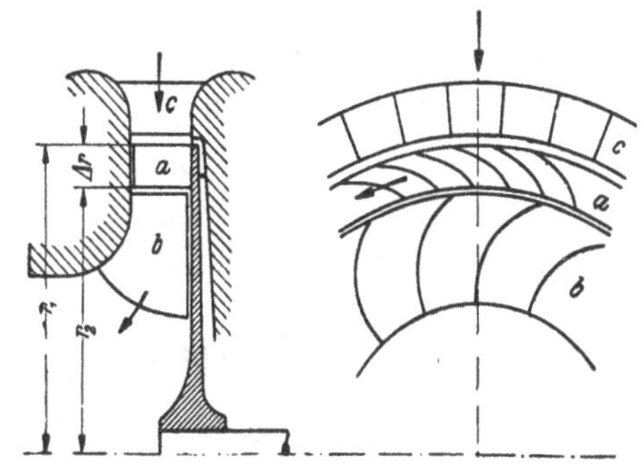

Abb. 131. Radialeinwärts beaufschlagte Pumpe — Zentripetalpumpe; *a* Lauf-, *b* Leitrad, *c* Führungsrippen am Einlauf

[1] THEUNISSEN, TH. W.: De l'influence du nombre d'aubes etc. Congrès intern. de Méchanique Généralé, Liége 1930, Bd. II, S. 203ff. Paris: Dunod 1931

[2] HEIM, TH.: BWK 5 (1953) S. 124. — I. GRUGER: Heizg.-Lüftg.-Haustechn. 10 (1959) Nr. 6, S. 162—166. — B. ECK: Konstruktion 12 (1960) Nr. 6, S. 252ff.

[3] PETERMANN, H.: Untersuchungen am Zentripetalrad. Diss. Techn. Hochschule Braunschweig 1948. Auszug Forsch. Ing.-Wes. 17 (1951) S. 51—59

Verschlechterung des Wirkungsgrades gegenüber dem Zentrifugalrad. Es ist aber zu erwarten, daß das Breitenverhältnis $b/\Delta r$ über die beim Zentrifugalrad zulässigen und oben unter a) angegebenen Werte gesteigert werden kann. Bemerkenswert ist ferner, daß gegenläufiger Eintrittsdrall ohne fühlbare Einbuße an Wirkungsgrad bis zu einem Eintrittswinkel von etwa $\alpha_0 = 130°$ zulässig ist, während das Zentrifugalrad sich in dieser Hinsicht ungünstiger verhält (S. 234). Bei der Anwendung als Verdichter kommt der Zentripetalpumpe besonders zustatten, daß das Volumen gleichsinnig mit dem Halbmesser abnimmt. Zweckmäßig ist aus naheliegenden Gründen beim Entwurf $\Delta r/r_2$ möglichst klein und $\beta_2 \leqq 90°$ zu halten.

Obwohl diese Zentripetalpumpe ein beschaufeltes Austrittsleitrad nicht entbehren kann und Eintrittsleitschaufeln ebenfalls vorteilhaft und deshalb erwünscht sind, so ist ihre Raumbeanspruchung doch geringer als bei der Zentrifugalpumpe, weil das Spiralgehäuse wegfällt.

Wird sie als mehrstufiger Einradverdichter, also in der Form der Abb. 129, aber mit umgekehrter Strömungsrichtung, verwendet, so kommt ihr ihre hohe Schluckfähigkeit zustatten. Besondere Aussichten dürfte hier die Hinzunahme der Gegenläufigkeit (also die Umkehrung der LJUNGSTRÖM-Turbine) gewähren.

50. Zahlenbeispiele für Radialpumpen mit einfacher Schaufelkrümmung

I. Mehrstufenpumpe für Wasserversorgung mit Schaufeln gleicher Dicke

Zu berechnen ist das Laufrad einer Pumpe für

$$V = 16\,\text{l/s} = 0{,}016\,\text{m}^3/\text{s}, \quad H = 96\,\text{m} \quad \text{bei} \quad n = 1450\,\text{U/min}$$

$$(\omega = \pi n/30 = 151{,}8, \text{ Abb. 132 bis 134}).$$

Die größte Saughöhe berechnet sich nach Gl. (28), S. 195, mittels der Saugzahl $S = 2{,}4$ und $A = 10$ m, $H_t \approx 0{,}2$ m nach Annahme von $k = 0{,}79$ aus

$$(H_s'')_{\max} = 10 - 0{,}2 - \left[14{,}5^2 \frac{0{,}016}{0{,}79 \cdot 2{,}4}\right]^{2/3} = 10 - 0{,}2 - 1{,}52 = 8{,}28\,\text{m},$$

ist also sehr hoch (so daß eine Vergrößerung der Drehzahl erwogen werden müßte).

Da $n_q = n\sqrt{V}/H^{3/4} = 1450\sqrt{0{,}016}/96^{3/4} = 5{,}98$ weit unter den in Abschn. 27 als ausführbar angegebenen Zahlen liegt und partielle Beaufschlagung bei Pumpen nicht in Frage kommt, so muß zur Mehrstufenanordnung gegriffen werden. Strebt man ein Rad mit $n_q = 20$ an, so folgt die Stufenzahl i aus

$$i^{3/4} \cdot 5{,}98 = 20,$$

$$i = \left(\frac{20}{5{,}98}\right)^{4/3} = 4{,}99 \approx 5,$$

also Stufenförderhöhe $\Delta H = H/i = 96/5 = 19{,}2$ m.

Die weitere Rechnung schließt sich eng an die Angaben in Abschn. 46 an.

Der rechnungsmäßige Förderstrom betrage

$$V' = 1{,}05 \cdot 0{,}016 = 0{,}0168\,\mathrm{m^3/s}.$$

a) Das Schaufelende am Eintritt. Unter Annahme eines Wirkungsgrades $\eta = 0{,}7$ ergibt sich die Wellenleistung $N = (16 \cdot 96)/(75 \cdot 0{,}7) = 29{,}3$ PS. Damit wird nach Gl. (3), S. 218, der Wellendurchmesser

$$d = 14{,}4 \sqrt[3]{\frac{N}{n}} = 4{,}0\,\mathrm{cm},$$

welcher Wert wegen der Schwächung durch Keilnuten auf 42 mm erhöht werden soll. Dies bedingt den Nabendurchmesser $d_n = 52$ mm. Die Einlaufziffer ε muß an der unteren Grenze der in Gl. (31), S. 163 angegebenen Werte genommen werden. Da $\alpha_0 = 90°$, so ergibt sich, weil $C = \sqrt{2g\Delta H} = 19{,}38$ m/s mit $\varepsilon = 0{,}11$ der Wert $c_s = c_0 = 0{,}11 \cdot 19{,}38 = 2{,}13$ m/s. Damit erhält man aus Gl. (4) $D_s = 0{,}113$ m $= 113$ mm.

Nimmt man D_1 wenig größer, also $= 120$ mm und $c_0 = c_s = 2{,}13$ m/s, so ist nach Gl. (5), S. 220 die Radbreite

$$b_1 = \frac{0{,}0168}{\pi\, 0{,}12 \cdot 2{,}13} = 0{,}0209\,\mathrm{m} = 21\,\mathrm{mm}.$$

Es ist jetzt weiter bekannt $u_1 = \omega D_1/2 = 9{,}1$ m/s. Schätzt man die Verengungsziffer $t_1/(t_1 - \sigma_1)$ zu 1,25, womit $c_1 = 1{,}25 \cdot 2{,}13 = 2{,}66$ m/s, so wird $\operatorname{tg}\beta_1 = c_1/u_1 = 0{,}292$, also $\beta_1 = 16°20'$.

Die Schaufelzahl z ergibt sich aus Gl. (9) mit $k = 6$, wenn vorläufig $D_2 = 2D_1$ angenommen und $\beta_2 = 26°$ gewählt wird, zu $z = 6{,}5$ rund 7. Damit wird $t_1 = \pi D_1/z = 53{,}8$ mm und, wenn die Schaufeldicke $s_1 = 3$ mm genommen, $\sigma_1 = s_1/\sin\beta_1 = 10{,}7$ mm, also $t_1/(t_1 - \sigma_1) = 1{,}25$ in Übereinstimmung mit der Annahme.

Die Annahme des Verengungsbeiwertes und seine spätere Berichtigung kann man umgehen, wenn man auf Gl. (9b) in Fußnote 1, S. 220, Bezug nimmt.

b) Das Schaufelende am Austritt. Der Wirkungsgrad der Pumpe ist oben zu 70% angenommen worden. Werden Spaltverluste, Radreibung und Lagerreibung ausgeschieden[1], so kann ein Schaufelwirkungsgrad $\eta_h = 83\%$ erwartet werden. Demnach ist

$$\Delta H_{\mathrm{th}} = \frac{19{,}2}{0{,}83} = 23{,}1\,\mathrm{m}$$

Da bei Pumpen stets die Minderleistung infolge der Auseinanderstellung der Schaufeln zu berücksichtigen ist, so ist auf die Ergebnisse von Abschn. 21 und 22 Bezug zu nehmen. Die vorläufige Annahme von $r_2/r_1 = 2$ gibt nach Gl. (43), S. 139, $p = 8/3 \cdot \psi'/z$ und mit $\psi' = 0{,}85$ (etwas knapp) den Wert $p = 0{,}324$, also $\Delta H_{\mathrm{th}\infty} = 1{,}324 \cdot 23{,}1 = 30{,}6$ m.

[1] Wobei man sich meist durch Schätzung behilft. Die genaue Berechnung ermöglicht Gl. (33) S. 21

Nunmehr wird nach Gl. (13), wenn bei diesem Langsamläufer im Gegensatz zu den anderen Radformen c_{2m} etwas kleiner als c_0 genommen, nämlich $c_{2m} = 0{,}9\, c_0 = 0{,}9 \cdot 2{,}13 = 1{,}92$ m/s gewählt wird,

$$u_2 = \frac{1{,}92}{2\operatorname{tg} 26^\circ} + \sqrt{\left(\frac{1{,}92}{2\operatorname{tg} 26^\circ}\right)^2 + g\,30{,}6} = 19{,}4 \text{ m/s}.$$

$$D_2 = \frac{2u_2}{\omega} = \frac{2 \cdot 19{,}4}{151{,}8} = 0{,}256 \text{ m} = 256 \text{ mm}.$$

Da demnach $r_2/r_1 > 2$, kann nach der auf S. 139 gemachten Bemerkung das Ergebnis beibehalten werden.

Die Verengungsziffer beträgt, weil

$$t_2 = \frac{256\pi}{7} = 115 \text{ mm},$$

$$\sigma_2 = \frac{3}{\sin\beta_2} = \frac{3}{0{,}4384} = 6{,}85 \text{ mm},$$

$$\frac{t_1}{t_2 - \sigma_2} = \frac{115}{108{,}2} = 1{,}06,$$

so daß

$$b_2 = \frac{0{,}0168 \cdot 1{,}06}{\pi \cdot 0{,}256\,,\, 1{,}92} = 0{,}0115 \text{ m} = 11{,}5 \text{ mm}.$$

Das Rad ist in Abb. 132 und 133 dargestellt. Oberhalb der waagerechten Mittellinie ist die Kreisbogenschaufel nach dem alten Verfahren a), Abschn. 47 und unterhalb der Mittellinie die punktweise berechnete Schaufel nach Verfahren b) gezeichnet.

Für beide Schaufeln ist der gleiche Meridianschnitt verwendet, der sich aus einem linearen Verlauf der Meridiangeschwindigkeit

$$(c_m)_{\text{netto}} = \frac{V'}{2\pi r b}$$

zwischen den gegebenen Grenzwerten c_0 und $c_{3m} = c_{2m}(t_2 - \sigma_2)/t_2$ in Abhängigkeit von r ergibt (Abb. 133a).

Die Kreisbogenschaufel ist in Anlehnung an die Darlegungen S. 227 gemäß der Form A so gezeichnet, daß der Einlaufkreis aus E_1 mit einem um 20% größeren Halbmesser geschlagen ist, als der aus E zu schlagende Ersatzkreis der archimedischen Spirale besitzen würde (Erzeugungskreis hat $d_1 = D_1 \sin\beta_1 = 33{,}5$ mm). Der Übergangspunkt zum zweiten Kreis liegt etwas vor dem Anfang des eigentlichen Kanals. Vergleichsweise sind auch von zwei weiteren Schaufeln die Mittellinien B und C eingetragen, wo C nach den Angaben der Fußnote[1], also einem einzigen Kreisbogen verläuft und B mit dem genauen Ersatzkreis der archimedischen Spirale aus E gezeichnet ist. Wie zu erwarten ist, fällt die erste Schaufel wesentlich kürzer und die andere wesentlich länger aus. Die erstere scheint nach neueren Versuchen einen guten Wirkungsgrad zu liefern, der dem des Verlaufes A nicht nachstehen dürfte.

[1] Aus Gl. (23) erhält man mit $r_f = r_1$, $\beta_f = \beta_1$ den Halbmesser $\varrho = 111{,}2$ mm. Man kann auch die S. 228 durch Abb. 123 erläuterte graphische Bestimmung benutzen.

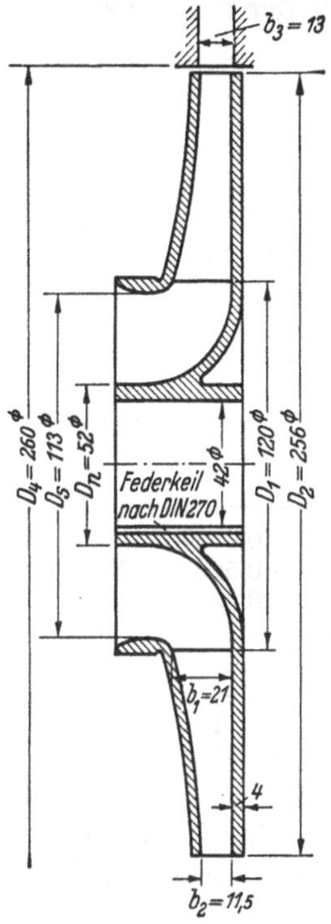

Abb. 132. Meridianschnitt

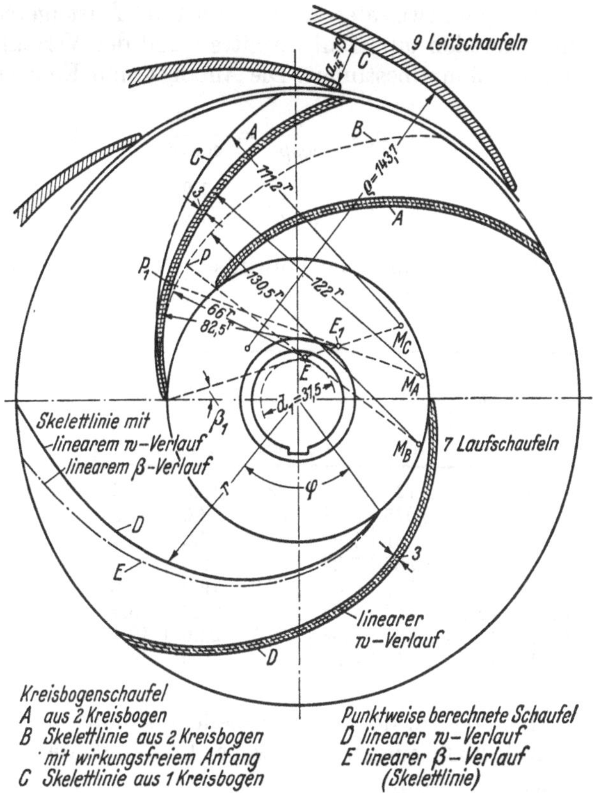

Abb. 133. Oberer Teil: Kreisbogenschaufel; unterer Teil: Punktweise errechnete Schaufel für linearen w-Verlauf und linearen β-Verlauf. Letzterer strichpunktiert

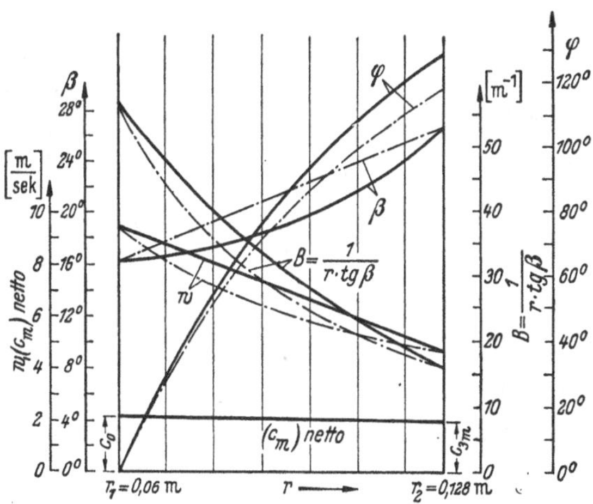

Abb. 133a. Schaubild zur punktweise errechneten Schaufel

Die punktweise errechnete Schaufel D ist (gemäß Abb. 133a) nach einer geraden $w(r)$-Linie ermittelt und der Verlauf von β aus Gl. (29) mit $s = 3$ mm bestimmt. Die Anfangs- und Endwerte der w-Linie sind

$$w_1 = \frac{u_1}{\cos\beta_1} = \frac{9{,}1}{\cos 16^\circ 20'} = 9{,}48\,\mathrm{m/s},$$

$$w_2 = \frac{c_{2m}}{\sin\beta_2} = \frac{1{,}92}{\sin 26^\circ} = 4{,}38\,\mathrm{m/s}.$$

Die Berechnung der Polwinkel $\varphi(r)$ geschieht tabellarisch in folgender Aufstellung:

r	b	$(c_m)_{\text{netto}}$	w	t	β aus Gl. (29)	$B = \frac{1}{r\,\mathrm{tg}\beta}$	$\Delta f = \frac{\Delta r}{2}(B_n + B_{n-1})$	$\Sigma\Delta f$	$\varphi^\circ = \frac{180}{\pi}\Sigma\Delta f$
m	mm	m/s	m/s	mm	grd	m^{-1}			grd
0,060	21,0	2,12	9,48	53,8	16,3	57,3	0,0000	0,0000	0,0
0,070	18,4	2,075	8,73	62,8	16,6	47,9	0,5260	0,526	30,0
0,080	16,5	2,031	7,98	71,8	17,2	40,3	0,441	0,967	55,5
0,090	15,0	1,986	7,23	80,8	18,2	33,8	0,3705	1,3375	76,6
0,100	13,7	1,941	6,48	89,7	19,5	28,2	0,310	1,6475	94,3
0,110	12,7	1,896	5,75	98,7	21,2	23,4	0,258	1,9055	109,0
0,120	12,0	1,851	4,98	107,7	23,6	19,1	0,2125	2,118	121,0
0,128	11,5	1,810	4,38	114,9	26,0	16,0	0,1405	2,2585	129,1

Der Verlauf der in der Tabellenrechnung erscheinenden Größen ist in Abb. 133a eingetragen, wobei Unstetigkeiten etwaige Rechenfehler erkennen lassen.

Die zusammengehörigen Werte von r und φ ergeben den voll ausgezogenen Schaufelverlauf in der unteren Hälfte von Abb. 133. Vergleichsweise ist die Schaufelberechnung auch unter Zugrundelegung eines geraden β-Verlaufes (Abb. 133a) durchgeführt [strichpunktierte β-Linie, wobei in obiger Tabellenrechnung die Spalten für b, $(c_m)_{\text{netto}}$, w und t überflüssig sind]. Man sieht, daß diese Schaufel kürzer ist als die des geraden w-Verlaufes.

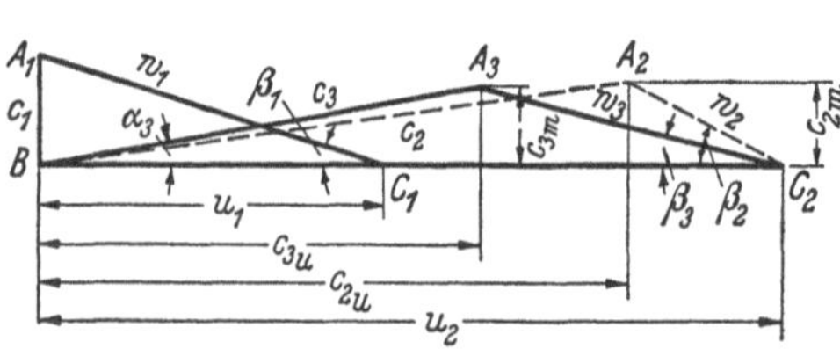

Abb. 134. Geschwindigkeitsdreiecke

Die Geschwindigkeitsdreiecke sind für die Saug- und Druckkante aus Abb. 134 ersichtlich.

c) Ergänzende Betrachtungen. Die w-Kurven der aus einem Bogen gezeichneten Kreisbogenschaufel C, die nach neueren Erfahrungen günstiger ist, als man vielfach annahm, ist aus der Zeichnung mittels Gl. (29) rückwärts ermittelt und in Abb. 135 strichpunktiert (Linien

β_C und w_C) eingetragen. Würden sie zugrunde gelegt, so würde das zweite Verfahren genau die Kreisbogenschaufel liefern. — In Abb. 135 ist auch der w- und β-Verlauf für die aus 2 Kreisen zusammengesetzten Kreisbogenschaufeln A und B ersichtlich (Linie w_A, w_B bzw. β_A, β_B), der an den Übergangsstellen der Kreisbogen starke Unstetigkeiten aufweist.

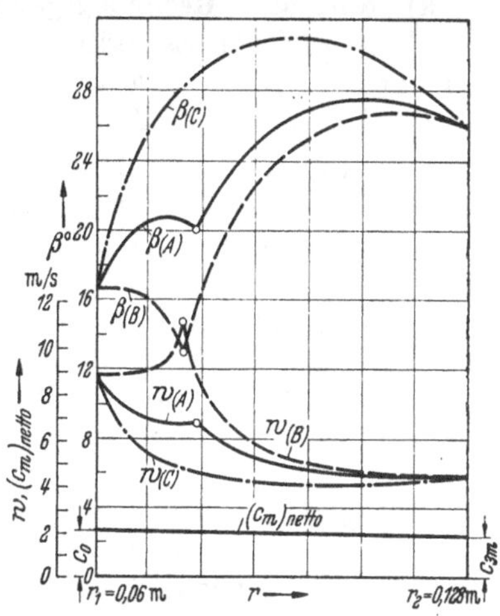

Abb. 135. Verlauf von w und β bei der Kreisbogenschaufel B und C der Abb. 133. Beachte die Unstetigkeiten an den Übergangsstellen

Die Radreibung des einzelnen Rades beträgt gemäß Gl. (87a), S. 103, mit $\gamma = 1000$ kp/m³

$$N_r = 1{,}2 \cdot 10^{-3} \cdot 19{,}4^3 \cdot 0{,}256^2$$

$$= 0{,}575 \text{ PS}.$$

Also macht die Radreibung der 5 Räder von der gesamten Wellenleistung

$$5 \cdot 0{,}575/29{,}3 = 0{,}098 \approx 10\,\%$$

aus, welcher hohe Betrag auf die langsamläufige Radform zurückzuführen ist.

II. Einstufiges Gebläse[1]

Zu berechnen ist das auf freiem Wellenende sitzende Laufrad eines einstufigen Kreiselgebläses für 330 m³/min Förderstrom, 2200 mm WS (oder kp/m²) Förderdruck gegen die freie Atmosphäre mit Antrieb durch Elektromotor unter Zwischenschaltung eines Getriebes, so daß die Drehzahl frei gewählt werden kann. Barometerstand $b_a = 760$ mm QS bei einer Außentemperatur von 20 °C. (Vgl. auch Abb. 136 und 136a.)

Atmosphärendruck p_a in kp/cm² $= b_a/735{,}5 \cdot (1 - 0{,}000163\, t)$, also[2] bei einer Raumtemperatur von $t = 20°$ C $p_a = 1{,}03$ kp/cm².

Infolge des Druckverlustes in der Saugleitung einschl. Luftfilter, geschätzt zu 1% des Absolutwertes, der Erwärmung der Luft darin durch die Übertemperatur des Maschinenraumes um etwa 3° auf 23 °C und infolge des zu 6% angenommenen Sicherheitszuschlages beträgt der in die Rechnung einzuführende Förderstrom

$$V' = \frac{1{,}06}{0{,}99} \cdot \frac{273 + 23}{273 + 20} \cdot \frac{330}{60} = 5{,}95 \text{ m}^3/\text{s},$$

Ferner ist

Druck im Saugstutzen: $P_I = P_a \cdot 0{,}99 = 10300 \cdot 0{,}99 = 10200$ kp/m².

---

[1] Vgl. auch H. KOEPSEL: Heizg.-Lüftg.-Haustechn. 10 (1959) Nr. 6, S. 175/76

[2] Der Beiwert 0,000163 ist gleich dem Unterschied der Temperaturausdehnungsziffern zwischen Quecksilber und dem Messing des Ablesemaßstabes, nämlich (0,181 — 0,0184) 10^{-3}

Druck im Druckstutzen: $P_{II} = P_a + 2200 = 12500$ kp/m². Temperatur im Saugstutzen: $T_I = 273 + 23 = 296°$ K.

a) Normaler Rechnungsgang (Vernachlässigung der Volumenabnahme im Rad). Es ergibt sich nach Gl. (1), S. 5, wenn $c_I = c_{II}$ angenommen wird, $H = h_p = h_{ad}$ und damit nach Gl. (12a), S. 15 (mit $c_p/A = 103$, $\varkappa = 1{,}4$)[1], $H = 1820$ m, also mit $\eta_h = 0{,}84$, $H_{th} = 2165$ m. In $c_s = \varepsilon\sqrt{2gH}$ ist ε bei Luftförderung an der oberen Grenze der S. 163 angegebenen Werte, also zu 0,25 gewählt, entsprechend $c_s = 47{,}3$ m/s. Wegen der fliegenden Lagerung ist $d_n \approx 0$, womit $D_s = 0{,}400$ m, mithin $D_1 = D_s + 30 = 430$ mm. Die Radform sei die des normalen Langsamläufers, also $D_2 = 2\,D_1 = 860$ mm. Ferner sei $\beta_2 = 50°$. Die Schaufelzahl sei vorläufig mit $z = 20$ geschätzt, so daß mit[2] $\psi' = 1{,}1$ nach Gl. (38), S. 138, die Minderleistungsziffer $p = 0{,}147$, $H_{th\,\infty} = 2485$ m. Also ergibt sich nach Gl. (13), S. 222, sofern $c_{2m} = c_0 = c_s = 47{,}3$ m/s genommen wird: $u_2 = 177{,}7$ m/s, woraus $n = 60 u_2/\pi D_2 = 3930$ U/min, $u_1 = u_2/2 = 88{,}9$ m/s. Nach Annahme von $t_1/(t_1 - \sigma_1) = 1{,}045$, also $c_1 = 1{,}045 \cdot 47{,}3 = 49{,}5$ m/s, wird $\operatorname{tg}\beta_1 = c_1/u_1 = 0{,}556$, $\beta_1 = 29°6'$.

Nachprüfung der Schaufelzahl nach Gl. (20), S. 160, gibt $k = 10{,}45$, also mehr als den bei Wasserförderung üblichen Wert 6,5, wie bei diesen Verdichtern mit dünnen Schaufeln angebracht ist.

Nachprüfung der Eintrittsverengung: Schaufeln seien aus Blech von 1,5 mm Dicke. Da $t_1 = \pi \cdot 430/20 = 67{,}5$ so liefert Gl. (9b), S. 220, unmittelbar $\operatorname{tg}\beta_1 = 47{,}3/88{,}9 + 1{,}5/67{,}5 \cdot \sqrt{1 + (47{,}3/88{,}9)^2} = 0{,}557$, also $\beta_1 = 29°7'$.

Die jetzt mögliche Nachprüfung der Schallgeschwindigkeitsnähe ergibt nach Abschn. 45 die Schallziffer $S = S_0 = n^2\, V/k\, a^3$ mit $a = 347$ m/s, $k \approx 1$ den kleinen Wert 2,25, entsprechend einer *Ma*-Zahl nach Abb. 118 (mit $\beta_0 \approx \beta_{0a} = 28°$) von $w_0/a = 0{,}27$. Man ersieht daraus, daß bei diesen Radialrädern die Schallgrenze kaum je erreicht wird, obwohl zu bedenken ist, daß die Saugkante auf etwas größerem Durchmesser als D_s liegt.

Die Radbreiten sind am Eintritt nach Gl. (5) S. 220 $b_1 = 0{,}093$ m $= 93$ mm, am Austritt, weil die Abnahme des Volumens vernachlässigt ist, und $(t_2 - \sigma_2)/t_2 \approx 1$, nach Gl. (15) $b_2 = b_1/2 = 46{,}5$ mm. Die seitliche Begrenzung des Rades ist mit Rücksicht auf die Herstellung der aufgenieteten Deckscheibe geradlinig.

Die gerade Schaufel hätte nach Gl. (56), S. 147, einen Winkel β_2 von $64°10'$ gefordert, so daß sich also die Schaufel leicht nach rückwärts krümmt, wie gewünscht werden muß. Sie ist in Abb. 136a punktweise gezeichnet mit Linie AB unter Zugrundelegung eines geradlinigen w-Verlaufes, wobei $w_1 = c_1/\sin\beta_1 = 102{,}0$ m/s, $w_2 = c_{2m}/\sin\beta_2 = 61{,}9$ m/s. Zum Vergleich ist der Verlauf AC angegeben, den ein geradliniger

---

[1] Die Näherungsgleichung (22), S. 18, oder die μ-Tafel, S. 501 (mit $h_{ad}/T_1 = 6{,}15$), hätte den gleichen Wert ergeben

[2] Dieser Wert ψ' würde nach Abschn. 22 die Verwendung eines beschaufelten Leitrades voraussetzen, das auch im Abschn. 71a berechnet ist

β-Verlauf nach Abb. 136c liefert. Der erstere unterscheidet sich vom letzteren dadurch, daß er länger ist und kurz vor dem Austritt einen Wendepunkt besitzt. Für die Ausführung ist die Form AC gewählt und hierfür nachstehend die tabellarische Berechnung angegeben. In Abb. 136b ist der abgewickelte Schaufelumriß eingetragen, der in seiner oberen Begrenzung EF leicht gewölbt ist, obwohl die Erzeugende der Radwand geradlinig verläuft. Dies muß bei der Herstellung des Preßgesenkes beachtet werden.

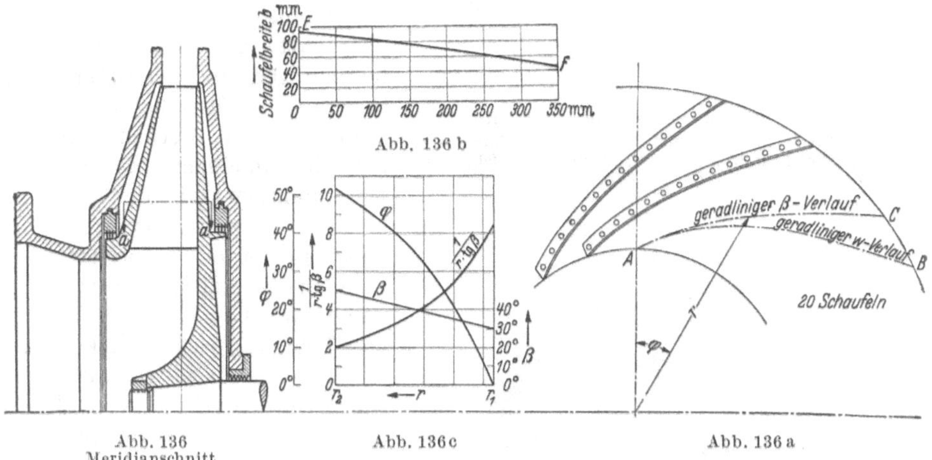

Abb. 136 bis 136c. Gebläselaufrad mit eingenieteter Blechschaufel. Abb. 136b. Abwicklung der Schaufel. Abb. 136c. Schaubild für punktweise Berechnung

Berechnung der Schaufelform AC (Abb. 136a) (Annahme eines geraden β-Verlaufes nach Abb. 136c)

r m	β grd	$\operatorname{tg}\beta$	$B = \frac{1}{r \operatorname{tg}\beta}$ m^{-1}	$\Delta f = \frac{\Delta r}{2}(B_n + B_{n+1})$	$\Sigma \Delta f = \varphi$	$\varphi^\circ = \varphi \frac{180}{\pi}$ grd	$\operatorname{tg}\varphi$
0,215	29,1°	0,556	8,45	0	0	0	0
0,23	30,5°	0,589	7,39	0,1190	0,1190	6,81	0,119
0,25	32,5°	0,636	6,29	0,1368	0,2558	14,65	0,261
...	...	...	...	...	...	...	...
...	...	...	...	...	...	...	...
0,41	48,1°	1,116	2,19	0,0466	0,8644	49,5	1,17
0,43	50°	1,193	1,95	0,0414	0,9058	51,9	1,277

Die Werte der letzten senkrechten Spalte sollen das Auftragen der Winkel φ erleichtern.

b) Konstruktive Ausbildung der Beschauflung. Die Schaufeln bestehen meist aus Stahlblech, das entweder bei dünneren Blechen von 1 bis 2,5 mm Dicke im Querschnitt U- oder Z-förmig gebogen und in den Seitenwänden mit versenktem Kopf vernietet (Abb. 137) oder bei hinreichender Dicke (ohne Krempen) eingeschweißt wird. Zur Vermeidung von Kantenstoß sind die Umbördelungen am Ein- und Austritt zugeschärft. Wird die Schaufel mit größerer Wandstärke geschmiedet, so können die Nietbolzen beiderseits an die Schaufeln angefräst[1] oder durch ganz innerhalb des Schaufelmaterials liegende Löcher hindurchgesteckt werden, wobei auch noch weitere Löcher zur Verringerung der Fliehkräfte angebracht werden können. Diese beiden Ausführungen sind insbesondere bei schmalen und parallelwandigen Rädern angebracht. Sie ergeben schwere Räder, aber glatte Kanäle ohne Umbördelungen und Nietköpfe. Bei *Aufladegebläsen für Brennkraftmaschinen* werden die Schaufeln in einem Stück aus Duraluminium mit der Nabenwand gepreßt und meist ohne Deckwand verwendet (Abb. 88b oder 284)[2]. Dadurch ist eine erhebliche Steigerung der Umfangsgeschwindigkeit bis über 450 m/s möglich und ein Druckverhältnis von 4 bis 5. Da die Schaufeln hierbei radial gestellt sind, muß das in den axialen Einlauf hineinragende Eintrittsende nach dem Pressen zur Erzielung stoßfreien Eintrittes in die Umfangsrichtung abgebogen werden. Trotz der dadurch bedingten Notwendigkeit, die Richtungsänderung der Schaufel auf einer kurzen Wegstrecke zu erzwingen, sind doch gute Ergebnisse erzielt worden.

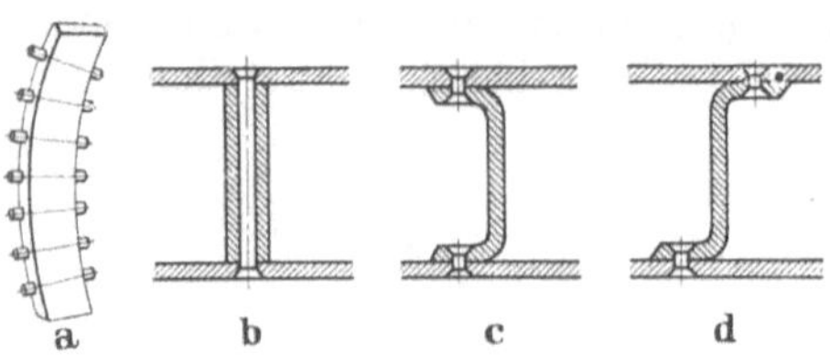

Abb. 137a—d. Eingenietete Laufschaufeln
a Nierzapfen ausgefräst, b Nierbolzen durch die Schaufel gesteckt, c und d Blechschaufeln mit *U*- bzw. *Z*-Profil

Abb. 138. Zusammengenietetes Laufrad mit Zwischenschaufeln vor Anbau der Deckscheibe für mäßige Umfangsgeschwindigkeiten (Demag)

In jedem Fall ist die Schaufel sorgfältig auf ihre Beanspruchung durch Fliehkräfte zu untersuchen. Bei der umgebördelten oder eingeschweißten Schaufel liegt die größte Anstrengung an der Krempe, und zwar meist nicht am äußeren Umfang, sondern wider Erwarten am Schaufeleintritt, wie nachstehende Betrachtung zeigt:

Schneidet man aus der Schaufel am Halbmesser r einen schmalen Streifen von der Breite dl heraus (Abb. 139), so ist dessen Flieh-

[1] Brown Boveri Mitt. 1927, H. 6, S. 136

[2] Vgl. auch H. Pfau: Z. VDI 101 (1959) Nr. 13, S. 521—526. — P. Kramer u. andere: Trans. ASME 82 (1960) Ser. A, Nr. 2, S. 127/135

kraft $dC = \gamma/g \cdot b\, s\, dl\, r\, \omega^2$ und deren auf Biegung wirkende Komponente $dN = dC \cos\beta$, womit das Biegungsmoment an der Einspannstelle $dM_b = dN\, b/12$. Daraus ergibt sich die Biegungsanstrengung $\sigma_b = 6\, dM_b/dl\, s^2$ oder nach Einsetzung der Werte

$$\sigma_b = \frac{\gamma}{2g}\omega^2 \frac{r\, b^2}{s} \cos\beta. \qquad (31)$$

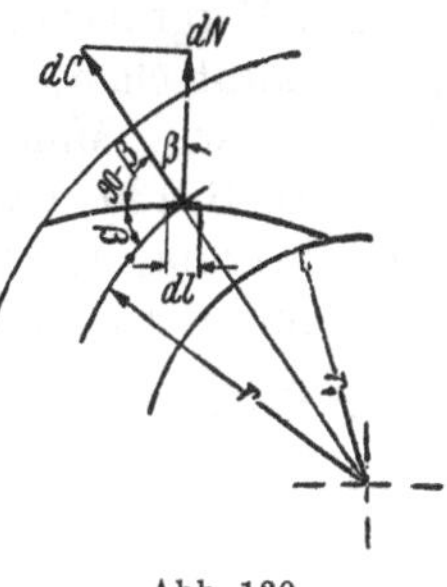

Abb. 139

Mit wachsendem r nehmen b und $\cos\beta$ meist sehr stark ab, so daß auch σ_b abnimmt, also die Anstrengung bei $r = r_1$ maßgebend ist. Tatsächlich zeigen sich auch dort zuerst Risse in der Krempe oder Brüche der Nieten. Bei parallelwandigen Rädern kann die größte Beanspruchung bei $r = r_2$ auftreten. Um sie herabzusetzen, kann man dem U-Profil eine Wölbung nach außen und reichliche Krümmungshalbmesser an der Krempe geben und die hydraulisch ungünstigere Form des Kanalquerschnittes in Kauf nehmen. Gl. (31) zeigt, daß große Schaufeldicken und eine große Reißlänge σ_B/γ (S. 568), also Leichtmetall, die Bruchgefahr herabsetzen.

Diese Schwierigkeiten werden herabgesetzt, wenn die Schaufeln am Einlauf eingeschweißt und nur am Austritt vernietet werden.

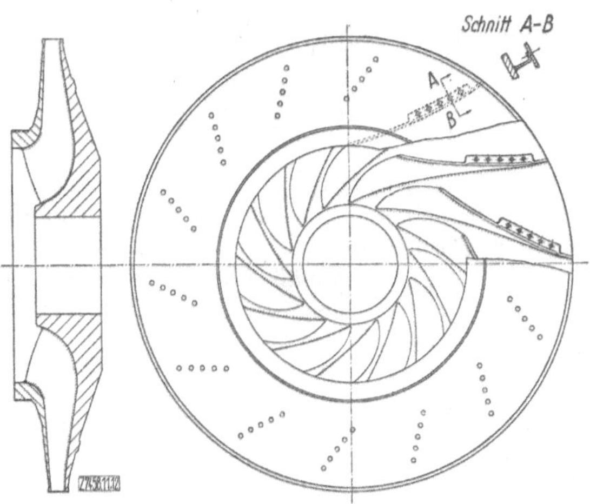

Abb. 140. Verdichterlaufrad mit räumlich gekrümmten Schaufeln, die am Einlauf eingeschweißt sind (AEG)

Wenn man dann, wie in Abb. 140, die Schaufeln gleichzeitig räumlich krümmt und in den Einlauf hereinzieht[1], so werden nicht nur die Schaufelverluste herabgesetzt, sondern gleichzeitig die Deckscheibe als schwächstes Glied der Konstruktion versteift. Hinsichtlich der Festig-

[1] Aus Z. VDI 98 (1956) Nr. 20, S. 1070—1075

keit verhält sich die zur Drehachse senkrechte Deckscheibe (Abb. 140) günstiger als eine konische.

Über die Ausbildung und Berechnung der Radscheiben folgen Angaben in Abschn. 119.

Zur Vergrößerung der Druckziffer sind Zwischenschaufeln zwischen den Hauptschaufeln bei Kreiselverdichtern sehr beliebt (Abb. 138). Das statische Moment S in Gl. (37), S. 134, wird hierbei in der aus Gl. (45), S. 139, ersichtlichen Weise vergrößert. Eine merkliche Verschlechterung des Wirkungsgrades soll, wie aus der Praxis mitgeteilt wird, hierdurch nicht eintreten.

c) Berücksichtigung der Volumenänderung im Rad (vgl. Abschn. 46c).

α) Im Radeinlauf nimmt infolge Steigerung der Geschwindigkeit auf $c_1 = 49{,}5$ m/s das Volumen zu. Nach Gl. (18a), Abschn. 46c, beträgt, weil $a = 20{,}02\sqrt{296} = 345$ m/s, die relative Zunahme

$$\frac{\Delta V}{V_1} = \frac{1}{2}\left(\frac{49{,}5}{345}\right)^2 = 0{,}0103$$

entsprechend 1,03%, ist also gering.

β) Am Laufradaustritt ist eine Abnahme des Volumens vorhanden, die sich wie folgt berechnet: Gl. (20), S. 224, liefert, weil

$$c_{3u} = \frac{g\,2165}{177{,}7} = 119{,}0\ \text{m/s}$$

also

$$c_3^2 - c_I^2 \approx c_3^2 - c_{2m}^2 = c_{3u}^2 = 14\,100\ \text{m}^2/\text{s}^2,$$

wenn $\eta_i > \eta_h$ zu 0,78 geschätzt wird:

$$\Delta t_3 = \frac{\dfrac{1820}{0{,}78} - \dfrac{14\,100}{2g}}{103} = 15{,}7\,^\circ.$$

Damit wird nach Gl. (22), S. 224, $V_3/V_I = 0{,}914$[1], also $c_{2m} = 0{,}914 \cdot 47{,}3 = 43{,}2$ m/s, wenn b_2 beibehalten wird. Es tritt zunächst eine geringe Vergrößerung der Förderhöhe (d. h. der Druckziffer) ein, weil c_{2u} gemäß Abb. 141 um Δc_u, also auch c_{3u} sich vergrößert, und zwar wird

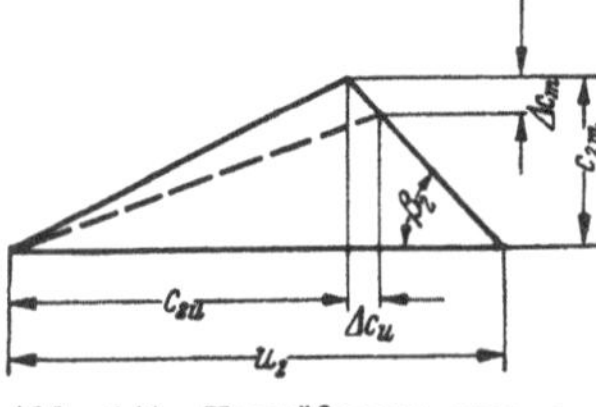

Abb. 141. Vergrößerung von c_{2u} bei Abnahme von c_{2m}

$$c_{3u} = \frac{c_{2u}}{1+p} = \frac{u_2 - c_{2m}\operatorname{ctg}\beta_2}{1+p}$$
$$= \frac{177{,}7 - 43{,}2 \cdot 0{,}839}{1{,}147} = 123{,}4\ \text{m/s}$$

statt 119,0 wie oben. Diese geringe Erhöhung der Sicherheit der Rechnung ist aber zu begrüßen. Ferner verkleinert sich der absolute Austrittswinkel α_2, ebenso wie α_2' auf das $0{,}914 \cdot 119/123{,}4 = 0{,}880$fache, so daß auch die Eintrittsweite der Leitschaufeln entsprechend verringert werden könnte. Letzteres ist aber aus dem Grunde unwesentlich, weil, wie wir später sehen werden, die Eintrittsweite

[1] Die Näherungsgleichung (22a) hätte 0,92 ergeben

der Leitkanäle über den Rechnungswert um einen in weiten Grenzen zu schätzenden Zuschlag vergrößert werden muß (S. 354), ganz abgesehen davon, daß man bei Verdichtern Leitschaufeln meist nicht verwendet.

Aus diesen Gründen erübrigt sich in der Regel die Berücksichtigung der Abnahme des Volumens im radialen Laufrad bis etwa $H = 2500$ m oder $p_{II}/p_I \approx 1{,}3$.

d) Zustandskurve (Abb. 141a). Bei gasförmigem Fördermittel ist es von Interesse, die Zustandsänderung im Entropiediagramm zu verfolgen. Die ganze auf das Gas je kp übertragene Arbeit, also die innere Arbeit, ist nach Gl. (25a), Abschn. 4, gleich der Summe aus Schaufelarbeit H_{th}, Spaltverlust Z_{sp} und Radreibung Z_r, sofern der Austauschverlust Z_a am Radumfang, der bei normalem Durchfluß gering ist, zunächst vernachlässigt wird. Sie beträgt also je kp Gas

$$H_i = 427\, c_p (t_{II} - t_I) = H_{th} + Z_{sp} + Z_r.$$

Darin ist $H_{th} = 2165$ m und nach Gl. (25b), S. 20

$$Z_{sp} = H_{th} \frac{V_{sp}}{V}, \qquad \text{(I)}$$

$$Z_r = \frac{75\, N_r}{\gamma V}. \qquad \text{(II)}$$

Die Rauminhalte sollen hierbei auf den am Radaustritt herrschenden Zustand bezogen werden, so daß $V = 0{,}914 \cdot 5{,}95 = 5{,}42$ m³/s. Nach Gl. (77), S. 97, ist der Spaltstrom

$$V_{sp} = \mu_i \pi D_i b_i \sqrt{2 g H_{pi}}, \qquad \text{(III)}$$

worin mit $D_i = D_1 = 430$ mm nach Gl. (73), S. 96, $b_i = 0{,}6 \cdot 430/1000 + 0{,}1 = 0{,}4$ mm, nach Gl. (72), S. 95, mit $\alpha = 1$ bei Verwendung von $z' = 3$ Dichtungsringen $\mu_i = 1/\sqrt{3} = 0{,}58$. Weiter berechnet sich nach Gl. (30a), S. 130, mit $c_{3u} = 119{,}0$ m/s der Spaltdruck $H_p = H(1 - c_{3u}/2u_2) = 1204$ m (entsprechend einem Reaktionsgrad $\mathfrak{r} = H_p/H = 1204/1820 = 0{,}662$). Damit folgt gemäß Gl. (76), S. 97, mit $u_i = u_1$, weil $(u_2^2 - u_1^2)/8g = 300{,}0$ m, $H_{pi} = 904$ m. Somit ergibt obige Gl. (III)

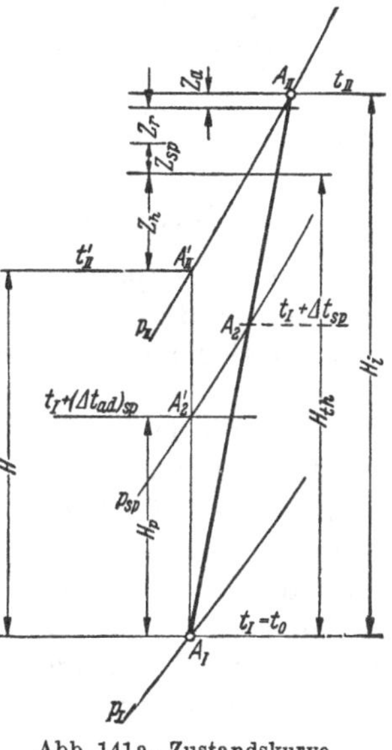

Abb. 141a. Zustandskurve

$$V_{sp} = 0{,}58\pi \cdot 0{,}43 \cdot 0{,}0004 \sqrt{2g \cdot 904} = 0{,}042 \text{ m}^3/\text{s}$$

und damit Gl. (I)

$$Z_{sp} = 2165 \frac{0{,}042}{5{,}42} = 16{,}8 \text{ m}.$$

Zur Berechnung von Z_r setzen wir in Gl. (II) den Wert aus Gl. (87a), S. 103, ein, wobei γ herausfällt, und erhalten

$$Z_r = \frac{9 u_2^3 D_2^2 10^{-5}}{V'} = \frac{9 \cdot 177{,}7^3 \cdot 0{,}86^2 \cdot 10^{-5}}{5{,}42} = 68{,}5 \text{ m}.$$

Somit ergibt sich

$$H_i = 2165 + 16{,}8 + 68{,}5 = 2250{,}3 \text{ m}$$

$$\eta_i = \frac{H}{H_i} = \frac{1820}{2250{,}3} = 0{,}80.$$

Hiernach enthält der bei der Berechnung der Volumenänderung eingesetzte Wert $\eta_i = 0{,}78$ eine genügende Sicherheit im Hinblick auf den nicht berücksichtigten

Austauschverlust Z_a. Betrachten wir die Differenz als Austauschverlust, d. h., behalten wir den lezteren Wert $\eta_i = 0{,}78$ bei, so wird die spezifische innere Arbeit $H_i = 1820/0{,}78 = 2330$ m und damit die wirkliche Temperaturzunahme im Gebläse, weil für Luft $427\, c_p = 103$

$$t_{II} - t_I = \frac{2330}{103} = 22{,}8^\circ.$$

In Abb. 141a ist die Zustandskurve als Polytrope in das iS-Schaubild eingezeichnet, wobei der Maßstab der Ordinate von kcal/kp auf mkp/kp umgerechnet und deshalb der Faktor $A = 1/427$ weggelassen ist. Wegen der Konstanz von c_p stellen die Ordinaten naturgemäß auch Temperaturänderungen dar, wobei der Maßstab der Ordinaten durch 103 zu dividieren ist. Der Zustand im Spalt ist durch den Punkt A_2 dargestellt.

Bemerkenswert ist, daß der Spaltverlust nach dieser Rechnung nur $0{,}042/5{,}42 \cdot 100 = 0{,}8\%$ ausmacht. Demnach ist der S. 241 gemachte Zuschlag von 6% zum Förderstrom zu groß. Bei Kreiselpumpen muß man aber mit reichlicher Sicherheit rechnen.

III. Niederdruckpumpe oder Ventilator mit Spiralgehäuse

Damit das Spiralgehäuse ausreichenden Querschnitt erhält, schreibt man [unter Bezugnahme auf die in Abschn. 77 angegebene Berechnung des Spiralgehäuses, insbesondere Gl. (45), S. 384] den Halbmesser des (kreisförmig gedachten) Endquerschnittes des Spiralraumes vor und erhält dann den Halbmesser der Zungenspitze, also einen Anhalt für den Raddurchmesser D_2, der nun festgelegt wird. Der Austrittswinkel β_2 ergibt sich gemäß dem Geschwindigkeitsdreieck aus $\operatorname{tg}\beta_2 = c_{2m}/(u_2 - c_{2u})$ mit $c_{2u} = c_{3u}(1 + p)$, wo $c_{3u} = gH_{\text{th}}/u_2$. Um p zu bestimmen, nimmt man die Schaufelzahl z vorläufig an und erhält mit $\psi' \approx 1{,}2$ (etwas reichlicher als bei Leitradpumpen) die Minderleistungsziffer p aus Gl. (42), S. 139. Ist das so erhaltene β_2 nicht brauchbar, sind die Annahmen zu ändern oder auf eine andere Bauart überzugehen.

IV. Heißwasserpumpe mit Schaufeln veränderlicher Dicke

Es ist das Laufrad einer Kesselspeisepumpe zu berechnen für 80000 kp/h[1] auf einen Kesseldruck von 30 atü bei 2800 U/min, Wassertemperatur 125,5° C, Durchflußwiderstand der Speiseleitung (einschl. Saugleitung) bei der erwähnten Wasserlieferung 28 m. Der Wasserspiegel im (geschlossenen) Saugbehälter liege 15 m unter dem mittleren Wasserspiegel im Kessel (Abb. 142 und 142a).

Der Druck über dem Saugwasserspiegel ist gleich dem Dampfdruck des Wassers, also nach der Dampftafel $p' = 2{,}4$ at abs. Beträgt der Barometerstand 1 at abs, so ist der Druck über dem Druckwasserspiegel $p'' = 30 + 1 = 31$ at abs.

Infolge der hohen Temperatur verringert sich nach Abb. 8, S. 10 (Punkt h), das Raumeinheitsgewicht im Sättigungszustand auf 939 kp/m³, während die Zusammendrückbarkeit des Wassers hier noch

---

[1] Entsprechend der 1,25fachen normalen Verdampfungsfähigkeit des Kessels (nach § 4, Abs. 2, der reichsgesetzlichen Bestimmungen für die Anlegung von Dampfkesseln von 1951). Bei mehr als 2 Pumpen kann die Leistung der einzelnen Pumpe kleiner sein. Vgl. O. Schmidt: Arch. Wärmew. 17 (1936) S. 37

vernachlässigbar ist. Nach Gl. (2), Abschn. 1, beträgt also mit $c' = c''$ die Förderhöhe

$$H = \frac{31 - 2{,}4}{939} 10000 + 15 + 28 = 348{,}5\,\text{m}.$$

Ferner ist der Förderstrom, da das sekundliche Fördergewicht $G = \gamma V = 80000/3600 = 22{,}2\,\text{kp/s}$, $V = 22{,}2/939 = 0{,}02365\,\text{m}^3/\text{s}$ und die Wellenleistung, sofern der Wirkungsgrad zu 70% angenommen wird,

$$N = \frac{\gamma V H}{75 \eta} = \frac{22{,}2 \cdot 348{,}5}{75 \cdot 0{,}70} = 147\,\text{PS},$$

so daß der vorläufige Wellendurchmesser in der Radbohrung

$$d = 14{,}4 \sqrt[3]{\frac{147}{2800}} = 5{,}2\,\text{cm}.$$

Die mindestens notwendige ideelle Zulaufhöhe, d. h., der notwendige Überdruck im höchsten Punkt des Radeinlaufes gegenüber dem Druck auf den Wasserspiegel im Saugbehälter ist nach S. 195 gleich dem Haltedruck Δh und beträgt also gemäß Gl. (27), S. 195, in Meter Flüssigkeitssäule

$$-(H_s'')_{\max} = \Delta h = \left[\left(\frac{n}{100}\right)^2 \frac{V}{k S}\right]^{2/3}.$$

Mit $S = 2{,}4$ ergibt sich hieraus nach Annahme von $k \approx 0{,}7$

$$-(H_s'')_{\max} = \left[28^2 \frac{0{,}02365}{0{,}7 \cdot 1{,}4}\right]^{2/3} = 4{,}98\,\text{m WS}.$$

Die auf das waagerechte Wellenmittel bezogene Zulaufhöhe ist offenbar um $D_1/2$ größer als dieser Rechnungswert. Außerdem ist noch ein Zuschlag zur Berücksichtigung der Druckänderung bei rascher Änderung des Strömungszustandes in der Zulaufleitung zu machen.

a) Eintritt. Der festgesetzte Wellendurchmesser bedingt einen Nabendurchmesser $d_n = 64$ mm, Abb. 142. Der Zuschlag zum Förderstrom wird wegen der erfahrungsgemäß bei hohen Temperaturen eintretenden Abnahme des Liefergrades groß, und zwar zu 10%, genommen, so daß $V' = 1{,}10 \cdot 0{,}02365 = 0{,}0260\,\text{m}^3/\text{s}$. Mit $c_s = 3{,}75$ m/s folgt[1] aus Gl. (4), Abschn. 46, $D_s = 114$ mm. Zur Verringerung der bei Heißwasserpumpen nötigen Zulaufhöhe soll die Eintrittskante in die Krümmungszone gemäß Abschn. 48, also unter Beibehaltung der einfachen Schaufelkrümmung, vorgezogen werden (obwohl daran festzuhalten ist, daß die später behandelte doppelte Schaufelkrümmung günstiger ist).

[1] Die zugehörige Einlaufziffer ε errechnet man nach Festlegung der Stufenzahl zu $\varepsilon = c_s/\sqrt{2g\,\Delta H} = 0{,}1$. Sie liegt also an der unteren Grenze der S. 163 angegebenen Werte. Sie kann bei diesen Schaufeln, die trotz einfacher Krümmung in den Einlauf vorgezogen sind, etwas reichlicher sein als dort angegeben, weil der Winkel β_1 nicht der in der Flußfläche liegende Neigungswinkel der Stromlinie ist. Bei Kesselspeisung sind aber besonders kleine Winkel β_1 am Platz, damit wenig Schaufeln verwendbar und nach S. 438 stabile Drosselkurven erzielbar sind. Deshalb ist das kleine ε richtig. Aus dem gleichen Grunde ist in diesem Fall β_2 möglichst klein zu wählen

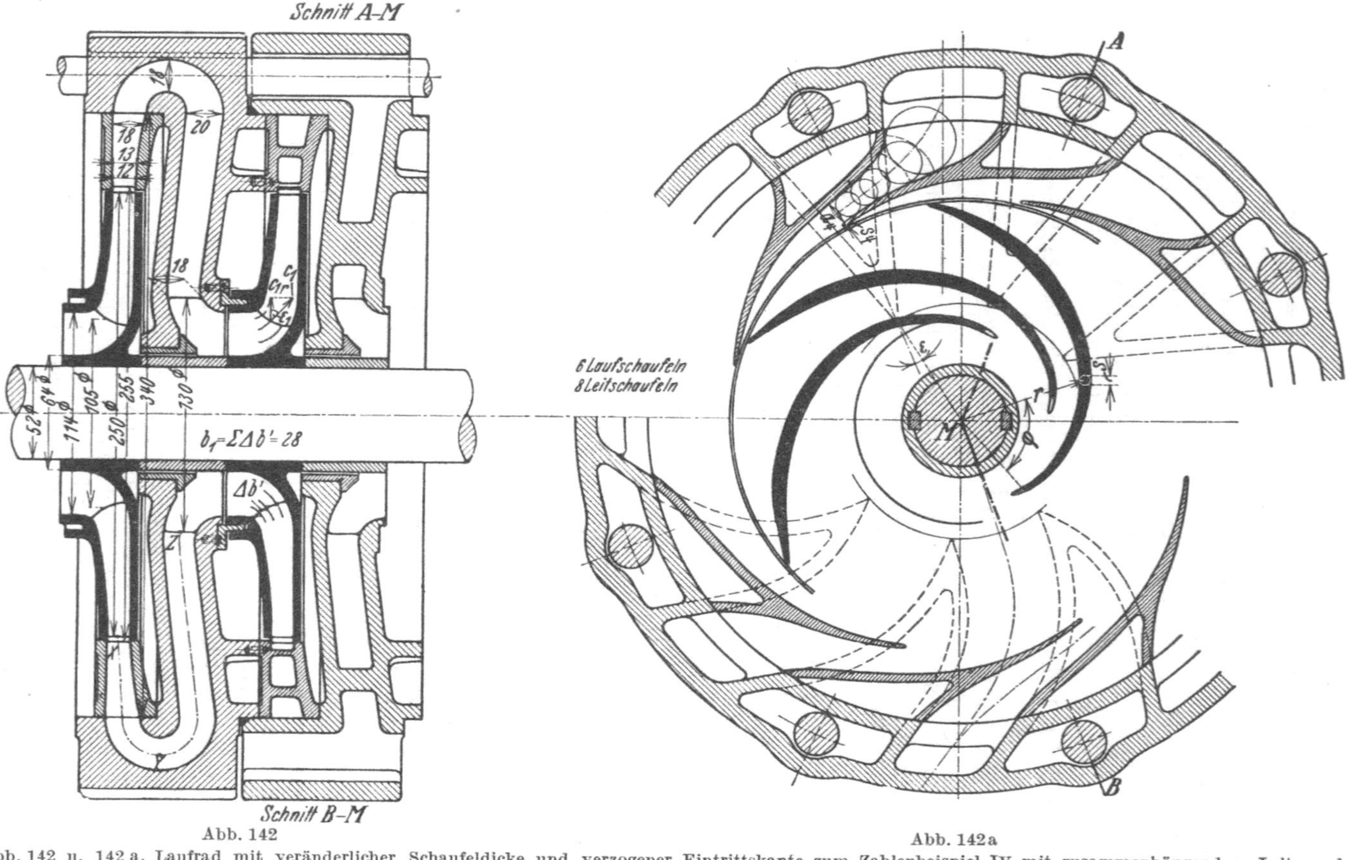

Abb. 142

Abb. 142a

Abb. 142 u. 142 a. Laufrad mit veränderlicher Schaufeldicke und verzogener Eintrittskante zum Zahlenbeispiel IV mit zusammenhängendem Leit- und Umführungskanal gemäß S. 367. Abb. 142a oben, gerade Umführungswände, aber stark gekrümmte Leitschaufeln; Abb. 142a unten, gekrümmte Umführungswände, aber schwachgekrümmte Leitschaufeln

Für den mittleren Faden, bei welchem $D_1 = 105$ mm, wird nun gewählt $c_0 = c_s = 3{,}75$ m/s. Die abgewickelte Länge der durch den Anfangspunkt gelegten Normallinie (BC in Abb. 126) beträgt $l = V'/(\pi D_1 c_0) = 0{,}0260/(\pi \cdot 0{,}105 \cdot 3{,}75) = 0{,}021$ m. Ein vorläufiger Entwurf des Radeinlaufes liefere für die Neigung der mittleren Stromlinie am Schaufeleintritt (Abb. 126) $\varepsilon_1 = 41°30'$. Die Schaufel soll mit veränderlicher Wandstärke versehen werden, so daß die Dicke am Eintritt klein, und zwar zu $s_0 = 2$ mm angenommen werden kann. Ferner sei $z = 6$, womit sich, wenn $t_1/(t_1 - \sigma_1)$ geschätzt wird zu 1,20, für die Radialkomponente der Eintrittsgeschwindigkeit c_1 ergibt

$$c_{1r} = c_0 \cos\varepsilon_1 \frac{t_1}{t_1 - \sigma_1} = 3{,}37 \text{ m},$$

also, weil $u_1 = 15{,}4$ m/s, $\operatorname{tg}\beta_1 = c_{1r}/u_1 = 0{,}2186$, $\beta_1 = 12°20'$. Daraus ergibt sich wie S. 237 $t_1/(t_1 - \sigma_1) = 1{,}20$ in Übereinstimmung mit der Annahme. Für die punktweise Errechnung der Schaufel bestimmen wir noch den Anfangswert der w-Linie $w_{1r} = c_{1r}/\sin\beta_1 = 15{,}80$ m/s.

b) Austritt. Wegen des verkleinerten mittleren Eintrittsdurchmessers und der zu erwartenden großen Stufenzahl werde D_2 größer als $2D_1$, und zwar zu $2{,}4D_1 = 0{,}252$ m zugelassen, womit nach Gl. (2), S. 148, mit $k = 1{,}4 \cdot 10^{-4}$, $\Delta H = 70$ m; also Stufenzahl $i = 348{,}5/70$ = rd. 5 und Stufenförderhöhe $\Delta H = 348{,}5/5 = 69{,}7$ m. Nimmt man $\eta_h = 82\%$, so wird $\Delta H_{\text{th}} = \Delta H/\eta_h = 85{,}0$ m. Mit $\psi' = 0{,}86$ gibt Gl. (42), S. 139, da $r_1/r_2 = D_1/D_2 = 1/2{,}4$, den Wert $p = 0{,}347$. Für die weitere Berechnung sei Fall b, β, Abschn. 46, zugrunde gelegt, um mit Sicherheit brauchbare Leitradabmessungen zu erhalten, und zwar sei vorgeschrieben[1] $\beta_2 = 25°$, $\alpha_2' = 7°10'$. Damit ist nach Gl. (18), S. 223,

$$u_2 = \sqrt{9{,}81 \cdot 85{,}0(1 + 0{,}347 + 0{,}1248 \cdot 2{,}145)} = 36{,}65 \text{ m/s},$$

also

$$D_2 = \frac{60 u_2}{\pi n} = 0{,}25 \text{ m} = 250 \text{ mm},$$

in genügender Übereinstimmung mit der Annahme, so daß eine Nachprüfung von p überflüssig ist.

Ferner ist nach Gl. (16), S. 222,

$$c_{2m} = \frac{36{,}65}{1{,}347 \cdot 7{,}953 + 2{,}145} = 2{,}83 \text{ m/s}.$$

Ist $s_2 = 1{,}5$ mm, also $\sigma_2 = s_2/\sin\beta_2 = 3{,}55$ mm, so wird $t_2/(t_2 - \sigma_2) = 1{,}026$, also nach Gl. (15), Abschn. 46, $b_2 = 0{,}012$ m $= 12{,}0$ mm; schließlich

$$w_2 = \frac{c_{2m}}{\sin\beta_2} = 6{,}70 \text{ m/s}, \qquad c_{3m} = c_{2m}\frac{t_2 - \sigma_2}{t_2} = 2{,}76 \text{ m/s}.$$

[1] Nach S. 438 wäre dieser Wert β_2 heute viel kleiner, etwa gleich 16° bis 18° zu wählen, zudem man bei Kesselspeisung an der unteren Grenze bleiben muß, um kleine Schaufelzahlen und damit stabile Kennlinien zu erhalten

Das Rad ist in Abb. 142 und 142a zusammen mit dem S. 367 besprochenen Leitrad[1] auf Grund der in nachstehender Tabelle durchgeführten punktweisen Errechnung gezeichnet, wobei die in Abhängigkeit von r aufgetragene w-Linie in Abb. 143 als Gerade und der Verlauf der Dicken s gemäß der dort ersichtlichen Linie so angenommen ist, daß die Schaufel in der Mitte 7 mm Wandstärke erreicht[2]. Die Radbegrenzung ist unter Annahme eines (ebenfalls geradlinigen) Verlaufes von $(c_m)_{\text{netto}}$ als Verbindungslinie zwischen c_0 und c_{3m} bestimmt. Für die Berechnung des Verlaufes von β ist Gl. (29), Abschn. 47, benutzt. Da in dieser Gleichung bei der vorliegenden einfach gekrümmten Schaufel nur Geschwindigkeiten in Ebenen senkrecht zur Achse erscheinen dürfen, ist an Stelle von $(c_m)_{\text{netto}}$ die radiale Komponente $(c_r)_{\text{netto}} = (c_m)_{\text{netto}} \cos\varepsilon$ zu setzen, so daß die Gleichung lautet

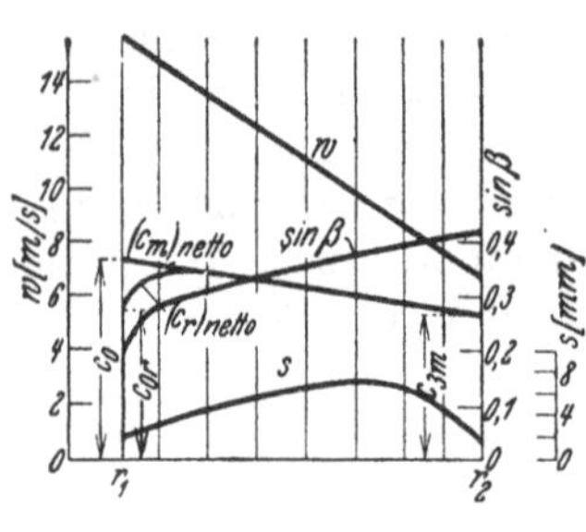

Abb. 143. Schaubild zur Laufschaufelberechnung

$$\sin\beta = \frac{s}{t} + \frac{(c_m)_{\text{netto}}}{w}\cos\varepsilon.$$

Die Linie $(c_r)_{\text{netto}}$ ist in Abb. 143 ebenfalls angegeben.

Tabelle zur Berechnung der Laufschaufel

r mm	s mm	t mm	$(c_m)_{\text{netto}}$ m/s	$\cos\varepsilon$	w m/s	$B = \frac{1}{r\,\text{tg}\,\beta}$ m^{-1}	Δf	$\Sigma\Delta f$	φ° grd
52,5	2,0	55,0	3,75	0,749	15,80	88,5	—	—	0
60	3,2	62,7	3,64	0,970	14,85	56,2	0,543	0,543	31,1
70	4,8	73,2	3,50	0,995	13,58	43,5	0,499	1,042	59,8
...	...	...	...	...	...	...	...	...	...
...	...	...	...	...	...	...	...	...	...
125	1,5	130,9	2,76	1,0	6,70	17,1	0,134	2,529	145,0

[Werden aus der Zeichnung des Radquerschnittes die in axialer Richtung gemessenen Radbreiten b entnommen, so ist in der Nähe des Radeinlaufes Gl. (30b), Abschn. 48, zu beachten.] Durch die Verdickung der Schaufel im mittleren Teil wird offenbar dort β vergrößert, also die Schaufel verkürzt.

Die Schaufel ist mittels der zusammengehörigen Werte von r, φ und s im Schwindmaß gezeichnet.

---

[1] Dabei ist beachtlich, daß die in Abb. 142a, untere Hälfte, angegebenen Ausführungsform des Leitrades mit Überströmkanälen nach Versuchen von Rütschi einen besseren Gesamtwirkungsgrad der Pumpe (nämlich 76,5 %) liefert als die in der oberen Hälfte genannten (welche 74,8 % ergibt).

[2] Zu beachten ist, daß die in ihrer Mitte verdickte Schaufel erfahrungsgemäß eine Vergrößerung der Minderleistung, also der Zahl ψ' bedingt

G. Die doppelt gekrümmte Radialschaufel

51. Entwurf des Radumrisses

Die im Abschn. 26 besprochene Entstehung der Radformen läßt erkennen, daß die Berechnung dieser schnelläufigen Räder grundsätzlich in gleicher Weise wie beim Langsamläufer (Abschn. 46) zu geschehen hat. Wir gehen also wieder von der Annahme unendlicher Schaufelzahl aus und berücksichtigen den Einfluß der Auseinanderstellung der Schaufeln durch Zugrundelegung einer Rechnungsgröße $H_{\text{th}\infty}$, die größer ist als die wirkliche Schaufelarbeit H_{th} und aus Gl. (37), S. 134, zu bestimmen ist. Bei dieser eindimensionalen Behandlung liegen die Bahnen der Wasserteilchen auf Rotationsflächen (Flußflächen), deren Meridiane (Flußlinien) beispielsweise die Linien a_1a_2 bis i_1i_2 der Abb. 144 sind.

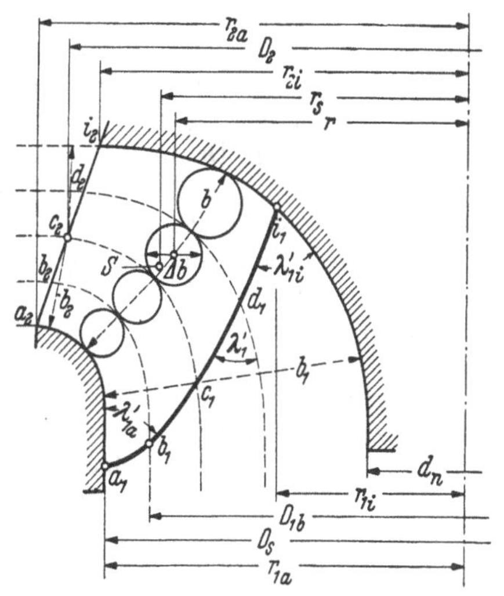
Abb. 144. Doppelt gekrümmte Schaufel

Die zu erwartende allgemeine Radform ist auf Grund der S. 154 gemachten Angaben bekannt, sobald die spezifische Drehzahl nach Gl. (7), S. 153, ermittelt ist. In der anschließenden Einzelrechnung bestimmt man den Einlaufdurchmesser D_s entweder mittels des Wertes ε der Gl. (28), S. 162, aus Gl. (4), S. 219, oder einfacher nach Annahme von β_{0a} (S. 163) unmittelbar aus Gl. (27), S. 161. Wählt man nun für eine mittlere Flußlinie c_{2m} gleich (oder wenig größer als) c_s, ebenso β_2 nach S. 147, so ist u_2 nach Gl. (12) oder (13), S. 222, bekannt, wenn man vorher die Minderleistungsziffer $p = \psi' r_2^2/zS$ auf Grund der zu erwartenden Radform näherungsweise eingesetzt und damit

$$H_{\text{th}\infty} = H_{\text{th}}(1 + p)$$

erhalten hat. Anschließend zeichnet man den Radumriß.

Der Verlauf der Seitenwände a_1a_2 und i_1i_2 im Meridianschnitt ist am Eintritt durch D_s und Nabendurchmesser d_n, am Austritt durch $D_2 = 60u_2/\pi n$ und das zugehörige $b_2 = V'/(\pi D_2 c_{2m})$ näherungsweise bekannt. Die Verbindung erfolgt so, daß ein stetiger Übergang der Geschwindigkeit c_s auf c_{2m} erzielt wird, wobei mit Mittelwerten über jede Normallinie gerechnet wird. Der jeweilige Querschnitt ergibt sich, wenn r_s der Schwerpunktshalbmesser der betrachteten Normallinie und b ihre abgewickelte Länge sind, nach der GULDINschen Regel zu $2 r_s \pi b$. Die Normallinien des Strombildes werden hierbei zunächst nach Schätzung eingetragen. Beim Eintragen des Verlaufes der Wandungen muß darauf geachtet werden, daß ihre Krümmung möglichst gering ist. Deshalb wird man die Krümmungszone über eine möglichst große Länge erstrecken.

Lage der Ein- und Austrittskante. Ebenso wie die Stromlinien zeichnen wir auch die Ein- und Austrittskante im bis jetzt betrachteten Meridianschnitt stets als Zirkularprojektion, d. h. als Schnitt der durch diese Kanten gehenden Rotationsflächen mit der Meridianebene.

Beim *Mittelläufer*, mit dessen Behandlung wir zunächst beginnen, stellt sich also die Austrittskante meist als Parallele $a_2 i_2$ zur Achse dar, auch wenn sie tatsächlich in dem zugehörigen Kreiszylinder ähnlich einer Schraubenlinie verlaufen sollte. Für den *Schnelläufer* folgen hierüber Angaben in Abschn. 54 bis 56.

Die Eintrittskante wird in den axialen Zulauf gelegt, weil dadurch eine ausreichende Schaufellänge erzielt wird und geräumige Laufkanäle geschaffen werden. Da die relativen Eintrittsgeschwindigkeiten dadurch verkleinert werden, ist die Schaufel weniger empfindlich gegen Eintrittsstoß. Die Festigkeit des ganzen Rades ist ferner gewachsen, so daß die Konstruktion allen Anforderungen ohne zusätzliche Versteifungen angepaßt werden kann.

Der Verlauf der Eintrittskante $a_1 i_1$ wird in den Meridianschnitt nach Schätzung so eingetragen, daß sie an die offene Radwand bei a_1 mit möglichst steilem Winkel λ'_{1a} anschließt. Auch der Anschluß an die Nabenwand bei i_1 sollte mit einem Winkel λ'_{1i} nahe bei $90°$ erfolgen. Doch wird der spätere Schaufelentwurf erleichtert, wenn man den Punkt i_1 etwas weiter von der Achse weglegt.

Da angestrebt werden muß, daß sämtliche Flußlinien $a_1 a_2$ bis $i_1 i_2$ die gleiche Förderhöhe H liefern, so ist (unter Voraussetzung gleichen Wertes η_h) auch die Schaufelarbeit $H_{\text{th}} = H/\eta_h$ für alle Flußlinien gleichzumachen. Dies wird beim Mittelläufer, dessen Schaufel außen in allen Flußflächen am gleichen Durchmesser mit dem gleichen Winkel β_2 und außerhalb der Krümmungszone endigt, für den also $H_{\text{th}\infty}$ nach der Hauptgleichung überall gleich ist, erreicht, wenn das statische Moment S für alle Flußlinien gleich ist. Man könnte hier also versuchen, die Eintrittskante als Linie gleichen statischen Momentes S für alle Flußlinien zu legen. Der so bestimmte Verlauf ist aber lediglich als Anhalt zu betrachten, weil er meist zu spitze Anschlußwinkel liefert und außerdem η_h tatsächlich für die einzelnen Flußlinien verschieden ist.

Jedenfalls kann man nun das statische Moment S für den mittleren Faden endgültig festlegen und damit die Austrittsverhältnisse richtigstellen, was am besten durch Anpassung des Winkels β_2 geschieht. (Zahlenbeispiel Abschn. 53.)

Will man auch die Ungleichheit der beiden Größen η_h und S bei den einzelnen Flußlinien berücksichtigen, so kann dies durch ein in Abschn. 55 beschriebenes Verfahren geschehen.

52. Entwurf der Schaufelfläche

Die Schaufelfläche setzt sich aus der Gesamtheit der durch die Eintrittskante gelegten Strombahnen zusammen. Man wird deshalb eine so große Zahl dieser Strombahnen bestimmen, daß die Schaufelfläche mit genügender Genauigkeit hindurchgelegt werden kann. Naturgemäß sind hierfür zunächst die auf den Seitenwandungen $a_1 a_2$ und $i_1 i_2$ liegenden Stromlinien zu nehmen und die übrigen so festzulegen, daß sie gleichmäßig verteilt sind, beispielsweise, indem die zugehörigen Flußflächen gegenseitig gleiche Teilströme abgrenzen. Es könnten also die in Abschn. 11c für den Entwurf des Strombildes abgeleiteten Verfahren angewandt werden, um die zugehörigen Flußlinien zu bestimmen. Hierbei wäre stillschweigend vorausgesetzt, daß die Meridianströmung trotz der Einwirkung der Schaufeln ihren Charakter als Potentialströmung behält. Obwohl dies auch für die ideale Flüssigkeit nur unter bestimmten Bedingungen[1] zutrifft, ferner die Reibung und die Endlichkeit der Schaufelzahl Abweichungen hervorrufen, so ist es doch zweckmäßig, in den Fällen, wo die Austrittskante in der Krümmungszone liegt, also beim Schnelläufer, dieses Strombild der Potentialströmung zu Hilfe zu nehmen, um dadurch die Ungleichheit der Meridiangeschwindigkeiten c_{2m} längs der Austrittskante zu berücksichtigen. Beim Mittelläufer, den wir zunächst betrachten, liegt die Austrittskante meist im geradlinig verlaufenden Teil der Flußlinien, so daß an dieser Stelle keine wesentlichen Unterschiede der Meridiangeschwindigkeiten mehr vorliegen. Man kann hier deshalb den einfacheren Weg einschlagen, daß man über die ganze Strömung die Geschwindigkeitsunterschiede längs der Normallinien vernachlässigt, also mit einer mittleren Meridiangeschwindigkeit für jede Normallinie rechnet. Dies ist zulässig, weil der Schaufelverlauf zwischen Ein- und Austritt weitgehend willkürlich ist und es in erster Linie auf den Bereich der Austrittskante ankommt.

Die Bestimmung der Flußlinien kann bei diesem vereinfachten Verfahren so erfolgen, daß zunächst auf Grund des bekannten Verlaufes der Seitenwandungen einige Normallinien nach Schätzung eingezeichnet und auf ihnen ebenso viele Teilstrecken Δb abgetragen werden, als Teilströme vorgesehen sind (Abb. 144). Diese müssen der Bedingung genügen, daß $2\pi\, r\Delta b$, also auch $r\Delta b$ für jeden Teilstrom den gleichen Wert hat. Auf Grund der so erhaltenen Flußlinien sind die zuerst angenommenen Normallinien zu überprüfen und das Verfahren gegebenenfalls zu wiederholen.

Für jede Flußlinie können anschließend Anfang und Ende des Schaufelverlaufes in der gleichen Weise, wie in Abschn. 46 für die zylindrische Schaufel beschrieben wurde, festgelegt werden. Die Berechnung

---

[1] Nämlich nur bei unendlicher Schaufelzahl und wenn die Kurven gleichen Dralles $r\, c_u$ im Grundriß radial erscheinen; vgl. v. Mises: Theorie der Wasserräder, S. 28ff. u. 108, Leipzig 1908. — Bauersfeld: Z. VDI 1912, S. 2045; ferner W. Spannhake: Forsch. Ing.-Wes. 8 (1937) S. 33

des Austrittsdurchmessers D_2 ist näherungsweise schon bei der Bestimmung der Lage der Austrittskante erfolgt und kann jetzt nach Gl.(13), S. 222, endgültig durchgeführt werden. Der Eintrittswinkel β_1 ergibt sich aus der Bedingung der Stoßfreiheit beispielsweise für die beliebige Flußlinie $d_1 d_2$, weil

$$u_1 = \pi \frac{D_1 n}{60} \tag{1}$$

für den Fall senkrechten Eintrittes[1] aus

$$\operatorname{tg}\beta_1 = \frac{c_1}{u_1}, \tag{2}$$

wo

$$c_1 = c_0 \frac{t_1}{t_1 - \sigma_1}. \tag{3}$$

Ist der Radumriß am Einlauf für gleichbleibendes c_m entworfen, so ist c_0 für alle Stromfäden gleich. Anderenfalls folgt c_0 aus

$$c_0 = \frac{V'}{2 r_{1m} \pi b_1}, \tag{3a}$$

wobei r_{1m} der Halbmesser des Schwerpunktes der durch den Anfangspunkt der betrachteten Flußlinie gehenden Normallinie und b_1 die abgewickelte Länge dieser Normallinie ist. Zu jeder Flußlinie gehört unter Umständen ein verschiedener Wert der Geschwindigkeit c_0, wenn die Eintrittskante im Meridianschnitt, wie aus Abb. 144 ersichtlich ist, keine Normallinie ist. Weil also c_0 nicht gleich sein muß und die Schaufelverengung sich ändert, so wird für jeden Stromfaden c_1 verschieden sein. Außerdem wechselt u_1, weil r_1 sich ändert.

Bei der Ermittlung der Verengungsziffer $t_1/(t_1 - \sigma_1)$ ist strenggenommen noch zu beachten, daß die im Schnitt nach der Flußfläche erscheinende Wandstärke s_1' wegen des schiefen Schnittes größer ist als die wirkliche Wandstärke s_1 und sich ergibt aus

$$s_1' = \frac{s_1}{\sin\lambda_1}, \tag{4}$$

wobei λ_1 den Winkel zwischen Schaufelfläche und Flußfläche am Eintritt bedeutet. Dieser kann bestimmt werden aus[2]

$$\operatorname{ctg}\lambda_1 = \operatorname{ctg}\lambda_1' \cos\beta_1, \tag{5}$$

wenn λ_1' den im Meridianschnitt (Abb. 144) gemessenen Winkel zwischen Stromlinie und Eintrittskante darstellt. Damit ist

$$\sigma_1 = \frac{s_1'}{\sin\beta_1} = \frac{s_1}{\sin\beta_1 \sin\lambda_1}. \tag{6}$$

Gl.(5) setzt voraus, daß die Eintrittskante in einer durch die Drehachse gehenden Ebene liegt. Abweichungen hiervon beeinträchtigen aber die Genauigkeit nicht wesentlich.

---

[1] Von der Berücksichtigung der Eintrittsablenkung infolge der endlichen Schaufelzahl soll auch hier abgesehen werden (vgl. S. 124)

[2] Vgl. Fußnote S. 261

Die Gln. (4) bis (6) können auch zusammengezogen und die Schaufelverengung unmittelbar berechnet werden aus

$$\frac{t_1 - \sigma_1}{t_1} = 1 - \frac{s_1}{t_1}\sqrt{1 + \frac{\operatorname{ctg}^2 \beta_1}{\sin^2 \lambda_1'}}. \tag{7}$$

Die weitere Ausbildung der Schaufelfläche kann wieder nach den beiden Verfahren erfolgen, die schon in ähnlicher Weise bei der einfach gekrümmten Schaufel in Abschn. 28 unterschieden worden sind und die am Beispiel des Mittelläufers erläutert werden sollen.

a) Abwicklung der Schaufelschnitte auf Kegelflächen. Dieses älteste Verfahren besteht darin, daß die räumlich gekrümmten Stromlinien,

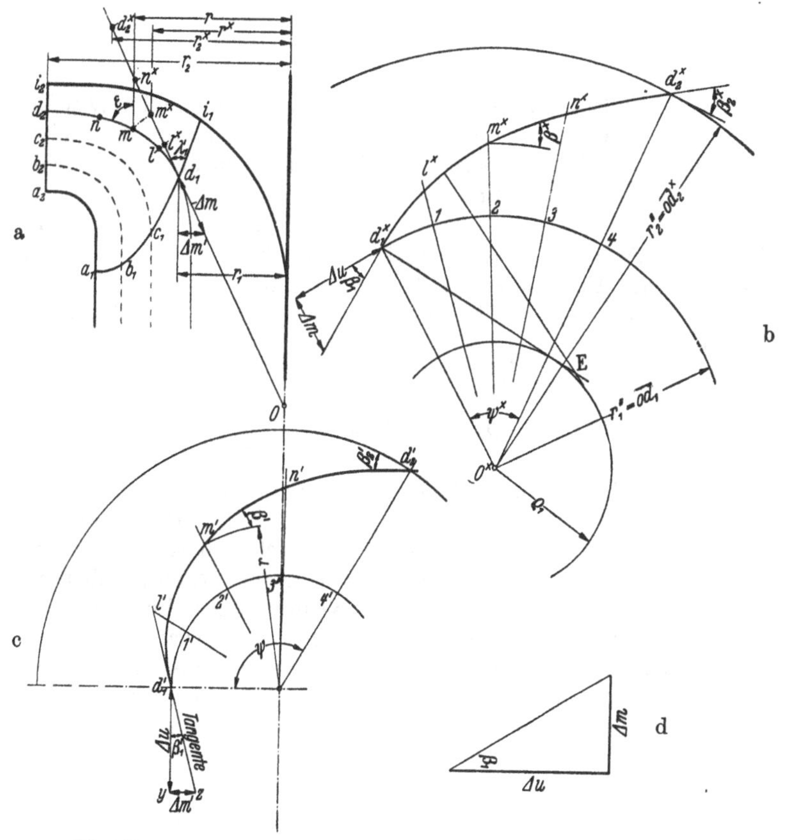

Abb. 145a—d. Abwicklung des Schaufelschnittes $d_1 d_2$ auf Kegelfläche $od_2^\times$

d. h. die Schnittlinien der Schaufelfläche mit den Flußflächen zeichnerisch auf Kegelflächen übertragen werden (Abb. 145a), welche die Flußflächen berühren. Da Kegelflächen sich abwickeln lassen, kann der so gebildete Schaufelverlauf in der Zeichenebene angegeben werden. Der Berührungskegel wird meist so gelegt, daß seine Mantellinie $O\,d_1$ die betrachtete Flußlinie am Eintrittspunkt d_1 oder dahinter berührt.

Man muß also die räumliche Stromlinie zunächst auf dem Kegelmantel $O\,d_1$ abbilden. Das geschieht in der Weise, daß ein Punkt m der betrachteten Stromlinie (Abb. 145a) so auf den Berührungskegel $O\,d_1$ nach $m^\times$ übertragen wird, daß er einerseits in der gleichen Axialebene bleibt und andererseits

$$d_1 m^\times = \text{Bogen}\, d_1 m$$

wird.

Offenbar verzerrt sich hierbei der im Punkt m vorhandene Neigungswinkel β der Stromlinie gegen den zugehörigen Parallelkreis, weil die Umfangslänge im Verhältnis der Halbmesser $r^\times/r$ gekürzt wird und die in die Axialebene fallende Länge erhalten bleibt.

Der neue Winkel $\beta^\times$ folgt aus

$$\operatorname{tg}\beta^\times = \frac{r}{r^\times}\operatorname{tg}\beta. \tag{8}$$

Um die Winkeltreue besser zu erhalten, werden bisweilen zwei Berührungskegel verwendet, von denen der eine am Eintritt, der andere am Austritt die Flußfläche berührt, weil es ja hauptsächlich auf Einhaltung der Anfangs- und Endwinkel ankommt.

Man kann aber mit *einem* Berührungskegel auskommen, wenn man die Winkel der Abwicklung mittels Gl.(8) umrechnet. Dieses Verfahren soll wegen seiner Einfachheit im folgenden behandelt werden.

Wir bilden am betrachteten Faden $d_1\,d_2$ zunächst den Punkt d_2 nach $d_2^\times$ ab, so daß

$$d_1 d_2^\times = \text{Bogen}\, d_1 d_2$$

$$\operatorname{tg}\beta_2^\times = \frac{r_2}{r^\times}\operatorname{tg}\beta_2. \tag{9}$$

Mit den jetzt bekannten Anfangs- und Endwinkeln β_1 und $\beta_2^\times$, den Radien $O\,d_1$ und $O\,d_2^\times$ zeichnen wir in Abb. 145b die Abwicklung des Schaufelschnittes als „Kreisbogenschaufel" nach den für einfach gekrümmte Schaufeln im Abschn. 47 besprochenen Regeln, wobei wir aber wieder unstetige Änderungen des Krümmungshalbmessers vermeiden. Ferner ist es zweckmäßig, für den Eintrittsverlauf unter Einhaltung von β_1 eine flachere Kurve als den Ersatzkreis der archimedischen Spirale zu verwenden, damit die Verzerrung ausgeglichen wird. Die Fortsetzung wird mit dem Kurvenlineal so eingetragen, daß sie unter dem Winkel $\beta_2^\times$ ausläuft. Der zu der archimedischen Spirale gehörige Erzeugungskreis hat den Halbmesser $\varrho_1 = \overline{O\,d_1}\sin\beta_1$.

Dieser Schaufelverlauf wird nun in den Grundriß (Abb. 145c) übertragen, wobei zustatten kommt, daß Parallelkreise der Abwicklung das Abbild von Parallelkreisen der Flußfläche darstellen und letztere sich in wahrer Größe projizieren. Zweckmäßig ist es zunächst, den zu dem Zentriwinkel $\psi^\times$ der Abwicklung gehörigen Bogen $d_1^\times\,4$ des Eintrittskreises in eine gewisse Zahl gleicher Teile zu teilen. Die Bogenlängen von $d_1^\times$ nach diesen Teilpunkten 1, 2, 3 usw. können unmittelbar auf der Projektion des Eintrittskreises im Grundriß vom Eintrittspunkt d_1 aus nach den gleichnamigen Punkten 1′, 2′ usw. abgetragen werden.

Ebenso kommen die radialen Strecken $1 - l^\times$, $2 - m^\times$ usw. der Abwicklung im Aufriß in wahrer Größe von d_1 aus auf die Mantellinie $d_1 d_2^\times$ des Kegels zu liegen bis $l^\times$, $m^\times$ usw. oder werden am besten sofort auf der Flußlinie $d_1 d_2$ abgewickelt bis l, m, n usw. Da die Radien der zu den Punkten l, m, n gehörigen Raumpunkte sich sowohl im Aufriß wie im Grundriß in wahrer Größe projizieren, so erhält man die Projektionen l', m', n' usw. dieser Punkte im Grundriß durch Entnahme der zugehörigen Radien (z. B. r für den Punkt m) aus dem Aufriß und Abtragung auf den zu den vorhin bestimmten Teilpunkten $1'$, $2'$, $3'$ usw. gehörigen Fahrstrahlen, womit der Schaufelverlauf $d_1' l' m' n' d_2'$ im Grundriß bestimmt ist.

In dieser Weise werden alle Flußlinien behandelt.

Damit die Eintrittskante in eine Axialebene kommt, nimmt man den Winkel $\psi^\times$ in den einzelnen Abwicklungen so an, daß die Eintrittskante im Grundriß annähernd radial steht. Zwischen $\psi^\times$ und ψ besteht die Beziehung $\psi^\times = \psi\, r_1/r_1''$, wo $r_1'' = \overline{O\, d_1}$. Die Austrittskante braucht nicht achsparallel zu sein, sondern kann beliebig schräg, z. B. als Schraubenlinie im Kreiszylinder vom Durchmesser D_2 verlaufen, wobei noch benutzt werden kann, daß die gezeichneten Stromlinien beliebig um die Achse gedreht werden können.

Zusätzliche Bemerkung. Sind die Radien r_2 und $r_2^\times$ der Punkte d_2 und $d_2^\times$ sehr stark verschieden, was z. B. beim Langsamläufer mit stark in den axialen Einlauf vorgezogener Eintrittskante (Kesselspeisung) der Fall ist, so können die Winkelverzerrungen in der Abbildung störend wirken. Das nachstehend unter b) beschriebene Verfahren, das überhaupt vorzuziehen sein dürfte, hat diese Nachteile nicht. Will man trotzdem bei der Anwendung der Kegelabwicklung bleiben, so ist es zweckmäßig, den Eintrittskegel nur für den Eintrittsverlauf zu verwenden und den Austrittsverlauf, der sich beim Langsam- und Mittelläufer in wahrer Größe projiziert, getrennt auf durchsichtiges Papier zu zeichnen. Dieses kann dann durch Drehung um den Mittelpunkt leicht in die Lage gebracht werden, welche die günstigste Verbindung der beiden Enden ermöglicht.

b) Punktweise Errechnung der Schaufelschnitte. Auch die räumlich gekrümmte Stromlinie läßt sich in ihrer ganzen Erstreckung rechnerisch festlegen. Die hierzu notwendige Erweiterung des für einfach gekrümmte Schaufeln in Abschn. 47 beschriebenen Verfahren läßt sich durch folgende Überlegung finden:

In Abb. 146 und 147 ist ein beliebiger Stromfaden sowohl durch seine Zirkularprojektion $d_1\, d_2$ im Meridianschnitt als auch seine Orthogonalprojektion $d_1'\, d_2'$ im Grundriß dargestellt. Betrachtet man das sehr kleine Stück $p\, p_1 = d\, x$ im Meridianschnitt, dessen wahre Größe $P P_1$ aus dem Seitenbild der Abb. 147 ersichtlich ist und welches im Grundriß durch das Stück $p'\, p_1'$ dargestellt ist, so ist in dem sehr kleinen Dreieck $P P_1 T$ der Winkel bei T ein rechter und bei P gleich β, also

$$\overline{PT} = \frac{\overline{P_1 T}}{\operatorname{tg}\beta} = \frac{d\,x}{\operatorname{tg}\beta}.$$

Da nun dieses Stück $\overline{PT}$ des Parallelkreises übereinstimmt mit seiner Projektion $\overline{p't'} = r\,d\varphi$, so wird

$$r\,d\varphi = \frac{d\,x}{\operatorname{tg}\beta}$$

oder

$$d\varphi = \frac{d\,x}{r\operatorname{tg}\beta}, \tag{10}$$

woraus durch Integration, wenn gleichzeitig mit $180/\pi$ multipliziert wird, damit sich φ in Graden ergibt,

$$\varphi^\circ = \frac{180}{\pi}\int_0^x \frac{d\,x}{r\operatorname{tg}\beta}. \tag{11}$$

φ und x sollen hierbei, wie die Abbildung zeigt, vom Austrittspunkt des Stromfadens aus gemessen werden, also die Vorzeichen beider

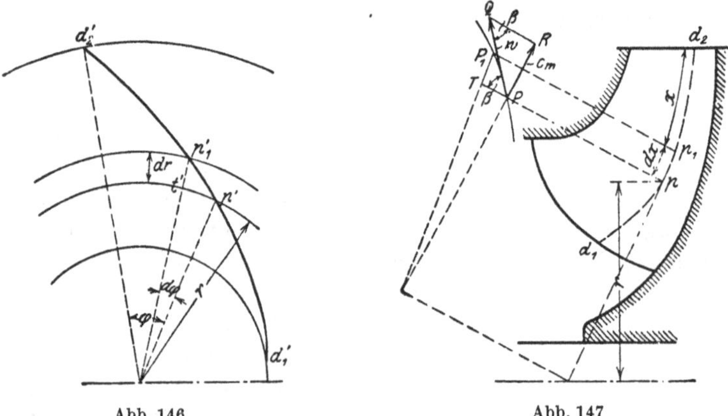

Abb. 146 Abb. 147

Größen entgegengesetzt der bei der Ableitung stillschweigend gemachten Annahme gewählt werden, wodurch aber offenbar das Ergebnis nicht beeinflußt wird.

Gl. (11) stimmt nahezu überein mit Gl. (24), S. 229. Das Verfahren der Bestimmung der Schaufel gestaltet sich demnach ebenso wie früher, nur daß der Wert $1/(r\operatorname{tg}\beta)$ in Abhängigkeit der abgewickelten Länge x der Flußlinie aufzutragen ist, um den zu den einzelnen Längen x gehörigen Wert des Integrals zu erhalten. Die Werte $1/(r\operatorname{tg}\beta)$ ergeben sich mit Hilfe der aus dem Aufriß zu entnehmenden r-Kurve zusammen mit der β-Kurve. Letztere kann unmittelbar, unter Beachtung der bekannten Anfangs- und Endwerte, angenommen werden. Sie kann aber auch aus einem anderen für den Verlauf der Schaufelfläche vorgeschriebenen Gesetz errechnet werden. Ist beispielsweise — wie für die in Beispiel 1 des Abschn. 50 errechnete Radialschaufel — der Verlauf von w und c_m in Abhängigkeit von x angenommen, so können die Winkel β aus

$$\sin\beta = \frac{c_m}{w} \tag{12}$$

und damit auch die Werte $1/(r \operatorname{tg}\beta)$ errechnet werden.

Um die Benutzung der Verengungsziffer $t/(t - \sigma)$, die in vorstehender Gleichung zur Ermittlung des Verlaufes von c_m nötig ist, zu vermeiden, kann man die der Gl. (29) des Abschn. 47 entsprechende Beziehung benutzen, nämlich

$$\sin\beta = \frac{s'}{t} + \frac{(c_m)_{\text{netto}}}{w}, \tag{13}$$

worin $(c_m)_{\text{netto}}$ die mit $s = 0$ sich ergebende Meridiangeschwindigkeit und s' die im Schnitt mit der Flußfläche erscheinende Wandstärke, die mit der wirklichen Wandstärke s in der den Gl. (4) und (5) entsprechenden Beziehung steht

$$s' = \frac{s}{\sin\lambda}. \tag{14}$$

Hierin bedeutet λ wieder den Winkel zwischen Schaufelfläche und Flußfläche, der sich ergibt aus[1]

$$\operatorname{ctg}\lambda = \operatorname{ctg}\lambda' \cos\beta, \tag{15}$$

sofern λ' aus dem Meridianschnitt als Winkel zwischen Flußlinie $d_1 d_2$ (Abb. 148) und der Schnittlinie $x y$ der Schaufelfläche mit der durch den betrachteten Punkt p gelegten Axialebene entnommen wird. Gl. (14) und (15) lassen sich auch zusammenfassen zu

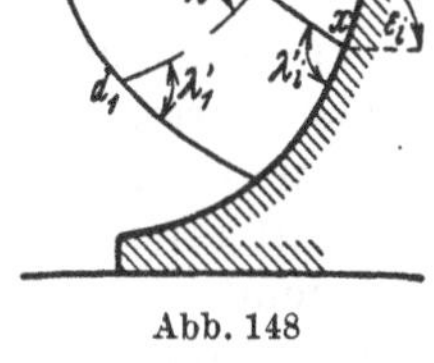

Abb. 148

$$s' = s\sqrt{1 + \operatorname{ctg}^2\lambda' \cos^2\beta}. \tag{16}$$

Die zur Entnahme der Winkel λ' nötigen Axialschnitte $x y$ sind vorläufig noch nicht bekannt, so daß man λ' zunächst schätzen und später korrigieren müßte. Bei Schaufeln gleichbleibender Wandstärke, die die Regel bilden, ist es aber zulässig, den s'-Verlauf als gerade Verbindungslinie zwischen dem Anfangswert s_1' und dem Endwert s_2' anzunehmen. Am Eintritt kann $\lambda' = \lambda_1'$ also gleich dem Winkel zwischen Flußlinie und Eintrittskante genommen werden, und am Austritt hat die Schaufelverengung so wenig Einfluß, daß plausible Annahmen vollkommen genügen, wenn man nicht $s_2' = s_2$ setzen will.

Aus den zusammengehörigen Werten von r und φ ergibt sich punktweise die Projektion $d_2' d_1'$ des Stromfadens im Grundriß. Für die anderen Stromfäden ist in gleicher Weise vorzugehen. Das Verfahren gewährleistet eine stetige Gesamtfläche. Die erhaltene Schaufelfläche ist strenggenommen die Mittelfläche zwischen Vorder- und Rückenfläche der Schaufel, wird aber meist auf der Vorderfläche verwirklicht, weil dann die Winkel etwas übertrieben werden.

[1] Die Tangenten im Punkt p an die Flußlinie $d_1 d_2$, an die Schnittlinie $x y$ der Schaufelfläche mit der Axialebene und an die wirkliche Stromlinie liefern ein rechtwinkliges Kugeldreieck, aus dem Gl. (15) folgt

Das Verfahren führt verhältnismäßig schnell zum Ziel und hat den Vorzug, daß die Schaufelfläche eindeutig festliegt, wenn das zugrunde zu legende Gesetz vorgeschrieben ist. Die individuelle Auffassung des mit dem Aufzeichnen der Fläche Beauftragten ist also ausgeschaltet.

Werden in dieser Weise die Stromfäden im Grundriß von der angenommenen Austrittskante aus aufgezeichnet, so ergibt sich die Eintrittskante im Grundriß als Verbindungslinie ihrer Endpunkte. Sie kann also nur im Aufriß beliebig angenommen werden, nicht auch im Grundriß. Möglich ist aber auch hier, die Stromfäden im Grundriß beliebig um die Achse gegeneinander zu drehen. Es muß jedoch darauf geachtet werden, daß sich eine stetige Fläche durch sie hindurchlegen läßt, was durch den stetigen Verlauf der Austrittskante genügend gewährleistet ist. Die Drehung kann nötig sein, um einen annähernd radialen Verlauf der Eintrittskante im Grundriß zu erzeugen oder, was wichtiger ist, um spitze Winkel zwischen Schaufel und Seitenwand zu vermeiden. [Diese Winkel sind im Meridianschnitt näherungsweise aus den Winkeln zwischen der seitlichen Begrenzung und den nachher unter c) besprochenen Axialschnitten ersichtlich.]

c) Ausbildung der Gesamtfläche. Tangenten. Sind nach einem der beiden vorstehend beschriebenen Verfahren eine genügende Zahl von Stromfäden im Grundriß bestimmt, so empfiehlt es sich, die Ein- und Austrittstangenten einzutragen, weil es auf genauen Verlauf der Enden ankommt. Im beliebigen Punkt m' der Projektion der Stromlinien (Abb. 145c) ist der Neigungswinkel β' der Tangente zu erhalten aus:

$$\operatorname{tg}\beta' = \operatorname{tg}\beta \sin\varepsilon, \tag{17}$$

wo β der wirkliche Neigungswinkel der räumlichen Stromlinie im betrachteten Punkt gegen den Parallelkreis und ε der aus dem Meridianschnitt zu entnehmende Winkel zwischen Flußlinie und axialer Richtung ist. Danach läßt sich in jedem Punkt der projizierten Stromlinie der Neigungswinkel und damit die Tangente leicht bestimmen. Graphisch läßt sich dies, wie in Abb. 145a und b für den Eintrittspunkt d_1 angedeutet, durch Zuhilfenahme des rechtwinkligen Dreiecks (Abb. 145d) leicht durchführen. (In Abb. 149a ist die Konstruktion unter Bezugnahme auf das Geschwindigkeitsdreieck für den Eintrittspunkt b_1 gezeigt.) Beim Mittelläufer projiziert sich der Endwinkel β_2 in wahrer Größe.

Axialschnitte und Schreinerschnitte. Um den stetigen Verlauf der erhaltenen Schaufelfläche zu prüfen, wird ein Büschel von axialen Schnittebenen $\mathfrak{a}$ bis $\mathfrak{g}$ verwandt (Abb. 149a und b). Diese Schnitte sind dann im Grundriß als radiales Strahlenbüschel gegeben. Das Aufzeichnen im Aufriß wird dadurch sehr erleichtert, daß die Radien der Projektionen eines Punktes im Grund- und Aufriß gleich sind. Im zylindrischen Teil der Flußflächen, wo dieses Mittel versagt, kommt man mittels der Abwicklungen [Verfahren a] bzw. mittels der φ, x-Linien der Diagramme [Verfahren b] leicht zum Ziel. Ist der notwendige allmähliche Übergang zwischen den erhaltenen Schnittlinien nicht vorhanden, so sind die Projektionen der Strombahnen entsprechend zu ändern. Diese Nachprüfung ist insbesondere beim Entwurf der Schaufel nach dem Verfahren a) notwendig, während bei der punktweisen Bestimmung der Schaufel der stetige Zusammenhang schon durch das Verfahren selbst in genügender Weise gewährleistet ist, so daß es sich hier nur um das Erkennen von Zeichenfehlern handeln kann.

Die Winkel λ_a' und λ_i', unter denen die axialen Schnitte xy (Abb.148) die Seitenwände im Meridianschnitt schneiden, sollten möglichst nahe an 90° liegen, da sie mit den wirklichen Winkeln λ_a und λ_i zwischen Schaufelfläche und Seitenwand nahezu übereinstimmen, sofern β wie üblich klein ist[1]. Auf diese Weise wird vermieden, daß spitze Ecken in den Laufkanälen entstehen, die die Reibung vergrößern. Besonders am Eintritt des äußeren Fadens ist die Beachtung dieser Regel mit Rücksicht auf die Saugfähigkeit wichtig. Dementsprechend kann die Schräglage der Austrittskante gegen den Umfang gewählt werden. Dieser Gesichtspunkt der Vermeidung spitzer Eckenwinkel in den Schaufelkanälen ist wichtiger als der des radialen Verlaufes der Eintrittskante im Grundriß. Der letztere muß schon deshalb zurücktreten, weil ein schräger Verlauf der Eintrittskante im Grundriß den Vorteil bietet, daß die zur Schaufeleintrittskante senkrechte Komponente der relativen Eintrittsgeschwindigkeit verringert und deshalb die Gefahr der Kavitation (bzw. der Überschreitung der Schallgeschwindigkeit) verkleinert wird (S. 340).

Die Herstellung der Modelle für die Schaufel in der Werkstatt erfolgt entweder unmittelbar nach den besprochenen Axialschnitten oder häufiger dadurch, daß entsprechend zugeschnittene Brettchen gleicher Dicke, deren Ebenen senkrecht zur Achse sind, aufeinandergeleimt werden. Um die Kurven anzugeben, nach denen diese Brettchen begrenzt sein müssen, werden zum Schluß im Grundriß die Schnittlinien der Schaufelfläche durch Ebenen senkrecht zur Achse — *die Schreinerschnitte* — (I bis IX, Abb. 149a und b) gezeichnet. Der gegenseitige Abstand der Schnittebenen ist gleich der Dicke der später in der Schreinerei zu verwendenden Bretter. Auch der Verlauf dieser Linien läßt erkennen, ob eine stetige Fläche vorliegt oder nicht.

Werden die Schaufeln oder ihre Preßgesenke gegossen, so muß in der Zeichnung das Schwindmaß berücksichtigt werden.

53. Zahlenbeispiel für einen Mittelläufer (FRANCIS-Rad)

Es soll das Laufrad einer Kühlwasserpumpe für 500 m³/h = 0,139 m³/s und 18 m Förderhöhe bei 1450 U/min entworfen werden.

Die spezifische Drehzahl ermittelt sich aus Gl. (7), S. 153, zu $n_q = 62\,(n_s = 226)$.

Bei diesen doppelt gekrümmten Schaufeln kann nach Abschn. 38 die Saugzahl reichlich angenommen werden. Schätzen wir $S = 3$, so be-

[1] Dies zeigt ein Blick auf Gl. (15), weil $\cos\beta \approx 1$. Bei sehr steilen Winkeln β können offenbar auch kleine Seitenwinkel λ_a' und λ_i' zugelassen werden

rechnet sich aus Gl. (28), S. 195, mit $A - H_t = 9{,}3$ m, $k = 0{,}94$ die größtzulässige Saughöhe $(H_s'')_{\max} = 4{,}48$ m.

Ein Sicherheitszuschlag von 6% ergibt folgenden der Berechnung zugrunde zu legenden Förderstrom

$$V' = 1{,}06 \frac{500}{3600} = 0{,}1472 \text{ m}^3/\text{s}.$$

Aus n_q folgt nach Gl. (30), S. 163, $\varepsilon = 0{,}251$, wenn der dortige Beiwert (bei Wasserförderung nahe an der unteren Grenze) zu 0,016 angenommen wird. Damit ist $c_s = \varepsilon \sqrt{2gH} = 4{,}73$ m/s. Das Rad hängt fliegend auf der Welle (Abb. 149b). Im Hinblick auf die Befestigungsart kann $d_n = 50$ mm angenommen werden. Nach Gl. (4), S. 219, ist dann $D_s = 0{,}206$ m $= 206$ mm. Der Wirkungsgrad η der vorliegenden Pumpe dürfte 0,80 betragen. Schätzt man η_h deshalb vorsichtig zu 0,85, so wird $H_{\text{th}} = 18/0{,}85 = 21{,}2$ m.

Die Minderleistungsziffer p werde vorläufig zu 0,35 geschätzt, womit $H_{\text{th}\infty} = H_{\text{th}}(1 + p) = 28{,}6$ m. Nimmt man $\beta_2 = 26°$ und $c_{2m} \approx c_{3m} = c_0 = c_s = 4{,}73$ m/s, so gibt Gl. (13), S. 222, $u_2 = 22{,}3$ m/s, also $D_2 = 60 u_2/\pi n = 0{,}294$ m[1]. Das Rad werde mit $D_2 = 300$ mm ausgeführt und die Änderung zusammen mit weiteren Korrekturen am Schluß durch entsprechende Änderung von β_2 berücksichtigt. Dann ist

$$b_2 = \frac{V'}{\pi D_2 c_{3m}} = 0{,}033 \text{ m} = 33 \text{ mm}.$$

Das Durchmesserverhältnis $D_2/D_s = 300/206 = 1{,}46$ ist für die vorliegende Schnelläufigkeit annehmbar.

Mit den jetzt bekannten Werten von D_2, b_2, D_s und d_n wird der Radquerschnitt für gleichbleibende Meridiangeschwindigkeit $(c_m)_{\text{netto}} = c_0 = c_{3m}$ gezeichnet, nachdem die zur Achse parallele Zirkularprojektion der Austrittskante eingetragen ist. Zur Kleinhaltung der Wandkrümmung soll diese unmittelbar an der Austrittskante beginnen. Dabei ergibt sich, daß kleine Schwankungen der Geschwindigkeit $(c_m)_{\text{netto}}$ in Kauf zu nehmen sind, wie die Schaubilder Abb. 149c bis e erkennen lassen.

Im Hinblick darauf, daß die Austrittskante weit außerhalb der Umlenkungszone liegt, genügt die Benutzung von 3 Flußlinien $a_1 a_2$, $b_1 b_2$ und $c_1 c_2$, so daß nur die mittlere $b_1 b_2$, und zwar unter der vereinfachenden Annahme gleichen c_m-Wertes längs jeder Normallinie ermittelt zu werden braucht. Nun legen wir den äußeren Endpunkt a_1 der Eintrittskante nach Schätzung fest und tragen die Linie gleichen statischen Momentes S ein ($a_1\,y$ in Abb. 149b), nachdem vorher dieser Wert für die Flußlinie $a_1 a_2$ zu $S = 0{,}0084$ m² (durch Aneinandertragen gleich langer Strecken $\Delta x = 10$ mm $= 0{,}01$ m auf diesem Faden und Bildung von $S = \Delta x \sum r$) ermittelt worden war. Im Anschluß hieran

[1] Für den Fall, daß ein Spiralgehäuse als einzige Leitvorrichtung verwendet werden soll, ist es zweckmäßig, sich an dieser Stelle zu vergewissern, ob dieses nicht zu weit oder zu eng ist. Dies geschieht am einfachsten durch Ermittlung des Halbmessers $\varrho_{\max}$ des Spiralendquerschnitts nach Gl. (44), S. 384, der einen passenden konischen Übergang zum Querschnitt des Druckstutzens ermöglichen muß.

kann die Eintrittskante so eingezeichnet werden, daß sie die Seitenwandungen unter möglichst steilen Winkeln schneidet, was dazu zwingt, von der Linie gleichen statischen Momentes etwas abzuweichen.

Wir bestimmen jetzt überschläglich den Eintrittswinkel β_1 für die mittlere Flußlinie nach Gl. (2), S. 256, und erhalten die Schaufelzahl

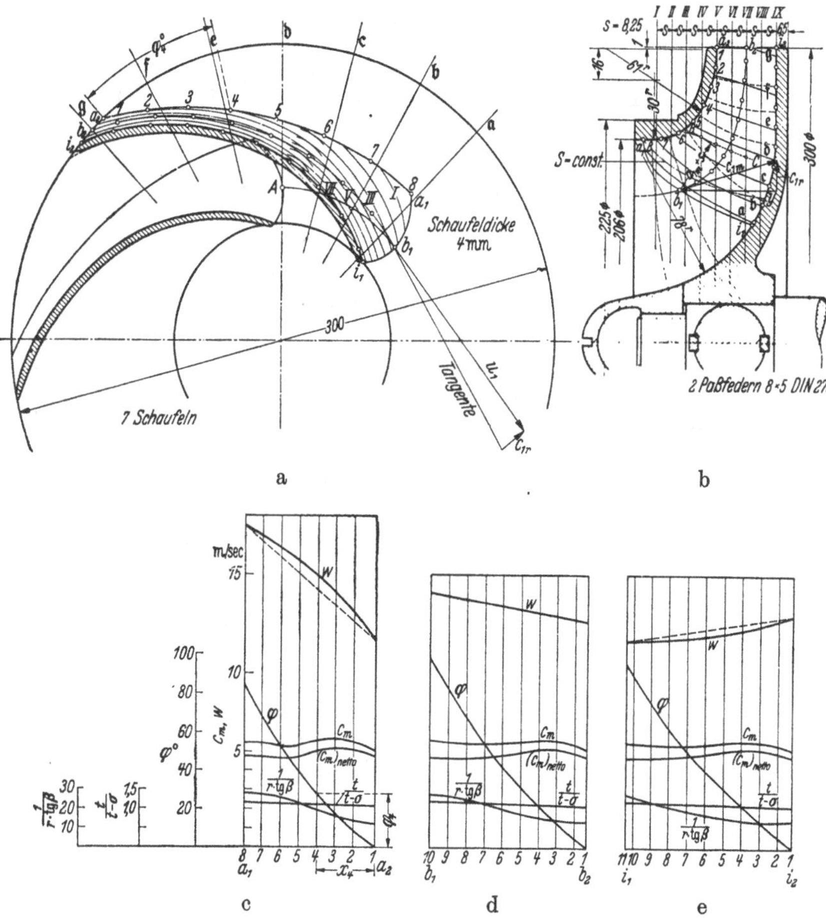

Abb. 149a—e. Entwurf der mittelläufigen Schaufel des Zahlenbeispieles Abschn. 53 mittels punktweiser Errechnung

nach Gl. (18), S. 159, mit $k = 6{,}5$ durch Entnahme von $r_m = 109{,}5$, $e = 86$ mm zu $z = 7{,}16$, abgerundet 7. Für diese Flußlinie ergibt sich $S = 0{,}0094$ m². Jetzt kann die Minderleistungsziffer $p = \psi' \, r_2^2/zS$ nachgeprüft werden. Nach Annahme von $\psi' = 1{,}05$ gemäß Gl. (39), S. 138, ergibt sich $p = 1{,}05 \cdot 0{,}150^2/(7 \cdot 0{,}0094) = 0{,}359$, gegenüber 0,350, wie angenommen. Will man noch die Schaufelverengung am Austritt berücksichtigen, so ergibt sich bei einer Wandstärke $s = 4$ mm (die gleich der in der Flußfläche erscheinenden Schnittbreite s_s' trotz der voraussichtlichen Schrägstellung der Austrittskante in Umfangsrichtung gesetzt wird, weil andererseits die Zuschräfung am Austritt unberücksichtigt bleibt) $\sigma_2 = 4/\sin\beta_2 = 9{,}13$, ferner $t_2 = \pi D_2/z = 134{,}6$ mm, so daß $t_2/(t_2 - \sigma_2) = 1{,}07$, also $c_{2m} = 1{,}07 c_{3m} = 1{,}07 \cdot 4{,}73 = 5{,}06$ m/s. Der endgültige Winkel β_2 folgt damit unter Bezugnahme auf das Austrittsdreieck (Abb. 79) aus

$$\operatorname{tg}\beta_2 = \frac{c_{2m}}{u_2 - c_{2u}},$$

worin $u_2 = 22{,}8$ und

$$c_{2u} = c_{3u}(1 + p) = \frac{gH_{\text{th}}}{u_2}(1 + p) = \frac{9{,}81 \cdot 21{,}2}{22{,}8} \cdot 1{,}359 = 12{,}4 \text{ m/s},$$

also

$$\operatorname{tg}\beta_2 = \frac{5{,}06}{10{,}4} = 0{,}487; \qquad \beta_2 = 26^\circ\, 0'$$

zufälligerweise übereinstimmend mit der Annahme, weil sich die Abweichungen ausgeglichen haben. Aber auch im Falle eines Unterschiedes wäre eine Wiederholung der Rechnung nicht nötig.

Die Eintrittswinkel β_1 sind in nachstehender Tabelle errechnet. Dabei ist — wie bei der zylindrischen Schaufel — die Verengungsziffer vorläufig angenommen und nach Bekanntwerden der ersten Näherung von β_1 berichtigt[1].

Flußlinie	D_1 m	u_1 m/s	c_0 m/s	$\frac{t_1}{t_1-\sigma_1}$ Annahme	c_1 m/s	β_1 nach Gl. (2)	λ_1' aus Abb. 149 b	$\frac{t_1}{t_1-\sigma_1}$ nach Gl. (7)	c_1 m/s	β_1
$a_1\,a_2$	0,206	15,62	4,72	1,2	5,66	20° 0′	90°	1,15	5,43	19° 10′
$b_1\,b_2$	0,156	11,81	4,72	1,2	5,66	25° 40′	55° 20′	1,18	5,58	25° 20′
$i_1\,i_2$	0,120	9,11	4,65	1,2	5,58	31° 30′	70°	1,18	5,49	31° 6′

Die Schaufel ist in Abb. 149a punktweise mittels der Diagramme Abb. 149c bis e errechnet.

Wir legen der Berechnung einen möglichst geradlinigen Verlauf der Relativgeschwindigkeit w zugrunde, deren Anfangswert $w_1 = \sqrt{u_1^2 + c_1^2}$ sich aus obiger Tabelle errechnet zu 16,54; 13,1; 10,62 m/s.

Der Endwert w_2 ist im vorliegenden Fall für alle drei Flußlinien gleich, weil die Durchmesser gleich sind und die Unterschiede von η_h und S bei den einzelnen Flußlinien nicht berücksichtigt werden sollen,

[1] Diese Wiederholung der Rechnung kann man vermeiden, wenn man folgende Beziehung benutzt, die sich — ähnlich wie in Gl. (9a) S. 220 — aus der Vereinigung der Gleichungen (2), (3) und (7) ergibt

$$\operatorname{tg}\beta_1 = \left[\frac{c_0}{u_1} + \frac{s_1}{t_1}\sqrt{\left(1 - \frac{s_1^2}{t_1^2}\right)\frac{1}{\sin^2\lambda_1'} + \left(\frac{c_0}{u_1}\right)^2}\,\right]\frac{1}{1 - \left(\frac{s_1}{t_1}\right)^2}.$$

Hierin ist $(s_1/t_1)^2$ in der Regel gegen 1 vernachlässigbar, so daß

$$\operatorname{tg}\beta_1 = \frac{c_0}{u_1} + \frac{s_1}{t_1}\sqrt{\frac{1}{\sin^2\lambda_1'} + \left(\frac{c_0}{u_1}\right)^2}.$$

entsprechend einer häufigen Gepflogenheit der Praxis[1]

$$w_2 = \frac{c_{2m}}{\sin\beta_2} = \frac{5{,}10}{0{,}44} = 11{,}59\,\text{m/s}.$$

Die w-Linie konnte nur für den mittleren Faden als Gerade angenommen werden. Beim Faden $a_1\,a_2$ mußte sie nach oben, bei $i_1\,i_2$ nach unten gekrümmt werden, weil ein angenähert radialer Verlauf der Eintrittskante im Grundriß angestrebt wurde.

Nachdem die Linien der β aus Gl. (12) errechnet sind, werden die Winkel φ nach Gl. (11) durch Bestimmung der Flächen unter den Kurven der $1/(r\,\text{tg}\beta)$ tabellarisch errechnet. Mit den zusammengehörigen Werten von r und φ ergeben sich die Projektionen der Strombahnen im Grundriß (Abb. 149a), von der Austrittskante ausgehend, die mit $\delta = 67{,}5°$ gegen den Umfang geneigt angenommen wird. Die auf den Flußlinien markierten Punkte entsprechen den Abszissen 1, 2 usw. in den Diagrammen Abb. 149c bis 149e.

Die Eintrittskante im Grundriß ist, wie ersichtlich, eine leicht gekrümmte Linie mit im Mittel radialem Verlauf, der aus den S. 256 bei Gl. (6) erwähnten Gründen angestrebt wurde. Noch wichtiger aber ist die Vermeidung spitzer Eckenwinkel über dem ganzen Schaufelverlauf, d. h. spitzer Winkel zwischen den Axialschnitten $\mathfrak{a}$ bis $\mathfrak{g}$ und den Meridianen der beiden Seitenwände. Danach ist die Neigung der Austrittskante gegen den Umfang durch Probieren zu bestimmen, indem die Projektionen der Strombahnen im Grundriß um die Achse gegenseitig entsprechend verdreht werden. Ergeben sich dann unannehmbare Lagen der beiden Schaufelkanten, so empfiehlt es sich, die Stromfäden entsprechend zu verkürzen oder zu verlängern. Ersteres kann man erreichen, indem man die w-Kurve nach unten, letzteres, indem man sie nach oben durchbiegt, was ohne Beeinträchtigung der Stetigkeit der Fläche geschehen kann. Am wirksamsten sind Verschiebungen der Eintrittskante im Meridianschnitt besonders am äußeren Faden.

Die Herstellung der Axial- und Schreinerschnitte erfolgt dort, wo die Flußlinien parallel zur Achse verlaufen, also die Stromlinien im Grundriß sich als Kreise projizieren, mittels der φ-Linie der Diagramme Abb. 149c bis 149e, die zu jedem Winkel φ des Grundrisses die Abwicklung x der Flußlinien zu entnehmen gestatten.

Die ermittelte Fläche ist in Abb. 149a als Vorderfläche gezeichnet, obwohl sie bei diesem Verfahren strenggenommen die Mittelfläche der Schaufel darstellt, weil damit eine erwünschte Übertreibung der Winkel stattfindet. Bei der Abwicklung auf Kegelflächen kann man auch die Oberfläche der Schaufel darstellen,

---

[1] Der in Abb. 149c und e eingetragene w-Verlauf berücksichtigt jedoch die Veränderung von η_h und S nach den in Abschn. 55 gemachten Angaben (also durch Anpassung von β_2) und dementsprechend auch die entworfene Schaufel. Dies ist geschehen, um die Abbildungen auch zur Veranschaulichung dieser späteren Darlegungen benutzen zu können, zudem ihre Verwendbarkeit für den vorliegenden Zweck in keiner Weise eingeschränkt wird, wenn man beachtet, daß die Endwerte der Kurven für w und $(1/r)\,\text{ctg}\beta$ in allen drei Diagrammen bei dem vereinfachten Verfahren gleich sind, während sie bei Berücksichtigung der Verschiedenheit der 3 Flußlinien etwas voneinander, wie gezeichnet, abweichen, weil β_2 verschieden ist

wenn die Schaufel in die Abwicklung mit ihrer in der Flußfläche erscheinenden Dicke — etwa unter Benutzung nachstehender Gl. (18) — eingetragen wird.

Ergänzende Bemerkungen. Die im Grundriß erscheinende (in Abb. 149a schraffierte) Schnittfläche zwischen Schaufel und Seitenwand $i_1\, i_2$ (die allerdings für die Herstellung belanglos ist), sollte wegen des spitzen Kantenwinkels und der zur Schnittfläche schrägen Projektionsrichtung nicht mit der wahren Wandstärke $s = 4$ mm gezeichnet werden. Der Verlauf ergibt sich am einfachsten unter Errechnung der in radialer Richtung erscheinenden Wandstärke s''' des Grundrisses (Abb. 150) aus

$$s''' = \frac{s \sin \varepsilon_i}{\sin \lambda_i \cos \beta}. \tag{18}$$

Darin ist ε_i der aus Abb. 148 ersichtliche und aus dem Meridianschnitt zu entnehmende Neigungswinkel der Flußlinie der Seitenwand gegen die Parallele zur Achse, β der aus der Schaufelberechnung bekannte Schaufelwinkel und λ_i der Winkel zwischen Seitenwand und Schaufelfläche, der sich entsprechend Gl. (15), S. 261, ergibt aus

$$\operatorname{ctg} \lambda_i = \operatorname{ctg} \lambda_i' \cos \beta,$$

sofern λ_i' (Abb. 148) aus der Zeichnung entnommen wird. Man muß aber im Auge behalten, daß die gezeichnete Fläche eigentlich als die Mittelfläche der Schaufel zu betrachten ist.

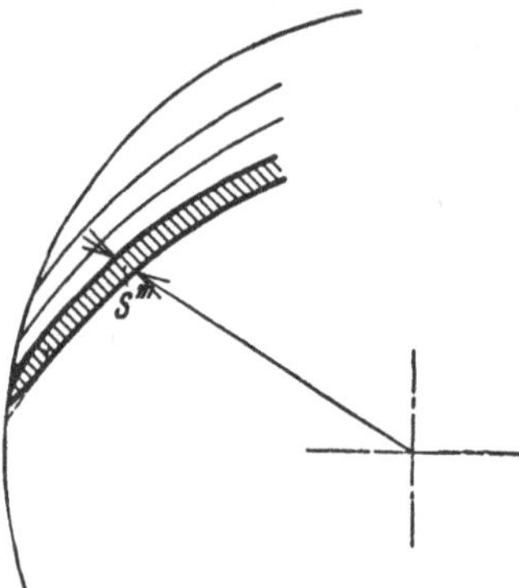

Abb. 150

Lichte Eintrittsweite. Zur Erleichterung der Herstellung (Nachprüfung der Kernbüchsen der aus einem Stück gegossenen Räder oder bei Blechschaufeln der richtigen Lage der eingenieteten oder eingegossenen Schaufeln) ist die Kenntnis der lichten Kanalweite a_{1m} für einige Punkte der Eintrittskante wichtig. Diese darf bei Anwendung der Kegelabwicklung (Verfahren a) nicht aus dieser entnommen werden, teils wegen der darin enthaltenen Winkelverzerrung, teils weil die Flußflächen schräg zur Schaufelfläche verlaufen. Man kann sie aber aus dem Schaufelplan Abb. 149a nach folgendem Verfahren entnehmen:

Der gewählte Punkt A der Eintrittskante wird im Grundriß für die nächstfolgende Schaufel auf dem zugehörigen Parallelkreis festgelegt. Schlägt man nun im Grundriß um A Kreise, welche die Schreinerschnitte berühren, so stellen die Radien der Berührungspunkte die Projektionen der Lote von A auf die wirklichen Schreinerschnitte dar, von denen das kürzeste die gesuchte lichte Weite darstellt. Man bestimmt die wirkliche Länge dieser Lote im Aufriß durch Hereinklappen dieser Lote in die durch A gehende Merdianebene. Ihre Endpunkte ergeben dann die Linie BC des Aufrisses, deren kleinster Abstand von A die gesuchte Weite a_{1m} ist. Hierbei ist vorausgesetzt, daß die gezeichneten Schreinerschnitte für die Rückseite der Schaufel gelten. Stellen sie die Mittelfläche dar, so mißt man den Abstand $a_{1m} + s/2$; sind sie — wie in Abb. 149a — als Vorderfläche genommen, so erhält man den Abstand $a_{1m} + s$. In beiden Fällen ist naturgemäß die Lage des Bezugspunktes A im Grundriß entsprechend verschieden. Im ersteren Fall ist $\overline{A b_1} = t_1 - \sigma_1/2$, im letzteren Fall $= t_1$.

In der zum Bezugspunkt A bzw. b_1 gehörigen Flußfläche mißt man eine Weite $a_1 > a_{1m}$, und zwar ist angenähert $a_1 = a_{1m}/\sin \lambda_1$ oder mit Bezug auf Gl. (16)

$$a_1 = a_{1m} \sqrt{1 + \operatorname{ctg}^2 \lambda_1' \cos^2 \beta_1}. \tag{19}$$

Bemerkenswert ist, daß diese Weite a_1 längs der Eintrittskante annähernd gleichbleibt.

Diese Eigenschaft der doppelt gekrümmten Schaufel, die Eintrittsweite a_1 unabhängig vom Achsenabstand praktisch gleichbleibend zu halten, muß hoch gewertet werden. Sie erklärt ihre Bevorzugung gegenüber der in Abschn. 48

besprochenen Form der in den Einlauf vorgezogenen Eintrittskante bei einfacher Schaufelkrümmung und ihre steigende Verwendung auch beim Langsamläufer.

54. Schräglage der Austrittskante im Meridianschnitt, Schnelläufer

Die achsparallele Austrittskante im Aufriß ist nach Abschn. 27 bei weit getriebener Schnelläufigkeit nicht mehr möglich. Aber auch bei mäßiger Schnelläufigkeit, wo geometrisch diese Kantenlage durchführbar sein würde, ist ihre Beibehaltung häufig nicht zweckmäßig, weil mit Bezug auf Abb. 144

1. die äußere Flußlinie $a_1\,a_2$ gegenüber der inneren Flußlinie $i_1\,i_2$ zu kurz wird;

2. die relative Eintrittsgeschwindigkeit w_1 bei a_1 größer und bei i_1 kleiner ist als die relative Austrittsgeschwindigkeit w_2, die bei achsparalleler Austrittskante überall gleich ist (wenn man vom Krümmungseinfluß absieht). Der Laufkanal müßte sich also längs $a_1\,a_2$ erweitern und längs $i_1\,i_2$ verengen, was zu ungünstigen Strömungsverhältnissen führt;

3. das Verhalten bei Teillast, wie in Abschn. 86 gezeigt werden wird, ungünstig ist.

Mit Rücksicht auf die Verhältnisse bei Teillast sollte andererseits die Schräglage nicht größer als unbedingt nötig genommen werden, weil sonst (nach Abschn. 86) bei Teillast ungünstige Sekundärströmungen auftreten, die zur Folge haben können, daß der Leistungsbedarf mit abnehmendem Durchfluß sogar zunimmt (wie beim Propeller). In dieser Hinsicht scheint günstig zu sein die folgende (in Abschn.86 abgeleitete) Beziehung zwischen den Halbmessern der 4 Punkte a_1, a_2, i_1, i_2 (Abb. 144)

$$m \equiv \frac{r_{2a}^2 - r_{2i}^2}{r_{1a}^2 - r_{1i}^2} = \frac{\varphi}{2}(1 + p), \tag{20}$$

worin p die für den mittleren Faden gültige Minderleistungsziffer und φ die im Abschn. 81 eingeführte Stoßziffer bedeuten.

Mit $p = 0{,}4$ $\varphi = 0{,}56$ folgt für mäßige Schnelläufigkeit

$$m \equiv \frac{r_{2a}^2 - r_{2i}^2}{r_{1a}^2 - r_{1i}^2} = 0{,}42, \tag{21}$$

womit sich zu jeder Eintrittskante günstige Lagen der Austrittskante angeben lassen. Man darf sich aber nicht darüber hinwegtäuschen, daß das Maß m letzten Endes von der Schnelläufigkeit abhängt.

Deshalb kann die aus obiger Gleichung gefundene Lage von i_2 *lediglich im Übergangsgebiet zwischen Mittel- und Schnellauf* als Anhalt betrachtet werden. Insbesondere ist ihre Einhaltung bei sehr hoher Schnelläufigkeit nicht mehr möglich, weil man genötigt ist, sich den Verhältnissen des Propellers anzupassen, wo ja der Wert des Bruches von Gl. (21) gleich Eins ist. Da anzustreben ist, die Austrittskante in eine Axialebene zu legen, wird man ferner versuchen, sie annähernd rechtwinklig an die beiden Seitenwände anlaufen zu lassen.

Der Austrittswinkel, der in der zugehörigen Flußfläche zu messen ist, ändert sich längs der schrägen Austrittskante, und zwar nimmt er von a_2 nach i_2 zu. Er errechnet sich für einen beliebigen Punkt der Austrittskante mit dem Halbmesser r_2 und der Umfangsgeschwindigkeit $u_2 = r_2\,\omega$, wie im vorausgegangenen Zahlenbeispiel aus

$$\operatorname{tg}\beta_2 = \frac{c_{2m}}{u_2 - c_{2u}} = \frac{c_{2m}}{u_2 - c_{3u}(1+p)}, \tag{22}$$

worin im Fall senkrechten Eintrittes

$$c_{3u} = \frac{g H_{\text{th}}}{u_2} \tag{22a}$$

und $c_{2m} = c_{3m}[t_2/(t_2 - \sigma_2)]$ aus dem Strombild zu entnehmen ist.

Da jetzt die Austrittskante in der Krümmungszone liegt, ist c_{2m} bei a_2 größer als bei i_2, was in irgendeiner Weise zu berücksichtigen ist. Für die ideale Flüssigkeit hätte dies unter bestimmten Voraussetzungen[1] durch Entwurf des Strombildes als Potentialströmung nach den S. 56f. angegebenen Regeln zu geschehen. Dabei ergeben sich aber längs der Austrittskante so beträchtliche Geschwindigkeitsunterschiede, wie sie bisher nicht beobachtet wurden. Da zudem ein verhältnismäßig großer Zeitaufwand für die Ermittlung des Strombildes der Potentialströmung erforderlich ist, so sind einfachere Näherungsverfahren am Platz. Hierbei geht man so vor, daß man im Bereich der Eintrittskante gleich große Meridiangeschwindigkeit, im Bereich der Austrittskante aber eine den vorliegenden Krümmungsverhältnissen angepaßte Geschwindigkeitsverteilung über die einzelne Normallinie annimmt und dementsprechend die Flußlinien einzeichnet. Ein solches passendes Verteilungsgesetz für die Meridiangeschwindigkeit längs der Austrittskante liefert Gl. (26), Abschn. 11, die wir jetzt kurzerhand auf die Austrittskante beziehen, obwohl diese Kante meist nicht mit einer Normallinie übereinstimmt. Deshalb werde dort die Länge a der Normallinie durch die abgewickelte Länge l der Austrittskante ersetzt. Außerdem wird mit dem Faktor $\mu = 2$ bis 4 dividiert, weil die Potentialströmung zu große Änderung von c_{3m} ergeben würde. Man erhält dann

$$\ln\frac{c_{3m}}{c_{3mi}} = \frac{y}{\mu\,\varrho_i}\left[\frac{y}{2l}\left(\frac{\varrho_i}{\varrho_a} - 1\right) + 1\right]. \tag{23}$$

Darin bezeichnet

c_{3mi}, c_{3m} die Meridiangeschwindigkeiten an der Austrittskante bei i_2 bzw. in der Entfernung y von i_2, gemessen auf der Austrittskante,

ϱ_i, ϱ_a die Krümmungshalbmesser der Seitenwände bei i_2 und a_2 im Meridianschnitt,

l die abgewickelte Länge der Austrittskante.

---

[1] Vgl. Fußnote 1, S. 255

Mit $y = l$ ergibt Gl.(23) für das Verhältnis der Meridiangeschwindigkeiten an den Seitenwänden:

$$\ln \frac{c_{3ma}}{c_{3mi}} = \frac{l}{2\mu \varrho_i} \left(\frac{\varrho_i}{\varrho_a} + 1 \right). \tag{23a}$$

Man trägt nun das Verhältnis $c_{3m}/c_{3mi} = \nu$ aus Gl.(23) über der abgewickelten Austrittskante als Verteilungskurve auf (Abb. 153). Die Austrittskante ist jetzt durch Probieren so zu unterteilen, daß das Produkt $\Delta b_2\, r_2\, \nu$ für die verwendeten Teilströme gleich ist. Dabei ist ν aus der Verteilungskurve zu dem Wert y zu entnehmen, welcher im Mittelpunkt des mit Δb_2 in die Stromröhre einbeschriebenen Kreises vorhanden ist (Abb. 152). r_2 ist der Achsenabstand des Mittelpunktes dieses Kreises. Da $V = \sum 2\pi\, r_2\, \Delta b_2\, c_{3mi}\, \nu$, so folgt der Betrag von c_{3mi} aus

$$c_{3mi} = \frac{V}{2\pi \sum r_2 \Delta b_2\, \nu}, \tag{24}$$

womit die Geschwindigkeit $c_{3m} = \nu\, c_{3mi}$ an beliebiger Stelle der Austrittskante gegeben ist. Man zeichnet nun die Flußlinien so ein, daß sie in passender Entfernung von der Austrittskante in das einfache Strombild, welches gleichbleibendes c_m längs jeder Normallinie aufweist, zwanglos einmünden. Da es allein auf die Bereiche der Ein- und Austrittskante ankommt, braucht man nur wenig Zwischenkontrollen. Es genügt ein stetiges Gesamtbild.

Die Veränderung von c_{3m} und r_2 längs der Austrittskante ergibt entsprechend verschiedene Geschwindigkeitspläne (Abb. 155). Hiernach nimmt, wie gemäß Gl. (22) zu erwarten, der Winkel β_2 mit abnehmendem r_2 stark zu.

In Gl. (22) ist die Größe

$$p = \frac{\psi' r_2^2}{z S} \tag{24a}$$

im allgemeinen für jede Flußlinie verschieden, weil sowohl r_2 wie S sich ändern. Man könnte zwar die Eintrittskante leicht so korrigieren, daß der Wert r_2^2/S konstant bliebe. Es ist aber weniger zeitraubend, die vorhandenen Unterschiede bei der Berechnung von β_2 zu berücksichtigen.

Sind hiernach die Winkel β_2 für die betrachteten Flußlinien berechnet, so können die Projektionen der Stromlinien im Grundriß in gleicher Weise gezeichnet werden, wie für den Mittelläufer beschrieben ist (Zahlenbeispiel Abschn. 56).

Bei weitgetriebener Schnelläufigkeit wird die Außenwand weggelassen, weil ihre Reibung ins Gewicht fällt und andererseits wegen des hohen Reaktionsgrades die Absolutgeschwindigkeit kleiner ist als die Relativgeschwindigkeit. Auch tritt der Spaltverlust zurück.

55. Berücksichtigung der Verschiedenheit der Verluste in den einzelnen Flußflächen

Von den einzelnen Flußlinien muß man Gleichheit der bewirkten Förderhöhe $H = \eta_h H_{\text{th}}$ fordern, wenn man verlustreiche Unterströmungen vermeiden will.

Im vorausgegangenen Abschnitt ist am Schluß ausgeführt, wie man beim Schnelläufer die verschiedene Form der Flußlinien hinsichtlich ihres Einflusses auf die Minderleistung durch endliche Schaufelzahl, d. h. auf die Größe von H_{th} berücksichtigen kann. Die Abweichungen der Flußlinien untereinander wirken sich aber auch auf die hydraulischen Verluste, also auf den Schaufelwirkungsgrad aus. Dieser ist für die einzelnen Fäden nicht gleich, schon weil die Relativgeschwindigkeit am Eintritt ebenso wie die absolute Austrittsgeschwindigkeit, also der Reaktionsgrad (Abschn. 24), verschieden sind. Man muß also, strenggenommen, für jeden Faden mit einem individuellen Wert von H_{th} rechnen, damit ein gleiches H erzielt wird. Jedoch ist diese Verfeinerung keineswegs immer nötig.

Die hydraulischen Verluste zerfallen zur Hauptsache in solche des Lauf- und Leitkanals, die wir überschläglich setzen gleich $\zeta_1(w_0^2/2g)$ bzw. $\zeta_2(c_3^2/2g)$. Damit wird

$$H_{\text{th}} = H + \zeta_1 \frac{w_0^2}{2g} + \zeta_2 \frac{c_3^2}{2g} \tag{25}$$

und also

$$\eta_h = \frac{H}{H_{\text{th}}} = \frac{1}{1 + \frac{1}{2gH}(\zeta_1 w_0^2 + \zeta_2 c_3^2)}. \tag{26}$$

Darin sind ζ_1 und ζ_2 Erfahrungszahlen, die innerhalb der Grenzen $\zeta_1 \doteq 0{,}08$ bis $0{,}2$, $\zeta_2 = 0{,}2$ bis $0{,}35$ ($\zeta_2 = 1{,}5$ bis $2\zeta_1$) so zu schätzen sind, daß für *den mittleren Faden der bei der vorliegenden Bauart als richtig anzusehende Mittelwert von* η_h *herauskommt.*

a) Berichtigung unter Beibehaltung der Lage der Austrittskante. Aus der Rechnung, die im vorausgegangenen Abschnitt beschrieben ist, sind die vorläufigen H_{th}-Werte und damit auch c_3 bekannt. ζ_1 und ζ_2 werden aus der für den mittleren Faden angeschriebenen Gl. (25) ermittelt. Nach Errechnung der neuen H_{th}-Werte für die einzelnen Fäden aus dieser Gleichung erhält man die neuen Winkel β_2 aus Gl. (22). Da die zu erwartende Abweichung hinsichtlich c_3 meist gering ist, entfällt in der Regel die Notwendigkeit der Wiederholung. (Vgl. Fußnote 1.)

(Nach diesem Verfahren ist das in Abschn. 53 berechnete Laufrad in der dortigen Abbildung ergänzt. Dabei war $\zeta_2 = 2\zeta_1 = 0{,}318$. Die Winkel β_2 ergaben sich bei a_2 zu 28,5°, bei i_2 zu 25,2°, vgl. auch Fußnote 1, S. 267.)

---

[1] Diese Unsicherheit kann man vermeiden, wenn man in Gl. (25) einsetzt

$$c_3^2 = c_{3m}^2 + c_{3u}^2 = c_{2m}^2\left(\frac{t_2}{t_2-\sigma_2}\right)^2 + \left(\frac{c_{2u}}{1+p}\right)^2 = c_{2m}^2\left(\frac{t_2}{t_2-\sigma_2}\right)^2 + \left(\frac{u_2 - c_{2m}\operatorname{ctg}\beta_2}{1+p}\right)^2,$$

ferner

$$H_{\text{th}} = \frac{H_{\text{th}\,\infty}}{1+p} = \frac{u_2(u_2 - c_{2m}\operatorname{ctg}\beta_2)}{g(1+p)}, \tag{27}$$

woraus dann folgende in u_2 oder $\operatorname{ctg}\beta_2$ quadratische Gleichung entsteht

$$\frac{u_2^2}{1+p}\left(2 - \frac{\zeta_2}{1+p}\right) - 2u_2\frac{c_{2m}\operatorname{ctg}\beta_2}{1+p}\left(1 - \frac{\zeta_2}{1+p}\right)$$
$$= 2gH + \zeta_1 w_0^2 + \zeta_2 c_{2m}^2\left[\left(\frac{t_2-\sigma_2}{t_2}\right)^2 + \left(\frac{\operatorname{ctg}\beta_2}{1+p}\right)^2\right]. \tag{28}$$

Hieraus kann für jeden Stromfaden unmittelbar im Fall a $\operatorname{ctg}\beta_2$, ebenso im Fall b u_2, und damit $r_2 = u_2/\omega$ berechnet werden.

b) Berichtigung durch Veränderung der Lage der Austrittskante. Hier können die Winkel β_2 beibehalten werden. Es ergibt sich dann eine etwas vergrößerte Neigung der Austrittskante im Aufriß. Beispielsweise erhält der Mittelläufer dann ebenfalls eine gewisse Schräglage. Man kann auch so vorgehen, daß man auf Grund der vorläufigen Berechnung die Schaufelfläche (am besten punktweise) zeichnet und anschließend die Korrektur der Lage der Austrittskante vornimmt.

Bei der Bestimmung der Einzelwerte von H_{th} oder η_h können die c_3-Werte aus der vorausgegangenen Rechnung wie bei a übernommen und ζ_1, ζ_2 wie dort angegeben bestimmt werden. Anschließend berechnet man das zu dem einzelnen Faden gehörige r_2 mittels der bekannten Gleichung

$$r_2 \omega = u_2 = \frac{c_{2m}}{2\operatorname{tg}\beta_2} + \sqrt{\left(\frac{c_{2m}}{2\operatorname{tg}\beta_2}\right)^2 + g H_{th}(1+p)}, \qquad (26\text{a})$$

nachdem β_2 und c_{2m} aus dem Entwurf der Schaufelfläche an dem zu erwartenden Halbmesser, ebenso das zugehörige p aus der früheren Rechnung entnommen sind.

Zu beachten ist, daß die angestrebte Gleichheit der Förderhöhen H nur für den eingesetzten Förderstrom vorhanden ist und bei Teillast die Verschiedenheit des Eintrittsstoßes sowie die Verschiebung der Größe H_{th} mehr oder weniger starke Veränderungen bringen (Abschn. 86).

56. Zahlenbeispiel für einen Schnelläufer

[mit schräg angeströmtem Spiralgehäuse] (Abb. 151 bis 159d)

Es soll das Laufrad für einen Förderstrom von 2000 m³/h = 0,555m³/s, eine Förderhöhe von 14 m bei $n = 970$ U/min entworfen werden.

Die spezifische Drehzahl beträgt

$$n_q = 970 \frac{\sqrt{0{,}555}}{14^{3/4}} = 99{,}7 \; (n_s = 364{,}0).$$

Bei Annahme eines Wirkungsgrades der Pumpe von 80% erhält man eine Wellenleistung $N = 130{,}2$ PS und mit Gl. (2), Abschn. 46, einen Bohrungsdurchmesser von 6,3 cm.

Die größtzulässig ideelle Saughöhe ergibt sich aus Gl. (28), S. 195, mit $A - H_t = 9{,}3$ m, $k \approx 1$ zu $(H_s'')_{\max} = 2{,}43$ m.

Mit einem Sicherheitszuschlag von 8% ergibt sich der rechnerische Förderstrom zu $V' = 1{,}08 \cdot 0{,}555 = 0{,}6$ m³/s. Gl. (30), S. 163, gibt $\varepsilon = 0{,}014 \cdot (99{,}7)^{2/3} = 0{,}301$. Damit wird $c_s = \varepsilon\sqrt{2gH} = 4{,}98$ m/s. Da das Laufrad fliegend angeordnet werden soll, ergibt sich mit $d_n \approx 0$ der Saugrohrdurchmesser nach Gl. (4), Abschn. 46, zu $D_s = 0{,}392$ m. Gewählt wird $D_s = 400$ mm. Die berichtigte Geschwindigkeit im Saugrohr beträgt damit $c_s = 4{,}78$ m/s.

Schätzt man den hydraulischen Wirkungsgrad zu $\eta_h = 0{,}88$, so ergibt sich $H_{th} = 14/0{,}88 = 15{,}90$ m. Es werde zunächst der mittlere Faden betrachtet. Für diesen werde die Minderleistungsziffer p vorläufig zu 0,3 geschätzt, so daß $H_{th\infty} = 15{,}9 \cdot 1{,}3 = 20{,}7$ m. Wählt man nun $\beta_2 = 28°$ und setzt man ferner $c_{2m} \approx c_s \approx 4{,}8$ m/s, so gibt Gl.(13), Abschn. 46, $u_2 = 19{,}42$ m/s, entsprechend $D_2 = 0{,}383$ m, also $D_2/D_s = 0{,}98$. An dieser Stelle berechnet sich die längs der zugehörigen

Normallinie zu messende Radbreite mit $c_{3m} \approx c_{2m}$

$$b_2 = \frac{V'}{\pi D_2 c_{3m}} = 0{,}104\,\mathrm{m}.$$[1]

Mit den Werten D_2, b_2, D_s wird der Radquerschnitt so entworfen, daß die Mittelwerte der Meridiangeschwindigkeit stetig von c_s auf c_{3m} übergehen und die Wandkrümmung auf die ganze Wandlänge verteilt ist. Die halbaxiale Austrittsrichtung ermöglicht eine sanfte Krümmung.

Wegen der gesteigerten Schnelläufigkeit werden 4 Teilströme gleichen Durchflusses verwendet und das Strombild zunächst unter Annahme gleichbleibender Meridiangeschwindigkeit längs der einzelnen Normallinie gezeichnet (in Abb. 152 nicht eingetragen). Nun wird der Verlauf der Austrittskante $a_2 i_2$ und Eintrittskante $a_1 i_1$ im Meridianschnitt unter Beachtung des berechneten mittleren Durchmessers D_2 entsprechend einer Ziffer $m = 0{,}505$ der Gl. (21) hinzugefügt. (Letzterer Wert ist wegen des hohen n_q und auch deshalb größer gewählt, als auf S. 269 angegeben ist, weil das anschließende Spiralgehäuse einen kleinen Wert r_i verlangt und deshalb auch r_{2i} verkleinert werden muß.) Infolge der halbaxialen Austrittsrichtung ist die Wandkrümmung so gering, daß die S. 270 behandelte Ungleichheit der c_{3m}-Verteilung unberücksichtigt bleiben könnte. Zur Darlegung des allgemeinen Rechnungsganges soll diese Rechnung trotzdem durchgeführt werden. In Abb. 153 ist mittels Gl. (23) der c_{3m}-Verlauf längs der Austrittskante in der S. 270f. angegebenen Weise bestimmt und dementsprechend das gezeichnete Strombild berichtigt. Weil $\varrho_i = \infty$, vereinfacht sich Gl. (23) zu

$$\ln \frac{c_{3m}}{c_{3mi}} = \frac{y^2}{2\mu\, l\, \varrho_a}. \tag{29}$$

Dabei ist $\mu = 3$, also etwas knapp gewählt, damit die Geschwindigkeitsunterschiede deutlich in Erscheinung treten. Bei a_2 geht der Krümmungshalbmesser von 140 sprungweise auf 20 mm über. Deshalb wird der Mittelwert $\varrho_a = \sqrt{140 \cdot 20} = 53$ mm genommen. Entsprechend der so erhaltenen und in Abb. 153 dargestellten c_{3m}-Verteilung wird das Strombild im Bereich der Austrittskante berichtigt. Anschließend kann die Schaufel endgültig festgelegt werden.

[1] Jetzt ist zu untersuchen, ob sich hierzu ein passendes Spiralgehäuse entwickeln läßt. Da $c_{3u} = g H_{\mathrm{th}}/u_2 = 8{,}01$ m/s, so liefert Gl. (44), Abschn. 77, einen Halbmesser des Spiralendquerschnittes (d. h. bei $\varphi = 360°$), wenn im Hinblick auf den halbaxialen Austritt $r_i \approx r_2 \approx 0{,}195$ m geschätzt wird, $\varrho_{\max} = 0{,}218$ m, entsprechend einer mittleren Geschwindigkeit in diesem Querschnitt von $c_{ua} = V'/(\pi\,\varrho_{\max}^2) = 4{,}0$ m/s. Diese Geschwindigkeit ist im Hinblick darauf, daß auf den betrachteten Querschnitt eine konische Erweiterung folgen muß, als knapp anzusehen. Anzustreben ist $c_{ua} = c_s$, also $\varrho_{\max} = \frac{1}{2} D_s$. Würde das Rad nicht halbaxial ausgeführt, so müßte r_i größer werden. Dadurch würde aber offenbar die Spirale zu weit. Man erkennt, daß die vorliegende spezifische Drehzahl an der oberen Grenze für die Ausführbarkeit eines Spiralgehäuses liegt. Bei höherer Schnelläufigkeit muß zu Austrittsleitschaufeln übergegangen werden (Abschn. 57).

Zur Ermittlung der Schaufelzahl nach Gl. (18), S. 159, wird unter Annahme von $t_1/(t_1 - \sigma_1) = 1{,}25$ der Winkel β_1 des mittleren Fadens vorläufig zu 23,1° berechnet und damit, weil $r_m = 163$ und $e = 120$ mm die Schaufelzahl $z = 7{,}6 \approx 8$ erhalten.

Jetzt können für jeden Faden die Schaufelwinkel β_1 und β_2 festgelegt werden. Für β_1 ergibt die Rechnung nach dem auf S. 266 angegebenen Rechenschema die Werte

beim Faden	*a*	*b*	*c*	*d*	*i*	
c_1	5,95	6,15	6,45	6,44	6,21	m/s
u_1	20,3	17,8	14,7	11,8	9,25	m/s
β_1	16,4	19,0	23,7	28,6	33,9	grd

In Abb. 154 sind hiernach die Geschwindigkeitspläne für den Eintritt gezeichnet. Berechnung von β_2 siehe unten.

Abb. 155 zeigt den hiernach erhaltenen Geschwindigkeitsplan für den Austritt des äußeren und inneren Fadens.

Die Schaufelfläche ist in Abb. 151, 152 nach der punktweisen Berechnung (Verfahren b in Abschn. 52), in Abb. 157 bis 159 mittels Abwicklung der Schaufelschnitte auf Kegelflächen (Verfahren a in Abschnitt 52) entworfen. In beiden Fällen ist die Austrittskante in eine Axialebene gelegt. Die dargestellte Fläche ist in beiden Fällen als Vorderfläche der Schaufel behandelt.

Berechnung von β_2

Flußlinie	c_{3m} m/s	$\frac{t_2}{t_2 - \sigma_2}$	c_{2m} m/s	S m²	r_2 m	u_2 m/s	p mit $\psi' = 1{,}05$ Gl. (24 a)	c_{3u} Gl. (22 a) m/s	$\mathrm{tg}\,\beta_2$ Gl. (22)	β_2 grd
a	6,00	1,10*	6,6	0,0223	0,220	22,3	0,278	7,43	0,494	26,3
b	5,35	1,10*	5,89	0,0225	0,207	21,0	0,256	7,68	0,504	26,8
c	4,85	1,10	5,33	0,0195	0,196	19,9	0,257	7,84	0,531	27,9
d	4,48	1,10*	4,93	0,0172	0,187	19,0	0,272	8,02	0,576	29,9
i	4,35	1,10*	4,79	0,0147	0,180	18,3	0,289	8,22	0,661	33,4

* Hier ist der für den mittleren Faden geltende Wert eingesetzt

Bei der *punktweisen Berechnung* ist diesmal vom β-Verlauf ausgegangen, welcher als gerade Verbindungslinie der bekannten Anfangs- und Endwerte ohne weiteres in die Diagramme Abb. 156 bis 156d eingetragen werden konnte. Um einen angenähert radialen Verlauf der Eintrittskante im Grundriß, Abb. 151, zu erzielen, mußte nachträglich die β-Linie der Fäden *c* und *b* leicht nach oben (zur Erzielung einer Verkürzung), des Fadens *a* leicht nach unten (zur Erzielung einer Verlängerung) gekrümmt werden. Wie schon auf S. 267 dargestellt wurde, kann der gleiche Zweck durch kleine Verschiebungen der Eintrittskante im Aufriß gefördert werden. Zu beachten ist, daß der gerade β-Verlauf eine etwas kürzere Schaufel liefert als der gerade w-Verlauf, was unter Umständen bei der Bestimmung der Schaufelzahl mittels Gl. (18), S. 159, d. h. bei der Frage, ob der Rechnungswert dieser Gleichung auf- oder abgerundet werden soll, zu berücksichtigen ist.

Bei der Abwicklung auf Kegelflächen, Abb. 157 bis 159, sind für die Fäden *a* und *b* die am Eintritt berührenden Kreiszylinder, bei den anderen Fäden Kegelflächen gewählt. Letztere berühren die Flußfläche bei den Fäden *c* und *d* nicht am Eintritt, sondern im mittleren Teil, um die Länge der Radien bei der Abwicklung zu beschränken. Am Verfahren ändert sich dadurch nichts, wenn be-

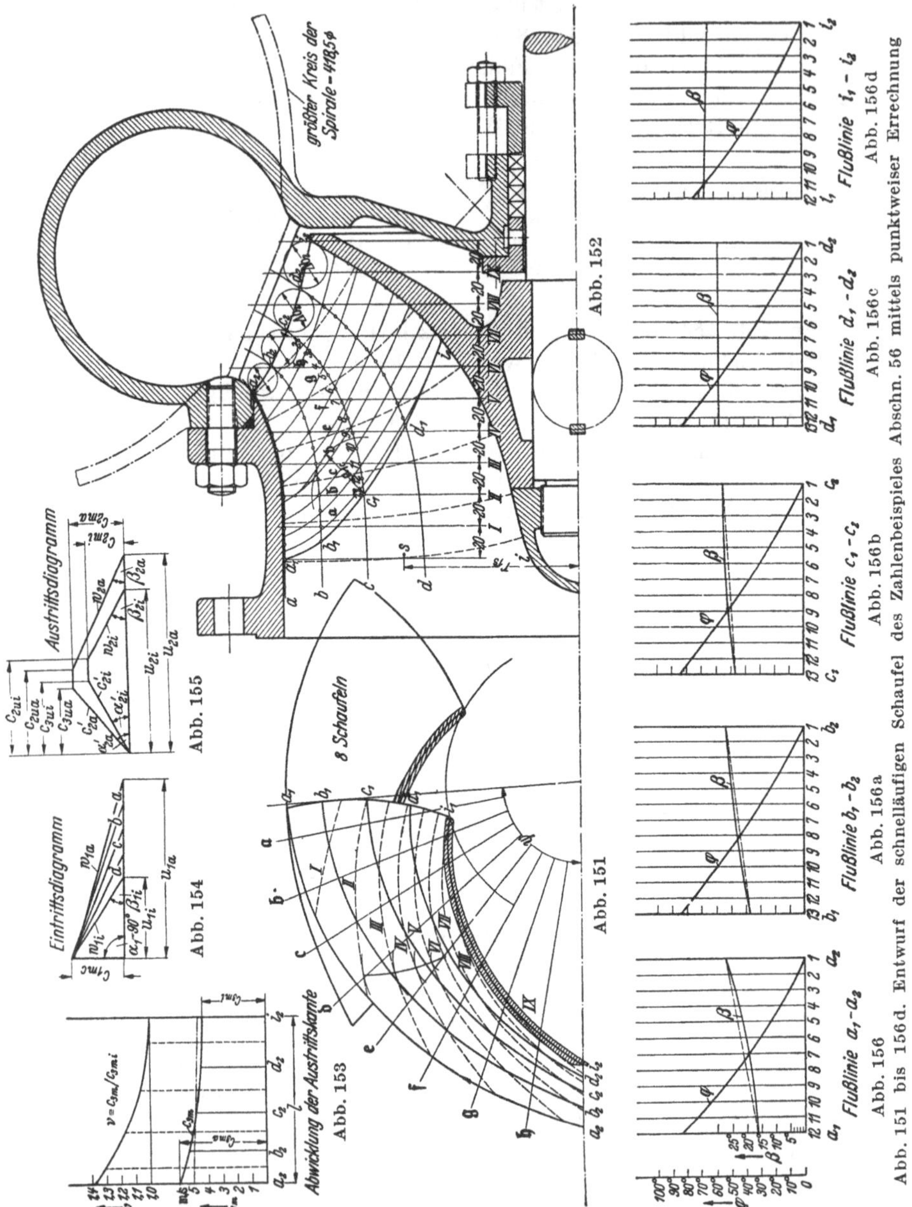

Abb. 151 Abb. 152 Abb. 153 Abb. 154 Abb. 155 Abb. 156 Abb. 156a Abb. 156b Abb. 156c Abb. 156d

Abb. 151 bis 156d. Entwurf der schnelläufigen Schaufel des Zahlenbeispieles Abschn. 56 mittels punktweiser Errechnung

achtet wird, daß jeweils am Berührungskreis sich die Bogenlängen in wahrer Größe im Grundriß projizieren und nur hier die Winkel unverzerrt bleiben.

Ergänzende Bemerkung. Will man die Berechnung nach den Angaben in Abschn. 55 verfeinern, indem man die Verschiedenheit der Verluste in den fünf betrachteten Flußflächen, also die Verschiedenheit von η_h und H_{th} berücksichtigt,

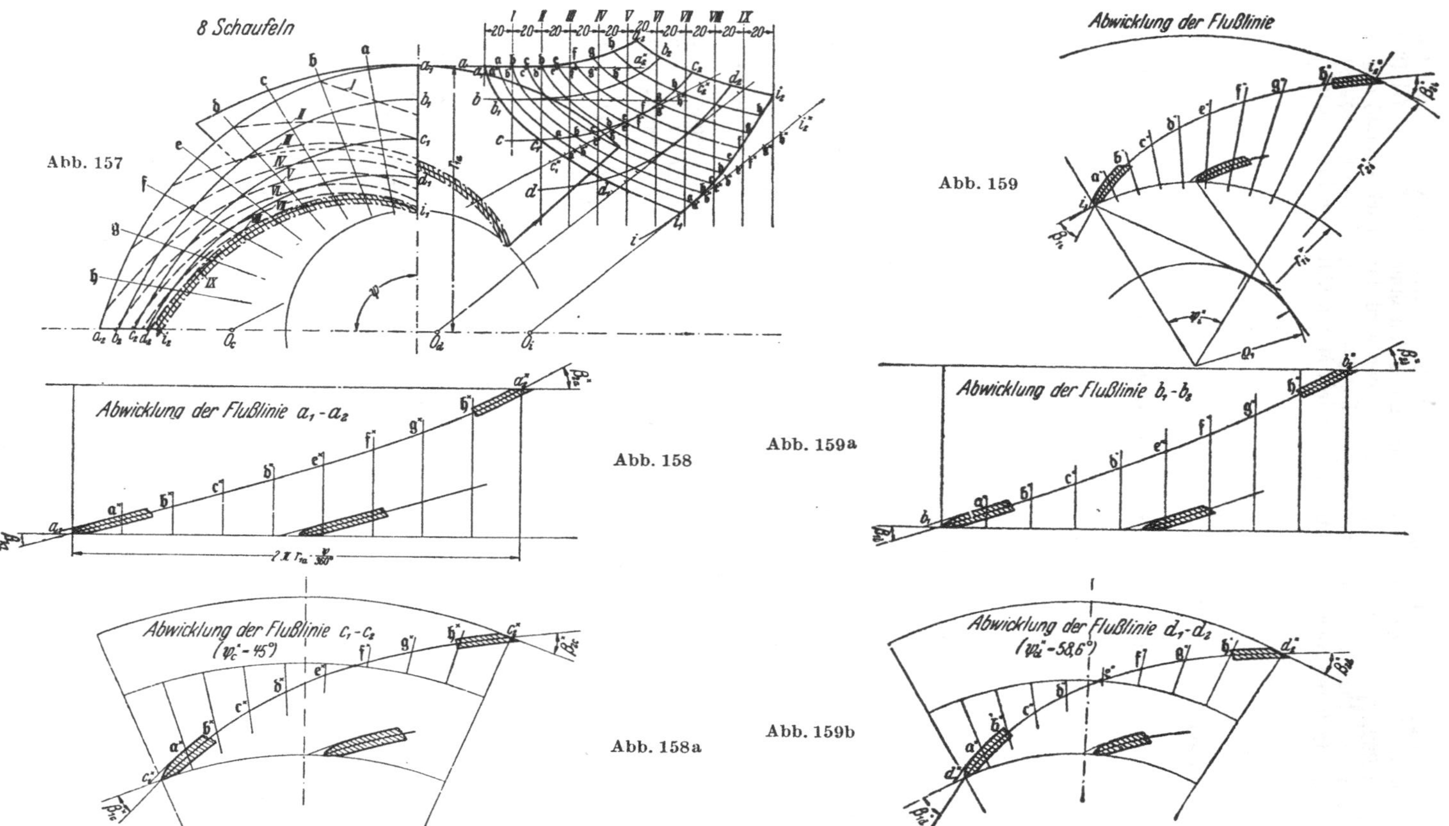

Abb. 157 Abb. 159

Abb. 158 Abb. 159a

Abb. 158a Abb. 159b

Abb. 157 bis 159b. Entwurf der schnelläufigen Schaufel des Zahlenbeispieles Abschn. 56 mittels Abwicklung der Schaufelschnitte auf Kegelfläche

so läßt man das bis jetzt eingesetzte $\eta_h = 0{,}88$ bzw. $H_{th} = 15{,}90$ m nur für den mittleren Faden c gelten und bestimmt unter Annahme $\zeta_2 = 2\zeta_1$ aus Gl. (25) $\zeta_1 = 0{,}092$, $\zeta_2 = 0{,}184$. Mit Hilfe dieser Zahlen wird dann nach Gl. (26) das η_h der anderen Flächen berechnet, wobei jeweils $w_0^2 = c_0^2 + u_1^2$, ebenso $c_3^2 = c_{3u}^2 + c_{3m}^2$ aus der früheren Rechnung entnommen wird. Man erhält dann für Faden

		a	b	c	d	i
	η_h	= 82,7	85,2	88,0	90,0	91,2%
	H_{th}	= 16,90	16,45	15,90	15,55	15,35 m
und daraus	β_2	= 27,3°	27,4°	27,9°	29,2°	31,8°

Trotz der starken Unterschiede in den η_h-Werten haben sich also die Winkel β_2 gegenüber der ersten Rechnung so wenig geändert (von $+1°$ bis $-1{,}6°$), daß die Notwendigkeit dieser zusätzlichen Rechnung fraglich ist.

57. Zahlenbeispiel für eine Pumpe mit halbaxialem Lauf- und axialem Leitrad (Abb. 160)

Bei spezifischen Drehzahlen $n_q > 100$ ($n_s > 365$) ist nach Abschn. 56 die Anwendung eines Spiralgehäuses am Laufradaustritt mit annehmbaren Schaufelwinkeln β_2 nicht mehr möglich (weil c_{3u} zu klein, also die Spiralquerschnitte zu groß würden). In diesem Fall empfiehlt sich axiale Abführung mittels Leitschaufeln. Das Laufrad erhält demgemäß eine Übergangsform zwischen radialer und axialer Beaufschlagung.

Das nachfolgende Beispiel veranschaulicht diesen Fall. Das verwendete Laufrad hat zwar (weil es aus der früheren Auflage übernommen ist) eine nur schwach geneigte Austrittskante. Da der Rechnungsgang die wesentlichen Gesichtspunkte erkennen läßt, ist das Beispiel aber beibehalten.

Leistung: $V = 3000$ m³/h, $H = 9{,}00$ m, $n = 900$ U/min, also spezifische Drehzahl nach Gl. (7), Abschn. 27, $n_q = 158$ ($n_s = 576$). Saughöhe nach Gl. (28), Abschn. 38, mit Saugzahl $S = 3$, $k \approx 0{,}96$ und $A - H_t = 9{,}3$ ergibt $(H_s'')_{max} = 1{,}2$ m, also wie zu erwarten sehr klein.

Sicherheitszuschlag 9%, also $V = 1{,}09 \cdot 3000/3600 = 0{,}91$ m³/s.

Mit einem Nabendurchmesser $d_n = 90$ mm, $c_s = 4{,}8$ m/s (entsprechend $\varepsilon = 0{,}36$ und einem Faktor in Gl. (29), S. 163, der bei Wasserförderung nahe der unteren Grenze zu liegen hat) folgt $D_s = 500$ mm. $\eta_h = 0{,}84$ gibt $H_{th} = 9{,}00/0{,}84 = 10{,}70$ m. Damit $D_2 > D_s$ wird, sei β_2 (gemessen in der Flußfläche, nicht in einer Ebene senkrecht zur Achse) möglichst klein gewählt, nämlich $\beta_2 = 16{,}5°$. Wird vorläufig $p = 0{,}40$, entsprechend $H_{th\infty} = 1{,}40 \cdot 10{,}70 = 15{,}1$ m, ferner $(c_{2m})_{netto} = c_{2m} = 5{,}50$ m/s geschätzt, so liefert Gl. (13), S. 222, $u_2 = 24{,}58$ m/s, also $D_2 = 0{,}521$ m. Jetzt wird das *Radprofil unter Beachtung seiner Fortsetzung im Leitrad* mit einer möglichst großen Neigung der Seitenwände und mit stetigem Übergang von c_s auf c_{2m} einschließlich der Flußlinien b_1b_2 bis d_1d_2 entworfen (Abb. 160), wobei die Meridiangeschwindigkeit längs einer Normallinie wieder gleich angenommen sei, da die Flußlinien — besonders am Radaustritt — nur wenig gekrümmt sind. Die Austrittskante ist im vorliegenden Fall aus den eingangs erwähnten Gründen zunächst achsparallel angenommen. Die Eintrittskante ist anschließend im Aufriß nach Schätzung einzutragen. Mit dem berechneten $D_2 = 0{,}521$ m findet sich das statische Moment der mittleren Flußlinie (S. 133) zu $S = 0{,}0423$ m². Wird nun $z = 5$ und $\psi' = 0{,}85$ [also wegen des kleinen β_2 entsprechend etwa Gl. (39), Abschn. 22, verhältnismäßig klein] gewählt, so gibt Gl. (36), Abschn. 21, $p = 0{,}268$. Da nun

$$c_{3u} = g\,H_{th}/u_2 = 4{,}28, \quad \text{also} \quad c_{2u} = 1{,}268 \cdot 4{,}28 = 5{,}42\,\text{m/s},$$

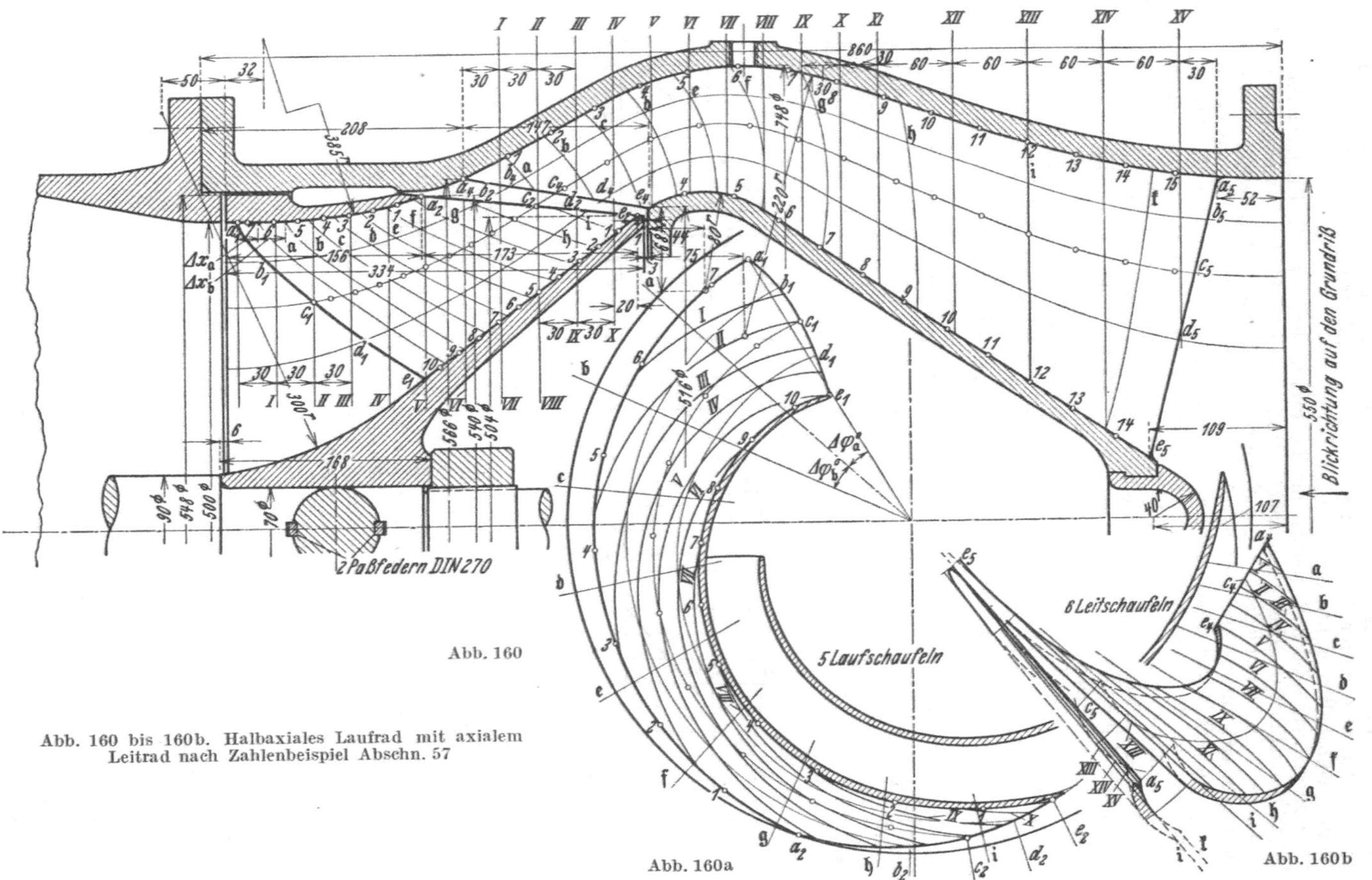

Abb. 160

Abb. 160a

Abb. 160b

Abb. 160 bis 160b. Halbaxiales Laufrad mit axialem Leitrad nach Zahlenbeispiel Abschn. 57

so erhält man den endgültigen Austrittswinkel β_2 aus Gl. (22), Abschn. 54, zu $\beta_2 = 16{,}0°$, der (unter Inkaufnahme des oben erwähnten Nachteiles) für alle Fäden beibehalten werden soll.

Die Eintrittswinkel β_1 werden für die verschiedenen Flußlinien nach dem S. 266 angeführten Schema gerechnet. Damit ist die Schaufel festgelegt. Will man noch die Verschiedenheit der Verluste der einzelnen Stromfäden berücksichtigen, so kann dies nach Abschn. 55 geschehen, und zwar im vorliegenden Falle durch eine leichte Schräglage der Austrittskante, also nach Verfahren b. (Zweckmäßigerweise wird man heute die Schräglage der Austrittskante von vornherein groß nehmen und wie in Abschn. 56 nach Verfahren a berichtigen.)

Für die jetzt folgende punktweise Errechnung der einzelnen Fäden ist im vorliegenden Fall Gl. (13), S. 261, benutzt, da die Werte von $(c_m)_{\text{netto}}$ bereits bekannt sind und der Verlauf von s' als verbindende Gerade zwischen den Werten s_1' aus Gl. (4) und $s_2' \approx s$ festgelegt werden kann. Zum Eintragen der w-Linien braucht man neben w_1 auch den Endwert w_2, der für die nicht zugeschärfte Schaufel gültig ist. Da für den mittleren Faden $t_2/(t_2 - \sigma_2)$ sich aus s_2' mit $\sigma_2 = s_2'/\sin\beta_2$ zu 1,10 errechnet, so findet sich $w_2 = c_{2m}/\sin\beta_2 = 1{,}1\,(c_{2m})_{\text{netto}}/\sin\beta_2$.

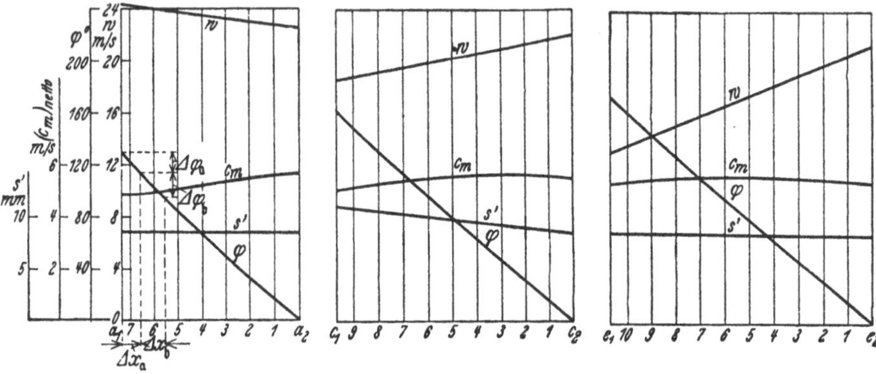

Abb. 161. Flußlinie $a_1\,a_2$ Abb. 161a. Flußlinie $c_1\,c_2$ Abb. 161b. Flußlinie $e_1\,e_2$

Die Diagramme für die punktweise Berechnung sind für die drei Fäden $a_1\,a_2$, $c_1\,c_2$, $e_1\,e_2$ in Abb. 161 bis 161b angegeben. Wie ersichtlich, konnte die w-Linie durchweg geradlinig bleiben, ohne daß die Eintrittskante im Grundriß zu weit von der radialen Richtung abweicht. Dies wurde durch entsprechende Wahl des Verlaufs der Austrittskante in der Umfangsrichtung erzielt, wobei in Kauf genommen werden mußte, daß die Axialschnitte nicht so steil auf die Radbegrenzung stoßen als wünschenswert wäre. Die Schaufel ist in Abb. 160 und 160a gezeichnet. Man kann bei diesen Schnelläufern auch die äußere Seitenwand weglassen, weil dadurch die Radreibung stark verringert wird. In diesem Falle empfiehlt es sich, die Dicke der Schaufeln nach der Nabe hin zu erhöhen.

Das *Leitrad* ist in Abb. 160 und 160b unter der Annahme dargestellt, daß die Leitschaufel dicht am Laufradumfang beginnt, was unzweckmäßig ist. Dadurch wird nämlich die Leitschaufel doppelt gekrümmt. Diese erhöhten Kosten sind im vorliegenden Fall nicht angebracht, weil der Reaktionsgrad des Laufrades sehr hoch und deshalb der Nutzen des Leitrades sehr gering ist. Das doppelt gekrümmte Leitrad ist nach den in dem späteren Abschn. 73 gemachten Angaben gezeichnet. Mittels des in Abb. 162 angegebenen α-Verlaufs sind die drei Fäden $a_4\,a_5$, $c_4\,c_5$, $e_4\,e_5$ nach Gl. (22), Abschn. 73, punktweise berechnet, nachdem vorher die äußere Begrenzung auf Grund des für den mittleren Faden eingetragenen c_m-Verlaufs bestimmt worden war. Der aus Gl. (22a), Abschn. 73, hierzu ermittelte c-Verlauf ist zur Kennzeichnung der Geschwindigkeitsumsetzung ebenfalls eingetragen. Die Eintrittskante des Leitrades ist im Meridianschnitt nicht parallel zur Austrittskante des Laufrades gelegt, um spitze Seitenwinkel zu vermeiden. Der Eintrittswinkel α_4, d. h. der Anfangswert der α-Linie, folgt aus Gl. (5), Abschn. 71. Dabei ist $\mathrm{tg}\alpha_3$ unter Berücksichtigung des Zwischenraumes nach dem Flächensatz zu berechnen. Der Endwert der α-Linie ist durch Gl. (17), Abschn. 72, gegeben, wobei die Übertreibung mit $\psi_i' = 1{,}2$ berechnet wurde.

Aus dem in Abb. 160b gezeichneten Grundriß ist zu ersehen, daß auch die Austrittskante nicht genau in eine Axialebene fällt. Der α-Verlauf ist so angenommen, daß die Schaufelpunkte, in denen die Schaufelwinkel durch 90° hindurchgehen, im gleichen Schreinerschnitt XIII liegen, weil dadurch die Herstellung erleichtert wird.

Im Hinblick auf die großen Winkel α_3 und den hohen Reaktionsgrad könnten (wie erwähnt) große Abstände zwischen Leit- und Laufschaufel zugelassen werden. Die angegebene Konstruktion der Leitschaufel kann also vereinfacht und

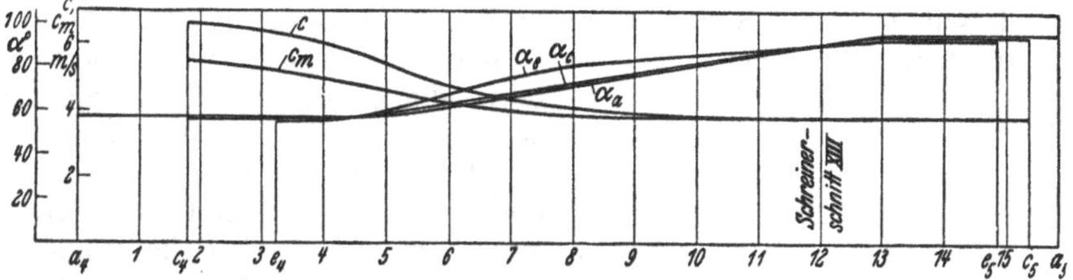

Abb. 162. Verlauf der Neigungswinkel α und der Geschwindigkeit im Leitkanal

verbessert werden, wenn die Eintrittskante der Leitschaufel etwa bis zum Axialschnitt 5 verlegt wird.

Sofern die Gehäuse derartiger Pumpen in einer waagerechten Mittelebene geteilt werden, ist die Zahl der Leitschaufeln möglichst so zu wählen, daß keine Leitschaufel von der Teilfuge durchschnitten wird.

H. Besonderheiten der Axialschaufel

Die Axialschaufel ist grundsätzlich doppelt gekrümmt aus den gleichen Gründen, wie sie in den vorausgehenden Abschnitten besprochen sind. Ihre Flußlinien verlaufen achsparallel. Insofern könnte ihr Entwurf nach den vorausgegangenen Abschnitten erfolgen. Weil sie aber manche Besonderheiten aufweist und ihr eine große Bedeutung zukommt, so ist ihre eingehende Behandlung gerechtfertigt und notwendig.

Die Axialpumpe baut für einen gegebenen Förderstrom am kleinsten von allen Bauarten und liefert im Bereich genügend hoher spezifischer Drehzahlen auch den besten Wirkungsgrad, weil die der Reibung ausgesetzten Flächen auf ein Kleinstmaß beschränkt sind. Aus den später in Abschn. 86 und 91 besprochenen Gründen fällt aber bei Teillast der Wirkungsgrad rasch ab. Sie ist ferner durch Kavitation bzw. Überschall am meisten gefährdet und hat darüber hinaus die Schwäche, daß sich im Teillastbereich leicht Unstetigkeiten der Förderung (Abreißen) einstellen.

58. Unterströmungen am Axialrad

Bei genau achsparalleler Begrenzung der Gehäusewand außen und an der Nabe innen ergibt das Strombild der Potentialströmung raumbeständiger Flüssigkeit im Berechnungspunkt durchweg achsparallele Flußlinien, so daß $u_1 = u_2 = u$ und $c_{0m} = c_{3m} = c_m$ ist. Die Stromlinien liegen also auf Kreiszylindern, die sich in die Ebene abwickeln lassen, und die Schaufelschnitte ordnen sich in der Abwicklung nach einem geradlinigen Schaufelgitter, das bereits früher in Abschn. 10 und 19 betrachtet worden ist.

Die Heranziehung von Kreiszylindern als Flußflächen darf nicht darüber hinwegtäuschen, daß das einzelne Flüssigkeitsteilchen in Wirklichkeit Bahnen beschreibt, die sich nicht auf Kreiszylindern unterbringen lassen. Dies rührt einmal daher, daß die Durchflußströmung relativ zum Rad sich mit dem S. 120 behandelten Kanalwirbel bewegt, dessen in Abb. 163 eingezeichnete Bahnen *I* wieder in Ebenen senkrecht zur Achse liegen. Dadurch erhalten die Flüssigkeitsteilchen Geschwindigkeitskomponenten, die an der Nabe und am Gehäuseumfang in der Richtung des Umfangs und im übrigen radial gerichtet sind. Diese Vorgänge dürften aber die Schaufelarbeit kaum beeinflussen, weil die Bahnen des Kanalwirbels keine Komponente in der axialen Durchflußrichtung haben[1].

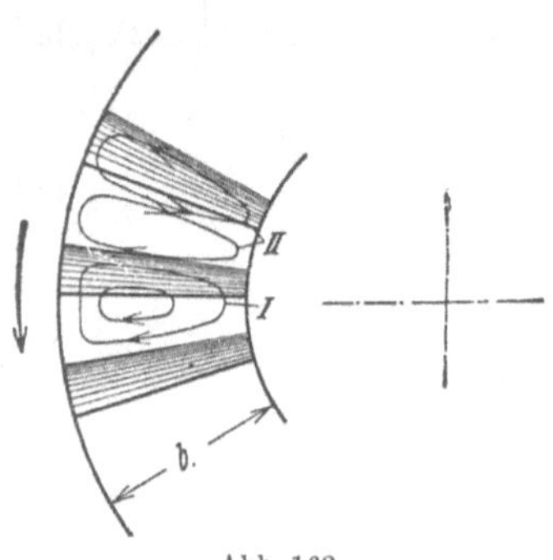

Abb. 163
Sekundärströmungen im axialen Laufrad

Ferner bewirkt die Zähigkeit des Fördermittels, daß sich an den Schaufeln eine Grenzschicht bildet, die den Fliehkräften stärker unterliegt als die Durchflußströmung, weil sie die volle Drehgeschwindigkeit des Rades besitzt. Sie wird also nach außen geschleudert, wodurch die weitere in Abb. 163 eingetragene Sekundärbewegung *II* ähnlich wie im Krümmer (Abb. 47) entsteht. Dieser sogenannte „Speicheneinfluß"[2] wird noch verstärkt durch das auf der Saugseite der Schaufel nach außen gerichtete Druckgefälle, weil die dort gegenüber dem Zustrom auftretende Drucksenkung (Haltedruck Δh nach Abschn. 36) von innen nach außen wächst. Auch Corioliskräfte spielen offenbar eine Rolle. Diese Grenzschichtbewegungen bedeuten eine Absaugung der Grenzschicht, ähnlich wie sie beim radialen Laufkanal S. 125 beschrieben wurde. Sie werden durch Beobachtungen[3] bestätigt und haben die günstige Auswirkung, daß die wirkliche Strömung der der idealen Flüssigkeit näherkommt. Bei der Berechnung müssen diese Unterströmungen insofern berücksichtigt werden, als offenbar höhere Schaufelbelastungen zulässig sind als beim ruhenden Gitter oder gar beim Einzelflügel (vgl. auch S. 290f. und 335).

---

[1] Vgl. 1. Aufl. dieses Buches Gl. (12) S. 81

[2] Mitt. d. Inst. f. Strömungsmasch. Techn. Hochschule Karlsruhe, Heft 4. Untersuchungen von K. Hahn und E. Walter an einer Flügelradturbine

[3] Himmelskamp, H.: Diss. Göttingen 1945 und insbesondere G. Muesmann: Z. Flugwissensch. 6 (1958) Heft 12, S. 345—362, oder Jahrbuch 1958 der WGL S. 99—104

59. Schaufelform und Reaktionsgrad

Die möglichen Schaufelformen unterscheidet man wieder am besten nach dem *Reaktionsgrad* $\mathfrak{r}$. Dieser läßt sich beim Axialrad besonders einfach ausdrücken[1]. Nach der Hauptgleichung ist

$$g\,H_{\text{th}} = u(c_{3u} - c_{0u}) = u\,\Delta c_u \tag{1}$$

worin

$$c_{3u} - c_{0u} = w_{0u} - w_{3u} \quad \text{oder} \quad \Delta c_u = \Delta w_u.$$

Ferner ist

$$\mathfrak{r} = \frac{H_p}{H} \approx \frac{(H_p)_{\text{th}}}{H_{\text{th}}} = \frac{(w_0^2 - w_3^2)/2g}{u(c_{3u} - c_{0u})/g} = \frac{w_0^2 - w_3^2}{2u(w_{0u} - w_{3u})}.$$

Wenn man nun gleich große Meridiankomponenten am Ein- und Austritt des betrachteten Schaufelschnittes annimmt, was bei raumbeständiger Flüssigkeit fast stets, bei Gasen meist mit genügender Näherung zutrifft, so ist (Abb. 164)

$$w_0^2 - w_3^2 = w_{0u}^2 - w_{3u}^2 = (w_{0u} - w_{3u})(w_{0u} + w_{3u}).$$

Also wird

$$\mathfrak{r} = \frac{1}{2}\,\frac{w_{0u} + w_{3u}}{u}.$$

Darin stellt

$$\tfrac{1}{2}(w_{0u} + w_{3u}) = w_\infty \cos\beta_\infty = w_{\infty u},$$

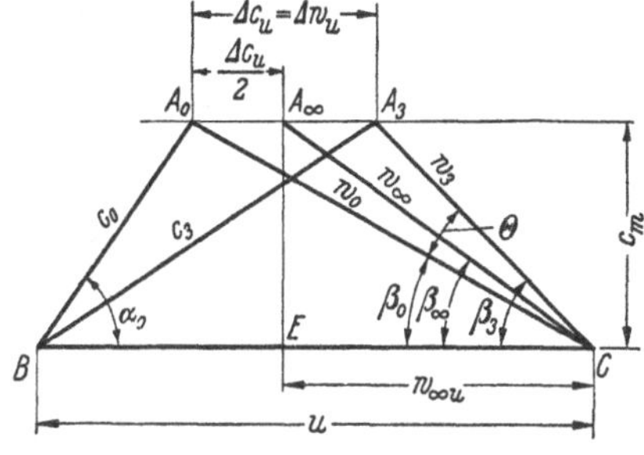

Abb. 164. Geschwindigkeitsplan des Axialrades

die Umfangskomponente der halben Vektorsumme $CA_\infty = w_\infty$ von w_0 und w_3 dar, also des Mittelwertes der Zu- und Abströmungsgeschwindigkeit des Rades. Man erhält somit den einfachen Ausdruck

$$\mathfrak{r} = \frac{w_{\infty u}}{u}. \tag{2}$$

Diese Gleichung[2] eignet sich zur Gewinnung einer Übersicht. Sie ist eine andere Ausdrucksform der für jede Beaufschlagungsrichtung gültigen, aber auf $\alpha_0 = 90°$ beschränkten Gl. (55), S. 145. Demnach nimmt der Reaktionsgrad ab, wenn der Mittelpunkt A_∞ von $\overline{A_0 A_3}$ in Abb. 164 nach rechts wandert. Wir wollen dies an den wichtigsten Beispielen in Abb. 165 veranschaulichen, die wir nach steigendem Reaktionsgrad $\mathfrak{r}$ ordnen. Neben die Geschwindigkeitspläne sind die zugehörigen Schaufeln gezeichnet, indem für die Laufschaufeln die Richtung der Relativ-, für die Leitschaufeln die Richtung der Absolutgeschwindigkeiten zugrunde gelegt sind. In den Geschwindigkeitsplänen

---

[1] Friedrich, R.: Vergleich verschiedener Bauarten von Axialverdichtern, Diss. Techn. Hochschule Hannover 1949

[2] Sinngemäß ergibt sich als Reaktionsgrad des anschließenden Leitrades einer mehrstufigen Maschine

$$1 - \mathfrak{r} = \frac{c_{\infty u}}{u},$$

wenn $c_\infty = B\,A_\infty$ das Mittel der Absolutgeschwindigkeiten am Ein- und Austritt ist

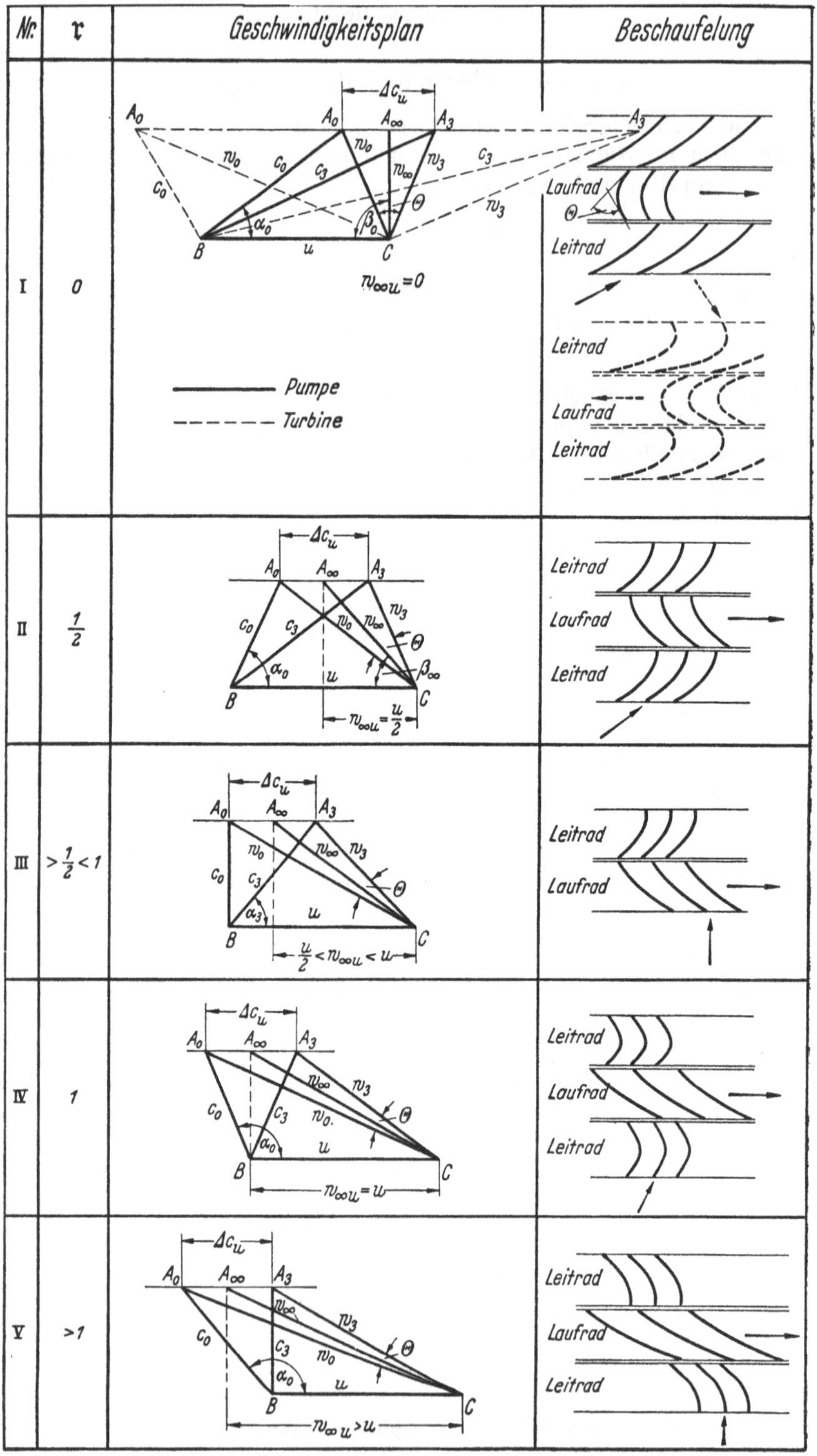

Nr.	$\mathfrak{r}$	Geschwindigkeitsplan	Beschaufelung
I	0	$w_{\infty u} = 0$; —— Pumpe; - - - - Turbine	Laufrad, Leitrad; Leitrad, Laufrad, Leitrad
II	$\frac{1}{2}$	$w_{\infty u} = \frac{u}{2}$	Leitrad, Laufrad, Leitrad
III	$> \frac{1}{2} < 1$	$\frac{u}{2} < w_{\infty u} < u$	Leitrad, Laufrad
IV	1	$w_{\infty u} = u$	Leitrad, Laufrad, Leitrad
V	> 1	$w_{\infty u} > u$	Leitrad, Laufrad, Leitrad

Abb. 165. Geschwindigkeitsplan und Schaufelform bei fünf verschiedenen Reaktionsgraden. Zunehmende Reaktion ergibt abnehmende Umlenkung Θ

und Schaufelbildern sind die Verhältnisse angenommen, wie sie bei Pumpen und Verdichtern vorliegen, bei denen $\overline{A_0 A_3} = \varDelta c_u = \varDelta w_u$ klein gegenüber u ist (während bei Dampf- und Gasturbinen die Schaufel stärker gekrümmt und deshalb $\varDelta c_u$ meist größer als u ist). Auf Drallfreiheit im Saugmund muß meist verzichtet werden, d. h. $\alpha_0 \neq 90°$.

Im einzelnen ist folgendes zu sagen, zu Anordnung:

Fall I. $w_{\infty u} = 0$, $\mathfrak{r} = 0$: Die Laufschaufel hat die für Gleichdruck kennzeichnende Hakenform. Bei Pumpen ohne Bedeutung.

Fall II. $w_{\infty u} = u/2$, $\mathfrak{r} = 1/2$: Punkt A_∞ liegt auf dem Mittellot über u. Ein- und Austrittsdreiecke sind kongruent. Die Profile von Leit- und Laufschaufel können also ebenfalls spiegelbildlich kongruent sein. Weil $w_0 = c_3$, ist die Gefahr des Überschalles beim Lauf- und Leitrad gleich und deshalb am geringsten. Mit Vorliebe verwendet bei mehrstufigen Verdichtern.

Fall III. $u > w_{\infty u} > u/2$, aber $\alpha_0 = 90°$, $c_{0u} = 0$, $0{,}5 < \mathfrak{r} < 1$: Nur hier ist Drallfreiheit im Saugmund zu verwirklichen. Von großer Bedeutung bei einstufigen Maschinen, nämlich Wasserpumpen, Ventilatoren, aber auch beim mehrstufigen Verdichter verwendet.

Fall IV. $w_{\infty u} = u$, $\alpha_0 > 90°$, $c_{0u} = -c_{3u}$, $\mathfrak{r} = 1$: Das Leitrad hat also hier nicht den Betrag, sondern nur die Richtung der Geschwindigkeit zu ändern, ist somit eine Hakenschaufel (Umkehrschaufel); beim Verdichter vereinzelt angewendet (Abb. 317). Umkehrung des Falles I.

Fall V. $w_{\infty u} > u$, $\alpha_0 \gg 90°$, $c_{3u} = 0$, $\mathfrak{r} > 1$: Bei einstufigen Maschinen tritt hier das saugseitige Leitrad an Stelle des druckseitigen, welches also entbehrlich ist.

Beim Durchgang durch $\mathfrak{r} = 1/2$ wechselt die größte Geschwindigkeit von c_3 nach w_0, was für die Beachtung der *Ma*-Zahl wichtig ist.

Bei gleichem $\varDelta c_u/u$ haben alle diese Anordnungen nach der Hauptgleichung die gleiche Druckziffer. Dann nimmt offensichtlich der Umlenkwinkel $\beta_3 - \beta_0 = \Theta$ der Relativströmung mit wachsendem $\mathfrak{r}$ stark ab, so daß die Schaufel flacher wird. Dies ist ein weiterer Grund dafür, warum bei Pumpen kleine Reaktionsgrade nicht üblich sind. Wird in allen Fällen das gleiche Θ verwendet, so wächst offenbar $\varDelta c_u/u$ und damit die Druckziffer mit wachsendem $\mathfrak{r}$. Je höher der Reaktionsgrad, um so weniger verändert sich β_∞ für die verschiedenen Flügelschnitte, um so kleiner wird also die (in Abschn. 65 behandelte) Verwindung der Schaufel. Dafür aber wächst der Achsschub und die *Ma*-Zahl.

Hinsichtlich Kavitation und Überschall verhalten sich die Bauarten sehr verschieden. Die Gefährdung durch Überschall ist um so größer, je größer w_0/u bzw. c_3/u und bei Anordnung II am geringsten, bei Anordnung V am größten. — Für die Tiefhaltung der Abreißgrenze (S. 430) haben sich hohe Reaktionsgrade, also Anordnung IV und V günstig erwiesen[1].

[1] Escher Wyss Mitt. 30 (1957) Nr. 1, S. 7; 32 (1959) Nr. 2/3, S. 3—13

60. Nabenverhältnis r_i/r_a und weitere allgemeine Gesichtspunkte

Die Berechnung des Axialrades geht am besten aus von der Annahme des Nabenverhältnisses r_i/r_a, das möglichst klein zu halten ist, und des relativen Zuströmwinkels β_{0a} am äußeren Umfang, für den nach S. 162 bestimmte Optimalwerte bekannt sind. Dann ist nach Gl. (27a), S. 161,

$$r_a = \sqrt[3]{\frac{V}{\pi\, k\, \delta_r\, \omega\, \mathrm{tg}\beta_{0a}}}, \tag{3}$$

wo $k \equiv 1 - (r_i/r_a)^2$ und der relative Eintrittsdrall $\delta_r = w_{0u}/u$ durch die beabsichtigte Strömungsart (Abb. 165) gegeben ist.

Da nach Gl. (1)

$$\varDelta c_u = \frac{g H_{\mathrm{th}}}{u} = \frac{g H_{\mathrm{th}}}{r\,\omega}, \tag{4}$$

so wächst von der Spitze nach der Nabe hin die Umlenkung $\varDelta c_u$ und damit auch der Umlenkwinkel $\Theta = \beta_3 - \beta_0$, weil H_{th} für alle Fäden gleichzuhalten ist und r abnimmt. Am Außenrand entsteht also eine sehr flache Schaufel. Nach der Nabe zu nimmt die Schaufelkrümmung aber stark zu, wobei der Schaufelwinkel β_2 wächst. Man kann sich das auch dadurch veranschaulichen, daß der Spaltdruck infolge des Kreisens der Strömung von außen nach innen abnimmt. Während außen die flache Überdruckschaufel entsteht, könnte es innen (wenigstens bei Drehungsfreiheit) zur richtigen Gleichdruckschaufel, also der Hakenschaufel mit $\beta_2 \gg 90°$ kommen, wenn man den Nabendurchmesser entsprechend klein wählen würde.

a) Größtzulässiges Nabenverhältnis r_a/r_i.

Offenbar gibt es in jedem Einzelfall einen kleinstzulässigen Nabendurchmesser und damit ein größtzulässiges Verhältnis r_a/r_i. Das Kriterium für die Ableitung dieses Grenzwertes kann man in der Annahme einer größtzulässigen Schaufelbelastung am Nabenprofil sehen. Diese vielfach übliche Anschauung krankt daran, daß eine solche höchstzulässige Belastungsziffer in weiten Grenzen schwanken kann, weil die Grenzschichtverhältnisse gerade am Nabenprofil infolge der Absaugung der Grenzschicht durch Fliehkräfte schwer übersehbar sind. Mit Rücksicht auf die in der verlangsamten Strömung bei der Pumpe vorliegenden besonderen Verhältnisse wird zunächst die Grenzbedingung so gestellt, daß man daraus den Reaktionsgrad an der Nabe und die entstehende Profilform einigermaßen voraussehen kann. Dazu eignet sich am besten der Schaufelwinkel β_{2i} an der Nabe, den wir in Einklang mit späteren Feststellungen (S. 408f.) etwa auf 90° begrenzen. Das gibt bei senkrechtem Zustrom nach S. 283 einen Reaktionsgrad an der Nabe von etwa 0,5. Mit der Nachprüfung der Schaufelbelastung werden wir uns aber anschließend näher beschäftigen.

α) Bestimmung auf Grund eines größtzulässigen Schaufelwinkels β_{2i}. Die Vorschrift eines Größtwinkels $\beta_{2i} = 90°$ führt nach einfacher

Rechnung[1] bei drallfreier Zuströmung, also $\alpha_0 = 90°$, zu folgender Bestimmungsgleichung für den Größtwert von r_a/r_i

$$\left(\frac{r_a}{r_i}\right)^2_{\max} = 1 + \frac{0{,}8\,\eta_h}{(1+p_i)\,\varepsilon}\left(\frac{n_q}{100}\right)^2. \tag{5}$$

Darin ist p_i die Minderleistungsziffer an der Nabe, die sich nach Gl. (48), Abschn. 22, errechnet, $n_q = n\,\sqrt{V}/H^{3/4}$ die spezifische Drehzahl und ε die Einlaufziffer, die sich entsprechend Gl. (28), Abschn. 29, ergibt zu $\varepsilon = 0{,}0341\,[(n_q/\sqrt{k})\,\mathrm{tg}\beta_{0a}]^{2/3}$, wo $k = 1 - (r_i/r_a)^2$ ist.

Mit Gl. (5) kann zu jedem n_q der zugehörige Größtwert von r_a/r_i erhalten werden oder umgekehrt. Die Auswertung zeigt Abb. 166,

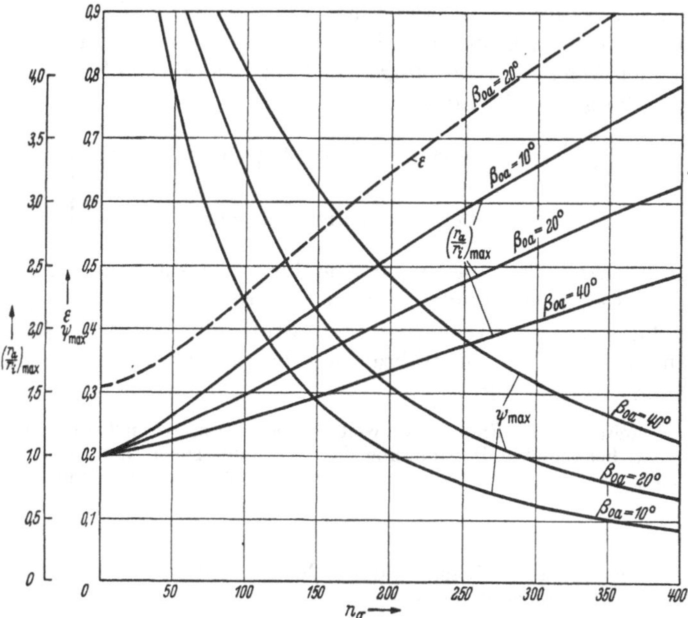

Abb. 166. Größtzulässiges Radienverhältnis r_a/r_i (größtmögliche Druckziffer $\psi_{\max}$) und Einlaufziffer ε als Funktion der spezifischen Drehzahl n_q mit β_{0a} als Parameter. Drallfreier Eintritt vorausgesetzt

wobei $(r_a/r_i)_{\max}$ in Abhängigkeit von n_q aufgetragen ist unter Annahme von $p_i = 0{,}25$, $\eta_h = 0{,}85$. Die drei Kurven gelten für Winkel $\beta_{0a} = 10°$, $20°$ und $40°$, wobei daran zu erinnern ist, daß bei Wasserförderung die unteren, bei Luftförderung die oberen Werte von β_{0a} maßgebend sind[2]. Hiernach ist das größtmögliche Nabenverhältnis eine Funktion der spezifischen Drehzahl. Der Nabendurchmesser darf nach Abb. 166 um so kleiner sein, je größer die spezifische Drehzahl ist. Jedoch ist

[1] Vgl. die 4. Auflage dieses Buches S. 274

[2] Bei der Axialschaufel muß man im Fall der Wasserförderung den Winkel β_{0a} sogar noch kleiner halten als 17°, um das Abreißen zu behindern. Dadurch wird auch die Erreichung kleiner spezifischer Drehzahlen erleichtert (S. 322)

ersichtlich, daß schon bei mittlerer Schnelläufigkeit große Nabendurchmesser nötig sind. *Deshalb kann bei der Axialpumpe die spezifische Drehzahl unter eine gewisse Grenze, etwa* $n_q = 80$, *nicht sinken,* wenn nicht unvorteilhaft kurze Schaufeln entstehen sollen.

Liegt ein Eintrittsdrall K_0 vor, so wird das Nabenverhältnis kleiner oder größer, je nachdem ob K_0 positiv oder negativ ist. Räder mit vorgeschaltetem gegensinnigen Eintrittsleitrad können hiernach mit verkleinerter Nabe ausgeführt werden.

β) Bestimmung auf Grund eines zulässigen Kleinstwertes von w_3/w_0. An der Nabe ist die Umlenkung der Relativströmung, also $\beta_3 - \beta_0$ und somit auch die Verlangsamung von w_0 auf w_3 am größten. Man könnte deshalb die Bestimmung des zulässigen kleinsten Nabendurchmessers auch von der Bedingung abhängig machen, daß eine gewisse Grenze von w_3/w_0 an der Nabe nicht unterschritten wird. Die hierüber in der Literatur zu findenden Angaben[1] lassen folgende Grenzwerte für die Beschaufelung an der Nabe gerechtfertigt erscheinen:

$$\left.\begin{aligned} \left(\frac{w_3}{w_0}\right)_i &\geqq 0{,}55 \text{ bis } 0{,}6 \text{ bei einstufigen Maschinen,} \\ \left(\frac{w_3}{w_0}\right)_i &\geqq 0{,}7 \text{ bei mehrstufigen Maschinen.} \end{aligned}\right\} \tag{5a}$$

Ein- und mehrstufige Maschinen sind hierbei deshalb unterschiedlich behandelt, weil Mehrstufigkeit höhere Anforderungen stellt wegen der Notwendigkeit, der jeweils folgenden Stufe eine gesunde Strömung gleichen Energieinhalts zuzuführen, wie das ja bei der ersten Stufe von vornherein gesichert ist.

Es entsteht nun die Frage, inwieweit die genannten Grenzbedingungen mit der unter α) behandelten Bestimmung des kleinstzulässigen Nabendurchmessers in Einklang zu bringen ist. Darüber soll die folgende Untersuchung Auskunft geben.

Aus den Geschwindigkeitsplänen der Abb. 165 kann man die Beziehung ableiten: $w_3/w_0 = \sin\beta_0/\sin\beta_3$.

Bezieht man diese Gleichung auf den Nabenschnitt, so wäre nach α) beim kleintszulässigen Nabendurchmesser:

$$\left(\frac{w_3}{w_0}\right)_i = \sin\beta_{0i}.$$

Ferner ist dort β_{0i} bei drallfreiem Zustrom gegeben durch

$$\operatorname{tg}\beta_{0i} = \frac{c_m}{u_i} = \frac{c_m}{u_a}\,\frac{r_a}{r_i} = \frac{r_a}{r_i}\operatorname{tg}\beta_{0a}.$$

Ersetzt man hierin durch entsprechende Umformung die tg durch den sin, so ist nach Gl. (5b) an der Grenze von r_i/r_a

$$\left(\frac{w_3}{w_0}\right)_i = \frac{\operatorname{tg}\beta_{0a}}{\sqrt{(r_i/r_a)^2 + \operatorname{tg}^2\beta_{0a}}}. \tag{5c}$$

Diese Beziehung gibt die an der Nabe auftretende Verlangsamung w_3/w_0 an, wenn dort $\beta_{3i} = 90°$ geworden ist. Sie ermöglicht ein Urteil darüber, inwieweit das Verfahren nach α) die Bedingung der Gl. (5a) befriedigt. Der in Gl. (5c)

[1] Marcinowski, H.: Voith Forschung und Konstruktion (1959) H. 5, S. 3.1 bis 3.26. — P. de Haller: BWK 5 (1953) Nr. 10, S. 332—337. — W. Becht: Heizung-Lüftung-Haustechnik 11 (1960) Nr. 3, S. 57—66

auftretende Winkel β_{0a} hat nämlich nach Abschn. 43 einen Optimalwert, der die kleinstmögliche relative Zuströmgeschwindigkeit w_0 liefert, nämlich nach Abschn. 43, Gl. (41), den Wert

$$\mathrm{tg}\,(\beta_{0a})_{\mathrm{opt}} = \sqrt{1/2} = 0{,}708, \qquad (\beta_{0a})_{\mathrm{opt}} = 35^\circ\,20'.$$

Damit gibt Gl. (5c) den Gegenwert

$$\left(\frac{w_3}{w_0}\right)_i = \frac{0{,}708}{\sqrt{(r_i/r_a)^2 + 0{,}5}},$$

so daß mit $r_i/r_a = 0{,}5$ wird $(w_3/w_0)_i = 0{,}82$, also günstiger als die beiden in Gl. (5a) angegebenen Grenzwerte. Bei Wasser ist β_{0a} etwa halb so groß. Man erhält dann den kleineren Wert 0,58, erfüllt also noch die Bedingung der einstufigen Pumpe, die bei Wasserförderung ja fast ausschließlich in Betracht kommt. Bei größeren Werten von r_i/r_a werden die Verhältnisse allerdings ungünstiger. Für $r_i/r_a = 0{,}75$ erhält man aus Gl. (5c) $w_3/w_0 = 0{,}69$ für Luftförderung und 0,44 für Wasserförderung. Hieraus kann geschlossen werden, daß die Grenzbedingungen nach α) auch der Bedingung der Einhaltung zulässiger Werte von w_3/w_0 einigermaßen gerecht wird. Bei mehrstufigen Wasserpumpen dürfte es aber zweckmäßig sein, nicht an die Grenze von $\beta_{3i} = 90^\circ$ zu gehen, was ja wohl auch schon mit Rücksicht auf die Abreißgefahr geschehen wird.

γ) Kerntotwasser. Eine weitere Bedingung für die Entstehung eines kleinstzulässigen Nabendurchmessers kann durch den Totwasserkern bedingt sein, der durch Trägheitsablösung in Drallströmungen in der Umgebung der Achse sich bildet. Er ist offenbar bei drallfreiem Zustrom zum Rad nur an der Austrittsseite des Rades, also zwischen Lauf- und Leitrad zu erwarten und wird zusätzliche Verluste in dem Fall verursachen, daß sein Durchmesser den der Nabe übersteigt. Nach STRSCHELETZKY ist von Wichtigkeit, daß die radiale Ausdehnung des Totwassers sich vergrößert, wenn der Drall K einer Rohrströmung etwa in einem anschließenden Leitrad wieder herausgenommen wird, also die Drallströmung axial begrenzt ist, wie das ja in Strömungsmaschinen mit Nachleitrad stets der Fall ist. Von Bedeutung ist, daß diese Vergrößerung kurz vor dem Leitrad besonders ausgeprägt ist, so daß sie gerade bei den üblichen kurzen Abständen zwischen Lauf- und Leitrad auf das Laufrad zurückwirkt und dessen Leistung verschlechtert. Aus den Arbeiten von STRSCHELETZKY hat nun MARCINOWSKI[1] die sehr einfache Rechenregel abgeleitet, daß bei Verwendung eines Nachleitrades der Kerntotraum nicht über die Nabe übergreift, wenn an der Nabe

$$(c_m/c_{3u})_i \geqq 1. \tag{6}$$

Diese Regel gilt für *mehrstufige Maschinen.* Sie kann auch für nichtdrallfreien Zustrom zum Laufrad als gültig angesehen werden.

Bei *einstufigen Maschinen* hat sich gezeigt, daß der Wirkungsgrad dann am besten ist, wenn an der Nabe bereits Ablösungserscheinungen beobachtet werden. Hier wird deshalb für den Fall der Verwendung eines Nachleitrades die Bedingung empfohlen

$$(c_m/c_{3u})_i \geqq 0{,}8. \tag{6a}$$

Diese für axial begrenzten Drall geltenden Grenzwerte verringern sich auf etwa die Hälfte bei unbegrenztem Drall, also wenn auf ein Nachleitrad verzichtet wird oder ein Spiralgehäuse an dessen Stelle tritt, wie das bei einstufigen Maschinen vorkommen kann. Deshalb wird dort die Rücksicht anf das Kerntotwasser nur selten eine Rolle spielen.

Ob diese Behandlung[2] des Totwasserkerns zutrifft, muß die weitere Erfahrung lehren.

---

[1] VOITH: Forschung und Konstruktion (1959), Heft 5

[2] MARCINOWSKI, H.: Optimalprobleme bei Axialventilatoren, Heizg.-Lüftg.-Haustechn. 8 (1957) S. 273—285, 295/96

b) Größtzulässige Belastungszahl ζ_a

Die Axialschaufel hat in allen Schaufelschnitten eine höhere Schaufelbelastung aufzunehmen als andere Schaufelarten, weil $u_1 = u_2$ und deshalb die Relativgeschwindigkeit w_0 am Eintritt groß ist. Zwar verkleinert sich w_0 nach der Nabe zu, aber dafür wird dort die Umlenkung Δc_u größer. Weil außerdem die Drucksteigerung nur durch Verlangsamung erfolgt, so besteht die Gefahr, daß unzulässige Grenzschichtverdickungen, also Ablösungen der Strömung entstehen. Man pflegt die Nachprüfung dieser Gefahr dadurch vorzunehmen, daß man eine bestimmte Grenze für die spezifische Schaufelbelastung vorschreibt, nämlich die auch beim Flugzeugtragflügel benutzte sogenannte Auftriebszahl ζ_a (S. 324ff.). Diese beträgt beim Tragflügel, wenn dessen Belastung, d. h. der Auftrieb gleich A ist:

$$\zeta_a = \frac{A}{q F}, \tag{7}$$

wobei $q = \frac{\gamma}{g} \frac{w_\infty^2}{2}$ der Staudruck und $F = L\, b$ die Flügelfläche (L = Profillänge, b = Flügelbreite) ist. In unserem Fall der Axialschaufel läßt sich diese Gleichung nur auf den einzelnen Flügelschnitt anwenden. Hier ist $A = \gamma\, \Delta h L\, dr$, wenn wir die sehr kleine radiale Erstreckung dr betrachten und wieder, wie in Abschn. 21, einen gleichmäßig verteilten Schaufeldruck Δh annehmen. Es wird dann

$$\zeta_a = \frac{2 g \Delta h}{w_\infty^2}. \tag{7a}$$

Die Größe Δh haben wir bereits in Abschn. 21 in der dortigen Gl. (35) für alle Schaufelarten bestimmt. Im Fall der Axialschaufel, wo $c_{2m} = c_m$, $r_2 = r$, $S = r\, e$ ist, lautet diese Gleichung:

$$\Delta h = 2\pi \frac{c_m}{u} \frac{r}{z\, e} H_{\text{th}}. \tag{8}$$

Mit $H_{\text{th}} = u \Delta c_u / g$ nach Gl. (1), ferner mit $2 r \pi / z = t$, $e = L \sin\beta_\infty$ läßt sich dieser Ausdruck schreiben

$$\Delta h = \frac{t}{L} \cdot \frac{c_m \Delta c_u}{g \sin\beta_\infty}$$

eingesetzt in Gl. (7a) ergibt sich mit $c_m / w_\infty = \sin\beta_\infty$

$$\zeta_a \frac{L}{t} = \frac{2 \Delta c_u}{w_\infty}. \tag{9}$$

Diese Gleichung werden wir später (S. 337) noch auf andere Weise ableiten. Mit ihr läßt sich bequem sowohl die *Auftriebszahl* ζ_a als auch die zugehörige *Umlenkziffer* $\zeta_a L/t$ nachprüfen. Man pflegt als Höchstwerte zuzulassen[1]

$$\zeta_a = 0{,}8 \quad \text{bis} \quad 1{,}25, \qquad \zeta_a \frac{L}{t} = 1{,}5\,(\text{bis } 2{,}5), \tag{10}$$

[1] ECKERT, B.: Axialkompressoren und Radialkompressoren. Berlin/Göttingen/Heidelberg: Springer 1953, S. 98

Der Wert dieser Nachprüfung darf nicht überschätzt werden. Sie hat die Schwäche, daß Betrachtungen am Einzelflügel ohne weiteres auf das Flügelgitter übertragen werden. Die in Abschn. 10 nachgewiesene Zulässigkeit der Gleichsetzung der gemittelten Geschwindigkeit w_∞ mit der Anströmgeschwindigkeit am Einzelflügel ist zunächst nur für die Übertragung des KUTTA-JOUKOWSKY-Gesetzes nachgewiesen (S. 46f.), aber nicht für Vorgänge, die in den Grenzschichten ihre Ursache haben. Es ist z. B. bekannt, daß beim Gleichdruckgitter mit seiner relativ kleinen Geschwindigkeit $w_\infty \approx c_m$ (Abb. 165, Fall I) sich sehr hohe Auftriebszahlen von 4 und mehr errechnen. Es zeigt sich ferner (S. 282), daß das Profil an der Nabe trotz seines kleinen t/L-Wertes sehr hohe ζ_a-Werte verträgt (HIMMELSKAMP, MUESMANN, Fußnote 3, S. 282), was offenbar mit der Verdünnung der Grenzschicht durch Fliehkräfte und Corioliskräfte zusammenhängt. Dementsprechend ist auch die Gefährdung durch Ablösung der Grenzschicht wesentlich verringert. Es ist aber — besonders bei vielschaufligen Rädern — notwendig, auf das oben behandelte Kerntotwasser zu achten.

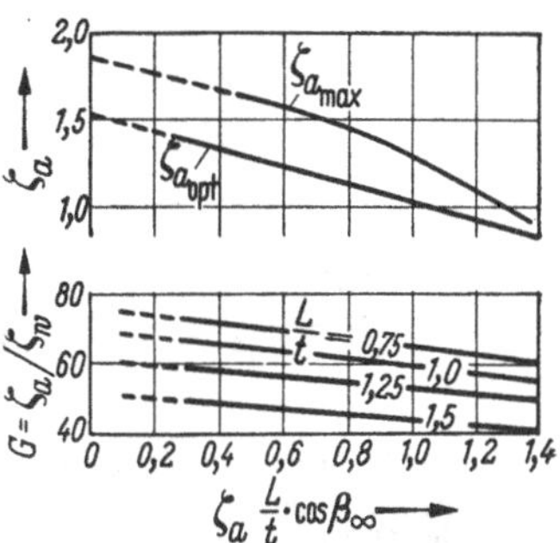

Abb. 167. Optimale und maximale Auftriebswerte ζ_a, ebenso Gütegrade $G = \zeta_a/\zeta_w$ bei geometrisch stoßfreiem Eintritt nach W. STIEFEL[1]

Deshalb sind die oben angegebenen Grenzwerte nur für Pumpengitter mit genügend hohem Reaktionsgrad $\mathfrak{r} > \frac{1}{2}$ anwendbar und auch hier unsicher. Man kann diese Widersprüche teilweise dadurch beseitigen, daß man die ζ_a-Werte (wie in Abb. 167) in Abhängigkeit vom Schubbeiwert $\zeta_a \frac{L}{t} \cos\beta_\infty$ aufträgt, weil bei Gleichdruck der Schub verschwindet. (Die in Abb. 167 gestrichelt gezeichneten Schätzungen entsprechen also der Wirklichkeit nicht.) Es empfiehlt sich aber trotzdem, den ζ_a-Wert bei den einzelnen Zylinderschnitten nachzuprüfen.

Der maximale Wert für die Umlenkziffer $\zeta_a\, L/t$ ist ebenfalls keineswegs konstant, wie Abb. 167a zeigt, auch wenn man das Profil in Schaufelmitte als maßgebend betrachtet.

Hiernach bestehen im Überdruck-Pumpengitter Beschränkungen hinsichtlich der Größe des Umlenkwinkels $\Theta = \beta_3 - \beta_0$, also auch des Winkels β_2. Dazu gehört auch die unter a) benutzte Beschränkung des Winkels β_{2i} auf 90°. Abb. 167b zeigt die von HOWELL für mehrstufige Verdichter vorgeschlagenen Werte von Θ in Abhängigkeit von β_3 mit dem Teilungsverhältnis t/L als Parameter[2]. Man sieht, daß die Umlenkung um so größer sein kann, je größer β_3 ist.

Die Axialschaufel ist ferner besonders empfindlich gegen *Kavitation* oder *Überschall*. Hierbei ist zu beachten, daß die Widerstandsziffer ζ_w

[1] STIEFEL, W.: MTZ 20 (1959) Nr. 9, S. 343

[2] HOWELL, A. R., u. R. P. BONHAM: Proc. Inst. mech. Engrs. Lond. 163 (1950) S. 233—248. Vgl. auch H. HAUSENBLAS: Konstruktion 4 (1952) S. 173 bis 179

in Abhängigkeit der *Ma*-Zahlen um so rascher ansteigt, je stärker die Skelettlinie gekrümmt ist. Deshalb verbieten sich bei hoher *Ma*-Zahl so starke Kanalerweiterungen, also so hohe Umlenkwinkel Θ, wie sie

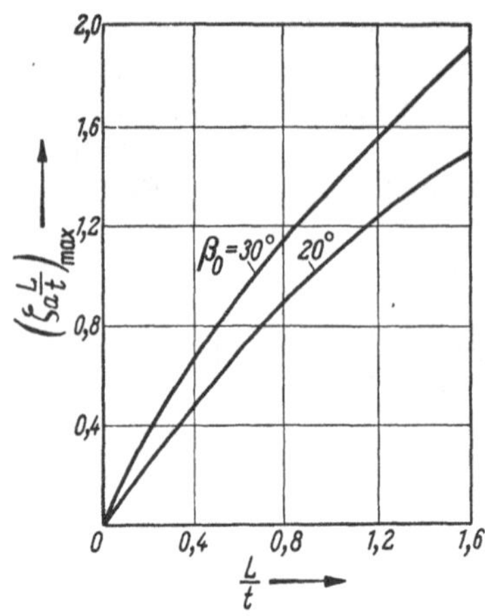

Abb. 167a. Umlaufziffer $\zeta_a\,(L/t)_{max}$ in Abhängigkeit vom Überdeckungsverhältnis L/t bei der Auslegung für kleinste Übergeschwindigkeit nach W. STIEFEL[1]

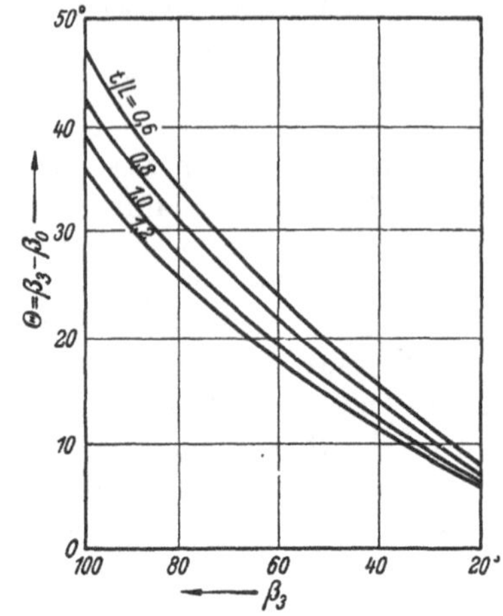

Abb. 167b. Empfehlenswerte Umlenkwinkel $\Delta\beta = \beta_3 - \beta_0$ in Abhängigkeit vom Abströmwinkel β_3 bei Axialpumpen hoher Druckziffer, insbesondere vielstufigen Axialverdichtern nach HOWELL

bei niederen oder mittleren *Ma*-Zahlen zulässig sind. Erwähnt muß noch werden, daß die Axialpumpe viel empfindlicher ist als andere Pumpen gegen Unterströmungen am Einlauf.

61. Die Kennziffern der Axialpumpe

Die Kennziffern werden meist auf die am Spitzenprofil, also am Halbmesser r_a vorliegenden Verhältnisse bezogen. Dementsprechend wird die Druckziffer des Axialrades gesetzt:

$$\psi = \frac{2gH}{u_a^2} = \frac{2gH}{(r_a\,\omega)^2}\,. \tag{11}$$

Tatsächlich hängt aber die erreichbare Förderhöhe von der kleinstvorhandenen Umfangsgeschwindigkeit, also vom Profil an der Nabe ab, weil in allen Flußflächen die gleiche Förderhöhe H erzeugt werden muß. Dementsprechend muß man auch eine örtliche Druckziffer unterscheiden, die am beliebigen Halbmesser r beträgt:

$$\psi(r) = \frac{2gH}{u^2} = \frac{2gH}{(r\,\omega)^2} \tag{12}$$

und von der Spitze nach der Nabe hin zunimmt, also beim Profil an der Nabe am größten ist.

[1] siehe Fußnote 1, S. 291

Die an dem Halbmesser r_i erreichbare örtliche Druckziffer beträgt bei $\beta_2 = 90°$, weil $H_{\text{th}} = \frac{u^2}{g(1+p_i)}$, $\psi_i = 2\eta_h/(1+p_i)$. Sie steht mit dem ψ der Gl. (11) in der Beziehung $\psi_i = \psi\,(r_a/r_i)^2$. Daraus folgt nach einfacher Rechnung als Druckziffer bezogen auf den äußeren Umfang

$$\psi_{\text{max}} = \frac{2\eta_h}{\left(\frac{r_a}{r_i}\right)^2 (1+p_i)}. \tag{13}$$

Mittels dieser Gleichung ist in Abb. 166 auch die Abhängigkeit der größtmöglichen Druckziffer ψ von n_q für die gleichen Parameter wie oben erwähnt eingetragen. Man sieht, daß die Druckziffer kleiner ist als bei Radialpumpen, was sich daraus zwanglos erklärt, daß am Flügelende sich stets kleine Winkel β_2 einstellen. Große Druckziffern sind nur mit kleiner spezifischer Drehzahl *in Verbindung mit genügend großen Winkeln* β_{0a} zu erreichen.

Nimmt man vorsichtshalber $p_i = 0{,}35$, $\eta_h = 0{,}80$, so folgt aus Gl. (13)

$$\psi_{\text{max}} = 1{,}2\left(\frac{r_i}{r_a}\right)^2. \tag{14}$$

Es ist zu berücksichtigen, daß die zulässige Spitzengeschwindigkeit u_a bei axialen Pumpen nicht von der Festigkeit des Rades abhängt, sondern fast ausschließlich von der Kavitations- bzw. Überschallgrenze (s. S. 194 und 211) und hier wiederum die relative Drallziffer (die bei vorstehender Betrachtung gleich Eins gesetzt ist) starken Einfluß nimmt. Deshalb kann die anwendbare Umfangsgeschwindigkeit meist nicht vorausgesagt werden (s. Abschn. 115).

Die Einlaufziffer ε läßt sich, nachdem r_a/r_i festliegt, aus Gl. (28), S. 162, errechnen, wenn dort $k = 1 - (r_i/r_a)^2$ eingesetzt wird. Daneben ist im Gebrauch die

Durchflußziffer oder *Lieferziffer*

$$\varphi = \frac{c_m}{u_a}. \tag{15}$$

Beide Werte liegen nach Annahme von β_{0a} und δ_r für jedes n_q fest. Bei drallfreiem Eintritt, d. h. $\delta_r = 1$, ist offenbar $\varphi = \operatorname{tg}\beta_{0a}$. Bei Wasserströmung gilt allgemein die Kavitationsgrenze entsprechend einem optimalen Zuflußwinkel $\beta_{0a} \approx 17°$, der aber bei Axialpumpen zur Kleinhaltung der Abreißgefahr meist unterschritten wird (S. 434). Beim Verdichter verlangt die Überschallgrenze eine optimale Zuflußrichtung $\beta_{0a} = 32$ bis $38°$. Wenn weder Kavitation noch Überschall vorliegt, so verlangt die Rücksicht auf Kleinheit der Schaufelverluste ebenfalls einen großen Winkel $\beta_{0a} \approx 35°$.

Weitere Vergrößerung der Winkel β_{0a} bringt zwar den Vorteil größerer Druckziffer und kleinerer Abmessungen, aber den Nachteil hoher Schaufelbelastung und vergrößerter *Ma*-Zahl (was jedoch nur bei hohen Verdichtungsgraden wichtig ist).

Bei der Axialmaschine bestehen besonders einfache Beziehungen zwischen den dimensionslosen Kennziffern.

Die Einlaufziffer beträgt

$$\varepsilon = \frac{c_m}{\sqrt{2gH}} = \frac{c_m}{u_a} \frac{u_a}{\sqrt{2gH}} = \frac{\varphi}{\sqrt{\psi}}. \tag{16}$$

Ferner errechnet sich mit $k = 1 - (r_i^2/r_a^2)$ nach Gl. (10), Abschn. 27, die spezifische Drehzahl

$$n_q = \frac{30}{\sqrt{\pi}} (2g)^{3/4} \sqrt{k} \frac{\sqrt{\varphi}}{\psi^{3/4}} = 157{,}8 \sqrt{k} \frac{\sqrt{\varphi}}{\psi^{3/4}}, \tag{16a}$$

so daß aus der φ, ψ-Darstellung auch die spezifische Drehzahl entnommen werden kann, wenn die Nabenverengung k bekannt ist.

62. Profilierung der Schaufel

Die Skelettlinien der Schaufelschnitte müssen stetig verlaufen. Beliebt ist der Verlauf nach einem Kreisbogen oder nach einer Parabel, deren flaches Ende an der Austrittskante liegt. Die Zusammensetzung aus Kreisbögen und geraden Linien ist wegen der Empfindlichkeit der Strömung gegen unstetige Änderung des Krümmungshalbmessers weniger empfehlenswert. Dagegen findet man besonders häufig einen einzigen Kreisbogen verwendet, dessen Halbmesser dann ist (Abb.168)

$$\varrho = \frac{L}{2\sin\frac{\beta_2 - \beta_1}{2}} = \frac{e}{2\sin\frac{\beta_2 - \beta_1}{2}\sin\frac{\beta_2 + \beta_1}{2}} = \frac{e}{\cos\beta_1 - \cos\beta_2}. \tag{17}$$

Die Parabelschaufel gibt die Möglichkeit, die Belastung der Schaufel, d. h. den Auftrieb über ihre ganze Länge gleichmäßig zu verteilen und dadurch Übergeschwindigkeiten weitgehend zu vermeiden. Bei einer dünnen Schaufel liefert die Parabel mit der Gleichung

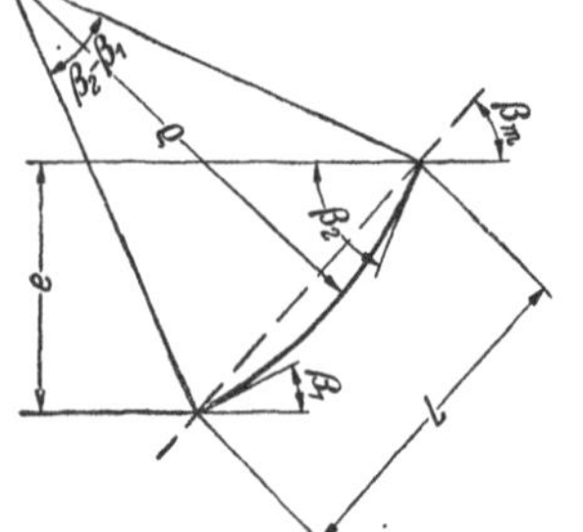

Abb. 168

$$y = x \operatorname{ctg}\beta_1 - \frac{x^2}{2b}(\operatorname{ctg}\beta_1 - \operatorname{ctg}\beta_2) \tag{17a}$$

(x in Richtung der Achse, y in U-Richtung gemessen) optimale Verhältnisse.

Man kann die Schaufeln mit gleichbleibender dünner Wandstärke (d. h. aus Blech) ausführen. Man kann sie auch profilieren. Dabei wird wie bei bewährten Tragflügelprofilen die Wandstärke im mittleren Teil vergrößert und nach den Enden hin so verkleinert, daß vorn eine gute Abrundung und hinten ein spitzer Auslauf vorliegt.

Die größte Dicke legt man bei Pumpen in *mindestens* 30% Abstand vom Profilkopf. (In Abb. 178 und der Zahlentafel S. 328 sind einige solche Profile der Göttinger Reihe zusammengestellt.) In den Fällen, wo Rücksicht auf Kavitation bzw. Überschall zu nehmen ist, empfiehlt es sich, diese „*Dickenrücklage*" auf 40 bis 50% zu vergrößern. Diese Maßnahme bringt noch den beim Einzelflügel beobachteten weiteren Vorteil, daß die Grenzschicht über einen längeren Teil des Profils laminar bleibt und also der Profilwiderstand sich verringert. Dieser Laminareffekt ist allerdings nur bei kleinen Anstellwinkeln und im *Re*-Zahlbereich $2 \cdot 10^6$ bis $3 \cdot 10^7$ vorhanden[1]. Auch setzt er glatte Oberfläche und laminare Zuströmung voraus. Abb. 169 gibt eine Übersicht über die Größe der Widerstandsziffer ζ_w bei drei verschiedenen Profilen in Abhängigkeit der

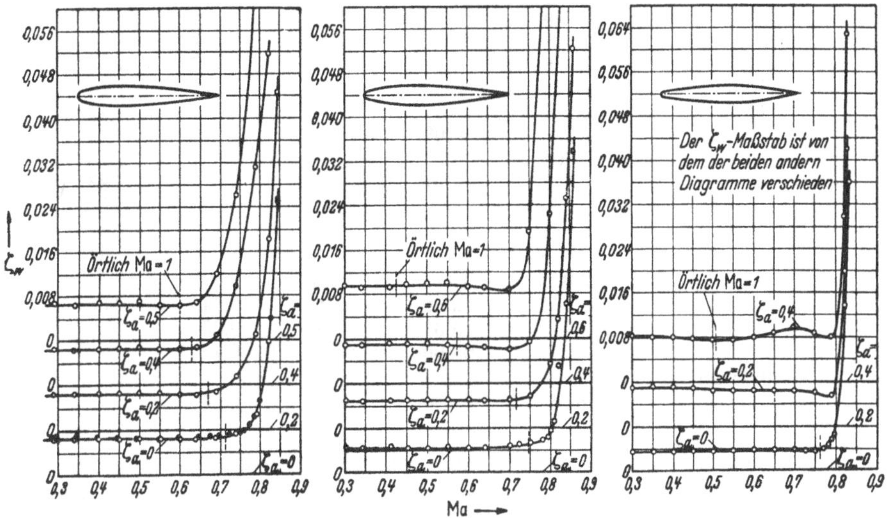

Abb. 169. Einfluß der Lage der größten Dicke auf den Profilwiderstand symmetrischer Profile mit wachsender *Ma*-Zahl. Strömung zweidimensional (Deutsche Versuchsanstalt für Luftfahrt). Dickenverhältnis $d/L = 12\%$. Rücklage der größten Dicke hinter Flügelnase 30 bzw. 40 bzw. 50 %

Ma-Zahl[2] mit der Auftriebsziffer ζ_a als Parameter [wobei ζ_w und ζ_a durch Gl. (10) und (11), S. 323, definiert sind]. Man erkennt den Nutzen, den die große Dickenrücklage bei *Ma*-Zahlen über 0,7 gewährt.

In nachstehender Tabelle ist für einige solcher seitens der NACA[3] entwickelten „*Laminarprofile*" symmetrischer Form (gerade Skelett-

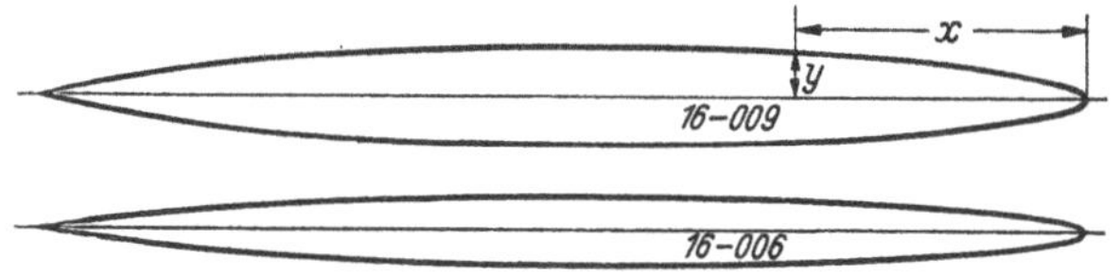

Abb. 169a. 2 Profile mit großer Dickenrücklage (Laminarprofile)

linie) der Verlauf der halben Dicke y in Abhängigkeit der von der Profilnase aus gemessenen Länge x angegeben, und zwar beide Längen in Prozenten der Profillänge L.

---

[1] Schlichting, H.: Grenzschichttheorie 3. Aufl., S. 391 und 393/4

[2] Aus einer großen Zahl von Versuchen der Deutschen Versuchsanstalt für Luftfahrt (B. Göthert) entnommen.

[3] NACA Rep. Nr. 460 (1933); 492 (1934); 824 (1945) Washington. Andere Profile: Konstruktion 11 (1959) S. 474

Laminarprofile

NACA-Profil-Nr.	16—006	16—009	65—006	65—010	66—006
x	y	y	y	y	y
0	0	0	0	0	0
1,25	0,646	0,969	0,717	1,124	0,693
2,5	0,903	1,354	0,956	1,571	0,918
5,0	1,215	1,822	1,310	2,222	1,257
7,5	1,516	2,274	1,589	2,709	1,524
10,0	1,729	2,593	1,824	3,111	1,752
15	2,067	3,101	2,197	3,746	2,119
20	2,332	3,498	2,482	4,218	2,401
30	2,709	4,063	2,852	4,824	2,782
40	2,927	4,391	2,998	5,057	2,971
50	3,000	4,500	2,900	4,870	2,985
60	2,917	4,376	2,518	4,151	2,815
70	2,635	3,952	1,935	3,038	2,316
80	2,099	3,149	1,233	1,847	1,543
90	1,259	1,888	0,510	0,749	0,665
95	0,707	1,061	0,195	0,354	0,262
100	0,060	0,090	0	0,150	0
Radius an der Profilnase	0,176	0,396	0,240	0,666	0,223

Diese Profilformen werden auf gekrümmte Skelettlinien in der Weise übertragen, daß die Dickenverteilung beibehalten wird. Das Dickenverhältnis kann durch Multiplikation der y-Werte mit einem konstanten Faktor verändert und dadurch den jeweiligen Bedingungen angepaßt werden. Allgemein ist zu merken, daß die Dicke klein sein soll — möglichst nicht mehr als 10% der Länge des Profils. Die günstigste Dickenrücklage scheint 40% zu sein. Die Größe des Radius an der Profilnase kann in engen Grenzen geändert werden, wobei zu beachten ist, daß kleine Radien zwar die Überschallempfindlichkeit verkleinern, aber die Stoßempfindlichkeit vergrößern. Naturgemäß wird der Charakter als Laminarprofil durch die Krümmung der Skelettlinie mehr oder weniger geändert. Da ferner in der Strömungsmaschine die Zuströmung mehr oder weniger turbulent und hinter der 1. Stufe nicht einmal stationär ist, kann man nicht erwarten, daß alle guten Eigenschaften des Laminarprofils erhalten bleiben. (Der spitze Auslauf der drittletzten und letzten der obigen Profile ist aus Herstellungsgründen unzweckmäßig und wird deshalb bei Gebrauch sinngemäß geändert.)

Die Profilierung bringt Vorteile vor der gewölbten, dünnen Platte bei genügend großen Schaufelabständen und hohen Re-Zahlen. $Re = \frac{L\,w_\infty}{\nu}$. Die Grenze dürfte bei $Re \approx 80000$, also etwa dort liegen, wo beim Tragflügel die Grenzschicht an der Ablösungsstelle turbulent wird[1].

---

[1] ECK, B.: Techn. Strömungslehre, 3. Aufl. Berlin/Göttingen/Heidelberg: Springer 1949

Unterbrochene Schaufeln (Tandemgitter) im Lauf- oder Leitrad (Abb. 302a) scheinen in den Fällen, wo die Umlenkung so groß sein muß, daß im einreihigen Gitter starke Verluste auftreten, Vorteile hinsichtlich der Höhe dieser Verluste und auch hinsichtlich des Abreißverhaltens bei Teillast (S. 435) zu bringen. Nach neueren Untersuchungen[1] können bessere Wirkungsgrade als im einreihigen Gitter erzielt werden, wenn die Umlenkziffer $\zeta_a L/t > 1{,}2$ ist und die Schaufeln der beiden Gitter eine günstige Lage zueinander haben. In letzterer Hinsicht gilt als optimal, wenn die verlängerten Skelettlinien um ein Fünftel der Schaufelteilung gegeneinander versetzt sind (Abb. 169b). Der axiale Abstand a der beiden Gitter kann sich hierbei zwischen $0{,}15t$ und $0{,}50t$ bewegen. Die gesamte Umlenkung Δw_u soll auf beide Gitter etwa je zur Hälfte verteilt sein. Weitere Angaben über „Schlitzschaufeln" S. 491, 126, Fußnote 1.

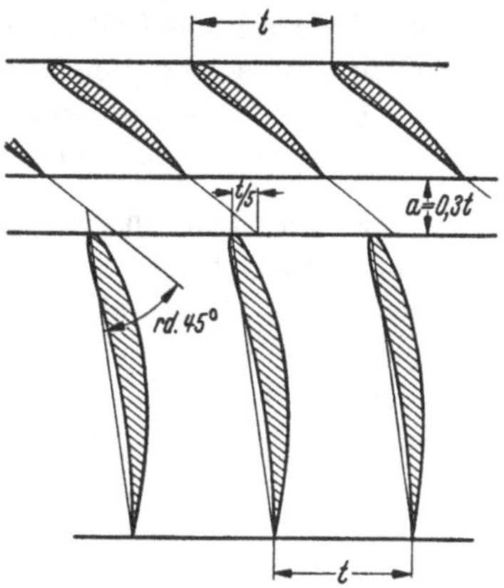

Abb. 169b. Beispiel für optimale Ausbildung eines Tandem-Gitters nach H. OHASHI

63. Maßnahmen zur Verringerung der Verwindung und der Mach-Zahl

Auf S. 286 ist gezeigt, daß die axiale Laufschaufel in jedem Zylinderschnitt ein anderes Profil aufweist, also zu verwinden ist. Eine entsprechende Verwindung haben die Leitschaufeln. Diese Verwindung vergrößert sich, wenn die Bedingung gestellt wird, die *Ma*-Zahl w_0/a klein zu halten und deshalb vom senkrechten Eintritt (Fall III, Abb. 165) abgewichen, also ein Eintrittsdrall zugelassen wird. Dieser verlangt, wenn man Drehungsfreiheit beibehalten will, die Beachtung des Flächensatzes und liefert deshalb Umfangskomponenten der Eintrittsströmung, welche nach der Nabe hin stark wachsen. Beliebt ist in dieser Beziehung die 50%ige Reaktion des Falles II, Abb. 165. Aber ihre Verwirklichung in Verbindung mit Drehungsfreiheit würde untragbare Verwindungen oder viel zu kurze Schaufeln ergeben und dazu die 50%ige Reaktion nur in einem einzigen Zylinderschnitt ermöglichen. Dazu kommt, daß die Pumpenschaufel nur mit mäßiger Krümmung (Wölbung) ausgeführt werden kann und der Austrittswinkel β_{2i} an der Nabe den Wert 90° nicht wesentlich übersteigen sollte.

[1] OHASHI, H.: Diss. Techn. Hochschule Braunschweig 1958. Auszug: Ing.-Arch. 27 (1959) Heft 4, S. 201—226. — Voith-Werbeschrift Nr. 1165, Das Versuchswesen der Maschinenfabrik J. M. Voith, S. 24. — NUMACHI: Forsch. Ing.-Wes. 13 (1942) S. 218

Wegen dieser Erschwernisse setzt man sich bei Pumpen vielfach über die Bedingung konstanten Dralles hinweg, indem eine Eintrittsströmung erzeugt wird, welche passende c_u-Komponenten — also nicht die der Drehungsfreiheit mit $c_u = K_0/r$ — aufweist und also auch nicht mehr eine solche gleichen Energieinhaltes ist.

Um die Besonderheiten zu erfassen, soll aber zunächst der *Idealfall*, nämlich *die Strömung gleichen Energieinhaltes* betrachtet werden.

a) Die Strömung gleichen Energieinhaltes. Im Raum zwischen Leit- und Laufrad hat jedes Flüssigkeitsteilchen eine Umfangskomponente c_u und eine Meridiankomponente c_m. Die gegebenenfalls vorhandene radiale Komponente soll vernachlässigt werden. Da jedes Teilchen gleichen Energieinhalt haben soll, so gilt die BERNOULLI-Gleichung $h + c^2/2g = \text{const}$, oder

$$dh + \frac{c}{g}\,dc = 0$$

(h = Druckhöhe in mkp/kp oder m Flüssigkeitssäule). Andererseits entstehen durch das Kreisen der Flüssigkeit mit der Umfangskomponente c_u Fliehkräfte, also eine Drucksteigerung auf dem Radienelement dr, welche — wenn die radiale Geschwindigkeitskomponente vernachlässigt wird — nach S. 41 beträgt

$$dh = \frac{1}{g}\,\frac{c_u^2}{r}\,dr. \tag{18}$$

Die Elimination von dh aus den beiden vorstehenden Gleichungen liefert:

$$c\,dc + \frac{c_u^2}{r}\,dr = 0. \tag{19}$$

Diese „*spezielle Gleichgewichtsbedingung*“ gilt also nur für solche achsensymmetrischen Strömungen, welche gleichen Energieinhalt und keinerlei radiale Strömungskomponenten besitzen. In diesem Idealfall gilt der Flächensatz, wonach $r\,c_u = \text{const}$ oder nach Differentiation $r\,dc_u + c_u\,dr = 0$ ist. Nach Multiplikation dieser Gleichung mit c_u/r kann geschrieben werden

$$c_u\,dc_u + \frac{c_u^2}{r}\,dr = 0.$$

Die Vereinigung mit Gl. (19) liefert

$$c\,dc - c_u\,dc_u = 0$$

oder

$$d(c^2 - c_u^2) = 0$$

oder

$$dc_m^2 = 0,$$

also

$$c_m = \text{const}.$$

wie bisher vorweggenommen wurde. Gleichbleibender Drall verlangt also auch gleichbleibendes c_m, wenn die Strömung im Gleichgewicht sein soll. *Wichtig ist, daß diese Ableitung auch bei Dichteänderung gilt,* *weil ϱ nicht vorkommt.* Da dieser Wert bei Gasen im Spalt zwischen Leit- und Laufkranz mit wachsendem r zunimmt, können hier die Flußlinien nicht achsparallel sein, sondern müssen innerhalb des Laufkranzes nach außen abbiegen (Abb. 176, S. 321). Die Gleichheit von c_m gilt jeweils nur für den Bereich, wo diese radialen Komponenten verschwunden sind.

Die Strömung gleichen Energieinhaltes braucht nicht unbedingt drehungsfrei zu sein. Ein Beispiel hierfür ist die Strömung hinter zylindrischen Leitschaufeln, die aber bei Pumpen nur selten verwendet werden.

Im allgemeinen ist aber die nicht drehungsfreie Strömung keine solche gleichen Energieinhaltes. Außerdem sind hier die c_m-Komponenten nicht unbedingt über dem Radius konstant wie im obigen Idealfall. Es entsteht also die Frage, wie in einem solchen Fall die Strömung auf der anderen Radseite verlaufen muß, d. h. wie dort die c_m-Komponenten sich längs des Halbmessers ändern müssen, damit die Energiezufuhr H für alle Fäden gleichbleibt, wie verlangt werden muß. Nehmen wir gleiche Schaufelwirkungsgrade η_h an, so bedeutet diese Bedingung, daß auch die Schaufelarbeit H_{th} gleich sein muß.

Bei der Ableitung einer solchen Beziehung zwischen den Geschwindigkeiten auf beiden Radseiten soll die Abweichung der Flußlinien von der axialen Richtung beachtet werden, die daher rührt, daß die c_m-Komponenten sich längs des Halbmessers im Rad ändern. Durch diese Abkrümmung der Flußlinien entstehen nun zusätzliche Fliehkräfte, deren Einfluß sich zwar als sehr bedeutend erweist, die wir aber besser erst später, also getrennt berücksichtigen. Wir wollen die Untersuchung für konstante Dichte aber auf allgemeiner Grundlage durchführen. Es sei also der Verlauf einer beliebigen Verteilung der c_u- und c_m-Komponenten auf der Saugseite des Rades gegeben, wobei der Energieinhalt der einzelnen Flüssigkeitsteilchen im Zu- oder Abströmraum nicht mehr gleich zu sein braucht.

b) Strömungen ungleichen Energieinhaltes, Beziehungen zwischen den Geschwindigkeiten auf beiden Seiten des Axialrades (Allgemeine Gleichgewichtsbedingung).

α) Vernachlässigung der Zusatzfliehkräfte

Die im Laufrad auftretende radiale Komponente sei in geringer Entfernung vom Laufrad abgeklungen, so daß dort die Strömung wieder auf Kreiszylindern vom Halbmesser r_0 bzw. r_3 (Abb. 170) erfolgt.

Die Schaufelarbeit je kp Arbeitsflüssigkeit beträgt

$$H_{\mathrm{th}} = h_3 - h_0 + \frac{1}{2g}(c_3^2 - c_0^2) + Z_u \tag{20}$$

oder auch nach der Hauptgleichung

$$H_{\mathrm{th}} = \frac{\omega}{g}(r_3\, c_{3u} - r_0\, c_{0u}). \tag{21}$$

In Gl. (20) ist Z_u die Verlusthöhe im Laufkanal, h_3 und h_0 sind die Drücke auf Druck- und Saugseite des Rades in m Flüssigkeitssäule, die nach Gl. (18) infolge der Fliehkräfte nach außen anwachsen gemäß

$$d h_0 = \frac{1}{g} \frac{c_{0u}^2}{r_0} d r_0; \qquad d h_3 = \frac{1}{g} \frac{c_{3u}^2}{r_3} d r_3.$$

Da jedes Flüssigkeitsteilchen im Laufrad die gleiche Energieänderung erfährt, so ist H_{th} unabhängig von r, ebenso kann Z_u als unabhängig von r betrachtet werden. Dann gibt die Ableitung von Gl. (20), wenn gleichzeitig $d h_0$ und $d h_3$ durch die Ausdrücke der letzten Gleichungen ersetzt werden,

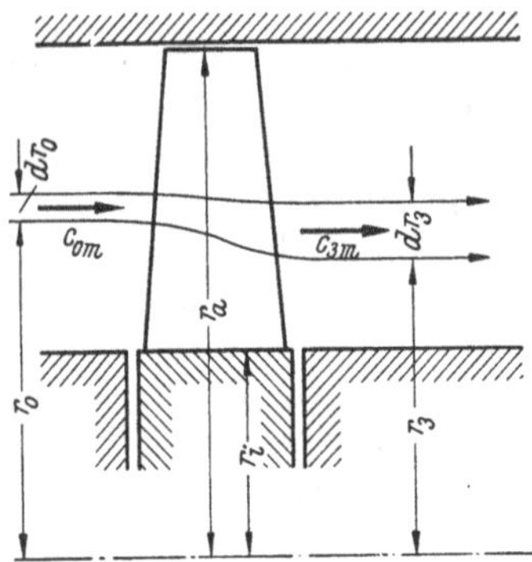

Abb. 170. Strombild durch ein Axialrad bei nicht drehungsfreier Zu- oder Abströmung konstanter Dichte

$$\frac{c_{3u}^2}{r_3} d r_3 - \frac{c_{0u}^2}{r_0} d r_0 + \frac{1}{2}(d c_3^2 - d c_0^2) = 0, \tag{22}$$

worin

$$c_3^2 = c_{3u}^2 + c_{3m}^2, \qquad c_0^2 = c_{0u}^2 + c_{0m}^2.$$

Wir wollen nun den beim Verdichter vorliegenden Fall zugrunde legen, daß die saugseitige Geschwindigkeitsverteilung, d. h. die Abhängigkeit der Werte c_{0m} und c_{0u} von r_0 gegeben und die Geschwindigkeiten der Druckseite, d. h. c_{3m} und c_{3u} in Abhängigkeit von r_3 gesucht seien. Dann erhält man für c_{3u} aus der Hauptgleichung (21)

$$c_{3u} = \frac{1}{r_3}\left(\frac{g H_{\text{th}}}{\omega} + r_0 c_{0u}\right),$$

also $d c_{3u} = \frac{1}{r_3}(r_0 d c_{0u} + c_{0u} d r_0) - \frac{1}{r_3^2}\left(\frac{g H_{\text{th}}}{\omega} + r_0 c_{0u}\right) d r_3$, so daß nur noch c_{3m} unbekannt ist und Gl. (22) sich schreibt, wenn gleichzeitig die Glieder anders geordnet werden,

$$d(c_{3m}^2) = d(c_0^2) + 2 \frac{c_{0u}^2}{r_0} d r_0 - 2\left(\frac{g H_{\text{th}}}{\omega} + r_0 c_{0u}\right) \frac{d(r_0 c_{0u})}{r_3^2}. \tag{23}$$

Dies ist die *allgemeine Gleichgewichtsbedingung*. Sie setzt voraus, daß die Fußzeichen 0 und 3 auf Stellen bezogen werden, die so weit von den Schaufelkanten abliegen, daß radiale Komponenten sich nicht mehr auswirken. (Es ist also nicht ohne weiteres zulässig, c_0 oder c_3 mit Schaufelabmessungen in Verbindung zu bringen.)

Bemerkenswert ist, daß die Glieder mit $d r_3$ herausgefallen sind. $\left(\text{Der Wert } \frac{g H_{\text{th}}}{\omega} + r_0 c_{0u} \text{ kann auch durch } r_3 c_{3u} \text{ ersetzt werden.}\right)$ Diese Gleichung läßt sich leicht integrieren. Nur ist eine Beziehung zwischen r_0 und r_3 notwendig, weil im letzten Glied der rechten Seite neben r_0 auch r_3 erscheint.

Da aber die Kontinuitätsbedingung für konstante Dichte

$$r_3 c_{3m} dr_3 = r_0 c_{0m} dr_0$$

in allgemeiner Form nicht ausgewertet werden kann, so hilft man sich auf dem Weg stetiger Annäherung, indem man r_0 zunächst gleich r_3 setzt. Die Integrationskonstante, d. h. der c_{3m}-Wert am äußeren oder inneren Rand (deren Halbmesser gleich r_a bzw. r_i sei), ist dadurch gegeben, daß der gesamte Durchfluß

$$V = 2\pi \int_{r_i}^{r_a} r_3 c_{3m} dr_3$$

bekannt ist. Diese Bestimmung setzt auch wieder Probieren voraus. Die Berücksichtigung der Verschiedenheit von r_0 und r_3 lohnt sich aber meist nicht. Einige Anwendungen der Gl. (23) seien besprochen:

I. *Drehungsfreie Strömung* wie Fall a, wobei also

$$r_0 c_{0u} = r_a c_{0ua} = \text{const}, \qquad c_{0m} = c_{0ma} = \text{const}.$$

Dann wird nach Gl. (19) die rechte Seite von Gl. (23) zu Null, also $c_{3m} = c_{3ma}$, wie verlangt werden muß.

II. *Solid-body blading.* Die saugseitige Strömung habe die *einheitliche Drehung* ω_0 um die Wellenachse, so daß $c_{0u} = \omega_0 r_0$. Sie verhalte sich also (wenn man vom Durchfluß absieht) wie ein starr rotierender Körper[1]. Die Beschaufelung muß sich nach den dann möglichen Geschwindigkeitsverteilungen richten.

Im Fall der Pumpe muß eine solche Zuströmung ungleichen Energieinhaltes durch ein umlaufendes axiales Vorschaltrad erzeugt werden (S. 541). Der durch diese bauliche Komplikation erreichte Vorteil liegt darin, daß am äußersten Halbmesser beliebig große, dem Drehsinn des eigentlichen Förderrades gleichgerichtete Umfangskomponenten erzeugt werden können und dadurch die Empfindlichkeit gegen Überschall herabgesetzt, also große Umfangsgeschwindigkeiten und große Stufenförderhöhen verwirklicht werden können, ohne daß eine starke Verwindung der Laufschaufel entsteht.

Bei dieser mit einer Drehung (Wirbel) behafteten Strömung wird die Bernoulli-Gleichung nicht eingehalten (ebenso wie bei der später behandelten Strömung mit konstanter Reaktion). Dies braucht sich aber nicht nachteilig auszuwirken. Naturgemäß wird die spezielle Gleichgewichtsbedingung (19) nicht erfüllt.

Die Ausrechnung mittels Gl. (23) ergibt nur für die einstufige Ausführung ein zutreffendes Bild, weil — wie wir nachher sehen werden — die Zusatzfliehkräfte vernachlässigt sind. Obwohl Einstufigkeit bei dieser Strömungsart kaum in Frage kommt, dürfte das Ergebnis einer solchen Rechnung interessant sein. Abb. 170a zeigt den erhaltenen Verlauf von c_{3m}. Auch der aus der Hauptgleichung ermittelte Verlauf von c_{3u} ist ersichtlich. Die der Rechnung zugrunde liegenden Daten sind unter dem Bild angegeben.

---

[1] Trans. Amer. Soc. mech. Engrs. 73 (1951) S. 4

Man sieht, daß c_{3m} nach außen abnimmt, wenn c_{0m} konstant ist. Empfehlenswert ist, große c_{0m}/u_a, also große Winkel β_0 zu wählen, wenn man sich nicht mit kleiner Vorrotation, also kleinem ω_0/ω begnügen kann.

Um den Einfluß der Verschiedenheit von r_0 und r_3 zu zeigen, ist in Abb. 170a der Wert von c_{3m} in 1. und 2. Näherung eingetragen. Man sieht, daß in diesem Fall der Einfluß der Verschiedenheit der Halbmesser recht gering ist. Auch der Verlauf des Reaktionsgrades $\mathfrak{r} = 1 - (c_3^2 - c_0^2)/2gH_{\text{th}}$, der wegen der Verschiedenheit der c_m-Werte nicht mehr aus Gl. (2) bestimmt werden darf, ist ersichtlich. Damit dieser nach innen nicht zu stark abfällt, also das Verfahren seine vollen Vorzüge offenbart, sind ω_0/ω und der Verlauf c_{0m}/u_0 entsprechend vorzuschreiben.

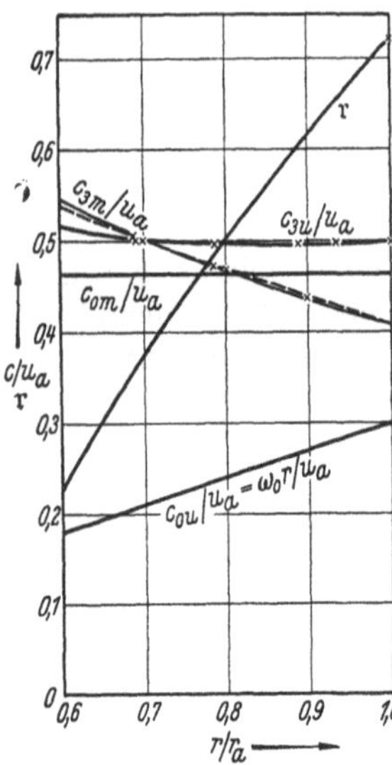

Abb. 170a. Bei vernachlässigten Zusatzfliehkräften erhaltene Geschwindigkeitsverteilung über den Halbmesser einer Verdichterstufe mit saugseitiger gleichförmiger Drehung $\omega_0 = 0{,}3\ \omega$, also mit $c_{0u} = \omega_0 r$ und konstantem $c_{0m} = 0{,}465\ u_a$, $(\Delta c_u/u_a) = 0{,}2$ (s. u. II.)
– – – – Verlauf 1. Näherung von c_{3m};
——— Verlauf 2. Näherung von c_{3m}

III. *Konstanter Reaktionsgrad längs der Schaufel.* Diese Ausführung kann nur bei der Reaktion $\mathfrak{r} = 1$ (Abb. 165, Fall IV) der Bedingung konstanten Dralles angepaßt werden, weil dann die Konstanz der Schaufelarbeit auch die Konstanz des Dralles ergibt. Sie gehört dann zum Fall I und braucht hier nicht behandelt zu werden. Anders ist es mit 50% Reaktion. Diesen Fall wollen wir aber wegen seiner Wichtigkeit in einem besonderen Abschnitt behandeln, nachdem wir die Bedeutung der Zusatzfliehkräfte erkannt haben. Es wird sich dann zeigen, daß er mit dem Fall II in einem bestimmten Bereich identisch ist.

IV. *Leitkranz.* Auch die Ausbildung des Leitkranzes kann nach den vorstehenden Gesichtspunkten behandelt werden. In Gl. (23) sind bei dieser Untersuchung die Fußzeichen 0 durch 3 und 3 durch 6 zu ersetzen. Sinngemäß tritt auch $r_6 c_{6u}$ an Stelle von $gH_{\text{th}}/\omega + r_0\, c_{0u} = r_3\, c_{3u}$, so daß für Gl. (23) zu schreiben ist

$$d(c_{6m})^2 = d(c_3^2) + 2\frac{c_{3u}^2}{r_3}\,dr_3 - 2r_6\, c_{6u}\frac{d(r_3\, c_{3u})}{r_6^2}. \tag{24}$$

Handelt es sich um eine Zwischenstufe einer mehrstufigen Maschine, so wird man bestrebt sein, gleiche Geschwindigkeitsverhältnisse in jeder Stufe herzustellen. Dann kann das Fußzeichen 6 durch 0 ersetzt werden.

Wenn aber das Strombild der Abströmung nicht mit dem der Zuströmung übereinstimmen kann, wie beispielsweise in der letzten Stufe mehrstufiger Maschinen, wo $c_{6u} = 0$ gewünscht wird, dann muß die vorstehende Gleichung beachtet werden, damit die Profile der Leitschaufeln richtig ausgebildet werden.

β) Berücksichtigung der Zusatzfliehkräfte

Die in Abb. 170 ersichtliche Abkrümmung der Flußlinien nach der Achse hin haben wir bisher nur bei der Kontinuitätsgleichung berücksichtigt und dabei nur einen geringen meist vernachlässigbaren Einfluß festgestellt. Anders ist aber die Sachlage hinsichtlich der Auswirkung auf die Druck- und Geschwindigkeitsverteilung. Für ihre rechnerische Verfolgung sind die EULERschen Bewegungsgleichungen zuständig. Dieser Weg kann aber im Hinblick auf die erreichbare Genauigkeit abgekürzt werden. Deshalb soll imfolgenden ein Näherungsverfahren benutzt werden, welches einen von B. ECKERT[1] nach Vorarbeiten von W. KINNER bekanntgegebenen Ansatz verwendet und von H. PETERMANN[2] zu einer praktisch brauchbaren Form entwickelt worden ist. Bei diesem Verfahren faßt man die zusätzlichen Fliehkräfte ins Auge, welche infolge der Bahnkrümmung der Flußlinien entstehen. Es wird sich zeigen, daß diese Fliehkräfte die Verteilung von Druck und Geschwindigkeit stark verändern.

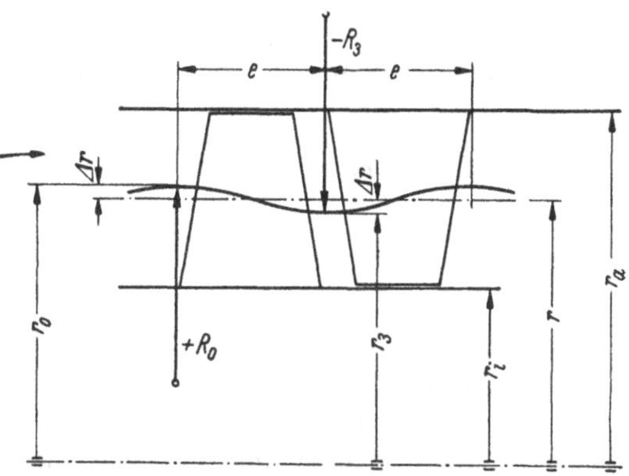

Abb. 171. Strombild der Zwischenstufe einer mehrstufigen Axialpumpe für inkompressible aber nicht drehungsfreie Strömung

Betrachten wir die Zwischenstufe eines mehrstufigen Verdichters (Abb. 171), in welcher die Flußlinien im Laufrad von der axialen Richtung nach der Achse zu abgebogen sind, so muß im anschließenden Leitrad diese Abbiegung wieder rückgängig gemacht werden, damit — inkompressible und reibungsfreie Strömung vorausgesetzt — der Strömungszustand beim Eintritt in die folgende Stufe wieder der gleiche ist wie am Eintritt in die betrachtete Stufe. Die Flußlinien nehmen dabei die Form einer Schwingungslinie ähnlich einer Sinuslinie an. Wir interessieren uns für die Auswirkung dieser radialen Ausbiegung an den Stellen zwischen aufeinanderfolgenden Gittern, die wir ja mit den Fußzeichen 0 und 3 zu kennzeichnen pflegen. Wir wollen nun annehmen, daß dort die betrachteten Flußlinien achsparallele Tangenten haben. Dann sind die durch ihre Krümmung hervorgerufenen Fliehkräfte senkrecht zur Achse gerichtet, und zwar am Laufradeintritt (Stelle 0) nach außen und am Leitradeintritt (Stelle 3) nach innen. Wir können demnach diese sekundären Massenkräfte genügend genau

[1] ECKERT, B.: Axialkompressoren und Radialkompressoren. Berlin/Göttingen/Heidelberg: Springer 1953, S. 181ff.

[2] PETERMANN, H.: Über den Strömungsverlauf in Axialverdichtern mit kontanter Reaktion von 50%, Konstruktion 8 (1956) S. 1—5

berücksichtigen, indem wir in Anlehnung an Gl. (18) die entsprechende zusätzliche Druckänderung über ein Radelement dr setzen:

$$d h_{\text{zus}} = \frac{1}{g} \frac{c_m^2}{R} d r.$$

Am Laufradeintritt ist $r = r_0$, $c_m = c_{0m}$ und nach Abb. 171 $R = R_0$, am Laufradaustritt (wo R offenbar entgegengesetzt gerichtet und deshalb negativ zu nehmen ist) $r = r_3$, $c_m = c_{3m}$ und $R = -R_3$.

Dementsprechend schreibt sich Gl. (22) jetzt, wenn für die Radien R die *Absolutwerte* genommen werden,

$$\frac{c_{3u}^2}{r_3} d r_3 - \frac{c_{3m}^2}{R_3} d r_3 - \frac{c_{0u}^2}{r_0} d r_0 - \frac{c_{0m}^2}{R_0} d r_0 + \frac{1}{2} (d c_3^2 - d c_0^2) = 0,$$

womit die allgemeine Gleichgewichtsbedingung Gl. (23) folgende Form annimmt

$$d(c_{3m}^2) - 2 \frac{c_{3m}^2}{R_3} d r_3 =$$

$$= d(c_0)^2 + 2 \frac{c_{0u}^2}{r_0} d r_0 - 2 \left(\frac{g H_{\text{th}}}{\omega} + r_0 c_{0u} \right) \frac{d(r_0 c_{0u})}{r_3^2} + 2 \frac{c_{0m}^2}{R_0} d r_0. \quad (25)$$

(Der Ausdruck in der runden Klammer, nämlich $\frac{g H_{\text{th}}}{\omega} + r_0 c_{0u}$, kann wieder durch $r_3 c_{3u}$ ersetzt werden.)

Da der zugrunde gelegte Verlauf der Flußlinien nach Abb. 171 und damit der vorgenommene Vorzeichenwechsel von R (nämlich R_0 positiv und R_3 negativ) voraussetzt, daß das gesuchte c_{3m} nach außen abnimmt, so ist $d(c_{3m}^2)$ negativ. Man sieht demnach aus obiger Gl. (25), daß die hinzugekommenen Zusatzglieder, d. h. die Glieder mit R_3 und R_0 im Nenner den Wert von $d(c_{3m}^2)$ vergrößern, also seinen absoluten Betrag verkleinern. *Die von der Zusatzbewegung induzierten Druckänderungen wirken also im Sinne eines Ausgleiches der c_m-Komponenten.* Dies ist leicht daraus zu erklären, daß die Flußlinien stets nach der Seite des vergrößerten Durchflusses ausbiegen, so daß die Fliehkräfte dort eine Druckerhöhung hervorrufen, welche den Durchfluß hemmt. Die früher unter α) abgeleiteten Gleichungen, welche die zusätzlichen Fliehkräfte nicht berücksichtigen, liefern also eine zu starke Änderung der c_m-Werte sowohl im Lauf- wie im Leitrad.

Die Auflösung der Gl. (25) setzt voraus, daß der Verlauf der R-Werte in Abhängigkeit von r bekannt ist. An der Nabe und am äußeren Mantel ist offenbar $R = \infty$ und bei einem mittleren Faden ein Minimum. Die zahlenmäßige Auffindung des Integrals der Zusatzfliehkräfte ist aber angenähert allgemein möglich, wenn man, wie im nächsten Abschnitt am Beispiel der konstanten Reaktion von 50% nach H. Petermann erläutert wird, einige vereinfachende Annahmen macht, die insbesondere den Verlauf von c_m^2/R in Abhängigkeit des Halbmessers r betreffen.

Für den *Fall, daß das Pumpenleitrad untersucht werden soll,* ist Gl. (25) wie folgt umzuschreiben, wenn wieder Zusatzkräfte nach Abb. 171 zugrunde gelegt werden

$$d(c_{0m}^2) + 2\frac{c_{0m}^2}{R_0}dr_0 =$$

$$= d(c_3^2) + 2\frac{c_{3u}^2}{r_3}dr_3 - 2\left(r_3 c_{3u} - \frac{gH_{\text{th}}}{\omega}\right)\frac{d(r_3 c_{3u})}{r_0^2} - 2\frac{c_{3m}^2}{R_3}dr_3. \qquad (26)$$

Da $d(c_{0m}^2)$ positiv ist, so zeigt diese Gleichung recht deutlich, daß *das Auftreten der Zusatzfliehkräfte auf eine Vergleichmäßigung der c_m-Verteilung hinwirkt.* Diese ausgleichende Wirkung der Zusatzkräfte ist um so ausgesprochener, je kleiner das mittlere R, d. h. je kleiner die axiale Schaufellänge e und je größer die Schaufelbelastung, also das H_{th} der Stufe ist. In allen Fällen ist der gemachte Fehler nur gering, wenn bei der Auswertung für die gleiche Flußlinie $r_0 = r_3 = r$ gesetzt wird.

64. Konstante Reaktion $\mathfrak{r}(r) = 50\%$

Wir befassen uns hier nur mit 50% Reaktion. Diese Reaktion ist besonders wichtig, weil beide *Ma*-Zahlen w_0/a und c_3/a nach S. 285 gleich groß werden und deshalb ihren günstigsten Wert im Hinblick auf Schallgeschwindigkeit erhalten. Außerdem können die Profile der Leit- und Laufschaufeln spiegelbildlich ähnlich oder sogar kongruent sein (sofern c_m konstant bleibt). Ferner wird der Achsschub verringert. Die Aufrechterhaltung der Bedingung gleichbleibenden Dralles würde jetzt eine starke Änderung der Reaktion längs des Halbmessers verlangen und zu sehr starker Verwindung der Profile führen, so daß sie nur bei kurzen Schaufeln möglich ist. Bei langen Schaufeln schreibt man deshalb konstante Reaktion $\mathfrak{r}(r)$ vor. Zwar verzichtet man dadurch auf Drehungsfreiheit. Ferner wird sich zeigen, daß auch der Energieinhalt der Flüssigkeitsteilchen auf der gleichen Radseite ungleich ist (wie im Fall II S. 301). Aber die Ergebnisse werden trotzdem verbessert. Wie bei dem unter II behandelten Fall des solid-body besteht die Schwierigkeit, schon in der ersten Stufe des Verdichters die beabsichtigte Zuströmung genau zu verwirklichen, d. h. der mit gleichem Energieinhalt eintretenden Strömung eine ungleiche Energieverteilung aufzuzwingen. Es ist aber bemerkenswert, daß dieses Verfahren bei Verdichtern und Turbinen mit Erfolg stark verbreitet ist.

Seine Eigenart liegt in der (bereits erwähnten) Kleinheit der Verwindung, also der Möglichkeit der Anwendung längerer Schaufeln, ferner in der Verringerung der relativen Zuströmgeschwindigkeiten an den Schaufelnasen, also der *Ma*-Zahlen, so daß höhere Umfangsgeschwindigkeiten und damit höhere Stufendrücke und kleinere Stufenzahlen erzielt werden. Die Schwierigkeit besteht in der Einhaltung der Grenzbedingung, d. h. der Verwirklichung des notwendigen Charakters der Zuströmung.

Nimmt man die Meridiankomponente c_m längs des Halbmessers als konstant an, so erhält man den Geschwindigkeitsplan nach Abb. 172 mit $c_{0m} = c_{3m} = c_m$ und es bleibt die spiegelbildliche Kongruenz der Geschwindigkeitsdreiecke (wie in Abb. 165, II) bestehen. In Abb. 172 sind die Geschwindigkeitspläne für zwei beliebige Halbmesser — in ganzen Linien bzw. gestrichelt — gezeichnet, wobei zu beachten ist, daß nach der Hauptgleichung

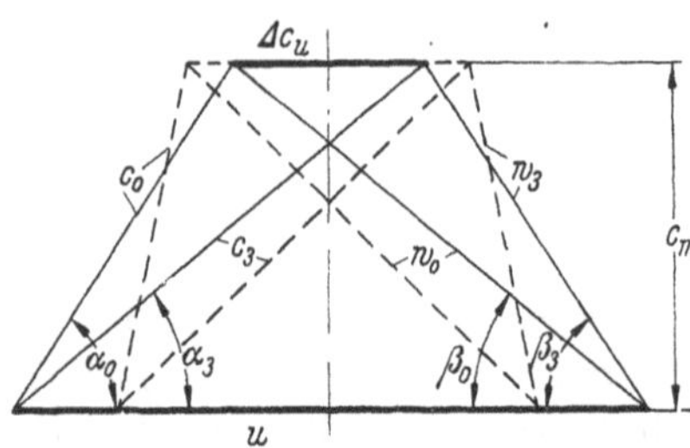

Abb. 172. Konstante Reaktion von 50% längs einer Axialschaufel, falls c_m = konst.

$$\Delta c_u = g \Delta H_{\text{th}} / r\,\omega, \tag{27}$$

wenn die Stufenarbeit mit ΔH_{th} (statt bisher mit H_{th}) bezeichnet wird. Man sieht, daß die Winkeländerung in Abhängigkeit von r gering und daher die Verwindung der Schaufel nur mäßig sein wird.

Es soll nun zunächst untersucht werden, ob die Annahme $c_m(r) = \text{const}$ in Verbindung mit einer konstanten Reaktion von 50% zulässig ist. Dabei müssen die im vorausgegangenen Abschnitt unter β) abgeleiteten Gleichgewichtsbedingungen die Grundlage bilden. Hierin wollen wir gemäß Abb. 172 setzen:

$$\left.\begin{aligned} c_{3u} &= \frac{1}{2}(u + \Delta c_u) = \frac{1}{2}(r\,\omega + g \Delta H_{\text{th}}/r\,\omega),\\ c_{0u} &= \frac{1}{2}(u - \Delta c_u) = \frac{1}{2}(r\,\omega - g \Delta H_{\text{th}}/r\,\omega).\end{aligned}\right\} \tag{28}$$

Mit der Zugrundelegung dieser Gleichungen nehmen wir aber Abweichungen der Reaktion von 50% in Kauf, falls sich c_m längs der gleichen Flußlinie merkbar ändern sollte (S. 307).

Läßt man zunächst die Zusatzfliehkräfte außer Betracht, so ist Gl. (23) zuständig. Wir können darin ohne merkbaren Fehler $r_0 = r_3 = r$ setzen. Ferner ist $d(c_0^2) = d(c_{0u}^2 + c_{0m}^2)$. Die Durchführung der Rechnung ergibt dann sofort

$$d(c_{3m}^2) = d(c_{0m}^2) - 2 g \Delta H_{\text{th}} \frac{dr}{r}. \tag{29}$$

Da c_{0m} konstant angenommen ist und ΔH_{th} ebenfalls konstant sein muß, so ergibt die Durchführung der Integration zwischen den Grenzen r_i und r

$$c_{3m}^2 - c_{3mi}^2 = -2 g \Delta H_{\text{th}} \ln \frac{r}{r_i}. \tag{30}$$

Für ein Zahlenbeispiel: $\Delta H_{\text{th}} = 3390$ m, $r_i/r_a = 0{,}6$, $c_{0m} = (c_{3m})_{\text{mitte}} = 151{,}5$ m/s errechnet sich daraus der in Abb. 173 lang gestrichelt eingetragene Verlauf (ähnlich wie in Abb. 170a).

Man sieht also, daß c_{3m} nach außen sehr stark abnehmen muß, wenn c_{0m} konstant bleiben soll und die Zusatzfliehkräfte unberücksichtigt bleiben. Die Annahme eines konstanten c_m wäre also bei Vernachlässigung der Zusatzfliehkräfte unzulässig. Es liegt nahe, die Änderung der c_m-Komponenten erträglich zu gestalten, indem man sie auf

c_{0m} und c_{3m} gleich verteilt, d. h. c_{0m} nicht konstant sondern nach außen zunehmend zu wählen in der Weise, daß beide c_m-Werte etwa spiegelbildlich zueinander verlaufen (wie das in Abb. 174 schematisch für kleinere c_m-Änderungen angegeben ist). Dann kann man näherungsweise setzen

$$d(c_{0m}^2) = -d(c_{3m}^2)$$

und Gl. (29) liefert

$$2d(c_{3m}^2) = -2g\Delta H_{\text{th}} \frac{dr}{r},$$

womit

$$c_{3m}^2 - c_{3mi}^2 = -g\Delta H_{\text{th}} \ln \frac{r}{r_i}, \tag{31}$$

welcher Betrag halb so groß ist wie in Gl. (30).

Bei dieser spiegelbildlichen Verteilung folgt für die c_{0m}-Werte sinngemäß

$$c_{0m}^2 - c_{0mi}^2 = +g\Delta H_{\text{th}} \ln \frac{r}{r_i}. \tag{32}$$

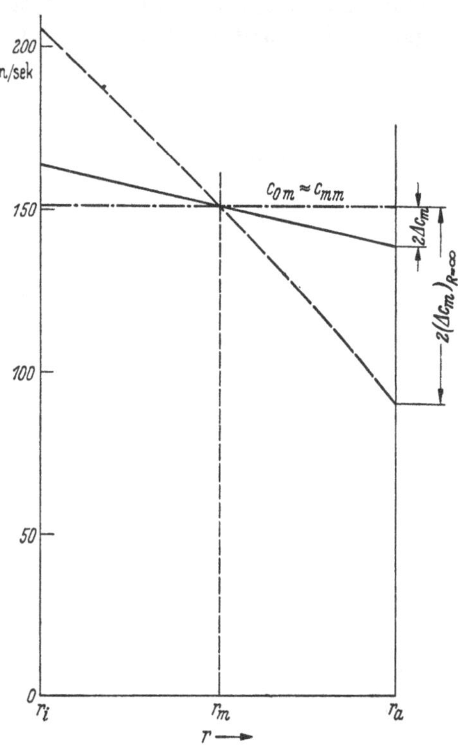

Abb. 173. Bei konstantem $c_{0m}(r)$ errechneter Verlauf von $c_{3m}(r)$ ohne Berücksichtigung der Zusatzfliehkräfte also nach Gl. (42), lang gestrichelt; mit Berücksichtigung der Zusatzfliehkräfte nach dem Verfahren von H. PETERMANN in ganzer Linie

Die in Abb. 173 veranschaulichte starke Veränderung der c_m-Werte ändert auch die vorausgesetzte Reaktion, die offenbar nicht mehr 50% betragen kann, weil sie gleichlaufend mit der Abnahme von c_{3m} zunimmt und deshalb an der Nabe viel kleiner würde als außen.

Dieses Ergebnis, wonach also die Verwirklichung eines konstanten c_m in Verbindung mit einer mittleren Reaktion unmöglich wäre, ändert sich nun aber grundlegend durch Mitberücksichtigung der Zusatzfliehkräfte gemäß Gl. (25). Bei Bestimmung dieser Zusatzgrößen können wir wegen der spiegelbildlichen Form der Lauf- und Leitschaufeln — ebenso wie der spiegelbildlichen c_m-Änderung — setzen

$$|R_0| = |R_3| = |R|.$$

Dann ist auch angenähert

$$\int_{r_i}^{r} \frac{c_{0m}^2}{|R_0|} dr_0 \approx \int_{r_i}^{r} \frac{c_{3m}^2}{|R_3|} dr_3 \approx \int_{r_i}^{r} \frac{c_m^2}{|R|} dr.$$

Die Integration der Gl. (25) und (26) liefert dann infolge des spiegelbildlichen Verlaufes von c_m an der Saug- und Druckkante des Rades, also mit $d(c_{3m})^2 = -d(c_{0m})^2$, statt Gl. (31), wenn die Integration gleichzeitig zwischen r_i und r_a vorgenommen wird

$$c_{3ma}^2 - c_{3mi}^2 = -g\Delta H_{\text{th}} \ln\frac{r_a}{r_i} + 2\int_{r_i}^{r_a} \frac{c_m^2}{|R|}\,dr$$

und statt Gl. (32) (33)

$$c_{0ma}^2 = c_{0mi}^2 = +g\Delta H_{\text{th}} \ln\frac{r_a}{r_i} - 2\int_{r_i}^{r_a} \frac{c_m^2}{|R|}\,dr.$$

Ferner kann man einer mittleren Flußlinie die Form einer reinen Sinuslinie geben, welche aus geometrischen Gründen an den Scheiteln dann den Krümmungshalbmesser:

$$R = R_m = \frac{e^2}{\pi^2 \Delta r} \tag{34}$$

haben muß, wenn $\Delta r = \frac{1}{2}(r_0 - r_3)$ die Amplitude der Sinuslinie und e die in Abb. 171 veranschaulichte axiale Baulänge der Schaufel einschließlich Spaltbreite bedeuten.

Der im betrachteten Meridianschnitt vorhandene Krümmungshalbmesser einer beliebigen Flußlinie ändert sich offenbar von $R = \infty$ am Rande und der Nabe auf einen Mindestwert an einem mittleren Halbmesser r_m. Die Werte $c_m^2/|R|$ sind also an der Nabe und am äußeren Rand gleich Null und erreichen bei dem mittleren Halbmesser r_m ihren Größwert. Gibt man dem Verlauf dieses Wertes in Abhängigkeit von r die Form einer Sinuslinie (oder auch eines gleichschenkligen Dreiecks), so erhält man für die Fläche unter dieser Linie den Wert

$$\int_{r_i}^{r_a} \frac{c_m^2}{|R|}\,dr = \frac{c_{mm}^2}{|R_m|}\,\frac{r_a - r_i}{2}. \tag{35}$$

Darin ist c_{mm} der Mittelwert der Meridiangeschwindigkeit, also

$$c_{mm} = \frac{V}{(r_a^2 - r_i^2)\,\pi} \tag{36}$$

und R_m der Krümmungsradius der mittleren Flußlinie, dessen Abhängigkeit von e und Δr in Gl. (34) angegeben ist. Für geradlinigen und spiegelbildlichen Verlauf von $c_m(r)$ (Abb. 174) ergibt die Bedingung der Kontinuität folgenden angenäherten Zusammenhang zwischen c_{mm} und den c_m-Werten an den Rändern:

$$\Delta c_m = \frac{4\Delta r}{r_a - r_i}\,c_{mm}, \tag{37}$$

wo zur Abkürzung $\Delta c_m = \frac{1}{2}(c_{ma} - c_{mi})$ gesetzt und Δr die oben erwähnte mittlere Amplitude der Schwingungen der Flußlinien bedeutet. Ferner ist auch

$$c_{ma}^2 - c_{mi}^2 = (c_{mm} + \Delta c_m)^2 - (c_{mm} - \Delta c_m)^2 = 4 c_{mm} \Delta c_m. \tag{38}$$

Setzt man diese Werte in Gl. (33) ein und ersetzt dort gleichzeitig die Integrale der Zusatzglieder durch Gl. (35) mit R_m nach Gl. (34), so erhält man folgende Gleichung für die Bestimmung von Δr

$$\Delta r = \frac{g \Delta H_{th} \ln r_a/r_i}{c_{m\,m}^2 \left[\frac{16}{r_a - r_i} + \frac{\pi^2 (r_a - r_i)}{e^2}\right]}. \tag{39}$$

Hieraus kann die Amplitude Δr der Schwingung der mittleren Flußlinie berechnet werden. Diese Amplitude ist also um so größer, je größer die theoretische Stufenförderhöhe ΔH_{th} oder je kleiner die theoretische Einlaufziffer $c_{m\,m}/\sqrt{2g\Delta H_{th}}$ ist. Setzt man den Wert von Gl. (39) in Gl. (37) ein, so ist der Geschwindigkeitszuwachs $\Delta c_m = \frac{1}{2}(c_{m\,a} - c_{m\,i})$ bekannt. Letzterer Wert gestattet die Verläufe von $c_{3\,m}$ und $c_{0\,m}$ gemäß Abb. 174 geradlinig aufzuzeichnen.

Dieses Verfahren von PETERMANN gibt also schnell den im Einzelfall zu erwartenden ungefähren c_m-Verlauf an. Zahlenbeispiele zeigen, daß *dieser Verlauf nahe bei dem des konstanten c_m liegt, während er bei der Vernachlässigung der Zusatzfliehkräfte einen starken Anstieg zeigt.*

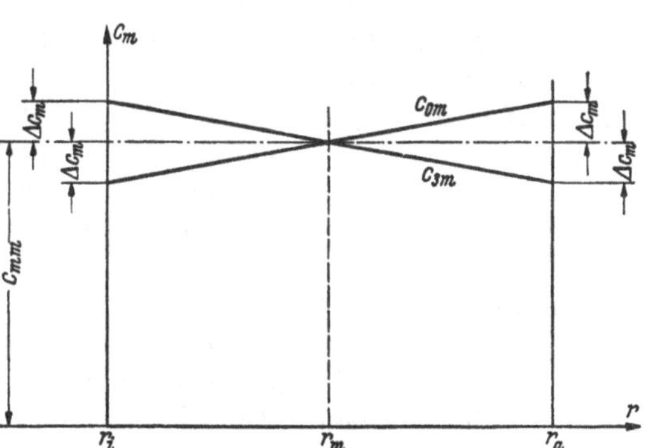

Abb. 174. Geradlinig und spiegelbildlich angenommener Verlauf der Meridiangeschwindigkeiten $c_{0\,m}$ und $c_{3\,m}$ über dem Radius r

Hiernach ist es zulässig, den Entwurf der Beschaufelung unter Annahme eines konstanten c_m durchzuführen, obwohl eine genaue Verwirklichung dieser Gleichheit unmöglich ist. Eine genauere Errechnung des c_m-Verlaufes durch schrittweise Annäherung an Hand von Gl. (33) zeigt übrigens, daß die angenommene Geradlinigkeit der c_m-Verteilung gemäß Abb. 174 keine so großen Abweichungen von dem wirklichen Verlauf mit sich bringt, welche die Brauchbarkeit der erhaltenen Näherung einschränken. Nur in den Randzonen ergibt die genaue Rechnung eine merkbare Abweichung im Sinne einer vergrößerten c_m-Änderung. Im Hinblick auf die vorausgesetzte Reibungslosigkeit, also der Vernachlässigung der Randgrenzschichten kommt dieser Abweichung kein Wirklichkeitswert zu.

Jedenfalls wird der Konstrukteur gut tun, wenn er trotz Zugrundelegung eines konstanten c_m im Einzelfall die Abweichungen an Hand des beschriebenen Verfahrens von PETERMANN ermittelt.

Vorleitrad oder Zubringerstufe bei konstanter Reaktion von 50%. Der Energieinhalt (Gesamtdruck) der Strömung kann bei konstanter Reaktion von 50% längs eines Halbmessers nicht konstant sein, wenn gleichzeitig konstantes c_m gefordert wird, wie das bei der Strömung konstanten Dralles (oder bei der Strömung nach Fall IV der Abb. 165 auch bei konstanter Reaktion $\mathfrak{r} = 1$) zutrifft. Beim Verdichter, der in der ersten Stufe lange Schaufeln hat, ist es deshalb üblich, der mit gleichem Energieinhalt zu dieser Stufe tretenden Strömung die gewünschte ungleiche Energieverteilung mittels einer besonderen Zubringerstufe aufzuzwingen.

1. *Das Vorleitrad.* Dort wo die Vorschaltung einer solchen Zubringerstufe nicht angebracht ist, wie z. B. beim einstufigen Verdichter, muß trotzdem eine möglichste Annäherung an die gewünschte Strömung versucht und deshalb ein Vorleitrad verwendet werden. Dann ist aber auf angenäherte Konstanz von c_m für die gleiche Flußlinie zu verzichten, sofern man sowohl konstante Reaktion von 50% als auch konstante Schaufelarbeit $\Delta H_{\text{th}}(r)$ (und damit konstanten Gesamtdruck in jeder Ebene senkrecht zur Achse) verlangt. Bei der Anwendung dieses Verfahrens, das eine wesentliche Vereinfachung in baulicher Hinsicht ermöglicht, kommt es darauf an, extreme c_m-Änderungen, also zu große r_a/r_i-Werte zu vermeiden und auch die unvermeidliche Abweichung der Reaktion von dem optimalen Wert von 50% in erträglichen Grenzen zu halten[1]. Bei Schaufeln, die in radialer Richtung kurz sind, dürfte diese vereinfachte Bauweise am Platze sein.

Auf die weitere Behandlung dieses Falles wollen wir jedoch an dieser Stelle verzichten, obwohl er in der Praxis offenbar häufig in Betracht gezogen wird. Seine zuverlässige rechnerische Durchdringung gestaltet sich besonders bei Mehrstufigkeit recht umständlich. Wir werden also nur den Normalfall betrachten, daß möglichste Konstanz von $c_m(r)$ neben der konstanten Reaktion von 0,5 gefordert wird, wie es bei mehrstufigen Maschinen naheliegend ist.

2. *Die Zubringerstufe.* Der Unterschied des Energieinhaltes der am Eintritt der ersten Stufe herbeizuführen ist, ergibt sich für einen beliebigen Halbmesser r gegenüber dem inneren Halbmesser r_i nach BERNOULLI aus

$$E - E_i = h - h_i + \frac{c_0^2 - c_{0i}^2}{2g} = h - h_i + \frac{c_{0u}^2 + c_{0m}^2 - (c_{0ui}^2 + c_{0mi}^2)}{2g}.$$

Darin ist, wenn die Zusatzfliehkräfte berücksichtigt werden,

$$h - h_i = \frac{1}{g}\int_{r_i}^{r} \frac{c_{0u}^2}{r}\,dr + \frac{1}{g}\int_{r_i}^{r} \frac{c_m^2}{|R|}\,dr,$$

ferner nach Gl. (28)

$$c_{0u} = \frac{1}{2}(r\,\omega - g\,\Delta H_{\text{th}}/r\,\omega), \qquad c_{0ui} = \frac{1}{2}(r_i\,\omega - g\,\Delta H_{\text{th}}/r_i\,\omega).$$

Die Einsetzung dieser Werte und Ausrechnung des ersten Integrals führt zu der Beziehung

$$E - E_i = \frac{r^2 - r_i^2}{4g}\,\omega^2 - \frac{1}{2}\Delta H_{\text{th}} \ln\frac{r}{r_i} + \frac{c_{0m}^2 - c_{0mi}^2}{2g} + \frac{1}{g}\int_{r_i}^{r} \frac{c_{0m}^2}{|R|}\,dr. \quad (40)$$

---

[1] Vgl. E. ACKERMANN: Diss. Techn. Hochschule Braunschweig 1960

Ziehen wir Gl. (33) heran, und zwar den zweiten Ausdruck, wobei wir aber die Stelle mit dem Radius r_a ersetzen wollen durch eine beliebige Stelle mit dem Radius r, d. h. das Fußzeichen a überall weglassen, so sieht man, daß die Summe der drei letzten Glieder der vorstehenden Gleichung Null ist. Dies setzt voraus, daß die eingesetzten Zusatzfliehkräfte am Eintritt des ersten Laufrades mit 50%iger Reaktion bereits voll vorhanden sind, was man annehmen kann, da ja vor der ersten Reaktionsstufe, also hinter der Zubringerstufe die angestrebte Energieverteilung herrscht. Damit ist

$$E - E_i = \frac{r^2 - r_i^2}{4g}\,\omega^2. \tag{41}$$

Hiernach ist in der Zubringerstufe eine Arbeit auf die Eintrittsströmung zu übertragen, welche bei $r = r_i$ mit Null beginnt und dann rasch ansteigt. Bemerkenswert ist, daß sie unabhängig von der Stufenarbeit ΔH_{th} ist. Man sieht ferner, daß ihre Verteilung die gleiche ist, wie in einer rotierenden Flüssigkeitsscheibe vom inneren Halbmesser r_i. Der Energiezuwachs in einer solchen mit der Winkelgeschwindigkeit ω_0 umlaufenden Scheibe ist gleich der Summe aus dem statischen Druckzuwachs also $\frac{r^2 - r_i^2}{2g}\,\omega_0^2$ sowie dem Zuwachs an kinetischer Energie, der den gleichen Betrag ausmacht, im ganzen also gleich $\frac{r^2 - r_i^2}{g}\,\omega_0^2$. Übereinstimmung mit Gl. (41) liegt also vor, wenn die Flüssigkeitsscheibe mit der Winkelgeschwindigkeit $\omega_0 = \omega/2$ umläµft. *Demnach ist die Schaufel mit* 50% *iger konstanter Reaktion ein Sonderfall des unter II*, S. 301, *behandelten Falles des solid-body-blading*, wobei einer passenden Eintrittsströmung gleichen Energieinhalts die Energieverteilung einer mit $\omega_0 = \omega/2$ rotierenden Flüssigkeitsscheibe überlagert wird[1].

Daß es unbedingt nötig ist, die Zusatzfliehkräfte zu berücksichtigen, ersieht man daran, daß mit $c_m = \text{const}$ und $R = \infty$ [also ohne das letzte Glied der Gl. (40)] zu dem richtigen Wert der Gl. (41) noch das Glied $-\frac{1}{2}\,\Delta H_{\text{th}} \ln \frac{r}{r_i}$ hinzu käme, also das Ergebnis merkbar verändert würde. Die Unrichtigkeit dieses Ergebnisses wird offenkundig, wenn man den Wert von $E - E_i$ auch für die Strömung *hinter* dem Laufrad der ersten Reaktionsstufe bildet, weil sich dann zeigt, daß das Vorzeichen des erwähnten additiven Gliedes sich umkehrt, obwohl im Laufrad überall die gleiche Stufenarbeit ΔH_{th} zugeführt worden ist. Die vorstehenden Betrachtungen zeigen, daß eine sinnvolle Behandlung des Falles der konstanten Reaktion von 50% erst durch die Einführung der Zusatzfliehkräfte nach W. Kinner, B. Eckert und H. Petermann möglich geworden ist.

---

[1] Damit nach der Überlagerung 50%ige Reaktion entsteht, muß die dem solid body $\omega_0 = \omega/2$ zugeführte Eintrittsströmung den konstantem Drall $r c_{0u} = -g\,\Delta H_{\text{th}}/\omega$ haben, wie leicht aus Gl. (28) abzuleiten ist. Dieser gegenläufige Eintrittsdrall müßte also in einem passendem Leitrad erzeugt werden. Diesem Überlagerungsbild kommt aber offenbar nur theoretische Bedeutung zu

Man könnte daran denken, die Aufgabe der Zubringerstufe gleichzeitig der ersten normalen Stufe zuzuordnen. Diese hätte dann eine Gesamtenergie von $\Delta H_{th} + E - E_i$ zu übertragen, dürfte aber keine höhere *Ma*-Zahl (also keine höhere Schallziffer) aufweisen als die Normalstufe und nicht unzulässig stark verwunden sein. Die Erfüllung dieser beiden Forderungen erweist sich als kaum möglich.

Man kann naturgemäß in der Zubringerstufe außer der Arbeit $E - E_i$ noch eine beliebig gewählte konstante Arbeit zuführen. Diese kann aber aus den erwähnten Gründen nur ein kleiner Teil der normalen Stufenförderhöhe sein.

Die weitere Behandlung der Zubringerstufe ist in dem Zahlenbeispiel S. 540 ff. angegeben.

H_1. Entwurf der Axialschaufel

65. Die verschiedenen Berechnungsarten der Schaufel

Die Darlegungen des vorausgegangenen Hauptabschnittes *H* sind von allgemeiner Bedeutung und gelten unabhängig von der gewählten Art der Berechnung der Schaufel. Diese Berechnung kann auf verschiedene Weise erfolgen.

1. Naheliegend ist die Übernahme des im Hauptabschnitt *G* für doppelt gekrümmte Schaufeln abgeleiteten Verfahrens, weil ja die Axialschaufel nichts anderes ist als ein Sonderfall der doppelt gekrümmten Schaufel. Wir werden dieses Verfahren, das auf der näherungsweisen Bestimmung der Minderleistung beruht, deshalb auch zuerst betrachten. Es ist dort am Platz, wo die Schaufeln ausgesprochene Kanäle bilden, die der Strömung eine der Schaufelkrümmung entsprechende Richtungsänderung aufzwingen. Die Voraussetzungen hierfür sind bei mehrstufigen Verdichtern und ebenso bei Wasserpumpen stets dann erfüllt, wenn die verlangte Druckziffer genügend groß ist. Die Schwäche dieses Verfahrens liegt darin, daß der Einfluß der Profilierung, d. h. der Verteilung der Krümmung und der Wandstärke nur angenähert erfaßt werden kann.

2. Bei kleinen Ablenkungen, wie sie in Lüftern und einstufigen Wasserpumpen vorkommen, sind aber häufig sehr flache Schaufeln notwendig, die deshalb so weit auseinandergestellt werden müssen, daß die Voraussetzungen der auf der eindimensionalen Stromfadentheorie aufgebauten Rechenweise bisweilen weniger zutreffen als die *Anlehnung an die Verhältnisse des einzelnen Tragflügels im unbegrenzten Raum.* Diese Rechenweise soll später, nämlich in Abschn. 67, behandelt werden. Ihre Schwäche liegt in der geringeren Freiheit der Formgebung der Beschaufelung, weil deren Eigenschaften (Auftrieb usw.) durch den Versuch im Windkanal ermittelt werden müssen. Diese Abhängigkeit vom Versuch besteht auch hinsichtlich der Berücksichtigung des endlichen Schaufelabstandes. Diese Betrachtungsweise hat sich nur bei den erwähnten flachen und weit auseinander gestellten Schaufeln als überlegen erwiesen. Sie ist keinesfalls für eng gestellte Schaufeln, wie

sie bei hohen Druckziffern nötig sind, zu empfehlen und hier lediglich für ergänzende Kontrollrechnungen von Bedeutung.

3. *Berechnung der Schaufel auf Grund der Potentialtheorie.* Im Hinblick darauf, daß es sich in der Abwicklung des einzelnen Schnittes um ein parallel angeströmtes geradliniges Schaufelgitter handelt, bei dem im Normalfall Drehbewegungen der Flüssigkeitsteilchen fehlen, ist schon häufig versucht worden, auf Grund der Behandlung der Strömung als Potentialströmung zu einem für die Praxis brauchbaren Rechenverfahren zu gelangen.

Für flache Kreisbogenprofile hat F. WEINIG[1] die Übertreibungswinkel $\beta_0 - \beta_1$ bzw. $\beta_2 - \beta_3$ am Ein- und Austritt bei Reibungsfreiheit mittels der Verfahren der konformen Abbildung ermittelt und die Ergebnisse in einem Kurvenblatt zusammengestellt. Davon werden wir auch bei Anwendung des zweiten, oben erwähnten Verfahrens (S. 323ff.) Gebrauch machen. Beim zuerst erwähnten Verfahren könnte ihre Anwendung von der Annahme von Erfahrungszahlen unabhängig machen. Es stehen dem aber vorläufig folgende Bedenken entgegen:

a) Die Berücksichtigung der Eintrittsablenkung liefert erfahrungsgemäß zu engen Eintritt, also einen zu kleinen Förderstrom, weil die Eintrittskontraktion eine starke Vergrößerung der Eintrittsweite über den theoretischen Wert verlangt. Hin und wieder stößt man zwar bei Axialrädern auf Fälle, wo die Nichtberücksichtigung der Eintrittsablenkung etwas zu reichlichen Durchfluß liefert. Bei dem Verfahren nach 1. gilt es aber als bewährte Regel, sowohl die Eintrittsablenkung als auch die Verengung durch die Schaufeldicke unberücksichtigt zu lassen.

b) Die wirkliche Austrittsablenkung ist infolge von Zähigkeitswirkungen (Abschn. 20b) größer als in der Potentialströmung. Diese Beobachtung macht man insbesondere bei der vorliegenden axialen Beaufschlagung. Man erhält also zu kleine Austrittswinkel und damit zu kleine Förderhöhen.

Naturgemäß besteht die Möglichkeit, den ersten Mangel dadurch auszugleichen, daß man nur von der gewonnenen Austrittsablenkung Gebrauch macht. Man kann sich dann weiter der Erfahrung dadurch anpassen, daß man die theoretische Austrittsablenkung mit einem aus der Erfahrung gewonnenen Vielfachen verwirklicht. Damit ist aber gegenüber dem oben zuerst erwähnten Verfahren nichts mehr gewonnen. Außerdem fehlen dafür zur Zeit noch die Unterlagen.

4. Neuerdings haben H. SCHLICHTING[2] und seine Mitarbeiter die *Singularitätenmethode* zur Lösung der gleichen Aufgabe herangezogen und diese Verfahren durch besondere Maßnahmen bedeutend vereinfacht. Seine Arbeiten verdienen aus dem Grund besondere Beachtung, weil es ihm darüber hinaus gelungen ist, durch Heranziehung der *Grenzschichttheorie* auch die Zähigkeitswirkungen, d. h. die Verdickungen

[1] WEINIG, F.: Die Strömung um die Schaufeln von Turbomaschinen, Leipzig: J. A. Barth 1935. Abb. 81, S. 100; ferner Jb. dtsch. Luftfahrtforsch. 1941, S. 158. Ein neues Verfahren bringt H. SCHLICHTING im VDI-Forsch.-Heft 447

[2] Vgl. die in Fußnote 1, S. 295 angeführten Arbeiten

der Grenzschicht und die Ablösungen der Strömung weitgehend zu erfassen. Dadurch können — allerdings unter Aufwendung eines beachtlichen Rechnungsumfanges — die wirklichen Vorgänge ermittelt und wertvolle allgemeine Schlüsse gezogen werden. Eine ausreichende Behandlung dieser Verfahren würde den Rahmen dieses Buches übersteigen. Weil sie außerdem noch in der Entwicklung sind, so sollen im folgenden nur die beiden zuerst erwähnten Berechnungsarten behandelt werden.

66. Die Berechnung der Axialschaufel nach der Minderleistungsmethode

Wir stützen uns in diesem Abschnitt auf das oben zuerst erwähnte Verfahren, das auch bei allen anderen Schaufelarten angewendet worden ist und deshalb eine einheitliche Behandlung ermöglicht. Dabei wird zunächst nur die Mittellinie (Skelettlinie) jeder Schaufel als maßgebend betrachtet und die Profilierung anschließend gegebenenfalls nach Abschn. 62 vorgenommen.

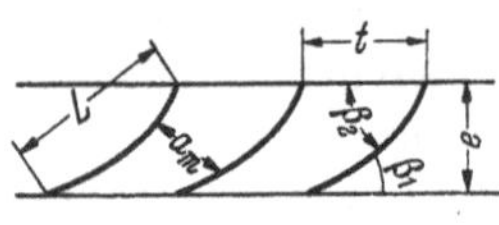

Abb. 174a. Axialschaufel

Nach Gl. (31), S. 131, besteht zwischen der Schaufelarbeit $H_{\mathrm{th}\infty}$ der unendlich dicht stehenden Beschaufelung und der wirklichen Schaufelarbeit H_{th} die Beziehung

$$H_{\mathrm{th}\infty} = H_{\mathrm{th}}(1 + p) \tag{1}$$

oder in anderer Schreibweise

$$\Delta c_{u\infty} = \Delta c_u (1 + p) \tag{2}$$

$$\text{mit} \quad p = \psi' \frac{r}{z\,e} \quad \text{oder} \quad = \frac{\psi'}{2\pi} \frac{t}{e} \quad \text{oder} \quad = 0{,}16\,\psi' \frac{\frac{t}{L}}{\sin\frac{\beta_1 + \beta_2}{2}}. \tag{3}$$

Darin ist e die axiale Schaufellänge (Abb. 174a). Nach den Angaben S. 139 ist die Erfahrungszahl ψ' größer als beim langsamläufigen Radialrad. Im Fall der nach einem Kreisbogen geformten Skelettlinie kann gemäß Gl. (46), S. 140, gesetzt werden

$$\psi' = (1 \text{ bis } 1{,}2)\left(1 + \frac{\beta_2^0}{60}\right). \tag{4}$$

Es hat sich als zweckmäßig erwiesen, diesen Wert ψ' am mittleren Profil der Schaufel zu ermitteln und ungeändert auch bei den anderen Zylinderschnitten anzuwenden, wobei in Gl. (3) naturgemäß die für das jeweilige Profil geltenden Werte einzusetzen sind.

In England ist die Anwendung der sogenannten Constants-Regel beliebt, welche die Winkelübertreibung am Schaufelaustritt liefert, nämlich

$$\beta_2^0 - \beta_3^0 = m(\beta_2^0 - \beta_1^0)\sqrt{\frac{t}{L}} \tag{4a}$$

mit $m = 0{,}21$ bis $0{,}37$ für Kreisbogenschaufeln (nach HAUSENBLAS[1]) wachsend mit abnehmendem β_∞. Damit findet sich

$$\Delta c_u = c_m(\operatorname{ctg}\beta_0 - \operatorname{ctg}\beta_3)\,. \tag{4b}$$

Dickenkorrektur. Die vorstehenden Gleichungen insbesondere Gl. (1) bis (4) gelten nur für die dünne Schaufel, d. h. sie berücksichtigen nur den Einfluß der Krümmung der Skelettlinie und nicht den Einfluß der Dicke. Zu der dadurch bestimmten Schaufelkrümmung, d. h. dem ermittelten Winkel β_2, ist noch ein durch die Schaufeldicke bedingter zusätzlicher Übertreibungswinkel $\Delta\beta_2$ zuzuschlagen.

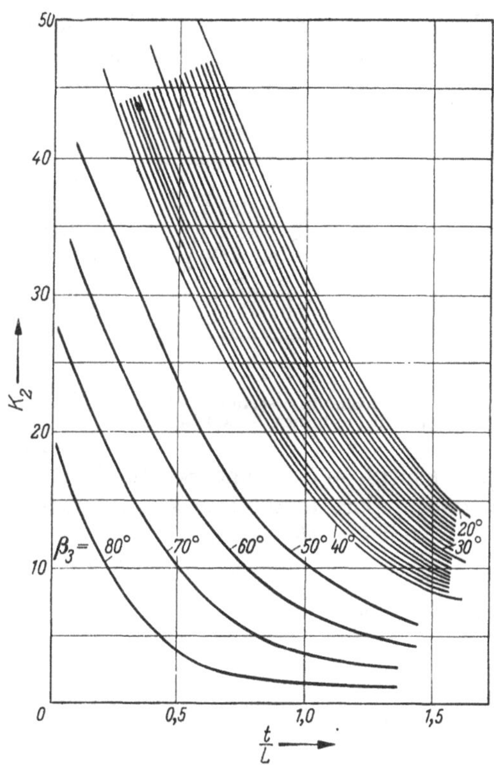

Abb. 174 b. Kurventafel zur Entnahme des Faktors K_2 der Gl. (4a) nach Wichert

Bei *gleich dicken Schaufeln* genügt zur Bestimmung des resultierenden Winkels β_2 die Einsetzung der durch die endlichen dicken Schaufelenden vergrößerten Geschwindigkeit c_{2m} nach Gl. (4), S. 107.

Bei *spitz zulaufenden, also insbesondere profilierten Axialschaufeln* muß die größte Profildicke d ebenfalls berücksichtigt werden, indem die entsprechende Korrektur $\Delta\beta_2$ ermittelt wird. Hierfür werden in der Literatur unterschiedliche Angaben gemacht. Auf Grund von Versuchen an NACA-Profilen der S. 295 erwähnten Art kann nach WICHERT[2] bei geometrisch stoßfreiem Eintritt, den wir bei dieser Berechnungsweise stets zugrunde legen, gesetzt werden:

$$\Delta\beta_2^0 = K_2 \frac{d}{L}\,. \tag{5}$$

Wobei die die Erfahrungszahl K_2 aus der Kurventafel Abb. 174b *unabhängig von der Wölbung der Profilmittellinie* entnommen werden kann.

Die Übertreibung des Winkels β_1 an der Saugkante bleibt in der Regel unberücksichtigt, d. h. man setzt $\beta_1 = \beta_0$. Insbesondere scheint

---

[1] HAUSENBLAS, H.: Konstruktion 11 (1959) Nr. 11, S. 474—779

[2] WICHERT, K.: Maschinenmarkt 1956, Nr. 3, S. 5

bei Verdichtern hoher *Ma*-Zahl ($w_0/a > 0{,}7$) jede positive oder negative Übertreibung von β_1 ungünstig zu sein[1]. Mit Gl. (1) bis (4a) ergibt sich die aus Abb. 174c ersichtliche gegenseitige Lage der Strömungswinkel β_0, β_3 zu den Schaufelwinkeln β_1, β_2.

Das *Teilungsverhältnis* t/L sollte unter Zugrundelegung eines passenden Auftriebswertes ζ_a gewählt werden und ergibt sich dann unter Bezugnahme auf Gl. (9), S. 290, aus

$$\frac{t}{L} = \frac{\zeta_a}{\zeta_a L/t} = \frac{\zeta_a}{2\,\Delta c_u/w_\infty} \tag{5b}$$

wobei für flache Schaufeln mit Rücksicht auf das Abreißen mäßige ζ_a-Werte zwischen 0,5 und 0,8 einzusetzen sind. Bei starker Richtungsänderung $\beta_2 - \beta_1$, d. h. starker Wölbung des Profils muß ζ_a entsprechend vergrößert werden und zwar bei engen Gittern bis auf $\zeta_{a\,\max}$, wobei Abb. 167 und 167b zu beachten sind. Flache Profile können weit auseinandergestellt werden. Gekrümmte Profile mit größtmöglicher Wölbung, wie sie beim mehrstufigen Verdichter nötig sind, scheinen ein günstiges Verhältnis zwischen mittlerer Kanalweite $a_m \approx t \sin(\beta_1 + \beta_2)/2$ und Schaufellänge L von etwa $a_m/L = 0{,}4$ aufzuweisen. Dort ergibt sich also folgende Gleichung zur Bestimmung von t/L mit $k = 1/0{,}4 = 2{,}5$

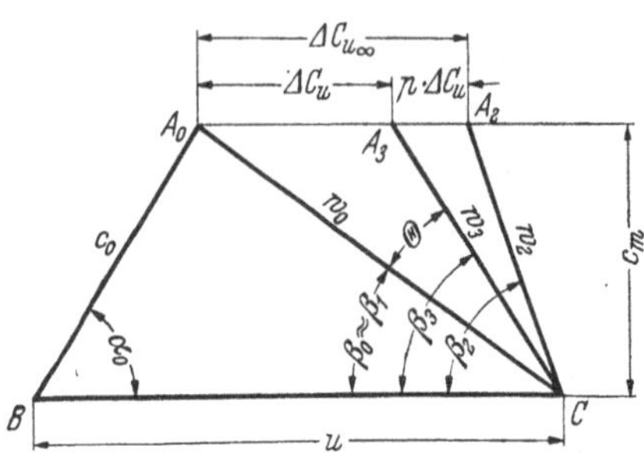

Abb. 174c. Geschwindigkeitsplan unter Berücksichtigung der endlichen Schaufelteilung

$$\frac{L}{t} = k \sin\frac{\beta_1 + \beta_2}{2}, \tag{6}$$

oder die Schaufelzahl

$$z = 2\pi k \frac{r}{L} \sin\frac{\beta_1 + \beta_2}{2} \tag{6a}$$

oder mit

$$L = e/\sin\frac{\beta_1 + \beta_2}{2}$$

$$z = 2\pi k \frac{r}{e} \sin^2\frac{\beta_1 + \beta_2}{2}. \tag{7}$$

Gl. (6) bis (7) beziehen sich auf eine mittlere Flußlinie vom Halbmesser $r_m = (r_a + r_i)/2$. Die so ermittelte Schaufelteilung ist nach dem oben Gesagten als *Kleinstwert* aufzufassen. Maßgebend für ihre Wahl ist in erster Linie die Nachprüfung der Auftriebsziffer ζ_a nach S. 291. Ihr auszuführender Wert wird demgemäß bei kleiner Schaufelbelastung erheblich größer sein. Andernfalls muß t/L mit wachsendem n_q zunehmen.

Ferner sind nach S. 291 oder Abb. 167b Beschränkungen hinsichtlich der Größe des Umlenkwinkels $\Theta = \beta_3 - \beta_0$, also auch des Winkels β_2 im Auge zu behalten.

[1] Trans. Amer. Soc. mech. Engrs. 7 (1951) S. 14

66a. Zahlenbeispiele für ein einstufiges Gebläse[1]

Ein einstufiges Axialgebläse zur Aufladung eines Dieselmotors von 1 auf 1,2 ata bei Geschwindigkeiten $c_I = 50$, $c_{II} = 60$ m/s im Saug- bzw. Druckstutzen, 20° C Außentemperatur und für einen Ansaugstrom von 1,3 m³/s ist mit *möglichst kleiner Drehzahl* zu entwerfen.

Der in die Rechnung eingeführte Förderstrom sei um etwa 5% größer als der verlangte, so daß $V' = 1{,}36$ m³/s. Die Förderhöhe $H = h_{ad} + (60^2 - 50^2)/2g$ ist, weil nach Gl. (12a), S. 15, $h_{ad} = 1610$ m (oder nach Abb. 313, S. 501, $h_{ad}/T_I = 5{,}5$, also $h_{ad} = 5{,}5 \cdot 293$) $H = 1666$ m.

Die kleinstmögliche Drehzahl setzt eine für das Axialrad kleinstzulässige spezifische Drehzahl voraus. Wir wählen $n_q = n\sqrt{V}/H^{3/4} = 90$, ($n_s = 330$), womit

$$n = n_q \frac{H^{3/4}}{\sqrt{V}} = 90 \frac{1666^{3/4}}{\sqrt{1{,}36}} = 20000\,\text{U/min}$$

entsprechend $\omega = \pi\, n/30 = 2100/\text{s}$.

Damit das Radienverhältnis r_a/r_i, dessen Größtwert aus Abb. 166 zu entnehmen ist, trotz der kleinen Schnelläufigkeit nicht zu klein und damit die Schaufeln nicht zu kurz werden, soll der Zuströmwinkel β_{0a} nicht gleich dem Optimalwert von etwa 35°, wie das bei Verdichtern sonst üblich ist, sondern etwa zu 17° gewählt werden (was aber naturgemäß eine Einbuße an Wirkungsgrad verursacht und deshalb als seltene Ausnahme zu betrachten ist). Damit ergibt Abb. 166 etwa $(r_a/r_i)_{max} = 1{,}42$. Um β_{2i} kleiner als 90° zu erhalten, wurde gewählt $r_a/r_i = 1{,}38$. Mit diesem Wert folgt aus Gl. (3), S. 286, weil $k = 1 - 1/1{,}38^2 = 0{,}475$, $\delta_r = 1$, $r_a = 0{,}1127$ m $= 112{,}7$ mm, womit $r_i = r_a/1{,}38 = 81{,}6$ mm und $c_m = V'/\pi\, k\, r_a^2 = 72{,}0$ m/s [Probe: $c_m = \varepsilon\sqrt{2gH}$ mit ε aus Gl. (28), S. 162[2]]. Die Nachprüfung der Vereinbarkeit des erhaltenen Wertes $r_i/r_a = \nu = 0{,}73$ mit dem möglichen Kerntotwasser nach Abschn. 60 γ, S. 289, erscheint im Hinblick auf das Fehlen eines Nachleitrades trotz des verkleinerten Zuströmwinkels β_{0a} nicht notwendig.

Zur Gewinnung der Schaufelzahl wird zunächst die *mittlere* Flußlinie betrachtet, deren Halbmesser r_m genommen wird[3] zu

$$r_m = \sqrt{\frac{r_a^2 + r_i^2}{2}} = 98{,}4\,\text{mm},$$

womit $u_m = r_m\,\omega = 206{,}5$ m/s, $\operatorname{tg}\beta_{0m} = 72/206{,}5 = 0{,}3485$. Die Schaufelverengung kann bei diesen Rädern durch die Eintrittsablenkung als aufgehoben betrachtet werden; also ist $\beta_{0m} = \beta_{1m} = 19°13'$.

---

[1] Zahlenbeispiel für einen mehrstufigen Axialverdichter vgl. Abschn. 115

[2] Nachdem k und β_{0a} bekannt sind, kann auch die Schallgeschwindigkeitsnähe geprüft werden. Die Schallziffer $S = n^2 V/k a^3$ wird mit $a = 348$ m/s, $S = 27{,}8$, womit Abb. 118 bei $\beta_{0a} = 17°$ die unerwartet große *Ma*-Zahl $w_{0a}/a \approx 0{,}74$ liefert. Die Empfindlichkeit der einzelnen Zylinderschnitte gegen Überschall könnte nach Gl. (25a), S. 339, geprüft werden

[3] Man könnte ebensogut $r_m = (r_a + r_i)/2$ nehmen

Da mit $\eta_h = 0{,}85$ $H_{\text{th}} = H/\eta_h = 1962$ m und $p = 0{,}4$ geschätzt wird, so ist $H_{\text{th}\infty} = 1{,}4 \cdot 1962 = 2750$ m, also $c_{2u} = g \cdot 2750/206{,}5 = 131$ m/s. Wird der Verengungseinfluß am Austritt wegen seiner Kleinheit vernachlässigt, so wird $\operatorname{tg}\beta_2 = c_m/(u - c_{2u}) = 72/75{,}5 = 0{,}955$, $\beta_2 = 43°40'$. Die mittlere axiale Länge e sei zu $r_m/4 \approx 25$ mm gewählt. Damit wird nach Gl. (7), Abschn. 66, $z = 18{,}5$ aufgerundet zu 19.

Die Schaufeln sollen aus Duralblech von 2 mm Dicke gepreßt werden. Obwohl die S. 296 angegebene Grenze der Re-Zahl, unterhalb welcher Blechschaufeln am Platz sind, überschritten ist, soll (zur Verbilligung der Herstellung) auf Profilierung verzichtet werden.

Wegen der radialen Kürze der Schaufel brauchen nur die Schaufelschnitte nach den drei Halbmessern r_a, r_m, r_i gerechnet zu werden, was in folgender Tabelle geschieht. Dabei ist überall $\eta_h = 0{,}85$, d. h. wie oben $H_{\text{th}} = 1962$ m gesetzt. e läßt man von der Nabe nach außen etwas abnehmen, teils aus Festigkeitsgründen, teils weil sonst die Schaufeln an der Spitze zu eng stehen. t/L sollte aber außen nicht wesentlich größer sein als an der Nabe. Die Schaufeln sind im vorliegenden Fall als Kreisbogen mit dem Halbmesser ϱ nach Gl. (17), Abschn. 62, ausgebildet.

Berechnung der Schaufelprofile

Lfd.Nr.	Bez.	Dim.	berechnet nach	Profilschnitte		
				$a_1 - a_2$	$b_1 - b_2$	$c_1 - c_2$
1	r	m		0,0816	0,0984	0,1127
2	u	m/s	$= r\,\omega$	170,9	206,1	236,0
3	$\operatorname{tg}\beta_0$	—	$= c_m/u$	0,4215	0,3492	0,3052
4	β_0	grd	aus 3	22,85	19,26	16,98
5	β_1	grd	$= \beta_0$ (geschätzt)	22,85	19,26	16,981
6	c_{3u}	m/s	$= g H_{\text{th}}/u$	112,5	93,3	81,45
7	$\operatorname{tg}\beta_3$	—	$= c_m/(u - c_{3u})$	1,2335	0,638	0,4658
8	β_3	grd	aus 7	50,97	32,53	24,98
9	β_2	grd	$> \beta_3$ geschätzt	70	45	35
10	ψ'	—	$= 1{,}1\,(1 + \beta^0_{2m}/60)$ gemäß Gl.(4) S. 314	1,9	1,9	1,9
11	e	mm	gewählt	30	25	22
12	p	—	$= \psi'\,(r/z\,e)$	0,272	0,394	0,512
13	c_{2u}	m/s	$= c_{3u}(1 + p)$	143,5	130,6	123
14	$\operatorname{tg}\beta_2$	—	$= c_m/(u - c_{2u})$	2,63	0,946	0,637
15	β_2	grd	aus (14)	75,6	43,3	32,4

Die Wiederholung der Rechnung Nr. 10 bis 15 mit diesen Werten β_2 liefert die auszuführenden Winkel β_2 und damit die jeweiligen Maße für die Profillängen $L = e/\sin\frac{\beta_1 + \beta_2}{2}$, die Krümmungshalbmesser ϱ nach Gl. (17), S. 294, und den Wert $t/L = 2\,r\,\pi/z\,L$.

Die Nachprüfung der erhaltenen Umlenkwinkel $\beta_3 - \beta_0$ an Hand von Abb. 167b zeigt, daß sie den dortigen Werten genügend nahekommen. Es ist notwendig, diese Nachprüfung zu ergänzen, indem

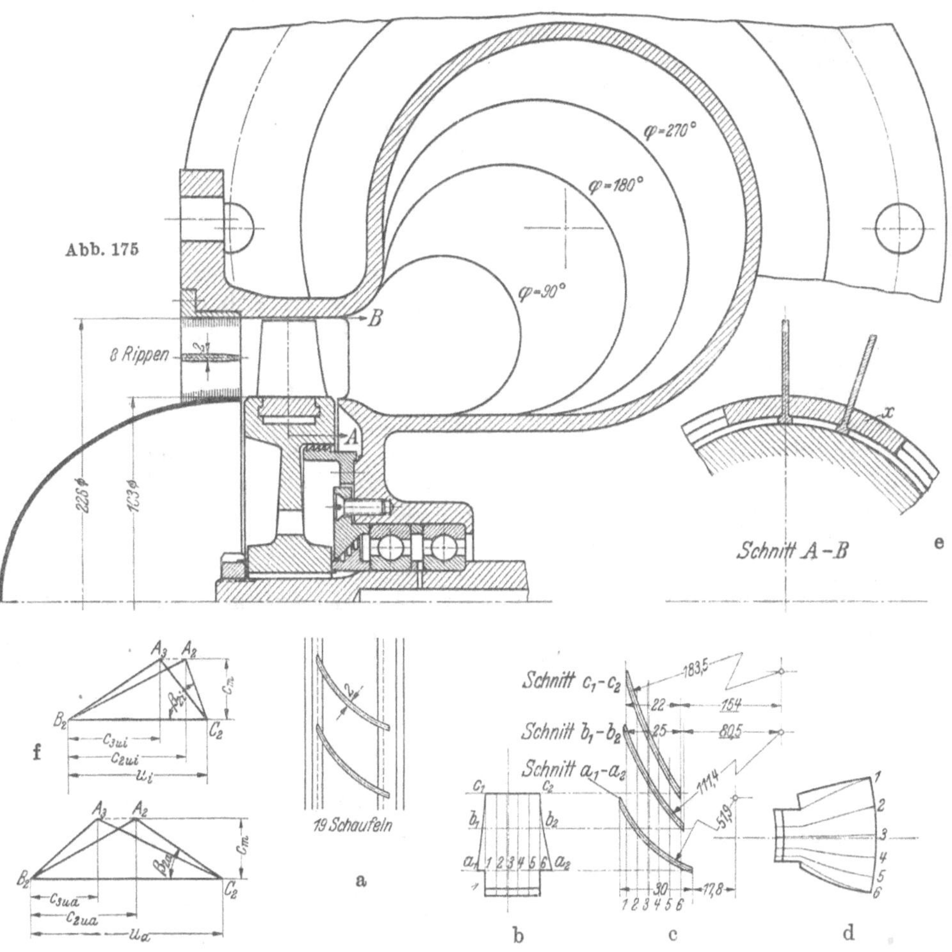

Abb. 175—175g. Studienzeichnung zum Axialgebläse des Zahlenbeispieles Abschn. 66a
Abb. 175. Längsschnitt. — Abb. 175a. Schaufelschnitt. — Abb. 175b—d. Zeichnerische Darstellung einer Schaufel nach zylindrischen und nach Schreinerschnitten 1 bis 6. — Abb. 175e. Schaufelbefestigung. — Abb. 175f u. g. Geschwindigkeitsdreiecke für den Schaufelaustritt am inneren und äußeren Durchmesser

man mittels Gl. (9), S. 290, die „Auftriebszahl" ζ_a errechnet und mit den dort angegebenen Erfahrungswerten vergleicht. Dabei ist $w_\infty = \sqrt{c_m^2 + (u - c_{3u}/2)^2}$. Man muß sich ferner vergewissern, ob die Bedingung der Gl. (5a), S. 288, erfüllt ist.

Die Schaufelschnitte sind in Abb. 175 gezeichnet. Sie werden so zu einer Fläche vereinigt, daß die Schwerpunkte in radialer Richtung liegen, also die Fliehkräfte keine Biegungsanstrengung hervorrufen. Letztere Rücksicht gilt auch für den Einspannquerschnitt. Anschließend sind in Abb. 175 b und d die Schreinerschnitte gezeichnet, die aber nicht unbedingt nötig sind. Die Schaufel aus Duralblech von 2 mm Wandstärke genügt der Festigkeit. Schwingungsgefahr, d. h. Resonanz zwischen Eigenschwingung und Wellenumdrehung, liegt nicht vor.

Die Verbindung der Schaufeln mit dem Radkörper geschieht bei mäßigen Umfangsgeschwindigkeiten am einfachsten durch Schweißung. In der Abbildung ist die Schaufel am Fuß angestaucht und durch Zwischenstück x festgehalten, wie das im Dampfturbinenbau üblich ist.

Das die Einlaufhaube tragende Gitter aus axialen Rippen hat gleichzeitig die günstige Wirkung eines Einlaufgleichrichters. Als Austrittsleitvorrichtung ist ein Spiralgehäuse gewählt, weil dieses bei der vorliegenden spezifischen Drehzahl gerade noch ausführbar ist und offenbar die günstigste Art der Abführung der Gebläseluft ermöglicht. Bei merkbarer Erhöhung der spezifischen Drehzahl würden die Spiralquerschnitte zu weit, so daß Austrittsschaufeln nötig wären, deren Berechnung nach Abschn. 68 zu erfolgen hätte.

Die Spaltweite zwischen Flügelspitze und Gehäuse beeinflußt bei diesen Langsamläufern den Wirkungsgrad besonders stark, weil die Schaufeln kurz sind. Es empfiehlt sich deshalb, möglichst nahe an den für die Betriebssicherheit zulässigen Kleinstwert [Gl. (73), S. 96] zu gehen.

Bei der vorliegenden Schnelläufigkeit wäre auch das im Abschn. 56 und 57 behandelte Radial- bzw. Halbaxialrad mit schräger Austrittskante anwendbar. Dieses wäre aber für die vorliegende Umfangsgeschwindigkeit schwieriger herzustellen, so daß es sich trotz seiner günstigeren Kennlinien bei Gebläsen bis jetzt nicht einführen konnte. Bei Wasserförderung ist es aber ausgiebig im Gebrauch.

In dem vorstehenden Berechnungsbeispiel ist zunächst die Nabenbegrenzung achsparallel gewählt. Sofern es möglich ist, wird sie aber mit Vorteil schräg mit nach dem Austritt zunehmendem Durchmesser genommen. Das SCHICHT-Gebläse (Abb. 302, S. 490) stellt eine Extremform solcher Axialräder dar. — Ist die Nabe achsparallel begrenzt, so wird die vorgeschaltete Verkleidung am besten als Halbkugel ausgeführt[1], die nicht mit umläuft, sondern durch ebene Leitrippen mit dem Gehäuse fest verbunden ist[2].

Es ist übrigens beachtlich, daß sich auch mit besonders einfachen Schaufelformen, z. B. der zylindrischen, d. h. nicht verwundenen Schaufel und sogar der ebenen Schaufel[2] ohne Krümmung noch Wirkungsgrade erzielen lassen[3], die nur um etwa 10% schlechter sind.

---

[1] Vgl. B. ECKERT: Z. VDI 88 (1944) S. 516—520

[2] Vgl. W. SCHEER: Diss. Techn. Hochschule Braunschweig 1959. Auszug BWK 11 (1959) S. 503—511

[3] MIKHAIL, S.: Three-dimensional flow in axial pumps and fans. Proc. Inst. Mech. Eng. 172 (1958), S. 973—990

66b. Besonderheiten bei den verschiedenen Aggregat-Zuständen des Fördermittels

I. Berücksichtigung der Kompressibilität

α) Volumenausdehnung am Einlauf. Die Berechnung ist bereits S. 207 und 223 angegeben. Sie ist nur bei *Ma*-Zahlen c_0/a über 0,4 von Bedeutung, welcher Wert bei vorstehendem Beispiel noch nicht erreicht wird.

β) Zusammendrückung im Rad. Obwohl ihre Berücksichtigung bei Axialmaschinen nicht üblich zu sein scheint, so wollen wir uns doch ihren Einfluß an Hand des vorstehend errechneten Gebläses veranschaulichen. Die PRANDTLsche Regel (S. 87f.) ist bei der hier vorliegenden starken Profilkrümmung nicht mehr anwendbar. Deshalb ist der bereits in Abschn. 46, S. 223, eingeschlagene Weg zu beschreiten, wobei zu beachten ist, daß die Zusammendrückung in jeder Flußfläche verschieden ist, und zwar von außen nach innen abnimmt.

Nach Gl. (22), Abschn. 46c, beträgt das Volumenverhältnis dicht hinter dem Rad und in der Saugleitung für den beliebigen Halbmesser r

$$\frac{v_3}{v_I} = \frac{1 + \Delta t_3/T_I}{(1 + \eta_i \Delta t_3/T_I)^{\frac{\varkappa}{\varkappa - 1}}} \tag{8}$$

oder nach der dortigen Gl. (22a)

$$\frac{v_3}{v_I} \approx \frac{1 + \Delta t_3/T_I}{1 + \frac{\varkappa}{\varkappa - 1} \eta_i \Delta t_3/T_I}. \tag{8a}$$

Soll der gegebene Volumenstrom V_I bei der Geschwindigkeit c_I vorliegen (also sich nicht auf die Geschwindigkeit Null beziehen, wo er kleiner ist), so ist hierin nach Gl. (20), Abschn. 46c

$$\Delta t_3 = \frac{H_i - (c_3^2 - c_I^2)/2g}{427\, c_p} = \frac{H_i - (c_{3u}^2 + c_{3m}^2 - c_I^2)/2g}{427\, c_p}. \tag{9}$$

Darin wechselt $c_{3u} = g H_{\text{th}}/r\,\omega$ mit r von Faden zu Faden, während c_{3m} einen der Zusammendrückung entsprechenden Durchschnittswert annimmt, der für alle Fäden gleich ist. Man wird bei der Rechnung so vorgehen, daß man den sich ergebenden Mittelwert $(v_3/v_I)_m$ und damit auch $c_{3m} = c_0 (v_3/v_I)_m$ zunächst schätzungsweise wenig kleiner als c_0 annimmt und damit die Rechnung für die betrachteten Flußlinien durchführt, die hierbei achsparallel angenommen werden können. Dann liefert Gl. (8) für jeden betrachteten Faden die Werte von v_3/v_I, die wenig verschieden sind und deshalb die Angabe eines genügend genauen Mittelwertes ermöglichen. Die Wiederholung dieser Rechnung ist nur bei sehr großen Abweichungen gegenüber der Annahme nötig,

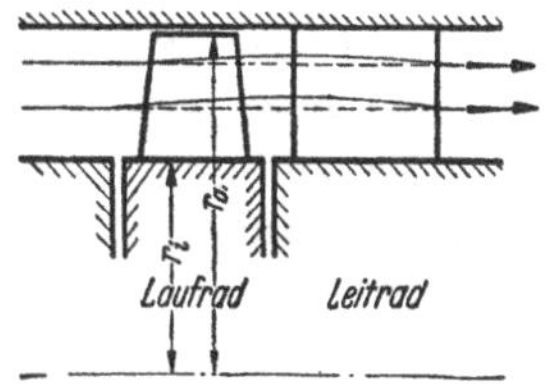

Abb. 176. Änderung des Strombildes infolge der Kompressibilität

weil der Anteil von c_{3m}^2 in Gl. (9) gering ist. Jetzt sind die berichtigten Winkel β_2 bei Benutzung der früheren Rechnung gegeben durch $(\text{tg}\,\beta_2)_{\text{korr}} = (v_3/v_I)\,\text{tg}\,\beta_2$.

Die Rechnung zeigt, daß hier die Zusammendrückung im Rad bereits eine beachtliche Verkleinerung der Schaufelwinkel erlaubt, die größer ist als beim Radialrad (Abschn. 50, IIc), weil hier meistens der Reaktionsgrad in den äußeren Schaufelzonen größer ist als dort. Immerhin muß im Auge behalten werden, daß die Nichtberücksichtigung dieser Volumenabnahme eine Erhöhung der Sicherheit der Rechnung bedeutet und sich kleinere Unterschiede ergeben hätten, wenn v_I auf $c_I = 0$ bezogen worden wäre.

Die mit der Verdichtung verbundene Verzögerung der Meridiankomponente ist vermeidbar, wenn man die Nabe schräg begrenzt.

II. Das langsamläufige Axialrad für Wasserförderung

Angesichts der beachtlichen Bestwerte des Wirkungsgrades, welche der Axialverdichter gegenüber dem Radialverdichter ergeben hat, liegt es nahe, auch die mehrstufige Wasserpumpe mit Axialrädern auszuführen[1] oder zum mindesten die einstufige Axialpumpe für Wasserförderung auch in dem Bereich der spezifischen Drehzahl zu verwenden, in dem heute nur die halbaxiale Beaufschlagung in Betracht gezogen wird. Die unmittelbare Übertragung der beim Verdichter als günstig erkannten Schaufelformen ist dabei allerdings nicht möglich, weil das (S. 433 behandelte) Abreißen der Förderung bei Teillast, das beim Verdichter in Kauf genommen wird, bei diesen Bauarten guten Wirkungsgrades und hoher Druckziffer besonders stark ausgeprägt ist. Der mit diesem Abreißen verbundene starke Abfall der Förderhöhe hat bei der Wasserpumpe nämlich ein Aussetzen der Förderung zur Folge, sobald die verbliebene Druckhöhe unter den statischen Anteil der Gesamtförderhöhe sinkt, und das Bedenkliche ist, daß anschließend die Wasserpumpe von selbst aus diesem Zustand nicht wieder herauskommt, da ja eine so weitgehende Entleerung des Hochbehälters praktisch nicht in Frage kommt. Die Aufgabe besteht also darin, Axialpumpen mit gutem Wirkungsgrad, aber geringer Abreißerscheinung zu bauen. *Das ist zu erreichen durch kleine Zuströmwinkel β_{0a}, also kleine Lieferziffern $\varphi = \text{tg}\,\beta_{0a}$ und durch geringe Schaufelbelastung.* Letztere Maßnahme verlangt genügend hohe spezifische Drehzahl. Wenn aber gleichzeitig niedere spezifische Drehzahl gefordert wird, so kann eine Vergrößerung des Nabendurchmessers nicht vermieden werden, was einen Verzicht auf Wirkungsgrad bedeutet, weil die Nabenreibung und der Spaltverlust wachsen. Die Schaufelverluste werden außerdem durch die erwähnte Kleinheit der Lieferziffer verstärkt, weil der Zulaufwinkel β_{0a} weit unter den für Kleinhaltung der Reibung erwünschten Bestwert und auch unter den mit Rücksicht auf Kavitation günstigen Wert (etwa 18°), nämlich auf etwa 10° gesenkt werden muß, damit die

[1] Pfleiderer, C.: Sonderheft des DVGW 1948 „100 Jahre Hamburger Wasserwerke", S. 20

Abreißneigung sich verkleinert. Am wirkungsvollsten werden die Verhältnisse bei Teillast durch Anwendung der drehbaren Vorleitschaufeln oder der drehbaren Laufschaufeln nach KAPLAN gebessert, was heute sogar bei Mehrstufigkeit geschieht S. 449).

Eine erhebliche Behinderung bildet die hohe Kavitationsempfindlichkeit der Axialpumpe, die Stufenförderhöhen von mehr als 12 m kaum zulassen dürfte.

67. Berechnung der Axialschaufel als Tragflügel

Mit steigender Schnelläufigkeit verkleinern sich die Austrittswinkel der Laufschaufeln. Dadurch verengt sich auch die Kanalweite. Andererseits aber vergrößert sich die Relativgeschwindigkeit. Beide Einflüsse erhöhen die Reibung und zwingen zu einer Verkleinerung der Schaufelfläche, also einer Verringerung der Schaufelzahl. Diese Abnahme geht unter Umständen so weit, daß sich die Schaufeln gegenseitig nicht mehr überdecken. Dann liegen auch keine ausgesprochenen Schaufelkanäle mehr vor, und die Voraussetzungen der bisherigen Rechnung werden hinfällig.

Infolge der weiten Auseinanderstellung der Schaufeln verläuft die Relativströmung in einem Zylinderschnitt des Schaufelgitters ähnlich wie die Strömung um einen einzelnen Tragflügel im unbegrenzten Luftraum. Deshalb soll die Berechnung dieser Schnelläufer auch unter Anlehnung an die hierfür übliche Betrachtungsweise vorgenommen werden[1].

a) Der einzelne Tragflügel im unbegrenzten Raum. Wird ein Tragflügel einem Luftstrom ausgesetzt, so wirken nach Abschn. 9e zwei Kräfte verschiedener Art auf ihn ein, nämlich einerseits der Auftrieb A (Abb. 177), der nach Abschn. 10 den Flügel senkrecht zur Richtung der herankommenden vom Flügel unbeeinflußten Strömung zu verschieben sucht, und andererseits der Widerstand W, der in der Richtung der Luftströmung wirkt.

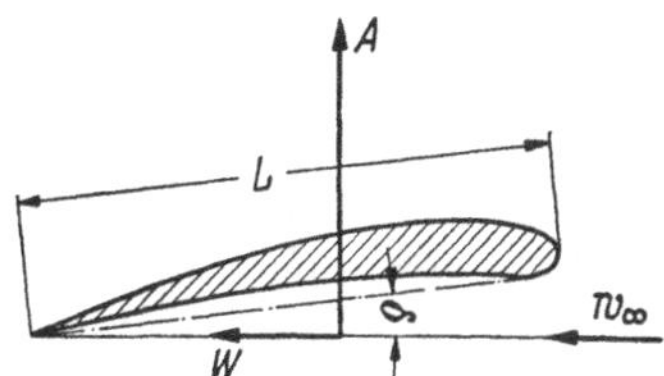

Abb. 177. Kräftewirkung auf einen Tragflügel

Zwischen der Flügelfläche $F = L\,b$, wo L die Länge des Profils, b die Breite des Flügels bedeuten, der Geschwindigkeit w_∞, die der Flügel relativ zu den Luftteilchen in weiter Entfernung besitzt, und diesen Kräften bestehen die Beziehungen, wenn $q = \gamma\, w_\infty^2/2g$ der Staudruck von w_∞ ist:

$$A = \zeta_a q F = \zeta_a \frac{\gamma}{g} \frac{w_\infty^2}{2} L\,b, \tag{10}$$

$$W = \zeta_w q F = \zeta_w \frac{\gamma}{g} \frac{w_\infty^2}{2} L\,b. \tag{11}$$

[1] Zuerst ist dies von BAUERSFELD in Z. VDI 1922, S. 461, und zwar für Wasserturbinen und Propeller geschehen

ζ_a ist die Auftriebszahl, ζ_w die Widerstandszahl[1]. Beide Werte sind von der Profilform und der Stellung des Profils zur Strömungsrichtung w_∞, dem „Anstellwinkel" δ, abhängig. ζ_a ist gewissermaßen eine dimensionslose Ersatzgröße für die Zirkulation Γ. Die Werte von ζ_a und ζ_w sind durch Versuche im Windkanal für eine große Zahl von Profilformen ermittelt. Bei ihrer Entnahme aus diesen Versuchen ist folgendes zu beachten:

Zunächst besteht ein Einfluß der *Re*-Zahl. Insbesondere ist bei dicken Profilen eine ausgeprägte kritische *Re*-Zahl von der Größenordnung $w_\infty L/\nu = 10^5$ vorhanden, bei deren Überschreitung, wie S. 81 für den Zylinder gezeigt wurde, infolge Verlegung des Ablösungspunktes der Saugseite in Strömungsrichtung die Auftriebszahlen größer und die Widerstandszahlen kleiner werden als beim unterkritischen Bereich[2]. Der Abfall muß um so ausgesprochener sein, je größer das Verhältnis der Dicke d zur Länge L des Profils ist.

Bei Wasserförderung ist nur der überkritische Bereich von Bedeutung, während bei Ölen, Luft und wasserstoffreichen Gasen auch der unterkritische Bereich vorliegen kann. Außerdem erfolgt an der Laufschaufel des Axialrades der Umschlag bei einer kleineren *Re*-Zahl als beim ruhenden Einzelflügel oder Schaufelgitter[3]. Nachstehend soll der überkritische Bereich betrachtet und anschließend das unterkritische Gebiet nur soweit als nötig berücksichtigt werden.

Ferner ist zu beachten, daß die Auftriebszahlen von dem Seitenverhältnis L/b abhängig sind, denn der Auftrieb wird in der Mitte des Flügels größer sein als an den Enden, weil der Druckunterschied zwischen Ober- und Unterseite sich um die Kante des Flügels herum auszugleichen sucht. Auch auf den Anstellwinkel δ muß dieses Seitenverhältnis Einfluß besitzen. Da bei den Schaufeln von Kreiselrädern das seitliche Abströmen der Förderflüssigkeit nur in Form des Spaltverlustes, also in beschränktem Maße auftritt, können dort die bei unendlich großer Flügelbreite herrschenden Verhältnisse zugrunde gelegt werden.

Überkritischer Bereich. Hier ist bei Tragflügeln $Re = w_\infty L/\nu > 10^5$. Für diesen wichtigsten Fall hat PRANDTL folgende Umrechnungsformeln[4] aufgestellt, die es ermöglichen, die für irgendein Seitenverhältnis L/b im Windkanal gewonnenen Werte ζ_w' und δ' auf das Seitenverhältnis $L/b = 1/\infty$ umzurechnen. Zu einer bestimmten Auftriebszahl ζ_a erhält man die zugehörigen Werte ζ_w und δ (in Graden) aus

$$\zeta_w = \zeta_w' - \frac{1}{\pi}\zeta_a^2\frac{L}{b}, \qquad (12) \qquad\qquad \delta = \delta' - \frac{1}{\pi}\zeta_a\frac{L}{b}57{,}3. \qquad (12a)$$

In Abb. 178 sind für einige Profilformen, die in Abb. 178b gezeichnet und der Form nach geordnet sind, die umgerechneten Werte von

[1] Gegenüber der 1. Auflage dieses Buches ist die Bedeutung von ζ_a und ζ_w entsprechend den Bezeichnungsnormen geändert, und zwar sind jetzt die Werte doppelt so groß wie dort

[2] GUTSCHE, F.: Jb. Schiffbautechn. Ges. 37 (1936) S. 281; ferner insbesondere G. MUESMANN: Z. Flugwissensch. 7 (1959) Heft 9, S. 1536—1563

[3] MUESMANN, G.: Jahrbuch 1958 der WGL, Diskussion S. 103

[4] Vgl. Ergebnisse der Aerodynamischen Versuchsanstalt zu Göttingen. 1. Liefg. München u. Berlin 1921

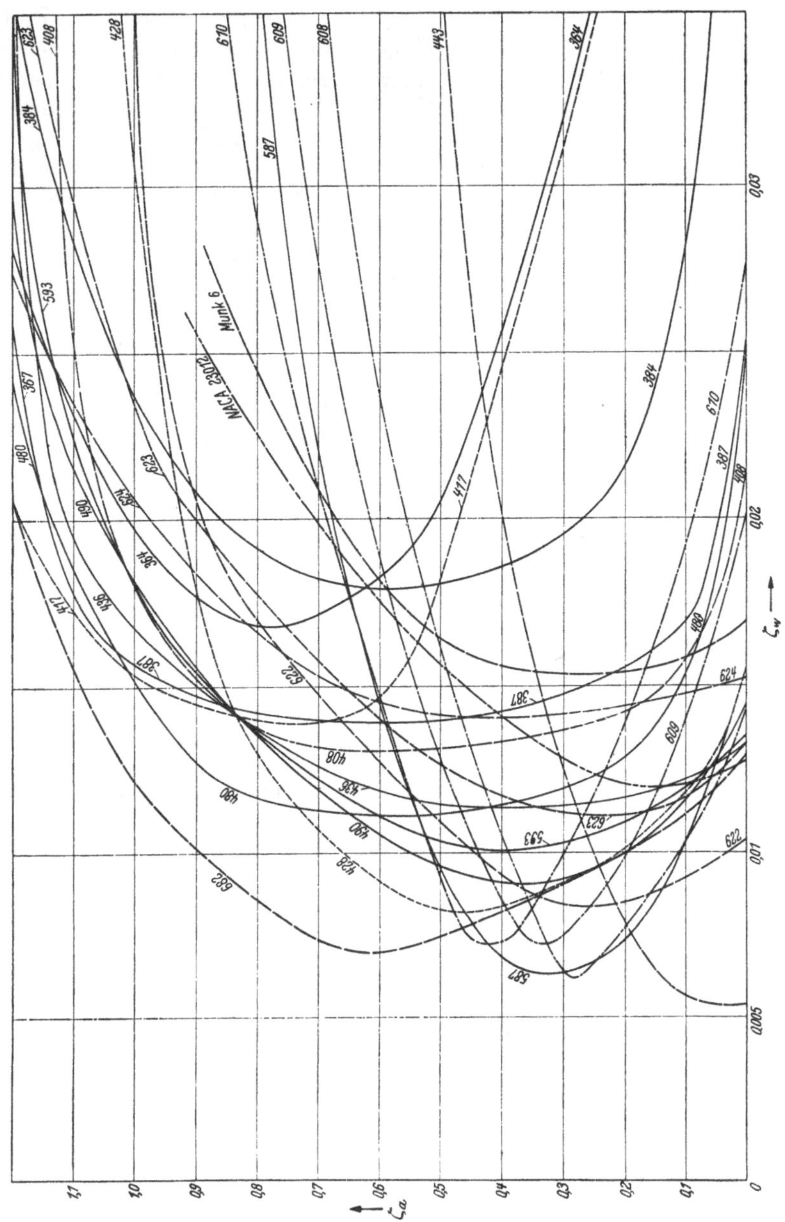

Abb. 178. Profilpolaren zu Abb. 178b

ζ_a und ζ_w aufgetragen, die aus den Göttinger Veröffentlichungen entnommen[1] sind. Die Profile sind durch die gleichen Nummern gekenn-

---

[1] III. u. IV. Lieferung der Ergebnisse usw., S. 27ff. Beim Aufzeichnen der Profile in größerem Maßstab zeigen sich Unstetigkeiten, die entsprechend auszugleichen sind

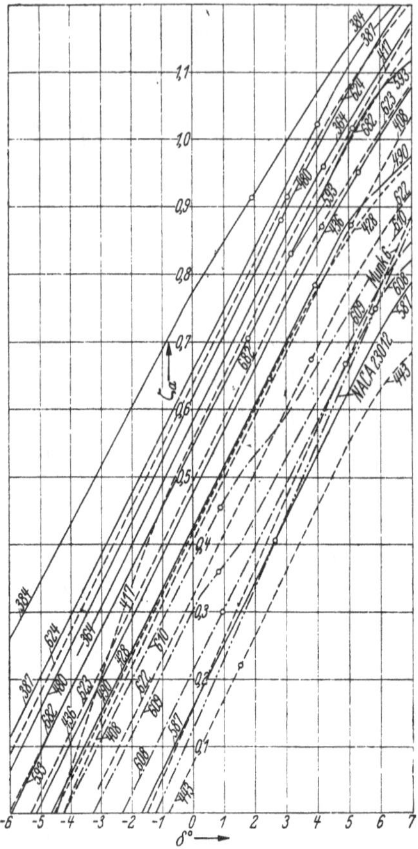

Abb. 178a. Die Auftriebszahlen ζ_a in Abhängigkeit vom Anstellwinkel für die Profile der Abb. 178b. Kreise bezeichnen Bestpunkte

zeichnet wie dort[1]. Die Profilmaße ergeben sich aus der folgenden Tabelle[2] in Prozenten der Länge L. Dabei bedeuten gemäß Abb. 178c y_0, y_u die Ordinaten der Ober- bzw. Unterseite des Profils zur Abszisse x. Die jeweilige Bezugslinie ist in den Profilbildern der Abb. 178b eingezeichnet. Sie ist bei diesen Profilen gleichzeitig die Nulllinie für den Anstellwinkel δ.

Die Kurven in Abb. 178 nennt man „Polaren", weil der Radiusvektor jedes Punktes die auf die resultierende Flügelkraft bezogene Ziffer ζ angibt; die Neigung des Radiusvektor dieser Polaren gegen die ζ_a-Achse

$$\varepsilon = \operatorname{tg} \lambda = \frac{\zeta_w}{\zeta_a} = \frac{W}{A} \quad (13)$$

nennt man das „*Gleitverhältnis*" (weil es das Neigungsverhältnis der Flugbahn im Gleitflug des Flügels darstellt). Das verwendete Profil ist um so besser, je kleiner diese Zahl ist, also je steiler der Radiusvektor verläuft. Den besten Wirkungs-

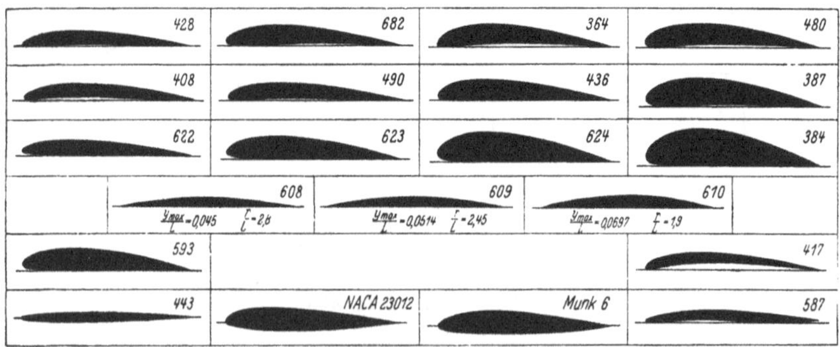

Abb. 178b. Die in Abb. 178 und 178a verwendeten und in der Zahlentafel S. 328 angegebenen Profilformen

[1] Weitere Profile vor allem der NACA-Reihe und Angabe ihrer Eigenschaften vgl. F.W. Riegels: Aerodynamische Profile. München: R. Oldenbourg 1958

[2] Siehe Fußnote 1, S. 325

grad ergeben demnach die Berührungspunkte der vom Ursprung an die Polaren gezogenen Tangenten. Wegen der Kleinheit von λ ist $\varepsilon = \operatorname{arc}\lambda = (\pi/180)\,\lambda°$.

Für die in Abb. 178 und Abb. 178b bzw. in der nachstehenden Tabelle erwähnten Profile sind in Abb. 178a die Anstellwinkel δ in Abhängigkeit von der zugehörigen Auftriebszahl ζ_a angegeben. Darin sind die Punkte besten Gleitverhältnisses durch Kreise hervorgehoben. Bemerkenswert ist der geradlinige und fast parallele Verlauf der meisten Kennlinien.

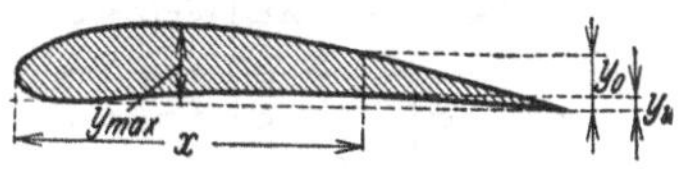

Abb. 178c. Erläuterung der Bezeichnungen

Die Profile lassen sich zu Gruppen zusammenfassen, für welche gemeinsame Auftriebsgesetze gelten, sofern man sich auf den praktisch wichtigen Bereich der Nachbarschaft des besten Gleitverhältnisses beschränkt, und zwar gilt

α) für die Profile 428, 682, 364, 480

$$\zeta_a = 4{,}8\,\frac{y_{\max}}{L} + 0{,}092\,\delta°; \tag{14}$$

β) für die Profile 408, 490, 436, 387

$$\zeta_a \quad 4{,}40\,\frac{y_{\max}}{L} + 0{,}092\,\delta°; \tag{14a}$$

γ) für die Profile 622, 623, 624, 384

$$\zeta_a = 4{,}0\,\frac{y_{\max}}{L} + 0{,}092\,\delta°; \tag{14b}$$

δ) für die Kreissegmentprofile[1] (z. B. Profil-Nr. 608, 609, 610, Abb. 178b)

$$\zeta_a = 5{,}0\,\frac{y_{\max}}{L} + 0{,}092\,\delta°; \tag{14c}$$

ε) für das Profil[2] Munk 6

$$\zeta_a = 1{,}30\,\frac{d}{L} + 0{,}106\,\delta°; \tag{14d}$$

wo d die größte Dicke des Profils,

ζ) für das Profil NACA 23012[2]

$$\zeta_a = 1{,}08\,\frac{d}{L} + 0{,}106\,\delta°; \tag{14e}$$

φ) für symmetrische Profile (z. B. 443)[3]

$$\zeta_a = 0{,}095\,\delta°. \tag{14f}$$

[1] Nähere Angaben vgl. F. Gutsche: Mitt. d. Preuß. Vers.-Anstalt f. Wasserbau u. Schiffbau, Heft 10

[2] Numachi, F.: Forsch. Ing.-Wes. 11 (1940) S. 304

[3] Für symmetrische Profile muß offenbar $\zeta_a = 0$ mit $\delta = 0$ sein. Daß dies in Abb. 178a für das Profil 443 nicht zutrifft, kann nur auf Ungenauigkeiten des Modells zurückgeführt werden

Zusammenstellung der Profilmaße

x		0	1,25	2,5	5,0	7,5	10	15	20	30	40	50	60	70	80	90	95	100
364	y_o	0,85	4,05	5,45	7,30	8,60	9,65	11,00	11,85	12,50	12,10	11,10	9,50	7,55	5,35	2,90	1,55	0,10
	y_u	0,85	0,00	0,05	0,35	0,55	0,65	1,05	1,30	1,70	1,85	1,80	1,55	1,25	0,90	0,45	0,20	0,10
384	y_o	4,15	7,25	8,95	11,45	13,40	14,95	17,15	18,55	19,70	19,15	17,55	14,95	11,80	8,05	4,15	2,15	0,00
	y_u	4,15	2,25	1,55	1,10	0,80	0,55	0,30	0,15	0,00	0,00	0,00	0,00	0,00	0,00	0,00	0,00	0,00
387	y_o	3,20	6,25	7,65	9,40	10,85	11,95	13,40	14,40	15,05	14,60	13,35	11,35	8,90	6,15	3,25	1,75	0,15
	y_u	3,20	1,50	1,05	0,55	0,25	0,10	0,00	0,00	0,20	0,40	0,45	0,50	0,45	0,30	0,15	0,05	0,15
408	y_o	1,15	2,95	3,80	5,00	6,00	6,70	7,70	8,40	9,05	8,95	8,40	7,45	6,25	4,95	3,45	2,50	0,75
	y_u	1,15	0,25	0,00	0,20	0,40	0,65	1,00	1,20	1,30	1,30	1,20	1,05	0,85	0,60	0,30	0,10	0,75
417	y_o	0,65	2,50	3,75	5,05	6,25	7,05	8,15	8,85	9,30	9,15	8,55	7,55	6,25	4,50	2,40	1,20	0,00
	y_u	0,65	0,05	0,25	0,70	1,10	1,50	2,20	2,55	3,65	3,90	3,65	3,20	2,50	1,70	0,80	0,40	0,00
428	y_o	1,25	2,75	3,50	4,80	6,05	6,50	7,55	8,20	8,55	8,35	7,80	6,80	5,50	4,20	2,15	1,20	0,00
	y_u	1,25	0,30	0,20	0,10	0,00	0,00	0,05	0,15	0,30	0,40	0,40	0,35	0,25	0,15	0,05	0,00	0,00
436	y_o	2,50	4,70	5,70	7,00	8,10	8,90	10,05	10,25	11,00	10,45	9,55	8,20	6,60	4,60	2,45	1,25	0,00
	y_u	2,50	1,00	0,20	0,10	0,05	0,00	0,00	0,00	0,00	0,00	0,00	0,00	0,00	0,00	0,00	0,00	0,00
443	y_o, y_u	0,00	0,60	0,85	1,15	1,45	1,60	1,90	2,15	2,50	2,50	2,35	2,05	1,60	1,15	0,65	0,30	0,00
480	y_o	2,55	5,10	6,15	7,65	8,85	9,80	11,25	12,10	12,85	12,60	11,60	10,00	7,85	5,45	2,85	1,45	0,00
	y_u	2,55	0,80	0,30	0,05	0,00	0,10	0,45	0,70	1,10	1,45	1,55	1,50	1,25	0,85	0,40	0,20	0,00
490	y_o	2,00	3,60	4,60	5,95	7,00	7,70	8,65	9,20	9,60	9,05	8,55	7,45	6,05	4,40	2,50	1,45	0,15
	y_u	2,00	0,85	0,50	0,15	0,00	0,00	0,20	0,40	0,95	0,80	0,80	0,60	0,40	0,15	0,00	0,05	0,15
587	y_o	0,60	1,65	2,10	2,90	3,60	4,15	5,15	5,85	6,55	6,60	6,10	5,40	4,50	3,45	2,35	1,80	1,05
	y_u	0,60	0,10	0,00	0,05	0,15	0,30	0,60	0,70	0,85	0,80	0,45	0,20	0,00	0,05	0,55	0,85	1,05
593	y_o	3,00	5,50	6,50	7,85	8,90	9,75	10,95	11,50	12,00	11,70	10,85	9,45	7,65	5,50	3,00	1,65	0,00
	y_u	3,00	1,80	1,35	0,85	0,55	0,40	0,25	0,15	0,10	0,00	0,00	0,00	0,00	0,00	0,00	0,00	0,00
622	y_o	2,40	3,75	4,50	5,45	6,15	6,60	7,30	7,70	8,00	7,80	7,10	6,15	5,00	3,55	1,95	1,15	0,20
	y_u	2,40	1,45	1,05	0,60	0,35	0,25	0,15	0,05	0,00	0,00	0,00	0,00	0,00	0,00	0,00	0,00	0,00
623	y_o	3,25	5,45	6,45	7,90	9,05	9,90	10,95	11,55	12,00	11,70	10,65	9,15	7,35	5,15	2,80	1,60	0,30
	y_u	3,25	1,95	1,50	0,90	0,35	0,20	0,10	0,05	0,00	0,00	0,00	0,00	0,00	0,00	0,00	0,00	0,00
624	y_o	4,00	7,15	8,50	10,40	11,75	12,85	14,35	15,30	16,00	15,40	14,05	12,00	9,50	6,60	3,55	2,00	0,50
	y_u	4,00	2,25	1,65	0,95	0,60	0,40	0,15	0,05	0,00	0,00	0,00	0,00	0,00	0,00	0,00	0,00	0,00
682	y_o	2,50	4,55	5,55	7,00	8,05	8,90	10,00	10,65	11,20	10,90	10,05	8,65	6,90	4,85	2,55	1,35	0,00
	y_u	2,50	1,05	0,60	0,25	0,10	0,00	0,05	0,20	0,55	0,75	0,80	0,85	0,75	0,60	0,35	0,15	0,00
NACA 23012	y_o	0,00	2,67	3,61	4,91	5,80	6,43	7,19	7,50	7,55	7,14	6,41	5,47	4,36	3,08	1,68	0,92	0,00
	y_u	0,00	−1,23	−1,71	−2,26	−2,61	−2,92	−3,50	−3,97	−4,46	−4,48	−4,17	−3,67	−3,00	−2,16	−1,23	−0,70	0,00
Munk 6	y_o	0.00	1,98	2,81	4,03	4,94	5,71	6,82	7,55	8,22	8,05	7,26	6,03	4,58	3,06	1,55	0,88	0,00
	y_u	0,00	−1,76	−2,20	−2,73	−3,03	−3,24	−3,47	−3,62	−3,70	−3,90	−3,94	−3,82	−3,48	−2,83	−1,77	−1,08	0,00

Diese Gleichungen geben die Möglichkeit, die Profile der betreffenden Gruppe durch Multiplikation ihrer in der Tabelle angegebenen Ordinaten mit einem beliebigen Zahlenfaktor zu verdicken oder zu verdünnen. Man ist also in der Lage, für den gleichen Propeller durchgängig oder fast durchgängig das gleiche Profil zu benutzen, indem dieses an der Nabe verdickt und an den Spitzen verdünnt wird (vgl. das Zahlenbeispiel Abschn. 69). Über ein Dickenverhältnis d/L bzw. y_{max}/L von 0,15 bis 0,20 hinauszugehen ist nicht zweckmäßig.

Die angegebenen Gleichungen zeigen, daß kleine Flächenbelastungen (die bei Wasserpumpen durch die Rücksicht auf Vermeidung der Kavitation, bei Luftpumpen durch die Rücksicht auf Schallgeschwindigkeitsnähe erwünscht sein können), also kleine Werte von ζ_a durch schwache Krümmung und durch geringe Dicke zu erreichen sind.

Bei der Auswahl der Profilgattung spielt die Festigkeit des Materials eine Rolle, insofern als man das gleiche ζ_a bei großer Festigkeit durch dünne Wandstärken y_{max} bzw. d erreichen und dadurch günstige Güteziffern erzielen kann. In diesem Fall kommen also die Gleichungen mit großem Beiwert von y_{max}/L in Frage, nämlich Gl. (14), (14a) oder (14b), während ein wenig widerstandsfähiger Baustoff, z. B. Gußeisen, zur Anwendung der Gl. (14d) oder (14e) nötigen kann, um die erforderlichen großen Widerstandsmomente der Flügelschnitte gegen Biegung zu erzielen, wobei dann eine geringe Verschlechterung des Wirkungsgrades in Kauf zu nehmen ist. Diese beiden Profile sind lediglich für diesen Zweck angeführt. Das Profil Munk 6 ist in Verbindung mit Wasserförderung trotz seines schlechteren Gleitverhältnisses zu empfehlen, weil es besonders kavitationsfest ist.

Kreissegmentprofile können bei Wasserpumpen wegen ihres an der Kavitationsgrenze günstigen Verhaltens[1] bisweilen Verwendung finden, obwohl sie stoßempfindlich sind, also ihre Polare nur in einem engen Bereich Vorteile bietet, wie die für die Profile 608, 609, 610 in Abb. 178 angegebenen Linien erkennen lassen.

Wahl beliebiger Profilformen. Nimmt man als Bezugsrichtung für die Anstellwinkel die Anblaserichtung des Auftriebes Null (Nullauftriebsrichtung) und bezeichnet die so erhaltenen Anstellwinkel mit δ_0, so beträgt die Auftriebszahl für dünne Profile jeder Form bei Reibungsfreiheit[2]

$$(\zeta_a)_{id} = 2\pi \sin \delta_0 .$$

Beschränkt man sich auf mäßige Anstellwinkel, so kann gesetzt werden $\sin\delta = \delta = (\pi/180)\,\delta^\circ$, womit

$$(\zeta_a)_{id} = \frac{2\pi^2}{180}\,\delta_0^\circ = 0{,}109\,\delta_0^\circ .$$

Mit wachsendem Dickenverhältnis d/L und wachsender Rücklage x_f/L der größten Pfeilhöhe f (Abb. 179a) nimmt die Steigung der ζ_a, δ_0-Linie ab.

[1] Schmieschalski, H.: Hydromechanische Probleme des Schiffsantriebs, Teil II (1940) S. 80/81. — H. Holl: Forsch. Ing.-Wes. 3 (1932) S. 109—120

[2] Durand, F. W.: Aerodynamic Theory Bd. II. Berlin: Springer 1935

Ebenso wird sie durch die Zähigkeit beeinträchtigt, weil das tangentiale Abströmen gemäß S. 46 verlorengeht. Nach einer großen Zahl von Versuchswerten kann gesetzt werden

$$\zeta_a = (0{,}092 \quad \text{bis} \quad 0{,}1)\,\delta_0^\circ, \tag{15}$$

entsprechend

$$\zeta_a/(\zeta_a)_{\text{id}} = 0{,}85 \text{ bis } 0{,}92 \equiv \eta,$$

wachsend mit Abnahme von d/L und f/L. Es ist also auch $\zeta_a = 2\pi\eta \sin\delta_0$. Hiernach ist der parallele Verlauf der ζ_a, δ-Linien in Abb. 178a erklärt.

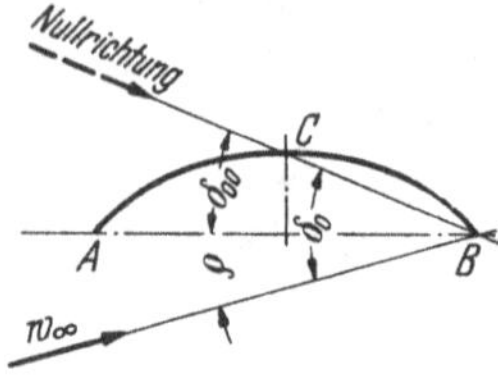

Abb. 179. Nullauftriebsrichtung am Kreisbogenprofil

Zwischen dem für eine beliebige Bezugsrichtung gemessenen Anstellwinkel δ und dem auf Nullauftriebsrichtung bezogenen Winkel δ_0 besteht nach Abb. 179a die Beziehung

$$\delta_0 - \delta = \delta_{00},$$

wenn δ_{00} den Winkel zwischen der auftriebslosen Anströmrichtung CB und der gewählten Bezugsrichtung BA bedeutet (und von dem Vorzeichenwechsel δ_0 abgesehen wird). Ist diese Nullrichtung δ_{00} bekannt, so ist der Auftrieb gegeben durch

$$\zeta_a = k(\delta^\circ + \delta_{00}^\circ) \tag{15a}$$

mit $k = 0{,}092$ bis $0{,}10$, steigend mit abnehmenden Werten von d/L und x_f/L, abnehmender Rauhigkeit der Oberfläche und zunehmender *Re*-Zahl. [Die Gl. (14) bis (14c), die den früheren Auflagen entnommen sind, lassen sich aus Gl. (15a) ableiten. Dabei ist offenbar der kleinere Faktor 0,092 eingesetzt, während in Gl. (14e) und (14f) noch über den oberen Wert hinausgegangen ist.]

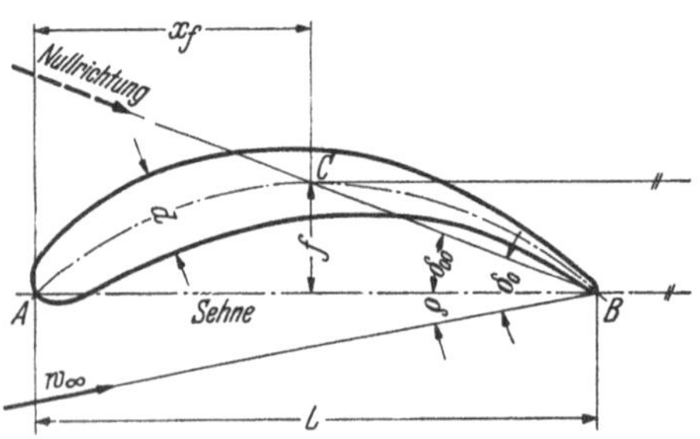

Abb. 179a. Nullauftriebsrichtung und Profilsehne am beliebigen Profil

Die Vielheit der Gl. (14) bis (14f) kann also auf eine einzige verringert und ebenso der Auftrieb für *jedes beliebige Profil* genügend genau angegeben werden, wenn die Nullrichtung bekannt ist. Insbesondere ist es dann auch möglich, die S. 295 als besonders günstig erkannten Laminarprofile in Verbindung mit einer passenden Skelettlinie zu verwenden.

Um letzteres zu erleichtern, wollen wir als Bezugsrichtung der Anstellwinkel δ nicht mehr die in Abb. 178b angegebenen verschiedenen Richtungen benutzen, sondern — wie es heute im In- und Ausland mehr und mehr geschieht — einheitlich die Verbindungslinie AB der Endpunkte der Skelettlinie, d. h. die sogenannte *Profilsehne* (Abb. 179a). Diese unterscheidet sich glücklicherweise von den in Abb. 178b angegebenen Bezugsrichtungen so wenig, daß Vertauschungen im Rahmen der erreichbaren Genauigkeit zulässig sind. Für einen großen Teil der Profile stimmt sie sogar vollkommen überein.

Die *Bestimmung der Nullrichtung* δ_{00} des Einzelprofils ist für die reibungsfreie Flüssigkeit exakt gelöst im Fall des unendlich dünnen Kreisbogenprofils (Abb. 179), wo die Verbindungsgerade zwischen dem höchsten Punkt C und dem Abströmpunkt B die auftriebsfreie Anströmrichtung angibt. Es scheint näherungsweise zulässig zu sein, diese Bestimmung auch auf das beliebig (z. B. als Parabel) geformte dünne Profil und sogar auf die Skelettlinie des dicken Profils zu übertragen, wobei dann C der Berührungspunkt der zur Profilsehne AB parallelen Tangente ist (Abb. 179a). Dabei bleiben aber offenbar der Zähigkeitseinfluß und der Dickeneinfluß unberücksichtigt. Diese lassen sich nur an Hand des Versuches ermitteln[1]. Aus zahlreichen Messungen an Profilen verschiedener Dicke und Wölbung im NACA-Report Nr. 824 läßt sich folgende empirische Beziehung ableiten:

$$\delta_{00}^{\circ} = \left[82 + \frac{1}{1 + 0{,}05\left(\frac{d}{L}100\right)}\left(\frac{x_f}{L}10\right)^2\right]\frac{f}{L}. \tag{15b}$$

Dabei bezeichnet

$(d/L)\,100$ die größte Dicke in Prozenten der Sehnenlänge L,

$(x_f/L)\,10$ den Abstand der Pfeilhöhe f der Skelettlinie von der Profilnase in Zehnteln der Sehnenlänge L (Wölbungsrücklage).

f/L das Verhältnis der Pfeilhöhe der Skelettlinie zur Sehnenlänge L.

Zu beachten ist, daß x_f/L nicht die S. 295 besprochene Dickenrücklage, sondern die *Wölbungsrücklage* ist, die beispielsweise bei Verwendung eines Kreisbogens als Skelettlinie stets gleich 0,5 ist, so daß $(x_f/L)\,10 = 5$. Andere Wölbungsrücklagen sind offenbar z. B. mittels einer Parabel als Skelettlinie zu erreichen.

Mittels Gl. (15b) ist der Auftrieb durch Gl. (15a) gegeben.

Die *Widerstandsziffern* ζ_w der mit beliebiger Skelettlinie und beliebiger Dickenverteilung benutzten Profile (ebenso wie die der vorher besprochenen durch Verdickung oder Verdünnung entstandenen Profile) sind zunächst nicht bekannt. Eine genaue Kenntnis ist bei Pumpen auch nicht erforderlich, deshalb genügt es, das zugehörige Gleitverhältnis ε aus nachstehender Faustregel zu bestimmen, die außerdem voraussetzt, daß das Profil in der Nähe seines günstigsten Auftriebswertes benutzt wird, so daß es sich um Kleinstwerte von ε handelt:

$$\varepsilon \equiv \operatorname{tg}\lambda = 0{,}012 + 0{,}02\frac{d}{L} + 0{,}08\frac{f}{L}. \tag{16}$$

Diese Formel[2] bestätigt, daß eine Verdickung des Profils ebenso wie eine Verstärkung der Krümmung größeren Widerstand ergibt und daß

---

[1] Vgl. auch K. Pantell: Wasserkr. u. Wasserwirtsch. 1933, S. 244, 1934, S. 252

[2] Andere Formeln mit wesentlich umständlicherer Auswertung finden sich bei F. W. Riegels, Aerodynamische Profile, München: R. Oldenbourg 1958, S. 106ff.

hierbei die Widerstandsziffer ζ_w rascher wächst als die Auftriebsziffer ζ_a.

Für die Profilgruppen α) bis δ) ist in Gl. (16) $d \approx y_{\max}$ und $f \approx (1/2)\, y_{\max}$ zu setzen, so daß dort als Bestwert gilt:

$$\varepsilon \equiv \operatorname{tg}\lambda = 0{,}012 + 0{,}06 \frac{y_{\max}}{L}. \tag{17}$$

Unterkritischer Bereich bei Tragflügeln. In einem Übergangsbereich zwischen $0{,}3 \cdot 10^5$ und 10^5 für $Re = w_\infty L/\nu$ sinkt bei Tragflügeln die Auftriebszahl ζ_a mit abnehmendem Re um so stärker, je größer das Dickenverhältnis des Profils ist, um dann wieder praktisch unverändert zu bleiben. Gleichzeitig steigt der Widerstand[1]. Hier sind also Blechschaufeln günstiger als Tragflügel. Bei Kreissegmenten liegen die kritischen Re-Werte höher als bei Tragflügeln, nämlich bei $3 \cdot 10^5$ statt 10^5; auch ist der Sprung größer. Der kritische Einfluß muß im Fall der Förderung zäher Flüssigkeiten, z. B. von Öl oder (bei kleinen Förderhöhen) auch von Luft Berücksichtigung finden.

Für die oben erwähnten Profilgruppen α) bis γ) läßt sich nach den Messungen von GUTSCHE angenähert schreiben:

$$\zeta_a = \left(4{,}3 - 17{,}2 \frac{y_{\max}}{L}\right) \frac{y_{\max}}{L} + 0{,}096\,\delta^\circ. \tag{18}$$

Der Vergleich mit den für das überkritische Gebiet geltenden Gl. (14) bis (14f) zeigt, daß die Verschlechterung, wie zu erwarten, mit wachsendem $y_{\max}/L$ wächst. Für ζ_w ist ein Mehrfaches der für den überkritischen Bereich angegebenen Werte zu nehmen.

b) Die Reihe von Flügeln (Flügelgitter). Der Schnitt der zylindrischen Flußfläche mit dem Axialrad gibt bei der Abwicklung in die Ebene eine geradlinige Reihe von Flügelschnitten, die mit den Geschwindigkeiten w_0 und w_3 vor bzw. hinter dem Gitter durchströmt wird (Abb. 33). Bei der Bestimmung der Kräftewirkung auf ein solches Gitter in der reibungsfreien Strömung können nach Abschn. 10 die für den einzelnen Flügel gültigen Gleichungen verwendet werden, wenn für w_∞ der Mittelwert CD von w_0 und w_3 (Abb. 34 und 180) eingesetzt wird, wobei zu beachten ist, daß die Reibung unberücksichtigt geblieben ist und die Dichte sich nicht stark ändern darf.

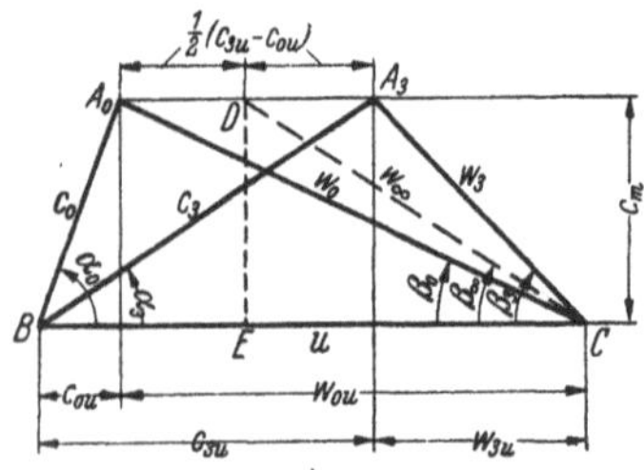

Abb. 180. Geschwindigkeitsdreieck für die Strömung vor und hinter dem Flügelgitter

Außerdem ist aber durch die gegenseitige Nachbarschaft der Profile eine Änderung der Zirkulation, also von ζ_a, gegenüber den am Einzelflügel ermittelten Werten zu erwarten. Das Profil liegt jetzt nicht mehr in der Parallelströmung, sondern in der durch die Nachbarflügel abgelenkten Strömung. Für die reibungsfreie Strömung ist die Lösung

---

[1] GUTSCHE, F.: Jb. schiffbautechn. Ges. 37 (1936) S. 290

dieser Aufgabe in einer Reihe von Fällen gelungen. So hat WEINIG[1] für die Reihe von ebenen und unendlich dünnen Platten (Abb. 181), die unter dem Winkel β gegen die Gitterachse geneigt sind, die in Abb. 181a dargestellte Abhängigkeit des Verhältnisses $K = \zeta_a/\zeta_{a1}$, d. h. der Auftriebswerte der im Gitter und der einzeln angeströmten Platte gefunden. Der Anstellwinkel ist hierauf ohne Einfluß, weil die ζ_a, δ-Linie auch im Gitterverband eine Gerade ist. In Abb. 181a ist bemerkenswert, daß für $\beta < 45°$ die Zahl $K > 1$ wird, also die gegenseitige Nachbarschaft der Schaufeln keine Beeinträchtigung, sondern eine Vergrößerung des Auftriebes nach sich zieht. Bei der Übertragung dieser Rechenergebnisse WEINIGS auf die Beschaufelung des Axialrades ist folgendes zu beachten:

Die von WEINIG zugrunde gelegten Streckenprofile behalten im Gitterverband ihre Nullauftriebsrichtung bei. Dagegen verändern die gebräuchlichen Schaufelprofile im Gitterverband ihre Nullauftriebsrichtung in dem Sinne, daß der Nullauftriebswinkel δ_{00} in der verzögerten Strömung (Pumpen) verkleinert und in der beschleunigten Strömung (Turbinen) vergrößert wird[2]. Weil also die ζ_a, δ-Linien (Abb. 178a) ihren Schnittpunkt mit der Abszissenachse verschieben, so ergibt sich, daß die aus Abb. 181a entnommene Zahl K bei der Übertragung auf das Schaufelgitter nicht als das Verhältnis der Auftriebsziffer selbst, sondern ihrer Ableitungen nach δ oder als das Verhältnis der Neigung der ζ_a, δ-Linien gegen die δ-Achse [d.h. als das Verhältnis der Beiwerte von δ_0 in Gl. (15)] aufgefaßt werden muß. In Abb. 181b stellt $\Delta\delta_0$ die ein-

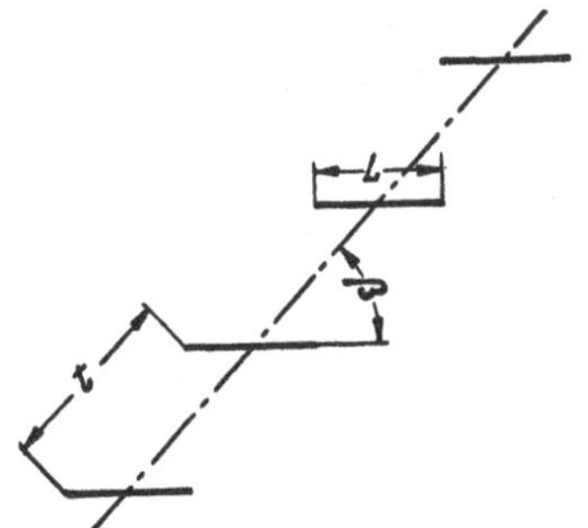

Abb. 181. Flügelgitter zu Abb. 181a

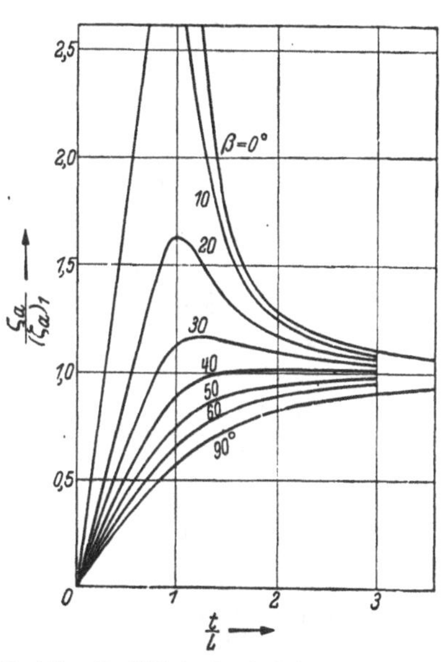

Abb. 181a. Verhältnis der Auftriebswerte in der idealen Flüssigkeit beim Gitter nach Abb. 181 und der einzelnen Platte (F. WEINIG)

[1] WEINIG, F.: Die Strömung um die Schaufeln von Turbomaschinen, Leipzig: J. A. Barth (1935), Abb. 81, S. 100

[2] Vgl. auch H. SCHLICHTING: VDI-Forsch.-Heft 447; ferner insbesondere G. N. ABRAMOWITSCH: Angewandte Gasdynamik S. 438, Berlin: VEB-Verlag Technik 1958. — S. P. HUTTON: Proc. Instn. mech. Engrs., Lond. 170 (1956) Nr. 25, S. 870ff.

getretene Verschiebung der Nullauftriebsrichtung δ_{00} dar (wobei nur der gerade und durch Strichelung verlängerte Teil der ζ_a, δ-Linie berücksichtigt ist). Abb. 181c veranschaulicht die Lage der Nullrichtung am Gitter.

Die Beiwerte $d\zeta_a/(d\zeta_a)_1 \equiv K$ scheinen sich tatsächlich auch im umlaufendem Pumpengitter infolge der S. 282 behandelten günstigen Grenzschichtverhältnisse in dem aus Abb. 181a ersichtlichen Sinn zu ändern[1]. Abb. 181d zeigt in gleicher Parameterdarstellung wie Abb. 181a den auf dem Versuchsweg erhaltenen *angenäherten* Verlauf der K-Linien, der an Axialpumpen mit Nabenverhältnis $r_i/r_a = 0{,}75$ unter Zugrundelegung des am mittleren Halbmesser gelegenen Profils von Kl. Saalfeld ermittelt worden ist[2]. Hierbei sind die ζ_{a1}-Werte aus Gl. (15a)

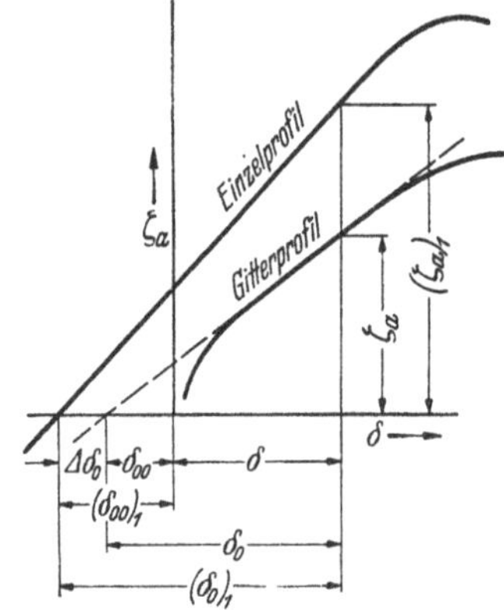

Abb. 181b. ζ_a Linien am Einzel- und Gitterprofil

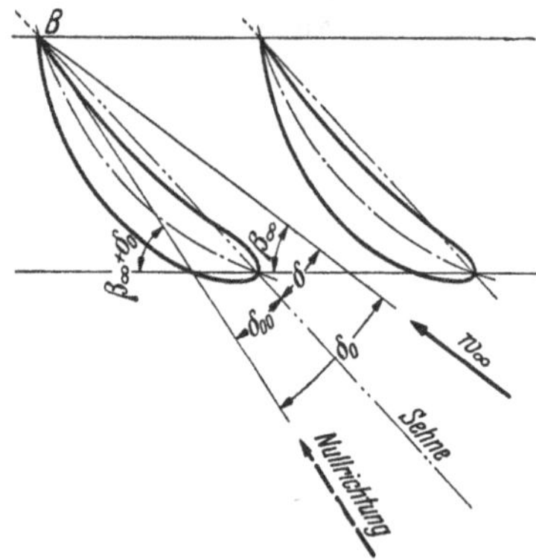

Abb. 181c. Nullrichtung am Gitterprofil

mit $k = 0{,}092$ errechnet. An den zum Vergleich (in gestrichelten Linien) eingetragenen theoretischen Kurven der Abb. 181d (d. h. für Streckenprofile) sieht man, daß eine qualitative Ähnlichkeit beider Kurvenscharen besteht. Bei engen Teilungen laufen die gemessenen Werte mit den theoretischen zusammen. Bei weiten Teilungen treten aber größere prozentuale Abweichungen auf. Die Maxima sind zu größeren Teilungen verschoben und teils größer, teils kleiner. Der angegebene Gitterwinkel $\beta_{\infty\,0}$ bezieht sich nach wie vor auf die Nullrichtung. Es ist also $\beta_{\infty\,0} = \beta_\infty + \delta_0$ und im Einklang mit Gl. (15) $\zeta_a = (0{,}092$ bis $0{,}1)\,K\,\delta_0^\circ$.

Die Benutzung dieser Darstellung hat jedoch nur in dem Bereich *der* Anstellwinkel Berechtigung, wo die ζ_a, δ-Linie auch beim Gitter geradlinig oder mindestens flach verläuft. Da beim umlaufenden Verzögerungsgitter der Bereich dieses linearen Auftriebsverlaufes nach

[1] Shimoyama Yoshinori: Experiments on rows of aerofoils for retarded flow; Mem. Fac. Engng. Kyushu VIII (1938). — H. Muray: Theory on the mutual interference of blade elements in a cascade; The science rep. of the research inst. Tôhoku Univ. series B 4 (1954) S. 1—10

[2] Diss. Techn. Hochschule Braunschweig 1954

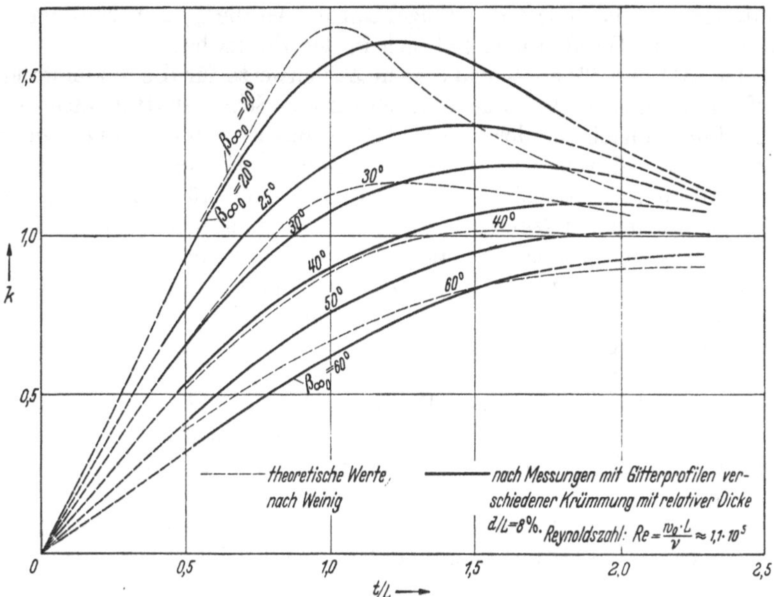

Abb. 181 d. Empirisch ermittelter Verlauf des Steigungsverhältnisses $K = d\zeta_a/(d\zeta_a)_1$ des Gitterprofils zum Einzelprofil (nach SAALFELD)

MUESMAN (S. 324) nicht kleiner ist als beim Einzelprofil, so ist der maximale Auftriebswert gültig. Beim ruhenden Gitter (Leitrad) dürften kleinere Werte zutreffen (S. 282).

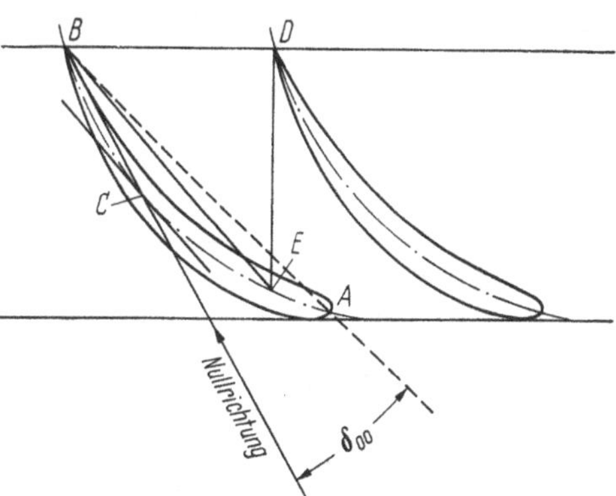

Abb. 181 e. Näherungsweise Bestimmung der auftriebslosen Anströmrichtung der Gitterschaufel[1]

Die allgemeine Verwendbarkeit der K-Kurven der Abb. 181 d bedarf der Nachprüfung. Sie verlangt außerdem die Kenntnis der Nullauftriebsrichtung δ_{00} des Gitters. Letztere kann angenähert in der aus Abb. 181 e ersichtlichen Weise bestimmt werden, die sich an Abb. 179 a anlehnt, aber nur den Teil BE der Skelettlinie benutzt, der nicht von der Nachbarschaufel überdeckt wird[1]. Genauere und genügend einfache Verfahren sind heute noch nicht zugänglich gemacht[2]. Weil andererseits die benutzte Auffassung der Schaufel als Tragflügel nur für weite Auseinanderstellung der Schaufeln, nämlich $t/L > 1{,}3$ angewandt werden soll, wollen wir uns im folgenden wie bisher helfen, indem wir den Ein-

[1] Nach J. H. HORLOCK: Axial flow compressors, London 1958. Butterworth, S.44

[2] Vgl. J. RAABE: Der Maschinenmarkt 65 (1959) Nr. 3

fluß der Nachbarschaft der Flügel auf die Größe ζ_a unberücksichtigt lassen. Diese Handhabung hat sich in der Praxis bewährt.

Gl. (31) und (31a), S. 343, geben Zahlenwerte für die Widerstandsziffer ε des ganzen Axialrades. Auch für das Schaufelgitter lassen sich Polarkurven nach Art der in Abb. 178 für das Einzelprofil angegebenen Profilpolaren durch den Versuch bestimmen. H. SCHLICHTING ist es mit Hilfe der Grenzschichttheorie gelungen, diese für den praktischen Gebrauch bequemen *Gitterpolaren* rechnerisch zu ermitteln und dadurch Richtlinien für optimale Schaufelgitter aufzuzeigen[1].

Es ist im Auge zu behalten, daß die Behandlung der Gitterschaufeln als Tragflügel nur im Bereich großer t/L und kleiner $\Theta = \beta_3 - \beta_0$ Vorteile vor der eindimensionalen Betrachtung des Abschn. 66 bietet. Dies ersieht man am besten am Extremfall der Gleichdruckschaufel, d. h. der Hakenschaufel nach Fall I der Abb. 165. Dort ist, wie man sieht, $w_\infty = c_m$ also sehr klein. Deshalb errechnen sich aus Versuchswerten Auftriebsziffern von 4 und mehr, die beim Einzelprofil undenkbar sind.

c) Anwendung auf das Axialrad. Die von der Strömung auf die einzelne Schaufel des Gitters ausgeübte Kraft ist die Resultierende P aus A und W (Abb. 182). A und P schließen den Winkel $\lambda = \operatorname{arctg} \varepsilon$ ein.

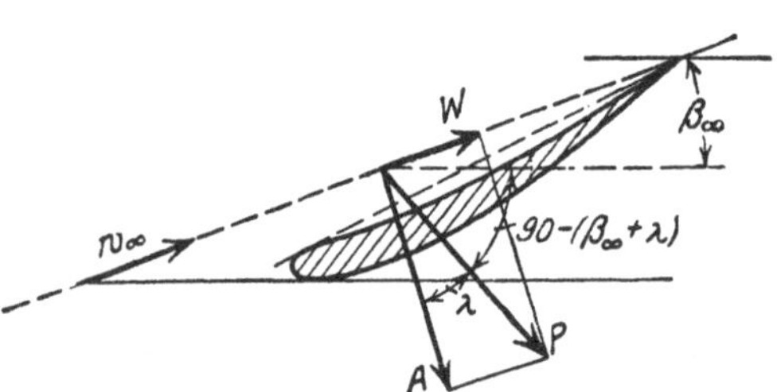

Abb. 182. Kräftewirkung am Gitterprofil

Diese Kräfte gelten für die Profilbreite b. Wegen ihrer Veränderlichkeit müssen sie aber auf eine unendlich kleine Teilstrecke dr des Halbmessers r bezogen werden. Wir fassen nun den Kreisring vom Halbmesser r und Breite dr ins Auge. Durch diesen fließt der Förderstrom dV. Die darauf entfallende Leistung der Schaufelkräfte in mkp/s ist also einerseits $\gamma \, dV H_{\text{th}}$, andererseits, weil die treibende Kraft die in die Umfangsrichtung fallende Komponente von $zP\,dr/b$, also

$$zP(dr/b)\cos[90° - (\beta_\infty + \lambda)] = zP(dr/b)\cdot\sin(\beta_\infty + \lambda)$$

hat, $zP(dr/b)\sin(\beta_\infty + \lambda)\,u$.

Aus der Gleichheit dieser beiden Ausdrücke folgt, wenn zugleich folgende Beziehungen berücksichtigt werden:

$$P = \frac{A}{\cos\lambda} = \zeta_a \frac{\gamma}{g} \frac{w_\infty^2}{2} \frac{L\cdot b}{\cos\lambda}, \tag{19}$$

(wo $\cos\lambda = 1$ gesetzt werden kann)

$$dV = 2r\pi\,dr\,c_m, \qquad \frac{2r\pi}{z} = t$$

[1] Siemens-Z. 33 (1959) Heft 7, S. 429—438, insbes. Bild 7

nach kurzer Umformung

$$H_{\text{th}} = \frac{\zeta_a}{2g} \frac{L}{t} \frac{u}{c_m} w_\infty^2 \sin(\beta_\infty + \lambda). \tag{20}$$

Das positive Vorzeichen vor λ weist darauf hin, daß die Reibung zur Erhöhung der Nutzarbeit beiträgt. Wenn die bei der Schaufelberechnung unbekannten Größen auf die linke Seite gesetzt werden, so wird

$$\zeta_a \frac{L}{t} = \frac{2g H_{\text{th}} c_m}{w_\infty^2 u \sin(\beta_\infty + \lambda)}. \tag{21}$$

Mit $g H_{\text{th}} = u \Delta c_u$, $c_m/w_\infty = \sin\beta_\infty$ folgt auch

$$\zeta_a \frac{L}{t} = 2 \frac{\Delta c_u}{w_\infty} \frac{\sin\beta_\infty}{\sin(\beta_\infty + \lambda)}. \tag{21a}$$

Die Meridiangeschwindigkeit c_m ist wieder am Ein- und Austritt gleich groß angenommen und bezieht sich auf die Strömung außerhalb der Schaufel, da sie den Einfluß der Schaufelverengung nicht enthält. Die spezifische Schaufelarbeit findet sich mit $H_{\text{th}} = H/\eta_h$, wobei $\eta_h = 0{,}85$ bis $0{,}93$. w_∞ und β_∞ ergeben sich mit Bezug auf Abb. 180 in folgender Weise:

$$w_\infty^2 = \overline{DE}^2 + (\overline{BC} - \overline{BE})^2 = c_m^2 + \left(u - \frac{c_{3u} + c_{0u}}{2}\right)^2, \tag{22}$$

$$\operatorname{tg}\beta_\infty = \frac{c_m}{u - \dfrac{c_{3u} + c_{0u}}{2}}, \tag{22a}$$

wobei c_{0u} durch die Zuströmbedingungen zum Laufrad und c_{3u} aus der Hauptgleichung, also Gl. (1), S. 283, gegeben ist. Im Falle der Anordnung Laufrad—Leitrad ist bei einstufigen Rädern in der Regel $\alpha_0 = 90°$, also $c_{0u} = 0$.

Da der Gleitwinkel λ sehr klein ist, wird er vielfach gegen β_∞ vernachlässigt. Mit $\lambda = 0$ ergibt sich, weil $c_m/\sin\beta_\infty = w_\infty$, statt Gl. (20) bis (21a)

$$H_{\text{th}} = \frac{\zeta_a}{2g} \frac{L}{t} u w_\infty = \frac{\zeta_a}{2g} \frac{L z n}{60} w_\infty. \tag{23}$$

$$\zeta_a \frac{L}{t} = \frac{2g H_{\text{th}}}{u w_\infty} = 2 \frac{\Delta c_u}{w_\infty} \tag{23a}$$

in Übereinstimmung mit Gl. (9), S. 290.

Die in diesen Gleichungen enthaltene Vernachlässigung des Beitrages der Reibung zur Nutzleistung wird neuerdings vielfach als notwendiger Ausgleich gegen andere Unsicherheiten der Rechnung betrachtet.

Je größer $u = r\omega$, um so größer wird nach Gl. (22) auch w_∞, um so kleiner wird also der Wert $\zeta_a L/t$. Daraus folgt:

Schnelläufer haben entweder ein kleines ζ_a, also dünne und flache Profile oder ein kleines L/t, also wenige und schmale Flügel. Meist treffen beide Gesichtspunkte zu, weil man einerseits aus Festigkeitsgründen mit der Schaufeldicke nicht beliebig weit heruntergehen kann und andererseits Kavitations- bzw. Schallgeschwindigkeitsrücksichten für eine kleine Flächenbelastung sprechen. Umgekehrt haben die langsamlaufenden Räder (wie wir sie im Abschn. 66 behandelt haben) eng gestellte Schaufeln mit ausgesprochener Krümmung und müssen deshalb nach den früheren Angaben berechnet werden.

Ist aus Gl. (21) bzw. (23a) $\zeta_a L/t$ bestimmt, so kann t/L gewählt und das zu dem damit erhaltenen ζ_a passende Profil als Tragflügelprofil oder Kreissegment ausgewählt werden, wie unter a) gezeigt wurde. Dabei ist auf eine günstige Gleitzahl zu achten. Ferner muß auf Kavitation bzw. Schallgeschwindigkeitsnähe gemäß dem folgenden Unterabschnitt *d* Rücksicht genommen werden.

Der kleinstzulässige Nabendurchmesser ist in Abschn. 60 festgelegt worden. Bei den vorliegenden schnelläufigen Rädern würde dieser Grenzwert unausführbar kleine Nabendurchmesser ergeben, abgesehen davon, daß die zugehörigen hochbelasteten Schaufelprofile an der Nabe nach den Angaben des Abschnittes 66 berechnet werden müßten. Deshalb empfiehlt es sich, auf Kleinheit des Nabendurchmessers kein allzu hohes Gewicht zu legen.

Es ist zweckmäßig, die Schaufellänge L von der Nabe nach der Flügelspitze wachsen zu lassen, sofern dies die Beanspruchung des Flügels am Fuß durch Fliehkräfte gestattet. Nach Abschn. 86 drängt sich nämlich die Strömung bei Teillast an der Flügelspitze zusammen. Dadurch ist zu erwarten, daß eine genügend lange Führung durch die Schaufel an dieser Stelle das Eintreten des Abreißens verzögert.

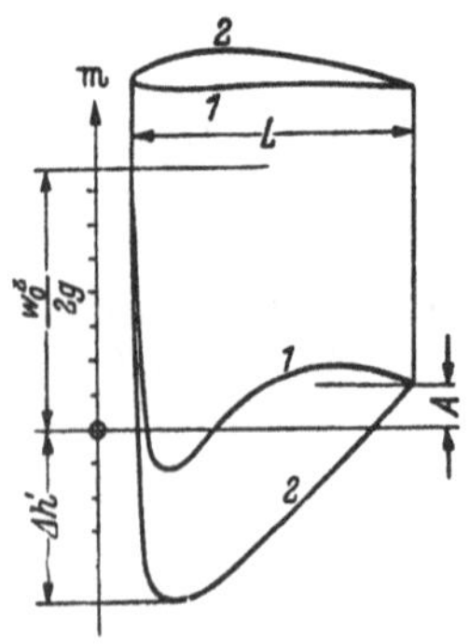

Abb. 182a. Druckverlauf um ein Schaufelprofil im Pumpengitter

d) Kavitation und Überschall. Die Saugfähigkeit kann nach Abschnitt 38, die Überschallgrenze nach Abschn. 43 nachgeprüft werden. Diese Frage muß hier jedoch für die einzelnen Flügelschnitte beantwortet werden weil es bei der vorliegenden Radform denkbar ist, daß die gefährdete Stelle nicht an der Flügelspitze, sondern an einem beliebigen Radius liegt. Deshalb ist folgende zusätzliche Untersuchung zweckmäßig[1].

Betrachtet man den Druckverlauf um ein Profil (Abb. 182a), so findet man, daß der Auftrieb wesentlich durch den Unterdruck auf der Rückseite bedingt ist. Faßt man nun die Druckfläche als ein Dreieck auf mit der Grundlinie L und einer Höhe gleich dem $1/\alpha$-fachen des Unterdruckes $\Delta h'$, nämlich gleich $\Delta h'/\alpha$, so läßt sich letzterer aus der bekannten Auftriebszahl ζ_a ausrechnen.

[1] Vgl. auch die in Fußnote S. 179 angegebenen Arbeiten von F. NUMACHI ferner S. ABE, Rep. Inst. High Speed Mech. Japan 9 (1958) S. 1—20 u. 105—134

Der Inhalt der ganzen Druckfläche beträgt nämlich einerseits $\frac{\gamma}{2}(\Delta h'/\alpha)\,L$, andererseits, weil die Flügelbreite $b = 1$, nach Gl. (10)

$$A = \zeta_a \gamma \frac{w_\infty^2}{2g} L. \tag{23b}$$

Die Gleichsetzung liefert

$$\Delta h' = \alpha \zeta_a \frac{w_\infty^2}{g} \approx 0{,}1 \alpha \zeta_a w_\infty^2. \tag{24}$$

Ist noch eine saugseitige Umfangskomponente c_{0u} vorhanden, so ist die gesamte Drucksenkung vergrößert auf

$$\Delta h = \Delta h' + \frac{c_{0u}^2}{2g}. \tag{25}$$

Bei *Gasströmung* benutzt man den gleichen Gedankengang zur Bestimmung der *Schallgeschwindigkeitsnähe* mittels einer *Ma*-Zahl $w_{\max}/a$, wobei $w_{\max}$ bestimmt wird aus

$$w_{\max}^2 = w_0^2 + 2g\Delta h' = w_0^2 + 2\alpha \zeta_a w_\infty^2. \tag{25a}$$

Die sich daraus ergebende *Ma*-Zahl soll wieder nur zum Vergleich der einzelnen Flügelschnitte dienen.

Der Beiwert α kann bei Pumpen im Bereich besten Gleitverhältnisses (stoßfreien Eintrittes) zu $\alpha \approx 0{,}7$ gewählt werden[1], wie durch amerikanische Versuche bestätigt wird[2]. (Bei der Turbine muß nach den Überlegungen des Abschn. 39 weniger als der halbe Wert erwartet werden.) Für Punkte der Polaren, die in größerem Abstand vom Bestpunkt liegen, muß α größer genommen werden. Ferner vergrößert sich α, wenn die Stelle größter Dicke näher an die Vorderkante rückt (Abb. 169)[3]. Am günstigsten sind deshalb die S. 295 behandelten Laminarprofile, bei welchen die dickste Stelle sich nahe der Profilmitte befindet und wobei der Dickenverlauf mit einer passenden Skelettlinie kombiniert wird. Die ζ_a-Werte können dann nach Gl. (15a), (15b) oder — sofern hierbei die Berechnung der Schaufel nach der Minderleistungsmethode, Abschn. 66, erfolgt — nach Gl. (23a) ermittelt werden. Da neben α als gleichwertiger Faktor die Auftriebszahl ζ_a erscheint, so wächst die Gefahr der Kavitation und des Überschalles mit dem Dickenverhältnis d/L und Wölbungsverhältnis f/L (Abb. 179a).

Gl. 24) gibt mit $\zeta_a = 0$ den Wert $\Delta h' = 0$. Dies trifft nur für die gerade, unendlich dünne Platte zu, aber nicht für die profilierte Schaufel mit gerader Mittellinie oder die gekrümmte Schaufel, weil hier der Schaufeldruck sich aus positiven und negativen Bestandteilen zusammensetzt. Wegen dieser Vernachlässigung bei verschwindendem Auftrieb macht KL. SAALFELD in seiner S. 334

[1] Wenn man versucht, aus Gl. (24) oder (25a) die λ-Werte der früheren Gleichungen (7), S. 187, oder (31), S. 206, mittels der angegebenen α-Werte zu ermitteln, so findet man wesentlich größere Zahlen λ, als früher mitgeteilt wurde. Dies erklärt sich leicht daraus, daß dort der für den Konstrukteur maßgebende Beginn des Abfalls des Wirkungsgrades, der erst bei erheblicher Ausdehnung des Ablösungsgebietes bzw. des Überschalls merkbar wird, ins Auge gefaßt war

[2] DAILY, JAMES W.: Cavitation Characteristics usw. Amer. Soc. mech. Engrs. Hydraulic Division Paper Nr. 48 — SA — 30. Juli 1948

[3] Vgl. auch S. P. HUTTON: Proc. Instn. mech. Engrs., Lond. 163 (1950) S. 81—97

erwähnten Arbeit den Vorschlag, in Gl. (24) $\alpha\,\zeta_a$ zu ersetzen durch $0{,}075 + 0{,}35\,\zeta_a$, wobei dann offenbar mit $\zeta_a = 0$ ein endlicher Wert für $\Delta h'$ verbleibt.

Auch der Verlauf der Saugkante hat Einfluß. Wird diese — nach dem Vorschlag von BUSEMANN — schräg zur relativen Anströmrichtung, d. h. unter einem Winkel $\varphi \neq 90°$ zur Flußfläche (die ja die Form eines koaxialen Kreiszylinders hat) gelegt, so verkleinert sich die Normalkomponente zur Schaufelkante von w auf $w \sin\varphi$ und damit die Gefährdung gegen Kavitation oder Überschall im Verhältnis $\sin^2\varphi : 1$. Zwar erreicht man in Wirklichkeit diese Besserung nicht ganz (weil das Dickenverhältnis senkrecht zur Flügelkante größer ist als in Strömungsrichtung). Der in Abb. 182b wiedergegebene Vergleich der Wirkungsgrade an 2 Propellern, von denen der zweite an der Flügelspitze eine mit etwa 45° zurückgebogene Eintrittskante

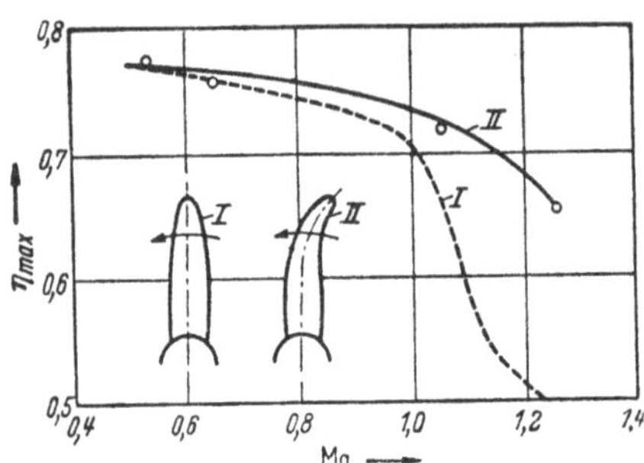

Abb. 182b. Einfluß der Zurückbiegung der Eintrittskante auf den Wirkungsgrad einer Luftschraube (Aerodynamische Versuchsanstalt Göttingen)

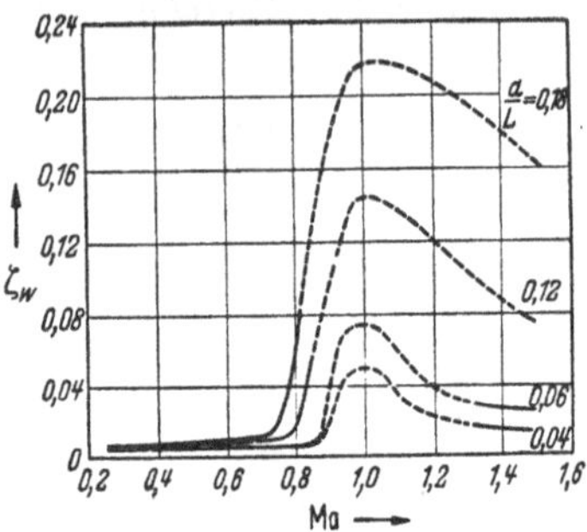

Abb. 182c. Einfluß des Dickenverhältnisses d/L eines Profils auf den Widerstand ζ_w im Bereich der Schallgeschwindigkeit (Deutsche Versuchsanstalt für Luftfahrt). Der Teil zwischen $Ma = 0{,}85$ und 1,25 ist geschätzt

besitzt, zeigt aber, daß bei *Ma*-Zahlen, bezogen auf die Flügelspitze bei und über 1, recht beachtliche Verbesserungen erzielt werden. Bei Durchführung dieser Maßnahmen sind die aus der gewöhnlichen Rechnung sich ergebenden Profile um die Wellenachse gegenseitig entsprechend zu drehen, also die Saugkante aus der Axialebene herauszulegen. Allerdings ist die durch eine solche Schräglage der Kante bedingte Störung des Gleichgewichtes der Strömung (welche die Entstehung von Radialkomponenten zur Folge hat) ebenso das Auftreten von biegenden Momenten in der Schaufel durch Fliehkräfte zu beachten.

Der Gedanke ist auch auf Radialräder mit doppelt gekrümmten Schaufeln übertragbar, wenn die Eintrittskante — wie bereits S. 263 erwähnt wurde — nicht in eine Axialebene gelegt wird.

Handelt es sich um *Ma*-Zahlen $Ma = w_\infty/a$ über 1, so ist einerseits zu beachten, daß bei $Ma \approx 1$ der Widerstand des Einzelflügels so stark anwächst, daß dieser Bereich praktisch ausscheiden muß. Bei höheren *Ma*-Zahlen fällt der Widerstand wieder stark ab, und zwar um so stärker[1], je kleiner das Dickenverhältnis d/L (Abb. 182c). Gelingt

[1] Nach Angabe der Deutschen Versuchsanstalt für Luftfahrt (Dr. QUICK)

es also, sich auf dünne Profile zu beschränken, so sollte ein Luftpropeller, bei dem in allen Flügelschnitten $Ma \geqq 1{,}3$ ist, mit annehmbarem Wirkungsgrad gebaut werden können[1]. Diesbezügliche neue umfassende Versuche sind aber gescheitert[2].

e) Berücksichtigung der Kompressibilität. Im Fall merklicher Dichteänderung bleibt die Durchströmgeschwindigkeit c_m durch den Propeller nicht konstant. Damit sind die Voraussetzungen für die Berechnung von w_∞ als Mittelwert von w_0 und w_3 nicht mehr genau zutreffend. Der Unterschied ist aber gering. Deshalb ist es zulässig und üblich, den dargelegten Rechnungsgang auch bei hohen Ma-Zahlen beizubehalten.

Die durch Dichteänderung bedingte Vergrößerung der Auftriebsziffer berücksichtigt man am besten nach der PRANDTLschen Regel, indem für jeden Flügelschnitt die Profilordinaten einschl. Anstellwinkel mit $\sqrt{1 - Ma^2}$, wo $Ma = w_\infty/a$, vervielfacht werden (Abschn. 14c). Die dadurch bedingte Profilverschmälerung wirkt sich auch wegen der Hand in Hand gehenden Herabsetzung von $w_{\max}$ (d.h. der Annäherung an das Schnellflugprofil) günstig aus. Bei den dicken Profilen in Nabennähe, für welche praktisch brauchbare Umrechnungsregeln noch nicht bekannt sind, ist glücklicherweise Ma meist klein, so daß die Umrechnung nicht wichtig ist. Zu beachten ist aber, daß sich dabei die Schaufelteilung und der Neigungswinkel, d. h. β_∞ vergrößern[3].

f) Wirkungsgrad des Axialrades. Ist Z_u der Druckhöhenverlust des Laufrades für den betrachteten Zylinderschnitt in Meter Flüssigkeitssäule, so ist der Wirkungsgrad (ohne Spaltverlust und Reibung an seitlichen Wandflächen), d. h. der *Profilwirkungsgrad*

$$\eta_u = \frac{H_{\text{th}} - Z_u}{H_{\text{th}}} = 1 - \frac{Z_u}{H_{\text{th}}} \tag{26}$$

für Pumpen. Im folgenden bezieht sich das Fußzeichen u auf das Laufrad, das Fußzeichen d (Diffusor) auf das Leitrad. Da von der Reibung an der Nabe und der äußeren Gehäusewand abgesehen wird, so ist Z_u lediglich bedingt durch den Widerstand W im Gitter. Bezieht man letzteren auf die Breite $b = 1$, so ist, weil die mittlere Querschnittsbreite des Laufkanals im Zylinderschnitt gleich $t \sin\beta_\infty$, also der Querschnitt selbst ebenfalls $t \sin\beta_\infty$

$$Z_u = \frac{W/\gamma}{t \sin\beta_\infty} = \frac{A \operatorname{tg}\lambda}{\gamma\, t \sin\beta_\infty} \tag{26a}$$

oder, wenn für A der Wert aus Gl. (23b) eingesetzt wird,

$$Z_u = \frac{\zeta_a}{2g} \frac{L}{t} w_\infty^2 \frac{\operatorname{tg}\lambda}{\sin\beta_\infty}. \tag{26b}$$

[1] Vgl. A. KANTROWITZ: NACA Report 974 (1950). — SCHNELL: MTZ 1955, 1956

[2] WILCOX, W. W., E. R. TYSL u. M. J. HARTMANN: Tians of the Amer. Soc. mech. Engrs. Series D 81 (1959) Nr. 4, S. 559—568

[3] Vgl. N. SCHOLZ: Z. Flugwissensch. 5 (1957) S. 265—69. — W. TRAUPEL: Mitt. Inst. Therm. Strömungsmasch. Nr. 3. — K. OSWATITSCH: DVL-Bericht Nr. 28 (1957) Westdtsch. Verl. Köln und Aachen.

Setzt man diesen Wert, ebenso für H_{th} den Wert der Gl. (20) in Gl. (26) ein, so erhält man, wenn gleichzeitig $c_m = w_\infty \sin\beta_\infty$ gesetzt wird

$$\eta_u = 1 - \frac{\operatorname{tg}\lambda}{\sin(\beta_\infty + \lambda)} \frac{w_\infty}{u} \tag{27}$$

oder, sofern der Gleitwinkel λ gegenüber β_∞ klein ist, mit $\operatorname{tg}\lambda = \varepsilon$

$$\eta_u = 1 - \frac{\varepsilon}{\sin\beta_\infty} \frac{w_\infty}{u} \tag{28}$$

oder mit $\sin\beta_\infty = c_m/w_\infty$ und $u = r\,\omega$

$$\eta_u = 1 - \frac{\varepsilon}{\omega} \frac{w_\infty^2}{r\,c_m}. \tag{28a[1]}$$

Der *Gesamtwirkungsgrad der Beschaufelung* η_s enthält aber auch den Leitradverlust, und dieser beträgt bei Annahme rein axialer Abströmung und Einführung einer Verlustziffer ζ_d im Fall senkrechten Zuströmens zum Laufrad

$$Z_d = \zeta_d \frac{c_3^2 - c_m^2}{2g} = \zeta_d \frac{c_{3u}^2}{2g}, \tag{29}$$

wo ζ_d entsprechend den Angaben in Abschn. 13b gewählt werden kann.

Da $c_{3u} = gH_{\text{th}}/r\,\omega + c_{0u}$ von innen nach außen abnimmt, so ändern sich also die Leitradverluste entgegengesetzt wie die Laufradverluste, und es ist möglich, daß der Wirkungsgrad der gesamten Beschaufelung über die radiale Erstreckung der Schaufel annähernd gleichbleibt. Dieser beträgt

$$\eta_s = 1 - \frac{Z_u + Z_d}{H_{\text{th}}} = \eta_u - \frac{Z_d}{H_{\text{th}}}. \tag{29a}$$

η_s ist größer als η_h, weil die Reibung an der Nabe, der äußeren Gehäusewand, im Saug- und Druckstutzen sowie der Spaltverlust, soweit er sich als Druckhöhenverlust äußert, nicht darin enthalten sind.

Für den bei mehrstufigen Verdichtern häufigen Fall der *Reaktion von 50%* (Abb. 165 u. 172) ist $w_\infty = (u/2)/\cos\beta_\infty$ und also nach Gl. (28)

$$\eta_u = 1 - \frac{\varepsilon}{\sin 2\beta_\infty}. \tag{30}$$

Da hier die Profile von Lauf- und Leitrad, also auch ihre Verluste übereinstimmen, falls von den günstigeren Grenzschichtverhältnissen des umlaufenden

---

[1] Der im Schrifttum für Pumpen oder Gebläse bisweilen zu findende Wert

$$\eta_u = \frac{1 - \operatorname{tg}\lambda \cdot \operatorname{tg}\beta_\infty}{1 + \operatorname{tg}\lambda/\operatorname{tg}\beta_\infty} \tag{28b}$$

stellt das Verhältnis der Schubarbeit zur zugeführten Arbeit dar in Anlehnung an die beim Schiffs- oder Flugzeugpropeller gültige Festlegung, d. h. es tritt in Gl. (26) der theoretische Spaltüberdruck an Stelle von H_{th}. Bei Pumpen führt die Anwendung dieses Ausdrucks also zu Irrtümern, weil er den Beitrag der Umfangskomponente c_{3u} zur Förderhöhe, d. h. die im Austrittsleitrad umsetzbare Energie, nicht berücksichtigt. Im Falle der Verwendung eines Eintrittsleitrades in Verbindung mit senkrechtem Abströmen wird er andererseits zu groß, weil hier die Spaltdruckhöhe größer als die Förderhöhe ist (S. 346)

Kanals (S. 282) abgesehen wird, so könnte in diesem Fall der für die ganze Stufe geltende Wirkungsgrad geschrieben werden

$$\eta_s = 1 - 2\frac{\varepsilon}{\sin 2\beta_\infty}. \tag{30 a}$$

Daraus könnte auf ein Optimum bei $\beta_\infty = 45°$ geschlossen werden. Tatsächlich liegt der Bestwert etwas tiefer, weil ε kein Festwert ist, sondern von β_∞ abhängt.

Die Auswertung von η_u und η_s ist von der Kenntnis der Gleitzahl $\varepsilon = \zeta_w/\zeta_a$ abhängig. Nicht berücksichtigt sind die Verluste durch die Reibung an der Nabe und der Gehäusewand, sowie durch ungleichmäßige Beaufschlagung längs der Schaufel. Es läßt sich aber die Berechnung der Wirkungsgrade für das *ganze Rad* ermöglichen, wenn man eine resultierende Ziffer ε_{res}, die dann auch diese Verluste mit einschließt, experimentell ermittelt. Solche Beziehungen sind angegeben von H. Marcinowski[1]

$$\varepsilon_{res} = 0{,}02 + \frac{0{,}008}{1 - r_i/r_a} \tag{31}$$

und von A. R. Howell[2]

$$\varepsilon_{res} = \varepsilon + \frac{0{,}020}{\zeta_a}\,\frac{t}{r_a - r_i} + 0{,}018\,\zeta_a. \tag{31 a}$$

In diesen beiden Gleichungen berücksichtigt jeweils das erste Glied die reinen Schaufelverluste, während die anderen Glieder die sonstigen Verluste umfassen. Gl. (31) gibt unmittelbar den gesuchten Zahlenwert, während die Auswertung von Gl. (31a) voraussetzt, daß für das mittlere Profil der Schaufel sowohl ε als auch ζ_a bekannt sind. Bei Verwendung des so berechneten ε_{res} in Gl. (28) und (30a), wobei sinngemäß die für das mittlere Profil geltenden Werte einzusetzen sind, erhält man den angenäherten Schaufelwirkungsgrad η_h der Pumpe.

68. Die Leitvorrichtung der Axialpumpe

Obwohl die allgemeine Behandlung der Leitvorrichtung erst in den späteren Abschn. 70ff. erfolgt, so erscheint es doch notwendig, die bei Axialpumpen vorliegenden Besonderheiten hier zusammenzustellen.

Das Spiralgehäuse als einzige druckseitige Leitvorrichtung der Axialmaschine kommt nur bei einstufiger Ausführung und auch hier nur dann in Betracht, wenn eine genügende c_{3u}-Komponente vorliegt, damit keine zu großen Spiralquerschnitte nötig werden. Dies ist beim langsamläufigen Axialrad in begrenztem Bereich, wie beispielsweise bei dem Zahlenbeispiel Abschn. 66a der Fall und wäre ferner bei 50% Reaktion (Abb. 165) denkbar. Da aber diese geringen Reaktionsgrade nur bei mehrstufigen Ausführungen angewandt werden, wo das Spiralgehäuse nicht anwendbar ist, so können wir uns auf die Behandlung des beschaufelten Leitrades beschränken.

Die Leitschaufel ist dadurch benachteiligt, daß die Grenzschicht in Ruhe ist und deshalb die absaugende Wirkung der Fliehkräfte auf die Grenzschichtansammlungen fehlt, die im Laufrad von großer Bedeutung ist (s. S. 282). Nur dadurch ist es verständlich, daß im mehrstufigen Axialverdichter Wirkungsgrade von 80 bis 90% erzielt werden, während im ruhenden Leitgitter mit gekrümmten Schaufeln kleinere

[1] Vgl. Fußnote 1, S. 288

[2] Proc. Instn. mech. Engrs., Lond. 153 (1945) S. 448

Werte erhalten werden. Deshalb sind bei Axialpumpen hohe Reaktionsgrade am Platze und nur beim Verdichter, wo die Senkung der *Ma*-Zahl eine weitere wichtige Bedingung ist, geht man auf 50% herunter (Abschn. 64). Hiernach sind die verschiedenen Fälle, welche in Abb. 165 dargestellt sind, zu beurteilen.

Deshalb ist der Neigungswinkel α_3 der Stromlinien zum Umfang (Abb. 180) verhältnismäßig groß und kann also der Abstand zwischen Lauf- und Leitrad ebenfalls verhältnismäßig groß, nämlich gleich $L/6$ bis L gemacht werden (nach Fußnote 2, S. 343), ohne daß ein Abfall des Wirkungsgrades merkbar wird. Aber unterhalb des Abstandes $L/6$ scheint eine Zunahme der Druckziffer einzutreten[1].

Bei der Berechnung des Pumpenleitrades wird man in der Regel von schaufelkongruenter Strömung im Leitrad ausgehen, wie das im Abschn. 70 geschehen wird und wobei man die Auseinanderstellung der Schaufeln durch eine entsprechende Winkelübertreibung berücksichtigen muß. Man kann die Leitschaufeln auch als Tragflügel in gleicher Weise berechnen, wie das im vorausgegangenen Abschnitt für das Laufrad beschrieben ist.

Beide Verfahren sollen der Vollständigkeit halber hier gezeigt werden.

α) Zugrundelegung schaufelkongruenter Strömung. Wir entnehmen die Bezeichnungen aus der späteren Abb. 194, S. 363. Wie bei der Laufschaufel können wir am Eintritt die Winkelübertreibung infolge Auseinanderstellung der Schaufel (welche eine Verkleinerung des Eintrittswinkels α_4 fordern würde) durch die entgegengesetzt wirkende Eintrittskontraktion als aufgehoben ansehen. Wir setzen also den [bei radialen Leitschaufeln (S. 354) einzuführenden] Beiwert $\mu = 1$ und bestimmen die Anfangsneigung α_4 der Schaufeln aus

$$\operatorname{tg}\alpha_4 = \operatorname{tg}\alpha_3 \frac{t_4}{t_4 - \sigma_4}, \tag{32}$$

wobei in der Regel $t_4/(t_4 - \sigma_4) = 1$ gesetzt werden kann. Bei starker Krümmung der Leitschaufel, also kleiner oder mittlerer Reaktion, dürfte die Zufügung des Beiwertes $\mu > 1$ Vorteile bringen.

Tritt die Strömung ohne Umfangskomponente aus dem Leitrad aus, wie das bei einstufiger Ausführung und in der letzten Stufe stets angestrebt werden muß, so erhält man den Austrittswinkel α_5 (Abb. 194) unter Berücksichtigung der nötigen Winkelübertreibung nach Gl. (15), S. 363, aus

$$\operatorname{tg}\alpha_5 = -\frac{c_{5m}}{p_l \frac{r_2}{r_5} c_{3u}} \tag{33}$$

mit

$$p_l = \psi_l' \frac{r_5^2}{z_l S_l}, \tag{34}$$

wobei ψ_l' aus Gl. (34b) folgt. Ist r_s der Schwerpunktshalbmesser, e_l die abgewickelte Länge der Flußlinie, so ist in Gl. (34) $S_l = r_s e_l$.

[1] MÖHLE, H.: Dissertation T. H. Braunschweig 1960

Bei genau axial gerichteter Flußlinie wird $r_s = r_5 = r$ und also

$$\operatorname{tg}\alpha_5 = -\frac{1}{p_l}\operatorname{tg}\alpha_3; \qquad p_l = \psi_l' \frac{r}{z_l e_l}. \tag{34a}$$

Der weitere Gang der Untersuchung ist aus dem Zahlenbeispiel des nächsten Abschnittes ersichtlich.

Über die Größe des Beiwertes ψ_l' wurden von K. HOLZENBERGER im Institut für Strömungsmaschinen der Techn. Hochschule Braunschweig Untersuchungen an einer mit Austrittsleitrad versehenen Axialpumpe durchgeführt. Aus dem Ergebnis kann man schließen, daß für das Leitrad angenähert die gleiche Regel gilt, wie sie S. 140 für das Laufrad aufgestellt wurde und für die wir hier schreiben

$$\psi_l' = 1 + \frac{\alpha_5^\circ}{60}. \tag{34b}$$

β) Behandlung der Austrittsleitschaufel als Tragflügel. Dieses Verfahren ist zwar weniger zuverlässig als das eben behandelte, besonders wenn die Flußlinien nicht genau axial liegen. Seine Behandlung soll aber der Vollständigkeit halber gezeigt werden.

Das vom Leitrad aufgenommene Drehmoment beträgt für einen Teilstrom der kleinen radialen Breite dr, wenn $\Delta(r\,c_u) = r(c_{3u} - c_{5u}')$ die erzeugte Dralländerung ist, entsprechend den Überlegungen S. 336 bzw. nach Gl. (7a), Abschn. 17a

$$dM = z\,P\,\frac{dr}{b}\,r\sin(\alpha_\infty + \lambda) = \frac{\gamma}{g}\,d\,V\,r(c_{3u} - c_{5u}').$$

Setzt man den Wert für P entsprechend Gl. (19) ein, so folgt mit $dV = 2r\pi\,dr\,c_m$, $t = 2r\pi/z$, $\cos\lambda = 1$ nach kurzer Umformung

$$\zeta_a\frac{L}{t} = \frac{2c_m(c_{3u} - c_{5u}')}{c_\infty^2\sin(\alpha_\infty + \lambda)} \tag{35}$$

oder, wenn $\lambda = 0$ und $c_\infty\,\sin\alpha_\infty = c_m$ gesetzt wird

$$\zeta_a\frac{L}{t} \approx \frac{2(c_{3u} - c_{5u}')}{c_\infty}. \tag{35a}$$

Diese beiden Gleichungen entsprechen den beim Laufrad verwendeten Ausdrücken von Gl. (21) und (23a). Sie setzen also wieder gleichbleibendes c_m voraus. Wie in Gl. (22) und (22a) ist

$$c_\infty^2 = c_m^2 + \left(\frac{c_{3u} + c_{5u}'}{2}\right)^2, \tag{36}$$

$$\operatorname{tg}\alpha_\infty = \frac{2c_m}{c_{3u} + c_{5u}'}. \tag{37}$$

Bei einstufigen Maschinen (ohne Spiralgehäuse) oder in der letzten Stufe ist $c_{5u}' = 0$, weil hier drallfreier Abstrom verlangt wird (Fall *III* der Abb. 165).

Liegt hierbei gleichzeitig ein sehr kleines Verhältnis c_{3u}/u, d. h. ein hoher Reaktionsgrad vor, so ist der Beitrag des Leitrades zum Förderdruck so klein, daß er durch die zusätzliche Reibung an den Wänden der Leitschaufel und die Stoßverluste ausgeglichen wird. Dann kann das Leitrad weggelassen oder mit wenig Schaufeln besetzt werden. Diese Anordnung hat bei Wasserförderung und Lüftung eine große Anwendungsmöglichkeit.

Das Teilungsverhältnis t/L wird hier nach den gleichen Gesichtspunkten, wie beim Laufrad S. **316**f. angegeben ist, gewählt.

Anordnung Leitrad—Laufrad. Von den in Abb. 165 angegebenen Möglichkeiten der Anordnung des Leitrades sind bei mehrstufigen Maschinen Fall *II* und *III*, bei einstufigen Maschinen Fall *III* die Regel. Doch wird vielfach auch Fall *V* empfohlen, bei dem bei Einstufigkeit nur ein Eintrittsleitrad nötig ist, weil die Strömung aus dem Laufrad drallfrei austritt[1].

Als Vorteile dieser *Anordnung Leitrad—Laufrad* werden angeführt[2]:

1. Das verwendete Leitrad arbeitet nur in beschleunigter Strömung. Die Verzögerung im Laufrad ist zwar um so stärker; aber sie erfolgt dort infolge der S. 282 besprochenen Abschleuderung der Grenzschicht mit günstigerem Wirkungsgrad als im ruhenden Kanal.

2. Infolge des Druckabfalles im Eintrittsleitrad arbeitet dieses als Gleichrichter, so daß Ungleichmäßigkeiten, die durch die Art der Zuführung bedingt sein können, weitgehend beseitigt werden.

3. Der Wirkungsgrad des Laufrades wird ferner dadurch begünstigt, daß gemäß Abb. 165, *V*, der relative Ablenkungswinkel $\beta_3 - \beta_0 = \Theta$ am kleinsten, das Schaufelprofil also sehr flach ist.

4. Der kleine relative Zuströmungswinkel β_0 ergibt auch kleine Stoßwinkel bei Teillast, also einen flachen Verlauf der Kurve der Wirkungsgrade und nach S. **434** *eine Verkleinerung des Abreißgebietes.* Ebenso wird dadurch die Verwindung der Profile an der Laufradnabe gegenüber der Flügelspitze gering.

5. Der Nabendurchmesser kann deshalb etwas kleiner gehalten, also die Schluckfähigkeit vergrößert werden.

Die hier abgeleitete Verbesserung des Wirkungsgrades gegenüber dem nachgeschalteten Leitrad ist aber jedenfalls bei der einstufigen Pumpe nicht festzustellen[3], weil folgende Nachteile bestehen:

1. Die erhöhte relative Zuströmgeschwindigkeit zu den Flügeln bedingt eine Erhöhung der Schaufelreibung.

2. Die Drucksenkung im Eintrittsleitrad muß, wie oben erwähnt, durch verstärkte Verlangsamung im Laufrad wieder rückgängig gemacht werden. Diese bedeutet aber nicht bloß doppelte Geschwindigkeitsumsetzung, sondern sie vergrößert auch den Spaltüberdruck, der sogar größer wird als die Förderhöhe. Ferner entsteht eine Erhöhung des Achsschubes, also der Lagerreibung.

3. Drallfreiheit hinter dem Rad besteht nur im Berechnungspunkt und hier meist nicht über die ganze Fläche.

4. Besonders schwer wiegt die Vergrößerung der Kavitationsempfindlichkeit bzw. der *Ma*-Zahl, was zu verkleinerter Drehzahl

---

[1] Offenbar liegt hier der umgekehrte Strömungsvorgang vor wie beim Windrad, das vom Wind senkrecht getroffen wird

[2] Vgl. W. Gut: Escher Wyss Mitt. 32 (1959) Heft 2, 3, S. 3—13

[3] Marcinowski, H.: Heizg.-Lüftg.-Haustechn. 8 (1957) Nr. 11, S. 273—285

zwingt und die erreichbare Förderhöhe begrenzt, also bei großen Förderdrücken die Kosten erhöht.

Das günstige Verhalten bei Teillast macht es aber verständlich, daß diese Maschine hoher Reaktion vereinzelt bevorzugt verwendet wird (z. B. von Escher Wyss[1]). Bei Wasserförderung ist sie wegen des starken Anwachsens der Kavitationsgefahr kaum anwendbar.

69. Zahlenbeispiel zur Berechnung der Axialschaufel als Tragflügel

Es sollen Lauf- und Leitrad einer Propellerpumpe der Bauart Abb. 186 berechnet werden für einen Förderstrom von 2 m³/s auf 4,0 m bei 600 U/min.

a) Laufrad. Die spezifische Drehzahl ergibt sich nach Gl. (7), Abschnitt 27, zu $n_q = 300$ ($n_s = 1100$), entspricht also mittleren Verhältnissen der Propellerpumpe. Hierbei gibt Abb. 166 mit $\beta_{0a} \approx 10°$ für das größte Verhältnis zwischen Außen- und Nabendurchmesser des Rades etwa 3,5. Es soll aber 2,4 gewählt werden, damit auch am inneren Durchmesser eine genügende Auseinanderstellung der Schaufeln vorhanden und ihre Behandlung als Tragflügel zulässig ist.

Die größtmögliche Saughöhe $(H_s'')_{\max}$ berechnet sich mit $S = 2{,}4$, $A - H_t = 9{,}4$, $k = 1 - (1/2{,}4)^2 = 0{,}826$ zu $(H_s'')_{\max} = -1{,}6$ m.

Zur Berücksichtigung von Spaltverlust und Unsicherheit der Rechnung werde ein Zuschlag von 10% zum Förderstrom gemacht, so daß $V' = 1{,}1 \cdot 2 = 2{,}2\,\mathrm{m^3/s}$. Die Meridiangeschwindigkeit $c_s = c_m = \varepsilon\sqrt{2gH}$ ergibt sich [weil aus Gl. (29), S. 163, die Einlaufziffer $\varepsilon = 0{,}5$ bis $1{,}1$ folgt, und es bei Wasserförderung zweckmäßig ist, an der unteren Grenze zu bleiben] mit $\varepsilon = 0{,}6$ zu 5,3 m/s. Damit folgt der Außendurchmesser D_a aus $V' = (\pi/4)\, D_a^2[1 - 1/(D_a/D_i)^2]\, c_m$ zu $D_a \approx 0{,}8$ m. Es sei gewählt $D_a = 0{,}8$ m, $D_i = 0{,}34$ m, entsprechend $D_a/D_i = 2{,}34$, womit $c_m = 5{,}34$ m/s.

Ist für alle Zylinderschnitte $\eta_h = 0{,}86$, so wird durchweg $H_{th} = 4/0{,}86 = 4{,}65$ m. Die Schaufel soll durch fünf in gleichem radialen Abstand liegende Zylinderschnitte $a_1\,a_2$ bis $e_1\,e_2$ gemäß Abb. 183b festgelegt werden, deren Berechnung tabellarisch erfolgt. Da kein Eintrittsleitapparat vorhanden, ist in Gl. (22) und (22a) $c_{0u} = 0$.

Die Größen t/L sind mit Ausnahme des für die Nabe gültigen Wertes in stetiger Weise so abgestuft, daß auch die Schaufelkanten stetig verlaufen und insbesondere die sich daraus ergebenden ζ_a-Werte nach außen stark abnehmen. Letzteres ist notwendig, damit $\Delta h'$ nicht zu stark wächst und weil aus Festigkeitsgründen innen dicke und aus hydraulischen Gründen außen dünne und lange Profile erwünscht sind. Je größer t/L gewählt wird, um so dicker kann — bis zu einer gewissen Grenze — das Profil sein. Die beiden gewählten Profile Nr. 387 und 490 gehören zu der auf S. 327 unter β erwähnten Reihe, die sich der Gl. (14a) unterordnen. Beim 2., 4. und 5. Profil sind die Ordinaten des Profils 490 mit einem Zahlenfaktor zu multiplizieren, der aus dem Verhältnis der Werte $y_{\max}/L$ sich ergibt[2]. Letztere sind nach einer passend gewählten Kurve unter

[1] Vgl. Fußnote 2, S. 346

[2] Heute zieht man Profile mit größerer Dicken-Rücklage vor (vgl. Fußnote 3, S. 295)

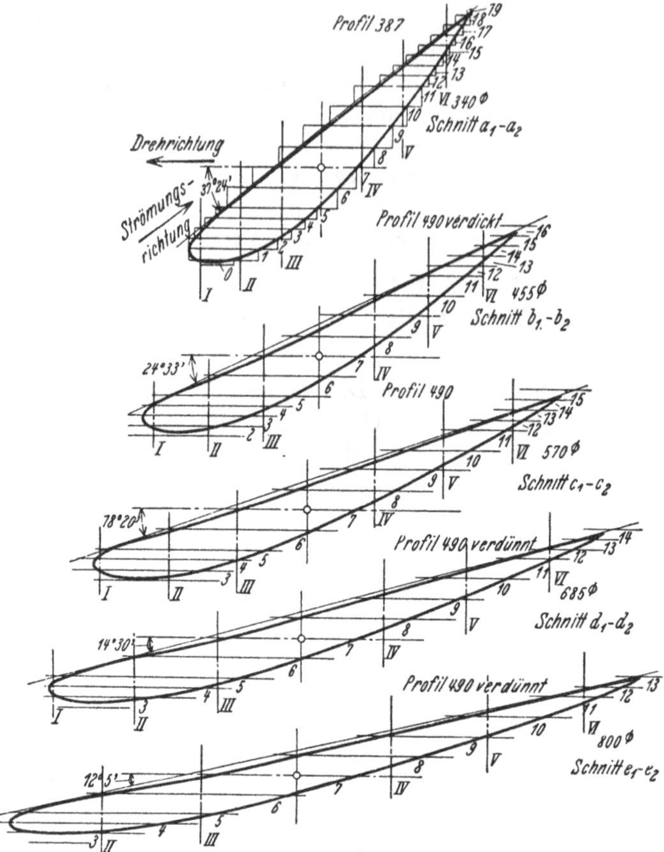

Abb. 183. Abwicklung der Schnitte nach den Flußflächen $a_1\,a_2$ bis $e_1\,e_2$

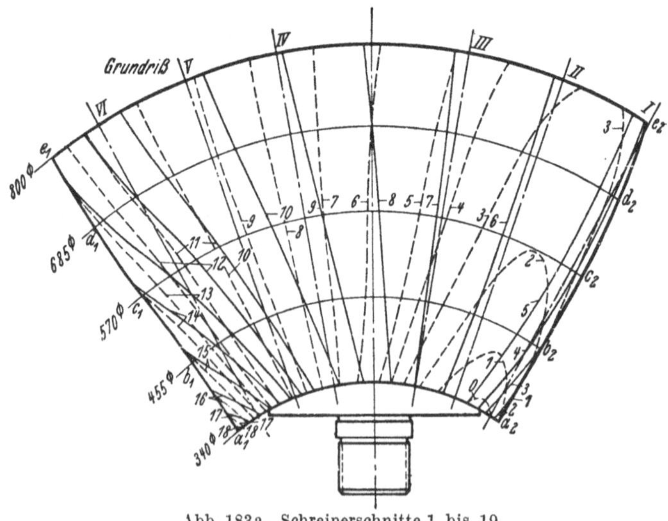

Abb. 183a. Schreinerschnitte 1 bis 19

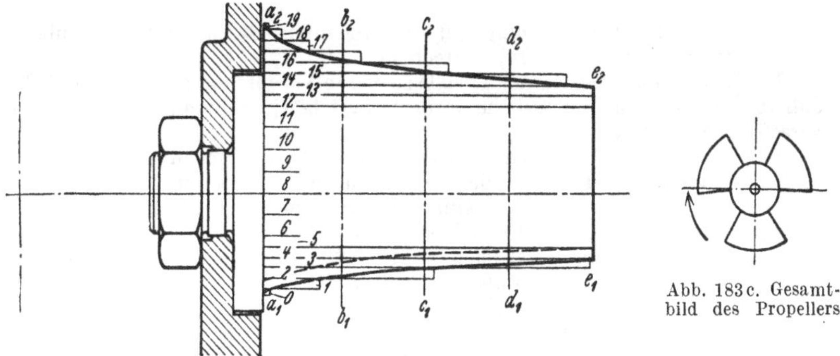

Abb. 183 c. Gesamtbild des Propellers

Abb. 183 b. Zirkularprojektion

Abb. 183 bis 183 c. Propeller zum Zahlenbeispiel Abschn. 69

Übernahme der Festwerte des Profils 387 und des für den dritten Schnitt verwendeten normalen Profils 490 so abgestuft, daß günstige Anstellwinkel δ erwartet werden können. Der Berechnung von L und y_{max} ist die Schaufelzahl $z = 3$ zugrunde gelegt. Die bei der Kontrollrechnung sich ergebenden λ-Werte stehen

Berechnung der Schaufelprofile

D	mm	340	455	570	685	800
$u = \pi\, Dn/60$	m/s	10,68	14,30	17,91	21,52	25,14
$c_{3u} = gH_{th}/u$	m/s	4,27	3,19	2,545	2,12	1,815
w_∞ nach Gl. (22) ..	m²/s²	101,45	191,0	296	448	608
$\mathrm{tg}\,\beta_\infty$ nach Gl. (22a)		0,625	0,419	0,3205	0,261	0,220
β_∞		32° 0′	22° 44′	17° 46′	14° 40′	12° 25′
λ geschätzt zu		1°	1°	1°	1°	1°
$\zeta_a\, L/t$ nach Gl. (21)		0,826	0,442	0,286	0,1873	0,1376
t/L (angenommen)		1,36	1,6	1,66	1,72	1,78
$\zeta_a = (\zeta_a L/t)\,(t/L)$ ...		1,123	0,709	0,475	0,323	0,245
$\varDelta h' = \varDelta h$ n. Gl.(24)	m	7,98	9,44	9,8	10,1	10,4
Profil Nr. (Abb. 178b)		387	490 verdickt	490	490 verjüngt	490 verjüngt
y_{max}/L		0,1505 aus Tab. S. 328	0,1235 interpoliert	0,0960 aus Tab. S. 328	0,0768 extrapoliert	0,0628 extrapoliert
$\mathrm{tg}\,\lambda = \zeta_w/\zeta_a$ aus Abb. 178 bzw. Gl. (16)		0,0160	0,0194	0,0178	0,0166	0,0158
λ (endgültig)		55′	1° 4′	1° 0′	58′	54′
δ aus Abb. 178a bzw. Gl. (14a)*		5° 24′	1° 49′	34′	—10′	—20′
$\beta_\infty + \delta$		37° 24′	24° 33′	18° 20′	14° 30′	12° 5′
$z\,L = \pi D/(t/L)$	mm	785	894	1075	1250	1410
$z\, y_{max} = z\,L(y_{max}/L)$.	mm	118	110,65	103,3	95,95	88,6
Z_u nach Gl. (26b) ..	m	0,129	0,216	0,252	0,326	0,347
Z_d nach Gl. (29) mit $\zeta_d = 0{,}2$	m	0,186	0,104	0,066	0,046	0,034
η_s nach Gl. (29a) ...		0,93	0,93	0,93	0,93	0,925

* Abb. 178a darf nur für solche Profile benutzt werden, welche gegenüber der Tafel der Profilmaße nicht verdickt oder verjüngt sind

in genügender Übereinstimmung mit der Annahme. Es ist aber auch zulässig, mit $\lambda = 0$, d. h. nach Gl. (23a) zu rechnen.

Die Drucksenkungen Δh der Tabelle zeigen in Verbindung mit Gl. (25), S. 193, daß die Pumpe eine Zulaufhöhe fordert, in Übereinstimmung mit dem oben berechneten $(H_s'')_{\max}$.

In den drei unteren Spalten der Tabelle ist auch die Berechnung des Schaufelwirkungsgrades η_s durchgeführt, der sich für die einzelnen Schnitte nur verschwindend wenig ändert, so daß die Annahme eines durchweg gleichen η_h gerechtfertigt ist und eine Korrektur sich erübrigt.

Die Druckziffer berechnet sich zu $\psi = 2g \cdot 4/25{,}14^2 = 0{,}124$, ist also im Gegensatz zu dem langsamläufigen Axialrad (Beispiel Abschn. 66a) und dem größtmöglichen Wert der Gl. (13), S. 293, sehr klein.

Der Achsschub berechnet sich nach Abschn. 99c.

Die Schaufel ist in Abb. 183a durch ihre Schreinerschnitte wiedergegeben, die mittels der in Abb. 183 gezeichneten Abwicklungen der Zylinderschnitte $a_1\,a_2$ bis $e_1\,e_2$ unter Zuhilfenahme der Axialschnitte I bis VI bestimmt sind, aber nur bei großen Ausführungen eine Erleichterung für die Herstellung bedeuten. Bei kleinen Ausführungen stützt sich die Herstellung häufig unmittelbar auf die Zylinderschnitte Abb. 183.

Die Bildung eines Kerntotwassers ist nach Gl. (6a), S. 289, ausgeschlossen, weil $(c_m/c_{3u}) = 5{,}34/4{,}27$ erheblich größer als 0,8 ist.

b) Leitrad. (Abb. 184 bis 186). Wir betrachten die gleichen Flußflächen wie beim Laufrad. Die Flußlinien $a_4\,a_5$, $b_4\,b_5$ usw. werden

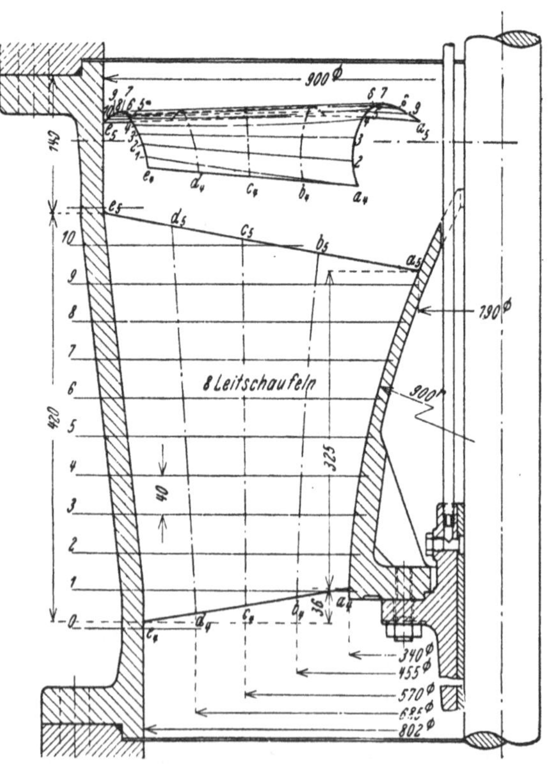

Abb. 184

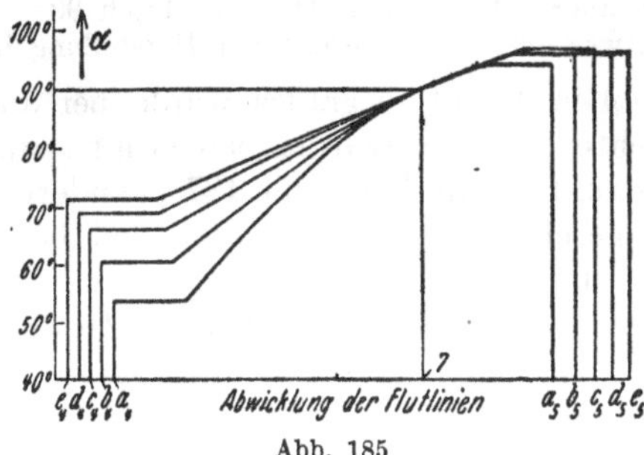

Abb. 185

Abb. 184 u. 185. Leitrad zum Propeller nach Abb. 183; Abb. 184. Meridianschnitt mit Schreinerschnitten der Mittelfläche der Schaufel; Abb. 185. Verlauf der Schaufelneigung α für die fünf Linien

eingezeichnet, nachdem die äußere und innere Leitradwand unter Beachtung eines stetigen Überganges auf die gewünschte Austrittsöffnung festgelegt sind. Die Austrittskante ist so gewählt, daß den äußeren Fäden eine etwas größere Länge im Meridianschnitt zur Verfügung steht als den inneren, da auch die Teilung größer ist.

Die Schaufel wird nach Abschn. 68, α) berechnet, wobei die Schaufeldicke überall zu $s_4 = 10$ mm und die Schaufelzahl $z_l = 8$ [also kleiner als Gl. (20), S. 160, mit Winkeln α statt β ergibt] angenommen ist. Die Eintrittswinkel α_4 und Austrittswinkel α_5 sind in nachstehender Tabelle bestimmt:

	Dim	Faden				
		$a_4 a_5$	$b_4 b_5$	$c_4 c_5$	$d_4 d_5$	$e_4 e_5$
$\operatorname{tg}\alpha_3 = c_m/c_{3u}$		1,25	1,67	2,18	2,52	2,94
$t_4/(t_4 - \sigma_4)$ geschätzt		1,08	1,06	1,05	1,04	1,03
$\operatorname{tg}\alpha_4$ nach Gl. (32) ..		1,351	1,77	2,29	2,62	3,03
α_4		53°30′	60°30′	66°25′	69°8′	71°45′
$t_4 = \pi D/z_l$	mm	133,5	178,5	223,5	268,5	314,0
$\sigma_4 = s_4/\sin\alpha_4$	mm	12,45	11,50	10,9	10,71	10,52
$t_4/(t_4 - \sigma_4)$ wiederholt		1,10	1,068	1,05	1,045	1,034
α_4		54°	60°40′	66°25′	69°13′	71°48′
r_2 aus Zeichnung ..	mm	170	227,5	285	342,5	400
r_5 aus Zeichnung ..	mm	95	205	290	372	450
r_s aus Zeichnung ..	mm	144	220	289	358	425
e_l aus Zeichnung ..	mm	340	356	378	402	425
$S_l = r_s e_l$	m^2	0,049	0,0784	0,109	0,144	0,182
p_l aus Gl. (34) mit $\psi'_l = 2,4$		0,0553	0,1453	0,2315	0,2883	0,3338
c_{5m}	m/s	3,74	3,68	3,62	3,57	3,54
$\operatorname{tg}\alpha_5$ aus Gl. (33) ...		–8,851	–7,154	–6,252	–6,344	–6,573
α_5	grd	96,44	97,96	99,09	98,96	98,65

Die Stromfäden sind anschließend punktweise mittels Gl. (22) des späteren Abschn. 73 tabellarisch errechnet unter Annahme des in Abb. 185 gezeichneten Verlaufes der Schaufelwinkel α. Mittels ihrer in Abb. 184 eingetragenen Projektion haben sich dann die dort ebenfalls angegebenen Schreinerschnitte *1* bis *10* ergeben. Die Intervalle Δx auf den Flußlinien werden bei der Berechnung der Stromlinien zweckmäßig gleich den zwischen den Schreinerschnitten liegenden Strecken genommen, weil auf diese Weise die Schreinerschnitte im Grundriß unmittelbar genau erhalten werden.

Der Durchgang aller α-Linien der Abb. 185 durch 90° erfolgt im gleichen Schreinerschnitt 7, was eine Erleichterung der Herstellung bedeutet.

Wegen des hohen Reaktionsgrades würde bei dieser Pumpe die Frage des Verzichtes auf das Leitrad berechtigt sein. In diesem Fall müßte die Konstruktion ähnlich Abb. 187 geändert, also das Lager vor das Laufrad gesetzt werden. Jedenfalls sind bei solchen Pumpen die Leitschaufeln nur schwach belastet und deshalb weit auseinanderzustellen, damit die Wandreibung den geringen Gewinn nicht aufzehrt.

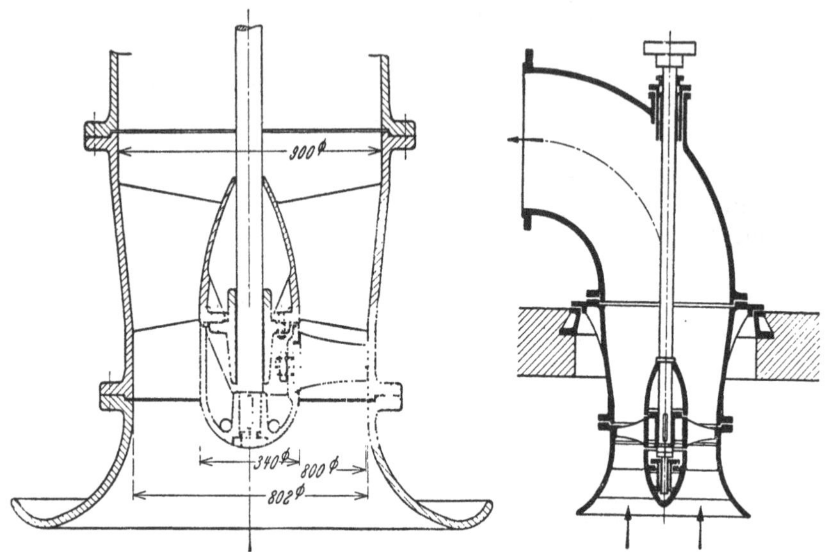

Abb. 186. Querschnitt durch die Propellerpumpe des Zahlenbeispieles

Abb. 187. Propellerpumpe ohne Leitschaufeln

Wegen der verkleinerten Reaktion des an die Nabe anschließenden Flügelteiles sind auch Leitapparate in Verwendung[1], welche sich nur auf die Nabenpartie erstrecken.

Zahlenbeispiel für einen mehrstufigen Axialverdichter vgl. Abschnitt 115.

I. Die Leitvorrichtungen

70. Aufgabe der Leitvorrichtungen bei allen Pumpen

Die Leitvorrichtung soll die hinter dem Laufrad vorhandene Geschwindigkeitsenergie in Druck verwandeln. Sind die am Laufradaustritt infolge der Endlichkeit der Schaufelzahl vorhandenen Ungleichmäßigkeiten abgeklungen, was in geringer Entfernung vom Laufrad der Fall sein dürfte, so liegt beim Radialrad eine homogene Strömung nach Art der S. 55f. besprochenen Wirbelquelle vor. Diese bewegt sich

[1] Escher Wyss Mitt. 14 (1941) S. 18

bei gleichbleibender Breite des radialen Rotationshohlraumes in logarithmischen Spiralen unter dem Laufradaustrittswinkel α_3 weiter. Wäre die Strömung schon am Radumfang ausgeglichen, so würde dort die Geschwindigkeit vorhanden sein

$$c_3 = \sqrt{c_{3u}^2 + c_{3m}^2}, \tag{1}$$

worin $c_{3u} = c'_{2u}$ aus der Hauptgleichung zu bestimmen ist, also für $\alpha_0 = 90°$ sich ergibt zu

$$c_{3u} = \frac{g H_{\text{th}}}{u_2}, \tag{2}$$

c_{3m} ist gegeben durch

$$c_{3m} = \frac{V'}{\pi D_2 b_2}, \tag{3}$$

wobei von dem geringen Einfluß des Spaltverlustes abgesehen ist. Man verwendet in Gl. (3) für V' den gleichen Förderstrom wie bei der Berechnung des Laufrades (S. 218), weil der Verlust für Stopfbüchsabdichtung und einen gemeinsamen Achsschubausgleich bestehenbleibt, ebenso noch gewisse Unsicherheiten der Rechnung wie die Einschnürung des Leitradeintrittes schwer zu berücksichtigen sind.

Die Geschwindigkeit c_3 ist in möglichst verlustloser Weise in Druck umzusetzen. Allgemein ist bei der Umsetzung der Austrittsgeschwindigkeit in Druck zu beachten, daß die Komponente c_{3m} nur zum Teil umgesetzt werden darf und sie gegenüber c_{3u}, wobei die Quadrate zu vergleichen sind, meist so klein ist, daß ihre Umsetzung in Druck kaum eine Rolle spielt. Es handelt sich also um Verwertung der Umfangskomponente c_{3u}.

Die Verlangsamung kann geschehen entweder in einem am Umfang angeordneten Kranz von ruhenden Leitschaufeln, d. h. einem *Leitrad*, oder im schaufellosen Ringraum, d. h. einem *Leitring*, oder in einem *Spiralgehäuse*, dessen Wirkung noch durch eine angeschlossene konische Erweiterung ergänzt wird, und das dann nichts anderes ist als ein aus einem einzigen Kanal bestehendes Leitrad. Die die Fortsetzung der Laufradwände bildenden seitlichen Führungswände werden in allen drei Fällen zur Vermeidung des Kantenstoßes meist so ausgeführt, daß ihr Abstand (Abb. 188)

$$b_3 = b_2 + 1 \div 2\,\text{mm}. \tag{3a}$$

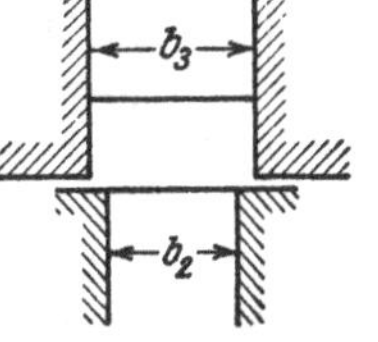

Abb. 188. Verbreiterung hinter dem Laufradaustritt

Mit dem zu machenden Zuschlag braucht man aber nicht ängstlich zu sein, weil der in Frage kommende CARNOTsche Verlust nur aus der Meridiankomponente errechnet werden darf und deshalb nach S. 73 sehr klein ist. Zu beachten ist, daß nach Abschn. 22 die Art der Leitvorrichtung die mit dem gleichen Laufrad erreichbare Förderhöhe stark beeinflußt, weil ein Impulsaustausch zwischen beiden Organen stattfindet[1].

[1] Vgl. auch F. KRISAM: Z. VDI 94 (1952) Nr. 11/12; 95 (1953) Nr. 11/12

71. Leitrad

Der Zwischenraum zwischen Laufradumfang und Leitschaufeln wird bei Flüssigkeits- und Gasförderung verschieden groß gehalten. Bei radialen Wasserpumpen bemißt man ihn so klein wie möglich, nämlich so, daß Fremdkörper nicht zur Beschädigung der Schaufeln führen. Dieser Zwischenraum beeinflußt den Wirkungsgrad grundsätzlich nicht günstig[1], obwohl er eine Zone für den Ausgleich der von den Laufschaufeln herrührenden Geschwindigkeitsunterschiede[2] darstellt, weil der Reibungsweg gerade an der Stelle der größten Geschwindigkeit verlängert wird. Diese Verlängerung macht sich um so stärker bemerkbar, je kleiner der Neigungswinkel α_3 der Strombahnen ist. Bei Leitradpumpen für Wasser liegen aber fast stets kleine Winkel α_3 vor. Deshalb soll hier der Abstand auf das mit der Sicherheit des Betriebes zu vereinbarende Maß verringert werden. Diese Überlegungen werden durch den Versuch bestätigt.

Bei Kreiselverdichtern, wo Leitschaufeln weniger häufig verwendet werden, ist die Sachlage insofern verändert, als einerseits in den meisten Fällen die Neigungswinkel α_3 größer (nicht unter $\alpha_3 = 15°$) sind, und andererseits kleine Abstände ein störend wirkendes, pfeifendes Geräusch erzeugen[3]. Deshalb wird hier der schaufellose Zwischenraum in der Regel größer, und zwar etwa mit einer radialen Breite von $D_2/10$ genommen, obwohl eine Abnahme der Druckziffer damit verbunden ist. Dort, wo die Kleinhaltung der Abmessungen des Verdichters an erster Stelle steht oder die entstehenden Geräusche keine Rolle spielen, verwendet man wesentlich kleinere Abstände.

Nach dem Austritt aus dem Laufrad bilden die Absolutbahnen gemäß Abschn. 11b bei Reibungsfreiheit und bei Parallelität der Seitenwände logarithmische Spiralen, deren Neigungswinkel α_3 gegen den Umfang sich bestimmt aus

$$\operatorname{tg}\alpha_3 = \frac{c_{3m}}{c_{3u}}, \tag{4}$$

c_{3u} und c_{3m} sind durch Gl. (2) und (3) gegeben [wobei der Einfluß der durch Gl. (3a) bedingten Verbreiterung auf c_{3m} unberücksichtigt bleibt]. Infolge der endlichen Dicke s_4 der Leitschaufeln und der dadurch bedingten Verengungsziffer $t_4/(t_4 - \sigma_4)$, ferner durch Strahleinschnürung findet hinter den Spitzen der Leitschaufeln ein Anwachsen der Meridiankomponente statt, dem durch eine entsprechende Vergrößerung des Schaufeleintrittswinkels α_4 Rechnung zu tragen ist. Diesen erhält man

---

[1] Möhle, H.: Untersuchungen über den Einfluß des Abstandes zwischen Lauf- und Leitrad auf das Betriebsverhalten von einstufigen axialen Strömungsmaschinen. Diss. T. H. Braunschweig 1960; Auszug erscheint 1961 in Konstruktion.

[2] Petermann, H.: Der Strömungsverlauf in und hinter Laufschaufelkanälen von radialen Kreiselpumpen und Verdichtern. Erscheint 1961 in VDI-Z.

[3] Es ist zu berücksichtigen, daß durch die vorbeistreichenden Laufschaufeln an den Leitschaufelanfängen große Druckschwankungen mit sehr hoher Frequenz verursacht werden. Vgl. J. Lalive: Schweiz. Bauztg. 108 (1936), Nr. 19; ferner auch R. X. Meyer: Trans. Amer. Soc. mech. Engrs. 80 (1958) S. 1544—1552

bei kleinem Zwischenraum zwischen Lauf- und Leitschaufel aus

$$\operatorname{tg}\alpha_4 = \mu \operatorname{tg}\alpha_3 \frac{t_4}{t_4 - \sigma_4}, \tag{5}$$

worin, wenn D_4 der Durchmesser, an dem die Leitschaufelspitzen liegen, und z_l die Zahl der Leitschaufeln,

$$t_4 = \frac{\pi D_4}{z_l}, \qquad \sigma_4 = \frac{s_4}{\sin\alpha_4}. \tag{5a}$$

μ ist eine Erfahrungszahl, die zunächst die unausgeglichene Richtung der Geschwindigkeit infolge der endlichen Laufschaufelzahl, ferner das Rückströmen in das Laufrad (Abb. 52) und die Eintrittskontraktion berücksichtigt. Nach den bisherigen Erfahrungen[1] dürfte zu setzen sein

$$\mu = 1{,}20 \div 1{,}80. \tag{6}$$

Abb. 189 gibt einen Überblick über die von HANSEN ermittelten μ-Werte. Daraus ist eine starke Abhängigkeit von der Laufschaufelzahl und dem Laufschaufelwinkel β_2 ersichtlich[2].

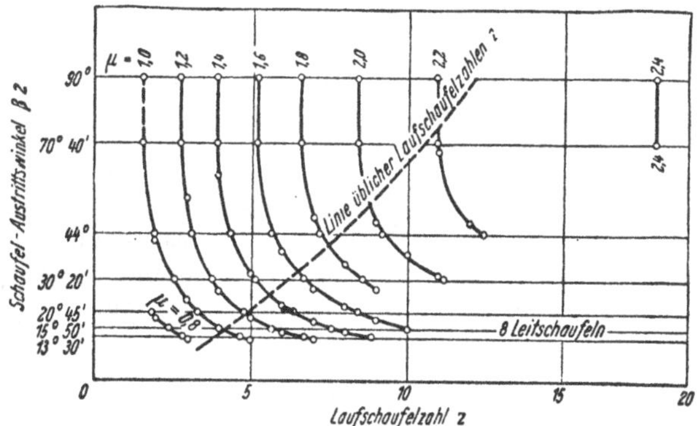

Abb. 189. Linien gleicher Zahlenwerte μ, bezogen auf den Förderstrom stoßfreien Laufradeintrittes (ermittelt an einer Pumpe für etwa 14 l/s)

Die Verengungsziffer $t_4/(t_4 - \sigma_4)$ ist wie bei der Berechnung des Laufschaufelanfanges zunächst anzunehmen. Ihre spätere Nachprü-

[1] Vgl. die in Fußnote 1, S. 77, und 1, S. 137, angeführten Arbeiten, ferner M. YENDO: Exp. Res. on Turbine Pumps. Rep. Yokohama, Techn. Coll., Juni 1930, Nr. 1

[2] Man kann sich fragen, warum bei der Laufschaufel nicht ebenfalls eine solche Einschnürungszahl eingeführt wurde. Hier ist zunächst die Zuströmung geordnet. In der ruhenden Leitschaufel besteht ferner, wie H. SCHRADER sehr deutlich (Abb. 191) gezeigt hat, ein starkes Rückströmen der Grenzschicht bereits am Einlauf, das den S. 77 besprochenen Impulsaustausch am Laufradumfang erklärlich macht. Beim Laufrad fehlt dieses Rückströmen fast ganz, weil dort die Grenzschicht höheren Fliehkräften unterliegt als die gesunde Strömung, so daß (infolge der durch den Schaufeldruck bedingten Übergeschwindigkeiten) die tatsächliche Schluckfähigkeit oft größer ist, als dem Durchfluß stoßfreien Eintritts entspricht, und auch der Wirkungsgrad der Druckumsetzung besser ist als im Leitrad (S. 142). Bei langsamläufigen Radialpumpen hat sich aber häufig ein Zuschlag als nützlich erwiesen.

fung[1] ist hier im Hinblick auf den weiten Bereich von μ weniger wichtig als beim Laufrad.

Wenn die Strömung ihren Charakter als freie Strömung bis zur Erreichung des Eintrittsquerschnittes BC (Abb. 190) behalten soll, so muß bei parallelen Seitenwänden[2] der Eintrittsverlauf AC der Leitschaufel als logarithmische Spirale ausgebildet werden, deren Gleichung [weil in Gl. (22) des späteren Abschn. 73 $\alpha = \alpha_4$] lautet

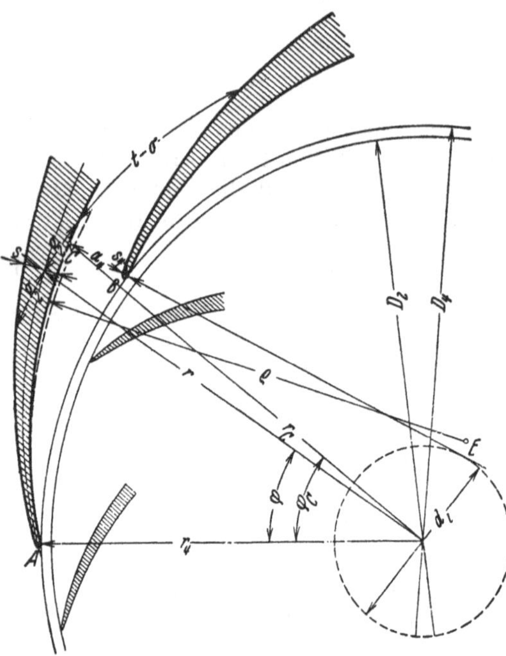

Abb. 190. Eintrittsverlauf AC der Leitschaufel. Logarithmische Spirale. Die durch Strichelung angedeutete Evolvente ist ungünstig

$$\varphi^\circ = \frac{180 \ln \frac{r}{r_4}}{\pi \operatorname{tg} \alpha_4}$$

oder, wenn der natürliche Logarithmus durch einen solchen mit der Basis 10 ersetzt wird,

$$\varphi^\circ = 132 \frac{\log \frac{r}{r_4}}{\operatorname{tg} \alpha_4}. \tag{7}$$

Ermittelt man nach dieser Gleichung den Endpunkt C des Eintrittsverlaufes oder einen diesem benachbarten Punkt (Abb. 190), so kann man[3] mit guter Annäherung die Spirale durch einen Kreis mit dem Halbmesser

$$\varrho = (r_4 + r_C) \frac{1}{2 \cos \alpha_4} \tag{7a}$$

ersetzen, falls r_C den Radius des zweiten Punktes bedeutet.

[1] Man kann die Annahme der Verengungsziffer umgehen, wenn in Gl. (5) der Wert von σ_4 aus Gl. (5a) eingeführt und $\cos \alpha_4 = 1/\sqrt{1 + \operatorname{tg}^2 \alpha_4}$ gesetzt wird. Man erhält dann eine in $\operatorname{tg} \alpha_4$ quadratische Gleichung, aus welcher folgt

$$\operatorname{tg} \alpha_4 = \frac{\mu \operatorname{tg} \alpha_3 + (s_4/t_4)\sqrt{1 + \mu^2 \operatorname{tg}^2 \alpha_3 - (s_4/t_4)^2}}{1 - (s_4/t_4)^2}. \tag{5b}$$

Das negative Glied unter der Wurzel und im Nenner kann in der Regel vernachlässigt werden, wobei dann

$$\operatorname{tg} \alpha_4 = \mu \operatorname{tg} \alpha_3 + \frac{s_4}{t_4} \sqrt{1 + \mu^2 \operatorname{tg}^2 \alpha_3}. \tag{5c}$$

[2] Bei beliebiger seitlicher Begrenzung stimmt der Verlauf der wirkungsfreien Leitschaufel überein mit der im übernächsten Abschnitt behandelten Gehäusespirale.

[3] Bader: Z. VDI 1924, S. 1147

Man kann übrigens die *genauen* Koordinaten eines Zwischenpunktes F finden, wenn man von den Werten r_4, r_G das *geometrische* Mittel, also $r_f = \sqrt{r_4\, r_G}$ und von den Winkeln das *arithmetische* Mittel, also $\varphi_f = \frac{1}{2}(0 + \varphi_G) = \frac{1}{2}\varphi_G$ nimmt. Durch wiederholte Anwendung erhält man beliebig viele Punkte.

Bei der Formgebung des Eintrittsverlaufes nach einer logarithmischen Spirale entsteht eine Eintrittsweite a_4 gemäß der Gleichung

$$a_4 + s_4 = \frac{r_4}{\cos\alpha_4}\left(e^{\frac{\pi}{z_l}\sin 2\alpha_4} - 1\right). \tag{8}$$

Da hierin der Exponent von e stets erheblich kleiner als 1 ist, kann mit genügender Genauigkeit gesetzt werden

$$e^x = 1 + \frac{x}{1!} + \frac{x^2}{2!} = 1 + x\left(1 + \frac{x}{2}\right),$$

womit

$$a_4 + s_4 = \frac{D_4\,\pi \sin\alpha_4}{z_l}\left(1 + \frac{\pi \sin 2\alpha_4}{2 z_l}\right). \tag{8a}$$

Auf die Verwirklichung dieser Eintrittsweite a_4 kommt es an. Die richtige Eintrittsweite a_4 ist für die Erreichung eines guten Wirkungsgrades weit wichtiger als der Anfangswinkel α_4, wie Versuche[1] an drehbaren Leitschaufeln verschiedener Form zeigen. Es bestehen deshalb keine Bedenken, auf den logarithmisch-spiraligen Einlauf zugunsten eines mehr gestreckten oder sogar geradlinigen zu verzichten. Eine Vergrößerung des Anfangswinkels über den Wert α_4, welcher bei der der vorliegenden Eintrittsweite a_4 entsprechenden logarithmischen Spirale vorhanden ist, erweist sich als nachteilig. Dagegen bringt eine Verkleinerung des Anfangswinkels naturgemäß unter Beibehaltung der errechneten Eintrittsweite keinen Nachteil. Die erwähnten Versuche ergaben beim geradlinigen Einlauf sogar eine größere Stabilität der Drosselkurve (S. 425ff.) als beim gekrümmten, so daß es zweifelhaft ist, ob die logarithmische Spirale weiterhin als Normalform bezeichnet werden kann. Aus dieser Überlegung folgt auch, daß die früher verwendete Evolvente nicht zu empfehlen ist, da sie einen nach außen abnehmenden Neigungswinkel liefert[2].

Die Schaufelstärke s_4 ist verhältnismäßig klein, und zwar etwa zu 1 bis 4 mm anzunehmen.

Quadratische Querschnitte am Eintritt in die Leitkanäle sind für die Geschwindigkeitsumsetzung im allgemeinen günstiger als rechteckige. Aus dieser Bedingung läßt sich ein Anhalt für die Leitschaufel-

---

[1] Vgl. die in Fußnote 1, S. 77, erwähnte Arbeit von H. Schrader

[2] Bei der Anwendung der Evolvente wird zwar die Anfangsneignug der Schaufel richtig erhalten, aber neben den oben erwähnten Nachteilen eine zu kleine Eintrittsweite a_4 in Kauf genommen, nämlich die, welche sich aus Gl. (8a) bei Vernachlässigung des zweiten Gliedes in der Klammer ergibt.

zahl z_l gewinnen, wenn man $a_4 \approx b_3$ setzt. Da

$$a_4 + s_4 \approx \frac{\pi D_4 \sin\alpha_4}{z_l}, \quad \text{also} \quad a_4 \approx \frac{\pi D_4 \sin\alpha_4}{z_l} - s_4 = b_3,$$

so wird

$$z_l = \frac{\pi D_4}{b_3 + s_4} \sin\alpha_4. \tag{9}$$

Diese Gleichung gibt strenggenommen lediglich einen Größtwert und ist deshalb nur als Richtlinie zu werten. Wegen der Ungleichheit der Geschwindigkeit zwischen zwei aufeinanderfolgenden Laufschaufelenden empfiehlt es sich, die Zahl der Leitschaufeln nicht viel größer als die der Laufschaufeln zu machen. Der Laufkanal soll also nicht mehrere Leitkanäle überdecken[1].

Da Leitschaufelpumpen meist mehrstufig sind und die hier nötigen Gehäuseanker bei Wasserpumpen häufig durch die Leitschaufeln hindurchgeführt werden, so ist in diesen Fällen die Zahl der Gehäuseanker maßgebend, die ihrerseits wieder von der Formgebung des Saug- und Druckstutzens abhängen (Abb. 142 und 196).

Bei Kreiselverdichtern werden meist mehr Leitschaufeln genommen, als Gl. (9) angibt, weil dadurch das erwähnte pfeifende Geräusch vermindert und — im Falle der Innenkühlung — die Kühlfläche vergrößert wird.

Die Richtigkeit der bisweilen angeführten Regel, daß die Leit- und Laufschaufelzahlen keinen ganzzahligen Faktor gemeinsam haben sollen, wird durch die Erfahrung nicht bestätigt. Kleine Leitschaufelzahlen

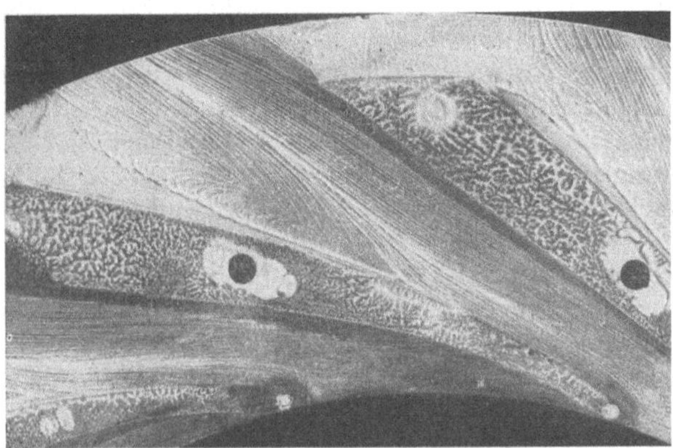

Abb. 191. Totraumbildung in der Grenzschicht des Leitkanals bei normalem Durchfluß nach H. SCHRADER

vermindern die Reibung, vergrößern aber den Erweiterungswinkel des Leitkanals, wenn die Schaufel hinten nicht stark verdickt wird, und sind nur dort anwendbar, wo α_3 sehr klein ist oder die im Meridianschnitt gemessene Kanallänge groß sein kann.

[1] Brown Boveri Mitt. 1952, Nr. 5/6, S. 167

Bei der Formgebung des Leitkanals zwischen dem Eintrittsquerschnitt BC (Abb. 190) und dem Austritt sind die in Abschn. 13b angegebenen Gesichtspunkte zu beachten. Die parallele Ausbildung am Eintrittsquerschnitt BC (Abb. 190) wird durch Abrundung der Schaufelspitzen erzielt. Eine scharfe Zuspitzung scheint die Leerlaufsarbeit der Pumpe zu vergrößern. Die Querschnittserweiterung muß stetig sein, und der Erweiterungswinkel sollte an keiner Stelle eines Längsschnittes den zulässigen Grenzwert überschreiten[1]. Richtungsänderungen hinter dem Eintrittsquerschnitt sind möglichst zu vermeiden. Bei Luftförderung ist zu beachten, daß der größtzulässige Erweiterungswinkel sich bei hoher Ma-Zahl entsprechend Gl. (61), Abschn. 14, verkleinert. Die Erfahrung[2] bei Flugzeugladern zeigt auch, daß eine „wirkungsfreie" Leitradschaufel bei großer radialer Erstreckung noch zu einer Verbesserung von Förderhöhe und Wirkungsgrad gegenüber dem glatten Leitring führen kann.

Die Breite b bleibt am besten unverändert. Ihre Vergrößerung nach außen erweist sich nach Versuchen von SCHRAMEK[3] als schädlich.

Es muß aber beachtet werden, daß der Mechanismus der Verlangsamung stark von dem des gewöhnlichen ruhenden Kanals abweicht. Die von SCHRADER[4] durchgeführten Messungen des Druckverlaufes längs der Leitschaufel führten zu dem bemerkenswerten Ergebnis, daß der größte Teil der Druckzunahme sich im Schrägabschnitt des Leitkanaleintrittes vollzieht. Abb. 192 zeigt den von SCHRADER gemessenen Druckverlauf in Abhängigkeit des Halbmessers für normalen Durchfluß bei verschiedenen Zwischenräumen $r_4 - r_2$, wobei $r_2 = 170$ mm. Man sieht, daß der starke Anstieg vor allem bei kleinem

[1] Abb. 191 zeigt ein von H. SCHRADER (vgl. Fußnote 1, S. 77) mittels Farbanstrichs gewonnenes Bild der Strömung in der Grenzschicht eines Leitkanals bei normalem Durchfluß. Der Erweiterungswinkel betrug bei 12 Leitschaufeln trotz der ersichtlichen Verdickung des Austrittsendes noch 20°. Man erkennt auf dem Bild, daß die Strömung nur auf der Unterseite der Schaufel (Saugseite) längs der ganzen Schaufel anliegt. An der Oberseite (Druckseite) der Schaufel findet in der Grenzschicht offenbar kein Durchströmen statt, so daß dort ein ausgedehnter Totraum vorzuliegen scheint. Hiernach folgt die Strömung bei dieser Erweiterung den Kanalwänden nicht mehr. Die Nachrechnung der am Leitkanalaustritt (unter dem Einfluß der Einschnürung) auftretenden Meridiangeschwindigkeit c_{5m} (mittels des vom Leitrad aufgenommenen Drehmomentes) ergab aber, daß der von der Strömung im Leitkanal tatsächlich beanspruchte Querschnitt größer ist, als aus dem Strombild der Grenzschicht zu schließen ist. In Abb. 191a ist dieser senkrecht zu c_{5m} gemessene Querschnitt f_{5m} in Verbindung mit der daraus zu schließenden Form des tatsächlichen Querschnittes der Strömung eingetragen

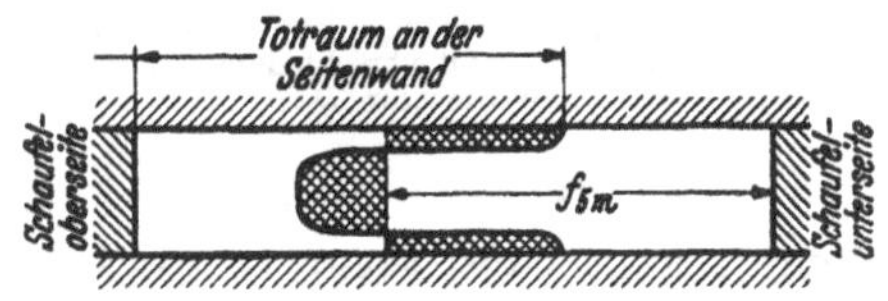

Abb. 191a
Ausdehnung des Totraumes nach Abb. 191 über den Austrittsquerschnitt des Leitkanals

[2] PFAU: Die Leitschaufel in ihrer Beziehung zu den Kennwerten usw. Jb. dtsch. Luftfahrtforsch. 1940, II, S. 275

[3] Durchgeführt im Institut für Strömungsmasch. d. Techn. Hochschule Braunschweig

[4] Fußnote 1, S. 77

Zwischenraum eintritt. Solche „Sprungstellen" werden auch beim geraden und senkrecht abgeschnittenen Erweiterungskanal beobachtet[1], wenn der eintretende Strahl den Anfangsquerschnitt nicht ganz ausfüllt. Sie sind somit zum Teil durch die Einführung des Faktors μ der Gl. (5), also die Vergrößerung des Eintrittsquerschnittes bedingt. Daß für diese Erscheinung im vorliegenden Fall aber auch der Impulsaustausch am Radumfang verantwortlich zu machen ist, geht daraus hervor, daß sie — im geringeren Grade — auch beim glatten Leitring (S. 372) zu beobachten ist. Die Drucksteigerung erfolgt ferner um so ausschließlicher im Schrägabschnitt, je kleiner der Füllungsgrad V_x/V der Pumpe (S. 442) ist.

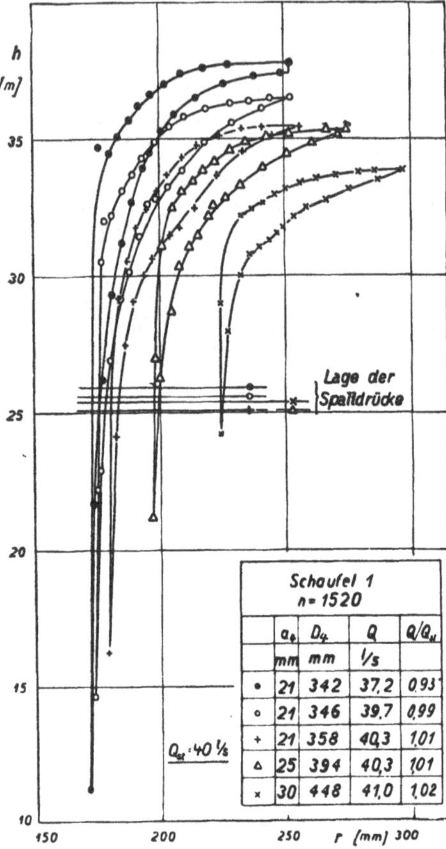

Abb. 192. Druckverlauf längs der Leitschaufel bei normalem Durchfluß und verschiedenem Eintrittsdurchmesser D

Die Leitschaufelspitzen sind der Bearbeitung zugänglich zu machen, da hier die größten in der Pumpe vorkommenden Geschwindigkeiten herrschen. Die Schaufelspitzen bestehen bei hochwertigen Wasserpumpen meist aus Bronze, neuerdings bei kleinen Rädern bis 125 mm Laufraddurchmesser auch aus Kunstharzpreßstoff[2] und werden bei großen Ausführungen (ebenso wie Spiralgehäuse und sogar Laufrad) geschweißt[3].

71a. Zahlenbeispiele zu Leitschaufeln

a) Leitrad zu der in Abschnitt 50, IV behandelten Speisepumpe. Aus den Zahlenwerten des Beispiels werden errechnet nach Gl. (2) $c_{3u} = g \cdot 85{,}0/36{,}65 = 22{,}8\,\text{m/s}$, nach Gl. (3) $c_{3m} = 0{,}026/(\pi 0{,}25 \cdot 0{,}012) = 2{,}76\,\text{m/s}$, also $\operatorname{tg}\alpha_3 = 2{,}76/22{,}8 = 0{,}1211$.

[1] Heinrich, G.: Fußnote 1, S. 73

[2] Fischer, A.: Kunstharzpreßstoff bei Speisepumpen. Arch. Wärmewirtsch. 22 (1941) S. 223

[3] BWK 11 (1959) Nr. 4, S. 188

Mit $\mu = 1{,}2$, $t_4/(t_4 - \sigma_4) = 1{,}11$ gibt Gl. (5) $\operatorname{tg}\alpha_4 = 1{,}2 \cdot 0{,}1211 \cdot 1{,}11 = 0{,}1620$, entsprechend $\alpha_4 = 9^\circ 10'$. Der Eintrittsverlauf wird als logarithmische Spirale oder besser so gezeichnet, daß die Neigung an der Spitze mit α_3 beginnt und die nach Gl. (8a) mit α_4 berechnete Eintrittsweite eingehalten wird (Abb. 142a).

b) Leitrad eines Gebläses. Die Volumenabnahme im radialen Laufrad wird erst bei Förderhöhen H über 2500 m wichtig. Zu den S. 223 angeführten Gesichtspunkten kommt hinzu, daß der entstehende Fehler im Rahmen der durch Schätzung der Ziffer μ bedingten Unsicherheit bleibt. Die Rechnung unterscheidet sich deshalb bei $H < 2500$ m nicht von der vorausgehenden. Man kann aber berücksichtigen, daß der größere Zwischenraum zwischen Lauf- und Leitrad nämlich $\frac{1}{2}(D_4 - D_2) = r_4 - r_2$ eine merkbare Abbremsung der Umfangskomponente durch die Wandreibung und damit eine Vergrößerung des Neigungswinkels der Strombahnen von α_3 auf α_4' bedingt, die gemäß Gl. (49), Abschn. 13d sich ergibt aus

$$b_4 \operatorname{tg}\alpha_4' - b_3 \operatorname{tg}\alpha_3 = \frac{\lambda}{4}(r_4 - r_2)$$

oder

$$\operatorname{tg}\alpha_4' = \frac{b_3}{b_4}\operatorname{tg}\alpha_3 + \frac{\lambda}{4 b_4}(r_4 - r_2), \tag{10}$$

wo $\lambda \approx 0{,}04$.

Damit ergibt sich dann der Leitschaufelwinkel α_4 wieder aus

$$\operatorname{tg}\alpha_4 = \mu \operatorname{tg}\alpha_4' \frac{t_4}{t_4 - \sigma_4}. \tag{11}$$

Für das in Abschn. 50, II berechnete Gebläselaufrad ist

$$\operatorname{tg}\alpha_3 = \frac{c_{3m}}{c_{3u}} = \frac{47{,}3}{119} = 0{,}397, \qquad r_4 - r_2 = \frac{D_2}{10} = 86\,\text{mm},$$

also mit $\lambda = 0{,}04$, $b_3 = b_4 = b_2 + 2 = 48{,}5$ mm,

$$\operatorname{tg}\alpha_4' = \operatorname{tg}\alpha_3 + \frac{\lambda}{4 b_4}(r_4 - r_2) = 0{,}397 + \frac{0{,}04 \cdot 86}{4 \cdot 48{,}5} = 0{,}415$$

und mit $\mu = 1{,}2$, $t_4/(t_4 - \sigma_4) \approx 1{,}06$,

$$\operatorname{tg}\alpha_4 = 1{,}2 \cdot 0{,}415 \cdot 1{,}06 = 0{,}528, \qquad \alpha_4 = 27^\circ 50'.$$

Die vorläufig geschätzte Verengungsziffer kann auf Grund der gewählten Leitschaufelzahl nachgeprüft werden.

Da diese Schaufelzahl in der Regel sehr groß ist, kann hier auf die sowieso fragliche Ausbildung des Eintrittsverlaufes nach logarithmischen Spiralen verzichtet und eine Gerade so gelegt werden, daß die rechnungsmäßig richtige Weite a_4 nach Gl. (8a) verwirklicht wird. α_3 sollte im Fall großen Zwischenraumes nicht unter 14° liegen, damit der spiralige Reibungsweg nicht zu lang ist. Danach ist die Berechnung des zugehörigen Laufrades einzurichten.

Besteht am Leitkanaleintritt Schallgeschwindigkeitsnähe mit $Ma = c_4/a > 0{,}7$, wo $c_4 = c_3(D_2/D_4)$, so ist der glatte Leitring, welcher bei Luftförderung wegen des vergrößerten α_4 überhaupt günstiger zu beurteilen ist als bei Wasserförderung (Abschn. 75), dem Leitrad vorzuziehen. In mehrstufigen Ausführungen treten dann die Rückführschaufeln an Stelle der Leitschaufeln (Abb. 204a).

72. Die Übertreibung der Leitschaufeln

Ebenso wie bei den Laufschaufeln äußert sich auch bei den Leitschaufeln die endliche Schaufelteilung in der Notwendigkeit der Übertreibung der Schaufelwinkel im Sinne einer Vergrößerung der Richtungsänderung (Abb. 71). Die Kenntnis dieser Übertreibung ist in manchen Fällen nötig. Sie gibt auch die Möglichkeit, die Schaufelteilung zu vergrößern und damit die Reibungsflächen zu verkleinern, sowie die Herstellung zu verbilligen. Dabei spielt nur die Austrittsablenkung eine Rolle. Die Eintrittsablenkung bleibt aus den gleichen Gründen, wie sie bei der Laufschaufel (S. 125) angegeben sind und die für das Leitrad in erhöhtem Maße zutreffen (S. 354), unberücksichtigt.

Da der Mechanismus der Ablenkung der gleiche ist, wie schon beim Laufrad in den Abschnitten 21 bis 22 besprochen wurde, so können die dortigen Gln. (36) und (37) sinngemäß hierher übertragen werden, indem an Stelle der Schaufelarbeiten die vom Leitschaufelkranz auf die Strömung ausgeübten Drehmomente bei endlicher bzw. unendlicher Schaufelzahl gesetzt werden. Da diese Momente proportional zur Änderung des Dralles sind, so ist

$$\Delta(r\,c_u)_\infty = \Delta(r\,c_u)\,(1 + p_l) \qquad (12)$$

mit

$$p_l = \frac{\psi_l'\, r_5^2}{z_l\, S_l}.$$

Darin bedeutet

$\Delta(r\,c_u)_\infty$ die Änderung des Dralles $r\,c_u$ der austretenden gegenüber der eintretenden Flüssigkeit bei unendlicher Schaufelzahl,

$\Delta(r\,c_u)$ den gleichen Wert für die wirkliche Schaufelzahl,

S_l das statische Moment des mittleren Wasserfadens $A\,B$ im Meridianschnitt (Abb. 193a),

ψ_l' eine Erfahrungszahl.

Ferner beziehe sich das Fußzeichen

3 auf den Zustand der ungestörten Strömung hinter dem Laufrad (Abb. 193),

4 auf die Verhältnisse dicht hinter dem Eintritt,

5 auf eine Strömung an dem durch die Schaufelstärke noch verengten Leitradaustritt, wobei die Verhältnisse unendlicher Schaufelzahl angenommen, also die Strombahnen kongruent dem Verlauf der Schaufel bzw. Schaufelmitte sein sollen,

5 mit Strich (beispielsweise c_5') auf eine Strömung an dem durch die Schaufelstärke verengten Radaustritt unter Berücksichtigung der Ablenkung, also entsprechend der rückwärts verlängert gedachten, ungestörten Abströmung.

Dann ist

$$S_l = \int_{r_4}^{r_5} r\,dx \qquad (12\text{a})$$

und

$$\Delta(r\,c_u)_\infty = r_2\,c_{3u} - r_5\,c_{5u},$$

$$\Delta(r\,c_u) = r_2\,c_{3u} - r_5\,c_{5u}',$$

womit nach Gl. (12)

$$r_2 c_{3u} - r_5 c_{5u} = (r_2 c_{3u} - r_5 c_{5u}') (1 + p_l) \tag{13}$$

oder

$$r_5 c_{5u} = r_5 c_{5u}'(1 + p_l) - p_l r_2 c_{3u}.$$

Berücksichtigt man nun, daß

$$c_{5u} = c_{5m} \operatorname{ctg} \alpha_5, \qquad c_{5u}' = c_{5m} \operatorname{ctg} \alpha_5',$$

so ist auch

$$\operatorname{ctg} \alpha_5 = \operatorname{ctg} \alpha_5' (1 + p_l) - p_l \frac{r_2 c_{3u}}{r_5 c_{5m}}. \tag{14}$$

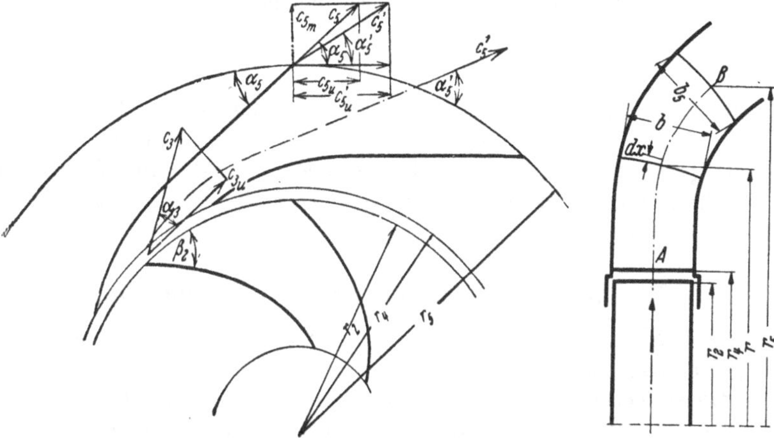

Abb. 193. Darstellung der Geschwindigkeiten am Ein- und Austritt des Leitrades

Abb. 193a. Meridianschnitt durch das Leitrad (Abb. 193)

Hiermit kann bei vorgeschriebenem Abströmwinkel α_5' der zugehörige Leitradendwinkel α_5 oder umgekehrt der Abströmwinkel α_5' für ein gegebenes Leitrad berechnet werden.

Wird bei mehrstufigen Pumpen die Leitschaufel und Umführungsschaufel zusammenhängend, also räumlich gekrümmt ausgebildet, so ist Abströmen ohne Umfangskomponente erwünscht, also $c_{5u}' = 0$ oder $\alpha_5' = 90°$. Das gleiche ist bei den Leiträdern von Axialpumpen der Fall (Abb. 194). Dann ist nach Gl. (14)

$$\operatorname{ctg} \alpha_5 = - p_l \frac{r_2 c_{3u}}{r_5 c_{5m}}. \tag{15}$$

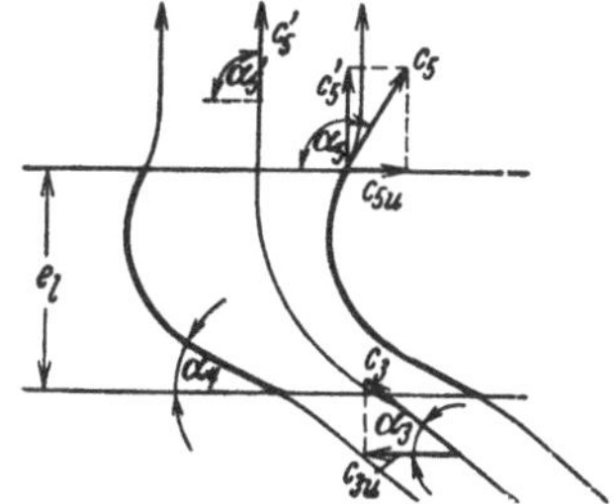

Abb. 194. Axiales Leitrad

Das negative Zeichen besagt, daß jetzt $\alpha_5 > 90°$ zu machen ist.

Für axialen Durchfluß (der schon in Abschn. 68 und 69b vorweg behandelt ist), d. h. $r_2 = r_5$, wobei häufig auch $c_{5m} = c_{3m}$, vereinfachen sich Gl. (14) und (15) auf die Form

$$\operatorname{ctg}\alpha_5 = \operatorname{ctg}\alpha_5'(1 + p_l) - p_l \operatorname{ctg}\alpha_3 \tag{16}$$

bzw.

$$\operatorname{ctg}\alpha_5 = -p_l \operatorname{ctg}\alpha_3. \tag{17}$$

Das statische Moment S_l beträgt für den Fall des rein radialen Leitrades

$$S_l = \int_{r_4}^{r_5} r\,dr = \frac{1}{2}(r_5^2 - r_4^2) \tag{18}$$

und für das axiale Leitrad (Abb. 194), das bereits in Abschn. 68 behandelt ist,

$$S_l = r\,e_l. \tag{18a}$$

Die Erfahrungszahl ψ_l' kann nach den Versuchen von SCHRADER[1], HANSEN[2] und VON DER NÜLL[3] nach den beim Laufrad angegebenen Regeln gewählt werden. In den Gleichungen von Abschn. 22 ist dann α_5 an Stelle von β_2 zu setzen. Für axiale Leitschaufeln gilt sinngemäß Gl. (4), S. 314.

73. Punktweise Berechnung der Leitschaufeln

Das in Abschn. 71 angegebene Entwurfsverfahren ergibt eigentlich die „Kreisbogenschaufel“. Man kann die Leitschaufel aber ebensogut punktweise berechnen wie die Laufschaufel (Abschn. 47b und 52b). Die Anwendung dieses Verfahrens empfiehlt sich besonders bei der räumlich gekrümmten Leitschaufel. Wenn am Parallelkreis vom Halbmesser r (Abb. 190) die Neigung α der Mittellinie[4] der Schaufel vorliegt, und dort (gemäß der Vorstellung der elementaren Turbinentheorie) die Geschwindigkeit c überall gleich groß und unter diesem Winkel α gerichtet angenommen wird, so ist der Durchfluß

$$V' = b\,z_l(t - \sigma)\,c \sin\alpha = b\,z_l\left(t - \frac{s}{\sin\alpha}\right) c \sin\alpha, \tag{19}$$

also entsprechend Gl. (27), Abschn. 47b

$$\sin\alpha = \frac{s}{t} + \frac{V'}{z_l\,t\,b\,c} \tag{20}$$

oder entsprechend Gl. (13), Abschn. 52b

$$\sin\alpha = \frac{s}{t} + \frac{(c_m)_{\text{netto}}}{c}. \tag{21}$$

---

[1] Fußnote 1, S. 77 [2] Fußnote 1, S. 137 [3] Fußnote 1, S. 122

[4] Unter „Mittellinie“ einer Schaufel soll stets die Linie verstanden werden die die in der Umfangsrichtung gemessenen Schaufeldicken σ halbiert (Abb. 190) und die auch bei dicken Schaufeln mit dem geometrischen Ort der Mittelpunkte der einbeschriebenen Kreise genügend übereinstimmt.

Aus dem hiernach berechneten α-Verlauf ergibt sich die Mittellinie der Schaufel durch graphische Integration gemäß folgender (schon im Abschn. 52b abgeleiteter) Beziehung

$$\varphi^\circ = \frac{180}{\pi} \int\limits_{r_4}^{r} \frac{d\,x}{r\,\mathrm{tg}\,\alpha}, \tag{22}$$

so daß auch der Entwurf sich in gleicher Weise wie bei der Laufschaufel vollzieht (vgl. auch S. 367).

Häufig ist es zweckmäßig, den Verlauf von α, $(c_m)_{\text{netto}}$ (oder b) und s vorzuschreiben und daraus nach Gl. (21) die Geschwindigkeit

$$c = \frac{(c_m)_{\text{netto}}}{\sin\alpha - \frac{s}{t}} \tag{22a}$$

zu berechnen (wie dies in Abschn. 57 geschehen ist). Es gibt aber Fälle, wo sich mit dem anzunehmenden α-Verlauf nur dann ein tragbarer c-Verlauf vereinigen läßt, wenn die Wandstärke, also s oder σ, entsprechend angepaßt wird (Abschn. 50a). Dann wird man die Linien von α, c und $(c_m)_{\text{netto}}$ (oder b) vorschreiben und die Schaufelstärke berechnen, indem nach Gl. (19)

$$\sigma = t - \frac{V'}{b\,z_l\,c\sin\alpha} \tag{23}$$

oder nach Gl. (20) bzw. (21)

$$s = t\sin\alpha - \frac{V'}{z_l\,b\,c} = t\left(\sin\alpha - \frac{(c_m)_{\text{netto}}}{c}\right). \tag{24}$$

Bei der Annahme oder der Berechnung des α-Verlaufes ist naturgemäß die Übertreibung gemäß den Angaben des vorausgegangenen Abschnittes zu berücksichtigen, wie dies auch bei der Laufschaufel geschehen ist. Umgekehrt ist im Auge zu behalten, daß die hierbei auftretenden Geschwindigkeiten c der Annahme unendlicher Schaufelzahl entsprechen, also mit den wirklichen nicht übereinstimmen. Bei doppelt gekrümmten Leitschaufeln ist in den vorstehenden Gleichungen für s die im Schnitt mit der Flußfläche erscheinende Wandstärke s' zu setzen (S. 261). Allerdings ist bei dem anzustrebenden steilen Schnitt zwischen Schaufelfläche und Flußfläche der Unterschied meist vernachlässigbar klein.

Wichtig ist ferner, daß bei der punktweisen Berechnung der Verlauf der Mittellinie erhalten wird und demgemäß die Schaufeldicke s_4 nicht gemäß Abb. 190, sondern im Schnittpunkt der Schaufelmittellinie mit dem Eintrittskreis erscheint.

74. Die Leitvorrichtung mehrstufiger Pumpen

Hinter der radialen Stufe ist die Förderflüssigkeit wieder der Achse zu nähern, um sie zum Laufradeintritt der nächsten Stufe zu führen. Dadurch entstehen Umführungsräume mit S-förmiger Krümmung im Meridianschnitt. Die Bauarten unterscheiden sich durch die Art der

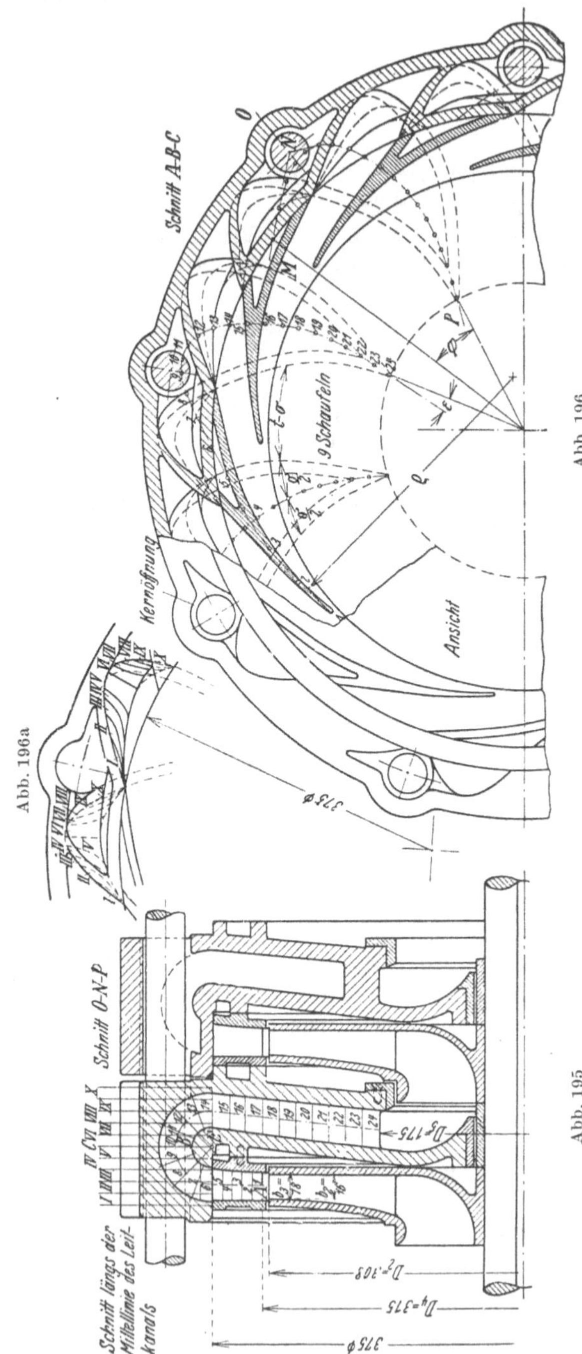

Abb. 195

Abb. 196a

Abb. 196

Abb. 195, 196 u. 196a. Zusammenhängende Leit- und Umführungsschaufel mit gekrümmter Übergangsfläche

Ausbildung der in diesen Umführungsräumen untergebrachten „*Rückführschaufeln*“, die auch als Eintrittsleitschaufeln der nächsten Stufe anzusehen sind. Bei den folgenden Beispielen wird angenommen, daß dieser Eintritt in die nächste Stufe (wie bei der ersten Stufe) senkrecht zur Umfangsrichtung geschehen soll, obwohl neuere Beobachtungen es wahrscheinlich erscheinen lassen, daß ein geringer positiver Eintrittsdrall ($\alpha_0 < 90°$) günstiger ist.

a) Leit- und Rückführschaufel zusammenhängend. In den als Studienzeichnungen entworfenen Abb. 195 und 196 sind die Umführungsschaufeln als Fortsetzung der Leitschaufeln ausgebildet. Der Vorteil dieser Anordnung besteht darin, daß eine verhältnismäßig lange Strombahn für die Verlangsamung zur Verfügung steht, so daß der Erweiterungswinkel die zulässige Grenze nirgends zu überschreiten braucht. Ferner kann der Gehäusedurchmesser klein gehalten werden. Der Entwurf erfolgt, indem nach den Regeln, die im Abschn. 52 für räumlich gekrümmte Schaufeln angegeben sind, der *mittlere* Stromfaden im Grundriß (Abb. 196) gezeichnet wird. Wegen der stark veränderten Wandstärke benutzt man hierbei am besten das Verfahren der punktweisen Berechnung gemäß dem vorausgegangenen Abschnitt.

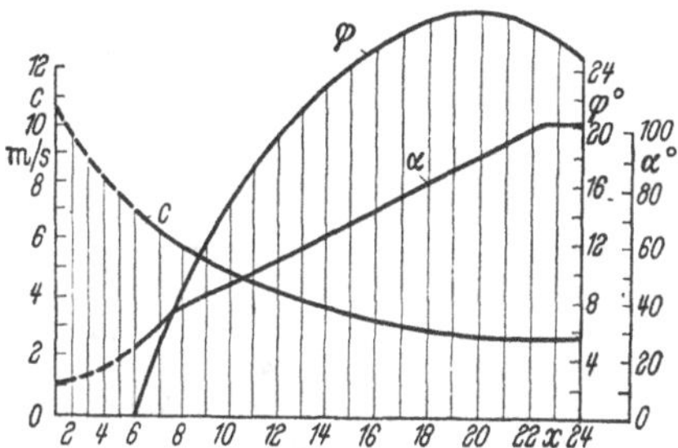

Abb. 197. Diagramm zur Berechnung der zusammenhängenden Leit- und Rückführschaufel (Abb. 195, 196)

Der gezeichneten Leitvorrichtung liegen die eingetragenen Maße für den Radquerschnitt zugrunde, ferner die Daten $V' = 0{,}0315$ m³/s, $c_{3m} = 2{,}04$ m/s, $c'_{2u} = c_{3u} = 13{,}9$ m/s, $\alpha_4 = 10°10'$. Zweckmäßig ist es zunächst, den sich radial nach außen entwickelnden Teil der Leitschaufeln in der im Abschn. 71 angegebenen Weise, also beispielsweise mit logarithmisch-spiraligem Einlauf, zu zeichnen. Die Fortsetzung bestimmt man dann punktweise, indem man die α- und c-Werte des Anfangsverlaufes für den Beginn der zugrunde zu legenden α- und c-Linie (Abb. 197) benutzt. Man trägt also in den gezeichneten Schaufelanfang die Mittellinie durch Halbieren der σ-Werte (Abb. 196) ein, entnimmt die zugehörigen Neigungswinkel α und berechnet die Geschwindigkeiten c aus Gl. (22a). Die Auftragung der c- und α-Werte in Abb. 197[1] erfolgt in Abhängigkeit der Abwicklung x des mittleren Stromfadens des Meridianschnittes aus der Abb. 195. Die Fortsetzung der α- und c-Linie muß der gewünschten Austrittsbedingung Rechnung tragen. Das Wasser soll unter $\alpha'_5 = 90°$ mit einer Geschwindigkeit $c'_5 = c_{3m}$, die etwa gleich der Einlaufgeschwindigkeit des nächsten Rades ist, abströmen. Jedoch muß die Schaufel unter einem gewissen Übertreibungswinkel $\varepsilon = \alpha_5 - 90°$ endigen, der aus Gl. (15) zu bestimmen ist[2]. Aus dem punktweise mittels Gl. (22), Abschn. 73, bestimmten mittleren Faden $1 \cdots 24$ der Abb. 196 erhält man durch beiderseitiges Abtragen von $\sigma/2$ die Schaufelwände, wobei σ durch Gl. (23) gegeben ist. Den Teil der Schaufelfläche, der sich um den äußeren Ringwulst schraubenartig herumwindet, kann man so ausbilden, daß diese Flächen durch eine Gerade entstehen, die an der gezeichneten Mittellinie und einer zweiten entsprechend gewählten Leitlinie, z. B. dem durch E gehenden Parallelkreis (Abb. 195), so

[1] Die dort an der x-Achse angeschriebenen Zahlen beziehen sich auf die in Abb. 195 und 196 eingetragenen Punkte.

[2] Dabei wird das statische Moment S_e des ganzen mittleren Fadens $1 \cdots 24$ der Abb. 195 nach Gl. (12a) unter Beachtung der S. 139 gemachten Angaben bestimmt. — Wird nicht übertrieben, also $\varepsilon = 0$ gesetzt, so wird die Förderhöhe der folgenden Stufe entsprechend dem verbleibenden Gleichdrall verringert, der Wirkungsgrad aber eher verbessert als verschlechtert (vgl. S. 387 und 449).

entlangleitet, daß sie die Wellenachse fortlaufend schneidet. Auf diese Weise sind die in Abb. 196a durch Schreinerschnitte I bis X gekennzeichneten Flächen entstanden. Die zur Verbindung der einzelnen Gehäuseringe (vgl. S. 470) nötigen Anker sind durch Aussparungen der Leitschaufeln gelegt.

Die angegebene Konstruktion stellt hohe Anforderungen an die Gießerei. Auch ist es nicht ganz sicher, ob die dabei beachtete stetige Verlangsamung im Hinblick auf die gleichzeitig auftretende Richtungsänderung die günstigste Umsetzung der Geschwindigkeit gewährleistet. Immerhin sind hinsichtlich des Wirkungsgrades mit dieser stetigen Überführung günstige Erfahrungen[1] gemacht worden. Jedenfalls dürfte ihre Verwendung von Vorteil sein, wenn mit einem kleinstmöglichen Gehäusedurchmesser auszukommen ist. Auch mit verschiedenen Vereinfachungen, die die Vermeidung der doppelten Schaufelkrümmung an der Übergangsstelle bezwecken, sind Erfolge an Flüssigkeitspumpen wie Verdichtern erzielt worden.

Die weitestgehende Abänderung ist bei der Formgebung nach der Studienzeichnung Abb. 142 und 142a, S. 250, verwirklicht, wobei die Verbindung zwischen Leit- und Umführungsschaufel durch die Ankerwülste geschieht. Diese laufen rein axial, so daß am größten Halbmesser der Leitschaufeln die Umfangskomponente c_u weitgehend verschwunden ist. In den Rückführschaufeln findet also keine wesentliche Geschwindigkeitsumsetzung mehr statt. Trotzdem bringt in diesem Fall der Zusammenhang zwischen Leit- und Umführungsschaufel besonders bei der im unteren Teil der Abb. 142 angegebenen Konstruktion noch den in Fußnote 1 angegeben Nutzen.

b) Schaufelloser Ringraum zwischen Leit- und Rückführschaufel (Studienzeichnung einer Wasserpumpe Abb. 198 bis 201). Die Schwierigkeiten des Überganges zwischen Leit- und Rückführschaufeln können durch Einschaltung eines schaufellosen Ringraumes vermieden werden. Da dieser am gleichen Durchmesser beginnt und endigt, bringt er keine Geschwindigkeitsumsetzung mit sich. Seine Austrittsströmung wird zweckmäßigerweise den Umführungsschaufeln stoßfrei zugeführt, indem letztere entsprechend gekrümmt werden. Die Enden der Leitschaufeln sind zur Vermeidung des Carnotschen Stoßverlustes meist nicht verdickt. Dies zwingt zu einer verhältnismäßig großen Zahl von Leitschaufeln, wenn man nicht große Erweiterungswinkel zulassen will.

Aus diesem Grunde ist die vorliegende Anordnung bei Turbokompressoren sehr gebräuchlich, da dort eine große Zahl von Leitschaufeln zur Dämpfung des Pfeifens erwünscht und wegen der Ausführung in Blech auch möglich ist. Es darf aber nicht unbeachtet bleiben, daß die gleichzeitige Überdeckung mehrerer Leitkanäle durch den gleichen Laufkanal die S. 358 erwähnten Zusatzverluste nach sich zieht. Um die Anfangsneigung α_8 der Rückführschaufel richtig zu erhalten, hat man die Austrittsgeschwindigkeit aus den Leitschaufeln nach Größe und Richtung zu bestimmen, wobei man auch die Austrittsablenkung $\alpha_5 - \alpha_5'$ nach Gl. (14) errechnen kann. Die Strömung im schaufellosen Ringraum geschieht bei Reibungslosigkeit mit konstantem Drall $r\,c_u$. Da in Wirklichkeit aber die Reibung den Drall herabsetzt, also den Winkel vergrößert, so bestimmt man den Anströmwinkel α_7 zum Umkehrkranz besser nach der im Abschn. 13d abgeleiteten Gl. (51), die im vorliegenden Fall liefert:

$$\operatorname{tg}\alpha_7 = \left(b_6 \operatorname{tg}\alpha_6 + \frac{\lambda}{4}\,l\right)\frac{1}{b_7}, \tag{25}$$

falls α_6 der Neigungswinkel der Strombahnen dicht hinter dem Leitrad [der von dem aus Gl. (14) erhaltenen Winkel α_5' nur im Fall der endlichen Dicke des Leitschaufelendes verschieden ist], b_6, b_7 die Kanalbreiten am Austritt Leitrad bzw. Eintritt Rückführschaufel (Punkt B und D, Abb. 198), $\lambda \approx 0{,}04$ die Widerstandsziffer, l die Länge des mittleren Fadens $B\,C\,D$ im Meridianschnitt sind.

---

[1] Vgl. z. B. Z. VDI 80 (1936) S. 793—794. Nach neuerer Mitteilung von Rütschi sind folgende Wirkungsgrade erzielt worden: mit Überströmkanal Abb. 196a $\eta = 78{,}2\,\%$; Abb. 142a unten $\eta = 76{,}5\,\%$; Abb. 142a oben $\eta = 74{,}8\,\%$, wobei das günstige Abschneiden der Konstruktion nach Abb. 142 unten überrascht.

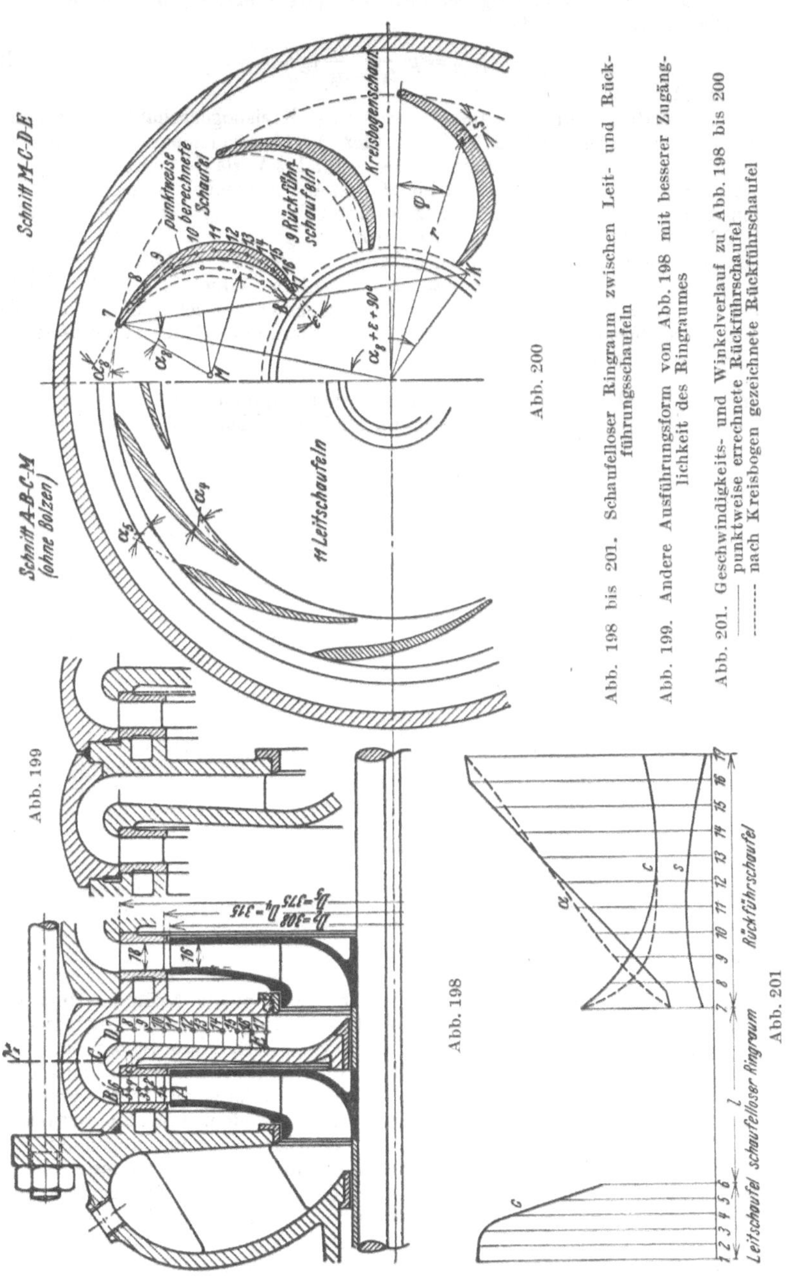

Abb. 198 bis 201. Schaufelloser Ringraum zwischen Leit- und Rückführungsschaufeln

Abb. 199. Andere Ausführungsform von Abb. 198 mit besserer Zugänglichkeit des Ringraumes

Abb. 201. Geschwindigkeits- und Winkelverlauf zu Abb. 198 bis 200
——— punktweise errechnete Rückführschaufel
------- nach Kreisbogen gezeichnete Rückführschaufel

Abb. 199 zeigt eine Ausführungsform, bei der der Umführungskanal für die Bearbeitung besser zugänglich gemacht ist als in Abb. 198 und deshalb auch kleinere λ-Werte zulässig sind.

Unter Berücksichtigung der endlichen Dicke des Anfanges der Rückführschaufel, d. h. des Verengungsverhältnisses $t_8/(t_8 - \sigma_8)$, ergibt sich deren Anfangsneigung α_8 nach S. 354 aus

$$\operatorname{tg}\alpha_8 = \mu \frac{t_8}{t_8 - \sigma_8} \operatorname{tg}\alpha_7 \tag{26}$$

wo $\mu \approx 1{,}2$.

Man kann die Rückführschaufel entweder als „Kreisbogenschaufel" unter sinngemäßer Anwendung der S. 226f. gemachten Angaben zeichnen oder punktweise nach Abschn. 73 [unter Annahme eines c- und s-Verlaufs (Abb. 201) mittels Gl. (20) und (22)] errechnen. In Abb. 200 ist die gestrichelt angegebene Kreisbogenschaufel mittels *eines* Kreisbogens unter Benutzung der im Anschluß an Abb. 123, S. 228, besprochenen Konstruktion gezeichnet. Bei der (ganz gezeichneten) punktweise errechneten Schaufel ist von dem in Abb. 201 angegebenen α-Verlauf ausgegangen und danach die c-Linie rückwärts mittels Gl. (22a) errechnet. In dieser Abbildung ist auch der (rückwärts errechnete) α- und c-Verlauf der Kreisbogenschaufel gestrichelt eingetragen, der offenbar ungünstiger ist als der der punktweise errechneten.

c) Geschränkte Umführung. Von der bisher besprochenen Ausführung ist das Leitrad nach Abb. 202 und 202a grundsätzlich verschieden. Während bisher der

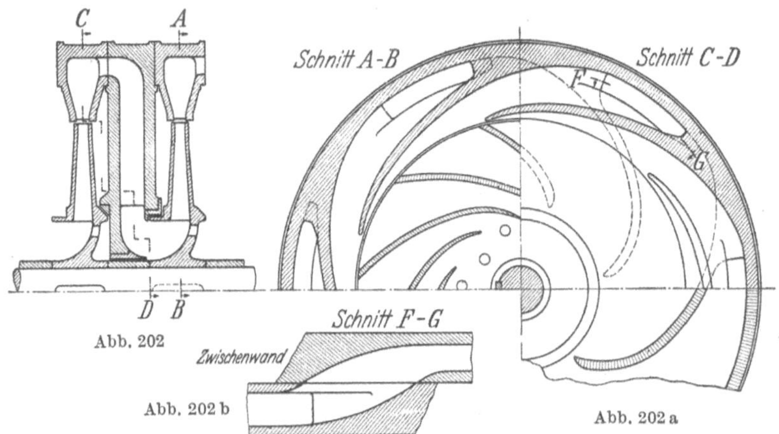

Abb. 202 u. 202a/b. Leitrad mit geschränkter Wasserführung (Odesse, Oschersleben)

Strömungsvorgang ungefähr der gleiche ist wie in einem Krümmer mit einer Richtungsänderung um 180° (Abb. 202c links), erfolgt hier der Übergang von der radial auswärts gerichteten zur radial einwärts gerichteten Strömung, so daß die Wasserfäden im Meridianschnitt sich überkreuzen (Abb. 202c rechts). Man kann sich den Vorgang so vorstellen, daß das aus dem Laufrad austretende Wasser gleich in axiale Richtung abgelenkt wird. Würde das Wasser seinen Abstand von der Achse beibehalten, so würde es schraubenförmige Bahnen in einem zylindrischen Hohlraum beschreiben, die man dann an irgendeiner Stelle in die radiale Richtung nach innen ablenken kann. Die Zahl der Leitschaufeln muß hier verhältnismäßig klein sein, weil es sonst nicht möglich ist, die Leitkanäle aneinander vorbeizuführen. Diese Bauweise des Leitrades, die auch noch in anderer Weise angewendet ist, gestattet die radiale Ausdehnung des Leitrades weitgehend einzuschränken. Anzunehmen ist aber, daß der Wirkungsgrad durch die an der Übergangsstelle von der radialen in die axiale Beaufschlagung eintretende S-förmige

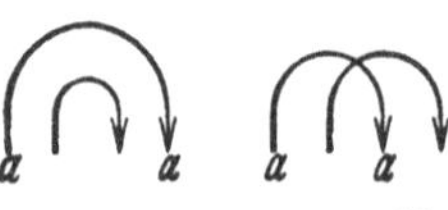

Abb. 202c. Zwei verschiedene Arten der Umführung

Umlenkung ungünstig beeinflußt wird (Abb. 202b). Bei dem in Abb. 202 gezeigten Ausführungsbeispiel ist das Leitrad als Hohlring[1] und damit als Teil des Pumpengehäuses ausgebildet.

75. Glatter Leitring

Die beiderseits die Fortsetzung der Laufradwände bildenden Wände des Leitringes (Abb. 203), die als Rotationsflächen ausgebildet sind, können parallel sein oder beliebige Meridiane besitzen. Ihr Verlauf

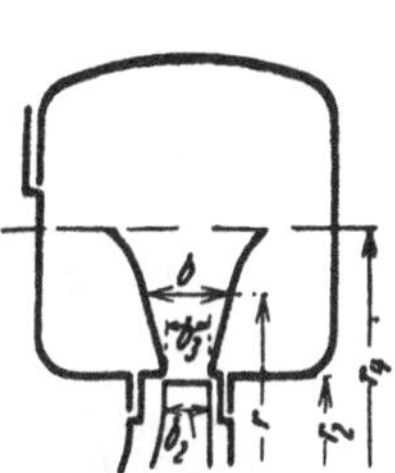

Abb. 203. Kreiselpumpe mit Leitring

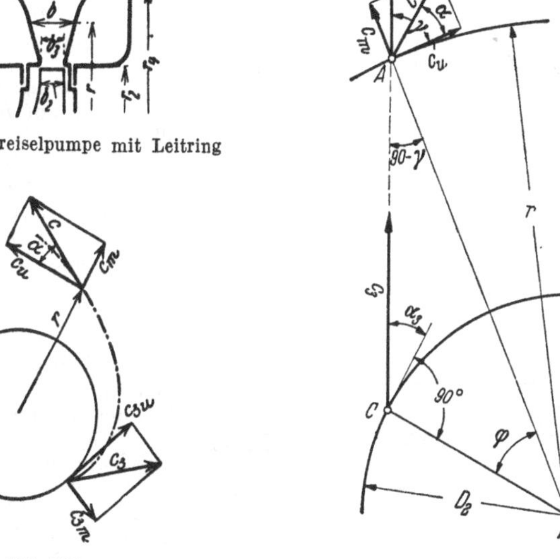

Abb. 203a

Abb. 203b

beeinflußt die Komponente c_m der Geschwindigkeit in der Meridianebene (Abb. 203a) nach der Gleichung

$$c_m = \frac{V'}{2 r \pi b} = c_{3m} \frac{r_2 b_2}{r b}. \tag{27}$$

Für die Änderung der Umfangskomponente c_u kommt aber nur der Flächensatz in Frage, also

$$c_u r = c_{3u} r_2 = K, \tag{28}$$

wo K für $\alpha_0 = 90°$ nach der Hauptgleichung gegeben ist durch

$$K = \frac{c_{3u} u_2}{\omega} = \frac{g H_{\text{th}}}{\omega}. \tag{28a}$$

Die Umfangskomponente nimmt nach Gl. (28) *im umgekehrten Verhältnis zum Halbmesser r ab. Hierbei ist es vollkommen gleichgültig,*

[1] DRP. 323630, Kl. 59b, Gr. 1

welchen Breitenverlauf der Leitring besitzt. Da die Umfangskomponente für die Umwandlung der Geschwindigkeit in Druck ausschlaggebend ist, so kann ausgesagt werden, daß der Wert eines glatten Leitringes ausschließlich von seiner radialen Erstreckung abhängt und nicht etwa davon, ob er sich nach außen verbreitert oder verengt. Die Erfahrung zeigt, daß der *parallelwandige Leitring einen besseren Wirkungsgrad besitzt als der sich nach außen verbreiternde.* Dies ist selbst dann der Fall, wenn am Ende des Leitringes ein kurzer Übergang zum Spiralgehäuse nötig sein sollte. Sogar eine leichte Verengung hat Vorteile gebracht.

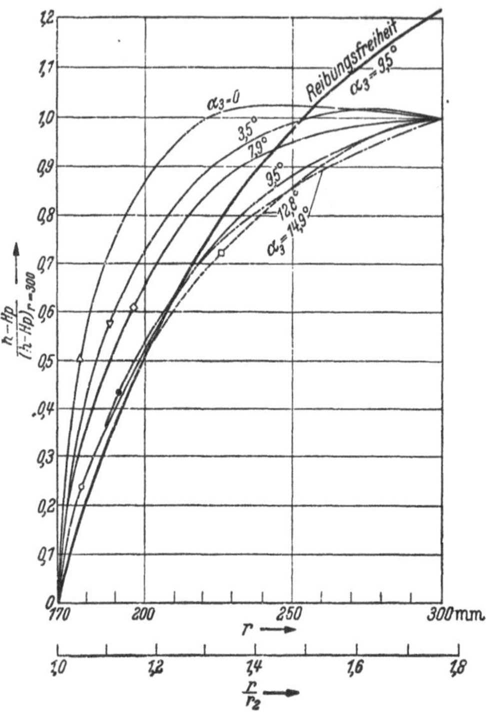

Abb. 204. Druckverlauf im glatten Leitring über dem Halbmesser bei verschiedenen Neigungswinkeln α_3 in Bruchteilen des Enddruckes

Die Umfangskomponente c_u kann auch auf zeichnerischem Wege ermittelt werden, wenn gemäß Abb. 203b die Richtung der Geschwindigkeit c_3 bis zum Schnittpunkt A mit dem betrachteten Parallekreis verlängert und diese Geschwindigkeit c_3 selbst bis zu diesem Punkt A verschoben wird. Die Umfangskomponente der so verschobenen Geschwindigkeit c_3 ist dann auch die Umfangskomponente c_u der vorläufig noch unbekannten Geschwindigkeit c, die selbst nicht mit c_3 übereinstimmt, weil ihre Meridiankomponente c_m nach Gl. (27) zu errechnen ist.

Berücksichtigt man *die Wandreibung*, so tritt an Stelle des Flächensatzes gemäß Gl. (46), Abschn. 13d, der *erweiterte Flächensatz*

$$\frac{1}{r\, c_u} - \frac{1}{r_2\, c_{3u}} = \frac{\lambda \pi}{2 V'} (r - r_2) \tag{29}$$

bzw. [entsprechend Gl. (49), Abschn. 13d] sofern man die Neigungswinkel der Stromlinien einführt

$$b \operatorname{tg} \alpha - b_3 \operatorname{tg} \alpha_3 = \frac{\lambda}{4} (r - r_2), \tag{30}$$

wo $\lambda \approx 0{,}04$.

Über die Wirkung der Reibung im glatten Leitring ist folgendes auszusagen: Da der Reibungsweg der strömenden Teilchen um so länger ist, je kleiner der Neigungswinkel α_3 der Strombahnen am Eintritt, so zeigt die Erfahrung, daß auch die radiale Länge des Leitringes mit kleiner werdendem α_3 verkürzt werden muß. Gemäß Abb. 204, die aus den Versuchen von SCHRADER ausgewertet ist, erreicht bei kleinem α_3 der

Druck nach einer gewissen radialen Länge $r - r_2$ ein Maximum, von dem aus also die Fortsetzung des Leitringes schädlich ist[1]. Man sieht beispielsweise, daß bei $\alpha_3 = 0$ das Maximum erreicht ist mit einem Radienverhältnis r/r_2 von 1,4, bei $\alpha_3 = 3{,}5°$ von 1,6, bei $\alpha_3 = 7{,}9°$ von 1,75.

Somit ist der glatte Leitring bei kleinem α_3 nicht am Platz. *Bei Winkeln α_3 von etwa 20° und mehr, wie sie bei Turbokompressoren vorliegen, sind aber offenbar Leitringe mit großem Radienverhältnis bei annehmbarer Wirkung möglich,* obwohl der Wirkungsgrad meist etwas geringer ist als beim beschaufelten Diffusor. Abb. 204a zeigt die Zwischenstufe eines hiernach ausgeführten Verdichters mit den dem Leitring nachgeschalteten Umkehrschaufeln CD (vgl. auch S. 518). Auffallend ist die Erweiterung des Leitringes AB nach außen.

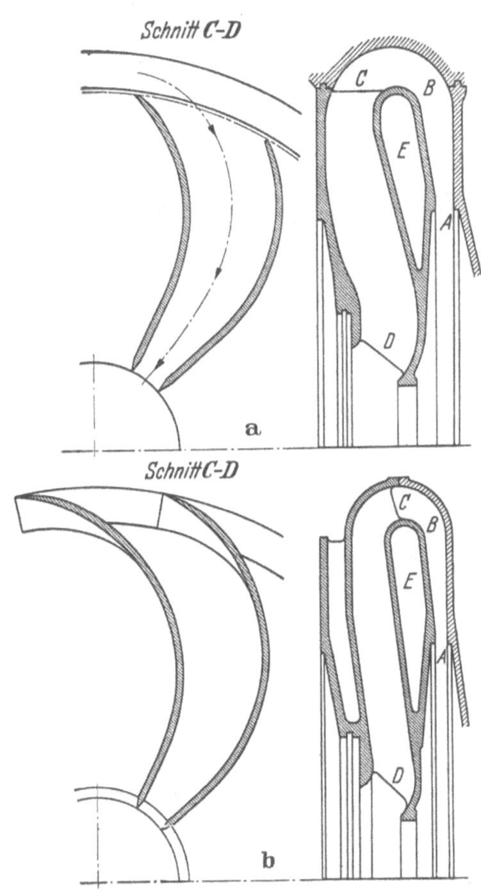

Abb. 204a. Zwischenstufe eines Kreiselverdichters mit schaufellosem Ringraum. Ausführung a und b.

In Abb. 204 ist für $\alpha_3 = 9{,}5°$ neben der Kurve der gemessenen Drücke auch der aus dem Flächensatz errechnete Druckverlauf bei Reibungsfreiheit eingetragen. Es ist nun in hohem Maße bemerkenswert, daß der wirkliche Druckanstieg am Anfang stärker ist als der theoretische und erst etwa bei $r/r_2 = 1{,}3$ beide Linien sich durchschneiden. Diese Erscheinung rührt von dem bereits wiederholt (S. 19 und 77) erwähnten Impulsaustausch am Radumfang her. Die in das Laufrad zurücktretende Grenzschicht (Abb. 52) erhält dort eine neue Energiezufuhr, die ihren Ursprung nicht in der durch den Drall $r_2 c_{3u}$ dargestellten Schaufelarbeit H_{th}, sondern in einem ganz anders gearteten Vorgang hat. Man sieht hier deutlich, daß diese sekundäre Energiezufuhr nicht

[1] Von N. Scholz wird in Z. ang. Math. Mech. 38 (1958) Heft 7/8 der Ablösungspunkt bei Drallfreiheit berechnet

bloß verlustbringend ist, sondern eine „Wiederbelebung" der nach rückwärts strömenden Grenzschicht und damit auch eine Zufuhr an nutzbarer Energie bedeutet.

Der Reibungsverlust Z_r im Leitring läßt sich mittels Gl. (45), Abschn. 13d, ermitteln und in Abhängigkeit vom Förderstrom V' oder Winkel α_3 angeben. Dabei soll angenommen werden, daß das zugehörige Laufrad mit verschiedenen Förderströmen beaufschlagt sei, was wir uns durch entsprechende Anpassung des Eintrittsverlaufes der Laufschaufeln, die im übrigen unverändert bleiben, ermöglicht denken wollen. Hierbei wird also im Geschwindigkeitsplan c_{2m} sich proportional zu V' verändern, wie das im Anschluß an die spätere Abb. 220 noch näher erläutert ist. Wie an anderer Stelle[1] näher gezeigt ist, kann der Verlauf ADC von Z_r, Abb. 205, in Abhängigkeit von V' leicht gezeichnet werden, wenn für die 3 Punkte A, C, D die Koordinaten und die Schnittpunkte der Tangenten mit der V'-Achse aus der folgenden Zusammenstellung entnommen werden. Die Tangente in C ist die V'-Achse.

Punkt A	Punkt D	Punkt C
$\overline{OA} = \frac{1}{2g}\left(\frac{u_2}{1+p}\right)^2$	$\overline{OB_1} = \frac{2\lambda\pi r_2^2 b_2 u_2}{4 b_2(1+p) + \lambda r_2 \operatorname{ctg}\beta_2}$ (31)	$\overline{OC} = 2 r_2 \pi b_2 u_2 \operatorname{tg}\beta_2$ (32)

$$\overline{OF} = \frac{\overline{OB_1}}{2} \quad (33) \qquad \overline{B_1D} = \frac{1}{(\pi\lambda)^2 g}\left(\frac{1}{r_2^4} - \frac{1}{r_4^4}\right)\overline{OB_1^2} \quad (34)$$

$$\overline{B_1E} = \frac{\frac{1}{2}\overline{OB_1^2}}{\frac{3\pi\lambda}{5(1+p)} r_2^2 u_2 \frac{1-\left(\frac{r_2}{r_4}\right)^5}{1-\left(\frac{r_2}{r_4}\right)^4} - \overline{OB_1}} \quad (35)$$

Die Stücke der Z_r-Linie zwischen den Punkten A und D einer-, D und C andererseits weichen verschwindend wenig von der Parabelform ab und können daher mittels der in Abb. 205 angedeuteten bekannten Parabelkonstruktion gezeichnet werden. Hervorzuheben ist, daß das Verfahren auch für Leitringe veränderlicher Breite gültig ist.

Gl. (31) bis (35) sind insofern ungenau, als c_m^2 gegen c_u^2 vernachlässigt ist. Beispielsweise wird im Punkt C der Reibungsverlust nicht Null, sondern gleich dem der rein radialen Strömung sein. Die Bestimmung dieses Betrages liefert den Punkt C' in Abb. 205. Der weitere Verlauf von Z_r bei Berücksichtigung von c_m^2 gegen c_u^2 ist auf Grund einer überschläglichen Rechnung gestrichelt eingetragen. Wie ersichtlich, geht diese Kurve in dem für praktische Zwecke wichtigen Bereich, der durch die kräftig gezeichnete Linie kenntlich gemacht ist, vollkommen in den oben abgeleiteten Verlauf über.

Bei der Anwendung der abgeleiteten Z_r-Linie (auf die Bestimmung der Drosselkurve S. 399) ist zu beachten, daß der Austauschstrom am Radumfang mit in den Leitring eintritt. Dieser hat beim Förderstrom Null seinen Größtwert. Deshalb hat der Punkt A in Abb. 205 (wo Z_r mit H_{r2} bezeichnet ist) nur zeichnerische Bedeutung. Man berücksichtigt dies, indem man die Z_r-Linie nach links um einen entsprechenden Betrag, etwa den doppelten Spaltverluststrom, verschiebt.

Abb. 205 bestätigt das eigentümliche Verhalten des Leitringes, daß *der durch ihn verursachte Reibungsverlust* Z_r [der sich in einer Abnahme von c_u gemäß Gl. (29) äußert] mit *wachsendem Durchfluß* V' *abnimmt, während er im Rohr mit dem Quadrat des Durchflusses wächst.* Der Zunahme von V' entspricht auch eine Zunahme von α_3.

---

[1] PFLEIDERER, C.: Forsch.-Arb. Ing.-Wes. Heft 295 (1927) S. 77ff. oder 2. Aufl. dieses Buches „Die Kreiselpumpen", S. 158

Die Betrachtung der Abb. 205 macht es auch verständlich, warum Leitringpumpen mit kleinem α_3 ihren besten Wirkungsgrad bei erheblich größerem Förderstrom als dem des stoßfreien Laufradeintrittes haben, denn das Minimum des Gesamtverlustes fällt infolge des starken Abfalles der Z_r-Linie nicht mit dem Minimum des an sich kleinen Laufradstoßes zusammen (Abschn. 85).

Hinsichtlich der Herstellungskosten und des betrieblichen Verhaltens ist der Leitring dem Leitrad stets überlegen. Abnützung von Leitschaufeln und Verstopfung von Leitkanälen sind nicht zu befürchten. Man findet deshalb den Leitring auch bei kleinem α_3 vielfach verwendet, wenn es sich um Förderung unreiner Flüssigkeiten handelt. Von großer Bedeutung ist bei Verdichtern die starke Herabsetzung des Lärmes (der bei Leitschaufeln um so unerträglicher wird, je näher sie dem Laufradumfang sitzen). — Bei Überschallgeschwindigkeit gewährt der Leitring den großen Vorteil, daß der gefürchtete Verdichtungsstoß nicht eintreten kann, weil dazu nach dem Impulssatz ein Drehmoment ausgeübt werden müßte, das infolge des Fehlens von Leitschaufeln nicht entstehen kann und in radialer Richtung $c_m \ll a$.

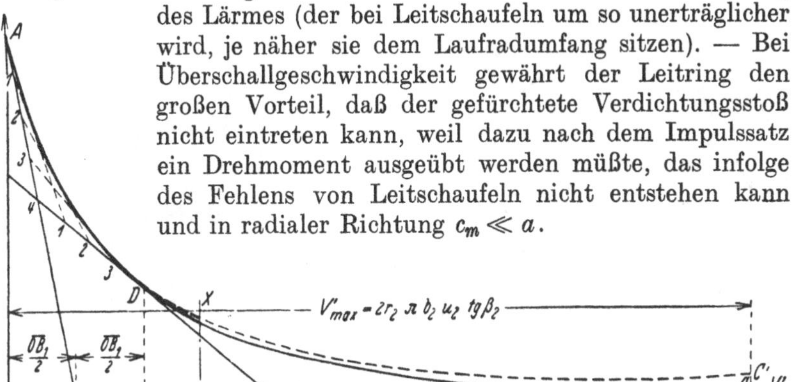

Abb. 205. Abhängigkeit des Reibungsverlustes $Z_r \equiv H_{r2}$ in einem glatten Leitring vom Förderstrom V' bzw. Winkel α_3

Hervorzuheben ist, daß das im nächsten Abschnitt behandelte Spiralgehäuse ebenfalls für genügend große Winkel α_3 brauchbar, aber in der Ausführung billiger und im Wirkungsgrad häufig besser ist.

76. Spiralgehäuse beliebigen Querschnitts

Bei einstufigen Pumpen (und in der letzten Stufe mehrstufiger Pumpen) empfiehlt es sich, den Förderstrom durch einen spiralförmigen Ringraum abzuführen, der um das Leitrad oder den Leitring oder auch unmittelbar um das Laufrad herum angeordnet ist. In letzterem Falle tritt das Spiralgehäuse an die Stelle der Leitvorrichtung. Die Berechnung eines solchen Spiralgehäuses sollte nicht unter Zugrundelegung gleicher mittlerer Geschwindigkeit für sämtliche Querschnitte der Spirale erfolgen, wie es häufig geschieht[1] und wobei der Querschnitt sich proportional dem Beaufschlagungsbogen vergrößert. Dies zeigt schon folgende einfache Überlegung. Wegen der Fliehkräfte der kreisenden Förderflüssigkeit muß der Druck von innen nach außen zu-,

[1] Beispielsweise bei A. J. Stepanoff: Radial- und Axialpumpen. Berlin/Göttingen/Heidelberg: Springer 1959

also die Geschwindigkeit abnehmen. Hiernach wird die *mittlere* Geschwindigkeit eines jeden Spiralquerschnittes um so kleiner, je mehr der Querschnitt sich in radialer Richtung vergrößert, falls der Strömungszustand längs des Laufradumfanges der gleiche ist. Letztere Bedingung muß aber erfüllt werden, damit die Strömung im Laufrad achsensymmetrisch bleibt. Schwankungen des Durchflusses im Rad bedingen nämlich nicht nur das fortlaufende Abgehen der S. 46 besprochenen „Anfahrwirbel", sondern verhindern, daß sämtliche Laufkanäle gleichzeitig unter den günstigsten Bedingungen (stoßfreier Eintritt) arbeiten. Daraus folgt, daß auch längs jeden Parallelkreises in der Spirale der gleiche Strömungszustand herrschen, d. h. auch im Spiralgehäuse die Strömung achsensymmetrisch sein sollte.

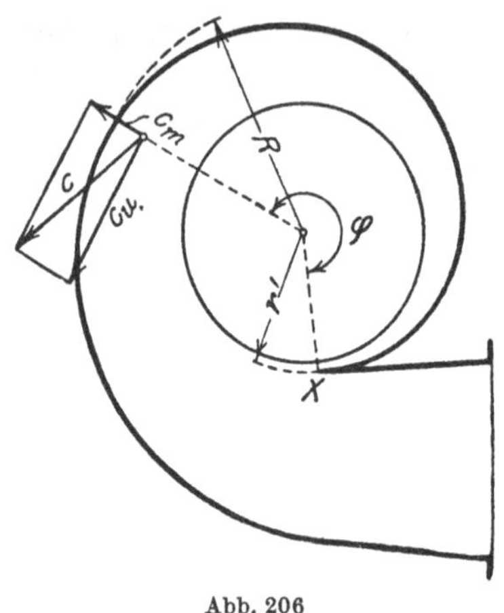

Abb. 206

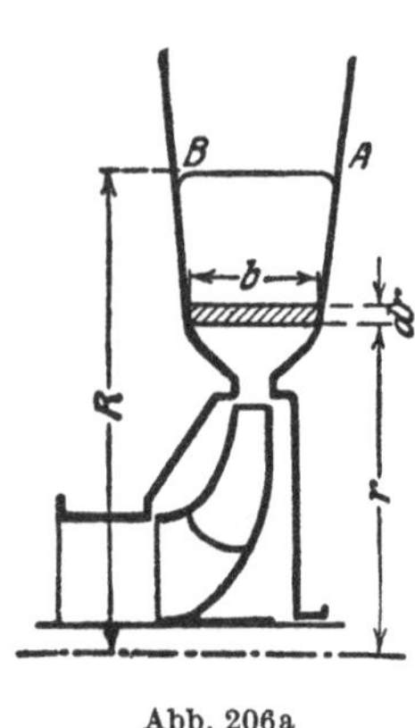

Abb. 206a

Zunächst folgt aus dieser Überlegung, daß für jeden Punkt des Spiralgehäuses der Flächensatz gilt, also

$$c_u r = K \tag{36}$$

ist. Für eine leitradlose Pumpe ist $K = r_2 c_{3u}$ oder mit $\alpha_0 = 90°$ nach der Hauptgleichung

$$K = \frac{g H_{\text{th}}}{\omega} \tag{37}$$

mit

$$\omega = \frac{\pi n}{30}.$$

Für den Fall, daß ein Leitrad oder Leitring zwischen Laufradumfang und Spirale anzuordnen ist, bemißt man diese Zwischenleitvorrichtung danach, daß ein günstiges Spiralgehäuse entsteht. (Ein solches liegt vor, wenn sein Endquerschnitt mit einer mäßigen konischen Erweiterung auf den Querschnitt der Druckleitung übergeht.)

Ferner sind die seitlichen Wände des Spiralgehäuses strenggenommen nach Rotationsflächen auszubilden. Im ganzen liegt also der gleiche Strömungszustand vor wie beim Leitring. Man kann auch das Spiralgehäuse zur Entstehung bringen, wenn man in einem Leitring von einer Leitfläche zur anderen eine Leitlinie AB (Abb. 206a) zieht und die durch diese gehenden Stromlinien materiell ausführt. Legt man diese Leitkurve in die Nähe des Laufrades, so kann sie als Eintrittskante X (Abb. 206) in die Spirale betrachtet werden. Haben die spiralförmigen Strombahnen von ihrer Ausgangskante X aus gerechnet, einen Winkel $\varphi = 360°$ durchlaufen, so ist zusammen mit den Seitenflächen ein vollständiges Spiralgehäuse entstanden[1].

Die äußere Begrenzung AB der einzelnen Spiralquerschnitte zwischen den unveränderlich bleibenden Meridianlinien der Seitenflächen entsteht aus der Gesamtheit der Durchstoßpunkte der durch die angenommene Leitlinie gehenden Strombahnen mit der jeweiligen Meridianebene. Sind die Seitenflächen parallel und senkrecht zur Achse, so sind diese Bahnen bei Reibungslosigkeit nach früherem logarithmische Spiralen, und die äußere Begrenzung AB behält überall ihre Form bei. Die Bestimmung der jeweiligen Form von AB bei beliebiger seitlicher Begrenzung gestaltet sich aber sehr zeitraubend, da sie sich in diesem Falle längs der Spirale ändert, also beispielsweise nicht durchgängig geradlinig bleibt, wenn sie an einer Stelle des Umfanges als Gerade angenommen ist. Wir erzielen im folgenden eine recht bedeutende Vereinfachung, wenn wir diese Veränderung nicht berücksichtigen, was zulässig erscheint. Hierbei werden wir die Begrenzung AB in jedem Meridianschnitt zunächst als achsparallel und gerade annehmen und ihre Lage so bestimmen, daß der kreisenden Strömung jeweils der notwendige Durchtrittsquerschnitt zur Verfügung steht.

a) Vernachlässigung der Reibung im Spiralraum. Wir betrachten den Schnitt nach einer unter dem beliebigen Winkel φ (Abb. 206) zum Anfangspunkt X der Spirale gelegten Meridianebene und in diesem den Flächenstreifen $df = b\,dr$, der einer sehr kleinen Änderung dr des Halbmessers r entspricht (Abb. 206a).

In diesem ist die Geschwindigkeit senkrecht zum Querschnitt nach Gl. (36) $c_u = K/r$ und somit der Durchfluß

$$dV'_\varphi = df\,c_u = \frac{b\,dr\,K}{r}.$$

Ist r' der Halbmesser, auf dem der Anfang X der Spirale liegt, so tritt durch den betrachteten Querschnitt zwischen dem Halbmesser r' und der äußeren Begrenzung mit dem Halbmesser R der Förderstrom

$$V'_\varphi = \int\limits_{r=r'}^{r=R} dV'_\varphi = K \int\limits_{r'}^{R} \frac{b\,dr}{r}.$$

Dieser stimmt überein mit dem Stromanteil, der auf einem dem Zentriwinkel φ entsprechenden Bogen des Radumfanges aus dem Rade tritt,

[1] Vgl. Kucharski: Strömungen einer reibungsfreien Flüssigkeit, S. 141ff. München u. Berlin 1918

also ist auch

$$V'_\varphi = \frac{\varphi^\circ}{360} V', \tag{38}$$

wenn V' den Förderstrom der Pumpe einschließlich eines Berechnungszuschlages, φ° den in Graden gemessenen Wert von φ bedeutet. Durch Gleichsetzen der beiden vorstehenden Ausdrücke ergibt sich

$$\varphi^\circ = \frac{360 K}{V'} \int_{r'}^{R} \frac{b\,dr}{r}. \tag{39}$$

Aus Gl. (39) kann man den Verlauf von φ in Abhängigkeit von R, also die Form der Spirale in folgender einfacher Weise ermitteln.

Es wird in einem rechtwinkligen Koordinatensystem zu r als Abszisse der zu dem gewählten Verlauf EBF der Seitenwandungen gehörige Wert von b/r als Ordinaten aufgetragen (Abb. 207 und 207a). Die zwischen r' und einem beliebigen Wert $r = R$ liegende, durch die zugehörigen Ordinaten begrenzte Fläche unter GD stellt den zu dem gewählten Radius R gehörigen Wert des Integrals der Gl. (39) dar, so daß auch φ gegeben ist. Die Bestimmung der Flächeninhalte erfolgt wieder am besten tabellarisch. Es steht also nichts im Wege, den Verlauf der φ-Kurve in Abhängigkeit von R einzutragen und aus dieser die zu den Schnitten I bis VIII der Abb. 207b gehörigen Werte von R zu entnehmen.

Die gewählten gekrümmten Begrenzungslinien der einzelnen Querschnitte, deren Zirkularprojektion in Abb. 207 gezeichnet ist, können nun so eingetragen werden, daß sie die bisher zugrunde gelegte Gerade, z.B. AB, vermitteln. Hierbei muß beachtet werden, daß die Geschwindigkeiten c_u sich gemäß Gl. (36) nach einer gleichseitigen Hyperbel über den Querschnitt verteilen. Die ausgetauschten (und in Abb. 207 schraffierten) Flächenstücke f_1 und f_2 sind deshalb nicht inhaltsgleich, sondern weil $df\,c_u = df\,K/r$, so muß jedes Element df_1 im Abstand r_1 ausgeglichen werden durch ein Element df_2 im Abstand r_2, so daß

$$\frac{df_1}{r_1} = \frac{df_2}{r_2}. \tag{40}$$

Näherungsweise gilt für die ganzen Austauschflächen

$$\frac{f_1}{r_1} = \frac{f_2}{r_2}, \tag{40a}$$

wenn r_1 und r_2 die zugehörigen Schwerpunktsabstände von der Drehachse sind.

Nach diesem Gesetz ist auch die Verengung der Querschnitte VIII und IX durch die Zunge X zu berücksichtigen, wodurch sich dort die ideellen äußeren Begrenzungen um a_1 bzw. a_2 nach außen verschieben.

Ist b konstant, so gibt Gl. (39), wie erwähnt, das Gesetz einer logarithmischen Spirale. Da die meisten Gehäuse mit parallelem Einlauf beginnen, so ist die Beachtung dieses Gesetzes für jeden Spiralanfang von Vorteil. Spiralgehäuse mit kreisförmigem Querschnitt, die besonders häufig benutzt werden, sind im nächsten Abschnitt gesondert behandelt.

Ergänzende Bemerkungen:

Die angegebene Berechnung der Spirale nach dem Gesetz gleichbleibenden Dralles muß auf jeden Fall die Grundlage bilden. Erfolgt sie unter Annahme gleichbleibender mittlerer Geschwindigkeit (nach STEPANOFF), so ist trotzdem

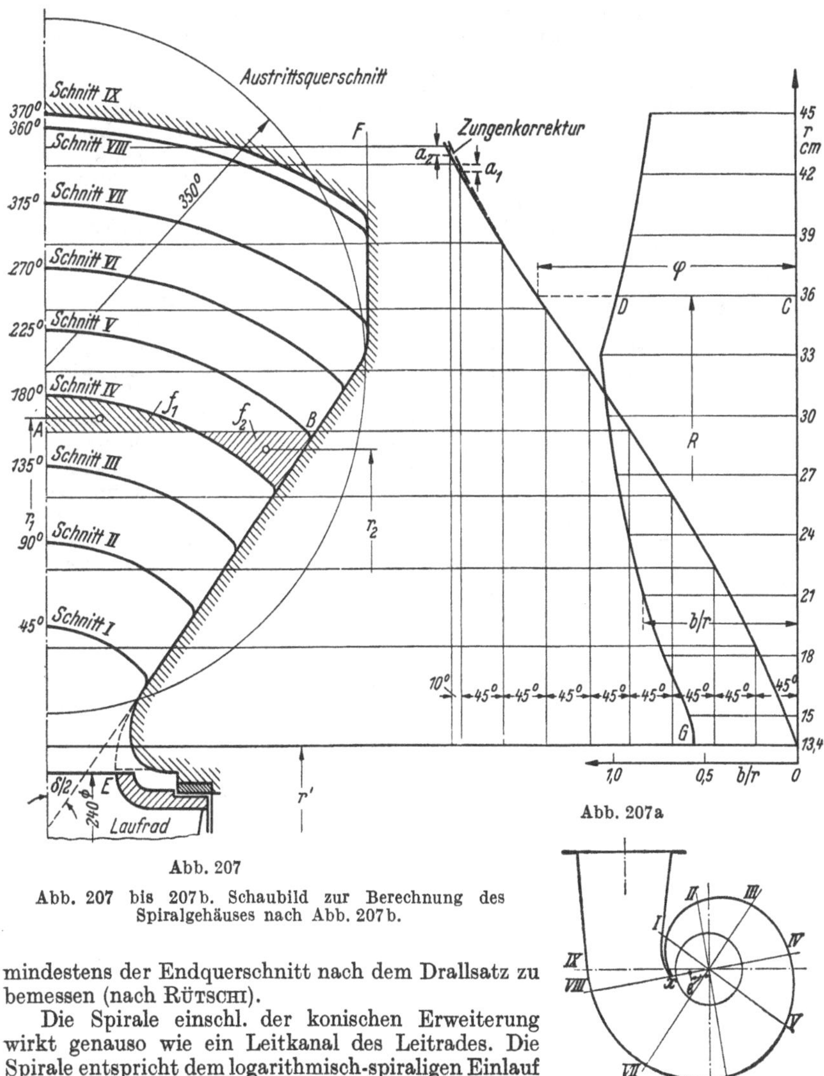

Abb. 207

Abb. 207a

Abb. 207 bis 207b. Schaubild zur Berechnung des Spiralgehäuses nach Abb. 207b.

Abb. 207b

mindestens der Endquerschnitt nach dem Drallsatz zu bemessen (nach RÜTSCHI).

Die Spirale einschl. der konischen Erweiterung wirkt genauso wie ein Leitkanal des Leitrades. Die Spirale entspricht dem logarithmisch-spiraligen Einlauf der Leitschaufel und die konische Erweiterung dem eigentlichen Leitkanal.

Die Strömung in der Spirale verläuft nach der vorstehend angenommenen Achsensymmetrie nur bei einem bestimmten Verhältnis V'/K, d. h. einem bestimmten Winkel α_3. Für abweichende Verhältnisse ist die Spirale dann entweder zu knapp oder zu reichlich bemessen, wie es auch beim Leitrad der Fall ist. Wie dort erzielt die zu enge Bemessung eine Besserung bei Teillast und Verschlechterung bei Normal- und Überlast.

Für die Wahl des Erweiterungswinkels δ (Abb. 207), der die Radbreite auf die Weite des Spiralgehäuses überführt, gelten andere Gesichtspunkte, als sie für erweiterte Kanäle im Abschn. 13b aufgestellt wurden. Durch die Breitenänderung wird nur die Meridiankomponente c_m und nicht die Umfangskomponente c_u beeinflußt. Deshalb braucht man auf eine obere Grenze von δ nicht so streng zu achten wie dort. Es ist sogar ohne fühlbare Beeinträchtigung des Wirkungsgrades möglich (Abb. 290), einen sprungweisen Übergang zwischen Laufradaustrittsbreite und Eintrittsbreite des Spiralgehäuses zuzulassen, wie dies auch in Abb. 207 gemacht ist. Hiervon wird insbesondere in den Fällen, wo die Bearbeitung einer äußeren Dichtungsfläche Schwierigkeiten macht (z. B. bei Teilung des Gehäuses in der waagerechten Mittelebene), vielfach Gebrauch gemacht.

Die Eintrittskante X der Spirale wird nicht so nahe an den Laufradumfang gelegt, wie sich das beim Leitrad im Falle der Wasserförderung als zweckmäßig erwiesen hat (S. 354), weil der Austauschstrom sich in Zungennähe verstärkt und eine Störung der Achsensymmetrie, auch bei der Nennlast, erzeugt[1]. Der Abstand der Zungenspitze wird mindestens $r_2/30$ genommen und um so größer gemacht, je höher die spezifische Drehzahl[1]. Aus dem gleichen Grund empfiehlt sich eine gute Abrundung der Spitze, die auch die Stoßverluste bei Teil- und Überlast vermindert.

Die Vergrößerung des Abstandes der Zungenspitze vom Radumfang hat zur Folge, daß der idelle Umschlingungswinkel der Spirale, gerechnet vom Schnittpunkt der Rückwärtsverlängerung der Spirale mit dem Radumfang aus, mit diesem Abstand wächst, also die Stromlinien verlängert werden. Bei Teillast zwingt ein großer Zungenabstand einen Teil der Strömung, das Laufrad ein zweites Mal zu umkreisen, aber bei Überlast wird der Neigungswinkel der Strombahnen größer sein als der der Spirale. Im letzteren Fall wird der ideelle Umschlingungswinkel der Spirale verkleinert, also die Spirale entlastet und damit ihre Schluckfähigkeit erhöht und die Verluste bei Überlast verkleinert. Man kann also durch Verlängern oder Verkürzen der Zunge die Schluckfähigkeit der Spirale verkleinern bzw. vergrößern. Von dieser Möglichkeit wird bei Grubenventilatoren Gebrauch gemacht, um sie dem wechselnden Umfang der Grube anzupassen[2]. Die Anwendbarkeit dieses Verfahrens setzt eine genügend lange Zunge, d. h. einen großen Umschlingungswinkel voraus.

Bei normalen Spiralen wird dieser von der Spirale durchlaufene Winkel aber nicht größer als 360° gemacht. Macht man den Umschlingungswinkel größer, so nimmt die Zunge eine vergrößerte Länge an, die entweder durch Verlängern oder Verkürzen, wie vorhin besprochen, oder durch Drehung (Drehschaufel) zur Regelung benutzt werden kann.

Da die Verlangsamung der Strömung im Spiralgehäuse nach dem Flächensatz erfolgt, so wird in den Fällen, in denen die Spirale sich genügend in radialer Richtung erweitert, eine recht wirksame Verzögerung eintreten. Dies ist schon bei Überschreitung einer mäßigen spezifischen Drehzahl der Fall. Oberhalb dieser Grenze ermöglicht die Verwendung eines Spiralgehäuses an Stelle eines Austrittsleitrades die Erzielung guter Wirkungsgrade, so daß verschiedentlich nicht bloß in Deutschland, sondern noch mehr in den Vereinigten Staaten von Amerika auch mehrstufige Pumpen in sämtlichen Stufen mit Spiralgehäusen statt Leiträdern trotz der damit verbundenen baulichen

---

[1] Bowerman, D., and A. J. Acosta: Trans. Amer. Soc. mech. Engrs. 79 (1957) Nr. 5, S. 1057—1069. — F. Krisam: Z. VDI 94 (1952) Nr. 11/12; 95 (1953) Nr. 11/12. — C. S. Deakin: DSIR East Kilbride, Glasgow Rep. Nr. 55

[2] DRP. 520958

Schwierigkeiten ausgerüstet werden[1]. Dieser günstige Anwendungsbereich dürfte vorliegen, wenn der an die Spirale anschließende Übergangsstutzen eine mäßige Erweiterung aufweist.

Bei Teillast ist eine Störung der Achsensymmetrie und damit eine Ungleichheit des Druckes über dem Laufradumfang unvermeidbar. Dadurch entsteht eine mit abnehmendem Füllungsgrad V_x/V zunehmende zusätzliche Wellenbelastung, die schon häufig zu Wellenbrüchen geführt hat[2]. Man verringert diese ungünstige Wirkung auf die Strömung im Rad und auf die Welle durch den Einbau einer zweiten, um 180° versetzten Spirale gemäß Abb. 208. Diese Ausführung ist insbesondere für große Förderhöhen am Platze. Jede Spirale verläuft bis zur Erreichung der Zunge der anderen Spirale gemäß der vorstehend angegebenen Berechnung und erweitert sich von hier ab bis zum halben Austrittsquerschnitt.

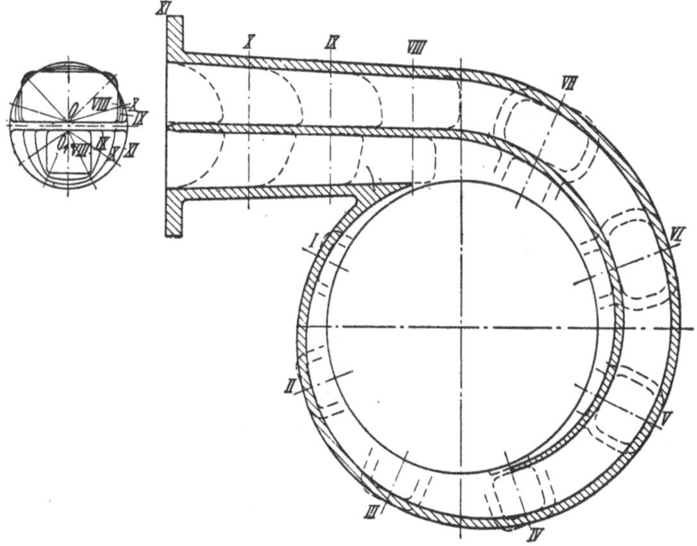

Abb. 208. Doppelspirale für kleine spezifische Drehzahl. Angabe des Querschnittsüberganges zum Druckstutzen

In Abb. 209 ist die konische Erweiterung, die den Spiralquerschnitt auf die Kreisform des Austrittes überzuführen hat, so durchgebildet, daß sie im Modell mittels des Hobels leicht bearbeitet werden kann. Ihre Erzeugende ist eine Gerade, welche die verlängerte Achse AB schneidet sowie durch die Umrandung des Spiralenquerschnittes IX (nur bis zum Punkt C berücksichtigt) und des Austrittskreises XII geführt wird. Man erhält dann sofort beliebige Zwischenschnitte X und XI, wenn man die zwischen den Projektionen der beiden Leitlinien liegenden Radienstücke (z. B. DE) im Verhältnis der Abstände der Schnittebenen teilt.

b) Berücksichtigung der Reibung im Spiralraum. Die vorstehende Berechnung des Verlaufes der Gehäusespirale vernachlässigt die Reibung an den Gehäusewänden. Es liegt nahe, diesen Grenzschichteinfluß in der gleichen Weise zu

[1] Vgl. z. B. Power, S. 64, Febr. 1937

[2] Escher Wyss Mitt. 1939, S. 38, oder das in der Fußnote S. 375 erwähnte Buch von Stepanoff, S. 93—96. — A. Agostinelli u. andere: Trans. Amer. Soc. mech. Engrs. 82 (1960) Ser. A Nr. 2, S. 120—125. — H. W. Iverson u. andere: ebenda, S. 126—144

berücksichtigen, wie das bei den meisten Grenzschichtproblemen geschieht, nämlich durch Betrachtung des hemmenden Einflusses der Wandschubspannungen. Dies ist in den letzten Auflagen dieses Buches auch geschehen[1]. Auf die Wiedergabe dieser Art der Berücksichtigung der Reibung soll aber in dieser Auflage aus folgenden Gründen verzichtet werden:

Die Grenzschichten in der Gehäusespirale strömen in das Laufrad längs des ganzen Radumfanges zurück[2], und dieses rückströmende Totwasser entlastet nicht bloß den Spiralquerschnitt, sondern belädt sich im Laufrad neu mit Energie, wirkt also belebend auf die Strömung im Spiralgehäuse.

Dadurch wird verständlich, warum Untersuchungen ergeben haben, daß das Spiralgehäuse besser eher etwas zu eng als zu weit bemessen wird. Es kommt hier

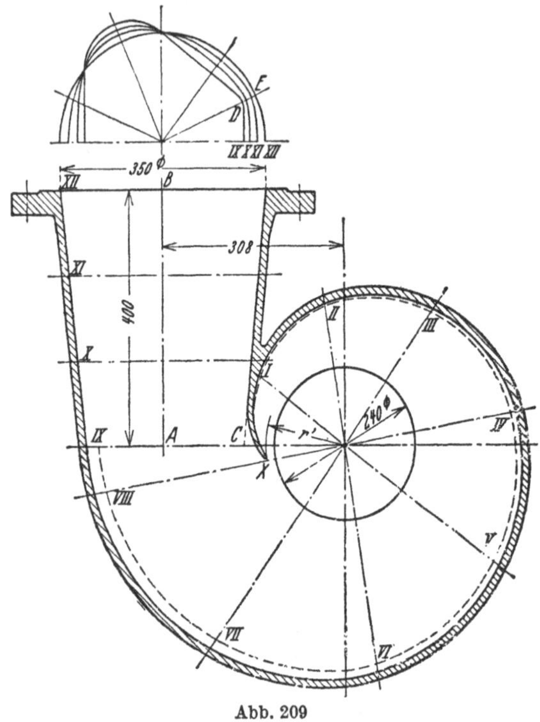

Abb. 209

naturgemäß hinzu, daß bei Teillast jedes Spiralgehäuse zu weit wird und der übliche Berechnungszuschlag zum Förderstrom die Entstehung zu weiter Spiralen fördert.

Es hat aber den Anschein, daß die Bemessung des Spiralgehäuses nach dem unter a) behandelten Verfahren, also nach der reibungslosen Strömung, weiter die geeignete Grundlage für die Berechnung der Pumpenspirale darstellt und insbesondere im Bereich höherer spezifischer Drehzahlen auch die bestmöglichen Verhältnisse liefert.

---

[1] Ebenso von H. I. Schröder in Forsch. Ing.-Wes. 25 (1960) S. 182—189

[2] Kranz, H.: Strömung durch Spiralgehäuse von Wasserturbinen und Kreiselpumpen, Diss. Techn. Hochschule Hannover 1934 oder VDI-Forsch.-Heft 370. — Fr. Broer: Strömung im Pumpenspiralgehäuse. Diss. Techn. Hochschule Hannover 1939. Bei diesen beiden Arbeiten ist allerdings statt des Laufrades ein Leitrad verwendet, wodurch der wichtige Einfluß des Impulsaustausches mit dem Laufrad fehlt

77. Spiralgehäuse mit kreisförmigem Querschnitt

Aus den Betrachtungen des vorstehenden Abschnittes ergibt sich, daß Spiralgehäuse mit kreisförmigem Querschnitt den zu stellenden Bedingungen insofern nicht gerecht werden, als die Strömung nicht zwischen Rotationsflächen erfolgt. Weil diese Gehäuseformen aber bevorzugt verwendet werden und der mathematischen Behandlung zugänglich sind, so wird im folgenden ihre Berechnung unter der Voraussetzung durchgeführt, daß trotz des Fehlens der Achsensymmetrie der Spirale am Laufradaustritt gleiche Geschwindigkeits- und Druckverhältnisse herrschen.

Da unter der gemachten Voraussetzung der Flächensatz auch hier gilt, so muß jeder Spiralquerschnitt der Gl. (39) genügen. Dabei beziehe sich die untere Grenze des Integrals auf den der Achse am nächsten gelegenen Punkt des Kreisquerschnittes. Zwischen b und r besteht jetzt nach Abb. 210 die einfache Beziehung

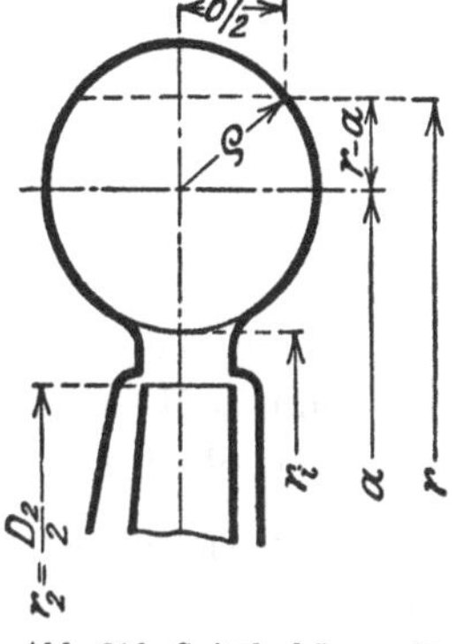

Abb. 210. Spiralgehäuse mit kreisförmigem Querschnitt

$$\left(\frac{b}{2}\right)^2 + (r-a)^2 = \varrho^2 .$$

Wird der sich hieraus für b ergebende Wert in das Integral eingesetzt, so folgt

$$\int_{r_i}^{R} \frac{b\,dr}{r} = 2\int_{a-\varrho}^{a+\varrho} \sqrt{\varrho^2-(r-a)^2}\,\frac{dr}{r} = 2\pi\left(a-\sqrt{a^2-\varrho^2}\right),$$

also nach Gl. (39)

$$\varphi^\circ = \frac{720\,K}{V'}\,\pi\left(a-\sqrt{a^2-\varrho^2}\right), \tag{41}$$

worin $K = r_2\,c_{3u}$ bei fehlenden Leitschaufeln durch die Hauptgleichung gegeben ist. Für senkrechten Laufradeintritt gilt wieder Gl. (37)

$$K = \frac{g\,H_{\text{th}}}{\omega}.$$

Da der kleinste Abstand $r_i = a - \varrho$ durch die Zungenlage gegeben ist, so ist es zweckmäßig, $a = r_i + \varrho$ zu setzen, womit Gl. (41) die folgende Form erhält

$$\varphi^\circ = \frac{720\,K}{V'}\,\pi\left[r_i+\varrho-\sqrt{r_i(r_i+2\varrho)}\right]. \tag{41a}$$

Für den Entwurf der Spirale ist es am bequemsten, φ anzunehmen und danach ϱ auszurechnen. Deshalb benutzt man Gl. (41a) am besten in der Form:

$$\varrho = \frac{\varphi^\circ}{C} + \sqrt{2\,r_i\,\frac{\varphi^\circ}{C}}, \tag{42}$$

worin

$$C \equiv \frac{720\,\pi K}{V'}. \tag{43}$$

Letzterer Ausdruck kann, weil $V' = 2 r_2 \pi b_2 c_{3m}$, auch geschrieben werden

$$C \equiv \frac{360}{b_2 \operatorname{tg} \alpha_3} = \frac{360 c_{3u}}{b_2 c_{3m}}. \tag{43a}$$

Durch diese Größe C, also auch den Wert $b_2 \operatorname{tg} \alpha_3 = b_2 c_{3m}/c_{3u}$ zusammen mit r_i ist also das Spiralgehäuse eindeutig bestimmt. Gl. (42) ist für praktische Zwecke am besten geeignet. Mit $\varphi = 360°$ erhält man den Radius des Endquerschnittes zu

$$\varrho_{\max} = \frac{V'}{2\pi K} + \sqrt{r_i \frac{V'}{\pi K}} \tag{44}$$

oder

$$\varrho_{\max} = b_2 \operatorname{tg} \alpha_3 + \sqrt{2 r_i b_2 \operatorname{tg} \alpha_3}. \tag{45}$$

Die Gültigkeit der abgeleiteten Gleichungen wird nicht beeinträchtigt, wenn die Meridiangeschwindigkeit beim Eintritt in die Spirale nicht radial von innen nach außen, sondern schräg zur Achse gerichtet ist.

Die vielfach übliche Rechnungsweise, den Spiralquerschnitt proportional mit φ zunehmen zu lassen, würde die Gleichung $\varrho = \text{const} \sqrt{\varphi}$ liefern, die erhalten wird, wenn in Gl. (42) das erste Glied vernachlässigt wird. Dieses Fehlerglied hat mit $\varphi° = 360$ den Wert $b_2 \operatorname{tg} \alpha_3$. Der Fehler in Bruchteilen des allein verbleibenden zweiten Gliedes beträgt nach Gl. (45) $\sqrt{b_2 \operatorname{tg} \alpha_3 / 2 r_i}$ oder in Bruchteilen des Querschnittes das Doppelte, nämlich $\sqrt{2 b_2 \operatorname{tg} \alpha_3 / r_i}$, was nur bei kleinen Werten b_2/r_i in Verbindung mit kleinem α_3, also engen Spiralgehäusen, in Kauf genommen werden kann.

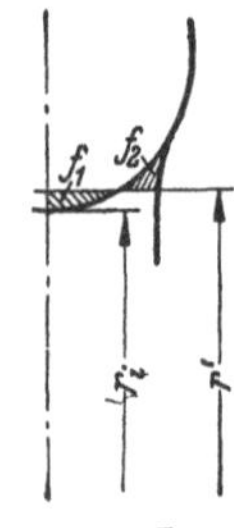

Abb. 211. Zungenhalbmesser r' ist größer als r_i

Der Kleinstwert von ϱ ist $b_3/2$; deshalb läßt sich im ersten Achtel (bis Viertel) des Spiralumfanges der Kreisquerschnitt noch nicht verwirklichen. Man muß diesen Anfangsteil der Spirale nach den Regeln des vorausgegangenen Abschnittes entwerfen und dabei einen allmählichen Übergang auf die kreisförmige Begrenzung herbeiführen (Abb. 212), falls man es nicht vorzieht, die berechneten Kreisquerschnitte in Übergangsquerschnitte zu verwandeln.

Da die Zungenkante gerade ist, so muß r_i zu jedem φ durch Probieren so bestimmt werden, daß der aus Abb. 211 ersichtliche Ausgleich der Flächen f_1 und f_2 (S. 378) erzielt wird. Infolge des gleichbleibenden Zungenabstandes r' muß dann r_i mit wachsendem φ etwas zunehmen. Der bei Benutzung eines konstanten $r_i = r'$ gemachte Fehler ist aber nicht erheblich, zudem eine nach S. 380 erwünschte Erweiterung der Spirale in Zungennähe eintritt.

Bei dieser Ausführung kann die seitliche Begrenzung am Übergang vom Laufradaustritt zur Spirale keine Rotationsfläche sein.

Will man aber diesen Übergang als Rotationsfläche ausbilden (was z. B. im Falle der Vorschaltung eines getrennten, mit sogenannten Spannschaufeln versehenen Ringes zweckmäßig sein kann), so wird gemäß Abb. 212 so vorgegangen, daß zunächst der Spiralanfang wieder nach dem in Abschn. 76 behandelten

Verfahren gemäß der rechten Nebenfigur dieser Abbildung bis zu dem Querschnitt $\varphi_v (= 42°)$ mit Halbmesser ϱ_v gezeichnet wird, welcher die Eintragung des vollen Kreises mit richtigem Ausgleich gegen den Zungenabstand r' ermöglicht. Die folgenden Kreise ergeben dann einen Ausgleich nur für einen vergrößerten Zungenabstand r''. Man berechnet nun aus Gl. (41) mit dem zu dem jeweiligen Kreis gehörigen Werte a einen Zentriwinkel

$$\varphi' = C\left(a - \sqrt{a^2 - \varrho^2}\right) \tag{46}$$

und erhält den zu dem eigentlichen Zungenabstand r' gehörigen Winkel φ aus

$$\varphi = \varphi' + \varphi'',$$

wo φ'' aus der rechten Nebenfigur zu dem zugehörigen r'' erhalten wird.

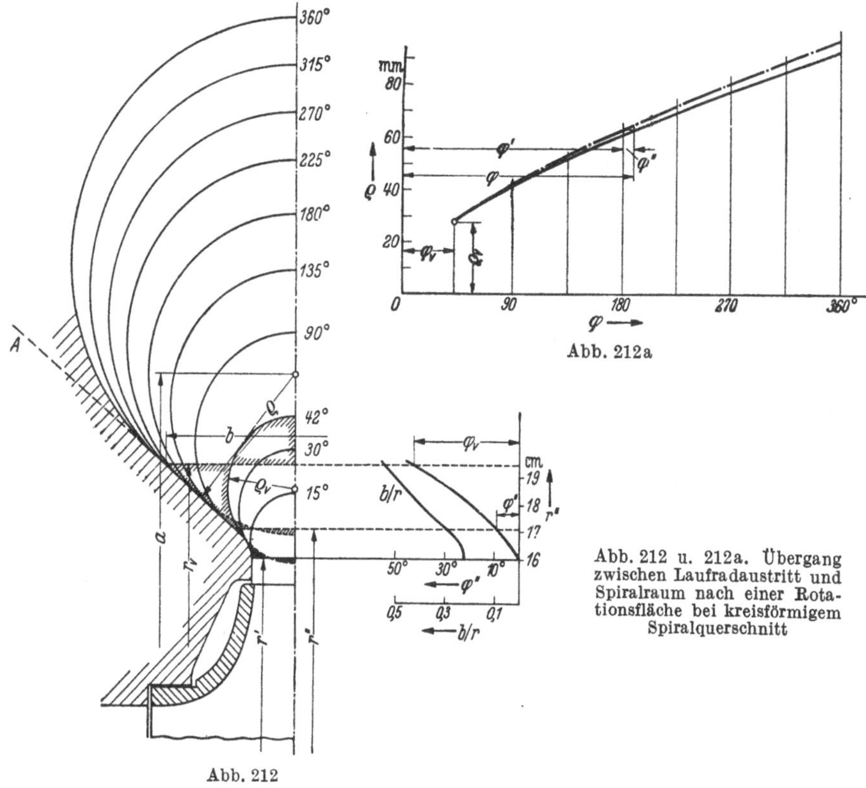

Abb. 212a

Abb. 212

Abb. 212 u. 212a. Übergang zwischen Laufradaustritt und Spiralraum nach einer Rotationsfläche bei kreisförmigem Spiralquerschnitt

Man führt diese Rechnung für eine genügende Zahl von Kreisen, die zwischen die Leitlinie A einbeschrieben sind, durch und erhält damit die in der Nebenfigur Abb. 212a gezeichnete ϱ, φ-Kurve, aus der dann die ϱ-Werte zu den gewünschten Winkeln φ entnommen werden. Der für den ersten vollen Kreis vom Halbmesser ϱ_v noch in die Figur eingetragene Flächenausgleich der äußeren Begrenzung braucht also für die abgerückten Kreise nicht gemacht zu werden.

Die Spirale der Abb. 212 bezieht sich auf das im Abschn. 53 berechnete Laufrad.

77a. Berücksichtigung der Dichteänderung im Spiralgehäuse

Ist die *Ma*-Zahl c_3/a am Spiraleintritt größer als 0,6, so ist es zunächst wichtig, den Zungenabstand groß zu halten. Die Berechnung dieser Spirale weicht von der bisher angegebenen insoweit ab, als di Dichteänderung über die Erstreckung der Spirale nicht mehr vernach lässigbar ist.

Das Spiralgehäuse habe kreisförmigen Querschnitt. Sein Endquerschnitt der beim Zentriwinkel $\varphi = 360°$ liegt, hat nach G. (44) den Halbmesser

$$\varrho_{\max} = \frac{V_e}{\pi D_2 c_{3u}} + \sqrt{2 r_i \frac{V_e}{\pi D_2 c_{3u}}}. \qquad (46$$

Darin ist V_e wegen der in der Spirale eingetretenen Verdichtung kleiner al der Volumenstrom V_3 im Spalt. Entsprechend Gl. (22a), Abschn. 46, ist

$$V_e = V_3 \frac{1 + \frac{\Delta t_e}{T_3}}{1 + \frac{\varkappa}{\varkappa - 1} \eta_{\text{spir}} \frac{\Delta t_e}{T_3}}, \qquad (47$$

worin η_{spir} der Wirkungsgrad der Druckumsetzung in der Spirale, der gleich η gesetzt werden soll, und Δt_e die in der Spirale bis zum mittleren Teil des End querschnittes eingetretene Temperaturzunahme, nämlich

$$\Delta t_e = \frac{c_3^2 - c_e^2}{2g\, c_p/A} \quad \text{für Luft} = \frac{c_3^2 - c_e^2}{2g \cdot 103} \qquad (48$$

bedeuten. c_e ist die vorläufig zu schätzende mittlere Geschwindigkeit in den betrachteten Querschnitt.

Die verhältnismäßig starke Abnahme von V_3 auf V_e läßt diesen Mehraufwand an Rechnung berechtigt erscheinen.

Die große Endgeschwindigkeit c_e kann in dem anschließenden konischer Stutzen erheblich herabgesetzt werden. Dabei ist aber wieder zu beachten, daß dessen zulässiger Erweiterungswinkel gemäß Gl. (61), Abschn. 14, gegenübe dem sonst üblichen Wert zu verkleinern ist.

Bei der Bestimmung des unter beliebigem Zentriwinkel liegenden Spiral querschnittes nach Gl. (42) wird man V jeweils zwischen V_3 und V_e proportiona zu φ so interpolieren dürfen, daß $V = V_3$ bei $\varphi = 0$ wird[1].

78. Eintrittsleitvorrichtung

Wir haben bis jetzt meist den Fall senkrechten Eintrittes in das Rad berücksichtigt. Ein Blick auf die Hauptgleichung [Gl. (26), Abschnitt 20a] zeigt, daß ein der Raddrehung gleichsinniger Eintrittsdrall (Gleichdrall) die Förderhöhe verkleinert, ein entgegengesetzt gerichteter Eintrittsdrall (Gegendrall) dagegen vergrößert, weil das zweite Glied negativ bzw. positiv wird. Das in Abb. 213 gezeichnete Eintrittsdreieck läßt ferner erkennen, daß dann c_{1m}, also auch der Förderstrom sich im gleichen Sinne verändert wie die Förderhöhe. Ferner ersieht man aus Abb. 213, daß

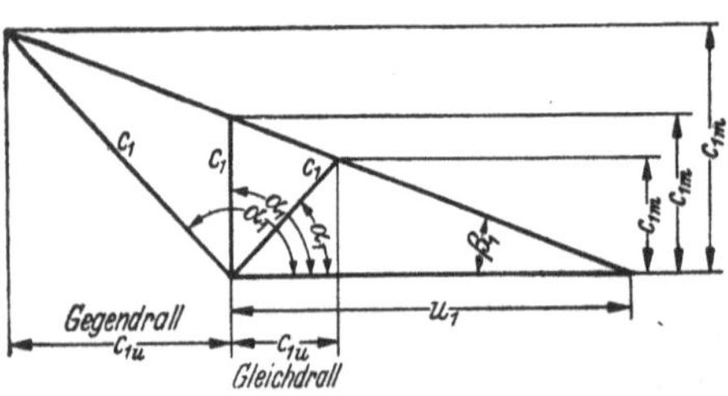

Abb. 213. Eintrittsdreieck mit Gleich- und Gegendrall für das gleiche Laufrad

[1] Anderes Verfahren vgl. L. G. Valdenazzi: Il Calcolo della Spirale dei Turbokompressori, ATA, S. 13—16, März 1950

Gleichdrall die relative Eintrittsgeschwindigkeit verkleinert. Dadurch verringert sich die Reibung im Laufkanal. Die Erfahrung zeigt auch, daß bei geringem Gleichdrall der Wirkungsgrad etwas besser als bei senkrechtem Eintritt ist, während Gegendrall eine Verschlechterung herbeiführt, so daß meist nicht über $\alpha_0 = 120°$ hinausgegangen wird.

Der Eintrittsdrall kann auch mittels einer spiralförmigen Ausbildung des Einlaufkanals hervorgerufen werden. Ein Eintrittsleitrad hat aber den Vorteil, daß es eine Gleichrichtung der Zuströmung bewirkt, was selbst bei günstiger Führung der Saugleitung von Bedeutung sein kann.

Feste Eintrittsleiträder werden bei einstufigen Pumpen selten angewandt. Dagegen führen sich *drehbare Eintrittsleitschaufeln* zur Regelung des Förderstromes nicht bloß bei Gebläsen (Abb. 302, S. 490), sondern neuerdings auch bei Wasserpumpen in der Form des *Drallreglers* (Abschn. 96) mehr und mehr ein und ergeben insbesondere bei den schnelläufigen Laufrädern der halbaxialen und axialen Bauart eine recht günstige Regelung.

Bei mehrstufigen Pumpen stellen die Rückführschaufeln gleichzeitig Eintrittsleitvorrichtungen dar, die der nächsten Stufe die Strömung unter beliebigem Winkel zuzuführen gestatten. Bei Gebläsen, insbesondere solchen axialer Beaufschlagung und nicht sehr großer Förderhöhe, findet Gegendrall zur Erhöhung der Druckziffer ψ Anwendung (S. 400). Bei großer Förderhöhe verbietet er sich auch hier wegen der Gefahr der Überschreitung der Schallgeschwindigkeit am Eintritt ins Laufrad.

K. Die Kennlinien

79. Entstehung der Drosselkurve

Der Berechnung der Beschauflung wird der Förderstrom des sogenannten stoßfreien Eintrittes in Lauf- und Leitrad zugrunde gelegt. Im Betrieb wird dieser aber im allgemeinen nicht vorliegen. Deshalb ist es für die Benützung einer Kreiselpumpe wichtig zu wissen, wie sie sich verhalten wird, wenn der Förderstrom von dem normalen abweicht, weil zu erwarten ist, daß die Förderhöhe sich ändern wird, sobald sich Förderstrom oder Drehzahl ändern, während bei Kolbenpumpen diese Abhängigkeit nicht besteht. Auch hat man ein Interesse daran, eine bestimmte Pumpengröße für möglichst vielseitige Verhältnisse zu verwenden, abgesehen davon, daß Schwankungen der drei Größen Förderstrom, Förderhöhe und Drehzahl in jedem Betrieb auftreten werden.

Wir führen diese Untersuchung so durch, daß wir zunächst die Drehzahl gleich groß lassen und feststellen, wie sich hierbei die Förderhöhe mit dem Förderstrom ändert. Diese Abhängigkeit kann man bei einer ausgeführten Pumpe auf dem Versuchsstand leicht ermitteln, wenn man bei konstanter Drehzahl den Förderstrom durch verschiedene Einstellung eines in die Druckleitung eingebauten Drosselschiebers ändert und die zusammengehörigen Werte von Förderstrom V_x und

Förderhöhe H_x mißt. Wir bezeichnen diese Kurve, welche die Linie gleicher Drehzahl im $(V_x H_x)$-Diagramm darstellt, als *Drosselkurve*[1]. Die Gesamtheit der Drosselkurven für sämtliche möglichen Drehzahlen bildet in einem räumlichen Koordinatensystem mit den Koordinaten V_x, H_x, n eine Fläche, die *Kennfläche*, die über das Verhalten der Pumpe im ganzen möglichen Betriebsgebiet Auskunft gibt.

Mittels der Drosselkurven lassen sich bei Verdichtern auch die Linien der Druckverhältnisse oder des Förderdruckes angeben.

Bei den nachfolgenden Untersuchungen sind alle Veränderlichen gegenüber dem Zustand des stoßfreien Eintrittes durch das Fußzeichen x unterschieden.

80. Die Schaufelarbeit $H_{\text{th}x}$ bei wechselndem Durchfluß

Der Eintrittsstoß ins Laufrad ist ein Druckhöhenverlust und hat deshalb den gleichen Charakter wie die übrigen im Laufkanal auftretenden hydraulischen Verluste Z_I, die gemäß den Ableitungen des Abschn. 17 aus der Hauptgleichung herausfallen. Die Schaufelarbeit $H_{\text{th}\,x}$ für 1 kp Förderflüssigkeit (im Gegensatz zur Nutzarbeit H_x) wird deshalb bei gegebener Zuströmung vor dem Rad und bei bestimmter Abströmung vom Rad ganz unabhängig davon sein, ob ein Eintrittsstoß vorhanden ist oder nicht, ebenso wie es hierfür auch gleichgültig ist, wie die Strömung zwischen festliegenden Anfangs- und Endzuständen verläuft, d. h. ob sonstige Verluste auftreten oder nicht. Dementsprechend gelten die früher abgeleiteten Gleichungen unverändert auch für den nicht stoßfreien Durchfluß.

Beschränken wir uns *zunächst* auf den Fall senkrechten Eintrittes der Förderflüssigkeit in das Laufrad ($\alpha_0 = 90°$), so gilt also für unendliche Schaufelzahl

$$H_{\text{th}\infty x} = \frac{u_2}{g} c_{2ux} \tag{1}$$

und für die wirkliche Zahl der Laufschaufeln

$$H_{\text{th}\,x} = \frac{u_2}{g} c_{3ux}. \tag{2}$$

a) Unendliche Zahl der Laufschaufeln. Auf der rechten Seite von Gl. (1) wird c_{2ux} mit dem Durchfluß, d. h. mit der Meridiangeschwindigkeit c_{2mx} sich ändern. Der gegenseitige Zusammenhang ist aus dem Geschwindigkeitsplan (Abb. 214) ersichtlich, wenn beachtet wird, daß der Schaufelwinkel β_2, also auch die Richtung der relativen Austrittsgeschwindigkeit w_{2x}, bestehenbleibt. Weil nun (sofern wir einstweilen die Beiwerte zur Berücksichtigung der Schaufelverengung aus den

[1] Neben dieser „*Drosselkurve*“ kann die Kennlinie des ganzen Maschinensatzes (bestehend aus Pumpe und Motor) interessant sein, die sich ergibt, wenn der beschriebene Versuch bei *dem* Drehzahlverlauf durchgeführt wird, den der Motor infolge des sich ändernden Leistungsbedarfes der Pumpe und der Art seiner Regelung liefert.

Gleichungen weglassen)

$$c_{2mx} (= w_{2x} \sin\beta_2) = \frac{V_x}{\pi D_2 b_2}, \tag{3}$$

so folgt

$$c_{2ux} = u_2 - c_{2mx} \operatorname{ctg}\beta_2 = u_2 - \frac{V_x}{\pi D_2 b_2} \operatorname{ctg}\beta_2, \tag{4}$$

also nach Gl. (1)

$$H_{\mathrm{th}\infty x} = \frac{u_2}{g}\left(u_2 - \frac{\operatorname{ctg}\beta_2}{\pi D_2 b_2} V_x\right). \tag{5}$$

Damit ist die Abhängigkeit der spezifischen Schaufelarbeit vom Förderstrom V_x für unendliche Schaufelzahl gefunden. Die Gleichung stellt offenbar eine Gerade dar.

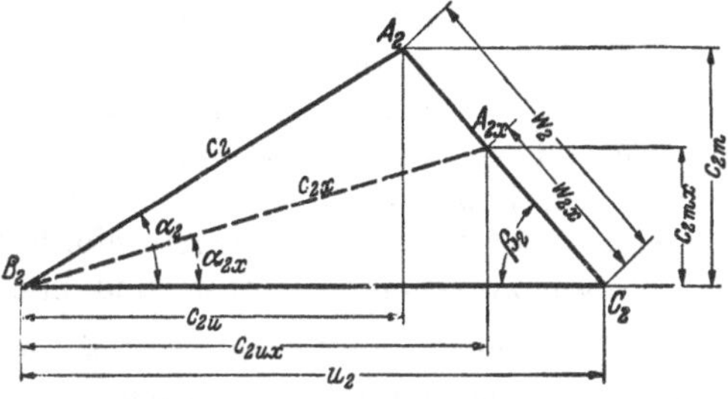

Abb. 214. Austrittsdreiecke bei verändertem Durchfluß für unendliche Schaufelzahl

Das zweite Glied in der Klammer wechselt sein Vorzeichen, wenn β_2 durch $90°$ hindurchgeht. Daraus ergibt sich der in Abb. 215 eingetragene Verlauf der Schaufelarbeit für $\beta_2 \lesseqgtr 90°$, d. h. für rückwärts gebogene, senkrecht endigende und vorwärts gebogene Schaufeln. Die Schaufelarbeit für 1 kp nimmt also mit wachsendem Förderstrom V_x bei Rückwärtskrümmung ab, bei Vorwärtskrümmung zu und bleibt konstant gleich u_2^2/g bei senkrechter Endigung der Schaufel. Bei gleicher Umfangsgeschwindigkeit ist die Schaufelarbeit vorwärts gekrümmter Schaufeln in Übereinstimmung mit dem S. 144 Gesagten um ΔH_1 größer, die rückwärts gekrümmter Schaufeln um ΔH_2 kleiner als die senkrecht endigender Schaufeln. Der geradlinige Verlauf war bereits aus dem Geschwindigkeitsplan Abb. 214 abzulesen, weil dort Punkt A_{2x} sich mit wechselndem Durchfluß ebenfalls auf einer Geraden A_2C_2 bewegt und seine Koordinaten in bezug auf den Punkt B_2, nämlich c_{2mx}, c_{2ux} in einem festen Verhältnis zu V_x bzw. $H_{\mathrm{th}\infty x}$ nach Gl. (3) und (1) stehen. Das V_x, $H_{\mathrm{th}\infty x}$-Diagramm liegt also schon in Abb. 214 vor, nur daß die Koordinatenachsen vertauscht und die Maßstäbe verschieden sind. Mit wachsendem β_2 dreht sich diese Gerade C_2A_2 um C_2, ebenso wie $H_{\mathrm{th}\infty x}$ (in Abb. 215) um C.

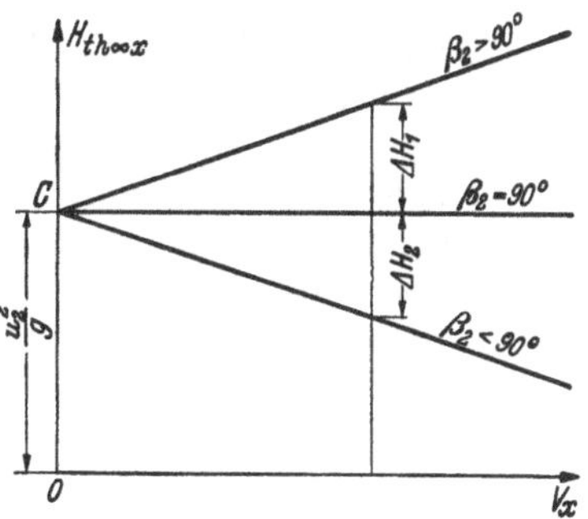

Abb. 215. Spezifische Schaufelarbeit $H_{\mathrm{th}\infty x}$ in Abhängigkeit vom Förderstrom V_x bei gleichbleibender Drehzahl

Sofern vom Eintrittsstoß abgesehen wird, stellt $H_{\mathrm{th}\infty x}$ auch die theoretische Förderhöhe dar. Die Zunahme dieser mit zunehmendem

Förderstrom, wie es bei der vorwärts gekrümmten Schaufel der Fall ist, steht im Widerspruch damit, daß die Vergrößerung des Durchflusses auf dem Versuchsstand durch eine Vergrößerung des Drosselquerschnittes hervorgerufen wird und läßt neben den in Abschn. 24 festgestellten Nachteilen ein labiles Verhalten der vorwärts gekrümmten Schaufeln befürchten (vgl. Abschn. 91).

Ist der Drosselschieber geschlossen, also $V_x = 0$, so geben alle drei Schaufelarten den Wert u_2^2/g für die spezifische Schaufelarbeit an. Der Spaltdruck beträgt nach Gl. (20), Abschn. 17, mit $w_2 = 0$, $c_0 = 0$, $Z_I = 0$ aber nur $H_{p\infty} = u_2^2/2g$. Der Widerspruch klärt sich auf, wenn berücksichtigt wird, daß das am Radumfang vorhandene Wasser mit der absoluten Geschwindigkeit u_2 kreist. Somit ist neben der statischen Druckhöhe $u_2^2/2g$ eine Geschwindigkeitshöhe von $u_2^2/2g$, im ganzen also der Energiezuwachs $2u_2^2/2g$, vorhanden. Diese Betrachtung zeigt, daß, wenn die Rotation im Spalt infolge Reibung vernichtet würde, ein starker Druckabfall eintreten müßte. Beim Versuch wird aber kein Druckabfall wahrgenommen, weil auch bei geschlossenem Schieber der Spaltverluststrom gefördert wird und ein Flüssigkeitsaustausch zwischen Spaltraum und Laufkanal stattfindet.

b) Endliche Schaufelzahl. In der idealen Flüssigkeit verläuft hier die Schaufelarbeit ebenfalls nach einer Geraden, sofern an der Bedingung des tangentialen Abströmens von der Schaufel festgehalten wird. Der Beweis[1] ergibt sich am einfachsten durch Heranziehung der Schaufelzirkulation. Wir schreiben Gl. (13) des Abschn. 17a in der Form

$$H_{\text{th}\,x} = \frac{\omega}{2\pi g} z \Gamma_{s x} = \frac{n}{60 g} z \Gamma_{s x}. \qquad (6)$$

Die Zirkulation $\Gamma_{s x}$ um die einzelne Schaufel setzt sich aus den Teilen zusammen, die durch die Verdrängungsströmung und die Durchflußströmung (S. 121) insoweit bedingt sind, daß jede dieser Teilströmungen tangentiales Abströmen liefert. Nun ist aber die Verdrängungsströmung für ein gegebenes Rad nur abhängig von der Drehzahl in der Weise, daß die Geschwindigkeit an einer bestimmten Stelle sich proportional zur Drehzahl n verändert, während die Geschwindigkeiten der Durchflußströmung, die am ruhenden Rad gedacht ist, sich proportional mit V_x ändern und unabhängig von n sind. Es ist also

$$\Gamma_{s x} = k_1 n + k_2 V_x,$$

wo k_1 und k_2 von den Schaufelabmessungen abhängige Konstanten bedeuten. Somit ist nach Gl. (6)

$$H_{\text{th}\,x} = \frac{n}{60 g} z (k_1 n + k_2 V_x), \qquad (7)$$

d. h., die Schaufelarbeit ist bei konstanter Drehzahl n linear von V_x abhängig. Diese Ableitung setzt voraus, daß die Flußflächen bei Teil-

[1] Vgl. auch W. Schulz: Forsch.-Arb. Ing.-Wes. Heft 307, S. 6

und Überlast unverändert bleiben, was für die ebene Strömung, also die einfach gekrümmte Radialschaufel zutrifft, aber nicht für die doppelt gekrümmte Schaufel (Abschn. 87), also auch nicht die Axialschaufel. Trotzdem kann die Vorstellung der Geradlinigkeit allgemein festgehalten werden.

Bestimmt man die spezifische Schaufelarbeit für die wirkliche Flüssigkeit auf dem Versuchsweg durch Messung der Wellenleistung N_x, des Förderstromes $V_x + V_{\mathrm{sp}\,x}$ unter gleichzeitiger Ermittlung von Radreibung N_r und Lagerreibung N_m, also aus Gl. (26), Abschn. 4, so darf der turbulente Flüssigkeitsaustausch am Radumfang nicht übersehen werden, weil dieser (nach S. 373) gerade bei Teillast eine erhebliche zusätzliche Austauschleistung N_a verbraucht, die den gleichen Charakter hat wie die Radreibung, also aus $H_{\mathrm{th}\,x}$ ausgeschieden werden muß (obwohl sie auch einen geringen Zuwachs zur Förderhöhe bedingt). Abb. 216, ebenso wie Abb. 52 (S. 77), veranschaulichen dieses verlustbringende Rückströmen in der Grenzschicht[1]. Die gesuchte Schaufelarbeit $H_{\mathrm{th}\,x}$ würde also erhalten aus

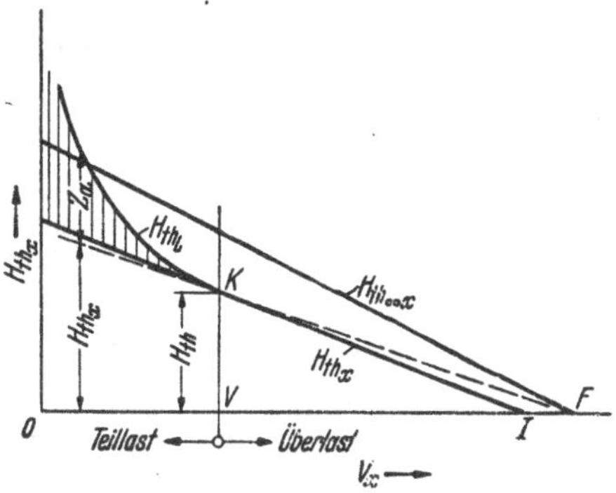

Abb. 216. Gegenseitige Lage der $H_{\mathrm{th}\,x}$- und der $H_{\mathrm{th}\,\infty\,x}$-Geraden. $H_{\mathrm{th}\,L}$ = Schaufelarbeit zuzüglich Austauschverlust Z_a

$$H_{\mathrm{th}\,x} = 75\,\frac{N_x - (N_a + N_r + N_m)}{\gamma\,(V_x + V_{\mathrm{sp}})}. \tag{7}$$

Die Austauschleistung N_a ist aber unbekannt. Andererseits ist sie in N_x enthalten. Wird sie vernachlässigt, so erhält man eine zu große Schaufelarbeit, nämlich

$$H_{\mathrm{th}\,L} = H_{\mathrm{th}\,x} + Z_a = H_{\mathrm{th}\,x} + \frac{75\,N_a}{\gamma V_x}, \tag{7a}$$

wobei Z_a die auf 1 kp Förderflüssigkeit bezogene Austauscharbeit bedeutet, welche bereits in Gl. (25b), Abschn. 4, und in Gl. (7), Abschn. 17, berücksichtigt wurde. Die Linie dieser „Bruttoschaufelarbeiten" $H_{\mathrm{th}\,L}$ steigt nach Gl. (7a) asymptotisch gegen die Ordinatenachse an und verläuft bei Langsamläufern im Gebiet stoßfreien Eintritts etwa parallel zur $H_{\mathrm{th}\,\infty\,x}$-Linie. Die spezifische Austauscharbeit Z_a ist also vor allem bei Teillast von Bedeutung. Sie wächst erfahrungsgemäß mit dem Schaufelwinkel β_2 und ist bei steilen Schaufeln auch bei Normallast ausgeprägt vorhanden. Im übrigen ist die Art der Austrittsleitvorrichtung von Bedeutung. Die Austauscharbeit Z_a ist am größten bei festen Leitschaufeln und erklärt den dort vorhandenen hohen Leerlaufbedarf (Abb. 243) von mehr als der halben normalen Wellenleistung. Der glatte Leitring und bis zu einem gewissen Grad auch das Spiralgehäuse verhalten sich günstiger.

Die Bestimmung des Austauschverlustes N_a auf dem Wege der Rechnung oder des Versuches ist bis heute noch nicht gelungen.

---

[1] Wie stark diese Austauschbewegung ist, zeigt die Beobachtung, daß ein Farbanstrich des Leitrades sich am Eintritt des Laufkanals ablagerte. Näheres berichtet die Dissert. H. SCHRADER (Fußn. S. 77), die eine große Zahl solcher mittels Farbanstrich gewonnener Aufnahmen enthält.

Die Austauschbewegung pflanzt sich sogar in die Druckleitung fort. Dadurch wird verständlich, warum am Ende der vollständig abgeschlossenen Druckleitung eines Ventilators ein höherer Druck beobachtet wird als am Austrittsstutzen des Ventilators.

Im Überlastbereich verschwindet der Austauschverlust Z_a in Gl. (7a). Es ist bemerkenswert, daß sich hier bei allen Radformen eine gerade Linie für den Verlauf von $H_{\text{th}L} = H_{\text{th}x}$ ergibt. Man ist berechtigt, anzunehmen, daß durch Rückwärtsverlängern dieser Geraden der gesamte maßgebliche $H_{\text{th}x}$-Verlauf (Abb. 216) und damit auch ein Bild von der Größe des Austauschverlustes Z_a erhalten wird, der im gesamten Teillastgebiet auftritt.

In der Regel läuft diese auf dem Versuchsweg erhaltene $H_{\text{th}x}$-Gerade wenig geneigt zu der bekannten $H_{\text{th}\infty x}$-Geraden. Ist die $H_{\text{th}x}$-Gerade auf dem Weg der Rechnung vorauszubestimmen, so muß ihre Neigung gegenüber der leicht zu ermittelnden $H_{\text{th}\infty x}$-Geraden angenommen werden, weil nur der Punkt K der Berechnungslast bekannt ist und Unterlagen fehlen. Üblich ist die Annahme entweder des parallelen Verlaufes[1] beider Geraden oder des gemeinsamen Schnittpunktes F in der Abszissenachse (Abb. 216). Beobachtet werden auch solche gegenseitige Lagen, wo der Schnittpunkt beider H_{th}-Geraden in der Nähe der Ordinatenachse gelegen ist. Hiernach ist es heute noch nicht möglich, die Drosselkurven zuverlässig vorauszubestimmen[2]. (Dabei ist von noch größerer Wichtigkeit, daß die noch hinzukommenden und in den nächsten Abschnitten zu betrachtenden Verluste nur angenähert erfaßt werden können.)

Wir geben im folgenden dem gemeinsamen Schnittpunkt F an der V_x-Achse den Vorzug (gestrichelte Linie in Abb. 216), weil $H_{\text{th}x\infty}/H_{\text{th}x}$ also die Minderleistungsziffer konstant bleibt, wodurch die rechnerische Behandlung erheblich vereinfacht wird. Wird eine andere gegenseitige Lage der H_{th}-Geraden zugrunde gelegt, so ändert sich das Verfahren insoweit, als die Minderleistungsziffern ψ' und p vom Füllungsgrad V_x/V abhängig werden[3]. Im Auge zu behalten ist aber, daß die nachfolgenden Ableitungen nur ein qualitatives Bild der Zusammenhänge aber keine zahlenmäßig richtigen Ergebnisse liefern können.

Nach Gl. (31), S. 131, ist

$$H_{\text{th}x} = \frac{1}{1+p} H_{\text{th}\infty x}, \tag{8}$$

wo p jetzt also für ein und dieselbe Pumpe als konstant betrachtet wird.

Mit Gl. (5) gibt Gl. (8)

$$H_{\text{th}x} = \frac{1}{1+p} \frac{u_2}{g} \left(u_2 - V_x \frac{\operatorname{ctg}\beta_2}{\pi D_2 b_2} \right). \tag{9}$$

Für manche Zwecke empfiehlt es sich, die Veränderliche V_x dimensionslos durch den sogenannten *Füllungsgrad* V_x/V, d. h. das Verhältnis des jeweiligen

---

[1] Stodola: Die Dampfturbine, 5. oder 6. Aufl., S. 1048

[2] Vgl. K. Rütschi: Über die Gestaltung stabiler Drosselkurven bei Kreiselpumpen. Schweiz. Arch. angew. Wiss. u. Techn. 7 (1941) Heft 8

[3] Es wäre reizvoll, ψ' nach Gl. (37a), Abschn. 21a, zu nehmen, also proportional zu $\varphi = c_{0m}/u_1$, d. h. zu V_a zu setzen, was für einen Bereich nahe beim stoßfreien Eintritt zulässig sein würde, also die Tangente im Berechnungspunkt liefert. Dann dürfte sich ein fast paralleler Verlauf der $H_{\text{th}x}$- zur $H_{\text{th}\infty x}$-Geraden ergeben.

Förderstromes zu dem des stoßfreien Eintrittes auszudrücken. Zu diesem Zweck führen wir ein

$$V = \pi D_2 b_2 c_{2m}$$

oder nach Einsetzung des Wertes von c_{2m} aus Gl. (16), Abschn. 46, weil hier $\alpha_2' = \alpha_3$

$$V = \pi D_2 b_2 \frac{u_2}{(1+p)\operatorname{ctg}\alpha_3 + \operatorname{ctg}\beta_2} \qquad (9\,\mathrm{a})$$

und also nach Gl. (9)

$$H_{\mathrm{th}\,x} = \frac{u_2^2}{g}\,\frac{1}{1+p}\left[1 - \frac{V_x}{V}\,\frac{\operatorname{ctg}\beta_2}{(1+p)\operatorname{ctg}\alpha_3 + \operatorname{ctg}\beta_2}\right]. \qquad (9\,\mathrm{b})$$

α_3 ist der Zuströmwinkel zum Leitrad *bei stoßfreiem Eintritt*, also unabhängig von V_x.

81. Die Vorausbestimmung der Drosselkurve

Um die Linie der *Förderhöhe* H_x zu erhalten, sind von den Werten der spezifischen Schaufelarbeit $H_{\mathrm{th}\,x}$ sämtliche Schaufelverluste in Abzug zu bringen, nämlich

a) die Kanalreibung Z_{hx} innerhalb der ganzen Pumpe einschließlich der Krümmungsverluste und der Verluste durch Umsetzung von Geschwindigkeit in Druck (S. 19 als Schaufelverluste bezeichnet).

b) die Stoßverluste Z_s beim Eintritt in Lauf- und Leitrad.

a) Kanalreibung einschließlich Krümmungs- und Umsetzungsverluste Z_{hx}. Im Zustand des stoßfreien Eintrittes sind diese Verluste in dem hydraulischen Wirkungsgrad η_h berücksichtigt, der aus dem Entwurf der Pumpe bekannt ist. Für den normalen Förderstrom V der Stoßfreiheit ist also

$$Z_h = (1 - \eta_h) H_{\mathrm{th}}. \qquad (10)$$

Das beliebige Z_{hx} setzt sich ebenfalls zusammen aus den Verlusten im Leit- und Laufrad, sowie in den Verbindungskanälen nach dem Eintritts- und Austrittsstutzen. Da die Berechnung dieser Einzelverluste in zuverlässiger Weise nicht möglich ist, sollen die für den ruhenden Kanal geltenden Gesetze übernommen werden, wonach sich die Verluste mit der Geschwindigkeit, also auch dem Förderstrom V_x, nach einer parabelähnlichen Kurve mit einem Exponenten zwischen 1,75 und 2 (vgl. Abschn. 13a) verändern. Nimmt man der Einfachheit halber das quadratische Gesetz an, so kann die Linie der Z_{hx} als eine durch den bekannten Punkt P (Abb. 217) gehende Parabel OP mit der Ordinatenachse als Hauptachse und dem Ursprung als Scheitel gezeichnet werden. Die Zugrundelegung des Exponenten 2 erscheint zulässig, weil einerseits die Krümmungs- und

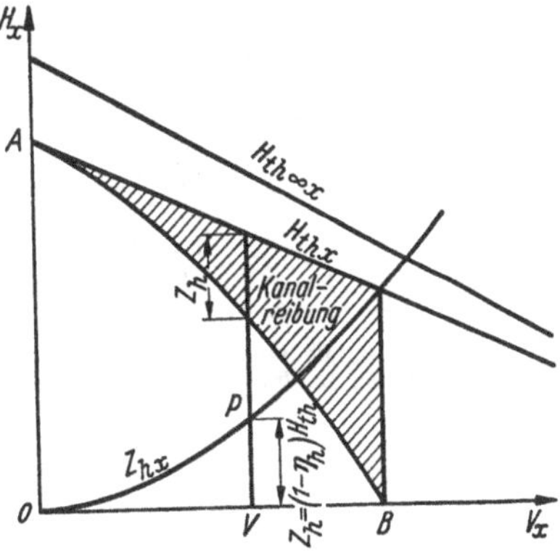

Abb. 217. Berücksichtigung der Schaufelreibung Z_{hx}

Umsetzungsverluste ziemlich genau mit dem Quadrat der Geschwindigkeit wachsen und bei rauher Wand auch die reine Reibung sich dem quadratischen Gesetz nähert.

Ist die Parabel OP gezeichnet, so können ihre Ordinaten von denen der $H_{\text{th}\,x}$-Geraden in Abzug gebracht werden, und man erhält für den Verlauf der Linie der $(H_{\text{th}\,x} - Z_{h\,x})$ die nach der positiven V_x-Achse hin abfallende Kurve AB, welche die $H_{\text{th}\,x}$-Gerade in A berührt und offenbar wiederum eine Parabel ist.

Die Gleichung der Linie OP lautet also:

$$Z_{h\,x} = (1 - \eta_h)\, H_{\text{th}} \left(\frac{V_x}{V}\right)^2. \tag{11}$$

Will man neben dem Füllungsgrad V_x/V nur feste Radabmessungen als Einflußgrößen verwenden, so setzt man hierin nach Gl. (9b), Abschnitt 80, mit $V_x = V$

$$H_{\text{th}} = \frac{u_2^2}{g} \, \frac{\operatorname{ctg}\alpha_3}{(1+p)\operatorname{ctg}\alpha_3 + \operatorname{ctg}\beta_2}. \tag{12}$$

b) Stoßverluste. Im folgenden wird von Stoß gesprochen, wenn die Schaufel nicht tangential angeströmt wird, obwohl die einzelnen Fäden tatsächlich eine *stetige Umlenkung* erfahren. Dies ist bereits bei der Behandlung des Kniestückes S. 32 betont und durch Einführung des Beiwertes φ in die dortige Gl. (9a) berücksichtigt worden.

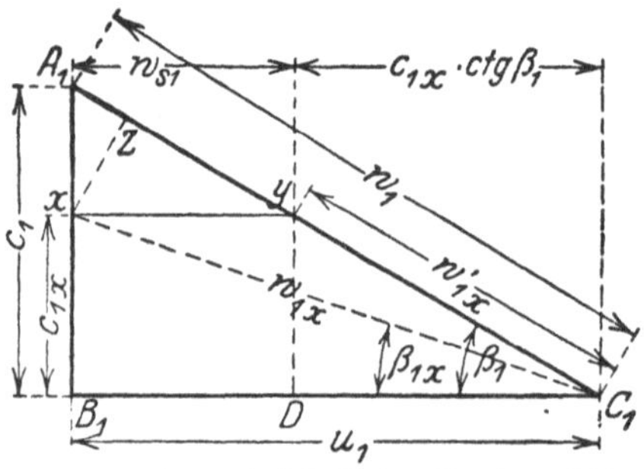

Abb. 218. Geschwindigkeitsplan für den nicht stoßfreien Laufradeintritt

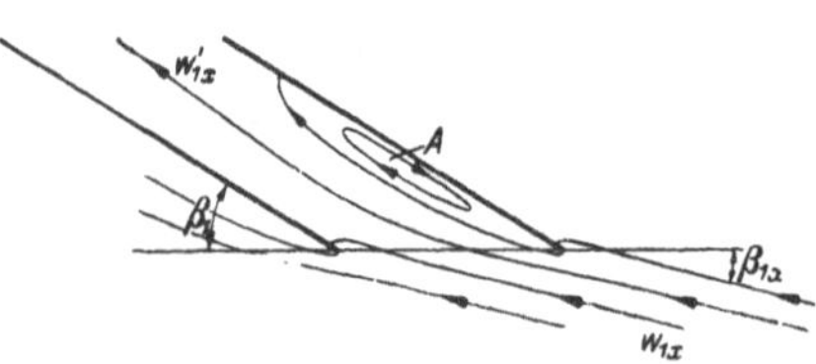

Abb. 219. Vergleich des Eintrittsstoßes des Laufrades mit der Strömung im Kniestück

α) *Laufradeintritt.* Weicht die absolute Eintrittsgeschwindigkeit $c_{1\,x}$ von der Geschwindigkeit c_1 ab, die mit der Umfangsgeschwindigkeit u_1 eine in die Richtung des Schaufelwinkels β_1 fallende Relativgeschwindigkeit w_1 gibt (Abb. 218), so entsteht ein neues Geschwindigkeitsdreieck $x B_1 C_1$, und es muß offenbar eine plötzliche Umlenkung von dem Winkel $\beta_{1\,x}$ auf den unveränderlichen Schaufelwinkel β_1 auftreten, die bei oberflächlicher Betrachtung wie im Kniestück, bei genauer Betrachtung aber nach dem in Abb. 219 gezeigten Ablenkungsschema vor sich geht. [Dabei ist von der Eintrittsablenkung durch Auseinanderstellung der Schaufeln abgesehen, da wir diese nach unserer früheren Vereinbarung (S. 125) am Eintritt nicht berücksichtigen wollen.] Nach dem Impulssatz liegt nämlich der Staupunkt nicht an der Schaufelspitze, sondern ist (wie die Betrachtung des S. 33 gerechneten

Beispieles einer schräg in eine Strömung einschneidenden Platte zeigt) nach dem Kanalinnern verlegt. Bei Teillast (also unstetiger Erweiterung der Stromröhren) liegt dieser Staupunkt, wie in Abb. 219, auf der Druckseite, bei Überlast (also unstetiger Verengung) auf der Saugseite der Schaufel. Das dann entstehende Umströmen der Schaufelspitze bringt aber den Totraum A an der gleichen Stelle mit sich wie beim Kniestück und verstärkt das Rückströmen aus dem Laufrad. Immerhin hat die Verschiedenheit des Mechanismus des Stoßvorganges unter anderem zur Folge, daß die Stoßbeiwerte φ für unstetige Erweiterung und Verengung weniger verschieden zu sein scheinen als beim Kniestück. Da am Laufrad vor und nach dem Stoß die Meridiankomponente gleich groß, nämlich gleich c_{1x} ist, so liegt der Endpunkt y der Relativgeschwindigkeit nach dem Stoß auf der durch x zu u_1 gezogenen Parallelen (Abb. 218). Die Stoßkomponente $\overline{xy} = w_{s1}$ bewirkt nach Gl. (9a), S. 32, einen Druckhöhenverlust von

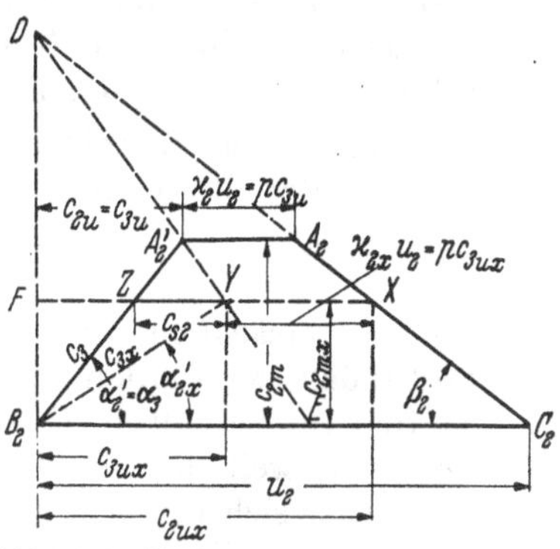

Abb. 220. Geschwindigkeitsplan für den nicht stoßfreien Leitradeintritt unter Berücksichtigung der endlichen Zahl der Laufschaufeln

$$Z_{s1} = \varphi \frac{w_{s1}^2}{2g}. \tag{13}$$

Nach Abb. 218 ist nun

$$w_{s1} = u_1 \frac{c_1 - c_{1x}}{c_1} = u_1 \left(1 - \frac{c_{1x}}{c_1}\right) = u_1 \left(1 - \frac{V_x}{V}\right),$$

also

$$Z_{s1} = \frac{\varphi}{2g} u_1^2 \left(1 - \frac{V_x}{V}\right)^2, \tag{14}$$

worin

$$V = \pi D_1 b_1 c_1 \frac{t_1 - \sigma_1}{t_1} = \pi D_1 b_1 u_1 \operatorname{tg} \beta_1 \frac{t_1 - \sigma_1}{t_1}. \tag{15}$$

β) *Leitradeintritt.* Auch hier wird ein Stoß auftreten, sobald die Meridiangeschwindigkeit c_{2mx} von dem normalen Wert c_{2m} abweicht. Die relative Austrittsgeschwindigkeit $w_{2x} = \overline{C_2 X}$ (Abb. 220) behält die durch den unveränderlichen Schaufelwinkel β_2 vorgeschriebene Richtung C_2X bei. Die endliche Laufschaufelzahl bedingt nun zunächst eine Austrittsablenkung entsprechend der Komponente $\overline{XY}$. Hierbei muß der Punkt Y auf der Geraden $DA_2'E$ liegen, weil dieser Geschwindigkeitsplan (wie bereits S. 389 erläutert wurde) eine Wiedergabe des $V_x H_{\text{th}\,x}$-Schaubildes (mit den Koordinaten c_{2mx}, c_{3ux}) darstellt. Die Geraden DC_2 und DE von Abb. 220 entsprechen der $H_{\text{th}\,\infty\,x}$- bzw. der $H_{\text{th}\,x}$-Linie und müssen sich in einem Punkt D der c_{2mx}-Achse (B_2D)

schneiden, weil die $H_{\mathrm{th}\,\infty\,x}$- und $H_{\mathrm{th}\,x}$-Linien sich in einem Punkt F der V_x-Achse (Abb. 216) schneiden sollen[1].

Die so entstehende absolute Austrittsgeschwindigkeit $B_2Y = c_{3\,x}$ ist nun unter dem Winkel $\alpha'_{2\,x}$ gerichtet und wird deshalb durch die festen Leitschaufeln stoßartig in die Richtung α_3 umgelenkt, wenn wir zunächst annehmen, daß das Leitrad ohne Abstand auf das Laufrad folge, also $D_2 = D_4$ sei. Da die Meridiankomponente unverändert bestehenbleibt, so entsteht hierbei die Stoßkomponente $\overline{ZY} = c_{s\,2}$. Demnach ist der Stoßverlust

$$Z'_{s\,2} = \varphi\,\frac{c_{s\,2}^2}{2g}.$$

Ist nun tatsächlich ein gewisser Abstand zwischen Lauf- und Leitrad vorhanden, so werden die Geschwindigkeiten beim Eintritt in das Leitrad im Verhältnis D_2/D_4 verkleinert. Der Winkel $\alpha'_{2\,x}$ bleibt aber bestehen, weil die Meridian- und Umfangskomponente in gleichem Verhältnis sich verringern. (Der Einfluß der endlichen Dicke der Laufschaufeln auf die Stoßkomponente möge wieder vernachlässigt werden.) Die Verengung beim Eintritt in die Leitschaufeln hat auf den Stoß selbst keinen Einfluß. Im ganzen kommt also nur die Stoßkomponente $c_{s\,2}\,D_2/D_4$ in Betracht, so daß

$$Z_{s\,2} = \frac{\varphi}{2g}\left(c_{s\,2}\,\frac{D_2}{D_4}\right)^2. \tag{16}$$

Da nun

$$\overline{B_2E} = \frac{\overline{YF}\cdot\overline{B_2C_2}}{\overline{XF}} = \frac{c_{3\,u\,x}\cdot u_2}{c_{2\,u\,x}} = \frac{H_{\mathrm{th}\,x}}{H_{\mathrm{th}\,\infty\,x}}\,u_2 = \frac{u_2}{1+p},$$

so folgt unmittelbar

$$\overline{ZY} = c_{s\,2} = \overline{B_2E}\,\frac{c_{2\,m} - c_{2\,m\,x}}{c_{2\,m}} = \frac{u_2}{1+p}\left(1 - \frac{c_{2\,m\,x}}{c_{2\,m}}\right) = \frac{u_2}{1+p}\left(1 - \frac{V_x}{V}\right). \tag{17}$$

Damit wird nach Gl. (16)

$$Z_{s\,2} = \frac{\varphi}{2g}\left(\frac{u_2}{1+p}\,\frac{D_2}{D_4}\right)^2\left(1 - \frac{V_x}{V}\right)^2. \tag{18}$$

Der gesamte Stoßverlust ergibt sich nun aus

$$Z_s = Z_{s1} + Z_{s2}, \tag{19}$$

wobei Z_{s1} aus Gl. (14) und Z_{s2} aus Gl. (18) zu bestimmen sind.

Ist der Förderstrom des stoßfreien Eintrittes für Lauf- und Leitrad der gleiche (was aber nicht unbedingt der Fall zu sein braucht), so ist

$$Z_s = \frac{\varphi}{2g}\left(1 - \frac{V_x}{V}\right)^2\left[u_1^2 + \left(\frac{u_2}{1+p}\,\frac{D_2}{D_4}\right)^2\right]. \tag{20}$$

Hieraus folgt mit $V_x = V$, $Z_s = 0$ wie zu erwarten, und mit $V_x = 0$

$$Z_{s\,0} = \frac{\varphi}{2g}\left[u_1^2 + \left(\frac{u_2}{1+p}\,\frac{D_2}{D_4}\right)^2\right]. \tag{21}$$

---

[1] Werden die $H_{\mathrm{th}\,x}$- und $H_{\mathrm{th}\infty\,x}$-Gerade parallel angenommen, so müssen in Abb. 220 die Geraden A_2C_2 und A'_2E sinngemäß ebenfalls parallel gelegt werden.

Nach neueren Versuchsergebnissen[1] läßt man in dieser Gleichung den Faktor D_2/D_4 besser weg, wenn nicht gleichzeitig die Reibung Z_r im schaufellosen Ringraum nach S. 375 berücksichtigt wird.

Gl. (20) stellt eine Parabel dar, deren Achse senkrecht zur V_x-Achse und deren Scheitel auf der Abszisse bei $V_x = V$ liegt[2] (Abb. 221).

Werden die Ordinaten der Stoßparabel von den Ordinaten der zuletzt bestimmten Kurve AB abgezogen, so ist die erhaltene Kurve CDG die gesuchte Drosselkurve. Diese berührt die Linie AB im Punkt D, der Ordinate der stoßfreien Förderung und stellt wieder eine Parabel mit der Hauptachse parallel zur Ordinatenachse dar.

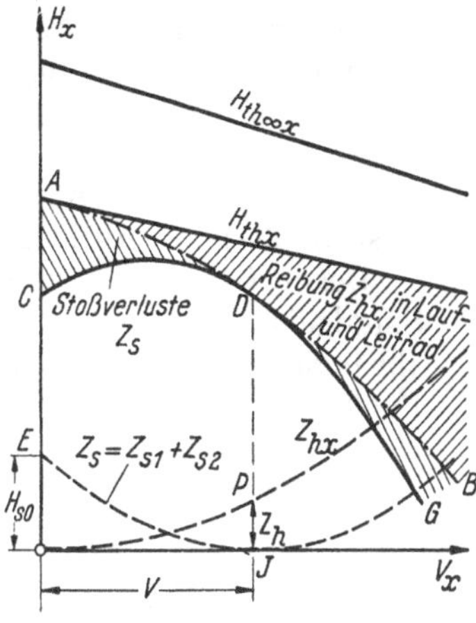

Abb. 221. Entstehung der Drosselkurve CDG aus der $V_x\,H_{th\,x}$-Geraden für eine Pumpe mit Leitrad oder Spiralgehäuse

c) Konstruktion der Drosselkurve für eine Pumpe mit Leitrad oder Spiralgehäuse. Um die Drosselkurve einer Pumpe (wie sie sich auf Grund der gemachten Annahmen ergibt) zu zeichnen, wird zunächst die Gerade der $H_{th\,x}$ eingetragen, und zwar am einfachsten als Verbindungslinie ihrer Schnittpunkte mit den beiden Koordinatenachsen, deren Entfernung vom Nullpunkt nach Gl. (9) auf der V_x-Achse gleich[3] $u_2 \pi D_2 b_2 \operatorname{tg}\beta_2$, auf der H_x-Achse gleich $u_2^2/(1+p)\,g$ ist. Dann werden die Reibungsparabel Gl. (11) und die Stoßparabel Gl. (20) zugefügt[4]. Beide sind gegeben durch ihren Scheitel, Achse und einen Punkt. Der Scheitel der Reibungsparabel ist der Nullpunkt, der der Stoßparabel der Punkt mit der Abszisse V (gleich dem Förderstrom des stoßfreien Eintrittes). Der weitere Punkt der Reibungsparabel ist der Punkt P (Abb. 221) mit den Koordinaten V, $(1-\eta_h)H_{th}$, wobei der Schaufelwirkungsgrad η_h aus dem Entwurf der Pumpe bekannt und H_{th} die Ordinate der $H_{th\,x}$-Linie beim stoßfreien Eintritt ist. Für die Stoßparabel ist als zweiter Punkt ihr Schnittpunkt E mit der

[1] Diss. SCHRADER: Fußnote S. 77; ebenso K. RÜTSCHI: Schweiz. Archiv angew. Wiss. Techn. 7 (1941) S. 214. In beiden Arbeiten ergibt sich der aus aufgenommenen Drosselkurven ermittelte Verlauf von Z_s nicht nach einer Parabel 2. Ordnung, sondern fast linear ansteigend

[2] Ist der Förderstrom des stoßfreien Eintrittes für Lauf- und Leitrad nicht der gleiche, so ergibt die Addition von Gl. (14) und (18) eine Parabel, die die V_x-Achse nicht mehr berührt

[3] Bei Berücksichtigung der endlichen Schaufeldicke am Laufradaustritt, die bei der Ableitung vernachlässigt wurde, ist dieser Ausdruck mit $(t_2 - \sigma_2)/t_2$ zu multiplizieren. Alles übrige bleibt unverändert. Diese Berücksichtigung ergibt sich von selbst, wenn die $H_{th\,x}$-Linie vom Punkt A nach dem Normalpunkt (V, H_{th}) hingezogen wird.

[4] Werden die $H_{th\,\infty\,x}$- und die $H_{th\,\infty}$-Gerade parallel angenommen, so ändert sich die Stoßparabel unwesentlich.

Ordinatenachse am besten geeignet (Abb. 221), dessen Ordinate Z_{s0} durch Gl. (21) (mit $D_2/D_4 = 1$) gegeben ist. Die Aufzeichnung beider Parabeln erfolgt nach einem der bekannten Verfahren. Die Drosselkurve wird erhalten, wenn die Ordinaten der Z_{hx}- und Z_s-Linie von denen der $H_{\text{th}\,x}$-Linie abgezogen werden.

Die V-Werte schließen den Spaltverlust ein, der angenähert durch eine nachträgliche Verschiebung des Koordinatensystems um den geschätzten oder nach Abschn. 15 berechneten Wert V_{sp} (genauer nach Abschn. 63 der 3. Auflage dieses Buches) berücksichtigt werden kann.

Der in Gl. (21) einzusetzende Stoßbeiwert φ kann für Leitrad- und Spiralgehäusepumpen etwa gleich genommen werden. Er ist aber davon abhängig, wie die $H_{\text{th}\,x}$-Gerade gewählt wurde, weil die Lage des Punktes A (Abb. 221) davon abhängt. Wird der Schnittpunkt der $H_{\text{th}\,x}$- und $H_{\text{th}\,\infty\,x}$-Geraden in die Abszissenachse gelegt, was wir als (willkürliche) Regel festhalten wollen, so bewegt sich φ zwischen 0,5 und 0,7.

Daß die Stoßziffer φ beim beschaufelten Leitrad und beim Spiralgehäuse etwa gleich groß genommen werden kann, ist als Zufall anzusehen. Obwohl das Spiralgehäuse nichts anderes darstellt als einen einzigen Leitkanal, so sind doch die Vorgänge bei Teil- und Überlast im Spiralgehäuse und Leitrad ziemlich verschieden. Für die Teillastströmung im Spiralgehäuse ist insbesondere kennzeichnend das Fehlen der Achsensymmetrie, so daß die Beaufschlagung des Laufrades über den Umfang ungleichmäßig ist. Diese Unsymmetrie der Laufradströmung hat nicht bloß die Folge, daß die $H_{\text{th}\,x}$-Linie schon in der idealen Flüssigkeit keine Gerade mehr ist, sondern daß zusätzliche Verluste im Laufrad entstehen. Beide Einflüsse müssen aber bei der besprochenen Bestimmung der Drosselkurve in dem gewählten φ-Wert zum Ausdruck kommen. Daraus folgt, daß man nicht volle Übereinstimmung der errechneten Kurve mit der Wirklichkeit erwarten darf.

Das beschriebene Verfahren führt nur dann zu einer befriedigenden Übereinstimmung mit der Wirklichkeit, wenn beachtet wird, daß nach S. 354 die Eintrittsweite der Leitkanäle erheblich größer gemacht wird, als der stoßfreie Eintritt rechnerisch fordert. Es wäre deshalb naheliegend, den Scheitel J der Stoßparabel Z_s in Abb. 221 entsprechend nach rechts zu verschieben. Dadurch entsteht aber im Berechnungspunkt bereits ein Stoßverlust, der aus η_h herauszunehmen wäre und eine entsprechende Korrektur von η_h fordert. Man vermeidet diese Schwierigkeit, wenn man nach wie vor den Scheitel der Stoßlinie Z_s im Abszissenpunkt J des stoßfreien Eintrittes beläßt, aber diese Linie nicht als Parabel, sondern in ihrem linken Zweig als flache fast geradlinige Verbindungslinie zwischen den gegebenen Punkten J und E zeichnet und in ihrem rechten Zweig mit geringem Anstieg versieht oder sogar mit der V_x-Achse zusammenfallen läßt.

Wird ein Spiralgehäuse als Leitvorrichtung verwendet, wo nach S. 382 kein Zuschlag zu dem Spiralquerschnitt gemacht wird, so kann dieses Verfahren trotzdem bestehenbleiben.

d) Konstruktion der Drosselkurve für eine Pumpe mit glattem Leitring[1]. An die Stelle der Reibungs- und Stoßverluste des Leitrades tritt hier der im Abschn. 75 berechnete Leitringwiderstand Z_r. Dementsprechend ist folgendermaßen zu verfahren. (Abb. 222).

[1] Vgl. Forsch.-Arb. Ing.-Wes. Heft 295, S. 89

Zunächst trägt man wie bei der Leitradpumpe die $H_{th\,x}$-Gerade ein. Dann wird die Linie des Teiles der hydraulischen Verluste hinzugefügt, der mit dem Quadrat des Förderstromes als Parabel wächst, also die Leitringverluste nicht enthält (Linie Z_{h1}). Man erhält den zu dem normalen Förderstrom V gehörigen Punkt dieser Linie aus $(1 - \eta_h) H_{th} - Z_r$, wo H_{th} und Z_r aus der $H_{th\,x}$-Linie bzw. Z_r-Linie zur Abszisse V zu entnehmen sind. Die Z_r-Linie muß vorher nach den S. 374f. gemachten Angaben gezeichnet sein (wobei zu beachten ist, daß diese zur Berücksichtigung der Austauschströmung etwa um den doppelten Spaltstrom nach der Ordinatenachse zu verschieben ist). Als Stoßparabel kommt nur die des Eintrittsstoßes Z_{s1} ins Laufrad nach Gl. (14) in Betracht, deren Scheitel auf der Abszisse bei $V_x = V$ und deren Schnittpunkt mit der H_x-Achse bei $(Z_{s1})_0 = \varphi u_1^2/2g$ liegt. Die Drosselkurve JD ergibt sich nun durch Bildung von $H_x = H_{th\,x} - Z_{h1} - Z_{s1} - Z_r$.

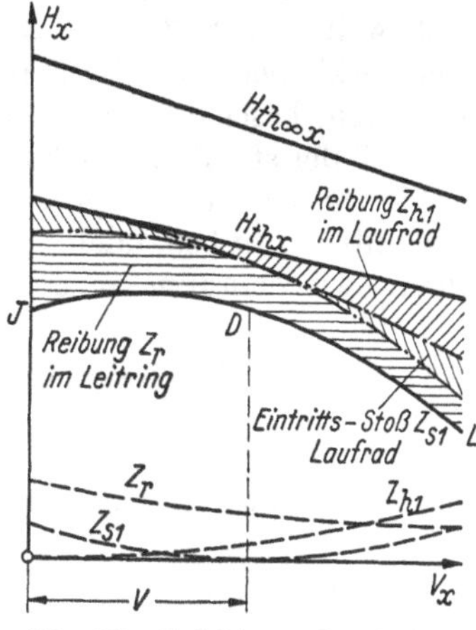

Abb. 222. Entstehung der Drosselkurven einer Pumpe mit glattem Leitring

Vergleicht man die erhaltene Drosselkurve mit der der Leitradpumpe (Abb. 221), so fällt der *flache Verlauf* auf. Dies steht in voller Übereinstimmung mit der Wirklichkeit, wie der Vergleich der Kurven *I* und *III* in Abb. 222a zeigt[1].

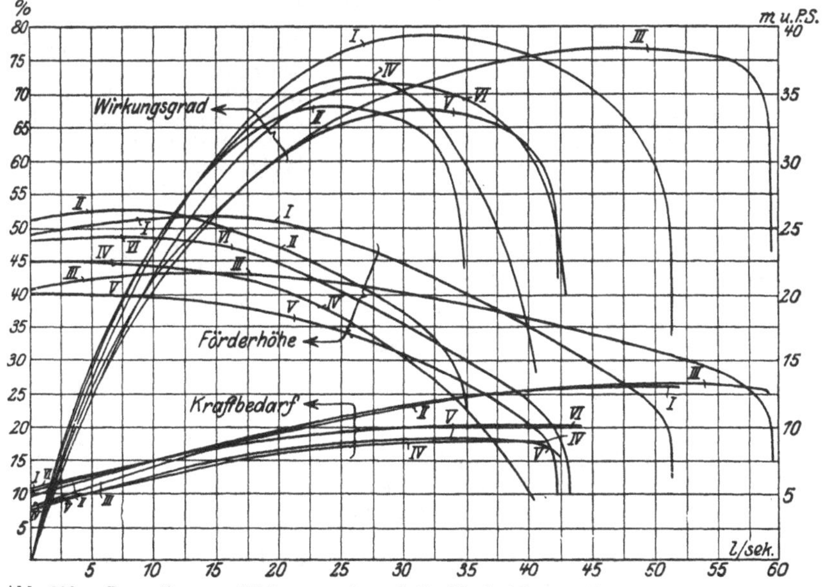

Abb. 222a. Drosselkurven, Wirkungsgrad- und Kraftbedarfskurven der Versuchspumpe von HERBERT bei der Drehzahl 1200/min

Kurve *I*: Lauf- und Leitrad normal. — Kurve *II*: Laufrad normal, Leitradweite a_4 verengt. — Kurve *III*: Laufrad normal, Leitring — Kurve *IV*: Drei Laufkanäle ganz geschlossen. (Abb. 264), Leitrad normal. — Kurve *V*. Drei Laufkänale ganz geschlossen (Abb. 264), Leitring. — Kurve *VI*: Drei Laufkanäle nur am Eintritt geschlossen, (264a), Leitrad normal

[1] Vgl. Fußn. 1, S. 400

Damit geht Hand in Hand ein rascheres Abfallen des Wirkungsgrades η bei Teillast und ein langsameres Abfallen von η bei Überlast, weil nach S. 375 die Reibung Z_r im Leitring mit wachsendem α_3 sich verkleinert. Meist ist auch bei Nennlast der Wirkungsgrad gegenüber dem beschaufelten Diffusor verschlechtert (Abb. 222a). Wichtig ist, daß der stabile Bereich der Drosselkurve sich wesentlich vergrößert.

Leitradpumpen mit großem Abstand zwischen Leit- und Laufrad sind wie unter c) zu behandeln, nur daß der zusätzliche Verlust im schaufellosen Zwischenraum sinngemäß wie unter d) zu berücksichtigen ist.

82. Die Drosselkurve bei nicht senkrechtem Radeintritt ($\alpha_0 \neq 90°$).

Die spezifische Schaufelarbeit beträgt nach der Hauptgleichung

$$H_{\text{th}\,x} = \frac{H_{\text{th}\infty\,x}}{1+p} = \frac{1}{(1+p)\,g}\,(u_2\,c_{2\,u\,x} - u_1\,c_{0\,u\,x}) = H_{\text{th}\,x\perp} + H_{\text{th}\,x\,1}. \tag{22}$$

Man erhält also die Gerade $H_{\text{th}\,x}$ aus den beiden Anteilen $H_{\text{th}\,x\perp}$ und $H_{\text{th}\,x\,1}$, von denen der erstere

$$H_{\text{th}\,x\perp} = \frac{u_2}{g}\,\frac{c_{2\,u\,x}}{1+p} = \frac{1}{1+p}\,\frac{u_2}{g}\left(u_2 - V_x\,\frac{\operatorname{ctg}\beta_2}{\pi D_2 b_2}\right) \tag{23}$$

identisch ist mit der $H_{\text{th}\,x}$-Geraden des senkrechten Eintrittes und der letztere eine durch den Nullpunkt gehende Gerade darstellt (Abb. 223).

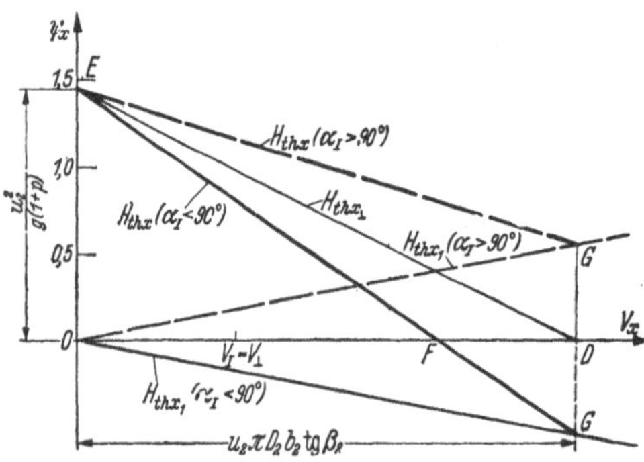

Abb. 223. $H_{\text{th}\,x}$-Gerade bei Gleich- und Gegendrall am Laufradeintritt

Die Ablenkung am Ende des Eintrittsleitrades infolge der endlichen Zahl der Eintrittsleitschaufeln kann nach S. 127 (wie meist bei beschleunigten Strömungen) vernachlässigt werden. Dann ist in Abb. 223 gemäß einer einfachen Rechnung

$$DG = \frac{u_2^2}{g(1+p)} \times \frac{b_2}{b_I}\,\frac{\operatorname{tg}\beta_2}{\operatorname{tg}\alpha_I}\,\frac{t_I}{t_I - \sigma_I}, \tag{23a}$$

wo das Fußzeichen I sich auf eine Stelle kurz vor der Austrittskante des Eintrittsleitrades bezieht. Abb. 223 zeigt, daß der Eintrittsdrall das betriebliche Verhalten in gleicher Weise beeinflußt wie eine Veränderung von β_2, und zwar entspricht er einer Vergrößerung bzw. Verkleinerung von β_2, je nachdem er gegenläufig ($\alpha_0 > 90°$) oder gleichläufig ($\alpha_0 < 90°$) ist.

Aus der erhaltenen $H_{\text{th}\,x}$-Geraden erhält man die Drosselkurve wieder durch Abzug folgender Verlustanteile:

a) Kanalreibung einschließlich Krümmungs- und Umsetzungsverluste, die wie früher betragen:

$$Z_{h\,x} = (1 - \eta_{h\perp})\,H_{\text{th}\perp}\left(\frac{V_x}{V_\perp}\right)^2. \tag{24}$$

[1] Herbert: Beitrag zur Theorie der Zentrifugalpumpen. Diss. München 1913 oder Z. ges. Turbinenwes. 1913, S. 481

Die Größen mit Fußzeichen $\perp$ ohne x beziehen sich auf senkrechten und stoßfreien Eintritt. Das Verhältnis $V_x/V_\perp$ stellt darin den jeweiligen Füllungsgrad, bezogen auf senkrechten und stoßfreien Eintritt, dar.

Gl. (24) setzt voraus, daß die Kanalreibung nur vom Förderstrom abhängig ist, was nur für unveränderte Kanäle zutrifft, also nicht für den Fall der Verstellung der Eintrittsleitschaufeln. Im Hinblick auf die beschleunigte Strömung fällt aber die Änderung der zugehörigen Verluste kaum ins Gewicht. Deshalb erscheint die getroffene Vereinfachung zulässig. Man erhält dann eine für alle Stellungen des Eintrittsleitrades gemeinsame „Grundparabel“ Z_{hx}, was für die Untersuchung von Regulierfragen bequem ist.

b) Stoßverluste. Die Ausdrücke für die Stoßverluste sind trotz der schrägen Zuströmung zum Laufrad die gleichen wie beim senkrechten Eintritt, da bei der früheren Ableitung an keiner Stelle vom senkrechten Eintritt Gebrauch gemacht wurde. Also beträgt nach wie vor der Eintrittsstoß ins Laufrad

$$Z_{s1} = \frac{\varphi}{2g} u_1^2 \left(1 - \frac{V_x}{V_I}\right)^2 \quad (25)$$

und der Eintrittsstoß ins Austrittsleitrad

$$Z_{s2} = \frac{\varphi}{2g} \left(\frac{u_2}{1+p} \frac{D_2}{D_4}\right)^2 \left(1 - \frac{V_x}{V_{II}}\right)^2. \quad (26)$$

V_I und V_{II} bedeuten hierin die zu dem vorliegenden Leitradwinkel α_I gehörigen Förderströme stoßfreien Eintrittes ins Lauf- bzw. Austrittsleitrad, die im Fall der Verstellung der Eintrittsleitschaufeln nicht gleich sind. Falls die Austrittsleitschaufeln nicht verstellt werden, bleibt V_{II} nahezu[1] unverändert.

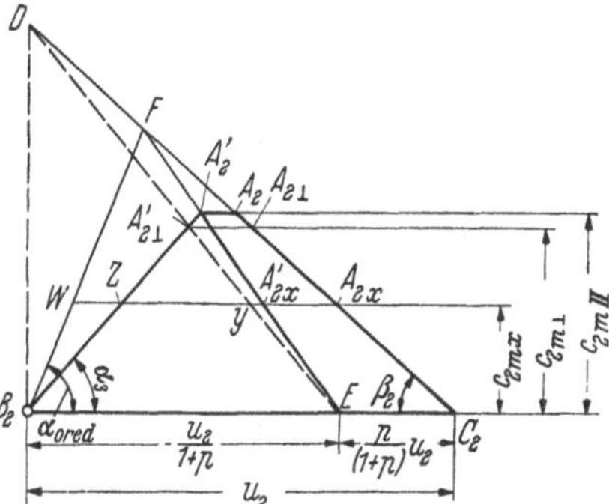

Abb. 224. Geschwindigkeitsplan für den Laufradaustritt bei senkrechtem Eintritt und bei Eintritt mit Gleichdrall

Man sieht also, daß die Bestimmung der Drosselkurve sich grundsätzlich nicht von dem im vorausgegangenen Abschnitt angegebenen Verfahren unterscheidet.

83. Die Kennfläche

Aus den Gl. (9b), (11), (20) ergibt sich die Förderhöhe

$$H_x = H_{\text{th}\,x} - Z_{hx} - Z_s. \quad (28)$$

[1] Eine Änderung von V_{II} ist dadurch bedingt, daß die Minderleistungsziffer p gleich groß beibehalten wird. Dies zeigt der in Abb. 224 dargestellte Geschwindigkeitsplan für den Laufradaustritt. Dort ist der Leitradwinkel α_3 eingetragen, ebenso der reduzierte Winkel $(\alpha_0)_{\text{red}}$ mit

$$\text{tg}(\alpha_0)_{\text{red}} = \frac{b_I}{b_2} \frac{t_I - \sigma_I}{t_I} \text{tg}\,\alpha_I, \quad (27)$$

der so bestimmt ist, daß für jedes c_{2mx} die Strecke $A_{2x}W$ den Wert $c_{2ux} - (r_1/r_2) c_{0ux}$, also nach Gl. (22) ein Maß für $H_{\text{th}\,\infty x}$ darstellt. Die Punkte D und F entsprechen den gleichnamigen Punkten von Abb. 223. Beim Übergang vom senkrechten Eintritt auf α_I wandert D nach F und die Meridiankomponente stoßfreien Leitradeintrittes von $c_{2m\perp}$ auf c_{2mII}. Es ist also bemerkenswerterweise festzustellen, daß der Förderstrom V_{II} stoßfreien Eintrittes in das unveränderte Leitrad nicht gleichbleibt, wenn der Eintrittsdrall verändert wird, sofern man an der Bedingung festhält, daß die $H_{\text{th}\,\infty x}$- und die $H_{\text{th}\,x}$-Gerade nach wie vor sich in der V_x-Achse schneiden, d. h. die Minderleistungsziffer p konstant bleibt. Vielmehr ist offenbar $V_{II} \gtreqless V_\perp$, je nachdem $\alpha_I \lesseqgtr 90°$ ist. (Vgl. Fußnote 1, S. 233.)

Setzt man für die einzelnen Glieder der rechten Seite die entsprechenden Ausdrücke und führt für V und H_{th} die Werte aus Gl. (9a) und (12), ferner $u_1 = \pi D_1 n/60$, $u_2 = \pi D_2 n/60$ ein, so erhält man folgende Gleichung der Kennfläche, die nach den drei Veränderlichen H_x, V_x, n geordnet ist

$$H_x = k_1 n^2 + 2 k_2 n V_x - k_3 V_x^2. \tag{29}$$

Hierin sind die Beiwerte k_1, k_2, k_3 für eine und dieselbe Pumpe konstant, nämlich

$$k_1 = \frac{\pi^2}{g \cdot 60^2}\left[\frac{D_2^2}{1+p} - \frac{\varphi}{2} D_1^2 - \frac{\varphi}{2}\frac{D_2^2}{D_4^2}\frac{1}{(1+p)^2}\right], \tag{30}$$

$$k_2 = \frac{1}{120\,g}\left[-\frac{\operatorname{ctg}\beta_2}{b_2(1+p)} + \varphi\frac{D_2^2}{D_4^2}\frac{(1+p)\operatorname{ctg}\alpha_3 + \operatorname{ctg}\beta_2}{b_2(1+p)^2} + \varphi\frac{\operatorname{ctg}\beta_1}{b_1}\frac{t_1}{t_1-\sigma_1}\right], \tag{31}$$

$$\begin{aligned} k_3 = {} & \frac{1-\eta_h}{g}\,\frac{(1+p)\operatorname{ctg}\alpha_3 + \operatorname{ctg}\beta_2}{\pi^2 D_2^2 b_2^2}\operatorname{ctg}\alpha_3 \\ & + \frac{\varphi}{2g}\left[\frac{(1+p)\operatorname{ctg}\alpha_3 + \operatorname{ctg}\beta_2}{(1+p)\,\pi D_4 b_2}\right]^2 + \frac{\varphi}{2g}\left(\frac{\operatorname{ctg}\beta_1}{\pi D_1 b_1}\right)^2\left(\frac{t_1}{t_1-\sigma_1}\right)^2. \end{aligned} \tag{32}$$

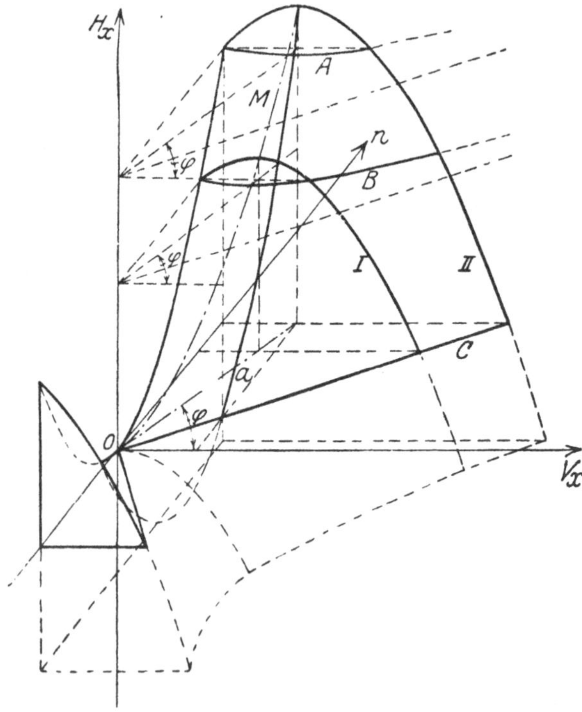

Abb. 225. Kennfläche einer Kreiselpumpe; I und II sind Linien konstanter Drehzahl, d. h. Drosselkurven. A und B Linien konstanter Förderhöhe, a Linie konstanten Förderstromes

Gl. (29) läßt erkennen, daß die Kennfläche ein hyperbolisches Paraboloid darstellt, dessen Hauptachse mit der H_x-Achse und dessen Scheitel mit dem Ursprung zusammenfällt. Seine durch die H_x-Achse gehende Symmetrieebene bildet mit der $(V_x H_x)$-Ebene einen Winkel φ, der sich bestimmt aus

$$\operatorname{tg} 2\varphi = \frac{2k_2}{k_3 + k_1}. \tag{33}$$

In Abb. 225 ist diese Kennfläche dargestellt, soweit sie auf der positiven Seite der (nH_x)-Ebene verläuft. Die (V_x, H_x)-Ebene ist dabei als durchsichtig angenommen, dagegen nicht die (V_x, n)-Ebene. Die strichpunktierte Linie OM ist die Schnittparabel mit der vorhin erwähnten Symmetrie-Ebene. Die Drosselkurven (I und II) als Linien gleicher Drehzahl entstehen durch Schnitte parallel zur $(V_x H_x)$-Ebene.

Die waagerechten Schnittebenen, also für H_x = konst., die parallel zur $(V_x\, n)$-Ebene sind, ergeben Hyperbeln (A, B), deren Asymptoten sich auf der H_x-Achse schneiden und unter sich parallel sind. Auch diese Kurven sind von praktischer Bedeutung, weil sie das Verhalten der Pumpe bei unveränderlicher Förderhöhe erkennen lassen, wenn der Förderstrom durch Änderung der Drehzahl geregelt wird. In Abb. 226 ist eine solche Hyperbel herausgezeichnet. Bemerkenswert ist, daß mit abnehmendem Förderstrom die Drehzahl zunächst ebenfalls sinkt, um dann einen Kleinstwert n_k zu erreichen, der der waagerechten Tangente entspricht.

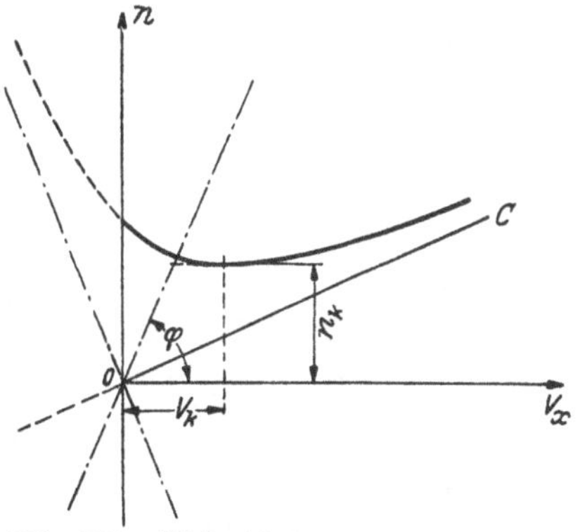

Abb. 226. Abhängigkeit der Drehzahl vom Förderstrom bei konstanter Förderhöhe

Ist die Förderhöhe gleich Null, d. h. gießt die Pumpe auf der Höhe des Saugwasserspiegels (bei fehlendem Rohrwiderstand) wieder aus, so erhält man statt des Hyperbelzweiges die durch den Ursprung gehende, mit der Asymptote zusammenfallende Gerade OC (Abb. 226).

Schnittebenen parallel zur (nH_x)-Ebene ergeben Parabeln a. Diese lassen erkennen, wie die Drehzahl zu ändern ist, damit der Lieferstrom konstant bleibt, wenn die Förderhöhe Schwankungen unterworfen ist.

84. Die Kongruenz der Drosselkurven

Gl. (29) stellt die Gleichung der Drosselkurve dar, wenn n festgehalten wird. Da es sich um Parabeln handelt, ist ihre Form durch den Parameter der Scheitelgleichung eindeutig bestimmt. Dieser beträgt $p = \frac{1}{2} k_3$ und ist offenbar für eine bestimmte Pumpe konstant, weil die Drehzahl nicht erscheint. Hieraus leitet sich der wichtige Satz ab:

Die Drosselkurven einer und derselben Pumpe sind für sämtliche Drehzahlen kongruent.

Werden die Drosselkurven auf die dazu parallele $(V_x H_x)$-Ebene, projiziert, so erhält man also eine Schar kongruenter Parabeln

(Abb. 227), die gegenseitig so angeordnet sind, daß ihr Scheitel auf der Parabel OM liegt und ihre Achsen parallel sind.

Ist also die Drosselkurve AB für eine beliebige Drehzahl n gegeben, so ist sie auch für jede andere Drehzahl bekannt. Man braucht nur den höchsten Punkt A der gegebenen Kurve zu bestimmen, durch diesen die Parabel OAM zu legen, deren Hauptachse die H_x-Achse ist. Man erhält dann die Drosselkurve für irgendeine Drehzahl n_1, wenn man die gegebene Kurve parallel mit sich verschiebt, bis ihr Scheitel mit einem Punkt A_1 der Parabel OM zusammenfällt, für welchen die Abszisse bzw. Ordinate

$$V_{a1} = V_a \frac{n_1}{n}$$

bzw.

$$H_{a1} = H_a \left(\frac{n_1}{n}\right)^2. \tag{34}$$

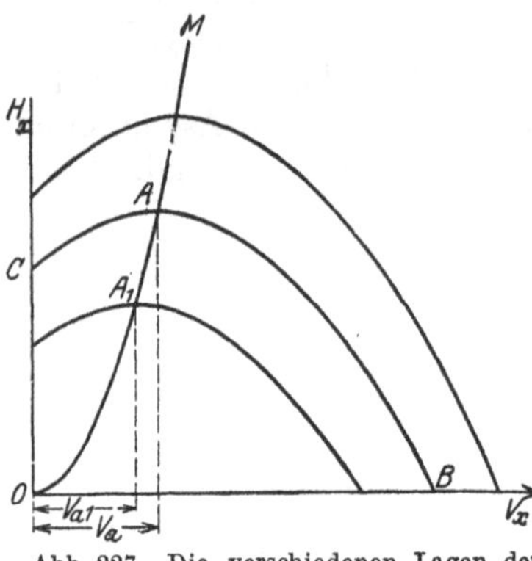

Abb. 227. Die verschiedenen Lagen der Drosselkurve einer Pumpe entstehen durch parallele Verschiebung, wobei der höchste Punkt A auf der Parabel OM sich bewegt

Damit ist es auf einfache Weise möglich, eine Pumpe über ihr ganzes Verwendungsgebiet zu beurteilen, wenn ihr Verhalten für eine Drehzahl bekannt ist.

Man sollte annehmen, daß dieses Gesetz von der Kongruenz der Drosselkurven in Wirklichkeit nicht ganz zutreffen würde, weil seine Ableitung verschiedene Vernachlässigungen enthält, und deshalb die Drosselkurve tatsächlich keine genaue Parabel ist. Die Nachprüfung ergibt aber, daß die Übereinstimmung durchweg gut ist, selbst in den Fällen, für welche die Ableitung des Kongruenzgesetzes nicht gültig ist. Nur bei Förderströmen, die erheblich größer als die normalen sind, sind Streuungen der Versuchspunkte vorhanden. Diese sind zwanglos durch eingetretene Kavitation bzw. Schallgeschwindigkeitsnähe zu erklären (Hauptabschnitt E). Bei Verdichtern mit Ma-Zahlen $u_2/a > 0{,}5$ bedingt die mit der Drehzahländerung verknüpfte Dichteänderung der austretenden Luft bereits merkbare Abweichungen (S. 549 ff.).

Es darf deshalb geschlossen werden, daß das Kongruenzgesetz für den außerhalb der Kavitation bzw. hoher Ma-Zahlen liegenden Arbeitsbereich der Pumpe mit einer sehr weitgehenden und für praktische Zwecke durchaus genügenden Genauigkeit zutrifft.

84a. Affinitätsgesetz (Newtonsches Ähnlichkeitsgesetz) Kurven gleichen Wirkungsgrades

Neben der sehr weitgehenden Verwandtschaft zwischen den Drosselkurven einer Pumpe, die durch das Kongruenzgesetz ausgedrückt ist, bestehen noch weitere Zusammenhänge.

Ändert sich bei ein und derselben Pumpe der Förderstrom V_x proportional zur Drehzahl n, so bleiben offenbar die Geschwindigkeitspläne ähnlich. Also ist dann (bei unveränderten Wirkungsgraden) die Förderhöhe H_x proportional zu n^2 und die Leistung N_x proportional zu n^3. Diese Beziehungen sind bereits in Abschn. 27 benutzt und hier nur auf das nicht stoßfreie Betriebsgebiet ausgedehnt. Diese Betriebspunkte liegen im (V_x, H_x)-Schaubild auf Parabeln mit dem Scheitel im Ursprung.

Man kann dieses Gesetz (NEWTONsches Ähnlichkeitsgesetz, auch Affinitätsgesetz genannt) dazu verwenden, um die *zugeordneten Punkte* auf den einzelnen Drosselkurven zu finden. Es ist innerhalb der gleichen Grenzen gültig, die im vorhergegangenen Abschnitt für das Kongruenzgesetz nachgewiesen wurden.

Da längs der Parabel gleichen Stoßzustandes folgende Beziehungen gelten (wenn i_1, i_2 usw. Zahlen bedeuten, die für jede Parabel konstant sind)

$$V_x = i_1 n, \qquad H_x = i_2 n^2, \qquad N_x = \gamma i_3 n^3, \tag{35}$$

so ändert sich bei einer kleinen Änderung der Drehzahl, wenn die kleinen Glieder höherer Ordnung vernachlässigt werden, der Förderstrom im

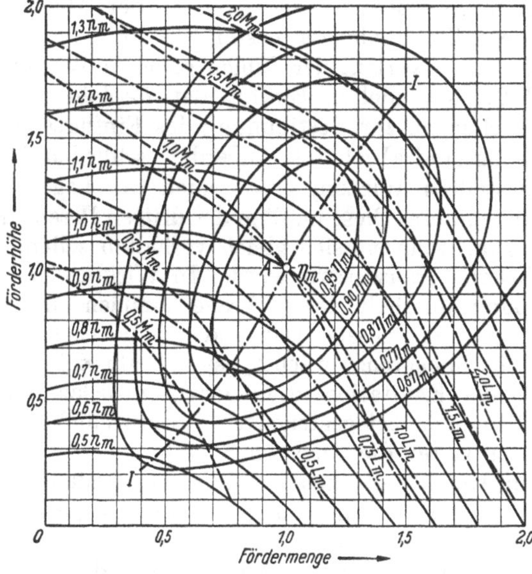

Abb. 228. Muschelschaubild enthaltend: Drosselkurven, Linien gleichen Wirkungsgrades, Linien gleichen Drehmomentes (gestrichelt), Linien gleicher Wellenleistung (strichpunktiert).

gleichen Verhältnis mit Δn, die Förderhöhe mit $2\Delta n$ und die Nutzleistung mit $3\Delta n$.

Aus der Ähnlichkeit der Geschwindigkeitspläne folgt auch, daß längs der einzelnen Parabel der Füllungsgrad V_x/V gleich ist. In Abb. 228 sind die Parabeln gleichen Stoßzustandes nicht eingetragen.

Daß die Parabeln gleichen Stoßzustandes (theoretisch) nicht bloß Linien gleichen Schaufelwirkungsgrades η_h, sondern auch Linien gleichen inneren Wirkungsgrades η_i sind, zeigt folgende Überlegung. Es ist die spezifische Radarbeit einschließlich Austauschverlust $H_{th} + Z_a = i_4 n^2$; der Spaltverlust $V_{sp\,x} = i_6 \sqrt{H_x} = i_6 \sqrt{i_2}\, n$; und die Radreibung in mkp/s nach Gl. (87a), Abschn. 15a, $75 N_r = \text{konst.}\, \gamma\, u_2^3 D_2^2 = i_5\, \gamma\, n^3$, also der *innere* Wirkungsgrad

$$\eta_i = \frac{75 N_{n\,x}}{\gamma (V_x + V_{sp\,x})(H_{th\,x} + Z_a) + 75 N_r} = \frac{75 \gamma\, i_3 n^3}{\gamma (i_1 n + i_6 \sqrt{i_2}\, n)\, i_4 n^2 + i_5 \gamma n^3}$$
$$= \frac{75 i_3}{(i_1 + i_6 \sqrt{i_2})\, i_4 + i_5} = \text{konst.} \tag{36}$$

Längs jeder Parabel gleichen Stoßzustandes oder für jeden bestimmten Wert des Füllungsgrades V_x/V ist also der innere Wirkungsgrad der Pumpe konstant, wenn man vom Einfluß der Re-Zahl absieht. Von besonderer Wichtigkeit ist die Parabel des stoßfreien Eintrittes.

Das abgeleitete Gesetz von der Unveränderlichkeit des inneren Wirkungsgrades längs einer Parabel gleicher Füllung findet man auf dem Versuchsstand nicht vollkommen bestätigt. Vielmehr verlaufen die Linien gleichen Wirkungsgrades wie sie in Abb. 228 durch die muschelförmigen Linien angegeben sind. In der Abbildung sind die Wirkungsgrade in Bruchteilen des besten Wirkungsgrades ausgedrückt.

Der abweichende Verlauf der Linien gleichen Wirkungsgrades ist auf den S. 170f. behandelten Einfluß der *Re*-Zahl zurückzuführen. Dort sind Gleichungen zur Bestimmung des Einflusses der Drehzahl auf den Wirkungsgrad abgeleitet. Außerdem schließen die in der Abbildung dargestellten Wirkungsgrade auch die Lager- und Stopfbüchsenreibung mit ein. Diese müßten der dritten Potenz der Drehzahl proportional sein, wenn sie sich gleich verhalten sollen, wie bei den übrigen Verlusten vorausgesetzt wurde. In Wirklichkeit wächst aber die Lagerreibung innerhalb des in Frage kommenden Gebietes etwa nach einem Geradliniengesetz. Daß andererseits nach oben der Wirkungsgrad nicht unbegrenzt wächst, ist bei Flüssigkeitspumpen auf das Eintreten der Kavitation, d. h. darauf zurückzuführen, daß die vorhandene Saughöhe bei gesteigerter Geschwindigkeit zu groß ist. Für Gaspumpen gelten die Angaben S. 550.

Aus den in Abb. 228 angegebenen Wirkungsgradkurven ist ersichtlich, daß jede Pumpe einen günstigsten Betriebspunkt A hat, von dem aus nach allen Seiten ein allmähliches Abfallen des Wirkungsgrades eintritt. Aus der langgestreckten Form der Kurven gleichen Wirkungsgrades ergibt sich, daß dieses Abfallen ungefähr längs der Parabel stoßfreien Eintrittes am geringsten ist. Liegt diese Darstellung für ein bestimmtes Pumpenmodell vor, so kann bei Annahme eines Mindestwertes für den Wirkungsgrad durch die Kurve dieses Wirkungsgrades ein bestimmtes Verwendungsgebiet der Pumpe umgrenzt werden. Dabei ist aber im Auge zu behalten, daß die Lage des Bestpunktes A von der Saughöhe bzw. Schallgeschwindigkeitsnähe abhängt.

In Abb. 228 sind auch die Linien gleicher Wellenleistung N (mit L statt N bezeichnet) eingetragen, welche auf die Stärke des Antriebsmotors schließen lassen, ebenso die Linien gleichen Drehmomentes M, welche im Falle des Antriebes durch eine Kolbenmaschine wichtig sind.

85. Der Betriebspunkt besten Wirkungsgrades

Der Verlauf des Schaufelwirkungsgrades $\eta_h = H_x/H_{\mathrm{th}\,x}$ läßt sich, wenn die Linie der Schaufelarbeiten $H_{\mathrm{th}\,x}$ als Gerade FG (Abb. 229) und die Drosselkurve CDE gegeben sind, aus dem Verhältnis der beiderseitigen Ordinaten leicht ausrechnen. Für zwei Punkte P_1 und P_2 der Drosselkurve, die auf der gleichen durch F gehenden Geraden liegen, ist offenbar das Ordinatenverhältnis das gleiche und um so größer, je größer der Winkel $\delta = \sphericalangle P_1FO$ ist. Der Größtwert von η_h liegt also beim Berührungspunkt J der von F an die Drosselkurve gezogenen Tangente. Bei einer *Leitradpumpe*, für welche die Abb. 229 gezeichnet ist, *kann er wegen des geometrischen Zusammenhanges offenbar nicht beim Betriebspunkt D des stoßfreien Eintrittes auftreten, sondern bei einem kleineren Förderstrom V'*. Die Erklärung hierfür bildet die starke Zunahme der Reibung mit zunehmendem Förderstrom, während der Eintrittsstoß sich in der Nähe des stoßfreien Eintrittes nur wenig ändert. Da Spaltverlust, Rad- und Lagerreibung von der jeweiligen Wasserlieferung nahezu unabhängig sind, so wird der Größtwert des Gesamtwirkungsgrades η bei einem größeren Förderstrom liegen als der von η_h und unter Umständen sogar über dem Förderstrom des stoßfreien Eintrittes. Dieses Ergebnis wird nicht wesentlich dadurch beeinträchtigt, daß die $H_{\mathrm{th}\,x}$-Linie in Wirklichkeit keine genaue Gerade ist. Jedenfalls zeigt aber die Betrachtung, daß der beste Wirkungsgrad nicht beim stoßfreien Eintritt zu liegen braucht.

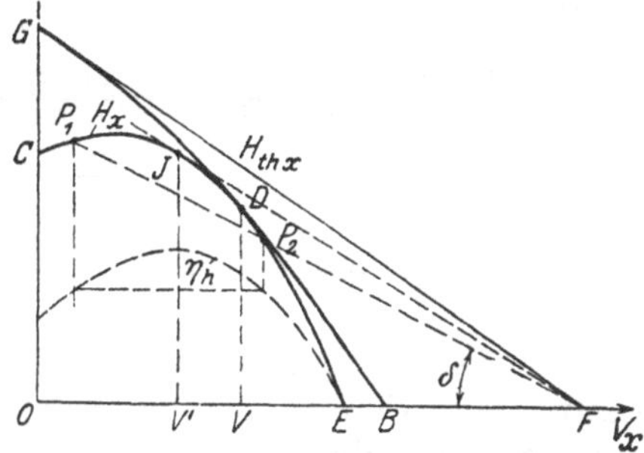

Abb. 229. Bester hydraulischer Wirkungsgrad liegt bei kleinerem Förderstrom als dem des stoßfreien Eintrittes

Führt man an der Drosselkurve einer *Leitringpumpe* (Abb. 222a) die gleiche Betrachtung durch, so findet man, daß hier der Förderstrom besten Wirkungsgrades größer ist als bei einer Leitradpumpe.

Abb. 230 zeigt Versuchsergebnisse von O. Hansen, die mit anderen Versuchen gut übereinstimmen und von denen besonders die für normale Schaufelzahl z_{norm} geltende gestrichelte Linie zu beachten ist. Hiernach ist bei Radialrädern mit $r_2/r_1 = 2$ der Füllungsgrad besten Wirkungsgrades nur bei kleinen β_2, also stark rückwärts gekrümmten Schaufeln in der Nähe von Eins und nimmt mit wachsendem β_2 oder z beträchtliche Werte an.

Andere Versuche (Fußnote 1, S. 233) lassen erkennen, daß bei kleiner radialer Erstreckung, d.h. mit r_2/r_1 nahe bei Eins, das Anwachsen weniger stark ist oder ganz fehlt. Im letzteren Fall tritt offenbar der Laufrad-Eintrittsstoß stark in den Vordergrund. Eine analytische Bestimmung des Bestpunktes, die von der Gleichung für den Wirkungsgrad S. 20 auszugehen hätte, scheitert daran, daß die Eintrittsablenkung, die eine starke Vergrößerung des Durchflusses zur Folge hat, ferner die Eintrittskontraktion, die eine Verkleinerung bringt, nicht zuverlässig

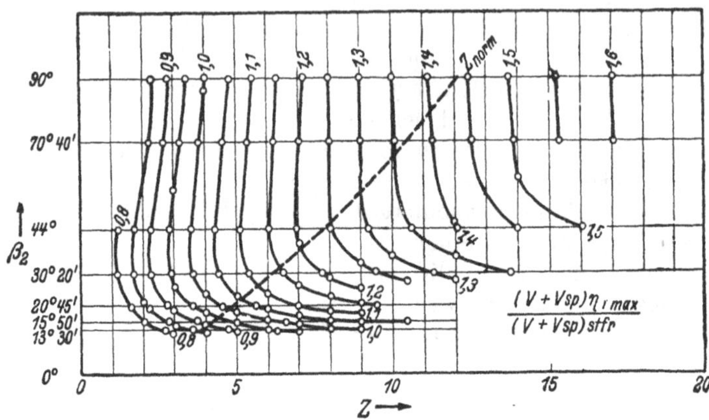

Abb. 230. Linien gleicher Füllungsgrade des besten inneren Wirkungsgrades nach HANSEN

bekannt sind. Weiter ist unbekannt, aber häufig auch bei stoßfreiem Eintritt von Einfluß, die Verlustleistung N_a infolge des Impulsaustausches am Radumfang.

86. Die Drosselkurve der Schnelläufer

Die in Abschn. 81 und 82 angegebene Bestimmung der Drosselkurve bedarf bei Schnelläufern einer Erweiterung, weil die Ein- und Austrittskante im Meridianschnitt nicht achsparallel sind, und damit jeder Punkt innerhalb jeder dieser Kanten eine andere Geschwindigkeit besitzt.

Die *Schräglage der Austrittskante* hat zur Folge, daß jeder Flußlinie eine andere $H_{\text{th}\,x}$-Linie zugeordnet ist, weil die Ordinaten im Nullpunkt $H_{\text{th}\,0} = u_2^2/g\,(1 + p)$ sind, also mit r_2 wachsen, andererseits aber beim normalen Förderstrom V die Schaufelarbeit H_{th} aller Fäden (gleiches η_h vorausgesetzt) gleich sein muß (Abb. 231). Man erhält also beispielsweise für die 3 Flußlinien $a_1\,a_2$, $b_1\,b_2$, $i_1\,i_2$ der Abb. 231 die 3 Geraden a, b, i, die sich im Normalpunkt F schneiden. Dabei hat die äußere Flußlinie $a_1\,a_2$ mit ihrem großen u_2 die steile $H_{\text{th}\,x}$-Gerade, während die innere Flußlinie $i_1\,i_2$ mit ihrem kleinen u_2 die flache $H_{\text{th}\,x}$-Gerade liefert.

Denken wir uns die Austrittskante in viele Abschnitte so unterteilt, daß im Strombild der Normallast jeder Abschnitt die gleiche Ergiebigkeit ΔV liefert, so entspricht in Abb. 231 diesem ΔV die Abszisse des gemeinsamen Schnittpunktes F aller $H_{\text{th}\,x}$-Linien mit der theoretischen Förderhöhe H_{th} des Konstruktionspunktes, die für alle Fäden, wie schon erwähnt, gleich ist, weil ja die Förderhöhe H gleich sein muß (und der Schaufelwirkungsgrad für alle Flußlinien gleich sein soll). Steigt aber die Förderhöhe auf H_{xI} und damit die Schaufelarbeit auf $H_{\text{th}xI}$, die dann wieder für alle Fäden gleich betrachtet werden soll, so zeigt Abb. 231, daß die Ergiebigkeit der vorhin erwähnten Abschnitte der Austrittskante verschieden, nämlich gleich ΔV_{aI}, ΔV_{bI}, ΔV_{iI} ist (weil drei verschiedene Schnittpunkte a_I, b_I, i_I entstehen). Demnach ändert sich die Beaufschlagung der Austrittskante, also das Strombild, in der Weise, daß sich die Stromröhren mit wachsender Förderhöhe (also abnehmendem Füllungsgrad der Pumpe) nach der Außenwand verschieben. Ist die Förderhöhe noch weiter, nämlich auf H_{xII} gewachsen, entsprechend der theoretischen Förderhöhe $H_{\text{th}xII}$, so ist in Abb. 231 der Schnittpunkt mit der i-Linie ins negative Gebiet gerückt, so daß also bei i_2 Rückströmen stattfindet, wie in Abb. 232 veranschaulicht[1].

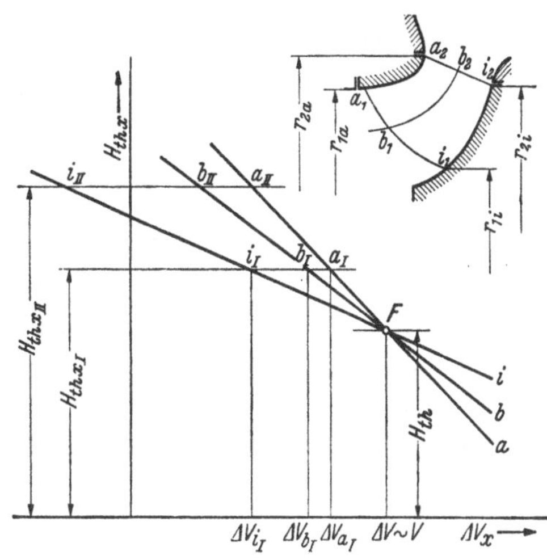

Abb. 231. $H_{\text{th}x}$-Linien a, b, i für die äußere, mittlere und innere Flußlinie. Die Betrachtung gilt auch für das Axialrad. Verschiedenheit der Ergiebigkeit ΔV an den Punkten a_2, b_2, i_2 der Austrittskante je nach der Größe des verlangten $H_{\text{th}x}$

Es fragt sich, wie diese verschiedenen $H_{\text{th}x}$-Linien zu vermitteln sind, um zu jeder Förderhöhe den resultierenden Wert des Förderstromes bzw. des Füllungsgrades zu erhalten. Nimmt man die Kontinuitätsbedingung zu Hilfe, so erhält man gemäß der untenstehenden Arbeit[2] bei drallfreiem Eintritt folgende Gleichung für die gemittelte Schaufelarbeit $H_{\text{th}x}$ diese in Abhängigkeit des Füllungsgrades $\xi = V_x/V$

$$H_{\text{th}x} - H_{\text{th}} = \frac{1-\xi}{1+p}\,\frac{r_{2a}^2 - r_{2i}^2}{\ln a}\,\frac{\omega^2}{g}, \quad (37)$$

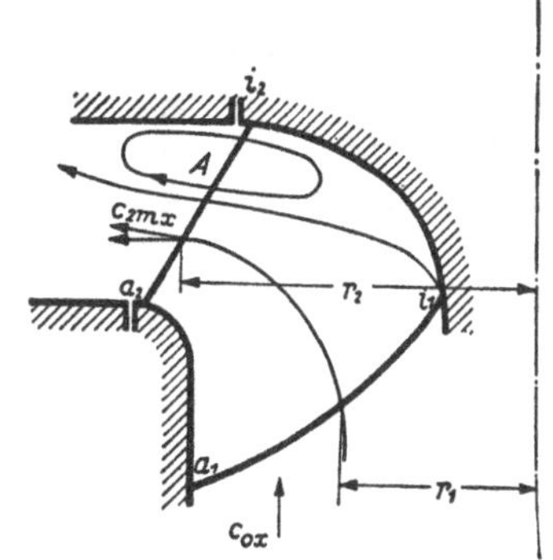

Abb. 232. Totraum A an der Austrittskante eines Schnelläufers bei Teillast (Eintrittsstoß vernachlässigt)

oder wenn die Schaufelarbeit H_{th} durch die theoretische Druckziffer

[1] Infolge des Totraumes A zeigen Spiralgehäusepumpen bei Teillast Rechts-, bei Überlast Linksdrall im Druckstutzen. Konstruktion 1 (1949) S. 350

[2] PFLEIDERER, C.: Vorausbestimmungen der Kennlinien schnelläufiger Kreiselpumpen. Berlin: VDI-Verlag 1938

$\psi_{\text{th}} = 2g H_{\text{th}}/(r_{2a}\,\omega)^2$ ausgedrückt wird

$$\psi_{\text{th}\,x} - \psi_{\text{th}} = 2\,\frac{1-\xi}{1+p}\,\frac{1-(r_{2i}/r_{2a})^2}{\ln a}, \tag{37a}$$

sofern zur Abkürzung gesetzt wird:

$$a \equiv \frac{r_{2a}^2 - \frac{g}{\omega^2} H_{\text{th}}(1+p)}{r_{2i}^2 - \frac{g}{\omega^2} H_{\text{th}}(1+p)} = \frac{u_{2a}^2 - g\,H_{\text{th}\infty}}{u_{2i}^2 - g\,H_{\text{th}\infty}}. \tag{38}$$[1]

Der durch Gl. (37) gegebene Verlauf von $H_{\text{th}\,x}$ in Abhängigkeit des Füllungsgrades ξ ist offenbar eine Gerade, was insofern bemerkenswert ist, als die Flußlinien bei Teillast gemäß Abb. 232 anders verlaufen, als bei Normallast. (Diese lineare Abhängigkeit gilt allerdings nicht mehr, wenn auch die Verschiebungen der Stromlinien an der Eintrittskante berücksichtigt werden.)

Man zeichnet diese Gerade am bequemsten vom Normalpunkt nach ihrem Schnittpunkt mit der Ordinatenachse, der sich mit $V_x = 0$ ergibt aus:

$$H_{\text{th}\,0} = \frac{\omega^2}{g(1+p)}\,\frac{r_{2a}^2 - r_{2i}^2}{\ln a} + H_{\text{th}}. \tag{41}$$

Die Verteilung der Beaufschlagung c_{2mx} längs der Austrittskante ist in der angegebenen Arbeit in Abhängigkeit von r_2 gemäß folgender Beziehung ermittelt:

$$\frac{c_{2mx}}{c_{2m}} = 1 - \frac{1-\xi}{\ln a}\,\frac{r_{2a}^2 - r_{2i}^2}{r_2^2 - \frac{g}{\omega^2} H_{\text{th}}(1+p)}. \tag{42}$$

Man sieht, daß dieser Wert mit zunehmendem r_2 für $\xi > 1$ abnimmt und für $\xi < 1$ wächst, also die *Beaufschlagung längs der Austrittskante bei Überlast sich nach der Nabenwand und bei Teillast nach der äußeren Wand zusammendrängt.* Bei Unterschreitung eines bestimmten Füllungsgrades ξ der Teillast werden sich, wie zu erwarten, sogar negative Werte von c_{2mx} ergeben, also Rückströmung einsetzen. Letzteres beginnt offenbar an der Stelle des kleinsten r_2, also an der Nabenwand mit $r_2 = r_{2i}$, und erweitert sich mit weiter sinkender Last allmählich nach der Außenwand hin. Das Rückströmen bedeutet die Entstehung einer vom Förderstrom getrennten Unterströmung A (Totraumbildung), die sich aber nicht bis zur Eintrittskante erstreckt (Abb. 232). Der Förderstrom wird durch diesen Totraum A mehr und mehr nach der äußeren Wand hin abgedrängt. Auch das Strömungsbild kann für jeden Füllungsgrad ξ am Ein- und Austritt angegeben werden, weil zu jedem r_2 das zugehörige r_1 ermittelt werden kann.

---

[1] Der Ausdruck der Gl. (38) für a kann offenbar auch geschrieben werden:

$$a = \frac{u_{2a}^2 - u_{2a}\,c_{2ua}}{u_{2i}^2 - u_{2i}\,c_{2ui}} = \frac{r_{2a}}{r_{2i}}\,\frac{c_{2ma}\operatorname{ctg}\beta_{2a}}{c_{2mi}\operatorname{ctg}\beta_{2i}}, \tag{39}$$

also, wenn $c_{2ma} = c_{2mi}$,

$$a = \frac{r_{2a}\operatorname{tg}\beta_{2i}}{r_{2i}\operatorname{tg}_{2a}}. \tag{40}$$

Die vorstehenden Gleichungen gelten auch für das Axialrad (Propeller), wenn $r_{1a} = r_{2a} = r_a$, $r_{1i} = r_{2i} = r_i$ gesetzt wird. Irgendwelche besonderen Schlüsse sind für diesen Sonderfall nicht zu ziehen.

In Abb. 233 ist die Verteilung der Beaufschlagung c_{2mx}/c_{2m} über die Austrittskante eines Axialrades nach Gl. (42) [mit $p = 0{,}8$, $gH_{th}/(r_{2a}\,\omega)^2 = 0{,}0765$] für verschiedene Füllungsgrade ξ von 0 bis 1,3, also Nullast bis Überlast dargestellt. Das Bild kennzeichnet auch die Verhältnisse beim halbaxialen Rad, solange die Kennzahl $m = (r_{2a}^2 - r_{2i}^2)/(r_{1a}^2 - r_{1i}^2)$ genügend groß ist.

Hiernach verschiebt sich die Beaufschlagung bei Teillast ($\xi < 1$) nach außen, bei Überlast ($\xi > 1$) nach der Nabe hin. Die Flußlinien weichen also bei Teillast nach außen ab, wie das in Abb. 234 für $\xi = 0{,}5$ und 0 gezeigt ist.

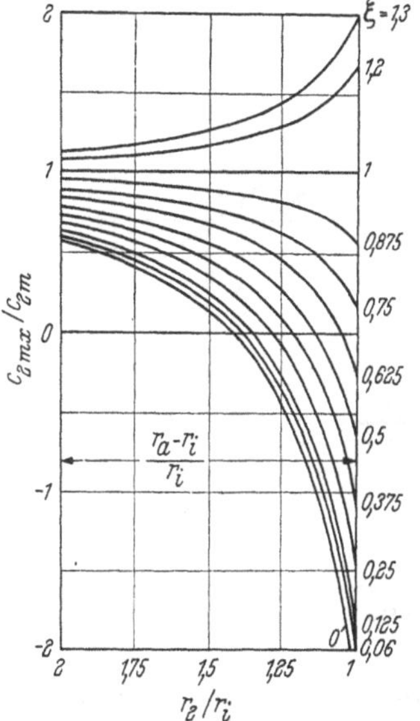

Abb. 233. Beaufschlagung der Austrittskante bei verschiedenen Füllungsgraden im axialen Propeller. $\xi = V_x'/V$

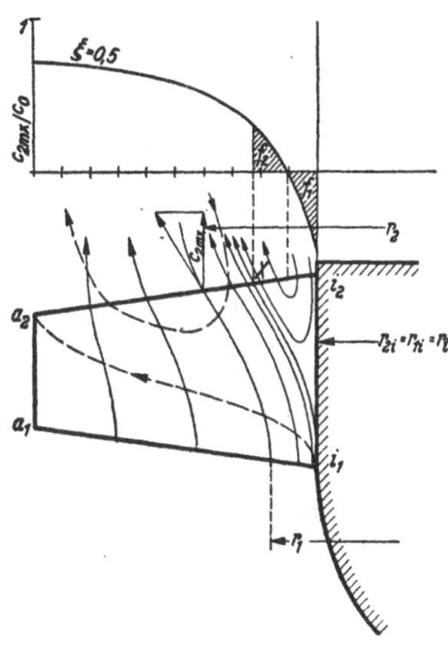

Abb. 234. Strombild im axialen Propeller für Halblast (gestrichelt für Nullast). Darüber Verteilung der Beaufschlagung über die Austrittskante bei Halblast

Bei Nullförderung ist der Ablösungsbereich über die ganze Austrittskante ausgedehnt, wie die gestrichelt gezeichneten Linien veranschaulichen. Die Förderung drängt sich gewissermaßen am Punkt a_2 zusammen.

Ist mittels Gl. (41) die $H_{th\,x}$-Gerade gezeichnet, so hat man wie beim Radialrad die Widerstandshöhen Z_{hx} und die Stoßverluste Z_s abzuziehen. Die Widerstandsparabel erhält man in gleicher Weise wie dort, während man bei der Stoßparabel die schräge Lage der Eintrittskanten des Lauf- und Leitrades berücksichtigen muß. Man hilft sich hier mit genügender Genauigkeit, indem die früher abgeleitete Gl. (21) auf die mittlere Flußlinie angewandt wird, welche beiderseits gleichen Durchfluß abgrenzt.

Die so erhaltene Drosselkurve, die in Abb. 235 mit gestrichelten Linien und durch H_x' gekennzeichnet ist, gibt eine befriedigende Annäherung nur im Bereich der Normallast und Überlast. Es ist nämlich in hohem Maße bemerkenswert, daß die Drosselkurve bei genügend hoher Schnelläufigkeit in der Nähe der H_x-Achse einen Wendepunkt besitzt, also bei kleiner Teillast sehr stark ansteigt, wie die in Abb. 235 eingetragenen Versuchspunkte erkennen lassen. Auch diese Linie läßt sich mit genügender Annäherung berechnen, wie in der S. 409 erwähnten Arbeit näher ausgeführt ist. Die in Abb. 235 eingetragene H_x-Linie ist beispielsweise auf rein theoretischem Wege entstanden und stimmt offenbar recht gut mit dem Versuch überein.

Dieses *Wiederansteigen der Drosselkurve* rührt daher, daß der Eintrittsstoß, der längs der Eintrittskante von außen nach innen abnimmt, das Strombild bei

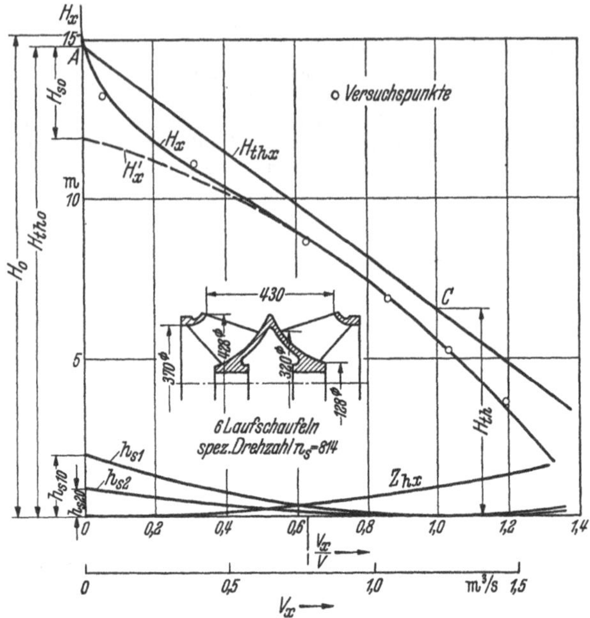

Abb. 235. Vergleich der errechneten Drosselkurve mit Versuchen. Im Bereich der Normallast genügt gestrichelt gezeichnete erste Näherung H'_x

Teillast im Sinne einer erhöhten Energieaufnahme verändert. Man kann dies streng nur auf mathematischem Wege zeigen, aber vielleicht auch veranschaulichen, wenn man die in Abb. 235a am Beispiel eines Halbaxialrades dargestellten Unterströmungen A und B an beiden Schaufelkanten heranzieht. Hierbei ist das Ablösungsgebiet A am inneren Teil der Austrittskante in der besprochenen Weise dadurch entstanden, daß die kleinen Austrittshalbmesser bei Teillast keine so große Steigerung der Förderhöhe hervorbringen können wie die großen Austrittshalbmesser. Dieser Vorgang ist aber in der oben mittels Gl. (37) oder (41) bestimmten $H_{th\,x}$-Geraden bereits berücksichtigt. Er bildet schon deshalb keine Erklärung für das starke Anwachsen der Förderhöhe, weil die Meridiangeschwindigkeit längs des beaufschlagten Teiles der Austrittskante gesteigert wird, was letzten Endes eine Abnahme der Förderhöhe zur Folge hat. Maßgebend ist aber das Ablösungsgebiet B am äußeren Teil der Eintrittskante, das im wesentlichen dadurch bedingt ist, daß außen der Eintrittsstoß den Energieinhalt der Wasserteilchen am meisten schwächt, so daß die äußeren Fäden die zum Abströmen nötige Energie unter Umständen nicht mehr besitzen. (Die Bildung des Totraumes B wird unterstützt durch das bei Teillast infolge des Stoßvorganges hinter

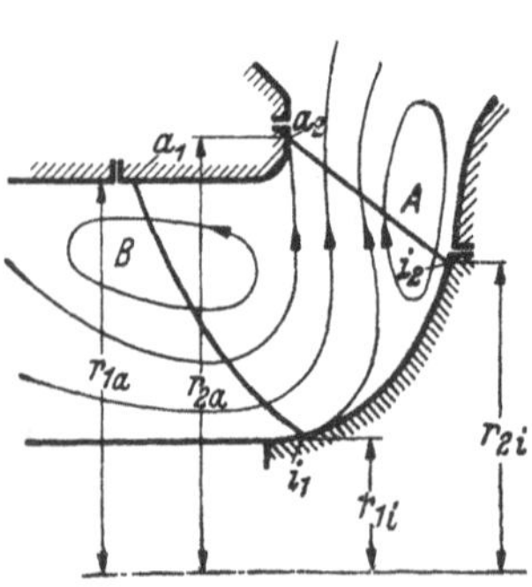

Abb. 235a. Im Falle der Berücksichtigung des Eintrittsstoßes ergeben sich 2 Ablösungsgebiete A und B bei starker Teillast

den Schaufelspitzen sich ansammelnde Totwasser der Grenzschicht, das nach außen geschleudert wird.)

Diese Betrachtung gilt ungeändert auch für das Axialrad.

Diese „Selbsthilfe" der Strömung bringt gleichzeitig eine starke Verkleinerung des Eintrittsstoßes der gesunden Strömung und damit die beobachtete Steigerung der Energieaufnahme des Förderstromes mit sich, weil nicht nur die mittlere Beaufschlagung in Zonen kleineren Halbmessers gerückt ist, sondern auch die Zuströmgeschwindigkeit an dieser eingeschnürten Stelle sich nur wenig mit abnehmendem Durchfluß verkleinert. Daß der Totraum einen verlustwirkenden Impulsaustausch verursacht und dadurch wie eine Wasserbremse wirkt, hat zur Folge, daß einerseits der Wirkungsgrad bei Teillast rasch abfällt und andererseits der Leistungsbedarf mit sinkendem Durchfluß ansteigt statt zu fallen, wie die Linien e und f in Abb. 236 und 238 ausweisen. Abb. 235b zeigt das Strombild im Axialrad bei Nullförderung.

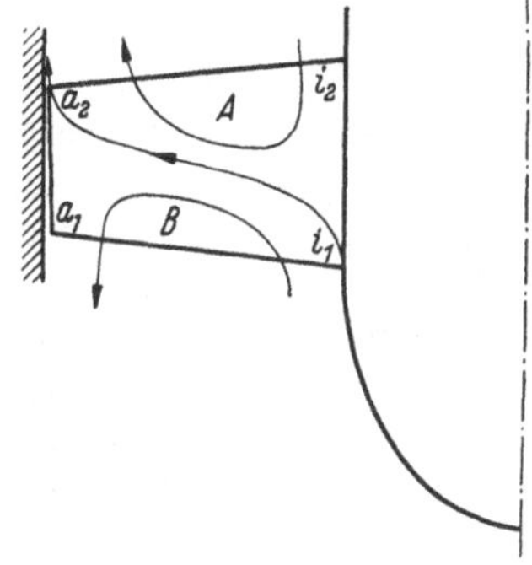

Abb. 235b. Ablösungsgebiete A und B bei Nullförderung im Axialrad

Beachtlich ist, daß der gekennzeichnete Vorgang keinerlei Unstetigkeit im Verlauf der Kennlinien zur Folge hat, also mit dem später (S. 433) besprochenen *Abreißen der Förderung* wenig zu tun hat, obwohl er oft mit ihm verwechselt wird. Allerdings kann er sich mit diesem Abreißen überlagern oder es fördern.

Weiter ist zu beachten, daß das Wirbelgebiet B im Sinne der Raddrehung umläuft und diese Drehung bis weit hinein in die Saugleitung überträgt. *Es ist deshalb nötig, die saugseitige Meßstelle nicht zu nah an das Rad zu legen*[1].

Es ist noch von Wert, die Auswirkung der Schräglage der Eintrittskante für sich allein zu betrachten, nachdem durch Abb. 232 die der Austrittskante allein veranschaulicht ist. Ausgeführte Rechnungen ergeben, daß die ungleiche Verteilung des Eintrittsstoßes längs der Eintrittskante bei Teillast eine Zusammendrängung der Flußlinien im entgegengesetzten Sinne bewirkt, wie an der Austrittskante in Abb. 232 gezeigt wurde. Da nun bei diesen Schnelläufern der Überlastbetrieb praktisch viel weniger wichtig ist als der Betrieb bei Teillast, so kann gesagt werden, daß zur Schräglage der einen Kante auch eine gewisse Schräglage der anderen Kante gehört. Als günstigst kann man hierbei den Fall ansehen, bei dem die Verhältnisse am äußeren und inneren Faden bei Teillast gleichliegen. Deshalb soll als Bedingung Gleichheit der Energieaufnahme am äußeren und inneren Faden bei fehlender Durchströmung gestellt werden, also

$$\frac{u_{2a}^2}{g(1+p)} - \varphi \frac{u_{1a}^2}{2g} = \frac{u_{2i}^2}{g(1+p)} - \varphi \frac{u_{1i}^2}{2g} \qquad (43)$$

[1] Vgl. W. Scheer: BWK 11 (1959) Nr. 11, S. 505

oder

$$\frac{r_{2a}^2}{1+p} - \frac{\varphi}{2} r_{1a}^2 = \frac{r_{2i}^2}{1+p} - \frac{\varphi}{2} r_{1i}^2,$$

woraus sich für das Maß der Schräglage eine Kennziffer m ergibt (S. 269)

$$m \equiv \frac{r_{2a}^2 - r_{2i}^2}{r_{1a}^2 - r_{1i}^2} = \frac{\varphi}{2}(1+p), \qquad (44)$$

also beispielsweise mit $\varphi = 0{,}6$, $p = 0{,}4$ der Wert $m = 0{,}42$. Die abgeleitete Beziehung kann aber infolge ihres Näherungscharakters nur als Richtlinie gelten. Sie ist nur bei mäßiger Schräglage, also nicht beim Axialrad erfüllbar. Es muß im Auge behalten werden, daß auch noch die S. 150 erwähnten Gründe bei der Bemessung der Schräglage beider Kanten mitsprechen.

Die Betrachtung von Gl. (37) liefert ferner eine wichtige Schlußfolgerung hinsichtlich der *Schaufel-Austrittswinkel, die bei schräg liegender Austrittskante zulässig* sind und die also insbesondere für Schrauben- und Propellerpumpen gelten. In dieser Gleichung ist $\ln a$ nur reell, falls a positiv ist, was nach Gl. (40) nur zutrifft, wenn die Schaufel-Austrittswinkel β_{2a} und β_{2i} *beide* spitz oder *beide* stumpf sind. Der letztere Fall kommt aber bei stark geneigter Austrittskante nicht in Betracht, weil β_2 von a_2 nach i_2 sehr stark anwächst.

Demnach sind bei *Halbaxial- oder Axialpumpen nur Schaufelprofile mit* $\beta_{2i} < 90°$ *verwendbar, also keine sogenannten Hakenschaufeln.* Dieses Ergebnis (welches wegen der bei seiner Ableitung vorgenommenen Vernachlässigung des Eintrittsstoßes nur qualitativ gewertet werden darf) ist an Hand der Abb. 231 verständlich, wenn man berücksichtigt, daß stumpfe Austrittswinkel mit abnehmendem Durchfluß auch abnehmende Schaufelarbeit liefern, und deshalb die inneren Teilströme des Rades bei Teillast nicht die Möglichkeit haben, die gleiche Energie aufzunehmen wie die äußeren Teilströme, bei denen β_2 spitz ist.

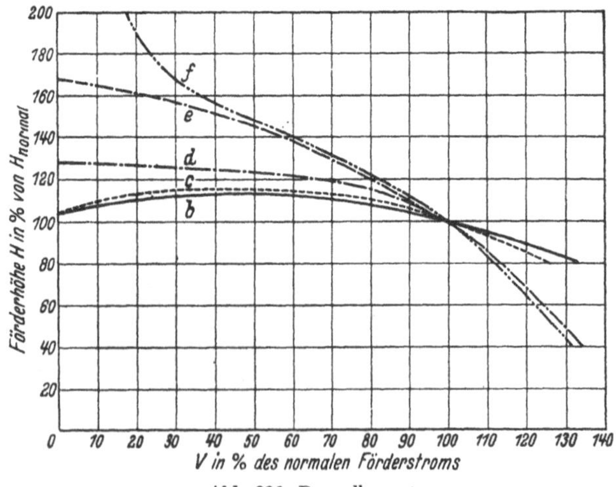

Abb. 236. Drosselkurven

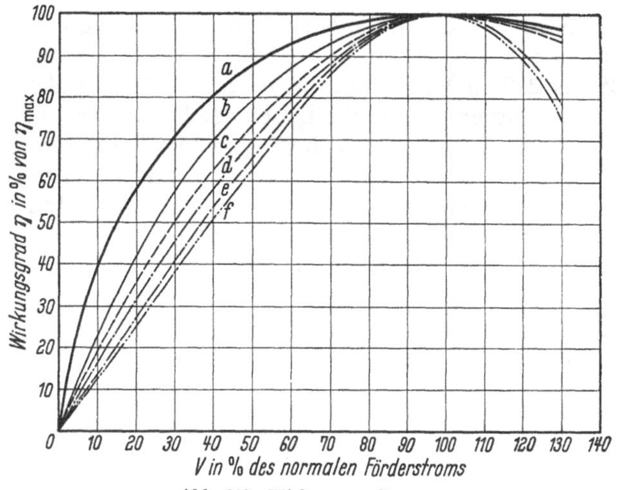

Abb. 237. Wirkungsgradkurven

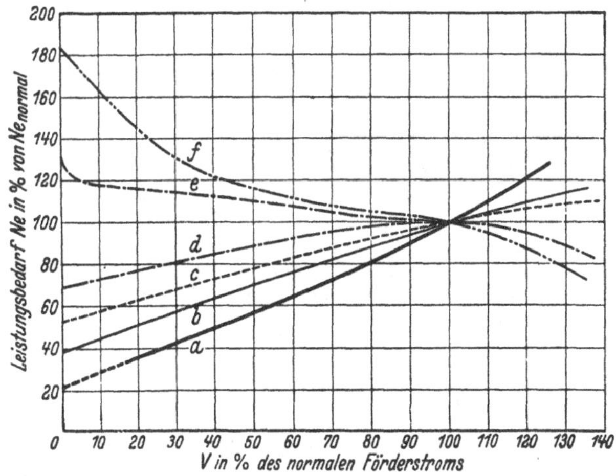

Abb. 238. Wellenleistungskurven

Abb. 236 bis 238. Einfluß der Schnelläufigkeit auf die Form der Kernlinien. Die einzelnen Linien beziehen sich auf folgende spezifische Drehzahlen:

Linie	b	c	d	e	f	a
n_q	21	34	71	110	220	Propellerpumpe
n_s	78	125	260	400	800	mit drehbaren Laufschaufeln

Je größer β_{2i} ist, um so größer wird a — nach Gl. (40) (Fußnote) —, um so flacher verläuft die Drosselkurve in der Nähe der Normallast. Ist $\beta_{2i} = 90°$, so wird $a = \infty$ und die H_{thx}-Linie waagerecht, obwohl die übrigen Flußlinien spitze Austrittswinkel haben. Man sieht, welche ausschlaggebende Bedeutung für das Verhalten der Schnelläufer der Austrittswinkel an der Nabe hat.

Erfolgt der Eintritt ins Laufrad nicht senkrecht, sondern mit einem Drall $K_0 = r\,c_{0u}$, so ist der Grenzwinkel β_{2i} größer bzw. kleiner als

90°, je nachdem dieser Eintrittsdrall gleich- bzw. gegensinnig zur Raddrehung gerichtet ist.

In Abb. 236 bis 238 sind für Radformen verschiedenster Schnellläufigkeit die Drosselkurven, ebenso die Linien der Wirkungsgrade und Wellenleistungen, wie sie durchschnittlich zu erwarten sind, zusammengestellt. Man findet insbesondere das stark abweichende Verhalten der Schrauben- und Propellerpumpe, das in vorstehenden Betrachtungen abgeleitet wurde, bestätigt. Man erkennt die Auswirkung der besprochenen Toträume A und B daran, daß einerseits der Wirkungsgrad bei Teillast um so rascher abfällt (Abb. 237), andererseits der Leistungsbedarf bei Nullast um so größer ist (Abb. 238), je höher die Schnellläufigkeit. In Abb. 237 ist nicht sichtbar gemacht, daß η_{max} mit wachsendem n_q besser wird (S. 164).

87. Besonderes Verfahren für Axialräder

Beschränkt man sich auf die Betrachtung eines mittleren Zylinderschnittes (wobei man dann von der in vorstehendem Abschnitt bewiesenen Verschiebung der Flußlinien bei Teillast absieht), so ist wieder — wie im Hauptabschnitt G — die Strömung durch ein geradliniges, ebenes Gitter unter verschiedenen Anstellwinkeln zu untersuchen. Wenn auch dieses Verfahren durch die Vernachlässigung der radialen Verschiebung die $H_{th\,x}$-Gerade nur im Bereich der Normallast liefert, so befreit es doch von der S. 392 besprochenen willkürlichen Annahme der gegenseitigen Lage der $H_{th\,x}$- zur $H_{th\,\infty\,x}$-Linie und soll deshalb hier in seinen Grundzügen dargelegt werden. Dabei bestimmt man als 2. Punkt der $H_{th\,x}$-Geraden ihren Schnittpunkt mit der V_x-Achse (Abb. 216), wo die Schaufelarbeit gleich Null ist. Es handelt sich dann darum, die Anströmrichtung des Nullauftriebes im Gitter zu bestimmen[1].

Das Auftriebsgesetz der Gl. (15), S. 330, kann man auch auf das Profil im Gitter ausdehnen, wenn man den Anstellwinkel δ_0 auf die zum Gitter gehörige Nullauftriebsrichtung bezieht und schreibt

$$\zeta_a = 2\pi\,\eta\,K \sin\delta_0 \quad \text{oder} \quad = k\,K\,\delta_0^0. \tag{45}$$

Dabei ist nach S. 330 $\eta = 0{,}85$ bis $0{,}92$ bzw. $k = 0{,}092$ bis $0{,}1$ und K das S. 333 besprochene und in Abb. 181d dargestellte Verhältnis $d\zeta_a/d(\zeta_a)_1$ der Änderung der Auftriebszahl des Gitterprofils zu der des Einzelprofils. Dabei müssen wir gemäß Abb. 181b die Veränderung $\Delta\delta_0$ der Nullauftriebsrichtung, also des Winkels δ_0 in Abhängigkeit von t/L berücksichtigen, so daß

$$\delta_0 = \delta_{01} - \Delta\delta_0, \tag{46}$$

wobei δ_{01} der Anstellwinkel des Einzelprofils, δ_0 des Gitterprofils, beide bezogen auf die jeweilige Nullauftriebsrichtung, $\Delta\delta_0$ der Winkel zwischen diesen beiden Nullauftriebsrichtungen.

Bei der Entnahme der Zahl K aus Abb. 181d zu den vorliegenden Werten von t/L und $\beta_{\infty\,0}$ ist dieser Winkel zwischen der auftriebsfreien Richtung des Gitterprofils und der Längsrichtung des Gitters zu nehmen, so daß $\beta_{\infty\,0} = \beta_\infty + \delta_0$.

Die einfache Beziehung der Gl. (45) gilt im ganzen Lastbereich, sofern kein Abreißen der Strömung eintritt, also im ganzen praktisch wichtigen Bereich, und kann deshalb zur Ermittlung der Kennlinien benutzt werden. Dabei können wir das am mittleren Halbmesser $r_m = \frac{1}{2}(r_a + r_i)$ liegende Profil zugrunde legen, weil wir uns auf die Bestimmung des Verlaufes der $H_{th\,x}$-Linie im Bereich der Normallast beschränken.

---

[1] Dabei läßt sich leicht berücksichtigen, daß wegen der Mitwirkung der Reibung (Abb. 78a) der Nullauftrieb nicht genau der Punkt der Nullarbeit ist

Die Lage der Winkel im Gitter ist aus Abb. 181c, S. 334, ersichtlich. Die eingetragene Richtung von w_∞ gelte für den Berechnungspunkt des Rades. Die Übertragung in den Geschwindigkeitsplan ergibt Abb. 239, wobei zu beachten ist, daß die in Abb. 181c angegebenen Richtungen sich auf die Relativströmung beziehen, also als Strahlen durch den Punkt C der Abb. 239 zu legen sind. Fassen wir zunächst die Verhältnisse des normalen Förderstromes mit der Meridiankomponente c_m ins Auge, so ist $\overline{CA_\infty} = w_\infty$ und nach Abb. 181c der Neigungswinkel der Nullrichtung durch $\beta_\infty + \delta_0$ gegeben, falls δ_0 bekannt ist. Die Nullrichtung verläuft also nach CD. Würde w_∞ in Richtung von CD liegen, so müßte der Auftrieb verschwinden, also auch Δc_u gleich Null sein. (Das würde voraussetzen, daß die absolute Eintrittsrichtung nicht unter dem eingetragenen Winkel α_0, sondern in Richtung BG verliefe.) Mit steigendem Durchfluß, also wachsendem c_m, wandert offenbar der Schnittpunkt G längs CD nach oben und erreicht

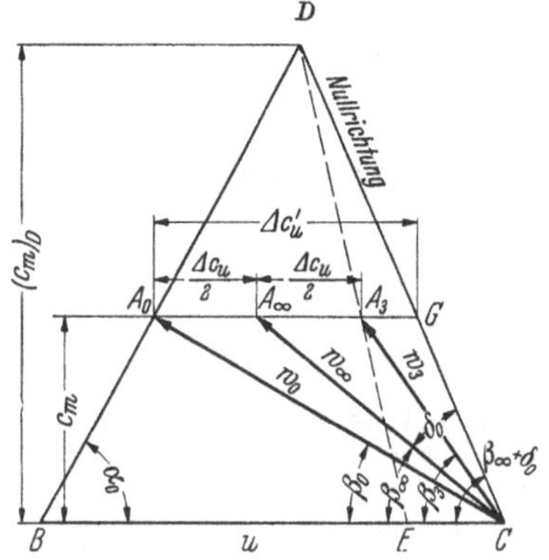

Abb. 239. Geschwindigkeitsplan des Axialrades mit eingetragener Nullauftriebsrichtung CD

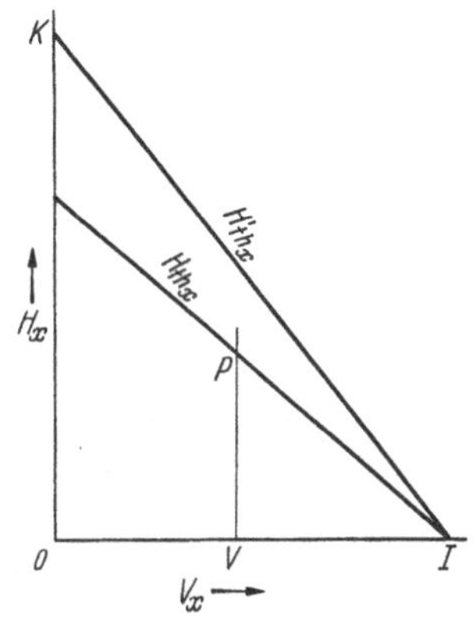

Abb. 240. Übertragung der Nullauftriebsrichtung des Geschwindigkeitsplanes Abb. 239 nach KJ im V_x, H_x-Schaubild

bei der eingetragenen Meridiankomponente $(c_m)_D$ den Punkt D, in welchem offenbar bei dem vorhandenen Zuströmwinkel α_0 die Richtung von w_∞ mit der Nullauftriebsrichtung zusammenfällt und auch Δc_u gleich Null ist. Dieser Punkt D entspricht im V_x, $H_{th\,x}$-Diagramm dem gesuchten Schnittpunkt J der $H_{th\,x}$-Linie mit der V_x-Achse (Abb. 240). Da die $H_{th\,x}$-Linie nicht merkbar von der Geraden abweichen soll, so gibt offenbar die Gerade DA_3 den geometrischen Ort für die Lage der Punkte A_3 mit wechselndem c_m an, die bequem in das V_x, $H_{th\,x}$-Diagramm zu übertragen ist, weil $c_m \sim V_x$, $\Delta c_u \sim H_{th\,x}$ ist.

Der Punkt J liegt fest durch die Beziehung

$$\overline{OJ} = (r_a^2 - r_i^2)\,\pi\, c_{mD} \quad \text{mit} \quad c_{mD} = \frac{u}{\operatorname{ctg}\alpha_0 + \operatorname{ctg}(\beta_\infty + \delta_0)}. \tag{47}$$

Die gesuchte $H_{th\,x}$-Linie erhält man dann als Verbindungsgerade zwischen J und dem bekannten Punkt P des Berechnungspunktes. Sie läuft offenbar um so flacher, d. h. *die Kennlinien fallem um so weniger steil ab, je größer* α_0 *und* β_∞, *d. h. je größer der Reaktionsgrad* $\mathfrak{r}$ *und je steiler die Schaufeln stehen, also je größer die Lieferziffer* φ[1].

Man kann auch noch folgende Betrachtung anschließen: Wird die Nullrichtung CD aus Abb. 239 nach Abb. 240 übertragen, so entsteht die Gerade JK, die gewissermaßen an die Stelle unserer früheren $H_{th\,\infty\,x}$-Linie tritt. Gibt man

[1] Vgl. auch A. Garve: Zur Steilheit der Kennlinien von Axialverdichtern, MAN-Forschungsheft 1953

dieser Linie JK die Ordinaten $H'_{\mathrm{th}\,x}$, so kann man schreiben[1]

$$H_{\mathrm{th}\,x} = \frac{H'_{\mathrm{th}\,x}}{1+p'}, \tag{48}$$

wobei $H'_{\mathrm{th}} = \frac{u}{g}\,\Delta c'_u$ und gemäß Abb. 239

$$\Delta c'_u = \overline{A_0 G} = \overline{A_0 A_\infty} + \overline{A_\infty G} = \frac{\Delta c_u}{2} + \frac{w_\infty \sin\delta_0}{\sin(\beta_\infty + \delta_0)}. \tag{49}$$

Nun folgt aus Gl. (23a), S. 337, und Gl. (45), S. 416,

$$w_\infty = \frac{2\Delta c_u}{\zeta_a \frac{L}{t}} = \frac{2\Delta c_u}{2\pi\,\eta\,K \sin\delta_0 \frac{L}{t}}, \tag{50}$$

so daß

$$1 + p' = \frac{\Delta c'_u}{\Delta c_u} = \frac{1}{2} + \frac{1}{\pi\,\eta\,K \frac{L}{t}\sin(\beta_\infty + \delta_0)}$$

oder

$$p' = \frac{1}{\pi\,\eta\,K \frac{L}{t}\sin(\beta_\infty + \delta_0)} - \frac{1}{2}. \tag{51}$$

Man sieht, daß die $H_{\mathrm{th}\,x}$-Linie leicht gezeichnet werden kann, wenn die Nullauftriebsrichtung des Gitters, d. h. δ_0, bekannt ist. Bei dieser Ermittlung kann man die Daten des Berechnungspunktes zugrunde legen (wobei also die Annahme eines bestimmten ψ'-Wertes des Abschn. 60 die Grundlage bilden kann). Dann ist nach Gl. (21a), S. 337, falls man den Reibungswinkel λ berücksichtigen will:

$$\zeta_a = 2\,\frac{\Delta c_u}{w_\infty}\,\frac{t}{L}\,\frac{\sin\beta_\infty}{\sin(\beta_\infty + \lambda)}. \tag{52}$$

Andererseits ist nach Gl. (45), S. 416

$$\zeta_a = k\,K\,\delta_0^\circ \quad \text{oder} \quad = 2\pi\,\eta\,K \sin\delta_0,$$

so daß

$$\delta_0^\circ = \frac{2\Delta c_u \frac{t}{L}}{k\,K\,w_\infty}\,\frac{\sin\beta_\infty}{\sin(\beta_\infty + \lambda)} \tag{53}$$

oder bei größeren Winkeln β_0

$$\sin\delta_0 = \frac{\frac{t}{L}}{\pi\,\eta\,K}\,\frac{\Delta c_u}{w_\infty}\,\frac{\sin\beta_\infty}{\sin(\beta_\infty + \lambda)}. \tag{54}$$

Damit ist Punkt J der Abb. 240 durch Gl. (47) gegeben.

Bei der Entnahme von K aus Abb. 181d zu dem Parameter $\beta_{\infty\,0} = \beta_\infty + \delta_0$ ist der Nullauftriebswinkel δ_0 vorläufig zu schätzen und anschließend gegebenenfalls die Rechnung zu wiederholen. Der Reibungswinkel λ dürfte wohl meist zu vernachlässigen sein. Andernfalls kann er mittels Gl. (31) oder (31a), S. 343, erhalten werden.

---

[1] Vgl. auch G. F. WISLICENUS: Fluid Mechanics of Turbomachinery. New York-London: Mc. Graw-Hill Book Comp. Inc. 1947; ferner E. POLLMANN: Versuche an 5 Axialgebläse-Laufrädern usw. Techn. Hochschule Braunschweig 1952, unveröffentlichter Bericht des PFLEIDERER-Institutes

Andere Verfahren der Bestimmung der Nullrichtung des Gitters sind von SHIMOYAMA und WISLICENUS angegeben (Fußnote S. 334 und 418). Diese haben aber keine befriedigende Übereinstimmung mit der Wirklichkeit geliefert. Deshalb wird dem mitgeteilten, abgekürzten Verfahren der Vorzug gegeben.

Ergänzende Bemerkung über die Kennlinien der Axialverdichter. Der in Abschn. 86 begründete hohe Leerlaufbedarf und rasche Wirkungsgradabfall der Schnelläufer bei Teillast ist naturgemäß bei Axialrädern besonders stark ausgeprägt, wie auch aus den Linien f der Abb. 236 bis 238 ersichtlich ist. Weil sonach der Leistungsbedarf bei Nullförderung meist höher ist als bei normaler Last, verbietet sich hier eine Regelung durch Drosselung des Förderstromes (S. 445). Das Betriebsgebiet verschiebt sich deshalb nach dem Überlastbereich.

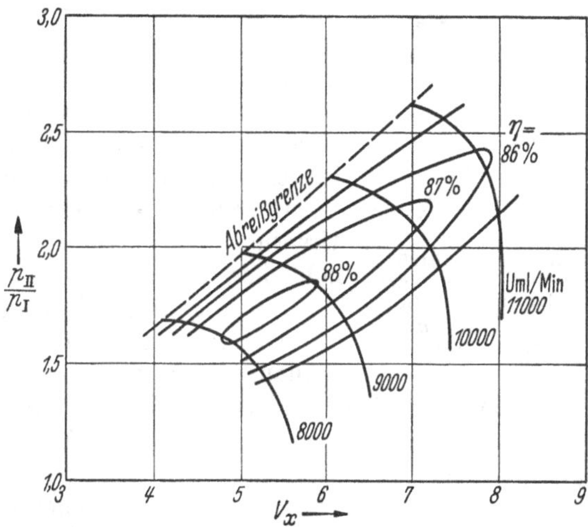

Abb. 241. Muschelschaubild des Axialverdichters mit p_{II}/p_I (statt H) als Ordinaten

Die Notwendigkeit der Vermeidung des Teillastbereiches folgt aber weiter aus dem S. 434 näher behandelten Umstand, daß die Kennlinien nur bei Schaufelprofilen mit kleiner Wölbung und kleinem β_{0a} so stetig verlaufen, wie in Abb. 236 bis 238 angegeben ist. Vielmehr sinkt bei den Schaufelwinkeln, wie sie etwa für Verdichter üblich und notwendig sind, die Förderhöhe plötzlich ab, sobald der normale Förderstrom wenig unterschritten ist. Bei diesem „*Abreißen*" fällt auch der Wirkungsgrad, und die Maschine läuft unruhig. Abb. 241[1] zeigt, daß hierdurch das Betriebsgebiet des Axialverdichters gegenüber dem Radialverdichter eingeschränkt wird.

Aus diesem Bild ist auch der rasche Abfall der Drosselkurven bei Überlast zu ersehen. Dieser Abfall verstärkt sich mit wachsender Förderhöhe, also beim gleichen Verdichter mit wachsender Drehzahl. Mit wachsender Drehzahl rückt ferner die Abreißgrenze näher an den zu dieser Drehzahl gehörigen Bestpunkt heran. Die S. 290 angegebenen maximalen Auftriebswerte sind also nur für kleine *Ma*-Zahlen gültig und fallen mit steigender *Ma*-Zahl ab.

88. Die Linie der Wellenleistung

Im Ausdruck der Gl. (26), Abschn. 4, für die Wellenleistung in PS

$$N_x = \frac{\gamma}{75}(V_x + V_{sp}) H_{th\,x} + N_a + N_r + N_m \qquad (55)$$

[1] Aus Brown Boveri Werbeschrift über Turboverdichter.

stellt das erste Glied die von den Schaufeln übertragene Leistung dar. Fassen wir zunächst $V_x + V_{sp}$ in V_x zusammen, so verläuft die Schaufelleistung $\gamma_x V_x H_{thx}$ (in mkp/s) im V_x, H_x-Diagramm als eine durch den Ursprung gehende Parabel, weil die Linie der H_{thx} eine Gerade darstellt. Für $\beta_2 = 90°$, also die senkrecht endigende Schaufel, wobei $H_{thx} =$ konst., wird sie eine Gerade B (Abb. 242). Bei *rückwärts gekrümmter Schaufel* verläuft sie unterhalb dieser Geraden, erreicht einen Größtwert, um dann wieder auf Null abzunehmen. Bei vorwärts gekrümmter Schaufelung liegt sie oberhalb von B und steigt unbegrenzt an. Beide Parabeln berühren[1] die Gerade B im Punkt 0.

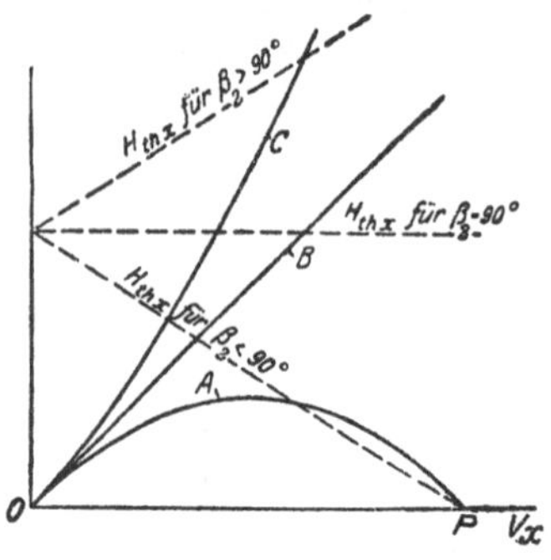

Abb. 242. Einfluß der Schaufelwinkel β_2 auf den Verlauf der ganzen Schaufelarbeit $\gamma V_x H_{thx}$. Linie A gilt für $\beta_2 < 90°$, B für $\beta_2 = 90°$, C für $\beta_2 > 90°$

Fügen wir die anderen Leistungsglieder der Gl. (55) einschl. Spaltverlust hinzu, so laufen die Linien des gesamten Leistungsbedarfes nicht mehr durch den Ursprung. Es entsteht vielmehr ein erheblicher Leerlaufbedarf.

Der allgemeine Verlauf der Linien der Wellenleistung ist aber beim Langsamläufer den oben ermittelten Linien der von den Schaufeln übertragenen Leistung weitgehend ähnlich, obwohl von den additiven Gliedern der Gl. (52) der Austauschverlust N_a sich mit V_a stark ändert.

Dieser Leerlaufbedarf macht einen um so größeren prozentualen Teil der Normallast aus, je kleiner β_2 ist, weil Radreibung und Spaltverlust wachsen. Dies wird durch Abb. 243 bestätigt. Mit abnehmendem β_2 wächst aber die spezifische Drehzahl. Es ist nun recht bemerkenswert, daß gemäß Abb. 238 dieses Anwachsen des Leerlaufbedarfes mit der spezifischen Drehzahl auch beim Übergang auf andere Radformen gültig bleibt. Bei Propellerpumpen mit nicht verstellbaren Laufschaufeln und bei Halbaxialpumpen übersteigt er sogar den Leistungsbedarf der Normallast, so daß das Anlassen erschwert wird und Regelung durch Drosselung (S. 445) nicht in Frage kommt. Beim Leitring ist der Leerlaufbetrag nach Abb. 243 kleiner als beim beschaufelten Leitrad (weil der Austauschverlust N_a sich verkleinert).

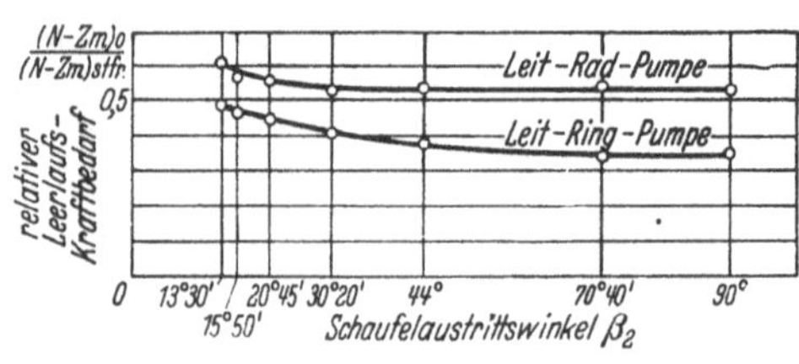

Abb. 243. Relativer Leerlaufbedarf für normale Schaufelzahlen nach HANSEN

Die fortlaufende Zunahme des Leistungsbedarfes bei vorwärts gekrümmten Schaufeln mit wachsendem Durchfluß kann andererseits

[1] In der Abbildung laufen die Linien der H_{thx} in *einem* Punkt der Ordinatenachse zusammen, was nur bei gleicher Minderleistungsziffer p der Fall ist.

zur Überlastung des Antriebes führen, wenn (z. B. infolge Rohrbruch) der Förderstrom über den normalen Betrag herauswächst.

Die Parabel OAF hat ihre waagerechte Tangente beim Förderstrom $\frac{1}{2}\overline{OF}$. Demnach wird beim normalen Durchfluß V der Leistungsbedarf mit wachsendem V_x steigen bzw. fallen, je nachdem $V \lesseqgtr \frac{1}{2}\overline{OF}$.

Große Druckziffern geben steile N_x Linien mit kleinem Leerlauf-, aber großem Überlastbedarf.

89. Bestimmung des Betriebspunktes

Die von der Pumpe verlangte Förderhöhe setzt sich gemäß Abschnitt 1 zusammen aus einem unveränderlichen Anteil, nämlich dem Höhen- samt Druckunterschied zwischen Saug- und Druckwasserspiegel, und einem dynamischen Anteil, der Widerstandshöhe der Rohrleitung, die sich mit dem Förderstrom annähernd quadratisch ändert. Infolgedessen verläuft die verlangte Förderhöhe im (V_x, H_x)-Diagramm nach einer parabelähnlichen Kurve GB (Abb. 244), der *Kennlinie der Rohrleitung*. Das Arbeiten der Pumpe findet offenbar statt im Schnittpunkt B dieser Linie mit der zu der vorliegenden Drehzahl gehörigen Drosselkurve, aus dem sich auch die auftretende Förderhöhe ergibt. Es wird nun im allgemeinen damit gerechnet werden müssen, daß dieser Betriebspunkt B nicht mit dem Punkt des stoßfreien Eintrittes zusammenfällt. Deshalb ist die richtige Zuordnung sehr wichtig.

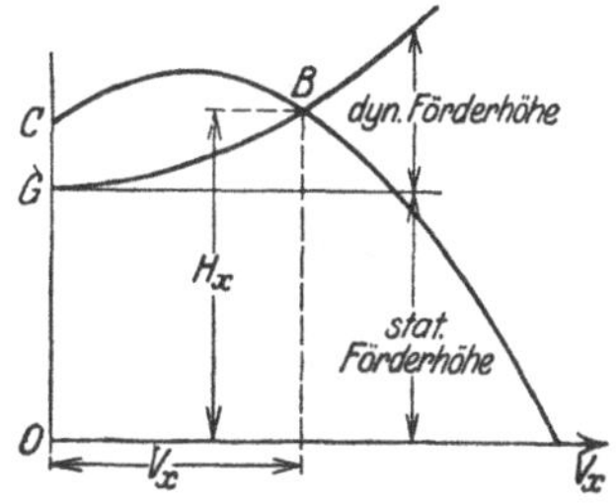

Abb. 244. Lage des Betriebspunktes B

Von besonderer Wichtigkeit ist die Bestimmung des Betriebspunktes, wenn gleichzeitig mehrere Pumpen in dasselbe Netz arbeiten. Da in der Drosselkurve die Abszissen die Förderströme nur einer Pumpe darstellen, so werden in diesem Fall an der Kennlinie der Rohrleitung, die in das Pumpendiagramm eingetragen wird, entweder die Abszissen entsprechend zu verkleinern oder die Ordinaten entsprechend zu vergrößern sein. Sind die Pumpen genau gleich, so sind also die Abszissen der Rohrleitungskennlinie im Verhältnis der Pumpenzahl zu verkleinern, sofern die Ordinaten unverändert bleiben. In Abb. 245 sind die so entstandenen Kennlinien der Rohrleitung für eine, zwei und drei Pumpen mit I, II und III bezeichnet. Es tritt also eine Verschiebung des Betriebspunktes B_1 bzw. B_2 bzw. B_3 ein in dem Sinne, daß mit zunehmender Zahl der Pumpen die Lieferung der einzelnen Pumpe abnimmt, beispielsweise von V_1 auf V_3, falls drei Pumpen statt einer betrieben werden. Mit n Pumpen kann also bei gleichbleibender

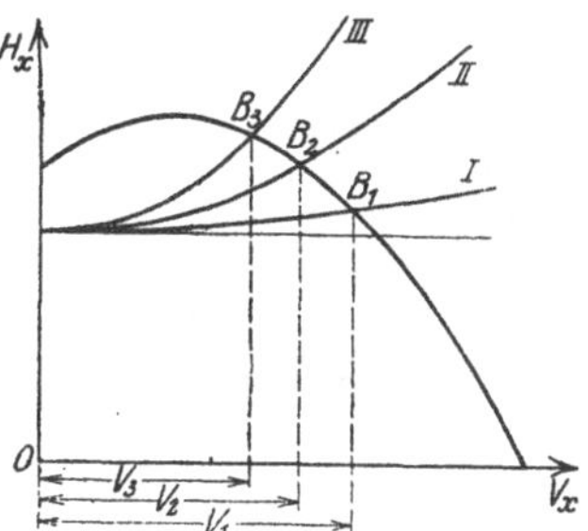

Abb. 245. Verkleinerung des Förderstromes einer Pumpe mit zunehmender Zahl der in das gleiche Rohrnetz fördernden Pumpen

Drehzahl und gleichbleibender Rohrleitung noch lange nicht der n-fache Förderstrom einer Pumpe gefördert werden. Ferner ist stoßfreier Eintritt nur bei einem dieser Betriebszustände möglich. Die Unterschiede sind offenbar um so größer einerseits, je flacher die Drosselkurve verläuft, und andererseits, je größer der dynamische Anteil der Förderhöhe ist.

Bei wechselndem Parallelbetrieb mehrerer Kreiselpumpen sind also einerseits steil verlaufende Drosselkurven, andererseits weite Rohrleitungen empfehlenswert, während der flache Verlauf beim Betrieb mit einer Pumpe im Fall der Drosselregelung Vorteile bietet.

Diese Vorgänge sind sinngemäß auch beim Zusammenarbeiten von Kreisel- und Kolbenpumpen zu beachten. Der Betriebspunkt B wird hier erhalten, wenn die Kennlinie der Rohrleitung um den gleichbleibenden Förderstrom V_{ko} der Kolbenpumpe in Richtung der negativen V_x-Achse verschoben wird, Abb. 246. Beim Abstellen der Kolbenpumpe tritt auch hier eine recht bedeutende Steigerung von V auf V' ein.

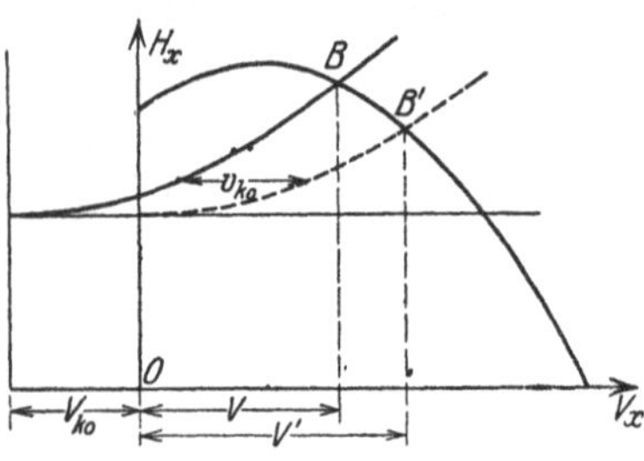

Abb. 246. Zusammenarbeiten von Kolben- und Kreiselpumpen

Sind die parallel geschalteten Kreiselpumpen verschieden, d. h. liegen ebensoviel verschiedene Drosselkurven vor als Pumpen verwendet sind, so läßt man am besten die Kennlinien der Rohrleitung unverändert und bildet aus den einzelnen Drosselkurven eine Summenkurve durch Addition der zu gleichen H_x-Werten gehörigen Abszissen V_x. Im Schnittpunkt dieser Summenkurve mit der Rohrleitungskennlinie erhält man das maßgebliche H_x und daraus mittels der einzelnen Drosselkurve die Verteilung des Förderstromes auf die einzelnen Pumpen.

Im allgemeinen ist nun auch die Rohrleitung nicht genau gleich, schon weil jede Pumpe eine besondere Saugleitung hat und infolgedessen auch nicht die ganze Druckleitung, sondern nur ein Stück dieser für alle Pumpen gemeinsam ist. In diesem Fall zeichnet man die einzelnen Drosselkurven so um, daß sie die Widerstände einschl. der Höhenunterschiede bis zu dem Verzweigungspunkt der Rohrleitung, von dem ab diese für alle Pumpen gemeinsam ist, als Pumpenwiderstände berücksichtigen, wodurch die Aufgabe auf die vorstehend besprochene Untersuchung des Zusammenarbeitens ungleicher Pumpen zurückgeführt ist. Bei mehr als 2 Pumpen muß man die Widerstände der Rohrleitungsteile, die nicht von allen, aber von mehr als einer Pumpe beliefert werden, abschätzen[1].

Die vorstehenden Überlegungen sind auf Gasförderung nur für den Fall vernachlässigbarer Volumenänderung innerhalb der betrachteten Rohrleitung ohne weiteres übertragbar. Bei starker Verdichtung muß der Förderstrom auf den Gaszustand in dieser Leitung bezogen werden.

Gleichwertige Düse. In manchen Fällen, beispielsweise *bei Ventilatoren,* dient die erzeugte Förderhöhe nur zur Überwindung des Widerstandes der Rohrleitung, weil der statische Teil der Förderhöhe fehlt. Die Kennlinie der Rohrleitung ist dann eine Parabel mit dem Scheitel im Ursprung, also eine Linie gleichen Stoß-

[1] Falk, R.: Z. VDI 77 (1933) S. 898. — W. Richter: Der Maschinenmarkt 64 (1958) Nr. 3, S. 13—15. — E. Tettamenti: Mitt. berg- u. hüttenmänn. Abt. Königl. ungar. Hochschule Berg- und Forstwes. zu Sopron 1930, Deutscher Sonderdruck.

zustandes, und gemäß S. 405 auch angenähert eine Linie gleichen Wirkungsgrades. Die Förderung folgt hier also genau dem Affinitätsgesetz, ebenso bleibt der Füllungsgrad V_x/V unabhängig von der Drehzahl konstant.

Als Maß für den Gesamtwiderstand des Luftweges verwendet man hier die *gleichwertige Düse*[1], welche der durchströmenden Luft denselben Widerstand entgegensetzt wie der gesamte Luftweg. Ihr Querschnitt beträgt bei guter Abrundung, wenn die Ausflußziffer gleich 1 gesetzt wird,

$$F_ä = \frac{V_x}{\sqrt{2g\,H_x}}. \tag{56}$$

Darin ist

$$H_x = h_{ad} + \frac{c_{II}^2 - c_I^2}{2g} \approx \frac{P_{II} - P_I}{\gamma_m} + \frac{c_{II}^2 - c_I^2}{2g}, \tag{57}$$

wobei $P_{II} - P_I$ der erzeugte Druckunterschied in kp/m² oder mm Wassersäule und γ_m das mittlere spezifische Gewicht. Das Verhältnis $V_x/\sqrt{P_{II} - P_I}$ nennt man das *Temperament des Luftweges*.

90. Vorgänge nach Ausfall des Antriebes. Rücklaufdrehzahl

Die Massenwirkung des Wassers verlangt im Fall langer Rohrleitungen besondere Rücksichtnahme auf die Vorgänge beim Abschalten oder Ausbleiben des elektrischen Stromes, weil dann die Drehzahl der Pumpe rascher abnimmt als die Wassergeschwindigkeit in der Leitung. Die lange Wassersäule in der Rohrleitung wird dann durch ihre Trägheit vorgetrieben, und die Pumpe bildet einen Widerstand für diese Strömung, so daß am Anfang der Druckleitung eine Drucksenkung eintritt, die dort oder noch wahrscheinlicher an einem hochgelegenen Knickpunkt der Leitung zu Unterdruck und schließlich zum Abreißen der Strömung oder Einbeulen der Leitung führen kann[2]. Infolge der Elastizität von Wasser und Rohrwand vollzieht sich dieser Vorgang in Form von Druckwellen, die mit einer Geschwindigkeit, die gleich der der Gesamtelastizität entsprechenden Schallgeschwindigkeit ist, in der Rohrleitung entlanglaufen, und zwar wird die anfängliche Unterdruckwelle, die von der Pumpe zum Hochbehälter läuft, dort als Überdruckwelle reflektiert, so daß anschließend in der Pumpe schädliche Überdrücke entstehen. Die Theorie dieser Druckwellen ist in ihren Grundlagen von EULER, JOUKOWSKY und besonders ALLIEVI[3] geschaffen und heute so weitgehend entwickelt worden, daß einfache graphische Verfahren zur Untersuchung des Vorganges zur Verfügung stehen[4]. Dies ist

---

[1] VDI-Verdichter-Regeln

[2] HALLER, P. DE, u. A. BÉDUÉ: Techn. Rundschau. Nr. 4, S. 18—25. Sulzer 1951. — J. PARMAKIAN: Trans. Amer. Soc. mech. Engrs. 80 (1958) S. 1563 bis 1595. — F. NUMACHI: Trans. Amer. Soc. mech. Engrs. 78 (1956) S. 1735—1740

[3] LOEWY, R.: Druckschwankungen in Druckrohrleitungen. Wien: Springer 1928

[4] Vgl. O. SCHNYDER: Druckstöße in Rohrleitungen. Mitt., herausgegeben von der Ges. der L. von Rollschen Eisenwerke A. G., Gerlafingen (Schweiz), 2 (1943) Nr. 3/4. — G. FABRITZ: Die Regelung der Kraftmaschinen. S. 314ff. Wien: Springer 1940. — Vgl. auch D. THOMA: Mitt. Hydr. Inst. der Techn. Hochschule München, Heft 4, S. 102; Heft 7, S. 53. — CHARLES JAEGER: Wasserkr. u. Wasserwirtsch. 39 (1944) S. 50. — K. F. BRILL: Konstruktion 12 (1960) Heft 2, S. 60—69, Heft 3, S. 120—130

um so wertvoller, als jede größere Rohrleitung bei ihrem Entwurf auf die erwähnten Druckstöße untersucht werden muß.

Zur Beschränkung sowohl der Unterdrücke wie der Drucksteigerungen sind folgende Maßnahmen in Anwendung:

1. *Vergrößerung der Trägheitswirkung der Läufermasse im Vergleich zu der Wassermasse in der Rohrleitung.* Man mißt die Trägheitswirkung durch die Anlaufzeit. Das ist die Zeit, die die betreffende Masse unter dem Einfluß der vorhandenen Kräfte, also bei konstanter Beschleunigung, braucht, um die Geschwindigkeit c bzw. ω des Beharrungszustandes zu erreichen. Man hat demnach eine *Anlaufzeit der Leitung*

$$T_r = \frac{L c}{g H},$$

wenn[1] L die Länge der Leitung, neben der *Anlaufzeit der Pumpe*

$$T_p = J \frac{\omega}{M}, \tag{57a}$$

wenn J das Trägheitsmoment des Läufers von Pumpe und Motor, bezogen auf die Pumpenwelle, $M = N \cdot 75/\omega$ das normale Antriebsmoment der Pumpe.

Zur Erzielung eines ausreichend großen Verhältnisses T_p/T_r sind besondere Schwungräder nötig, die häufig recht schwer ausfallen.

2. *Rückschlagklappen,* sofern sie vor Strömungsumkehr schließen und nicht hängen bleiben. Zwei oder mehrere Klappen, an richtiger Stelle (beispielsweise an beiden Enden der Leitung) angeordnet, sind erfahrungsgemäß wirksamer als eine. Den rechtzeitigen Abschluß erzwingt man, wenn an Stelle der einen Rückschlagklappe ein Schnellschlußschieber dicht an der Pumpe angeordnet wird. Ein von der Rückschlagklappe gesteuerter Nebenauslaß verringert den Druckanstieg.

3. *Windkessel*[2] (dicht an der Pumpe). Wasserschlösser oder Belüftungsventile (an hoch gelegenen Knickpunkten der Leitung). Zu beachten ist, daß der Windkessel ein beschleunigtes Zurückfluten der zwischen ihm und der Pumpe befindlichen kleinen Wassermasse bewirkt und deshalb zweckmäßig mit einem Drosseldurchgang und Rückschlagventil zu versehen ist. Bei hohen Drücken oder großen lichten Weiten ist er aber unwirtschaftlich.

In hohem Maße dämpfend wirkt der Reibungswiderstand H_w der Rohrleitung, d. h. ein großes Verhältnis H_w/H.

Auch der Pumpenantrieb kann durch das Zurückfluten in Gefahr kommen, weil die Pumpe im Fall des Fehlens der vorgenannten Sicherungen als Turbine rückwärts läuft und die dabei erreichten Rücklaufdrehzahlen unter Umständen über der normalen Drehzahl des Motors liegen. Das Verhältnis der Rücklaufdrehzahl zur normalen Drehzahl der Pumpe ist um so größer, je höher ihr Wirkungsgrad und ihre Schnellläufigkeit[3] sind. Untersuchungen von D. Thoma ergeben, daß die Rücklaufdrehzahl bei kleinen Radialpumpen etwa gleich der normalen Pumpendrehzahl, bei großen, guten Radialpumpen aber um etwa 20 bis 30% größer ist; am größten ist sie beim Propeller. Sie wächst aber innerhalb eines bestimmten Bereiches auch mit T_r/T_p, weil der Stoßdruck hinter der Pumpe sich vergrößert.

---

[1] Da die Beschleunigung c/T_r beträgt und (je m² Querschnitt) die Masse $\gamma/g\, L$, ist die treibende Kraft γH.

[2] Vgl. auch J. Sprecher: Techn. Rundschau Sulzer 39 (1957) Nr. 3, S. 3/12. — W. Gandenberger: Gas- u. Wasserfach 86 (1943) S. 386

[3] Bachmeteff: Z. ges. Turbinenw. 1911, S. 7 — Z. VDI 68 (1924) S. 872. — L. Engel: Die Rücklaufdrehzahlen der Kreiselpumpen, Diss. Techn. Hochschule Braunschweig 1931. — Escher Wyss Mitt. 1939, S. 37, Bild 8

Bei *Luftförderung* sind die Druckstöße wenig wahrnehmbar, weil T_r/T_p sehr klein ist. Das starke Zurücktreten der Massenwirkung der Rohrströmung erleichtert auch die Anwendung von Rückschlagklappen, so daß das Rückwärtslaufen bei Verdichtern nur insofern Bedeutung hat, als die Zahnradpumpen für die Ölversorgung der Lager das Öl rückwärts fördern.

91. Labiler Arbeitsbereich

Labile Erscheinungen können entweder in Form von Pendelungen oder sprunghafter Änderung (Abreißen) der Förderung sich äußern.

a) Pendelungen infolge Mitwirkung eines Energiespeichers. Der Kurvenzweig AC zwischen dem höchsten Punkt A der Drosselkurve und Ordinatenachse hat unter gewissen Betriebsbedingungen labilen Charakter, und zwar dann, wenn in der Druckleitung ein Energiespeicher sich befindet. Der übrige Teil der Kurve ist stabil. Dies möge an Hand der Drosselkurve (Abb. 247) erläutert werden[1].

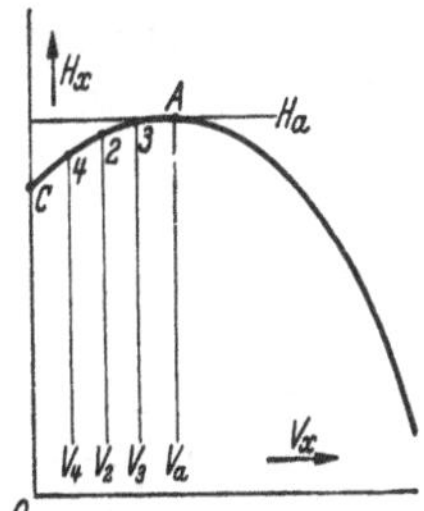

Abb. 247. Labiler Kurvenzweig AC

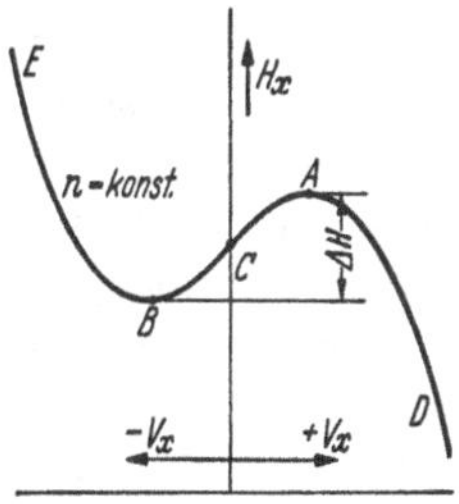

Abb. 248. Bremskurve

Der Entnahmestrom sei V_2 entsprechend dem Betriebspunkt *2* in Abb. 247. Wird nun das Gleichgewicht zwischen Zufuhr und Verbrauch geändert, indem z. B. der Förderstrom zu groß wird, etwa entsprechend dem Betriebspunkt *3*, so muß der Überschuß $V_3 - V_2$ in der Druckleitung gespeichert werden, also der Förderdruck steigen. Dadurch muß sich der Betriebspunkt aber offenbar weiter nach rechts verschieben, also vom Gleichgewichtszustand *2* entfernen. Es liegt somit das Kriterium für das Vorhandensein eines labilen Zustandes vor. In dem betrachteten Fall kann der Förderdruck nur bis zu dem des Punktes A steigen. Muß weitere Förderflüssigkeit gespeichert werden, so bleibt nichts anderes übrig, als daß der Betriebspunkt nach dem negativen Zweig BE der Drosselkurve (Abb. 248) überspringt, weil nur dort höhere Drucke vorkommen, d. h. der Förderstrom kehrt plötzlich seine Richtung um.

Ist andererseits der Förderstrom zu klein entsprechend dem Betriebspunkt *4*, so muß der Speicher mit dem Fehlbetrag $V_2 - V_4$ ein-

[1] Pfleiderer u. Weinrich: Der Einfluß der Rohrführung vor und hinter dem Lader auf die Pumpstöße. Forschungsbericht Nr. 1935/1 d. dtsch. Luftf.-forschg. — H. Weinrich: Pumpschwingungen in Verdichtern. Diss. Techn. Hochschule Braunschweig 1949

springen, sein Druck also weiter sinken und dadurch der Abstand vom Gleichgewichtszustand sich ebenfalls vergrößern, wobei wieder Rückströmen, also negative Förderung, eintritt.

Für das Studium dieser Erscheinung ist also die ins negative Gebiet verlängerte Drosselkurve, die sogenannte Bremskurve (Abb. 248), wichtig. Man ersieht aus dem Verlauf dieser Bremskurve, daß der labile Charakter sich bis zum Punkt B erstreckt und demnach bei Störung des Gleichgewichtes im zuletzt besprochenen Fall der zu kleinen Lieferung das Umkippen mindestens bis zum Punkt B sich erstrecken muß, wo der stabile Zweig BE beginnt, und von wo die Förderung nach dem rechts gelegenen stabilen Kurvenzweig DA überspringt, weil nur dort die durch das Rückströmen bedingte weitere Verkleinerung des Druckes möglich ist. Nach diesem Überspringen auf positive Förderung wird der Speicherdruck aber sofort wieder steigen. Es entsteht also ein regelrechtes „*Schwingen*". In dem zuerst besprochenen Fall des zu großen Förderstromes wird der Förderdruck bis zum höchsten Punkt A der Drosselkurve ansteigen und dann, weil hier ein weiteres Steigen nicht möglich ist, auf den Kurvenzweig BE überspringen, worauf infolge der negativen Förderung sofort eine Druckabnahme bis zum Punkt B einsetzt. Von hier muß die Förderung wieder nach DA überspringen usw.

Man erkennt, daß das Auftreten dieser Pendelungen vom Vorhandensein eines Energiespeichers in der Druckleitung abhängt.

Bei *Wasserförderung* kann dieser Energiespeicher gegeben sein: Durch einen in die Druckleitung eingebauten Windkessel oder durch eine elastische Ausführung der Rohrleitung (wie sie beispielsweise bei Kesselspeisepumpen zur Aufnahme der Wärmedehnungen stets notwendig ist). Im Fall einer kurzen Druckleitung kann der Speicher auch durch einen am Ende der Rohrleitung eingebauten Hochbehälter dargestellt sein.

Bei *Luftförderung* ist das elastische Glied durch die in der Förderleitung einschließlich Verdichtergehäuse befindliche Druckluft dargestellt, also stets vorhanden. Außerdem ist der labile Ast der Drosselkurve länger als bei Flüssigkeitspumpen, teils wegen der meist üblichen größeren Austrittswinkel β_2, teils weil hier die Mehrstufenanordnung den labilen Charakter verstärkt (S. 549). Er erstreckt sich bei Turbogebläsen für Hochöfen und Stahlwerke etwa bis zu 49% Füllungsgrad, bei normalen mehrstufigen Turbokompressoren bis zu 60% Füllungsgrad, bei Flugzeugladern ($\beta_2 \doteq 90°$) sogar bis fast zum Bestpunkt, so daß dort nur Überlast möglich ist.

Sowohl für Wasser- wie Luftförderung gelten folgende gemeinsamen Gesichtspunkte:

Die durch das Abschnappen und anschließende Wiederanspringen der Förderung entstehenden Wanderwellen regen das vorhandene schwingungsfähige System, das durch die Speicherfähigkeit in Verbindung mit der in der Rohrleitung einschl. Pumpe befindlichen Masse der Förderflüssigkeit gegeben ist, zu Eigenschwingungen an. Die durch diese Eigenschwingungen bedingten Druckschwankungen, die ebenfalls mit einem Be- und Entladen des Speichers verbunden sind, bestimmen den Zeitpunkt des Abschnappens. Die Pumpstöße werden deshalb, wie die Erfahrung zeigt, durch die Eigenschwingungen gewissermaßen gesteuert oder ausgelöst. *Die Frequenz der Pendelungen ist somit stets gleich der Eigenschwingungszahl der in Leitung und Pumpe befindlichen Förderflüssigkeit, und zwar meist erster Ordnung.* Hieraus ergibt sich auch, daß die Frequenz grundsätzlich unabhängig von der Drehzahl und nur durch die Abmessungen der Anlage bedingt ist. Diese Feststellung ist für die weitere Verfolgung der Eigenart des Vorganges sehr wichtig.

Bei sehr großer Speicherfähigkeit, also sehr kleiner Frequenz, folgen die Druckschwankungen, wie oben erläutert, der Bremskurve Abb. 248, so daß die Druckschwankung gleich dem daraus zu entnehmenden Druckunterschied ΔH ist. Wird der Speicher verkleinert, so wächst die Frequenz. Die Form der Schwingungen wird dann mehr und mehr sinusförmig[1] (wobei aber naturgemäß auch Oberschwingungen überlagert sein können).

Mit der Steigerung der Frequenz ist zunächst gleichlaufend auch eine Steigerung der Druckamplituden verbunden. Weil eine Überlagerung der in der Leitung vor- und zurücklaufenden Wanderwellen stattfindet, entsteht eine stehende Schwingung[2]. Die Druckausschläge können dabei Beträge erreichen, welche die Anlage gefährden und betrieblich nicht tragbar sind. Jedoch wachsen die Druckausschläge mit der Frequenz nicht unbegrenzt, weil bei genügend hoher Frequenz sich ein neuer Einfluß geltend macht. Es muß nämlich genügend Zeit vorhanden sein, um die Zirkulationsänderung um die Laufschaufel, welche nach S. 44 allein die Änderung der Förderung herbeiführt, durch abgehende Wirbel zu verwirklichen. Diese „Anfahrzeit“ der Zirkulation erreicht bei hohen Frequenzen, also verkleinerter Speicherfähigkeit, die Größenordnung der für eine Pumpschwingung nötigen Zeit. Dadurch wird eine weitere Steigerung der Ausschläge schließlich verhindert, und unterhalb einer gewissen Speichergröße verschwinden die Schwingungen ganz.

Nun ist aber — wie erwähnt — die Frequenz der Förderstöße unabhängig von der Drehzahl, während die Anfahrzeit der Zirkulation mit sinkender Drehzahl wächst. Man kann nämlich im Bereich der Gültigkeit des Newtonschen Ähnlichkeitsgesetzes (Abschn. 84a) aussagen, daß der während der Anfahrzeit durchlaufene Drehwinkel des Rades für die gleiche Pumpe konstant ist, weil das Strombild das gleiche bleibt. Dann ist offenbar die Anfahrzeit umgekehrt proportional zur Drehzahl oder zur Umfangsgeschwindigkeit des Rades. Man wird demnach bei den hohen Umfangsgeschwindigkeiten der Kesselspeisepumpen oder gar der Verdichter eine sehr kleine Anfahrzeit haben und deshalb

---

[1] Dziallas, R.: Untersuchungen an einer Kreiselpumpe mit labiler Kennlinie. Habilitationsschrift Techn. Hochschule Braunschweig 1940. — H. Lown u. F. J. Wiesner: Trans. Amer. Soc. mech. Engrs. Series. D. March 1959, S. 29—36

[2] Müller-Pouillet: Lehrbuch der Physik, 1, 3. Teil. Braunschweig: Vieweg 1929

die Pumpschwingungen bis zu kleineren Speichergrößen herab feststellen als bei gewöhnlichen Kreiselpumpen oder bei Niederdruckgebläsen. Andererseits wird jede schwingende Pumpe beim Unterschreiten einer gewissen Drehzahl über den ganzen möglichen Arbeitsbereich sich stabil verhalten. Diese „Grenzdrehzahl" liegt nach dem Gesagten um so höher, je kleiner die vorhandene Speicherfähigkeit ist.

Im Kennfeld einer Kreiselpumpe wird also die Grenze des Pendelbereiches (Pumpgrenze) gemäß einer Linie *I* bis *III* (Abb. 249) verlaufen, deren Scheitel *S* um so höher auf der H_x-Achse liegt, je kleiner die vorhandene Speicherfähigkeit ist. Versuche zeigen, daß mit nach oben wanderndem Scheitel *S* auch die ganze Pumpgrenzlinie mitwandert, ohne sich dabei merkbar zu verändern, so daß es wohl möglich ist, daß diese Grenzkurven *I*, *II* und *III* kongruent sind. Diese

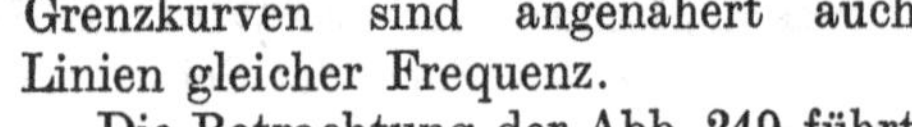
Grenzkurven sind angenähert auch Linien gleicher Frequenz.

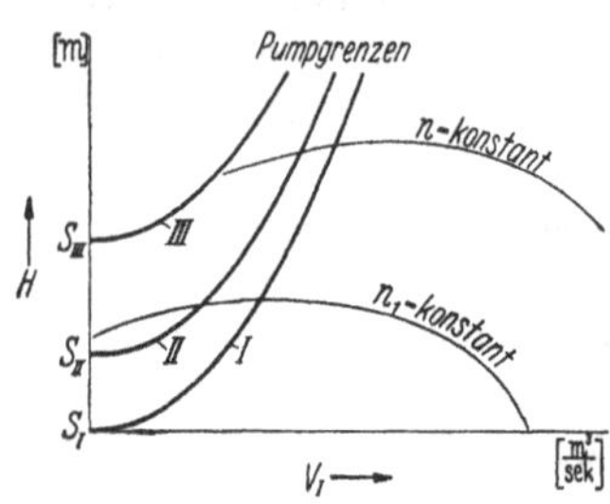

Abb. 149. Einfluß der Drehzahl und der Speichergröße auf die Lage der Pumpengrenze

I Pumpengrenze bei sehr großem Speicher, *II* und *III* Pumpengrenze bei mittelgroßem und kleinem Speicher; Linien *I*, *II* und *III* sind angenähert auch Linien gleicher Frequenz, aber nicht gleicher Amplitude

Die Betrachtung der Abb. 249 führt zu der *weiteren wichtigen Erkenntnis, daß der stabile Arbeitsbereich um so größer ist, je kleiner die Nachgiebigkeit in der Rohrleitung.*

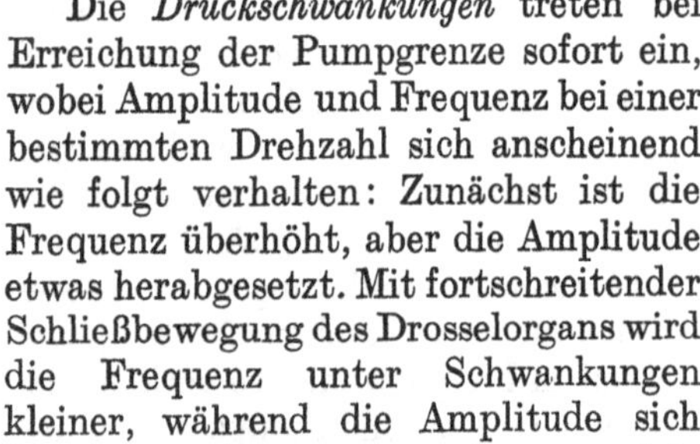
Die *Druckschwankungen* treten bei Erreichung der Pumpgrenze sofort ein, wobei Amplitude und Frequenz bei einer bestimmten Drehzahl sich anscheinend wie folgt verhalten: Zunächst ist die Frequenz überhöht, aber die Amplitude etwas herabgesetzt. Mit fortschreitender Schließbewegung des Drosselorgans wird die Frequenz unter Schwankungen kleiner, während die Amplitude sich umgekehrt verhält. Die Veränderungen gehen sprungweise vor sich. Bei Nullförderung ist die Amplitude am größten und die Frequenz am kleinsten. Der Vorgang bedarf noch weiterer Untersuchung[1]. Es scheint, daß hierbei das Produkt aus Amplitude und Frequenz ungefähr gleichbleibt und für eine gegebene Maschine und Drehzahl auch unabhängig von der Länge der angeschlossenen Rohrleitung ist.

Wenn sonach für Wasser- und Luftförderung eine Reihe gemeinsamer Merkmale bestehen, sind doch folgende Abweichungen zu beachten:

Bei *Wasserförderung* ist für die Wirksamkeit des elastischen Gliedes fast nie die Elastizität des Wassers und des Wandmaterials ausreichend, weil die daraus sich ergebende Zeitdauer einer Eigenschwingung stets weit unterhalb der Anfahrzeit der Zirkulation, d. h. die Grenzdrehzahl über der Betriebsdrehzahl gelegen ist. Ist also kein Windkessel oder sonstiger Speicher in oder am Ende der Rohrleitung eingebaut und ist

[1] Vgl. auch H. WEINRICH: Untersuchungen über die Pumpschwingungen von Kreiselverdichtern. Diss. Techn. Hochschule Braunschweig 1949

letztere starr verlegt, so werden keine Schwingungen wahrgenommen. Solche Verhältnisse liegen in ausgesprochenem Maße vor bei der Untersuchung der Pumpe auf dem Versuchsstand, weil das Drosselorgan nicht weit von der Pumpe weg sitzt. Auch bei Pumpen für die Wasserversorgung von Gemeinden oder Industrieanlagen dürften die Verhältnisse in den meisten Fällen ähnlich günstig liegen. Bei der Kesselspeisung aber muß die Speiseleitung stets möglichst elastisch verlegt werden, ganz abgesehen davon, daß der Speisewasservorwärmer elastisch gebaut ist, die Kennlinie der Rohrleitung flach verläuft und die Drehzahl hoch ist. Hier ist deshalb mit dem Auftreten von Stößen zu rechnen.

Die Eigenschwingungen entstehen bei Wasserförderung durch die Abfederung der an sich starren Wassermasse gegen das elastische Glied. Die dadurch bedingte Eigenfrequenz beträgt bei geschlossenem Schieber

$$f = \frac{1}{2\pi}\sqrt{\frac{gF}{LA}}. \tag{58}$$

Darin bedeuten:

F den Leitungsquerschnitt zwischen Saugbehälter und elastischem Glied,

$L = L_I + L_{II} + L_p$ die gesamte Länge der „Innenleitung", also Saugleitungslänge L_I mit Druckleitungslänge L_{II} bis zum Speicher zuzüglich des auf den Rohrquerschnitt F reduzierten Wertes L_p des Wasserinhaltes des Pumpengehäuses, welcher näherungsweise beträgt

$$L_p = F\sum\frac{\Delta l_g}{F_g}, \tag{59}$$

sofern im Gehäuse auf die Wegstrecke Δl_g der mittlere Querschnitt F_g entfällt. Innerhalb des Laufrades ist hierbei die Relativströmung zugrunde zu legen.

A ist eine die Speicherfähigkeit des elastischen Gliedes kennzeichnende Größe in m², welche dargestellt ist:

beim *offenen Wasserspeicher* (auf dessen Wasserspiegel also der gleiche Druck einwirkt wie auf den Saugwasserspiegel) durch dessen Querschnitt in der waagerechten Ebene,

beim *Windkessel* durch

$$A = \varkappa\frac{W_m}{h_m}, \tag{60}$$

($\varkappa = c_p/c_v$, W_m = mittleres Luftvolumen des Windkessels in m³, h_m = mittlerer Druck in m Flüssigkeitssäule der Förderflüssigkeit),

beim *elastischen Rohrglied*, welches als Raumfeder zu denken ist, durch

$$A = \frac{dW}{dh}, \tag{61}$$

d.h. durch die infolge einer Änderung des Rohrleitungsdruckes um 1 m Flüssigkeitssäule eintretende Änderung seines Rauminhaltes W in m³/m oder m².

Weil bei Wasserförderung die Rohrleitung vor dem elastischen Glied mit einer starren Wassermasse gefüllt ist, so besteht hier die Möglichkeit, die Schwingungen durch Widerstände, die innerhalb dieser „Innenleitung", beispielsweise in Gestalt eines Drosselorgans, angeordnet sind, zu dämpfen. Dadurch wird auch der labile Zweig verkürzt, wie ein Blick auf Abb. 250 zeigt, in welcher die eingetragene Parabel die Widerstandshöhen der erwähnten Drosselstelle einschl. sonstiger Reibungsverluste der Innenleitung berücksichtigt (Kennlinie der Innenleitung)[1]. Der Scheitel dieser Parabel liegt im Abstand der auf das elastische Glied bezogenen statischen Förderhöhe, wie in Abb. 244, und wandert mit steigendem Förderdruck nach oben. Man erkennt, daß der größte statische Druck im Berührungspunkt B erreicht wird. Drosselung *hinter* dem elastischen Glied ist in dieser Hinsicht wertlos und bedeutet eine unnütze Energieverschwendung.

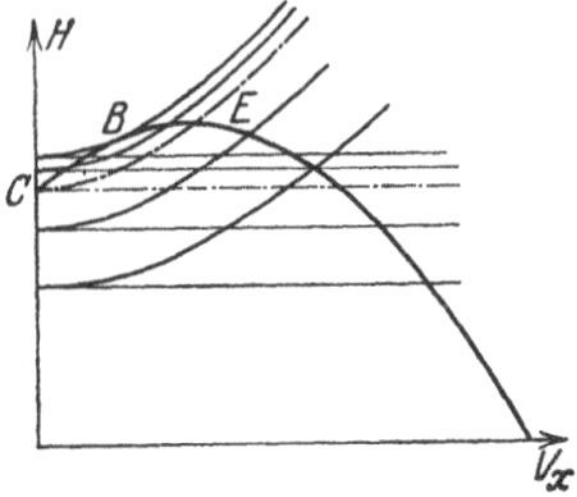

Abb. 250. Verkürzung des labilen Zweiges auf BC infolge Rohrwiderständen vor dem elastischen Glied

Bei *Luftförderung* besteht die Besonderheit, daß die schwingende Luftmasse gleichzeitig das elastische Glied darstellt. Ihre Eigenschwingung ist deshalb die gleiche stehende Schwingung wie in einer Pfeife von der Länge gleich der des Luftweges im Bereich gesteigerten Druckes, also einschließlich eines Teiles des Luftweges im Verdichter selbst. (Es darf aber nicht ganz übersehen werden, daß im Gehäuse des Verdichters eine Erhöhung der Dichte und der Temperatur stattfindet und insbesondere die Geschwindigkeiten in den Leitungen und im Gehäuse im Vergleich zu der jetzt erheblich niedrigeren Schallgeschwindigkeit nicht immer vernachlässigbar sind.)

Übernehmen wir die einfachen Pfeifengesetze und betrachten wir die Leitung als am Drosselschieber geschlossen, so beträgt die Eigenfrequenz niederster Ordnung

$$f = \frac{a}{4L}, \tag{62}$$

worin bedeuten:

a die Schallgeschwindigkeit der geförderten Luft, die hier für den ganzen Luftweg als konstant betrachtet sei,

$L = L_{II} + L_p$ die Länge der Luftweges bis zum Drosselventil, d. h. Druckleitung L_{II} plus dem Luftweg L_p im Verdichtergehäuse.

Da die Querschnittsunterschiede im ganzen Luftweg einschl. Verdichter nicht sehr erheblich sind und die Übergänge stetig verlaufen, brauchen sie nicht berücksichtigt zu werden. Es kann also für L_p der wirkliche Luftweg im Gehäuse des Verdichters eingesetzt werden (wobei nur zu beachten ist, daß im Laufrad der relative Weg und in der

[1] Beim Parallelschalten mehrerer Pumpen offenbart aber der ganze nach links abfallende Zweig der Drosselkurven, also auch das Stück, BE, labilen Charakter.

Austrittsspirale nur der halbe Umfang zu nehmen ist). Gl. (62) setzt voraus, daß die schwingende Luft im Mittel gegenüber der Rohrleitung in Ruhe ist. Sie gilt also zunächst für geschlossenen Schieber und gibt hierfür Ergebnisse, welche mit den Versuchen gut übereinstimmen. Bei Pumpbeginn, also teilweise geöffnetem Schieber, besitzt die Luft aber noch eine durchschnittliche Geschwindigkeit entsprechend dem vorliegenden Förderstrom. Deshalb ist das DOPPLERsche Prinzip[1] zu beachten. Die Längen der Saug- und Druckleitungen dürfen beim Verdichter nicht einfach addiert werden (wie bei der Wasserpumpe). Anscheinend handelt es sich um zwei gekuppelte Schwingungssysteme, wobei die Kupplung je nach Sachlage eine Verstärkung oder Schwächung bewirkt.

Wichtig ist die Feststellung, daß jetzt die Speicherfähigkeit bei gegebenem Rohrquerschnitt proportional zur Länge der Druckleitung ist. Die Einschaltung von Drosselwiderständen zur Herabsetzung der Pumpstöße hat hier keinen Zweck, weil die im Verdichtergehäuse enthaltene Luft zur Anfachung der Schwingungen voll ausreicht, und zwar mit einer besonders hohen Frequenz und Amplitude, wobei noch keine Schwächung durch Annäherung an die Anfahrzeit der Zirkulation beobachtet wird, sofern nicht kleine Drehzahlen vorliegen. Es besteht also sogar die Gefahr, daß die Schwingungen durch Widerstände verstärkt werden.

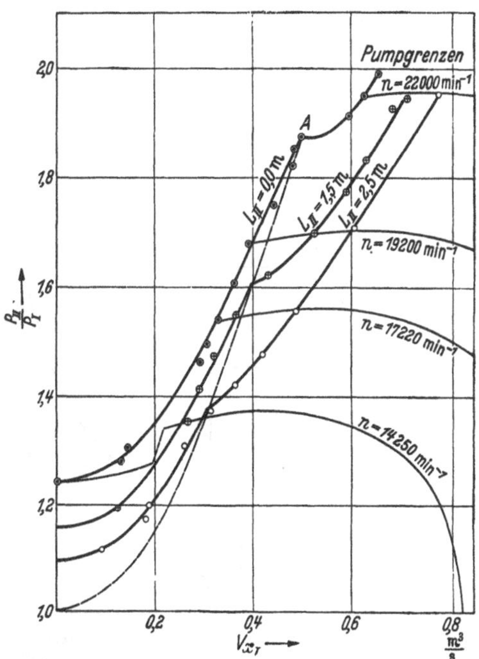

Abb. 251. Beeinflussung der Pumpgrenze durch die Kompressibilität beim Verdichter. — In den Knickpunkten A springt die Stelle der Strömungsablösung vom Laufrad auf das Leitrad bzw. von der ersten auf die letzte Stufe über

Der in Abb. 249 angegebene parabelähnliche Verlauf der Pumpgrenze gilt nur für niedere Drehzahlbereiche bzw. für inkompressible Flüssigkeit. Bei *Verdichtern* hoher Drehzahl liefern Versuche einen Knick A in der Pumpgrenzlinie, der um so höher liegt, je kürzer die Druckleitung ist (Abb. 251). Dies ist dadurch zu erklären, daß mit wachsender Drehzahl also wachsender Zusammendrückung der Luft der Förderstrom am Ende des Luftweges bzw. in der letzten Stufe des Verdichters die Pumpgrenze früher erreicht als in der 1. Stufe (S. 550).

[1] Fußnote 2, S. 427

Unterhalb der Berechnungsdrehzahl erhält nämlich das Leitrad (bzw. bei mehrstufigen Verdichtern die letzte Stufe) ein zu großes Volumen, so daß die Ursache des Pumpens (ebenso wie auch des nachher behandelten Abreißens) am Anfang des Luftweges, d. h. beim einstufigen Verdichter im Laufrad liegen wird. In der Nähe der Berechnungsdrehzahl springt — wie S. 550 dargelegt ist — der Entstehungs-

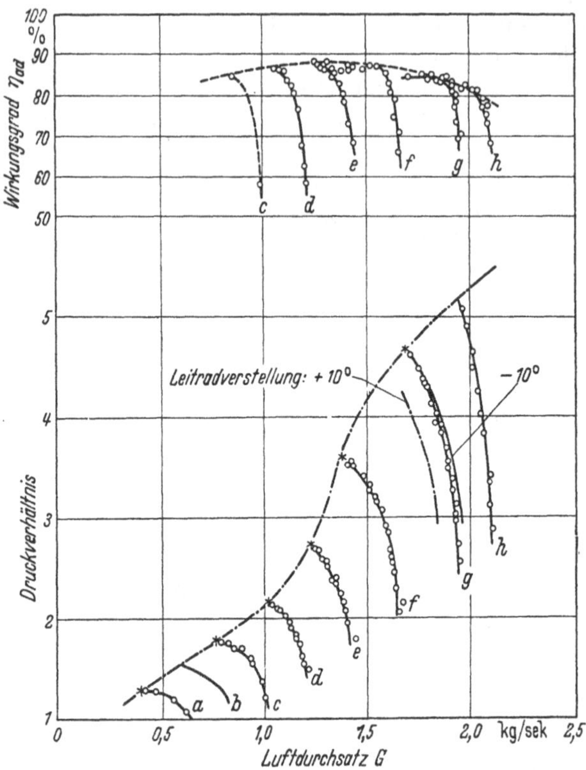

Abb. 251a. Kennlinien eines mehrstufigen Axialverdichters mit Kennzeichnung der Form der Abreißgrenze[1]

Drosselkurve	a	b	c	d	e	f	g	h
Drehzahl/min	10 000	12 500	15 000	17 500	20 500	22 500	25 000	27 500

punkt an das Ende des Luftweges, d. h. zum Leitrad (bzw. zur letzten Stufe) über. Während unterhalb des dadurch entstehenden Knickes A die Pumpgrenzlinie ungefähr nach einer Parabel verläuft, ist sie oberhalb von A, wie man sieht, flacher, also ungünstiger. Bei Überschreitung der im Punkt A vorhandenen Drehzahl verhält sich also der Verdichter wesentlich ungünstiger. Abb. 251a zeigt das Kennfeld des Axialkompressors einer Gasturbine bei den unter dem Bild angegebenen Drehzahlen[1]. Daraus sind diese Zusammenhänge in überzeugender Weise ersichtlich.

[1] Entnommen aus MTZ 20 (1959) Heft 10, S. 387, Bild 5

Maßnahmen zur Verhinderung der Pumpstöße. Bei Wasserpumpen kann man die Drosselkurve auf ihrer ganzen Erstreckung stabil, also ohne waagerechte Tangente, ausbilden, wie im folgenden Abschnitt gezeigt wird. Bei Verdichtern, welche meist mit hoher Druckziffer gebaut werden müssen, ist dies in der Regel nicht möglich.

Bei Vorhandensein eines labilen Zweiges der Drosselkurve hilft man sich durch Anwendung der *Pumpgrenzregelung.* Diese wird sowohl bei Wasser- wie Luftförderung häufig in der Form der Anzapf- bzw. Abblaseregelung[1] durchgeführt, wobei vor Erreichung der Pumpgrenze ein Nebenauslaß der Druckleitung durch ein automatisch gesteuertes Ausblaseventil geöffnet und so viel Förderflüssigkeit abgeführt wird, daß die Pumpgrenze nicht überschritten wird (vgl. S. 447). Die ausschließliche Verwendung von Rückschlagklappen genügt nicht. (Nur bei Nullförderung wird durch die Rückschlagklappe die Schwingung unterbunden.) Recht wirksam ist der Übergang auf partielle Beaufschlagung, indem eine entsprechende Zahl der Laufkanäle durch einen Spaltschieber oder dgl. abgedeckt werden. Drehzahlregelung ist stets zu empfehlen.

Bei Verdichtern sind außerdem folgende Regelungsverfahren im Gebrauch:

„*Aussetzerregelung*", wobei die Saugleitung ganz abgesperrt, gleichzeitig der Druckstutzen vom Rohrnetz getrennt und mit der freien Atmosphäre verbunden wird. Eine geringe Menge Kühlluft wird weiter gefördert, um ein unzulässiges Erhitzen des Läufers zu verhindern.

„*Verlegung der Pumpgrenze*", entweder durch *drehbare Austrittsleitschaufeln*[2] (Abb. 263) oder — bei doppeltflutigen, d. h. zweiseitig saugenden Verdichtern — durch *Abschalten der einen Gebläseseite,* beispielsweise durch Schließen von im Saug- und Druckstutzen angeordneten Klappen (Abb. 281a). In die abgeschaltete Seite muß dabei wieder Kühlluft gefördert werden.

In diesem Zusammenhang wird auf die im Hauptabschnitt L, „Regelung", behandelten Verfahren hingewiesen. Die Pendelungen wirken sich besonders stark bei Parallelbetrieb mehrerer Pumpen aus[3].

Auch Resonanz zwischen den von der Pumpe (z. B. der Zunge des Spiralgehäuses) ausgehenden Impulsen und der Eigenschwingung der elastischen Rohrleitung ist — besonders bei großen Einheiten — beobachtet worden[4].

b) Abreißen der Förderung. Neben den besprochenen Pendelerscheinungen zeigen bestimmte Arten von Lauf- oder Leitschaufeln, beispiels-

---

[1] BBC-Nachr. 40 (1958) Heft 2, S. 89; ferner Fr. Kluge: Fußnote 1, S. 504: Die Abblaseluft kann entweder in eine am Wellenende angeschlossene „*Rückgewinnungsturbine*" (Abb. 325, S. 520) oder so in die Saugleitung geleitet werden, daß ihre Energie für die Vorverdichtung des Ansaugestromes nutzbar gemacht wird (vgl. S. 447 oder AEG-Mitt. 1938, S. 477; 1932, S. 142)

[2] BBC-Nachr. 19 (1932) S. 44

[3] Schmidt, O.: Arch. Wärmew. 17 (1936) S. 37 — Borsig-Mitt. 1938, Nr. 5, S. 31

[4] Trans. Amer. Soc. mech. Engrs. 76 (1954) S. 775ff. und 783—790

weise solche mit kurzer radialer Erstreckung (Abschn. 49) oder Axialschaufeln (S. 419) (nur selten auch normale Radialräder) eine andere Erscheinung, nämlich das Abreißen der Förderung beim Sinken des Förderstromes unter eine bestimmte Grenze (Abreißgrenze). Diese ist daran zu erkennen, daß die Förderhöhe mehr oder weniger plötzlich sinkt (Abb. 251 b), Pendeln der Förderung aber fehlt, sofern die Fortsetzung der Drosselkurve im Abreißgebiet stabil ist. Nur wenn der Verlauf der Drosselkurve in diesem Bereich nach der H_x-Achse hin fällt, also labil ist, treten gleichzeitig die im vorausgegangenen Unterabschnitt gekennzeichneten Förderschwankungen auf. Dieses Abreißen kann sowohl vor wie hinter der Pumpgrenze liegen. Beide Erscheinungen können also nebeneinander herlaufen.

Ein besonderes Kennzeichen des Abreißvorganges ist eine ausgesprochene *Hysteresiserscheinung* insofern, als der Austritt aus der gesunden Zone bei wesentlich kleinerem Füllungsgrad erfolgt als der Wiedereintritt. In Abb. 251b beginnt bei abnehmendem Durchfluß das Abreißen im Punkt B, und der Wiedereintritt in die gesunde Zone bei zunehmendem Durchfluß erfolgt erst wieder im Punkt B', so daß sich hier das wirksame Abreißgebiet um CC' verlängert.

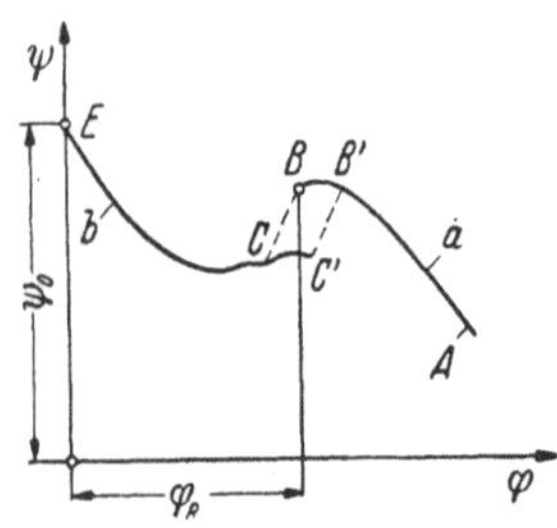

Abb. 251 b. Abgerissene Drosselkurve (in dimensionsloser Auftragung) $B\,C\,C'B'$ Hysteresisgebiet

Die Ursache des Abreißens liegt nicht in einem Energiespeicher der Rohrleitung, sondern allein im Ablösen der Strömung innerhalb der Lauf- oder Leitkanäle. Mit abnehmender Füllung, also wachsendem Anstellwinkel, vergrößert sich das Totraumgebiet auf der Saugseite (Rückseite) der Lauf- oder Leitschaufel, bis schließlich eine plötzliche Ablösung erfolgt. Es ist verständlich, daß dieser Vorgang bei kurzen radialen Schaufeln[1] oder Axialschaufeln leichter eintritt als bei Radialschaufeln mit großer radialer Erstreckung, weil die unterstützende Wirkung der Fliehkräfte geringer ist bzw. fehlt.

Bei den gefährdeten Schaufelformen erfolgt das Abreißen, wenn die Richtung der relativen Zuströmung zum Rad von der des stoßfreien Eintrittes um einen bestimmten Winkel abweicht. Hält man diesen fest, so kann man zeigen, daß die Abreißgefahr verschwindet, wenn der Schaufelwinkel β_1 unter diesen Grenzwinkel sinkt. Ferner wird der stabile Zweig der Drosselkurve länger bei Zuströmung mit Gleichdrall als bei senkrechtem Eintritt, und im letzteren Fall wieder länger als bei Eintritt mit Gegendrall[1]. Man kann das Abreißen hinauszögern durch Vorschalten eines Gleichrichters (der dann am besten die Form eines Eintrittsleitrades mit geringem Gleichdrall annimmt) oder Verkleinern der Radbreite b nach dem Austritt des Laufrades hin. Besonders wichtig ist es, starke Wandkrümmung am Einlauf zu vermeiden.

Für die *Axialpumpen* empfiehlt sich die Verwendung möglichst

[1] Vgl. die beiden in Fußnote 1, S. 233 angeführten Arbeiten von FR. GRÄGER und R. KRETSCHMER

flacher Schaufelprofile, also hoher Reaktionsgrade (Abb. 165). Schlitzflügel optimaler Form (S. 297) dürften wesentliche Besserung erbringen. Am geeignetsten ist die Verwendung der Vordrallregelung (S. 448) oder der drehbaren Laufschaufel nach KAPLAN (S. 323). Ein längeres Arbeiten im Abreißgebiet ist gegebenenfalls durch besondere Sicherheitseinrichtungen[1] zu verhindern.

Rotating stall. Der Abreißgefahr ist besonders der axiale Verdichter ausgesetzt, weil beim Verdichter zwecks Kleinhaltung der Ma-Zahl doppelt so große Eintrittswinkel β_1 (bzw. β_{0a}) am Platze sind, wie bei Wasserförderung. Im Hinblick auf die Bedeutung des Axialverdichters für die Gasturbine ist deshalb ein anwachsendes und kaum mehr überschaubares Schrifttum besonders im englischen Sprachgebiet entstanden[2]. Der Vorgang des Abreißens wird dort als „*stall*" bezeichnet.

Aus den unten aufgeführten Arbeiten von WOOD, BENSER-FINGER und insbesondere SOVRAN erhält man folgendes Bild über die typische Form des „stall", den „*rotating stall*", der allerdings die oben bezeichneten Merkmale des sprunghaften Leistungsrückganges und der Hysteresis nicht immer besitzt, dem aber erhöhte Aufmerksamkeit geschenkt wird, weil er die typische Form des Abreißvorganges darstellt. Er tritt meist in beschränkten, aber symmetrisch verteilten Zonen der von den Schaufeln bestrichenen Kreisringfläche auf. Das Erstaunliche ist nun, wie SOVRAN auch durch sinnreiche optische und akustische Versuchsanordnungen zeigen konnte, daß die stall-Zonen relativ zum Rad entgegengesetzt zur Drehrichtung des Rades, aber mit beschränkter Winkelgeschwindigkeit rotieren (rotating-stall), so daß also alle Schaufeln sich an dem Abreißvorgang in gleicher Weise beteiligen und örtliche Herstellungsungenauigkeiten der Schaufel nicht maßgebend mitwirken können.

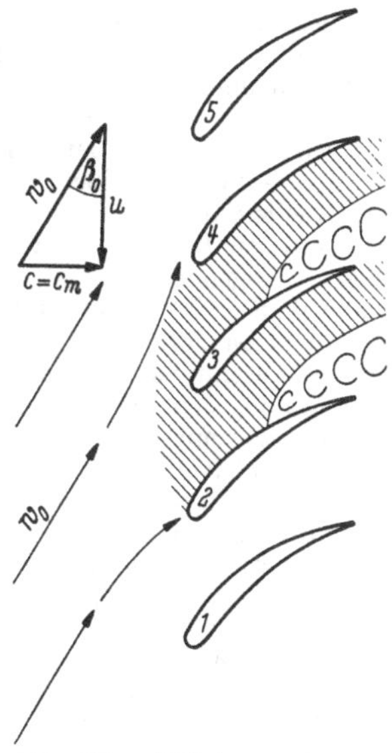

Abb. 251c. Erläuterung der Ursache des Rotierens der Abreißzonen

Dieses für den Abreißvorgang kennzeichnende Verhalten läßt sich an Hand von Abb. 251c wie folgt erklären: Mit abnehmendem Füllungsgrad V_x/V, also wachsendem Anstellwinkel, wird infolge unvermeidlicher Verschiedenheit der Ausführungsgenauigkeit der Schaufeln das Abreißen zunächst nur an einer oder wenigen Schaufeln (*2* und *3* der Abb. 251c) beginnen, vor deren Eintritt sich deshalb die Strömung örtlich aufstaut und nach beiden Seiten ablegenkt wird. Dadurch wird einerseits in den nicht abgerissenen Kanälen die Zuströmung verstärkt, so daß sie gewissermaßen gegen das Abreißen abgeschirmt werden. Andererseits aber entsteht an den Schaufeln, welche der Staustelle benachbart sind, eine örtliche Änderung der Anströmungsrichtung in dem Sinne, daß auf der einen Seite (Schaufel *2* und *1*) der Anströmwinkel β_0 vergrößert, auf der anderen Seite

[1] PETERMANN, H.: Sicherheitseinrichtung für Axialverdichter. Erscheint 1961 in Stahl und Eisen.

[2] Hier sollen nur die neueren Arbeiten angeführt werden, weil aus diesen die frühere Literatur ersichtlich ist: M. D. WOOD usw.: The Aeronautical Quarterly, XI (1960) Part II, Maiheft S. 169—170. — H. W. EMMONS usw.: Trans. Amer. Soc. mech. Engrs. 77 (1955) S. 455—469. — W. A. BENSER u. H. B. FINGER: SAE Trans. 65 (1957) S. 187—200; Trans. Amer. Soc. mech. Engrs. 80 (1958) Nr. 6, S. 1273; insbesondere G. SOVRAN: Trans. Soc. mech. Engrs. Series A S. 24, Jan. 1959; das Septemberheft in Trans. Amer. Soc. mech. Engrs. Serie D 81 (1959) enthält S. 305—417 6 Aufsätze verschiedener Verfasser über stall

(Schaufel *4* und *5*) verkleinert wird. Bei den ersteren wird sich also wieder die gesunde Strömung einstellen, die letzteren werden aber abreißen, d. h., das Abreißgebiet wandert in Richtung von w_{0u}, also beim Laufrad entgegengesetzt zur Drehrichtung u mit einer Geschwindigkeit, die durch die für die Änderung der Schaufelzirkulation erforderlichen Zeit bedingt ist und die je nach dem Verhältnis von w_{0u}/u 30 bis 70% der absoluten Drehgeschwindigkeit des Rades beträgt. Die negative Drehgeschwindigkeit der Abreißzonen relativ zum Rad u_R beträgt also nur einen Bruchteil der positiven Drehgeschwindigkeit u des Rades und steht in einem festen Verhältnis zur Umfangskomponente w_{0u} der relativen Zuströmgeschwindigkeit w_0. Die absolute Drehgeschwindigkeit u_A der Abreißzonen, d. h. $u - u_R$ ist also gleichsinnig zur Raddrehung gerichtet. Gibt man der absoluten Eintrittsströmung ein großes w_{0u}/u etwa durch einen negativen Drall (Gegendrall) und wird gleichzeitig die Umfangsgeschwindigkeit u des Rades gesenkt, so kann offenbar (wenn die Eintrittsleitschaufeln drehbar gemacht werden) erreicht werden, daß $u_A = 0$ wird, also ein stehendes Abreißbild entsteht, das meßtechnisch leicht verfolgt werden kann. Die Zahl der Abreißzonen kann bis 8 betragen und durch Vergrößerung des Abstandes des Leitrades vom Laufrad verkleinert werden. Ferner ersieht man, daß das Nachleitrad ebenso gefährdet ist wie das Laufrad. Beide Abreißvorgäng beeinflussen sich naturgemäß gegenseitig, aber das Abreißen des Nachleitrades wirkt sich nur in einer Verringerung des Anstiegs der Kennlinien aus. Im Nachleitrad beginnt ferner das Abreißen nicht am äußeren Halbmesser wie beim Laufrad, sondern an der Nabe, weil bei der hier vorliegenden Teillast nach Abschn. 86 die Abströmung aus dem Laufrad nach dem äußeren Radumfang zusammengedrängt wird.

Beim Laufrad bilden sich wie erwähnt die Abreißzonen stets außen[1], weil — wie in Abschn. 86 eingehend dargelegt wird (Wirbel *B*, Abb. 235a) — dort die Zuströmung sich von der Spitze nach der Nabe hin verschiebt. Die Nabenpartien bleiben also mit Ausnahme ganz kurzer Schaufeln r_i/r_a immer gesund, während beim Nachleitrad das Umgekehrte zu erwarten ist. Am Verlauf der Kennlinien ist der Beginn des Ablösens nicht ohne weiteres zu erkennen, weil die Stetigkeit des Verlaufes zunächst nicht gestört wird, sondern nur eine Verlangsamung des Druckanstieges mit abnehmendem Durchfluß eintritt. Der mehr oder weniger plötzliche Druckabfall setzt erst beim Eintreten des Rückströmens ein, also bei voll ausgebildetem Abreißen, und nur dieses Betriebsgebiet ist wegen des schlechten Wirkungsgrades und der Unruhe des Ganges für den praktischen Betrieb auszuscheiden.

Es scheint, daß bei dicht aufeinanderfolgenden Schaufelreihen der stall der einen Reihe das Eintreten des Abreißens in den benachbarten Reihen verzögert oder in extremen Fällen sogar den bereits eingetretenen stall aufhebt.

Der mit dem Umlauf der Abreißzone verbundene Wechsel des Schaufeldruckes hat naturgemäß Biegeschwingungen der Schaufeln zur Folge, deren Frequenz von der Zahl der Abreißzonen abhängt und die besonders im Hinblick darauf, daß die Zahl dieser Zonen mit dem Füllungsgrad wechselt, die Gefahr der Resonanz zwischen Biegeschwingungen und der Abreißfrequenz mit sich bringt[2].

92. Mittel zur Erlangung stabiler Drosselkurven

Die parabelförmige Drosselkurve wird nur bei Radialpumpen mit einfacher Schaufelkrümmung und einer Schaufelzahl erzielt, die die Werte der Gl. (20), S. 160, nicht erheblich unter- oder überschreitet. Bei zu kleiner Schaufelzahl, also ungenügender Führung, fällt die Drosselkurve von der H_x-Achse aus dauernd ab, während bei großen

[1] Diese hier gemachten Feststellungen gelten vor allem für solid-body-Beschaufelungen (vgl. S. 301)

[2] Söhngen, H., u. A. W. Quick: Über Schaufelschwingungen in Axialverdichtern, DVL-Bericht Nr. 105 (1960) Mülheim/Ruhr. — A. D. S. Carter, D. A. Kilpatrick: Self-exited Vibrations of Axial Flow Compressor Blades, Proc. Inst. Mech. Eng. 171 (1957) Nr. 7

Schaufelzahlen sich an die ordnungsgemäß ausgebildete Parabel ein Steilabfall anschließt. Letztere Erscheinung ist auf die Einschnürung des Förderstromes am Schaufeleintritt, also Hohlraumbildung bzw. Erreichung der Schallgeschwindigkeit, zurückzuführen. Wir wollen im folgenden die Bedingungen, die zur Erlangung stabiler Formen führen, ableiten.

Flache Kennlinien ergeben sich nach Abb. 222, 222a bei Verwendung eines glatten Leitringes. Im gleichen Sinn wirkt ein großer Abstand zwischen Lauf- und Leitrad, also ein großes Verhältnis D_4/D_2.

Einen weiteren Einblick gewährt die Heranziehung des Leerlaufdruckes H_0, der sich im Schnittpunkt der Drosselkurve mit der H_x-Achse ergibt. Dieser beträgt

$$H_0 = H_{\text{th}\,0} - H_{s0} = \frac{u_2^2}{g}\left\{\frac{1}{1+p} - \frac{\varphi}{2}\left[\left(\frac{D_1}{D_2}\right)^2 + \left(\frac{D_2}{D_4}\right)^2\left(\frac{1}{1+p}\right)^2\right]\right\}. \quad (63)$$

Hiernach wächst der Leerlaufdruck H_0 gegenüber H mit $u_2^2/2gH$, d. h. mit dem reziproken Wert der Druckziffer ψ, also [gemäß Gl. (3) bzw. (4), S. 149] mit wachsendem Reaktionsgrad, also mit wachsendem c_{2m}/u_2, abnehmendem β_2 oder abnehmender Schaufelzahl. (Nach S. 420 erhält man dann auch flache N_x-Linien im Bereich der Normallast.) Das Anwachsen des Leerlaufdruckes bewirkt offenbar eine Annäherung des höchsten Punktes A an die Ordinatenachse und damit auch eine Verkürzung des labilen Zweiges (Abb. 252).

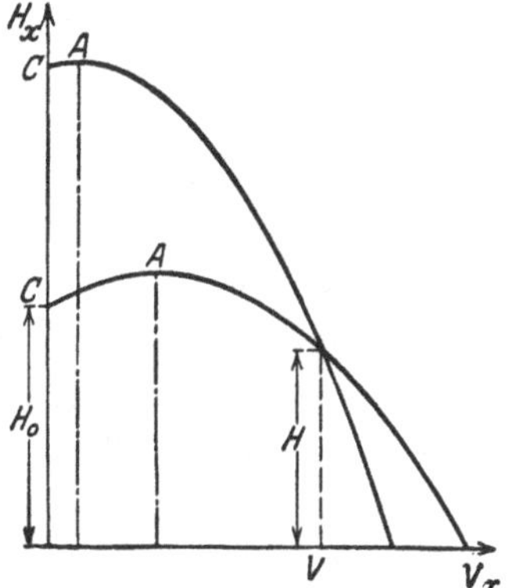

Abb. 252. Einfluß der Laufzahl $u_2/\sqrt{2\,gH} = 1/\sqrt{\psi}$ auf die Form der Drosselkurve. Die steile Kurve entspricht etwa der Druckziffer $\psi = \frac{2\,gH}{u_2^2} = 0{,}6$, die flache Kurve der Druckziffer $\psi = 1{,}25$

Über den auf dem Versuchsweg ermittelten Einfluß von β_2 und z auf die Stabilität der Drosselkurve gibt die von Hansen[1] ermittelte Abb. 253 Auskunft, in welcher als Parameter das Verhältnis $H_0/H_{\max}$ verwendet ist. Diese Ergebnisse sind an der S. 137 erwähnten Radialpumpe mit $r_2/r_1 = 2{,}5$ ermittelt worden. Es muß aber beachtet werden, daß es sich hier um eine relativ kleine Pumpe mit unterdurchschnittlichem η_h, also verkürztem labilem Gebiet, handelt (Abb. 254).

Nach Gl. (63) wird der Leerlaufdruck weiter erhöht und dementsprechend auch das labile Kurvenstück verkürzt durch eine Verkleinerung des Eintrittsstoßes. Weil der Eintrittsstoß beim Leitrad überwiegt, so ist in diesem Sinne offenbar die Anwendung drehbarer Leitschaufeln (S. 448) nützlich. Die Verkleinerung des Leitradstoßes bei Teillast wird auch erreicht, wenn die Eintrittsöffnungen des Leitrades verengt werden, allerdings auf Kosten des Wirkungsgrades bei Normallast.

[1] Fußnote 1, S. 137

Um die Möglichkeiten, die zur Erlangung einer stabilen Kennlinie vorliegen, zu erschöpfen, müssen noch einige Erfahrungstatsachen berücksichtigt werden, nämlich das Aufbiegen der Kennlinien an der H_x-Achse bei Rädern mit in den Einlauf vorgezogenen einfach oder doppelt gekrümmten Schaufeln, also der Einfluß der Lage der Eintrittskante nach Abschn. 86, schließlich die vollkommene Stabilität

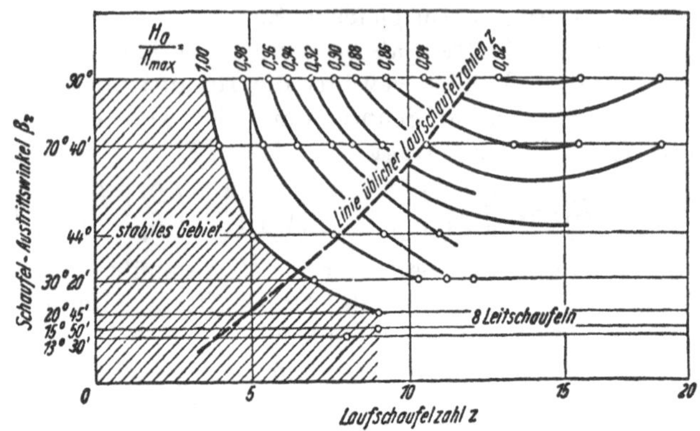

Abb. 253. Linien gleichen Verhältnisses der Nullförderhöhe H_0 zur größten Förderhöhe H_{max} für eine kleine Leitpumpe mit $r_2/r_1 = 2{,}5$ im $z\,\beta_2$-Schaubild

der Drosselkurven der Schnelläufer. Im ganzen bestehen somit folgende Möglichkeiten für die Erlangung stabiler Kennlinien[1]:

1. Anormal kleine Laufschaufelzahl z [d.h. kleine Werte k in Gl. (18) und (20), Abschn. 28a].
2. Kleine Werte für β_2 und große Werte für $c_{2m}/\sqrt{2gH}$.
3. Vorziehen der einfach oder doppelt gekrümmten Schaufel in den Einlauf.
4. Große spezifische Drehzahl n_q (Verallgemeinerung von 2).
5. Glatter Leitring statt des beschaufelten Austrittsleitrades.
6. Geradliniger bzw. flacher Einlauf[2] der Leitschaufeln (S. 357) oder knappe Bemessung des Leitkanaleintrittes, d. h. der Zahl μ in Gl. (5), Abschn. 71. In Ausnahmefällen kommen in Betracht:
7. Drehbare Leitschaufeln am Laufradaus- oder -eintritt (S. 448).
8. Bei Axialrädern drehbare Laufschaufeln nach Kaplan (S. 323).
9. Abschließen einzelner Laufkanäle (Abb. 264, 264a).
10. Geringer hydraulischer Wirkungsgrad (Abb. 254).

Der vorsichtige Konstrukteur wird stets mehrere der erwähnten Möglichkeiten anwenden. Dabei ist den Maßnahmen 1 bis 4 besondere Bedeutung zuzuerkennen.

[1] Rütschi, K.: Schweiz. Arch. 7 (1941) Heft 8
[2] Schrader, H. Fußnote 1, S. 77

93. Einfluß der Reynolds-Zahl, insbesondere der Zähigkeit auf den Verlauf der Kennlinien

Die Zähigkeit äußert sich in der *Re*-Zahl $Re = u_2 D_2/\nu$; deshalb behandelt dieser Abschnitt nicht bloß den Einfluß einer Änderung der Flüssigkeit, sondern gleichzeitig auch der Drehzahl n oder des Ausführungsmaßstabes $\lambda = D/D_v$ (S. 175) und bildet somit eine Ergänzung der Abschn. 32 und 92.

Mit wachsender Zähigkeit, also abnehmender *Re*-Zahl wachsen die Reibungs- und Umsetzungsverluste Z_h. Die Schaufelarbeit H_{thx}, ebenso der Stoßverlust als reiner Formwiderstand, sind für den gleichen Förderstrom in weiten Grenzen unabhängig von *Re*, so daß der Leerlaufdruck H_0 sehr häufig unverändert bleibt. Wie Abb. 254 zeigt

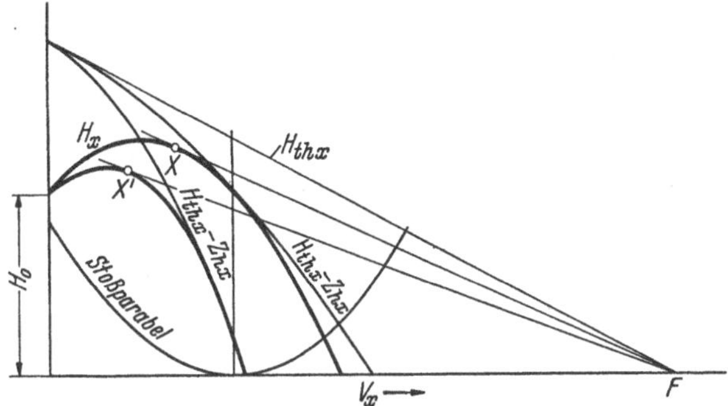

Abb. 254. Wachsende Schaufelwiderstände Z_{hx} geben zunehmende Stabilität der Drosselkurve und abnehmenden Durchfluß beim optimalen Wirkungsgrad

und durch den Versuch[1] bestätigt wird, verkürzt sich mit wachsendem Z_{hx} der labile Ast[2]. Die Punkte besten hydraulischen Wirkungsgrades, d. h. die Berührungspunkte X, X' der von F an die Drosselkurve gezogenen Tangenten (nach Abschn. 85), wandern stark nach links. Dies ist dann auch beim Gesamtwirkungsgrad η der Fall, der sich aber in noch stärkerem Maße verkleinert als η_h, weil die Radreibung N_r als reine Oberflächenreibung nach Abb. 64a, S. 103, stärker mit abnehmendem *Re* wächst als alle übrigen Verlustanteile. Die gleichen Veränderungen der Kennlinien wie in Abb. 254 sind auch bei sehr tiefer Drehzahl oder sehr kleinem Ausführungsmaßstab zu erwarten.

Abb. 254a zeigt den Verlauf der Förderhöhen bei Förderung von Flüssigkeiten verschiedener Zähigkeit in ein und derselben Pumpe[3].

---

[1] Vgl. K. Grün: Fördertechn. 25 (1932) S. 75, Abb. 2. — B. Meisel, Fördertechn. 26 (1933) S. 35, Abb. 2

[2] Kesselspeisepumpen geben also mit kaltem Wasser einen höheren Grad der Stabilität ihrer Drosselkurven als im Betrieb mit Heißwasser. Das gleiche ist der Fall beim kleinen Versuchsmodell im Vergleich zur Hauptausführung.

[3] Vgl. A. T. Ippen: The Influence of Viscosity on Centrifugal Pump Performance, Trans. Amer. Soc. mech. Engrs. 68 (1946) Nr. 8, S. 823—848. — K. Pantell: Erdöl und Kohle 6 (Nov. 1953) S. 715—720. — R. Rotzoll: Diss. Braunschweig 1958, Auszug „Konstruktion" 10 (1958) Heft 4, S. 121—130. — A. J. Stepanoff: Radial- und Axialpumpen. Springer: 1959

Der Betrag der kinematischen Zähigkeit des Öles ist angegeben. Man sieht, daß die oben abgeleitete Gesetzmäßigkeit bei dieser einfach saugenden Pumpe üblicher Ausführung auch hinsichtlich der Konstanz der Leerlaufförderhöhe bestätigt ist (während bei einer doppelseitig saugenden Pumpe die Übereinstimmung weniger gut war, insofern als die Leerlaufförderhöhe mit wachsender Zähigkeit sich verringerte). Abb. 254b und 254c geben in Abhängigkeit von $Re = u_2 D_2/\nu$ die Umrechnungsfaktoren k_ψ und k_η an, mit denen die

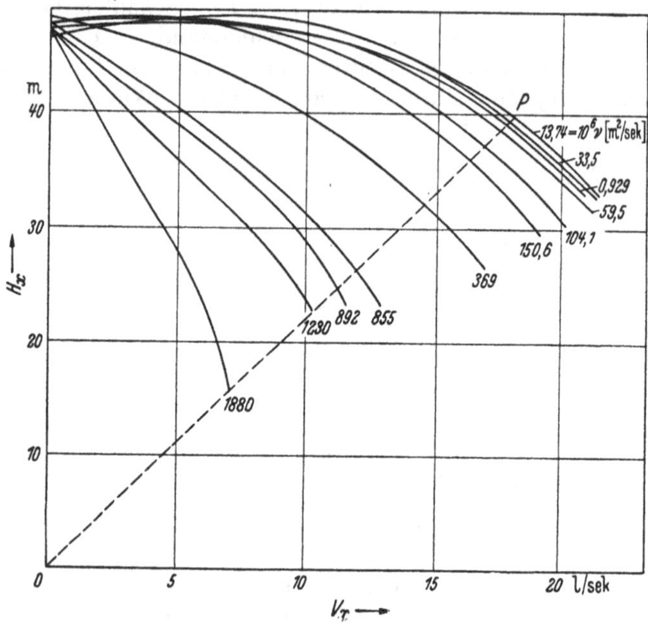

Abb. 254a. Drosselkurven einer einseitig saugenden Pumpe bei Betrieb mit Flüssigkeiten verschiedener Zähigkeit nach Ippen; $10^6\,\nu$ als Parameter
OP = Ort der Betriebspunkte optimalen Wirkungsgrades nach Rotzoll[1])

für $Re = u_2 D_2/\nu > 10^7$ geltenden Werte der Druckziffer ψ bzw. des Wirkungsgrades η zu multiplizieren sind, wenn kleinere Re-Zahlen in Frage kommen. Die Angaben stammen aus den unter den Bildern angegebenen Quellen, die offenbar nicht ganz miteinander in Einklang zu bringen sind.

Die Lieferziffer φ besten inneren Wirkungsgrades nimmt nach Abb. 254 ebenfalls gleichlaufend mit der Druckziffer ψ ab. Nach Rotzoll kann man die verhältnismäßige Abnahme beider Größen als gleich groß betrachten, also den Umrechnungsfaktor k_φ für den Förderstrom gleich dem aus Abb. 254b zu entnehmenden Wert k_ψ setzen. Dann liegen die Betriebspunkte besten Wirkungsgrades η_i im (V_x, H_x)- oder (φ, ψ)-Diagramm auf der Verbindungsgeraden mit dem Ursprung (Abb. 254a). Eine andere, weniger bequeme Regel (von Tetloff), die aber vielleicht etwas genauer ist, schreibt konstantes n_q, also

$\varphi/\psi^{3/2} =$ konst. vor. Im übrigen muß im Auge behalten werden, daß keine dieser beiden Beziehungen theoretisch oder experimentell genügend sicher fundiert ist.

Diese Untersuchungen sind nach S. 62 auch für Gasförderung in Verbindung mit geringen Drücken, also für Vakuumpumpen wichtig.

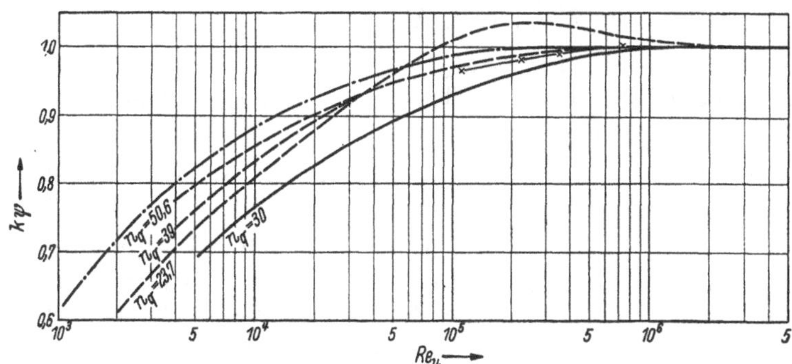

Abb. 254b. Umrechnungsfaktor k_ψ für Druckziffer ψ nach verschiedenen Angaben in Abhängigkeit von $Re_u = u_2 D_2/\nu$

——— PFLEIDERER-Institut — — — IPPEN —·— STEPANOFF —×— amerikanischer Pumpenverband

Beim Wechsel des Aggregatzustandes des Fördermittels muß aber beachtet werden, daß Gase ihre kinematische Zähigkeit mit wachsender

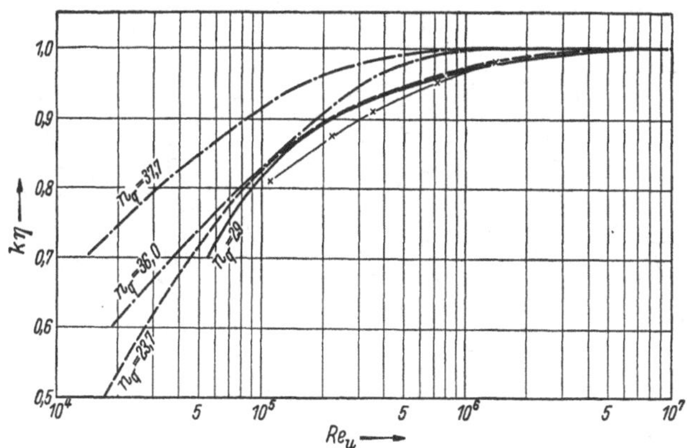

Abb. 254c. Umrechnungsfaktor k_η für Wirkungsgrad η nach verschiedenen Angaben in Abhängigkeit von $Re_u = u_2 D_2/\nu$

——— PFLEIDERER-Institut — — — IPPEN —·— DAUGHERTY —×— amerikanischer Pumpenverband

Temperatur im umgekehrten Sinne ändern wie Flüssigkeiten. Dies ist besonders zu beachten, wenn man eine Pumpe bei kleinen Füllungsgraden, also geringen Wirkungsgraden, betreibt.

94. Besondere Darstellungsarten der Kennlinien

a) Dimensionsfreie Koordinaten. Die Darstellungsarten sind hier sehr vielfältig. Man verwendet beispielsweise

an Stelle des Förderstromes V_x:
den „Füllungsgrad“ V_x/V, ebenso den „Liefergrad“ („Durchflußzahl“) $\varphi = c_{0m}/u_{1a} = V_x/F_0\,u_{1a}$ (vgl. Abschn. 32);

an Stelle der Förderhöhe H_x:
die „Druckziffer“ oder „Druckzahl“ $\psi_x = 2gH_x/u_2^2$ (vgl. Abschn. 25);

an Stelle der Wellenleistung N_x:
die „Leistungszahl“ $\nu = 2g\,N_x/\gamma F_0\,u_{1a}^3$ (Abschn. 32), die in dieser Form nur dann dimensionsfrei ist, wenn N_x in mkp/s eingesetzt wird.

Man erhält dann im Bereich der Gültigkeit des Affinitätsgesetzes nur eine einzige Linie für alle Drosselkurven und Leistungslinien, ferner nahe beieinanderliegende Linien für die Wirkungsgrade, die nur infolge Verschiedenheit der *Re*-Zahl (oder der Kavitations- bzw. der Schallgeschwindigkeitsnähe) verschieden sein können, so daß die Unterschiede meist wenig in Erscheinung treten. Besonders bei Ventilatoren und Gebläsen sind diese Arten der Darstellung im Gebrauch.

b) Logarithmische Maßstäbe. Trägt man statt der wirklichen Werte ihre Logarithmen auf, so fallen zwar die Nullwerte ins Unendliche. Dieser Nachteil ist aber bedeutungslos, weil diese Punkte unwichtig

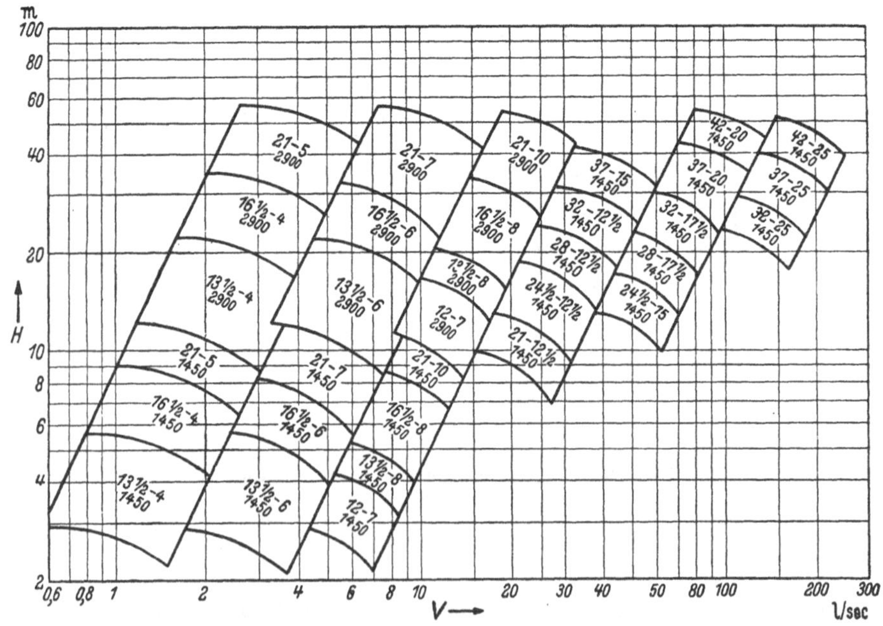

Abb. 255. Logarithmische Darstellung der Drosselkurven. Verwendbarer Bereich einer Typenreihe (SULZER). Die Ziffern geben die Nummern der Typen

sind. Dafür werden die Parabeln gleichen Stoßzustandes parallele Geraden unter dem Winkel arc tg 2, und nicht bloß die Drosselkurven, sondern, sofern von den an sich kleinen Änderungen des Wirkungsgrades längs der Linie gleichen Stoßzustandes abgesehen wird, auch *die Linien der Wellenleistung und des Wirkungsgrades bleiben kongruent.* Die Verschiebungsrichtung der Drosselkurven ist parallel zu den Geraden gleichen Stoßzustandes, während die Linien der Wellenleistung unter dem Winkel arc tg 3 und die Wirkungsgradlinien parallel zur log V_x-Achse zu verschieben sind. Die Kongruenz ist hier insofern vollkommener als bei den Drosselkurven in der Numerusdarstellung, als die Punkte gleichen Stoßzustandes bei der Verschiebung ihre Lage auf den Kurven behalten (Abb. 255).

Die Darstellung ist also den unter a) genannten überlegen[1], zumal sie ebenfalls für jedes Maßsystem und für jede Maschinengröße (wie a) gilt, wenn man nur den Nullpunkt verschiebt. Diese Vorteile kommen insbesondere zur Geltung, wenn es sich um die Ordnung der Modellgrößen, also Bildung von Typenreihen, handelt[2].

c) Linien gleicher Schnelläufigkeit als Strahlenbüschel. Dieses Verfahren ist für die Aufstellung von Typenreihen ebenfalls geeignet. In Anlehnung an den Ausdruck für die spezifische Drehzahl trägt A. DEISCHA[3] als Abszisse $\sqrt{V_x}$ und als Ordinate $H^{3/4}$ auf und erreicht damit, daß für gleichbleibende Drehzahl (z.B. 1450 U/min) die Neigung dieser Geraden zur Ordinatenachse die Schnelläufigkeit darstellt. Er unterteilt den in Frage kommenden gesamten Bereich der spezifischen Drehzahlen, d.h. den Sektor zwischen zwei Grenzstrahlen, durch Zwischenstrahlen in so viel Teilsektoren, als Typenreihen vorgesehen sind. Daraus ergibt sich eine recht gute Übersicht über die verfügbaren Typenreihen.

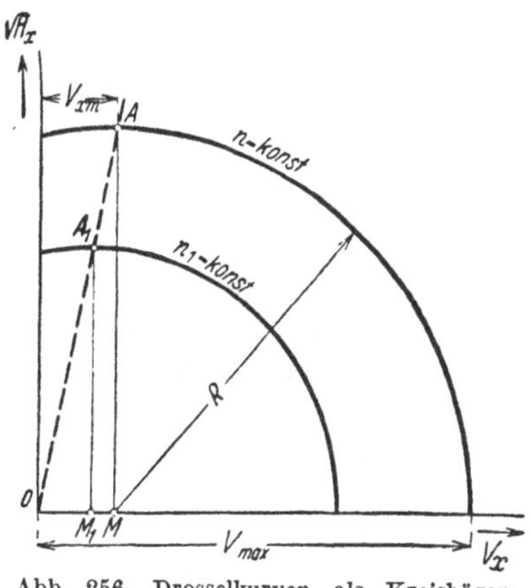

Abb. 256. Drosselkurven als Kreisbögen

d) Linien gleichen Stoßzustandes als Strahlenbüschel (Kreisdarstellung). Trägt man als Ordinate den Wert $\sqrt{H_x}$ auf statt H_x, so werden die parabelförmigen Drosselkurven zu Ellipsen mit der V_x-Achse als Hauptachse. Bei Wahl geeigneter Maßstäbe lassen sich diese Ellipsen als Kreise zeichnen mit dem Mittelpunkt M auf der V_x-Achse (Abb. 256). Die Parabeln gleichen Stoßzustandes sind jetzt Geraden durch den Ursprung, und die zugeordneten

[1] WAGENBACH: Logarithmische Maßstäbe im Kreiselmaschinenbau. Wasserkr. u. Wasserwirtsch. 1932, Heft 23/24, S. 265ff.
[2] RÜTSCHI, K.: Schweiz. Bauztg., 65. Jahrgang (1947) Nr. 4
[3] DEISCHA, A.: Schweiz. Bauztg., 51. Jahrgang (1933) S. 108

Punkte teilen diese Geraden im einfachen Verhältnis der Drehzahlen. Man kann also die Drehzahlen auf einer dieser Geraden durch lineare Teilung abmessen.

e) **Besondere Darstellungen bei Verdichtern.** Hier wird statt der adiabatischen Förderhöhe H häufig das erzielte Druckverhältnis p_{II}/p_I oder der Druckunterschied p_{II}-p_I oder (bei gekühlten Verdichtern) die isothermische Förderhöhe H_{is}, deren Verlauf bei entsprechender Wahl der Maßstäbe der gleiche ist wie von $\ln(p_{II}/p_I)$, aufgetragen. Bei kleinen Druckverhältnissen p_{II}/p_I, wie sie bei Ventilatoren vorliegen, bedeuten diese Verschiedenheiten lediglich eine Maßstabsfrage, sofern der Ansaugezustand gleichbleibt. Bei höheren Verdichtungen tritt aber der Unterschied gegenüber der $(V_x H_x)$-Darstellung stark hervor. Wie die Zusammendrückbarkeit der Gase sich auswirkt, wird im Hauptabschnitt O, insbesondere Abschn. 107, gezeigt werden.

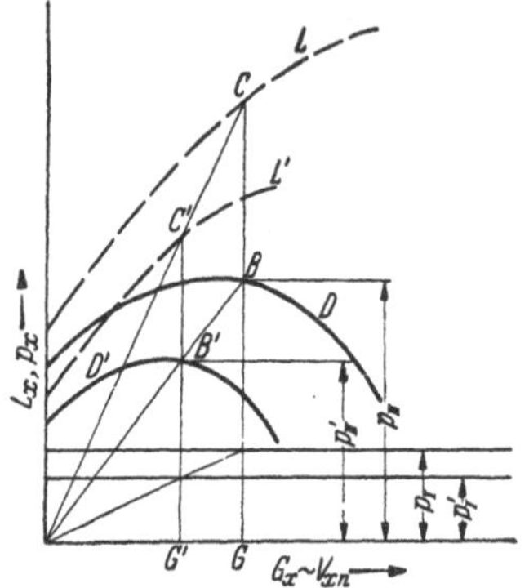

Abb. 256a. Umzeichnung der Linie D des Enddruckes der Verdichtung und der Linie L der Wellenleistung auf einen anderen Ansaugedruck p_r'

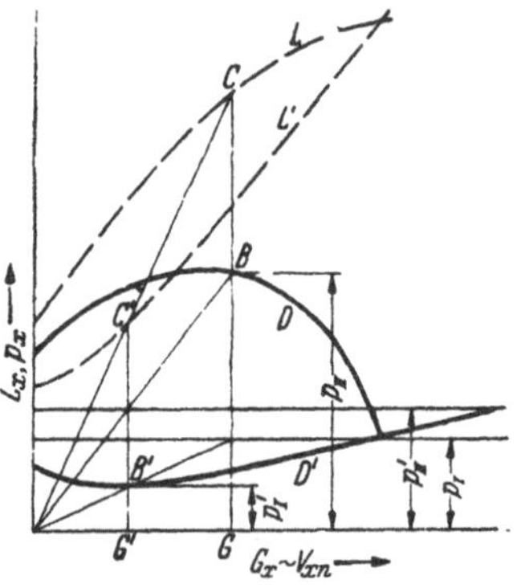

Abb. 256b. Bestimmung der Linie D' des Ansaugedruckes p_r' und der Linie L' der Wellenleistung beim Arbeiten als Vakuumpumpe

Der Unterschied in der Darstellung wird besonders deutlich, wenn der Ansaugedruck verschieden groß ist. Während die $V_x H_x$-Linie unabhängig vom Anfangsdruck ist (sofern die Ansaugetemperatur gleichbleibt, was wir im folgenden voraussetzen), tritt hier bei der Verwendung des Austrittsdruckes p_{II} als Ordinate die in Abb. 256a gekennzeichnete Veränderung der Drosselkurve ein. Die Drosselkurve verschiebt sich hiernach von D nach D', wenn der Ansaugedruck von p_I auf p_I' sinkt und der als Abszisse verwendete Ansaugestrom V_{xm} auf einen bestimmten Normalzustand des Gases bezogen wird, wobei dann Proportionalität mit dem Gewichtsstrom G_x besteht. Die angegebene Konstruktion ist verständlich, wenn man beachtet, daß das Druckverhältnis nach Gl. (12a), S. 15, bestehenbleibt, wenn H_x bleibt. Das gleiche Verfahren gestattet dann, wie ersichtlich, die alte Linie L der inneren Wellenleistung auf die neue Linie L' umzuzeichnen, weil ja die innere Leistung proportional zur Wichte γ des Anfangszustandes, also (bei gleicher Anfangstemperatur) zum Anfangsdruck ist. In Abbildung 256a gehören die Betriebspunkte B und B' der Drosselkurve bzw. C und C' der Leistungskurve zum gleichen Stoßzustand des Verdichters, also zum gleichen inneren Wirkungsgrad, wenn man vom Einfluß der Re-Zahl absieht.

Man kann mittels des gleichen Verfahrens auch das Verhalten jedes Verdichters feststellen, wenn er als Vakuumpumpe arbeitet (Abb. 256b). Hierbei ist umgekehrt der Verlauf des Austrittsdruckes p'_{II} als Parallele zur G_x-Achse (oder als schwach geneigte Linie) gegeben, und die gesuchte Drosselkurve erscheint als nach unten gebogene Linie D' des Ansaugedruckes p'_I. Während also beim Überdruckbetrieb der Verdichter den Gewichtsstrom G vom Druck p_I auf den Druck p_{II} fördert, saugt er beim Unterdruckbetrieb den Gewichtsstrom G' vom Druck p'_I auf den Druck p'_{II} ohne Änderung des Stoßzustandes. Der in Abb. 256b nach dem gleichen Verfahren bestimmte Verlauf L' der Wellenleistung der Vakuumpumpe läßt ein starkes Ansteigen mit abnehmendem Unterdruck erkennen, so daß auf die Gefahr der Überlastung des Antriebsmotors Rücksicht zu nehmen ist.

L. Regelung

Die Regelverfahren lassen sich in solche ohne und mit Eingriff an der eigentlichen Pumpe einteilen. Dieser Eingriff kann in einer Verstellung der Beschaufelung oder der Drehzahl bestehen.

95. Regelung bei konstanter Drehzahl und unveränderlicher Schaufelung

Die hier behandelten Verfahren gestatten nur eine Abnahme des Förderstromes gegenüber der ungeregelten Pumpe.

a) Drosselung in der Leitung. Das einfachste Mittel der Regelung bildet die Drosselung. Bei Flüssigkeitspumpen erfolgt diese in der Druckleitung, weil hier die Drosselung in der Saugleitung die Gefahr der Kavitation mit sich bringt. Bei Gasförderung fällt dieses Bedenken weg. Hier ist die Drosselung in der Saugleitung vorzuziehen, weil die mit der Drucksenkung verbundene Verringerung der Dichte des Ansaugestromes den Leistungsbedarf verkleinert und die Pumpgrenze nach unten verschiebt (Abb. 259).

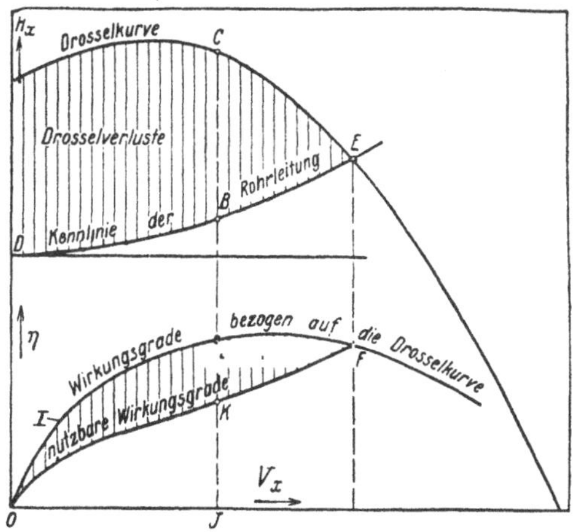

Abb. 257. Regelung durch Drosselung: $\overline{JK} = \overline{JL}\,\dfrac{\overline{BL}}{\overline{CJ}}$

Mit der Abdrosselung ist eine starke Energievernichtung verbunden, die in Abb. 257 durch die schraffierten Flächen veranschaulicht ist. Der Wirkungsgrad verschlechtert sich im Verhältnis der ungedrosselten zur eingestellten Förderhöhe. Der Verlust ist offenbar um so größer, je steiler die Drosselkurve verläuft, so daß also hier langsamläufige Radformen am Platz sind. Bei Axial- und Halbaxialpumpen ist die Regelung durch Drosselung im allgemeinen nicht zulässig, weil der Leistungsbedarf bei Teillast häufig höher ist als bei Normallast (S. 415).

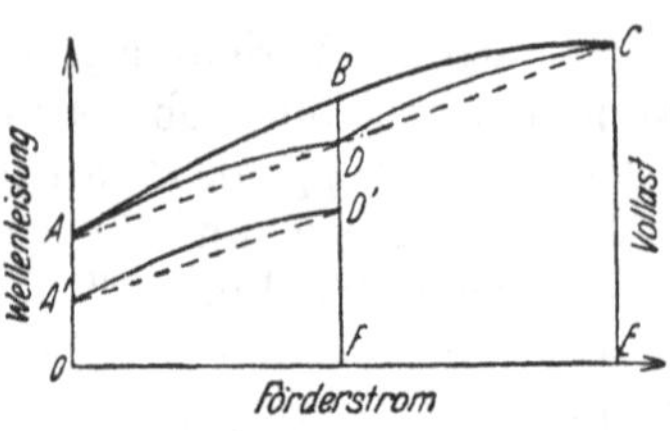

Abb. 258. Drosselregelung einer Gruppe von 2 Pumpen

Beim Arbeiten gegen geschlossenen Schieber besteht die Gefahr einer unzulässigen Erwärmung, weil das geringe in der Pumpe befindliche Fördervolumen die Leeraufleistung aufzunehmen hat. Deshalb wird bisweilen bei Anlagen mit großer Förderhöhe (z. B. bei Kesselspeisepumpen, welche wegen der hohen Wassertemperatur besonders empfindlich sind) am Druckstutzen ein selbsttätiges Ventil vorgesehen, welches von der Rückschlagklappe gesteuert wird. Bei tiefer Stellung der Rückschlagklappe gibt dieses Ventil einen zusätzlichen Abfluß frei und bewirkt dadurch eine Begrenzung des Förderstromes nach unten[1].

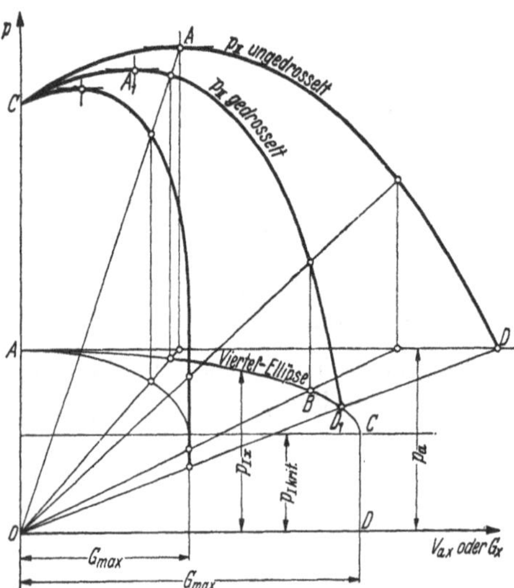

Abb. 259. Graphische Bestimmung der pG_x-Kurven eines Verdichters bei Drosselung in der Saugleitung.

$(p_I)_{krit} = \varepsilon\, p_a$, $G_{max} = \psi_{max} f_\varkappa \sqrt{\frac{P_a}{v_a}}$ mit f_x = Drosselquerschnitt in m², $P_a = 10^4\, p_a$, Fußzeichen a bezieht sich auf äußere Atmosphäre

ε und ψ_{max} betragen bei			
$\varkappa =$	1,4	1,3	1,135
$\varepsilon =$	0,530	0,546	0,577
$\psi_{max} =$	2,145 φ	2,10 φ	1,995 φ

Geschwindigkeitsziffer $\varphi < 1$ berücksichtigt Reibung und Kontraktion, ist also je nach Ausbildung des Drosselquerschnittes zwischen 0,95 und 0,6 zu wählen

Arbeiten mehrere Pumpen in das gleiche Netz, so ist es zweckmäßig, sie nacheinander durch Drosselung zu regeln, falls die Linie der Wellenleistung — wie bei rückwärts gekrümmten Schaufeln — sich nach unten krümmt. Abb. 258 veranschaulicht den Vorgang für zwei Pumpen. Bei gleichmäßiger Drosselregelung beider Pumpen ändert sich der Leistungsbedarf nach CBA, bei Regelung einer Pumpe allein nach CD, wobei $\overline{DF} = \frac{1}{2}(\overline{OA} + \overline{EC})$. Die Ersparnis bei Halblast ist also gleich $\overline{BD}$ und — falls eine Pumpe stillgesetzt wird — gleich $\overline{BD'}$, wobei

$$\overline{DD'} = \overline{AA'} = \tfrac{1}{2}\overline{OA}.$$

Bei *Verdichtern* läßt sich das Verhalten bei Saugdrosselung leicht mittels des in Abb. 256a veranschaulichten zeichnerischen Verfahrens übersehen, wie in Abb. 259 geschehen ist. Dabei ist als Ordinate der Austrittsdruck p_{II} gewählt. Die in Abb. 259 eingetragene Viertelellipse ABC mit senkrechter Fortsetzung CD gibt mit guter Annäherung den Druckverlauf p_{Ix} hinter der Drossel-

[1] Ratzeburg, W.: BWK 11 (1959) Nr. 11, S. 531/32, Bild 9, 10 u. 11

stelle, also vor dem Verdichter, in Abhängigkeit vom Gewichtsstrom an und läßt sich leicht eintragen, nachdem der kritische Druck $p_{I\,krit}$ bestimmt und die Drosselöffnung f_x gewählt ist. Man erkennt, daß der labile Zweig durch die Saugdrosselung verkürzt wird und die Drosselkurve senkrecht abfällt, sobald der Ansaugedruck auf $p_{I\,krit}$ gesunken ist. Zweckmäßig ist es, den Drosselschieber möglichst nahe an den Verdichter zu legen, damit die Verkürzung des labilen Zweiges nicht durch das Hinzukommen eines saugseitigen Energiespeichers wirkungslos gemacht wird. Auch die (nicht eingetragenen) Linien der Wellenleistung lassen sich mit dem in Abb. 256a angegebenen Verfahren festlegen.

b) Öffnung eines Nebenauslasses, Anzapf- bzw. Abblaseregelung. Diese Regelungsart wird besonders häufig zur Vermeidung labiler Pumperscheinungen angewandt und ist bereits im Abschn. 91 besprochen. Sie ist aber auch im Gebrauch, wenn längere Zeit sehr kleine Füllungsgrade oder gar Leerlauf verlangt werden[1] (Kondensat- oder Kesselspeisepumpe). In letzterem Fall dient der Anzapfstrom gleichzeitig zur Kühlung des Pumpeninnern. Wird der abgezapfte Strom in die Saugleitung zurückgeführt, so muß die Gefahr zu starker Erwärmung beachtet werden.

Insbesondere ist die Anzapfregelung bei all den Pumpen am Platz, welche eine mit wachsendem Förderstrom fallende Linie des Leistungsbedarfes aufweisen, also bei Pumpen hoher Schnelläufigkeit, z. B. Axialpumpen (Abb. 238).

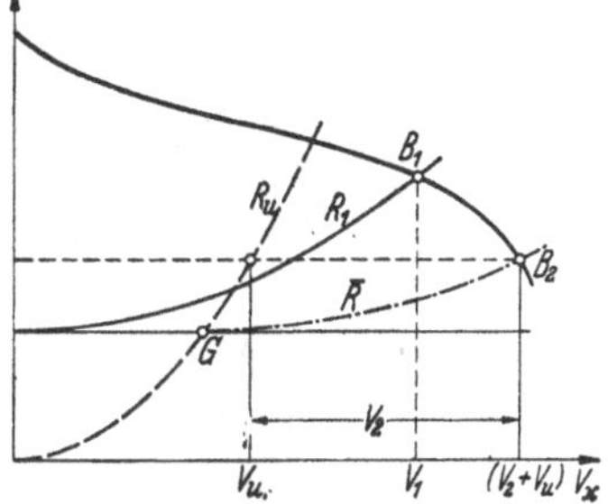

Abb. 259a. Anzapfregelung

In Abb. 259a ist R_1 die Kennlinie der Förderleitung, R_u die Kennlinie der Umlaufleitung, die hauptsächlich durch den Widerstand der Drosselöffnung bedingt ist. Durch Summierung der Abszissen dieser beiden Linien entsteht die für den Umlaufbetrieb maßgebende Rohrkennlinie GB_2 mit dem Betriebspunkt B_2. Von dem gesamten Förderstrom $V_u + V_2$ strömt der Teil V_u in die Umlaufleitung und der Teil V_2 in die Förderleitung, so daß also durch Öffnen der Umlaufleitung eine Abnahme von V_1 auf V_2 eingetreten ist.

Die Energie des Rückführstromes kann in einer mit der Pumpenwelle gekuppelten Hilfsturbine (Abb. 325 Rückgewinnungsturbine) ausgenützt oder durch eine ejektorartige Einführung zur Erhöhung des Ansaugedruckes verwendet werden[2].

c) Einführung geringer Luftmengen in die Saugleitung bei Flüssigkeitspumpen. Dieses Verfahren ist zwar wirtschaftlicher als die Drosselung, gestattet aber nur eine beschränkte Verkleinerung des Förderstromes wegen der Gefahr des Abreißens der Wassersäule in der Saugleitung.

d) Abschließen parallel geschalteter Stufen oder Übergang von Parallel- auf Hintereinanderschaltung. Diese Verfahren sind sowohl bei

[1] Hutarew, G.: Arch. Wärmew. 22 (1941) S. 157—159; ferner Z. VDI 95 (1953) S. 997. — L. Ehrlich: BWK 11 (1959) S. 21—24

[2] Druckluft 2 (1935) Heft 1; Techn. Rundsch. Sulzer 41 (1959) Nr. 1, S. 65

Gebläsen (S. 476) als auch bei Feuerlöschpumpen vereinzelt im Gebrauch.

c) Umgehung einzelner Stufen oder Abschalten einer vor- oder nachgeschalteten Pumpe[1] gibt bei Gebläsen oft brauchbare Verhältnisse.

96. Regelung durch Verstellen von Leitvorrichtungen

a) Saugseitige Leitschaufelverstellung (Vordrallregler). Durch Drehen oder Verformen von Eintrittsleitschaufeln, also Veränderung

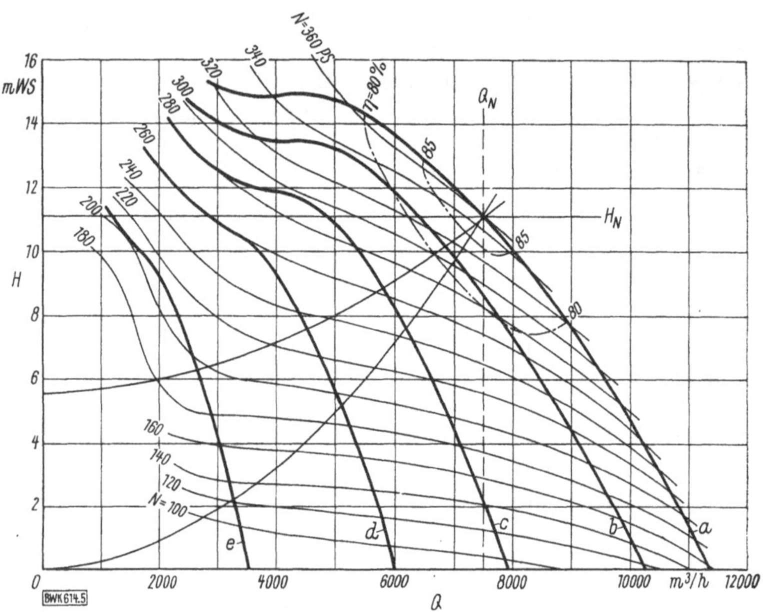

Abb. 260. Vordrallregelung einer Halbaxialpumpe für Wasserförderung bei konstanter Drehzahl n = 580 U/min

Drosselkurven	a	b	c	d	e
zugehörige Stellung der Reglerschaufel	90°	72°	52°	35°	15°

Dünne Linien: Gleicher Leistungsbedarf

des Eintrittsdralles, können nach Abschn. 78 sowohl der Förderstrom als auch die Förderhöhe zwischen weiten Grenzen geändert werden. Obwohl die Laufschaufeln und die Austrittsleitvorrichtung unverändert bleiben, so wird doch in den Fällen, wo dem 2. Glied der Hauptgleichung eine mit dem 1. Glied vergleichbare Größe gegeben werden kann, also bei Halbaxial- und Axialpumpen eine fast so gute Wirkung wie bei den besten anderen Verfahren erzielt[2]. Dies ist um so beacht-

---

[1] Escher Wyss Mitt. 14 (1941) S. 22/23

[2] Saalfeld, K.: BWK 11 (1959) Nr. 11, S. 521—527

licher, als nur ein geringer baulicher Aufwand nötig ist. Das Verfahren ist bei Verdichtern gebräuchlich (vgl. auch Abb. 302, S. 490), findet aber heute auch bei schnelläufigen Wasserpumpen zunehmende Beachtung, zudem es sich zeigt, daß auch die Saugfähigkeit gebessert wird[1].

Abb. 260[1] zeigt das Regelkennfeld einer Halbaxialpumpe bei Vordrallregelung. Die dick ausgezogenen Linien beziehen sich auf gleichbleibende Stellung der Regulierschaufeln. Die Versuche beschränken sich auf Zuströmwinkel $\alpha_I \gtreqless 90°$, also auf Gleichdrall, so daß die oberste Drosselkurve dem Fall $\alpha_I = 90°$ entspricht. Der Nutzen der Drehschaufelregelung ist bei Teillast erheblich, aber bei ganz geöffneten Regulierschaufeln bringt der durch sie verursachte zusätzliche Verlust eine geringe Verschlechterung gegenüber der Regelung durch Drosselung. Die gleichzeitig eingetragenen, dünn ausgezogenen Linien geben den Verlauf konstanten Leistungsbedarfs an. Die mittelstark gezeichneten Linien sind mögliche Rohrleitungskennlinien.

Die theoretisch zu erwartende starke Steigerung der Förderhöhe bei Gegendrall wird infolge der wachsenden Kanalreibung und des oben erwähnten Stoßes an der Austrittsleitvorrichtung nur zum Teil erzielt, während die Herabsetzung der Förderhöhe bei Gleichdrall in einem ziemlich weiten Bereich ohne starke Einbuße an Wirkungsgrad gelingt. Hier ist auch die Ersparnis gegenüber Drosselregelung beträchtlich. Das Abreißen der Förderung kann praktisch vollkommen vermieden werden. — Beachtet werden muß aber das nach S. 289 hinter dem Drallregler entstehende Naben-Totwasser, das besonders stark bei Verwendung ebener Leitplatten sich bildet[2].

Auch bei mehrstufigen Axialverdichtern wird die Verstellung der Eintrittsleitschaufeln in jeder Stufe insbesondere der 1. Stufe zum Zwecke der Vergrößerung des Arbeitsbereiches angewendet[3].

b) Verstellung der Austrittsleitschaufeln. Man glaubt vielfach, den Eintrittsstoß in das Leitrad bei Teillast zu vermeiden, indem man drehbare Leitschaufeln nach Art der Finkschen Drehschaufeln verwendet[4]. Dies trifft nicht zu. Nimmt man an, daß die Strömung im Laufrad von der Leitschaufelstellung unabhängig ist, d. h. die Linie der $H_{\mathrm{th}x}$ unverändert bleibt (Abb. 261), so hebt sich zwar die Drosselkurve um die ersparten Stoßverluste des Leitrades (Linie L) nach $GAEH$ (z. B. $JJ_1 = AA_1$), aber der Gewinn an Förderhöhe kann keine Verwendung finden, weil der tieferliegende Verlauf ED der Kennlinie der Rohrleitung maßgebend ist. Er muß so oder so durch verstärkte Drosselung vernichtet werden, also entweder mittels eines Drosselschiebers oder zusätzlicher Verstellung der Drehschaufeln. In

[1] Siehe Fußnote 2, S. 448

[2] Diplomarbeit R. Kuhlmann (1958) Pfleiderer-Institut T. H. Braunschweig (nicht veröffentlicht)

[3] Vogts, I.: AEG-Mitt. 50 (1960) Nr. 3/4, S. 108—111

[4] Z. VDI 1924, Nr. 45, 46, 52; 1925, S. 1260. Schon die von Osborne Reynolds im Jahre 1875 entworfene Pumpe besaß drehbare Leitschaufeln. (Z. ges. Turbinenw. 1912, S. 391)

letzterem Fall wirken also die Drehschaufeln als Drosselorgan wie in Abschn. 95a der Drosselschieber[1].

Nur wenn man die Drehschaufelregelung mit der Änderung der Drehzahl verbindet, ist es bei jedem Durchsatz möglich, die Drehschaufeln auf stoßfreien Leitradeintritt ohne zusätzliche Drosselung einzustellen. Dieser Fall stellt den denkbar günstigsten dar.

Ein geringer Gewinn durch die Drehbarkeit der Leitschaufeln wird auch bei unveränderlicher Drehzahl beobachtet, der einzig und allein

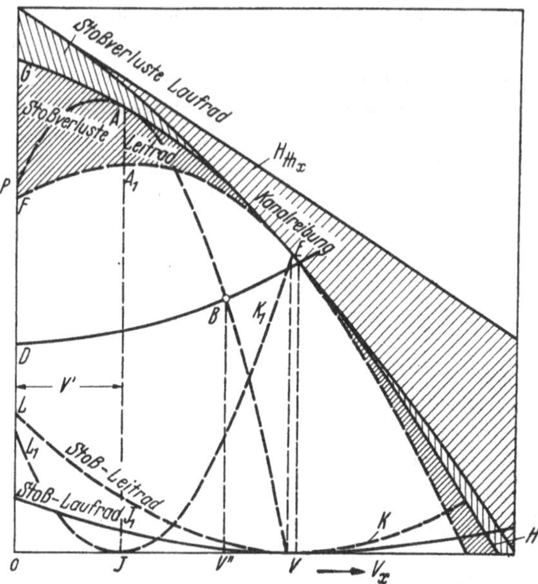

Abb. 261. Veränderung der Drosselkurve bei Drehung der Austrittsleitschaufeln

auf der (im Abschn. 80 besprochenen) Verringerung des Austauschverlustes beruht (Abb. 262).

Die praktische Anwendung der Drehschaufelregelung am Laufradaustritt wird noch durch ihr ungünstiges betriebliches Verhalten erschwert. Während in die Drehschaufeln des Eintrittsleitrades der Francis-Turbine das Wasser mit kleinster Geschwindigkeit und gleichmäßiger Strömung eintritt, so daß die Schaufeln im wesentlichen einer ruhenden Last ausgesetzt sind, erfolgt der Eintritt bei den vorliegenden Austrittsleitschaufeln am Ort der größten Geschwindigkeit mit einer durch das Vorbeistreichen der Laufschaufeln bedingten pulsierenden

[1] Hält man eine bestimmte Leitschaufelstellung *fest*, die einen stoßfreien Leitradeintritt beim Förderstrom $V' = OJ$ und die Stoßparabel $L_1 J K_1$ des Leitradstoßes Gl. (18), Abschn. 81, ergibt, so bekommt man nach Abzug dieser Stoßverluste die Drosselkurve PAB. Der Betriebspunkt ist wieder ihr Schnittpunkt B mit der Kennlinie der Rohrleitung DE. Man erkennt, daß der Lieferstrom V'' wesentlich größer als der des stoßfreien Leitradeintritts V' ist. Die Drosselkurve des stoßfreien Leitradeintritts GEH ist die Umhüllende sämtlicher Drosselkurven PAB

Strömung. Dadurch geraten die beweglichen Schaufeln leicht in Schwingungen, die durch das unvermeidliche Spiel in den Gelenken des Verstellmechanismus und die elastische Ausführung der Schaufelanfänge be-

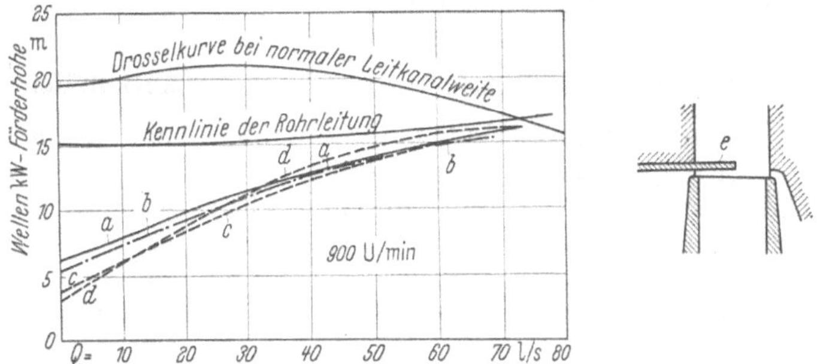

Abb. 262. Einfluß der Regelungsart auf den Verlauf der Wellenleistung, *a* Drosselung bei festen Leitschaufeln, *b* bei herausgenommenen Leitschaufeln, *c* Drehen der Leitschaufeln, *d* Verstellen eines Spaltschiebers *e* (in Nebenfigur)

günstigt werden und eine vorzeitige Abnutzung der Gelenke sowie einen unruhigen Gang bedingen. *Aus diesem Grunde kommt der Drehschaufel bei Flüssigkeitspumpen nur die Bedeutung einer rasch zu betätigenden Abschlußvorrichtung*[1] *zu,* die insbesondere bei Speicherpumpen Ver-

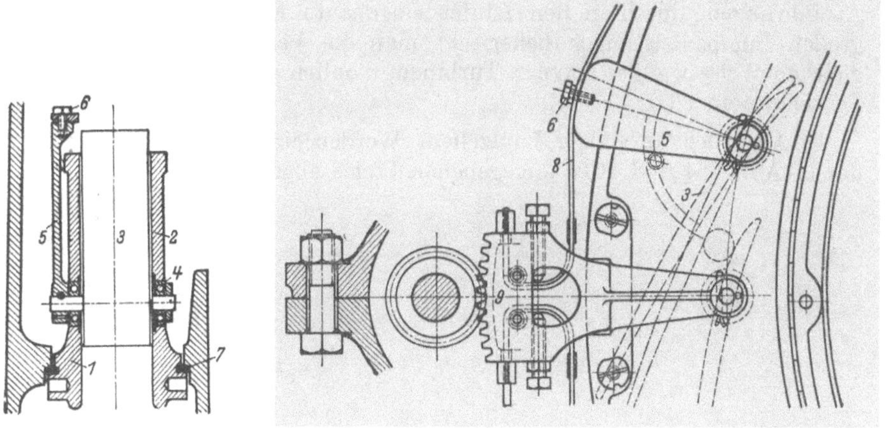

Abb. 263. Drehbare Austrittsleitschaufeln für Verdichter (*BBC*) *1* und *2* Seitenwände, *3* Drehschaufeln, *5* Schaufelantriebshebel, *6* Seilklemmen, *8* Antriebsseil, *9* Hebel für äußeren Antrieb

wendung findet (Abb. 280). Für diesen Verwendungszweck wird aber heute der in die Rohrleitung eingebaute *Schieber* vorgezogen. Bei Turbokompressoren wird sie anscheinend gern zur Verschiebung der Pumpgrenze (S. 428) benutzt (Abb. 263).

[1] Vgl. Escher Wyss Mitt. 1928, Heft 3, S. 76; ferner LELL: Dtsch. Wasserw. 1930, S. 113ff.

c) Verstellung eines Spaltschiebers. Dieses einfache Drosselorgan *e* (Abb. 262) ermöglicht den kleinsten Energieverbrauch bei Nullförderung, was auf die Abnahme des Austauschverlustes zurückzuführen ist[1]. Bei mittlerer Belastung verhält es sich aber ungünstiger als die anderen Regeleinrichtungen.

97. Regelung durch Veränderungen an den Laufkanälen

a) Verstellung der Laufschaufeln. Diese Maßnahme kann in einer Drehung oder Verschiebung[2] oder Verformung der Laufschaufel bestehen. Sie ist besonders wirksam[3], weil unmittelbar die Radarbeit verändert wird. In gewissen Bereichen ist sie sogar günstiger als die Drehzahlregelung[4]. Ihre Ausführung stellt aber hohe Anforderungen an die konstruktive Durchbildung und beeinträchtigt die Einfachheit. Deshalb ist sie bei Radialrädern nur in Sonderfällen, nämlich beim Krupp-Strömungsgetriebe System LYSHOLM-SMITH[5], zur Anwendung gelangt. Der Propeller mit drehbaren Laufschaufeln (KAPLAN-Propeller), wo die in Abb. 237 und 238, S. 415, ersichtlichen Verbesserungen mit erträglichem Aufwand erzielt werden, findet aber rasch wachsende Anwendung, sowohl bei Hochofengebläsen[6] als insbesondere bei Wasserförderung in Schöpfwerken und Versorgungsanlagen für Gebrauchswasser. Die Verstellung der umlaufenden Propellerschaufel erfolgt hier bei kleinen Förderhöhen durch ein mechanisches Getriebe von außen, bei mittleren und großen Förderhöhen, also mehrstufigen Ausführungen, durch in den Läufer eingebaute Elektromotore. Bei großen Pumpenleistungen beherrscht man die Verstellkräfte in der gleichen Weise wie bei KAPLAN-Turbinen, nämlich durch hydraulische Servomotoren[4].

b) Abschließung einiger Laufzellen. Werden einige Laufkanäle in der in Abb. 264 und 264a angegebenen Weise abgeschlossen, so wird

Abb. 264 u. 264a. Regelung durch Abschließen einiger Laufzellen

[1] Weitere Angaben über den Spaltschieber vgl. Forsch.-Arb. Ing.-Wes., Heft 321

[2] Z. ges. Turbinenw. 1906, S. 106; ferner Konstruktion 7 (1955) S. 68—72

[3] BÖLLINGER, H.: Laufschaufelregelung bei Radialrädern. Diss.: Techn. Hochschule Karlsruhe 1932 oder Heft 3 der Mitt. d. Inst. f. Strömungsmasch. d. Techn. Hochschule Karlsruhe

[4] WEINRICH: Energie und Technik 9 (1957) Dezemberheft

[5] Werbeschrift Gb 3718 der Firma F. Krupp A.-G.

[6] Escher Wyss Mitt. 30 (1957) Heft 1, S.11

eine beträchtliche Ersparnis gegenüber der Drosselregelung erzielt. Der Abschluß am Eintritt allein (Abb. 264a) ist im Wirkungsgrad naturgemäß etwas ungünstiger als der volle Abschluß, bringt aber einen kleineren Abfall an Förderhöhe. Die sich ergebenden Unterschiede sind in Abb. 222a, S. 399, für beide Fälle deutlich zu erkennen. Dies gilt aber nur für radiale Beaufschlagung. Axialräder zeigen zunehmenden Leistungsbedarf beim Abschluß einzelner Laufkanäle[1].

98. Regelung durch Änderung der Drehzahl

Kann die Drehzahl bei Steigerung des Verbrauches erhöht, bei Verringerung des Verbrauches vermindert werden, so arbeitet die Pumpe stets unter den bestmöglichen Verhältnissen, weil die Abweichung des Betriebspunktes von der Parabel des besten Wirkungsgrades sich auf ein Mindestmaß beschränkt. Der Nutzen ist naturgemäß abhängig von der Form der Rohrleitungskennlinie. Bei reinem Reibungswiderstand (Ventilatoren) arbeitet die Pumpe bei allen Drehzahlen theoretisch mit dem gleichen Wirkungsgrad.

Um ein Bild über die Leistung einer Pumpe bei verschiedenen Drehzahlen zu erhalten, empfiehlt es sich, die (n, V_x)-Kurve zu bestimmen. Hierbei muß von der Kennlinie der Rohrleitung ausgegangen werden.

Für den einfachsten Fall einer unveränderlichen Förderhöhe, also einer sehr kurzen und reichlich weiten Rohrleitung, ist die (n, V_x)-Linie bereits im Abschn. 83 (Abb. 226) als Stück einer Hyperbel ermittelt.

Für die allgemeine Form BC der Kennlinie der Rohrleitung bestimmt man die (n, V_x)-Linie am besten nach folgendem einfachen Verfahren, wobei angenommen ist, daß die Drosselkurve der Pumpe für *eine* Drehzahl ermittelt ist (Abb. 265).

Wir gehen von dem in Abschn. 84 abgeleiteten Satz der Kongruenz der Drosselkurven aus und zeichnen die bekannte Drosselkurve auf durchsichtiges Papier oder, schneiden sie aus einem steifen Karton heraus. Wird die Drosselkurve nun so parallel mit sich verschoben, daß ihr höchster Punkt A (Abb. 265) sich auf der zugehörigen Parabel OAM gleichen Stoßzustandes bewegt, so erhält man die Förderströme V_1, V_2, V_3 aus den Schnittpunkten C_1, C_2, C_3 usw. mit Linie BC und die zugehörigen Drehzahlen in den Abszissen a_1, a_2, a_3 usw. der jeweiligen Lagen des Punktes A. Der zugehörige Maßstab ist dadurch bekannt, daß die Drehzahl des Betriebspunktes C in der zu der Anfangslage der Drosselkurve gehörigen Drehzahl gegeben ist und der Strecke a entspricht. Für die tiefgelegenen Stellungen der Drosselkurve ergeben sich wieder zwei Schnittpunkte C_4 und C_4'. Die gesuchte (n, V_x)-Kurve bekommt deshalb, ebenso wie die der Abb. 226, eine horizontale Tangente, deren Berührungspunkt wieder einen kritischen Punkt bedeutet insofern, als bei Unterschreitung der zugehörigen Drehzahl die Pumpe abschnappt. Der flache Verlauf der (n, V_x)-Linie zeigt ferner, daß die prozentuale Änderung des Förderstromes ein Vielfaches der Änderung der Drehzahl ist.

---

[1] Schweiz. Bauztg. 75 (1957) S. 235—243

Die weitgehende Gültigkeit des Kongruenzgesetzes läßt erwarten, daß die so bestimmte Kurve der Drehzahlen sehr genau ist, insbesondere dann, wenn die zugrunde gelegte Drosselkurve durch den Versuch ermittelt ist und das Betriebsgebiet, in dem sich Kavitationserscheinungen zu zeigen pflegen, nicht in Betracht kommt.

Man kann anschließend auch die Linie der Wirkungsgrade bestimmen, wenn man zunächst den η_x-Verlauf bei einer beliebigen Drehzahl n gemäß der Linie I in Abb. 265a ermittelt. Für einen beliebigen Betriebspunkt B erhält man dann den zugehörigen Wirkungsgrad LK, wenn

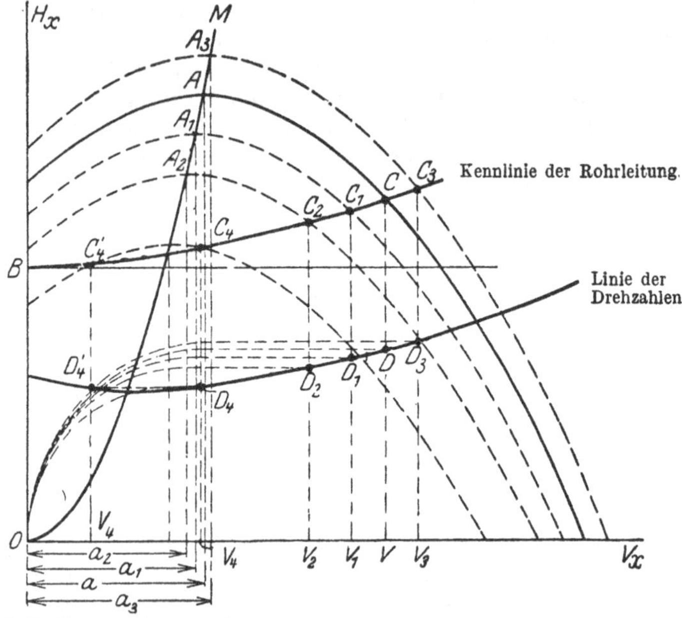

Abb. 265. Bestimmung der n, V_x-Linie (bei Drehzahlregelung) für eine vorgeschriebene Kennlinie der Rohrleitung

man Gleichheit des Wirkungsgrades längs der Parabel OBC gleichen Stoßzustandes voraussetzt, und zwar ist dann $\overline{LK} = \overline{JG}$. Das Zeichnen der Parabel OBC kann man sparen, wenn man die untenstehend angegebene Konstruktion[1] benutzt. Man erhält dann als maßgebenden Verlauf der Wirkungsgrade die Linie II, die für einen weiten Bereich sogar über der Linie I gelegen ist. Diese Linie II ergibt sich noch genauer, wenn die wirklichen Linien gleichen Wirkungsgrades (Eierkurven) statt der Parabeln gleichen Stoßzustandes benutzt werden.

Der Vergleich von Abb. 265a und 257 zeigt, *wie günstig sich die Drehzahlregelung gegenüber der Drosselregelung verhält*. Deshalb muß sie in jedem Einzelfall angestrebt werden. Sie ist ohne weiteres möglich

[1] Man verbinde einen beliebigen Punkt P der Ordinatenachse mit den Fußpunkten N und N_1 von A und A_1 und ziehe durch den Schnittpunkt V von PN_1 mit der Ordinate von B die Waagerechte bis zum Schnittpunkt R mit PN. Die Senkrechte durch R gibt nun den Punkt G.

bei Antrieb durch einen Gleichstrommotor mit Nebenschlußregelung oder durch irgendeine Kraftmaschine (Dampfturbine, Dieselmotor usw.). Steht nur Drehstrom zur Verfügung, so ist stufenweise Drehzahländerung durch Umschaltung der Pole des Drehstrommotors im Gebrauch. Im Falle, daß ein Getriebe zwischen Motor und Pumpe nötig ist, wie vielfach z. B. bei Schöpfwerkspumpen, kann dieses als Schaltgetriebe mit zwei und mehr Schaltstufen ausgeführt werden[1]. Regelung durch Drehzahländerung ist auch dann vorteilhaft, wenn sie durch Regulierwiderstände im Ankerstromkreis des Drehstrommotors oder durch eine hydraulische Schlupfkupplung erfolgen muß[2]. Es ist aber heute auf mehrfache, wenn auch in der Anschaffung kostspielige Weise[3] möglich, die Drehzahl von Drehstrommotoren verlustlos zu regeln.

Die Hintereinanderschaltung zweier Pumpen, von denen die eine mit gleichbleibender Drehzahl, die andere mit veränderlicher Drehzahl (Dampfturbine) läuft, ist zwar bei Kesselspeisung vereinzelt[4] verwendet, bringt aber größere hydraulische Verluste als die gleichmäßige Veränderung der Drehzahl sämtlicher Stufen.

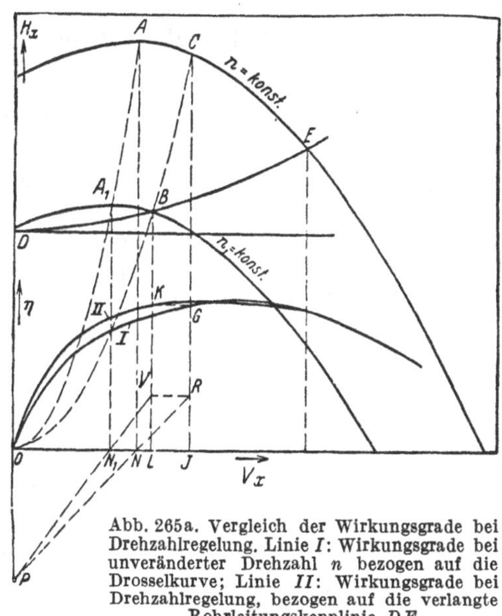

Abb. 265a. Vergleich der Wirkungsgrade bei Drehzahlregelung. Linie *I*: Wirkungsgrade bei unveränderter Drehzahl *n* bezogen auf die Drosselkurve; Linie *II*: Wirkungsgrade bei Drehzahlregelung, bezogen auf die verlangte Rohrleitungskennlinie *DE*

Wenn mehrere Pumpen in ein gleiches Netz arbeiten, so ist es hier — im Gegensatz zur Drosselregelung (Abb. 258) — richtig, die Drehzahl aller Pumpen so lange in gleicher Weise zu regeln, bis eine stillgesetzt werden kann.

98a. Selbsttätige Regelung

Die Regelung geschieht meist von Hand selbst bei großen Kesselspeisepumpen oder Turbokompressoren oder Stahlwerksgebläsen. Ist jedoch in Verbindung mit häufigen und größeren Betriebsschwankungen eine bestimmte Betriebsgröße möglichst gleichzuhalten, so wird selbsttätige Regelung bisweilen angewendet.

---

[1] Wasserkr. u. Wasserwirtsch. 1935, Heft 4; vgl. auch Z. VDI 93 (1951) S. 861—865

[2] Brown Boveri Nach. 29 (1942) S. 10 — ETZ 61 (1940) S. 349

[3] Arch. Wärmew. 18 (1937) S. 203 — Brown Boveri Werbeschrift: Techn. Strömungsmasch. Bd. IV

[4] Mitt. V.D.E. W. (1933) S. 390 — BWK 11 (1959) Nr. 4, S. 182

Die gleichzuhaltende Größe ist entweder der Ansaugestrom (Gewichtsstrom) oder der Enddruck, bei Flüssigkeitspumpen auch ein Wasserspiegel.

Die Regelung kann sogar so eingerichtet werden, daß der Förderstrom in Abhängigkeit der Zeit nach einer vorgeschriebenen Kurve sich ändert.

Hinsichtlich der Ausführung muß auf das Schrifttum verwiesen werden[1].

M. Der Achsschub und sein Ausgleich

99. Berechnung des Achsschubs

a) Radialpumpen. Hier ist die dem Spaltdruck ausgesetzte Radfläche des Spaltraumes *2*, d. h. auf der Einlaufseite, kleiner als die gegenüberliegende Radfläche des Spaltraumes *1* (Abb. 266). Um den dadurch bedingten Achsschub zu errechnen, werde wie in Abschn. 15 das in Wasser den Seitenräumen als ein zusammenhängender Körper betrachtet, der mit der halben Winkelgeschwindigkeit ω des Rades umlaufe. Ferner sei die vereinfachende und (nach S. 97) zulässige Annahme gemacht, daß der Spalt am Radumfang keine nennenswerte Abdrosselung des Spaltwasserstromes hervorbringe und demgemäß auf beiden Seiten dieses Spaltes der Spaltdruck H_p herrsche.

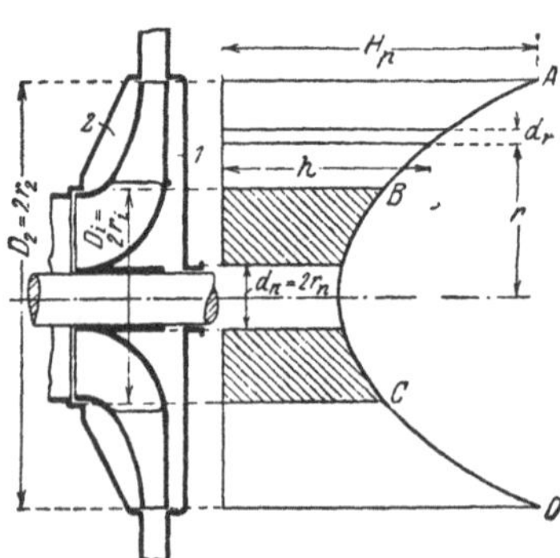

Abb. 266. Darstellung des Achsschubes bei Radialpumpen

Infolge der Rotation der Wasser- bzw. Gasscheiben beiderseits des Rades verteilt sich, wie in Abschn. 9c dargelegt ist, der Druck auf die Seitenflächen nach einem Paraboloid $ABCD$. Der Grenzwert am Radumfang ist gleich dem Spaltdruck H_p. Deshalb herrscht nach Gl. (17), Abschn. 9c, am Parallelkreis vom Halbmesser r und der Umfangsgeschwindigkeit $u = r\,\omega$ bei Bezugnahme auf S. 97 der Druck in Meter Flüssigkeitssäule

$$h = H_p - \frac{\left(\frac{u_2}{2}\right)^2 - \left(\frac{u}{2}\right)^2}{2g} = H_p - \frac{\omega^2}{8g}(r_2^2 - r^2). \tag{1}$$

Da auf beiden Radseiten gleiche Verhältnisse angenommen sind, so kommt als Achsschub der Druck auf die Kreisringfläche zwischen dem inneren Spaltdurchmesser $D_i = 2r_i$ und dem Wellendurchmesser $d_n = d_{st} = 2r_{st}$ an der Stopfbüchse in Betracht, der in Abb. 266 durch

[1] Kluge, F.: Fußnote 1, S. 504

die schraffierte Fläche hervorgehoben ist:

$$A_1 = \int_{r_{st}}^{r_i} 2r\pi\,dr\,h\gamma = \int_{r_{st}}^{r_i} 2r\pi\,dr\left[H_p - \frac{\omega^2}{8g}(r_2^2 - r^2)\right]\gamma, \qquad (2)$$

woraus nach Durchführung der Integration

$$A_1 = \gamma\pi(r_i^2 - r_{st}^2)\left[H_p - \left(r_2^2 - \frac{r_i^2 + r_{st}^2}{2}\right)\frac{\omega^2}{8g}\right]. \qquad (3)$$

(Bei Gasen ist hierin strenggenommen für γ ein Mittelwert zu setzen.) Gemäß Gl. (28), Abschn. 20c, ist in Gl. (3) bei senkrechtem Eintritt, den wir im folgenden stets als vorhanden annehmen,

$$H_p = \frac{\eta_h}{2g}(u_2^2 - w_2'^2 + c_0^2) \qquad (4)$$

oder in dem gewöhnlichen Fall, daß $c_0 \approx c_{2m}$ nach Gl. (30a), Abschn. 20c

$$H_p = H\left(1 - \frac{c_{3u}}{2u_2}\right). \qquad (4a)$$

Eine weitere Axialkraft A_2 entsteht durch die Umlenkung der Meridianströmung im Rad von der axialen in die radiale Richtung. Nach dem Impulssatz (Abschn. 8) ist der dadurch bedingte Ablenkungsdruck, der allerdings gegen A_1 im allgemeinen sehr klein ist,

$$A_2 = \frac{\gamma V}{g}c_s. \qquad (5)$$

Der gesamte Achsschub beträgt somit

$$A = A_1 - A_2. \qquad (6)$$

Bei senkrechter Welle kommt das Eigengewicht des Läufers hinzu. Gl. (4) gilt nur für die normale Pumpenleistung. Weicht der Förderstrom hiervon ab, so ergibt eine Verkleinerung in der Regel eine Vergrößerung des Achsschubes und umgekehrt.

Zusätzliche Achsschübe treten auf durch ungleiche Ausbildung der beiderseitigen Spalträume *1* und *2*, weil dann die Unterströmung des Wassers und damit auch die Rotation der Wasserteilchen verschieden sind, und zwar ruft eine Vergrößerung des Zwischenraumes in axialer oder radialer Richtung immer eine Verringerung der Rotation und damit eine Vergrößerung des Druckes hervor. Den gleichen Einfluß haben Rippen, die an die Gehäusewand angegossen sind. — Bei mehrstufigen Pumpen kann der Leckverlust zwischen den Stufen den Achsschub auf ein Mehrfaches des Rechnungswertes erhöhen.

Infolge aller dieser durch die Rechnung schwer verfolgbaren Nebeneinflüsse, zu denen noch die Änderung des Spaltdruckes beim Wechsel der Belastung kommt, sind Überschlagsformeln am Platze. Aus Ähnlichkeitsbetrachtungen ergibt sich die exakte Beziehung

$$A = K\,H\,D_2^2\frac{\gamma}{1000}, \qquad (7)$$

wo K für geometrisch ähnliche Radformen konstant also nur eine Funktion der spezifischen Drehzahl ist. Es scheint zulässig, in weitem Bereich zu setzen

$$K = n_s = 3{,}65 n_q. \tag{7a}$$

Bei *doppelt gekrümmten Schaufeln* mit achsparalleler Austrittskante ändert sich an der angegebenen Berechnung nichts. Es ist falsch, hier noch einen zusätzlichen Schaufelschub zu berücksichtigen mit der Begründung, daß der Schaufeldruck noch eine axiale Komponente hat. Diese liegt innerhalb der Kontrollfläche, die bei Anwendung des Impulssatzes um das Rad herumgelegt wird, stellt also eine innere Kraft dar, die durch eine innere Gegenkraft aufgehoben wird.

b) Halbaxialpumpen. Bei halbaxialem Austritt mit achsparalleler Austrittskante ändert sich nur Gl. (5), weil ein axialer Austrittsimpuls $(\gamma V/g)\, c_{2m} \cos \varepsilon_2$ vorliegt, wenn ε_2 der Neigungswinkel der mittleren Flußlinie am Austritt gegen die Achsrichtung ist. Also ist

$$A_2 = \frac{\gamma V}{g}(c_s - c_{2m} \cos \varepsilon_2). \tag{5a}$$

Ist die Austrittskante aber nicht achsparallel, wie beim Schnelläufer, so wirkt der Spaltdruck auf die Fläche $\pi(r_{2a}^2 - r_{2i}^2)$ (Abb. 144) mit der axialen Komponente im Sinne von A_1

$$A_p = \gamma H_p (r_{2a}^2 - r_{2i}^2)\, \pi, \tag{6a}$$

wenn H_p für den mittleren Faden errechnet ist.

Fehlt *außerdem die äußere Radwand* (Abb. 152, S. 276), so ist der auf die offene Radseite entfallende Achsschub A_{1a} unter passender Annahme des Druckanstieges auf den Spaltdruck H_{pa} bei a_2 auszurechnen. Wird dann A_1 in Gl. (2) zwischen r_{st} und r_{2i} genommen, so ergibt sich dieser Wert, der mit A_{1i} bezeichnet sei, offenbar aus Gl. (3), wenn dort $r_2 = r_i = r_{2i}$ gesetzt wird. Es ist dann

$$A = A_{1i} - A_{1a} + A_p - A_2.$$

H_{pi} und H_{pa} erhält man durch Anwendung der Gl. (4) bzw. (4a) auf die Austrittspunkte a_2 und i_2.

Bei den Schnelläufern ist die Näherungsgleichung (7) mit (7a) viel im Gebrauch.

c) Axialpumpen. Der hier vorliegende steile Anstieg des Förderdruckes bei abnehmendem Durchfluß (S. 414) verlangt, daß der Achsschub von vornherein unter Berücksichtigung der Verhältnisse der Teillast berechnet wird. Aus diesem Grunde wird darauf verzichtet, die Verteilung des Achsschubes über den Halbmesser bei normaler Last zugrunde zu legen (wie es bei der Axialpumpe in den früheren Auflagen geschehen ist). Es dürfte im allgemeinen zweckmäßig sein, den maximalen Förderdruck, der aus der Drosselkurve zu entnehmen ist, gleichmäßig über die Radfläche einschließlich der Nabe verteilt anzunehmen. Bei den üblichen hohen Reaktionsgraden ist der in dieser Rechnung enthaltene Sicherheitszuschlag wegen des bei Teillast eintretenden unruhigen Ganges der Pumpe gerechtfertigt. Bei geringen Reaktionsgraden kann es am Platze sein, in die Rechnung statt des maximalen Förderdruckes den zugehörigen Spaltüberdruck am mittleren Halbmesser der Schaufel einzuführen.

100. Ausgleich durch entsprechende Ausbildung und Anordnung der Laufräder

Wollte man den auf den Läufer ausgeübten axialen Schub durch ein Spurlager aufnehmen, so würde dieses bei großen Förderhöhen beträchtliche Abmessungen erhalten und unzulässige Reibungsarbeit verzehren. Man pflegt deshalb den Achsschub durch eine hydraulische Gegenkraft auszugleichen. Von der Art dieses Ausgleiches sind die Lebensdauer und der Wirkungsgrad in hohem Maße abhängig. Sie bildet auch ein kennzeichnendes Merkmal der verschiedenen Bauarten.

Die nächstliegende und einfachste Maßnahme besteht in der *Verwendung des doppelseitigen Einlaufes in das Laufrad* (Abb. 289, S. 483), wobei die Druckflächen und damit auch die Drücke beiderseits dieselben sind, sofern die Abmessungen genau übereinstimmen.

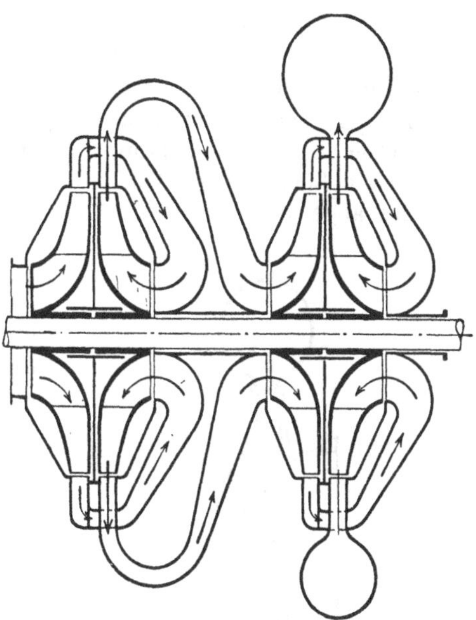

Abb. 267. Paarweise Gegenläufigkeit bei mehrstufigen Pumpen (SULZER)

Bei *mehrstufigen* Pumpen können mehrere solcher doppelseitig beaufschlagten Räder verwendet werden. Dies führt aber zu schwieriger Kanalführung. Auch sind Mehrstufenanordnung einerseits und Unterteilung des Wasserstromes andererseits zwei sich widersprechende Maßnahmen insofern, als die erstere auf Verminderung, die letztere auf Erhöhung der Drehzahl hinwirkt. Jedoch verringern beide den Wert $n^2 V$, also den Haltedruck, und sind deshalb nach Abschn. 38 günstig für Vermeidung von Kavitation bzw. Schallgeschwindigkeitsnähe, abgesehen vom Ausgleich des Achsschubes. Da die doppelseitige Beaufschlagung die Stufenzahl vergrößert, so ist von dieser Bauart nur bei großen Leistungen Gebrauch gemacht worden. Die in Abb. 280 und 281, S. 475, angegebene symmetrische Anordnung der Räder vermeidet die schwierige Wasserführung. Sie wird bei Speicherpumpen und bei Turbogebläsen angewandt.

Die doppelseitige Anordnung hat ferner Verbreitung bei Verwendung einseitig beaufschlagter, durchweg hintereinandergeschalteter Räder gefunden, Schaltungsmöglichkeiten sind in der schematischen Zeichnung Abb. 267 und der späteren Abb. 278 angegeben. Diese Pumpen weisen wegen des einzigen inneren Schleifringes jeder Stufe und des Wegfalls jeder besonderen Ausgleichsvorrichtung einen geringen Spaltverlust auf und haben trotz ihrer umständlichen Kanalführung heute wieder bei Speisepumpen für heißes Wasser Bedeutung erlangt[1]. Da die Links- und Rechtsräder ihr gegenseitiges Spiegelbild sind, so müssen sie nach verschiedenen Modellen hergestellt werden.

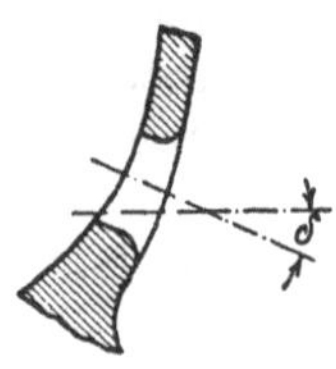

Abb. 268. Ausgleichsöffnung

Ohne die doppelseitige Anordnung kann Ausgleich erzielt werden, wenn das einzelne einfach beaufschlagte Rad mit einem zweiten Dichtungsspalt auf der dem Einlauf gegenüberliegenden Radwand und mit Öffnungen in der Radwand dicht an der Nabe versehen wird (Abb. 268, 276, 285). Der Druck vor der Öffnung wird um den Durchflußwiderstand dieser Öffnungen größer sein als im Radeinlauf, zuzüglich einer gewissen, durch die Ablenkung des Förderstromes in radiale Richtung bedingten Drucksteigerung, die allerdings, je nach Lage der Öffnungen, verschieden groß sein und wegen ihrer Kleinheit auch unberücksichtigt bleiben kann. Der Druckunterschied wird verkleinert, wenn die Löcher möglichst groß gemacht und an der Rückseite des Rades abgerundet werden (Abb. 268). Um ihm Rechnung zu tragen, werden die beiderseitigen Spalte bisweilen nicht genau gleich ausgeführt, sondern der Durchmesser auf der Rückseite des Rades wird um einen geringen Betrag größer als am Einlauf gemacht.

Die Löcher in der Radwand können durch Umführungskanäle, die in das Pumpengehäuse eingegossen sind, entbehrlich gemacht werden (Abb. 269). Bei mehrstufigen Pumpen bedingt diese Anordnung aber eine verwickelte Bauart[2].

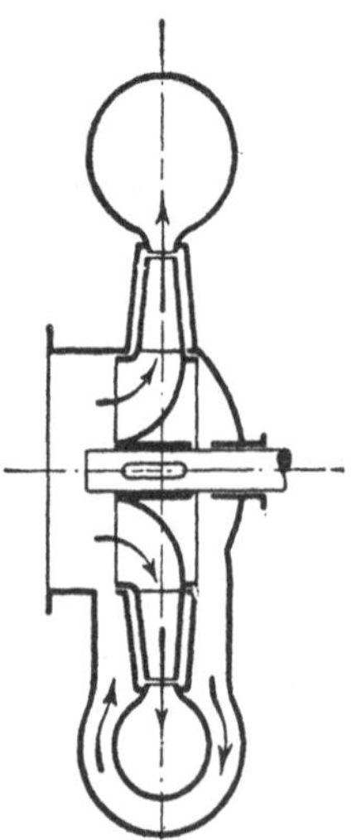

Abb. 269. Umführungskanal im Gehäuse

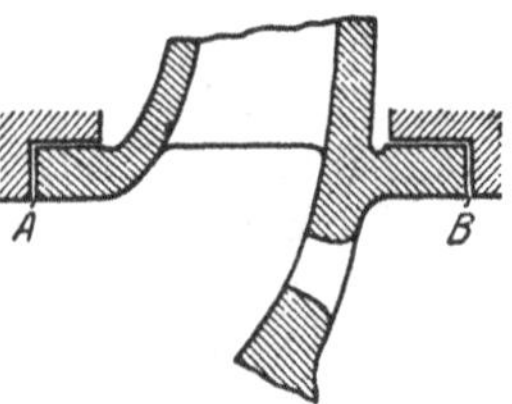

Abb. 270. Vollkommerer Ausgleich durch beiderseitige Radialspalte

Die bisher besprochenen Vorrichtungen werden auch bei sorgfältigster Ausbildung durch den Konstrukteur keinen vollkommenen Ausgleich des Achsschubes herbeiführen können, weil selbst bei genauester Herstellung die Abdichtungen schon von Anfang an nicht gleich sein können und die Verschiedenheit der Abnutzung noch weitere Unter-

[1] Rütschi, K.: Schweiz. Bauztg. 117 (1941) Nr. 16
[2] Vgl. Weil: Z. ges. Turbinenw. 1920, S. 289, insbesondere Abb. 13ff., S. 302

schiede bewirkt. Deshalb ist ein Spurlager nicht zu entbehren, für das bei kleinen einstufigen Ausführungen einfache Wellenbunde oder Stellringe genügen, im allgemeinen aber besondere gut durchgebildete Lagerkonstruktionen nötig sind.

Man kann aber jede besondere axiale Sicherung der Welle entbehrlich machen, wenn an die zylindrische Dichtungsfläche auf beiden Seiten der Pumpe ein in einer Ebene senkrecht zur Achse liegender Dichtungsspalt A bzw. B angeschlossen wird (Abb. 270). In diesem Falle wird bei einer Verschiebung des Läufers, beispielsweise nach links, dieser radiale Spalt auf der linken Seite verengt, auf der rechten Seite erweitert, wodurch eine von links nach rechts gerichtete Gegenkraft entsteht, die die eingetretene Bewegung zum Stillstand bringt. Bei mehrstufigen Pumpen stellt diese Ausführung aber hohe Anforderungen an die Arbeitsgenauigkeit der Werkstatt, da alle Räder rechts und links gleichzeitig zur Anlage gelangen müssen. Die zuverlässige Wirkung ist ferner nur dann gesichert, wenn auch der Spalt am äußeren Umfang möglichst eng ist, weil die zur Sicherung der Selbsteinstellung nötigen Druckänderungen nur durch die Mitwirkung der äußeren Drosselung entstehen können. Bei Gasförderung treten Spitzendichtungen an Stelle der glatten Spaltflächen.

Bei Rädern ohne die Wand der Einlaufseite (Abb. 284) kann der Achsschub wirksam durch Aussparungen am Umfang der noch vorhandenen Wand herabgesetzt werden.

101. Ausgleich bei mehrstufiger Wasserförderung mittels eines für alle Stufen gemeinsamen Organs

Die bisher besprochenen Einrichtungen leiden (mit Ausnahme der Anordnung nach Abb. 270) daran, daß ein besonderes Spurlager nötig ist, auf welches schwer bestimmbare Drücke ausgeübt werden und von dem die Betriebssicherheit in hohem Maße abhängig ist. Um das Spurlager zu vermeiden, wird heute bei größeren, mehrstufigen Ausführungen fast allgemein ein besonderes Ausgleichsorgan verwendet, das im Falle der Wasserförderung in einer mit der Welle umlaufenden und unter dem Förderdruck stehenden Ausgleichsscheibe besteht. Bei Verdichtern ist die Anordnung eines Ausgleichskolbens mit Labyrinthnuten in Verbindung mit einem Spurlager (Abb. 324ff., 316) üblich (Abschn. 118).

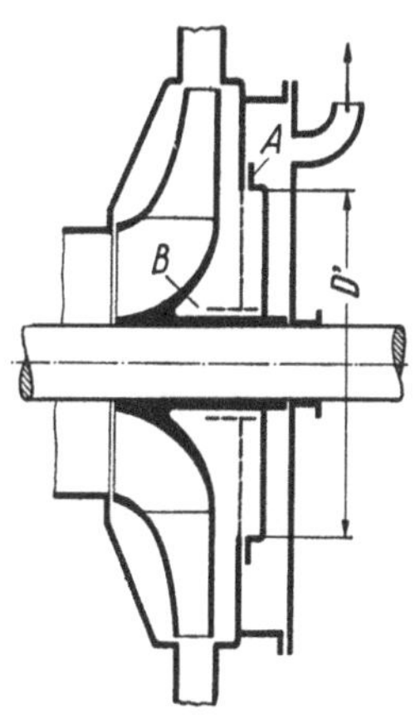

Abb. 271. Besondere Ausgleichsscheibe

Der nächstliegende Gedanke wäre der, diese Ausgleichsscheibe A unmittelbar hinter dem letzten Laufrad auf der Druckseite der Pumpe so anzuordnen, daß sie an ihrem Umfang einen radialen Spalt (d. h. mit axialem Spiel) bildet (Abb. 271). Hierbei müßte das Druckwasser des Spaltraumes der letzten Stufe auf die Ausgleichsscheibe die zur Aufhebung des Axialschubes nötige Gegenkraft ausüben. Wesentlich ist aber, daß neben diesem Dichtungsspalt der Ausgleichsscheibe noch eine zweite Drosselstelle vorhanden ist, die in den Undichtheitsstrom an irgendeiner Stelle eingeschaltet wird. Im Falle der Abb. 271 ließe sich beispielsweise *vor* der Ausgleichsscheibe eine solche Drosselstelle unterbringen, wenn der gestrichelt eingezeichnete, enge und lange Ringspalt B entlang der Nabe der Scheibe angeordnet würde. Diese Ausführung ist in Abb. 272 angegeben. Entsteht dort ein zufälliger Achsschub nach links, der die Scheibe von ihrer Dichtungsfläche entfernt, so wird zwar der Undichtheitsstrom wachsen, aber infolge der Mitwirkung der zweiten Drosselstelle der Druck auf die Scheibe sinken,

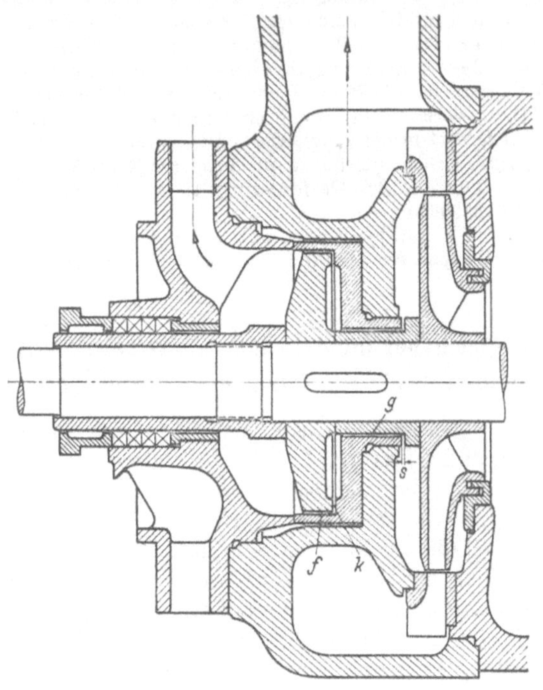

Abb. 272. Achsschubausgleich durch besondere Scheibe (Weise Söhne)

bis die eingetretene Bewegung zum Stillstand kommt. Die Selbstregulierung in Verbindung mit sehr kleinen Regulierwegen und erträglichem Wasserverlust ist also nur durch die Mitwirkung der zweiten Drosselstelle möglich.

Jedenfalls erkennt man, daß bei dieser Einrichtung ein Spurlager nicht bloß unnütz, sondern sogar schädlich wäre. Ein besonderer Vorzug besteht auch darin, daß die Stopfbüchse auf der Druckseite der Pumpe nicht mehr gegen wesentlichen Überdruck abzudichten hat. Der zusätzliche Wasserverlust ist aber zu beachten.

Die Spaltflächen sind mit Verschleißringen ausgefüttert, häufig Stahl gegen Bronze. Bei der Auswahl des Werkstoffes sind insbesondere elektrochemische Vorgänge zu beachten. Auch Schleißringe aus Kunstharz-Preßstoffen zusammen mit feststehenden Ringen sind versucht worden[1]. Die Schrägstellung infolge Durchbiegung der Welle bedarf besonderer Beachtung wegen der Gefahr des Anstreifens.

Bei der aus Abb. 272 ersichtlichen Bauart von *Weise Söhne* besitzen sowohl Haupt- wie Nebenspalt unveränderliche, d. h. zylindrische Drosselstrecken (g, f) und veränderliche, d. h. radiale Drosselstrecken (k, s). Die Hinzunahme zweier unveränderlicher Drosselstellen verringert den Wasserverlust und *gestattet die Anwendung größerer Spaltweiten*. Sie vergrößert aber den axialen Einstellweg. Letzterer Nachteil wird durch die doppelseitige Veränderlichkeit (von k und s) gemildert.

Bei eintretender Abnutzung der Scheibe oder der Gegenfläche wird offenbar der Läufer um den Betrag der Abnutzung nach der Saugseite der Pumpe hin wandern. Diese Bewegung ist nur insoweit zulässig, als die Laufradbreite am Austritt sich noch innerhalb der Leitradbreite befindet. Es ist zweckmäßig, die Abnutzung an der Verschiebung einer an der Welle angebrachten Marke gegenüber dem Lager zu verfolgen.

Die Anordnung der Ausgleichsvorrichtung hat so zu geschehen, daß sie leicht zugänglich ist, also an dem zur Antriebsseite entgegengesetzten Ende der Pumpe erfolgt. Dadurch kommt die Kupplung mit dem Motor auf die Saugseite der Pumpe.

Im Betrieb haben diese Entlastungseinrichtungen den an sie gestellten Anforderungen genügt. Sie lassen sich jedoch nicht anwenden, wenn sand- oder schlammhaltige Flüssigkeiten zu fördern sind, weil der hierbei auftretende Verschleiß der Spaltflächen die Wirksamkeit zu schnell beeinträchtigt. Bei Heißwasserpumpen besteht die Gefahr der Dampfbildung im Spalt, wodurch der Verschleiß anwächst und es zweckmäßig sein kann, eine Nachdrossel hinter der Scheibe vorzusehen[2]. Ebenso haben sie sich als ungeeignet erwiesen, wenn der Förderdruck der Pumpe bis auf Null sinken kann, wie beispielsweise bei Feuerspritzen, weil der Achsschub mehrstufiger Pumpen hierbei nicht verschwindet. Bei beweglichen Pumpen liegen die Verhältnisse — ähnlich wie bei den *senkrechten* Pumpen (Abschn. 103) — schon deshalb schwieriger, weil die Pumpe unter Umständen mit stark geneigter Achse laufen muß. In allen diesen Fällen muß auf die früher besprochenen Konstruktionen, die ein besonderes Spurlager verlangen, aber einen geringeren zusätzlichen Wasserverlust verursachen als die Ausgleichsscheibe, zurückgegriffen werden.

Die als Spurlager vielfach verwendeten *Einringdrucklager mit Klötzen* (*Blockdrucklager*) können hohe Flächenpressungen aufnehmen und genügen hinsichtlich Betriebssicherheit allen Anforderungen. Ihre Wirkung beruht auf reinem Flüssigkeitsdruck wie bei der Ausgleichsscheibe. Sie nutzen sich aber nicht oder nur sehr wenig ab und verursachen keinen Wasserverlust. Deshalb hat sich ihre Anwendung auch im Kreiselpumpenbau bei den großen Ausführungen durchgesetzt.

[1] Arch. Wärmew. 20 (1939) S. 292

[2] BWK 11 (1959) Nr. 4, S. 181

102. Berechnung der gemeinsamen Ausgleichsvorrichtung

Die im vorigen Abschnitt besprochene Entlastungseinrichtung wirkt nur dann einwandfrei, wenn der Durchmesser der Druckscheibe etwas größer bemessen ist als bei vollem Wasserdruck zur Aufhebung des vorhandenen Achsdruckes iA, herrührend von den i Rädern der mehrstufigen Pumpe, nötig ist. Infolge der Vergrößerung des Durchmessers verlängert sich der Austrittsspalt, aber es sinkt auch der Wasserdruck auf die Scheibe im umgekehrten Verhältnis der Druckfläche. Um nun einen allgemeinen Einblick zu erhalten, wie sich der Verluststrom V_u bei verschiedenen Durchmessern verhält, werde die Ausgleichsvorrichtung nach Abb. 273 zunächst für den Fall betrachtet, daß der Querschnitt der Nabe vom Durchmesser d_n gegenüber der Scheibenfläche vom Durchmesser D' vernachlässigbar klein sei. Dann ist einerseits, wenn der Überdruck h auf die Scheibe als gleichmäßig verteilt angenommen wird,

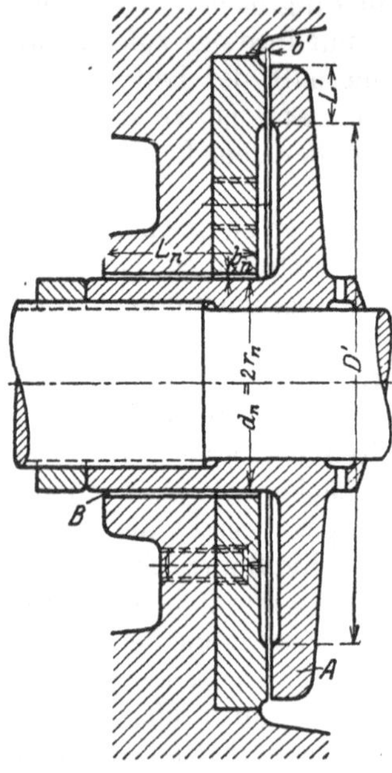

Abb. 273. Angabe der Bezeichnungen

$$iA = \gamma h \pi \frac{D'^2}{4}, \tag{8}$$

andererseits, wenn b' die Spaltweite, also $F' = \pi D' b'$ der Spaltquerschnitt und μ' die für den Spalt gültige Ausflußziffer

$$V_u = \mu' F' \sqrt{2gh} = \mu' \pi D' b' \sqrt{2gh}.$$

Durch Elimination von h aus diesen Gleichungen ergibt sich

$$iA = \frac{\gamma}{8 g \pi \mu'^2} \left(\frac{V_u}{b'}\right)^2 \tag{9}$$

oder

$$V_u = \sqrt{\frac{8 g \pi i A}{\gamma}} \mu' b'. \tag{10}$$

Da D' nicht mehr auftritt, so ist die *Größe des Scheibendurchmessers und des Druckes h ohne Einfluß auf den Wasserverlust. Dieser ist vielmehr bei gegebenem Axialschub iA proportional dem Produkt aus der Spaltweite b' und der Ausflußzahl μ'*. Es kommt also nur darauf an, den Spalt möglichst eng zu machen, was selbsttätig geschieht, wenn eine entsprechend kräftige Zusatzdrosselung im Ringspalt B verwendet wird. In Wirklichkeit aber wird die kleinstmögliche Spaltweite b' um so größer sein müssen, je größer der Scheibendurchmesser ist, weil die Gefahr des Anstreifens bei gleicher Verbiegung der Welle und gleichen Herstellungsungenauigkeiten größer wird. Auch bewirkt die endliche Größe des Durchmessers d_n, daß mit zunehmendem Durchmesser D' eine, wenn auch geringe Steigerung der Verluste stattfindet. Außerdem wächst die Radreibung. Hiernach ist es zweckmäßig, den Scheibendurchmesser nicht größer zu machen, als unbedingt nötig ist; doch ist die gemachte Feststellung von Wichtigkeit, daß die Abmessungen des Zusatzspaltes B die Verluste bestimmen.

Um den Wasserverlust möglichst klein zu halten, wird man b' so klein wählen, als mit Rücksicht auf die Betriebssicherheit gerade noch zulässig ist. Man wird deshalb bei der Berechnung der Ausgleichsvorrichtung D', L' und b' annehmen und die zugehörigen Abmessungen der zusätzlichen Drosselstelle B ermitteln, wobei der aufzunehmende Achsschub $P = iA$ nach Abschn. 99 gegeben ist. Die Kraft P sollte man nicht zu reichlich in die Rechnung einführen, weil die Verkleinerung des Achsschubes im Betrieb eine Vergrößerung von b' ergibt, also leicht zu große Spaltweiten und damit unnötig große Wasserverluste sich einstellen.

Der Rechnungsgang werde für die Anordnung nach Abb. 273 im folgenden dargelegt.

Steht am Umfang des letzten Rades vom Durchmesser $2r_2$ der Überdruck H' über den Druck hinter der Ausgleichsscheibe zur Verfügung, so ist entsprechend Gl. (1) der Druck am Eintritt in den Ringspalt B, wenn $r_n = d_n/2$,

$$h_1 = H' - \frac{\omega^2}{8g}(r_2^2 - r_n^2) \tag{11}$$

und damit, entsprechend Gl. (69) Abschn. 15, der Druck am Austritt aus dem Ringspalt B, wenn μ_n die Ausflußzahl und $F_n = \pi\, d_n\, b_n$ den Querschnitt des Spaltes bedeuten

$$h = \frac{h_1}{1 + \left(\frac{\mu' F'}{\mu_n F_n}\right)^2} = \frac{h_1}{1 + \left(\frac{\mu' b' D'}{\mu_n b_n d_n}\right)^2}. \tag{12}$$

Bei der Berechnung von h_1 aus Gl. (11) kann H', sofern die Stufenzahl groß ist, gleich der um die manometrische Saughöhe H_s verminderten Förderhöhe H der Pumpe genommen werden, da das Spaltwasser meist unmittelbar ins Freie ausgegossen wird. Sind nur 2 oder 3 Stufen vorhanden, so wird besser der genaue Wert

$$H' = (i-1)\Delta H + H_p - H_s$$

verwendet, wo H_p aus Gl. (4) bzw. (4a) sich ergibt.

Die Ausflußziffern μ' und μ_n sind für Spalte ohne Labyrinthnuten aus Gl. (70), Abschn. 15, für Spalte mit Labyrinthnuten aus Gl. (71), Abschn. 15, zu errechnen. Insbesondere ist mit Bezug auf Abb. 273 für glatte Spalte, sofern mit (dem etwas reichlichen Wert) $\lambda = 0{,}04$ gerechnet wird

$$\mu' = \frac{1}{\sqrt{0{,}02\,L'/b' + 1{,}5}}, \tag{13}$$

$$\mu_n = \frac{1}{\sqrt{0{,}02\,L_n/b_n + 1{,}5}}. \tag{13a}$$

Da angenommen werden kann, daß der Einfluß der Rotation des Wassers auf beiden Seiten der Scheibe sich aufhebt, so wirkt auf die ganze Scheibenfläche der Überdruck γh, so daß[1] h gegeben ist durch

$$P = \frac{\pi}{4}(D'^2 - d_n^2)\,\gamma h. \tag{14}$$

[1] Gl. (14) und Gl. (8) setzen voraus, daß über dem ganzen Scheibenspalt von der Länge L' der Austrittsdruck herrscht. Infolge der Rotation des Wassers im Spalt und der Zunahme des Spaltquerschnittes müßte der Druck nach außen wachsen, infolge der Reibung sinken. Die Zunahme des Druckes infolge der Querschnittsvergrößerung äußert sich als Unterdruck am (inneren) Spaltanfang gegenüber dem (äußeren) Spaltaustritt, d. h. dem Raum hinter der Scheibe. Dieser Unterdruck entsteht plötzlich am Spaltanfang und fällt über die Spaltlänge L' von innen nach außen stetig bis Null ab [Clement-Thenardsches Phänomen, vgl. auch Z. ges. Turbinenw. 14 (1917) S. 101ff.; ferner DRP. 483260]. Er wird verringert durch die Reibung. Bei den hier vorliegenden geringen Spaltweiten ist es wahrscheinlich, daß die Reibung überwiegt.

Aus Gl. (12) folgt

$$\mu_n b_n = \frac{\mu' b' D'}{d_n \sqrt{h_1/h - 1}}. \tag{15}$$

Da mit Bezug auf Gl. (13a) für einen glatten Spalt

$$\mu_n b_n = \frac{b_n}{\sqrt{0{,}02\, L_n/b_n + 1{,}5}}, \tag{16}$$

so kann nach Ermittlung von $\mu_n b_n$ aus Gl. (15) und Annahme von L_n die Spaltweite b_n erhalten werden.

Die Rechnung ergibt, daß bei der Bauart nach Abb. 273 sehr kleine Weiten b' des Scheibenspaltes nötig sind, wenn der Wasserverlust nicht zu groß werden soll.

Dagegen muß die Weite b_n des zusätzlichen Spaltes offenbar verhältnismäßig groß sein. Es hat demnach auch nicht viel Zweck, den Durchgangswiderstand des Zusatzspaltes durch Anwendung von großen Spaltlängen, Labyrinthnuten usw. zu steigern. Jedoch empfiehlt es sich, die Drosselwirkung des äußeren Spaltes durch anschließende zylindrische Spalte zu unterstützen, wie das beispielsweise bei der in Abb. 272 gezeigten Ausführung geschieht. Hat dieser, an den radialen Spalt anschließende Spalt die Länge L'' und Weite b'' (Abb. 274), so tritt an Stelle von Gl. (13)

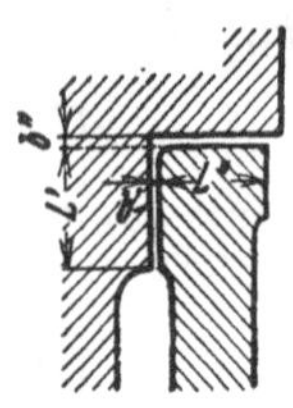

Abb. 274 Zylindrische Fortsetzung des radialen Spaltes

$$\mu' = \frac{1}{\sqrt{1{,}5 + 0{,}02\,\frac{L'}{b'} + 0{,}02\,\frac{L''}{b''}\left(\frac{b'}{b''}\right)^2}}, \tag{17}$$

während im übrigen die Rechnung so durchgeführt werden kann, als ob die Spaltverlängerung nicht vorhanden wäre.

Die rechnerische Untersuchung der anderen Bauarten bleibt grundsätzlich die gleiche.

Wegen der Größe des durch die Ausgleichsscheibe verursachten Undichtheitsverlustes kehrt man bei großen Förderhöhen vielfach zur symmetrischen Anordnung der Räder zurück (Abb. 278).

103. Ausgleich bei Pumpen mit senkrechter Welle

Hier wird der Achsdruck noch vermehrt durch die Gewichte des Läufers. Sofern die umlaufenden Teile im Wasser liegen, ist der zugehörige Auftrieb in Abzug zu bringen. Ferner ist zu beachten, daß beim Abstellen der Pumpe die entlastende Kraft der besonderen Ausgleichsvorrichtung aufhört, ehe die Pumpe zur Ruhe kommt, und also das Eigengewicht ein Sinken des Läufers herbeiführt. Ist nun die für senkrechte Pumpen natürliche Anordnung gewählt, daß das Wasser von unten nach oben durch die Pumpe fließt, so ist eine solche Ausgleichseinrichtung nicht anwendbar, weil die Scheibe an ihrer Gegenfläche anstreifen würde. Die Zufügung eines Sicherheitsspurlagers, das dann nur nach unten gerichtete Kräfte aufnehmen dürfte, scheitert an der Kleinheit des Spaltes der Ausgleichsscheibe mit Rücksicht auf die unvermeidliche Abnutzung und an der Schwierigkeit der Einstellung. Die Bauarten nach Abb. 272 und 274, bei denen die Ausgleichsscheibe einen Zusatzspalt zylindrischer Form besitzt, machen allerdings eine Ausnahme, da hier der veränderliche Spalt genügend weit gemacht werden kann. Da aber das Sicherheitsspurlager doch nicht entbehrt werden kann, so findet man vorwiegend die Entlastungseinrichtungen mit unvollkommenem Ausgleich, die in Abschn. 100 beschrieben sind, verwendet (vgl. Abschn. 108). Hierbei kann man auch die Gewichte ausgleichen, beispielsweise durch ungleiche Bemessung der beiderseitigen Dichtungsspalte des Rades oder Anwendung einer ungleichen Anzahl entgegengesetzt beaufschlagter Räder usw.

Die Verwendung der besonderen Ausgleichseinrichtung ist aber bei allen senkrechten Bauarten möglich, wenn die Durchflußrichtung des Wassers durch die Pumpe umgekehrt, also der Saugstutzen oben und der Druckstutzen unten, angeordnet wird[1] wie Abb. 278a, S. 473, zeigt. Die Scheibe sitzt dann ebenfalls unten und öffnet sich nach unten, so daß der Hinzunahme eines Sicherheitsspurlagers nichts im Wege steht. Diese Anordnung hat auch den Vorzug, daß der Scheibendruck durch das Eigengewicht verringert wird, also die Entlastungskonstruktion und der Wasserverlust entsprechend kleiner ausfallen als sonst. *Infolge der Verkleinerung des Achsschubes durch das Eigengewicht empfiehlt sich diese umgekehrte Anordnung auch bei Verwendung der Ausgleichsverfahren des Abschn. 100, bei denen sie mit Rücksicht auf die Vermeidung des Anstreifens nicht nötig wäre.*

N. Bauarten für Flüssigkeits- und Gasförderung

Die Ausführungsformen der Kreiselpumpen sind außerordentlich verschiedenartig und jedenfalls vielseitiger als bei anderen Strömungsmaschinen, weil nicht bloß Durchfluß und Druck in weiten Grenzen wechseln, sondern auch die Art des Antriebes und des Einbaues sowie die chemische und physikalische Beschaffenheit des Fördermittels verschieden sind. Die nachfolgende Übersicht muß sich deshalb auf die Behandlung der wichtigsten Bauarten beschränken.

Ebenso wie im bisherigen Teil des Buches werden Pumpen für Wasser und Luft nebeneinander behandelt, um die weitgehende Übereinstimmung zu zeigen und zum Vergleich anzuregen. Nur die mehrstufigen Verdichter werden bis auf einige Ausnahmen gesondert, und zwar bei Behandlung ihrer theoretischen Grundlagen in den Abschn. 111 bis 113 gebracht werden.

Im folgenden werden die Bauarten in der Reihenfolge ihrer Schnellläufigkeit behandelt und deshalb mit der kleinsten spezifischen Drehzahl begonnen.

Partielle Beaufschlagung. Die für Verwirklichung der kleinstmöglichen Schnelläufigkeit in Frage kommenden baulichen Maßnahmen wären theoretisch: Partielle Beaufschlagung und Mehrstufigkeit (S. 166). Partielle Beaufschlagung, die bei Turbinen große Bedeutung hat, läßt sich aber in Pumpen mit erträglichem Wirkungsgrad noch nicht verwirklichen. Es gibt zwar Sonderkonstruktionen (die eine andere wissenschaftliche Behandlung erfordern, als in den vorausgegangenen Abschnitten entwickelt worden ist). Man kann hier die

[1] AEG-Mitt. 1935, Heft 10, S. 11

im letzten Abschnitt dieses Buches behandelten Wasserring- und Seitenkanalpumpen anführen, bei denen aber die Fähigkeit, neben Wasser auch Luft zu fördern, der eigentliche Zweck ist. Sodann sind die von U. BARSKE vorgeschlagenen Konstruktionen zu erwähnen, bei denen ebenfalls ein rotierender Wasserring dadurch erzeugt wird, daß das ganze Pumpengehäuse umläuft[1]. So sehr es im Hinblick auf die nicht voll ausgenutzte Festigkeit des heutigen Pumpenrades für Wasserförderung wünschenswert wäre, die einstufige Pumpe größter Förderhöhe, also das Gegenstück des PELTON-Rades der Turbine, zu schaffen, so stellen doch die erwähnten Sonderbauarten nicht den geeigneten Weg dar, schon deshalb nicht, weil ihnen die Hakenschaufel, d. h. die extreme Vorwärtskrümmung fehlt. Bei den Vorschlägen von BARSKE beschränkt sich die partielle Beaufschlagung außerdem nur auf das Leitrad. Für Luftförderung, wo die Festigkeit auch des voll beaufschlagten Rades erschöpft werden kann und deshalb die Voraussetzungen anders liegen als bei Wasserförderung, sind die erwähnten Vorschläge nicht anwendbar. Hier findet man die *Querstromgebläse*[2] vereinzelt in Verwendung. (In diesem Zusammenhang ist eine von L. BOMMES vorgeschlagene vollbeaufschlagte Lüfterkonstruktion[3] mit Hakenschaufeln zu erwähnen.)

Im Hinblick auf diese Sachlage soll hier auf die Behandlung der partiellen Beaufschlagung verzichtet und mit den mehrstufigen Maschinen begonnen werden.

104. Mehrstufige Pumpen[4]

Neben dem Ausgleich des Achsschubes, der bereits früher behandelt ist, bildet das wesentlichste Merkmal der verschiedenen Bauarten die Art und Weise, nach welcher die einzelnen Stufen unter sich zu einem Ganzen vereinigt sind. Man unterscheidet zwei Ausführungsformen, die „*Gehäusetype*“ und die „*Ringtype*“. Bei der ersteren, die die ältere ist, sind sämtliche Stufen, d.h. die Lauf- und Leiträder, mit Umführungs-

---

[1] Z. VDI 84 (1940) S. 373—376; The Engineer April 17, 1953, S. 550—553; DRP 684207, 744871. Vgl. insbesondere auch R. ROOSEN: Z. VDI 101 (1959) Nr. 2, S. 63—67

[2] Z. VDI 101 (1959) Nr. 22, S. 1069

[3] LAAKSO, H.: Z. VDI 101 (1959) Nr. 2, S. 41—44

[4] Die englische Firma Gwynnes Pumps Ltd. Hammersmith, London, hat schon im Jahre 1851 eine mehrstufige Kreiselpumpe zum Patent angemeldet. Allerdings steht nicht mit Sicherheit fest, ob eine solche zu jener Zeit auch ausgeführt worden ist. NAGEL u. KAEMP haben Ende der 60er Jahre Kreiselpumpen mit Leitapparaten ausgeführt, wobei größere Druckhöhen durch Hintereinanderschalten mehrerer Pumpen erreicht wurden (DUBBEL: Z. VDI 1904, S. 1003). Auf Grund der Patente des auf dem Gebiet der Strömungslehre wohlbekannten OSBORNE REYNOLDS (vgl. Abschn. 12) sind 1887 von der Firma Mather u. Platt mehrstufige Pumpen mit Leitrad ausgeführt worden (Z. ges. Turbinenw. 1912, S. 390). Vgl. SHERWELL und PENNINGTON: Centrifugal Pump Characteristics usw., herausgegeben von der Inst. Mech. Engr., London, Nov. 1932, S. 631. Die Firma Gebr. Sulzer, Winterthur u. Ludwigshafen/Rh. (letztere heute Halberg A.-G.) hat als erste auf dem europäischen Festland im Jahre 1897 den Bau mehrstufiger Kreiselpumpen aufgenommen.

stücken in einem gemeinsamen Gehäuse untergebracht und durch die Gehäusedeckel zusammengehalten. Bei der Ringtype, die in Deutschland bei Wasserpumpen zuerst von *C. H. Jaeger & Co.*, Leipzig, angewandt wurde und auch als „Gliederpumpe“ bezeichnet wird, besteht das Gehäuse aus einzelnen Ringen derart, daß jeder dieser Ringe eine Stufe umfaßt (Abb. 275). An diese Ringe sind die die Saug- und Druckstutzen enthaltenden Enden angeschlossen. Das Ganze wird in der Regel von durchgehenden Stahlbolzen zusammengehalten (Abb. 276 oder 277).

Als Vor- und Nachteile beider Bauarten, wobei zunächst angenommen sei, daß keine Teilung des Gehäuses in der waagerechten Mittel-

Abb. 275. Geöffnete Gliederpumpe (Jaeger & Co., Leipzig)

ebene vorliegt, also der Ausbau in axialer Richtung geschieht, sind folgende zu nennen.

Bei der *Gehäusetype* bleibt das Gehäuse mit den angeschlossenen Rohrleitungen für den Fall des Ausbaues unverändert stehen. Das hat einmal den Vorzug, daß auch bei nicht ganz fachmännischer Behandlung die Pumpe nach dem Zusammenbau wieder ausgerichtet ist. Ferner brauchen die Rohrleitungen nicht gelöst und abgestützt zu werden. Es besteht aber der Nachteil, daß das Loslösen der im Gehäuse zentrierten Teile, die hintereinander in axialer Richtung ausgebaut werden müssen, häufig recht schwierig ist, weil diese nach längerer Betriebszeit infolge chemischer Einwirkungen oder Schlammablagerungen mit dem Gehäuse gewissermaßen zusammengewachsen sind. Früher hat man abzuhelfen gesucht, indem man das Gehäuse oder die einzusetzenden Teile mit einem Bronzefutter versah oder Eindrehungen an den Berührungsflächen anbrachte, in die beim Ausbau Petroleum eingepreßt wurde. Auf jeden Fall müssen in sämtlichen Einbauteilen Gewindelöcher zum Einschrauben von Zugschrauben angebracht werden, mit deren Hilfe sie herausgezogen werden. Im Hinblick auf diese Schwierigkeiten wird heute bei dieser Bauart recht häufig das Gehäuse in der waagerechten Mittelebene geteilt, so daß (wie beim Verdichter

Abb. 324ff.) der Läufer in vertikaler Richtung herausgehoben werden kann. Die ruhenden Eingeweide können dann mit dem Gehäuse aus einem Stück bestehen (Abb. 278).

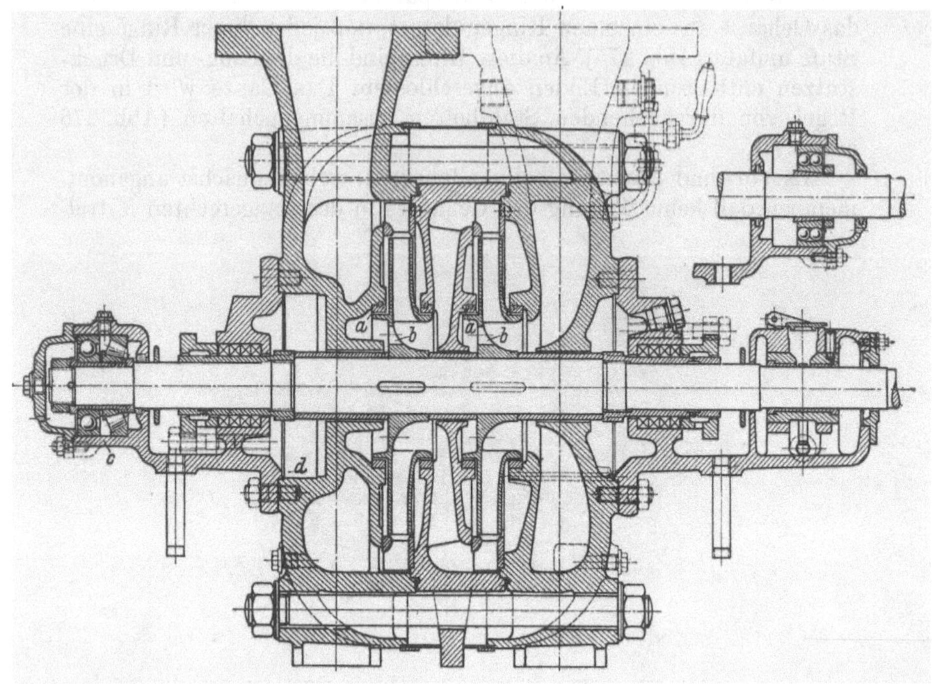

Abb. 276. Zweistufige Gliederpumpe mit Achsschubausgleich durch Spalt *a* und Löcher *b* (KSB)

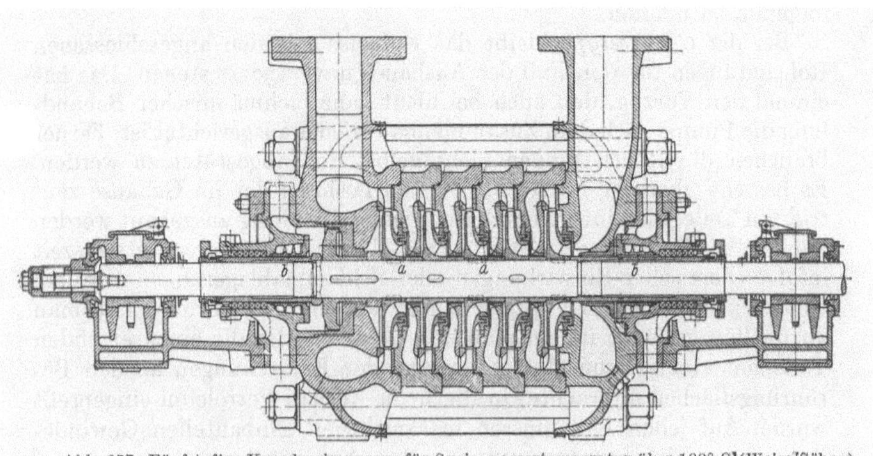

Abb. 277. Fünfstufige Kesselspeisepumpe für Speisewassertemperatur über 100° C (Weise Söhne)

Die *Ringtype* (Gliederpumpe) gestattet einen leichten Ausbau auch bei ungünstigen Wasserverhältnissen. Um ein Verbiegen der Welle beim Überschieben der einzelnen Gehäuseringe zu vermeiden, empfiehlt es sich, bei den großen Ausführungen jeden Ring mit Tragfüßen zu versehen und die Bearbeitungsleisten der Grundplatte zu verlängern, so daß die Ringe beim Herausziehen geführt sind. Da die Formgebung der Zwischenstücke bei Wasserförderung für jede Stufe die gleiche ist, so ist Reihenherstellung möglich. Auch kann nachträglich die Stufenzahl vergrößert werden, wenn weitere Ringe mit Lauf- und Leitrad zwischengeschaltet und die Welle ausgewechselt werden. Die Ringtype ist widerstandsfähig gegen Innendrücke, weil die mit den Ringen verbundenen Zwischenwände eine wirksame Versteifung bilden und Gußspannungen kaum zu befürchten sind. Allerdings ist jeder Ring besonders abzudichten. Es scheint, daß dieser Nachteil ebenso wie die Not-

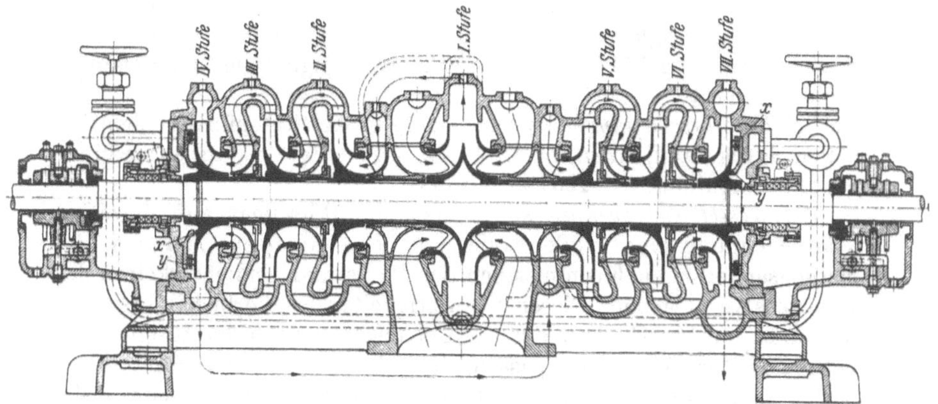

Abb. 278. Siebenstufige Kondensatpumpe für 200 m³/h auf $H = 200$ m, $n = 1000$ U/min (AEG) mit waagerechter Gehäuseteilung

wendigkeit des Wiederausrichtens der Pumpe, der Wegnahme und Abstützung der Rohrleitung beim Ausbau gegenüber den erwähnten Vorteilen in Kauf genommen werden. Wenigstens hat sich im Fall der Wasserförderung die Ringtype bei den normalen Bauarten in Deutschland durchgesetzt, wo sie bei Speisepumpen bis 400 at verwendet wird und nur bei hohen Temperaturen über 200° C die nachher beschriebene „*Topfbauweise*" in Frage kommt[1].

Bei Verdichtern mit ihren wesentlich größeren Rädern hat sich die waagerechte Gehäuseteilung, also der Ausbau senkrecht zur Achse, von Anfang an, und zwar auch bei der hier heute wenig verwendeten Ringtype (Abb. 322) als nötig erwiesen. Hier sitzt der Saugstutzen deshalb auch ebenso häufig am freien Ende wie an der Motorseite.

In Abb. 276 ist eine zweistufige Pumpe nach Bauart „Ringtype" dargestellt, wobei der Achsschubausgleich am einzelnen Rad durch einen zweiten Dichtungsspalt *a* und Löcher *b* in der Nabe vorgenommen und deshalb ein Kegelrollenlager *c* zur Aufnahme des restlichen Schubes

[1] Krisam, F.: BWK 10 (1958) S. 175/76

vorgesehen ist. Ist die Stufenzahl wesentlich größer oder übersteigt die Förderhöhe etwa 150 m, so wird in den dafür vorgesehenen Raum *d* eine Entlastungsscheibe ähnlich Abb. 272 eingebaut. Dabei ändert sich dann am Modell nichts. Es werden nur der Dichtungsspalt auf der Druckseite der Räder und die Löcher in den Radnaben weggelassen. Ebenso fällt das Spurlager fort, und die Traglager werden Gleitlager.

Bei der für Kesselspeisung mit Heißwasser bestimmten Konstruktion nach Abb. 277 ist die doppelte Ausbildung der Spaltdichtung *a* bemerkenswert. Da es sich um Förderung von Heißwasser über 100 °C handelt, sind die Stopfbüchsen gekühlt, weil sonst das Leckwasser sich in lästigen Dampfschwaden äußert. Wie ersichtlich, ist die der Stopfbüchse vorgeschaltete Büchse *b* außen mit Rippen versehen und vom Kühlwasser umflossen. Falls das Spaltwasser der Ausgleichsscheibe wieder in die Saugleitung zurückgeführt wird, muß auch dieses in der Regel so weit abgekühlt werden, daß in der Saugleitung keine Dampfbildung eintritt.

Bei *Kesselspeisepumpen* werden heute große Stufenförderhöhen bis 500 m durch Steigerung der Drehzahl, also unter Inkaufnahme einer großen Zulaufhöhe (S. 195) zugelassen[1].

Bei *Kesselspeisepumpen* spielt auch die Rücksicht auf einseitige Wärmedehnung eine große Rolle, die beim Anlassen oder bei Belastungsänderungen Krummziehen der Welle und Undichtigkeiten des Gehäuses verursachen. Diesen Schwierigkeiten ist die bisher beschriebene waagerechte Form weder der Gehäusetype noch der Ringtype in befriedigender Weise anzupassen. Hier bietet der lotrechte Aufbau wirksame Abhilfe, welcher außer dem Vorteil der Platzersparnis die Anwendung beliebig vieler normal gebauter Stufen gestattet (Abbildung 278a)[2], weil keine Möglichkeit der Störung einer achsensymmetrischen Temperaturverteilung für Welle oder Gehäuse — auch nicht beim Stillstand — besteht. Der Aufbau erfolgt hier nach den in Abschn. 103 gegebenen Richtlinien.

Einen anderen Weg der Abhilfe bildet die in Abb. 279 dargestellte „Topfbauweise", wobei die Einbauteile sich frei gegenüber dem Gehäuse ausdehnen können und ihre gleichmäßige Erwärmung dadurch gesichert wird, daß sie vom heißen Förderwasser umspült werden[3].

Abb. 278 zeigt eine mehrstufige Kondensatpumpe, deren Gehäuse in der waagerechten Mittelebene geteilt ist, und bei welcher die Aufhebung des Achsschubes durch Gegeneinanderschaltung der zweiten bis vierten und der drei letzten Stufen geschieht. Der restliche Schub wird durch die an den beiden äußersten Rädern angebrachten Spalte *x* und *y* in ähnlicher Weise ausgeglichen, wie dies im Abschn. 101 für

---

[1] Roth, H.: BWK 11 (1959) Nr. 4, S. 181/82

[2] Stroehlen, R.: Z. VDI 99 (1957) Nr. 20, S. 887—894

[3] Combustion 20 (1948) S. 28—31, Auszug Konstruktion 1 (1949) S. 91; ferner Engineering 1949, S. 177, Auszug Schweiz. Bauztg. 68 (1950) S. 56 oder Konstruktion 2 (1950) S. 94. Vgl. ferner BWK 10 (1958) S. 484

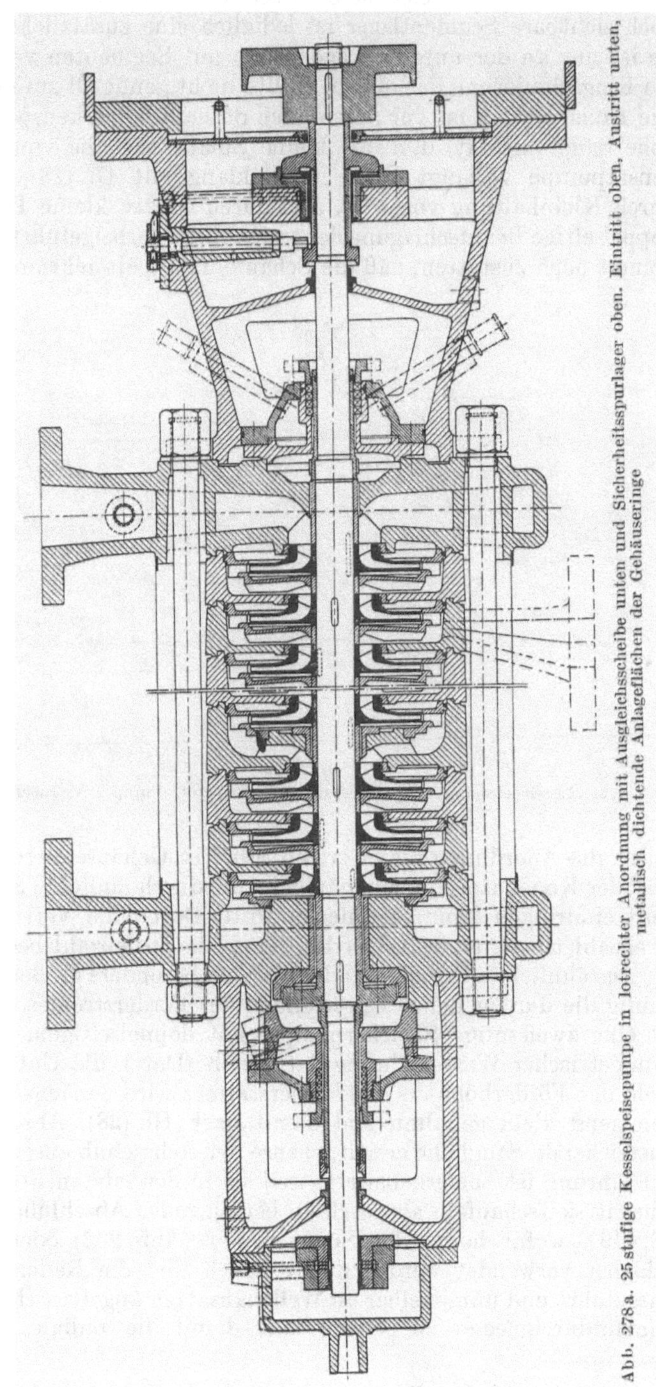

Abb. 278a. 25stufige Kesselspeisepumpe in lotrechter Anordnung mit Ausgleichsscheibe unten und Sicherheitsspurlager oben. Eintritt oben, Austritt unten, metallisch dichtende Anlageflächen der Gehäuseringe

die besondere Ausgleichsscheibe beschrieben ist. Das in der Zeichnung noch sichtbare Segmentlager ist lediglich eine zusätzliche Sicherung. Es ist nur an der unteren Lagerschale mit Segmenten versehen, weil die Ringschmierung der oberen Hälfte nicht genug Öl zuführen würde. Die Konstruktion ist vor allem auch deshalb bemerkenswert, weil die hohe Saugfähigkeit, d. h. die kleine Zulaufhöhe, die von einer Kondensatpumpe verlangt wird, in Einklang mit Gl. (28), Abschn. 38, durch Kleinhaltung von $n^2 V$, also durch relativ kleine Drehzahl und doppelseitige Beaufschlagung der ersten Stufe herbeigeführt wird. Dabei kommt noch zustatten, daß die Schaufeln doppelt gekrümmt sind und

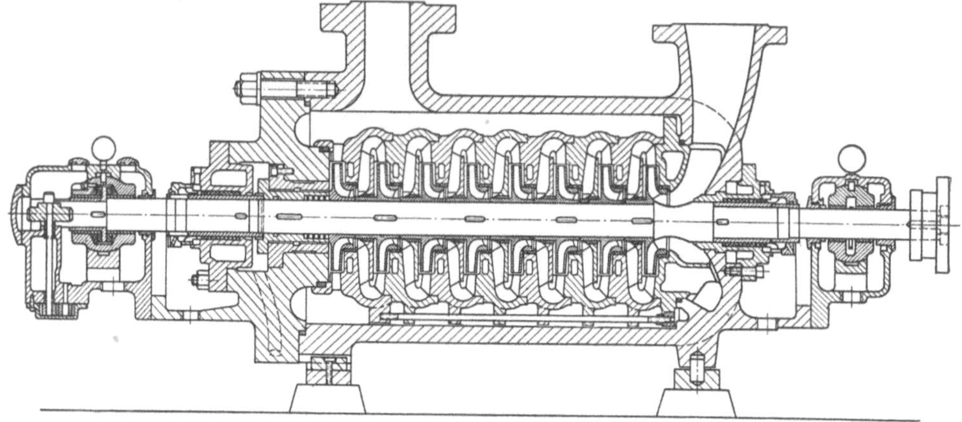

Abb. 279. Kesselspeisepumpe in Topfbauweise (Cameron Pump Div. Ingersoll Rand USA)

durch die Anordnung dieser ersten Stufe in Gehäusemitte das Hauptübel der Kondensatpumpen, nämlich, daß durch undichte Stopfbüchsen Luft eindringen kann, vermieden wird. Durch die Verringerung der Drehzahl ist andererseits wieder die große Stufenzahl bedingt.

Aus ähnlichen Gründen findet man bei besonders großen Leistungen häufig die durchgehende Unterteilung des Förderstromes. In Abb. 280 ist eine zweistufige Speicherpumpe[1] mit doppelseitigem Einlauf und symmetrischer Wasserführung dargestellt. Durch die Unterteilung sowohl der Förderhöhe als des Förderstromes wird zunächst wieder $n^2 V$ genügend klein gehalten und damit nach Gl. (28), Abschn. 38, eine ausreichende Saughöhe erzielt, ebenso der Achsschub ausgeglichen. Die Ausführung ist bemerkenswert, weil sie in der letzten Stufe drehbare Austrittsleitschaufeln als rasch zu betätigendes Abschlußorgan besitzt (S. 449), wofür heute der Spaltschieber (Abb. 262) oder der Ringschieber verwendet werden dürfte. Auch sind die Räder ohne Nabe ausgeführt und unmittelbar an Wellenabsätzen angeflanscht, um kleine Einlaufdurchmesser zu erzielen und damit die radiale Radform zu

[1] Näheres über diese Pumpen vgl. G. Fabritz: Z. VDI 88 (1944) S. 601

ermöglichen (vgl. auch Abb. 350). Die Welle ist in wasser- und fettgeschmierten Zwischenlagern geführt, die mit größerem Spiel als üblich

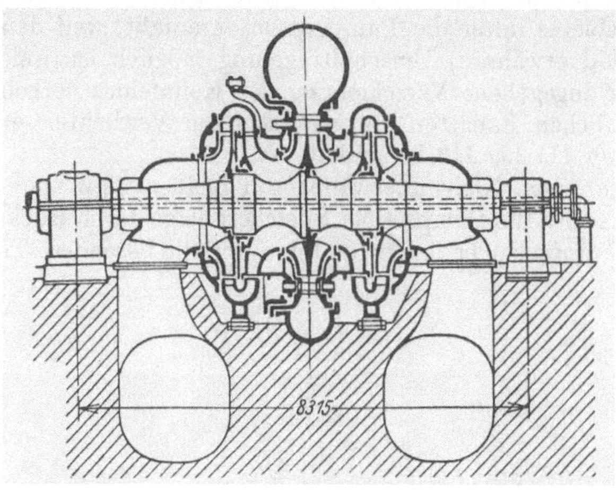

Abb. 280. Zweistufige doppelflutige Speicherpumpe mit drehbaren Leitschaufeln in der letzten Stufe und fettgeschmierten Zwischenlagern (Dämpfungslager)
$H_{max} = 335$ m, $V = 8{,}85$ m³/s, $N = 47000$ PS, $n = 500$ U/min (J. M. Voith, Heidenheim)

ausgeführt sind (Dämpfungslager). Dadurch wird Wellenschwingungen entgegengewirkt. Die Laufradböden sind durch auswechselbare Auskleidungen abgeschirmt, um die tragenden Gehäuseteile zu schützen.

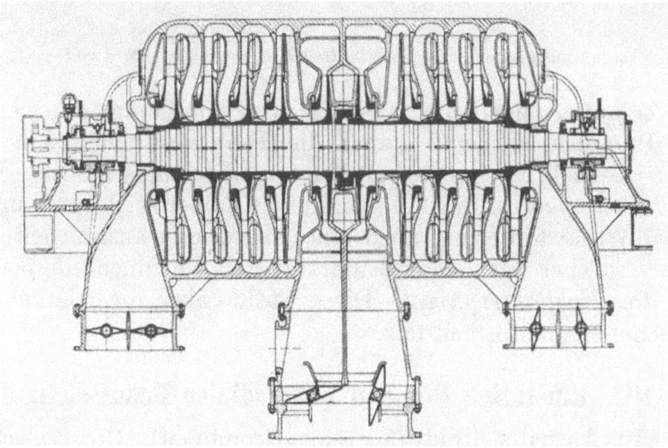

Abb. 281. Doppelflutiges Hochofengebläse, ausgerüstet mit Umschaltregelung (GHH)

Da Kavitation und Schallgeschwindigkeitsnähe gleichartige Erscheinungen sind, so findet man diese Anordnung der Räder auch bei Verdichtern großer Leistung, insbesondere Hochofen- oder Stahlwerksgebläsen, wie Abb. 281 für ein Hochofengebläse zeigt, weil auch hier der Raddurchmesser nicht so weit gesteigert zu werden braucht, wie es bei einflutiger Anordnung nötig und mit einer erträglichen Eintrittsgeschwindigkeit schwer vereinbar wäre. Die doppelflutige Anordnung wird bei Gebläsen ferner durch die Notwendigkeit der Ausdehnung des Betriebsgebietes unter die Pumpgrenze veranlaßt, weil dann die (im Abschn. 95d erwähnte) Umschaltregelung möglich ist, welche die in Abb. 281a angegebene Verschiebung des Kennfeldes herbeiführt.

Die üblichen Bauarten der mehrstufigen Verdichter sind in den Abschnitten 111 bis 113 behandelt.

Pumpturbinen. Nicht unerwähnt soll bleiben, daß man heute mit Erfolg versucht, die Pumpe einer Speicheranlage durch Rückwärtsgang auch als *Turbine* zu benutzen und dadurch die besondere Turbine mit

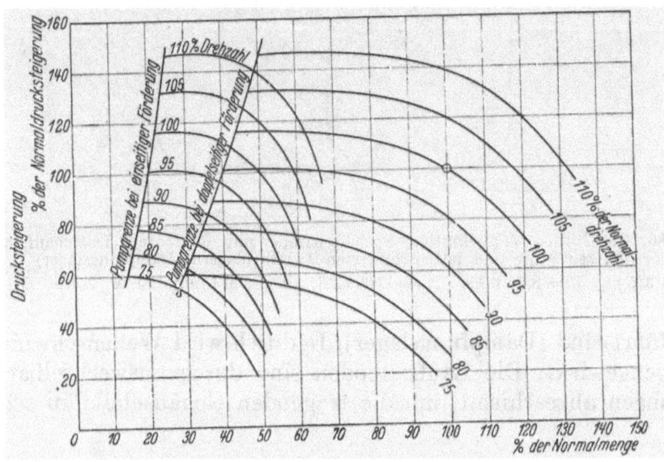

Abb. 281a. Kennlinien eines mit Umschaltregelung ausgerüsteten Gebläses nach Abb. 281

ihren Zulaufleitungen und ausrückbaren Kupplungen zu vermeiden[1]. Beim Pumpbetrieb muß dabei die Drehzahl höher sein als beim Turbinenbetrieb. Deshalb erhält der Generator umschaltbare Pole.

Hohlläuferpumpe. Der Vollständigkeit halber sei darauf hingewiesen, daß bei Wasserförderung auch eine Anordnung ausgearbeitet worden ist[2], bei welcher das Gehäuse umläuft und die Innenteile festgehalten sind: *die Hohlläuferpumpe.* Diese stellt also die Umkehrung der besprochenen Bauformen dar.

105. Einstufige Pumpen mit radialer Beaufschlagung

a) Mit Austrittsleitrad (Mitteldruckpumpen). Die Zwischenschaltung eines Leitrades zwischen Laufrad und Spiralgehäuse ist nur in den Fällen notwendig, wo das Spiralgehäuse bei alleiniger Verwendung auf

[1] Vgl. E. Mosonyi: Wasserkraftwerke, Budapest, Ungarische Akademie der Wissenschaften 1959, Bd. II, S. 1050ff. — P. Dériaz u. J. G. Warnock: Trans. Amer. Soc. mech. Engrs. Series D 81 (1959) Nr. 4 S. 521—534. — A. E. Aeberli: ebenda S. 505—520. — M. Medici: Z. VDI 102 (1960) Nr. 2, S. 59—63

[2] Schupp, F.: Hohlläuferpumpen, Z. VDI 84 (1940) S. 921

Grund der früher (Abschn. 76 und 77) angegebenen Rechnungsverfahren zu eng wird, also bei geringer spezifischer Drehzahl. Bei genügend hoher spezifischer Drehzahl hat die Einschaltung des Austrittsleitrades hinsichtlich des Wirkungsgrades nur geringen Nutzen. Sie bringt in diesem Fall allerdings eine Verbesserung der Druckziffer (wegen des verstärkten Impulsaustausches am Radumfang S. 77). Stets verlangt sie eine beträchtliche Vergrößerung des Gehäusedurchmessers, die bei einstufigen Pumpen in der Regel nur in Verbindung mit großen Leistungen in Kauf genommen wird.

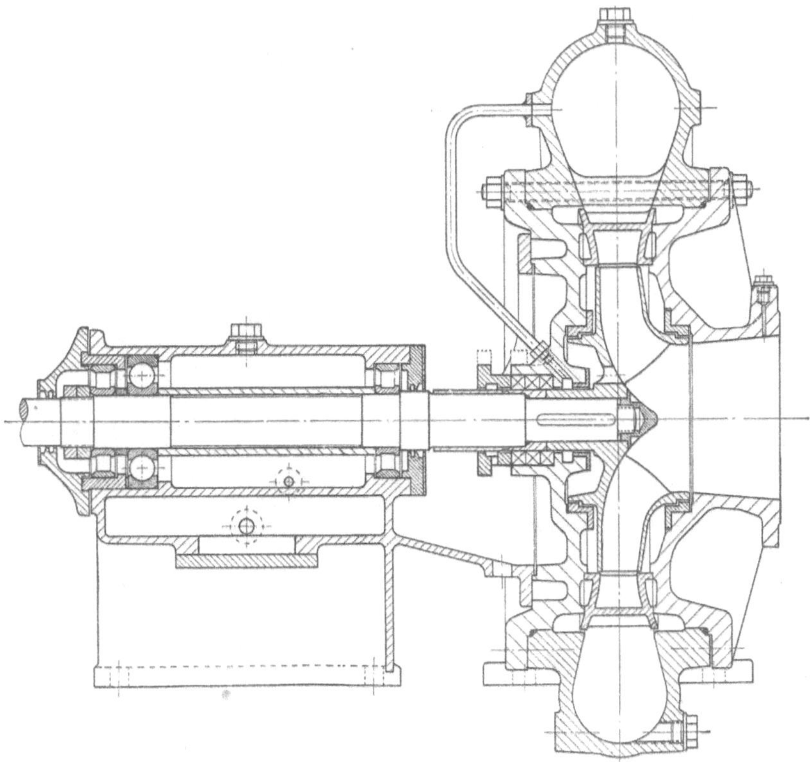

Abb. 282. Durch Getriebedampfturbine angetriebene Mitteldruckpumpe des Wasserwerkes der Stadt Darmstadt für 240 l/s auf 95 m bei 1650 U/min (HALBERG)

Abb. 282 zeigt eine für große Wasserwerksanlagen geeignete Pumpe mit fliegend aufgesetztem Laufrad. Das Spiralgehäuse ist am Lagerbock angeflanscht und — zur Aufnahme der schweren Anschlußrohre — auch unmittelbar auf dem Fundament abgestützt. Lauf- und Leitrad bestehen aus zinkfreier Phosphorbronze. Hydraulisch günstig ist die axiale Stellung des Saugstutzens. Der restliche Achsschub ist durch ein Kugeldrucklager aufgenommen. Das Spiralgehäuse wird durch die verlängerten Leitschaufeln (Spannschaufeln) versteift. Außerdem sind Zuganker vorgesehen.

Abb. 283 und 283a geben die gleiche Bauart für die senkrechte Pumpe wieder. Dort haben die Spannschaufeln *a* häufig auch erhebliche Gewichte zu übertragen. Saugseitig ist ein fettgeschmiertes Wasserlager vorgesehen. Der Saugstutzen schließt sich an das einbetonierte Mauerrohr verschiebbar an.

In Abb. 284 ist ein zur Aufladung von Flugmotoren[1] bestimmtes Gebläse dargestellt. Das Laufrad aus Duraluminium oder Magnesiumlegierung hat auf der Einlaufseite keine Deckwand und ist aus dem

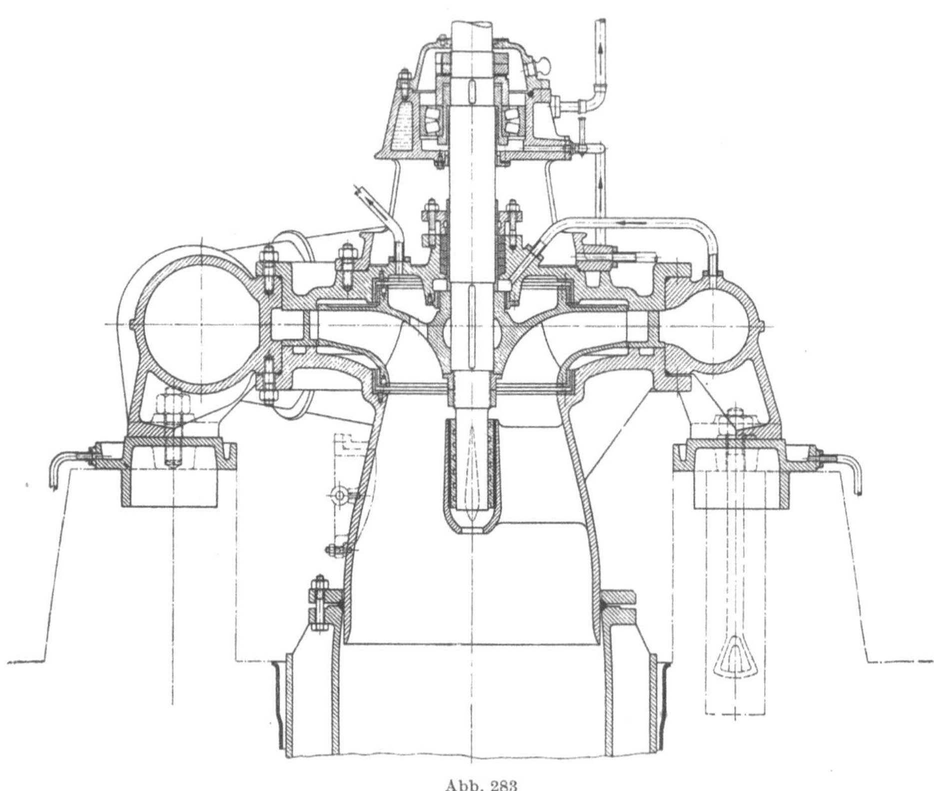

Abb. 283

Vollen gepreßt. Die in Axialebenen liegenden Schaufeln sind am Eintritt auf Stoßfreiheit umgebogen. Die Aussparungen der Radwand am Umfang bringen den Vorteil einer wesentlichen Herabsetzung des Achsschubes (neben einer Gewichtsersparnis), ohne daß die Festigkeit

[1] Literatur über Flugzeuglader: W. von der Nüll: Luftf.-Forschg. 14 (1937) S. 244 — Autom.-techn. Z. 1938, Heft 11, S. 282—295 — Z. Luftwissensch. 4 (1937) S. 169—186 — Jb. 1938 dtsch. Luftfahrtforschg. — Z. VDI 85 (1941) S. 763, 905 und 981. Ferner Beitrag von v. d. Nüll über „Ladeeinrichtungen" im Automobiltechn. Handb. 1942, S. 1149—1213, dort weitere Literaturangaben. Neuere Angaben H. Hasselgruber: Konstruktion 10 (1958) Heft 1, S. 22—32

fühlbar beeinträchtigt wird, weil die Spannungen in der Nähe des Umfanges beim vollen Rad mäßig sind (vgl. Abb. 346a). Die Leitschaufeln sind mit dem Deckel aus einem Stück gegossen. Bemerkenswert ist die Lagerung der Welle und die Regelung der Drehzahl

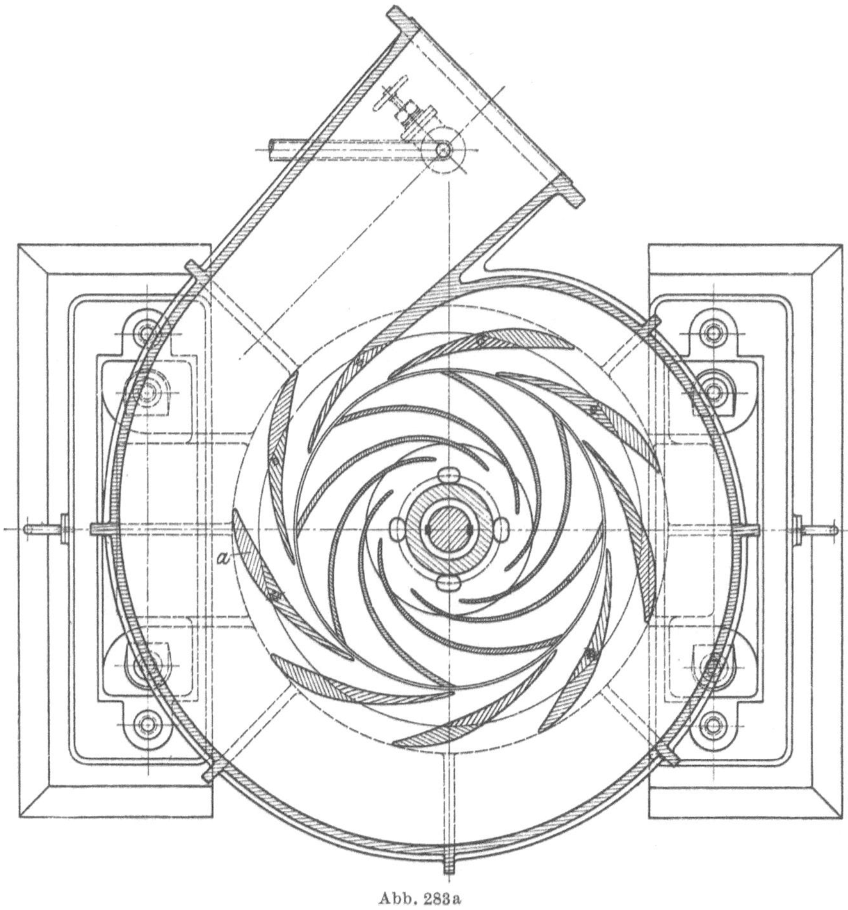

Abb. 283a

Abb. 283 u. 283a. Mitteldruckpumpe mit senkrechter Welle für 2700 m³/h auf 85 m bei 980 U/min; Saugstutzen im einbetoniertem Mauerrohr verschieblich (HALBERG)

durch die mit einstellbarer Ölfüllung arbeitende hydraulische Schlupfkupplung *a*, die bei Vollfüllung noch mit einem Schlupf von 2% arbeitet.

b) Ohne Austrittsleitrad (Niederdruckpumpen). Bei einseitigem Einlauf liegt hier die einfachste Ausführung einer Kreiselpumpe vor, und diese ist naturgemäß gleichzeitig die gefragteste, so daß sie innerhalb eines weiten Bereiches der spezifischen Drehzahlen von $n_q = 10$ bis 100 ($n_s = 36$ bis 365) verwendet wird. Hierunter werden wieder die Typen mit niedrigem n_q, bei denen ein Austrittsleitrad günstiger wäre, am häufigsten gebraucht.

In Abb. 285 ist das Spiralgehäuse mit axialem Saugstutzen fliegend am Lagerstuhl angeflanscht und kann somit entsprechend der be-

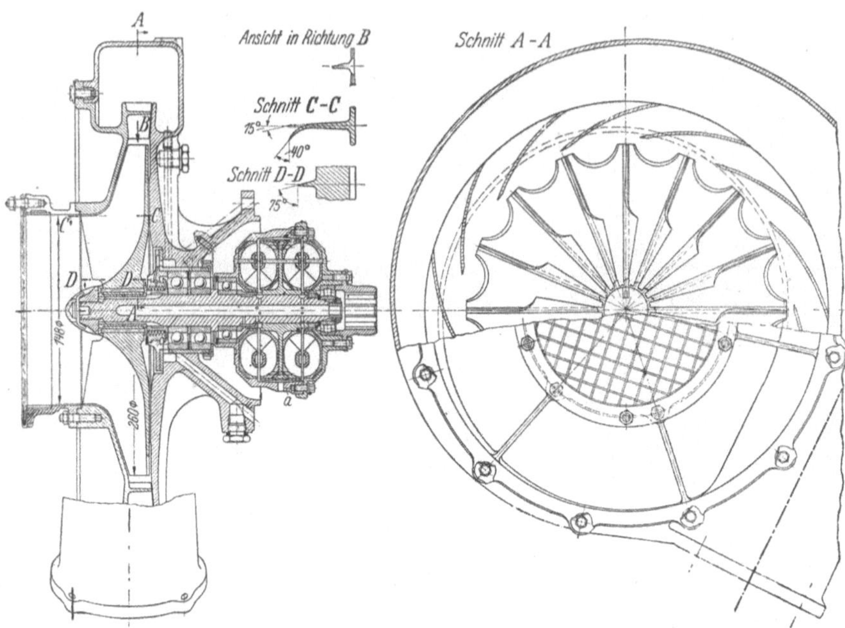

Abb. 284. Flugzeuglader mit doppelter hydraulischer Schlupfkupplung *a* für einen Ansaugstrom $V_I = 1{,}8\ m^3/s$ auf $H = 8700$ m bei 27000 U/min (Daimler-Benz)

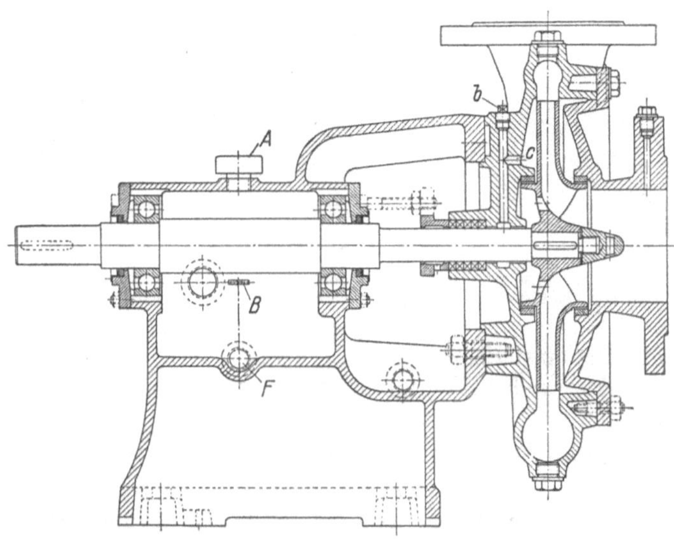

Abb. 285. Spiralgehäuse-Pumpe mit axialem Saugstutzen (KSB)

absichtigten Rohrführung eingestellt werden. Bei Druckstutzenweiten über 100 mm erhält auch das Gehäuse Füße. Der Achsschub des Laufrades ist durch Löcher in der Nabe und einen zweiten Dichtungsspalt entlastet (S. 460). Die Stopfbüchse wird durch Druckwasser gegen Luftzutritt gesichert und dadurch auch gekühlt. Bei Förderung unreiner Flüssigkeit wird der Sperrkammer von außen reines Wasser zugeführt. Im Hinblick auf die geringe spezifische Drehzahl ist die doppelt gekrümmte Form der Schaufel bemerkenswert.

In Abb. 286 sind Pumpe und Motor im gemeinsamen Gehäuse und ohne Stopfbüchse untergebracht. Die Ausführung dient als Umwälz-

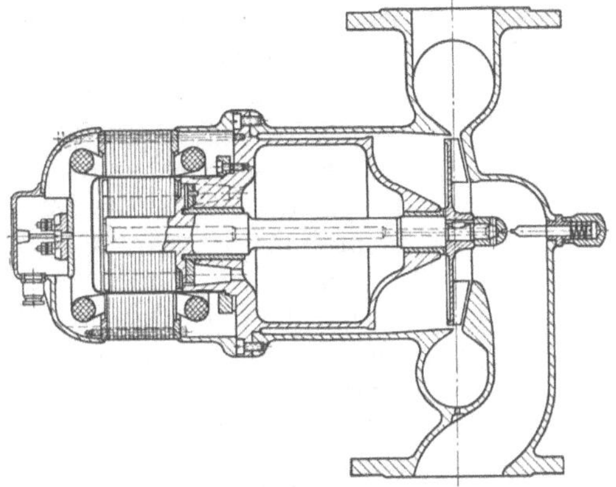

Abb. 286. Langsamläufiges Pumpenrad für großen Umwälzwiderstand

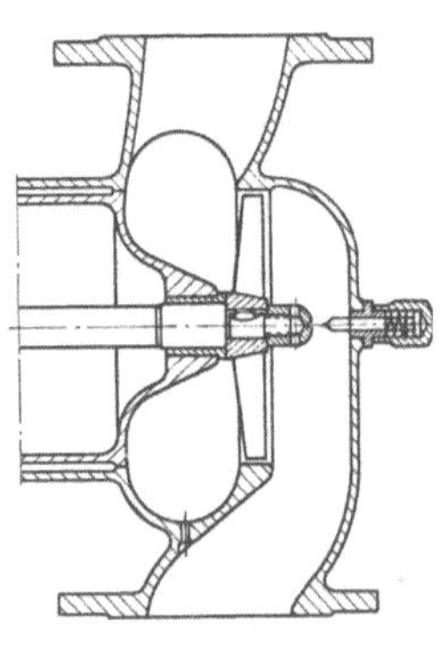

Abb. 287. Schnelläufiges Pumpenrad für kleinen Umwälzwiderstand

Abb. 286 u. 287. Stopfbuchslose Umwälzpumpe für Zentralheizungen mit nassem Kurzschlußläufer aber trockner Statorwicklung (AMAG Hilpert-Pegnitzhütte A.G. Nürnberg)

pumpe für Zentralheizungen und kann in jedes vorhandene Rohrsystem ohne Änderung der Rohrführung eingebaut werden. Der Kurzschlußläufer des Motors liegt im Wasser (wie bei der Unterwasserpumpe S. 494), die Statorwicklung aber trocken, weil sie gegen den Läuferumfang durch ein dünnwandiges Rohr abgeschirmt ist[1]. Die Lager werden vom Förderwasser, welches durch die hohle Pumpenwelle zurückgeleitet wird, geschmiert. Der Achsschub ist weitgehend ausgeglichen.

Die gleiche Bauweise wird heute auch für Umwälzpumpen bei hohen Zulaufdrücken oder hohen Temperaturen besonders in Verbindung mit giftigen Förderflüssigkeiten, wie sie auch in *Kernenergie-Anlagen* vorkommen, angewandt und erhält dadurch zunehmende Bedeutung. Abb. 288 zeigt eine solche neuzeitliche Umwälzpumpe mit Kühlkreislauf für den Motor und einer Wärmesperre gegenüber dem Pumpenteil.

[1] Neumaier, R.: Stopfbüchslose Kreiselpumpen usw., Der Maschinenmarkt 66 (1960), Nr. 5 S. 20—22

Auch hier ist kein Fundament nötig. Die Pumpe hängt frei an der Rohrleitung[1].

Auch für *Gasverdichtung* kommt der Tauchmotor in Frage, z. B. für Umwälzung des Kühlgases in Kernenergie-Anlagen oder in der Ammoniaksynthese[1].

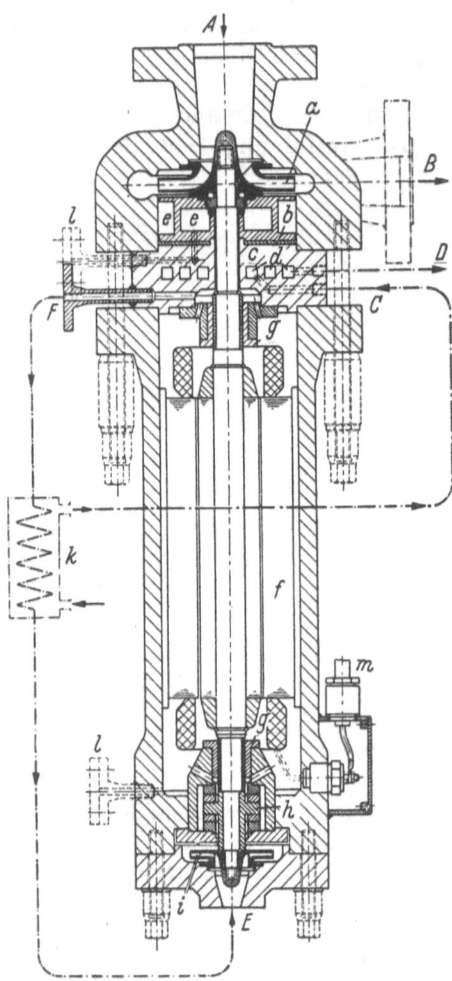

Abb. 288. Einstufige, hängend angeordnete stopfbüchslose Umwälzpumpe für heiße oder giftige Flüssigkeiten (z. B. in Kernenergieanlagen) mit Kühlkreislauf und Wärmesperre für den Unterwassermotor (KSB)
a Umwälzpumpe; *b* Wärmeisolierung; *c* und *d* Wärmesperre mit Kühlkanälen; *f* Unterwassermotor; *h* Segmentlager; *i* Hilfslaufrad für Motorkühlung

Für die *Umwälzung flüssiger Metalle,* wie sie bei gewissen Kernenergie-Anlagen erforderlich ist, werden neuerdings *elektromagnetische Pumpen* entwickelt, bei denen das Fördermittel nach den gleichen Gesetzen bewegt wird wie die Leiter im Anker des Elektromotors. Es handelt sich hier also nicht um Kreiselpumpen[2].

An dieser Stelle wären auch die *handelsüblichen* Ventilatoren zu behandeln. Diese sind aber meist für den Lernenden keine geeigneten Vorbilder.

Der *doppelseitige Einlauf* hat ungünstigere Zuströmverhältnisse und stellt an die Gehäuseausbildung wesentlich höhere Anforderungen. Er ist deshalb trotz des Achsschubausgleiches in den Hintergrund getreten.

Abb. 289 bis 289b zeigen, daß es notwendig ist, die Zuführungskanäle in das Gehäuse und die Deckel hineinzulegen, wenn man die Pumpe ohne Abnahme der Saugleitung ausbauen will. Die Deckel sind hier mittels der Befestigungsflanschen der Lager festgehalten und durch Rundgummi gedichtet. Ebenso wie in Abb. 282 ist das Gehäuse in bezug

[1] Stroehlen, R.: Z. VDI 99 (1957) Nr. 20, S. 887—894. — M. Grashof: Z. VDI. 100 (1958) Nr. 31, S. 1486

[2] Agena, H.: Atomkern-Energie 3 (1958) Heft 7. S. 249—254

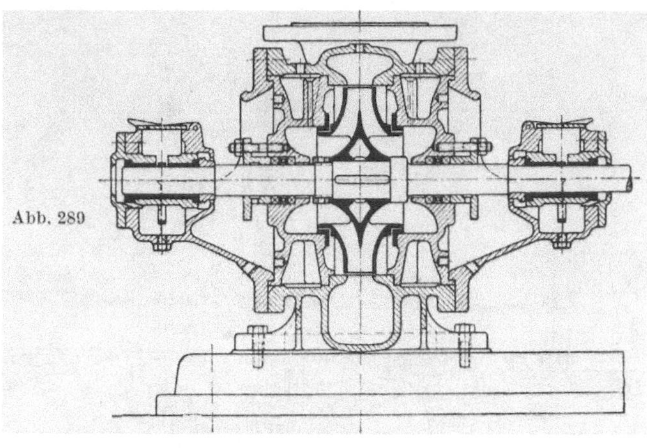

Abb. 289

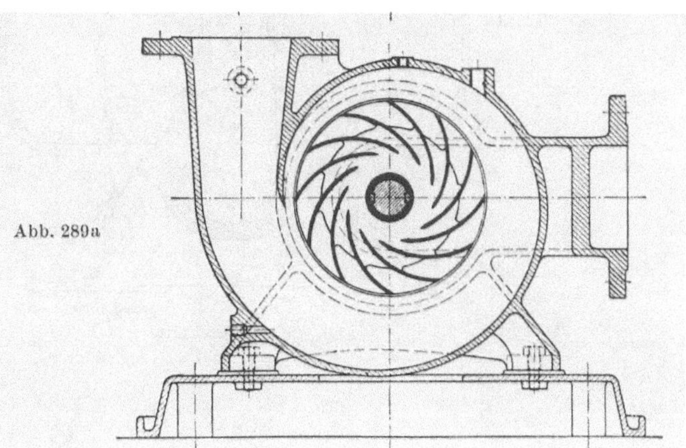

Abb. 289a

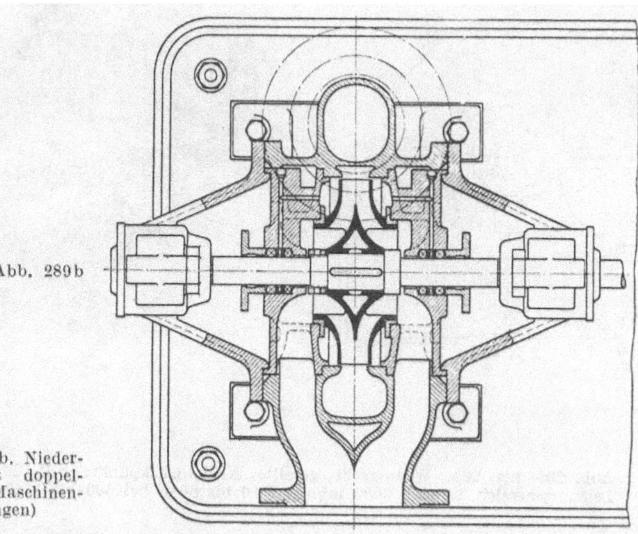

Abb. 289b

Abb. 289 bis 289b. Niederdruckpumpe mit doppelseitigem Einlauf (Maschinenfabrik Eßlingen)

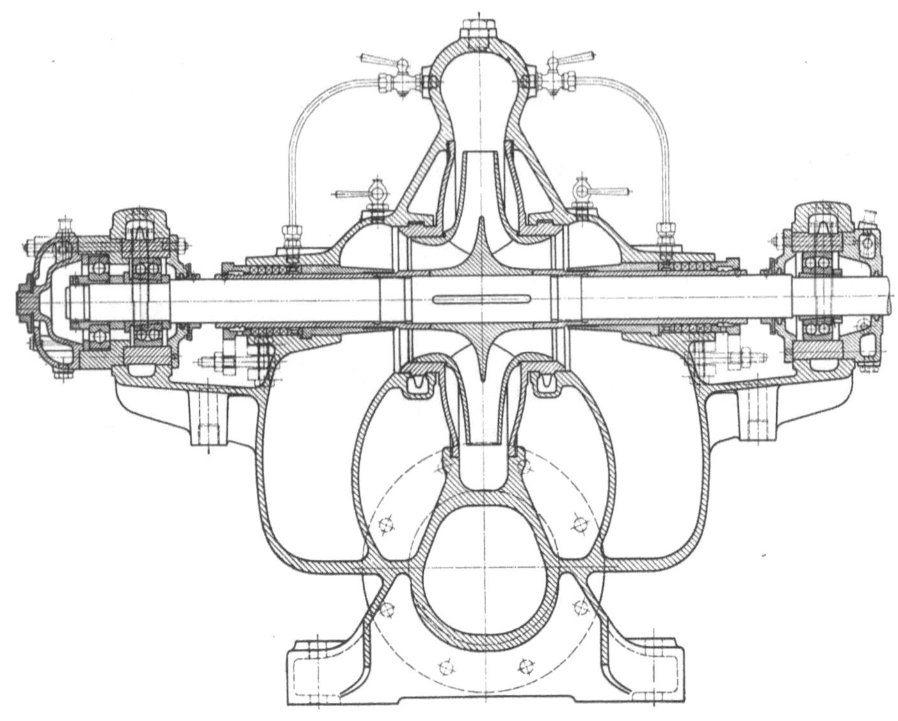

Abb. 290. Längsschnitt

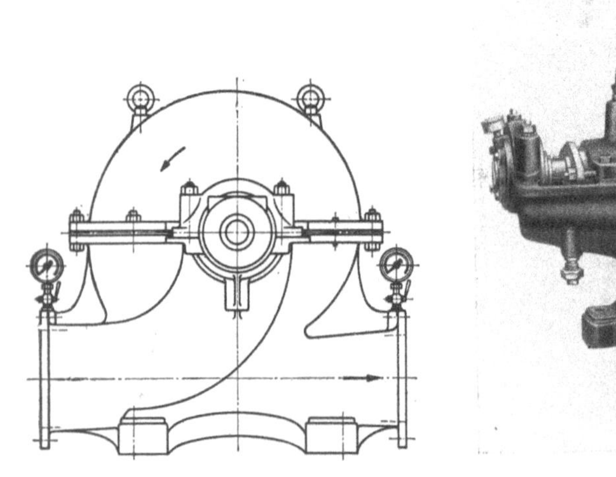

Abb. 291. Seitenansicht

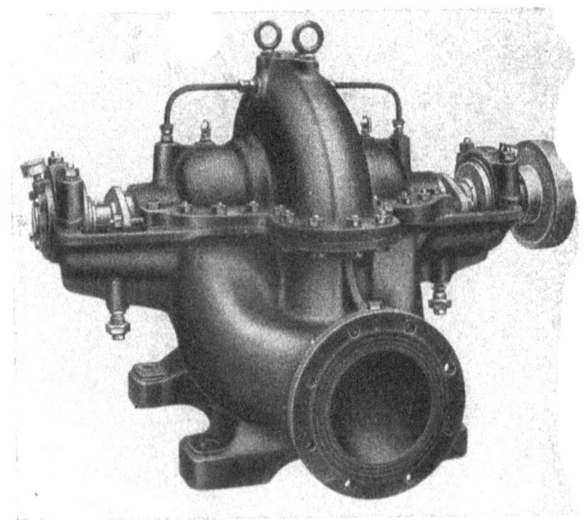

Abb. 292

Abb. 290 bis 292. Waagerecht geteilte Niederdruckpumpe mit doppelseitigem Einlauf. Leistungsbereich 180 bis 6000 m³/h auf 10 bis 80 m bei 600 bis 1740 U/min (Weise Söhne)

auf die Mittelebene vollkommen symmetrisch ausgebildet, so daß Anpassung an jede Drehrichtung möglich ist.

In Abb. 290 bis 292 ist der doppelseitige Einlauf im Fall der waagerechten Gehäuseteilung einer Wasserwerkspumpe wiedergegeben. Hier schließt man die Saug- und Druckleitung am Unterteil an, damit sie beim Ausbau nicht gelöst zu werden brauchen. Das Gehäuse der Abb. 290 ist durch eingebaute „Schleißwände" aus Sonderwerkstoff gegen rasche Abnützung geschützt.

Bei großen Leistungen werden die beiderseitigen Einlaufkanäle nicht in das Gehäuse gelegt, sondern in Krümmerform herangeführt.

106. Halbaxial- und Axial- (einschl. Propeller-) Pumpen

Abb. 293 zeigt eine einseitig beaufschlagte Rohwasserpumpe mit vertikaler Welle. Der Kohleringstopfbüchse *a* ist ein Labyrinth *b* vor-

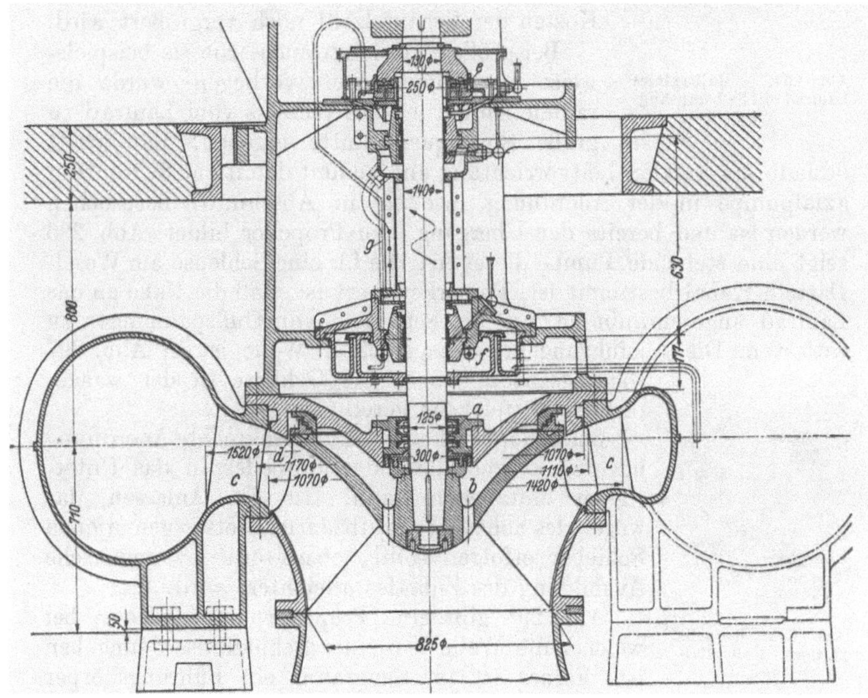

Abb. 293. Schraubenpumpe als Rohwasserpumpe für eine Wasserversorgungsanlage, $V = 1{,}950\ \mathrm{m^3/s}$, $H = 10\ \mathrm{m}$, $n = 355$ U/min (Escher Wyss)

geschaltet. Die vertikalen Gewichte werden durch Spannschaufeln *c*, die bei normalem Durchfluß hydraulisch wirkungslos sind, aufgenommen. Der Dichtungsring *d* der Rückseite des Laufrades ist an den äußeren Umfang gelegt, um den Achsdruck zu verkleinern. Letzterer wird durch ein Segmentlager e aufgenommen, das zusammen mit den beiden Führungslagern von dem mit der Welle umlaufenden Ölbecken f, also durch Aufstau in der Leitung g, mit Öl versorgt wird.

Die Schaufelformen der Halbaxialpumpen sind je nach den Betriebsverhältnissen verschieden. Das in Abb. 294 gezeigte Rad dürfte wegen seiner großen tragenden Schaufelfläche für große Saughöhen am Platze sein. Dagegen ist das Rad der Abb. 295 wegen der geringen Zahl verhältnismäßig kurzer Schaufeln als ausgesprochener Schnelläufer zu betrachten, der in seinen Eigenschaften dem konischen Propeller nahekommt. Diese Räder haben aber gegenüber dem axialen Propeller immer noch den Vorteil, daß die Förderung bei Teillast häufig nicht abreißt. Förderschneckenform der Räder der Abb. 294 verleiht diesen Typen (bei Führung der Saugleitung mit Schwanenhals) auch Selbstsaugefähigkeit, besonders wenn die Schaufellänge auf Kosten der Schaufelzahl noch vergrößert wird.

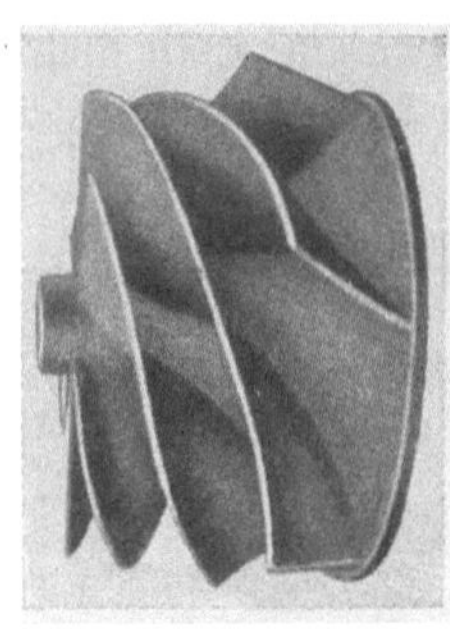

Abb. 294. Halbaxiales Laufrad mit Selbstansaugfähigkeit

Bei großen Förderströmen, wie sie beispielsweise in Schöpfwerken vorliegen, würde die radiale Abführung des Wassers vom Laufrad zu große Spiralquerschnitte ergeben. Man greift deshalb zur axialen Leitvorrichtung und kommt damit zur Schraubenaxialpumpe in der Anordnung, wie sie in Abschn. 57 besprochen worden ist und bereits den Übergang zum Propeller bildet. Abb. 296 zeigt eine stehende Pumpe dieser Art, die für eine Schleuse am Wesel-Datteln-Kanal bestimmt ist. Bemerkenswert ist, daß die Nabe an das Laufrad angeschraubt ist, um die Schaufeln von Gußspannungen zu entlasten. Die Ausführung mit waagerechter Welle ist in Abb. 297 wiedergegeben, wobei das Gehäuse in der waagerechten Mittelebene geteilt ist.

Abb. 295. Schnellläufiges Halbaxialrad

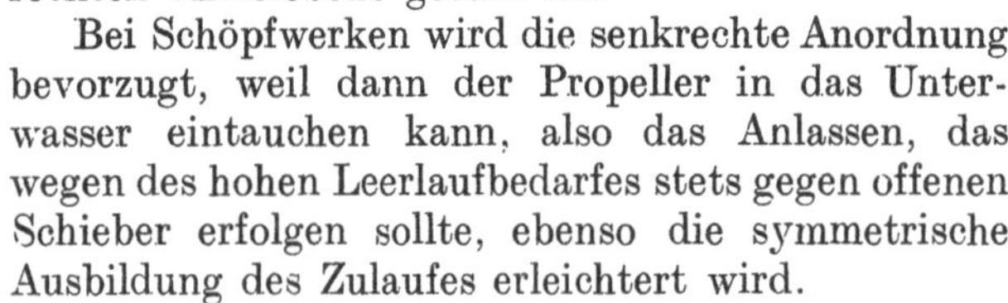

Bei Schöpfwerken wird die senkrechte Anordnung bevorzugt, weil dann der Propeller in das Unterwasser eintauchen kann, also das Anlassen, das wegen des hohen Leerlaufbedarfes stets gegen offenen Schieber erfolgen sollte, ebenso die symmetrische Ausbildung des Zulaufes erleichtert wird.

Abb. 298 gibt eine Propellerpumpe wieder, bei welcher die Welle von einer Schutzhülse e umgeben ist. Ferner ist im Saugraum ein Führungskörper angeordnet, der das Einsaugen von Wirbelfäden in das Laufrad, also unruhigen Gang, erschwert. Solche Wirbelfäden können sich in der Achse großer Saugrohre (nach S. 199) bilden, wenn das zulaufende Wasser aus irgendeinem Grunde, z.B. infolge fehlender Symmetrie des Einlaufbeckens, eine kreisende Bewegung annimmt. Bei der großen Weite des Saugrohres erhält der Drall leicht den Wert, der zur Schlauchbildung und damit zu erhöhten Verlusten oder Kavitation führt.

Um bei kleinen Förderhöhen nicht auf die waagerechte Anordnung mit Heberwirkung (Abb. 299) übergehen zu müssen, wird der schräge Einbau nach Abb. 300 verwendet, welcher günstigere Wasserführung mit steter Betriebsbereitschaft vereinigt. Das schräg liegende Gehäuse ist in der Mittelebene geteilt[1]. Bei diesen Schöpfwerken ist Kleinhaltung des Eintritts- und Auslaßverlustes der Leitung durch sanfte Krümmung am Einlauf und stetige Erweiterung am Auslauf wichtig.

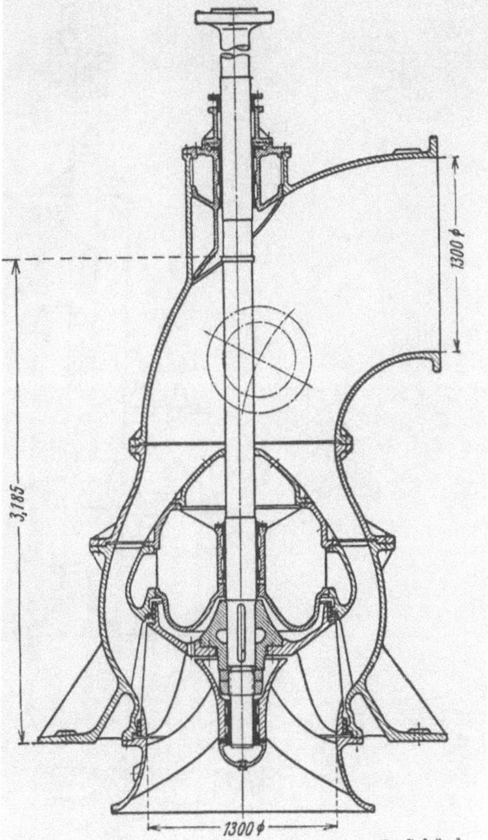

Abb. 296. Stehende Schraubenaxialpumpe als Schöpfwerkspumpe (Kleinschanzlin-Bestenbostel)

Abb. 301 zeigt ein axiales Heißgasgebläse für hohe Temperaturen bis 600 °C, bei dem (wie in Abb. 165 unter Fall V angegeben und S. 346 nochmals besprochen worden ist) das Leitrad vor das Laufrad gesetzt wurde[2]. Der Antrieb erfolgt über einen hohlen Torsionsstab *e*. Im Hinblick auf die sehr hohe Gastemperatur werden die Lager durch Frischluft gekühlt, die teils durch die Hohlwelle *d* und die offene Kupplung *f* mittels der in der hohlen Nabe angebrachten

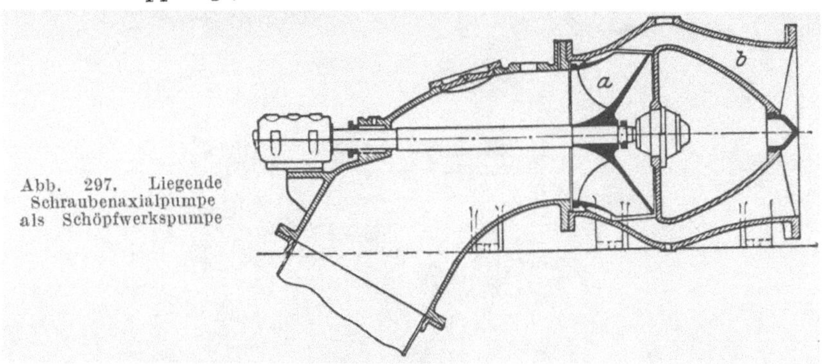

Abb. 297. Liegende Schraubenaxialpumpe als Schöpfwerkspumpe

[1] Nähere Einzelheiten vgl. Escher Wyss Mitt. 10 (1937) S. 74

[2] Siegwart, E.: Z. VDI 95 (1953) S. 56

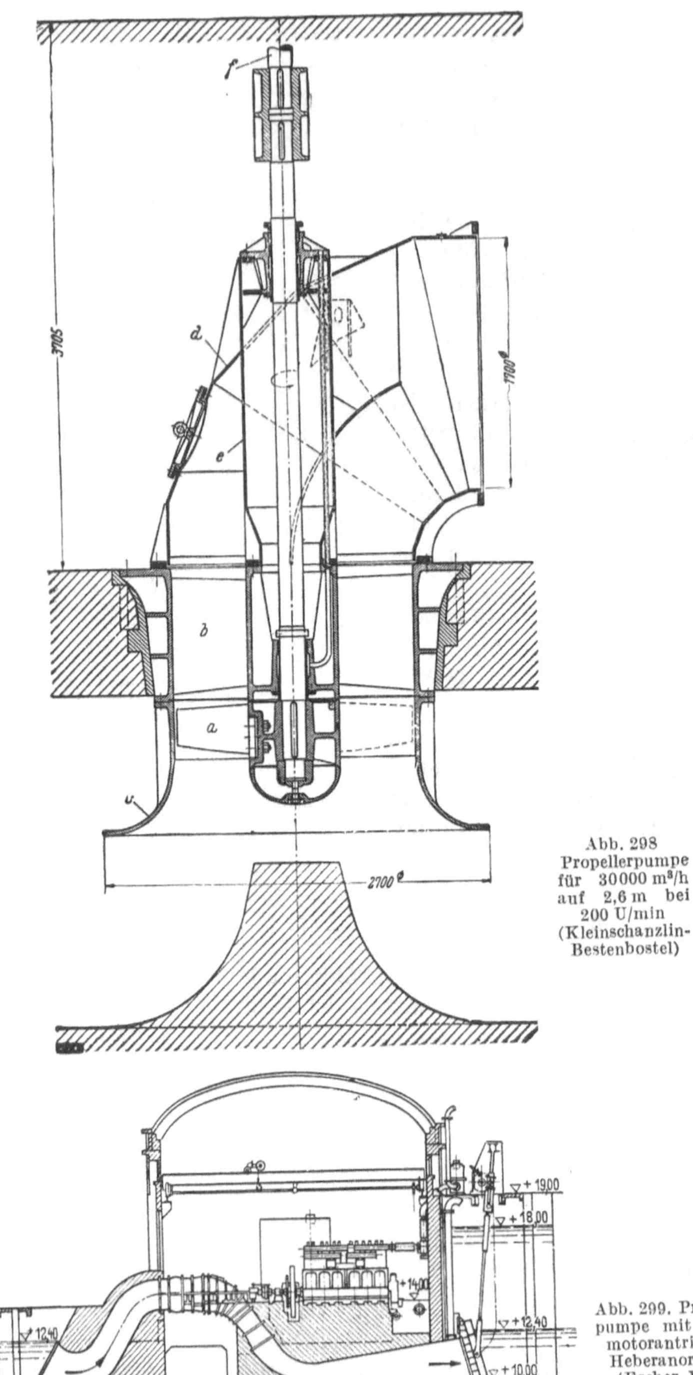

Abb. 298 Propellerpumpe für 30000 m³/h auf 2,6 m bei 200 U/min (Kleinschanzlin-Bestenbostel)

Abb. 299. Propellerpumpe mit Dieselmotorantrieb in Heberanordnung (Escher Wyss)

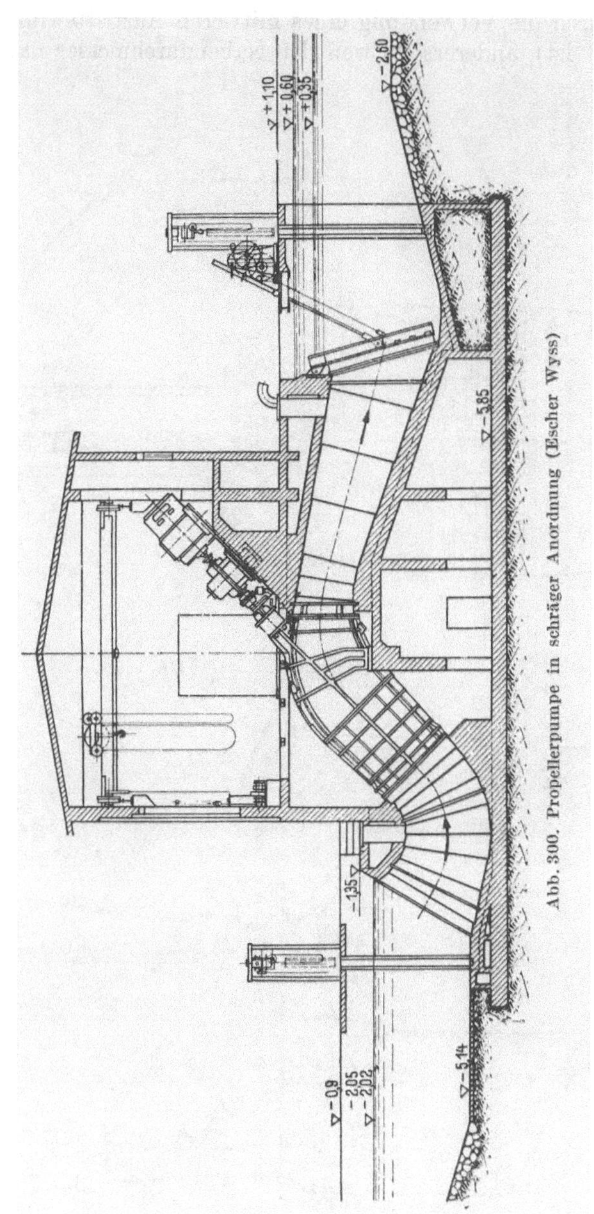

Abb. 300. Propellerpumpe in schräger Anordnung (Escher Wyss)

radialen Hilfsschaufeln *a*, teils durch die isolierte Umkleidung *g* des Torsionsstabes mittels des im Gebläse herrschenden Unterdruckes angesaugt wird.

Das SCHICHT-Gebläse[1], Abb. 302, stellt eine langsamläufige Extremform der Axialpumpe dar, einerseits infolge seiner hohen Druckziffer

[1] SÖRENSEN, E.: Z. VDI 83 (1939) S. 925—931

(die durch die Verwendung eines mittleren Austrittswinkels $\beta_2 = 90°$ bedingt ist), andererseits weil der Nabendurchmesser nach dem Aus-

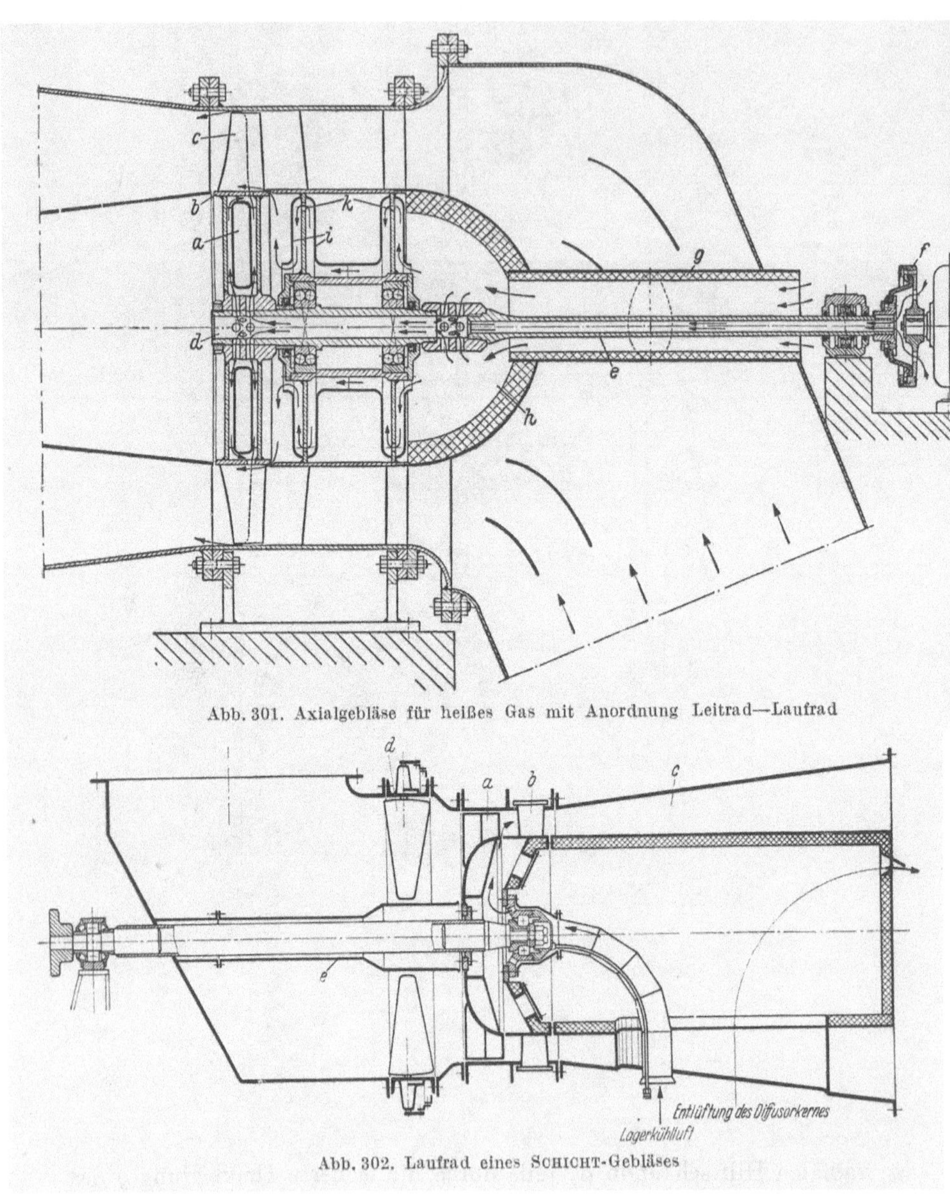

Abb. 301. Axialgebläse für heißes Gas mit Anordnung Leitrad—Laufrad

Abb. 302. Laufrad eines SCHICHT-Gebläses

tritt hin so stark anwächst, daß der Laufkanal annähernd gleichbleibenden Querschnitt erhält und auch die Meridiangeschwindigkeit am Radaustritt über die üblichen Werte gesteigert ist. Da hierdurch am Austritt r_a/r_i klein wird, wächst die Druckziffer ψ gemäß Gl. (13), S. 293, bis an die mögliche Grenze, ohne daß die Verluste im Laufkanal merkbar anwachsen. Die Verlangsamung der so entstehenden großen Meridiangeschwindigkeit hinter dem Rad läßt sich in einem kegeligen Erweiterungsrohr *c* von geräumigem Querschnitt ohne Richtungsänderung, also auf denkbar günstige Weise durchführen, wenn vorher in einem kurzen Leitrad *b* die Umfangskomponente umgesetzt wird (Abb. 302). Letztere kann aber durch Erzeugung von Gegendrall in den Drehschaufeln *d* beliebig klein gehalten werden.

Die Laufschaufeln sind bisweilen gemäß Abb. 302a geteilt. Über die Bedeutung dieser Unterbrechung vgl. S. 297.

Abb. 302a. Gesamtanordnung eines SCHICHT-Gebläses. *a* Laufrad, *b* Austrittsleitschaufeln, *c* Diffusor, *d* drehbare Eintrittsleitschaufeln (Drallregler), *e* Wellenschutzrohr

107. Die mehrflutige Pumpe

Geringe Schnelläufigkeit kann auch durch Mehrstromanordnung erzielt werden. Die spezifische Drehzahl vermindert sich dann nach Gl. (7), Abschn. 27, mit der Wurzel aus der Zahl der Teilströme[1].

In Abb. 303 ist eine Mehrstrompumpe der AEG mit zwei Doppelrädern gezeichnet, die für die Kühlwasserversorgung einer Turbinenkondensation bestimmt und einerseits mit der antreibenden Kleinturbine, andererseits mit der Luft- und Kondensatpumpe gekuppelt ist. Das Gehäuse ist in der Mittelebene geteilt, weil der Ausbau nur in vertikaler Richtung möglich ist. Die Stützung auf dem Fundament geschieht durch Lagerflanschen. Die Laufräder sind der leichteren Herstellbarkeit halber in der Mittelebene senkrecht zur Achse geteilt.

Trotz der Verkleinerung von $n^2 V$ kann es vorkommen, daß die Mehrstrompumpe eine hohe Kavitationsempfindlichkeit besitzt, und zwar infolge der scharfen Richtungsänderung um 180° vor dem Radeinlauf, die unvermeidlich ist, wenn man keine zu langen Wellen in Kauf nehmen will (vgl. auch Abb. 289 und 290). Außerdem bringt die Unterteilung

[1] Vgl. Z. ges. Turbinenw. 1912, S. 225. Andere Ausführungen dieser Art sind beschrieben von BRUMANN in Z. VDI 1913, S. 1858 oder Z. ges. Turbinenw. 1914, S. 309. Ferner von SCHRÖTER: Z. ges. Turbinenw. 1912, S. 199, 222 u. 234

des Förderstromes an sich schon eine Einbuße an Wirkungsgrad mit sich. Aus diesen Gründen hat die Mehrstromanordnung viel an Bedeutung verloren. Man verwendet heute Radformen höherer Schnelläufigkeit, beispielsweise den Propeller, oder — falls große Förderhöhen vorliegen oder gute Saugfähigkeit verlangt wird — schaltet man zwischen

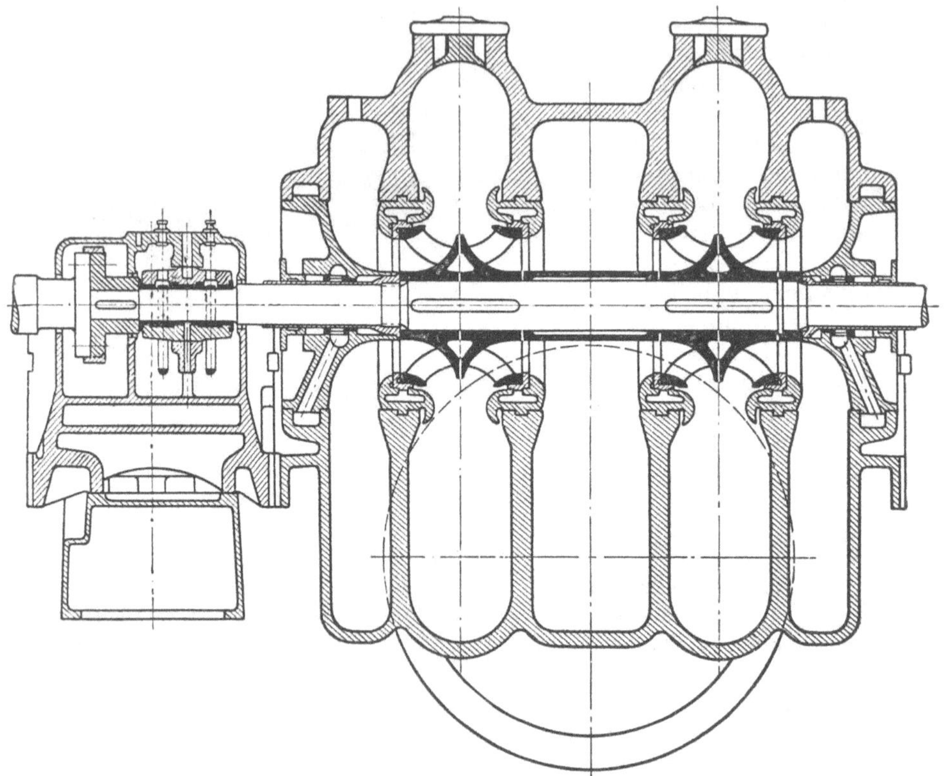

Abb. 303. Mehrstrompumpe mit waagerecht geteiltem Gehäuse (AEG)

den raschlaufenden Motor und die Pumpe ein Rädergetriebe zur Herabsetzung der Pumpendrehzahl auf ein solches Maß, daß die Einstrombauart möglich wird.

108. Tiefbrunnenpumpen

Sofern reichlich Platz für die Aufstellung der senkrechten Pumpe vorhanden ist, bleibt ihr grundsätzlicher Aufbau der gleiche wie bei den waagerechten Pumpen. Über die Aufnahme des Achsschubes ist bereits im Abschn. 103 berichtet. Abb. 304 zeigt eine einstufige Pumpe mit doppelseitigem Einlauf. Hierbei ist das Spurlager als Kugellager ausgebildet und am unteren Wellenende angeordnet. Liegen sehr große Förderströme vor, so ist bei der senkrechten Anordnung der einseitig beaufschlagte Kreisel wegen der erheblich einfacheren Wasserführung vorzuziehen (vgl. Abb. 283)[1].

Da der Kostenaufwand für gemauerte Brunnenschächte sehr ins Gewicht fällt, so gewinnt die *Bohrlochpumpe* mehr und mehr Bedeutung, bei der die Zwischenwelle in der Druckleitung gelagert ist. Letztere hängt frei am Motoruntersatz, trägt also auch das Gewicht des Pumpengehäuses und der Saugleitung (Abb. 305). Die günstigsten Brunnen-

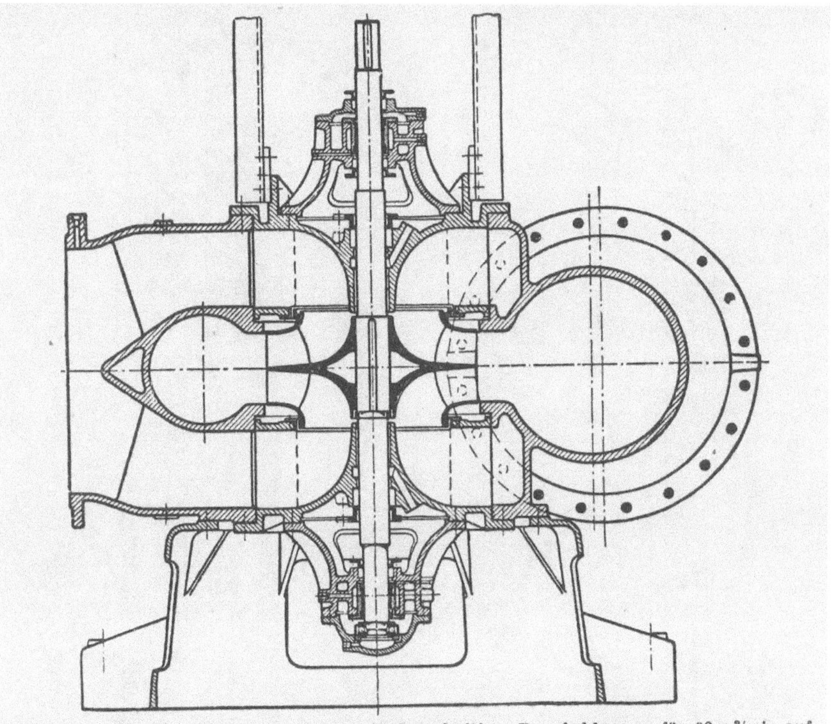

Abb. 304. Stehende Niederdruckpumpe mit doppelseitiger Beaufschlagung für 60 m³/min auf 11 m bei 490 U/min

weiten liegen nach SCHULZ[2] zwischen 100 und 350 mm. Es kommt also darauf an, den Durchmesser des Pumpengehäuses entsprechend klein zu halten, während die Länge unbeschränkt ist.

Die übliche Radialpumpe mit dem Durchmesserverhältnis $D_2/D_1 = 1{,}8 \div 2$ kommt aus den erwähnten Gründen kaum in Frage[1]. Bei normalen Bohrlochweiten bevorzugt man heute die konische Radform mit halbaxialer Wasserführung, ähnlich der im Abschn. 57 berechneten, wobei die Unterbringung einer genügenden Schaufellänge noch bei einem Verhältnis $D_2/D_1 = 1{,}3$ gut möglich ist, ohne daß die Ausbildung der Leitschaufel erschwert würde (Abb. 305).

---

[1] Weitere Angaben vgl. OESCH: Z. ges. Turbinenw. 1917. S. 273ff., 1919, S. 20. Ferner Druckschrift der Hamburger Wasserwerke v. 13. 11. 1951, S. 55ff.

[2] SCHULZ, W.: Tiefbrunnen-Kreiselpumpen Z. VDI 74 (1930) S. 235ff.

Man erkennt, daß die Summe der Ablenkungswinkel des meridionalen Wasserstromes hier nur etwa halb so groß ist wie bei der radialen

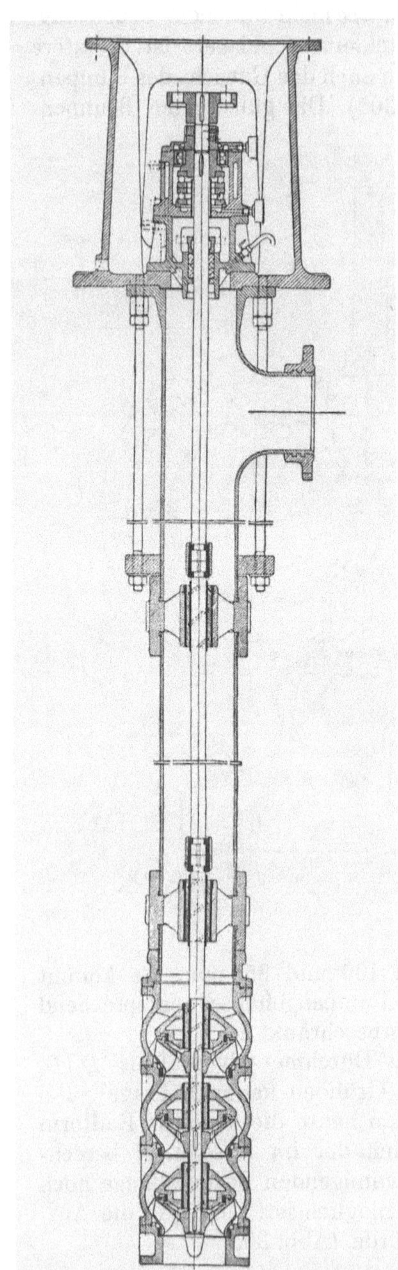

Abb. 305. Bohrlochpumpe mit halbaxialen Lauf- und axialen Leiträdern (KSB)

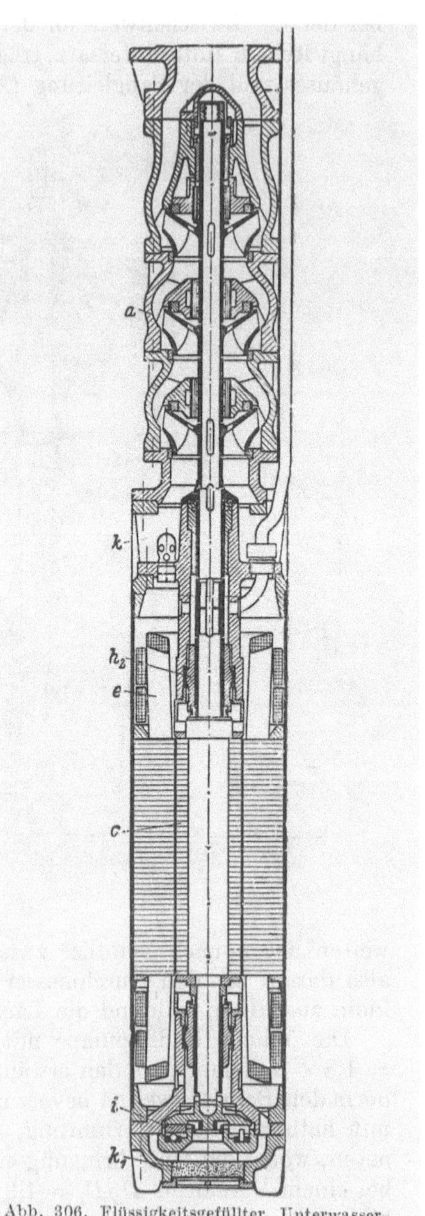

Abb. 306. Flüssigkeitsgefüllter Unterwasser-Motor mit wasserfester Isolierung des Drahtes der Ständerwicklung (KSB)
i wassergeschmiertes Segment-Klotzlager, *k* Ansaugeöffnung, k_1 Keramikfilter,,

Beaufschlagung. Ferner ist die gute Führung der Welle in den Zwischenbüchsen jeder einzelnen Stufe zu erwähnen, die im Falle sandhaltigen Wassers aus den besonders geeigneten, allerdings auch teuren Gummilagern[1] bestehen.

Da die Steigleitung an ihrem oberen Ende durch den seitlichen Stutzen geschwächt ist, aber dort ihr Eigengewicht, das Gewicht der Pumpe und den Wasserdruck aufzunehmen hat, ist sie bei großen Einhängetiefen an dieser Stelle durch Längsanker zu versteifen. Diese Versteifung fällt weg, wenn die Abzweigung durch Vermittlung eines am Motoruntersatz angebrachten Formstückes geschieht.

Die beschriebenen Bohrlochpumpen mit Zwischenwelle gelten heute[2] nur für Einbautiefen bis zu 12 m als wirtschaftlich. Darüber hinaus ist die *Unterwasserpumpe* (Tauchpumpe) am Platz[3], bei welcher der Motor unter Ausschaltung der langen Zwischenwelle unmittelbar mit der Pumpe gekuppelt, also im Bohrloch untergebracht ist und unter dem Saugwasserspiegel arbeitet. Die nackte Pumpe behält im wesentlichen die bisher behandelten Bauformen (Abb. 306).

Die eigentlichen Schwierigkeiten liegen im Fall des elektrischen Antriebes beim Motor, dessen Wicklungen vor dem eindringenden Förderwasser zu schützen sind — ebenso wie bei den früher behandelten stopfbüchslosen Umwälzpumpen nach Abb. 286 und 288. Ein Abdichten durch Stopfbüchsen genügt offenbar nicht, zudem die Temperatur im Motor während des Betriebes höher ist als im Stillstand und ein gewisses „Atmen" die Folge sein wird. Der Motoranker kann entweder im abgeschlossenen Luftraum arbeiten (*trockener Motor*), wobei die Hauptschwierigkeit in der Vermeidung von Luftverlusten liegt, oder vom Förderwasser umspült sein, wobei die Flüssigkeitsreibung des Läufers und insbesondere der Schutz der Ständerwicklung besondere Aufmerksamkeit fordern (*nasser Motor*). Heute wird allgemein dieser nasse Motor bevorzugt. Hinsichtlich weiterer Einzelheiten wird auf die untenstehende Literatur[3] verwiesen.

Neuerdings wird der Unterwassermotor auch wieder als Wasserturbine ausgebildet[4], wie es übrigens schon vor 30 Jahren geschehen ist (vgl. die 1. Auflage dieses Buches Abb. 285, 2. Aufl., S. 405).

109. Schmutzwasser- und Säurepumpen

Hier sind die Bauarten zu erwähnen, deren Eigenart durch eine besondere Beschaffenheit des Fördermittels bedingt ist. Der Einfluß des Fördermittels auf die Kennlinien ist in Abschn. 93 behandelt.

---

[1] Die Gummischicht ist mit tiefen, spiraligen Schmiernuten versehen. Da Eisen von dem einvulkanisierten Schwefel angegriffen wird, ist die Lauffläche der Welle durch Bronzebüchsen zu schützen

[2] Vgl. LEPIGUE: Wasserwirtschaft, Wien 42, Heft 12

[3] SCHULZ, W., u. F. PUNGA: Unterwasserpumpen, Berlin: VDI-Verlag 1944. — C. PFLEIDERER: Der Entwicklungsstand der Tauchpumpen. Z. VDI 80 (1936) S. 253. — KRISAM-SAALFELD: Z. VDI 100 (1958) S. 1070. — R. NEUMAIER: Der Maschinenmarkt 66 (1960) Nr. 5, S. 20—22

[4] Vgl. C. WEISSER: Z. VDI 95 (1953) S. 1147—1150

a) Schmutzwasserpumpen[1]. Bei der Förderung von Schmutzwasser muß dafür gesorgt werden, daß den im Wasser vorhandenen größeren Fremdkörpern möglichst wenig Gelegenheit gegeben wird, sich in der Pumpe festzusetzen. Deshalb müssen die Querschnitte für den Wasserstrom möglichst groß, die Schaufelzahl also klein sein. Aus dem gleichen Grunde kommen Leitschaufeln nicht in Frage. Ebenso sind Mehrstufen- und Mehrstromanordnung möglichst zu vermeiden. Die Welle sollte mit dem Fördergut überhaupt nicht in Berührung kommen, weil sie entweder leicht verschlissen oder von faserigen Bestandteilen umwickelt wird. Deshalb wird auch das fliegende, einseitig beaufschlagte Rad

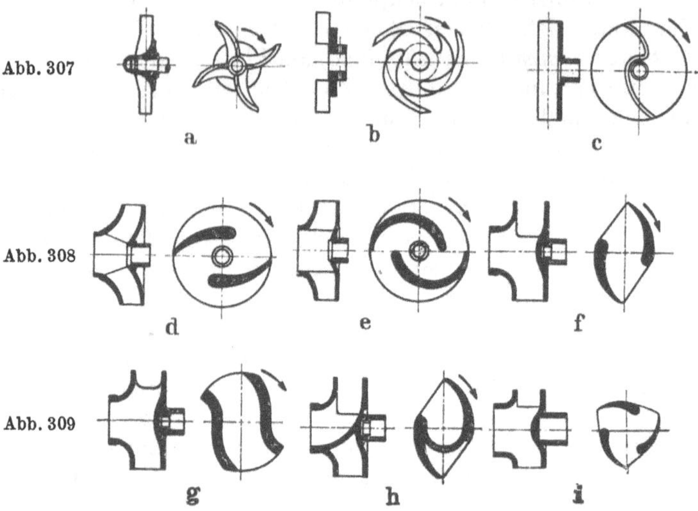

Abb. 307 bis 309. Die bei Schmutzwasserförderung üblichen Laufradformen

bevorzugt. Läßt sich der doppelseitige Einlauf oder die doppelseitige Lagerung nicht vermeiden, so empfiehlt es sich, die Welle durch ein übergestecktes, nicht an der Drehung teilnehmendes Rohr zu schützen.

Eine weitere wichtige Bedingung ist die leichte Zugänglichkeit aller Innenteile. Deshalb sind schnell bedienbare Reinigungsöffnungen vorzusehen.

Hinsichtlich des Schaufelanfanges ist die Beschaffenheit der Flüssigkeit insofern wichtig, als stumpfe Schaufeln sich weniger leicht abnutzen und also immer am Platze sind, wenn die Beimengungen eine starke mechanische oder chemische Einwirkung ausüben. Bei der Förderung fadenförmiger Stoffe wird dicht vor die spitzen Schaufeln häufig

[1] Sherwell, T. Y., u. R. Pennington: Centrifugal Pump Characteristics usw., herausgeg. v. The Inst. of Mech. Eng. Lond. 1932. — W. Brecht u. H. Heuer: Rohrreibungsverlust von Stoffaufschwemmungen. Biberach: Günther Staib-Verlag 1935 — Z. VDI 66 (1922) S. 350; 79 (1935) S. 313; 81 (1937) S. 258; 80 (1936) S. 829; 81 (1937), S. 1466 — Die Wärme 1940, S. 189 — Trans. of the Soc. of Mech. Eng., Japan 5 (1939) Nr. 21, S. 110 — Techn. Rundschau Sulzer 38 (1956) Nr. 3, S. 11—24 — Schweiz. Bauztg. 75 (1957) S. 235—242 — Z. VDI 99 (1957) S. 922. — Glas emaillierte Pumpen: Z. VDI 100 (1958) Nr. 31, S. 1487

ein scharfkantiger Abstreifer angebaut, an dem die hängenbleibenden Fäden zerschnitten werden.

Um ein Bild über die Vielfalt der verwendeten Laufradformen zu geben, sind sie in Abb. 307 bis 309 zusammengestellt[1].

Bei Förderflüssigkeiten, welche eine starke mechanische Abnützung verursachen, also beispielsweise Asche, Schlacke, Mörtel, Kies (Baggerpumpen) enthalten, werden Futterwände in das Gehäuse eingesetzt, um dieses vor starkem Verschleiß zu schützen (Abb. 310). Der Stopfbüchse,

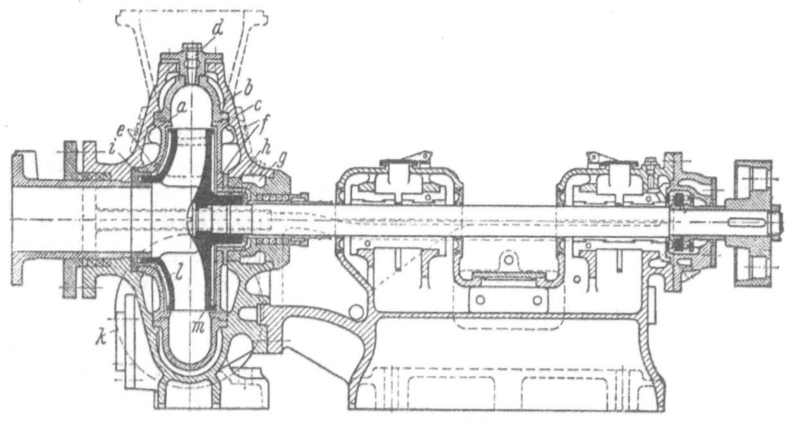

Abb. 310. Schlackenpumpe (Weise Söhne)

a, *b* und *c* Schleißwände, *d* Entlüftung, *e* und *f* Spülwasserzufuhr, *g* Sperrwasserzufuhr für die Stopfbüchse, *h* Drosselbüchse, *k* Reinigungsdeckel, *l* und *m* Rückenschaufeln

ebenso bisweilen auch den Schleifrändern der Laufradspalte wird dann reines Wasser als Sperrflüssigkeit zugeführt, sofern dies die örtlichen Verhältnisse zulassen. In Abb. 310 werden diese Dichtungsstellen außerdem durch Rückenschaufeln *l* und *m*, die an den Außenwänden des Rades angebracht sind, entlastet.

Eine Sonderform dieser Bauarten sind die *Baggerpumpen*[2]. Zu diesen Pumpen mit Feststoff-Aufschlämmungen sind auch die *Gebläse für Kohlenstaubförderung mittels Druckluft zu rechnen*[3].

b) Säurepumpen[4]. Bei Förderung von Säuren handelt es sich darum, alle mit dem Fördermittel in Berührung kommenden Teile, einschließlich Welle, mit einem Material zu umkleiden, das nicht angegriffen wird. Hierfür wird beispielsweise Hartblei oder Gummi verwendet.

[1] Zu dieser Aufstellung tritt neuerdings eine von Hannibal, Düsseldorf, gebaute Pumpe mit *einer* Schaufel

[2] Z. VDI 101 (1959) Nr. 35, S. 1691—1696; 50 (1906) S. 1972; 52 (1908) S. 2004; 57 (1913) S. 1854

[3] Konstruktion 12 (1960), Heft 1, S. 49—50 (Auszug)

[4] Z. VDI 71 (1927) S. 128, 1560; 73 (1929) S. 185; 77 (1933) S. 81; 81 (1937) S. 1088; 82 (1938) S. 148, 379; 84 (1940), S. 626; 85 (1941) S. 870; 87 (1943) S. 84; 88 (1944) S. 9. Handbuch der chemische-technischen Apparate usw., herausgeg. v. A. J. Kieser: Lieferung 13. u. 14. Beiheft zur Z. VDI Verfahrenstechnik 1938, S. 1. — W. Freier: Maschinenbautechn. 5 (1956) Heft 1, S. 3—13

Vielfach wird das Pumpengehäuse einschließlich Laufrad ganz aus dem säurebeständigen Stoff hergestellt.

Einen besonders hohen Grad von Säurebeständigkeit ermöglicht die Verwendung von Steinzeug, das gegen alle Säuren, ausgenommen Flußsäure, fest ist und mit der beachtlichen Druckfestigkeit von fast 7000 kg/cm² hergestellt werden kann.

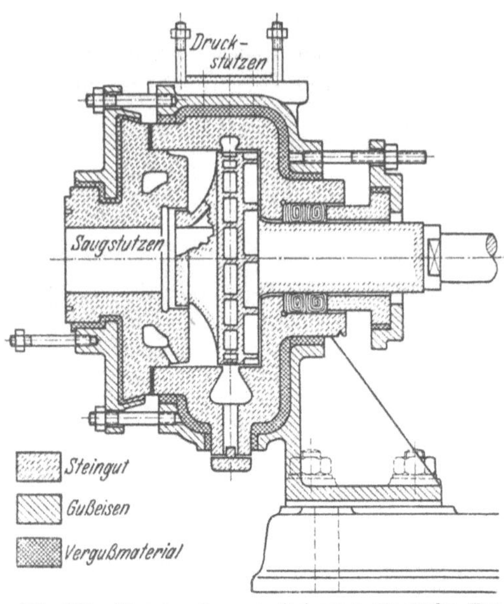

Abb. 311. Säurepumpe aus Steinzeug (Deutsche Ton- und Steinzeugwerke)

Hierbei bestehen sämtliche Innenteile, auch Welle und Rad, aus Steinzeug (Abb. 311). Das Gehäuse wird durch eine gußeiserne Umkleidung zusammengehalten. Starke Temperaturschwankungen erschweren die Anwendung von Steinzeug.

Bei Säurepumpen ist die Dichtheit der Stopfbüchsen besonders wichtig. Bei der laufenden Pumpe wird hierfür die Absaugewirkung der bereits erwähnten Rückenschaufeln benutzt, während die Dichtheit im Ruhezustand bisweilen durch eine axiale Verschiebung des Läufers herbeigeführt wird.

O. Der mehrstufige Verdichter

Während bei mäßiger Verdichtung die rechnerische Behandlung die gleiche ist wie bei Wasserförderung, kommen bei starker Verdichtung, wie sie insbesondere mit der Mehrstufenanordnung erreicht wird, eine Reihe neuer Gesichtspunkte hinzu. Deshalb soll die Berechnung in diesem Hauptabschnitt zusammenfassend dargestellt werden.

110. Auswirkung der Reibungswärme

(*Vergleich der Wirkungsgrade bei Gas- und Wasserförderung*)

a) Folgen der Aufheizung des Gases durch die Reibungswärme, μ-Tafel. Wie im Abschn. 6 bereits gezeigt wurde, bewirken die inneren Verluste eine Aufheizung des Gases und damit einen Mehrbetrag an reiner Verdichtungsarbeit, weil der entgegengesetzte Vorgang vorliegt wie bei der arbeitsparenden Kühlung. Dieser Einfluß ist bei höheren Verdichtungsgraden beachtlich.

Betrachtet man im Pv-Schaubild die aufeinanderfolgenden adiabatischen Stufenarbeiten ΔH des ungekühlten Verdichters (Flächen $AB'DG$, $BC'ID$ usw., Abb. 312), so sieht man, daß ihre Summe um die durch Schraffur hervorgehobenen Arbeiten größer ist als die adiabatische Arbeit H je kp (Fläche $AE''FG$) für das gesamte Druckverhältnis des Verdichters, weil die Adiabate auf den jeweiligen Anfangszustand bezogen werden muß, also beim ganzen Verdichter auf den Punkt A und bei den einzelnen Stufen auf die mit Verlustwärme beladenen Zwischenzustände B, C, welche rechts von der Adiabate AE'' liegen. Also ist

$$\sum \Delta H = \mu H, \tag{1}$$

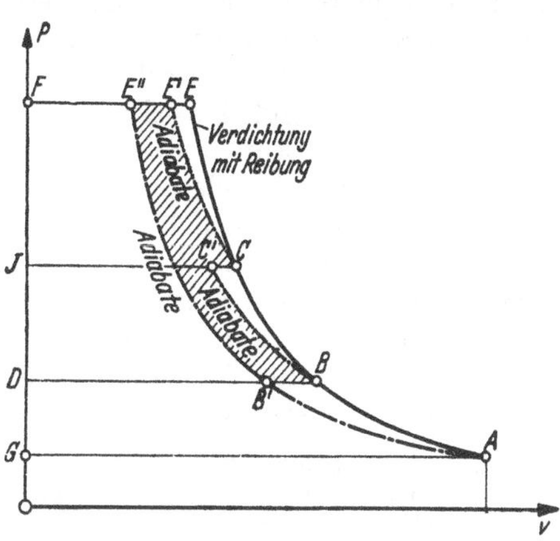

Abb. 312. Schraffierte Flächen bedeuten Zunahme der adiabatischen Gesamtarbeit durch die Verlustwärme

wo μ den durch die Reibungswärme bedingten Mehrbetrag an adiabatischer Verdichtungsarbeit berücksichtigt und also größer als Eins ist[1]. Dieser „*Mehrarbeitsbeiwert*" μ läßt sich an Hand des Pv-Schaubildes der Abb. 312 in folgender Weise ausdrücken

$$\mu = \frac{\sum \Delta H}{H} = \frac{\text{Fläche } AB'BC'CE'FG}{\text{Fläche } AE''FG}. \tag{2}$$

Andererseits ist aber die innere Gesamtarbeit gleich der einfachen Summe der inneren Stufenarbeiten, also

$$H_i = \sum \Delta H_i.$$

Die Zunahme der adiabatischen Gesamtarbeit infolge der Reibungswärme der vorhergehenden Stufen hat deshalb die bemerkenswerte Folge, daß der innere Wirkungsgrad des ganzen Verdichters

$$(\eta_i)_{\text{ges}} = \frac{H}{H_i} = \frac{1}{\mu} \frac{\sum \Delta H}{\sum \Delta H_i} \tag{3}$$

schlechter ist als der durchschnittliche Wirkungsgrad $(\eta_i)_{\text{st}} = \Delta H / \Delta H_i$ der einzelnen Stufe. Nehmen wir gleiche Stufengefälle ΔH an, wobei dann im Falle gleichbleibenden Stufenwirkungsgrades auch die inneren Stufenarbeiten ΔH_i gleich sind, so ist nämlich

$$\frac{\sum \Delta H}{\sum \Delta H_i} = \frac{\Delta H}{\Delta H_i} = (\eta_i)_{\text{st}}, \tag{4}$$

[1] Die Zunahme der reinen Verdichtungsarbeit infolge der Reibungswärme ersieht man auch aus der TS-Tafel, weil dort die Isobaren (im Bereich konstanter c_p-Werte) durch waagerechte Verschiebung zur Deckung zu bringen sind und sich nach oben krümmen, so daß aus einer nach rechts wandernden Senkrechten wachsende Strecken durch die gleichen Isobaren abgeschnitten werden.

womit nach Gl. (3)

$$(\eta_i)_{ges} = \frac{1}{\mu}(\eta_i)_{st}. \tag{5}$$

Die gleiche Beziehung gilt offenbar für den Schaufelwirkungsgrad η_h. μ ist nach Gl. (2) um so größer, je schlechter der Wirkungsgrad, je größer das gesamte Verdichtungsverhältnis und die Stufenzahl ist. Daraus wird verständlich, warum der Gesamtwirkungsgrad mit zunehmendem Verdichtungsverhältnis abnimmt.

Wie Abb. 312 zeigt, bewirkt die Reibungswärme eine Vergrößerung der adiabatischen Stufenförderhöhe ΔH. Da diese der Berechnung des Verdichters zugrunde gelegt wird, so ist es bei höheren Verdichtungsgraden ungekühlter Verdichter angebracht, den Mehrarbeitsbeiwert μ zu berücksichtigen (ebenso wie dies umgekehrt auch bei der Dampfturbine geschieht). Zur Erleichterung dieser Rechnung sind die μ-Werte für zweiatomige Gase, d. h. für $\varkappa = c_p/c_v = 1{,}4$, in der Kurventafel[1], Abb. 313, dargestellt, über deren Entstehung noch folgende Erläuterungen beigefügt sein sollen.

Auf je mehr Stufen die vorgeschriebene Förderhöhe aufgeteilt ist, um so kleiner werden in Abb. 312 die freigebliebenen Flächenzwickel, z. B. $BC'C$, um so größer wird nach Gl. (1) der Wert μ. Beim Aufbau der Tafel ist nun angenommen, daß *unendlich viele Stufen* vorliegen. In diesem Fall verschwinden in Abb. 312 die dreieckigen Flächenwinkel längs der Adiabaten, und es ist

$$\mu_\infty = \frac{\text{Fläche}\, AEFG}{\text{Fläche}\, AE''FG} = \frac{H_{pol}}{H}. \tag{6}$$

Aus diesem μ_∞ ergibt sich der der wirklichen Stufenzahl entsprechende μ-Wert mittels der Gleichung

$$\mu = \frac{\mu_\infty}{(\mu_\infty)_{st}}, \tag{7}$$

worin $(\mu_\infty)_{st}$ der der einzelnen Stufe zugeordnete Wert von μ_∞ ist. Dabei liegt die Vorstellung zugrunde, daß die einzelne Stufe wieder in unendlich viele Stufen aufgeteilt sei [deren Einzelwirkungsgrad aus Gl. (38), S. 24 oder Gl. (9a), S. 502, sich ergibt, weil $\eta_{i\infty} = (\eta_i)_{pol}$].

Die Tafel enthält sowohl die Linien gleicher Exponenten n der als Polytrope angenommenen Zustandskurve im Verdichter als auch die Linien gleicher innerer Gesamtwirkungsgrade $\eta_{i\,ges}$ des ungekühlten Verdichters mit den (logarithmisch aufgetragenen) Mehrarbeitsbeiwerten μ_∞ und Druckverhältnissen p_{II}/p_I als Ordinaten bzw. Abszissen. Beide Linienscharen unterscheiden sich, weil längs der gleichen n-Linie, also längs der gleichen Polytropen, $\eta_{i\,ges}$ mit steigendem Druckverhältnis kleiner wird. *Ein besonderer Wert der Tafel liegt darin, daß sie gleichzeitig den Exponenten n, der zu dem gewählten Wirkungsgrad $\eta_{i\,ges}$ und dem vorhandenen Druckverhältnis p_{II}/p_I gehört, angibt.* Dies bedeutet für Untersuchungen, bei denen dieser Exponent gebraucht wird, eine erhebliche Erleichterung.

[1] PFLEIDERER, C.: Luftf.-Forschg. 19 (1942) Lfg. 1, S. 13—22. Die zur Herstellung der Tafel nötigen Formeln sind auch in der 3. Auflage dieses Buches S. 402 abgeleitet

Zur Vervollständigung sind auch die Linien gleicher Temperaturverhältnisse

$$\frac{T_{II}}{T_I} = \left(\frac{p_{II}}{p_I}\right)^{\frac{n-1}{n}} \tag{8}$$

eingetragen. Unterhalb der waagerechten Achse ist dieses Verhältnis für die Adiabate, also $n = \varkappa = 1{,}4$, d. h. T'_{II}/T_I, angegeben. Dort ist

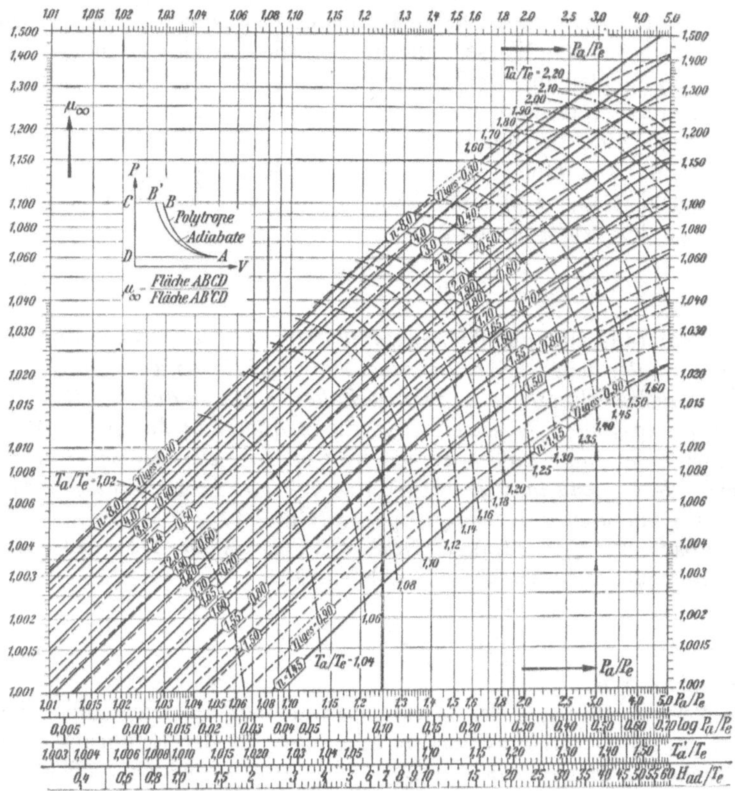

Abb. 313. Tafel der Mehrarbeitswerte bei μ und Exponenten n für verschiedene Druckverhältnisse P_{II}/P_I, Zahlenbeispiel im Text. (In der Tafel überall das Fußzeichen e durch I, das Fußzeichen a durch II ersetzen)

auch der Wert H_{ad}/T_I, aus Gl. (12a), S. 15, errechnet, beigefügt, so daß zu vorgeschriebenen Werten T_I und p_{II}/p_I sich die adiabatische Förderhöhe H_{ad} errechnen läßt.

Zahlenbeispiel: Gegeben sei ein gesamtes Druckverhältnis $p_{II}/p_I = 3$ und der innere Gesamtwirkungsgrad $(\eta_i)_{ges} = 0{,}7$. Damit gibt die Tafel sofort $\mu_\infty = 1{,}06$, $n = 1{,}63$. Sind 5 Stufen vorgesehen, so ist das mittlere Druckverhältnis für eine Stufe $x = (p_{II}/p_I)^{1/i} = 3^{1/5}$, das sich mittels der unterhalb der Abszisse angegebenen Logarithmenskala zu 1,246 errechnet. Man entnimmt nun im Schnitt der zu dieser Zahl gehörigen Ordinaten mit der Linie des bereits bekannten Exponenten $n = 1{,}63$ den Wert $(\mu_\infty)_{st} = 1{,}0112$ und erhält damit

$\mu = 1{,}06/1{,}0112 = 1{,}048$. Auch den mittleren Stufenwirkungsgrad entnimmt man aus der $(\mu_i)_{ges}$-Kurve des zuletzt bestimmten Schnittpunktes zu $(\eta_i)_{st} = 0{,}734$. Damit ist sogar eine Probe für die Richtigkeit der Entnahme mit Hilfe der Beziehung $(\eta_i)_{st} = \mu(\eta_i)_{ges} = 1{,}048 \cdot 0{,}7 = 0{,}734$ gegeben.

Weiter ergibt sich

$$\frac{T_{II}}{T_I} = 1{,}529, \qquad \frac{T'_{II}}{T_I} = 1{,}37, \qquad \frac{H}{T_I} = 37{,}9\,\text{m}/^\circ\text{K}.$$

b) Vergleich der Wirkungsgrade bei Wasserförderung und Luftverdichtung. Der auf S. 500 eingeführte Rechnungswert $\eta_{i\infty}$ ist nichts anderes als der Wirkungsgrad bei fehlender Zusammendrückung, also der Wirkungsgrad bei Wasserförderung — gleiche Geschwindigkeitsdreiecke und gleiche *Re*-Zahl vorausgesetzt. Die vorstehenden Gleichungen lassen deshalb auch wertvolle Rückschlüsse über die Höhe der Wirkungsgrade bei der Gasverdichtung im Vergleich zur Wasserförderung zu. Aus Gl. (6) ergibt sich als Beziehung zwischen dem Wirkungsgrad $(\eta_i)_{ges} = (\eta_i)_G$ der Gasförderung und dem Wirkungsgrad $\eta_{i\infty} = (\eta_i)_w$ der Wasserförderung

$$(\eta_i)_G = \frac{(\eta_i)_w}{\mu_\infty}. \tag{9}$$

Man sieht hieraus, daß *der Wirkungsgrad des ungekühlten Gasverdichters um so tiefer unter dem der Wasserförderung liegt, je höher die Verdichtung ist.* Andererseits erkennt man, daß die *Zahl der Stufen auf die Höhe des Gesamtwirkungsgrades* — soweit man die Aufheizung durch die Reibungswärme im Auge hat — *keinen Einfluß hat, also der mehrstufige Verdichter dem einstufigen gleichwertig sein kann.* Er ist genau gleich, wenn der Exponent n der Polytrope derselbe ist.

Offenbar ist $(\eta_i)_w = (\eta_i)_{pol}$. Nach Gl. (38), S. 25, kann also die Vergleichsgröße $(\eta_i)_w$ berechnet werden aus

$$(\eta_i)_w = \frac{n}{n-1}\,\frac{\varkappa - 1}{\varkappa}, \tag{9a}$$

falls n bekannt ist.

Die Verschlechterung des Wirkungsgrades bei Gas- gegenüber der Wasserförderung steht durchaus im Einklang mit der Erfahrung. Der tatsächliche Unterschied beider Wirkungsgrade ist jedoch größer, als Gl. (9) angibt, weil darin die weitere Verschlechterung durch die mit der Volumenabnahme verbundene Verengung der Kanäle der oberen Stufen, ferner die Zunahme von Undichtheiten und Radreibung nicht erscheint. Diese Verschlechterung wird allerdings in den Fällen weitgehend ausgeglichen, wo die obere Grenze der *Ma*-Zahl erreicht ist, weil die Schallgeschwindigkeit mit wachsender Temperatur des Gases wächst, also *Ma* in den oberen Stufen kleiner ist als in den unteren, falls die Gasgeschwindigkeiten gleich sind (S. 511). Sind die *Re*-Zahlen ungleich, so kann dieser weitere Einfluß durch Gl. (43), S. 172, erfaßt werden. Da es sich um den ungekühlten Verdichter handelt, stellt $(\eta_i)_G$ den inneren adiabatischen Wirkungsgrad (Abschn. 5) dar.

Gl. (9) gilt sinngemäß auch für den hydraulischen Wirkungsgrad η_h, so daß die Druckziffer ψ in Gl. (1), Abschn. 25, mit wachsendem

Förderdruck entsprechend abnimmt. Sowohl η_h wie ψ sind also unter sonst gleichen Verhältnissen um so kleiner, je größer H bzw. — für die einzelne Stufe — je größer $\varDelta H$ ist.

Über die Änderung des Wirkungsgrades bei Abweichung von der Berechnungsdrehzahl oder der in die Berechnung eingesetzten Anfangstemperatur vgl. Abschn. 116b, c und 117.

Bei *gekühlten Verdichtern* tritt der gekennzeichnete Einfluß der Reibungswärme um so mehr zurück, je intensiver gekühlt wird. Aber erst bei Erreichung der Isothermen ist er ganz ausgeschaltet. Infolge der stets vorliegenden Unvollkommenheit der Kühlung ist auch dort die stetige Abnahme des Wirkungsgrades mit wachsender Verdichtung festzustellen. Man kann den isothermischen Kupplungswirkungsgrad vielstufiger Verdichter mit Radialrädern etwa setzen

$$\eta_{is-k} = \frac{6}{7 - p_I/p_{II}}\,\eta_w, \tag{10}$$

wenn η_w wieder den Wirkungsgrad beim Dichteverhältnis 1, also beispielsweise bei Wasserförderung bedeutet. Dieser wächst nach Abschnitt 32 mit der Größe der Maschine. Für das beim Druckluftbetrieb übliche Druckverhältnis $p_{II}/p_I = 7$ gibt A. Hinz[1] folgende für Radialverdichter geltende Zahlen an:

Förderstrom von 1 ata in m³/h		1000	2000	5000	10000	20000	50000	100000
η_{is-k}	%	30	42	52	58	62	65	67
Arbeitsbedarf an der Kupplung ..	kWh/10 m³	1,77	1,26	1,02	0,91	0,86	0,82	0,79
Im Fall elektr. Antriebs: Motorwirkungsgrad	%	91	92	93	94	95	95,5	96
Getriebewirkungsgrad ..	%	97	97	97	97	—	—	—
Verbrauch an elektrischer Energie.	kWh/10 m³	2,00	1,42	1,13	1,00	0,91	0,85	0,82

Hiernach ist der Einfluß der Maschinengröße recht bedeutend, und zwar größer, als aus den in Abschn. 32a angegebenen Regeln zu schließen wäre. Es ist also nicht nur die *Re*-Zahl, sondern die mit abnehmender Maschinengröße eintretende Vereinfachung der Ausführung, also die Abweichung von der Modellähnlichkeit, wirksam. Bei Axialverdichtern großer Leistung werden im Bestpunkt höhere Wirkungsgrade erreicht.

111. Der mehrstufige Verdichter ohne Kühlung

Die Kühlung, deren Nutzen in Abschn. 3a behandelt ist, kann bei mäßigem Verdichtungsverhältnis bis etwa 3, bei Flugmotorenladern oder Verdichtern für Gasturbinen bis 5 weggelassen werden, sofern der vermehrte Arbeitsbedarf in Kauf genommen wird.

---

[1] Z. VDI (1937) S. 688ff.

a) Aufbau. Die Entscheidung, ob ein- oder mehrstufige Ausführung notwendig ist, trifft man am besten mittels der Druckziffer ψ (die man für Radialräder aus Abb. 91a entnehmen kann), nachdem die für die gewählte Radkonstruktion zulässige Umfangsgeschwindigkeit u_2 (Abschn. 119) gewählt ist. Die in einer Stufe erreichbare Förderhöhe ist dann $\Delta H = \psi\, u_2^2/2g$. Um die Stufenzahl zu beschränken, wählt man

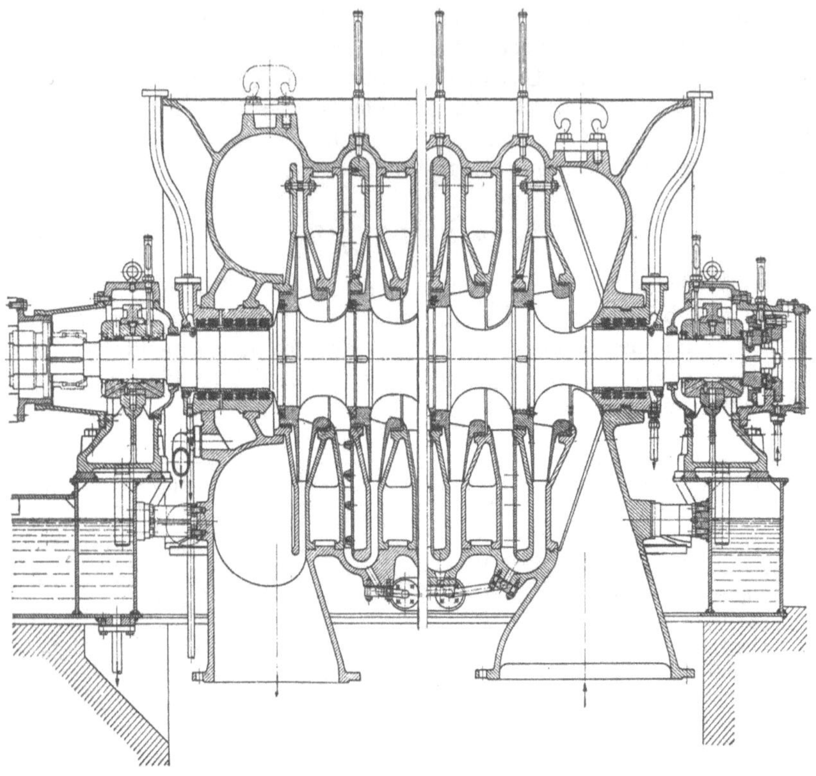

Abb. 314. Siebenstufiger ungekühlter Verdichter für Dampf von 25,5° C Ansaugtemperatur (Wärmepumpe). Durchsatzgeschwindigkeit 15000 kg/h bei n = 1480/5350 U/min (3 mittlere Stufen nicht gezeichnet) (Escher Wyss).

die Drehzahl so hoch, als die Rücksicht auf *Ma*-Zahl und Festigkeit gestattet und bevorzugt Räder hoher Druckziffer ψ. Noch vor wenigen Jahren war deshalb das Radialrad allein gebräuchlich. Abb. 281, 314 und 315 zeigen verschiedene Ausführungen[1].

Neuerdings führt sich die axiale Beaufschlagung (Abb. 316), die bereits vor mehr als 50 Jahren von PARSONS[2] versucht worden ist,

[1] Neueres Schrifttum über Kreiselverdichter vgl. insbesondere FR. KLUGE: Kreiselgebläse und Kreiselverdichter radialer Bauart (Berlin/Göttingen/Heidelberg: Springer-Verlag 1953). — W. TRAUPEL: Thermische Strömungsmaschinen Bd. I, 1958; Bd. II, 1960 (der gleiche Verlag)

[2] Z. VDI 51 (1907) S. 1125

wieder mehr und mehr ein, nachdem man in der etwas schwierigeren Ausbildung der Axialschaufel (Hauptabschnitt H) genügend Erfahrungen gesammelt und Wirkungsgrade erreicht hat, deren Bestwerte um etwa 3 bis 8% größer als bei der Radialschaufel sind. Die verkleinerte Druckziffer ψ (S. 287) verlangt zwar eine vergrößerte Stufenzahl. Diesem Umstand steht aber die wesentliche Verkleinerung des Stufenschrittes und der einfachere Aufbau der einzelnen Stufe gegenüber, so daß eine beträchtliche Ersparnis an Gewicht und Raumbeanspruchung[1]

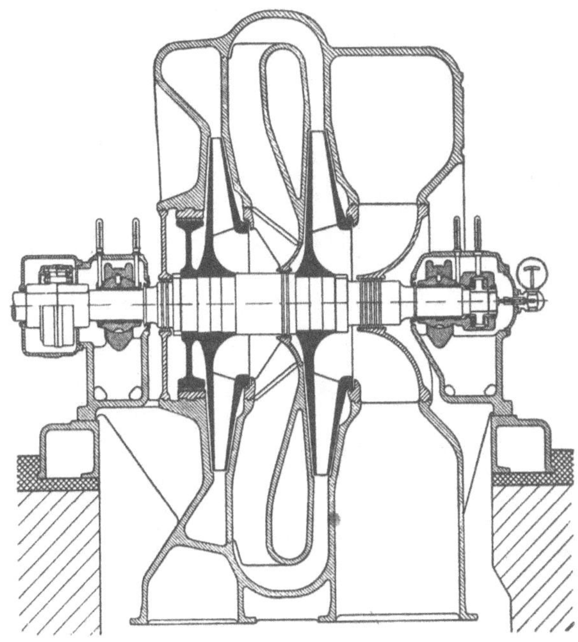

Abb. 315. Zweistufiges Hochofengebläse (Demag) für eine Aussaugeleistung von 45000 bis 60000 m³/h und 2,2- bis 2,5facher Verdichtung

eintritt. Die hohe Schluckfähigkeit der axialen Beschaufelung erlaubt die Bewältigung großer Förderströme in einflutiger Bauweise. Der rasche Abfall der Linie der Wirkungsgrade beiderseits des Bestpunktes sowie der Drosselkurve und das frühe Abreißen der Förderung bei abnehmendem Durchfluß (Abb. 241, 251a) beschränken die Anwendung, obwohl der letztere Nachteil durch Einbau einer Rückgewinnungsturbine, welche die abgeblasene Luft verarbeitet, weitgehend ausgeglichen werden kann (Abb. **325**). Der geringere Aufwand an Material und Raum sowie der gute Wirkungsgrad fallen stark ins Gewicht, solange Zwischenkühlung nicht nötig ist. Deshalb wird dem Radialverdichter auch weiterhin das Gebiet höherer Druckverhältnisse (etwa

[1] Escher Wyss Mitt. 14 (1941) S. 28 (Bild 23) — Brown-Boveri Werbeschrift: Thermische Strömungsmaschinen IV, Mannheim 1958. — K. Leist: Z. VDI 101 (1959) Nr. 35, S. 1677—1690 und Nr. 36, S. 1775—1781

über 5) vorbehalten bleiben, sofern der verlangte Förderstrom nicht sehr groß ist. Der Radialverdichter ist bis 180000 m³/h, der Axialverdichter bis 360000 m³/h ausführbar. Bei Förderströmen über 100000 bis 120000 m³/h sind aber die wirtschaftlichen Vorteile der axialen

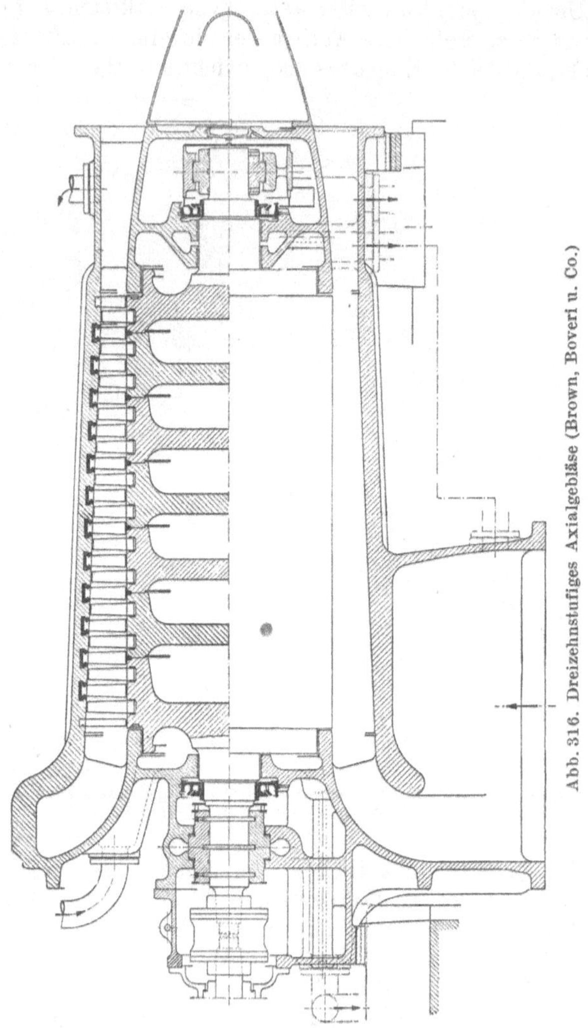

Abb. 316. Dreizehnstufiges Axialgebläse (Brown, Boveri u. Co.)

Bauart so groß, daß heute nur noch der Axialverdichter verwendet werden sollte, *sofern Zwischenkühlung nicht notwendig ist.*

Der allgemeine Aufbau im Fall der radialen Beaufschlagung ist, wie man sieht, an den der Wasserpumpe angelehnt. Beim mehrstufigen Axialverdichter ist dagegen der Übergang zur Bauart der Dampfturbine nicht zu verkennen. Bei beiden Anordnungen ist das Gehäuse stets in der waagerechten Mittelebene geteilt, so daß der Läufer nach Abheben des Oberteiles nach oben herausgenommen werden kann.

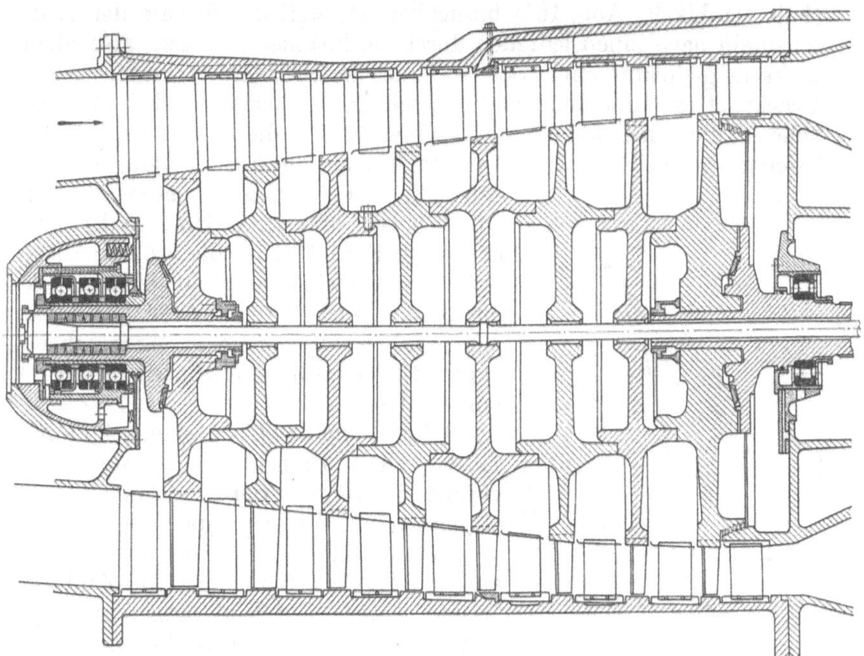

Abb. 317. Axialverdichter hoher Reaktion in Scheibenbauart für Strahltriebwerk (Junkers, Dessau)

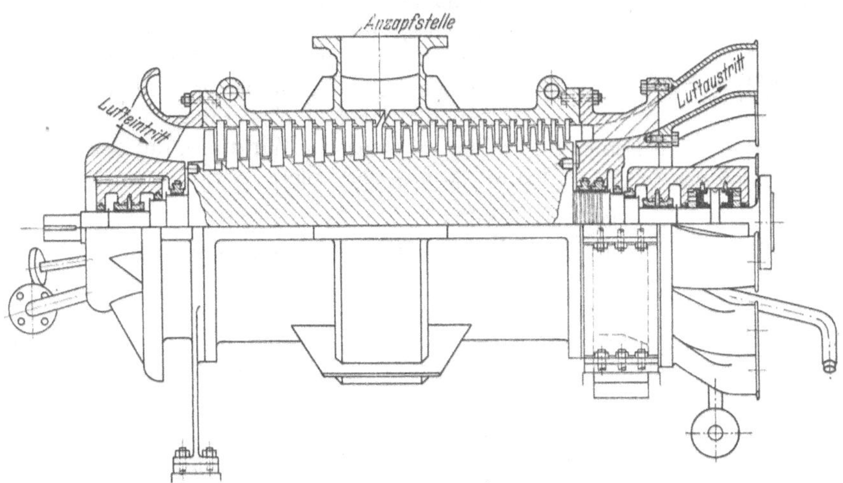

Abb. 318. Verdichter zu der Gasturbine einer Lokomotive

Abb. 316 bis 318 geben einen Überblick über gebräuchliche Bauarten von Axialverdichtern, wobei in Abb. 316 und 318 die Anordnung der Schaufeln die gleiche ist wie sie seit langem bei Trommelturbinen, also in Verbindung mit 50% Reaktion (Abb. 165, Fall II) geschieht, während die Bauart nach Abb. 317 nur für hohe Reaktion (Fall III bis V, Abb. 165) brauchbar ist, weil die Kanäle der Leitschaufeln nach innen lediglich durch Deckbänder begrenzt, also nicht wirksam gedichtet sind. Solche Leitschaufeln können keinen hohen Druckanstieg aufnehmen und müssen der Gleichdruckschaufel (Umkehrschaufel) nahekommen. Naturgemäß ist die Bauart mit Hohltrommel gegen Fliehkraft weniger fest als die der Abbildungen, bei denen die Trommel massiv oder in Scheiben aufgelöst ist. Weil aber die Überschallgrenze neben der Festigkeit für die größtzulässige Umfangsgeschwindigkeit maßgebend ist, so dürfte die Ausnützung großer Festigkeit das Vorhandensein eines entsprechend hohen Gleichdralles am Eintritt ($\delta_r < 1$) voraussetzen.

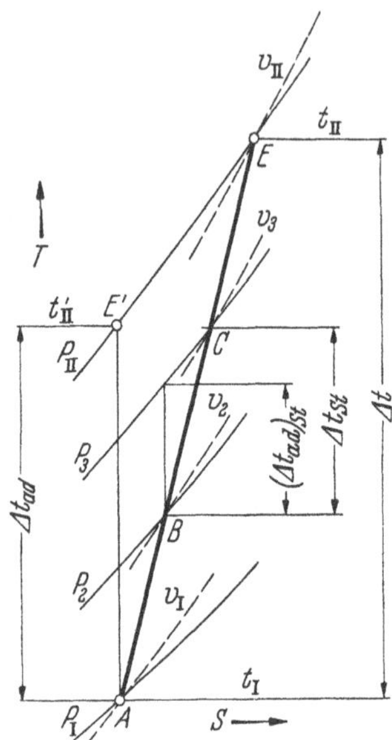

Abb. 319. Zustandskurve eines dreistufigen ungekühlten Verdichters

b) Rechnungsgang. Gegeben sei V_I, t_I, p_I, p_{II}. Die Drehzahl sollte nicht von vornherein vorgeschrieben werden — im Gegensatz zu Wasserpumpen —, weil es hier zweckmäßig ist, bis an die im Hinblick auf den Werkstoff oder die *Ma*-Zahl zulässige Grenze der Umfangsgeschwindigkeit zu gehen, zudem die direkte Kupplung mit einem Elektromotor wegen der Höhe der Drehzahl meist nicht möglich ist. Die Überschallgrenze ist beim Axialverdichter wichtig und ergibt die Drehzahl am einfachsten durch Annahme einer nach Abschn. 43 und 44 passend zu wählenden Schallziffer $S = \delta_r^2\, n^2\, V/k\, a^3$.

Durch die Erfahrung ist der adiabatische Wirkungsgrad des ganzen Verdichters $(\eta_{ad})_{ges}$ bekannt, womit der innere Wirkungsgrad beträgt

$$(\eta_i)_{ges} = \frac{(\eta_{ad})_{ges}}{\eta_m} \quad \text{mit} \quad \eta_m = 0{,}95 \text{ bis } 0{,}98$$

(wachsend mit der Größe der Maschine). Damit ist der Endpunkt E der Zustandskurve in der MOLLIER-Tafel (Abb. 319) gegeben durch

$$t_{II} = t_I + \frac{\Delta t_{ad}}{(\eta_i)_{ges}} \quad \text{oder} \quad i_{II} = i_I + \frac{\Delta i_{ad}}{(\eta_i)_{ges}}, \tag{11}$$

wenn die adiabatische Temperaturzunahme $\Delta t_{ad} = t'_{II} - t_I$ bzw. die adiabatische Förderhöhe $\Delta i_{ad} = \overline{AE'}$ entweder aus der MOLLIER-Tafel entnommen oder aus Gl. (15a), Abschn. 3, berechnet wird. Die Förderhöhe beträgt für permanente Gase

$$H = \frac{c_p}{A} \Delta t_{ad}, \quad \text{für Luft} \quad H = 103 \Delta t_{ad}, \quad \text{für Dämpfe} \quad H = 427 \Delta i_{ad}.$$

Man kann nun die Zustandskurve AE eintragen, weil sie praktisch nach einer Geraden verläuft, wenn man gleichbleibende Stufenwirkungsgrade annimmt.

Wir werden die erste, d. h. an der Saugseite gelegene Stufe für möglichst große Schluckfähigkeit, d. h. für große spezifische Drehzahl n_q ausbilden, damit die folgenden Räder eine für einen guten Wirkungsgrad ausreichende Schluckfähigkeit erhalten, ohne daß die Kanäle zu eng werden oder der Raddurchmesser allzu stark abzunehmen braucht (Grenzleistungsbauart). Die in der Herstellung teure und viel Raum beanspruchende Stufe des Radialkompressors muß aber gleichzeitig für möglichst große Förderhöhe ausgebildet werden. Außerdem ist zur Beschränkung der Stufenzahl nur die langsamläufige Form des Radialrades verwendbar, so daß die Schaufel an ihrem Auslauf in der Regel einfach gekrümmt ist. Beim Axialrad wählt man sinngemäß das Radienverhältnis r_a/r_i möglichst groß, so daß also der ausgesprochene Schnelläufer in Frage kommt, soweit dies die Rücksicht auf Erzielung einer ausreichenden Druckziffer gestattet [Gl. (14), S. 293].

Den Entscheid über die Notwendigkeit der Mehrstufigkeit liefert die mit der 1. Stufe erreichbare Förderhöhe, die man beim Radialverdichter nach Annahme der hier lediglich durch Festigkeitsrücksichten bedingten Umfangsgeschwindigkeit u_2 ziemlich zuverlässig mittels der Druckziffer ψ zu $\Delta H = \psi u_2^2/2g$ angeben kann, wenn bei Verwendung des glatten Leitringes $\psi \approx 1$ und bei Verwendung von Austrittsleitschaufeln $\psi = 1{,}1$ bis $1{,}2$ gewählt wird. Dadurch ist dann auch die Drehzahl des Radialverdichters festgelegt, weil man die langsamläufige Radform mit $D_2/D_s \geqq 2$ anstrebt, wie dies im Zahlenbeispiel S. 241 geschehen ist.

Beim Axialverdichter ist die (auf die Spitzengeschwindigkeit bezogene) Druckziffer von r_a/r_i und von dem meist noch nicht endgültig gewählten Eintrittsdrall abhängig, wie das Zahlenbeispiel S. 212 erkennen läßt. Außerdem ist die zulässige Umfangsgeschwindigkeit durch die Überschallgrenze bedingt und diese ist ebenfalls stark von diesem Eintrittsdrall abhängig (S. 213). Aus diesem Grunde ist es richtig, die 1. Stufe zunächst wie in Abschn. 43 angegeben durchzurechnen und danach die Stufenförderhöhe und Drehzahl zu wählen.

α) Gleichbleibende Stufenförderhöhe ΔH (Abb. 314 und 316). Um mit der kleinstmöglichen Stufenzahl auszukommen, versucht man häufig, gleichbleibende Stufendurchmesser beizubehalten, was bei gleichen Schaufelwinkeln auch gleiche Stufengefälle ΔH ergibt.

Man hat nun die Summe der Stufenförderhöhen auf die einzelnen Stufen aufzuteilen, entsprechend $\sum \Delta H = i \Delta H = \mu H$, wobei μ am bequemsten mittels der μ-Tafel (Abb. 313) bestimmt oder geschätzt wird. [Man kommt aber auch mit einer in großem Maßstab gezeichneten Mollier-Tafel aus, indem AE in ebensoviel gleiche Teile geteilt wird (Abb. 319), wie sich mit dem überschläglich ermittelten ΔH verträgt.]

Ist die Stufenzahl gewählt, so bestimmt man endgültig $\Delta H = \mu H/i$.

Man rechnet jetzt die erste Stufe (für das Radialrad wie im Zahlenbeispiel Abschn. 50, II, bzw. für das Axialrad wie im Zahlenbeispiel S. 534f.), wobei sich auch die Drehzahl ergibt[1].

Der Zustrom zum Rad erfolgt beim Axialrad häufig mit Drall (Abb. 165).

Bei den folgenden Stufen muß das verkleinerte Volumen berücksichtigt werden. Sollen die Winkel und Raddurchmesser bleiben, so ändern sich die Radbreiten beim Radialrad gemäß Abb. 320 wie folgt

$$(b_1)_1 : (b_1)_2 : (b_1)_3 = (b_2)_1 : (b_2)_2 : (b_2)_3 = V_1 : V_2 : V_3, \tag{12}$$

wobei die außerhalb der Klammern stehenden Fußzeichen die Nummer der Stufe angeben. Beim Axialrad treten in Gl. (12) an Stelle der Breiten b die axialen Durchtrittsflächen $\pi(r_a^2 - r_i^2)$. Man kann hier entweder r_i wie in Abb. 316 oder r_a wie in Abb. 317 und 318 gleichlassen oder man wählt irgendeinen anderen passenden Verlauf der inneren oder äußeren Schaufelbegrenzung und richtet danach die andere Begrenzung.

In Gl. (12) darf man den Volumenstrom V nur dann durch das spezifische Volumen v ersetzen, wenn der Gewichtsstrom G in allen Stufen der gleiche, also die Änderung des Spaltverlustes vernachlässigbar ist. Diese Bedingung ist beim Radialverdichter mit genügender Annäherung erfüllt. Beim Axialverdichter ist das Anwachsen der Spaltverluste zu beachten, wie das in dem Beispiel S. 539 geschehen ist.

Der maßgebliche Eintrittszustand ist der im Saugmund des Laufrades vorhandene. Man müßte also die Drucksenkung am Einlauf, d. h. den Übergang von V_g auf V_0 (S. 208) berücksichtigen. Da aber nach Gl. (12) nur das gegenseitige Verhältnis und nicht der Absolutwert von V in die Rechnung eingeht und die erste Stufe unter Beachtung der Eintrittsexpansion berechnet ist, so ist es ohne weiteres zulässig, die V- oder v-Werte auf den Gesamtdruck zu beziehen. Dadurch kommt man auch um die Notwendigkeit herum, die Drücke und Temperaturen auf den statischen Druck umzurechnen, d. h. man kann die einfache Zustandskurve der Abb. 319 beibehalten und braucht dort in den Punkten A, B usw. nicht die Expansion im Saugmund anzudeuten.

Die spezifischen Rauminhalte v entnimmt man bei Dämpfen aus der Mollier-Tafel in den Punkten A, B, C, welche die Strecke AE in gleiche Teile teilen. Bei zweiatomigen Gasen bestimmt man sie ebenso bequem rechnerisch aus Temperatur und Druck in folgender Weise.

In einer n-ten Stufe ist die Eintrittstemperatur

$$T_n = T_{n-1} + \Delta t_{st} = T_{n-1} + \frac{t_{II} - t_I}{i}, \tag{13}$$

ferner das Druckverhältnis $x_n = p_{n+1}/p_n$ nach Gl. (15a), Abschn. 3,

$$x_n = \left(\frac{T'_{n+1}}{T_n}\right)^{\frac{\varkappa}{\varkappa-1}} = \left(\frac{(\Delta t_{ad})_{st}}{T_n} + 1\right)^{\frac{\varkappa}{\varkappa-1}} \tag{13a}$$

---

[1] Ist die Drehzahl von vornherein vorgeschrieben, so ist die Stufenförderhöhe ΔH durch die beabsichtigte Radform bedingt.

mit
$$(\Delta t_{\text{ad}})_{\text{st}} = \frac{\Delta H}{427\,c_p}.$$

Also beträgt am Austritt der Stufe der Druck $p_{n+1} = x_n\,p_n$ und das spezifische Volumen $v_{n+1} = R\,T_{n+1}/p_{n+1}$ mit $T_{n+1} = T_n + (\Delta t)_{\text{st}}$.

Gl. (13a) *zeigt, daß das Druckverhältnis von Stufe zu Stufe abnimmt, weil T_n zunimmt.*

Die Begrenzung des Radialrades ergibt sich dann im Fall geradlinigen Verlaufes der Deckscheibe im Meridianschnitt, wie in Abb. 320 angegeben. Zur Vereinfachung der Herstellung der Deckwand (Beschaffung der Preßgesenke für Deckscheibe und Schaufeln) wird häufig die mittlere Neigung auch für die anderen Stufen verwendet, indem die Begrenzung der mittleren Stufe nach rechts und links parallel so weit verschoben wird, bis die rechnerisch ermittelten Eintrittsbreiten ungefähr erhalten bleiben (gestrichelt eingetragen). Daß dabei kleine Veränderungen der Austrittsbreiten eintreten, hat auch im Fall der Verwendung von Austrittsleitschaufeln im Hinblick auf deren Unempfindlichkeit bei Veränderung der Eintrittsweite in der Regel keine Bedenken (S. 355).

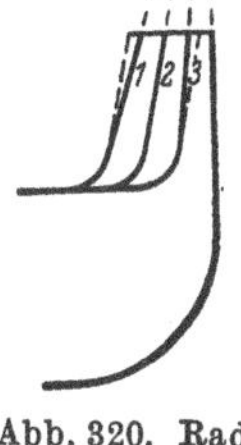

Abb. 320. Radbegrenzung bei Stufen gleichen Durchmessers

Bei Axialrädern behalten die verwundenen Schaufeln am gleichen Halbmesser das gleiche Profil trotz der Verkleinerung der Breite (radialen Schaufellänge).

Bei der vorstehenden Rechnung sind gleichbleibende Stufenwirkungsgrade angenommen. Zwar werden die Kanäle nach oben enger, aber die kinematische Zähigkeit wird mit wachsendem Druck trotz steigender Temperatur kleiner, so daß die *Re*-Zahl sich nur wenig ändern wird. Wesentlich ist, daß infolge der ansteigenden Temperatur die Schallgeschwindigkeit wächst, also die *Ma*-Zahl abnimmt. Diesem günstigen Einfluß steht das Anwachsen von Radreibung und Spaltverlust gegenüber, so daß der Stufenwirkungsgrad meist nach oben abnimmt.

Beim Axialverdichter entsteht die Frage, ob sich die c_m-Komponente über die radiale Länge der Schaufel in den folgenden Stufen ebenso verteilt, wie die Rechnung voraussetzt, also wie in der ersten Stufe. Es wurde anfänglich vermutet, daß die c_m-Verteilung in den folgenden Stufen ungleich wird, und zwar in der Weise, daß die Strömung sich mehr nach der Mitte zusammendrängt und in den beiderseitigen Randzonen sich Toträume bilden, wobei diese Randzonen um so breiter werden, je mehr Stufen bestrichen sind[1]. Nach neueren Untersuchungen[2] kann jedoch angenommen werden, daß dieser Stufungseinfluß nur vorliegt, wenn stark gekrümmte Profile verwendet werden, welche die in Abb. 167 und 167b, S. 291, angegebenen Werte erreichen oder überschreiten. Werden mäßige Krümmungen verwendet, wie wir sie auch aus anderen Gründen anstreben, so zeigt die Erfahrung, daß die c_m-Ver-

---

[1] Friedrich, R.: Konstruktion 3 (1951) S. 374—380; ferner H. Hausenblas: Z. VDI 94 (1952) S. 246

[2] Haller, P. de: BWK 5 (1953) S. 333—337

teilung sogar sehr stabil ist, indem eine vor der ersten Stufe angebrachte künstliche Störung beim Durchgang durch diese Stufe stark abgeschwächt wird.

Ein Berechnungsbeispiel eines mehrstufigen Axialverdichters findet sich Abschn. 115.

β) Abnehmende Stufenförderhöhe. Bei höheren Verdichtungsgraden wird häufig der Volumenabnahme dadurch Rechnung getragen, daß man die Raddurchmesser nach oben kleiner macht. Dies kann insbesondere beim Radialverdichter zweckmäßig sein, weil hier schon die erste Stufe langsamläufig ist. Abb. 321 zeigt einen solchen Verdichter

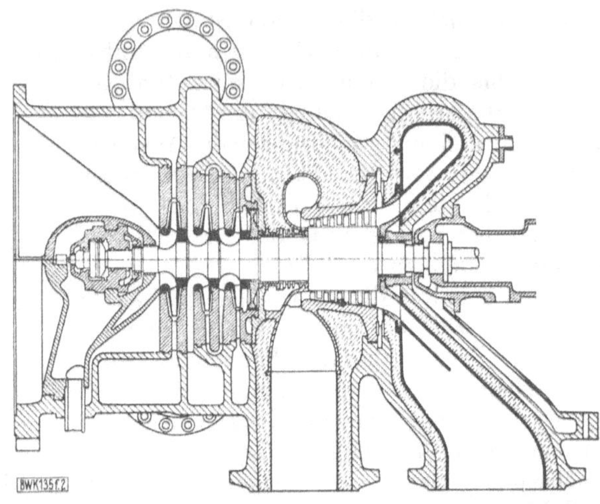

Abb. 321. Dreistufiger Radialverdichter mit axialer Heißluftturbine in eingehäusiger Zweilageranordnung (Escher Wyss)

mit 3 Stufen verschiedenen Durchmessers in gemeinsamem Gehäuse mit der antreibenden Luftturbine[1].

Die Rechnung beginnt mit der ersten Stufe sinngemäß wie oben. Die Abstufung der Durchmesser kann dann so geschehen, daß entweder ein bestimmtes Breitenverhältnis b_2/D_2 festgehalten wird, oder besser *dieses nach oben abnimmt*. Eine geringe Abnahme von b_2/D_2 ist nicht nur zwecks Kleinhaltung der Stufenzahl, sondern auch wegen der nach oben abnehmenden *Ma*-Zahl und der abnehmenden kinematischen Zähigkeit gerechtfertigt. Bei Axialverdichtern ist die folgende Rechnung nur dann notwendig, wenn auch der Durchmesser der Nabe nach oben abnimmt, weil man andernfalls am gleichen Durchmesser die Schaufelprofile von Stufe zu Stufe nicht zu ändern braucht.

Die Durchmesser D_2 der einzelnen Stufen (bei Axialverdichtern jetzt bezogen auf Schaufelmitte) erhält man dann, weil

$$V = G v = \pi D_2 b_2 c_{3m} = \pi D_2^2 \left(\frac{b_2}{D_2}\right)\left(\frac{c_{2m}}{u_2}\right)\frac{\pi D_2 n}{60}\,\frac{t_2 - \sigma_2}{t_2}$$

[1] Entnommen aus BWK 5 (1953) S. 122

aus

$$D_2 = \sqrt[3]{\frac{60 G v \left(\frac{u_2}{c_{2m}}\right) \frac{t_1}{t_2 - \sigma_2}}{\pi^2 \left(\frac{b_2}{D_2}\right) n}}. \tag{14}$$

Darin sind u_2/c_{2m} und b_2/D_2 in Anlehnung an die zunächst berechnete 1. Stufe zu wählen. Bleiben die Räder geometrisch ähnlich, so ändert sich nach Gl. (14) der Raddurchmesser proportional zu $\sqrt[3]{v}$ und die Stufenförderhöhe ΔH proportional zu D_2^2 oder $v^{2/3}$.

Wird b_2/D_2 von Stufe zu Stufe verkleinert, aber u_2/c_{2m} unverändert gelassen, so behält man zweckmäßig den Austrittswinkel β_2 bei, damit das Austrittsdreieck ähnlich bleibt. Dann ist $\Delta H \sim D_2^2$. Bei Radialverdichtern bleibt die Schaufel geometrisch ähnlich, wenn das Durchmesserverhältnis bleiben kann und die Schaufelbreiten überall in gleichem Verhältnis gekürzt werden.

In Gl. (14) ist v das spezifische Volumen am Radaustritt. Bei Stufenförderhöhen unter 2500 m kann man für v auch das Eintrittsvolumen der Stufe nehmen, zudem die Sicherheit der Rechnung erhöht wird. Zieht man die rechnerische Bestimmung der spezifischen Rauminhalte v der Entnahme aus der Mollier-Tafel vor, so ist im vorliegenden Fall die Heranziehung der in Abschn. 46c abgeleiteten Gleichungen zweckmäßig. Dann ist nämlich in einer beliebigen, durch das Fußzeichen n gekennzeichneten Stelle:

$$v_n = v_I \frac{1 + \Delta t_n/T_I}{p_n/p_I}, \tag{15}$$

worin

$$\frac{p_n}{p_I} = (1 + \eta_{\text{in}} \Delta t_n/T_I)^{\frac{\varkappa}{\varkappa - 1}}, \tag{16}$$

$$\Delta t_n = \frac{H_{\text{in}} - (c_n^2 - c_I^2)/2g}{427\, c_p}. \tag{17}$$

Hierin bezieht sich das Fußzeichen I auf den Saugstutzen des Verdichters und das Fußzeichen n auf die Stelle, für welche das Volumen bestimmt werden soll. Also ist Δt_n die bis zu der betrachteten Stelle eingetretene Temperaturzunahme, nämlich $T_n - T_I$. Ferner ist:

c_n die Geschwindigkeit an der betrachteten Stelle,

η_{in} der innere Gesamtwirkungsgrad für den bestrichenen Teil des Verdichters der nach oben hin abnimmt, gemäß

$$\eta_{\text{in}} = \frac{1}{\mu_n} (\eta_i)_{\text{st}}, \tag{18}$$

wobei μ_n zu dem jeweiligen p_n/p_I aus der μ-Tafel folgt,

$H_{\text{in}} = \sum_I^n \Delta H_i$ die gesamte innere Arbeit je kp der vorher bestrichenen Laufräder.

Diese Rechnungsart ist kaum umständlicher als die nach Gl. (13) und (13a), aber anpassungsfähiger, weil alle Besonderheiten der Konstruktion berücksichtigt werden können und die Errechnung des spezifischen Volumens an jeder Stelle des Luftweges, also beispielsweise auch im Spalt zwischen Lauf- und Leitrad, möglich ist, wenn das ΔH_i der betrachteten Stufe geschätzt und für c_n die Geschwindigkeit an der betrachteten Stelle eingesetzt wird.

112. Die verschiedenen Kühlverfahren

Im Hinblick auf ihre in Abschn. 3 erläuterte Wirkung muß die Kühlung bei höheren Verdichtungsgraden angewandt werden. Dabei ist besonders die dortige Gl. (10) zu beachten, wonach die gesamte zugeführte Arbeit als Zunahme der Wärmeinhalte des Fördergases und des Kühlwassers wieder erscheint. Die erforderliche Kühlfläche kann untergebracht werden:

1. Im Gehäuse längs der ruhenden Führungskanäle für die Luft, also der Leit- und Umführungskanäle. — *Innenkühlung* oder *Gehäusekühlung*.

2. In besonderen Zwischenkühlern, indem jeweils nach einer gewissen Zahl ungekühlter Stufen der Luftstrom dem Gehäuse entnommen und in einem Kühlkörper rückgekühlt wird, dessen Kühlfläche aus einem Rohrsystem (ähnlich dem des Oberflächenkondensators von Dampfturbinen) gebildet wird. Dieses Rohrsystem muß dann wegen des sich im Luftraum bildenden Wasserniederschlages aus rostbeständigem Werkstoff (meist Messing oder verzinktes Eisen) bestehen. Die aus ihm tretende Luft wird den folgenden Stufen zugeführt. — *Außenkühlung*.

3. Sowohl im Gehäuse wie in Zwischenkühlern. Diese Ausführungsart stellt eine Vereinigung der unter 1. und 2. besprochenen Verfahren dar und entspricht der bei Kolbenverdichtern üblichen Handhabung, wo sowohl in Mantel und Deckel des Zylinders als auch in Kühlkörpern zwischen den einzelnen Stufen gekühlt wird. — *Vereinigte Innen- und Außenkühlung*.

Bei der *Innenkühlung* (Abb. 322 bis 323) werden in den Wandungen der Leit- und Umführungskanäle Hohlräume vorgesehen, welche vom Kühlwasser durchströmt werden. Die luftberührte Kühlfläche besteht also aus den hohlen Wandungen des Luftweges, zu denen noch die nicht hohlen Wandungen der Leit- bzw. Umführungsschaufeln kommen, weil sie mit den Kühlräumen wärmeleitend verbunden sind. (Auf Leitschaufeln wird [aus den S. 361 und 373 angegebenen Gründen] jedoch häufig verzichtet.)

Wegen der guten wärmeleitenden Verbindung aller ruhenden Schaufeln mit den wasserberührten Gehäusewandungen ist (wie erwähnt) auch ihre Oberfläche als wirksame Kühlfläche anzusprechen, zudem der Übergangswiderstand für den Wärmestrom bei reiner Oberfläche auf der Luftseite um ein vielfaches größer ist als auf der Wasserseite und deshalb eine Vergrößerung der luftberührten Kühlfläche angezeigt ist. Um die luftberührte Kühlfläche möglichst groß zu erhalten, werden einerseits eine möglichst große Zahl von Rückführschaufeln verwendet (Abb. 322a) und andererseits der Gehäusedurchmesser möglichst groß gemacht. Die vergrößerte Schaufelzahl bringt zwar eine Vergrößerung der Reibungsfläche, der vergrößerte Durchmesser aber — besonders im Fall der Verwendung des glatten Leitringes — eine Verbesserung der Geschwindigkeitsumsetzung, so daß im ganzen ein annehmbarer hydraulischer Wirkungsgrad erzielt wird. Die Wärmeübergangszahl α_g der Luftseite wird begünstigt durch die große Luftgeschwindigkeit. Trotzdem aber bleibt dort der Übergangswiderstand für den Wärmestrom größer als auf der Wasserseite, so daß die Größe der luftberührten Kühlfläche maßgebend ist.

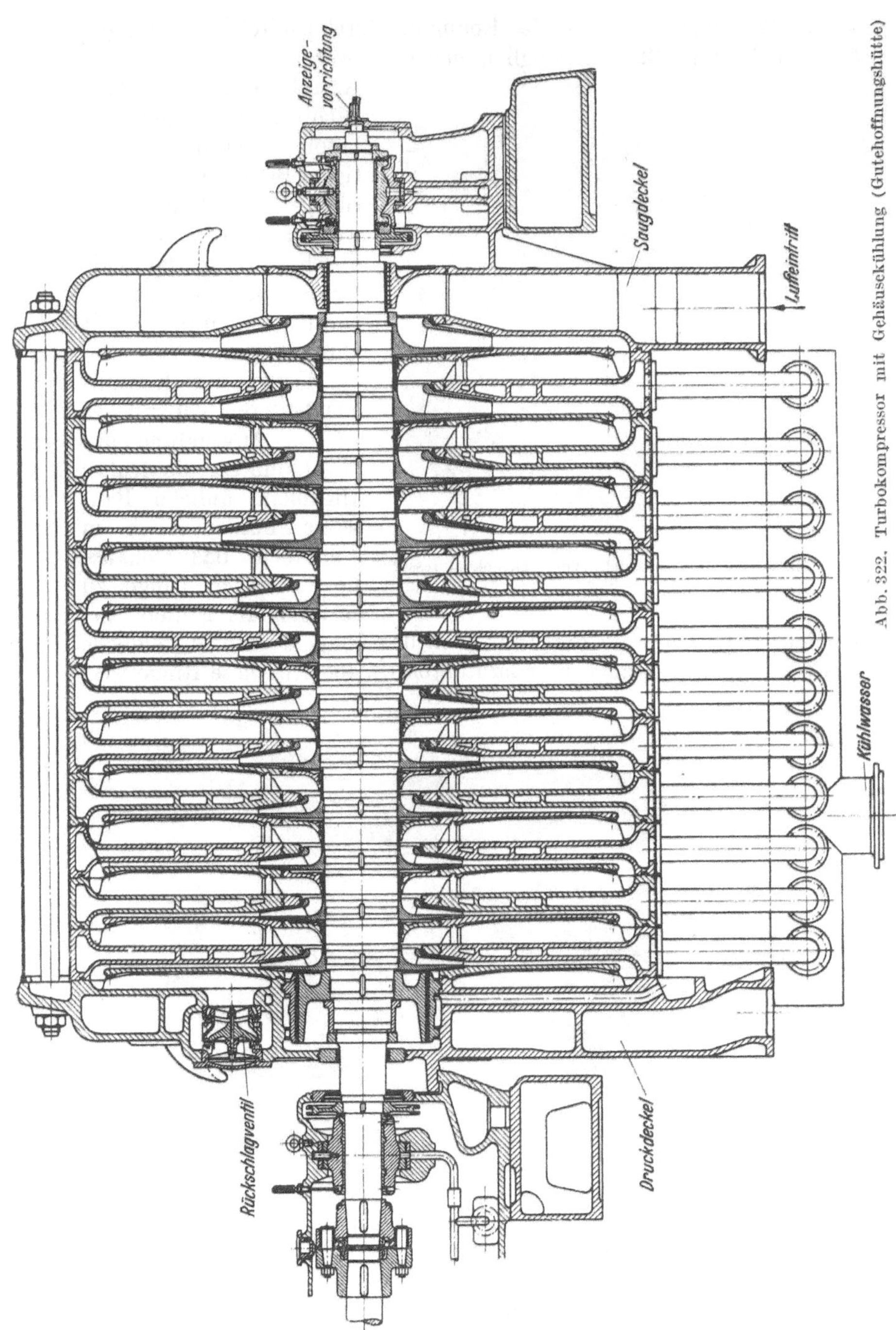

Abb. 322. Turbokompressor mit Gehäusekühlung (Gutehoffnungshütte)

Die Wasserräume müssen für Reinigung durch zahlreiche Öffnungen (Abb. 322b und 323) zugänglich gemacht werden, weil sich hier Kesselstein absetzt. Diese leichte Zugänglichkeit ist besonders dann eine wichtige Bedingung, wenn rückgekühltes Wasser verwendet wird, weil dieses durch die fortlaufende Verdunstung in den Kühltürmen seinen Salzgehalt anreichert.

Abb. 322a. Rückführschaufeln zum Turbokompressor Abb. 322

Wegen der Kompliziertheit des Gußstückes ist bei Anwendung der Innenkühlung die früher allgemein übliche Bauweise immer noch in Gebrauch, das Gehäuse in ebensoviel Ringe zu zerlegen als Stufen vorhanden sind, also trotz der Teilung in der waagerechten Mittelebene das Gehäuse als „Ringtype" auszuführen (S. 468ff.). Diese Ringe wer-

Abb. 322b. Ansicht des Turbokompressors Abb. 322

den durch Längsanker mit den Endstücken, dem Saug- und Druckdeckel, verbunden und mit Glanzblech verkleidet (Abb. 322b).

Beim Axialverdichter ist es nicht möglich, die für eine wirksame Kühlung nötige Kühlfläche im Gehäuse unterzubringen.

Die Innenkühlung wurde in der ersten Zeit des Baues von Kreiselverdichtern ausschließlich angewandt. Sie ist heute aber kaum mehr in

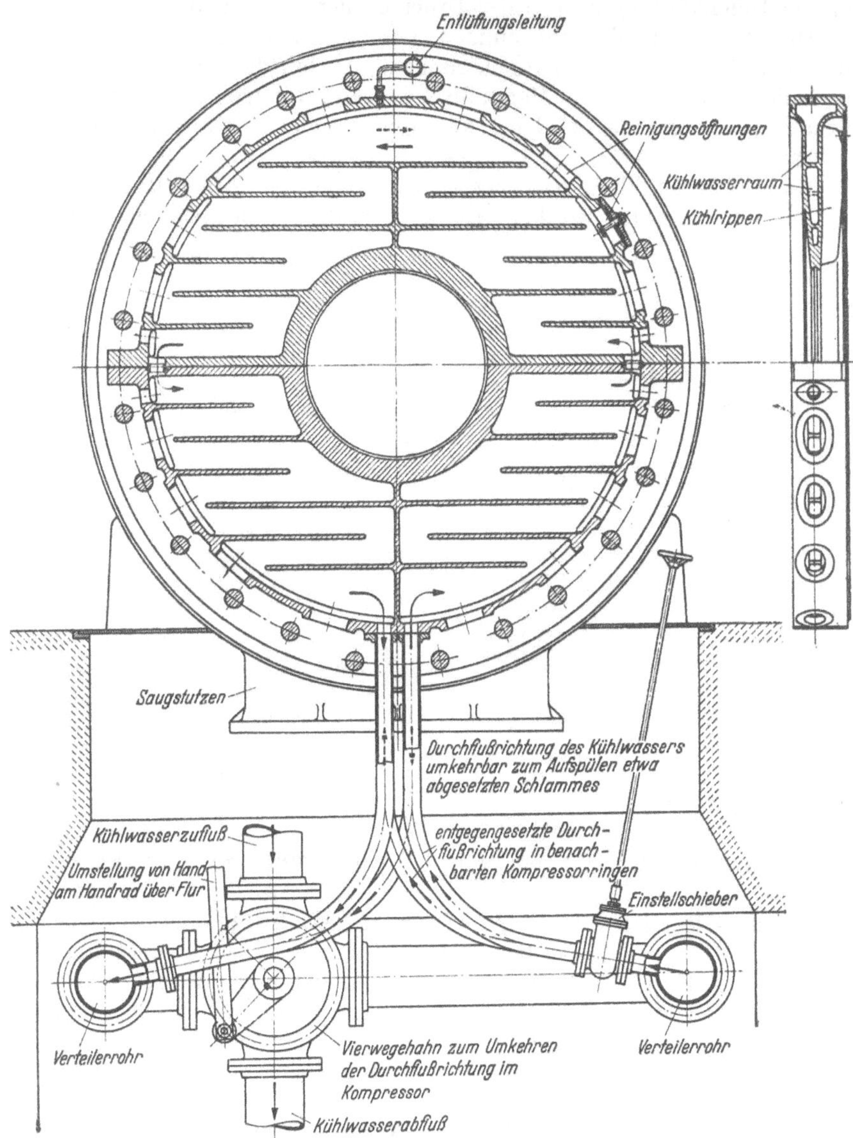

Abb. 323. Kühlwasserführung im Turbokompressor Abb. 322 mit Gehäusekühlung

Gebrauch. Erschwerend wirkt insbesondere, daß in den letzten 30 Jahren die Umfangsgeschwindigkeiten des Rades fast verdoppelt, also die Stufenzahl fast auf den vierten Teil herabgesetzt werden konnte, so daß heute die unterzubringende Kühlfläche nicht mehr ausreicht. Dabei ist noch zu berücksichtigen, daß die Luftfeuchtigkeit bei der Außenkühlung in den Zwischenkühlern ausgeschieden wird, während sie bei Innenkühlung sich in der Druckleitung ansammelt.

Obwohl die Innenkühlung einfache Fundamente und geringe Grundfläche fordert, wodurch bei elektrischem Antrieb die Unterkellerung fortfallen kann, auch die Herstellungskosten im ganzen geringer sein dürften, so mußte sie aus den erwähnten Gründen der Außenkühlung weichen.

Die Gehäusekühlung ist aber auch vielfach[1] als *Einspritzkühlung* mit Erfolg ausgeführt worden. Hierbei wird die Kühlflüssigkeit in die

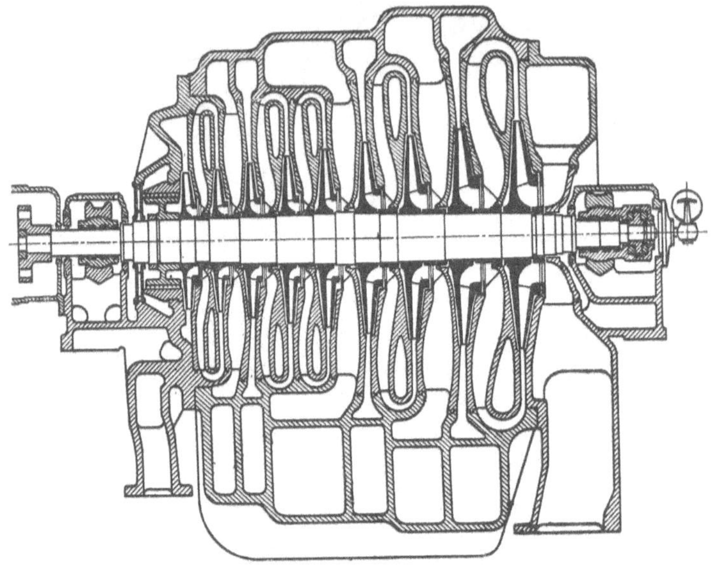

Abb. 324. Turbokompressor mit Außenkühlung (Demag). Gehäuse mit eingesetzten Umführungsstücken

Umkehrkanäle eingespritzt und zerstäubt. Als Kühlmittel wird bei Verdichtung von Wasserdampf (Wärmepumpe) selbstverständlich Wasser, bei Kälteerzeugung mit Kreiselverdichtern flüssiges Kältemittel verwendet. Auch bei Luft- und Gasverdichtung ist Wassereinspritzung angewandt worden. Große Erschwernis bedeutet, daß das eingespritzte Wasser vorher destilliert werden muß. Die Ersparnis an Antriebsleistung ist nur wenig geringer als bei Oberflächenkühlung. Grundbedingung ist, daß die ganze Kühlflüssigkeit nach der Einspritzung verdampft, also keinerlei Flüssigkeit weitergeführt wird. Bei Förderung chemischer Gase kann durch ihre Anwendung Krustenbildung verhütet oder vermindert werden. Kombinierte Einspritz- und Oberflächenkühlung erscheint vorteilhaft.

[1] Escher Wyss Mitt. 1941, S. 23; ferner Trans. Amer. Soc. mech. Engrs. 74 (1952) S. 879—950 und 75 (1953) S. 409—420

Bei der *Außenkühlung* wird die Ausbildung des Gehäuses stark vereinfacht, so daß es entweder als ein einheitliches — nur in der waagerechten Mittelebene geteiltes — Gußstück ausgebildet wird, wie in Abb. 325, oder die Umführungsstücke in das aus wenigen Teilen bestehende Gehäuse eingesetzt werden, wie in Abb. 324. Die Zahl der Rückführschaufeln kann wesentlich herabgesetzt werden, so daß auch die Strömungswiderstände im Gehäuse sich verkleinern. Dafür kommen die Zwischenkühler mit den teuren Kühlrohren aus nichtrostendem Material hinzu (Abb. 324a), die einen zusätzlichen Druckverlust im Luftstrom verursachen. Da auch hier die Kühlfläche — besonders auf der Wasserseite — regelmäßig zu reinigen ist, werden die Rohrbündel

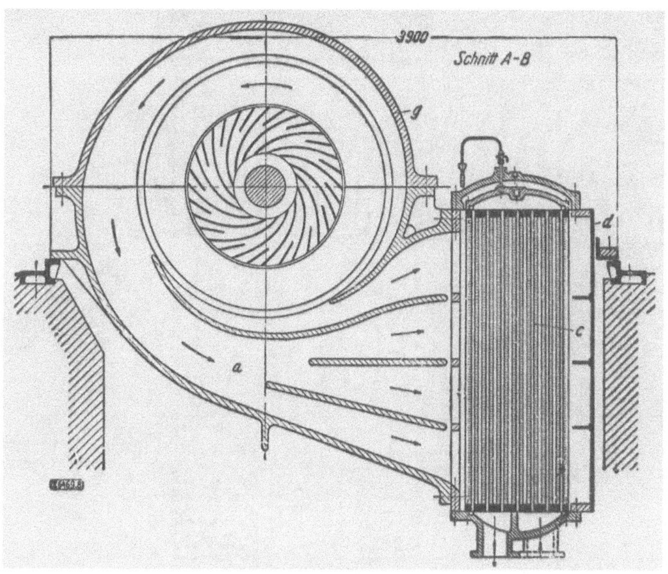

Abb. 324a. Schnitt durch einen Verdichter nach Abb. 324 für 55000 m³/h auf 7 ata bei 4450 U/min

leicht zugänglich gemacht, beispielsweise dadurch, daß sie als Ganzes aus dem Kühlkörper mittels eines Hebezeuges herausgezogen werden können.

In Abb. 324 sind 4 Radgruppen, also dreimalige Zwischenkühlung vorgesehen. Die Zwischenkühler sind gemäß Abb. 324a senkrecht angeordnet. Die Kühlerbündel sind hier als Rippenrohrkühler ausgebildet (S. 529). Stets kann der gesamte Weg der Luft bis zum Eintritt in den Kühler zur Umsetzung von Geschwindigkeitsenergie in Druck herangezogen werden, welche Absicht besonders klar in Abb. 324a hervortritt. Während in Abb. 325 Leitschaufeln am Radaustritt vorgesehen sind (weil die parallelwandige Ausführung der Laufräder kleine Winkel α_3 ergibt), ist in Abb. 324 der schaufellose Ringraum verwendet, der bei den hier vorliegenden, nach außen enger werdenden Rädern sich gut bewährt hat (S. 371f.). Die Trennung der Einbauten vom

Gehäusemantel hat sich hier dahin ausgewirkt, daß die Richtungsumkehr zwischen dem schaufellosen Ringraum und den Rückführschaufeln mit großem Krümmungshalbmesser, also strömungstechnisch recht günstig, ausgebildet und der Wärmeübergang zwischen den einzelnen Stufen, welcher besonders an den Einführungsstellen der von

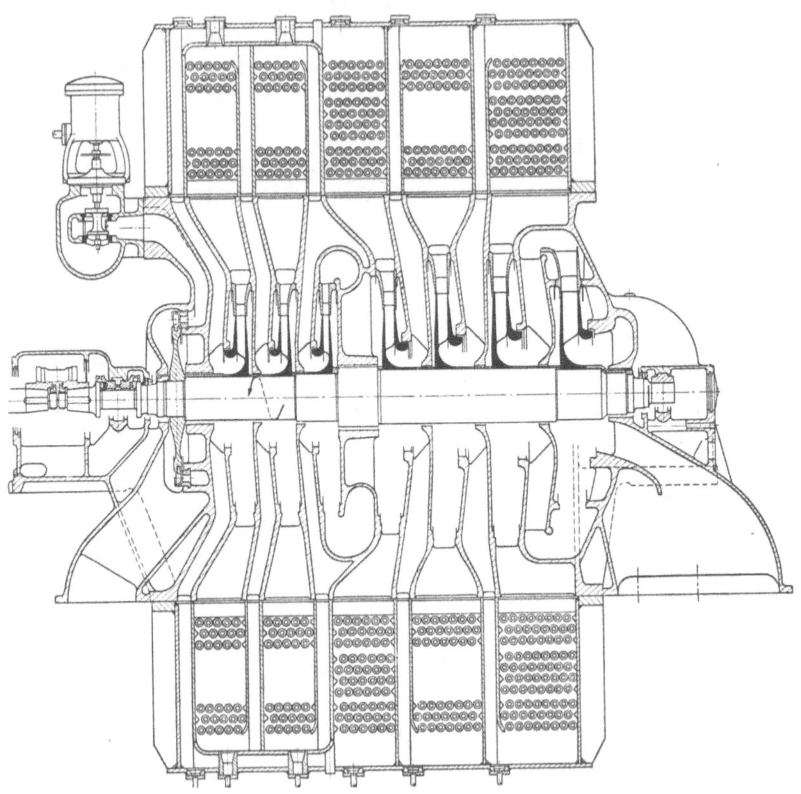

Abb. 325. Turbokompressor „Isotherm" von BBC mit Außenkühlung hinter der zweiten bis vorletzten Stufe und Rückgewinnungsturbine für Ausblase-Regelung

den Zwischenkühlern kommenden Luft groß ist, durch doppelwandige Ausbildung der Zwischenböden weitgehend unterbunden werden kann.

Die Beschränkung der Zahl der Zwischenkühler in Abb. 324 auf drei, wobei also zwei bis drei ungekühlte Radialstufen auf einen Zwischenkühler kommen, wurde durch den Druckverlust veranlaßt, den die Luft im Zwischenkühler erfährt. Im Zuge der fortschreitenden Abnahme der Stufenzahl ist nun das Bestreben bemerkbar, hinter jeder Stufe einen Zwischenkühler anzuordnen, zudem man inzwischen gelernt hat, die Luftwiderstände im Kühler klein zu halten und eine merkliche Verbesserung des Wirkungsgrades zu erwarten ist. Die erste (seit 1935 bekannt gewordene) Ausführung[1] dieser Art ist der Turbokompressor „Isotherm“ von BBC (Abb. 325), bei der trotz der Zahl von 7 Stufen die Luft hinter der zweiten bis vorletzten Stufe durch die ober- und unterhalb des Gehäuses angeordneten Kühlbündel geleitet wird. Diese häufige Umleitung der Luft verlangt auch eine sorgfältige Formgebung der Verbindungskanäle. Die angestrebte Erzielung eines guten Wirkungsgrades wird dadurch erleichtert, daß der Achsschubausgleich (im

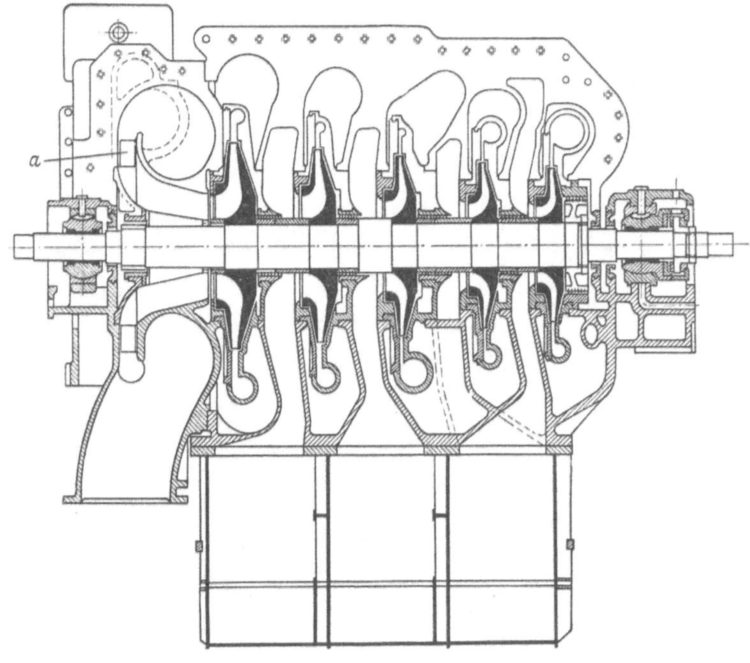

Abb. 326. Längsschnitt

Abb. 326 und 326a (nächste Seite). 5-stufiger Turbokompressor mit eingeschweißten Laufschaufeln nach Abb. 140a, mit sternförmig angeordneten Zwischenkühlern, von denen jeder einem Teil des Radumfanges zugeordnet ist, mit drehbaren Eintrittsleitschaufeln *a* vor der ersten Stufe, welchen auch die Ausblaseluft zugeleitet wird (AEG)

Einklang mit S. 459) durch gegensinnige Anordnung der Laufräder herbeigeführt und dadurch ein Ausgleichskolben mit seinem Undichtheitsverlust entbehrlich ist.

Die Welle kann (im Gegensatz zu Abb. 325) durch ein mitten im Gehäuse sitzendes drittes Lager unterstützt werden, wodurch die Wellendicke herabgesetzt und dadurch der Einlauf in die Räder verbessert wird. Das am linken Gehäuseende sichtbare Ausblaseventil führt bei Unterschreitung der Pumpgrenze die ausgeblasene Überschußluft nach der am gleichen Stirnende eingebauten Rückgewinnungsturbine.

---

[1] Brown Boveri Mitt. 40 (1953) S. 77/78. — O. Dibelius: Chemie-Ingenieur-Technik 31 (1959) Heft 4, S. 248—255. — W. Karrer: Schweiz. Bauztg. 66 (1948) Nr. 21, S. 291—296

Die gekennzeichnete Entwicklungsrichtung ist seitens der AEG in der in Abb. 326 und 326a[1] angegebenen Konstruktion fortgesetzt worden, bei der durch Verwendung der in Abb. 140, S. 245, dargestellten Laufradkonstruktion mit eingeschweißten, doppelt gekrümmten Schaufeln die Stufenzahl auf fünf heruntergesetzt werden konnte, obwohl der glatte Leitring an Stelle des beschaufelten Leitrades verwendet ist. Die sternförmig angeordneten Zwischenkühler (Abb. 326a) sind jeweils nur einem Teil des Laufradumfanges zugeordnet und erhalten die Zu-

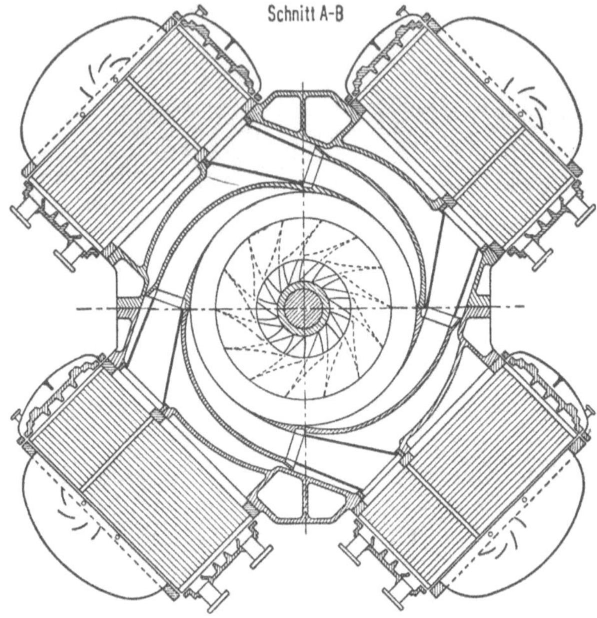

Abb. 326a. Schnitt A–B hinter der 1. Stufe

strömung durch sorgfältig ausgebildete Spiralen, an die sich ein konischer Diffusor anschließt. An die Stelle der Rückgewinnungsturbine von BBC tritt ein vor der ersten Stufe sitzender Kranz von drehbaren, radial einwärts gerichteten Leitschaufeln a, die elektrisch zusammen mit der bei Unterschreitung der Pumpgrenze zu betätigenden Ausblaseeinrichtung gesteuert werden und denen die ausgeblasene Luft durch eine Umführungsleitung so zugeführt wird, daß die Energie der Ausblaseluft zu einer Druckerhöhung der eintretenden Luft verwertet wird. Die 12 Kühlerbündel sind gleich, also untereinander austauschbar. Ihre Kühlfläche besteht aus verzinnten kreisrunden Rippenrohren aus Kupfer, die beiderseits in Rohrböden aus Stahl eingewalzt sind.

Die vereinigte Innen- und Außenkühlung hat den theoretischen Vorteil, die Zustandskurve näher an die Isotherme heranzubringen als

[1] Aus ETZ 1955, Nr. 4, S. 130—133

jedes der beiden vorerwähnten Verfahren. Sie vereinigt aber auch deren Anforderung an Herstellung und Wartung und kommt deshalb nur in Sonderfällen in Betracht.

112a. Zahl und Anordnung der Gehäuse vielstufiger Verdichter

Auf einer gemeinsamen Welle können — ebenso wie bei der Wasserpumpe — nicht mehr als 9 bis 11 radiale Stufen untergebracht werden, weil sonst die Welle zu lang wird. Es ist dann nämlich nicht mehr

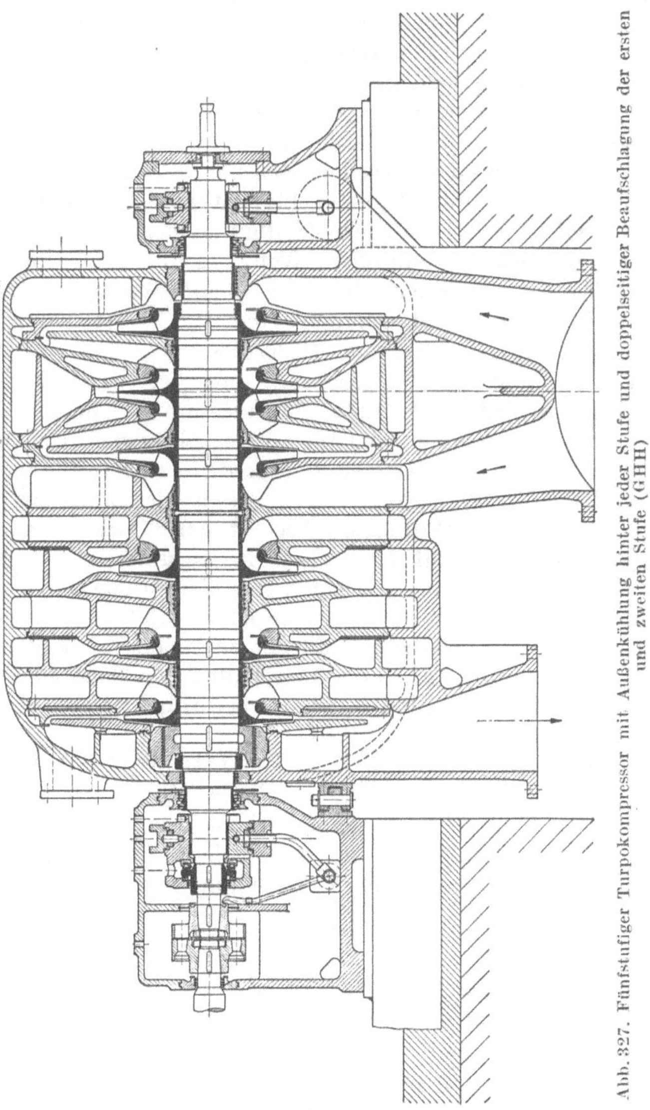

Abb. 327. Fünfstufiger Turbokompressor mit Außenkühlung hinter jeder Stufe und doppelseitiger Beaufschlagung der ersten und zweiten Stufe (GHH)

möglich, sie so stark zu machen, daß die Betriebsdrehzahl nicht in den Bereich höherer kritischer Drehzahlen kommt (Abschn. 121), denn die Wellendurchmesser sind durch die Rücksicht auf den Radeinlauf nach oben hin begrenzt. Bei Kreiselverdichtern legt man nach S. 580 die Betriebsdrehzahl zwischen die kritische Drehzahl erster und zweiter Ordnung. Über die kritische Drehzahl zweiter Ordnung könnte man nur bei sehr hohen absoluten Drehzahlen gehen, wie sie in Verbindung mit kleinen Förderströmen möglich sind (S. 165).

Bei der Verdichtung atmosphärischer Luft in Verbindung mit der üblichen 7- bis 10fachen Verdichtung macht es keine Schwierigkeit, mit 5 bis 9 radialen Stufen auszukommen, wenn die für geschmiedete Laufradscheiben aus Sonderstahl zulässigen Umfangsgeschwindigkeiten (S. 557) verwirklicht werden. Bei der Förderung leichter Gase (Synthesegas für Hydrierwerke, Kokereigas für Gasfernversorgung), für welche die gleichen oder bisweilen noch höhere Verdichtungsgrade wie bei Luft gefordert werden (Abschn. 14f), ist die notwendige Stufenzahl entsprechend höher, so daß man häufig zur mehrgehäusigen Ausführung greifen muß. Die einzelnen Wellen können dann mit gleicher Drehzahl betrieben werden, wobei sie unmittelbar miteinander oder dem gemeinsamen Antrieb gekuppelt sind. Hierbei ist zu erwägen, den ND-Teil mehrflutig auszuführen, damit die Drehzahl den Bedingungen des HD-Teiles angepaßt werden kann. Auch beim eingehäusigen Verdichter für atmosphärische Luft kann dies aus dem gleichen Grunde zweckmäßig sein, wie der fünfstufige Verdichter der Abb. 327 zeigt, bei dem beispielsweise die ersten beiden Stufen zweiflutig sind und der im Fall der Förderung von leichtem Gas auch als ND-Teil dient[1]. Eine andere Möglichkeit besteht darin, den oberen Stufengruppen höhere Drehzahlen zu geben als den unteren, weil dann ihre Durchmesser verkleinert, also günstigere Radformen verwendet werden können und es außerdem möglich ist, ebenfalls bis an die Grenze der zulässigen Umfangsgeschwindigkeit zu gehen. Diese Verschiedenheit der Drehzahlen kann durch Einschalten von Zahnradübersetzungen oder mittels getrennten Antriebs verwirklicht werden[2].

113. Berechnung der mehrstufigen Verdichter mit Kühlung

Beim ungekühlten Verdichter wurde der Radberechnung die *adiabatische* Förderhöhe $\varDelta H$ als Stufenförderhöhe, d. h. als spezifische Arbeit des verlustlosen Verdichters zugrunde gelegt. Es fragt sich nun, ob auch im Falle der Kühlung in der Beziehung

$$\varDelta H_{\text{th}} = \frac{\varDelta H}{\eta_h} \tag{19}$$

die Größe $\varDelta H$ auf der Grundlage der Adiabate berechnet werden kann.

Der Vorgang der Verdichtung in Lauf- und Leitkanal ist bei Außenkühlung der gleiche wie beim ungekühlten Verdichter, so daß in diesem

[1] Eckert, B.: Z. VDI 100 (1958) Nr. 22, S. 1071—1073

[2] Die hierbei möglichen Schaltungen sind von F. Kluge in Z. VDI 88 (1944) S. 659, Bild 4 bis 14, angegeben. — Vgl. auch A. Naumann: Die Technik 3 (1948) S. 374—380

Fall kein Grund zu einer Änderung besteht. Aber auch bei Innenkühlung wird er im Laufrad kaum abweichen, weil dieses nicht wirksam gekühlt werden kann, und nur in der Leitvorrichtung wird die Kühlung sich in der Weise bemerkbar machen, daß sie die Umsetzung von Geschwindigkeit in Druck begünstigt, aber hauptsächlich erst nach Erreichung des Enddruckes einsetzt, zudem die üblichen Reaktionsgrade nach Abschnitt 24 erheblich über 0,5 liegen. Der verlustlose Vergleichsprozeß wird somit nach wie vor wenig von der Adiabate abweichen. Wir dürfen also ΔH in Gl. (19) in gleicher Weise wie bisher bestimmen. Auf Grund obiger Überlegung würde es naheliegen, bei Innenkühlung η_h etwas höher anzunehmen als bisher und als bei Außenkühlung, um dadurch dem Einsetzen der Kühlung *während* der Verdichtung Rechnung zu tragen. Aber auch dieses dürfte nicht notwendig sein, weil hier der Reibungsweg und der Reibungswiderstand zwischen den Stufen, wie im vorigen Abschnitt dargelegt ist, größer sind als bei Außenkühlung, wo diese Widerstände erst im Zwischenkühler auftreten und gesondert erfaßt werden.

Es handelt sich nun darum, diese adiabatische Stufenförderhöhe bei den einzelnen Kühlverfahren zu ermitteln.

a) Außenkühlung. Dieser Fall werde wegen seiner größeren Einfachheit zuerst behandelt.

α) Vollkommene Rückkühlung zwischen ungekühlten Stufengruppen. Die Arbeitsersparnis durch die Kühlung hat ihren Höchstwert, *wenn auf jede Stufengruppe die gleiche Verdichtungsarbeit entfällt*, wie sich an Hand des TS-Schaubildes (Abb. 328) leicht übersehen läßt. Demnach werden bei Verwendung zweier Zwischenkühler die Teilpunkte Z_1'' und Z_2'' das Isothermenstück $A_I E''$ in drei gleiche Teile teilen müssen. Weil nun die Isobaren der Zwischendrücke p_{z1} und p_{z2}, ebenso des Enddruckes p_{II} einfach durch waagerechte Parallelverschiebung der Isobare des Anfangsdruckes p_I entstehen (konstantes c_p vorausgesetzt), so sieht man, daß dann auch die adiabatischen Austrittstemperaturen t_{z1}', t_{z2}' und t_e' der einzelnen Gruppen gleich sein müssen. Nach Gl. (15a), Abschn. 3, sind dann auch die Druckverhältnisse gleich, also

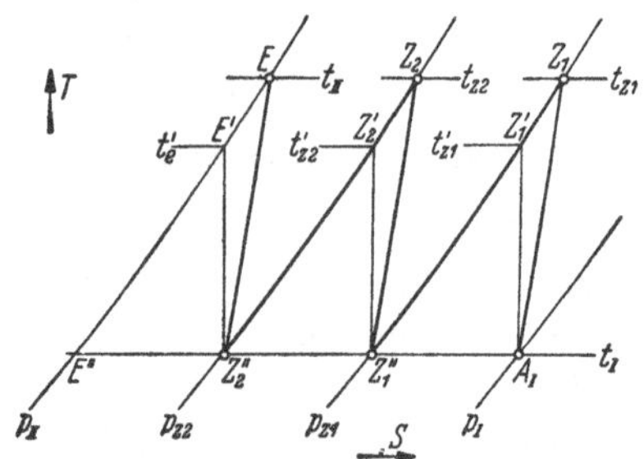

Abb. 328. Zustandskurve im TS-Schaubild für vollkommene Rückkühlung zwischen drei ungekühlten Stufengruppen

$$\frac{p_{z1}}{p_I} = \frac{p_{z2}}{p_{z1}} = \frac{p_{II}}{p_{z2}} = x_{\text{gr}}.$$

Durch Multiplikation dieser 3 Brüche ergibt sich sofort, daß bei j Gruppen $x_{\text{gr}}^j = p_{II}/p_I$, somit

$$x_{\text{gr}} = \sqrt[j]{\frac{p_{II}}{p_I}}. \tag{20}$$

Die Zwischendrücke betragen dann

$$p_{z1} = x_{gr}\, p_I, \quad p_{z2} = x_{gr}^2\, p_I.$$

Die Berechnung des ganzen Verdichters ist damit auf die Berechnung von j ungekühlten Stufengruppen zurückgeführt, die genauso erfolgt, wie in Abschn. 111 angegeben ist. Hierbei muß nur beachtet werden, daß der Volumenstrom von Gruppe zu Gruppe abnimmt und deshalb auch die Raddurchmesser sich verkleinern, wobei wieder Gl. (14), S. 513, benutzt werden kann. Der Idealfall wäre, wenn hierbei das Rad geometrisch ähnlich verkleinert würde. Tatsächlich aber wird man wieder, wie S. 512, zur Herabsetzung der Stufenzahl den Wert b_2/D_2 mit wachsender Dichte abnehmen lassen, womit meist auch

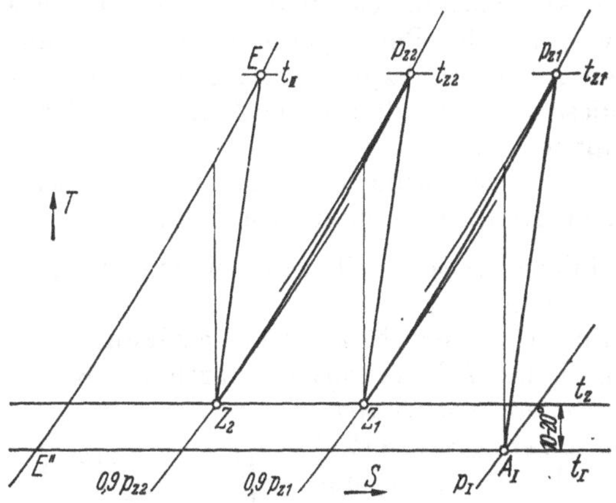

Abb. 329. Unvollkommene Rückkühlung zwischen drei ungekühlten Stufengruppen

eine Abnahme von $(\eta_i)_{st}$ verknüpft ist, falls nicht die *Ma*-Zahl erheblich abnimmt (S. 511). Die Dinge liegen dann ebenso wie bei Dampfturbinen, wo der Stufenwirkungsgrad im HD-Teil kleiner ist als im ND-Teil.

β) Unvollkommene Rückkühlung. Um an der teuren Kühlfläche zu sparen und den Wasserverbrauch einzuschränken, wird die Gastemperatur im Zwischenkühler nicht ganz auf den Anfangswert zurückgeführt, ganz abgesehen davon, daß dies nur bei genügend kaltem Wasser möglich sein würde. Vielmehr läßt man am Kühleraustritt bei frischem Kühlwasser etwa 10°, bei rückgekühltem Wasser bis 20° Übertemperatur über die Ansaugtemperatur zu. Man wählt dann die Zwischendrücke so, daß die Förderhöhe der ersten Gruppe etwas größer wird als bei den folgenden Gruppen. Eine weitere Änderung der Zustandskurve gegenüber dem unter α) besprochenen Idealfall tritt infolge des Druckabfalles im Zwischenkühler und in seinen Verbindungsleitungen zum Verdichter ein, den man mit 5 (bis 10)% (bei den Bauarten nach Abb. 325 und 326 nur 1%) des Absolutwertes des vorhandenen Druckes ansetzen kann. Damit ergibt sich etwa der in Abb. 329 angegebene Verlauf der Zustandskurve (Beispiel eines Axialverdichters Abschn. 115).

γ) Die *Zwischenkühler* sind Oberflächenkühler nach Art der Oberflächenkondensatoren, selten Einspritzkühler (S. 518). Die Kühlfläche muß wegen der sich bildenden Wasserniederschläge aus nichtrostendem Werkstoff, beispielsweise Messing, bestehen, und wird meist aus dünnen Rohren mit kreisförmigem oder besser tropfenförmigem Querschnitt gebildet, die in einer für ihre äußere und innere Reinigung zugänglichen Weise angeordnet sein müssen. Luft und Kühlwasser führt man möglichst im Gegenstrom, weil dann an der teuren Kühlfläche gespart wird. In der Regel wird das Wasser durch die Rohre, also die Luft quer zu den Rohren geschickt, weil der Wärmeübergang gut ist und die Reinigung erleichtert wird. Die Führung der Luft in der Längsrichtung der Rohre (Längsstrom) ist weit ungünstiger als der Querstrom, besonders bei kleinen *Re*-Zahlen[1]. Durch mehrmaliges Führen des Gases quer zum Rohrbündel kann Gegenstrom verwirklicht werden. Die versetzte und die fluchtende Anordnung der Rohre in Strömungsrichtung unterscheiden sich in der Wirkung nur wenig voneinander. Es ist zweckmäßig, die Rohrteilung so klein zu wählen, als es Herstellungsgründe oder Rücksicht auf Verschmutzung gestatten, weil nicht nur der umbaute Raum abnimmt, sondern insbesondere auch der Strömungswiderstand bei gleichbleibendem Wärmeübergang sich verkleinert[2]. Dieser Gesichtspunkt gilt besonders bei senkrecht zur Strömungsrichtung angeordneten Rohren. Durch Querwände, die gleichzeitig zur Luftführung dienen, muß dafür gesorgt werden, daß keine Vibrationen entstehen. Zu beachten ist, daß das Gehäuse wärmer wird als die Rohre; deshalb muß für genügende Elastizität gesorgt sein, damit keine Rohrbrüche entstehen. Nur bei chemisch aggressiven Gasen wird das Gas durch die Rohre geführt, weil dann der nur wasserberührte Mantel des Kühlers keine Sonderwerkstoffe erfordert.

Berechnung der Zwischenkühler. Der abzuführende Wärmestrom in kcal/h ist im ersten Zwischenkühler

$$Q_h = G_h c_p (t_{z1} - t_I),$$

wo G_h der Luftdurchsatz in kp/h ist. Dazu ist die auf der Luftseite zu messende Kühlfläche erforderlich

$$f = \frac{Q_h}{k \Delta t_m}, \tag{21}$$

worin bezeichnen

Δt_m die mittlere Temperaturdifferenz zwischen Luft und Kühlwasser; diese beträgt bei Gegen- oder Gleichstrom

$$\Delta t_m = \frac{\Delta t' - \Delta t''}{\ln \frac{\Delta t'}{\Delta t''}} \tag{21a}$$

---

[1] Hofmann, E.: Z. VDI 84 (1940) S. 97—101

[2] Eckert, E.: Wärme- und Stoffaustausch. Berlin/Göttingen/Heidelberg: Springer 1949

($\Delta t'$ und $\Delta t''$ sind die Differenzen zwischen Gas- und Wassertemperatur am Anfang und Ende der Kühlfläche f). Liegt eine gemischte gegenseitige Strömung von Luft und Wasser vor, wie das in der Regel der Fall ist, so kann der Einfachheit halber gesetzt werden

$$\Delta t_m = \frac{1}{2}(\Delta t' + \Delta t'').$$

k die Wärmedurchgangszahl in kcal/h m² grd. Diese ermittelt man aus ihrem reziproken Wert, dem Durchgangswiderstand, welcher gleich der Summe der Einzelwiderstände ist

$$\frac{1}{k} = \frac{1}{\alpha_g} + \frac{1}{\alpha_w} + \frac{s}{\lambda}. \tag{21b}$$

Darin bedeuten α_g, α_w die Wärmeübergangszahlen zwischen Gas und Wand bzw. Wasser und Wand in kcal/m² h grd, λ die Wärmeleitzahl des Wandmaterials in kcal/m h grd und s in m die Dicke der Wand. Das dritte Glied s/λ in Gl. (21b) kann vernachlässigt werden.

Hinsichtlich der Werte α_g und α_w ist man auch heute noch auf die Erfahrung angewiesen. Bei Führung des Gases durch ein Rohrbündel senkrecht zu den Rohren kann mit ausreichender Genauigkeit gesetzt werden[1], sofern die Rohrreihen gegeneinander versetzt sind:

$$\alpha_g = i\, Pe^{3/4} \frac{\lambda_g}{d}, \tag{21c}$$

wo $Pe = Pr \cdot Re = w\,d/a = w\,\gamma\, d\,c_p/\lambda_g$ die PECLETsche Zahl, λ_g die Wärmeleitzahl des Gases bei dem arithmetischen Mittelwert zwischen Wand- und Gastemperatur, d der äußere Rohrdurchmesser, w die Luftgeschwindigkeit an der engsten Stelle zwischen zwei nebeneinanderliegenden Rohren in m/s. Der Faktor i hängt von der Zahl der hintereinander folgenden Rohrreihen ab und beträgt

bei	2	4	6	8	10 und mehr Rohrreihen
$i =$	0,075	0,0922	0,102	0,107	0,110

Die Auswertung von Gl. (21c) wird vereinfacht, wenn man berücksichtigt, daß $w\gamma = (V/F)\,\gamma = G_h/F$ ist (G_h = Luftdurchsatz in kp/h, F = Summe der engsten Querschnitte längs einer Rohrreihe), also unabhängig vom Gaszustand ist. Ferner ist die Wandtemperatur praktisch gleich der Wassertemperatur, weil der Übergangswiderstand $1/\alpha_w$ zwischen Wasser und Wand nur ein Bruchteil des Übergangswiderstandes $1/\alpha_g$ zwischen Gas und Wand ist. Deshalb kann λ_g zum Mittelwert zwischen Gas- und Wassertemperatur entnommen werden. Da jedoch die Druckabhängigkeit von λ_g für Luft im Bereich von 1 bis 10 at vernachlässigt[2] werden kann und die Temperaturabhängigkeit sich wenig auswirkt, so ist es zulässig, im Bereich zwischen 50 und 150° $\lambda_g \approx 0{,}026$

---

[1] Hütte, 27. Aufl., Bd. I, S. 593; dort weitere Literaturangaben

[2] GRÖBER/ERK: Die Grundgesetze der Wärmeübertragung, S. 246, Berlin: Springer 1933

zu setzen. Mit $c_p = 0{,}241$ entsteht dann die für den Gebrauch handlichere Formel

$$\alpha_g = \frac{0{,}14\,i}{d^{1/4}}\left(\frac{G_h}{F}\right)^{3/4}. \tag{21d}$$

An Stelle dieser Gleichung werden heute vielfach auch andere Berechnungsweisen benützt[1].

Da, wie erwähnt, der größte Widerstand für den Wärmestrom auf der Luftseite liegt, so verringert man den Aufwand an Raum und Baustoff durch Aufsetzen von Rippen auf der Luftseite, die in Scheiben oder Spiralen von 0,5 mm Wandstärke in 2 bis 3 mm Abstand angeordnet sind und aus Messing (oder Stahl mit Außenverzinnung) bestehen. Dadurch kann auch die Gasführung verbessert und die Festigkeit erhöht, ferner der Rohrdurchmesser vergrößert werden, wodurch die Rohrzahl herabgesetzt und die Reinigung erleichtert wird. Rechnerisch geht man hier so vor, daß man für f in Gl. (21) nach wie vor die zylindrische Außenfläche der Rohre einsetzt und die nach Gl. (21c) ermittelten α_g-Werte auf $\zeta\,\alpha_g$ vervielfacht, wobei $\zeta = 0{,}4$ bis $0{,}6\,f_R/f$ beträgt. f_R ist die nach Hinzukommen der Rippen vorhandene gesamte luftberührte Kühlfläche. Das Verhältnis der wasser- zur luftberührten Kühlfläche[2] beträgt 1 : 8 bis 1 : 20

Für α_w gilt die Näherungsformel

$$\alpha_w = 1755(1 + 0{,}015\,t_w)\frac{w^{0,87}}{d^{0,13}} \tag{21e}$$

(w Strömungsgeschwindigkeit des Wassers im Rohr in m/s,
d innerer Rohrdurchmesser, t_w mittlere Wassertemperatur in °C).

Nach Gl. (21c) und (21e) wachsen sowohl α_g wie α_w stark mit der Strömungsgeschwindigkeit. Demnach ist die Verwendung hoher Geschwindigkeit, insbesondere auf der Luftseite, angezeigt, was seinerseits wieder die möglichste Vermeidung jeden Formwiderstandes, also die Bevorzugung schlank auslaufender Querschnittsformen für die Rohre nahelegt (S. 82). In diesem Fall ist d aus Gl. (40), S. 70, zu ermitteln. Auf der Wasserseite haben große Geschwindigkeiten wenig Nutzen, weil α_w sowieso recht hoch ist. Zweckmäßig ist es, die Kühlrippen gegeneinander zu versetzen, weil dann für die Rippen die günstigen Wärmeübergangsverhältnisse des Anfangs der umströmten ebenen Platte vorliegen.

Gln. (21c) bis (21e) setzen reine Kühlfläche voraus.

Neuerdings findet auch *Kühlung durch atmosphärische Luft, statt durch Wasser* Anwendung[3], insbesondere bei Verdichtern für ortsbewegliche Gasturbinen.

---

[1] Vgl. Siemens-Zeitschrift 33 (1959) Nr. 3, S. 127, Gl. (1) u. (1a), oder VDI-Wärme-Atlas 1954, Abschn. Gd. — H. Linnecken: BWK 8 (1956) Nr. 2, S. 61—65 u. Nr. 5, S. 203—207

[2] Thomann, E.: BWK 6 (1954) S. 132—134. — Neue Angaben in BWK 10 (1958) S. 142/43

[3] Siemens-Z. 33 (1959), Nr. 3, S. 126/37

b) Gehäusekühlung. Vollkommene Rückkühlung, die zwischen den einzelnen Stufen zu erfolgen hätte, ist hier noch weniger durchführbar als bei der Außenkühlung. Besonders im Bereich der ersten Stufe ist die Kühlung wenig merkbar, weil das Temperaturgefälle fehlt bzw. klein ist. Deshalb steigt im TS-Schaubild die Verbindungslinie der Zustandspunkte A_1, A_2, A_3 usw. des Eintritts in die Stufen anfänglich steil oder sogar, wie beim ungekühlten Verdichter, nach rechts an, um sich mit wachsender Lufttemperatur mehr und mehr nach links zu biegen. In Abb. 330 ist die Rückkühlung zwischen den Stufen durch

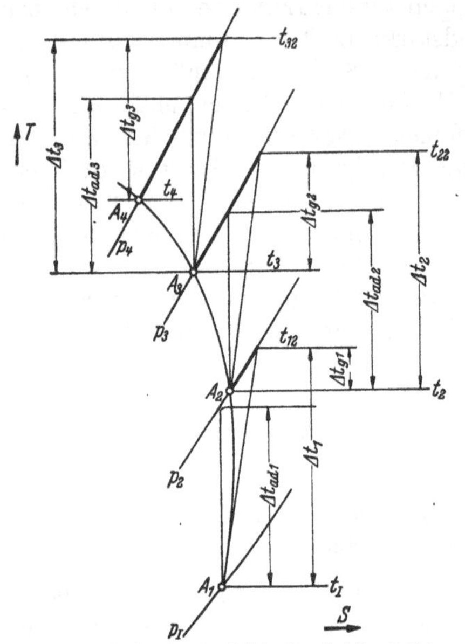

Abb. 330. Entropieschaubild für Gehäusekühlung

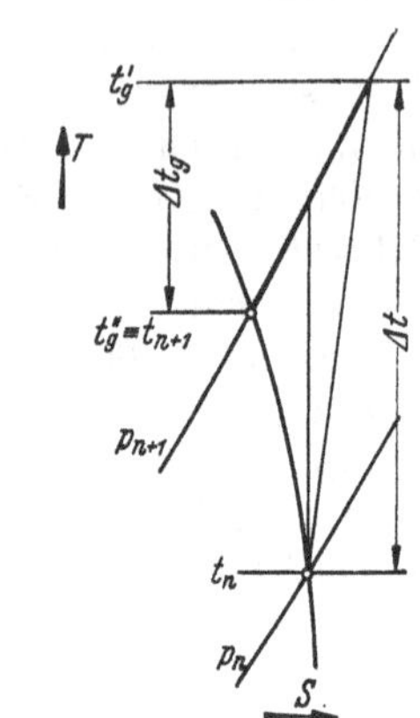

Abb. 330a. Entropieschaubild für eine beliebige n-te Stufe

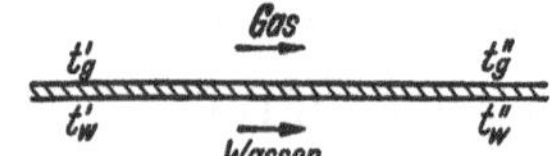

Abb. 330b. Kühlschema

die dick ausgezogenen Strecken auf den Isobaren hervorgehoben. Δt_{g1}, Δt_{g2} usw. sind die Abkühlungen des Fördergases in den einzelnen Stufen. Die Isobaren p_2, p_3 usw. der Zwischendrücke erhält man wieder, wenn die adiabatische Temperaturzunahme $\Delta t_{ad} = A \Delta H / c_p$ der zugehörigen Stufe von den Zustandspunkten A_1, A_2 usw. aus in senkrechter Richtung abgetragen wird.

Die Bestimmung der nötigen Stufenzahl kann also durch Antragen dieser adiabatischen Temperaturzunahme an die Zustandskurve erfolgen, wenn diese bekannt ist, also ausreichende Versuchsunterlagen vorhanden sind. Will man sie rechnen, so muß man auf die verfügbare Kühlfläche und die Temperaturverhältnisse Bezug nehmen (vgl. die 3. und 4. Auflage dieses Buches).

Einer solchen Rechnung kommt naturgemäß nur Näherungscharakter zu, weil die wirklichen Temperaturen nicht zuverlässig bekannt sind. Ferner ist die Temperaturverteilung im Gehäuse nicht achsensymmetrisch, weil das Kühlwasser nicht achsensymmetrisch geführt wird (Abb. 323). Schließlich ist die Kühlfläche, je nachdem sie durch wasserbespülte Wände oder durch Schaufeln (Rippen) gebildet wird, durchaus verschieden zu bewerten.

Die Eintrittstemperatur t_w' des Wassers in die einzelne Stufe hängt von der Art der Schaltung ab. Sind alle Stufen parallel vom Wasser durchströmt, so ist t_w' für alle Stufen gleich der Temperatur des kalten Wassers. In diesem Fall erzielt man die beste Kühlwirkung, aber unter Inkaufnahme des höchsten Wasserverbrauches. Den geringsten Wasserverbrauch, bezogen auf die erzielte Kühlleistung, erreicht man durch Hintereinanderschaltung des Kühlwasserstromes der Stufen, wobei das Wasser in der ersten Stufe ein- und in der letzten herausgeleitet wird, also strömungstechnisch Gleichstrom, wärmetechnisch aber Gegenstrom vorliegt. In diesem Fall ist t_w' jeweils die Austrittstemperatur der vorhergehenden Stufe. Es kann aber die Kühlung der einzelnen Stufe nicht beliebig geregelt werden. Deshalb ist die erst erwähnte Schaltung üblich.

114. Einfluß der Luftfeuchtigkeit

Die Feuchtigkeit bewirkt eine Verkleinerung des geförderten Gewichtes an trockener Luft je m³ angesaugten Volumens, weil nach dem DALTONschen Gesetz sich ihr Teildruck um den Teildruck p_{dI} des Dampfes, also von p_I auf $p_I - p_{dI}$ verringert. Daraus folgt die Notwendigkeit der Vergrößerung des in die Rechnung einzuführenden Förderstromes im Verhältnis

$$\xi = \frac{p_I}{p_I - p_{dI}} = \frac{p_I}{p_I - \varphi\, p_{sI}}, \tag{23}$$

sofern p_{sI} der zu der vorhandenen Temperatur gehörige Sattdampfdruck und $\varphi = p_{dI}/p_{sI}$ die *relative Feuchtigkeit* ist. p_{sI} ist aus der (untenstehenden) Tafel für gesättigten Wasserdampf zu der Temperatur des Gemisches zu entnehmen. An Stelle von φ ist auch der „Sättigungsgrad" $\psi = x/x_s$ gebräuchlich (x = Wassergehalt in kp Dampf je kp trockener Luft, x_s = Wert von x bei Sättigung).

Zwischen ψ und φ besteht die Beziehung

$$\frac{\psi}{\varphi} = \frac{p_I - p_{sI}}{p_I - p_{dI}}. \tag{23a}$$

Da p_{sI} und p_{dI} bei den in Frage kommenden Ansaugetemperaturen stets sehr klein gegenüber p_I sind, so stimmen φ und ψ praktisch überein.

Der Vergrößerungsfaktor ξ ist hiernach leicht zu berechnen, wenn φ oder ψ bekannt sind. Er ist nur bei hohen Ansaugetemperaturen merklich höher als Eins. Wichtig ist aber die folgende betriebliche Auswirkung der Luftfeuchtigkeit.

Während der Verdichtung, die meist mit starker Temperaturzunahme geschieht, steigt der Sattdampfdruck p_s entsprechend stark, während p_d nur in gleichem Maße wächst wie der Gesamtdruck, so daß φ sehr stark abnimmt. Wird aber anschließend gekühlt, so geht p_s allmählich wieder auf seinen Anfangswert zurück, während p_d sich dabei nur in dem Maße verändert wie der Gesamtdruck, der annähernd gleichgehalten wird. Also wächst φ bei der Kühlung, bis schließlich der Wert Eins, d.h. der Taupunkt, überschritten wird und sich Wasser ausscheidet. *Deshalb sind in Zwischenkühlern und in der Druckleitung Entwässerungseinrichtungen vorzusehen.*

Der Wassergehalt x in kp Dampf je kp trockener Luft ist gleich dem Dichteverhältnis von Dampf und Luft, also auch gleich dem umgekehrten Verhältnis der spezifischen Rauminhalte.

$$x = \frac{v_l}{v_d} = R_l \frac{T_l}{P_l v_d}. \tag{24}$$

Dabei beziehen sich die Fußzeichen l und d auf Luft bzw. Dampf. Wird auch dem Dampf die Zustandsgleichung für Gase zugrunde gelegt, was für die hier in Frage kommenden Verhältnisse ohne weiteres zulässig ist[1], so kann bei Beachtung, daß die Gaskonstanten sich umgekehrt wie die Molekulargewichte verhalten, auch geschrieben werden

$$x = \frac{m_d}{m_l} \frac{P_d}{P_l}, \tag{24a}$$

sofern $m_d = 18$, $m_l = 29$ die Molekulargewichte von Dampf und Luft bedeuten. Werden die Drücke in kp/cm² ausgedrückt, so ergibt sich, wenn zugleich berücksichtigt wird, daß an Stelle des Teildruckes p_l der Gesamtdruck p gesetzt werden kann

$$x = 0{,}622 \frac{p_d}{p} = 0{,}622 \varphi \frac{p_s}{p}. \tag{24b}$$

Sättigungsdruck[2] p_s *des Wasserdampfes in kp/cm²*

grd	0	1	2	3	4	5	6	7	8	9
0	0,00623	0,00669	0,00719	0,00772	0,00829	0,00889	0,00953	0,01021	0,01093	0,01170
10	0,01251	0,01338	0,01429	0,01526	0,01629	0,01738	0,01853	0,01974	0,02103	0,02239
20	0,02383	0,02534	0,02694	0,02863	0,03041	0,03229	0,03426	0,03634	0,03853	0,04083
30	0,04325	0,04580	0,04847	0,05128	0,05423	0,05733	0,06057	0,06398	0,06755	0,07129
40	0,07520	0,07930	0,08360	0,08809	0,09279	0,09771	0,10284	0,10821	0,11382	0,11967
50	0,12578	0,13216	0,13881	0,14575	0,15298	0,16051	0,16835	0,17653	0,18504	0,19390
60	0,2031	0,2127	0,2227	0,2330	0,2438	0,2550	0,2666	0,2787	0,2912	0,3042
70	0,3177	0,3317	0,3463	0,3613	0,3769	0,3931	0,4098	0,4272	0,4451	0,4637
80	0,4829	0,5028	0,5234	0,5447	0,5667	0,5894	0,6129	0,6372	0,6623	0,6882
90	0,7149	0,7425	0,7710	0,8004	0,8307	0,8619	0,8942	0,9274	0,9616	0,9969
100	1,0332	1,0707	1,1092	1,1489	1,1898	1,2318	1,2751	1,3196	1,3654	1,4125

Beispiel. Luftzustand am Verdichtereintritt $t_I = 20°$ C, $p_I = 1$ ata, $\varphi = 0{,}8$; am Austritt des 1. Zwischenkühlers $t_z = 30°$ C, $p_{z1} = 2$ ata; des 2. Zwischenkühlers $t_z = 30°$ C, $p_{z2} = 4$ ata, Austrittsdruck $p_e = 8$ ata.

Der Teildruck des Dampfes am Verdichtereintritt ist $p_{dI} = \varphi\, p_{sI}$, also nach obiger Tabelle $= 0{,}8 \cdot 0{,}02383 = 0{,}0190$ kp/cm². Nach Gl. (23) ist der gegebene Förderstrom zu vervielfachen mit $\xi = 1/(1 - 0{,}019) = 1{,}02$.

Nach Gl. (23a) ist $\psi/\varphi = (1 - 0{,}0238)/(1 - 0{,}0190) = 0{,}995 \approx 1$, wie zu erwarten.

Die Dampfgehalte in kp je kp trockener Luft betragen nach Gl. (24b):

im *Ansaugezustand* $x_I = 0{,}622 \cdot 0{,}0190/1 = 0{,}0118$;

im *1. Zwischenkühler*, wenn dort der größtmögliche Dampfgehalt ins Auge gefaßt, also volle Sättigung angenommen wird, wobei $(p_d)_{z1} = (p_s)_{z1} = 0{,}04325$ kp/cm² aus obiger Tafel entnommen wird, $(x_{z1})_s = 0{,}622 \cdot 0{,}04325/2 = 0{,}0138$. Da hiernach $(x_{z1})_s > x_I$, ist die Luft noch nicht gesättigt, so daß sich

[1] Mollier, R.: Z. VDI 67 (1923) S. 869—872; 73 (1929) S. 1009—1013

[2] Nach Hütte, 27. Aufl., 1, S. 557, 28. Aufl., S. 459

hier kein Wasser ausscheidet, aber der Sättigungsgrad ist auf $\psi_{z1} = 0{,}0118/0{,}0138 = 0{,}85$ gestiegen;

im *2. Zwischenkühler* ebenfalls bei voller Sättigung $(x_{z2})_s = 0{,}622 \cdot 0{,}04325/4 = 0{,}00672$. Hier scheiden sich also $x_I - (x_{z2})_s = 0{,}0051$ kp Wasser je kp Luft aus.

In der *Druckleitung*, sofern sich dort die Luft auf Außentemperatur abgekühlt hat $(x_e)_s = 0{,}622 \cdot 0{,}02383/8 = 0{,}00185$, so daß sich hier $x_{z2} - (x_e)_s = 0{,}00487$ kp Wasser je kp Luft innerhalb der Leitung abgeschieden haben. Da die Rohrwand meist nicht aus rostfreiem Werkstoff besteht, sind diese Ausscheidungen für die Lebensdauer der Rohrleitung nachteilig, so daß es zweckmäßig sein kann, die Druckluft am Verdichteraustritt nachzukühlen und zu entwässern.

Die vorstehenden Betrachtungen lassen sich naturgemäß auch mit Hilfe des von MOLLIER angegebenen ix-Diagramms durchführen[1]. Sie sind aber so einfach, daß diese Hilfe im vorliegenden Fall entbehrt werden kann. Sie gelten sinngemäß auch für Mischungen von anderen Gasen und Dämpfen. Bei Förderung technischer Gase, welche in Verbindung mit dem ausgeschiedenen Wasser aggressiv wirken, ist diesen Vorgängen besondere Aufmerksamkeit zuzuwenden, weil nicht ganz zu verhindern ist, daß das sich in feinster Tröpfchenform ausscheidende Wasser vom Gasstrom mitgerissen und der nächsten Stufe zugeführt wird, wo dann die Schaufeln angefressen werden. Deshalb werden dort Beruhigungsbehälter hinter dem Zwischenkühler angeordnet, in denen das Gas auf sehr geringe Geschwindigkeiten (0,3 bis 0,5 m/s) gebracht wird. Will man in diesen Fällen den Wasserniederschlag in den Zwischenkühlern ganz vermeiden, so muß so gekühlt werden, daß der Taupunkt nicht unterschritten wird. Es muß also sein $x_{sz} \geqq x_I$ oder nach Gl. (24b) $0{,}622 p_{sz}/p_z \geqq x_I$, womit der kleinstzulässige Sättigungsdruck des Wasserdampfes im Zwischenkühler sich ergibt aus

$$p_{sz} \geqq 1{,}61\, x_I\, p_z\,. \tag{25}$$

Im obigen Beispiel würde sich im 1. Zwischenkühler keine Änderung ergeben; im 2. Zwischenkühler wäre $(p_{dz})_2 \geqq 1{,}61 \cdot 0{,}0118 \cdot 4 = 0{,}0760$ kp/cm², also nach obiger Dampftafel $t_{z2} \geqq 40{,}2°$ C.

Mit steigendem Behälterdruck p_z wächst also in diesem Fall der kleinstzulässige Sättigungsdruck p_{sz} und die zugehörige Behältertemperatur t_z, so daß die Kühlwirkung und damit der Wirkungsgrad sinken.

115. Rechnungsbeispiel eines mehrstufigen Axialverdichters

Ansaugeleistung (bezogen auf den Außendruck $p_a = 0{,}98$ ata als Gesamtdruck) $V_g = 50000$ m³/h, Außentemperatur $t_a = 15$ °C und Austrittsdruck 7 atü.

Zur Berücksichtigung der Erwärmung durch die im Maschinenraum herrschende Übertemperatur, der Widerstände in der Saugleitung (insbesondere des Luftfilters) und der Unsicherheit der Rechnung (vgl. Zahlenbeispiel S. 317) seien die auf den *Saugstutzen* bezogenen Ansaugedaten wie folgt festgesetzt:

[1] KLUGE, F.: Z. VDI 88 (1944) S. 657—667

Temperatur am Saugstutzen des Verdichters um 3° erhöht, so daß $t_I = 18°$ C, $T_I = 291°$ K.

Ansaugedruck um 3% gesenkt, also $p_I = 0{,}97\,p_a = 0{,}95$ kp/cm²; Förderstrom erhält einen Zuschlag von 6%, also $V'_g = 53000$ m³/h $= 14{,}73$ m³/s, rechnungsmäßiger Gewichtsstrom $G' = 1{,}125 \cdot 14{,}73 = 16{,}6$ kp/s.

Austrittsdruck $p_{II} = 7 + p_a = 7{,}98$ kp/cm².

Innenkühlung kann bei axialer Beaufschlagung nur Mantelkühlung sein und ist deshalb nicht ausreichend wirksam. Es kommt also nur Außenkühlung in Betracht, die aber zur Inkaufnahme des jeweiligen Austrittsverlustes zwingt. Wir beschränken uns deshalb auf einmalige Zwischenkühlung zwischen einer ND- und einer HD-Stufengruppe, die je in einem besonderen Gehäuse ungekühlt untergebracht sind. Der Zwischendruck betrüge bei vollkommener und reibungsfreier Rückkühlung nach S. 525 $p_z = \sqrt{p_I\,p_{II}} = 2{,}75$ kp/cm². Der tatsächliche Enddruck des ND-Gehäuses muß nach S. 526 höher sein und wird nach Berücksichtigung eines passend geschätzten Druckverlustes im Kühler durch Probieren an Hand der MOLLIER-Tafel zu $p_{z1} = 2{,}90$ ata ermittelt (Abb. 331). Am Austritt des Zwischenkühlers sei der Druck um 5% niedriger, also $p_{z2} = 2{,}75$ ata bei einer Temperatur $t_{z2} = 25°$ C (Frischwasserkühlung).

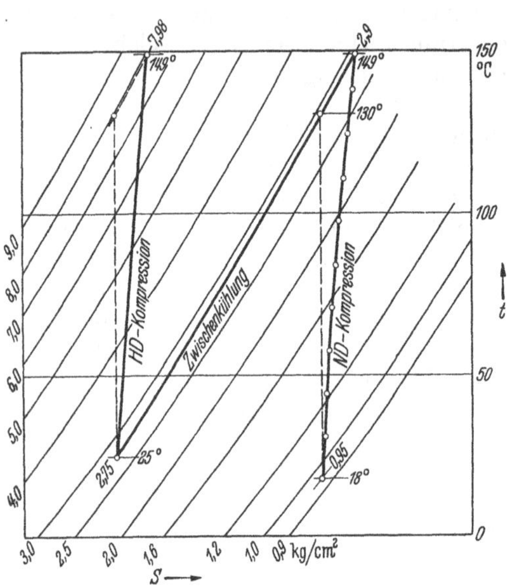

Abb. 331. Zustandskurve des Axialverdichters mit einmaliger Außenkühlung (Rechnungsbeispiel Abschn. 115)

ND-Teil. Es soll der Reihe nach der Fall des drallfreien Laufradeintritts und der Fall konstanter Reaktion von 50% (S. 305) behandelt werden.

A. Drallfreie Zuströmung zu den einzelnen Laufkränzen ($\alpha_0 = 90°$)

Hier ist $\delta_r = 1$. Die ganze Strömung bleibt ferner drehungsfrei.

Die Drehzahl ergibt sich am bequemsten aus der Schallziffer $S = \delta_r^2\, n^2\, V/(k\, a^3)$. Wir setzen hierin vorläufig $V = V'_g$ und wählen für S nach S. 210 den Wert 50, was in Verbindung mit $\beta_{0a} = 35°$ nach Abb. 118 (die sich jedoch auf V_0 und nicht auf V_g bezieht) ungefähr der Ma-Zahl $w_{0a}/a = 0{,}77$ entspricht.

Wir geben der ersten Stufe eine größtmögliche Schaufellänge (Grenzleistungsbauart), wobei wir aber im Auge behalten, daß die Stufenförderhöhe nicht zu klein sein soll. Deshalb wählen wir ein Radienverhältnis $r_i/r_a = 0{,}6$ entsprechend $k = 1 - 0{,}6^2 = 0{,}64$. Weil schließlich $a = 20{,}2\sqrt{T_I} = 343$ m/s, $V'_g = 14{,}73$ m³/s, so liefert das gewählte S den Wert $n = 9350$ U/min ($\omega = 978$/s).

α) Erste Stufe. Am Radeintritt ist der Volumenstrom V'_0 nach S. 207 größer als V'_g. Wir berechnen V'_0 aus Gl. (38a) und (39), S. 209, zu $V'_0 = 16{,}3$ m³/s. Dadurch erhöht sich die Schallziffer auf $S_0 = 55$ und w_{0a}/a nach Abb. 118 auf 0,8. Wir wollen diese Verschlechterung im Hinblick darauf in Kauf nehmen, daß in den folgenden Stufen sich kleinere Werte ergeben, weil a sich vergrößert. Es wird nun nach Gl. (3), S. 286, mit $\beta_{0a} = 35°$

$$r_a = \frac{D_s}{2} = \sqrt[3]{\frac{V'_0}{\pi k \omega \operatorname{tg} \beta_{0a}}} = 0{,}228\,\text{m},$$

womit $r_i = 0{,}6 r_a = 0{,}134$ m, $u_a = r_a \omega = 223{,}3$ m/s und $c_m = c_{0m} = u_a \operatorname{tg}\beta_{0a} = 156$ m/s. Die Kontrolle aus $c_m = V'_0/(r_a^2 \pi k)$ ergibt den gleichen Wert.

Die Stufenförderhöhe ΔH ermitteln wir (wie S. 293) unter Bezugnahme auf den Schaufelwinkel β_{2i} am Nabenprofil, welcher 90° nicht überschreiten soll. Wir benutzen dazu Abb. 166, welche mit dem gewählten $r_i/r_a = 0{,}6$, d.h. $r_a/r_i = 1/0{,}6 = 1{,}67$ zusammen mit $\beta_{0a} = 35°$ die kleinstzulässige spezifische Drehzahl $n_q \approx 185 = n \dfrac{\sqrt{V'_0}}{\Delta H^{3/4}}$ ergibt, womit

$$\Delta H_{\max} = \left(n \frac{\sqrt{V'_0}}{n_q}\right)^{4/3} = \left(9350 \frac{\sqrt{16{,}3}}{185}\right)^{4/3} = 1200\,\text{m}.$$

Wir bleiben unter diesem Wert, weil er (wegen der gegenüber Abb. 166 abweichenden Annahme von η_h und p_i) nur angenähert zutreffen kann und ein kleineres β_{2i} als 90° angestrebt werden soll. Wir nehmen also $\Delta H = 1130$ m. Weil nun die gesamte verlangte Förderhöhe der ND-Gruppe nach Gl. (12a), S. 15, mit $p_{II} = p_{z1} = 2{,}90$ kp/cm², $\varkappa = 1{,}4$ beträgt:

$$H = h_{\text{ad}} = 103\, T_I \left[\left(\frac{p_{z1}}{p_I}\right)^{0{,}4/1{,}4} - 1\right] = 11\,230\,\text{m}$$

und μ mittels Abb. 313 zu 1,03 ermittelt[1] (oder auch geschätzt) werden kann, so wird die Stufenzahl

$$i = \frac{\mu H}{\Delta H} = 10{,}2,$$

abgerundet auf $i = 10$ Stufen. Damit wird endgültig $\Delta H = \mu H/i = 1158$ m entsprechend einer Druckziffer $\psi = 2g\Delta H/u_a^2 = 0{,}44$. Die Schaufelzahl des Laufrades wird — wie S. 318 — durch Betrachtung

---

[1] Es empfiehlt sich, die Zahl μ eher zu groß als zu klein einzusetzen

einer mittleren Stromlinie unter Annahme einer Profillänge $L = 40$ mm zu $z = 54$ ermittelt.

Die Berechnung der Schaufelprofile erfolge für 5 Flußlinien, die wir in gleiche radiale Abstände legen, nach dem Schema der Tabelle S. 318 für die Laufschaufel. Dabei sei $\eta_h = 0,88$ gesetzt, so daß $\Delta H_{\text{th}} = \Delta H/\eta_h = 1315$ m. Die Profillänge L ist beim Laufrad in allen Zylinderschnitten gleich 40 mm genommen. Das Ergebnis dieser Tabellenrechnung mit $\psi' = 1 + \beta_2^0/60$ ist nachstehend angegeben[1].

a) Ergebnisse der Laufschaufelberechnung der 1. Stufe.

Flußlinie			i	d	c	b	a
Größe	Dim.	berechnet aus	0,1365	0,1595	0,1825	0,205	0,228
$\beta_0 = \beta_1$	grd	$\operatorname{tg} \beta_0 = \frac{c_m}{u}$	49,53	45,00	41,19	37,88	34,99
β_2	grd	$\operatorname{tg} \beta_2 = \frac{c_m}{(u - c_{2u})}$	81,40	69,16	59,64	52,26	46,32
β_m	grd	$= \frac{\beta_1 + \beta_2}{2}$	65,4	57,0	50,4	45,0	40,6
ϱ	mm	$= \frac{L}{2} \sin \frac{\beta_2 - \beta_1}{2}$	72,6	95,5	123,9	159,9	202,8
$\frac{t}{L}$	—	$= \frac{2 r \pi}{z L}$	0,400	0,464	0,531	0,597	0,663

(Die erhaltenen kleinen t/L-Werte lassen eine Herabsetzung der Schaufelzahl z angezeigt erscheinen.)

Anschließend ist zu prüfen, ob die Umlenkwinkel $\Theta = \beta_3 - \beta_0$ die in Abb. **167** b, S. **292**, angegebenen Werte nicht wesentlich übersteigen, was offenbar zutrifft. Eine andere Möglichkeit besteht in der Nachprüfung der Auftriebswerte ζ_a oder von w_3/w_0 nach S. 288.

Beim Leitrad ist die axiale Länge $e = L \sin \frac{\alpha_4 + \alpha_5}{2}$ so angenommen, daß die gegenüberliegenden Kanten der Lauf- und Leitschaufel im Meridianschnitt ungefähr parallel laufen.

Sowohl für die Lauf- wie Leitschaufel ist ein Kreisbogen als Skelettlinie verwendet. Ihre Profilierung erfolgt in Anlehnung an das NACA-Profil Nr. 16—009 (S. 296) in der Weise, daß der Dickenverlauf auf die abgewickelte Skelettlinie übertragen, aber der gewünschten Dicke angepaßt wird. Beim Laufrad erhält das Nabenprofil eine relative Dicke von 10% und das Spitzenprofil eine solche von 6% (Abb. 332). Auf den dazwischenliegenden Radien ist die Dicke linear interpoliert. Die in der Profiltafel mit 9% angegebene Dicke des Profils Nr. 16—009 ist dementsprechend jeweils vervielfacht. Beim Leitrad ist die Dicke durchweg gleich 9% von L genommen. Die Schaufelzahl des Leitrades

[1] In der Tabelle ist noch die alte Formel $\psi' = 1 + \sin \beta_2$ zugrunde gelegt

ergibt sich bei sinngemäßer Anwendung der Gl. (7), S. **316**, zu **94**. Sie ist aber wegen der flachen Form der Leitschaufeln, die infolge des

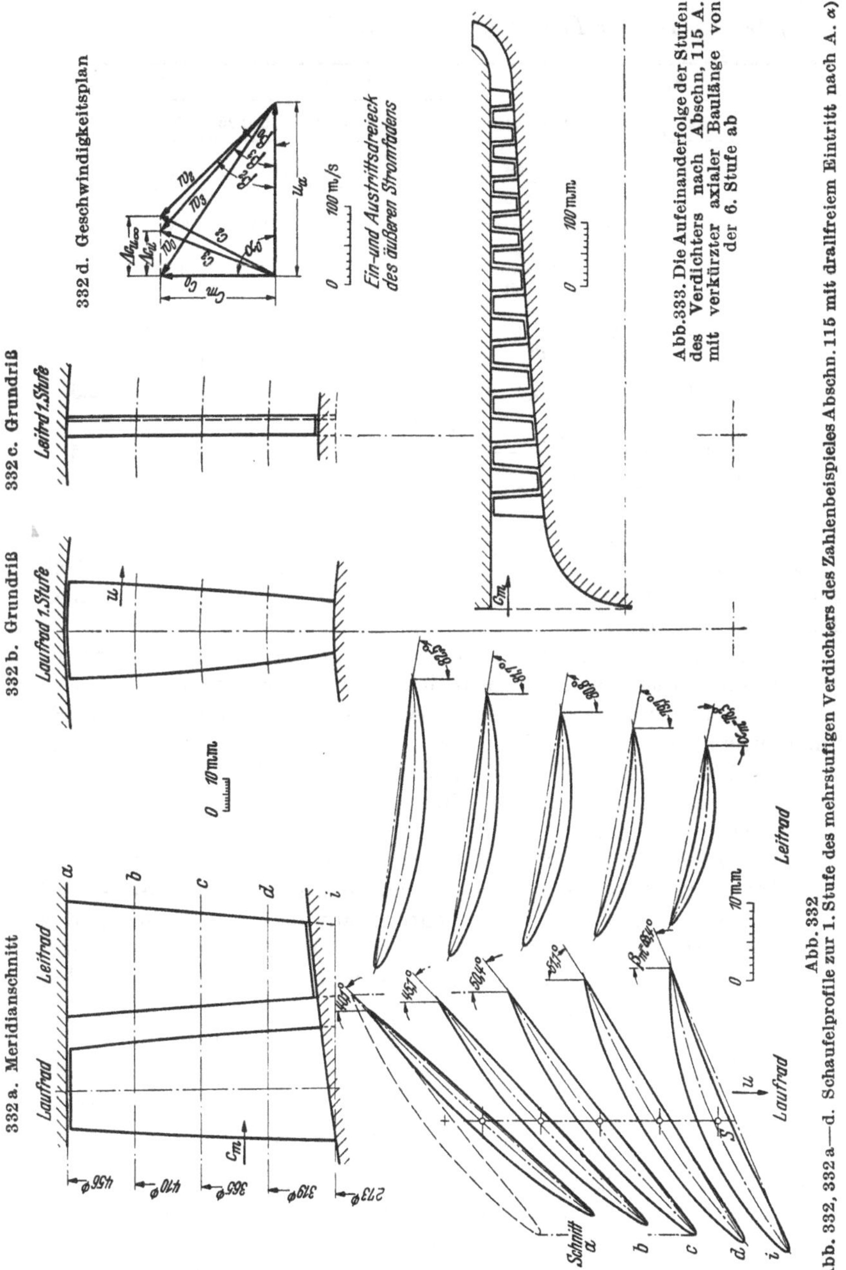

Abb. 333. Die Aufeinanderfolge der Stufen des Verdichters nach Abschn. 115 A. mit verkürzter axialer Baulänge von der 6. Stufe ab

Abb. 332, 332 a—d. Schaufelprofile zur 1. Stufe des mehrstufigen Verdichters des Zahlenbeispieles Abschn. 115 mit drallfreiem Eintritt nach A. α)

hohen Reaktionsgrades zu erwarten ist, auf 60 herabgesetzt. Die Berechnung der Winkel geschieht nach Gl. (**32**) und (**33**), S. **344**, in der folgenden Tabelle b. Da senkrechtes Abströmen vorliegt, also $\alpha_5 = 90°$, ist in Anlehnung an Gl. (34b), S. 345, $\psi_i' = 2{,}4$.

b) Berechnung der Leitschaufel der 1. Stufe.

Flußlinie			*i*	*d*	*c*	*b*	*a*
Größe	Dim.	berechnet aus	0,1365	0,1595	0,1825	0,205	0,228
$\alpha_3 = \alpha_4$	grd	$\operatorname{tg}\alpha_3 = \frac{c_{3m}}{c_{3u}}$	58,26	62,13	65,16	67,62	69,70
e_l	mm	nach Zeichnung	23,0	26,5	30,0	33,5	37,0
p_l	—	$= \psi_l' \frac{r}{z_l e_l}$	0,237	0,241	0,243	0,249	0,2465
α_5	grd	$\operatorname{tg}\alpha_5 = -\frac{1}{p_l}\operatorname{tg}\alpha_3$	98,34	97,25	96,43	95,75	95,22
α_m	grd	$= \frac{1}{2}(\alpha_5 + \alpha_4)$	78,3	79,7	80,8	81,7	82,5
ϱ	mm	$\frac{e_l}{2\sin\frac{\alpha_5-\alpha_4}{2}\sin\alpha_m}$	34,20	44,65	56,40	96,60	84,5

Die Profile der 1. Stufe sind in Abb. 332 gezeichnet. Für den Mittelschnitt *c* ist gestrichelt das Nachbarprofil angegeben, damit die Kanalform erkennbar ist.

β) Die folgenden Stufen der ND-Gruppe. Wir behalten die Profile der 1. Stufe bei, da ja auch die Stufenförderhöhe gleich sein soll (S. 509). Dann ändert sich die axiale Durchtrittsfläche $\pi(r_a^2 - r_i^2)$ entsprechend Gl. (12), S. 510, proportional zum Volumenstrom $V = G v$, falls die Wirkungsgrade bleiben und der Spaltverlust zunächst außer Betracht gelassen wird. Aus Gründen der Herstellung (insbesondere Ermöglichung kleiner Spaltweiten) und weil flache Profile beim Verdichter im Bereich hoher *Ma*-Zahl sich günstiger verhalten als die gewölbten Profile der Nabennähe, behalten wir r_a in allen Stufen bei und lassen also r_i in Strömungsrichtung anwachsen. Das bringt den weiteren Vorteil, daß nach außen gerichtete Radialkomponenten entstehen, die wir zwar in der Rechnung nicht berücksichtigen, die aber die Stabilität der Strömung erhöhen.

Für die v-Werte sollen die des Stufeneintritts gelten. Durchweg ist $427 c_p = 103$ und $\varkappa = 1{,}4$ gesetzt, was bei den vorliegenden geringen Änderungen der Temperatur voll zulässig ist. Es ist nun für die einzelne Stufe $(\Delta t_{\text{ad}})_{\text{st}} = \frac{\Delta H}{103} = 11{,}23°$, $\Delta t_{\text{st}} = \frac{(\Delta t_{\text{ad}})_{\text{st}}}{\eta_i}$ oder mit $\eta_i = 0{,}86$, $\Delta t_{\text{st}} = 13{,}10°$. Die Ermittlung des r_i-Verlaufes, der (wegen der angenommenen Konstanz der Wirkungsgrade und der Vernachlässigung der Spaltverluste) nur als 1. Annäherung gelten soll, vollzieht sich mittels Gl. (13) und (13a) (S. 510) am besten tabellarisch.

Die so erhaltene Aufeinanderfolge der Stufen ist in Abb. 333 angegeben. Diese zeigt von der 6. Stufe ab eine verkürzte axiale Schaufellänge e, was voraussetzt, daß die dadurch bedingte Herabsetzung der Frequenz der Biegungsschwingungen der Schaufeln keine Gefahr der Resonanz mit der Drehzahl der Welle mit sich bringt. Naturgemäß muß volle geometrische Ähnlichkeit der Schaufelprofile, also auch Gleichheit von t/L gewahrt bleiben, was eine Erhöhung der Schaufelzahl bedeutet. Andererseits wird die Gehäuselänge verkürzt, also die Ausführung verbilligt. Trotz der Verkleinerung der *Re*-Zahl dürfte nur eine geringe Verschlechterung des Wirkungsgrades eintreten.

Einfluß des Spaltverlustes. Wir wollen jetzt versuchen, den bisher vernachlässigten Einfluß des Spaltverlustes zu erfassen. Die Hauptschwierigkeit besteht hierbei darin, die Spaltweite der Wirklichkeit gemäß einzusetzen. Da dieses zuverlässig kaum möglich sein dürfte und der Vorgang der Spaltverlustströmung überhaupt rechnerisch nicht genau erfaßbar ist, kommt der folgenden Rechnung nur Näherungsbedeutung zu.

Die Abdichtung der Schaufelkränze erfolge ohne Deckband. (Ein solches wäre nur für die Kränze mit hakenförmigen Schaufeln, also für die Leitkränze, zu erwägen.) Für die Berechnung des Spaltverlustes sind also die Angaben in Abschn. 15c, S. 99, zuständig. Die kleinstzulässige Spaltweite x, welche dann nur die unvermeidlichen Ungenauigkeiten der Werkstatt berücksichtigt, wäre im Fall der Zuschärfung der Schaufeln am Spalt nach Gl. (73), S. 96, 0,4 bis 0,5 mm. Da stumpfe Enden vorliegen sollen, ist dieser Wert zu verdoppeln, so daß $x_{\min} \approx 0{,}9$ mm einzusetzen ist. Um diesen Kleinstwert im Betrieb nicht zu unterschreiten, muß beim Verdichter die Wärmedehnung des Läufers gegenüber dem Gehäusemantel, sowie die Formänderung durch Fliehkräfte (gegebenenfalls auch die Auslenkung der Welle unter dem Eigengewicht und beim Durchgang durch eine kritische Drehzahl, die aber beim Axialverdichter vermieden werden kann) berücksichtigt werden.

Damit im Betrieb die kleinstzulässige Spaltweite $x_{\min}$ nicht unterschritten wird, ist also in der Werkstatt eine entsprechend vergrößerte Spaltweite zu verwirklichen, die sich im vorliegenden Fall zu etwa 1,4 mm errechnet. In der im Beharrungszustand laufenden Maschine wird die wirksame Spaltweite kleiner sein. Wir rechnen im folgenden mit $x = 1$ mm in allen Stufen (obwohl es durchaus möglich ist, der Verschiedenheit der Erwärmung durch entsprechende verschiedene Bemessung der Spalte der einzelnen Stufen Rechnung zu tragen).

Wir fassen die Spaltverluste von Lauf- und Leitrad zusammen und setzen schätzungsweise nach S. 100 den Verlust

$$\text{an Volumenstrom:}\quad \frac{V_{sp}}{V} = 0{,}6\,\frac{F}{A},$$

$$\text{an Förderhöhe:}\quad \frac{\Delta H_{sp}}{\Delta H} = 2{,}5\,\frac{F}{A},$$

$$\text{an Wirkungsgrad:}\quad \Delta\eta = 2{,}15\,\eta_h\,\frac{F}{A},$$

wobei $\frac{F}{A} = \frac{2x/r_a}{1-(r_i/r_a)^2}$. Den Schaufelwirkungsgrad η_h nehmen wir in allen Stufen gleich groß, also gleich 0,88, weil die Verkleinerung der *Re*-Zahl infolge Verkürzung der Schaufeln durch die Verbesserung der *Ma*-Zahl reichlich ausgeglichen werden dürfte. Der innere Stufenwirkungsgrad berechnet sich also, da Reibung an Radflächen fehlt, aus

$$(\eta_i)_{st} = \eta_h - \Delta\eta.$$

Bei der angenommenen Spaltweite von 1 mm errechnen sich für die erste und letzte Stufe folgende Werte

$$\frac{V_{sp}}{V} = 0{,}0082 \quad \text{bzw.} \quad 0{,}0162,$$

$$\frac{\Delta H_{sp}}{\Delta H} = 0{,}0343 \quad \text{bzw.} \quad 0{,}0676,$$

$$(\eta_i)_{st} = 0{,}854 \quad \text{bzw.} \quad 0{,}825.$$

Damit entstehen folgende Korrekturen:

1. Die radiale Schaufellänge $r_a - r_i$ muß vergrößert werden um

$$\Delta(r_a - r_i) = \frac{V_{sp}}{V}(r_a - r_i),$$

welcher Betrag je zur Hälfte an der Schaufelspitze und am Schaufelfuß zu verwirklichen wäre. Da die Änderung aber tatsächlich am Schaufelfuß verwirklicht werden muß, so ist eine einfache Umrechnung erforderlich.

2. Die berechnete Förderhöhe ist um $\sum \Delta H_{sp}$ zu verkleinern.

3. Die inneren Wirkungsgrade verschlechtern sich nach oben hin. Man könnte jetzt mit Gl. (16) bis (18), S. **513**, eine zweite Revision der Rechnung anschließen. Die dabei erzielten Verschiebungen liegen aber weit innerhalb der erreichbaren Genauigkeit.

Man sieht, daß der Spaltverlust erhebliche Bedeutung hat und alle Möglichkeiten zur Verkleinerung der Spaltweite erschöpft werden müssen.

Abschließend soll der Zustand am Austritt der einzelnen Stufen, wie er sich aus der vorstehenden Rechnung ergibt, angegeben werden. Dabei ist darauf hinzuweisen, daß die Zahlen sich auf den Gesamtdruck beziehen, also verlustlosen Rückgewinn der kinetischen Austrittsenergie voraussetzen.

Stufe Nr.	Dim.	1	2	3	4	5	6	7	8	9	10
t_{n+1}	°C	31,2	44,5	57,8	71,2	84,6	98,0	111,3	124,9	138,3	151,9
$\frac{p_{n+1}}{p_n}$	—	1,143	1,136	1,130	1,125	1,120	1,115	1,111	1,107	1,103	1,100
p_{n+1}	ata	1,086	1,234	1,394	1,568	1,796	1,958	2,175	2,407	2,655	2,919

B. Konstante Reaktion von 50%.

Die hierbei entstehende Strömung ist nach S. **305** nicht mehr drehungsfrei und hat ferner an jedem Halbmesser einen anderen Energieinhalt (S. 309), wenn wir möglichst konstantes $c_m(r)$ verlangen, was wir im folgenden tun wollen. Der hierfür am Laufradeintritt erforderliche Strömungszustand kann deshalb aus der Strömung des Saugrohres, die ja als drehungsfrei und als eine solche gleichen Energieinhaltes zu gelten hat, nicht durch Vorleitschaufeln herbeigeführt werden, auch wenn man ihnen verschiedene Zirkulation längs ihrer Erstreckung gibt, weil diese den Energieinhalt höchstens durch Reibung verändern können. Er soll deshalb durch entsprechende Dosierung der Energiezufuhr in einer vorgeschalteten Stufe verwirklicht werden, wobei darauf zu achten ist, daß die Gleichheit der c_m-Werte längs des Halbmessers möglichst wenig gestört wird.

Der Unterschied des Energieinhaltes der herbeizuführenden Strömung am inneren Halbmesser (Fußzeichen i) gegenüber einem beliebigen Halbmesser r beträgt nach Gl. (41), S. 311

$$E - E_i = \frac{r^2 - r_i^2}{4g}\,\omega^2. \tag{26}$$

Die Schaufelarbeit $\varDelta H_{\text{th}}$ der folgenden Stufe, also der 1. Stufe konstanter Reaktion, muß über die ganze Radfläche konstant sein und kann leicht angegeben werden.

Weil nach der Hauptgleichung $\varDelta H_{\text{th}} = u_a \varDelta c_{ua}/g$, worin

$$\varDelta c_{ua} = 2\left(w_{oua} - \frac{u_a}{2}\right) = 2\,\delta_r u_a - u_a = u_a(2\,\delta_r - 1),$$

so wird

$$\varDelta H_{\text{th}} = \frac{u_a}{g}(2\,\delta_r - 1) \tag{27}$$

entsprechend einer theoretischen Druckziffer

$$\psi_{\text{th}} = \frac{2g\varDelta H_{\text{th}}}{u_a} = 2(2\,\delta_r - 1). \tag{28}$$

Die Stufenarbeit $\varDelta H_{\text{th}}$ ist also von der zugelassenen relativen Drallziffer δ_r abhängig. Dieser für die äußere Flußlinie gültige Wert δ_r ist so zu wählen, daß an der Nabe zu große Profilkrümmungen vermieden werden. Wir bringen diese Bedingung zum Ausdruck, indem wir an der Nabe den Winkel $\beta_{3i} = 90°$ nicht überschreiten.

Da in diesem Grenzfall bei 50% Reaktion wegen der Symmetrie der Geschwindigkeitsdreiecke auch $\alpha_{0i} = 90°$ ist, so könnte man diese Frage wieder mit Hilfe von Abb. 166 klären, wobei aber β_{2i} statt β_{3i} auf 90° begrenzt wäre. Wir erhalten bei der vorliegenden Reaktion von 50% eine besonders einfache Regel durch die in der Fußnote 1

[1] In einer beliebigen Flußfläche ist $\delta_r = \frac{w_{0u}}{u}$, wo nach Abb. 172 $w_{0u} = \frac{u}{2} + \frac{\varDelta c_u}{2} = \frac{1}{2}\left(u + \frac{g\varDelta H_{\text{th}}}{u}\right)$. Wird nun das δ_r für die innere Flußfläche mit δ_{ri} und für die äußere (vorübergehend) mit δ_{ra} bezeichnet, so folgt

$$\delta_{ra} = \delta_{ri} - \frac{g\varDelta H_{\text{th}}}{2}\left(\frac{1}{u_i^2} - \frac{1}{u_a^2}\right) = \delta_{ri} - \frac{g\varDelta H_{\text{th}}}{2u_i^2}\left[1 - \left(\frac{r_i}{r_a}\right)^2\right].$$

Im Grenzfall $\beta_{3i} = 90°$ wird $\varDelta c_{ui} = u_i$ und also $g\varDelta H_{\text{th}} = u^2$, $\delta_{ri} = 1$, so daß Gl. (29) folgt, wenn wieder δ_r statt δ_{ra} geschrieben wird

angestellte Betrachtung, wonach im Grenzfall $\beta_{3i} = 90°$ die Drallziffer δ_r des äußeren Fadens folgenden Wert besitzen muß:

$$(\delta_r)_{\max} = \frac{1}{2}\left[1 + \left(\frac{r_i}{r_a}\right)^2\right]. \tag{29}$$

Man sieht, daß δ_r um so größer sein kann, je größer r_i/r_a ist, also je kürzer die Schaufeln sind.

Da man mit dem gewählten δ_r möglichst unter diesem Größtwert bleibt, so kommt mit kleiner werdendem Nabenverhältnis r_i/r_a der Wert δ_r dem Grenzwert $\frac{1}{2}$ näher, wo die Druckziffer ψ_{th} nach Gl. (28) zu Null wird. Allerdings kommt der 50%*igen konstanten Reaktion* gegenüber dem drallfreien Eintritt zugute, daß mit abnehmendem δ_r die Drehzahl n entsprechend $\delta_r n =$ konst. wachsen kann, sofern die Festigkeitsgrenze des Rades noch nicht erreicht ist. Es bleibt aber die Notwendigkeit, die Drallziffer δ_r genügend weit über dem Kleinstwert $\frac{1}{2}$ zu halten.

Behalten wir im vorliegenden Beispiel des Vergleiches wegen den unter A. für drallfreien Eintritt verwendeten Wert $r_i/r_a = 0{,}6$ bei, so gibt Gl. (29) $(\delta_r)_{\max} = 0{,}68$. Entscheidet man sich für $\delta_r = 0{,}65$ und nimmt die *Ma*-Zahl w_{0a}/a wieder gleich 0,77, so könnte man wieder wie unter A., S. **534**, mittels der Schallziffer S_0 weiterrechnen und zunächst die Drehzahl ermitteln. Wegen der infolge des Eintrittsdralles zu erwartenden Zunahme von V_0 und der Gefahr der Überschreitung der Festigkeit des Rades ist es aber diesmal ratsam, sich zunächst über die Umfangsgeschwindigkeit u_a zu vergewissern. Gemäß Abb. 114, S. 207, besteht zwischen u_a und w_{0a} die Beziehung

$$u_a = \frac{w_{0a} \cos\beta_{0a}}{\delta_r},$$

woraus mit $w_{0a} = 0{,}77\,a = 0{,}77 \cdot 343 = 264$ m/s und $\beta_{0a} = 35°$ sich errechnet $u_a = 333$ m/s, so daß schon aus Festigkeitsgründen eine Verkleinerung von δ_r nicht zweckmäßig sein würde. Mit $r_i/r_a = 0{,}6$, $\delta_r = 0{,}65$, $u_a = 333$ m/s errechnet sich aus Gl. (27) die Stufenarbeit $\Delta H_{th} = 3390$ mkp/kp.

Zubringerstufe. Diese hohe Umfangsgeschwindigkeit muß auch in der Zubringerstufe verwendet werden, welche wegen der niederen Temperatur leicht hohe *Ma*-Zahlen erhält. Deshalb muß dort die gleiche relative Drallziffer $\delta_r = 0{,}65$ verwirklicht werden. Dies bedeutet, daß ein Vorleitrad vorzuschalten ist, welches den der Größe δ_r entsprechenden Drall erzeugt. Da c_m längs der Schaufelkante konstant sein soll, so muß nach S. 298 auch der im Vorleitrad erzeugte Drall konstant bleiben, also ein Potentialwirbel gebildet werden (S. 55). Am Halbmesser r_a ist die geforderte Umfangskomponente $c_{0ua} = (1 - \delta_r)\, u_a$ und somit der Drall $K_0 = (1 - \delta_r)\, u_a\, r_a$.

Infolge dieses Eintrittsdralles vergrößert sich $V_0' = 16{,}3$ m³/s auf den in Gl. (46), S. 212, angegebenen Wert V_{0K}, womit auch r_a wächst, weil $c_m = w_{0a} \sin\beta_{0a} = 151{,}5$ m/s bestehenbleibt, sofern die *Ma*-Zahl, also auch w_{0a} bleibt. Da r_a vorläufig unbekannt ist und das angegebene u_a

nicht überschritten werden soll, bleibt nur der Weg des Probierens. Bei senkrechtem Eintritt war $r_a = 0{,}228$ m. Wird jetzt geschätzt $r_a = 0{,}242$ m, so gibt obiger Ausdruck $K_0 = 28{,}2\ \mathrm{m^2/s}$ und damit Gl. (46), S. 212,

$$V_{0K} = 16{,}3 + \pi \cdot 151{,}5 \cdot \left(\frac{28{,}2}{343}\right)^2 \ln\left(\frac{1}{0{,}6}\right) = 16{,}3 + 1{,}4 = 17{,}7\ \mathrm{m^3/s}.$$

Jetzt kann r_a mittels der Kontinuitätsbedingung

$$V_{0K} = \pi r_a^2 (1 - 0{,}6^2)\, c_m$$

zu $r_a = 0{,}242$ m (wie angenommen) erhalten werden, womit die Drehzahl $\omega = 333/0{,}242 = 1376\ \mathrm{sek^{-1}}$ bzw. $n = 30\,\omega/\pi = 13140$ U/min (Probe: Schallziffer $S \approx 50$).

Die von der Zubringerstufe auszugleichende Energiedifferenz errechnet sich nach Gl. (26), S. 541, mit $r_i = 0{,}6 r_a = 0{,}1452$ m zu $E_a - E_i = 1800$ mkp/kp (also mehr als die Hälfte der Schaufelarbeit der Reaktionsstufe). Um diesen Betrag muß die Schaufelarbeit $(\Delta H_{\mathrm{th}})_1$ der Zubringerstufe außen größer sein als innen, so daß

$$(\Delta H_{\mathrm{th}})_1 = (\Delta H_{\mathrm{th}})_{1a} - (E_a - E) = (\Delta H_{\mathrm{th}})_{1i} + E - E_i. \qquad (29\mathrm{a})$$

Dabei ist $(\Delta H_{\mathrm{th}})_{1i}$ offenbar der Wert von $(\Delta H_{\mathrm{th}})_1$ bei $r = r_i$. Er kann frei gewählt werden. Bei dieser Wahl ist folgendes zu bedenken:

Der Eintrittsdrall K_0 des Zubringerlaufrades hat eine so starke Zunahme von c_{0u} mit abnehmendem r zur Folge, daß der Eintrittswinkel $\beta_1 = \beta_0$ an der Nabe unter Umständen auf 90° oder darüber anwächst. Man kann sich davon leicht überzeugen, weil

$$\mathrm{tg}\,\beta_0 = \frac{c_m}{\omega r - c_{0u}}, \qquad \text{worin} \qquad c_{0u} = \frac{K_0}{r} = (1 - \delta_r)\, r_a^2 \frac{\omega}{r}$$

und

$$c_m = (w_{0u})_a \,\mathrm{tg}\,\beta_{0a} = \delta_r u_a \,\mathrm{tg}\,\beta_{0a} = \delta_r r_a \omega \,\mathrm{tg}\,\beta_{0a},$$

so daß

$$\mathrm{tg}\,\beta_0 = \delta_r \frac{r_a}{r} \frac{\mathrm{tg}\,\beta_{0a}}{1 - (1 - \delta_r)(r_a/r)^2}. \qquad (29\mathrm{b})$$

An der Nabe ist $r = r_i = 0{,}6 r_a$. Damit errechnet sich, weil

$$\delta_r = 0{,}65 \quad \text{und} \quad \beta_{0a} = 35°, \qquad \mathrm{tg}\,\beta_{0i} = 28{,}4, \quad \text{also} \quad \beta_{0i} = 88°.$$

Man sieht, daß die Zubringerlaufschaufel stark verwunden und das gewählte $r_i/r_a = 0{,}6$ in Verbindung mit $\delta_r = 0{,}65$ bereits ein unterer Grenzwert ist. (Es könnte also erwogen werden, beide Werte etwas zu vergrößern, obwohl dies den Schaufelwirkungsgrad wieder in anderer Weise — Spalteinfluß — nachteilig beeinflußt.)

Die steile Lage des Nabenprofils der Zubringerschaufel verbietet eine starke Schaufelbelastung an dieser Stelle, weil sonst dieses Profil Vorwärtskrümmung (mit $\beta_{2i} > 90°$) erhält, was im vorliegenden Fall negative Reaktion und unzulässige *Ma*-Zahl c_{3i}/a am Austritt des Laufrades bedeutet. Zu empfehlen ist, an der Nabe die Schaufel wirkungsfrei, d. h. $(\Delta H_{th})_{1i} = 0$ zu nehmen. Jedenfalls liegt $(\Delta H_{th})_1$ für jedes r nach Gl. (29a) fest und die Schaufelprofile in jedem Zylinderschnitt können unter Beachtung von Gl. (29b) berechnet werden. Die in Abb. 334 gezeigten Profilformen lassen erkennen, daß die Ausbildung der Zubringerschaufel trotz der großen Verwindung keine Schwierigkeit bietet, weil die Profile durchgängig flach sind. Die Nachprüfung der Festigkeit ergibt eine größte Beanspruchung durch Fliehkraft und Strömungsdruck von 1054 kp/cm², so daß eine Al-Mg-Knetlegierung verwendbar ist.

Die in Abb. 334 ebenfalls gezeichneten Schaufeln des Vorleitrades der Zubringerstufe müssen trotz der beschleunigten Strömung mit einer gewissen Übertreibung berechnet werden. Im vorliegenden Beispiel ist durchgängig $\psi_l' = 1$ verwendet, so daß

$$(\Delta c_u)_{\text{Schaufel}} = \left(1 + \psi_l' \frac{r}{e}\right) (\Delta c_u)_{\text{Strömung}}$$

(e = axiale Länge der Vorleitschaufel).

Die Nachleitschaufeln der Zubringerstufe liegen dadurch fest, daß am Austritt die Geschwindigkeitsverteilung der 50%igen Reaktion (Abb. 172) herbeigeführt werden muß. Da es sich um eine Verzögerungsströmung handelt, ist — wie S. **538** — mit $\psi_l' = (1 \text{ bis } 1{,}2)\ (1 + \alpha_5^\circ/60)$ zu rechnen.

Zusätzliche Bemerkung. Da die Zubringerstufe die Energieverteilung einer mit $\omega/2$ rotierenden Gasscheibe (solid-body) zu erzeugen hat (S. **311**), so könnte man den Bau dieser Vorstufe vereinfachen, wenn diese Drehzahl zur Verfügung stünde.

Wie bereits S. **310** bemerkt wurde, findet man auch Ausführungen ohne Zubringerstufe, wobei dann (ähnlich wie im umgekehrten Fall der Dampfturbine mit 50% Reaktion) erwartet wird, daß sich trotzdem in den folgenden Stufen praktisch brauchbare Strömungsverhältnisse einstellen.

Stufen mit 50% Reaktion. Diese sind mit der durch Gl. (27) gegebenen Schaufelarbeit $\Delta H_{th} = 3390$ m zu berechnen. Der Förderstrom $(V_0')_2$ der 1. Reaktionsstufe kann aus V_0' durch Anwendung des in Abschn. 66b angegebenen Rechnungsganges ermittelt werden, wobei die Zugrundelegung eines mittleren Fadens mit der zugehörigen mittleren Förderhöhe genügt. Allerdings ist die Abnahme des Volumens recht beträchtlich, weil nicht bloß der Druck steigt, sondern die c_u-Komponenten stark verkleinert werden.

Der geometrische Zusammenhang zwischen Δc_u und $\Delta c_{u\infty}$ ist für die Reaktionsstufen durch Abb. 334c, S. **545**, in Verbindung mit Gl. (2), S. **314**, veranschaulicht. Daraus ergeben sich auch $\beta_0 = \beta_1 = \alpha_3$.

Im übrigen stimmt der Rechnungsgang mit dem S. **318** angegebenen überein. Nach wie vor ist $\psi' = (1 \text{ bis } 1{,}2)\ (1 + \beta_2^\circ/60)$, $p = \psi' r/z\, e$, wobei z durch die Angaben S. **316**, bestimmt ist.

Die Skelettlinien der Lauf- und Leitschaufeln sind (mit Ausnahme der letzten Stufe) spiegelbildlich ähnlich.

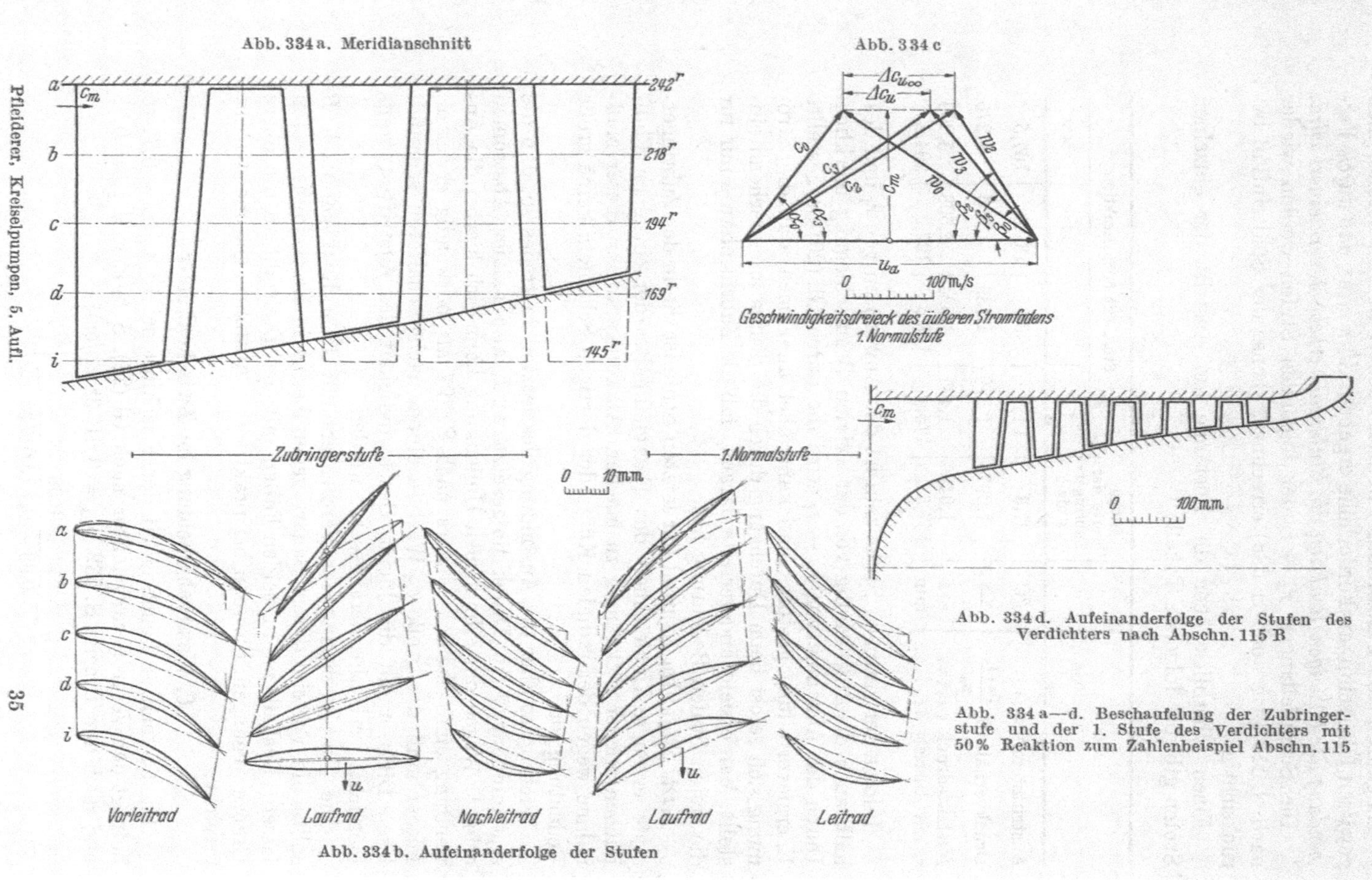

Abb. 334 a. Meridianschnitt

Abb. 334 c

Abb. 334 b. Aufeinanderfolge der Stufen

Abb. 334 d. Aufeinanderfolge der Stufen des Verdichters nach Abschn. 115 B

Abb. 334 a—d. Beschaufelung der Zubringerstufe und der 1. Stufe des Verdichters mit 50% Reaktion zum Zahlenbeispiel Abschn. 115

Im ganzen sind 4 Reaktionsstufen verwendet, die aber bereits einen gewissen Überschuß an Förderhöhe ergeben. *Man sieht, daß durch Verwendung der 50%igen Reaktion die Stufenzahl erheblich verkleinert wird.*

Die Schaufellängen $r_a - r_i$ der folgenden Stufen werden wieder nach S. 510 (wie auch S. 538) errechnet, ebenso der Spalteinfluß berücksichtigt.

Einen Überblick über die Zustände am Austritt der einzelnen Stufen gibt die folgende Tabelle:

		Mittelwerte der Zubringerstufe	Stufe mit 50% Reaktion			
			1	2	3	4
Austrittstemp. t_{n+1} ...	°C	27,3	61,7	96,7	131,9	167,5
Druckverhältnis $\frac{p_{n+1}}{p_n}$	—	1,097	1,379	1,339	1,304	1,275
Austrittsdruck p_{n+1} ...	ata	1,042	1,437	1,924	2,508	3,200
r_i am Austritt	mm	157,5	175,4	188,5	197,9	204,8

Infolge der geringen Stufenzahl ist das Anwachsen von r_i und deshalb auch die Abweichung von der axialen Beaufschlagung merklich. Durch die Abnahme von $r_a - r_i$ wird die durch Gl. (26) dargestellte Energieverteilung gestört. Man kann aber annehmen, daß die Strömung sich selbst beim Durchgang durch die Stufen entsprechend einstellt. Man ersieht andererseits daraus, daß die Zubringerstufe nur für die ersten Stufen Bedeutung hat.

Letzte Stufe. Im Laufrad der letzten Stufe ist die in der Zubringerstufe erzeugte Ungleichheit des Energieinhaltes der einzelnen Flußflächen wieder rückgängig zu machen. Allerdings kommt dieser Maßnahme wegen der radialen Kürze der dortigen Schaufeln keine große Bedeutung zu.

Wichtig ist aber die Ausbildung des letzten Leitrades so, daß die c_{3u}-Komponente in Druck umgesetzt wird, also axiales Abströmen erfolgt. Wegen der erheblichen Umlenkung kann sich hierbei die Anwendung eines Tandem-Gitters nach S. 297 als notwendig erweisen. Ferner muß der große c_m-Wert in einem nachgeschalteten schaufellosen Diffusor auf die kleine Geschwindigkeit des Austrittsstutzens möglichst verlustlos herabgesetzt werden.

Die Durchrechnung des Verdichters mit 50% Reaktion nach *B* sollte die Vorteile dieser Bauart gegenüber *A* in Erscheinung treten lassen. Deshalb ist in beiden Fällen mit der Drehzahl an die obere Grenze gegangen, die man bei praktischen Ausführungen meist nicht erreicht.

C. Wasserabscheidung im Zwischenkühler

Ist die relative Feuchtigkeit der Frischluft bei 15°C $\varphi_a = 0{,}7$, so beträgt der Vergrößerungsfaktor nach Gl. (23), S. 531, weil $p_a = 0{,}98$ und nach der Tabelle S. 532 $p_{sa} = 0{,}01738$ kp/cm²

$$\xi = \frac{0{,}98}{0{,}98 - 0{,}7 \cdot 0{,}01738} = 1{,}01,$$

welcher also durch den gemachten Zuschlag von 6% reichlich berücksichtigt ist. Am Austritt des Zwischenkühlers, wo beim Verdichter nach A der Druck auf $p_{z2} = 2{,}75$ ata gesunken (Abb. 331) und der Sättigungsdruck des Wasserdampfes entsprechend $t_{z2} = 25°$ C auf $p_z = 0{,}0323$ ata gestiegen ist, ist aber φ angewachsen auf

$$\varphi_{z2} = \varphi_a \frac{p_{z2}}{p_a} \frac{p_{sa}}{p_{zs}} = 0{,}7 \cdot \frac{2{,}75}{0{,}98} \cdot \frac{0{,}01738}{0{,}0323} = 1{,}05,$$

so daß 5% des Wasserdampfes kondensieren müssen. Der entsprechende Gewichtsverlust ist aber sehr gering. Außerdem ist das ausgeschiedene Kondensat so fein verteilt, daß es bei den vorliegenden geringen Mengen nach dem HD-Verdichter mitgerissen werden dürfte.

D. HD-Gehäuse

Gewichtsstrom wie im ND-Teil, also $G' = 16{,}6$ kp/s. Im übrigen bestehen die Daten:

Eintrittsdruck $p_{z2} = p_{IH} = 2{,}75$ kp/cm², Eintrittstemperatur $t_{z2} = t_{IH} = 25°$C,
Austrittsdruck $p_{IIH} = 7{,}98$ kp/cm²,

also Volumenstrom am Austritt des Zwischenkühlers

$$V'_{IH} = G' R T_{IH}/10^4 p_{IH} = 16{,}6 \cdot 29{,}27 \cdot 298/10^4 \cdot 2{,}75 = 5{,}0 \text{ m}^3/\text{s}.$$

Soll der HD-Teil dem ND-Teil gleichwertig werden, muß die Drehzahl frei bleiben, um die 1. Stufe wieder mit einem möglichst großen Radienverhältnis r_a/r_i ausrüsten zu können (Grenzleistung). Allerdings wird dann ein Übersetzungsgetriebe zwischen beiden Läufern nötig.

Die Drehzahlen des HD- und des ND-Läufers können auch durch Zweiflutigkeit des ND-Läufers aneinander angeglichen werden und damit das Übersetzungsgetriebe wegfallen (Abschn. 112a), ohne die Ausbildung nach der Grenzleistungsbauart zu beeinträchtigen.

Im übrigen ist der Gang der Berechnung des HD-Teiles der gleiche wie im behandelten ND-Teil.

116. Die Kennlinien des mehrstufigen Verdichters

a) Abhängigkeit von der Stufenzahl. Die Drosselkurve, d. h. die Linie gleicher Drehzahl im V_x, H_x-Schaubild, ändert bei Gasen mit der Stufenzahl ihre allgemeine Form im Bereich genügend großer Druckverhältnisse, während bei Flüssigkeitsförderung Proportionalität der Ordinaten bestehenbleibt.

Wir gehen aus von der Drosselkurve der einzelnen Stufe, deren theoretische Form beim *Radialrad* nach Abschn. 81c oder d, beim *Axialrad* nach Abschn. 86 und 87 ermittelt wird, solange die Volumenänderung[1] im Rad nicht erheblich ist. Naturgemäß bleibt der Versuch

[1] Wollte man diese näherungsweise berücksichtigen, so könnte man als Abszisse den Volumenstrom des Laufradaustritts auftragen, weil dann die Linien der Schaufelarbeiten sowie des Leitradstoßes und angenähert auch die Widerstandsparabel unverändert bleiben. Die Änderung der Linie des Eintrittsstoßes des Laufrades ist vernachlässigbar. Vgl. Luftf.-Forschg. 9 (1942), Lfg. 1, S. 16

die zuverlässigste Bestimmungsart. Es soll angenommen werden, daß außer der Drosselkurve auch die Linie der Stufenwirkungsgrade $(\eta_i)_{st\,x}$ bekannt sei. Man kann nun innerhalb jeder Stufengruppe gleichen Durchmessers und gleicher Schaufelwinkel die gleiche Drosselkurve verwenden, wenn der V_x-Maßstab umgekehrt proportional zur Radbreite umgerechnet wird. Diese Umrechnung entfällt, wenn als Abszisse der Füllungsgrad $\xi = V_x/V$ verwendet wird, was im folgenden geschehen soll.

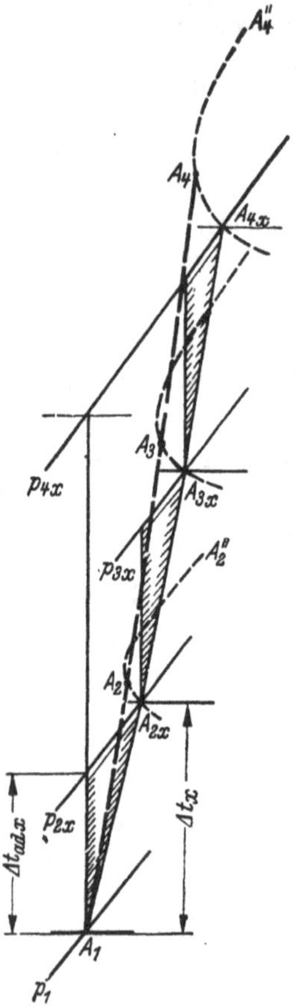

Die einzige Schwierigkeit liegt in der Vereinigung der Drosselkurven der einzelnen Stufen zu der resultierenden Drosselkurve des mehrstufigen Verdichters, weil gleiche Füllungsgrade in allen Stufen nur im Berechnungspunkt vorliegen. Bei kleinerem Durchsatz nehmen sie in den folgenden Stufen mehr und mehr ab, weil die Stufenförderhöhe, also die Zusammendrückung, wächst; bei größerem nehmen sie zu, weil die Stufenförderhöhe und damit die Zusammendrückung rasch sinken.

Am genauesten gestaltet sich die Ermittlung der resultierenden Drosselkurve mit Hilfe der Mollier-TS-Tafel, weil dann auch der μ-Wert der hinzukommenden Reibungswärme gemäß Gl. (1), S. **499**, berücksichtigt wird. Man entnimmt zu diesem Zweck aus der Drosselkurve und Wirkungsgradkurve die zusammengehörigen Werte von ΔH_x und $(\eta_i)_{st}$ und erhält durch senkrechtes Antragen von $\Delta t_{ad\,x} = \Delta H_x/427\,c_p$ an den Zustandspunkt A_1 des Eintritts (Abb. 335) die zu dem betreffenden Punkt gehörige Austrittsisobare p_{2x} der Stufe und im Schnittpunkt A_{2x} dieser mit der Waagerechten im Abstand $\Delta t_x = \Delta t_{ad\,x}/(\eta_i)_{st\,x}$ den Eintrittszustand der nächsten Stufe. Durch Wiederholung dieses Verfahrens überträgt man die ganze Drosselkurve in das Mollier-Diagramm in den Linienzug $A_{2x}A_2A_2''$. Weil nun für jeden Punkt das spezifische Volumen v_{2x} und damit die Füllung der 2. Stufe

$$\xi_{2x} = \frac{V_{2x}}{V_2} = \frac{G_x v_{2x}}{G v_2} = \xi_1 \frac{v_{2x}}{v_2} \tag{30}$$

gegeben ist, kann durch Wiederholung des Verfahrens von der so erhaltenen Zustandskurve $A_{2x}A_2A_2''$ aus die Zustandskurve des Eintritts der 3. Stufe ermittelt und schließlich die gesuchte Summenkurve erhalten werden.

Abb. 335. Bestimmung der resultierenden Kennlinie mittels der TS-Tafel; A_1A_4 Zustandskurve im Berechnungspunkt, A_1A_{4x} Zustandskurve bei Überlast

Handelt es sich um einen Verdichter mit Zwischenkühlung, so kann der Einfluß der Kühlung und ebenso auch der Druckverlust im Zwischenkühler bei diesem Verfahren sinngemäß berücksichtigt werden. Die resultierende Drosselkurve zeigt einen längeren labilen Zweig und einen rascheren Abfall im Überlastbereich als die Drosselkurven der einzelnen Stufen. (Über diese Zusammenhänge gibt ein in der 3. Auflage dieses Buches S. 433ff. beschriebenes Näherungsverfahren einen guten Überblick.)

b) Anhängigkeit von der Drehzahl[1]. Ändert man die Drehzahl, so sind die bei Wasserförderung gültigen einfachen Regeln, nämlich das Kongruenz- und Affinitätsgesetz (s. S. 453) nicht mehr anwendbar. Es gibt keine Parabeln gleichen Stoßzustandes mehr, schon deshalb nicht, weil Stoßfreiheit in allen Stufen nur bei einer einzigen Drehzahl und bei einem einzigen Volumenstrom, nämlich dem des Berechnungspunktes, möglich ist (solange Anfangstemperatur und Gasart gleichbleiben). Bei einer Erhöhung der Drehzahl nimmt der Füllungsgrad von Stufe zu Stufe stärker ab als bei niederer Drehzahl, weil die Dichte stärker zunimmt.

Ja sogar innerhalb der einzelnen Stufen treten solche Verschiebungen bei Änderung der Drehzahl ein, weil die Zusammendrückung im Laufrad mit der Drehzahl wechselt und das Leitrad gewissermaßen eine dem Laufrad nachgeschaltete Stufe darstellt. Dementsprechend gibt es auch beim einstufigen Verdichter für hohen Druck nur bei einer einzigen Drehzahl Stoßfreiheit oder gleichen Stoßzustand in Lauf- und Leitrad, und die Frage nach den Linien gleichen Stoßzustandes ist auch hier sinnlos. Da bei einer Steigerung der Drehzahl über die des Berechnungspunktes die Dichte sich von Stufe zu Stufe stärker vergrößert als bei der Berechnungsdrehzahl, so wächst die Förderhöhe stärker an, als dem Affinitäts- oder Kongruenzgesetz entspricht. Die Drosselkurven verlaufen also steiler.

c) Änderung des Wirkungsgrades eines Verdichters mit wachsender Drehzahl. Das Kennlinienfeld eines Verdichters (Muschelschaubild) zeigt hinsichtlich des Verlaufes der Linien gleicher Wirkungsgrade das gleiche Aussehen wie bei der Wasserpumpe (Abb. 228 und 241) insofern, als der Wirkungsgrad mit wachsender Drehzahl seinen Größtwert erreicht, um dann wieder abzunehmen. Die bei niederen Drehzahlen vorhandene Steigerung nach oben kann zwanglos erklärt werden durch die wachsende *Re*-Zahl, welche ein Zurücktreten der Reibung verursacht, und durch die Annäherung an den Berechnungspunkt. Das Wiederabsinken hat bei Wasserförderung seinen Grund im Eintreten der Kavitation. Entsprechend kann beim Verdichter als Ursache wachsende *Ma*-Zahl, d. h. Schallgeschwindigkeitsnähe, angeführt werden. In diesem Begriff sind aber mehrere Erscheinungen eingeschlossen, die einzeln zu betrachten sich verlohnt.

---

[1] Eingehendere Behandlung bei A. Stone: Trans. Amer. Soc. mech. Engrs. 80 (1958) Nr. 6, S. 1273—1293

Folgende Ursachen sind an der Abnahme des Wirkungsgrades mit steigender Drehzahl beteiligt:

1. Die Zunahme des Beiwertes μ, der die hinzukommende Verdichtungsarbeit infolge der Reibungswärme in dem oberen Druckgebiet berücksichtigt. Dieser Einfluß ist unabhängig von der Stufenzahl und kann mittels Gl. (9), S. **502**, unter Heranziehung der μ-Tafel (Abb. 313) verfolgt werden.

2. Die im vorigen Abschnitt gezeigte Verschiebung der Beaufschlagung des Leitrades oder Spiralgehäuses gegenüber dem Laufrad bzw. der oberen Stufen gegenüber den unteren.

3. Örtliche Überschreitung der Schallgeschwindigkeit an den gleichen Stellen, an denen bei Wasserpumpen Kavitation eintritt, insbesondere an Schaufelanfängen oder scharfen Kanten.

4. Im Leitkanal oder Laufkanal verkleinert sich mit wachsender *Ma*-Zahl, also wachsender Drehzahl nach Gl. (61), S. **86**, der zulässige Erweiterungswinkel, bei dessen Überschreitung zunehmende Verschlechterung der Geschwindigkeitsumsetzung eintritt.

Die Einflüsse 1. und 2. sind von der gewählten Stufenzahl unabhängig, während die Einflüsse 3. und 4. mit der Stufenförderhöhe wachsen und bei Verwendung von Austrittsleitschaufeln größer sind als bei Verwendung des glatten Leitringes. Ebenso sind sie größer bei Zufluß zum Laufrad mit Gegendrall als mit Gleichdrall (S. **449**).

d) Pumpgrenze, Abreißgrenze. Bei verringerter Drehzahl ist die Zusammendrückung der Luft in der einzelnen Stufe geringer, als bei der Rechnung angenommen ist. Die oberen Stufen erhalten dann ein relativ größeres Volumen. Infolgedessen werden die Pumpgrenze und (beim Axialverdichter) die Abreißgrenze (s. S. **431** ff.) zuerst in der ersten Stufe erreicht. (Hierbei ist daran zu erinnern, daß nach S. **419** bei Axialverdichtern die Abreißgrenze allein maßgebend ist.) Bei Überschreitung einer gewissen Drehzahl tritt offenbar der umgekehrte Fall ein. Jetzt ist die Zusammendrückung in den einzelnen Stufen größer als nach der Rechnung, so daß der Beginn des Abreißens auf die letzte Stufe überspringt[1] (S. **431**). Dieser Zustand ist insofern ungünstiger als der zuerst erwähnte, als mit steigender Drehzahl das Abreißgebiet sich viel stärker ausdehnt als im unteren Drehzahlbereich. *Hiernach empfiehlt es sich, die Berechnungsdrehzahl von Axialverdichtern in all den Fällen höher als die Betriebsdrehzahl zu nehmen, wo es auf Einschränkung des Abreißgebietes ankommt. Naturgemäß müssen hierbei Förderstrom und Förderhöhe entsprechend der Vergrößerung der Drehzahl (etwa nach dem näherungsweise gültigen Affinitätsgesetz) umgerechnet werden.*

---

[1] Senger, U.: Brown Boveri Mitt. 28 (1941) S. 19. — Vgl. auch B. Eckert: Axialkompressoren und Radialkompressoren, S. 252ff. Berlin/Göttingen/Heidelberg: Springer 1953; ferner A. Stone: Trans. Amer. Soc. mech. Engrs. 80 (1958) S. 1273—1293, insbes. Fig. 8b, S. 1277

117. Die Abhängigkeit der Kennlinien von Anfangstemperatur und Gasart

Die Zusammendrückbarkeit der Gase bedingt ferner, daß die Drosselkurve eines und desselben Verdichters auch bei gleicher *Re*-Zahl nicht mehr unabhängig ist von der Gasart und der Anfangstemperatur T_I, wie das bei vernachlässigbarer Dichteänderung der Fall ist. Daß dem so ist, zeigt folgende Überlegung:

Die Schaufelarbeit H_{th} ist nach der Hauptgleichung nur vom Geschwindigkeitsplan und somit vom Förderstrom abhängig, also auch die Förderhöhe $H = \eta_h H_{th}$, sofern η_h als gleichbleibend angesehen wird. Der Ausdruck für die Förderhöhe

$$H_x = \frac{\varkappa}{\varkappa - 1} R T_I \left[\left(\frac{p_{II}}{p_I} \right)^{\frac{\varkappa - 1}{\varkappa}} - 1 \right] \tag{31}$$

zeigt aber, daß bei wechselnder Gasart (also wechselndem $\varkappa$ und R) oder wechselnder Anfangstemperatur T_I die Förderhöhe H nur gleichbleiben kann, wenn das Druckverhältnis p_{II}/p_I, also auch das Volumenverhältnis V_{II}/V_I wechselt. Dieser Wechsel des Volumenverhältnisses verlangt sowohl eine Änderung von V_{II} als auch von V_I, damit die Geschwindigkeiten im Spalt gleichbleiben. Wie Abb. 336 zeigt, wird diese Abhängigkeit durch die Erfahrung voll bestätigt. Die Änderung des Anfangsdruckes beeinflußt dagegen das Volumenverhältnis nicht und hat demnach auf die Form der Drosselkurve nur insoweit Einfluß, als die kinematische Zähigkeit und damit die *Re*-Zahl verändert wird.

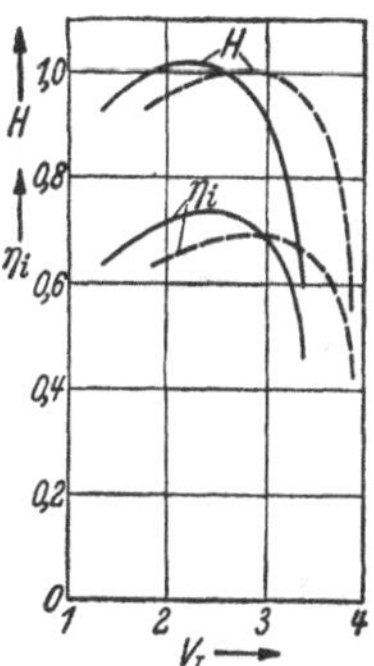

Abb. 336. Einfluß der Ansaugetemperatur auf die Drosselkurve und Wirkungsgradkurve bei einem vielstufigen Lader
——— $T_1 = 216°$ K
- - - - $T_1 = 328°$ K

Es besteht nun ein Bedürfnis, Kennlinien von einem Anfangszustand auf den anderen umzurechnen, weil es häufig nicht möglich ist, den Leistungsversuch unter den gleichen Bedingungen, also der gleichen Anfangstemperatur oder der gleichen Gasart durchzuführen, wie sie im Betrieb auftreten. Dies ist beispielsweise der Fall bei Flugzeugladern oder Verdichtern für chemische Gase.

Offenbar ist dann Gleichheit der Geschwindigkeitsverhältnisse über den ganzen Verdichtungsweg bei gleicher Drehzahl nicht möglich. Sie kann aber herbeigeführt werden, wenn die Drehzahl entsprechend geändert wird. Man muß sich dabei allerdings auf ungekühlte Maschinen sowie auf Gase mit gleicher Atomzahl, also gleichem Exponenten $\varkappa$ beschränken und die Verschiedenheit der *Re*-Zahl in beiden Vergleichsströmungen vernachlässigen[1].

Um eine Übertragungsmöglichkeit der Versuchswerte zu finden, überlegen wir folgendes:

Der in Gl. (31) zutage tretende Einfluß der Gaskonstanten R und der Anfangstemperatur T_I läßt sich zusammenfassen in der Schall-

[1] Den *Re*-Zahl-Effekt behandelt R. W. Pinnes: Trans. Amer. Soc. mech. Engrs. 80 (1958) Nr. 6, S. 1264—1272

geschwindigkeit a_I, weil

$$g\varkappa R T_I = a_I^2,$$

so daß

$$H_x = \frac{a_I^2}{g(\varkappa-1)}\left[\left(\frac{p_{II}}{p_I}\right)^{\frac{\varkappa-1}{\varkappa}} - 1\right]. \tag{32}$$

Bei gleichem $\varkappa$, d. h. gleicher Atomzahl der Fördergase, ist also nur noch der Wechsel von a_I wichtig, den wir durch die *Ma*-Zahl $Ma = u_2/a_I$ ausdrücken, indem wir setzen

$$a_I = \frac{u_2}{\frac{u_2}{a_I}} = \frac{u_2}{Ma}$$

und erhalten

$$H_x = \frac{u_2^2}{Ma^2\, g(\varkappa-1)}\left[\left(\frac{p_{II}}{p_I}\right)^{\frac{\varkappa-1}{\varkappa}} - 1\right] \tag{33}$$

oder, wenn die Druckziffer ψ_x eingeführt wird,

$$\psi_x = \frac{2g H_x}{u_2^2} = \frac{2}{Ma^2(\varkappa-1)}\left[\left(\frac{p_{II}}{p_I}\right)^{\frac{\varkappa-1}{\varkappa}} - 1\right]. \tag{34}$$

Gleiches Druckverhältnis und damit auch gleiches Volumenverhältnis und ähnliche Geschwindigkeitspläne sind also (falls geometrische Ähnlichkeit, gleiche *Re*-Zahl und gleicher Stoßzustand, also gleicher Füllungsgrad V_x/V vorliegen) gewährleistet, wenn neben der Druckziffer ψ_x die *Ma*-Zahl und der Adiabatenexponent $\varkappa$ (oder die Atomzahl) gleich sind. Dann kann man also Versuchsergebnisse übertragen. Sehen wir vom Einfluß der *Re*-Zahl ab und kennzeichnen wir den Füllungsgrad durch die (auf u_2 bezogene) Lieferziffer $\varphi = c_{0x}/u_2$, so ist also für *die gleiche oder ähnliche Maschine* die Druckziffer ψ_x lediglich eine Funktion von φ und *Ma*, so daß ψ_x in Abhängigkeit von φ mit *Ma* als Parameter dargestellt werden kann. Man erhält also eine bequeme dimensionsfreie Darstellung, die auch im Fall des Wechsels der Anfangstemperatur und der Gasart (sofern letztere gleiche Atomzahl hat) gültig bleibt[1].

Für die gleiche Maschine schließt dann der Parameter *Ma* auch den Einfluß der Drehzahl mit ein, und man erkennt, daß Gleichheit der Geschwindigkeitspläne über den ganzen Verdichtungsweg herbeigeführt werden kann, wenn neben der Lieferzahl φ die *Ma*-Zahl gleichbleibt, d. h. die Drehzahl entsprechend der Änderung der Anfangstemperatur oder der Gasart geändert wird. Die verschiedenen *Ma*-Linien fallen aber in dieser Darstellung nahe zusammen (weil der Einfluß von *Ma* in gewissem Bereich gering ist und bei raumbeständiger Flüssigkeit das Affinitätsgesetz gleiche φ, ψ_x-Linien für alle Drehzahlen ergibt). Um der üblichen Darstellung, nämlich unserer Drosselkurve, d. h. der H_x, V_x-Linie näherzukommen, schreiben wir

$$H_x = \frac{u_2^2}{2g}\,\psi_x \tag{35}$$

[1] Kühl, H.: Forsch. Ing.-Wes. 13 (1942) S. 235—245

und dividieren mit $\varkappa R T_I = a_I^2/g$ durch, womit

$$\frac{g H_x}{a_I^2} = \frac{u_2^2}{2 a_I^2} \psi_x = \frac{Ma^2}{2} \psi_x. \tag{36}$$

Die rechte Seite ist also wieder nur von φ und Ma abhängig. Die linke Seite, d.h. H_x/a_I^2 oder (weil die Atomzahl und damit $\varkappa$ gleich sein soll) $H_x/R T_I$ oder nach Gl. (31) auch $\frac{p_{II}}{p_I}$ kann deshalb wieder in Abhängigkeit von φ mit Ma als Parameter dargestellt werden, wobei jetzt die einzelnen Linien gleicher Ma-Zahl genügend weit auseinander liegen (Abb. 337).

Man kann der Darstellung der Drosselkurve, d. h. der $H_x V_x$-Linie gleicher Drehzahl noch näherkommen, wenn man auch in die Abszisse den Drehzahleinfluß hineinnimmt und als Abszisse aufträgt statt φ

$$\varphi Ma = \frac{c_{0x}}{u_2} \frac{u_2}{a_I} = \frac{c_{0x}}{a_I} = \frac{V_{Ix}}{F_0 \sqrt{g \varkappa R T_I}}. \tag{37}$$

Jetzt ist also H_x/a_I^2 in Abhängigkeit von $c_{0x}/a_I \sim V_{Ix}/\sqrt{R T_I}$ mit dem Parameter $Ma = u_2/a_I$ darstellbar.

Das ganze Verfahren läuft offenbar darauf hinaus, bei der Darstellung der Versuchswerte die Drücke (also auch die Förderhöhen) durch das Quadrat und die Geschwindigkeiten (also auch die Förderströme oder Drehzahlen) durch die erste Potenz der Schallgeschwindigkeit zu dividieren.

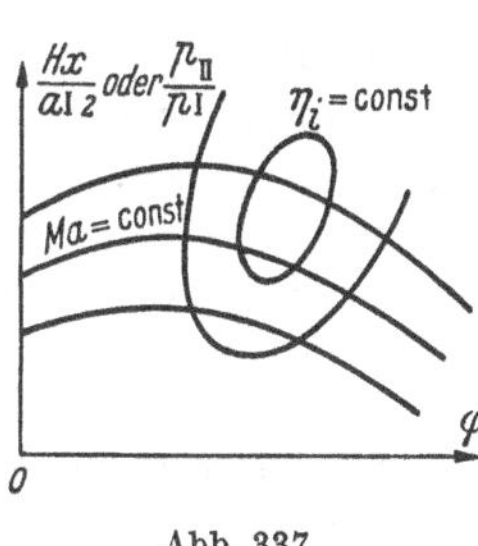

Abb. 337

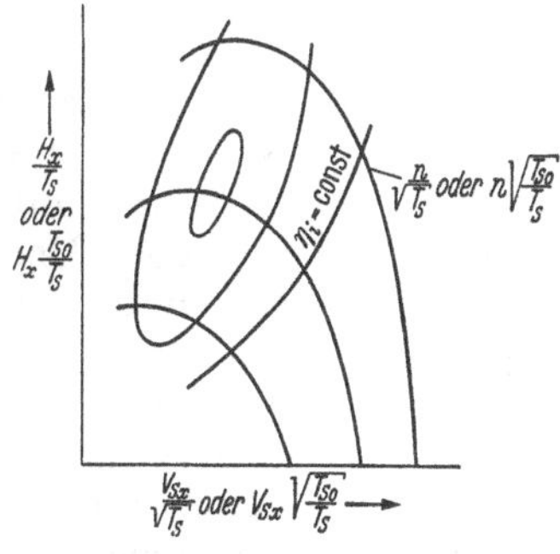

Abb. 338

Abb. 337 u. 338. Darstellungsarten der Kennlinien geometrisch ähnlicher Verdichter im Fall wechselnder Anfangstemperatur und Gaskonstante, aber mit gleichem Adiabatenexponenten $\varkappa$

Handelt es sich um den gleichen Verdichter und um die gleiche Gasart, also gleichbleibendes F_0 und $\varkappa R$ in Gl. (37), so genügt es, als Abszisse den Wert $V_{Ix}/\sqrt{T_I}$ oder $V_{Ix}\sqrt{T_{I0}/T_I}$ (wo T_{I0} irgendeine Bezugstemperatur ist), und als Ordinate gemäß Gl. (36) die Größe H_x/T_I bzw. $H_x T_{I0}/T_I$ zu nehmen, ferner als Parameter der Drosselkurven den Wert $n/\sqrt{T_I}$ bzw. $n\sqrt{T_{I0}/T_I}$. Man erhält dann eine Darstellung, die der üblichen weitgehend ähnlich ist (Abb. 338).

Demnach ist bei Verschiedenheit der Anfangstemperatur volle Ähnlichkeit der Strömung nur zu erreichen, wenn die Drehzahl gleichlaufend mit der Anfangstemperatur geändert wird.

Unter der gemachten Voraussetzung der Vernachlässigung des Einflusses der Re-Zahl ist in Abb. 337 oder 338 jedem Punkt auch ein fester Wert η_i zugeordnet, und es können dort die Linien gleichen Wirkungsgrades eingetragen werden, so daß wieder das gewohnte Muschelschaubild entsteht.

Werden nach einer der angegebenen Arten die Versuchswerte aufgetragen, so sind besondere Untersuchungen über den Einfluß der Ansaugetemperatur nicht erforderlich, weil die Darstellung für jede Temperatur gilt. Ihre einzige Ungenauigkeit liegt in der Vernachlässigung des Unterschiedes der *Re*-Zahl bei den Vergleichsströmungen. Im übrigen gilt sie sowohl für einstufige wie mehrstufige Maschinen.

Für Gasarten mit verschiedenen Exponenten[1] $\varkappa$ der Adiabate ist eine gleiche einfache Umrechnung nicht möglich, weil volle Ähnlichkeit der Strömung auf dem ganzen Verdichtungsweg nicht mehr durch einfache Veränderung der Drehzahl in Verbindung mit gleichbleibendem φ herbeigeführt werden kann.

118. Achsschubausgleich und Dichtungen bei Gasförderung

Den bei einseitiger Beaufschlagung der Räder entstehenden Achsschub bestimmt man als die Summe der auf die einzelnen Räder entfallenden Beträge, und zwar für jede Stufe nach Abschn. 99 unter Beachtung, daß $\gamma = 1/v$ von Stufe zu Stufe wächst. Auf vollständigen Ausgleich durch ein für alle Stufen gemeinsames Organ mit Haupt- und Nebenspalt wird bei Gasförderung mit wenigen Ausnahmen[2] verzichtet, um den Undichtheitsverlust zu beschränken, zudem die Größe der Ausführung stets ein Klotzdrucklager rechtfertigt, welches seiner Natur nach auch nichts anderes ist als ein hydraulisches Ausgleichsorgan. Nur der Teil des hydraulischen Schubes, der vom Segmentlager nicht sicher aufgenommen werden kann, wird von einem auf der Welle aufgekeilten Labyrinthkolben ausgeglichen (Abb. 315, 322 bis 327). Dieser steht auf seiner anderen Seite bei Druckluftförderung mit der freien Atmosphäre, bei Förderung von technischen Gasen oder Dampf mit dem Saugstutzen in Verbindung.

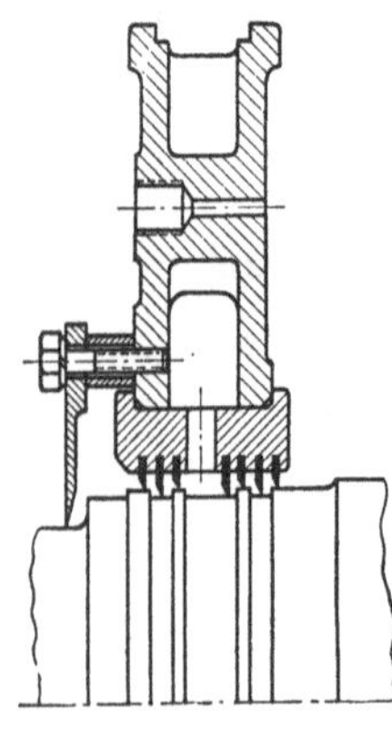
Abb. 339. Labyrinthdichtung für Luftgebläse

Das Labyrinth des Ausgleichskolbens braucht bei Beachtung dieser Überlegung nur für etwa 0,5 bis 1,5% Verlust bemessen zu werden.

Bei Verwendung dieses Ausgleichskolbens ist im Fall von Luftförderung die Welle sowohl druck- wie saugseitig nur gegen geringen Druckunterschied abzudichten. Hier genügen wenige Labyrinthe, ähn-

[1] Davis, H.: Trans. Amer. Soc. mech. Engrs. 80 (1958) Nr. 1, S. 108—116 gibt Umrechnung bei verschiedenen Exponenten $\varkappa$

[2] Vgl. Brown Boveri-Werbeschrift T 1126 (332, 500). 1315 D über „Turbogebläse in Hochofenanlagen“, Abb. 13, S. 18

lich wie sie bei der Wellendurchführung in den einzelnen Stufen vorgesehen sind (Abb. 339). Sind jedoch Dämpfe (für Kälteerzeugung oder als Wärmepumpe) oder Gase (z. B. für Ferngasversorgung) zu verdichten, so sind besondere Stopfbüchsen vorzusehen, die auch im Ruhezustand vollkommen dicht halten (Abb. 340), beispielsweise Kohleringpackungen (Abb. 341 und 314), deren Kammerzahl dem Verwendungszweck angepaßt werden kann, oder Flüssigkeitsdichtungen (Abb. 342),

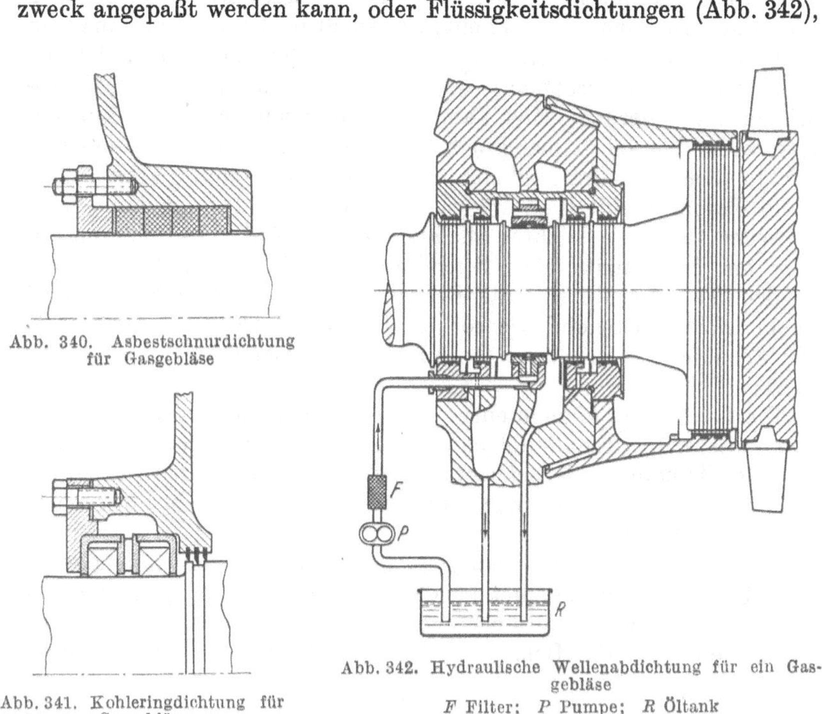

Abb. 340. Asbestschnurdichtung für Gasgebläse

Abb. 341. Kohleringdichtung für Gasgebläse

Abb. 342. Hydraulische Wellenabdichtung für ein Gasgebläse
F Filter; *P* Pumpe; *R* Öltank

Abb. 339 bis 342. Verschiedene Ausführungen von Wellenstopfbüchsen

wobei eine Sperrflüssigkeit (Wasser oder Öl) in die Mitte eines engen Labyrinthes gepreßt wird. Bedingung ist, daß der Öldruck immer höher ist, als der Druck des abzudichtenden Gases. Damit der Flüssigkeitsdruck, der gleichzeitig Abdichtungsdruck ist, genügend groß gehalten werden kann, ohne daß unzulässige Flüssigkeitsverluste entstehen, sind die Dichtungsspalte eng zu halten. Auch müssen reichliche Ablaufquerschnitte für die Sperrflüssigkeit im Gehäusekörper vorgesehen werden, weil sonst der Ablaufspiegel bis zur Welle steigen und Flüssigkeit in das Innere des Gebläses gelangen würde. Neuerdings erhalten die kombinierten Stopfbüchsen Bedeutung, bei denen ein trockenes Labyrinth neben einem rotierenden Flüssigkeitsring vorgesehen ist. Der Abschluß im Ruhezustand ist dann besonders zu sichern.

P. Festigkeit wichtiger Bauteile

119. Die Beanspruchung der Laufräder durch Fliehkräfte

Bei Wasserförderung ist die obere Grenze der Umfangsgeschwindigkeit durch hydraulische Rücksichten, insbesondere Kavitation, gegeben. Die Beanspruchung durch Fliehkräfte spielt dort selten eine maßgebliche Rolle. Das ist nicht einmal bei den schnelläufigen Radformen (Halbaxialrad und Propeller[1]) der Fall. Anders liegen die Verhältnisse bei der Gasförderung. Hier kann man bisweilen bis an die äußerste Grenze der Werkstoffbeanspruchung gehen, ohne daß Strömungsrücksichten (Schallgeschwindigkeitsnähe) vorher eine Grenze setzen. Dies gilt insbesondere für Radialräder, und für Axialräder nur dann, wenn entweder Gase, die leichter als Luft sind, gefördert werden müssen oder am Radeintritt ein Gleichdrall ($\delta_r < 1$, vgl. S. 212ff.) vorhanden ist. Deshalb soll die Beanspruchung des Radkörpers durch Fliehkräfte nachstehend besprochen werden; die Festigkeit der radialen Schaufeln ist schon in Abschn. 50, IIb, überschläglich behandelt worden.

Die Laufkränze können entweder auf Trommeln oder auf Scheiben sitzen. Es seien deshalb folgende typische Läuferformen betrachtet:

1. Die Trommel. Die Beanspruchung der Trommel durch Fliehkräfte ist die gleiche wie bei einem auf inneren Überdruck beanspruchten zylindrischen Gefäß.

a) Ist ihre *Wandstärke s klein* gegenüber dem mittleren Halbmesser R (Abb. 343), so kann die entstehende Umfangsspannung σ_u als über die Dicke gleichmäßig verteilt angesehen werden, und die bekannte Kesselformel liefert für die Belastung durch die Fliehkräfte der Trommelmasse

$$\sigma_u = \frac{\gamma}{g} (R\,\omega)^2 = \frac{\gamma}{g} u^2.$$

Für Stahl ist $\gamma = 7{,}85$ kp/dm³ $= 7850$ kp/m³, also $\gamma/g \approx 800$ kp s²/m⁴. Wird σ_u in kp/cm², u aber in m/s ausgedrückt, so wird, weil $1\ \mathrm{m}^2 = 10^4\ \mathrm{cm}^2$

$$\sigma_u = 0{,}08\,u^2\,\mathrm{kp/cm}^2. \tag{1}$$

Zu dieser Beanspruchung durch die Trommelmasse tritt die Beanspruchung durch die Schaufelfliehkräfte. Ist C_s die Fliehkraft der einzelnen Schaufel (einschließlich Schaufelfuß und Zwischenstück), so ergibt sich bei z Schaufeln auf 1 cm Umfangslänge die Kraft $z\,C_s/2\,R\,\pi$ und auf 1 cm² Mantelfläche, wenn sich diese Kraft auf die axiale Länge a (= Stufenschritt) verteilt

$$\sigma_a = \frac{z\,C_s}{2\,R\,\pi\,a}, \tag{2}$$

[1] Dagegen kann hier die Beanspruchung der Schaufeln auf Biegung durch den Wasserdruck von Bedeutung sein

woraus sich leicht als zusätzliche Umfangsspannung der Trommel infolge der Schaufelfliehkraft errechnet

$$\sigma_s = \frac{\sigma_a R}{s} = \frac{z\,C_s}{2\pi\,s\,a}$$

und die Trommel im ganzen durch $\sigma_u + \sigma_s$ in Umfangsrichtung belastet ist.

b) Ist die *Trommel dick,* d. h. s gegenüber R nicht mehr sehr klein (Abb. 343a), so treten neben der Umfangsspannung auch radial gerichtete Spannungen auf, wie man sofort sieht, wenn man die Trommel in dünne konzentrische Trommeln zerlegt denkt, die wegen der Verschiedenheit von σ_u und R eine ganz verschiedene radiale Formänderung zeigen, also klaffen würden. Die radialen Spannungen entlasten also die äußeren Ringe auf Kosten der inneren. An die Stelle von σ_u treten jetzt

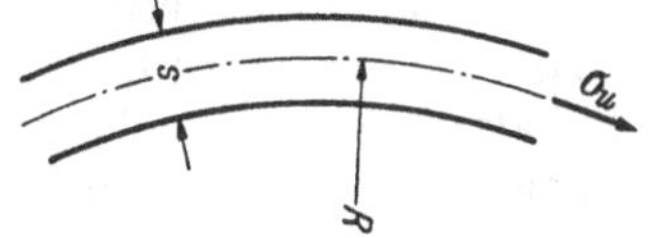

Abb. 343. Dünne Trommel

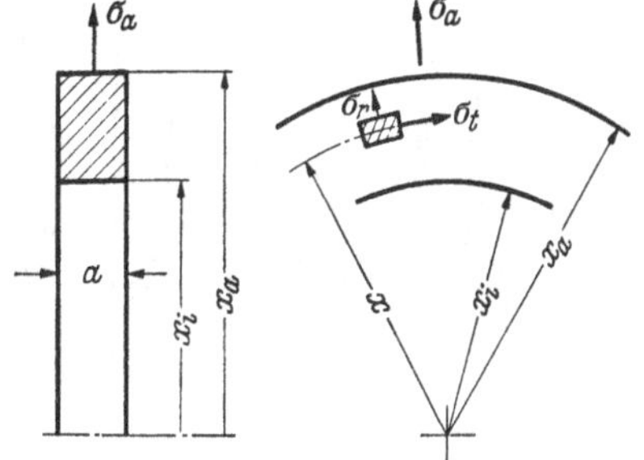

Abb. 343a. Ausschnitt aus einer dicken Trommel

sowohl Tangentialspannungen σ_t als auch radiale Spannungen σ_r, wobei σ_t von außen nach innen wächst. Bezeichnet

ν das Verhältnis der Querkontraktion zur Längsdehnung im geraden Stab (Poissonsche Zahl),

x_a, x_i den äußeren und inneren Halbmesser der Trommel,

σ_a wieder die den Schaufelfliehkräften entsprechende Belastung am äußeren Umfang nach Gl. (2) (wo also jetzt $R = x_a$), so beträgt[1] die größte Spannung, welche am Halbmesser x_i auftritt:

$$\sigma_{t\,i} = \frac{\gamma}{g}\,\frac{\omega^2\,x_a^2}{4}\left[3 + \nu + (1 - \nu)\,\frac{x_i^2}{x_a^2}\right] + 2\,\sigma_a\,\frac{1}{1 - (x_i/x_a)^2}\,.$$

2. Das Rad. Die wichtigen Radformen sind entweder das Axialrad (Abb. 316, 317) oder das Radialrad (Abb. 136, 315). Das erstere ist festigkeitsmäßig wesentlich leichter zu behandeln als das letztere, weil es meist eine zur Achse senkrechte Mittelebene hat und die Schaufelfliehkräfte symmetrisch zu dieser Mittelebene wirken.

Beim *Radialrad* bestehen die in Abb. 344 ersichtlichen Bauarten, wobei die zulässige Umfangsgeschwindigkeit von links nach rechts abnimmt. Bei dem offenen Rad *a* sind die Schaufeln mit dem Rad aus einem Stück gepreßt (Abb. 284) und Umfangsgeschwindigkeiten bis 450 m/s

[1] Hütte 27. Aufl., Bd. 1, S. 734, 28. Aufl., Bd. 1, S. 953. — Vgl. auch G. Hentschel: Konstruktion 8 (1956) S. 136—142

möglich. Das Rad *b* ist mit den Schaufeln und der Deckscheibe vernietet oder verschweißt. Es gestattet eine Umfangsgeschwindigkeit bis 300 m/s. Dieser Betrag erhöht sich, wenn die Schaufeln in den axialen Einlauf vorgezogen und mit beiden Radwänden verschweißt werden (S. **243ff.**). Während bei diesen beiden Rädern die Radscheiben an die Form der Scheibe gleicher Festigkeit angepaßt sind, also sich von außen nach der Drehachse hin verdicken, bestehen sie bei *c* und *d* aus Blech; bei *d* fehlt sogar die innere Versteifung der Deckwand. Die beiden Formen *c* und *d* sind deshalb nur für untergeordnete Zwecke geeignet.

Wesentlich ist, daß beim geschlossenen Radialrad *zwei* Scheiben, die Nabenscheibe und die Deckscheibe, zu berechnen sind, von denen die eine nach innen in der Radnabe ausmündet und die andere die Saugöffnung aufzunehmen hat. Während die erste durch die Nabe nach innen versteift ist, muß bei der offenen Deckscheibe am Innenrand ein besonderer Versteifungsring aufgesetzt werden, der aber die Versteifungswirkung der Nabe nicht erreichen kann, so daß die Deckscheibe sich stärker dehnt als die Nabenscheibe. Die Schaufeln belasten die Scheiben von der Seite.

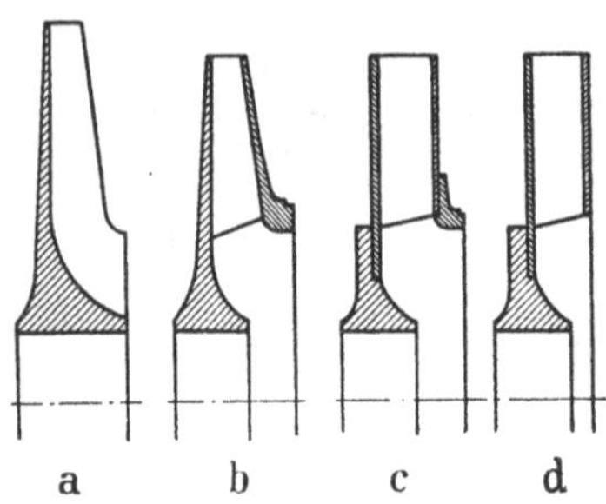

Abb. 344a—d. Ausführungsformen von Radialrädern; a) offene Bauart und aus einem Stück gepreßt (S. 480), b) bis d) geschlossene Bauart, Schaufeln und Deckwand angenietet. Umfangsgeschwindigkeit von links nach rechts abnehmend

Es werde nun die Radform nach Abb. 346 betrachtet, d.h., es soll die Beanspruchung der Naben- und der Deckscheibe durch Fliehkräfte ermittelt werden. Wir gehen so vor, daß wir die Masse der Schaufeln als nicht tragend auf der vollen Scheibe so verteilt denken, daß die Halbmesser bestehenbleiben. Die Deckscheibe soll sich am Mittragen der Schaufelfliehkräfte nicht beteiligen, weil sie mehr nachgibt als die Nabenscheibe. Wir können dann beide Scheiben getrennt nach den für Turbinenscheiben entwickelten Verfahren berechnen.

Wir entwickeln im folgenden den Rechnungsgang so, daß er sowohl für das Axialrad wie das Radialrad anwendbar ist. Dabei nehmen wir an, daß das Rad im Entwurf vorliegt und sein Spannungsverlauf zu bestimmen ist. Aus der großen Zahl der Verfahren[1] soll nur dasjenige behandelt werden, das für den vorliegenden Zweck am besten geeignet ist.

a) Die Beanspruchung der Scheibe beliebiger Form. Nach dem Vorgang von DONATH zerlegen wir die Scheibe in Ringe gleicher Dicke y_1, y_2 usw. (Abb. 345). Wir gehen also aus von den für die Scheibe

---

[1] STODOLA: Die Dampf- und Gasturbinen, 6. Aufl. Berlin: Springer 1924.— BIEZENO-GRAMMEL: Technische Dynamik, Berlin/Göttingen/Heidelberg: Springer 1939 und 1953. — H. BAER: Z. VDI 84 (1940) S. 359. — K. J. MÜLLER, Österreichisches Ing.-Arch. 2 (1948) S. 138

gleicher Dicke geltenden Gleichungen. Bei dieser betragen die Spannungen σ_t und σ_r am Halbmesser x

$$\sigma_t = -\frac{1+3\nu}{8}\mu\,\omega^2 x^2 + b_1\frac{E}{1-\nu} + b_2\frac{E}{1+\nu}\frac{1}{x^2},$$

$$\sigma_r = -\frac{3+\nu}{8}\mu\,\omega^2 x^2 + b_1\frac{E}{1-\nu} - b_2\frac{E}{1+\nu}\frac{1}{x^2}.$$

Dabei bezeichnet:

E den Elastizitätsmodul des Scheibenmaterials in kp/cm²,

b_1 und b_2 die Integrationskonstanten, die aus den am inneren und äußeren Rand vorliegenden Grenzbedingungen zu bestimmen sind,

$\mu = \gamma/g$ in kp s²/cm⁴ die spezifische Masse des Scheibenmaterials,

ω die Winkelgeschwindigkeit der Scheibe.

Der Aufbau der Gleichungen von σ_r und σ_t gestattet einfache Ausdrücke herzustellen durch Bildung von

$$S = \sigma_t + \sigma_r,$$

$$D = \sigma_t - \sigma_r,$$

nämlich

$$S = (1+\nu)\frac{\mu}{2}\left(-\omega^2 x^2 + b_1\frac{4E}{(1-\nu^2)\mu}\right),$$

$$D = (1-\nu)\frac{\mu}{4}\left(\omega^2 x^2 + \frac{b_2}{\omega^2 x^2}\,\frac{8E\,\omega^2}{(1-\nu^2)\mu}\right).$$

Bei Zusammenfassung der für eine und dieselbe Scheibe gleicher Dicke unveränderlichen Werte zu Konstanten K_1 und K_2 läßt sich also schreiben

$$\left.\begin{aligned} S &= (1+\nu)\frac{\mu}{2}(-\omega^2 x^2 + K_1),\\ D &= (1-\nu)\frac{\mu}{4}\left(\omega^2 x^2 + \frac{K_2}{\omega^2 x^2}\right).\end{aligned}\right\} \quad (3)$$

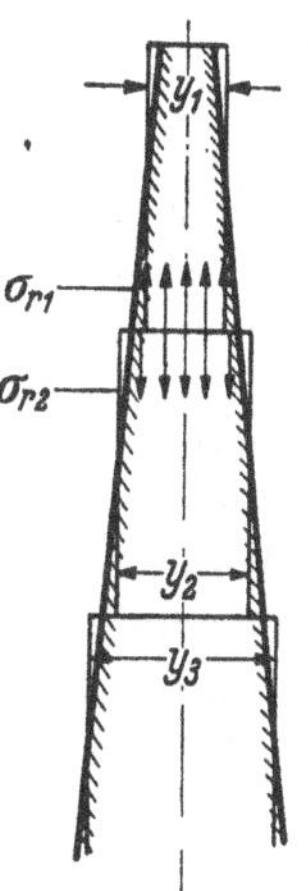

Abb. 345 Berechnung durch Zerlegung in Teilscheiben

Die Berechnung kann sowohl außen wie innen beginnen. In beiden Fällen bleibt die für den anderen Rand geltende Grenzbedingung zunächst unberücksichtigt. Beginnt sie außen, wie wir das annehmen wollen, so ist dort im Falle des Axialrades nach Gl. (2) σ_r durch die Schaufelfliehkräfte gegeben, so daß dort entsprechend Gl. (2)

$$\sigma_r = \frac{z\,C_s}{2\,x_a\,\pi\,y_1}$$

x_a = äußerer Halbmesser, y_1 = Dicke der äußeren Teilscheibe).

Im Falle des radialen Verdichterrades wirken am Außenrand keine radialen Kräfte, und es ist dort also $\sigma_r = 0$. σ_t hat einen endlichen, aber unbekannten Wert und muß vorläufig angenommen werden. Dann sind Werte S_a und D_a am äußeren Rand der Teilscheibe 1 bekannt. Man kann nun die Konstanten K_1 und K_2 aus der für den äußeren Rand angeschriebenen Gl. (3) bestimmen[1] und erhält dann für den

[1] H. Baer: Forsch. Ing.-Wes. 7 (1936) S. 188

inneren Rand der betrachteten Teilscheibe folgende Werte, wenn die Fußzeichen a und i sich auf den äußeren bzw. inneren Rand beziehen

$$S_i = S_a + \frac{1+\nu}{2}\,\mu\, x_a^2\,\omega^2\left[1 - \left(\frac{x_i}{x_a}\right)^2\right], \tag{4}$$

$$D_i = D_a\left(\frac{x_a}{x_i}\right)^2 - \frac{1-\nu}{4}\,\mu\, x_a^2\,\omega^2\left[\left(\frac{x_a}{x_i}\right)^2 - \left(\frac{x_i}{x_a}\right)^2\right]. \tag{4a}$$

Mit S_i, D_i sind die vorläufigen Spannungen am inneren Rand der Teilscheibe bekannt, nämlich

$$\left.\begin{aligned}\sigma_{ti} &= \frac{1}{2}(S_i + D_i),\\ \sigma_{ri} &= \frac{1}{2}(S_i - D_i).\end{aligned}\right\} \tag{5}$$

Die beim Radialrad bis jetzt unberücksichtigten Fliehkräfte der Schaufeln sollen gemäß Voraussetzung von der vollen Scheibe allein aufgenommen werden, wobei wir annehmen, daß die Schaufeln selbst keine Spannungen nach innen weitertragen. Wir berücksichtigen dies am einfachsten, indem wir in Gl. (4) und (4a) die spezifische Masse μ entsprechend größer einsetzen. Es ergeben sich dann bei jeder Teilscheibe kleine Veränderungen von μ. Für die erste Teilscheibe gilt der Wert $\mu_1 = \mu(y_1 + s_1)/y_1$, wobei s_1 die Dicke des an ihrer Seitenfläche gleichmäßig verteilten Schaufelmaterials darstellt (gleiches spezifisches Gewicht für das Scheiben- und Schaufelmaterial vorausgesetzt). Weitere Änderungen an den abgeleiteten Gleichungen treten dann nicht ein[1]. Die konische Form der Mittelfläche bleibe unberücksichtigt.

Wir gehen nun zur Teilscheibe 2 über und unterscheiden von jetzt ab die auf die Teilscheiben 1 und 2 bezüglichen Größen durch die Fußzeichen 1 und 2. Dann lautet die Gleichgewichtsbedingung

$$y_1\,\sigma_{ri1} = y_2\,\sigma_{ra2},$$

womit

$$\sigma_{ra2} = \frac{y_1}{y_2}\,\sigma_{ri1} \tag{6}$$

oder

$$\Delta\sigma_r \equiv \sigma_{ra2} - \sigma_{ri1} = \left(\frac{y_1}{y_2} - 1\right)\sigma_{ri1}. \tag{6a}$$

Ferner lautet die zu erfüllende Verträglichkeitsbedingung zur Vermeidung des Klaffens an der Sprungstelle, weil dort die Dehnung in Umfangsrichtung gleich sein muß

$$\sigma_{ta2} - \nu\,\sigma_{ra2} = \sigma_{ti1} - \nu\,\sigma_{ri1},$$

also

$$\Delta\sigma_t = \sigma_{ta2} - \sigma_{ti1} = \nu(\sigma_{ra2} - \sigma_{ri1}) = \nu\,\Delta\sigma_r. \tag{7}$$

[1] Strenggenommen müßte noch berücksichtigt werden, daß die umgebende Förderflüssigkeit mitrotiert und einen Teil der Fliehkräfte der Scheibenmasse aufnimmt. Dieser Einfluß ist aber bei Luftförderung vernachlässigbar. Auch bei Wasserförderung ist er gering (vgl. S. 575)

Gl. (6) und (7) gelten um so genauer, je weitergehend die Scheibe unterteilt ist, d. h. je kleiner die Unterschiede der Dicken y_1 und y_2 an der Sprungstelle sind.

Nachdem jetzt für die zweite Teilscheibe die Anfangswerte σ_r und σ_t, also auch S_a und D_a bekannt sind, wiederholt sich hier und ebenso bei den folgenden Teilscheiben das Verfahren.

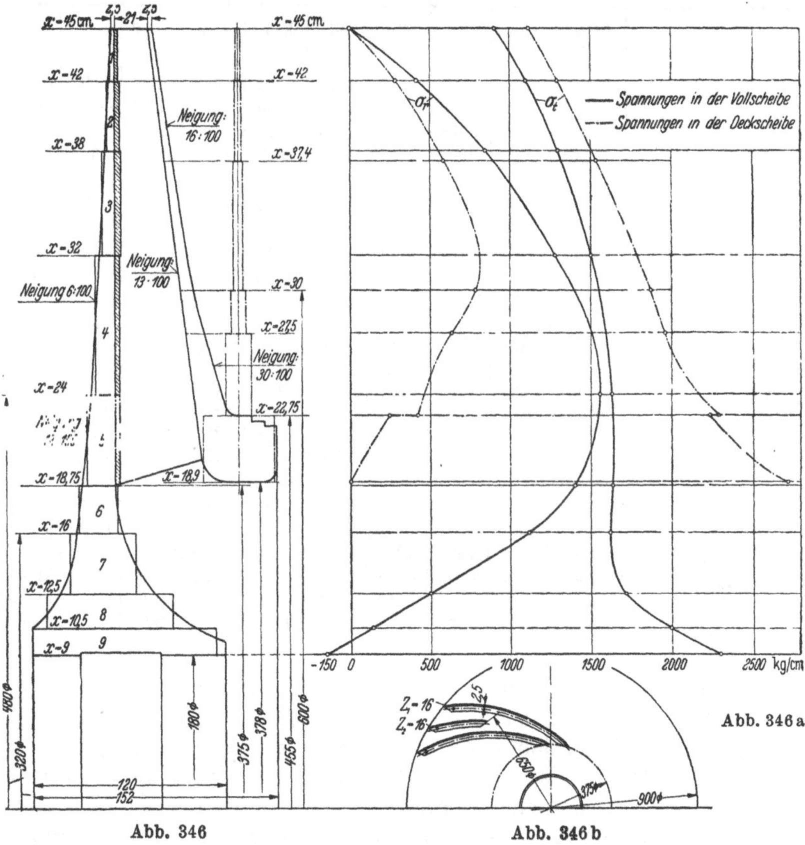

Abb. 346. Radquerschnitt mit Teilscheiben. Abb. 346a. Verlauf der Spannungen
Abb. 346b. Schaufelform

Diese sich wiederholenden Rechnungen führt man am besten tabellarisch durch. Sie werden am Beispiel des in Abb. 346 und 346b gezeichneten Rades, und zwar für die volle Scheibe durchgeführt, wobei $u_2 = 280$ m/s, also $\omega = 280/0{,}45 = 622$/s ($n = 5950$ U/min). Materialkonstanten für den verwendeten Stahl sind $\mu = \gamma/g = 7{,}85 \cdot 10^{-3}/9{,}81 \approx 8 \cdot 10^{-6}$ kp s²/cm⁴ (dieser Wert ist aber mit $(y + s)/y$ zu vervielfachen), $E = 2{,}1 \cdot 10^6$ kp/cm², $\nu = 0{,}3$. Dann ist in Gl. (4) $(1 + \nu)/2 \cdot \mu\,\omega^2 = 2{,}0\,(y + s)/y$ und in Gl. (4a) $(1 - \nu)/4 \cdot \mu\,\omega^2 = 0{,}537\,(y + s)/y$. Die Scheibe ist in die eingetragenen 9 Teilscheiben gleicher Dicke y aufgeteilt und für jede dieser Teilscheiben die durch die zugehörige Schaufelmasse bedingte zusätzliche Dicke s, die aber nicht mitträgt, sondern nur belastet, ausgerechnet. Die weitere sich für jede Teilscheibe wiederholende Rechnung geschieht nach Tab. 1:

Tabelle 1. *Spannungszustand I der vollen Scheibe* ($\omega = 622/\text{s}$)

Nummer der Teilscheibe	1	2	3	4	5	6	7	8	9	Dim.
y	0,34 Annahme	0,55	0,85	1,27	1,81	2,45	4,15	7,9	11,45	cm
σ_{ta}	1000	1173	1361	1570	1771	1903	1950	2332	2803	kp/cm²
σ_{ra}	0	321	652	1008	1228	1106	658	218	—101	kp/cm²
$S_a = \sigma_{ta} + \sigma_{ra}$	1000	1494	2013	2578	2999	3009	2608	2550	2702	kp/cm²
$D_a = \sigma_{ta} - \sigma_{ra}$	1000	852	709	562	543	797	1292	2114	2904	kp/cm²
x_a	45	42	38	32	24	18,75	16	12,5	10,5	cm
x_i	42	38	32	24	18,75	16	12,5	10,5	9	cm
x_a^2	2025	1764	1443	1024	576	352	256	156,3	110,3	cm²
x_i^2	1764	1443	1024	576	352	256	156,3	110,3	81	cm²
x_i^2/x_a^2	0,871	0,820	0,709	0,562	0,611	0,728	0,610	0,706	0,734	—
x_a^2/x_i^2	1,149	1,222	1,410	1,779	1,640	1,374	1,638	1,417	1,361	—
$x_a^2/x_i^2 - x_i^2/x_a^2$	0,278	0,402	0,701	1,217	1,029	0,646	1,028	0,711	0,627	—
s	0,15	0,29	0,38	0,29	0,28	0	0	0	0	cm
$(y+s)/y$	1,441	1,527	1,448	1,228	1,156	1	1	1	1	—
S_i nach Gl. (4)	1752	2474	3226	3678	3517	3201	2807	2642	2764	kp/cm²
D_i nach Gl. (4a)	713	460	213	177	523	972	1976	2935	3918	kp/cm²
$\sigma_{ti1} = \frac{1}{2}(S_i + D_i)$	1233	1467	1720	1928	2020	2087	2391	2789	3341	kp/cm²
$\sigma_{ri1} = \frac{1}{2}(S_i - D_i)$	520	1007	1507	1751	1497	1115	416	−147	−577	kp/cm²
$\sigma_{ra2} = (y_1/y_2)\sigma_{ri1}$	321	652	1008	1228	1106	658	218	−101		kp/cm²
$\Delta\sigma_r = \sigma_{ra2} - \sigma_{ri1}$	−199	−355	−499	−523	−391	−457	−198	46		kp/cm²
$\Delta\sigma_t = \nu\Delta\sigma_r$	− 60	−106	−150	−157	−117	−137	− 59	14		kp/cm²
$\sigma_{ta2} = \sigma_{ti1} + \Delta\sigma_t$	1173	1361	1570	1771	1903	1950	2332	2803		kp/cm²

Die betrachtete Scheibe hat die beiden Grenzbedingungen zu erfüllen, daß am äußeren Rand die Radialspannung gleich Null und am inneren Rand gleich dem gewünschten Schrumpfungsdruck p_0 zwischen Welle und Bohrung sei. Da die Rechnung von *einem* Rand ausgehen und dort σ_t angenommen werden muß, so kann sie nur eine dieser Grenzbedingungen einhalten, und zwar im vorliegenden Fall die äußere, so daß sich ein nicht annehmbarer Spannungszustand zwischen Bohrung und Welle (577 kp/cm²) einstellt.

Um nun längeres Probieren zu vermeiden, wird nach einem *Vorschlag* von v. Mises folgende Ergänzungsrechnung angestellt[1], wobei durch Superponieren eines zweiten Spannungszustandes der richtige hergestellt wird. Dieser zweite Spannungszustand kann nur der ruhenden Scheibe angehören, damit die Fliehkraftwirkung nicht geändert wird.

Man untersucht also die Scheibe nur noch für den ruhenden Zustand, also $\omega = 0$, wobei nach Gl. (4) und (4a) $S_i = S_a$, $D_i = (x_a/x_i)^2 D_a$. Den so erhaltenen Spannungszustand superponiert man mit einem ent-

[1] Andere Lösung: W. Gruber: Forsch. Ing.-Wes. 10 (1939) S. 142

sprechenden Vielfachen so über den der ersten Rechnung, daß die Grenzbedingungen erfüllt werden.

Bei dieser Superposition darf die bei der ersten Rechnung beachtete Grenzbedingung nicht gestört werden, d.h., es muß die Radialspannung am äußeren Rand unverändert bleiben und bei dem gewählten Beispiel wieder Null sein. Man rechnet also die ruhende Scheibe wieder vom äußeren Rand ab durch, wobei dort $\sigma_r = 0$ zu setzen und σ_t wieder anzunehmen ist. Man kommt dann, wie aus Tab. 2 ersichtlich, am inneren Rand der Teilscheibe 9 mit einer radialen Randspannung $\sigma_{r\,II}$ an, durch die man sich den Spannungszustand der ruhenden Scheibe erzeugt denken kann.

Tabelle 2. *Spannungszustand II der vollen Scheibe* ($\omega = 0$)

Nummer der Teilscheibe	1	2	3	4	5	6	7	8	9	Dim.
y	0,34	0,55	0,85	1,27	1,81	2,45	4,15	7,9	11,45	cm
σ_{ta}	1000	1083	1227	1538	2321	3409	4528	6799	8862	kp/cm²
σ_{ra}	0	−46	−111	−257	−670	−1203	−1215	−1601	−2311	kp/cm²
$S_a = \sigma_{ta} + \sigma_{ra}$	1000	1037	1116	1281	1651	2206	3313	5198	6550	kp/cm²
$D_a = \sigma_{ta} - \sigma_{ra}$	1000	1129	1338	1795	2991	4612	5743	8400	11172	kp/cm²
x_a^2/x_i^2	1,149	1,222	1,410	1,779	1,640	1,374	1,638	1,417	1,361	—
$S_i = S_a$	1000	1037	1116	1281	1651	2206	3313	5198	6550	kp/cm²
$D_i = D_a x_a^2/x_i^2$	1149	1380	1885	3191	4910	6340	9415	11900	15210	kp/cm²
$\sigma_{ti1} = \frac{1}{2}(S_i + D_i)$	1075	1209	1500	2236	3281	4273	6364	8549	10880	kp/cm²
$\sigma_{ri1} = \frac{1}{2}(S_i - D_i)$	−74,5	−171,5	−385	−955	−1630	−2067	−3051	−3351	−4330	kp/cm²
$\sigma_{ra2} = \sigma_{ri1}(y_1/y_2)$	−46	−111	−257	−670	−1203	−1215	−1601	−2311		kp/cm²
$\Delta\sigma_r = \sigma_{ra2} - \sigma_{ri1}$	28,5	60,5	128	285	426	852	1450	1040		kp/cm²
$\Delta\sigma_t = \nu\Delta\sigma_r$	8	18	38	85	128	255	435	312		kp/cm²
$\sigma_{ta2} = \sigma_{ti1} + \Delta\sigma_t$	1083	1227	1538	2321	3409	4528	6799	8861		kp/cm²

Bezeichnen wir jetzt die Größen der ersten Rechnung mit dem Fußzeichen I, die der Ergänzungsrechnung mit II und setzen wir bei der Superposition den Spannungszustand II mit einem Vielfachen k ein, so betragen die resultierenden Spannungen

$$\sigma_r = \sigma_{rI} + k\,\sigma_{rII}, \qquad \sigma_t = \sigma_{tI} + k\,\sigma_{tII}. \tag{8}$$

Weil nun an der Bohrung, wofür das Fußzeichen w (= Welle) verwendet sei, die Grenzbedingung lautet

$$\sigma_{rw} = -p_0 = \sigma_{rwI} + k\,\sigma_{rwII},$$

so erhält man k aus

$$k = \frac{-p_0 - \sigma_{rwI}}{\sigma_{rwII}}, \tag{9}$$

also für das Zahlenbeispiel, wenn eine Schrumpfspannung von $p_0 = 150\,\text{kp/cm}^2$, bezogen auf die wirkliche Nabenlänge 120 mm, vorgeschrieben wird, also bezogen auf die Breite der zugehörigen Ausgleichsscheibe von $y_9 = 114{,}5$ von $120/114{,}5 \cdot 150 = 157\,\text{kp/cm}^2$ $k = (-157 + 577)/(-4330) = -0{,}097$.

Jetzt können nach Gl. (8) die resultierenden Werte σ_r und σ_t berechnet werden.

Das beschriebene Verfahren gibt an den Sprungstellen der Teilscheiben immer 2 Werte, nämlich für die vorhergehende Scheibe (Dicke y_a) und für die nachfolgende Scheibe (Dicke y_i). Ist die wirkliche Scheibendicke an der betrachteten Sprungstelle y, so betragen die tatsächlichen Spannungen nach Gl. (6) und (7)

$$\bar{\sigma}_r = \sigma_{ri}\frac{y_i}{y} = \sigma_{ra}\frac{y_a}{y}, \tag{10}$$

$$\bar{\sigma}_t = \sigma_{ti} + \nu(\bar{\sigma}_r - \sigma_{ri}) = \sigma_{ta} + \nu(\bar{\sigma}_r - \sigma_{ra}), \tag{10a}$$

womit ein stetiger Verlauf der σ-Werte gezeichnet werden kann.

Im Zahlenbeispiel ergeben sich für $\bar{\sigma}_r$ und $\bar{\sigma}_t$ die in Abb. 346a ersichtlichen Werte. Man sieht, daß die Anstrengung vom Rand nach der Nabe wächst. Es ist üblich, im allgemeinen *etwa* $2\frac{1}{2}$*fache Sicherheit gegenüber Streckgrenze einzuhalten*, wobei aber an der Nabe geringe Überschreitungen unbedenklich sind. Schleuderprüfungen haben (in Übereinstimmung mit GRAMMEL) ergeben, daß die höchste noch dauernd ertragene Drehzahl erheblich über derjenigen liegt, die die vorstehende Berechnung auf Grund der am inneren Lochrand erhaltenen Beanspruchung ergibt[1].

In dem gleichen Bild ist auch der Spannungsverlauf in der Deckscheibe strichpunktiert angegeben. Dieser ist in genau gleicher Weise ermittelt auf Grund der in Abb. 346 ersichtlichen Unterteilung in Scheiben gleicher Dicke, wobei von der konischen Form abgesehen, also die Scheibe als eben behandelt wurde unter Beibehaltung der Radien. Diese Vereinfachung bedeutet aber eine zu günstige Beurteilung der Beanspruchung, die nur deshalb zulässig ist, weil das angewandte Rechenverfahren eine gewisse Sicherheitsreserve mit einschließt.

Wie ersichtlich, sind in der Deckscheibe die Radialspannungen σ_r zwar kleiner, die Tangentialspannungen σ_t aber wesentlich größer als in der vollen Scheibe. Aus dieser durchgängigen starken Vergrößerung von σ_t folgt auch, daß die auf den Halbmesser x entfallende Formänderung

$$\xi = \frac{x}{E}(\sigma_t - \nu\,\sigma_r)$$

bei der Deckscheibe überall größer sein muß als bei der vollen Scheibe und deshalb die Deckscheibe nicht in der Lage ist, die Schaufelfliehkräfte mitzutragen. Eher ist eine Unterstützung der Deckscheibe durch die volle Scheibe wahrscheinlich. Obwohl Nietlöcher bei beiden Scheiben dicht im Bereich der größten Beanspruchung liegen, ist ihre Vernachlässigung noch zulässig, weil bei örtlicher Überschreitung der Streckgrenze sich der Werkstoff durch bleibende Dehnung auf Kosten der benachbarten Gebiete entlastet.

---

[1] MEYER, I.: Konstruktion 10 (1958) Nr. 7, S. 280/81

b) Volle Scheibe. Manche Scheiben müssen ohne Bohrung ausgeführt werden (Abb. 316, 317). Hier ist für die innerste Teilscheibe bei $x_i = 0$

$$\sigma_{ri} = \sigma_{ti} = \sigma_{i0}.$$

Würde man den vorstehend beschriebenen Rechnungsgang mit dieser inneren Grenzbedingung durchführen wollen, so würde nach Gl. (4a) bei $x_i = 0$ sowohl für die umlaufende wie ruhende Scheibe $D_i = \infty$ und damit der Abschluß der Rechnung schwierig sein. Man kommt aber bequem zum Ziel, wenn man jetzt die Rechnung von innen nach außen durchführt. Dann schreibt man Gl. (4) und (4a) in der Form

$$S_a = S_i - \frac{1+\nu}{2}\mu x_a^2 \omega^2 \left[1 - \left(\frac{x_i}{x_a}\right)^2\right],$$

$$D_a = D_i \left(\frac{x_i}{x_a}\right)^2 + \frac{1-\nu}{4}\mu x_a^2 \omega^2 \left[1 - \left(\frac{x_i}{x_a}\right)^4\right],$$

welche beiden Werte für $x_i = 0$ und ein angenommenes σ_{i0} endlich bleiben.

c) Das Schrumpfmaß (Wellenübermaß), nach dem die Scheibenbohrung vom Halbmesser x_0 herzustellen ist, beträgt bei Vernachlässigung der Zusammendrückung der Welle durch die Nabenpressung von $p_0 = 150\,\text{kp/cm}^2$ (auf den Halbmesser bezogen)

$$\Delta x_0 = \frac{x_0}{E}(\sigma_{tw} + \nu p_0) = \frac{9}{2{,}1 \cdot 10^6}(2288 + 0{,}3 \cdot 150) \tag{11}$$

$$= 0{,}010\,\text{cm} = 0{,}10\,\text{mm},$$

also bezogen auf den Durchmesser das Doppelte.

Die Zusammendrückung der Welle verlangt eine Vergrößerung dieses Wertes um das Maß der Zusammendrückung. Man kann dieses leicht berechnen, wenn man annimmt, daß nur das in der Bohrung steckende Wellenstück die Schrumpfkräfte aufnimmt. Dieses Wellenstück von der Länge der Nabe kann, da seine eigenen Fliehkräfte vernachlässigbar klein sind, als eine ruhende, außen durch die Schrumpfspannung gleichmäßig belastete Scheibe gleicher Dicke behandelt werden, für welche überall $\sigma_t = \sigma_r = -p_0$ ist, weil die ruhende Scheibe gleicher Dicke eine solche gleicher Festigkeit darstellt. Deshalb beträgt also die Zusammendrückung der Welle

$$\xi_w = \frac{x_0}{E}(1-\nu)p_0$$

und somit das insgesamt nötige Schrumpfmaß

$$\Delta x = \Delta x_0 + \xi_w = \frac{x_0}{E}(\sigma_{tw} + p_0). \tag{12}$$

Diese Gleichung unterscheidet sich von Gl. (11) nur dadurch, daß der Wert ν durch 1 ersetzt ist, also um sehr kleine Beträge. Weil andererseits die unvermeidlichen Abweichungen der Welle und Bohrung von der genauen kreiszylindrischen Form einen entsprechenden Abstrich vom berechneten Schrumpfmaß nötig machen, erscheint es also richtiger, die Zusammendrückung der Welle nicht zu berücksichtigen[1].

Zum Aufziehen des Rades auf die Welle wäre bei genauer zylindrischer Form beider Paßflächen eine mindeste Übertemperatur des Rades über die der Welle, wenn die lineare Ausdehnungsziffer $\alpha = 1{,}17 \cdot 10^{-5}$ je Grad gesetzt wird, nötig von

$$\Delta t = \frac{\Delta x_0}{x_0}\frac{1}{\alpha} = \frac{0{,}10}{90} \cdot \frac{1}{1{,}17 \cdot 10^{-5}} = 95^\circ. \tag{13}$$

Hierzu sind aber wesentliche Zuschläge zu machen, welche die Unrundheit der Paßflächen, sonstige Ungenauigkeit der Herstellung und die rasche Abkühlung der Scheibe bzw. Erwärmung der Welle beim Aufbringen berücksichtigen.

d) Im Ruhezustand ist die Beanspruchung des Rades in der Nabenbohrung größer als im Betrieb. Das Spannungsbild der ruhenden, durch Schrumpfspannungen in der Nabenbohrung beanspruchten Scheibe liegt in dem bereits untersuchten Spannungszustand *II* vor. Es handelt sich also nur um Ermittlung des Multiplikators sämtlicher Spannungen, der die neue Grenzbedingung an der Nabe erfüllt. Berücksichtigt man hier wegen der vergrößerten Schrumpfspannung die Zusammendrükkung der Welle, so lautet diese Grenzbedingung, daß aus den auftretenden Spannungen sich wie oben das ausgeführteWellenübermaß ergeben muß, also entsprechend Gl. (12), sofern die Spannungen in der Bohrung der aufgeschrumpften ruhenden Scheibe durch einen Strich gekennzeichnet werden

$$\Delta x = \frac{x_0}{E}(\sigma_t' - \sigma_r') = \frac{x_0}{E}\sigma_r'\left(\frac{\sigma_t'}{\sigma_r'} - 1\right)$$

und weil

$$\frac{\sigma_t'}{\sigma_r'} = \frac{\sigma_{tII}}{\sigma_{rII}},$$

so ergibt sich

$$\sigma_r' = E\frac{\Delta x}{x_0\left(\frac{\sigma_{tII}}{\sigma_{rII}} - 1\right)}. \tag{14}$$

Hierin sind die Spannungen $\sigma_{tII} = 10880$ und $\sigma_{rII} = -4330$ kp/cm² aus der Berechnungstabelle II zu entnehmen, aber wieder auf wirkliche Nabenbreite nach Gl. (10) und (10a) vorher umzurechnen. Die Auswertung ergibt, daß zwar die Spannungen an der Nabe erheblich gestiegen sind, aber nicht die Größtwerte der umlaufenden Scheibe erreichen.

e) Einfluß von Temperaturunterschieden. Bei hohen Umfangsgeschwindigkeiten treten auch erhebliche Temperatursteigerungen am Außenrand gegenüber der Nabe auf, so daß also die Wärmedehnung am Umfang erheblich größer wird als an der Nabe. Die dadurch bedingte zusätzliche Beanspruchung entspricht offenbar der Umkehrung der Schrumpfverbindung und bedeutet eine Entlastung des äußeren

[1] Vgl. G. Hentschel: Konstruktion 8 (1956) S. 136—142. — S. M. Jorgensen: Trans. Amer. Soc. mech. Engrs. 80 (1958) Nr. 3, S. 561—570

Scheibenteiles auf Kosten des inneren. Die rechnerische Berücksichtigung der Erwärmung erfolgt im Rahmen des beschriebenen Verfahrens am einfachsten bei der Verträglichkeitsbedingung [Gl. (7)]. Kennt man den Verlauf der Temperaturen in Abhängigkeit des Halbmessers x (Abb. 347) und beträgt hiernach die mittlere Temperatur zweier aufeinanderfolgender Scheiben t_1 und t_2, so gilt statt Gl. (7), weil sich die elastische Dehnung um die Wärmedehnung vergrößert,

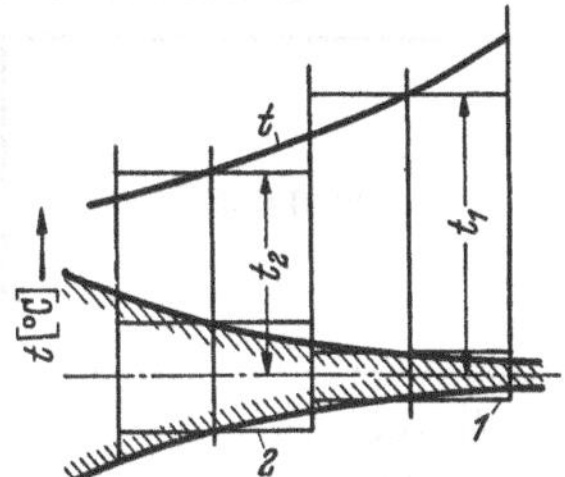

Abb. 347. Berücksichtigung der Wärmedehnung in der Scheibe

$$\frac{\sigma_{ta2} - \nu\,\sigma_{ra2}}{E} + \alpha\, t_2 = \frac{\sigma_{ti1} - \nu\,\sigma_{ri1}}{E} + \alpha\, t_1,$$

woraus

$$\Delta\sigma_t = \sigma_{ta2} - \sigma_{ti1} = \nu\,\Delta\sigma_r + E\,\alpha\,(t_1 - t_2).$$

Diese Rechnung läßt sich bequem mit dem Schema auf S. 562 verbinden[1].

f) Ähnlichkeitsgesetze für umlaufende Räder. Die Beanspruchung geometrisch ähnlicher Schaufeln oder Räder durch reine Fliehkräfte läßt sich (bei Gleichheit von $m = 1/\nu$, die wir bei allen in Frage kommenden Metallen voraussetzen können) leicht dadurch vom Modell auf die Hauptausführung übertragen, daß an gleichgelegenen Punkten die dimensionslose Kennzahl $\sigma/\mu\, u^2$ den gleichen Wert hat. Darin ist σ die Beanspruchung an dem betrachteten Punkt, u die Umfangsgeschwindigkeit eines festen Bezugspunktes, am besten des Radumfanges, $\mu = \gamma/g$.

Man kann dieses Gesetz auch folgendermaßen ausdrücken:

Für geometrisch ähnliche Räder ist die Beanspruchung an irgendeiner Stelle $\sigma = k\,\gamma\, u_2^2/2g$, wo der Beiwert k von der Radform abhängt, also bei Schaufelrädern eine Funktion der spezifischen Drehzahl ist und mit dieser wächst.

Ferner läßt sich folgendes aussagen:

Geometrisch ähnliche Räder haben bei gleicher Umfangsgeschwindigkeit in ähnlich gelegenen Punkten die gleiche Beanspruchung.

Bei gleichbleibender Umfangsgeschwindigkeit können sowohl die radialen als auch axialen Abmessungen eines Rades (einschl. Schaufeln) im beliebigen aber überall gleichen Verhältnis verändert werden, ohne daß die Anstrengung in ähnlich gelegenen Punkten sich ändert.

Zur Kennzeichnung des Werkstoffes läßt sich offenbar der Zahlenwert σ/γ benutzen (der die Dimension einer Länge hat), wenn σ hierin die Bruchspannung σ_B ist. Man erhält dann die sogenannte „*Reißlänge*". Diese gibt die Länge eines Drahtes aus dem vorliegenden Werkstoff an, dessen Eigengewicht den Drahtquerschnitt mit der Bruchspannung belastet. Sie kennzeichnet die Eignung des betreffenden Werkstoffes im Fall der Beanspruchung durch Trägheitskräfte der eigenen Masse.

---

[1] Vgl. auch J. Völckers: Konstruktion 10 (1958) Nr. 4, S. 155/56

Ihre Größe ist für einige Werkstoffe aus folgender Zusammenstellung zu ersehen.

Eigenschaften, insbesondere Reißlänge einiger Werkstoffe[1]

Werkstoff	Wichte	Elastizitätsmodul E	Bruchspannung σ_{zB}	lineare Wärmeausdehnungszahl α_t	Reißlänge σ_{zB}/γ
	kp/dm³	10^{-5} kp/cm²	10^{-2} kp/cm²	10^{6} grd^{-1}	10^{-5} cm
Stahl vergütet					
unlegiert	7,8—7,9	20—21,5	38—75	11—12	4,9— 9,5
legiert	7,7—7,9	20—21,5	60—100	12—16	7,8—12,6
Gußeisen	7,1—7,6	4—11	16—26	8,5—11	2,2— 3,4
Stahlguß vergütet					
unlegiert	7,7—7,9	20—21,5	40—60	11—12	5,2— 7,6
legiert	7,7—7,9	20—21,5	55—90	11—13	7,2—11,4
Magnesium-Legierung					
geknetet	1,8—1,85	4,3—4,6	28—42	—	15,5—23
gegossen	1,8—1,85	4,2—4,4	16—27	—	8,9—14,8
Aluminium-Legierung					
geknetet, weich geglüht	2,6—2,8	6,8	16—22	22—25	5,7— 7,9
geknetet, ausgehärtet	2,6—2,8	7,0—7,3	34—52	22—25	12,1—18,6
gegossen, weich geglüht	2,6—2,8	6,8—7,2	18—21	22—25	6,0— 7,5
gegossen, ausgehärtet	2,6—2,8	6,8—7,2	24—36	22—25	9,0—12,8
Sondermessing	7,2—8,1	9,0—12	40—85	17,5—21	5,3— 9,7
Monelmetall	8,8—8,9	10	43—65	—	4,8— 7,3
Weichholz					
parallel zur Faser	0,3—0,6	0,9 —1,1	7,5—8	3,5—7	13—25
senkr. zur Faser	0,3—0,6	0,04—0,08	—	3,5—7	—
Hartholz					
parallel zur Faser	0,6—1	1,0 —2,2	10—13,5	7—10	13,5—16,7
senkr. zur Faser	0,6—1	0,08—0,2	—	7—10	—
Kunstharz-Schichtstoffe					
Hartpapier	1,4	0,8—1,1	12—20	10—25	8,6—14,3
Gewebepreßstoff	1,4	1,3—1,9	16—29	10—25	11,4—20,7
Kunstholz	1,2—1,4	2,0—3,0	27—29	10—25	20,5—22,5
Steinzeug					
Steatit-Sondermasse					
glasiert	2,6—2,8	7,0—8,0	6—12	6—9	2,3— 3,6
unglasiert	2,6—2,8	7,0—8,0	4,5—6	6—9	1,9— 2,1

g) Andere Rechenverfahren. Die Formgebung der Laufscheiben läßt es als vorteilhaft erscheinen, die Zerlegung nicht in Scheiben gleicher Dicke, sondern in konische Scheiben durchzuführen, weil die Scheibe im Meridianschnitt durch gerade Stücke begrenzt wird, um die Bearbeitung auf der Drehbank zu erleichtern. Man hat dann nicht bloß

[1] Entnommen aus F. Kriegler: Werkstoffe (im Sammelwerk Strömungsmaschinen von W. Encke, Göttingen, nicht veröffentlicht)

den Vorteil, daß die Teilscheiben mit der wirklichen Begrenzung weitgehend zusammenlaufen, sondern man kommt auch mit einer wesentlich kleineren Zahl von Teilscheiben aus. Diese konische Scheibe ist tatsächlich (ebenso wie die Scheibe mit hyperbolischem Profil oder die Exponentialscheibe[1]) der Rechnung zugänglich und deshalb auch die Zerlegung einer beliebigen Scheibe in konische Teilscheiben durchführbar[2]. Sie ist aber trotz der verringerten Zahl der Teilscheiben sehr mühsam und keineswegs so übersichtlich und bequem wie die Zugrundelegung der Scheibe gleicher Dicke, auch wenn man sich weitgehend auf Tabellenwerte oder Kurventafeln stützt. Dabei ist noch nicht einmal berücksichtigt, daß die geringe Zahl der Teilscheiben die Berücksichtigung einer ungleichmäßigen Verteilung der mitzutragenden Schaufelmasse oder der Temperatur erschwert.

Aus diesen Gründen wurde auf die Behandlung dieses Verfahrens verzichtet.

h) Die Beanspruchung durch Schwingungen der Räder oder der Schaufeln kann dann von Bedeutung sein, wenn Eigenschwingungen mit äußeren Impulsen in Resonanz kommen. Die Schwingungserreger sind entweder die Wellenumdrehungen oder die Leitschaufeln[3], wobei letztere auf die Relativströmung im Laufrad zurückwirken, so daß unter Umständen die Leitschaufelzahl geändert oder auf Leitschaufeln ganz verzichtet werden muß. Am empfindlichsten sind die Axialräder und bei Radialrädern die Räder ohne saugseitige Deckwand.

120. Befestigung der Radialräder auf der Welle

Die bei Verdichtern hoher Umfangsgeschwindigkeit nötige Spannungsverbindung bedingt, daß das Rad entweder unmittelbar warm aufgezogen (Abb. 348) oder durch Vermittlung geschlitzter konischer Buchsen und Gewindemuttern (Abb. 349) befestigt wird. Im ersteren Fall sind zur axialen Sicherung Distanzbuchsen zwischen den Rädern notwendig, die durch eine gemeinsame Mutter zusammengehalten

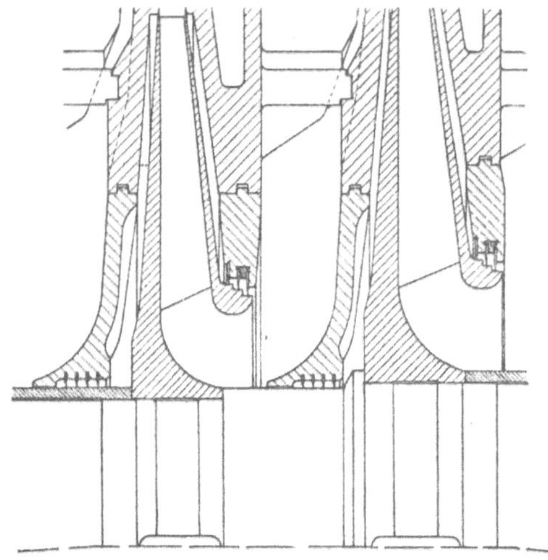

Abb. 348. Radbefestigung mittels gemeinsamer Mutter und Distanzbuchsen

[1] MALKIN, J.: Festigkeitsberechnung rotierender Scheiben. Berlin 1935.

[2] SALZMANN: Escher Wyss Mitt. 11 (1938) S. 63. — BIEZENO-GRAMMEL: Fußnote 1, S. 558. — H. WEIRICH: Energie 8 (1956) Nr. 2, S. 41—43

[3] KIRCHBERG, G., u. H. J. THOMAS: Konstruktion 10 (1958) Nr. 2, S. 41—50. — H. J. THOMAS u. H. D. LEWE: VDI-Ber. 30 (1958) S. 91—94

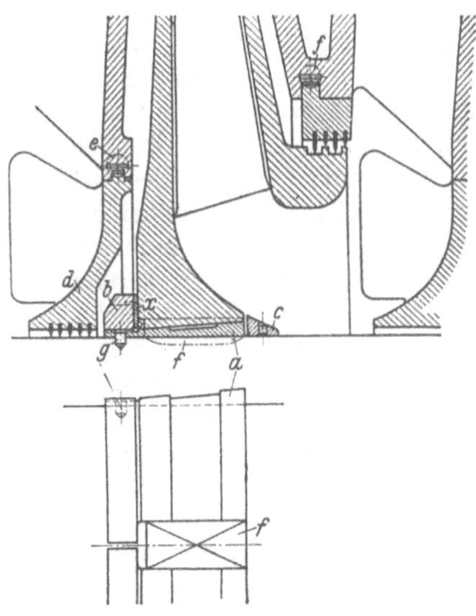

Abb. 349
Radbefestigung mittels konischer Buchse (AEG)
a Kegelbuchse; *b* Befestigungsmutter; *c* Luftführungsring; *d* Wellendichtungsring; *e* Haltescheibe; *f* Paßfeder; *x* Haltestift; *g* Sicherungsblech (in Federnut und an Schlüsselfläche der Mutter *b* geschlagen)

sind. Hierbei ist wegen der Verschiedenheit der Temperaturen von Welle und Nabe ein elastisches Zwischenglied am Platz, um Krummziehen der Welle zu vermeiden. (Dieser Gesichtspunkt ist auch bei Heißwasserpumpen wichtig.) In Abb. 350 sind diese Distanzbuchsen dadurch vermieden, daß jedes Rad durch eine Mutter *b* mit über die Welle geschobener zweiteiliger Gewindebuchse *a* gesichert wird. Diese Konstruktion nötigt zwar zu einem großen Dichtungsdurchmesser beim Durchgang zur nächsten Stufe, bringt aber den beachtlichen Vorteil, daß der Einlauf auf einen kleineren Durchmesser verlegt wird.

Das Drehmoment wird durch Paßfedern übertragen, die im Fall der Verwendung konischer Buchsen (Abb. 349) durch diese hindurchgehen und von Stufe zu Stufe um 180° versetzt sind. In den beiden anderen Fällen werden zur Kleinhaltung der Abmessungen zwei um 180° versetzte Paßfedern für jedes Rad verwendet (DIN 270).

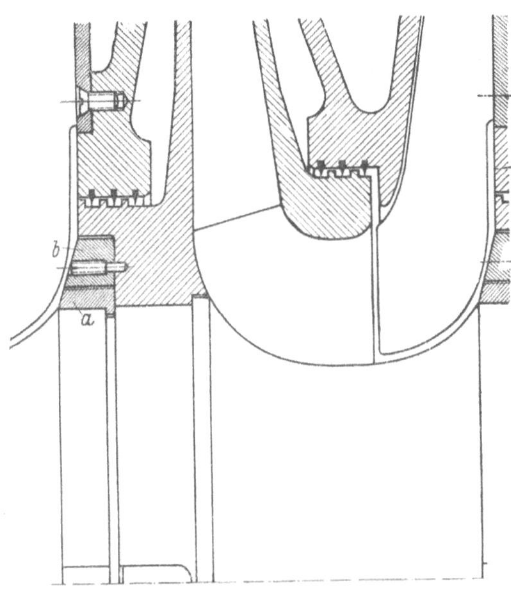

Abb. 350
Radbefestigung mittels zweiteiliger Gewindebuchse *a* und Mutter *b* (Escher Wyss)

Letzteres geschieht auch bei Kreiselpumpen für Flüssigkeitsförderung, wo aber ebenso wie bei Ventilatoren Schiebesitz genügt.

Zur Erzielung eines ruhigen Ganges ist es notwendig, den Läufer vor dem Einbau auszuwuchten, d. h. durch Anbringen oder Wegnehmen von Material zu erreichen, daß die Schwerpunkte der einzelnen Massen mit der Drehachse zusammenfallen.

Bei Kreiselverdichtern für hohen Druck wird der Läufer nach dem Auswuchten mit einer Überdrehzahl von etwa 20 bis 30% ausgeschleudert, um Fehlstellen zu erkennen.

121. Die Berechnung der Welle mit Rücksicht auf kritische Drehzahl

Die Berechnung der Welle hat zunächst den Bedingungen ausreichender Festigkeit und der Vermeidung unzulässiger Formänderung zu genügen. Beide Untersuchungen unterscheiden sich kaum von der anderer Wellen. Als äußere Kräfte wirken neben dem Drehmoment und dem Eigengewicht (vermindert um den Auftrieb) noch der Achsschub, dessen Einfluß aber meist gering ist.

Bei der Wahl der zulässigen Beanspruchung für Wasserpumpen ist die Tatsache zu berücksichtigen, daß eine sogenannte Korrosionsermüdung besteht, d. h. die Bespülung der Welle mit Wasser eine Verringerung der Dauerfestigkeit zur Folge hat[1]. Man kann diese nachteilige Erscheinung vermeiden durch eine über die Welle gezogene Büchse, deren im Wasser liegende Enden sorgfältig abzudichten sind. Auch durch Drücken der Wellenoberfläche werden Verbesserungen erzielt.

Die als zulässig betrachtete Durchbiegung durch das Eigengewicht muß in Einklang stehen mit den gewählten Spaltweiten und erheblich kleiner sein als diese (sofern die Durchgangsbohrungen für die Welle im Gehäuse nicht exzentrisch gelegt werden).

Die Bestimmung der Formänderung kann, wie im nachfolgenden noch näher ausgeführt wird, vereinigt werden mit einer dritten Untersuchung, die infolge der hohen Drehzahl der Kreiselpumpe hinzukommt nämlich der *Bestimmung der kritischen Drehzahl*[2].

Auch bei sorgfältig ausgewuchtetem Läufer bleibt ein kleines Übergewicht und damit eine freie Zentrifugalkraft zurück, die eine gewisse Verbiegung der Welle hervorruft. Dadurch vergrößert sich der Abstand des Schwerpunktes von der Achse noch mehr, so daß die in gleicher Weise wachsende Zentrifugalkraft die Welle schließlich bis zum Bruch verbiegen kann.

a) Kritische Geschwindigkeit für ein einzelnes Rad auf gewichtsloser Welle. Ein Rad vom Gewicht G und der Masse $m = G/g$ sei auf der gewichtslos gedachten und deshalb senkrecht gezeichneten Welle so befestigt, daß sein Schwerpunkt S um den Betrag e exzentrisch liege

[1] Vgl. die Dissertationen von HOTTENROTT (1932); DUSOLD (1933); BEHRENS (1934) in Mitt. des Wöhler-Instituts der Techn. Hochschule Braunschweig, Heft 10, 14, 15. Braunschweig: Vieweg

[2] STODOLA, A.: Dampf- u. Gasturbinen, 5. oder 6. Aufl. Berlin: Springer. — BIEZENO-GRAMMEL: Techn. Dynamik. Berlin: Springer 1939 u. 1953. — K. KARAS: Die kritischen Drehzahlen wichtiger Rotorformen. Wien: Springer 1935. — J. J. HOLBA: Berechnungsverfahren zur Bestimmung der kritischen Drehzahlen von geraden Wellen. Wien: Springer 1936. — CONST. WEBER: Schwingungen im Maschinenbau. Düsseldorf: VDI-Verlag 1953

(Abb. 351). Die entstehende Zentrifugalkraft wird demnach die Welle in der Richtung von e verbiegen (wobei zunächst von der gleichzeitig stattfindenden Schiefstellung des Rades um den Neigungswinkel der elastischen Linie abgesehen werden soll). Ist die Durchbiegung der Welle im Befestigungspunkt W der Scheibe gleich y, so ist der Abstand des Schwerpunktes von der Drehachse $y + e$ und die Zentrifugalkraft

$$P = m(y + e)\,\omega^2. \tag{15}$$

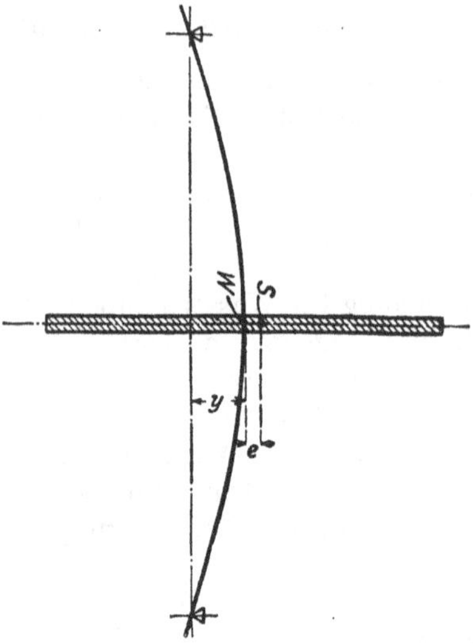

Abb. 351. Biegung durch Fliehkräfte unterhalb der kritischen Drehzahl

Da andererseits Proportionalität besteht zwischen belastender Kraft und Formänderung, so ist

$$P = \alpha\, y, \tag{15a}$$

wobei α die „Federungskonstante“ bedeutet. Es ist dies eine für einen bestimmten Belastungsfall unveränderliche Zahl, die aufgefaßt werden kann als die Kraft, die die Welle um die Längeneinheit verbiegt. Aus der Gleichheit beider Kräfte

$$m(y + e)\,\omega^2 = \alpha\, y \tag{15b}$$

folgt

$$y = \frac{m\, e\, \omega^2}{\alpha - m\, \omega^2}. \tag{16}$$

Steigert man ω, bis der Nenner verschwindet, d. h. bis ω den Wert

$$\omega_k = \sqrt{\frac{\alpha}{m}} \tag{17}$$

annimmt, so wird offenbar y unendlich groß, also die Welle bis zum Bruch verbogen. Diese Winkelgeschwindigkeit ω_k bezeichnet man als die „kritische“ Geschwindigkeit. Ihr entspricht die kritische Drehzahl

$$n_k = \frac{30\,\omega_k}{\pi} = \frac{30}{\pi}\sqrt{\frac{981\,\alpha}{G}} = 300\sqrt{\frac{\alpha}{G}}, \tag{18}$$

sofern mit Zentimetern als Längeneinheit gerechnet wird.

Die Größe α ist lediglich von den Wellenabmessungen und den Lagerverhältnissen abhängig. Ist beispielsweise J das äquatoriale Trägheitsmoment des Querschnittes der überall gleich starken Welle, a und b die Entfernung der Scheibe von den Lagern, E der Elastizitätsmodul des Wellenmaterials, so wird für die frei aufliegende Welle

$$y = \frac{1}{3}\,\frac{P}{EJ}\,\frac{a^2 b^2}{a + b},$$

also

$$\alpha = \frac{3JE(a + b)}{a^2 b^2}. \tag{19}$$

Setzen wir in Gl. (16) gemäß Gl. (17) $\alpha = \omega_k^2\, m$, so wird

$$y = \frac{\omega^2}{\omega_k^2 - \omega^2}\, e = \frac{n^2}{n_k^2 - n^2}\, e\,. \tag{20}$$

Steigert man die Umlaufzahl über n_k hinaus (Abb. 352), so findet man, daß y zwar negativ wird, aber dem absoluten Werte nach abnimmt. Die Welle nähert sich also wieder der geraden Form. Mit $n = \infty$ wird $y = -e$, d. h., der Schwerpunkt S befindet sich in der Drehachse; Befestigungspunkt W und Schwerpunkt S haben ihre Lage gegenüber der Drehachse vertauscht (Abb. 353). *Der Läufer hat also oberhalb des kritischen Zustandes mit steigender Drehzahl das Bestreben,*

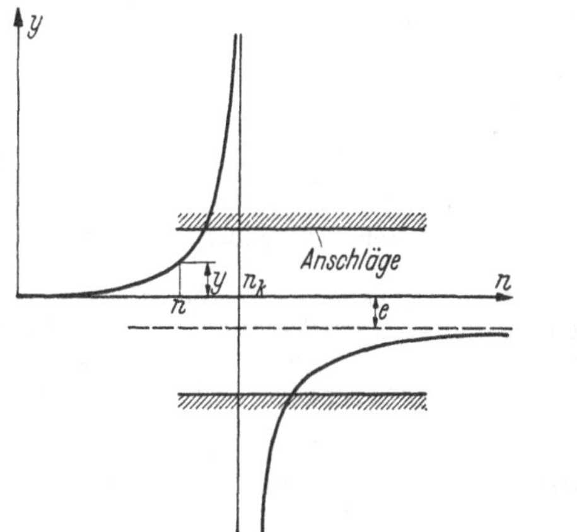

Abb. 352. Durchbiegung in Abhängigkeit der Drehzahl

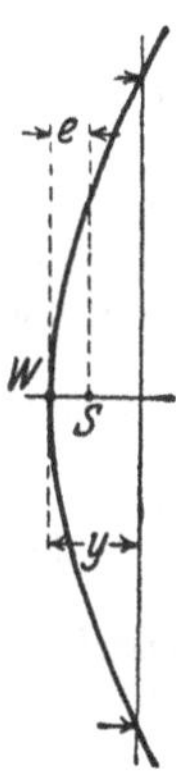

Abb. 353. Schwerpunktlage bei überkritischer Drehzahl

sich selbst auszuwuchten, wobei schließlich also eine Durchbiegung gleich der negativen Exzentrizität e zurückbleibt. Im überkritischen Bereich wirkt somit die Nachgiebigkeit der Welle beruhigend.

Ruhigen Gang kann man also erzielen, wenn man die Welle unter oder über der kritischen Drehzahl laufen läßt. Im letzteren Falle hat man nur darauf zu achten, daß beim Anlauf die Geschwindigkeit rasch durch den kritischen Punkt hindurchkommt und damit zur Entstehung größerer Durchbiegungen nicht die erforderliche Zeit vorhanden ist. *Unter allen Umständen muß man verhindern, daß die Welle in der kritischen Drehzahl läuft.*

Einfluß von Längsnuten. Hat die Welle einen unrunden Querschnitt, etwa infolge einer Längsnut, so ist der ganze Bereich der kritischen Drehzahlen, der sich aus den möglichen α-Werten nach Gl. (19) ergibt, möglich.

Einfluß des Eigengewichts. Ist die Welle waagerecht gelagert, so kommt die vom Eigengewicht G herrührende, stets nach abwärts gerichtete und von der Drehzahl unabhängige Durchbiegung y_0 hinzu. Der Schwerpunkt S der Scheibe beschreibt jetzt einen Kreis, dessen Mittelpunkt nach abwärts um y_0 verschoben ist, dessen Halbmesser aber unverändert gleich $y + e$ ist. An dem Ergebnis der bisherigen Untersuchung ändert sich also nichts.

Eine gegebene Welle hat waagerecht oder senkrecht oder schief gestellt stets dieselbe kritische Geschwindigkeit[1].

Zusammenhang zwischen Formänderung durch Gewichtswirkung und kritischer Drehzahl. Die Größe der Durchbiegung durch das Eigengewicht beträgt nach Gl. (15a), weil nach Gl. (17) $\alpha = \omega_k^2\, m = \omega_k^2\, G/g$

$$f = \frac{G}{\alpha} = \frac{G\,g}{\omega_k^2\, G} = \frac{g}{\omega_k^2} \tag{21}$$

oder

$$\omega_k^2 = \frac{g}{f}. \tag{21a}$$

Durch die Annahme der kritischen Geschwindigkeit ist also gleichzeitig die Formänderung herrührend vom Eigengewicht bestimmt, unabhängig davon, welche Abmessungen die Welle im einzelnen besitzt. Dieses Ergebnis wird bei Wahl der der Berechnung der Welle zugrunde zu legenden kritischen Drehzahl beachtet werden müssen.

Vollkommen ausgewuchtete Welle. Wenn $e = 0$ ist, also ein vollkommen ausgewuchteter Läufer vorliegt, wird nach Gl. (15b)

$$m\, y\, \omega^2 = \alpha\, y, \tag{22}$$

welche Gleichung aber, weil sie mit Gl. (17) übereinstimmt, nur für kritische Geschwindigkeit, also $\omega = \omega_k$, erfüllt sein kann, falls y nicht Null ist. Demnach kann ausgesagt werden:

Eine vollkommen ausgeglichene Welle entwickelt im kritischen Zustand bei jeder Durchbiegung gerade die Fliehkräfte, die zur Aufrechterhaltung des Gleichgewichts nötig sind. Diese Feststellung gilt, ebenso wie die vorherige, für jeden Belastungszustand und bildet die Grundlage verbreiteter Berechnungsverfahren (vgl. 1. und 2. Auflage).

Biegungsschwingungen der ruhenden Welle und kritische Drehzahl. Aus der kritischen Drehzahl $n_k = (30/\pi)\omega_k$ ergibt sich als zugehörige sekundliche Umlaufszahl

$$n_{ks} = \frac{n_k}{60} = \frac{1}{2\pi}\,\omega_k = \frac{1}{2\pi}\sqrt{\frac{\alpha}{m}}. \tag{23}$$

Dieser Ausdruck stimmt überein mit dem für die Eigenschwingungszahl der gleichen Welle bei Biegungsschwingungen gültigen. Man könnte also die kritische Drehzahl durch Beobachtung der Eigenschwingungszahl ermitteln. Der *kritische Zustand ist demnach nichts anderes als eine Resonanzerscheinung zwischen den Eigenschwingungen der Welle und ihren Kreisschwingungen infolge der Umdrehung.*

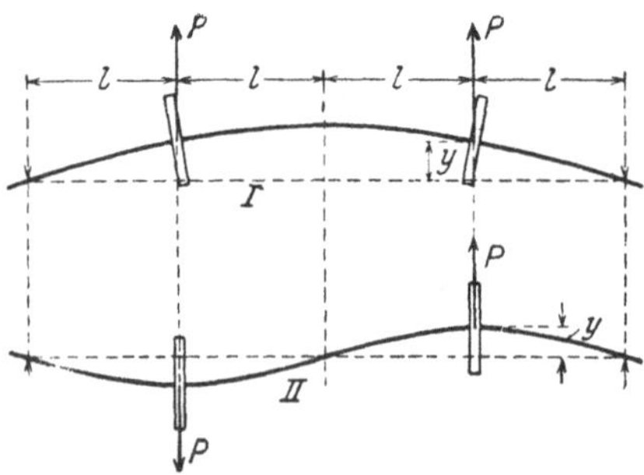

Abb. 354. Verschiedene Formen der fliehkraftelastischen Linie bei 2 Einzelmassen

b) Welle mit mehreren Massen. Es werde zunächst folgender einfacher Fall betrachtet (Abb. 354): Eine glatte gewichtslose Welle von der Länge $4\,l$ sei in den Abständen l von beiden Lagern durch zwei Räder gleicher Größe belastet. Hier sind offenbar die beiden gezeichneten Formen I und II der elastischen Linie möglich. Beiden Durchbiegungslinien entsprechen auch verschiedene Werte der Zahl α. Infolge der symmetrischen Belastung können die früher für eine

[1] Das abwechselnde Heben und Senken des Eigengewichts um den Durchmesser der Kreisbahn des Schwerpunktes ruft allerdings Geschwindigkeitsschwankungen und damit einen kritischen Zustand zweiter Art hervor, der aber selten von Bedeutung ist

Scheibe entwickelten Gleichungen auch auf diesen Fall angewandt werden. Es ist

$$\text{im Fall I:}\quad y = \frac{4Pl^3}{3JE},\qquad \alpha_1 = \frac{3}{4}\frac{JE}{l^3},\qquad \omega_{k1} = \sqrt{\frac{\alpha_1}{m}};$$

$$\text{im Fall II:}\quad y = \frac{1}{6}\frac{P}{J}\frac{l^3}{E},\qquad \alpha_2 = \frac{6JE}{l^3},\qquad \omega_{k2} = \sqrt{\frac{\alpha_2}{m}}:$$

somit

$$\omega_{k2} = \sqrt{\frac{\alpha_2}{\alpha_1}}\,\omega_{k1} = \sqrt{8}\,\omega_{k1}. \tag{24}$$

Bei zwei Rädern sind also zwei kritische Drehzahlen möglich, die sich in dem besprochenen Sonderfall wie $1:\sqrt{8} = 1:2{,}83$ verhalten. Das Ergebnis bleibt das gleiche, wenn die Exzentrizitäten berücksichtigt werden und diese nicht in einer Ebene liegen, falls die Exzentrizitäten als klein gegenüber der Durchbiegung angesehen werden können. Sind die beiden Scheiben verschieden groß und beliebig angeordnet, so werden sich zwar die Zahlenwerte ändern, aber es wird sich ebenfalls eine kritische Drehzahl erster Ordnung und eine solche zweiter Ordnung ableiten lassen.

In entsprechender Weise würde man bei drei Rädern drei Werte, bei n Rädern n verschiedene Werte für die kritische Drehzahl erhalten.

Wird die Masse der Welle mitberücksichtigt, so ergibt sich wegen der dadurch bedingten stetigen Massenverteilung für jeden Läufer einer Kreiselpumpe (sofern von der Kreiselwirkung abgesehen wird) eine unendliche Reihe von theoretisch möglichen kritischen Drehzahlen. Bei der glatten, beiderseits frei aufliegenden Welle verhalten sich beispielsweise die kritischen Drehzahlen

$$\omega_{k1}:\omega_{k2}:\omega_{k3}:\cdots\omega_{kn} = 1^2:2^2:3^2\cdots n^2.$$

Sie liegen also weiter auseinander als bei der zentrisch belasteten, gewichtslosen Welle.

c) Einfluß des umgebenden Mittels auf die kritische Drehzahl. Da bei Kreiselpumpen der Läufer vom Fördermittel, also Wasser bzw. Luft, umgeben ist, so ist eine Beeinflussung des Läufers in zweifacher Beziehung zu erwarten.

Einerseits befindet sich das umgebende Mittel in einem gewissen Rotationszustand. Infolgedessen wird die die Welle belastende Zentrifugalkraft P um die Zentrifugalkraft der verdrängten Wassermasse verkleinert. Würde das Wasser genau die gleiche Winkelgeschwindigkeit besitzen wie das Rad, d. h. relativ zum Rad in Ruhe sein, so könnte man die Verringerung der Zentrifugalkraft einfach dadurch berücksichtigen, daß man die Masse des Läufers um die Masse des verdrängten Wassers kleiner in die Rechnung einführen würde. Gl. (17) zeigt, daß dann die kritische Geschwindigkeit ω_k erhöht wird. Wenn nun auch infolge des von der gemachten Annahme abweichenden Bewegungszustandes der wirkliche Vorgang nicht durch diese einfache Rechnung erfaßt werden kann, so ist doch *der Schluß berechtigt, daß die kritische Geschwindigkeit durch die Rotation des umgebenden Mittels höher gelegt wird.* Zu dem gleichen Ergebnis gelangt man, wenn man von der Eigenschwingungszahl des Läufers ausgeht, weil bei jeder Ausbiegung die Scheibe in eine Zone höheren Drucks gelangt, also den Trägheitskräften äußere Kräfte entgegenwirken, die die Ausbiegung zu verkleinern suchen.

Würde man in Übereinstimmung mit dem früheren Vorgehen (Abschn. 99) annehmen, daß das den Läufer umgebende Wasser durchweg mit der halben Winkelgeschwindigkeit umlaufe wie der Läufer, so würde, weil die Zentrifugalkraft mit dem Quadrat der Winkelgeschwindigkeit wächst, offenbar nur ein Viertel der verdrängten Wassermasse in Abzug zu bringen sein. Bei einem mittleren spezifischen Gewicht des Läufermaterials von 8 kp/dm³ und dem spezifischen Gewicht 1 des umgebenden Wassers würden also $100/(4\cdot 8) \approx 3\%$ des Läufergewichts in Fortfall kommen, also nach Gl. (17) eine Erhöhung der kritischen Drehzahl um rund 1,5% eintreten. Hieraus folgt, daß bei Gasförderung dieser Einfluß vernachlässigbar ist.

In zweiter Linie übt die Umgebungsflüssigkeit, wie schon im Abschn. 15a gezeigt wurde, Reibungskräfte aus. Diese erzeugen bei genau zentrischer Lage der Scheiben nur Drehmomente. Schwingt die Welle aber aus, so entstehen einseitig wirkende Reibungskräfte, die die Größe und Richtung der Durchbiegung ändern. Der Einfluß auf das Verhalten der Welle im kritischen Zustand besteht dann darin, daß die Durchbiegung im kritischen Zustand endlich bleibt, sowie zwischen Exzentrizität und Durchbiegung eine Phasenverschiebung eintritt, die im kritischen Zustand 90° beträgt. Im gleichen Sinne wie die Radreibung wirken auch die Dämpfungseigenschaften des Wellenmaterials.

Weil die Scheibenreibung nach S. 101 proportional zur Wichte des Fördermittels, ist die dämpfende Wirkung der Umgebungsflüssigkeit, besonders bei Wasserförderung, merkbar, während sie bei Gasförderung viel weniger zu spüren ist. Wenn man noch beachtet, daß bei Wasserförderung die glatten und engen Spalte an der Welle und den Rädern schon bei kleinen Ausschlägen wie Zwischenlager wirken, so wird verständlich, daß hier der kritische Zustand oft überhaupt nicht beobachtet wird. Trotzdem ist seine Beachtung auch hier am Platze, weil dadurch eine rasche Abnutzung der Zwischendichtungen vermieden und die Ruhe des Ganges erhöht wird.

Im folgenden bleibt der Einfluß des umgebenden Mittels auf die Höhe der kritischen Drehzahl unberücksichtigt.

d) Ermittlung der kritischen Drehzahl einer beliebig belasteten Welle von beliebig veränderlichem Querschnitt. α) Vernachlässigung der Kreiselwirkung. R. GRAMMEL erhielt für den allgemeinen Belastungsfall durch einen ähnlichen Gedankengang, wie er zu Gl. (21) führte, folgende Beziehung für die kritische Winkelgeschwindigkeit erster Ordnung

$$\omega_k^2 = g\,\frac{G_1 y_1 + G_2 y_2 + \cdots}{G_1 y_1 f_1 + G_2 y_2 f_2 + \cdots} = g\,\frac{\Sigma G y}{\Sigma G y f}. \tag{25}$$

Darin bedeuten

$G_1, G_2, \ldots$ die auf der Welle sitzenden Lasten, auf welche auch das Eigengewicht der Welle aufzuteilen ist.

$y_1, y_2, \ldots$ die Durchbiegungen an den Angriffspunkten der Lasten unter dem Einfluß der Fliehkräfte. Hierzu ist also die „*fliehkraftelastische Linie*“ zu bestimmen, wobei eine beliebige Drehgeschwindigkeit angenommen werden kann.

$f_1, f_2, \ldots$ die Durchbiegungen an den Angriffspunkten von $G_1, G_2, \ldots$ unter dem Einfluß der Erdanziehung für die waagerechte Welle. Hierzu ist also die „*gewichtselastische Linie*“ zu bestimmen, wobei die Gewichtswirkung fliegend angeordneter Massen, d. h. solcher, die nicht *zwischen den beiden Wellenlagern, sondern auf den freien Wellenenden sitzen, entgegengesetzt zur Richtung der Erdanziehung anzunehmen ist.*

Gl. (25) stimmt mit Gl. (21a) überein, wenn man den Wert des Bruches der rechten Seite als Mittelwert von $1/f$ auffaßt.

Die Auswertung dieser Gl. (25) setzt also voraus, daß zwei elastische Linien aufgezeichnet werden, was mit Hilfe des nachher zu erläuternden MOHRschen Verfahrens zu geschehen hätte. Die gewichtselastische Linie ist ohne weiteres mittels der gegebenen Gewichtsbelastungen zu zeichnen. Die fliehkraftelastische Linie ist aber nur durch ein planmäßiges Annäherungsverfahren zu gewinnen. Man kann für eine erste Annäherung von der gewichtselastischen Linie ausgehen, indem man für eine beliebige Winkelgeschwindigkeit ω (= 1 oder 10 oder 100) zu jeder einzelnen Masse m und der an ihrer Befestigungsstelle herrschenden Durchbiegung f die Fliehkraft $m f \omega^2$ ausrechnet und diese als Belastungskraft einer neuen elastischen Linie verwendet. Diese kommt der genauen fliehkraftelastischen Linie bereits sehr nahe, weil die benutzte gewichtselastische Linie (bei welcher, wie erwähnt, die fliegenden Gewichte nach oben wirkend angebracht werden müssen) der gesuchten fliehkraftelastischen Linie fast ähnlich ist. Der gemachte Fehler wirkt sich im Endergebnis praktisch so gut wie nicht aus.

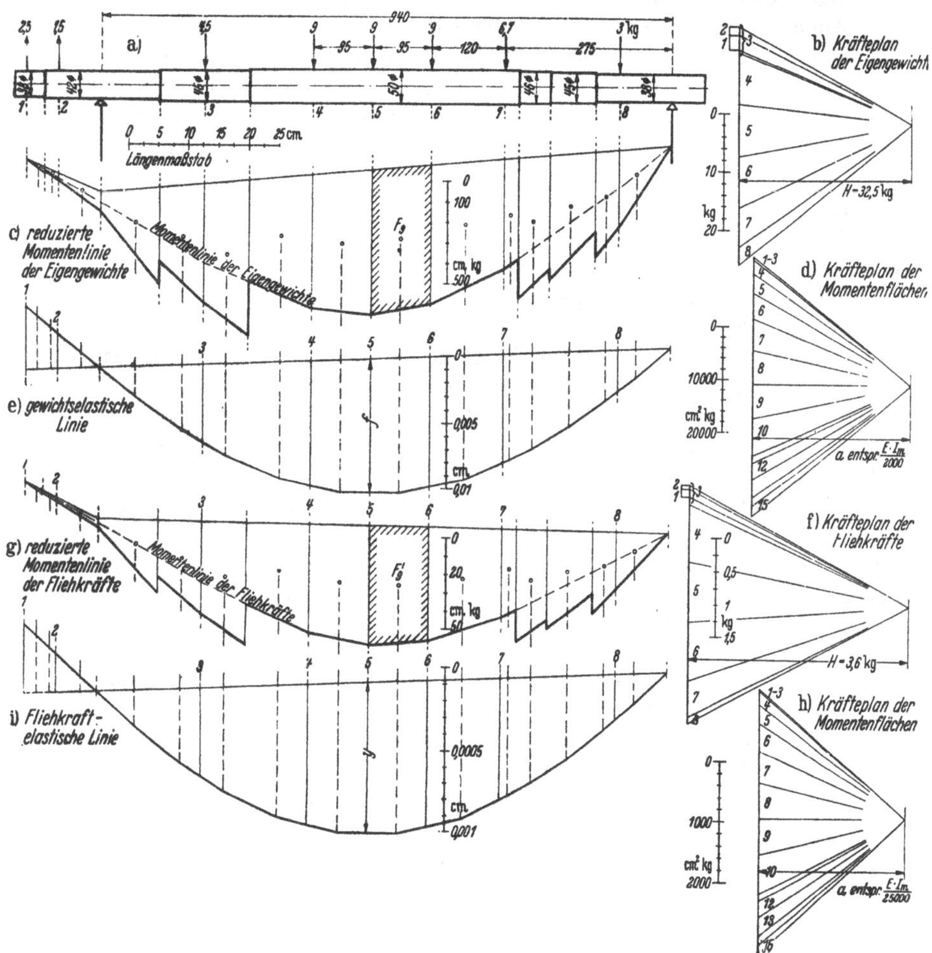

Abb. 355. Graphische Bestimmung der gewichtselastischen und fliehkraftelastischen Linie
b Kräfteplan der Eigengewichte; *c* Reduzierte Momentenfläche der Eigengewichte; *d* Kräfteplan der Momentenfläche; *e* Gewichtselastische Linie; *f* Kräfteplan der Fliehkräfte; *g* Reduzierte Momentenfläche der Fliehkräfte; *h* Kräfteplan der Momentenfläche; *i* Fliehkraftelastische Linie

Wegen dieser Ähnlichkeit der beiden elastischen Linien kann man sich das Verfahren wesentlich vereinfachen, indem man in Gl. (25) an Stelle der unbekannten y-Werte die gewichtselastischen Durchbiegungen einsetzt. Man kommt dann zu der Formel von Kull

$$\omega_k^2 = g\,\frac{G_1 f_1 + G_2 f_2 + \cdots}{G_1 f_1^2 + G_2 f_2^2 + \cdots} = g\,\frac{\Sigma G f}{\Sigma G f^2}. \tag{26}$$

Der durch diese Vereinfachung gemachte Fehler liegt meist ebenfalls innerhalb der zeichnerischen Genauigkeit[1].

Das Verfahren ist in Abb. 355 für die Welle einer dreistufigen Pumpe durchgeführt. Bild a stellt die Welle dar. In Bild b bis e ist die Bestimmung der elastischen Linie der Welle unter dem Einfluß der Eigengewichte durchgeführt. Das Gewicht des Läufers ist gemäß den Angaben der untenstehenden Tabelle in Einzelgewichte zerlegt, die in den Teilpunkten *1* bis *8* angreifen. Diese sind im Kräfteplan mit dem Polabstand $H = 32{,}5$ kp aufgetragen. Die hiernach bestimmte Seillinie des Bildes c stellt die Momentenlinie der Eigengewichte dar, und zwar erhält man die Biegungsmomente, wenn die aus der Zeichnung abgemessenen Ordinaten mit dem Polabstand H (im Kräftemaßstab gemessen) und dem reziproken Wert des Längenmaßstabes $1 : m$ der Zeichnung, d. h. mit $H\,m$, vervielfacht werden. Wird nun die Verschiedenheit der Wellendurchmesser dadurch berücksichtigt, daß man die Momente auf einen gemeinsamen Durchmesser — im vorliegenden Falle den des mittleren Wellenteiles — im Verhältnis J_m/J reduziert, wo J_m und J die Trägheitsmomente des Querschnittes im mittleren Teil bzw. des jeweiligen Querschnittes bedeuten, so gibt die so erhaltene reduzierte Momentenfläche als neue Belastungsfläche eine Seillinie, die mit der elastischen Linie übereinstimmt, sofern der Polabstand (Horizontalzug) gleich $J_m E$ ist, wo E den Elastizitätsmodul des Wellenmaterials bedeutet. Dementsprechend sind im Kräfteplan des Bildes d die trapezförmigen Teilflächen F_g des Bildes c als Einzelkräfte in senkrechter Richtung aufgetragen. Der Polabstand ist aus zeichnerischen Gründen kleiner, und zwar gleich $J_m E/2000$ gewählt, wo $J_m = \pi\, 5^4/64 = 30{,}68\ \text{cm}^4$ und $E = 21{,}5 \cdot 10^5\ \text{kp/cm}^2$ gesetzt ist[2]. Hiernach ist in Bild e eine neue Seillinie gezeichnet, die in einem auf folgende Weise zu bestimmenden Maßstab die elastische Linie der Welle unter dem Einfluß des Eigengewichtes angibt.

Pkt.	Einzelgewicht G	Durchbiegung f durch Eigengewicht	Gf	Gf^2	Fliehkraft $\frac{G}{g} f\omega^2$ mit $\omega = 100$	Durchbiegung y durch Fliehkraft	Gy	Gyf
	kp	$\text{cm} \cdot 10^{-3}$	$\text{kp cm}^2 \cdot 10^{-6}$	$\text{kp cm} \cdot 10^{-4}$	kp	$\text{cm} \cdot 10^{-3}$	$\text{kp cm} \cdot 10^{-3}$	$\text{kp cm}^2 \cdot 10^{-6}$
1	2,5	4,79	12,0	57	0,122	0,419	1,05	5,0
2	1,5	2,67	4,0	11	0,041	0,236	0,35	1,0
3	4,5	5,9	26,5	157	0,271	0,539	2,42	14,3
4	9	9,45	85,0	803	0,867	0,863	7,77	73,4
5	9	10,08	90,7	914	0,926	0,921	8,28	83,5
6	9	9,78	88,0	860	0,898	0,892	8,04	78,5
7	6,7	8,13	54,4	443	0,556	0,738	4,94	40,2
8	3	3,02	9,1	27	0,092	0,272	0,82	2,5
			369,7	3272			33,67	298,4

[1] Vgl. auch W. Holste: Forsch. Ing.-Wes. 24 (1958) Nr. 4, S. 118—124

[2] Bei heißer Förderflüssigkeit (z. B. Kesselspeisung) gelten kleinere E-Werte (Hütte Bd. I)

Stellt im Kräfteplan d 1 cm = k kpcm² dar[1], ist ferner der Polabstand gleich a in cm, so müssen die erhaltenen Durchbiegungen mit $m\,k\,a/(J_m E)$ vervielfacht werden, um die wirklichen[2] Werte zu erhalten. Der so errechnete Maßstab ist in die Zeichnung eingetragen. Nach Gl. (26) ist also

$$\omega_k = \sqrt{981 \cdot \frac{369{,}7 \cdot 10^{-3}}{3272 \cdot 10^{-6}}} = 332{,}7/\mathrm{s}$$

und damit

$$n_k = \frac{30}{\pi}\,\omega_k = 3175\ \mathrm{U/min}.$$

Obwohl die mit diesem Ergebnis erreichte Genauigkeit vollauf genügt, ist in Abb. 355f bis i an diesem Beispiel auch die angenäherte Auswertung der exakten Gl. (25) gezeigt. Von der erhaltenen gewichtselastischen Linie e ausgehend werden unter Annahme einer Winkelgeschwindigkeit $\omega = 100/\mathrm{s}$ die den Durchbiegungen f entsprechenden Fliehkräfte $m\,f\,\omega^2$ der einzelnen Massen errechnet und für diese Belastung der Welle die fliehkraftelastische Linie i in gleicher Weise wie vorher gezeichnet, wobei der Kräfteplan f die Momentenfläche g und nach dieser der Kräfteplan h die gesuchte Linie i liefern. Die Auswertung der Gl. (25) mit den Zahlenwerten in der rechten Hälfte der obigen Tabelle ergibt $\omega_k = 332{,}5$ gegenüber 332,7. Die Unterschiede liegen also bei diesen an den Enden gelagerten Wellen innerhalb der Zeichnungsgenauigkeit.

Bei der vorstehenden Untersuchung ist nicht berücksichtigt, daß der Einfluß des umgebenden Mittels eine Höherlegung der kritischen Drehzahl hervorruft, die aber nach der unter c angestellten überschläglichen Rechnung wahrscheinlich gering und überhaupt nur bei Wasserförderung merkbar ist. Ebenso haben axiale hydraulische Kräfte, die von einem Ausgleichsorgan oder Spurlager herrühren, in der Weise Einfluß, daß Zugkräfte die kritische Drehzahl erhöhen, Druckkräfte erniedrigen. [Zahlenmäßig könnte dies im Fall der Benutzung von Gl. (25) beim Entwurf der fliehkraftelastischen Linie berücksichtigt werden.] Ferner ist damit zu rechnen, daß die auf der Welle sitzenden Radnaben und Buchsen eine versteifende Wirkung ausüben. Diese versteifende Wirkung äußert sich aber erst nach einer gewissen Durchbiegung, die für den Betrieb unzulässig groß ist. Deshalb wird diese

---

[1] Wobei im Auge zu behalten ist, daß der Inhalt der trapezförmigen Teilflächen wegen des Maßstabs der Ordinaten und des Längenmaßstabes der Zeichnung mit Hm^2 zu multiplizieren ist, um den entsprechenden Wert in kp cm² zu erhalten

[2] Naturgemäß kann man Rückschlüsse auf die tatsächliche Formänderung unter dem Einfluß des Eigengewichts nur ziehen, wenn keine nennenswerten fliegenden Massen vorhanden sind, wie dies im vorliegenden Zahlenbeispiel der Fall ist. Bei Wasserpumpen muß man dann den Einfluß des Auftriebs im Wasser berücksichtigen, was nachträglich einfach dadurch geschieht, daß man die Durchbiegungen mit dem Faktor $(\gamma_m - 1)/\gamma_m$ multipliziert, wo γ_m den durchschnittlichen Wert des spezifischen Gewichts des Läufermaterials bedeutet. Der Wert γ_m dürfte etwa gleich 8 zu setzen sein

Wirkung am besten nicht berücksichtigt[1]. Weitere Einflüsse vgl. unter e.

Wahl der kritischen Drehzahl. Die in Gl. (26) ausgedrückte Mittelwertbildung der statischen Durchbiegungen f führt bei den üblichen Rotorformen zu ganz bestimmten Erfahrungswerten. Für *den Fall der einzelnen Scheibe auf gewichtloser Welle* ist gemäß Gl. (21a)

$$\omega_k^2 = \frac{g}{f}. \tag{27}$$

Für die *glatte, frei aufliegende Welle* unter dem Einfluß ihrer Eigenmasse findet sich, wenn f die größte Durchbiegung bedeutet,

$$\omega_k^2 = \frac{1{,}2685\,g}{f}. \tag{28}$$

Aus dem obigen Zahlenbeispiel ergibt sich, da $f = 0{,}01008$ cm $\omega_k = 332{,}7$, der Faktor $k = \dfrac{332{,}7^2 \cdot 0{,}01008}{981} = 1{,}13$.

Setzt man allgemein

$$\omega_k^2 = k\frac{g}{f}, \tag{29}$$

wobei f die vorkommende größte Durchbiegung zwischen den Wellenlagern bedeutet, so ist der Zahlenwert k nach den gemachten Angaben leicht zu schätzen. Er ist um so größer, je weiter die Massen des Läufers vom Ort der größten Durchbiegung entfernt liegen. Zu beachten ist aber, daß er in extremen Fällen, beispielsweise wenn die Räder in der Nähe der Auflager sitzen und die Eigenmasse der Welle klein ist, wesentlich höhere Werte annimmt, als oben angegeben ist.

Da nach Gl. (29) ω_k^2 umgekehrt proportional zur Nachgiebigkeit der Welle ist, so sind mit Rücksicht auf die Dichtungsspalte große kritische Drehzahlen am Platze. Beispielsweise würde sich mit $\omega_k = 230$ entsprechend $n_k = 2200$ U/min und mit $k = 1{,}10$ bereits $f = 0{,}2$ mm ergeben. Bei Betriebsdrehzahlen unter etwa 3000 U/min ist es also richtig, die kritische Drehzahl über die Betriebsdrehzahl zu legen, also eine sogenannte *starre Welle* zu nehmen. Bei höheren Drehzahlen, wie sie insbesondere bei Verdichtern, ferner Kesselspeisepumpen vorliegen, wird man aber um so lieber die überkritische, d. h. nachgiebige Welle verwenden, als diese die Unterbringung einer größeren Stufenzahl in einem Gehäuse oder die Verkleinerung des Wellendurchmessers ermöglicht. Durch letzteren Umstand wird der Radeinlauf günstiger gestaltet und der Durchmesser der Zwischendichtungen, ebenso der Stopfbüchsen, verkleinert, womit auch die durch die erhöhte Nachgiebigkeit bedingte Vergrößerung der Spaltweite weitgehend ausgeglichen wird. Wegen der verkleinerten Nabenbohrung wird auch die Festigkeit des Rades erhöht. Die überkritische Welle hat ferner sehr gute Laufeigenschaften. Beim Anfahren ist der Durchgang durch ω_k bei guter Auswuchtung und ausreichender Beschleunigung nur ganz schwach zu merken. Bei

[1] Ein anderes Näherungsverfahren gibt O. Föppl an in: „Die Technik" 2 (1947) S. 25—28

Wasserpumpen ist die Schrägstellung der Ausgleichsscheibe für den Achsschub nachteilig, weshalb bei der überkritischen Welle der Ausgleich nach Abschn. 100 vorzuziehen ist.

Bemerkenswert ist noch, daß das von der Welle übertragene Drehmoment ebenfalls die kritische Drehzahl beeinflußt. Ein solches setzt nämlich die Biegesteifigkeit und damit auch die kritische Drehzahl — unabhängig von seinem Drehsinn — herab[1].

β) Berücksichtigung der Kreiselwirkung. Durch die Ausbiegung der Welle infolge der Fliehkräfte nimmt das Rad die Neigung der elastischen Linie an, so daß die Fliehkräfte der einzelnen Massenteilchen des Rades einen Hebelarm in bezug auf den Wellendurchstoßpunkt W erhalten, also ein zusätzliches biegendes Moment erzeugen. Dieses Moment wirkt offenbar hemmend auf die Durchbiegung, erhöht also die kritische Drehzahl über ω_k. Für die Rechnung ist es deshalb notwendig, diesem Moment ein negatives Vorzeichen zu geben.

Hierbei setzen wir stillschweigend voraus, daß die Scheibe mit der elastischen Linie im Beharrungszustand ist, also so umläuft, als ob beide zusammen ein starres Gebilde wären. Neben diesem *„stationären Gleichlauf“* von Welle und Scheibe gibt es noch eine zweite Bewegungsart, den *Gegenlauf*, bei welchem die Welle sich unablässig in sich selbst verbiegt, indem die Ebene der elastischen Linie eine Rückwärtsdrehung mit $-\omega$, also entgegengesetzt zur Drehung der Scheibe ausführt, so daß letztere gegenüber der Ebene der elastischen Linie eine Drehgeschwindigkeit $+2\omega$ annimmt. Dieser Gegenlauf bewirkt eine Herabsetzung der kritischen Drehzahl unter ω_k. Er ist aber einerseits an die Bedingung $e = 0$ gebunden und zeigt sich deshalb sehr selten. Außerdem ist der dadurch bedingte kritische Zustand viel weniger gefährlich als der des Gleichlaufs, weil das Wellenmaterial die Schwingung abdämpft.

Bei Kreiselpumpen für Wasser ist die Kreiselwirkung vernachlässigbar. In dem obigen Zahlenbeispiel liegt ihr Einfluß innerhalb der Zeichnungsgenauigkeit. Anders ist die Sachlage bei den Verdichtern. Allgemein ist der Einfluß der Kreiselwirkung auf die Höhe der kritischen Drehzahl um so größer, je größer der Scheibenhalbmesser R gegenüber dem Lagerabstand l ist.

Bei einzelnen Scheiben macht die Kreiselwirkung um so mehr aus, je größer die Neigung der elastischen Linie an der Befestigungsstelle und je kleiner der Lagerabstand ist. Im Fall der fliegend sitzenden Scheibe sind meist beide Bedingungen erfüllt. Besonders stark ist die Kreiselwirkung, wenn eine beidseitig gelagerte Welle an beiden überhängenden Enden Scheiben trägt (Abgasturbolader). Hier kann eine Erhöhung auf das Doppelte und mehr eintreten.

Dort, wo die Kreiselwirkung merklichen Einfluß besitzt, ist ihre Berücksichtigung dringend geboten, da die Abmessungen der Welle kleiner werden und anderenfalls die Konstruktion für die verlangte hohe Drehzahl unter Umständen nicht mehr ausführbar erscheint.

Die genaue Formel für die Berechnung der kritischen Drehzahl erster Ordnung lautet nach Grammel bei Gleich- bzw. Gegenlauf

$$\left.\begin{matrix}\omega_{gl}^2\\ \omega_{gn}^2\end{matrix}\right\} = g\,\frac{\Sigma G\,y}{\Sigma G\,y\,f \mp g\,\Sigma J_p(1 \mp a)\,\delta\,\tau}\,. \qquad (30)$$

[1] Grammel, R.: Stodola-Festschrift S. 180, Zürich, Leipzig 1929. — Vgl. auch W. Keller: Ing.-Arch. 25 (1957) Nr. 2, S. 71—89

Darin gelten die negativen Zeichen im Nenner für Gleichlauf, die positiven Zeichen für Gegenlauf. Die Bedeutung der Größen G, y, f ist die gleiche wie im Anschluß an Gl. (25) erläutert. Ferner bezeichnen

τ bzw. δ die Neigungswinkel (im analytischen Maß) der fliehkraftelastischen bzw. gewichtselastischen Linie an den Befestigungsstellen der einzelnen Massen,

J_p das polare Trägheitsmoment dieser Massen,

$a \equiv J_a/J_p$ das Verhältnis des äquatorialen zum polaren Trägheitsmoment (s. unten).

Die Auswertung von Gl. (30) macht noch größere Schwierigkeiten als früher die der Gl. (25), weil strenggenommen auch der Einfluß der Kreiselmomente auf die Form der fliehkraftelastischen Linie zu berücksichtigen wäre. Es ist aber wieder mit guter Annäherung zulässig, die fliehkraftelastische Linie durch die gewichtselastische Linie zu ersetzen und also zu schreiben:

$$\left.\begin{matrix}\omega_{gl}^2\\ \omega_{gn}^2\end{matrix}\right\} = g\,\frac{\Sigma G f}{\Sigma G f^2 \mp g \Sigma J_p(1 \mp a)\,\delta^2}\,, \tag{31}$$

obwohl die Kreiselmomente in der Form der gewichtselastischen Linie unberücksichtigt bleiben[1]. *Bei deren Entwurf muß wieder das Gewicht fliegender Massen entgegengesetzt zu dem der zwischen den Lagern befindlichen Massen wirkend angenommen werden.* So ist die Genauigkeit selbst dann ausreichend, wenn der Einfluß der fliegenden Massen überwiegt. Die Kreiselwirkung wird hier gegenüber Gl. (30) etwas überschätzt.

Bei sehr hohem Anspruch auf Genauigkeit kann man anschließend — wie unter α) beschrieben — unter Benutzung der gewichtselastischen Linie eine fliehkraftelastische Linie erster Näherung zeichnen, wobei in die zugehörige Momentenfläche strenggenommen auch die Kreiselmomente hineinzunehmen sind. Das Kreiselmoment beträgt für die einzelne Scheibe

$$M_\tau = \mp (J_p \mp J_a)\,\omega^2\,\delta = \mp J_p(1 \mp a)\,\omega^2\,\delta\,, \tag{32}$$

wobei die negativen Vorzeichen wieder für Gleichlauf, die positiven für Gegenlauf gelten. Es verursacht in beiden Lagern eine zusätzliche Reaktionskraft $\pm M_\tau/l$ mit entgegengesetzten Vorzeichen, mittels deren der geänderte Momentenverlauf leicht zu berechnen ist. Diese zusätzliche Rechnung dürfte aber meist nicht nötig sein, zudem Lagerspiel, ungleiches Trägheitsmoment des Wellenquerschnittes (Längsnuten), Versteifung durch Naben und Büchsen, Einfluß der Antriebsmomente, Nachgiebigkeit des Fundamentes, Achsschub und Reibung überhaupt nicht zuverlässig erfaßbar sind[2].

---

[1] Die Neigungswinkel δ erhält man am genauesten aus dem Kräfteplan (d, Abb. 355), wobei die Schräglage der Schlußlinie naturgemäß zu berücksichtigen ist

[2] Eine Verallgemeinerung dieses Verfahrens bringt L. Fehrle: Ing.-Arch. 24 (1956) S. 111—123 u. 25 (1957) S. 319—329. — Vgl. auch J. Meyer: Konstruktion 12 (1960), Heft 1, S. 16

Von praktischem Interesse ist *nur die kritische Gleichlaufdrehzahl.* Der Gegenlauf wird meist nicht wahrgenommen und ist kaum gefährlich. Das für *Gleichlauf gültige negative Zeichen im Nenner* von Gl. (31) *weist darauf hin, daß infolge der Kreiselwirkung schon die kritische Drehzahl erster Ordnung sehr groß oder imaginär werden, also ganz ausfallen kann.*

Die Zahl $a = J_{ä}/J_p$ beträgt

für flache Scheiben gleicher Dicke 0,5,

für geschlossene radiale Schaufelräder, wenn Schaufeln eingenietet (Abb. 136), ebenfalls 0,5; wenn Schaufeln eingegossen sind, 0,53,

für halboffene Radialräder, also ohne saugseitige Deckwand, 0,53 bis 0,55,

für Laufräder von Dampfturbinen 0,51.

Das polare Trägheitsmoment J_p kann man überschläglich, aber genügend genau ermitteln durch Annahme von k/R, wo k der Trägheitshalbmesser (in $J_p = G/g \cdot k^2$) und R der äußere Halbmesser des Rades. Es beträgt

$k = R/\sqrt{2}$ für flache Scheiben gleicher Dicke,
$= 0{,}56$ bis $0{,}6\,R$ für Laufräder mit saugseitiger Deckscheibe,
$= 0{,}5\,R$ für halboffene Räder, also ohne saugseitige Deckscheibe,
$= 0{,}6$ bis $0{,}7\,R$ für Laufräder von Dampfturbinen.

Die letzteren Zahlen zeigen, daß das polare Trägheitsmoment der Schaufelräder etwas kleiner ist als das einer gewichtsgleichen flachen Scheibe gleichen Außenhalbmessers.

γ) Abschätzung des Einflusses der Kreiselwirkung. Wegen der größeren spezifischen Krümmung der elastischen Linie höherer Ordnung haben hier die Kreiselkräfte vermehrte Bedeutung. R. GRAMMEL findet für die gleichmäßig und dicht mit Scheiben besetzte Welle bei beiderseitiger Lagerung für die kritische Drehschnelle ω_{gl} im Gleichlauf

$$\omega_{gl}^2 = \frac{(\omega_{\mathrm{kr}})_i^2}{2 - i^2\pi^2\left(\frac{k}{l}\right)^2 a}. \tag{33}$$

Darin ist $(\omega_{kr})_i$ die kritische Drehschnelle i-ter Ordnung ohne Berücksichtigung der Kreiselwirkung $a = J_{ä}/J_p$, k der Trägheitshalbmesser der Scheiben wie oben und l der Lagerabstand.

Für die bei radialen Kreiselverdichtern üblichen Radformen kann im Mittel $k = 0{,}58\,R$ und $a = 0{,}5$ gesetzt werden, womit

$$\omega_{gl}^2 = \frac{(\omega_{\mathrm{kr}})_i^2}{1 - \frac{1}{6}\left(\frac{i\pi R}{l}\right)^2} = \frac{(\omega_{\mathrm{kr}})_i^2}{1 - 1{,}65\left(i\,\frac{R}{l}\right)^2}. \tag{33a}$$

Der Nenner wird Null oder negativ, wenn $l/R \lesseqgtr 1{,}28\,i$ ist. Hiernach fallen infolge der Kreiselwirkung bei einer gleichmäßig mit Schaufelrädern besetzten Welle die kritischen Drehzahlen erster, zweiter oder dritter Ordnung aus, wenn der Lagerabstand rund das 1,3-, 2,6- oder 3,9fache des Scheibenhalbmessers ist, weil der Nenner zu Null wird. Die kritischen Erscheinungen höherer Ordnung werden also durch die Kreiselwirkung leichter ausgeschieden als solche niederer Ordnung.

δ) Kritische Drehzahlen höherer Ordnung. Ihre Bestimmung könnte rechnerisch unter Benutzung des in der Fußnote 2, S. 571, angegebenen Schrifttums erfolgen[1]. Wegen der damit verbundenen Ungenauigkeit und des großen Zeitaufwandes ist aber der Weg des Versuches an Modellen vorzuziehen, welche naturgemäß nach dem durch Gl. (30) oder (31) ausgedrückten Ähnlichkeitsgesetz ausgebildet sein müssen. Die erhaltenen Meßwerte können dann auf die Verhältnisse der Großausführung leicht umgerechnet werden.

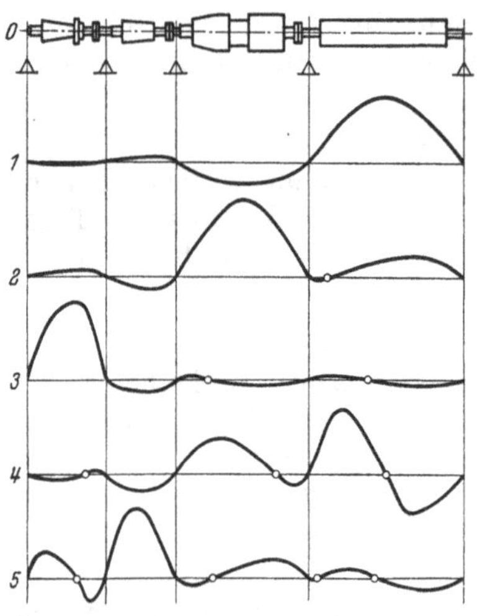

Abb. 356. Ergebnisse der Bestimmung oder kritischen Drehzahl einer mehrlagerigen Welle mit einem Analogiegerät

0 = Schema der Welle
1 = 1. kritische Drehzahl n = 1200 U/min
2 = 2. kritische Drehzahl n = 1735 U/min
3 = 3. kritische Drehzahl n = 2540 U/min
4 = 4. kritische Drehzahl n = 3660 U/min
5 = 5. kritische Drehzahl n = 4200 U/min

ε) Mehrfach gelagerte Welle. Die Pumpenwelle ist zusammen mit der Motorwelle zu betrachten. Sind beide Wellen beweglich gekuppelt, so werden die kritischen Drehzahlen der Einzelwellen wenig beeinflußt, *falls die Wellenmitten übereinstimmen*. Liegt aber starre Kupplung vor, so ist die Gesamtwelle als mehrfach gelagert zu behandeln, wobei eine Erhöhung der kritischen Drehzahl der Einzelwellen eintritt. Die Ermittlung erfolgt hier wie unter δ) am besten durch Herstellung eines der Ähnlichkeitsbedingung entsprechenden Modells, wobei dann auch die kritischen Drehzahlen höherer Ordnung erhalten werden.

Abb. 356 zeigt[2] das Ergebnis einer solchen Untersuchung an einem solchen „*Analogiegerät*". Das Beispiel betrifft zwar nicht eine Pumpenwelle, sondern die vielfach gelagerte Welle einer dreigehäusigen Dampfturbine mit Generator. Man sieht, wie bei Steigerung der Drehzahl die kritischen Zustände von Wellenteil zu Wellenteil wandern und bei den höheren Drehzahlen sich die kritischen Schwingungen zweiter Ordnung (z. B. beim Zustand 4 im rechten Wellenteil, beim Zustand 5 im linken Wellenteil) einstellen.

---

[1] Rechnerische Bestimmung mittels Elektronen-Rechengeräten gibt H. Mludek: Maschinenbautechnik 6 (1957) S. 30

[2] Entnommen aus Brown Boveri Mitt. 40 (1953) Nr. 11/12, Bild 22, S. 446. — Weitere Lit.: W. R. Dubs u. E. Keller: Escher Wyss Mitt. 31 (1958) Heft 3, S. 30

e) Eigenschwingungszahl der umlaufenden Welle. Infolge der Kreiselkräfte ist die im vorstehenden bestimmte kritische Drehzahl nicht mehr die Eigenschwingungszahl der ruhenden Welle. Deshalb hat auch die umlaufende Welle bei jeder Drehzahl wieder eine andere Eigenschwingungszahl. Die Abweichungen sind um so größer, je stärker der Einfluß der Kreiselkräfte, d. h. je größer k/l (gleichmäßige Besetzung mit Scheiben vorausgesetzt) ist[1]. Auch der weit außerhalb seiner kritischen Drehzahl betriebene Läufer zeigt unruhigen Gang, wenn er durch eine benachbarte Maschine über die Fundamente mit seiner jeweiligen Eigenschwingungszahl erregt wird.

f) Sonstige Einflüsse. Auch die Nachgiebigkeit des Ölpolsters[2] in den Lagern verändert die kritische Drehzahl, ebenso wie die Nachgiebigkeit des Lagerkörpers[3] und des Fundamentes[4]. Die Berechnung der kritischen Drehzahl leichter Läufer hat deshalb nur Zweck, wenn die Elastizität der Lager berücksichtigt wird.

Bei beweglichen Kupplungen können infolge ungenauer Ausrichtung der beiderseitigen Kupplungshälften zusätzliche Störungen eintreten, weil dann die Kupplung die Wirkung eines Kreuzgelenkantriebes besitzt. Auch unrunde Wellenzapfen in horizontaler Lage können Biegeschwingungen hervorrufen[5].

Der Zusammenbau von Motor und Pumpe sollte stets so erfolgen, daß die elastischen Linien der frei aufliegenden Wellen an der Kupplung eine gemeinsame Tangente besitzen, weil dann auch die beiderseitigen Kupplungsflanschen parallel sind. Dies bedingt, daß beim Zusammenbau von Motor und Pumpe die äußeren Lager gegenüber dem

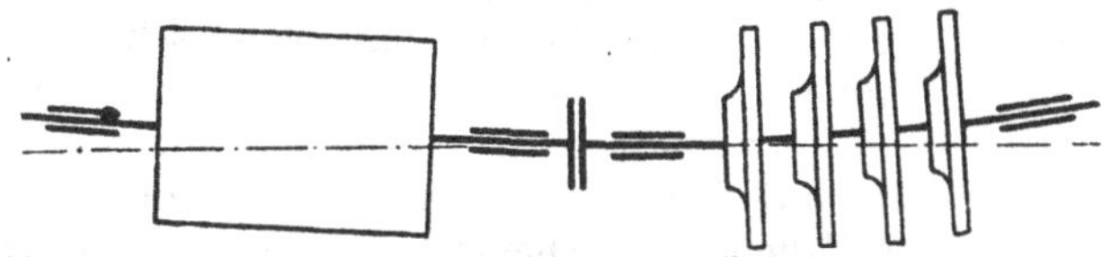

Abb. 356a. Parallele Kupplungsscheiben durch Überhöhung der Außenlager

mittleren gehoben werden. In Abb. 356a ist die Überhöhung der besseren Deutlichkeit halber übertrieben dargestellt. Diese Maßnahme entlastet die starre Kupplung von Biegungskräften. Sie ist auch bei beweglicher Kupplung zu empfehlen, weil dann keine gegenseitige Bewegung der beiden Kupplungshälften eintritt, also die Abnutzung verringert wird.

---

[1] FÖPPL, O.: Mitt. d. Wöhler-Inst. d. Techn. Hochschule Braunschweig, Heft 40. Braunschweig: Vieweg 1948 — Schweiz. Bauztg. 66 (1948) Nr. 3, S. 31

[2] PESTEL, E.: Ing.-Arch. 22 (1954) S. 147—155. — B. L. NEWKIRK: Trans. Amer. Soc. mech. Engrs. 78 (1956) S. 985—988, Auszug Konstruktion 10 (1958) S. 116/7. — E. KRÄMER: Z. VDI 102 (1960) Nr. 10, S. 383/84

[3] Vgl. J. MEYER: Jb. 1939 d. Dtsch. Luftfahrtforsch., S. II 89. — F. B. JÄGER: Konstruktion 10 (1958) S. 87—92

[4] MARGUERRE, K.: Brown Boveri Nachr. 39 (1957) S. 112—114. — K. SCHÄFF u. K. H. KRIEB: Z. VDI 100 (1958) S. 1739—1744; 101 (1959) S. 55—62

[5] KELLENBERGER, W.: Brown Boveri Mitt. 46 (1959) S. 182/93

Anhang

Selbstsaugende Kreiselpumpen

Allgemeine Gesichtspunkte

Die Kreiselpumpe für tropfbare Flüssigkeiten steht in einem wichtigen Punkt hinter der Kolbenpumpe zurück. Sie kann nämlich bei der Inbetriebnahme die Saugleitung nicht entlüften, also das Wasser nicht selbst ansaugen. Man muß die Saugleitung und Pumpe vielmehr vor jeder Ingangsetzung mit Wasser anfüllen. Hierzu kommt noch eine größere Empfindlichkeit der Kreiselpumpe gegen Undichtheiten der Saugleitung und gegen Luftsäcke, die bei unsachgemäß verlegten Saugleitungen vorkommen und zum Abschnappen führen können, wenn ein Luftpolster in das erste Laufrad gespült wird (S. 198).

Diese Mängel machen sich besonders bei bedienungslosen Pumpwerken geltend, die selbsttätig in Abhängigkeit eines Wasserspiegels oder eines Druckes an- und abgestellt werden[1]. Wenn aus Brunnen gesaugt wird, kann es auch vorkommen, daß der Saugwasserspiegel bis in die Nähe der Saugöffnung abfällt und daß Luft eingesaugt wird. Selbstsaugefähigkeit wird auch verlangt bei Pumpen, die jederzeit betriebsbereit sein müssen, z.B. Feuerlöschpumpen, Lenzpumpen u.dgl. Allgemein wird man sagen können, daß in den meisten Fällen die Selbstsaugefähigkeit eine Erhöhung der Betriebssicherheit bedeutet.

Bei der nachfolgenden Behandlung sollen die Bauarten ausscheiden, bei denen die Entlüftung nicht durch die Pumpe selbst geschieht. Hierher gehören zunächst die Kreiselpumpen mit nachgeschalteter Strahlpumpe[2]. Ebenso sollen ausscheiden die Bauarten mit eingebauter trockener oder nasser Luftpumpe, ferner diejenigen, bei denen das Auffüllen der Pumpe mit Saugleitung selbsttätig aus der Druckleitung erfolgt[3]. In diesen Fällen unterscheidet sich die Wirkungsweise der Kreiselpumpe nicht von der der gewöhnlichen Bauart. Ferner sollen die sogenannten Kapselpumpen außer Betracht bleiben, nämlich die Zahnradpumpen, Pumpen mit rotierendem radial beweglichen Schieber (Vielzellenpumpen), weil sie ebenso wie die Kolbenpumpen nach dem Verdrängungsprinzip arbeiten, also nicht mittels der umströmten Schaufel die Arbeit auf die Förderflüssigkeit übertragen.

Die zu behandelnden Pumpen sollen sowohl als Wasser- wie als reine Luftpumpen verwendbar sein, und zwar so, daß die eine Betriebsart jederzeit ohne Bedienung auf die andere folgen kann. Im wesentlichen gehören hierher nur zwei Bauarten, nämlich die *Strahlmaschinen* und die Pumpen mit exzentrischem *Wasserring.*

Bei beiden erfolgt die Luftförderung in engster Berührung mit dem Betriebswasser. Die Luft ist deshalb mit Wasserdampf voll gesättigt,

---

[1] Hutarew, G.: Z. VDI 95 (1953) S. 995—999
[2] Sulzer: Techn. Rundsch. 1953, Nr. 4, S. 34
[3] DRP. 346690, 527764, 530119

und ihr Teildruck P_l gegenüber dem Gesamtdruck P_I um den Teildruck P_s des Wasserdampfes verringert, also $P_l = P_I - P_s$. Der Teildruck P_s ist wegen der vollen Sättigung, d.h. der relativen Feuchtigkeit $\varphi = 1$ (S. 531) gleich dem zu der vorhandenen Wassertemperatur gehörigen Siededruck, also aus der Dampftafel (S. 532) bekannt. Die Luftförderung G_l in kp/s beträgt nach der Zustandsgleichung für Gase:

$$G_l = \frac{P_l V_l}{R T_w} = \frac{P_I - P_s}{R T_w} V_l .$$

Hierin bezeichnen

G_l den geförderten Gewichtsstrom an trockener Luft in kp/s,
V_l den geförderten Volumenstrom an trockener Luft in m³/s,
R die Gaskonstante der trockenen Luft (S. 13ff.),
T_w die Temperatur der Betriebsflüssigkeit in Grad Kelvin.

Ferner bedeuten in kp/m² oder mm Wassersäule

P_I den Gesamtdruck der Luft im Saugstutzen,
P_l den Teildruck der trockenen Luft,
P_s den Siededruck des Betriebswassers bei der Temperatur T_w.

Weil nun die volumetrische Luftleistung V_l durch die Temperatur des Betriebswassers kaum beeinflußt werden dürfte, so ist die mengenmäßige Luftleistung G_l proportional zu $(P_I - P_s)/T_w$, also gleich Null, wenn $P_I = P_s$, d.h. das Betriebswasser so warm ist, daß es beim Saugdruck P_I siedet. Hieraus folgt:

Der kleinstmögliche Ansaugedruck bei Nullförderung ist der Siededruck des Betriebswassers (theoretisches Vakuum). Hohe Luftleeren sind nur mit kaltem Betriebswasser zu erreichen.

A. Strahlmaschinen

Diese waren als „*rotierende Luftpumpen*“ bei Turbinenkondensationen am Anfang dieses Jahrhunderts allgemein gebräuchlich[1]. Sie sind aber insofern auch heute wichtig, als der Grundgedanke, nämlich die Verwendung des aus einem Kreiselpumpenrad austretenden Wasserstromes zur Luftverdichtung in einer Fangdüse immer wieder zur Herbeiführung der Selbstsaugefähigkeit von wasserfördernden Kreiselpumpen herangezogen wird. Dabei findet man sich damit ab, daß der Wirkungsgrad der Luftabsaugung schlechter ist als der der Wasserförderung. Aus der großen Zahl einschlägiger, im In- und Ausland[2] entstandener Konstruktionen sei das Bauprinzip der *Laufradzellenspülung*[3] besonders erwähnt.

Laufradzellenspülung. Die Pumpe (Abb. 357) unterscheidet sich von einer gewöhnlichen Spiralgehäusepumpe — wenn man von der bei allen

---

[1] Die bekanntesten Bauarten dieser rotierenden Luftpumpen waren die von Westinghouse-Leblanc oder AEG, vgl. C. PFLEIDERER: Z. VDI (1914) S. 965; ferner K. HOEFER: Die Kondensation bei Dampfkraftmaschinen. S. 242ff. Berlin: Springer 1925. — G. STAUBER: Gasmaschinen und Kompressoren mit Wasserkolben. München u. Berlin: R. Oldenbourg 1937

[2] Power Januar 1952, S. 112—114

[3] Hersteller: „Hannibal“-Pumpenfabrik P. C. Winterhoff K.-G. Düsseldorf. Vgl. auch R. DZIALLAS u. W. SCHRAMEK: Z. VDI 99 (1957) S. 922

selbstsaugenden Pumpen notwendigen Führung des Saugstutzens mit nach oben gerichtetem Schwanenhals absieht — nur dadurch, daß an die Zunge der Spirale die Fangdüse *F* angeschlossen ist. Diese ist so ausgebildet, daß sie an ihrem Eintritt *S* den am Laufradumfang vorhandenen Wasserring, der sich bildet, sobald die Pumpe infolge Eindringens von Luft zum Abschnappen gekommen ist, erfaßt und dem Inneren des Laufkanals *M* zulenkt. Das dort befindliche Luft-Wasser-Gemisch wird also durch Schleppwirkung teilweise mitgerissen und zum Druckstutzen der Pumpe befördert. Dort zieht die Luft nach oben ab, während die entlüftete Flüssigkeit nach unten zum Eintritt *S* der Fangdüse zurücktritt, um erneut an der Luftförderung teilzunehmen.

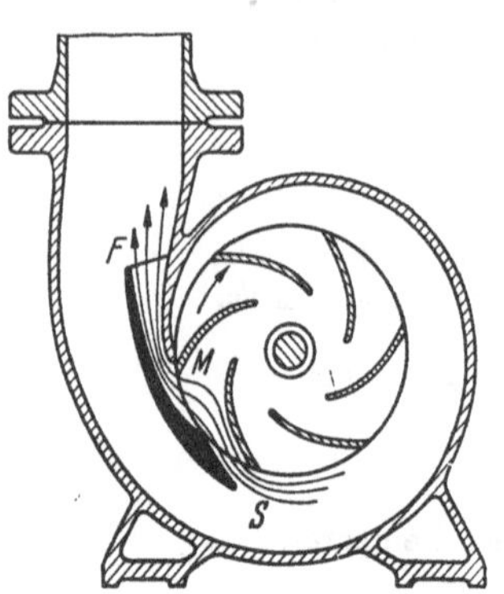

Abb. 357. Selbstsaugung durch Ausbildung der Gehäusezunge als Strahlpumpe (Laufradzellen-Spülung der Hannibal-Pumpenfabrik Düsseldorf)

Es liegt auf der Hand, daß der Vorgang der Wasserförderung durch die hinzugekommene Fangdüse nur wenig beeinträchtigt wird, während die Saugleitung so weit entlüftet werden kann, daß das Wasser bis auf etwa 6 m angesaugt wird. Die Pumpe eignet sich besonders zur Förderung von Abwässern.

B. Pumpen mit exzentrischem Wasserring

Hierher gehören die *Wasserringpumpen* im engeren Sinn und die *Seitenkanalpumpen*. Um die Wirkung des Wasserringes zu veranschaulichen, sei zunächst die erstgenannte Pumpenart beschrieben, die auch die ältere ist.

B_1. Die Wasserringpumpe[1]

Läuft ein sternförmiges Rad *b* (Abb. 358a) konzentrisch in einem zum Teil mit Wasser gefüllten Zylinder *a* um, so stellt sich (Abb. 358b) ein Wasserring konzentrisch zur Drehachse ein und bildet gleich große Schaufelräume *1* bis *6*. Erfolgt die Unterbringung des Rades aber exzentrisch (Abb. 358c), so werden die Schaufelräume *1* bis *6* von der Berührungsstelle aus während einer halben Umdrehung, d. h. von *1* bis *3* sich vergrößern, wobei also eine Saugwirkung aus der schwarz angegebenen Öffnung entsteht, während sie sich auf der anderen Hälfte der Umdrehung von *4* bis *6* verkleinern, d. h. eine Verdichtung bzw. eine Förderung durch die eingetragene Drucköffnung bewirken.

[1] Briechle, Josef: Wasserringpumpen für Luftförderung. Diss. Techn. Hochschule Hannover 1941. — W. Struck: Untersuchung an Wasserring-Luftpumpen. Diss. Techn. Hochschule Hannover 1953. — P. Schnapper: Elmo-Kompressoren in der chemischen Industrie, Siemens-Zeitschrift 32 (1958) Heft 5, S. 355—359

Wichtig ist offenbar gutes Abdichten der Stirnflächen des Rades gegen die seitlichen, ebenen Gehäusewände, in welchen die Saug- und Drucköffnungen liegen, weil sonst starke Undichtheitsverluste auftreten. Die Abdichtung am Umfang ist aber durch den Wasserring gewährleistet. Deshalb ist die Pumpe gegen Unreinigkeiten des Fördermittels im ganzen unempfindlicher als die Kapselpumpe mit rotierendem Verdränger und radial beweglichen Schiebern, welcher die Wirkungsweise äußerlich entspricht. Bei breiten Pumpen wird es schwierig sein, die Schaufelräume von der Stirnfläche aus schnell genug auf die ganze axiale Länge gänzlich zu entleeren und anzufüllen. Aus diesem

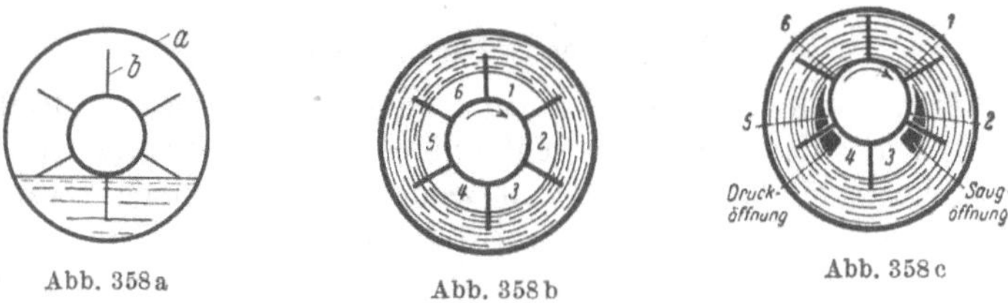

Abb. 358a—c. Wirkungsweise der Wasserring-Luftpumpe

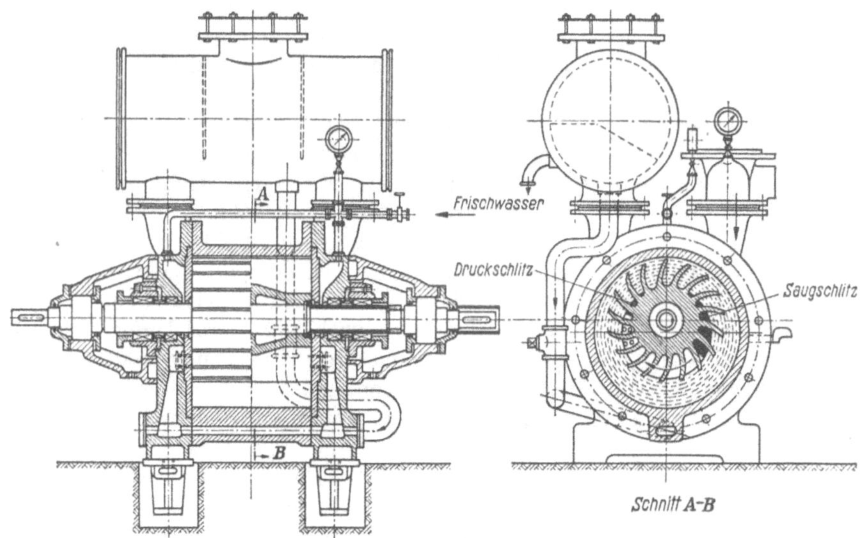

Abb. 359. Wasserring-Luftpumpe der SSW

Grunde ist es hier zweckmäßig, auf *beiden* Stirnseiten Saug- und Drucköffnungen vorzusehen (Abb. 359). Zu dem gleichen Zweck verwenden die SSW[1] eine von der Mitte nach rechts und links sich verjüngende Nabe.

Es hat sich als vorteilhaft erwiesen, das Gehäuse *a* nicht als Kreiszylinder auszuführen, sondern mit einer oder mehreren Ausbuchtungen

[1] DRP. 269531

zu versehen. Ebenso sind die Laufschaufeln meist nicht radial ausgebildet wie in Abb. 358, sondern vorwärts gekrümmt wie in Abb. 359. Bei der folgenden theoretischen Untersuchung bleiben beide Abweichungen der Einfachheit halber unberücksichtigt, zudem sich ihr Einfluß abschätzen läßt.

I. Fall der Luftförderung

a) Förderdruck. Auf der Saugseite (also der rechten Radseite in Abb. 360) wirkt das Laufrad beschleunigend auf die inneren Teile des Wasserringes, weil dessen Radien in bezug auf die Drehachse wachsen. Die ganze mitgeteilte Arbeit äußert sich in diesem Geschwindigkeitszuwachs, da der Druck auf die freie Innenfläche gleichbleibt. Auf der Druckseite (linke Seite in Abb. 360) tauchen die Schaufeln wieder stetig tiefer in den Wasserring ein. Es würde offenbar die auf der rechten Seite dem Wasser mitgeteilte Arbeit wieder an das Rad zurückgegeben werden, wenn nicht gleichzeitig der Luftdruck an der Innenfläche steigen würde. Nach BERNOULLI ist mit diesem Anwachsen des Druckes in der freien Strömung eine Abnahme der Geschwindigkeit verbunden. Eine solche freie Strömung haben wir innerhalb des sichelförmigen Raumes zwischen Rad und Gehäuse. Das dort strömende Wasser muß die Drucksteigerung offenbar aus seinem eigenen Energieinhalt bestreiten. Es wird sich dementsprechend verlangsamen, also verbreitern. Diese Verbreiterung wird aber nur insoweit möglich sein, als Luftraum durch die Verdichtung freigegeben wird. Hierdurch ist der erreichbare Förderdruck bestimmt, den wir also aus der Bedingung der Kontinuität berechnen werden.

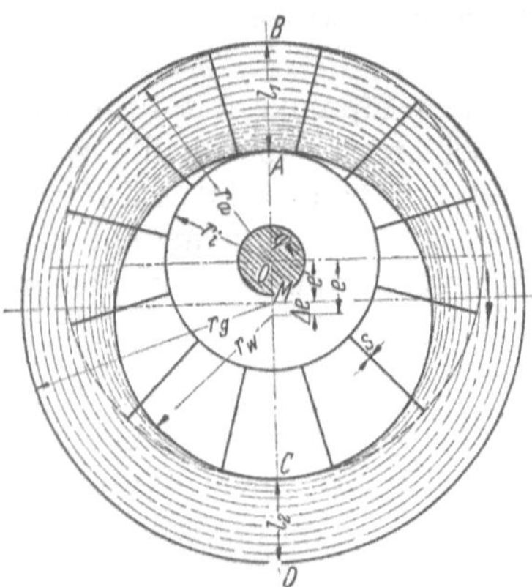

Abb. 360. Übersicht über die wichtigsten Bezeichnungen

Ehe wir diese Rechnung durchführen, wollen wir den vorliegenden Strömungsvorgang an Hand der Abb. 360 näher betrachten. Innerhalb des Wasserringes muß der Druck wegen der Fliehkräfte in Richtung des Halbmessers wachsen wie bei dem S. 38 behandelten Potentialwirbel. Ein solcher liegt aber wegen des Energieaustausches mit dem Rad nicht vor, so daß auch der Flächensatz nicht gilt, wonach die Geschwindigkeit nach außen umgekehrt proportional zum Halbmesser abnimmt. Vielmehr läßt sich zeigen, daß die Geschwindigkeit im sichelförmigen Außenraum unabhängig vom Radius konstant gleich der Austrittsgeschwindigkeit des Wassers aus dem Rade gesetzt werden kann. Bei unendlicher Schaufelzahl und radialen Schaufelenden ist diese Geschwindigkeit in Umfangsrichtung gleich ωr_a, bei endlicher Schaufelzahl würde sich (mit Benutzung der Minderleistungsziffer p wie S. 134ff.) der Wert $\omega r_a/(1 + p)$ ergeben. Daß diese Geschwindigkeit längs jedes Stromfadens im Saugbereich des Sichelraumes erhalten bleibt, sofern man von der Reibung absieht, folgt nach BERNOULLI daraus, daß der Druck gleichbleibt, wie untenstehend[1] gezeigt ist.

Wir wollen im folgenden den Einfluß der endlichen Schaufelzahl zusammenfassen mit dem entgegengesetzt wirkenden, aber wahrscheinlich erheblichen Einfluß des Impulsaustausches am Radumfang, der eine zusätzliche Drucksteigerung hervorruft, indem wir die Austrittsgeschwindigkeit aus dem Rad gleich dem λ-fachen der Umfangsgeschwindigkeit des Rades, also gleich $\lambda\,\omega\,r_a$ setzen. Dann läßt sich auch die Wirkung einer etwaigen Vorwärtskrümmung der Schaufeln (Abb. 359) bei der Wahl von λ ausdrücken. Der Beiwert λ liegt nahe bei Eins. Er fürfte meist gleich Eins gesetzt werden können. Sämtliche Kurvenblätter sind für $\lambda = 1$ gezeichnet. Wir behalten ihn aber trotzdem bei, weil der Umfang der Gleichungen nicht vergrößert wird.

Am Anfang der Saugperiode, also im Punkt B, wird der ganze Wasserring von den Laufschaufeln erfaßt mit der mittleren Geschwindigkeit $\omega(r_a + r_i)/2$; am Ende der Saugperiode ist die Geschwindigkeit nach dem Gesagten überall größer, nämlich gleich $\lambda\,\omega\,r_a$. Dies bedingt eine Verschmälerung des Wasserringes von der Dicke $l_1 = r_a - r_i$ bei B auf die Dicke bei D

$$l_2 = l_1 \frac{r_a + r_i}{2 r_a \lambda},$$

[1] Die Drucksteigerung in mm WS gegenüber dem lufterfüllten Saugraum beträgt am Anfang der Saugperiode, also im Punkt B (Abb. 360) gemäß Gl. (17) S. 42 bei Annahme unendlicher Zahl von Laufschaufeln

$$h_{p1} = \frac{\omega^2}{2g}(r_a^2 - r_i^2) = \frac{\omega^2}{2g} r_a^2 (1 - \nu^2)$$

am Ende der Saugperiode, also im Punkt D nach Gl. (12) S. 39

$$h_{p2} \approx \int\limits_{r = r_g - l_2}^{r = r_g} \frac{(\omega\,r_a)^2\,dr}{g\,r} = \frac{(\omega\,r_a)^2}{g} \ln \frac{r_g}{r_g - l_2},$$

oder weil — bei Voraussetzung gleichbleibender Geschwindigkeit im Sichelraum — nach Gl. (3) oben, sofern dort $\lambda = 1$ gesetzt wird, $r_g = r_a/4 \cdot (5 - \nu^2)$, nach Gl. (2) $l_2 = r_a(1 - \nu^2)/2$

$$h_{p2} \approx \frac{\omega^2}{g} r_a^2 \ln \frac{5 - \nu^2}{3 + \nu^2}.$$

Daraus ergibt sich

$$\frac{h_{p2}}{h_{p1}} = \frac{2 \ln \dfrac{5 - \nu^2}{3 + \nu^2}}{1 - \nu^2}.$$

Dieser Wert ergibt sich mit $\nu = r_i/r_a = 1/4$, $1/2$, $3/4$ zu 1,02 bzw. 1,01 bzw. 1,00, bleibt also praktisch unverändert gleich 1. Daraus folgt, daß am äußeren Rand des saugseitigen Wasserringes der Druck unverändert bleibt. Dies hängt damit zusammen, daß der Ring in dem Maße dünner wird, wie die Geschwindigkeit wächst.

wenn die Laufschaufelspitzen den Wasserring bei C gerade berühren. Bleiben wir bei letzterer Annahme, so ergibt sich das Schema der Abb. 361. In diesem liegen alle Abmessungen fest, wenn r_a und r_i bekannt sind. Nimmt man r_a als Längeneinheit, so lassen sich alle Größen dieser Abbildung dimensionslos in Abhängigkeit von $\nu = r_i/r_a$ ausdrücken, und zwar ergibt sich

$$\frac{l_1}{r_a} = 1 - \nu, \tag{1}$$

$$\frac{l_2}{r_a} = \frac{1}{2\lambda}(1 - \nu)(1 + \nu) = \frac{1}{2\lambda}(1 - \nu^2), \tag{2}$$

$$\frac{r_g}{r_a} = 1 + \frac{1}{2}\frac{l_2}{r_a} = 1 + \frac{1 - \nu^2}{4\lambda}, \tag{3}$$

$$\frac{e}{r_a} = \frac{1}{2}\frac{l_1}{r_a} = \frac{1}{2}(1 - \nu), \tag{4}$$

$$\frac{e'}{r_a} = \frac{1}{2}\frac{l_2}{r_a} = \frac{1}{4\lambda}(1 - \nu^2), \tag{5}$$

$$\frac{r_w}{r_a} = \frac{r_g - \frac{1}{2}(l_1 + l_2)}{r_a} = \frac{1}{2}(1 + \nu). \tag{5a}$$

Nach dieser Klarstellung wollen wir die vorhin angegebene Berechnung des erreichbaren Förderdruckes durchführen. Luft- und Hilfswasserstrom V_l bzw. V_w müssen zusammen durch einen beliebigen Querschnitt JKL (Abb. 361) hindurchtreten. Die Form dieses Querschnittes haben wir so gewählt, daß $\overline{JK} = r_a - r_i$ auf einem Radius des r_a-Kreises, KL auf einem Radius des r_g-Kreises liegt. Die Geschwindigkeit c senkrecht zu $\overline{KL} = r_g - y$ ist nach den obigen Feststellungen im Saugbereich gleich $\lambda\,\omega\,r_a$. Die mittlere Geschwindigkeit senkrecht zu $\overline{KJ} = r_a - r_i$ ist gleich $\omega(r_a + r_i)/2$. Sofern die Laufradspitzen bei C den Wasserring gerade berühren, sind sowohl der angesaugte Luftstrom V_{lI} als auch der Hilfswasserstrom V_w gleich dem von einer Laufschaufel in der Sekunde bestrichenen Raum

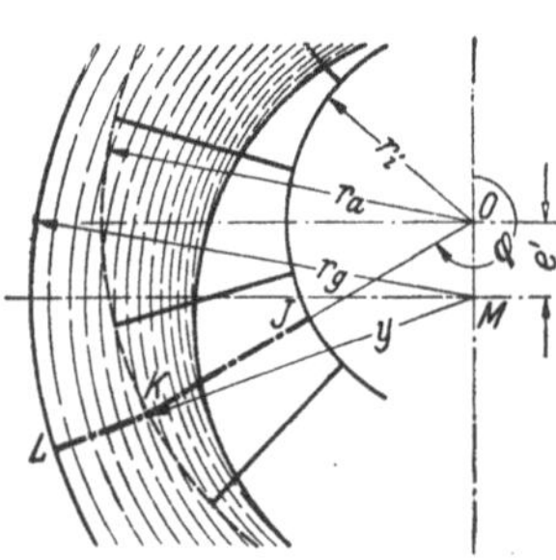

Abb. 361. Durchströmquerschnitt LKJ

$$V_{lI} = V_w = \frac{r_a + r_i}{2}\,\omega\,(r_a - r_i)\,b = \omega\,r_a^2\,\frac{1 - \nu^2}{2}\,b, \tag{6}$$

wobei das Fußzeichen I auf den Anfangszustand, d. h. den Ansaugedruck h_I (in mWS) bezogen und Undichtheitsverluste sowie der Förderverlust infolge Endlichkeit der Schaufeldicke s vernachlässigt sind. b bedeutet die axiale Schaufellänge.

Beim beliebigen Druck h ist dann, da wegen der Berührung mit dem Wasser isothermische Verdichtung angenommen werden kann,

$$V_l = V_{l\,I}\frac{h_I}{h} = V_w\frac{h_I}{h}. \tag{7}$$

Die Geschwindigkeit c über $\overline{LK} = r_g - y$ im Bereich der Druckseite ergibt sich aus der BERNOULLI-Gleichung

$$c^2 = (\lambda\,\omega\, r_a)^2 - 2g(h - h_I). \tag{8}$$

Diese gilt nur für den sichelförmigen Raum, also für den Querschnitt LK und nicht etwa KJ.

Hierbei ist der Druckanstieg im Wasserring in Richtung eines Halbmessers unberücksichtigt geblieben, weil der Druck nach Fußnote 1, S. 591, für jeden Stromfaden als gleichbleibend angesehen werden darf, so daß er herausfällt. Tatsächlich ist die Zulässigkeit dieser Annahme nur für den Saugbereich oben nachgewiesen. Trotzdem soll sie beibehalten bleiben, da das Ergebnis nur wenig beeinflußt werden dürfte.

Die Kontinuitätsgleichung für den betrachteten Querschnitt liefert jetzt

$$\text{Strom durch } LK + \text{Strom durch } KJ = V_w + V_l,$$

$$c(r_g - y)\,b + \omega\frac{r_a + r_i}{2}(r_a - r_i)\,b = V_w\left(1 + \frac{h_I}{h}\right)$$

$$= \omega\frac{r_a + r_i}{2}(r_a - r_i)\left(1 + \frac{h_I}{\lambda}\right)b$$

oder mit Benutzung von Gl. (8) nach kurzer Umformung

$$\left(\frac{2r_a(r_g - y)}{r_a^2 - r_i^2}\right)^2\left[\lambda^2 - \frac{2g\,h_I}{\omega^2 r_a^2}\left(\frac{h}{h_I} - 1\right)\right] = \left(\frac{h_I}{h}\right)^2. \tag{9}$$

Darin ist nach dem Cosinussatz, angewandt auf das Dreieck OKM

$$y^2 = r_a^2 + e'^2 - 2r_a e' \cos(\varphi° - 180°). \tag{9a}$$

Führt man in die beiden letzten Gleichungen die in Gln. (1) bis (5) angegebenen dimensionslosen Größen ein, so ergibt sich, wenn man gleichzeitig die Unbekannte h/h_I mit x bezeichnet,

$$A^2\left[\lambda^2 - \frac{1}{\varepsilon}(x - 1)\right] = \frac{1}{x^2}, \tag{10}$$

worin zur Abkürzung gesetzt ist

$$\varepsilon \equiv \frac{(\omega\, r_a)^2}{2g\,h_I}, \tag{11}$$

$$A \equiv \frac{2 + \dfrac{1 - \nu^2}{2\lambda} - 2\mathfrak{y}}{1 - \nu^2} \tag{12}$$

mit

$$\mathfrak{y} \equiv \frac{y}{r_a} \equiv \sqrt{1 + \left(\frac{1 - \nu^2}{4\lambda}\right)^2 - \frac{1}{2\lambda}(1 - \nu^2)\cos(\varphi° - 180°)}. \tag{12a}$$

Bei der Auflösung von Gl. (10) können wir den Beiwert ε als gegebenen Parameter betrachten. Dieser hat einen ähnlichen Aufbau wie der reziproke Wert der Druckziffer ψ (S. 148) und kann als Schnelligkeitszahl oder „Drehschnelle" bezeichnet werden.

Gl. (10) ist als Gleichung dritten Grades rein rechnerisch nur auf verhältnismäßig umständliche Weise lösbar. Recht einfach gestaltet sich aber die graphische Behandlung, wenn die linke und rechte Seite der Gleichung als getrennte Funktionen aufgetragen und zum Schnitt gebracht werden. Die linke Seite ist dann eine Gerade *I*, die mittels der beiden Koordinatenabschnitte leicht zu zeichnen ist, zudem sie stets noch durch den Punkt *1*, $\lambda^2 A^2$ geht (Abb. 362). Die rechte Seite stellt eine nur einmal zu zeichnende hyperbelähnliche Linie *II* dar. Von den 3 Schnittpunkten *1*, *2* und *3* ist nur Punkt *1* brauchbar, weil nur hier das Druckverhältnis x mit wachsendem φ, also abnehmendem A wächst.

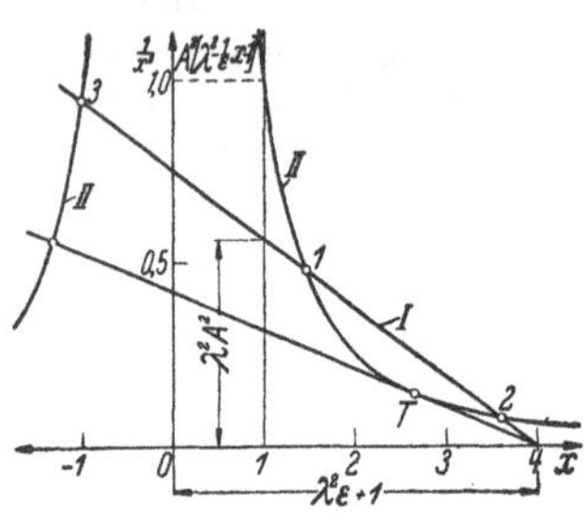

Abb. 362. Graphische Bestimmung von $x = h/h_I$

Mit wachsendem φ nähern sich die beiden Schnittpunkte *1* und *2*, um im Berührungspunkt T zusammenzufallen. Bei weiterer Zunahme von φ gibt es keine reelle Lösung mehr.

Das Auftreten zweier positiver Wurzeln $x > 1$ bzw. — im anderen Fall — das Fehlen einer reellen Lösung kann man sich am einfachsten erklären, wenn man die Wasser-Luft-Füllung sich als ein homogenes Gas vorstellt, was zulässig ist, wenn man die Gesamtströmung betrachtet. Dieses Gemisch hat wegen seines hohen spezifischen Gewichtes nach Gl. (53), S. 83[1], eine sehr niedrige Schallgeschwindigkeit, die stets im Bereich der hier auftretenden Wassergeschwindigkeiten liegt. Demnach muß, wie bei einer Lavaldüse, der Strömungsquerschnitt einer Verdichtungsströmung sich zunächst verengen, um nach Erreichung eines engsten Querschnittes sich wieder zu erweitern[2]. Daraus folgt zunächst, daß in jedem Querschnitt sowohl ein unterkritischer wie ein überkritischer Strömungszustand möglich ist. Der unterkritischen Strömung kommt aber keine physikalische Bedeutung zu, weil sich der Kanal stetig erweitern, also die Strömung im vorliegenden Fall im rückläufigen Sinn erfolgen müßte. Die vorliegende Verdichtungsströmung ist also „überkritisch". Ähnlich wie bei der Lavaldüse darf auch hier ein zulässiger engster Querschnitt nicht unterschritten werden, wenn die Strömung weiterbestehen soll. Dieser engste Querschnitt liegt ferner am Schluß des am weitesten getriebenen Verdichtungs-

[1] Vgl. auch C. Pfleiderer: Z. VDI 99 (1957) S. 1535/36

[2] Die vorliegende Strömung ist nur im Bereich des äußeren Sichelraumes frei, da sie im Bereich des Laufrades von diesem im positiven oder negativen Sinn beeinflußt wird. Demnach ist diese Heranziehung des Bildes einer Düsenströmung zum Verständnis des vorliegenden Verdichtungsvorganges nur für eine ganz allgemeine Orientierung geeignet

vorganges, weil im vorliegenden Fall der Gesamtquerschnitt sich durchgängig verengt. Das Ende des Verdichtungsvorganges ist äußerlich gekennzeichnet durch den Beginn der Ausschuböffnung in der Stirnwand.

Da also die „kritische" Geschwindigkeit die kleinstzulässige Geschwindigkeit ist (im Mittel genommen), so kann die Strömung auch

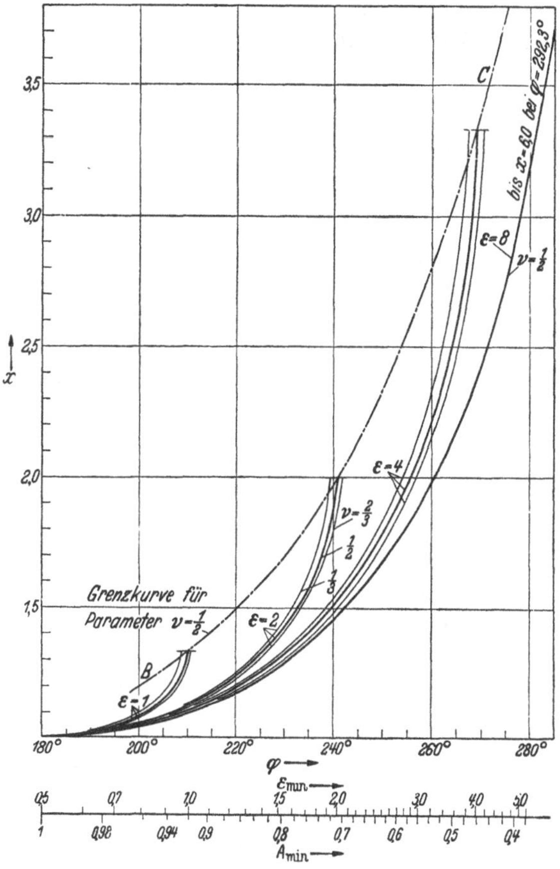

Abb. 363. Druckverhältnisse $\varkappa = h/h_I$ in Abhängigkeit vom Drehwinkel φ für die Nabenverhältnisse = 1/1,5, 1/2, 1/3 und die Drehschnellen ε = 1, 2, 4, 8. Beachte: Grenzkurve BC ist Linie größter Druckverhältnisse x und kleinster Drehschnellen ε

nicht bis zur Ruhe verlangsamt werden. Allerdings zeigen die nachher besprochenen Versuche, daß bei Unterschreitung des kritischen Querschnittes die Strömung sich hilft, indem weniger Luft angesaugt wird. Dadurch wird offenbar auch der notwendige Querschnitt herabgesetzt, und die Strömung kann weitergehen.

In Abb. 363 sind die Lösungen x der Gl. (10) in Abhängigkeit von φ aufgetragen, und zwar für die Parameter $\varepsilon = 1, 2, 4, 8$ und $\nu = 1/1{,}5$, $1/2$, $1/3$. Dabei ist $\lambda = 1$ gesetzt. Wie man sieht, ist der Einfluß von ν

recht gering. Diese Kurven haben praktische Bedeutung, weil sie dem Konstrukteur angeben, bis zu welchem φ sich die Drucköffnung erstrecken muß, damit der verlangte Enddruck gerade erreicht wird bzw. keine Überdrücke im Pumpengehäuse auftreten, die verlustbringend sein würden.

Jede dieser φ, x-Kurven endigt bei dem eben besprochenen kritischen Druckverhältnis. Die mathematische Behandlung dieses Grenzfalles, bei dem die Drehschnelle ε ihren für die verlangte Förderhöhe kleinstmöglichen Wert hat, führt zum kritischen Druckverhältnis

$$x_{\max} = \frac{2}{3}(\varepsilon\lambda^2 + 1), \tag{13}$$

das also vom Nabenverhältnis ν unabhängig ist. Daraus folgt

$$\varepsilon_{\min} = \left(\frac{3}{2}x - 1\right)\frac{1}{\lambda^2}, \tag{13a}$$

die den für Überwindung eines gegebenen Druckverhältnisses kleinstmöglichen Wert der Drehschnelle angibt. Mit $x = 1$ erhält man $\varepsilon_{\min} = 1/(2\lambda^2)$ als überhaupt kleinsten Wert von ε. Aus Gl. (13) folgt mit Bezug auf Gl. (11) als kleinstmögliche Umfangsgeschwindigkeit

$$(r_a\,\omega)_{\min} = \frac{1}{\lambda}\sqrt{(3x-2)\,g\,h_I} = \frac{1}{\lambda}\sqrt{g(3h - 2h_I)} \tag{14}$$

bzw. kleinstmögliche Drehzahl

$$n_{\min} = \frac{30\,\omega_{\min}}{\pi} = \frac{30}{\pi\,r_a\lambda}\sqrt{g(3h - 2h_I)}\,. \tag{14a}$$

Diese Gleichung ist recht geeignet, um zum gegebenen Förderdruck die Drehzahl zu erhalten. Der zugehörige Winkel φ könnte mittels des entsprechenden A-Wertes

$$A_{\min} = \frac{1}{x_{\max}}\sqrt{3 - \frac{2}{x_{\max}}} = \frac{3\sqrt{3}\,\lambda}{2}\sqrt{\frac{\varepsilon}{(\lambda^2\varepsilon + 1)^3}} \tag{15}$$

berechnet werden, indem durch Gl. (12) nach Annahme von ν der Wert $\mathfrak{y}$ und damit φ bestimmt würde. Am einfachsten ist dieser Zusammenhang zwischen φ und $x_{\max}$ aus der strichpunktierten Kurve BC in Abb. 363 zu entnehmen, die für $\nu = 1/2$, $\lambda = 1$ gezeichnet ist, aber für andere ν-Werte wenig abweicht. Die zu den φ-Werten gehörigen Drehschnellen $\varepsilon_{\min}$ und Größen A sind neben dem φ-Maßstab zu entnehmen[1].

Nachdem $x_{\max}$ bekannt ist, läßt sich auch die kleinste zulässige Geschwindigkeit im Sichelraum mittels der BERNOULLI-Gleichung bestimmen. Schreibt man Gl. (8) in der Form

$$\left(\frac{c}{\omega\,r_a}\right)^2 = \lambda^2 - \frac{x-1}{\varepsilon}, \tag{16}$$

[1] Für $\nu = 1$ wird A zunächst unbestimmt. Die Ableitung von Zähler und Nenner nach ν ergibt in diesem Fall

$$A = \frac{1}{2\lambda}[1 + \cos(\varphi^\circ - 180)].$$

so folgt mit $x = x_{max}$ aus Gl. (13)

$$\left(\frac{c_{min}}{\omega r_a}\right)^2 = \frac{1}{3}\left(\lambda^2 + \frac{1}{\varepsilon}\right). \tag{17}$$

Man sieht also, daß, wie oben schon festgestellt wurde, die Geschwindigkeit im Sichelraum niemals Null oder negativ werden kann.

Schließlich ist noch bemerkenswert, daß die φ, x-Kurven der Abb. 363 durchweg senkrecht endigen[1].

Ähnlichkeitsgesetz. Wie verhält sich nun die Pumpe tatsächlich bei Änderung des Förderdruckes bzw. der Drehzahl? In Abb. 364 sind

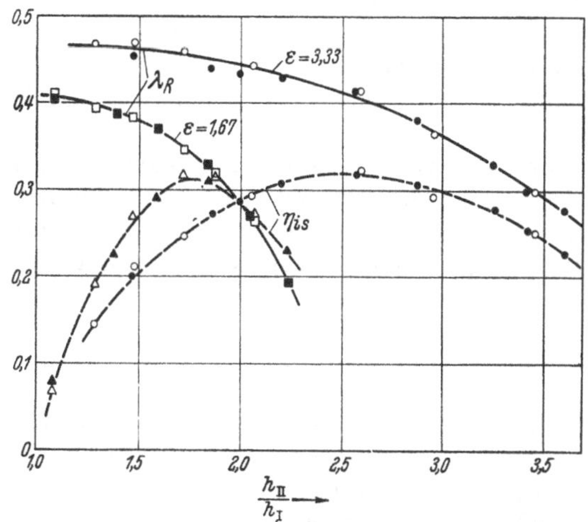

Abb. 364. Radausnutzung λ_R und isothermischer Wirkungsgrad als Funktion des Druckverhältnisses h_{II}/h_I mit der Drehschnelle ε der Gl. (11) als Parameter. Vakuumbetrieb: weiße Versuchspunkte; Kompressorbetrieb: schwarze Versuchspunkte (Ähnlichkeitsgesetz Dr. ENGELS SSW)

Versuchsergebnisse der Siemens-Schuckert-Werke an einer Pumpe mit den Abmessungen $r_a = 110$, $b = 40$ mm, $\nu = 0{,}64$, bei 12 geraden und senkrecht endigenden Laufradschaufeln wiedergegeben. Zum Druckverhältnis h_{II}/h_I als Abszisse sind folgende Größen aufgetragen:

1. Die von den SSW definierte „*Radausnutzung*"

$$\lambda_R = \frac{V_{1l}}{r_a^2 \pi b n},$$

[1] Die Ableitung von Gl. (10) nach φ liefert

$$2A\frac{dA}{d\varphi}\left(\lambda^2 - \frac{1}{\varepsilon}(x-1)\right) - \frac{A^2}{\varepsilon}\frac{dx}{d\varphi} = -\frac{2}{x^3}\frac{dx}{d\varphi}.$$

Darin ist nach (12)

$$\frac{dA}{d\varphi} = -\frac{2}{1-\nu^2}\frac{d\mathfrak{y}}{d\varphi} = \frac{\sin(\varphi^\circ - 180)}{2\lambda\mathfrak{y}}.$$

Setzt man ferner den für den kritischen Punkt geltenden Wert von x aus (13) und A aus (15) ein, so folgt $dx/d\varphi = \infty$.

die das Fördervolumen je Raumeinheit des vom Rad beanspruchten Raumes angibt und offenbar eine ähnliche Bedeutung hat wie der Liefergrad bei Kolbenpumpen. V_{1l} ist hierbei der auf den Ansaugedruck bezogene Förderstrom je Minute.

2. Der isothermische Kupplungswirkungsgrad η_{is} (S. 22).

Parameter ist die Drehschnelle ε der Gl. (11). Der Ansaugedruck variiert vom tiefen Vakuum (nicht ausgefüllte Versuchspunkte) bis zum Atmosphärendruck (ausgefüllte Versuchspunkte), so daß auch der Fall des Kompressors eingeschlossen ist.

Bemerkenswert ist zunächst das von den SSW (Dr. ENGELS) gefundene *Ähnlichkeitsgesetz*, wonach bei gleicher Drehschnelle ε und gleichem Druckverhältnis Liefergrad und Wirkungsgrad unabhängig von h_I bestehenbleiben, also offenbar auch der Strömungszustand der gleiche ist. Damit ist eine einheitliche Behandlung der Vakuum- und Überdruckpumpe wesentlich erleichtert.

Ferner ersieht man, daß der auf den Ansaugedruck bezogene Volumenstrom mit wachsendem Druckverhältnis abnimmt, obwohl das theoretische Ansaugevolumen hiervon unabhängig ist (da ja die Pumpe nach dem Verdrängerprinzip arbeitet). Gl. (13) gibt als größtes Druckverhältnis

$$\left(\frac{h_{II}}{h_I}\right)_{\max} = \frac{2}{3}(1 + \varepsilon).$$

Man sieht, daß die Pumpe tatsächlich über diese Grenze hinaus weiterfördert. Daß sie beim Überschreiten des kritischen Druckverhältnisses nicht abschnappt, wird also durch Verkleinerung des Förderstromes, d. h. von η_v, ermöglicht. Die zu den beiden eingetragenen Parametern $\varepsilon = 3{,}33$ und $1{,}67$ sich ergebenden Werte $(h_{II}/h_I)_{\max} = 2{,}9$ bzw. $1{,}78$ liegen aber bereits auf dem abfallenden Zweig des Wirkungsgrades, so daß empfohlen werden kann, die in Gl. (14a) angegebene Drehzahlgrenze nicht zu unterschreiten.

b) Innere Begrenzung des Wasserringes. Mit Hilfe des Zusammenhanges zwischen Winkel φ und Druckverhältnis $x = h/h_I$ kann man auch den Radiusvektor r_x der inneren Begrenzung des Wasserringes finden. Schreibt man nämlich die Kontinuitätsgleichung für den Luftstrom allein an, so findet sich *für die Druckseite*

$$b\,\frac{r_x + r_i}{2}\,\omega(r_x - r_i) = V_{lI}\,\frac{1}{x},$$

woraus mit Bezug auf Gl. (6)

$$r_x = \sqrt{(r_a^2 - r_i^2)\frac{1}{x} + r_i^2} \tag{18}$$

oder in dimensionsloser Schreibweise

$$\frac{r_x}{r_a} = \sqrt{(1 - \nu^2)\frac{1}{x} + \nu^2}. \tag{18a}$$

In Abb. 365 ist der sich ergebende Verlauf für $\varepsilon = 4, 2$ und 1 bei $\nu = 1/2$ und $\lambda = 1$ eingetragen. Setzt man in Gl. (18a) für x den Wert aus Gl. (13) ein, so folgt für den Radius des Endpunktes

$$\frac{r_{x\,\min}}{r_a} = \sqrt{\frac{3(1-\nu^2)}{2(\varepsilon\lambda^2+1)} + \nu^2}.$$

Von Interesse ist, daß diese Linien mit einer radialen Tangente endigen, weil nach der Fußnote 1, S. 597, an dieser Stelle $dx/d\varphi = \infty$ ist. Diese Feststellung ist ein weiterer Beitrag zur Klärung des Mechanismus des Versagens der Förderung. Dicht hinter dem Endpunkt muß die Drucköffnung beginnen, damit das Weiterströmen möglich ist (Abb. 367a).

Für die *Saugseite* ergibt sich die Begrenzung des Wasserringes aus der Kontinuitätsgleichung für den Wasserring allein, also aus

$$c(r_g - y) + \omega\frac{r_a + r_x}{2}(r_a - r_x)$$
$$= \frac{V_w}{b} = \omega\frac{r_a + r_i}{2}(r_a - r_i), \quad (19)$$

woraus mit $c = \lambda\,\omega\,r_a$

$$\frac{r_x}{r_a} = \sqrt{\frac{1+\nu^2}{2} + 2\lambda(1-\mathfrak{y})}. \quad (19\text{a})$$

Hierin wird $\mathfrak{y}$ wieder aus Gl. (12a) erhalten.

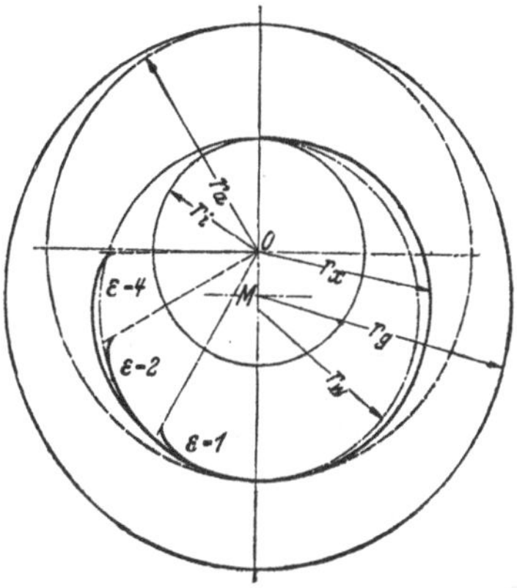

Abb. 365. Verlauf der inneren Begrenzung des Wasserringes bei $\nu = 1/2$ und $\varepsilon = 4, 2$ und 1

Der Vergleich mit der in Abb. 365 strichpunktiert eingetragenen Begrenzung nach einem Kreis vom Halbmesser r_w zeigt, daß der wirkliche Verlauf erheblich von der Kreisform abweicht, und zwar auf der Saugseite ausschließlich nach außen.

c) Schräglage der Wasserspiegel. Schaufelzahl. Infolge der von der Schaufel auf das Wasser ausgeübten Beschleunigung tritt eine Schrägstellung des Wasserspiegels in der einzelnen Schaufelzelle ein, so daß die Neigung nicht mit der Tangente an die aus der Kontinuitätsbedingung folgenden und im vorstehenden Abschnitt errechneten Bahnkurve übereinstimmt. Diese Schrägstellung darf sich nicht in den Sichelraum hinein erstrecken, weil sonst eine Vermischung zwischen Luft und Wasser eintreten könnte. Dadurch ist ein Mindestwert für die Schaufelzahl bedingt.

An dem an der freien Oberfläche befindlichen Wasserteilchen wirken folgende Beschleunigungen:

in *radialer Richtung*: die Zentrifugalbeschleunigung

$$b_r = r_x\,\omega^2$$

und die Relativbeschleunigung

$$b_w = -\frac{d^2 r_x}{dt^2} = -\frac{d^2 r_x}{d\varphi^2}\left(\frac{d\varphi}{dt}\right)^2 = -\frac{d^2 r_x}{d\varphi^2}\,\omega^2,$$

in der *Umfangsrichtung*: die CORIOLIS-Beschleunigung

$$b_u = 2\frac{d r_x}{dt}\,\omega = 2\frac{d r_x}{d\varphi}\,\frac{d\varphi}{dt}\,\omega = 2\frac{d r_x}{d\varphi}\,\omega^2.$$

Die resultierende Beschleunigung hat somit eine Neigung gegen den Umfang (Abb. 366) von

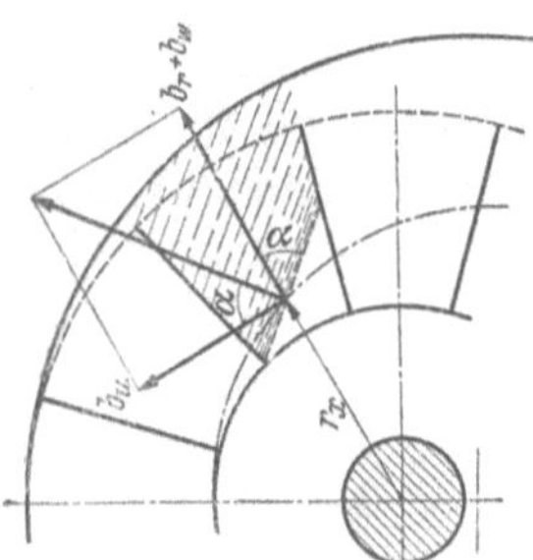

Abb. 366. Beschleunigung und Wasseroberfläche

$$\operatorname{tg}\alpha = \frac{b_r + b_w}{b_u} = \frac{r_x - \dfrac{d^2 r_x}{d\varphi^2}}{2\dfrac{d r_x}{d\varphi}}. \qquad (20)$$

Da ω herausfällt, ist α drehzahlunabhängig.

Auf die weitere rechnerische Verfolgung der Schräglage soll an dieser Stelle verzichtet werden. Sie ist in den beiden vorausgegangenen Auflagen soweit als möglich angegeben. Die Praxis muß sich im wesentlichen auf den Versuch stützen.

In Abb. 367 sind die errechneten Lagen der Wasseroberfläche eingetragen, wobei die Spiegelflächen als eben angenommen sind. Die größte Schrägstellung findet saugseitig etwa 30° hinter dem oberen Totpunkt, druckseitig kurz vor Erreichung des größtmöglichen Druckes statt. An diesen Stellen ist aber die Eintauchtiefe so groß, daß keine Gefährdung des Abschlusses besteht. Diese zeigt sich vielmehr an den Stellen geringer Eintauchtiefe, also in der Nähe des unteren Totpunktes, so daß sich offenbar empfiehlt, an diesem Totpunkt eine zusätzliche Tauchtiefe a (Abb. 368) als Sicherheit vorzusehen, wenn man sich nicht zu einer reichlich bemessenen Zahl der Schaufeln entschließt.

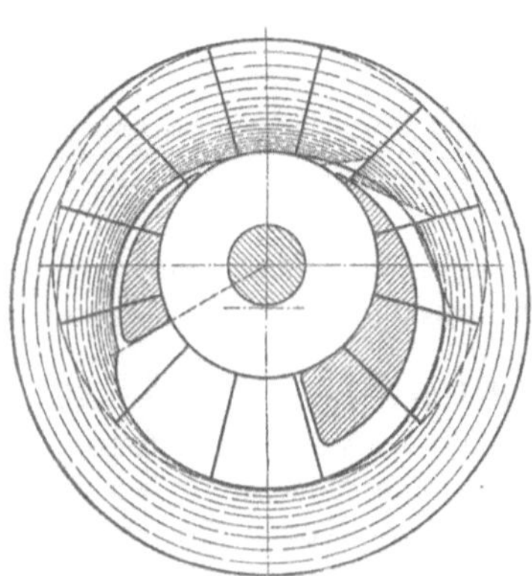

Abb. 367. Lage der Wasseroberflächen in den einzelnen Schaufelzellen und Begrenzung der Drucköffnung für $\nu = 1/2$, $\varepsilon = 2$

d) Form der Saug- und Drucköffnung. Die Saugöffnung ist strenggenommen fast über die ganze rechte Pumpenseite zu erstrecken. Die Drucköffnung muß genau bei dem Winkel φ beginnen, wo nach der Rechnung das verlangte Druckverhältnis erreicht ist (Abb. 363).

Im Bereich der Saug- und Drucköffnung handelt es sich jedesmal um eine Strömung gleichen Druckes. Die innere Begrenzung des Wasserringes verläuft also längs der Drucköffnung ähnlich, wie für die Saugseite in Gl. (19) ermittelt wurde. Beim Anschreiben der Kontinuitätsgleichung muß hier nur beachtet werden, daß in diesem Teil des äußeren Flächenzwickels die Geschwindigkeit c eine andere und durch Gl. (8)

bekannt ist. Dann folgt aus Gl. (19)

$$r_x^2 = \frac{2c}{\omega}(r_g - y) + r_i^2$$

oder in dimensionsloser Form nach Gl. (16) und (3)

$$\left(\frac{r_x}{r_a}\right)^2 = 2\left(1 + \frac{1-\nu^2}{4\lambda} - \mathfrak{y}\right)\sqrt{\lambda^2 - \frac{x-1}{\varepsilon}} + \nu^2 \tag{21}$$

oder, wenn an die äußerste Grenze der Verlangsamung gegangen wird, nach Gl. (13)

$$\left(\frac{r_x}{r_a}\right)^2 = 2\left(1 + \frac{1-\nu^2}{4\lambda} - \mathfrak{y}\right)\sqrt{\frac{1}{3}\left(\lambda^2 - \frac{1}{\varepsilon_{\min}}\right)} + \nu^2. \tag{21a}$$

Nach einer der beiden vorstehenden Gleichungen kann die innere Begrenzung des Wasserringes im Bereich der Drucköffnung eingetragen werden, wenn $\mathfrak{y}$, d. h. φ, variiert wird. Die äußere Begrenzung der Drucköffnung hat diesem Verlauf wegen der Schrägstellung der Wasserspiegel in einem solchen Abstand zu folgen, daß die gewünschte Tauchtiefe a erhalten bleibt (Abb. 367a).

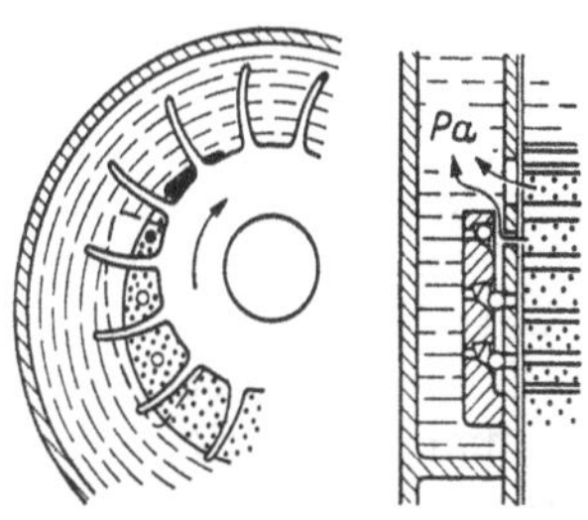

Abb. 367a. Ausbildung der Drucköffnung als Steuerscheibe mit selbsttätig wirkenden Kugelventilen (SSW)

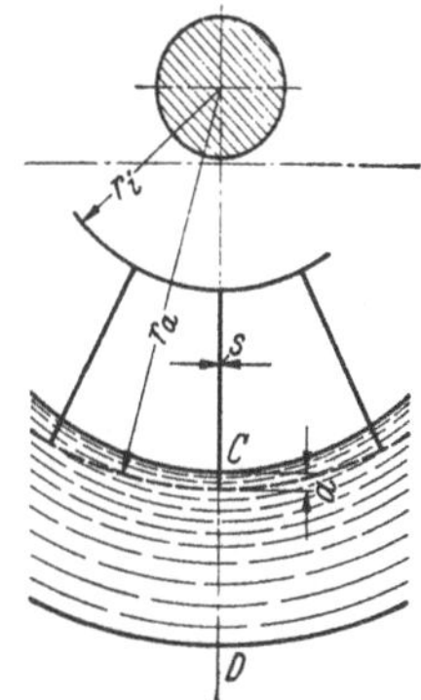

Abb. 368. Zusätzliche Eintauchtiefe a

Für die Saugöffnung bildet der nach Gl. (19a) festzulegende Verlauf des Wasserringes lediglich die äußere Grenze, weil reichlich viel Raum zur Unterbringung der notwendigen Fläche vorhanden ist.

Die SSW passen die Veränderung des Beginns des Ausschiebens dem wechselnden Enddruck durch Verwendung der in Abb. 367a angegebenen Kugelventile an, die besonders bei hohem Druckverhältnis, also bei hohen Luftleeren der Vakuumpumpe zu empfehlen sind.

e) **Berücksichtigung von Wanddicken und Spaltweiten.** In der wirklichen Pumpe haben die Laufschaufeln endliche Dicken s, ebenso ist bei C (Abb. 368) eine Eintauchtiefe a zweckmäßig. Würden keine Spalte an den seitlichen Stirnflächen der Nabe und der z Laufschaufeln bestehen, längs welcher Undichtheitsluft von der Drucköffnung zur Saugöffnung zurücktritt, ferner kein Druckabfall im Pumpenraum gegenüber der Meßstelle am Saugstutzen vorhanden sein, so betrüge der angesaugte Gasstrom

$$(V_{II})_{\text{theor}} = \left[(r_a - a)^2 - r_i^2 - \frac{z}{\pi}(l_1 - a)\,s\right]\frac{b\,\omega}{2} \tag{22}$$

oder in dimensionsloser Schreibweise mit $a/r_a = \alpha$, da α^2 gegen 1 vernachlässigt werden kann:

$$(V_{II})_{\text{theor}} = \left[1 - 2\alpha - \nu^2 - \frac{z}{\pi}(1 - \nu - \alpha)\frac{s}{r_a}\right]\frac{b\,r_a^2\,\omega}{2}. \tag{22a}$$

Berücksichtigt man Undichtheiten und Ansaugewiderstände durch Einführung des volumetrischen Wirkungsgrades η_v, so ist der wirklich angesaugte Gasstrom

$$V_{lI} = \eta_v (V_{lI})_{\text{theor}}, \tag{22b}$$

wobei η_v nach der Erfahrung geschätzt werden muß.

Auf die erreichbare Druckhöhe h_{II} dürften die Eintauchtiefe a und endliche Schaufeldicke s wenig Einfluß haben, ebenso wie sich hierauf eine Änderung von r_i, d. h. von ν, nach Abb. 363 als fast wirkungslos erwiesen hat. In die Rechnung ist dann der wirkliche Radhalbmesser r_a einzusetzen[1].

Man findet bei vielen Ausführungen auch ein radiales Spiel x bei B (Abb. 360). Dadurch tritt ein teilweiser Druckausgleich zwischen der Zone hohen Druckes links und der Zone niederen Druckes rechts ein. Einen ähnlichen Einfluß hat auch schon der endliche Schaufelabstand. Die Folge ist eine Vergrößerung des Hilfswasserstromes, die sich aber günstig auszuwirken scheint. Beachtlich ist die Vergrößerung des Gehäusedurchmessers um $2x$.

f) Nutzleistung und Wirkungsgrad. Die Nutzleistung der Pumpe in mkp/s beträgt bei Zugrundelegung isothermischer Verdichtung

$$N_n = P_I V_{lI} \ln \frac{P_{II}}{P_I} = 1000 h_I V_{lI} \ln \frac{h_{II}}{h_I}, \tag{24}$$

wenn P_{II}, P_I (in kp/m²) oder h_{II}, h_I (in mWS) Austritts- und Eintrittsdruck der Pumpe bedeuten. Die angesaugte Luft hat wegen der Anwesenheit des Hilfswassers und dessen erhöhter Temperatur einen hohen Feuchtigkeitsgehalt. Der Sättigungsgrad dürfte zu fast 100% anzusetzen sein. Zu beachten ist, daß für P_I oder h_I die Teildrücke der Luft einzusetzen sind (S. 587), weil der Wasserdampf bei isothermischer Drucksteigerung kondensiert. Dieser Gesichtspunkt ist bei kleinen Ansaugedrücken, also insbesondere Vakuumpumpen wichtig.

g) Zahlenbeispiel. Eine Wasserring-Luftpumpe ist für $V_{lI} = 0{,}05\,\text{m}^3/\text{s}$, $h_I = 4$, $h_{II} = 12$ m Wassersäule (absolut) zu berechnen.

Die Wellenleistung in PS beträgt nach Gl. (24)

$$N = \frac{1000}{\eta_{is} \cdot 75} h_I V_{lI} \ln \frac{h_{II}}{h_I},$$

woraus, wenn $\eta_{is} = 0{,}3$ geschätzt und die gegebenen Zahlen eingesetzt werden, $N = 9{,}7$ PS.

Bei den folgenden Auswertungen setzen wir überall $\lambda = 1$.

Die kleinstmögliche Umfangsgeschwindigkeit des Rades beträgt nach Gl. (14)

$$r_a \omega = \sqrt{9{,}81(3 \cdot 12 - 2 \cdot 4)} = 16{,}6\ \text{m/s}.$$

[1] Der Einfluß der Eintauchtiefe a bzw. von $\alpha = a/r_a$ auf den Förderdruck läßt sich aber genau verfolgen, wenn bei Auflösung der Gl. (10), die unverändert bleibt, gesetzt wird

$$A = \frac{2 + \frac{1-\nu^2}{2\lambda} - \alpha - 2\mathfrak{y}}{(1-\alpha)^2 - \nu^2}, \tag{23}$$

$$\mathfrak{y} = \sqrt{1 + \left(\frac{1-\nu^2}{4\lambda} - \frac{\alpha}{2}\right)\left(\frac{1-\nu^1}{2\lambda} - \alpha\right)\cos(\varphi^\circ - 180)}. \tag{23a}$$

Dieser Wert kann beibehalten werden, da λ etwas größer als Eins sein dürfte, also eine ausreichende Sicherheit vorliegt. Damit wird die Drehschnelle

$$\varepsilon = \frac{(r_a\,\omega)^2}{2g\,h_I} = \frac{16{,}6^2}{2g\cdot 4} = 3{,}50 = \varepsilon_{\min}.$$

Hinsichtlich der Abmessungen des Rades soll vorgeschrieben werden: $\nu = 0{,}5$, $z = 12$, $s/r_a = 0{,}06$. Auch eine Eintauchtiefe a entsprechend $\alpha = 0{,}02$ soll berücksichtigt werden (weil wir ihren geringen Einfluß auf die Druckhöhe vernachlässigen können). Nimmt man dann noch $\eta_v = 0{,}7$, so folgt aus Gl. (22a) und (22b), also aus

$$0{,}05 = \eta_{lv}(V_{II})_{\text{theor}}$$

$$= 0{,}7\left[1 - 0{,}04 - 0{,}5^2 - \frac{12}{\pi}(1 - 0{,}5 - 0{,}02)\,0{,}06\right]\frac{b\,r_a^2\,\omega}{2}$$

nach Einsetzen des oben bestimmten Wertes $r_a\,\omega = 16{,}6$

$$b\,r_a = \frac{2\cdot 0{,}05}{0{,}8\cdot 0{,}60\cdot 16{,}6} = 0{,}01435\,\text{m}^2.$$

Nimmt man $n = 1450$, also $r_a = 16{,}6\cdot 30/1450\,\pi = 0{,}109$ m, so wird

$$b = \frac{0{,}01435}{0{,}109} = 0{,}1316\,\text{m} = 131{,}6\,\text{mm}.$$

Ferner sind jetzt bekannt

$$r_i = 0{,}5\cdot 109 = 54{,}4\,\text{m}, \qquad a = 0{,}02\cdot 109 = 2{,}2\,\text{mm},$$

$$s = 0{,}06\cdot 109 = 6{,}5\,\text{mm}.$$

Aus Abb. 363 ergibt sich (da der Betriebspunkt auf der Grenzkurve BC liegt) zu den bekannten Werten $x = h_{II}/h_I = 3$ oder $\varepsilon_{\min} = 3{,}5$ für den Winkel, bei dem das Ausschieben einsetzt, also die Austrittsöffnung beginnen muß, $\varphi = 267°$.

Die äußerste Begrenzung der Saugöffnung folgt nach Gl. (19a) und entsprechend die äußerste Begrenzung der Drucköffnung nach Gl. (21a). Die Drucköffnung läßt man dem erhaltenen Verlauf erst in einigem Abstand folgen, um den Übertritt von Hilfswasser in die Druckleitung einzuschränken.

Zusätzliche Bemerkung. Nimmt man $\lambda \neq 1$, wie beispielsweise bei Vorwärtskrümmung der Schaufelenden, so bleibt das Verfahren gleich. Es ändert sich nur die Bestimmung des Winkels φ, bei dem das Ausschieben beginnt und den man jetzt auf dem Umweg über den Wert $A_{\min}$ der Gl. (15) erhält. Dabei ist wieder das Vorhandensein der Eintauchtiefe a nicht berücksichtigt. Dieses könnte aber nach dem in der Fußnote S. 602 angegebenen Verfahren, also mittels Gl. (23) und (23a) geschehen.

Die ungleiche Druckverteilung längs des Radumfanges hat die Entstehung einer beachtlichen Wellenbelastung zur Folge. Bei mehrstufigen Pumpen läßt sich diese weitgehend dadurch ausgleichen, daß die aufeinanderfolgenden Stufen um 180° versetzt werden. Obere Druckgrenze bei zweistufigen Kompressoren 6,5 atü, $(\eta_{\text{is}})_{\max} = 55\%$.

Bei Ansaugedrücken unter 30 Torr (1 Torr = 1 mm Quecksilbersäule) also bei etwa 96% Vakuum wird die Wasserringpumpe unwirtschaftlich. Durch Einschaltung einer mit atmosphärischer Luft betriebenen Strahlpumpe in die Saugleitung wird der Betrieb zwischen 5 und 30 Torr wirtschaftlich möglich[1].

II. Fall der Wasserförderung

Bei *Wasserförderung* ist zwar der Ansaugevorgang der gleiche, aber nicht der Ausschubvorgang. Auf der Druckseite, also der sich verengenden linken Hälfte des Sichelraumes zwischen Rad und Gehäuse, muß offenbar das Wasser wegen seiner Volumenbeständigkeit sich beschleunigen, *also der Druck sich senken*. Erst wenn Verbindung mit der Drucköffnung hergestellt ist, kann eine Steigerung des Druckes erzielt werden, weil durch das Ausschieben eine Verlangsamung der Strömung im Sichelraum möglich ist. Hieraus folgt, daß im Fall der Wasserförderung es zweckmäßig ist, die Drucköffnung nicht weit von Gehäusemitte beginnen zu lassen, obwohl dadurch die Luftsaugfähigkeit beeinträchtigt wird.

Außerdem muß das Wasser entgegen der Fliehkraft durch das Laufrad zur Drucköffnung treten. Durch letzteren Umstand entsteht zwar eine Turbinenwirkung, die eine Rückgabe von Arbeit an das Rad bedeutet. Aber die Förderhöhe verringert sich um den Spaltüberdruck.

In den wenigen Fällen, wo eine Wasserringpumpe mit exzentrischem Läufer für Flüssigkeitsförderung zu verwenden ist (Kühlmittelpumpen), bauen die SSW einen Verbindungskanal zwischen dieser Stelle (Punkt C in Abb. 360) und der in Nabennähe befindlichen Drucköffnung ein. Dieser Leitkanal bringt die Strömung unter Umgehung des Laufrades also ungeschwächt nach der Austrittsöffnung und wird im Fall des Lufteinbruches wasserfrei, so daß der Übergang zur reinen Luftförderung gesichert ist.

Grundsätzlich ist aber die normale Wasserringpumpe für Wasserförderung wenig geeignet. In dieser Hinsicht verhält sich die anschließend zu besprechende Seitenkanalpumpe wesentlich günstiger.

B₂. Die Seitenkanalpumpen

Die Seitenkanalpumpen[2] sind hauptsächlich von der Firma *Siemen* und *Hinsch* m.b.H., Itzehoe (Holstein), entwickelt und als Sihi-Pumpen eingeführt worden. Auch bei diesen wird ein durch ein sternförmiges Laufrad bewegter Wasserring zur Steuerung der Absaugung verwendet. In Abb. 369 ist eine zweistufige Ausführung der ursprünglichen

---

[1] Siemens Z. 34 (1960) Heft 3, S. 150—155

[2] RITTER, C.: Über selbstansaugende Kreiselpumpen. Leipzig: Dr. M. JÄNECKE 1930. — K. A. SCHMIDT: Über luftansaugende Kreiselpumpen. Diss. Techn. Hochschule Hannover 1932. — W. SCHMIEDCHEN: Untersuchung über Kreiselpumpen mit seitlichem Ringkanal. Diss. Techn. Hochschule Dresden 1932. — H. ENGELS: Untersuchungen an Ringpumpen (Seitenkanalpumpen). Diss. Techn. Hochschule Hannover 1940

Bauform dargestellt. Das Rad *a*, das wieder möglichst dicht an den beiderseitigen Gehäusewänden anläuft, sitzt aber jetzt konzentrisch zum Gehäuse. Dafür ist in Höhe des Radumfanges ein offener Kanal *b* in einer oder beiden Gehäusewänden ausgespart, der *Seitenkanal*, der über der Saugöffnung *c* beginnt und über der Drucköffnung *d* endigt, also an einer Stelle unterbrochen ist. Er kann über seine ganze Länge konzentrisch zur Radachse liegen (im Gegensatz zu Abb. 369a) und hat im mittleren Teil gleichbleibenden Querschnitt, der nach den Enden zu, also im Bereich der Saug- und Drucköffnung, allmählich ausläuft. (Vgl. auch Abb. 371, 374ff.)

Im Falle der Luftförderung bildet das im Gehäuse verbliebene Wasser einen Wasserring, der im Bereich des Seitenkanals einen ver-

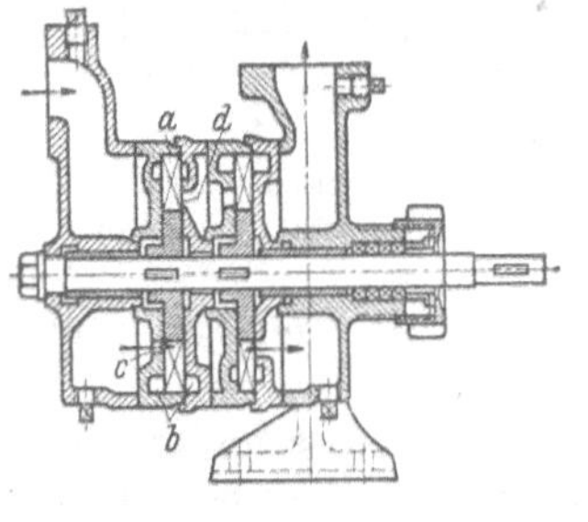

Abb. 369

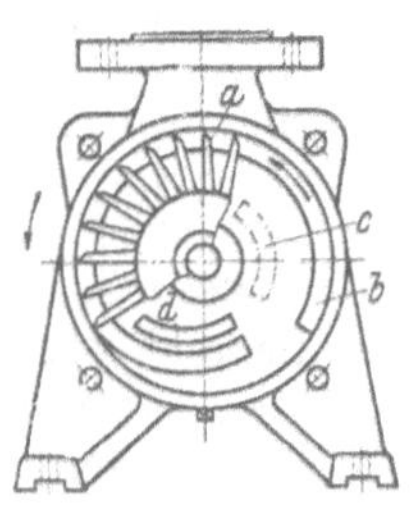

Abb. 369a

Abb. 369 und 369a. Zweistufige Sihi-Pumpe

größerten Querschnitt zur Verfügung hat. Also muß hier sein Innenrand aus Kontinuitätsgründen sich von der Radnabe entfernen und einen Zwischenraum gegenüber der Nabe bilden, der dann von der Saugöffnung in Drehrichtung fast über den ganzen Umfang bis zur Drucköffnung reicht. Durch die Exzentrizität des inneren Randes des Wasserringes ist offenbar der gleiche Fördervorgang wie bei der vorher behandelten Wasserringpumpe bedingt. Der Unterschied besteht darin, daß die zum Pumpvorgang nötige exzentrische Lage des Innenrandes nicht mehr durch eine entsprechende Führung des Gehäusemantels, sondern durch seitliche Aussparungen in dem im übrigen konzentrischen Gehäuse erzwungen wird. Diese Aussparungen sind dann nichts anderes als eine andere Ausführungsform des Sichelraumes der früher behandelten Wasserringpumpe.

Diese seitliche Anbringung des „Sichelraumes“ hat aber eine beträchtliche Auswirkung. Durch sie verstärkt sich nämlich der schon wiederholt erwähnte Impulsaustausch zwischen Rad und Leitkanal (S. 77, 359), so daß der Druck längs des Seitenkanals trotz gleichbleibenden Querschnittes rasch wächst und bei Wasserförderung Förderhöhen vom 5- bis 15fachen dessen erzielt werden, was Kreiselpumpen gleicher Umfangsgeschwindigkeit erreichen. Ritter hat die Drücke in den seitlichen Leitkanälen verfolgt und erhielt den in Abb. 370 angegebenen Verlauf der Drücke in Abhängigkeit der abgewickelten

Kanallänge. Die Strecke A entspricht hierbei dem über dem Saugschlitz liegenden Kanalstück, die Strecke B dem eigentlichen Leitkanal, die Strecke C dem über dem Austrittsschlitz liegenden Kanalstück, die Strecke D dem Verlauf im Austrittskanal. Die Drucksteigerung ist der Länge des Seitenkanals proportional. Wurde der Leitkanal auf die Länge B abgedeckt, so blieb die Druckzunahme, wie die gestrichelte

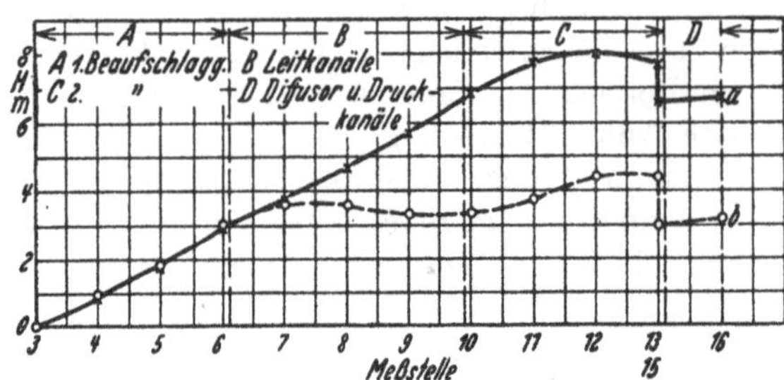

Abb. 370. Druckverlauf im Seitenkanal in Abhängigkeit der abgewickelten Kanallänge
——— offener Seitenkanal, – – – – abgedeckter Seitenkanal

Linie erkennen läßt, über dem abgedeckten Teil fast ganz aus, um anschließend wieder einzusetzen.

Dieses günstige Verhalten gilt nur für Wasserförderung. Bei Luftverdichtung steht der in den einzelnen Laufzellen befindliche Wasserkörper innen unter Luftdruck. Das dort befindliche Luftvolumen müßte seinen Druck gleichlaufend erhöhen, wenn sich der Druckanstieg des Seitenkanals auswirken sollte. Aus diesem Grund hat sich die Seitenkanalpumpe fast nur für Wasserförderung mit Selbstsaugefähigkeit eingeführt, wo sie neben dem Vorteil der Selbstsaugefähigkeit auch die Möglichkeit der Verwirklichung sehr kleiner spezifischer Drehzahlen bietet. Ihre Eigenschaften als Verdichter sollen deshalb hier nicht weiter behandelt werden, nachdem das Grundsätzliche hierüber bereits gesagt ist.

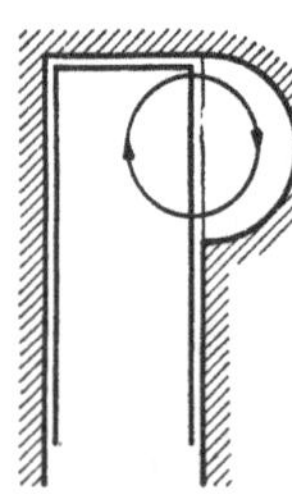

Abb. 371. Umlaufströmung zwischen Laufrad- und Seitenkanal infolge Fliehkraftwirkung

a) Theorie der Seitenkanalpumpen für Wasserförderung. In der Schaufelzelle folgt die Strömung angenähert dem Gesetz gleicher Winkelgeschwindigkeit jedes Teilchens (das S. 41 durch Abb. 25 veranschaulicht ist), im Seitenkanal dagegen angenähert dem Gesetz des gleichen Dralles entsprechend Abb. 22, S. 38. Aus der Verschiedenheit der Druckverteilung im Rad und Kanal entsteht eine starke Umlaufströmung nach Art der in Abb. 371 dargestellten. Über diese Umlaufbewegung lagert sich eine zweite, die durch den Schaufeldruck auf das Wasser, d. h. den Druckunterschied auf Vorder- und Rückseite der Schaufel hervorgerufen wird und in Abb. 372 durch die Abwicklung eines Zylinderschnittes dargestellt ist. Ihre Wirkung ist zwar geringer als die der ersterwähnten Umlaufströmung, aber insofern beachtlich, als sie über die ganze radiale Breite des Seitenkanals beschleunigend wirkt. Die entstehende Umlaufströmung zwischen Laufrad und Seitenkanal gibt ihre Überschußenergie (die durch ihre Übergeschwindigkeit in Umfangsrichtung gegenüber der Durchflußgeschwindigkeit im Seitenkanal bedingt ist) fortlaufend an den Inhalt des Seitenkanals durch Vermischung ab. Durch diesen Mischungsvorgang wird die ganze nutzbare Energieübertragung bewerkstelligt[1].

Demnach geschieht die Arbeitsleistung dieser Pumpe durch Impulsaustausch, ähnlich wie dies auch bei der Strahlpumpe der Fall ist (mit dem Unterschied, daß dort ein größerer Geschwindigkeitsunterschied der sich vermischenden Strömungen, also größere Mischungsverluste vorliegen wie hier). Nur beim Durchströmen des Laufrades zwischen Saugöffnung und Anlaufteil des Seitenkanals findet eine Arbeitsübertragung durch Fliehkraftwirkung statt, die aber beim radial einwärts gerichteten Überströmen zur Drucköffnung wieder herausgenommen wird, also wegfällt[2].

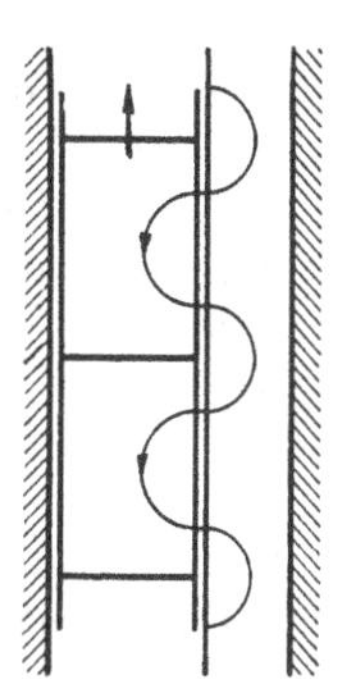
Abb. 372. Umlaufströmung zwischen Laufrad und Seitenkanal infolge des Schaufeldruckes

Hiernach wäre es jedenfalls unzulässig, den Vorgang wie im letzten Abschnitt, also so zu behandeln, als ob die Drucksteigerung durch die der Seitenkanalströmung mitgeteilten Bewegungsenergie ermöglicht würde. Vielmehr vollzieht sich die Energieübertragung über die ganze Länge des Seitenkanals durch Vermischung zweier Strömungen, und für diesen Vorgang ist der Impulssatz zuständig. Bei dessen Anwendung setzen wir voraus, daß der Seitenkanal konzentrisch zur Drehachse und mit konstantem Querschnitt f verläuft. Dann liegt eine achsensymmetrische Strömung vor, sofern auch die Umlaufströmung Achsensymmetrie besitzt. Letzteres muß aber angenommen werden (abgesehen von der Anlauf- und Auslaufstrecke), obwohl der Druck im Seitenkanal in Strömungsrichtung steigt, weil die (allseitig abgeschlossenen) Schaufelzellen in jedem Augenblick den Druck des Seitenkanals annehmen, also gleichfalls zunehmenden Druck in Drehrichtung aufweisen. Die Intensität der Umlaufbewegung ist hiernach nur von den Strömungswiderständen des Umlaufweges abhängig, die über den ganzen Umfang dieselben sind. In dieser Beziehung besteht Ähnlichkeit mit dem Ankerstrom im Kurzschlußläufer eines Asynchronmotors.

Nimmt man als Kontrollflächen neben den Wänden des Seitenkanals zwei benachbarte Querschnitte, die den kleinen mittleren Abstand dl haben, und berücksichtigt man, daß wegen der Achsensymmetrie die Fördergeschwindigkeit c_v im Seitenkanal am Anfang und Ende der Kontrollfläche gleich ist, also die diesbezüglichen Impulse sich in

[1] Es gibt noch eine zweite Theorie, welche die Arbeitsübertragung durch reine Reibungswirkung zwischen den Flüssigkeiten im Rad und Seitenkanal zu erklären sucht; vgl. H. W. Iversen: Performance of the Periphery Pump, Trans. Amer. Soc. mech. Engrs. 77 (1955) S. 19—28

[2] Dieser Verlust wird durch das in Abb. 369a ersichtliche Abbiegen des Endes des Seitenkanals verringert (DRP. 413435 der Firma *Siemen* und *Hinsch*). Bei den unter c S. 615 und C S. 617ff. beschriebenen Anordnungen, welche heute allein üblich sind, ist er ganz vermieden

Umfangsrichtung aufheben, so bleiben als wirksame Impulse nur die an der Seitenwand des betrachteten Wasserkörpers ein- und austretenden Impulse der Umlaufbewegung, die aber wegen der Achsensymmetrie lediglich eine Drucksteigerung, aber keine Geschwindigkeitszunahme hervorrufen können. Wir schreiben den Impulssatz unter Annahme eines geradlinigen Kanals an und erhalten als Gleichgewichtsbedingung in Kanalrichtung

$$p f + K_1 = (p + dp) f + K_2 + R$$

oder

$$f\,dp = K_1 - K_2 - R.$$

Hierin sind K_1 und K_2 die Umfangskomponenten der Kräfte des ein- und austretenden Impulses, R die Reibungskraft an der Kanalwand, die aber vorläufig vernachlässigt werden soll, f der Querschnitt des Seitenkanals, p der Druck, dp die Druckzunahme auf die Kanallänge dl.

Hat der Umlaufstrom (Austauschstrom) auf die Einheit der Kanallänge die Stärke a (in m³/sm) und in Umfangsrichtung die mittlere Geschwindigkeitskomponente c_{au} beim Übertritt vom Laufrad zum Seitenkanal, so ist

$$K_1 = \frac{\gamma}{g}\, a\, dl\, c_{au}$$

und sofern die Umlaufströmung beim Wiedereintritt in das Laufrad die Eigengeschwindigkeit c_v des Förderstromes angenommen hat,

$$K_2 = \frac{\gamma}{g}\, a\, dl\, c_v.$$

Dann gibt die angeschriebene Gleichgewichtsbedingung

$$dp = \frac{\gamma}{g}\,\frac{a}{f}\,(c_{au} - c_v)\, dl.$$

Der Druck im Seitenkanal steigt also linear mit dem zurückgelegten Kanalweg an, was durch Messungen durchaus bestätigt wird. Der gesamte Druckanstieg über die Kanallänge l beträgt

$$\Delta p \doteq \frac{\gamma}{g}\,\frac{a\,l}{f}\,(c_{au} - c_v)$$

und die Förderhöhe (H)

$$(H) = \frac{\Delta p}{\gamma} = \frac{a\,l}{g\,f}\,(c_{au} - c_v). \tag{28}$$

Dabei ist die Klammer um H vorgesehen, weil die Wandreibung im Seitenkanal einschl. Zu- und Ablauf noch unberücksichtigt ist. Die so definierte Förderhöhe (H) sei als *indizierte Förderhöhe* bezeichnet.

Die Geschwindigkeit c_v soll den Mittelwert über den Querschnitt des Seitenkanals darstellen. Dann ist sie lediglich abhängig vom Förderstrom V gemäß

$$V = f\, c_v. \tag{29}$$

Durch das Hinzutreten des Umlaufstromes $a\,l = A$ ist keine zusätzliche Querschnittsbeanspruchung bedingt, weil ebensoviel Umlaufstrom ein- wie austritt.

Ändert sich der Förderstrom V, also c_v, so bleibt die Umlaufströmung praktisch unverändert, weil sie nur von den Strömungswiderständen (also der Form der Laufschaufeln und des Seitenkanals) und nicht vom Druck im Seitenkanal abhängig ist. Hierbei ist außer acht gelassen, daß die Stoßkomponente beim Wiedereintritt der Umlaufströmung in das Laufrad, nämlich $u - c_v$ sich ändert. Diese Vereinfachung erweist sich als zulässig, weil andererseits der Anlaufweg im Seitenkanal für die volle Ausbildung der Umlaufströmung sich mit abnehmendem c_v verkürzt und der Druckunterschied im Seitenkanal am großen und kleinen Halbmesser, der der Umlaufbewegung der Abb. 371 entgegenwirkt, ebenfalls abnimmt. Der Umlaufstrom, also die Größen a und c_{au}, sind deshalb Werte, die einer bestimmten Pumpe und Drehzahl eigentümlich sind[1]. Setzt man in Gl. (28) den Wert von c_v aus Gl. (29) ein, so folgt mit $a\,l = A$

$$(H) = \frac{A}{g\,f}\left(c_{au} - \frac{V}{f}\right). \qquad (30)$$

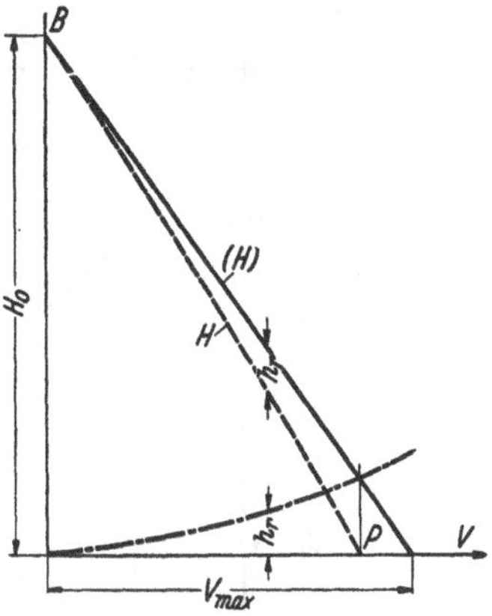

Abb. 373. Einfluß der Reibungsverluste auf den Verlauf der Drosselkurven einer Seitenkanalpumpe

Hiernach ist die Drosselkurve der Seitenkanalpumpe eine Gerade. Dies wird durch Versuche (Abb. 374, 375) voll bestätigt, wenn man noch berücksichtigt, daß der Reibungsverlust h_r im Seitenkanal (einschl. des Verlustes in den Verbindungskanälen zum Saug- und Druck-

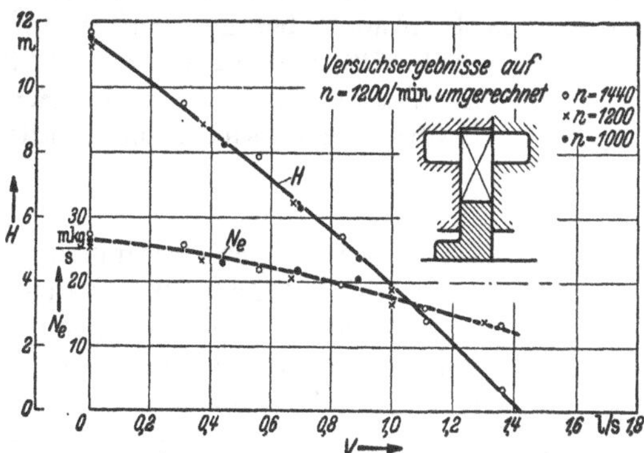

Abb. 374. Kennlinien einer einstufigen Sihi-Pumpe mit doppelseitig angeordnetem Seitenkanal nach Versuchen von RITTER (auf $n = 1200$ U/min umgerechnet. Radienverhältnis des Leitkanals wie in Abb. 369 u. 369a)

stutzen), der parabolisch mit V wächst, noch in Abzug zu bringen ist (Abb. 373). Aus dem Verlauf der (H)-Geraden können die Größen

[1] Da für Wasserringpumpen auch das Affinitätsgesetz gilt, so macht man diese Größen dimensionslos in der Form $a/u\,D$ und c_{au}/u oder $a/n\,D^2$ oder $c_{au}/n\,D$. Diese Werte gelten dann für die betreffende Pumpentype unabhängig von Drehzahl und Ausführungsmaßstab

$a\,l = A$ und c_{au} für jede Pumpe eindeutig bestimmt werden. Bezeichnet man die beiden Koordinatenabschnitte der (H)-Geraden mit H_0 und $V_{\max}$, so ist

$$c_{au} = \frac{V_{\max}}{f}, \qquad A = \frac{H_0\,g\,f}{c_{au}} = g\,f^2\,\frac{H_0}{V_{\max}}. \tag{31}$$

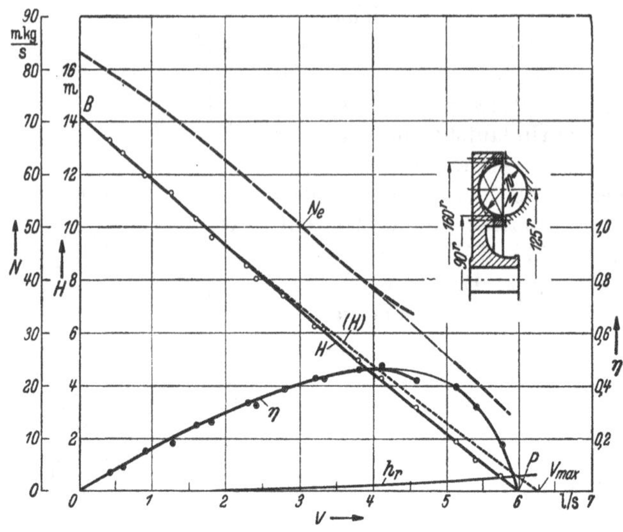

Abb. 375. Kennlinien einer einstufigen Seitenkanalpumpe mit einseitig angeordnetem Seitenkanal sowie unmittelbarer Verbindung des Saug- und Druckstutzens mit dem Seitenkanal bei $n = 240$ U/min

Wie zu erwarten, ergibt sich hierbei c_{au} annähernd gleich der Umfangsgeschwindigkeit u des Laufrades, bezogen auf den Halbmesser r_s (Abb. 378), und nur um so viel kleiner, als dem Einfluß der Endlichkeit der Schaufelzahl des Laufrades entspricht. Die Nutzleistung

$$N_n = \gamma\,V\,H \tag{32}$$

läßt sich nun leicht bestimmen. Sie hat den in Abb. 377 gezeichneten, zuerst ansteigenden, dann wieder fallenden Verlauf. Könnte man von der Kanalreibung absehen, so würde sich nach Gl. (30) ergeben

$$(N_n) = \gamma\,V\,(H) = \frac{\gamma}{g}\,\frac{A}{f}\left(c_{au} - \frac{V}{f}\right) V, \tag{33}$$

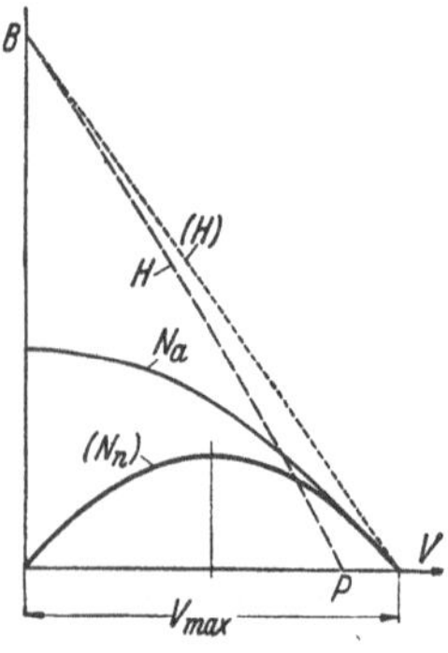

Abb. 376. Nutzleistung (N_n) (ohne Kanalreibung). Austauschleistung N_a einer Seitenkanalpumpe

die eine nach unten offene Parabel mit senkrechter Achse darstellt (Abb. 376). Die größte Nutzleistung wird also bei $V = 0{,}5\,V_{\max}$ oder mit $c_v = 0{,}5\,c_{au}$ erzielt.

Die Radarbeit beschränkt sich auf die Erzeugung des Umlaufstromes $A = a\,l$, der mit der Umfangsgeschwindigkeit c_v in das Rad zurücktritt und wieder auf c_{au} beschleunigt wird. Vergleicht man den

Vorgang mit dem in einer normalen Kreiselpumpe, so sieht man, daß der Austauschvorgang am Radumfang hier der alleinige Vermittler der Nutzarbeit ist, während er dort eine lästige Nebenwirkung darstellt. Die zur Erzeugung dieses Austauschvorganges erforderliche Leistung ist

$$N_a = \frac{\gamma}{2g} A\,(c_{au}^2 - c_v^2) = \frac{\gamma}{2g} A \left(c_{au}^2 - \frac{V^2}{f^2}\right), \qquad (34)$$

deren Verlauf eine Parabel mit der Ordinatenachse als Hauptachse ist (Abb. 376).

Um die Wellenleistung N_e zu erhalten, sind die hydraulischen Laufradverluste (Eintrittsstoß der Förder- und der Umlaufströmung sowie

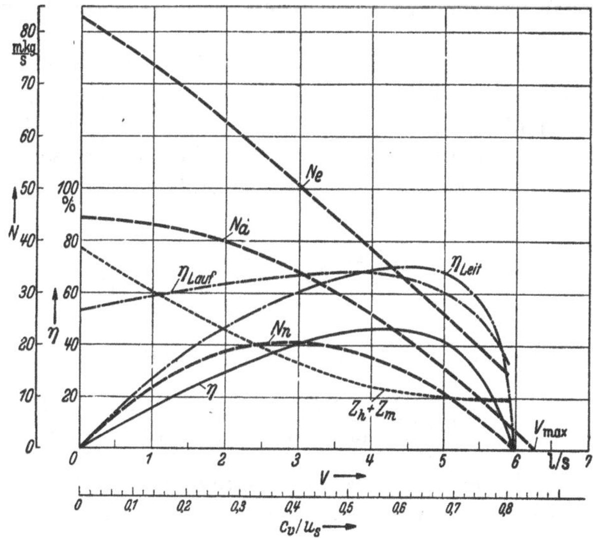

Abb. 377. Wellenleistung N_a, Nutzleistung N_n, Austauschleistung N_a und der Laufradverlust $Z_h + Z_m$ in Abhängigkeit vom Förderstrom V. Für die Versuchspumpe von H. ENGELS

insbesondere Reibung und Spaltverlust), die wir mit Z_h bezeichnen, und schließlich die mechanischen Verluste Z_m hinzuzufügen. Diese analytisch nicht bestimmbaren Verluste $Z_h + Z_m$ nehmen mit wachsendem V ab. Dies ist leicht daraus zu erklären, daß die Stoßverluste und insbesondere die Spaltverluste kleiner werden. (Die ersteren sind proportional zu $(u - c_v)$, die letzteren zu $\sqrt{H}$.) Die Spaltverluste sind recht beträchtlich, weil die Stellen höchsten und tiefsten Druckes nur durch den schmalen Sektor, der durch die Unterbrechung des Seitenkanals gegeben ist, voneinander getrennt sind.

In Abb. 377 sind Versuche von ENGELS gemäß der Gleichung

$$Z_h + Z_m = N_e - N_a$$

ausgewertet, wobei also die gemessenen Werte der Wellenleistung N_e (Abb. 375) benutzt und der Verlauf von N_a aus Gl. (34) errechnet wurde. Die dazu nötigen Werte c_{au} und A ergeben sich aus Gl. (31)

unter Benutzung der versuchsmäßig ermittelten Drosselkurve BP (Abb. 375). In Abb. 377 ist der daraus errechnete „Laufradwirkungsgrad“

$$\eta_{\text{Lauf}} = \frac{N_a}{N_e} = \frac{N_e - Z_h - Z_m}{N_e} \tag{35}$$

angegeben, der die erwähnten Laufradverluste $Z_h + Z_m$ kennzeichnet. Daß η_{Lauf} mit wachsendem V sich wenig ändert (trotz gleichzeitiger Abnahme der Laufradverluste und gleichzeitiger Abnahme der Wellenleistung), ist in dem gleichartigen Verlauf von N_a und N_e begründet. In Abb. 377 ist noch der Verlauf von N_n aus Gl. (33) ersichtlich. Beachtlich ist der stetige Anstieg des Leistungsbedarfes mit abnehmendem Förderstrom, so daß also eine Regelung durch Drosselung nicht in Frage kommt.

Der Unterschied der N_n- und N_a-Linie ist im wesentlichen durch die Mischungsverluste zwischen dem Förderstrom V und dem Umlaufstrom A (die man auch nach den Gesetzen des unelastischen Stoßes bestimmen könnte), sodann durch die Reibung im Seitenkanal bedingt. Zur Kennzeichnung dieser Verluste bilden wir den „Leitradwirkungsgrad“

$$\eta_{\text{Leit}} = \frac{N_n}{N_a} = \frac{\gamma V H}{\frac{\gamma}{2g} A\,[c_{au}^2 - (V/f)^2]}, \tag{35a}$$

der mittels Gl. (30) sich auch schreiben läßt

$$\eta_{\text{Leit}} = \frac{2V}{c_{au} f + V}\,\frac{H}{(H)} = \frac{2}{c_{au}/c_v + 1}\,\frac{H}{(H)}\,. \tag{36}$$

Der erste Bruch auf der rechten Seite dieses Ausdruckes berücksichtigt die Mischungsverluste, der zweite den Druckhöhenverlust im Seitenkanal. Der erste Faktor nimmt mit wachsendem V zu und erreicht mit $V = (V_{\max}) = c_{au} f$, d. h. $c_{au} = c_v$ den Wert Eins, der zweite Faktor verhält sich umgekehrt. Er ist bei $V = 0$ gleich Eins und schon im Punkt P (Abb. 373) gleich Null. Das Produkt η_{Leit} verläuft demgemäß wie aus Abb. 377 ersichtlich ist.

Setzt man für c_{au}/c_v gemäß dem folgenden Abschnitt b den im Punkt besten Gesamtwirkungsgrades geltenden Wert $0{,}85/0{,}5 = 1{,}7$, so wird der erste Bruch gleich 0,74. Man sieht also, daß die Mischungsverluste mit 0,26 nur einen kleinen Teil der Gesamtverluste ausmachen und die Hauptverluste am Laufrad auftreten.

Zwischen beiden Teilwirkungsgraden und dem Gesamtwirkungsgrad η besteht offenbar die Beziehung

$$\eta = \eta_{\text{Lauf}}\,\eta_{\text{Leit}}\,.$$

b) Angaben für den Entwurf. Da die Umlaufströmung vorwiegend sich nach Abb. 371 vollzieht, so muß als wirksamer Austrittshalbmesser des Laufrades der mittlere Achsenabstand r_s dieser Strömung am Übertritt zum Seitenkanal genommen werden. Diesen bestimmen wir in der aus Abb. 378 ersichtlichen Weise und erhalten damit als wirksame Umfangsgeschwindigkeit am Radaustritt $u_s = r_s\,\omega$. Der Unterschied gegenüber den auf Mitte Seitenkanal bezogenen Werten ist insbesondere bei großem Radienverhältnis r_a/r_i des Seitenkanals von Bedeutung, also etwa bei Abb. 375. Mit den Bezeichnungen der Abb. 378 ist

$$r_s = r_m + \frac{1}{3}(r_a - r_i).$$

In Abb. 377 sind als Abszissen neben V die zugehörigen Werte $c_v/u_s = V/f\,u_s$ aufgetragen, wobei u_s der vorstehend definierte Wert ist. Man sieht, daß in beiden Fällen der beste Gesamtwirkungsgrad angenähert bei $c_v/u_s = \frac{1}{2}$ liegt. Diese Beobachtung findet sich allgemein bestätigt. Der zugehörige Betriebspunkt ist somit der Berechnung zugrunde zu legen.

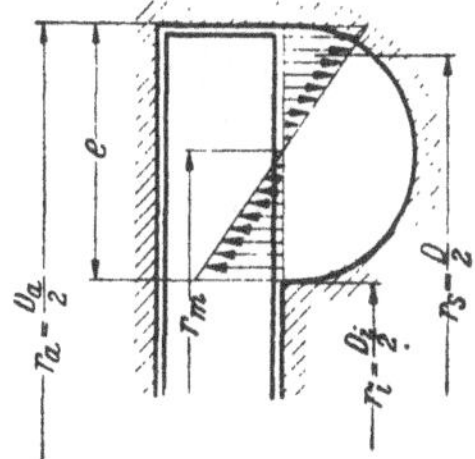

Abb. 378. Bestimmung des wirksamen Austrittshalbmessers r_s des Laufrades

Die Größe $c_{a\,u}/u_s$, die unabhängig vom Förderstrom ist, kann gleich 0,85 genommen werden, sofern $\beta_2 = 90°$. Der Unterschied gegen Eins ist durch die Endlichkeit der Schaufelzahl bedingt.

Die Druckziffer $\psi = 2gH/u^2$ ist für die in Abb. 379 angegebenen Anordnungen zu der Förderhöhe etwa besten Wirkungsgrades, also zu $c_v/u = 0{,}5$, nach Versuchen von SCHMIEDCHEN ermittelt und in die Abbildung eingetragen. Zu beachten ist, daß sich für Nullförderung ein Vielfaches der eingetragenen Werte ergeben würde. Hiernach nimmt die Drucksteigerung im Seitenkanal in der Regel zu bei Vergrößerung der radialen Erstreckung des Seitenkanals (im Verhältnis zum Laufraddurchmesser); sie nimmt ab bei Vergrößerung der axialen Weite des Seitenkanals etwa über die Hälfte seiner radialen Erstreckung. Die Anordnung des Ringkanals am Radumfang nach Fall *a* und *b* ergibt eine starke Verschlechterung, wie zu erwarten. Besonders vorteilhaft sind gut gerundete (halbkreisförmige) Querschnitte des Seitenkanals nach *i* und *n* (Abb. 379), weil diese der Umlaufströmung angepaßt sind. Ebenso sind die unter *k* und *m* angegebenen Schaufelschnitte zu empfehlen, weil sie stoßfreien Eintritt der Umlaufströmung begünstigen.

Zu beachten ist, daß bei der Versuchspumpe von SCHMIEDCHEN die Saug- und Druckstutzen unmittelbar an Anfang und Ende des Seitenkanals angeschlossen waren, ähnlich wie bei der S. 615 erwähnten Westco-Pumpe. Dadurch fielen die beträchtlichen Widerstände weg, die der zentripetale Austritt durch das Laufrad verursacht. Aber es mußte auch auf Selbstsaugefähigkeit verzichtet werden. Nur auf einer Seite des Laufrades war ein Seitenkanal angeordnet.

Seine Ergebnisse fielen am besten aus bei einer, der Abb. 375 ähnlichen Anordnung mit halbkreisförmigem Querschnitt des Seitenkanals und des Laufrades, bei der offenbar die Widerstände des Umlaufstromes am weitesten herabgesetzt sind. SCHMIEDCHEN erreichte damit einen Wirkungsgrad von 34%; H. ENGELS erzielte mit der gleichartigen, aber größeren Pumpe nach Abb. 375 $\psi = 6{,}5$, $\eta = 46\%$. Diese Anordnung ist also sehr günstig. Es darf aber nicht übersehen werden, daß bei diesem geschlossenen Laufrad ein bedeutender Achsschub entsteht, der exzentrisch wirkt, also ein starkes zusätzliches Biegemoment an der Welle zur Folge hat. Deshalb ist in diesem Fall die *doppelseitige Beaufschlagung* des Laufrades am Platze.

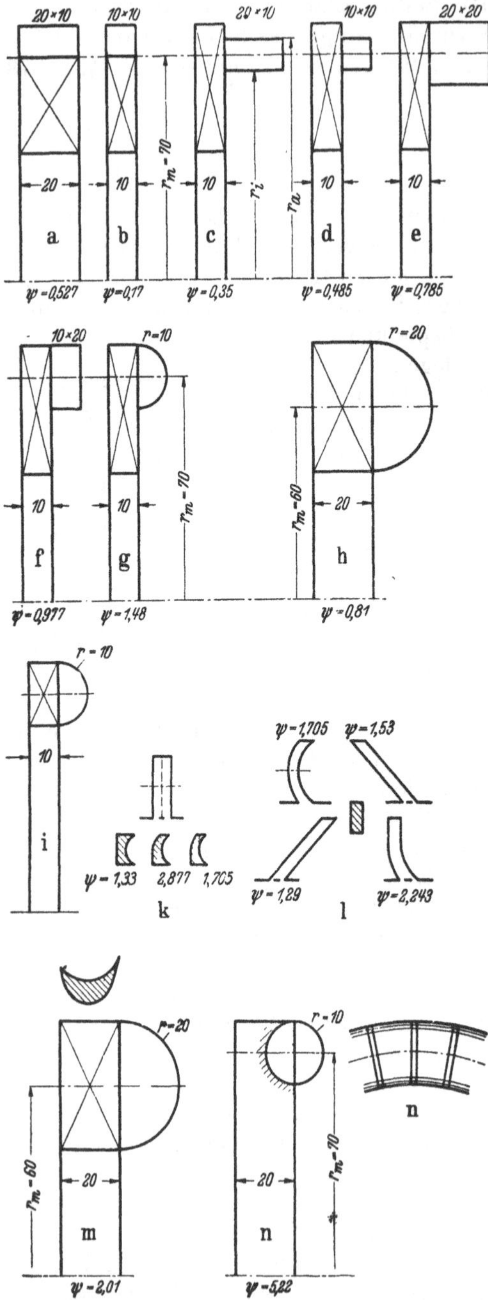

Abb. 379. Verschiedene Ausbildung des Seitenkanals und der Laufschaufeln mit den zugehörigen Werten der Druckziffer ψ bei $c/u = 0{,}5$

Es liegt der Gedanke nahe, durch Einbau eines mit dem Rad umlaufenden Kernes x nach Abb. 380 den Umlaufstrom zu verbessern. Der von ENGELS angestellte Versuch brachte aber keinen Erfolg, sondern eine Verschlechterung des Wirkungsgrades um etwa 3% und Absinken der Förderhöhe um fast 20%, weil der Umlaufstrom sich erheblich verringerte und auch der Förderstrom entsprechend der Verengung des Querschnittes des Seitenkanals sich verkleinerte.

Die günstigste axiale Radbreite ergab sich bei SCHMIEDCHEN gleich der halben radialen Erstrekkung des Seitenkanals. Wird auf beiden Radseiten ein Seitenkanal angeordnet, so verdoppelt sich sinngemäß die Radbreite. Dabei bessert sich die Wirkung.

Was die Schaufelzahl anlangt, so erwies sich am besten, die Schaufelteilung am mittleren Halbmesser gleich der radialen Abmessung des Seitenkanals zu machen. Wie schon oben erwähnt ist, wird eine Verbesserung der Wirkung erzielt, wenn die Schaufeln im Sinne eines stoßfreien Eintritts der in Abb. 371 angegebenen Sekundärströmung abgekrümmt oder zugeschärft, d. h. die Schaufelstellung am Umfang im Sinne einer Vorwärtskrümmung, d. h. $\beta_2 > 90°$ gewählt wurde. Die Schaufeldicke ist nach dem Seitenkanal hin möglichst dünn zu machen.

Von großer Bedeutung sind enge Spalte. Die obengenannte Erfahrungszahl für $c_v/u_s \approx c_v/u$ gilt für betriebsmäßig enge Spalte.

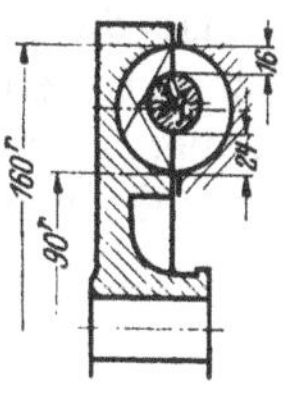

Abb. 380 Laufrad mit umlaufendem Kern von H. Engels

Beachtlich sind die systematischen Versuche, welche in England über die Formgebung dieser seitlichen Ausmündung der Laufschaufel gemacht worden sind[1]. Es wurde dabei gefunden, daß es zweckmäßig ist, die Schaufelenden an der Druckseite (Vorderseite) etwa unter einem Winkel $\beta_2 = 135°$ auslaufen zu lassen und gleichzeitig die Kanten an der Saugseite (Rückseite) gut so abzurunden, daß ein spitzes Schaufelende entsteht. Durch diese Formgebung, die allerdings hohe Anforderungen an die Fertigung stellt, sind Wirkungsgrade bei Wasserförderung bis 50% erzielt worden. Schaufeln mit ebener Druckfläche ($\beta_2 = 90°$) oder stumpfe seitliche Schaufelenden erwiesen sich als erheblich schlechter. Die Vorwärtskrümmung hat in Verbindung mit der Zuschärfung nach Jackson zur Folge, daß das Optimum der Spaltweite nicht mehr beim kleinstmöglichen Spalt gelegen ist.

Aus der Druckziffer ψ läßt sich der nötige Anhalt für den Austauschstrom A gewinnen, weil nach Gl. (28)

$$(H) = \frac{A\,u}{g\,f}\left(\frac{c_{a\,u}}{u} - \frac{c_v}{u}\right),$$

also für den gewählten Normalpunkt mit $c_v/u = 0{,}5$, $c_{a\,u}/u = 0{,}85$

$$(\psi) \equiv \frac{2g(H)}{u^2} = \frac{2A}{u\,f}\,0{,}35 = 0{,}7\,\frac{A}{u\,f}. \tag{38}$$

Drücken wir den Austauschstrom A dimensionslos durch die „*Austauschstärke*" $\alpha = A/u\,f$ aus, so ist also

$$\alpha = \frac{1}{0{,}7}(\psi) \approx 1{,}4\,\psi. \tag{39}$$

Zum Unterschied von ψ bleibt aber α unabhängig vom Belastungsgrad der Pumpe.

Die Kenntnis von $A \equiv a\,l$ ist dem Konstrukteur von Nutzen, wenn er den Eintrittsstoß der Umlaufströmung beim Übertritt zum Laufrad durch entsprechende Formgebung der Schaufel beseitigen will.

c) Westco-Pumpe. Die unmittelbare Verbindung der Enden des Seitenkanals mit dem Saug- bzw. Druckstutzen, wie sie auch Schmiedchen bei seinen Versuchen anwandte, war schon lange vorher in

---

[1] Crewdson, E.: Water-ring self-priming pumps mit Anhang von J. A. Jackson: Proc. Instn. mech. Engrs, Lond. 13 (1956) Nr. 13, S. 407—425, insbesondere S. 415—417

Benutzung bei der Westco-Pumpe[1] (Abb. 381, 382). Zwar bringt diese Vereinfachung eine erhebliche Schwächung der Selbstsaugefähigkeit mit sich. Trotzdem ist sie heute weit verbreitet. Laufrad und Seitenkanal sind doppelseitig ausgebildet. Die Seitenkanäle greifen ferner auf die Mantelfläche des Rades über. Die Druckziffer nimmt gemäß Abb. 383 mit zunehmender Drehzahl ab. Man kann sich dieses Verhalten erklären, wenn man annimmt, daß infolge der kleinen axialen Weite des Seitenkanals die reinen Zähigkeitskräfte gegenüber den Massenkräften stärker hervortreten, also die Drucksteigerung neben dem bisher angenommenen Impulsaustausch auch durch Schleppwirkung mit laminarem Charakter herbeigeführt wird. Die theoretische Bearbeitung nach dieser

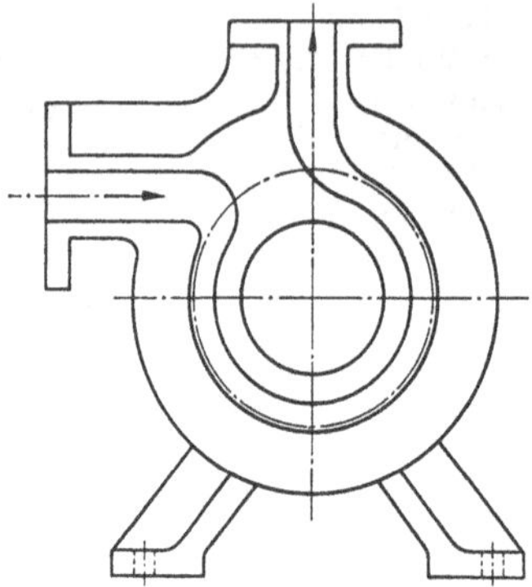

Abb. 381. Unmittelbarer Übergang vom Seitenkanal zum Saug- bzw. Druckstutzen bei der Westco-Pumpe

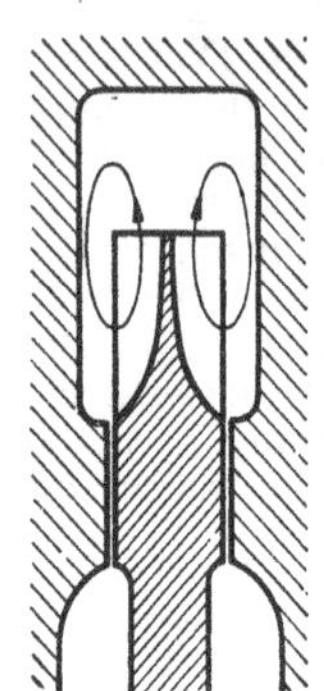

Abb. 382. Anordnung des Seitenkanals bei der Westco-Pumpe

Richtung ist verschiedentlich[2] unternommen worden. Der Betrag der Druckziffer überschreitet offenbar im allgemeinen die beim seitlich angeordneten Kanal gemäß Abb. 379 erreichbaren Werte, wobei zu bedenken ist, daß die Saugöffnung in Höhe des äußeren Raddurchmessers anschließt.

d) Rechnungsgang für Seitenkanalpumpen. V, H und n seien für den Betriebspunkt besten Wirkungsgrades gegeben. Auf Grund der gewählten Anordnung kann die Druckziffer ψ nach den in Abb. 379 und 383 angegebenen Versuchswerten geschätzt werden, womit

$$u = \sqrt{2g\frac{H}{\psi}}$$

[1] Herstellerin ist die Western Pump Co. of Davenport Iowa und Moline Illinois USA

[2] Takai, H.: On the Charakteristics of the "Westcotype" Rotary Pumps (Ist Report), S. 223—229. Trans. Soc. mech. Engrs., Japan 2 (1936) Nr. 7 (May). — Ottogoro Miyagi and Atsushi Miyadzu: Theory of the Westco-type Rotary Pump, the Technol. Rep. of the Tohoku Imp. Univers. Sendai, Japan XIII (1939); 1, S. 264—288. Vgl. ferner Y. Senoo: Rep. Res. Inst. for Applied Mechan. III, Nr. 10 u. 11 (1954). — W. A. Wilson, M. A. Santalo u. J. A. Oelrich: Trans. Amer. Soc. mech. Engrs. 77 (1955) S. 1303—1316

und der äußere Raddurchmesser

$$D_a = \frac{60u}{\pi n}.$$

Damit ist auch der Querschnitt des Seitenkanals bekannt durch

$$f = \frac{V}{c_v} = \frac{V}{u/2}.$$

Dieser kann jetzt gezeichnet werden, sofern seine allgemeine Form gewählt ist. Die Radbreite wählt man bei einseitiger Beaufschlagung etwa gleich $e/2$ (Abb. 378) und die Schaufelzahl $z = \pi D_m/e = \pi(D_a - e)/e$. Aus der Austauschstärke $\alpha = 1{,}4\,\psi$ ergibt sich der Austauschstrom $A = \alpha\, u\, f$. Zur Erzielung eines stoßfreien Umlaufes krümmt man den Zylinderschnitt der Schaufeln auf der Vorderseite im Bereich des Seitenkanals nach vorwärts ab mit dem Winkel $\beta_2 \approx 90° + (30$ bis $50°)$ und läßt die Schaufeln im übrigen nach dem Seitenkanal hin spitz unter Abrundung auf der Rückseite auslaufen, wodurch auch vergrößerte seitliche Spalte zulässig sind.

Der Durchmesser D muß so groß sein, daß der Seitenkanal und gegebenenfalls auch die Eintritts- und Austrittsöffnung untergebracht werden können. Ergibt sich D zu groß, so ist Mehrstufenanordnung oder Erhöhung der Drehzahl am Platz. Im umgekehrten Fall muß die Drehzahl gesenkt werden.

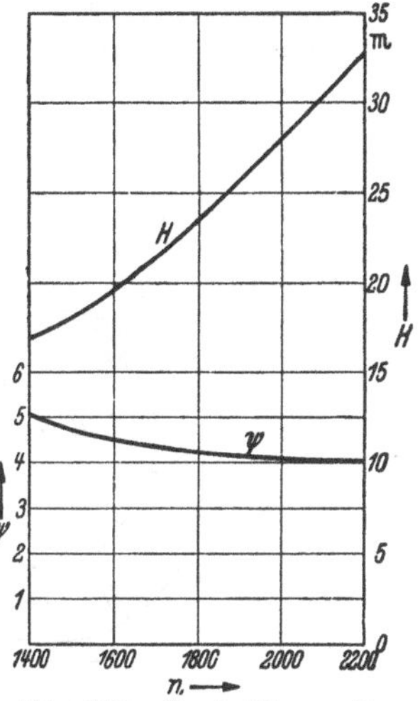

Abb. 383. Druckziffer ψ für Bestlast in Abhängigkeit von der Drehzahl

C. Heutige Bauformen der selbstsaugenden Pumpe für Wasserförderung

In diesem Abschnitt werden nur die Pumpen für Wasserförderung behandelt. Aus den S. 604 angeführten Gründen ist hierfür die unter B_1 besprochene Wasserringpumpe mit zum Gehäuse exzentrischem Läufer nur in beschränktem Maße geeignet. Bei Verwendung des Seitenkanals wird heute allgemein die zentripetale Abführung durch den Laufkanal und damit die Turbinenwirkung vermieden, wie sie bei den anfänglichen Ausführungen nach Abb. 369a üblich war. Der ruhende Austrittskanal wird also am Seitenkanal angeschlossen und bildet dessen Verlängerung.

In Abb. 384 ist das Schema einer heutigen Ausführungsform der SSW angegeben, die folgende Merkmale aufweist:

1. Der Seitenkanal hat entweder die in Abb. 384a gezeigte Form, wobei der Austritt der Umlaufströmung am äußeren Zylindermantel des Laufrades erfolgt (wie das ähnlich auch bei der Westco-Pumpe

gemäß Abb. 382 geschieht) oder die Form nach Abb. 384b, wobei der Übertritt zwischen Lauf- und Seitenkanal nur an der seitlichen Begrenzung des Laufrades und ohne plötzliche Querschnittsänderung stattfindet. In beiden Fällen stellen sich recht günstige Druckziffern und Wirkungsgrade ein. (In Abb. 384b sind offenbar zwei parallel geschaltete Seitenkanäle verwendet.)

2. Die Saugöffnung *a* für den Wasserstrom liegt in Höhe des äußeren Raddurchmessers, wobei der Saugstutzen unmittelbar mit dem Seitenkanal verbunden ist. (Bisweilen wird auch die Nabe des Laufrades

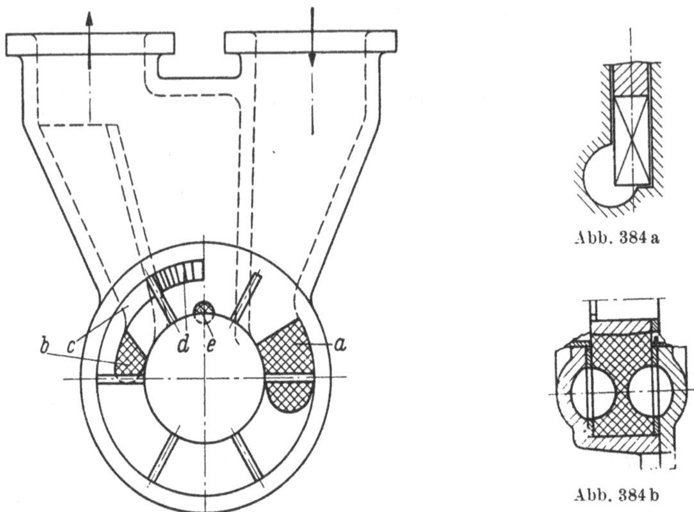

Abb. 384 a

Abb. 384 b

Abb. 384. Schematische Darstellung der heutigen Bauform der selbstsaugenden Wasserringpumpe mit Seitenkanal (SSW)

Abb. 384 a und b. Form des Seitenkanals bei Abb. 384

kleiner ausgeführt und dann die Saugöffnung in Höhe des Nabenumfanges gelegt, so daß der eintretende Förderstrom durch das Laufrad tritt.)

3. Die Austrittsöffnung *b* des Seitenkanals ist unmittelbar mit dem Druckstutzen verbunden.

4. Der äußere Teil *c* des Seitenkanals läuft aber über die Öffnung *b* weiter und endigt erst bei *d* über der Austrittsöffnung *e* für die Luft. Diese sammelt sich unter der Fliehkraftwirkung des Wassers innen an und wird an der Stelle, wo der Wasserring infolge Auslaufens des Seitenkanals bei *d* nach der Radnabe gedrückt wird, durch die Öffnung *e* nach dem Druckstutzen geführt.

Wie man erkennt, bleibt im Fall des Abschnappens infolge Lufteinfalles der äußere Wasserring bestehen und damit die Luftförderung gesichert, sofern der Verlängerungsteil des Seitenkanals, d. h. der Teil zwischen *c* und *d* (Ansaugesektor) einen passenden Querschnitt erhält.

Das Lichtbild Abb. 385 läßt deutlich die Kanalführung bei der Bauart der Firma *Siemen* und *Hinsch* erkennen, die nach ähnlichen Grundsätzen ausgebildet ist.

Zur Verminderung des Verschleißes werden bisweilen, wie in Abb. 384b, zwischen Rad und Gehäuse auswechselbare Schutzplatten aus widerstandsfähigem Material vorgesehen.

Die Radschaufeln bilden häufig aus den S. 615 angeführten Gründen (Verminderung des Eintrittsstoßes der Umlaufströmung) einen spitzen Winkel mit der Umfangsrichtung.

Die Luftabsaugung ist bei Mehrstufigkeit nur in einer Stufe notwendig und wird am besten in der letzten Stufe vorgesehen. Deshalb wird man in den Fällen, wo nicht große Druckziffern der Stufen verlangt werden, nur die letzte Stufe mit Seitenkanal versehen und die übrigen Stufen mit normalem Lauf- und Leitrad ausrüsten, wodurch der Pumpenwirkungsgrad verbessert wird.

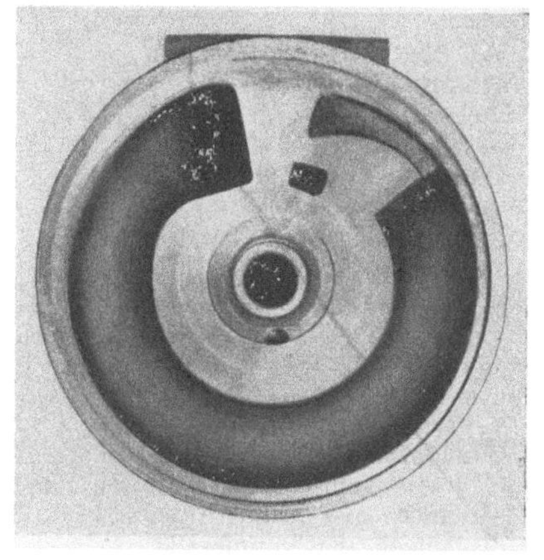

Abb. 385. Seitenkanal mit Ansaugesektor (Siemen und Hirsch)

Der Übertritt des Wassers an der Saug- und Drucköffnung muß stoßfrei erfolgen. Dementsprechend sind die Winkel des Zu- und Abführungskanals in der Stromfläche zu bemessen[1].

Infolge der ungleichen Druckverteilung über den Radumfang entsteht eine die Welle auf Biegung belastende Kraft, wenn nicht die doppelseitige Anordnung des Seitenkanals nach Abb. 384b verwendet wird. Bei mehrstufigen Pumpen kann der Ausgleich durch entsprechendes Versetzen der Ansauge- und Ausschuböffnungen der aufeinanderfolgenden Stufen erfolgen.

Zusätzliche Bemerkung. Heute wird versucht, die durch den Seitenkanal herbeigeführte Einwirkung auf das Schaufelrad auch im umgekehrten Sinn nämlich *zur Schaffung einer Turbine mit extrem niederer spezifischer Drehzahl* zu verwerten, wobei dann naturgemäß die Notwendigkeit der Selbstsaugefähigkeit entfällt, also die Ausführung der Westco-Pumpe ähnelt[2]. Der verschlechterte Wirkungsgrad wird im Hinblick auf die einfache und billige Bauweise in Kauf genommen.

---

[1] Vgl. auch G. Niemann: Siemens-Zeitschrift 33 (1959) Heft 4 (S. 283/84. — R. Lühmann: Der Maschinenmarkt 66 (1960) Nr. 5, S. 15—18

[2] Baljé, O. E.: Drag-turbine perfomance, Trans. Amer. Soc. mech. Engrs. **79** (1957) Nr. 6, S. 1291—1304

Sachverzeichnis

721/17/60 — III/18/203

Zeitfracht Medien GmbH
Ferdinand-Jühlke-Straße 7
99095 Erfurt, Deutschland
produktsicherheit@kolibri360.de